U1075186

国际电气工程先进技术译丛

线性神经网络控制的电力变流器与交流电气传动

[法] 毛里齐奥·奇林乔内（Maurizio Cirrincione）
[意] 玛切洛·普齐（Marcello Pucci） 著
[意] 詹尼保罗·维达莱（Gianpaolo Vitale）
周永旺 程汉湘 张淼 张祺 译

机械工业出版社

本书是一本系统阐述神经网络控制理论在电力电子技术领域应用的专业书籍，详细介绍了无速度传感器交流传动控制系统以及相关的理论，而这些理论是建立在空间矢量识别的经典控制理论之上。本书广泛收集并总结了基于电力电子器件的电气传动控制中的代表性结构和控制原理，在此基础之上，进一步讨论了对现有系统的改进思路和完善的方向，使线性神经网络控制理论的应用与电气传动控制有机地结合起来，同时还能应用本书所介绍的人工神经网络（ANN）理论来实现对电力电子器件的实时控制。本书涉及电力电子技术、神经网络控制、电气传动、电机学以及电力系统分析等内容，涵盖了电气工程学科中的几个主要领域，是系统掌握电力电子技术中智能控制的优秀参考图书。全书共分为4个部分：第1部分阐述了电压源型逆变器及其控制，主要是帮助读者回顾有关的基础；第2部分介绍了以感应永磁同步电气传动为主的交流电气传动控制，此部分同样是为后续的实际控制对象做一个前期铺垫；第3部分则引出了线性神经网络控制理论的基本概念，以及它在电气传动控制中应用的可能性，同时还验证了线性神经网络控制理论能够实现电气传动控制的理论依据，尤其是EXIN神经系统；本书的第4部分是对实际应用的描述，详细分析了电气传动中的电能质量问题，讨论了神经网络理论在电气传动中的参数辨识、无速度传感器的控制、电力有源滤波器以及在分布式可再生能源发电系统中的应用，其中所涉及的仿真和实验结果也证明了应用神经网络理论实施控制的正确性。

若要全面和正确理解本书的精髓，需要读者具备电气设备和电力电子技术以及一些控制系统、信号处理、线性代数、数值分析的基本知识。本书适用于高年级本科生和研究生、学者、执业工程师和研究人工神经网络应用的相关人员学习、参考，同时读者也可通过书中各章最后所提供的相关参考资料来进一步理解书中所述内容。

译者序

快速发展的电力电子技术，已融入现代电气控制的各种开关环节中，使其成为智能开关、软开关的可靠执行者。作为电力电子技术应用最为集中的电气传动控制系统，各种现代先进的控制理论在其中得到了充分的体现，并能实现各种复杂的控制功能。这主要得益于电力电子器件大容量、高精度的开关特性。电气传动中先进控制理论的应用和效果的实现，必须要由能满足控制要求的开关器件来实现，而电力电子器件是能体现或胜任这一开关需求的理想器件。从理论上讲，随着开关材料和制造工艺的进步，电力电子技术可以将任何先进控制理论的应用发挥至极限。正是基于这一重要特征，世界上才会有众多的科学工作者和工程师在电气传动控制中应用各种智能控制策略，使电气传动的性能不断得到优化。

作为体现省级精品课程系列的扩充内容，同时也作为本学科质量工程工作的一部分，学科组经过广泛的资料收集和筛选，最终选择了由 Maurizio Cirrincione、Marcello Pucci 和 Gianpaolo Vitale 三位作者合著的《线性神经网络控制的电力变流器与交流电气传动》一书，用于电气工程类深层次教学和今后开展的主要研究方向的参考用书，使电力电子技术的应用融入智能控制的具体实践之中，以解决《电力电子技术》课程后续控制对象不够成熟的建模问题。本书的全部译者均为广东省《电力电子技术》精品课程的主要骨干，并长期工作在电力电子技术课程教学和科研工作的第一线。其中，周永旺老师负责第 2、3 章翻译工作，程汉湘老师负责原书序、原书前言及第 1 章的翻译工作，张淼老师负责第 4 ~ 7 章的翻译工作，张祺老师负责第 8 ~ 11 章的翻译工作。在本书的翻译过程中，还得到了余音和彭杰锋两位研究生在资料整理和图形加工方面的大力协助。

本书是一本系统阐述神经网络在电力电子技术领域应用的专业书籍，详细介绍了无速度传感器交流传动控制系统以及相关的理论，而这些理论建立在空间矢量识别的经典控制理论之上。本书广泛收集并总结了基于电力电子器件的电气传动控制中的代表性结构和控制原理，在此基础之上，进一步讨论了对现有系统的改进思路和完善的方向，使线性神经网络的应用与电气传动控制有机地结合起来，同时还能应用本书所介绍的人工神经网络（ANN）理论实现对电力电子器件的实时控制。本书的编排由一般到集中、由简到难，逐渐深入，涉及电力电子技术、神经网络控制、电气传动、电机学以及电力系统分析等内容，涵盖了电气工程学科中的几个主要领域，是系统性掌握电力电子技术中智能控制的优秀图书。全书共分为4个部分：第1部分阐述了电压源型逆变器及其控制，主要是帮助读者回顾有关的基础；第2部分介绍了以感应永磁同步电气传动为主的交流电气传动控制，此部分同样是为后续的实际控制对象做一个前期铺垫；第3部分则引出了线性神经网络的基本概念，以及它在电气传动控制中应用的可能性，同时还验证了线性神经网络理论能够实现电气传动控制的理论依据，尤其是EXIN神经系统；本书的第4部分是对实际应用的描述，详细分析了电气传动中的电能质量问题，讨论了神经网络理论在电气传动中的参数辨识、无速度传感器的控制、电力有源滤波器以及在分布式可再生能源发电系统中的应用，其中所涉及的仿真和实验结果也证明了应用神经网络理论实施控制的正确性。

本书的作者都是相关领域的著名专家，翻译人员也是长期从事这些领域研究的学者。若要全面和正确理解本书的精髓，需求读者具备电气设备和电力电子技术以及一些控制系统、信号处理、线性代数、数值分析的基本知识。本书适用于高年级本科生和研究生、学者、执业工程师和研究人工神经网络应用的相关人员学习、参考，同时读者也可通过书中各章最后所提供的相关参考文献来进一步理解书中所述内容。本书能够与读者见面，得到了关心和鼓励本书翻译工作的朋友和同事们的大力支持，他们对本书的有关细节也曾提出过建设性的意见，谨在此对他们的友好帮助表示诚挚的感激，同时也对机械工业出版社所提供的机会表示由衷的谢意。

译　者

原书序

能得到本书作者的邀请写这篇序言，我感到非常荣幸和喜悦。我衷心希望这本关于电力电子和电机驱动最先进技术的书籍可以得到来自研发人员、执业工程师、大学教授，甚至由研究生所组成的专业电力电子团队的广泛接受和认可。我衷心祝贺作者完成了一本这么优秀的图书。

电力电子和电机驱动技术是一个复杂而且跨多学科领域的技术。在经历了动态演化的几十年里，研发人员发明创造了许多电力半导体设备、变流器、脉宽调制（Pulse Width Modulation，PWM）技术、电机、电机驱动、先进控制和仿真技术。最近几年，电力电子的前沿领域随着人工智能（Artificial Intelligence，AI）技术的发展变得更加深远，如专家系统、模糊逻辑系统、神经网络和遗传算法（或进化计算）。电力电子现在在电气工程上已经发展成为一门主要的学科。在21世纪初，其巨大影响不仅在全球工业化和通用能源系统上显而易见，在能源保存、可再生能源、大量的能量存储和电动/混合动力汽车上也产生了巨大影响。在工业上电力电子的广泛应用已经在工业工程领域产生了前所未有的变革。电力电子技术在新时代的作用将会与计算机、通信和信息技术一样重要。

我已经用了几年的时间投身在电力电子和电机驱动，尤其是专家系统、模糊逻辑、神经网络的人工智能应用的最新发展中。关于这些领域我也在我的书里面写了几章。能够看到人工智能在这些领域和在工业应用的成长和发展，我真的感到非常兴奋。在所有人工智能技术中，神经网络在电力电子和电机驱动的复杂系统识别、控制和估计上已经浮现出了最重要的地位。期待它们未来在工业上有更广泛的应用。

这是一本精品书，也是第一本系统地探索人工智能应用在电力电子上的书。本书的作者是Maurizio Cirrincione、Marcello Pucci和Gianpaolo Vitale。本书尤其强调神经网络在交流驱动无速度传感器控制上的应用，包括在有源电力滤波上的应用。

本书在内容上大致可以归纳成4个部分，共有11章。第1章是绪论部分，介绍了空间矢量理论和瞬时功率理论。简单阐述了空间矢量理论的概念在现代电力电子和驱动上的重要性。第1部分（第2章和第3章）

详细地介绍了馈电源变流器及对其的控制（开环和闭环控制）以及处理PWM的算法，也介绍了基于电压定向控制（Voltage Oriented Control，VOC）和功率定向控制（Power Oriented Control，POC）的方法。此外，也讨论了并联和串联有源滤波的功率质量控制。第2部分（第4~7章）处理了感应永磁同步电动机驱动器。它包括对交流电动机、标量、矢量（或磁场定向）和感应同步电动机的直接转矩控制的动态模型描述。在第6章中的感应电动机驱动器的无速度传感器控制是特别重要的。第3部分（第8章）和第4部分（第9~11章）构成了本书的核心，描述了线性神经网络的理论，尤其是EXIN家族（由作者之一共同开发）和它们的应用，从基于神经参数估计和无速度传感器控制（它包括MRAS观测器、全阶Luenberger自适应观测器和降阶观测器）到基于可再生能源和有源电力滤波的神经分布式发电系统。每一章还包括了广泛的参考文献，包括在这一领域的主要的教科书。也提供了大量的仿真和实验结果来证明这些理论。就我所知道的，本书的第4部分是独特的，是在其他同类书里面所没有的。

阅读本书，需要读者了解电力电子和电机驱动的基本知识，包括线性代数的一些知识。同时也需要神经网络方面的背景知识，但不要求必须有。

本书适合怎样的读者呢？依我看，本书主要适合于研究生（作为一学期的课程）和研究者。第1和2部分的一部分也可以作为本科课程的教学内容。这本书的应用精选部分也可能对执业工程师有用。

最后，我希望本书能够取得成功，同时也希望它能够迅速被专业团队欣然接受和认可。

Dr. Bimal K. Bose
IEEE Life Fellow
电力电子学科“康德拉杰出讲座”教授
电气工程与计算机科学系
田纳西大学
诺克斯维尔，田纳西州

原书前言

电力电子和电气传动是跨学科的，主要包括以下专业知识领域：电机学、电路理论、控制理论、信号处理系统、电子学、电磁场、数值分析、固态物理学和发电厂。

这些学科最近的一个发展趋势是人工智能（AI）工具的应用，如专家系统（Expert System，ES）、人工神经网络（Artificial Neural Network，ANN）、模糊逻辑系统（Fuzzy Logic System，FLS）、遗传算法（Genetic Algorithms，GA），甚至多智能体系统（Multi－Agent System，MAS）。这些工具被证实可以提升这些系统在现实世界中的表现，工业应用得益于如自学习、自组织和自适应的技术。

在电力电子与电力传动应用中，人工神经网络能用于对非线性函数的近似模拟，也能用于控制和识别如多层感知器（Multilayer Perception，MLP）或径向基函数（Radical Basis Function，RBF）。最近另一种被应用的神经元是线性神经元，并得到了意外的好结果。

另外，空间矢量法补充和完善了线性神经网络的理论，从而在理论和实践上提升了电力电子和电力传动的经典方法。本书目标：在空间矢量法的基础上，系统地展现对电力电子驱动和电力变流器进行识别和控制的经典理论，以及线性神经网络对该理论的补充与改进。

本书可以分为4个部分：

第1部分具体分析电压源型逆变器（Voltage Source Inverter，VSI）及其控制；

第2部分讨论交流电力驱动控制，特别是感应永磁同步电动机的驱动；

第3部分介绍关于线性神经网络的理论；

第4部分具体分析线性神经网络在电力传动和电能质量方面的应用。

概论

第1章介绍适量空间法和瞬时功率的理论。该章是理解本书其余章节的基础。

第2章描述电压源型逆变器（VSI）的开环和闭环控制。描述开环技术的同时，解释了不同类型的 PWM 控制策略；描述闭环技术的同时，解释了 VSI 的电流和功率控制，同时也介绍了电压定向控制（VOC）和直接功率控制（Direct Power Control，DPC）。

第 3 章解释了电能质量的基础；研究了并联有源滤波器（Parallel Active Filter，PAF）和串联有源滤波器（Series Active Filter，SAF）的运行方式和控制策略。也介绍了无源谐波滤波器。

第 4 章讨论了感应电动机（Induction Machine，IM）静态和动态的空间矢量模型。介绍了包括饱和效应的感应电动机的动态模型。最后，描述了包括受转子槽和定子槽影响的感应电动机的空间矢量动态模型。

第 5 章，首先描述了外加电压电流驱动的感应电动机的标量控制策略。然后引出了磁场定向控制（Field Oriented Control，FOC）策略，和转子、定子与及磁化磁链定向的参数。也介绍了相关的磁通模型。最后，介绍了直接转矩控制（Direct Torque Control，DTC）策略，特别是经典的开关表（Switching Table，ST）DTC、空间矢量调剂（Space Vector Modulation，SVM）DTC 和电磁兼容性。所谓的直接自控制（Direct Self－Control，DSC）也有所介绍。

第 6 章包含了感应电动机驱动对无速度传感器的控制，特别涉及基于模型的和基于各向异性的技术。介绍了以下基于模型的估计器和观测器：开环加速估计器、模型参考适应系统（Model Reference Adaption System，MRAS）、全阶龙伯格（Luenberger）适应观测器（Full Order Luenberger Adaptive Observer，FOLO）、全阶滑模观测器、降阶适应观测器（Reduced Order Adaptive Observer，ROO）和广义的卡尔曼滤波器。关于各向异性的技术，介绍了以下的思想方法：载波相关技术、脉动载波技术和高频激励技术。

第 7 章介绍了永磁同步电动机（Permanent Magnet Synchronous Motor，PMSM）空间矢量模型，以及外加电压和电流的磁场定向控制。介绍了最大电磁转矩出力或驱动效率不同的控制策略。同样介绍了 PMSM 的 DTC。最后，介绍了基于各向异性和基于模型的无速度传感器技术。

第 8 章解释了线性神经网络理论，特别是 EXIN 神经家族。从自适应线性神经元（Adaptive Linear Neuron，ADALINE）开始，介绍了更多近代的线性神经网络：TLS EXIN 神经元、Ge－TLS EXIN 神经元、MCA EXIN 神经元和 MCA EXIN＋神经元。

第9章首先介绍了经典磁通模型的感应电动机驱动对于参数变化的敏感性分析。然后介绍了一些用最小二乘法（Least Squares，LS）的感应电动机在线参数估计技术，包括强迫和非强迫估计。最后，介绍了感应电动机的中枢起动。

第10章介绍了神经适应滤波器对于分布式发电（Distributed Generation，DG）和有源滤波器的应用。介绍了自适应线性神经元关于工频谐波负载电流补偿器设计的标准，包括整个系统的稳定性问题。展现了中间步骤的实验证明与经典步骤的对比。

第11章讲述的是把以LS为基础的技术应用于IM的速度估计的内容。特别地，以下面的一些神经观测器作为例子讨论：MCA EXIN + MRAS观测器和TLS EXIN 全阶 Luenberger适应观测器。

本书的编排方法：每个章节开始会有一个理论背景描述，接着会有一系列实验仿真结果来验证理论分析。笔者认为大量实验结果有助于读者更加理解本书的理论部分。

怎么使用本书

本书可以应用在很多方面，这取决于读者的知识背景。建议电力电子和电机驱动课程的本科生学习第1、2、4、5、7章，学时为一个学期。硕士生和博士生应该把第3章和第6章也学完。研究方向涵盖人工神经网络和电力电子驱动的学者会在第9~11章里发现很多感兴趣的内容。理论学者在本书的第8章会看到一个对线性神经网络的知识点的全面论述。

图1表示的是阅读此书的一些章节指导。第1章讲述的是学习全书的基本方法，我们应该从这里开始。学习电力电子技术的读者可以阅读第2、3、10章。学习无速度传感器的读者需要阅读的章节包括第4~6章和第11章（电动机学的内容），或者第2、5、6、11章（电力变流器的内容）。学习永磁同步电动机驱动器的读者需学习第2章和第7章（或者直接学习第7章）。学习即时识别技术的读者可以参看第4章和第9章。最后，学习人工神经网络的读者学习第8~11章。

说明：

电力电子技术：第2章—第3章—第10章

IM驱动器（电动机）：第4章—第5章—第6章—第11章

IM驱动器（电力变流器）：第2章—第5章—第6章—第11章

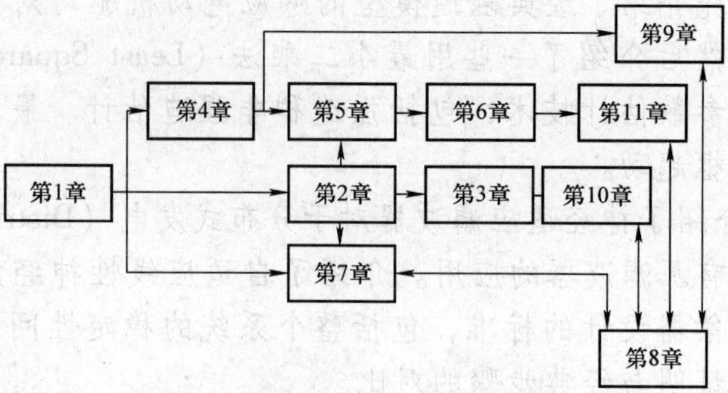

图1　阅读本书的不同指引

PMSM 驱动器：第 2 章—第 7 章

IM 识别：第 4 章—第 9 章

ANN：第 8 章—第 9 章—第 10 章—第 11 章

须知

阅读本书，需要读者对电动机和电力电子器件有一个基本了解，并且熟悉一些控制系统和信号处理的知识。为了能完全掌握线性神经网络的基本知识，还要求读者对线性代数和数字信号有一定的了解。

目　录

第2部分 电气传动

第1章 基本概念回顾：空间矢量分析

1.1 简介

任何控制系统的发展都需要借助数学模型的相关知识来进行描述。例如电动机，在20世纪50年代，仅仅只有正弦稳态电路的模型可以使用[1-3]。在这些模型中，转速被假定为常数，而电压源或者电流源的大小随时间呈正弦规律变化。之后，推出了动态模型，尤其在交流电动机中[4-6]的应用。这种动态模型允许电动机在稳态和瞬态时随时间变化的电压或电流源的波形进行动态行为的分析。因此动态模型在电动机驱动控制系统的准确设计里有着相当重要的地位，其使电动机驱动控制系统能够在我们期望的时间和频率下保证稳定性。同时，即便电力电子变流器，最初研究的初衷也是参考了该模型输入/输出保持稳态的特性[7]。在此之后，该动态模型逐步发展起来。它能分析和设计适当的高性能控制系统和新型脉宽调制（PWM）技术[8-14]。现在这些控制技术已经广泛应用于有源整流器[11-13]，有源滤波器（APF）[14-16]和可再生能源的分布式发电系统[17]。

借助空间矢量的理论，使得上面提到的系统的动态建模前进了一大步。该理论最初是由对电动机的动态特性研究发展而来的[4-6]，而在三相系统电力变流器等几种应用的研究里得到了拓展。因此，空间矢量由于其物理意义最初是在交流电动机里定义的，现在被推广到其他三相可变系统里，这个同样体现在这个章节里。电动机所有矢量控制技术里，空间矢量理论应用一直是核心。空间矢量理论使磁场定向控制（FOC）和直接转矩控制（DTC）[18-21]，以及三相有源整流器的矢量控制技术，如电压定向控制（VOC）和直接功率控制（DPC）[8]得以发展。最终，它成了现在正在被开发的广为人知的空间矢量仿真技术的必要工具[22-27]。

鉴于空间矢量是学习交流电动机和电力变流器动态模型的最有用的框架，下面将主要讲述其理论部分。

1.2 空间矢量的定义

以一个通用的三相系统为例。该系统用一个三相绕组来表示（见图1-1），该绕组是交流电动机的定子绕组。依次为 sA、sB、sC。每个定子绕组的定子电流的瞬时值依次为 $i_{sA}(t)$、$i_{sB}(t)$、$i_{sC}(t)$，t 代表时间。假定零序电流不存在，例如在定子三相系统的中性点不接地的情况下。在这种情况下有以下等式成立

$$i_{sA}(t)+i_{sB}(t)+i_{sC}(t)=0 \tag{1-1}$$

三相系统的三个绕组相位依次相差120°，并且 sA 轴位于复数平面的实轴上。假定

给每相绕组通以随时间正弦变化的电流时，产生一个空间变化的正弦分布的磁动势(mmf)。这意味着分布式相绕组有一个正弦绕组密度。绕组的相电流产生了一个特定的正弦分布的磁动势，其振幅大小与电流的振幅成比例，磁势方向由绕组轴线所在的空间位置和电流的极性共同决定。如果只有绕组 sA 通以正向电流，那么就会产生一个正弦分布的电流密度场，且方向与该绕组相差 90°。用图 1-2[28] 表示如下，定子绕组的正弦特性通过一个变化的绕组线的横截面或者两个半月形状的部分来体现。

磁动势是三相绕组电流密度叠加的结果。如果每相绕组流过正弦电流，所有的电流密度将会是一个正弦空间分布。那么分布式磁动势的振幅大小和方向将取决于每相绕组电流 $i_{sA}(t)$、$i_{sB}(t)$、$i_{sC}(t)$ 的瞬时值。三相系统是通过随时间变化的电流波形来刻画的，因此电流密度场的幅值和空间位置都将随时间发生改变。相关地，在古典电动机理论里有一个很著名的结论，那就是三相对称系统的绕组电流之和保持平衡，并且该绕组产生一个正弦变化的、振幅一定、匀速旋转的磁动势，这就是脉冲电源（也就是伽利略法拉利的场理论）。

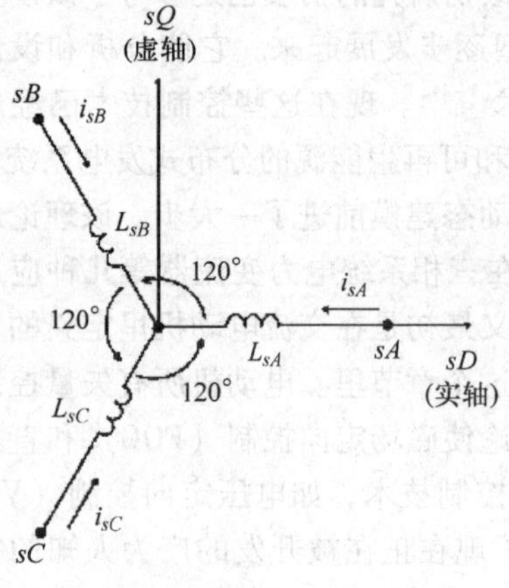

图 1-1　三相绕组分布图

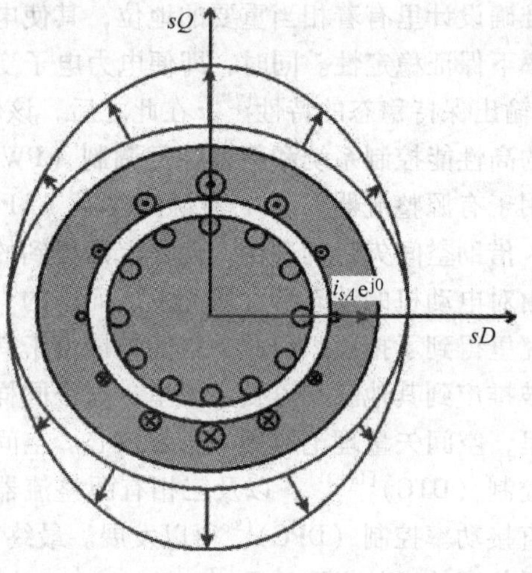

图 1-2　电流密度在定自绕组 sA 相的分布

电流密度分布可以通过各相电流的空间矢量来表示。因此，定子电流的空间矢量可以表示如下

$$i_s(t)=k[i_{sA}(t)+a\,i_{sB}(t)+a^2\,i_{sC}(t)]=|i_s|e^{j\alpha_s}=i_{sD}(t)+j\,i_{sQ}(t) \tag{1-2}$$

式中　　　j——序数单位；

$a=e^{j2\pi/3}$——矢量逆时针旋转 $2\pi/3$ 的复数算子；

$|i_s|$——定子电流空间矢量的振幅；

α_s——定子电流空间矢量在 sD 轴的角度；

$i_{sD}(t)$和 $i_{sQ}(t)$——分别表示相应的定子电流空间矢量分量的实部和虚部的复平面法。

在式 (1-2) 中，$a(a^2)$ 表示在 $sB(sC)$ 轴的单位振幅复向量；$ai_{sB}(t)$ $(a^2i_{sC}(t))$ 表示由相电流 $i_{sB}(i_{sC})$ 在正弦空间分布的相电流。图 1-3 显示了定子绕组产生的正弦电流密度分布，当通电时，定子电流空间矢量提供了一个相对于 sD 轴向的角位移 α_s。

在式（1-2）中，k 是一个常数因子，可以采取几个参数。因此，空间矢量的数量呈现出不同的特点。当 $k=2/3$，则所谓的非对称形式（非功率不变形式）的定子电流空间矢量的振幅的峰值具有正弦属性。当 $k=\sqrt{2/3}$，在没有其他干扰因素的情况下，空间矢量的所谓对称形式（功率不变形式）将导致瞬时功率可由空间矢量方式处理。所以如果取 $k=3/2$，则采用功率不变形式。

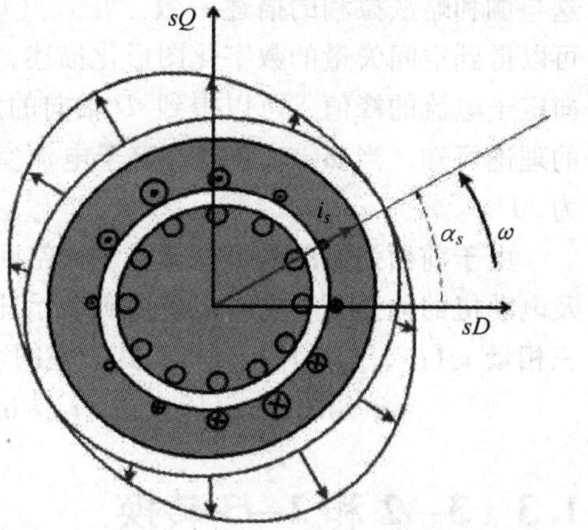

图 1-3　定子绕组产生的正线电流密度

通过假定在正弦稳态对称三相运行，由此电流、电压和磁通之间的联系是正弦形成的一个正序。例如瞬时定子电流表示如下，其中，I_s 是电流的方均根值；ω 是它的角频率；t 是时间：

$$\begin{cases} i_{sA}(t)=\sqrt{2}I_s\cos(\omega t) \\ i_{sB}(t)=\sqrt{2}I_s\cos\left(\omega t-\dfrac{2\pi}{3}\right) \\ i_{sC}(t)=\sqrt{2}I_s\cos\left(\omega t-\dfrac{4\pi}{3}\right) \end{cases} \tag{1-3}$$

将式（1-3）代入式（1-2）中，相应的定子电流空间矢量可以表示为

$$i_s(t)=|i_s|e^{j\omega t}=I_s e^{j\omega t} \tag{1-4}$$

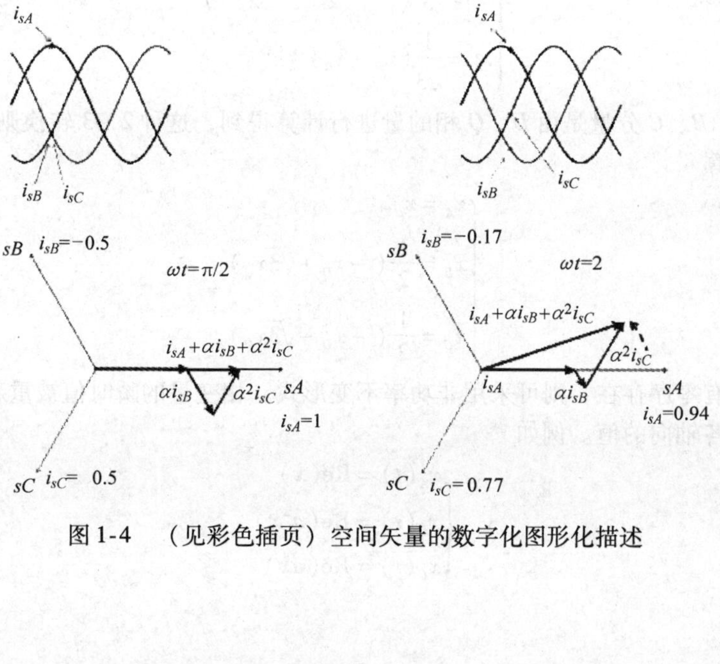

图 1-4　（见彩色插页）空间矢量的数字化图形化描述

空间矢量表示 A 相电流的旋转矢量，将其以恒定的振幅与角速度 X 沿正方向旋转。这与伽利略法拉利的描述一致。在式（1-3）中，给定一组平衡定子电流的单位幅值，可以得到空间矢量的数字化图形化描述，如图 1-4 所示。在 $\omega=0$ 时，根据相应的 sA 轴向定子电流的峰值，可以得到 sD 轴向的定子电流的空间矢量。一段时间后，根据前面的理论可知，当 $\omega=\pi/9$ 时，定子电流空间矢量保持相同的幅值，但相位角从 0°改变为 20°。

由于前面强调的物理意义，定义空间矢量的数量时要参考交流电动机电流。在不涉及电动机的前提下，它可以扩展到表示任何三相的随时间变化的量。因此，一组给定的三相量 $x_A(t)$、$x_B(t)$、$x_C(t)$，其对应的空间矢量可以这样定义

$$\boldsymbol{x}(t)=k[x_A(t)+ax_B(t)+a^2x_C(t)]=|\boldsymbol{x}|\mathrm{e}^{\mathrm{j}\alpha_x}=x_D(t)+\mathrm{j}x_Q(t) \tag{1-5}$$

1.3 3→2 和 2→3 转换

设 $\boldsymbol{x}(t)=x_D(t)+\mathrm{j}x_Q(t)$ 是一个空间矢量，正交矢量 $x_D(t)$ 和 $x_Q(t)$ 可以从三相变量 $x_A(t)$、$x_B(t)$、$x_C(t)$ 直接求得，反之亦然。从三相到两相的变量称为 3→2 转换，而从两相到三相的变量称为 2→3 转换。这些转换是线性的，取决于空间矢量定义的常数因子 k（式 1-2）。根据 k 的选择，有如下三种不同的转换

1.3.1 非功率不变形式 1

在这个条件下，如果 D、Q 分量分别从 A、B、C 相的量进行计算得到，这种 3→2 转换就是所谓的两轴转换，可以由下式给出

$$\begin{cases} x_D=\dfrac{2}{3}\left(x_A-\dfrac{1}{2}x_B-\dfrac{1}{2}x_C\right) \\ x_Q=\dfrac{1}{\sqrt{3}}(x_B-x_C) \end{cases} \tag{1-6}$$

如果 A、B、C 分量是由 D、Q 相的量进行计算得到，这种 2→3 转换则称为逆转换，可由下式计算

$$\begin{cases} x_A=x_D \\ x_B=\dfrac{1}{2}(-x_D+\sqrt{3}x_Q) \\ x_C=\dfrac{1}{2}(-x_D-\sqrt{3}x_Q) \end{cases} \tag{1-7}$$

如果没有零序存在，则可采用非功率不变形式。相变量的瞬时值被重新定义为空间矢量投影到各轴向的值。例如

$$\begin{cases} x_A(t)=\mathrm{Re}(\boldsymbol{x}) \\ x_B(t)=\mathrm{Re}(a^2\boldsymbol{x}) \\ x_C(t)=\mathrm{Re}(a\boldsymbol{x}) \end{cases} \tag{1-8}$$

在电气传动控制中，这种变换是较常用的[18-22]。不同于其他形式的变换，该变换的主要特征是A、B、C三相的矢量在D、Q轴分量呈现相同的幅值。

本书中，若没有特别说明，则系统为不对称形式（$k=2/3$非功率不变）。

1.3.2 功率不变形式

在这个条件下，如果D、Q分量分别从A、B、C相的量进行计算得到，这种3→2转换就是所谓的两轴转换，可以由下式给出

$$\begin{cases} x_D = \sqrt{\dfrac{2}{3}}\left(x_A - \dfrac{1}{2}x_B - \dfrac{1}{2}x_C\right) \\ x_Q = \dfrac{1}{\sqrt{2}}(x_B - x_C) \end{cases} \tag{1-9}$$

如果A、B、C分量是由D、Q相的量进行计算得到，这种2→3转换则称为逆转换，可由下式计算

$$\begin{cases} x_A = \sqrt{\dfrac{2}{3}}x_D \\ x_B = \sqrt{\dfrac{2}{3}}\left(-\dfrac{1}{2}x_D + \dfrac{\sqrt{3}}{2}x_Q\right) \\ x_C = \sqrt{\dfrac{2}{3}}\left(-\dfrac{1}{2}x_D - \dfrac{\sqrt{3}}{2}x_Q\right) \end{cases} \tag{1-10}$$

如果没有零序存在，则采用功率不变形式。相变量的瞬时值被重新定义为空间矢量投影到各轴向的值。例如

$$\begin{cases} x_A(t) = \sqrt{\dfrac{2}{3}}\mathrm{Re}(\boldsymbol{x}) \\ x_B(t) = \sqrt{\dfrac{2}{3}}\mathrm{Re}(a^2\boldsymbol{x}) \\ x_C(t) = \sqrt{\dfrac{2}{3}}\mathrm{Re}(a\boldsymbol{x}) \end{cases} \tag{1-11}$$

这种转换常用于电力有源滤波器的控制。

1.3.3 非功率不变形式2

在这种情况下，D和Q分量是由A、B、C相的量计算得到，3→2转换为

$$\begin{cases} x_D = \dfrac{3}{2}x_A \\ x_Q = \dfrac{\sqrt{3}}{2}(x_B - x_C) \end{cases} \tag{1-12}$$

若A、B、C相分量由D、Q计算得到，则2→3转换为

$$\begin{cases} x_A = \dfrac{2}{3}x_D \\ x_B = \dfrac{1}{3}(-x_D + \sqrt{3}x_Q) \\ x_C = \dfrac{1}{2}(-x_D - \sqrt{3}x_Q) \end{cases} \tag{1-13}$$

如果没有零序存在，则采用非功率不变形式。相变量的瞬时值被重新定义为空间矢量投影到各轴向的值。例如

$$\begin{cases} x_A(t) = \dfrac{2}{3}\mathrm{Re}(\boldsymbol{x}) \\ x_B(t) = \dfrac{2}{3}\mathrm{Re}(a^2\boldsymbol{x}) \\ x_C(t) = \dfrac{2}{3}\mathrm{Re}(a\boldsymbol{x}) \end{cases} \tag{1-14}$$

这种转换更多地用在电气传动控制中[21]。

1.4 坐标变换

空间矢量的另一个重要特征是可以采用一个旋转矢量的方式进行坐标变换，这是基于矢量控制技术非常重要的一个特点。参考方程 $\boldsymbol{x}(t) = |\boldsymbol{x}| \mathrm{e}^{\mathrm{j}\alpha_x} = x_D(t) + \mathrm{j}x_Q(t)$，假设参考矢量是以角速度 $\omega_g = \mathrm{d}\theta_g/\mathrm{d}t$ 旋转的，其变化范围 θ_g 是从 x 轴到参考轴向 sD 轴（见图 1-5）。

空间矢量 $\boldsymbol{x}^g = x_x{}^g + \mathrm{j}x_y{}^g$ 的表示需要用到非线性变换，其中矢量以参考角速度 ω_g 旋转，给定参考方向的表达式是

$$\boldsymbol{x}^g = x_x^g + \mathrm{j}x_y^g = \boldsymbol{x}\mathrm{e}^{-\mathrm{j}\theta_g} \tag{1-15}$$

式（1-15）分解其实部和虚部，它可以计算 x_x^g、x_y^g 其相应的矢量在固定参考方向的 x_Q、x_Q 形式，例如

$$\begin{cases} x_x^g = x_D\cos(\theta_g) + x_Q\sin(\theta_g) \\ x_y^g = -x_D\sin(\theta_g) + x_Q\cos(\theta_g) \end{cases} \tag{1-16}$$

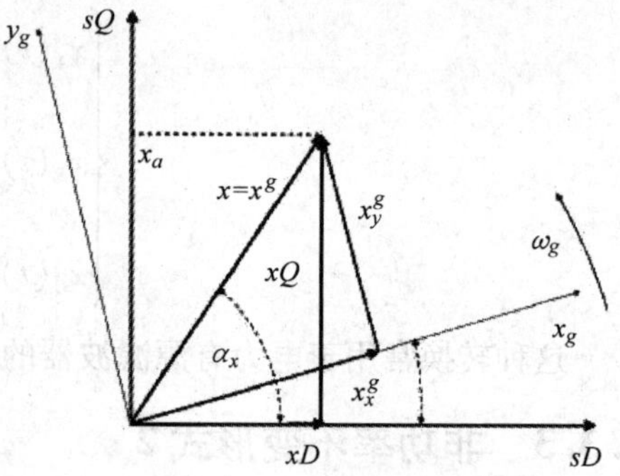

图 1-5 矢量图

如果各参考方向之间与空间矢量方向的选择相同（与 x 轴位于同一方向），其中 $\theta_g = \alpha_s$：

$$\boldsymbol{x}^g = x_x^g + \mathrm{j}x_y^g = \boldsymbol{x}\mathrm{e}^{-\mathrm{j}\theta_g} = |\boldsymbol{x}|\mathrm{e}^{\mathrm{j}\alpha_s}\mathrm{e}^{-\mathrm{j}\theta_g} = |\boldsymbol{x}| \tag{1-17}$$

这意味着，在这个特殊的情况下，空间矢量的模值恰好为其振幅。

如果空间矢量按 $\boldsymbol{x}(t) = x_D + \mathrm{j}x_Q$ 来计算，这是由上述公式 $\boldsymbol{x}^g = x_x{}^g + \mathrm{j}x_y{}^g$ 得来，则由式（1-15）的非线性转换应用得到

$$\boldsymbol{x} = \boldsymbol{x}^g\mathrm{e}^{-\mathrm{j}\theta_g} \tag{1-18}$$

按照式（1-18）将其分解为实部和虚部，可分解为

$$\begin{cases}x_D = x_x^g\cos(\theta_g) - x_y^g\sin(\theta_g)\\ x_Q = x_x^g\sin(\theta_g) + x_y^g\cos(\theta_g)\end{cases} \tag{1-19}$$

1.5 瞬时有功和无功功率

一般认为，在有中线的三相系统中，输入的瞬时三相功率 $p_{3\varphi}(t)$ 是由 Akagi 等[14]导出的：

$$S_{3\varphi}(t) = u_A(t)i_A(t) + u_B(t)i_B(t) + u_C(t)i_C(t) + 3u_0(t)i_0(t) \tag{1-20}$$

式中 $i_A(t)$、$i_B(t)$、$i_C(t)$ 和 $u_A(t)$、$u_B(t)$、$u_C(t)$ ——输入的相电流和相电压；

$i_0(t)$ 和 $u_0(t)$ ——零序电流和零序电压。

式（1-20）可根据非功率不变的空间矢量 $\boldsymbol{u}$ 和 $\boldsymbol{i}$ 来表示：

$$p_{3\varphi}(t) = \frac{3}{2}\mathrm{Re}(\boldsymbol{u}\boldsymbol{i}^*) + 3u_0(t)i_0(t) = p(t) + 3u_0(t)i_0(t) \tag{1-21}$$

式中，* 代表共轭运算，$p(t) = 3/2\mathrm{Re}(\boldsymbol{u}\boldsymbol{i}^*)$ 即为瞬时有功功率。

如果没有中线，就不存在零序电流成分或者 $p_{3\varphi}(t) = p(t)$，而 $s(t) = \boldsymbol{u}\boldsymbol{i}^*$ 就定义为瞬时复功率。

特别是当空间矢量运用在正交矢量 D 和 Q 中，而且 D 和 Q 形成等轴正交（就如图 1-1 中 D 和 Q 分别对应 sD 和 sQ 时，那么在没有零序出现的情况下

$$\begin{aligned}\boldsymbol{u} &= u_D + \mathrm{j}u_Q\\ \boldsymbol{i} &= i_D + \mathrm{j}i_Q\end{aligned} \tag{1-22}$$

通过用式（1-21）就可以导出

$$p(t) = \frac{3}{2}(u_D i_D + u_Q i_Q) \tag{1-23}$$

瞬时功率是由假设的 D 和 Q 相功率相加得出的，那么物理结果就很容易解释了。

在一个无零序的正弦稳态三相系统中，复功率可以定义为

$$\boldsymbol{S} = \frac{3}{2}\boldsymbol{u}\boldsymbol{i}^* \tag{1-24}$$

在式（1-4）的前提下，由于正弦稳态和相似的电压，有功 P 和无功 Q 能通过以下式子来定义

$$\begin{cases}P = \mathrm{Re}(\boldsymbol{S}) = \dfrac{3}{2}\mathrm{Re}(\boldsymbol{u}\boldsymbol{i}^*) & \text{(1-25a)}\\[2ex] Q = \mathrm{Im}(\boldsymbol{S}) = \dfrac{3}{2}\mathrm{Im}(\boldsymbol{u}\boldsymbol{i}^*) & \text{(1-25b)}\end{cases}$$

如果电流 $\boldsymbol{i}$ 滞后于电压 $\boldsymbol{u}$ 的相位为 φ，那么式（1-25a）和式（1-25b）就会变成熟知的

$$\begin{cases}P = 3UI\cos\varphi & \text{(1-26a)}\\ Q = 3UI\sin\varphi & \text{(1-26b)}\end{cases}$$

以下称为瞬时无功的定义限制了新变量的说明

$$q(t)=\frac{3}{2}\mathrm{Im}(\boldsymbol{u}\boldsymbol{i}^*) \tag{1-27}$$

这是需要更正的，而且文献也给出了 q 的新定义

$$q(t)=\frac{3}{2}\mathrm{Re}(-\mathrm{j}\boldsymbol{u}\boldsymbol{i}^*)=\frac{3}{2}\boldsymbol{u}\wedge\boldsymbol{i} \tag{1-28}$$

电压矢量 $\boldsymbol{u}$ 和电流矢量 $\boldsymbol{i}$ 的内积可定义瞬时有功功率

$$p(t)=\frac{3}{2}\mathrm{Re}(\boldsymbol{u}\boldsymbol{i}^*)=\boldsymbol{u}\cdot\boldsymbol{i}=\boldsymbol{u}^{\mathrm{T}}\boldsymbol{i} \tag{1-29}$$

接下来，这个定义是不会被采纳的，因为 Q 在正弦稳态中的定义会造成歧义。

总之，在三相系统中，瞬时有功和无功功率分别以 $p(t)$ 和 $q(t)$ 来表示，同样瞬时复功率用 $s(t)$ 表示，即

不变无功功率：

$$p(t)=\frac{3}{2}\mathrm{Re}\ (\boldsymbol{u}\boldsymbol{i}^*) \tag{1-30a}$$

$$q(t)=\frac{3}{2}\mathrm{Im}\ (\boldsymbol{u}\boldsymbol{i}^*) \tag{1-30b}$$

$$s(t)=\boldsymbol{u}\boldsymbol{i}^* \tag{1-30c}$$

然而，正如式（1-6）所呈现的因子 2/3 一样，之前的公式是运用空间矢量的非功率不变形式所导出的。

然而如果空间矢量选择了功率不变的形式，那么就可以使用以下的公式

不变功率：

$$p(t)=\mathrm{Re}\ (\boldsymbol{u}\boldsymbol{i}^*) \tag{1-31a}$$

$$q(t)=\mathrm{Im}(\boldsymbol{u}\boldsymbol{i}^*) \tag{1-31b}$$

$$s(t)=\boldsymbol{u}\boldsymbol{i}^* \tag{1-31c}$$

以上就解释了为什么上述的空间矢量有别于式（1-30a）~式（1-30c）。所以应注意辨别在空间矢量中是使用了功率不变还是非功率不变的形式。

由式（1-22）、式（1-25）和式（1-30b）推导出非功率不变的空间矢量

$$q(t)=\frac{3}{2}(u_Qi_D-u_Di_Q) \tag{1-32}$$

而式（1-9）、式（1-28）和式（1-32）推导出功率不变的空间矢量

$$q(t)=u_Qi_D-u_Di_Q \tag{1-33}$$

通过使用 Clark 法则，由式（1-9）和式（1-32）可以推出

$$q(t)=\frac{1}{\sqrt{3}}[(u_b-u_c)i_a+(u_c-u_a)i_b+(u_a-u_b)i_c] \tag{1-34}$$

在第 2 章和第 3 章中，使用由功率不变形式推导出来的功率定义式（1-31）会更有用，正因如此，接下来会使用这些空间矢量来做进一步拓展，但是，为了避免使用非功率不变的空间矢量，一些简单的答案会通过估算直接得出。

根据以上介绍，式（1-31a）和式（1-31b）可以用矩阵形式表示为

$$\begin{bmatrix} p \\ q \end{bmatrix} = \begin{bmatrix} u_D & u_Q \\ u_Q & -u_D \end{bmatrix} \begin{bmatrix} i_D \\ i_Q \end{bmatrix} \tag{1-35}$$

由于该矩阵是正交矩阵，所以可以很容易得出其逆矩阵

$$\begin{bmatrix} i_D \\ i_Q \end{bmatrix} = \frac{1}{u_D^2 + u_Q^2} \begin{bmatrix} u_D & u_Q \\ u_Q & -u_D \end{bmatrix} \begin{bmatrix} p \\ q \end{bmatrix} \tag{1-36}$$

也可以写成以下形式

$$\boldsymbol{i} = \begin{bmatrix} i_D \\ i_Q \end{bmatrix} = \frac{1}{u_D^2 + u_Q^2} \left(\begin{bmatrix} u_D \\ u_Q \end{bmatrix} p + \begin{bmatrix} u_Q \\ -u_D \end{bmatrix} q \right) \overset{\Delta}{=} \begin{bmatrix} i_{Dp} \\ i_{Qp} \end{bmatrix} + \begin{bmatrix} i_{Dq} \\ i_{Qq} \end{bmatrix} = \boldsymbol{i}_p + \boldsymbol{i}_q \tag{1-37}$$

式中 $\boldsymbol{i}_p$——瞬时有功电流分量；

$\boldsymbol{i}_q$——瞬时无功电流分量。

根据式（1-37），在 D 轴、Q 轴上的电流分量可以表示为

$$i_{Dp} = \frac{u_D}{u_D^2 + u_Q^2} p \qquad D\text{ 轴的瞬时有功电流} \tag{1-38}$$

$$i_{Qp} = \frac{u_Q}{u_D^2 + u_Q^2} p \qquad Q\text{ 轴的瞬时有功电流} \tag{1-39}$$

$$i_{Dq} = \frac{u_Q}{u_D^2 + u_Q^2} q \qquad D\text{ 轴的瞬时无功电流} \tag{1-40a}$$

$$i_{Qq} = \frac{-u_D}{u_D^2 + u_Q^2} q \qquad Q\text{ 轴的瞬时无功电流} \tag{1-40b}$$

接下来，由于

$$p(t) = u_D i_D + u_Q i_Q = \boldsymbol{u}^{\mathrm{T}} \boldsymbol{i} = \boldsymbol{u}^{\mathrm{T}} (\boldsymbol{i}_p + \boldsymbol{i}_q) = \boldsymbol{u}^{\mathrm{T}} \boldsymbol{i}_p + \boldsymbol{u}^{\mathrm{T}} \boldsymbol{i}_q = u_D i_{Dp} + u_D i_{Dq} + u_Q i_{Qp} + u_Q i_{Qq} \tag{1-41}$$

运用了式（1-38）和式（1-39），因此也可以表示为

$$p(t) = \frac{1}{u_D^2 + u_Q^2} (u_D^2 p + u_Q^2 p + u_D u_Q q - u_D u_Q q) \tag{1-42}$$

从式（1-41）中，可以清晰地看到 $p(t)$ 仅仅是由相应的 $u_D i_{Dp} + u_Q i_{Qp}$ 所导出的，也就是由电压矢量的 D 轴分量和 D 轴上的有功电流以及电压矢量的 Q 分量和 Q 轴上瞬时有功电流分量相加得到的。这就是为什么式（1-38）和式（1-39）式被称为瞬时有功电流的原因了。

式（1-42）中 $u_D u_Q q - u_D u_Q q$ 结果为零，并与 $u_Q i_{Qp} + u_Q i_{Qq}$ 相对应。这意味着式（1-40a）和式（1-40b）有关 q 的术语都没有给出任何作用于电源与负载之间的“瞬时”功率。这就是为什么式（1-40a）和式（1-40b）会被称为瞬时无功电流的原因了。

另外，在正弦稳态的有功功率中，从功率方面来说，这些电流的瞬时做功是无效的。

基于早前的研究，功率可以分解为

$$p_{Dp} = u_D i_{Dp} = \frac{u_D^2}{u_D^2 + u_Q^2} p \qquad D\text{ 轴瞬时有功功率} \tag{1-43a}$$

$$p_{Qq} = u_Q i_{Qp} = \frac{u_Q^2}{u_D^2 + u_Q^2} p \qquad Q\text{ 轴瞬时有功功率} \tag{1-43b}$$

$$p_{Dq} = u_D i_{Dq} = \frac{u_D u_Q}{u_D^2 + u_Q^2} q \qquad D\text{ 轴瞬时无功功率} \tag{1-44a}$$

$$p_{Qq} = u_Q i_{Qq} = \frac{-u_D u_Q}{u_D^2 + u_Q^2} q \qquad Q\text{ 轴瞬时无功功率} \tag{1-44b}$$

通过观察式（1-44a）和式（1-44b）以及式（1-42）$u_D u_Q q - u_D u_Q q$ 可以得出结论，瞬时无功功率 q 与在系统相位中被转换的电能质量相平衡。在任何时候，在电源和负载之间都不会对电能转换起任何作用。

图 1-6 总结了瞬时有功和无功功率的物理意义。

在对称的三相双绕组电动机中，均有定子和转子回路电流，总的瞬时输入功率即为定子和转子电流做功之和，也就是

$$p(t) = \text{Re}\,(\boldsymbol{u}_s \boldsymbol{i}_s^* + \boldsymbol{u}_r \boldsymbol{i}_r^*) \tag{1-45}$$

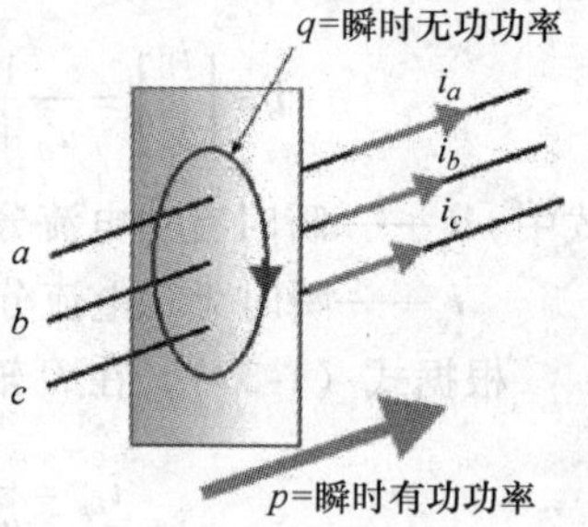

图 1-6　瞬时有功和无功功率

参考文献

1. G. Kron, *Equivalent Circuits of Electrical Machinery*, New York: John Wiley & Sons Inc., 1951.
2. P. L. Alger, *The Nature of Induction Machine*, New York: Gordon and Breach, 1965.
3. M. Kostenko, L. Piotrovsky, *Electrical Machines*, Moscow, Russia: MIR, 1969 (two volumes).
4. K. P. Kovacs, I. Ràcz, *Transiente Vorgänge in Wechselstrommachinen*, Akadémia Kiadò, Budapest, Hungary, 1954.
5. K. P. Kovacs, *Transient Processes in Electrical Machines (in Hungarian)*, Müszaki Konyvkiadò, Budapest, Hungary, 1970.
6. K. P. Kovacs, Programmierung von Asynchronenmotoren unter Berük-sichtigung der Sättigung, *Archiv für Elektrotechnik*, 47(4), 193–200, 1962.
7. N. Mohan, T. M. Undeland, W. P. Robbins, *Power Electronics, Converters, Applications and Design*, John Wiley & Sons, Inc., New York, 1995.
8. M. P. Kazmierkowski, R. Krishnan, F. Blaabjerg, *Control in Power Electronics*, London, U.K.: Academic Press, 2002.
9. M. P. Kazmierkowski, Current control techniques for three-phase voltage-source PWM converters: A survey, *IEEE Transactions on Industrial Electronics*, 45(5), 691–703, 1998.
10. M. P. Kazmierkowski, H. Tunia, *Automatic Control of Converter-Fed Drives*, Elsevier, Amsterdam, the Netherlands, 1994.
11. M. Malinowski, Sensorless control strategies for three—Phase PWM rectifiers, PhD thesis, University of Warsaw, Warsaw, Poland, 2001.
12. M. Malinowski, M. P. Kazmierkowski, S. Hansen, F. Blaabjerg, Virtual-flux-based direct power control of three-phase PWM rectifiers, *IEEE Transactions on Industrial Applications*, 37(4), 1019–1027, 2001.
13. M. Malinowski, M. P. Kazmierkowski, M. Trzynadlowski, A comparative study of control techniques for PWM rectifiers in AC adjustable speed drives, *IEEE Transactions on Power Electronics*, 18(6), 1390–1396, 2003.
14. H. Akagi, E. H. Watanabe, M. Aredes, *Instantaneous Power Theory and Applications to Power Conditioning*, IEEE Press, Wiley-Interscience, Piscataway, NJ, 2007.
15. H. Akagi, Active harmonic filters, *Proceedings of the IEEE*, 93(12), 2128–2141, 2005.

16. H. Akagi, Trends in active power conditioners, *IEEE Transactions on Power Electronics*, 9(3), 263–268, May 1994.
17. M. Godoy Simões, F. A. Farret, *Alternative Energy Systems: Design and Analysis with Induction Generators*, 2nd edn., CRC Press, Boca Raton, FL.
18. P. Vas, *Electric Machines and Drives, a Space-Vector Theory Approach*, Clarendon Press, Oxford, U.K., 1992.
19. P. Vas, *Sensorless Vector and Direct Torque Control*, Oxford Science Publications, Oxford, U.K., 1998.
20. P. Vas, *Vector Control of AC Machines*, Oxford Science Publications, Oxford, U.K., 1990.
21. W. Leonhard, *Control of Electrical Drives*, Berlin, Germany: Springer-Verlag, 1997.
22. J. Holtz, Optimal pulsewidth modulation for AC servos and low-cost industrial drives, *IEEE Transactions on Industrial Applications*, 30(4), 1039–1047, July/August 1994.
23. B. K. Bose, *Power Electronics and Motor Drives: Advances and Trends*, Academic Press, London, U.K., 2006.
24. B. K. Bose, *Modern Power Electronics and AC Drives*, Prentice Hall, Upper Saddle River, NJ, 2001.
25. B. K. Bose, *Power Electronics and Variable Frequency Drives: Technology and Applications*, Wiley-IEEE Press, New York, 1996.
26. D. G. Holmes, T. A. Lipo, *Pulse Width Modulation for Power Converters: Principles and Practice*, Wiley-IEEE Press, New York, 2003.
27. J. G. Kassakian, M. F. Schlecht, G. C. Verghese, *Principles of Power Electronics*, Prentice Hall, Upper Saddle River, NJ, 1991.
28. J. Holtz, Sensorless control of induction motor drives, *Proceedings of the IEEE*, 90(8), 1359–1394, 2002.

第1部分

电力变流器

第2章　电压源型逆变器的脉宽调制

2.1　电压源型逆变器的基本原理

三相电压源脉宽调制（PWM）转换器，也称为电压源型逆变器（VSI），可实现电源和负载耦合的交流侧和直流侧的联系：若能量从直流侧流向交流侧，则转换器的作用就是一个逆变器；否则，就是一个整流器（见图2-1）。

电路是基于半导体器件的所谓的开关模式操作。它们能适当地被驱动在ON（通）或OFF（关）状态。在通状态，理想情况下，每个器件都有一个零位电压，且其电流取决于外部电路；在关状态，电流为零，电压取决于外部电路。与传统的开关不同的是，电力电子器件只允许电流单向流动。因此，当需要电流反向流动时会增加一个反向并联二极管。这是电感性负载的一种普遍现象。这个和电源开关反并联的二极管也常称为续流二极管。

电源开关时的动作区间不能运行。这个特性就像传统的开关一样，且因为非线性，所以整个电路也非线性。

实际情况中，功率器件会因在关状态的最大允许电压、在通状态的最大电流、开通时间（即从关状态转换到通状态所需的时间），以及关断时间（即从通状态转换到关状态所需时间）的不同而呈现不同特性。需要注意的是，将逻辑信号转换成电子信号的电路（即驱动电路）可以驱动功率器件。

制造商一直在尝试通过设计高闭锁电压、高传导电流、更短开通和关断时间及一个廉价的驱动来提高这些参数，通过努力现在生产出了像双极结型晶体管（BJT）、金属-氧化物-半导体场效应晶体管（MOSFET）、绝缘栅双极晶体管（IGBT）等器件。

图2-1中各支路（A、B和C）中的器件必须互补；通状态的器件必须配合断状态的同支路的互补的器件，反过来也一样，从而避免直流侧短路。在开关转换时同样要避免这种情况。为避免出现这种情况，即众所周知的“直通”，在各器件通断转换前，引入了一段额外的间隔时间，即死区时间；在死区时间，同支路的两个器件都在关状态，储存电荷的效应消失了。死区时间相对于器件的通断时间来说是很短的，但必须要比从通状态转换成关状态所需时间长一点，反过来也一样。同支路的两个器件允许同时处于关状态；然而，这种情况下在对应的输出口将失去电压控制，所以要避免长时间发生。在基于IGBT的额定功率为数千伏安的电力变流器中，死区时间通常为1~4μs，这取决于器件自身的开关速度。

器件的状态通常用二进制符号表示：传统的通状态用“1”表示，关状态用“0”表示。为了辨别变流器的不同状态，用3位二进制数来表示就够了，因为只需标识上半

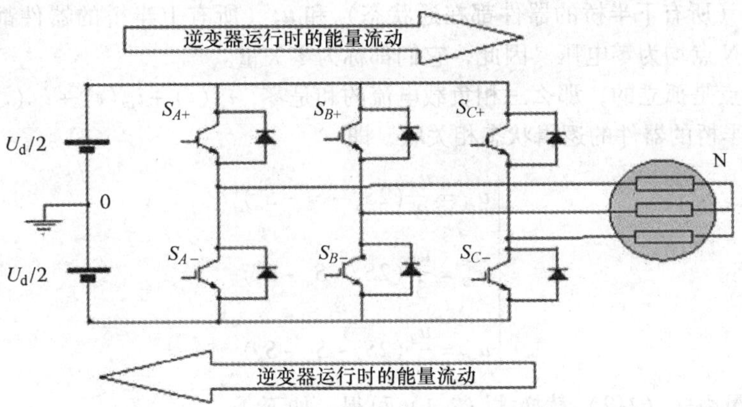

图 2-1　对应逆变器和整流器特性的电压源型逆变器

桥的器件状态，下半桥的器件状态为隐性定义的（正如上面所讲，这是它的对立面），且逆变器的输出电压也是如此。表 2-1 给出了关于直流电源中性点 0（见图 2-1）和负载侧中性点 N 的相电压所有可能的值。

在表 2-1 中，第二列表示上半桥器件的状态。格雷码（在左边第二列）可以从 $\boldsymbol{u}_0$ 到 $\boldsymbol{u}_7$ 中识别。这样识别的好处将会在专门讲述空间矢量调制（SV－PWM）的章节中阐述。

电压 $\boldsymbol{u}_{N0}$ 是所谓的共模电压（Common Mode Voltage，CMV），如果负载平衡，可由 $(\boldsymbol{u}_{sA0}+\boldsymbol{u}_{sB0}+\boldsymbol{u}_{sC0})/3$ 求得。

表 2-1　关于直流电源中性点 0 的相电压可能值

	$(S_a\ S_b\ S_c)$	$\boldsymbol{u}_{sA0}$	$\boldsymbol{u}_{sB0}$	$\boldsymbol{u}_{sC0}$	$\boldsymbol{u}_{sAN}$	$\boldsymbol{u}_{sBN}$	$\boldsymbol{u}_{sCN}$	$\boldsymbol{u}_{N0}$
$\boldsymbol{u}_0$	(000)	$-U_d/2$	$-U_d/2$	$-U_d/2$	0	0	0	$-U_d/2$
$\boldsymbol{u}_1$	(100)	$U_d/2$	$-U_d/2$	$-U_d/2$	$2U_d/3$	$-U_d/3$	$-U_d/3$	$-U_d/6$
$\boldsymbol{u}_2$	(110)	$U_d/2$	$U_d/2$	$-U_d/2$	$U_d/3$	$U_d/3$	$-2U_d/3$	$U_d/6$
$\boldsymbol{u}_3$	(010)	$-U_d/2$	$U_d/2$	$-U_d/2$	$-U_d/3$	$2U_d/3$	$-U_d/3$	$-U_d/6$
$\boldsymbol{u}_4$	(011)	$-U_d/2$	$U_d/2$	$U_d/2$	$-2U_d/3$	$U_d/3$	$U_d/3$	$U_d/6$
$\boldsymbol{u}_5$	(001)	$-U_d/2$	$-U_d/2$	$U_d/2$	$-U_d/3$	$-U_d/3$	$2U_d/3$	$-U_d/6$
$\boldsymbol{u}_6$	(101)	$U_d/2$	$-U_d/2$	$U_d/2$	$U_d/3$	$-2U_d/3$	$U_d/3$	$U_d/6$
$\boldsymbol{u}_7$	(111)	$U_d/2$	$U_d/2$	$U_d/2$	0	0	0	$U_d/2$

电压空间矢量㊀与逆变器每个 $\boldsymbol{u}_k$ 相关联，即

$$\boldsymbol{u}_s=\frac{2}{3}\left[u_{sA}(t)+au_{sB}(t)+a^2u_{sC}(t)\right]=u_{sD}(t)+\mathrm{j}u_{sQ}(t)=\boldsymbol{u}_s\mathrm{e}^{\mathrm{j}\alpha_s}\tag{2-1}$$

式中，$u_{sA}(t)$、$u_{sB}(t)$ 和 $u_{sC}(t)$ ——是分别对应 A、B、C 相中点的电压㊁。

正如表 2-1 所示，一个电压源型逆变器（VSI）可以产生 8 个电压空间矢量。其中

㊀ 本章中，使用无功不变的空间矢量的定义（见第 1 章）。

㊁ a 为 120°旋转因子。——译者注

两个，与 $\boldsymbol{u}_0$（所有下半桥的器件都在通状态）和 $\boldsymbol{u}_7$（所有上半桥的器件都在通状态）一致，相对 N 点均为零电压。因此，它们都称为零矢量。

如果 N 点是孤立的，那么三相负载电流的和是零，$i_{sA}(t)+i_{sB}(t)+i_{sC}(t)=0$。相电压直接与上半桥的器件的逻辑状态相关联，即

$$\begin{cases} u_{sA}=\dfrac{u_d}{3}(2S_a-S_b-S_c) \\ u_{sB}=\dfrac{u_d}{3}(2S_b-S_a-S_c) \\ u_{sC}=\dfrac{u_d}{3}(2S_c-S_a-S_b) \end{cases} \tag{2-2}$$

电压空间矢量由式（2-2）替换式（2-1）可得，如下

$$\boldsymbol{u}_s=\frac{2}{3}\boldsymbol{u}_d[S_a+aS_b+a^2S_c] \tag{2-3}$$

6 个活跃配置（$\boldsymbol{u}_k$，$k=1, 2, \cdots, 6$）给出了幅值等于 $2\boldsymbol{u}_d/3$ 而相位为 $q_k=(k-1)\pi/3$ 的电压矢量。由式（2-3）得电压矢量为

$$\boldsymbol{u}_s=\begin{cases} \dfrac{2}{3}\boldsymbol{u}_d\mathrm{e}^{\mathrm{j}(k-1)\pi/3} & k=1, 2, \cdots, 6 \\ \boldsymbol{0} & k=0, 7 \end{cases} \tag{2-4}$$

6 个非零矢量的顶点定义所谓的 VSI 特征六边形，如图 2-2 所示。

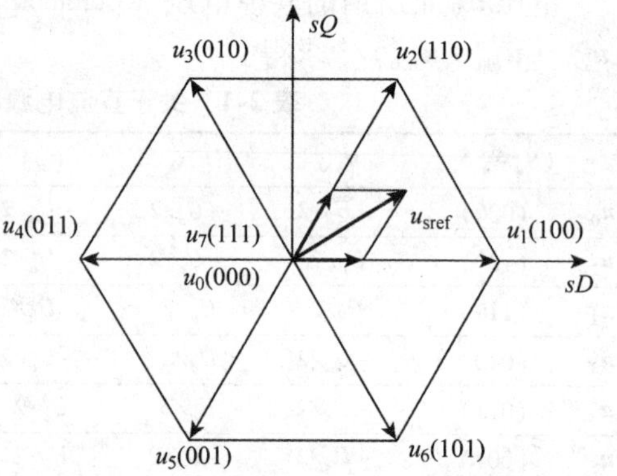

图 2-2　电压源型逆变器特征六边形

即使逆变器是高度非线性电路，它运行起来也像线性放大器：其输出需服从与输入信号相同的波形和放大的幅值。这是通过功率设备的适当控制方案实现的，称为脉宽调制（PWM）技术。若干 PWM 技术在文献中有提出，其性能可以由接下来的章节[1,2]给出的标准来评估。

下面介绍性能标准。

在真实的工作环境中，逆变器的期待输出与线性放大器的理想特性不同：若干参数，如电流波形的变形、电力变流器的谐波损耗和负载中电磁转矩的振幅（如果负载是旋转机驱动），以及共模电压，都被考虑在性能指标里，由此构成了正确选择 PWM 方案的重要准则[2,3]。

2.1.1　电流谐波

电流谐波方均根如下定义：

$$I_{h\ rms} = \sqrt{\frac{1}{T}\int_T [i(t) - i_1(t)]^2 \mathrm{d}t} \tag{2-5}$$

式中　$i_1(t)$——时域基波电流；

T——时间周期。

要注意的是，这个参数取决于调制算法和负载阻抗。后者的影响可利用标准化的谐波电流（失真度）来消除：

$$d = \frac{I_{h\ rms}}{I_{h\ rms\ \text{six-step}}} \tag{2-6}$$

其中谐波电流 $I_{h\ rms}$ 指的是用相同负载获得的电流 $I_{h\ rms\ \text{six-step}}$，但是通过同期基波输出波形内重复顺序 $\boldsymbol{u}_1-\boldsymbol{u}_2-\boldsymbol{u}_3-\boldsymbol{u}_4-\boldsymbol{u}_5-\boldsymbol{u}_6$（见表2-1）或者六阶梯运算：如此，获得的相间输出电压是六阶梯。

在六阶梯运算中，$d=1$，然而，这个参数可以大于1。空间矢量轨迹的谐波电流可以估计为

$$I_{h\ rms} = \sqrt{\frac{1}{T}\int_T [i(t) - i_1(t)][i(t) - i_1(t)]^* \mathrm{d}t} \tag{2-7}$$

式中　$*$——复共轭。

负载中的铜损与谐波电流的平方成比例，因此，d^2 代表损耗因子。

2.1.2　谐波频谱

当开关频率可以表示成 $f_s = Nf_1$ 时，出现了同步PWM，f_1 是基波频率而 N 是整数。频谱排列成离散电流分量 $h_i(k \cdot f_1)$，k 是谐波分量的阶：

$$h_i(k \cdot f_1) = \frac{I_{h\ rms}(kf_1)}{I_{h\ rms\ \text{six-step}}} \tag{2-8}$$

需要注意的是，所有分量都如式（2 6）　样标准化了，因此它们与负载无关。

对于非同步的PWM，可在谐波电流的六阶梯模型中以分解电流谱幅来定义一个连续的振幅频谱 $h_d(f)$。一个连续的频谱包含周期分量和非周期分量；$h_d(f)$ 函数与空间的离散频谱不同，它可在［$\mathrm{Hz}^{-1/2}$］中测量。

从式（2-6）开始，可以计算离散频谱和振幅谱密度的标准化谐波电流，即

$$d = \frac{I_{h\ rms}}{I_{h\ rms\ \text{six-step}}} = \frac{\sqrt{\frac{1}{T}\int_T (i(t) - i_1(t))^2 \mathrm{d}t}}{I_{h\ rms\ \text{six-step}}} = \frac{\sum\limits_{k\neq 1} I_{k\ rms}(kf_h)}{I_{k\ rms\ \text{six-step}}} = \sqrt{\sum_{k\neq 1} h_k^2(k \cdot f_1)} \tag{2-9}$$

$$d = \frac{\sqrt{\frac{1}{T}\int_T (i(t) - i_1(t))^2 \mathrm{d}t}}{I_{h\ rms\ \text{six-step}}} = \sqrt{\frac{1}{T}\int_T \left(\frac{i(t) - i_1(t)}{I_{h\ rms\ \text{six-step}}}\right)^2 \mathrm{d}t} = \sqrt{\int_{0,\ f\neq f_1}^{\infty} h_d^2(f)\mathrm{d}f} \tag{2-10}$$

另外，将逆变器的失真度和开关频率相乘，得到品质因数。该因数可比较不同开关频率下的不同PWM算法；脉波数 N 必须大于15，N 值较低时是非线性的。

2.1.3 最大调制指数

调制指数可以像标准化基本电压一样定义：

$$M = \frac{u_1}{u_{1(\text{six-step})}} \tag{2-11}$$

式中 u_1——选定 PWM 的基本电压的幅值；

$u_{1(\text{six-step})}$——六阶梯运算的基本电压的幅值。

已经证实，当$0 \leqslant M \leqslant 1$有效且$M=1$时意味着六阶梯模型运算。根据不同 PWM 技术的选择，可获得最大调制指数$M_{\max}$，甚至可变化25%。

值得注意的是，最大调制指数是很重要的，因为在交流侧由 PWM 逆变器传输的功率与电压幅值成比例。

2.1.4 转矩谐波

转矩谐波是电力传输设备产生振动和噪声的原因，减缓振动和噪声在民用设备（例如，乘客舒适性）和军用设备（例如，声探测）都有重要意义。

总的来说，振动分空气动力的、机械的或者电磁的，转矩谐波主要是电磁的，特别是谐波电流。

转矩脉动可由下式表示：

$$\Delta T = \frac{(T_{e\max} - T_{eav})}{T_L} \tag{2-12a}$$

式中 $T_{e\max}$——最大气隙转矩；

T_{eav}——平均气隙转矩；

T_L——额定机械负载转矩。

$$\delta_T\% = \frac{100}{T_{e0}}\sqrt{\frac{1}{N}\sum_{i}^{N}(T_{ei} - T_{e0})^2} \tag{2-12b}$$

式中 T_{e0}——期望转矩；

T_{ei}——在第i取样时间的转矩；

N——取样数。

2.1.5 开关频率和开关损耗

损耗出现在电力开关的接通和换相时。

接通期间，损失能量由传输电流（i_0）、器件电压降（v_{ON}）和接通时间（T_{ON}）给出。切换时间的平均功率$\langle P_{ON}\rangle$由下式可得

$$\langle P_{ON}\rangle = \frac{i_0 v_{ON} T_{ON}}{T_{sw}} = i_0 v_{ON} T_{ON} f_{sw} \tag{2-13}$$

式中 T_{sw}——开关持续时间，其倒数是开关频率$f_{sw} = 1/T_{sw}$。

在从导通换相到关闭期间，器件的电压从v_{ON}升到最大值，而电流降为零。在这个

瞬间，电压和电流都不为零，于是有功率损耗。换相期间的功率损失可以用电压上升时间（t_{rv}）和电流下降时间（t_{fi}）的和作为底，由电压升和电流降落一起组成的三角形来描述。如图2-3所示。考虑到电子电路所需的给电力设备的指令（t_d），换相经常会延迟。

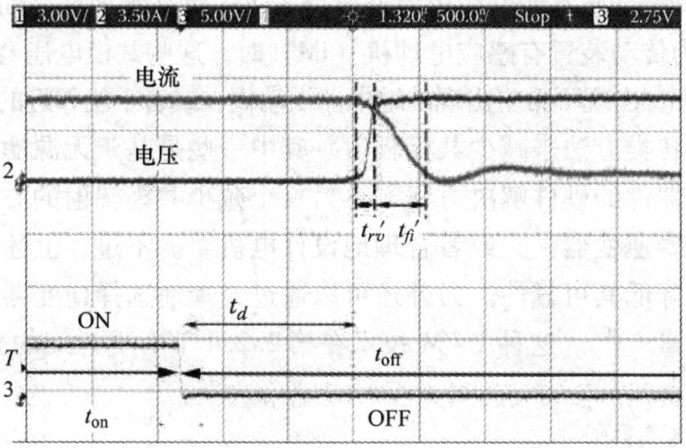

图2-3　功率设备从通状态转为关状态期间的时域波形

切换期间的功率损失可由三角形区域近似得到

$$E_{\mathrm{ON \to OFF}} = \frac{1}{2} v_0 i_0 (t_{rv} + t_{fi}) \tag{2-14}$$

式中　v_0——开关处于关状态时的电压；

i_0——通状态的电流。

由图2-3分析显示，换相速度越快，上述的三角形面积越小，设备的功率损失越少。

从断开到导通的过程，考虑到电流的上升时间（t_{ri}）和电压的衰减时间（t_{fv}），分析过程类似。这样平均功率损耗〈P_{SW}〉可由下式计算

$$\langle P_{SW} \rangle = \frac{\dfrac{v_0 i_0 [(t_{rv} + t_{fi}) + (t_{ri} + t_{fv})]}{2}}{T_{sw}} = \frac{v_0 i_0}{2}[(t_{rv} + t_{fi}) + (t_{ri} + t_{fv})] f_{sw} \tag{2-15}$$

值得注意的是，式（2-13）和式（2-15）取决于开关频率。f_{sw}越高，功率损失越高，电磁适应性就越值得注意；不过现在变流器的动态特性已经改善，无功设备的尺寸也小了。

其他功率损失出现在通状态。特别的，开关期间的平均功率由式〈P_{ON}〉$= i_0 v_{on} t_{on} f_{sw}$给出。其中，$v_{on}$是导通电流$i_0$导致的电压降；$t_{on}$是功率设备处于导通状态的时间。然而，相对于电流为零的关状态的开关损耗和功率损耗，该期间是可以忽略的。

最后，取决于开关频率的电流产生磁材料的磁力控制的力学的变形，并可能导致噪声的产生，噪声在声频范围50Hz~10kHz之间，而人类可感受的范围为1~2kHz。

2.1.6　共模电压（CMV）

逆变器输出口的共模电压，定义为$u_{N0} = (u_{sA} + u_{sB} + u_{sC})/3$，被认为是导致线性放大

器的逆变器出现不理想情况的因素之一。特别是尽管输入参考值是正弦函数并且是三相对称系统，由于电压源型逆变器（VSI）的误差，共模电压（CMV）不会等于零。对于每一个逆变器配置，在表 2-1 中，u_{N0}的值是确定的。该波形的频谱取决于开关频率和换相速度。

共模电压的变化会导致高频共模电流通过介于 VSI 负载和地面之间的寄生电容传至地面。特别的，当电力传动装置有感应电动机（IM）时，这些共模电压会造成装置变得不稳定：滚珠轴承会损坏，出现不希望出现的继电器误动作，或者干扰邻近的电子设备。

目前已提出了各类方法来减少共模辐射。其中一些是基于无源滤波器[4]或者有源滤波器加上附加功率器件的硬件解决方案[5]。另一个减少共模辐射的方法是采用改进的变流器结构，如四桥臂逆变器[6]，或者合理地设计电机[7]。不过，上述所有方案都意味着会提高总体成本并降低其可靠性。另外还可以通过合理地选择逆变器的开关模型来限制造成共模干扰的因素[8-10]。这种 PWM 技术在第 2.2.4 节有更详细的介绍。

2.2 开环 PWM

根据控制理论，特别是有无反馈时，调制技术可分为闭环方案和开环方案，如图 2-4所示。开环方案是建立在基于负载上的标准值的由逆变器产生电压的应用程序上（见图 2-5）。

可确定四种类别。第一种类别是基于载波，有五种方法：次振荡方法、修正次振荡方法、采样技术、空间矢量脉宽调制技术以及修正空间矢量脉宽调制技术。第二和第三种类别以“无载波 PWM”和“超调制”技术著称。最后第五种类别“优化的开环”又分为消谐、目标函数和优化子循环方法。

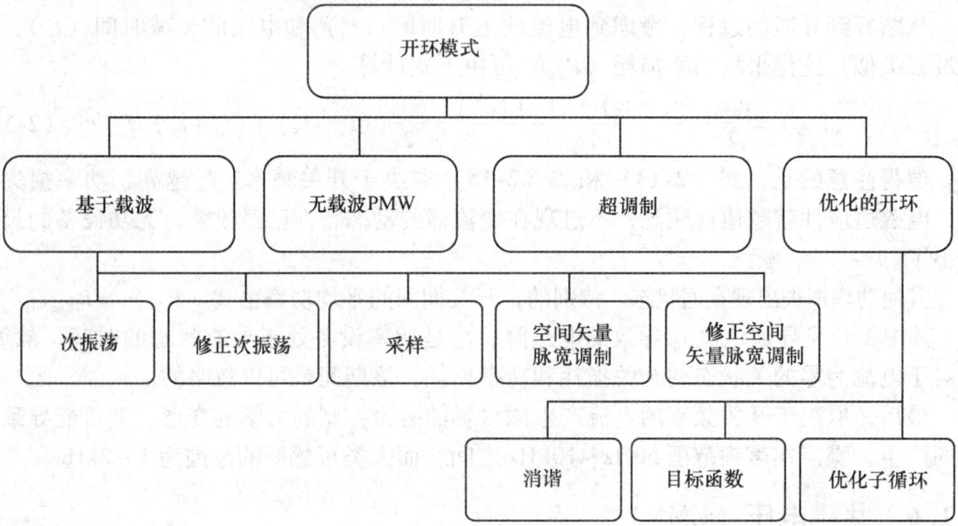

图 2-4　开环控制方案分类

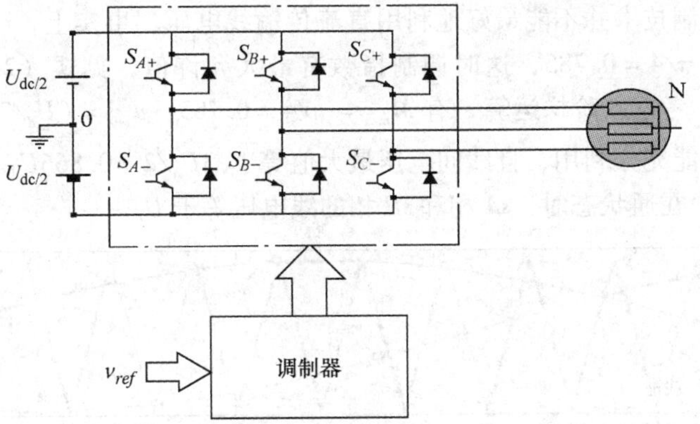

图 2-5　电压源型逆变器典型开环控制方案

2.2.1　载波 PWM

1. 次振荡方法

这个方法在三相电路中都使用了独立的调制器。sA、sB、sC 三相分别需要三个参考正弦电压 u_{sAref}、u_{sBref}和 u_{sCref}，代表三相对称系统。它们可从参考矢量 $\boldsymbol{u}_{sref}$通过下式求得（见第 1 章）：

$$\begin{cases} u_{sAref} = \text{Re}[\boldsymbol{u}_{sref}] \\ u_{sBref} = \text{Re}[a^2\boldsymbol{u}_{sref}] \\ u_{sCref} = \text{Re}[a\boldsymbol{u}_{sref}] \end{cases} \tag{2-16}$$

这些参数需和频率要大得多的三角载波（每相都相同）相比较。比较的结果是逆变器每个支路的控制互补的功率开关逻辑信号，如图 2-6 所示。在图 2-7 的一个例子中，三角载波和两个在载波中成比例的参考电压，参数分别等于 1 和 0.5。

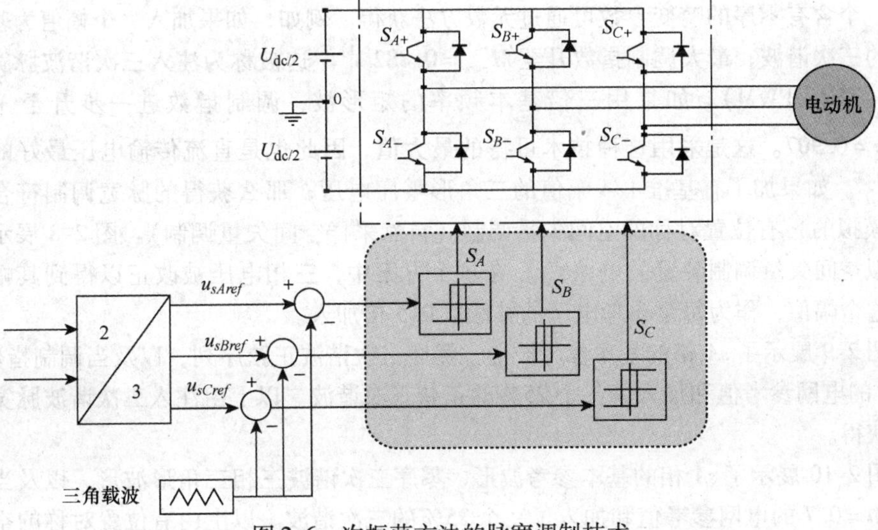

图 2-6　次振荡方法的脉宽调制技术

这种脉宽调制技术并不能最好地利用直流传输线电压。事实上，$m=1$ 时有载波幅值对应于 $M_{max}=\pi/4=0.785$，这时调制指数有最大允许值，见式（2-11）。这种情况下，$u_{sA0}=U_d/2$；考虑六阶梯运算，有 $M_{max}=\pi/4=0.785$，$u_{sA0}=(U_d/2)(4/\pi)$。因此，直流传输电压未能充分利用，且线间电压最大值等于$\sqrt{3}U_d/2=0.866U_d$。应该注意的是，当开关 S_{A+} 和 S_{B-} 在通状态时，sA 相和 sB 相的线电压等于 U_d。

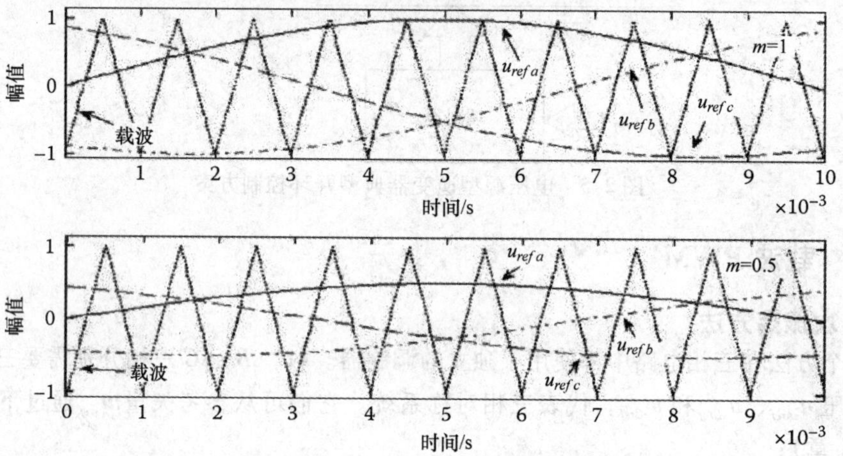

图 2-7　三角载波以及 $m=1$ 和 $m=0.5$ 的参考电压信号

2. 修正次振荡方法

上述方法不能很好地利用直流传输电压，通过给参数增加零序波形可得到更高的基准电压最大值。事实上，在相电压中，没有三次谐波（这普遍适用于三相对称脉宽调制波形），又由于所有三次谐波形成零序，如果中性点未连接，负载上就没有相应的电流产生。

一个含有零序的畸变参数可通过无数方法获得。例如，如果加入一个幅值为基准的25%的三次谐波，最大调制指数升至 $M'_{max}=0.882$[11]。这被称为注入三次谐波脉宽调制技术（THI－PWM）。如果用三倍基本频率的矩形波，调制指数进一步升至 $M''_{max}=\sqrt{3}\pi/6=0.907$。这是采用这种技术可得的最大值，因此也是直流传输电压最好的利用方案[12]。如果加了有基准 1/4 幅值的三角形零序电压，那么获得的脉宽调制符合传统的（模拟的）有位置对称的空间矢量调制（自然采样空间矢量调制）。图 2-8 展示了一个模拟空间矢量调制装置的电路[13]。在这个方案中，三相电压被改正以得到其幅度矢量。这个幅值，作为每个参考电压的补偿以 0.5 倍加入。

图 2-9 展示了 sA 相的基本参考波形、零序三次谐波正弦序列，以及当调制指数$m=0.7$ 时的电网参考值和加入了一个 25% 的正弦三次谐波。以上由注入三次谐波脉宽调制技术获得。

图 2-10 展示了 sA 相的基本参考波形、零序三次谐波三相三角形波形，以及当调制指数 $m=0.7$ 的电网参考值和加入了一个 25% 的三次谐波。以上由有位置对称的空间矢

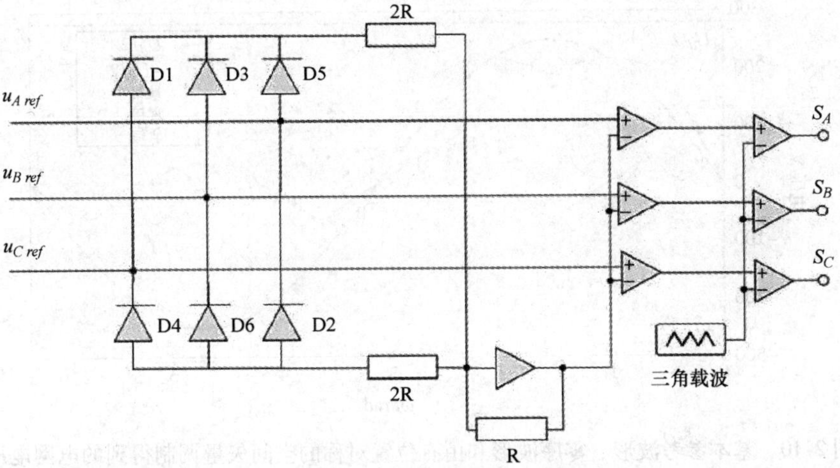

图 2-8 模拟空间矢量调制装置的电路

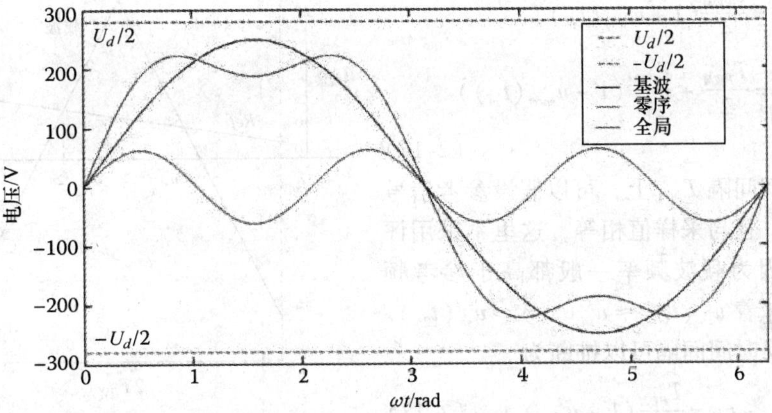

图 2-9 参考基本波形、零序波形以及由注入三次谐波脉宽调制技术获得的电网电压波形

量的空间矢量调制得到。

3. 采样技术

在先前的滤波方法中，参考信号与三角载波进行的是连续对比。这通过模拟电路很容易实现，但会使基于微处理器的电路变得很耗时间。现假设单参考电压信号规格化时（幅值在 0 和 1 之间），载波信号为单位幅值。

图 2-11 中，表示出了载波信号。

在这样的假设下，考虑到三角载波的斜率等于 $2/T_{PWM}$，表示在 $0<t<T_{PWM}/2$ 区间内载波的直线方程为 $u_{载波}=-1+(4/T_{PWM})t$。如果时间 t 表达式为 $t=(T_{PWM}/4)(u_{载波}(t)+1)$，转换区间 t_{1n} 和 t_{2n} 能利用载波与在时间 t_{sn}（采样频率 $f_s=f_{PWN}=1/T_{PWM}$）内的参考信号相等的条件进行推算，得 $u_{snref}(t_{sn})=u_{载波}(t_{1n})=u_{载波}(t_{2n})$。为了推算 t_{2n}，一定要考

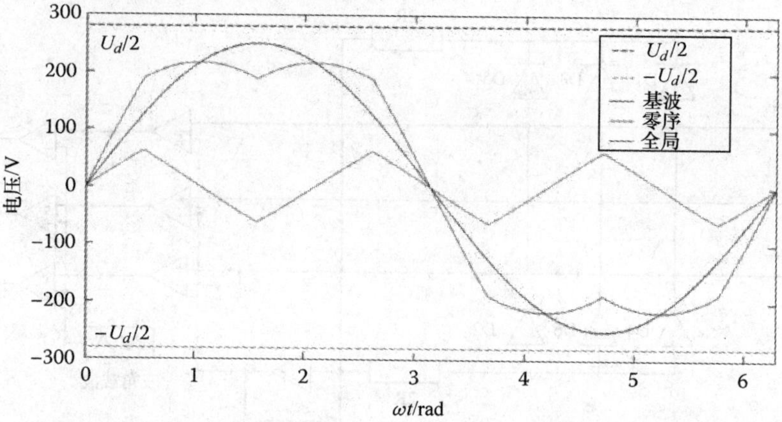

图 2-10　基本参考波形、零序波形和由有位置对称的空间矢量调制得到的电网电压

虑当 $T_{PWM}/2 < t < T_{PWM}$ 时载波相等的情况。所以，转换时间的关系式为

$$\begin{cases} t_{1n} = \dfrac{T_{PWM}}{4}(1 + u_{snref}(t_{sn})) \\ t_{2n} = \dfrac{T_{PWM}}{2} + \dfrac{T_{PWM}}{4}(1 - u_{snref}(t_{sn})) \end{cases} \tag{2-17}$$

在时间间隔 T_{PWM} 上，可以假设参考信号是平稳的，且与采样值相等，这里不采用评估误差，因为载波频率一般都高于参考频率，这意味着 $u_{sn}(t_{sn}) \approx u_{sn}(t_{1n}) \approx u_{sn}(t_{2n})$。因此，转换时间间隔可以推断为

$$\Delta t = t_{2n} - t_{1n} = \frac{T_{PWM}}{2}(1 - u_{snref}) \tag{2-18}$$

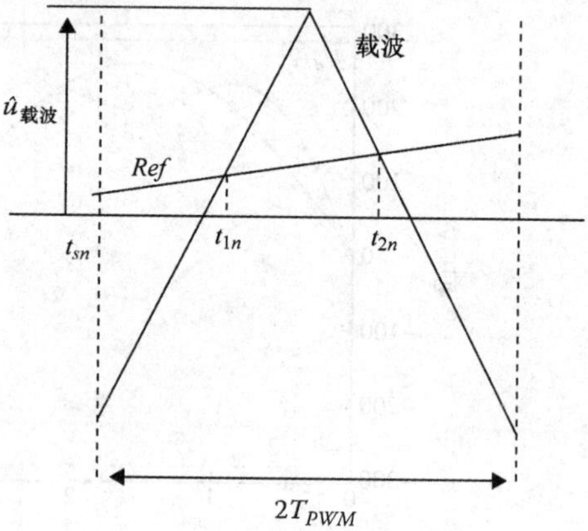

图 2-11　参考信号与载波信号

提供给电力装置的控制信号时间是关于 T_{PWM} 的额外补充。逆变器的占空比 $\delta_{sn} = (t_{on}/T_{PWM})$，代表开通时间 T_{on} 与 T_{PWM} 的比值。所以可做出以下推算：

$$\delta_{sn} = \frac{T_{PWM} - \Delta t}{T_{PWM}} = \frac{1}{2} + \frac{u_{snref}}{2} \tag{2-19}$$

最后的方案被命名为“对称规律采样”。如果参考信号基于两倍采样频率 $2f_s$ 采样，则其方法称为“非对称性采样”。其优点：改善动态响应及负载电流的谐波失真。

式（2-19）是基于假设单一幅值和标准参考电压衍生的。如果参考电压并非标准值，及载波代表等同于峰－峰振幅的直流电压 U_d（具有确切的物理意义），则上述的占空比可表示为

$$\delta_{sn} = \frac{1}{2} + \frac{u_{snref}}{U_d} \tag{2-20}$$

式（2-20）也就表示我们所说的正弦曲线的 PWM 法，简称“SPWM”。其方法更适合 SPWM 的实现。

4. 空间矢量调制

在20世纪80年代中期，就已经有人提出空间矢量调制（SV－PWM）[14-16]。在主要方向上，它显著区分于较早时期被介绍的SPWM：SPWM需要VSI的每相都有独自分开的调制器，而SV－PWM则只需将参考电压空间矢量作为一个独立的复合量。相对于传统SPWM，SV－PWM允许定子电压电流具较低次数的失真和定子电压基本元件具较高振幅。运用可编程序硬件结构中（DSP、ASIC、FPGA），这项技术能很容易实现。因此，可以实现构成较高灵活性的操作系统、较少的元件数目和更简单的架构。SV－PWM的基本用意是重建参考电压 $\boldsymbol{u}_{sref}$ 的离散空间矢量（通常与6个有效电压空间矢量的任意一个都不一致，其空间矢量能由VSI在与 T_{PWM} 等值的时间间距上产生）。

事实上，当所需的输出 $\boldsymbol{u}_s$ 与特征六边形的一个空间矢量不一致时，可以通过使用这些矢量线性组合在等同于调制时间 T_{PWM} 的时间间距产生。在图2-12中，矢量 $\boldsymbol{u}_{sref}$ 由空间矢量 $\boldsymbol{u}_1$、$\boldsymbol{u}_2$ 及一个零矢量的加权总和组成。

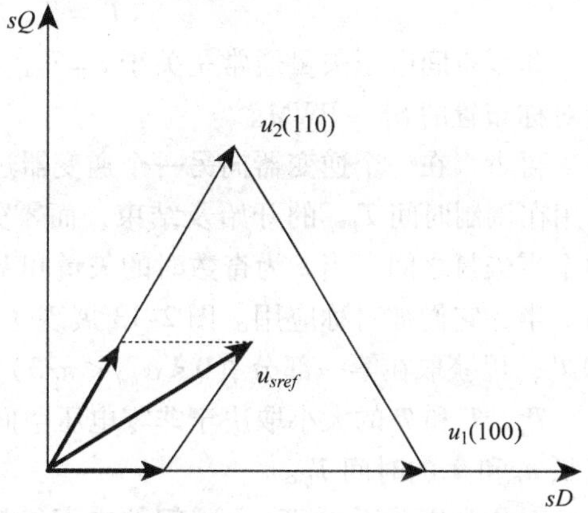

图2-12 把参考电压 $\boldsymbol{u}_{sref}$ 分解成 $\boldsymbol{u}_1$（100）和 $\boldsymbol{u}_2$（110）两个矢量

计量时间间隔的总和与 T_{PWM} 相等，如下所示

$$\boldsymbol{0} = \int_0^{T_{PWM}} [\boldsymbol{u}_s(t) - \boldsymbol{u}_{sref}(t)]\mathrm{d}t \quad (2\text{-}21)$$

式中 $\boldsymbol{u}_{sref}$——参考电压空间矢量；

$\boldsymbol{u}_s$——逆变器生成的电压空间矢量（为阶跃常数函数）。

矢量 $\boldsymbol{u}_{sref}$ 是由两个 $\boldsymbol{u}_{sref}$ 所在的函数的边界上的空间矢量及若干零矢量重建而成。组合交点仅发生于逆变器的换相开关，从而使换相次数最少。这解释了在第2.1节中介绍到的格雷码的作用。

式（2-18）能做出以下改写

$$\int_{T_{PWM}} \boldsymbol{u}_{sref}(t)\,\mathrm{d}t = \int_{T_k} \boldsymbol{u}_k(t)\,\mathrm{d}t + \int_{T_{k+1}} \boldsymbol{u}_{k+1}(t)\,\mathrm{d}t + \int_{T_{0/2}} \boldsymbol{u}_0(t)\,\mathrm{d}t + \int_{T_{0/2}} \boldsymbol{u}_7(t)\,\mathrm{d}t \quad (2\text{-}22)$$

式中 $\boldsymbol{u}_k$、$\boldsymbol{u}_{k+1}$——序列中的非零电压空间矢量；

$\boldsymbol{u}_0$、$\boldsymbol{u}_7$——电压空间零矢量；

T_k、T_{k+1}、T_0——互为独立，分别为基于 $T_{PWM} = T_k + T_{k+1} + T_0$ 条件下调制出的每个 $\boldsymbol{u}_k$ 的码重或者时间。

因为 u_k、u_{k+1} 在它们各自的调制时间 T_k、T_{k+1} 期间是连续的，所以式（2-19）可以改写成以下形式

$$T_{PWM}\boldsymbol{u}_{sref} = T_k\boldsymbol{u}_k + T_{k+1}\boldsymbol{u}_{k+1} \quad (2\text{-}23)$$

式（2-18）可以在实轴与虚轴上分成两部分。于是，联合式（2-4），可以得出两个式子，并得到 T_k、T_{k+1}：

$$T_k = \frac{\sqrt{3}T_{PWM}}{U_d}\left[u_{sDref}\sin\left(\frac{k\pi}{3}\right) - u_{sQref}\cos\left(\frac{k\pi}{3}\right)\right] = \frac{\sqrt{3}T_{PWM}\,|\,\boldsymbol{u}_{sref}\,|}{U_d}\sin\left(\frac{k\pi}{3} - \alpha_{sref}\right) \tag{2-24}$$

$$\begin{aligned} T_{k+1} &= \frac{\sqrt{3}T_{PWM}}{U_d}\left[-u_{sDref}\sin\left(\frac{(k-1)\pi}{3}\right) + u_{sQref}\cos\left(\frac{(k-1)\pi}{3}\right)\right] \\ &= \frac{3T_{PWM}\,|\boldsymbol{u}_{sref}|}{2U_d}\left[\cos\left(\alpha_{sref} - \frac{k\pi}{3}\right) - \frac{1}{\sqrt{3}}\sin\left(\frac{k\pi}{3} - \alpha_{sref}\right)\right] \end{aligned} \tag{2-25}$$

式中　u_{sDref}、u_{sQref}——参考电压（在混合参考系统中）的正交部分和积分部分；

$|\,\boldsymbol{u}_{sref}\,|$——这个矢量的模；

α_{sref}——实轴上 sD 上的角度。

最后，零矢量的操作时间为

$$T_0 = T_{PWM} - T_k - T_{k+1} \tag{2-26}$$

非零空间电压矢量通常是关于 $t = T_{PWM}/2$ 时刻轴对称。这种情况下，其被称为零矢量对称布置的 SV－PWM。

再者，在一个逆变器向另一个逆变器过渡一定会出现一次唯一的转换期间，零矢量 $\boldsymbol{u}_0$ 用在调制时间 T_{PWM} 的开始及结束，而零矢量 $\boldsymbol{u}_7$ 用在调制时间中间时刻。最后，在这两个零矢量之间，当 k 为奇数时的矢量和 k 为偶数时的矢量被用在 T_{PWM} 的前一半；而在后一半，它们被对称应用。图 2-13 展现了逆变器上部装置的起动信号的例子，T_a、T_b 和 T_c，以获取在第一部分（$0 < \alpha_{sref} < \pi/3$）的电压空间矢量。

T_a、T_b 和 T_c 的大小取决于非零电压空间矢量 u_k 和 u_{k+1} 的调制时间 T_k 和 T_{k+1}，还有零矢量 $\boldsymbol{u}_0$ 和 $\boldsymbol{u}_7$ 的时间 T_0。

对称利用关于 $t = T_{PWM/2}$ 瞬间的空间矢量，可以在图 2-13 中得到。如果参考空间状态矢量在第一部分，则有：

$$\begin{cases} T_a = T_1 + T_2 + \dfrac{T_0}{2} = T_{PWM} - \dfrac{T_0}{2} & \text{(2-27a)} \\ T_b = T_2 + \dfrac{T_0}{2} = T_{PWM} - T_1 - \dfrac{T_0}{2} & \text{(2-27b)} \\ T_c = \dfrac{T_0}{2} = T_{PWM} - T_1 - T_2 - \dfrac{T_0}{2} & \text{(2-27c)} \end{cases}$$

在实践中，式（2-24）和式（2-25）在计算上较难处理，基于三相电压并能直接得出逆变器上部装置调制时间的较简单的式子，能在对称零矢量布置的 SV－PWM 的假设下使用。在调制时间 T_{PWM} 期间，第 $n(n = A、B、C)$ 相上部装置运算的时间 T_{sn} 的表达式为

$$T_{sn} = T_{PWM}\left(\frac{1}{2} + \frac{u_{snref} + u^*}{U_d}\right) \tag{2-28}$$

式中　$u_{snref}(u_{snref} = u_{sAref}、u_{sBref}、u_{sCref})$ 是第 n 相参考电压的幅值。可得 u^* 为

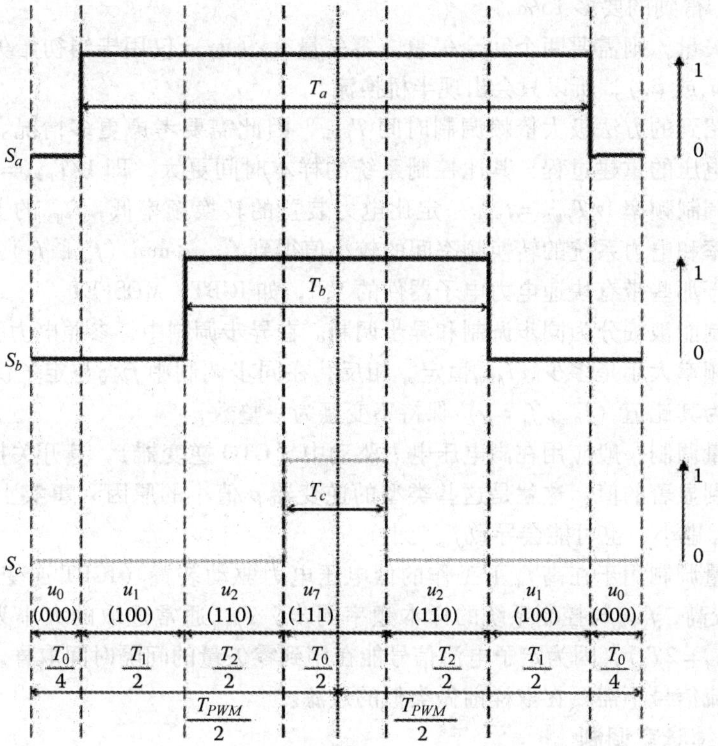

图 2-13　T_{PWM}期间前部装置 VSI 驱动信号时域波形

$$u^* = -\frac{1}{2}[\max_n(u_{snref}) + \min_n(u_{snref})] \tag{2-29}$$

零序电压 u^* 与三角函数二次谐波的 1/4 一致，如图 2-10 所示。

先前介绍到的算法允许任一电压空间矢量都能由在逆变器的特征六边形内的幅值获得。占空比 δ_{sn} 为

$$\delta_{sn} = \frac{1}{2} + \frac{u_{snref} + u^*}{U_d} \tag{2-30}$$

最后的表达式在线性范围内有效。

如果参考电压代表对称三相系统，其产生的电压空间矢量在复平面内画一个圈。由角 α_{sref} 的任意值产生的空间电压矢量最大值，可在其六边形的内切圆上半径得到，且与如下式子等值（见图 2-2）：

$$\boldsymbol{u}_{\max} = \frac{2}{\sqrt{3}}\frac{U_d}{2} = 1.15\frac{U_d}{2} = 0.577U_d \tag{2-31}$$

当参考电压与空间矢量 $\boldsymbol{u}_1 \sim \boldsymbol{u}_6$ 的其中一个一致时，可直接获得其值，获得的电压幅值与 $U_{\max}$ 相等。当需要一个较小幅值时，可通过与零矢量组合实现。

相电压的可实现基波谐波的最大幅值比第 2.2.1 节第 1 部分介绍到的传统次振荡方

式（SPWM）得到的要多15%。

至于零矢量，则需要两个冗余矢量。零矢量 $\boldsymbol{u}_0$（$\boldsymbol{u}_7$）仅用于当初始矢量为 $\boldsymbol{u}_2$、$\boldsymbol{u}_4$ 或 $\boldsymbol{u}_6$（$\boldsymbol{u}_1$、$\boldsymbol{u}_3$或 $\boldsymbol{u}_5$），所以只会出现半桥换流。

前面介绍到的方法极大依赖调制时间 T_{PWM}，因此需要考虑更多情况。较小的 T_{PWM} 能改善参考电压的重建过程，其比控制系统的样本时间更大，即 $1/T_{PWM}=f_{PWM}=f_{sampling}$。另外，因为调制频率 $1/T_{PWM}=f_{PWM}$一定比电力装置的转换频率低，f_{PWM}的上限由控制系统的样本频率和电力系统的转换频率间的较小值得到$f_{PWM}<\min(f_{sw1},\ f_{fs})$。结果，其调制矢量适用于那些带有快速电力电子器件的 VSI，如 IGBT、MOSFET。

矢量调制能被细分为同步调制和异步调制。在异步调制中，参照电力驱动器，无论定子的供给频率大小是多少，f_{PWM}恒定。相反，在同步调制中f_{PWM}与定子供给频率f_1直接相关，因为其比值（$f_{PWM}/f_1=p$）保持不变且为一整数 p。

同步矢量调制一般应用在高电压电力驱动中（GTO 逆变器），其开关损耗随着开关频率增加达到显著的值。这就是这些类型的逆变器 p 值小的原因（事实上，f_1 恒定，p 值小的话 f_{PWM}也小，也可能会导致 f_{sw}变小）。

异步矢量调制用于在高 f_{sw}下工作的低电压电力驱动装置（IGBT 逆变器）。这种情况下，p 值较高，f_{PWM}与控制系统的样本频率同步。T_{PWM}通常选取的大小为样本时间的两倍多（$T_{PWM}=2T_s$），因为定子电流信号能在用到零矢量的间隔时间取样。对于这种策略，定子电流信号不需要在取样前做类似的过滤。

5. 不连续脉宽调制

在基于零序信号注入的 PWM 技术中，零序信号（零状态分割）的选择极大影响了电压线性、波形质量（电流纹波）和开关损耗。基于这样的原因，很多研究人员开始研究高性能 PWM 技术，也就是所谓的不连续脉宽调制（Discontinuous PWM，DPWM）。DPWM 也称为两相 SV－PWM，指在同时只有两相转换的时候就加入零序信号，是一种很特别的载波调制技术。实际上，通常每相是按一个确定的角度（60°或者 120°）连在前一个或后一个 DC 连接母线上。它在整个 T_{PWM}期间只接受一个零序电压矢量。图 2-14 就展示了当 *sA* 相被连到 DC 连接的前部分时逆变器 *sA* 桥臂的典型转换模式（DPWMMAX）。

结果，DPWM 允许有效开关频率削弱 33%。然而，开关损耗也很大程度上取决于负载功率因数，所以也允许出现更多的开关损耗。

德国学者 M. 德本波洛克（M. Depenbrock）[17]开发了一种 DPWM 技术，后来也称为“不连续”DPWM，下列称为 DPWM1。此后，在每个载波周期期间，单相不能调制，相应地，它连在前一个或后一个 DC 连接终端，DPWM1 允许比 SPWM 有更宽的线性段、较少的开关损耗和极高的调制段电流波纹质量。

由于较低的调制范围性能，如狭窄脉冲问题和低电流波纹质量及实施的复杂性，限制了 DPWM1 的实际应用性。Ogasawara 等[16]开发了一种直接能带来极高的调制段电流波纹质量和较少开关损耗的数字方法。后来人们发现这种基于空间矢量原理的方法与基于实现三角交集的 DPWM 一样[18]，也就是下面将介绍的 DPWM2。这种调制器后来被改进，并称为“最低开关损耗 PWM”[19]。这两种 DPWM 方法和文献[20，21]中的主要部

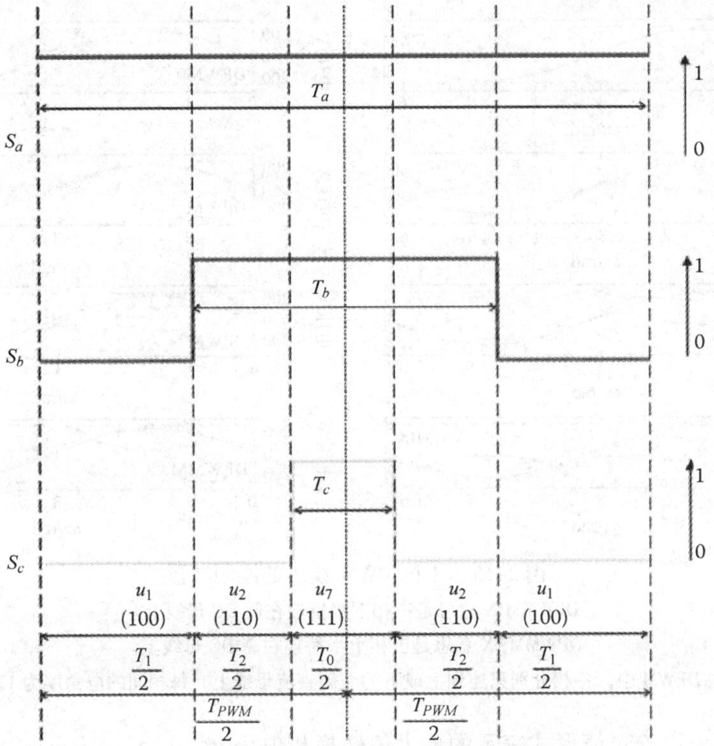

图2-14 DPWM下逆变器 sA 桥臂转换模式

分在图2-15中以电压波纹的方式介绍。

用DPWMMAX和DPWMMIN两项来划分，则正弦曲线参考系的零序信号如下

$$u_0 = -\frac{U_d}{2} - \min_n(u_{snref}) \qquad \text{DPWMMIN} \tag{2-32}$$

$$u_0 = \frac{U_d}{2} - \max_n(u_{snref}) \qquad \text{DPWMMAX} \tag{2-33}$$

对于DPWM0、DPWM1、DPWM2而言，其想法是以60°电角度来固定每相的DC母线（较低级或较高级，二选一）。这些技术的不同点在于其电角度与每相连接到DC母线的一致。特别地，DPWM0超前30°固定，DPWM1在电压峰顶，DPWM2则落后30°。当它们的主要区别在于角度，统一它们的想法也引导了概括性DPWM技术（GDPWM）[22,23]的发展。为更恰当地描述GDPWM，而定义了调制器相角 ψ，其零值定义为与两参考正弦调制波在 $\omega t = \pi/6$ 时的交叉点一致。从 ψ 到 $\psi + \pi/3$，零序分量被定义为磁饱和电压（$U_d/2$ 或 $-U_d/2$）和成功通过所谓“最大幅度测试”的参考正弦调制信号间的不同点。其三相调制信号 u_{snref}（$n = A$、B、C）通过以 $\psi - \pi/6$ 进行相位转换供给三个新信号 u_{snrefx}。这些新信号的最大值通过下面的方法决定零序信号：

$$u_0 = \mathrm{sign}(u_{snref}^*)\frac{U_d}{2} - u_{snref} \tag{2-34}$$

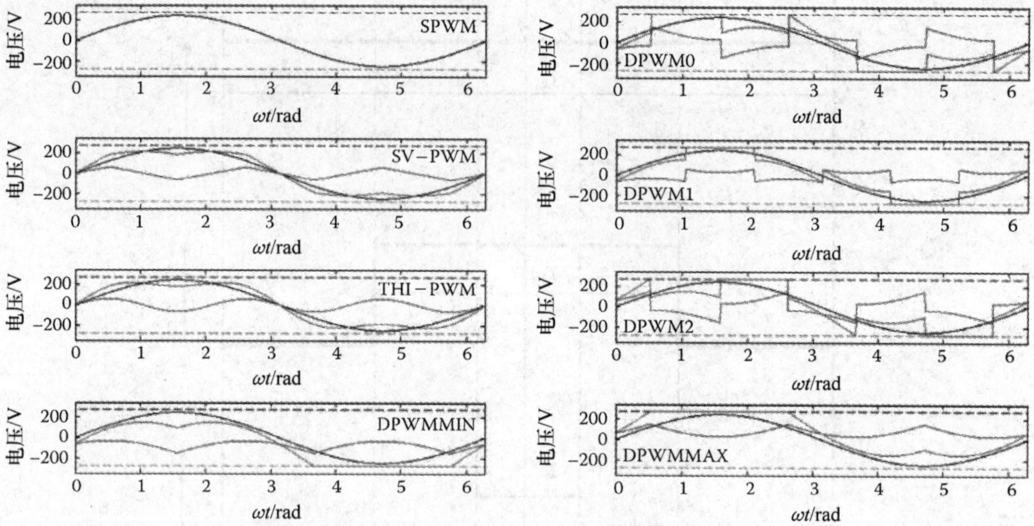

图 2-15　不同 PWM 技术的调制波形

DPWMMIN 意思是三相下半桥连在低 DC 母线上。

DPWMMAX 意思是三相上半桥连在高 DC 母线上。

这些 DPWM 中，各相分别只连到上或下的一侧直流母线上，每相间的电角度为 120°。

式中　u^*_{snref}——以绝对值形式表示的最大值转换相电压 u_{snrefx}，$|u^*_{snref}| = \max\limits_{n}(|u_{snrefx}|)$。

将其零序信号加入到三个初始调制波 u_{snref} 后，就产生了 GDPWM 波。唯一控制变量是 ψ，可变范围是 0 ~ π/3。图 2-16 展示了当 ψ 为四个值时的调制波与零序波形。可见，DPWM0 与 $\psi=0$ 时一致，DPWM1 对应 $\psi=\pi/6$，DPWM2 对应 $\psi=\pi/3$。

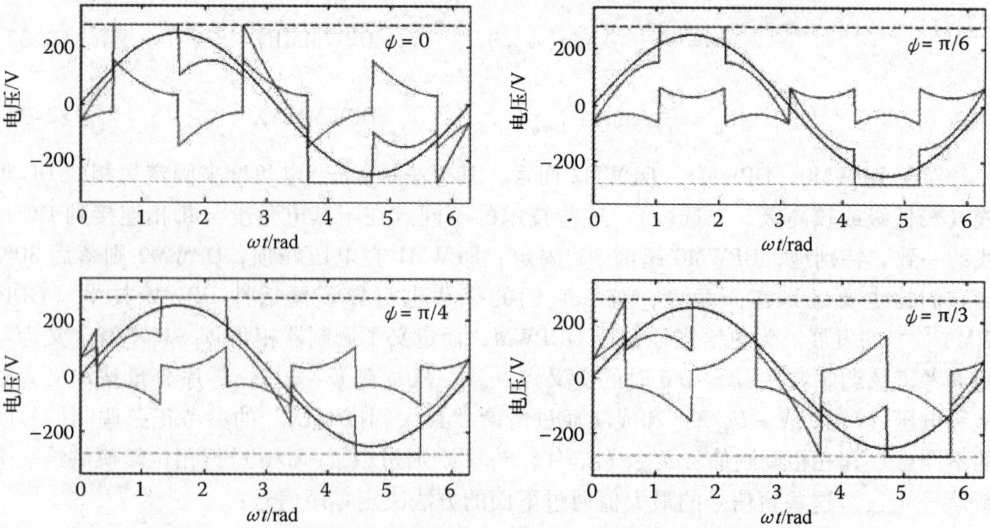

图 2-16　在 GDPWM 模式下 ψ 为四个不同值时调制波形和零序波形

6. 基于载波的PWM技术中占空比的一般表述

式（2-20）描述了在SPWM[24]中逆变器引脚应用于第 n 相时的占空比 δ_{sn}，为了更易阅读，现重写为

$$\delta_{sn}=\frac{1}{2}+\frac{u_{snref}}{U_d} \tag{2-35}$$

THI－PWM和DPWM能通过式（2-35）增加恰当的供于参考的零序信号而得到。所以获得的占空比为

$$\delta_{sn}=\frac{1}{2}+\frac{u_{snref}+u_0}{U_d} \tag{2-36}$$

式中　$u_0=f(3\omega t)$ ——根据分配的目标条件而决定的零序信号。

式（2-30）为标准SV－PWM的占空比的表达式，为了更好阅读重写为

$$\delta_{sn}=\frac{1}{2}+\frac{u_{snref}+u^*}{U_d} \tag{2-37}$$

式中

$$u^*=-\frac{1}{2}[\max_n(u_{snref})+\min_n(u_{snref})]$$

所以，综合最多基于载波PWM技术的占空比的一般表达式能修改如式（2-37）所示的 u^* 值，

$$u^*=g\frac{U_d}{2}+k[\min_n(u_{snref})-\max_n(u_{snref})]-\min_n(u_{snref}) \tag{2-38}$$

式中　k——考虑到不等零状态共享时的系数；

　　g——考虑用到DPWM技术时的系数。

事实上，每个子循环开始和结束阶段零矢量的不等共享可以获得基于不同PWM技术的载波[18,25]。

如果 $g=0$ 而 k 可以选择为

$$k=\frac{\min_n(u_{snref})}{\min_n(u_{snref})-\max_n(u_{snref})} \tag{2-39}$$

则可得到传统SPWM。如果 $g=0$ 而 $k=0.5$，则可得到标准SV－PWM。如果 $g=1$ 而 $k=1$，则可以得到DPWMMAX，同时 $g=-1$ 而 $k=0$ 时可以得到DPWMMIN。而GDPWM[26]可以通过在每隔 $\pi/3$ 电角度改变 k 值（0～1之间）和相应的 g（－1～1）而获得，只改变与参考系相关的相位。

7. 修正空间矢量调制

如图2-10所示，SV－PWM运用了在每个 $T_{PWM}/2$ 子间隔的开头和结尾的零矢量所在的矢量序列。

其中修正空间矢量调制利用的零矢量，只采集于第一个 $T_{PWM}/2$ 子间隔的开头和第二子间隔的结尾。当SV－PWM意味着每个 $T_{PWM}/2$ 间隔时间内有三个转换状态时，改进

的 SV－PWM 方法只有两个转换状态。因此修正后的持续时间得到削减。两种结果比较见表 2-2。

表 2-2　SV－PWM 和改进的 SV－PWM 结果比较

	SV－PWM							
矢量时间	u_0	u_1	u_2	u_7	u_7	u_2	u_1	u_0
	$T_0/2$	T_1	T_2	$T_0/2$	$T_0/2$	T_2	T_1	$T_0/2$
	$T_{PWM}/2$				$T_{PWM}/2$			
	修正的 SV－PWM							
矢量时间	—	u_0	u_1	u_2	u_2	u_1	u_0	—
	—	$T_0/3$	$2T_1/3$	$T_2/3$	$T_2/3$	$2T_1/3$	$T_0/3$	—
	$T_{PWM}/2$				$T_{PWM}/2$			

对于两种技术的选择取决于参考矢量值和逆变器输出电流的不同谐波。采用修正的转换结果，在高调制指数下谐波量较低；相反，使用 SV－PWM，低调制指数会出现低次谐波电流。

8. 同步载波调制

同步载波调制是前面提及的调制技术中的一种特别方法，载波频率和基础逆变器输出频率间的比值是一整数。

在基于载波的调制中，载波频率通常是固定值，但是参考信号频率能够变化。这就是和异步调制的区别之处。结果，转换顺序可以是非周期的，而输出波形的傅里叶频谱也包含着比载波边带更低的次谐波。

利用这种技术，基本阶段的采样间隔是等间距的，且由 $t_{sn}=(n/N\cdot f_1)$，$n=1, 2, \cdots, N$ 得出。参考信号值是 $u^*(t_{sn})=m\cdot\sin(2\pi f_1 t_{sm})$，其中，$f_1$ 为基本输出频率。在基于微处理器的控制系统里，可以算出这些数值，存在内存中，也可以用在式（2-17）中以决定用哪个转换间隔。

2.2.2　无载波 PWM

所有在上一节介绍的调制技术都是基于对时间利用上的。某些滤波方法，如利用三角载波，其他的像采样技术则需要直接使用一系列的式子。任何情况下，驱动脉冲的时间间隔具有连续性（在图 2-9 中，指出了作为 SV－PWM 的 T_{PWM}），其导致了周期性的信号与载波及其谐波的基波频率相等的谐波的产生。这种现象不仅会产生电磁方面的干扰，还会对民用（如乘客舒适度）及军用（如声音判断）的机械和电力驱动器的使用产生不良影响。

为了避免谐波能量集中在载波基波频率上，必须设法消除它。关于滤波手段，要求保持有线性陡度的三角形恒定，还要根据不同数目的发电机改变周期。最后，为避免出现电力装置异常发热，其平均转换频率必须恒定。相反，随机调制情况下所导致的频谱展示了不合理峰值的缺失，频谱大多数是在维持全部能级的情况下具有持续性。通过这种方法，噪声不会再集中，但是会以“白噪声”的方式出现[2]。

2.2.3　超调制

在第2.2.1节第1部分中，处理次振荡的方法已经表明：当参考信号的振幅与载波振幅相等时，$m=1$ 而 $u_{sA0}=(U_d/2)$。通过增大参考信号的振幅，假设已经达到六阶梯运算，令产生的电压 $u_{A0}=(U_d/2)(4/\pi)$。

当 $m<1$ 时，相电压幅值与 m 值线性增长；而当 $m>1$ 时，则变成了非线性关系。与 $m>1$ 相对应的操作区域，被称为超调制区域。

对于SV-PWM而言，超调制的执行方式如下所述[27,28]。从平衡空间矢量到被同步，很明显，调制指数 M 越高，零电压矢量 $\boldsymbol{u}_0$ 和 $\boldsymbol{u}_7$ 的应用时间 T_0 和 T_7 会越短。当参考电压矢量 $\boldsymbol{u}_{sref}$ 的圆轨迹与逆变器六边形里的内切圆一样时，就进入了超调制区域。当 $\boldsymbol{u}_{sref}$ 的圆轨迹接近逆变器六边形，$M=M_{\max2}$，而 $T_0=0$（见图2-17）。这一点上，调制线性的可控区域结束。另外，六阶梯模型与可产生的电压最大值一致，也可得 $M=1$。

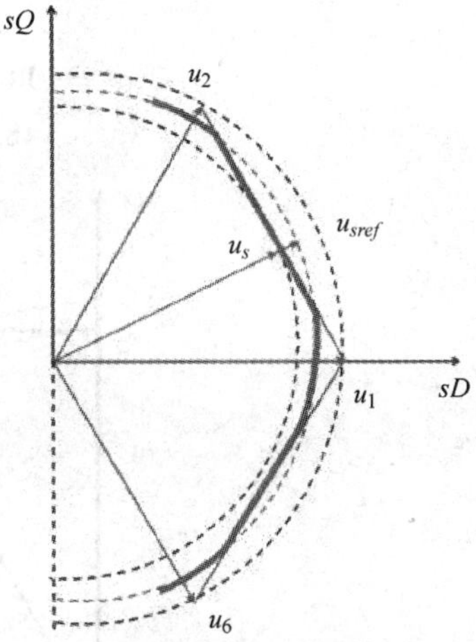

图2-17　超调制模式1：平均输出电压矢量的轨迹

在 $M_{\max}<M<1$ 范围内的电压控制可通过超调制实现。超调制技术被细分为两种模式，称为模式1和模式2。在模式1下，只要圆弧在六边形内，且剩余路径沿着六边形，平均电压空间矢量的轨迹就是沿着半径 $M>M_{\max2}$ 的圆。

这种情况下，若 $\boldsymbol{u}_k$ 和 $\boldsymbol{u}_{k+1}$ 是同步参考电压矢量 $\boldsymbol{u}_{sref}$（角位置为 α_{ref}）的电压矢量，且参考轨迹在六边形上，其对应的应用时间 T_k 和 T_{k+1} 为

$$\begin{cases}T_k=T_{PWM}\dfrac{\sqrt{3}\cos(\alpha_{ref})-\sin(\alpha_{ref})}{\sqrt{3}\cos(\alpha_{ref})+\sin(\alpha_{ref})}\\T_{k+1}=T_{PWM}-T_k\\T_0=0\end{cases}\tag{2-40}$$

当 $M>M_{\max3}=0.952$，弧长减少到0，并且平均定子电压空间矢量轨迹变成完全六边形时，就能达到超调制模式2。在这种模式下，改变占空比就可以沿着线性轨迹控制平均电压矢量的速率。占空比越高，六边形轨迹中央部分中间的电压矢量速率就越高，角度对应的速率就越低。综合来说，占空比越高，SV-PWM的六阶梯运算的反应就越接近。理想状态下，当完成六阶梯运算时，中心速率无穷大而边缘速率为0。

完成超调制模式2的方法已经在参考文献［29］中展现出来。这种情况下，平均电压矢量轨迹在逆变器六边形和六阶梯运算间平稳改变。为此，参考电压矢量的大小及

相位都要调制。电流角位置 α_{ref}变为 α_{refp}，即

$$\alpha_{refp}=\begin{cases}0 & 0\leqslant\alpha\leqslant\alpha_h\\ \dfrac{\alpha-\alpha_h}{\pi/6-\alpha_h}\dfrac{\pi}{6} & \alpha_h\leqslant\alpha\leqslant\pi/3-\alpha_h\\ \pi/3 & \pi/3-\alpha_h\leqslant\alpha\leqslant\pi/3\end{cases}\tag{2-41}$$

其中，α_h的定义如图2-18所示。概括说，α_h 在六边形转换期间 T_{PWM}的剩余部分内，受调制矢量就在某特定角度 α_h的六边形顶点上。α_h表明电压矢量留在顶点上的时间，并且是调制指数 M 的非线性函数，如下[29]

$$\alpha_h=\begin{cases}6.4M-6.09 & 0.952\leqslant M\leqslant 0.98\\ 11.75M-11.34 & 0.98\leqslant M\leqslant 0.9975\\ 48.96M-48.43 & 0.9875\leqslant M\leqslant 1\end{cases}\tag{2-42}$$

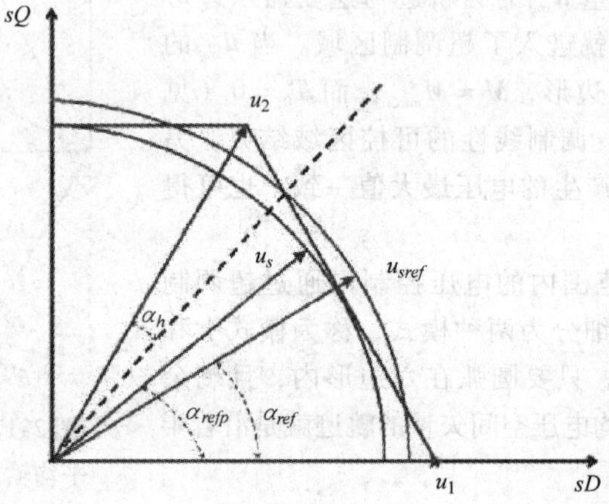

图2-18　超调制模式2：修正角

2.2.4　共模输出最小化的 SV－PWM 技术

PWM 技术应用于变速驱动器的快速开关频率时，在各种不利影响中，含有产生高等级的共模电压变换的缺点。结果是，高频共模电流通过该驱动器的不同部分和接地之间产生的寄生电容流动到地面，导致难以利用驱动器本身。这种状态下会导致球轴承老化、意想不到的故障可能会使继电器发生跳闸，或会干扰附近的电子设备。在一般情况下，共模电压变化越快，机器对地面的共模电容性阻抗越小：功率器件的开关频率的不断增加将导致这些影响不可避免地增加。

减少共模电压的变化从而减少共模电流的一个可能的办法，是直接作用于 VSI 的转换模式，然后作用于 PWM 的方法。在这方面，已经设计出来了两种用于共模减排的 PWM 策略[8]。第一种 PWM 技术虽然有效地降低了共模电流，但很大程度上受最大可生成的定子电压的限制的影响。第二种 PWM 技术在轻微增加了共模电流的情况下允许增加最大允许定子电压。

1. 共模电压

在一个星形连接的三相电动机中，共模电压 u_{N0} 由下式给出：

$$u_{N0}=\frac{u_{sA0}+u_{sB0}+u_{sC0}}{3} \tag{2-43}$$

式中　u_{sA0}、u_{sB0} 与 u_{sC0}——逆变器输出反映直流母线中点的相电压，在这种情况下被假定为连接到地，因为缺乏对地连接将导致额外的电压项。如果电动机由一个对称正弦三相电压供电，u_{N0} 瞬时值等于零。然而，当电动机由逆变器供电，共模电压总不为零，它的瞬时值可以在直流母线电压（U_d）的基础上计算，逆变器的模式切换见表 2-3（$\boldsymbol{u}_i$ 代表第 i 个定子电压的空间矢量）。

表 2-3　逆变器状态与共模电压

状态	u_{sA0}	u_{sB0}	u_{sC0}	u_{N0}
$\boldsymbol{u}_0$（0，0，0）	$-U_d/2$	$-U_d/2$	$-U_d/2$	$-U_d/2$
$\boldsymbol{u}_1$（1，0，0）	$U_d/2$	$-U_d/2$	$-U_d/2$	$-U_d/6$
$\boldsymbol{u}_2$（1，1，0）	$U_d/2$	$U_d/2$	$-U_d/2$	$U_d/6$
$\boldsymbol{u}_3$（0，1，0）	$-U_d/2$	$U_d/2$	$-U_d/2$	$-U_d/6$
$\boldsymbol{u}_4$（0，1，1）	$-U_d/2$	$U_d/2$	$U_d/2$	$U_d/6$
$\boldsymbol{u}_5$（0，0，1）	$-U_d/2$	$-U_d/2$	$U_d/2$	$-U_d/6$
$\boldsymbol{u}_6$（1，0，1）	$U_d/2$	$-U_d/2$	$U_d/2$	$U_d/6$
$\boldsymbol{u}_7$（1，1，1）	$U_d/2$	$U_d/2$	$U_d/2$	$U_d/2$

资料来源：Cirrincione 等人，新的直接功率控制的三相 VSI 分布式系统的最小化共模减排，IEEE 工业应用协会 42 届年会，新奥尔良，洛杉矶，2007 年 9 月 23 ~ 27 日。

2. 模式切换策略

表 2-3 表明，如果应用到的只有偶数项或只有奇数项的有源电压向量（u_k 的下标 k，分别是奇数或偶数），共模电压将不会产生变化。如果一个电压矢量发生从偶数到奇数（反之亦然）的转变，将产生幅值为 $u_d/3$ 的共模变化。也就是说，如果发生从一个奇数（偶数）电压矢量到零（第七项）电压矢量的转变，将产生幅值为 $u_d/3$ 的共模变化。如果从一个奇数（偶数）电压矢量到第七项（零）电压矢量的转变发生，将产生幅值为 $2u_d/3$ 的共模变化。因此，从共模输出的观点来看，最坏的情况是从一个奇数（偶数）的电压矢量与第七项（零）电压矢量的转变。基于这个原因，无论逆变器控制技术是否被设计成最小化驱动器的共模输出，都应当避免这两个零电压矢量（零和第七项）的应用。

尽量减少共模电压变化的最好办法是制定一个只有一个奇数或仅偶数电压空间矢量使用的 PWM 技术。在这种方式下，共模电压基本上没有发生变化，就如从表 2-3 清楚地表现出来的一样。如果采用一个空间矢量平均方法，并选择奇数矢量弧，下面的表达式成立：

$$T_{PWM}\boldsymbol{u}_{ref}=T_1\boldsymbol{u}_1+T_3\boldsymbol{u}_3+T_5\boldsymbol{u}_5 \tag{2-44}$$

以及
$$T_{PWM} = T_1 + T_3 + T_5 \tag{2-45}$$
利用这种 PWM 技术，共模输出电压保持在恒定值 $-u_d/6$，或者，相同类型的方程可以用偶数电压空间矢量来表达，并且共模电压会维持在 $u_d/6$ 值。这样，实现这个 PWM 技术的线性区域是由内接于三角形的圆所限定的，如图 2-19 所示。最大正弦相电压可以合成为 $u_d/3$，这是相当有限的。

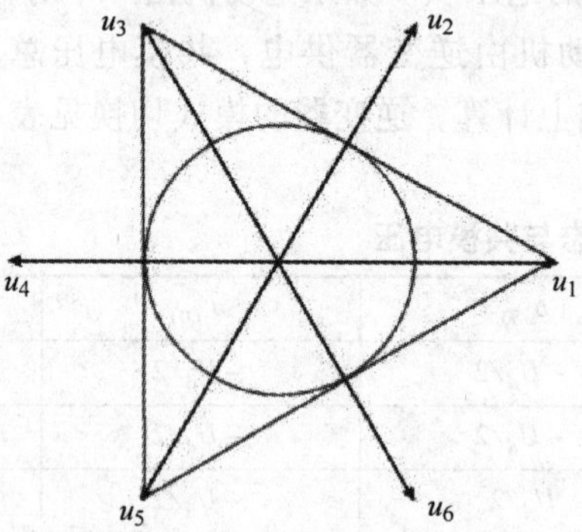

图 2-19　第一次修正 PWM 策略获得的线性区域

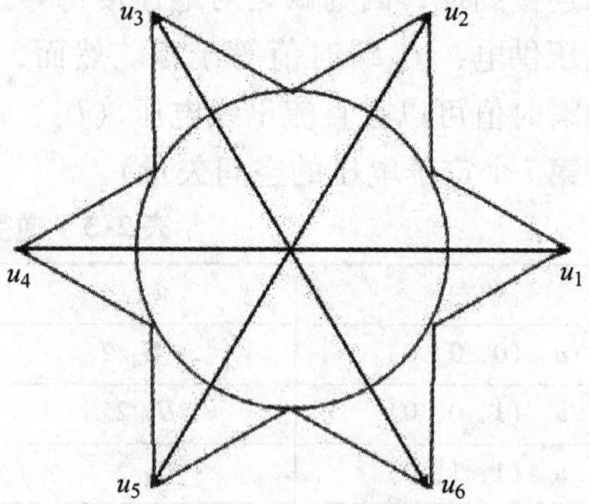

图 2-20　第二次修正 PWM 策略获得的线性区域

为了增加可生成的电压的最大值，开发了第二个 PWM 策略。方法是把复平面分成幅值为 π/3 的六个扇区，而正角度方向旋转了 π/6 角度。参考电压矢量位于第 k 个扇区，而用来合成的矢量是由扇区本身来定义的。详细地说，当参考电压矢量位于第一扇区，仅可以使用奇数的电压矢量，而如果它位于所述第二扇区，则仅可以使用偶数的电压矢量。在这种方式下，在共模电压里面一个周期的基本波形仅生成 6 个脉冲。式（2-44）和式（2-45），以及在相应的一些关于偶空间矢量的公式，用于参考矢量分别位于奇数或偶数扇区。结果是，平均电压空间矢量受 6 点星形的限制，如图 2-20 所示。相应地，最大正弦相电压，合成后可以增加至$(2\sqrt{3}u_d)/9$。

图 2-21 展示出逆变器转换模式时的参考电压位于第一扇区。注意到的是，不同于其他 PWM 技术，从未有一个时间间隔，其中两条桥臂会呈现相同的开关配置。

2.2.5　优化的开环 PWM

对于大功率逆变器，必须有一些避免高功率损耗的预防措施。首先，使用低开关频率，见式（2-5）；其次采用同步脉冲，减少谐波分量的产生。也可以利用普遍的离线计算来事前创建一个最优开关模式。这些模式因优化目标的不同而不同。

这种现象通常发生在优化稳态条件，因为瞬时变化很少发生。主要有三个被公认的技术：谐波消除、目标函数和最优子循环方法。

谐波消除技术的作用是专门用于消除特定的谐波。这种技术是必需的，例如，防止通过感应逆变器供电而发生转矩谐波、在电力驱动器中发生的机械谐振[30]。

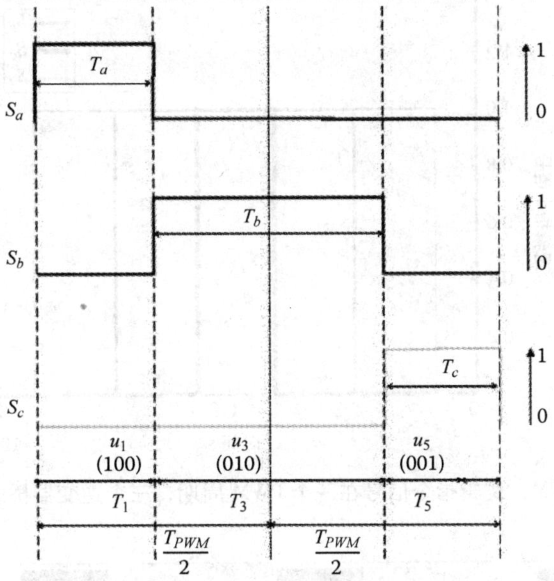

图2-21 参考电压矢量位于第一个扇区时切换 VSI 的模式

目标函数技术试图将目标参数最小化：它可以表示为在式（2-6）及式（2-9）[31]中定义的损耗因子 d^2，或最高脉冲的相电流[32]，或逆变器机械系统的效率最大化[33]。

最优子循环方法是基于 T_{PWM} 的变化来构建 SV－PWM 的输出电压。这个方法目标是，消除在每个 $T_{PWM}/2$ 开始和结束时的瞬时畸变电流，其中 T_k、T_{k+1} 和 T_0 被计算在内。预先计算和利用根据参考信号得到的 T_k、T_{k+1} 和 T_0 的最佳序列[3]。

2.2.6 开环 PWM 技术的实验验证

本节介绍了两个 PWM 技术的一些模拟和实验的成果，在第 2.2.1 节第 1 部分解释了 SPWM 技术，而在第 2.2.1 节第 4 部分解释了 SV－PWM 技术。

在 MATLAB－Simulink 的环境运行模拟，并在 7kW 的三相 IGBT 逆变器试验机上得到了实验结果。PWM 的频率设置到 5kHz，变频器提供即时信息，通过基于施加电压的简单比例控制来驱动。

图 2-22 显示了逻辑指令信号在一个 PWM 周期，SV－PWM 对称零矢量被应用时，三个逆变器的上部 IGBT 的桥臂的数值模拟。图 2-23 展示了由逆变器合成器的基准电压和相电压的波形，此时对应的 50rad/s 的机械转速赋予振幅等于 103V 信号的基准电压，该基准电压分别来自于 SPWM 和 SV－PWM 技术。图 2-24 显示了当应用 SV－PWM 技术时，三个逆变器桥臂上部的 IGBT 在一个 PWM 周期中，逻辑指令信号的实验波形。可以看出，指令信号的模拟和实验波形之间有良好的对应。

在一个时间间隔对图 2-22 和图 2-24 所示的比较可发现该 SV－PWM 的特征，零矢量 $\boldsymbol{u}_7$ 施加在 T_{PWM} 中间。

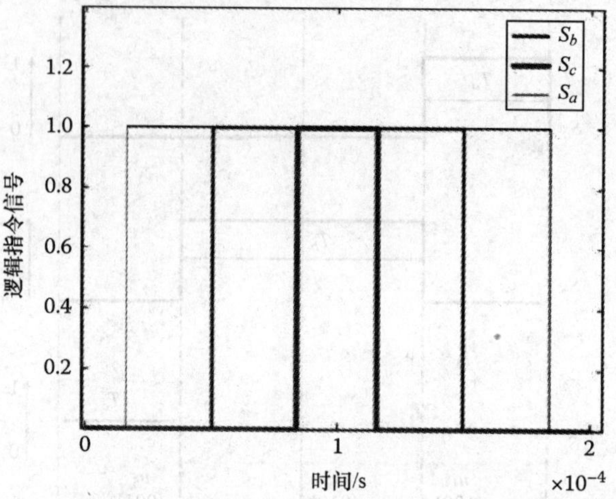

图 2-22　SV－PWM：逻辑指令信号在一个 PWM 周期，三个逆变器桥的上部 IGBT 的模拟

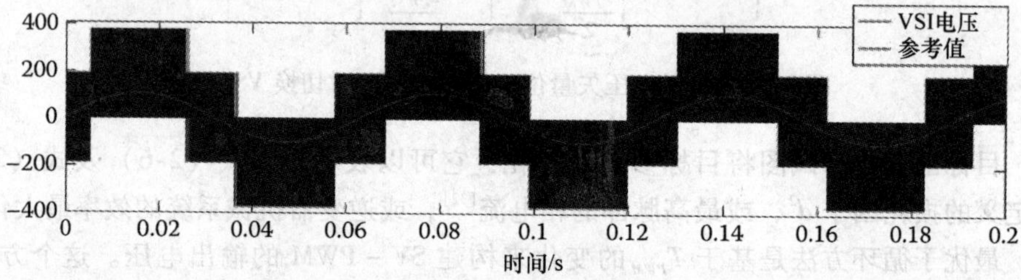

a) SPWM

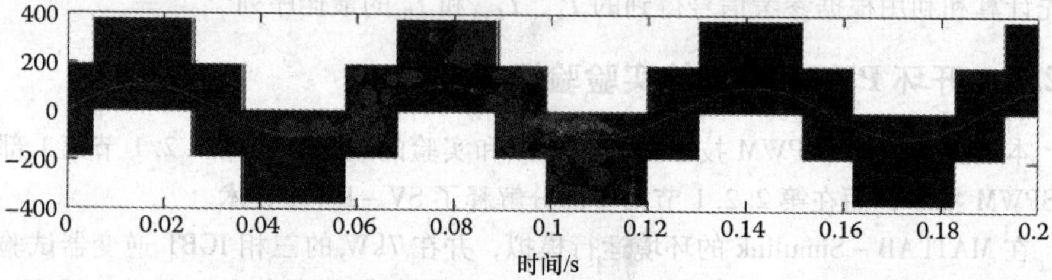

b) SV－PWM

图 2-23　分别用 SPWM（a）与 SV－PWM（b）获得的相电压仿真波形

图 2-25 显示了参考和测量得到的 SPWM 和 SV－PWM 双方的相电压实验波形。在模拟中，通过施加振幅等于 103V 的基准电压，对应于 50rad/s 的机械转速。通过在时域观察这些波形，一些区别是难以察觉的；相反，在频域中，光谱成分（FFT 得到的）表现出开关频率（5kHz）周围的高次谐波的存在，无论在低还是高频率范围的情况下，其幅值低于 SV－PWM 技术的幅值，见图 2-26 和 2-27。此外，SV－PWM 技术提供了较低的频率基波和相应较低的总谐波失真比（SV－PWM 技术的 8.56% 对比 SPWM 的 11.94%）。

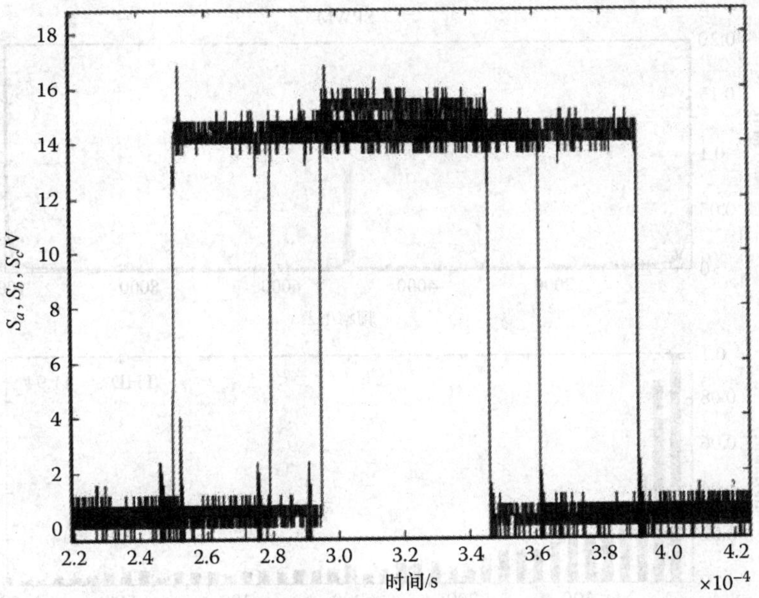

图 2-24　SV－PWM：在一个 PWM 周期，三个变频器桥臂上部的 IGBT 的实验波形逻辑指令信号

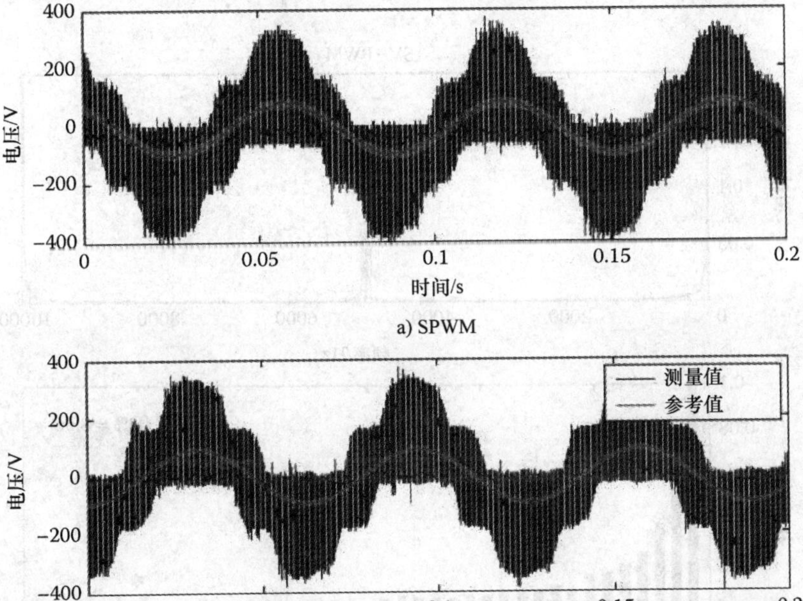

图 2-25　正弦 SPWM（a）和 SV－PWM（b）得到的相电压的实验波形

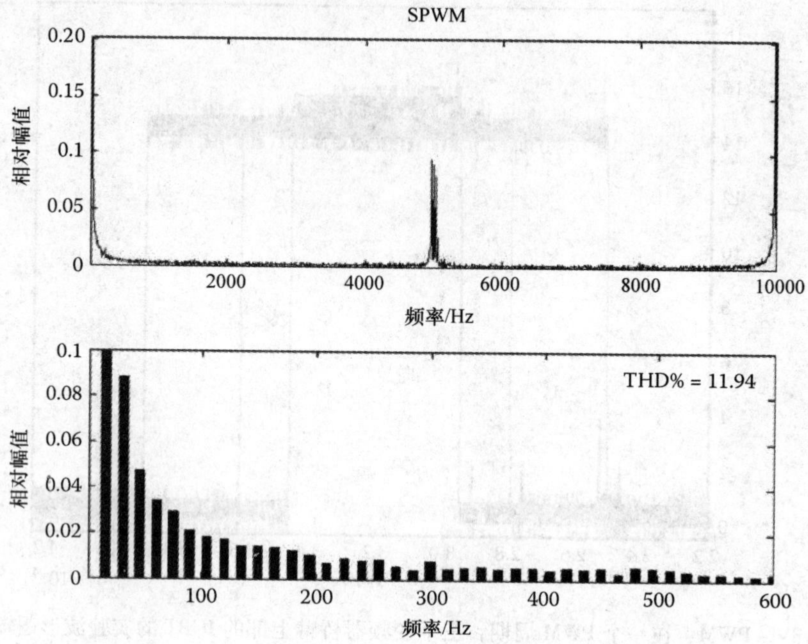

图 2-26　利用正弦 SPWM 技术获得的相电压频谱

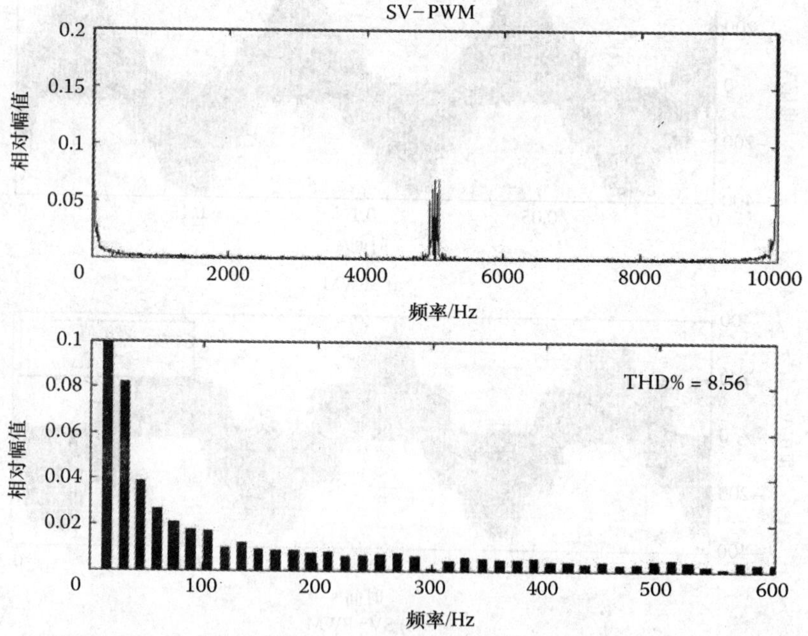

图 2-27　利用 SV－PWM 技术获得的相电压频谱

图 2-28 和图 2-29 显示在相同的工作条件下，分别由 SPWM 和 SV－PWM 技术获得

的工作周期。应当指出的是，就 SPWM 技术而言，工作周期是正弦的波形，而就 SV – PWM 技术而言，工作周期呈现典型的三角三元谐波含量加入到基波中。

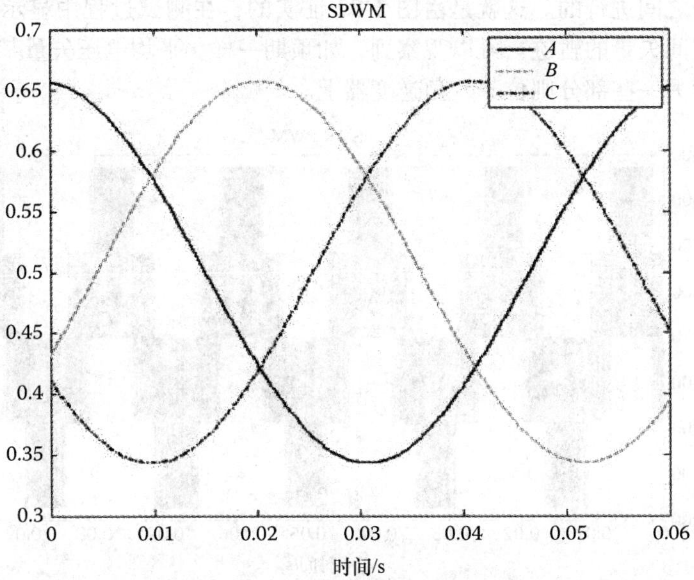

图 2-28　SPWM 的工作周期

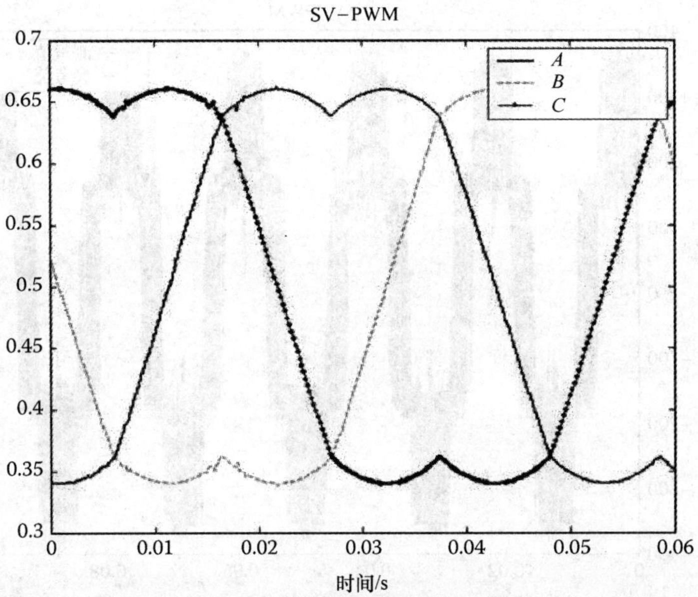

图 2-29　SV – PWM 的工作周期

最后，图 2-30 和图 2-31 显示，在 SV – PWM 超调制模式 1 的工作区域下，分别以数值模拟和实验获得的参考和测量相电压。特别是对应于172rad/s工作速度，幅值等于357V的参考电压；对应的电压空间矢量幅值的测试是由接在六角逆变器的线圈和六角逆变器本身之间进行的。这就是由图2-32证实的，在测试过程中显示出的参考和实际平均电压空间矢量的轨迹。可以观察到，如预期一样，平均电压矢量某些部分与参考矢量重合，而另一些部分则位于六角逆变器上。

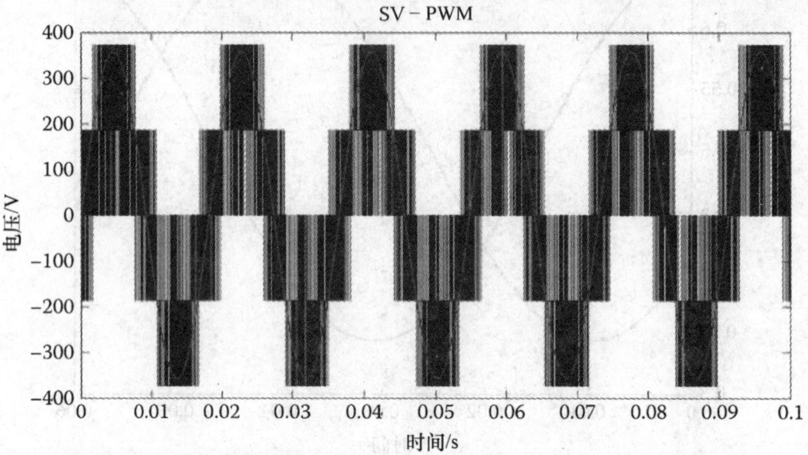

图2-30　利用SV－PWM技术参考与测量在超调制工作区域获得的相电压（模拟）

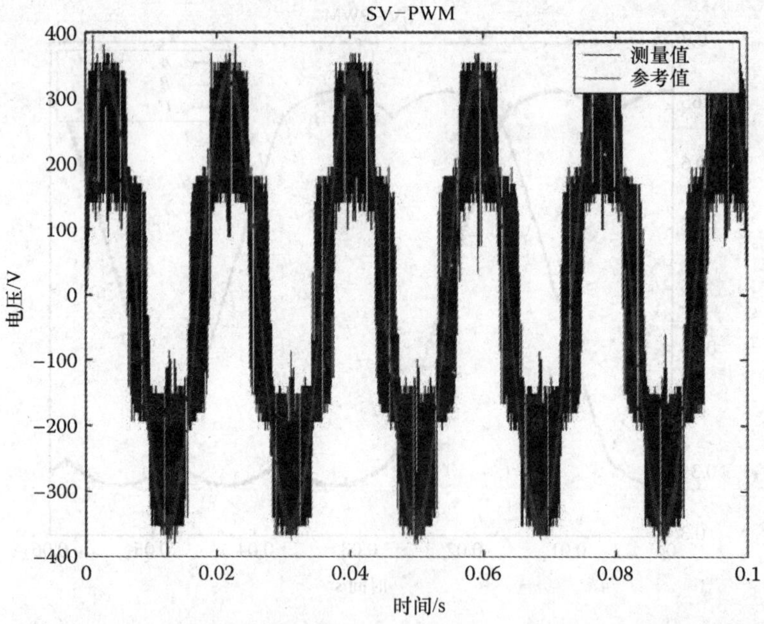

图2-31　利用SV－PWM技术参考与测量在超调制工作区域获得的相电压（实验）

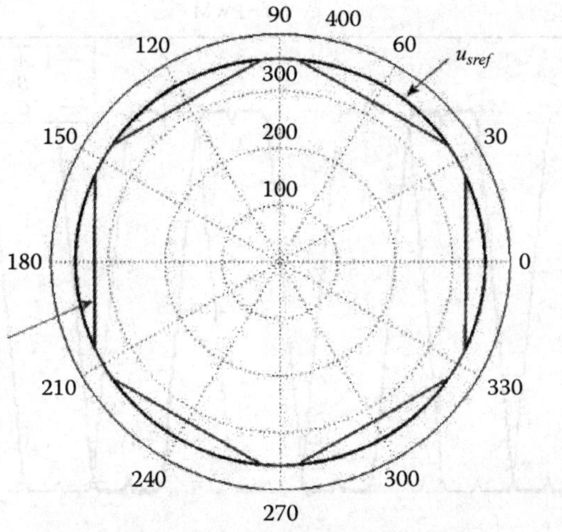

图 2-32　在超调制条件下的参考和平均电压空间矢量的轨迹

图 2-33 展示了利用快速傅里叶变换得到的逆变器相电压的频谱。在这种情况下，总谐波失真比等于 4. 56。最后，图 2-34 展示了利用 SV－PWM 技术在相同的工作条件下得到的工作周期。可以明显地观察到饱和工作周期在一段很长的时间间隔内如预期一样。

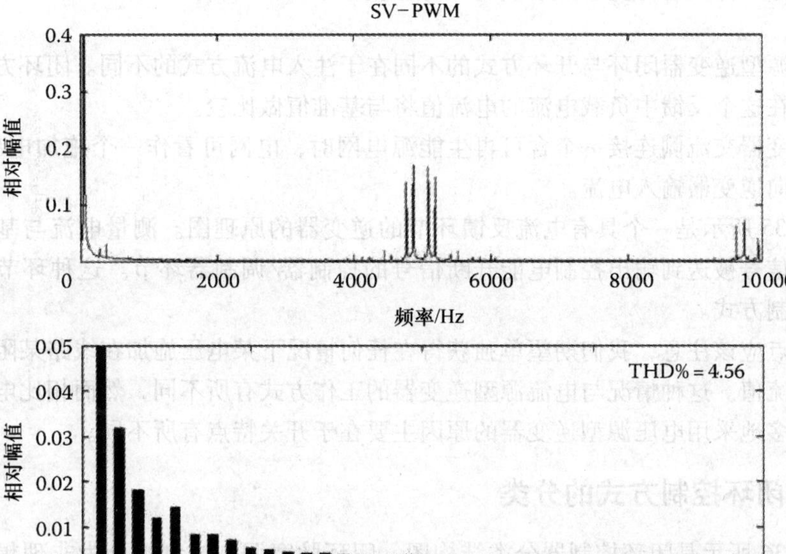

图 2-33　利用 SV－PWM 技术在超调制条件下获得三相电压的频谱

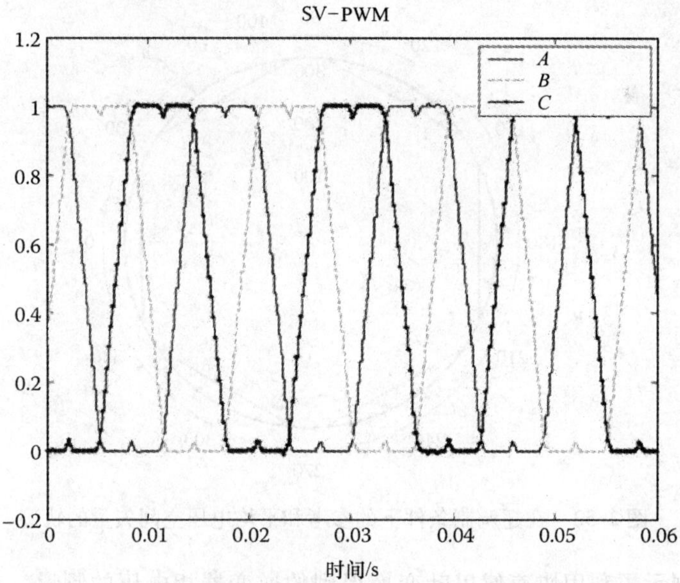

图 2-34　SV－PWM 的超调制模式下在 1 区域得到的工作周期

2.3　电压源型逆变器的闭环控制

电压源型逆变器闭环与开环方式的不同在于注入电流方式的不同。闭环方式需要一个反馈。在这个反馈中负载电流的电流值将与基准值做比较。

当逆变器交流侧连接一个含可再生能源电网时，电网可看作一个施加电压的负载。电压源会向逆变器输入电流。

图 2-35 所示是一个具有电流反馈环节的逆变器的原理图。测量电流与基准值做比较；误差信号被送到输出控制电能开断信号的控制器/调制器环节。这种环节的结构即为闭环控制方式。

有一点应该注意，我们期望单独获得在任何情况下某电压施加在线路某阻抗的两端得出的电流值。这种情况与电流源型逆变器的工作方式有所不同，然而相比电流源型逆变器，更多地采用电压源型逆变器的原因主要在于开关特点有所不同。

2.3.1　闭环控制方式的分类

图 2-36 所示是闭环控制器分类结构图。闭环脉宽调制控制被分为非理想方式和具有实时最优化功能的闭环脉宽调制方式。非理想方式包括滞环电流控制、次振荡电流控制和空间矢量电流控制。具有实时最优化功能的闭环脉宽调制方式包括预测电流控制、磁定向性脉宽控制和跟踪轨迹控制。

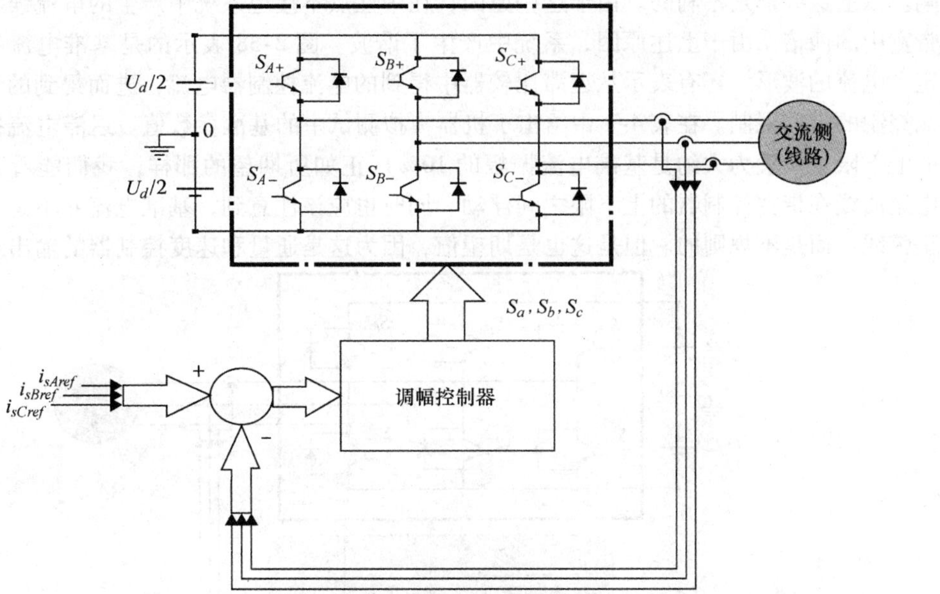

图 2-35　闭环控制方式下的电压源型逆变器的原理图

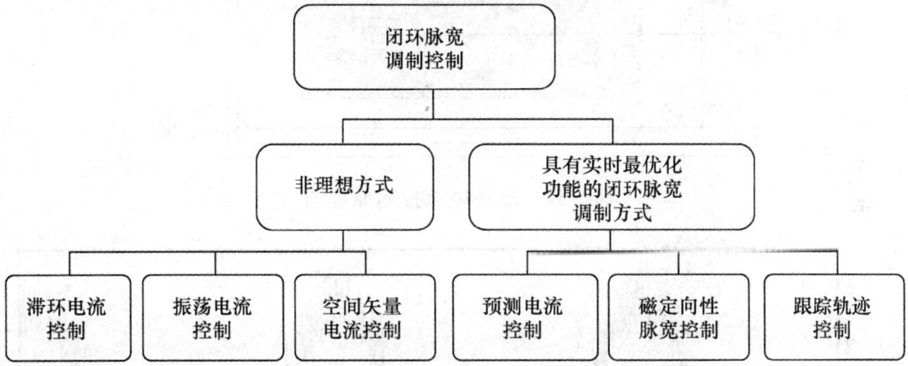

图 2-36　闭环控制方式的分类

1. 滞环电流控制

在开关控制器的滞环电流控制中，各种测得的电流潮流值都被拿来与基准值做比较。将其中的误差信号送到一个能输出对应逆变器桥臂驱动信号的二级迟滞比较器。这种控制方法的原理图如图 2-37 所示。通过图 2-37 与之前的图做对比，可以发现在图 2-35中控制器/调制器环节以迟滞比较器来表示。

图 2-37 中有三个迟滞比较器，一相一个。每一条桥臂的开关状态都与其他桥臂的状态无关。每一个电流潮流信号的误差值将被保持在迟滞的带宽中。在这些方法的众多特长中，所具有的简易特性和良好动态特性尤为突出。另外，开关频率会随着线路参数和交流电压的变化而变化，同时系统运行受到彼此相互独立的滞环控制器随机性的影

响。以上这些都是不利的。由于这些原因，在中性点不接地系统中产生的电流误差滞后带宽中的两倍。由于上述原因，系统中产生了谐波。图 2-38 表示的是基准电流和测量定子电流的波形，还有表示从迟滞比较器中得到的电流控制器电流，进而得到的迟滞电流控制的带宽限制。在表 4-1 中给出了机器模拟测试中的基准参数值。迟滞电流控制器的上下限被设置为大约是基准电流振幅的 10%。正如所期望的那样，我们能看到实际电流曲线在带宽控制器的上下限之间浮动。同时也应该注意到，基准电流并不是完美的正弦线，而是不规则的。但是这也是期望值，因为这是通量和速度控制器的输出结果。

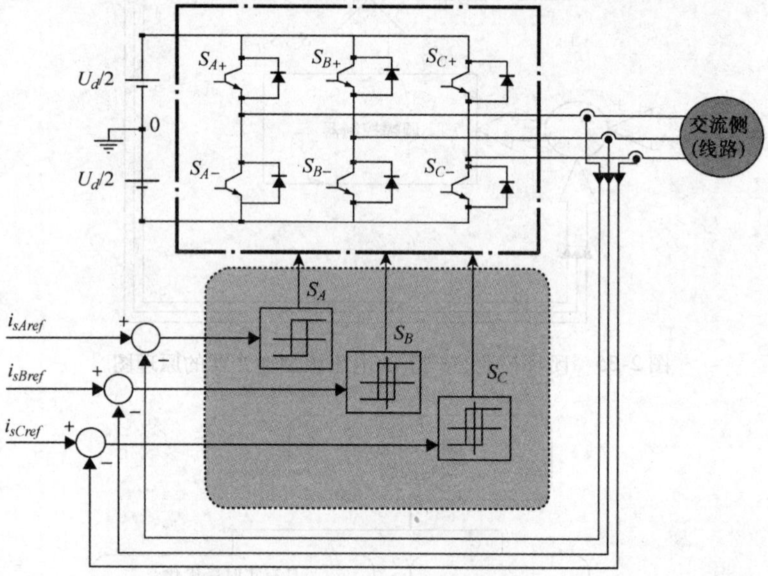

图 2-37　滞环电流控制原理图

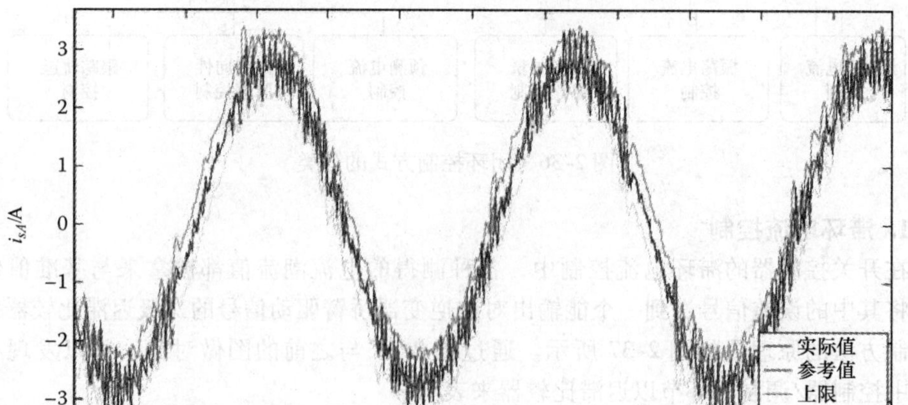

图 2-38　在磁场中感应电动机外加电流驱动下的迟滞电流控制电流曲线

2. 次振荡电流控制

在这种方式下，误差信号会被比例积分控制器所处理。之后输入信号会从误差信号与一个三角载波信号对比后得到。所谓脉宽调制方式，就是次振荡方式中的一种。在这种情况下，电流波纹会被反馈，且反馈会影响开关时间（见图 2-39）。这种相互作用能被比例积分控制器在高增益时最小化，同时积分部分会减少在低频下的误差。我们所期望的是一个具有稳态轨迹的误差。随着轨迹增大得到的是比例积分控制器的增益，降低误差的轨迹。

在正常运行时，误差信号的斜率必须比载波信号的小。考虑在图 2-40 中所示的一相，在图中次振荡控制器与一个感应电动机相连接。这里用一些数据模拟出来电动机的模型，包括定子的暂态电感 L_s、转子电阻 R_s、PWM 逆变器用一个连续的增益 K 表示。还有计数器的电动势 E_s、PI 控制器的增益 K_I、持续时间 T。

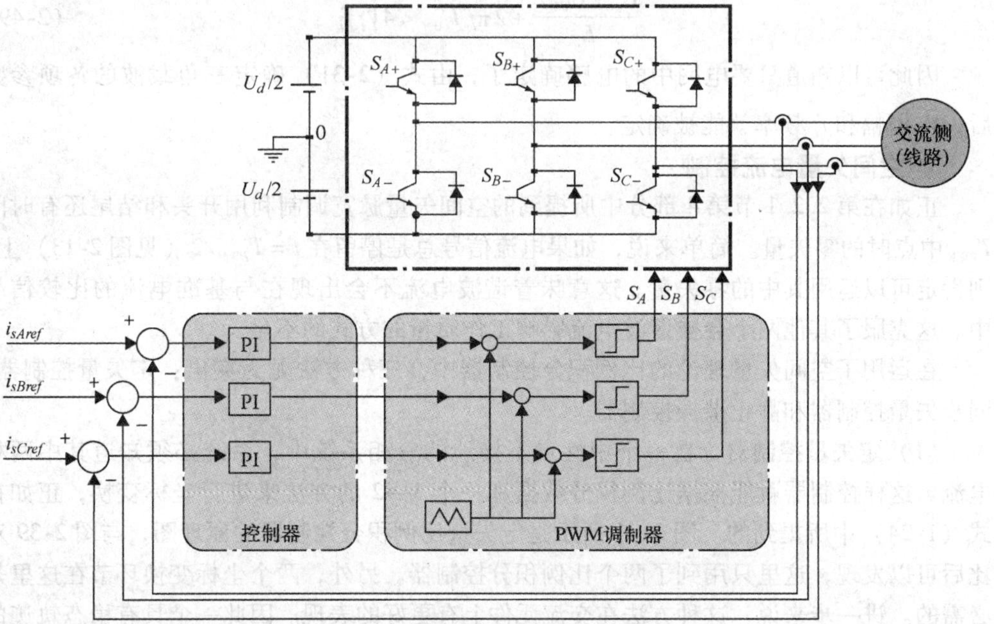

图 2-39 次振荡电流控制器原理图

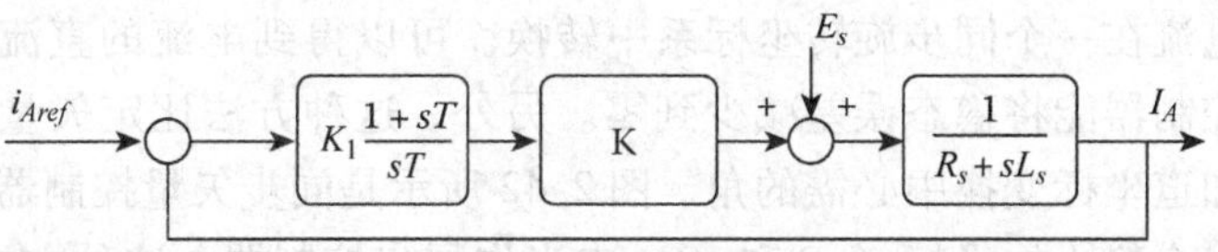

图 2-40 次振荡电流控制器中一相逆变器的表示方法

与逆变器连接的类似情况将在第 10 章中讨论。在这里必须考虑到电网电压，忽略定子电感和互联电感阻抗值，同时也不考虑计数器的反电动势。

电流误差曲线的斜率和载波曲线的斜率之间的关系如下

$$\frac{\mathrm{d}}{\mathrm{d}t}(i_{sAref}-i_A)\mid_{\max}<4\hat{V}_t f_t \tag{2-46}$$

式中　$\hat{V}_t$ 和 f_t——分别表示载波的振幅和频率。

基准电流曲线的斜率最大值如下

$$\frac{\mathrm{d}}{\mathrm{d}t}(i_{sAref})\mid_{\max}=\hat{I}_{sAref}\,\omega\cos(\omega t)\mid_{\omega=0}=2\pi f\hat{I}_{sAref} \tag{2-47}$$

逆变器中电流曲线的斜率最大值在施加在电感两端电压最大时获得

$$\frac{\mathrm{d}}{\mathrm{d}t}(i_{sA})\mid_{\max}=\frac{E_s+U_d/2}{L_s} \tag{2-48}$$

由式（2-48）可得

$$\frac{E_s+U_d/2}{L_s}+2\pi f\hat{I}_{sAref}<4\hat{V}_t f_t \tag{2-49}$$

因此可以知道只要电网中的电感确定了，由式（2-31）确定三角载波的各项参数后，$\hat{V}_t$ 振幅和 f_t 频率就能被确定。

3. 空间矢量电流控制

正如在第 2.2.1 节第 4 部分中所提到的空间矢量脉宽调制利用开头和结尾还有时间 T_{PWM} 中点时的零矢量。简单来说，如果电流信号总是停留在 $t=T_{PWM}/2$（见图 2-13）上，则肯定可以运用其中的零矢量。这意味着谐波电流不会出现在与基准电流的比较信号中。这克服了其他两个会被谐波电流影响工作质量的方式的不足。

在运用了空间矢量理论的比例积分控制器中，三种方法尤为突出：定矢量控制器、同步矢量控制器和静止谐振控制器。

（1）定矢量控制器　在一个中性点不接地的三相系统中，系统必须知道其中两相电流，这样控制器就能根据比例积分数据和一个 3→2 的方法来进行坐标变换，正如在式（1-24）中所提到的。图 2-41 所示是定矢量比例积分控制器的原理图，与图 2-39 对比后可以发现，这里只用到了两个比例积分控制器。另外，两个坐标变换环节在这里是必需的。进一步来说，这种方法在交流元件上有更好的表现。因此一个具有稳态轨迹的误差就可以推算出来。

（2）同步矢量控制器　稳态轨迹的误差能被一个同步矢量控制器消除。与定矢量控制器不同，电流在一个同步旋转坐标系中转换。可以得到电流的直流分量作为结果，同时比例积分控制器能将稳态误差减少到零。另外，这种方法比定矢量控制器更复杂，并且需要提前知道坐标变换中必需的角。图 2-42 所示是同步矢量控制器的原理图。

可以利用一个静止的坐标（sD 和 sQ）来当作同步控制器。这种方式能产生合适的基准电压，即其相应的误差为零，因此能避开稳态误差所带来的影响[34]。然而它有一项动态性能比同步控制器的要差，体现在存在静止坐标交叉耦合的部分。对应的原理图如图 2-43 所示。

（3）静止谐振控制器　在静止的参考坐标系中，图 2-41 所示比例积分补偿器由一

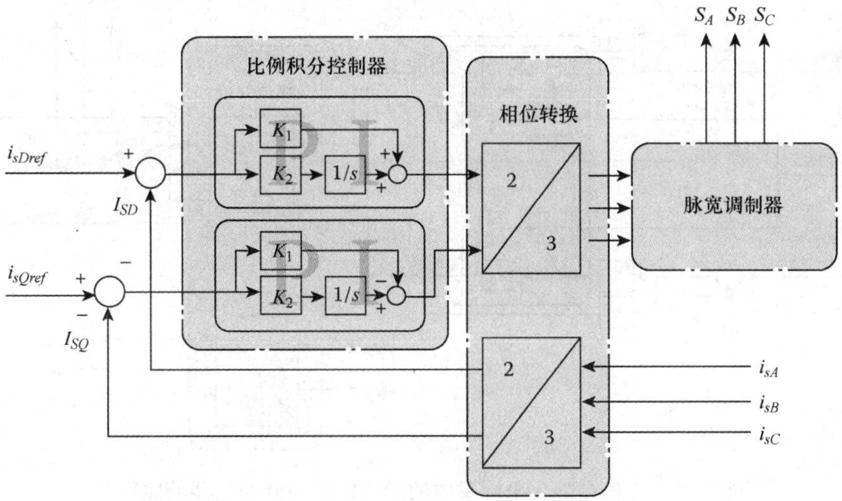

图2-41 定矢量比例积分控制器的原理图

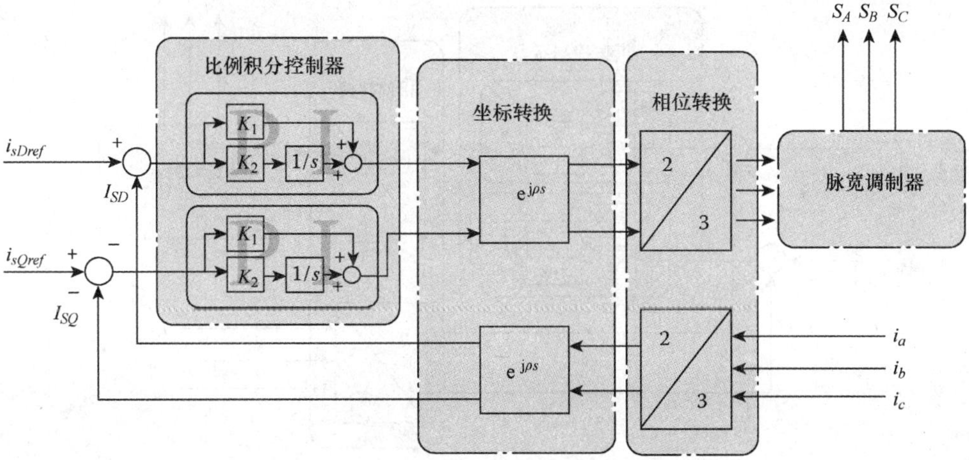

图2-42 同步矢量比例积分控制器的原理图

个具有相同直流响应的控制器所替代，但这个控制器更关注频率的控制。

在静止参考坐标系中比例积分控制器的传递函数为

$$G(s) = K_1 + \frac{K_2}{s} \tag{2-50}$$

如果从同步转换为静止模式，则谐振控制器传递函数为

$$G(s) = K_1 + \frac{sK_2}{s^2 + \omega_s^2} \tag{2-51}$$

式（2-33）中所表示在无限增益时的谐振角频率 ω_s，这是个出现零稳态轨迹误差

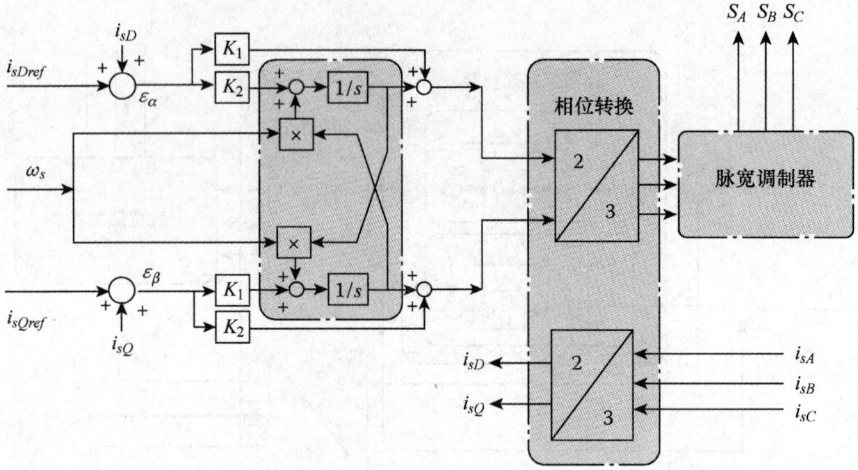

图 2-43　工作在静止坐标系中的同步比例积分控制器的原理图

的条件[35]。图 2-44 中表示的就是谐振控制器。

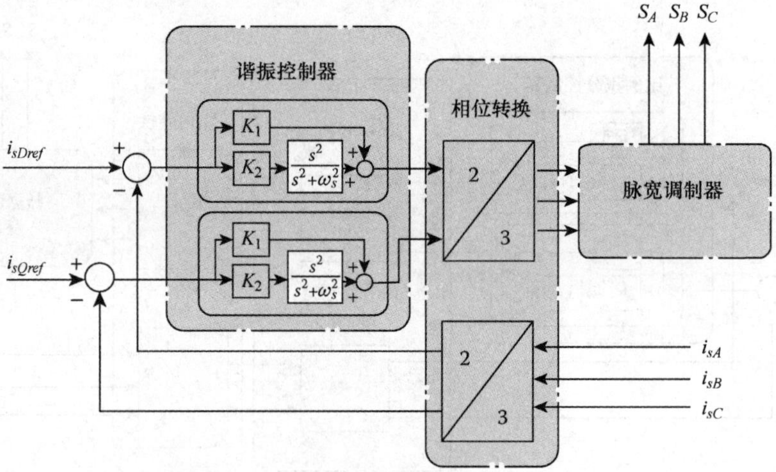

图 2-44　谐振控制器

4. 具有实时最优化功能的闭环脉宽调制

具有实时最优化功能的闭环脉宽调制技术主要将会被运用在大功率产业和牵引交流传动技术中[36]。其中的大功率器件包括性能优越的晶闸管甚至门极可关断晶闸管等能增加功率的器件。对于这种应用，电力变流器的开关损耗在所有种类的损耗中凸显出来。由于这个原因，开关频率通常维持在一个较低的水平，大约数百赫兹。另外，开关频率的减少会导致定子电流谐波的增加，还有相应地增加转矩脉动和长期的机械损耗。一个适当权衡在减少开关损耗和电流谐波之间的方法对于逆变控制来说是最好的开关控制方法。一个简单有效的方法就是确定最佳的开关离线模式[37]。可以利用算法优化开关角（见图2-45）。在器件正常工作的前提下，开关角的数据被保存在一个查找表中（驱动系统的保存方式），然后通过逆变控制系统重新上传。显而易见这种方法在稳态和暂稳条件下都有很好的效果，但是在动态表现中却不尽如人意。利用了预测电流控制、磁定向性脉宽控制、跟踪轨迹控制能得到更好的结果[37]。

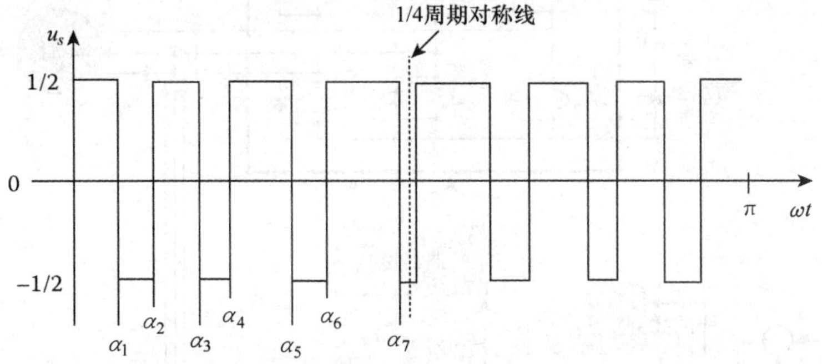

图2-45　在逆变器最佳开关角下运行的相电压

5. 预测电流控制

在所有具有实时优化功能的闭环脉宽调制技术中，其中有一种有趣的方式就是所谓的预测电流控制。预测电流控制展现出一些利用查表的特点。这些方法主要被运用在电力驱动控制中[38-40]。在这两种技术中，都是利用了通过指定边界适当地限制住定子电流的方法。其中一种方法是做一个以参考矢量 $\boldsymbol{i}_{sref}$ 顶点为圆心的圆（见图2-46）。在任何情况下当驱动器运行时定子电流空间矢量 $\boldsymbol{i}_s$ 到达或者越过圆的瞬间，装在逆变器之后的开关配置由两个阶段确定：一个是预测阶段，另一个是优化阶段。在预测阶段，逆变器的每一种开关模式的定子电流的空间矢量轨迹都会被计算，并且相应地到达圆边界的时间都会被预测。预测是根据计算机模拟的一个简化数学模型而做出来的。由于要修改基准电流，控制系统顾及圆的移动而把它放入到一个 $sD-sQ$ 平面中。定子电流空间矢量在圆内所花的时间都被预测出来，用以满足所有逆变器开关模式的需要。最终，开关模式保证了最优的误差电流边界选择的最大运行时间。这种选择提供最长的后续切换开关时间，允许开关频率最小。这种优化方式实行后必须考虑接来下两种逆变器开关方式。对于整个在数字信号处理器中运行的算法，通常需要一个大约20μs 的采样时间。这种延时仅能在开关频率较低时被接受。在频率更高的情况下，可以采用一种所谓的双预测方法。根据

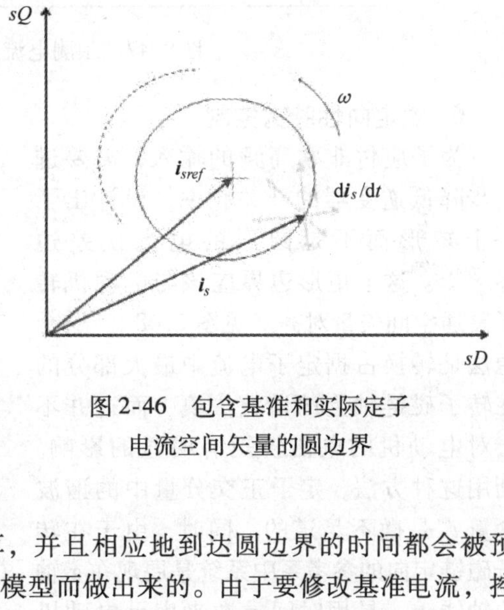

图2-46　包含基准和实际定子电流空间矢量的圆边界

在下列的边界交际中开关模式的预测，一个利用所需更少采样时间的轨迹被预测出来。图 2-47 展示的是交流控制器的预测电流控制系统的原理图。

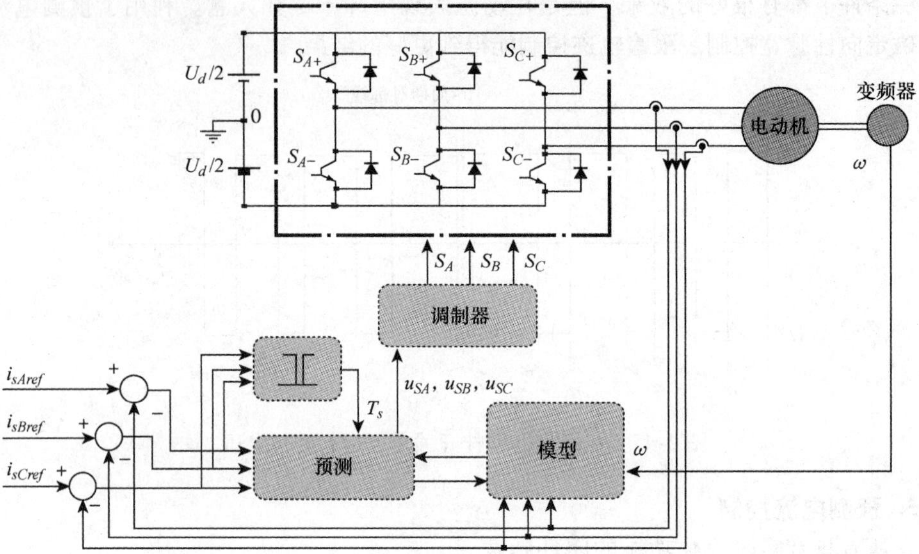

图 2-47　预测电流控制系统的原理图

6. 磁定向性脉宽控制

为了应付非常高频的输入，需要进一步降低逆变器的开关频率，设计出了一个矩形而不是圆形的电流误差边界[36,41]。这个矩形边界应该与电动机转子磁通空间矢量对齐（见图 2-48）。这个想法是转换占据定子电流中最大部分的在转子磁链轴上的谐波失真，而这并不会对电动机的电磁转矩有明显的影响。利用这种方法，定子正交分量中的谐波含量 $i_{sy}^{\psi r}$ 是微不足道的。同时，由于在转子磁链定向的参考系中系统是展现在 x 轴的轴线上，是用时间常数来表示电动机转子持续时间 T_r 的一阶系统。通常来说，它最大的价值在于与一个低通滤波器一起处理在转子磁链幅值下定子直流分量 $i_{sx}^{\psi r}$ 谐波引起的残留作用。在前面的讨论中，电流轨迹导向控制方案是为了能够减少对于 $i_{sy}^{\psi r}$ 的轨迹误差而被设计出来的，同时却允许在 $i_{sx}^{\psi r}$ 上有更大的误差。事实上为了这么做，在 x 轴上的误差边界（与转子磁通空间矢量对齐的地方）是远远比 y 轴长的。这样，系统设计成代表开关的直线与 x 轴尽可能随着时间的推移而不相遇。

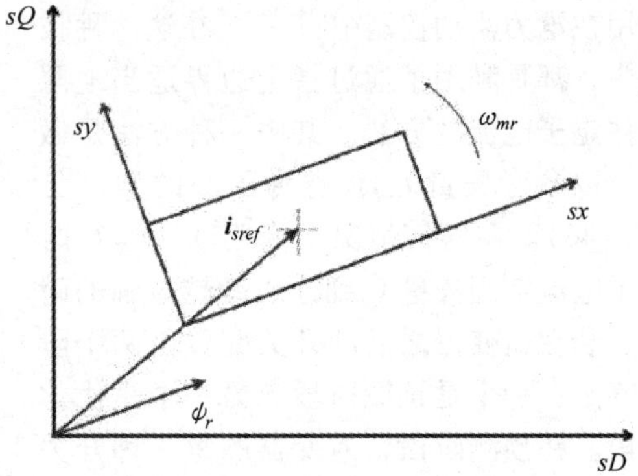

图 2-48　电流矩形边界和它的转子磁通空间矢量

同样由于这个原因，根据预测而制定的开关模式满足了最小开关频率的标准。以上阐述了为什么用矩形边界而不是圆形边界来降低逆变器开关频率的原因[36]。

7. 跟踪轨迹控制

跟踪轨迹控制的设计思路是从以下因素中产生，其基本点是离线优化方式[36]开创了一整套逆变器开关方式的先例。这一因素使得系统动态表现变得很差，差得以至于有时使得系统运行不了。这些都要归咎于系统在暂态运行时，电压源型逆变器基准电压曲线变成非正弦了，在这些条件下，开关是根据预先计算的开关方式而组合。然而这些组合只能在稳态工作条件下正常运行。因此，优化过程是失败的，并且出现了所谓的动态调制误差，这些误差与定子电流相比不能忽略，进而导致了大的转矩脉动。因此有个假设是这样的，一个脉宽调制系统表现得像一个线性放大器那样，仅仅是在开关频率比基准电压信号的脉宽高得多时才有效工作，电压源型逆变器的开关频率低，通常不符合这些条件。这些条件下，所谓的动态调制误差出现了[42]。这个误差是从逆变器的电压空间矢量中基准和实际的积分值的不同：$\int \boldsymbol{u}_{sref}(t)\,\mathrm{d}t \neq \int \boldsymbol{u}_s(t)\,\mathrm{d}t$ 中衍生出来。因此，一个定子电流误差项，称为动态调制误差 $\delta(t)$。这个误差由脉宽调制暂态运行中产生的定子电流空间矢量组成。

所有的线上优化方式[38-40]都以优化之后或者之后两个开关方式的过程为目的基础。这一限定的假设并不能让优化过程运行的适当，同时还要考虑不允许开关同步。

上面所提到的，需要一个更恰当的离线积分方式来应付稳态运行。可以利用在线的方法来应付暂态运行，一个利用以上提到的两种方法中有利因素的潜在方法被提了出来[42]。这就是用称为跟踪轨迹方式来消除动态调制误差。跟踪轨迹控制的实行[42]是利用定子电流空间矢量的稳态轨迹，以优化开关方式中计算所得到的数据来作为模板。如果暂态运行中实际电流矢量偏离了给定的基准路线，一个跟踪控制器就会做出反应。无论什么时候动态调制误差产生，电压源型逆变器开关方式都会得到修改，因而需要：几种方法进行开关方式的调整。这些方法中含一步步最小化的方法，即无差条件控制和插入时间脉冲法，由于调制的工作条件的不同，每一种调制都有各自的优点和缺点。在一个概括的算法中[42]，采用了它们之间的交集。还有分解定子电流空间矢量这种方法，利用这种方法可以方便鉴定定子电流的基本组成，从而使得快速电流控制系统得以实施。

2.3.2　从六脉冲整流器到有源整流器

有源整流器的操作可以在概念上视为经典六脉冲整流器的延伸。

在电力电子器件发展早期，大部分研究都集中在从正弦到直流电压的转换。其中一个原因是需要将同步发电机产生的能量供给需要恒定电压的负载，如直流电动机，特别是在铁路方面的应用。

第一个应用是基于电动机—发电机（M－G组合或由发电机—电动机组成的发电机），由正弦电压提供给电动机驱动同轴的直流电动机发电。直流发电机的电刷使得输出电压变为单级的直流电压。

同样的概念被应用在没有旋转部分的静止整流器。第一个高功率整流器是汞弧整流器，将汞在玻璃管中加热成为气体：因此直流电流可以从一个钢（或炭）电极流到液体汞的剩余部分。这种设备从1920年开始已经应用了40多年。为了获得低纹波的输出电压，通常使用由适当变压器获得的3相、6相或多相电源。图2-49所示是一台汞弧阀整流器，图2-50所示是相应的等效电路。要注意，这是一个共阴极电路，有多个钢质阳极和一个液态汞的阴极。

图2-49　三相汞弧阀整流器

由于半导体功率二极管的发展，共阴极整流器被纹波电压更低的桥拓扑结构的整流器所取代。图2-51所示是接入电网的传统三相不可控六脉冲整流器，带恒流源负载。恒流源代表大电感负载，这是电力电子应用较为常见的等效。必须牢记的是，早期整流器是由允许电流单向流过的器件构成的，是一个非线性元件组。所以该电路必须按照非线性电流原理进行研究，而且因为正弦电源的存在，会产生高次谐波。第3.1节将对接入非线性负载的结果进行说明。

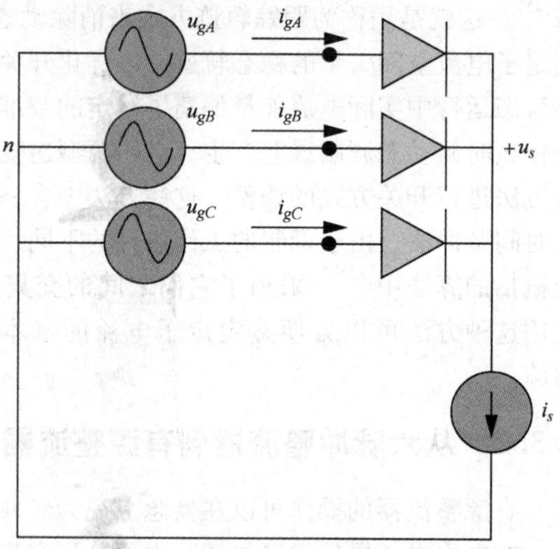

图2-50　三相汞弧阀整流器等效图

要了解图2-51所示电路的运行原理首先要明确，上面的设备（D1、D3、D5）由阳极电位高的二极管导通，下面的设备（D2、D4、D6）由阴极电位低的二极管导通。

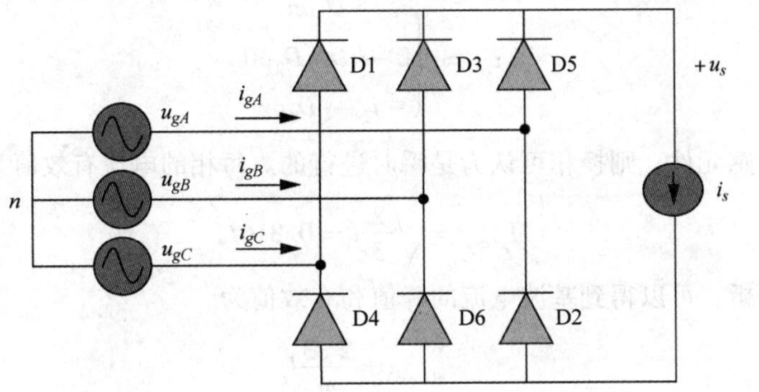

图2-51 三相不可控六脉冲整流器

图2-52所示是六脉冲整流器的特征波形，包括相电源电压（到中心点）、负载电压和电网电流。基波的周期为20ms。负载电压在一个基波周期内有6个脉冲波。这就是称为六脉冲整流器的原因。负载电压 u_s 的频率是基波频率的6倍，瞬时电压为 $u_{gx=A,B,C}-u_{gy=A,B,C}$，表示线间电压。如果最大值为 $U_{LL(\max)}$，则其有效值由以下公式获得：

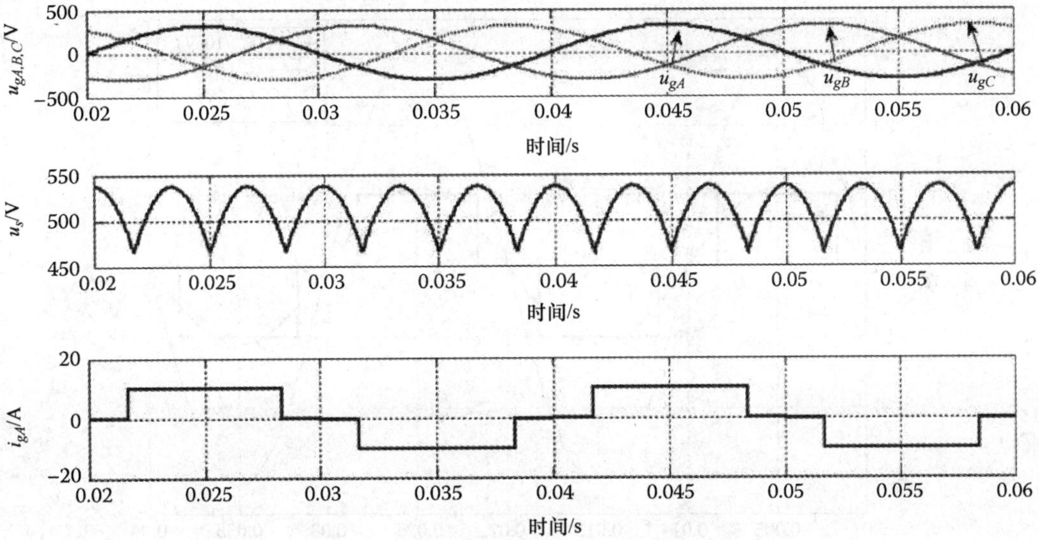

图2-52 六脉冲整流器电源相电压、负载电压和电源线电流

$$U_{\mathrm{mean}}=\frac{1}{\pi/3}\int_{\theta=-\pi/6}^{\theta=\pi/6}U_{LL(\max)}\cos\theta\mathrm{d}\theta=\frac{3}{\pi}U_{LL(\max)}=\frac{3\sqrt{2}}{\pi}U_{LL(\mathrm{rms})}=U_{do} \quad (2\text{-}52)$$

式中 $U_{LL(\mathrm{rms})}$——有效值；

$\theta=\omega t$，其中 t 为时间，ω 为电压角频率。

若认为负载电流是恒定常数，则每个二极管流过电流为 $2\pi/3$，线电流由以下公式获得：

$$i_{gA}=\begin{cases}i_s \rightarrow D_5\,\text{on}\\0 \rightarrow D_5, D_2\,\text{off}\\-i_s \rightarrow D_2\,\text{on}\end{cases} \tag{2-53}$$

如果不考虑电感元件，则换相可认为是瞬时进行的。每相的电流有效值为

$$I_{g(\text{rms})}=\sqrt{\frac{2}{3}}I_s=0.816I_d \tag{2-54}$$

通过傅里叶分析，可以得到基波电流的峰值和有效值为

$$I_{g1(\max)}=\frac{2\sqrt{3}}{\pi}I_s \tag{2-55}$$

$$I_{g1(\text{rms})}=\frac{\sqrt{6}}{\pi}I_s \tag{2-56}$$

由频谱显示，电流波形没有偶次谐波和3的整数倍谐波，主要是因为时域波形的对称性；谐波分量的幅值 $I_{gh}=I_{g1}/h$，其中 h 表示谐波次数。

图2-53所示为电流的基波和相电压在时域的波形。如果负载为纯电流源，那么电流和电压同相位。然而许多电流谐波是存在的，图2-54所示为相应的频谱。

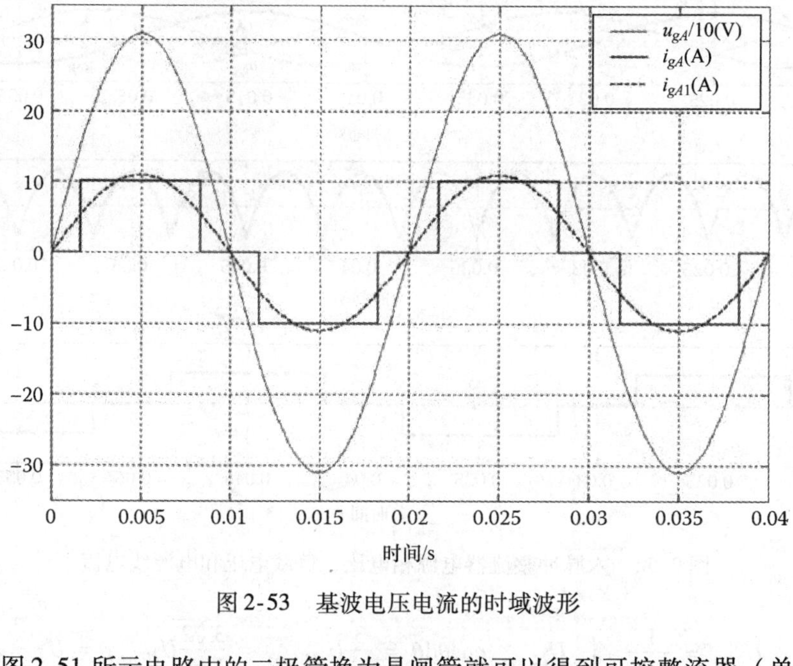

图2-53　基波电压电流的时域波形

如果图2-51所示电路中的二极管换为晶闸管就可以得到可控整流器（单一晶闸管也称为可控整流器）。通过控制触发角 α 就可以控制输出负载电压的平均值：

$$u_{s\alpha}=\frac{3\sqrt{2}}{\pi}U_{LL(\text{rms})}\cos\alpha=1.35U_{LL(\text{rms})}\cos\alpha=U_{do}\cos\alpha \tag{2-57}$$

式中　$U_{LL(\text{rms})}$——线电压有效值；

U_{do}——六脉冲二极管整流器得到的平均值，见式（2-34）。

负载的平均功率为

$$P = u_{s\alpha} I_s = 1.35 U_{LL} I_s \cos\alpha \tag{2-58}$$

令式（2-57）中 $\alpha = 0$ 可得到式（2-52）。注意当 $0 < \alpha < \pi/2$ 时功率由电网流到负载，当 $\alpha = \pi/2$ 时功率为零，当 $\pi/2 < \alpha < \pi$ 时功率由负载流到电网。

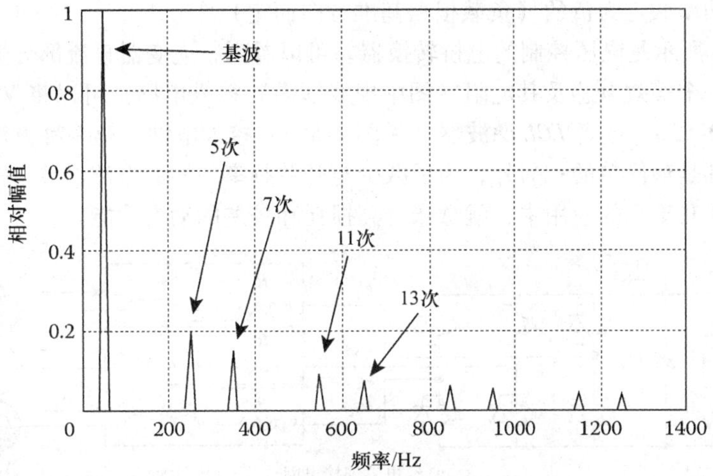

图 2-54　负载为恒流源的电网电流频谱图

通过可控整流器就可以实现功率的反向流动。事实上，只是改变了电压的符号，对应两象限的操作。

这种分析是基于负载能够提供能量的情况。一般的无源负载，电压符号的改变是短时间的，但一段时间内的基波平均值仍然是正值（从电网流向负载）。

图 2-51 所示的电路拓扑中将元件换为可控电力开关（BJT、MOSFET 和 IGBT）可以使可控整流器得到进一步的改进。准确来说，具有这样的电路称为有源整流器。

有源整流器最大的优点是具有双向功率流动。有源整流器在可再生能源发电机接入电网过程中得到了更好的应用，一般称为分布式发电（DG）。

最常见的有源整流器控制基本方式是 VSI 的电流控制[43]。其中，最常用的是电压定向控制（VOC），即在电网电压空间矢量定向的参考系中进行电流控制[44,45]。另一种方法是通过在电网电压空间矢量的瞬时位置的基础上选择适当的开关模式来直接控制有功和无功功率[46]。这种技术称为直接功率控制（DPC）。在电网和电动机对应关系的基础上，VOC 和 DPC 在其虚拟磁链基础上进一步改进，分别称为虚拟磁通定向控制（VF－OC）和虚拟磁通直接功率控制（VF－DPC）[47,48]。

2.3.3　VSI 的电流控制

1. 电压定向控制（VOC）

VOC 源于原本用于电力驱动控制的磁场定向控制原理。与驱动控制一样，VOC 是基于这样的思想：找到该电流对应的有功和无功功率控制的旋转参考系。在这个基础上，首先建立 VOC 坐标，其中直接轴位在电网电压空间矢量的方向；其次建立 VF－OC 坐标，直轴位于一个虚拟磁通，并在电网电压分量的时间一体化的基础上获得方向。很明显，由于虚拟磁通正交于电网电压，所以注入电流的直接分量和正交分量相对于 VOC 移位 90°。在后面的讨论中，假定从电网直流电源获得的功率是正的：因此可再生能源产生的功率假定为负的（负载根据基准方向而定）。

图 2-55a 所示是电压控制的电桥转换器。可以看到，逆变器直流部分连接着负载交流部分通过一个等效电感及其电阻（图中虚线框内）接入电网。可以将 VSI 通过 *LC* 滤波器（见图 2-55b）或者 *LCL* 滤波器（见图 2-55c）接入电网。第一种方法无论元件数量还是结构都是最简单的；另外，为了减少与开关频率一样的电流谐波，需要接入大电感。这样，在几千瓦的应用中，就意味着高损耗和较差的动态性能。

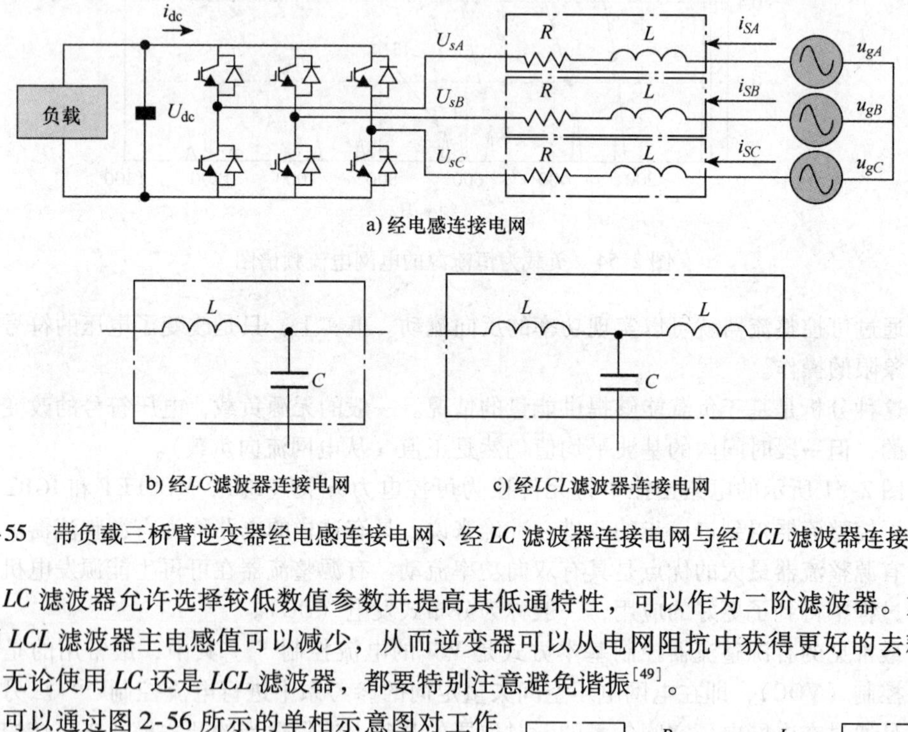

图 2-55　带负载三桥臂逆变器经电感连接电网、经 *LC* 滤波器连接电网与经 *LCL* 滤波器连接电网

LC 滤波器允许选择较低数值参数并提高其低通特性，可以作为二阶滤波器。如果使用 *LCL* 滤波器主电感值可以减少，从而逆变器可以从电网阻抗中获得更好的去耦特性。无论使用 *LC* 还是 *LCL* 滤波器，都要特别注意避免谐振[49]。

可以通过图 2-56 所示的单相示意图对工作原理进行解释。逆变器可以当作电流源，因为它由产生的电压差决定，这取决于电力开关的状态和电源施加在电感 *L* 上的电压。电流可以由电网或负载流入。

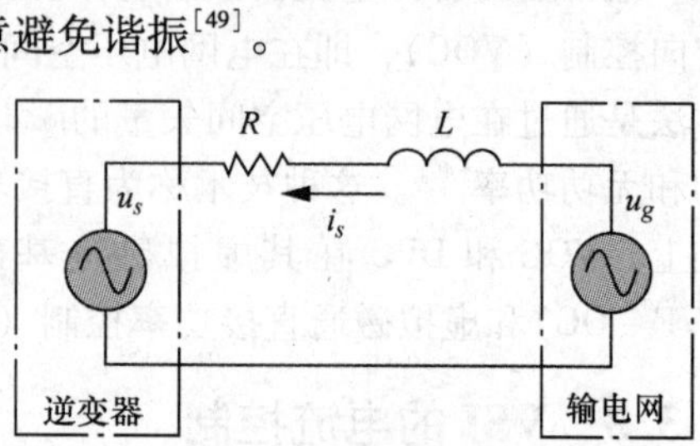

图 2-56　方案的单相示意图

图 2-57 所示是用正弦稳态矢量图绘制的一些特殊情况。特别地，图 2-57a 所示是一个工作情况。电网电压 $\boldsymbol{u}_g$ 是逆变器电压矢量 $\boldsymbol{u}_s$ 和电

感 $j\omega L\boldsymbol{i}_s$ 及电阻 $R\boldsymbol{i}_s$ 电压降的矢量和。图2-57b表示单位功率因数的整流过程。施加的逆变器电压 $\boldsymbol{u}_s$ 加上电感和电阻的电压降使得电流 $\boldsymbol{i}_s$ 与电网电压 $\boldsymbol{u}_g$ 同相位。功率从电网流向逆变器表征了整流器的特性。最后，图2-57c所示是单位功率因数下的逆变过程。在后种情况下，电网电压的空间矢量和电流空间矢量是反向的。要注意在图2-54中为了清楚起见将电阻电压降变大了。

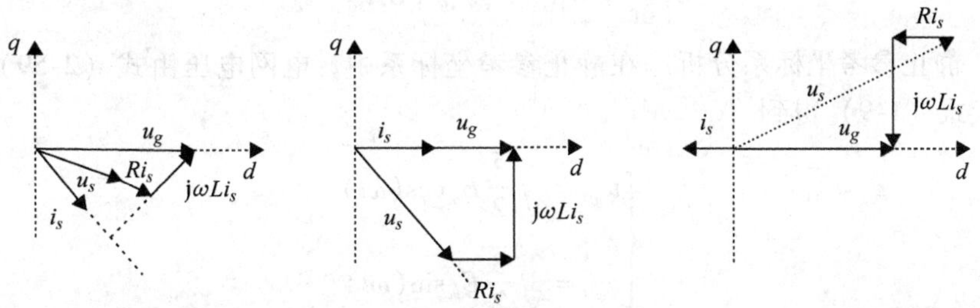

图2-57　有源整流器工作条件

（1）有源整流器的电路分析　参照图2-55，可以分为三个部分：逆变器、电网和 *RL* 电路。先写出电网电压、逆变器电压，再根据基尔霍夫定律（KVL）方程可以计算有源整流器提供的电流。可以根据在静止和同步旋转坐标系写出单相方程。

电网的相电压、电流如下：

$$\begin{cases} u_{gA} = E_m\cos(\omega t) \\ u_{gB} = E_m\cos\left(\omega t + \dfrac{2}{3}\pi\right) \\ u_{gC} = E_m\cos\left(\omega t - \dfrac{2}{3}\pi\right) \end{cases} \tag{2-59}$$

$$\begin{cases} i_{sA} = I_m\cos(\omega t + \varphi) \\ i_{sB} = I_m\cos\left(\omega t + \dfrac{2}{3}\pi + \varphi\right) \\ i_{sC} = I_m\cos\left(\omega t - \dfrac{2}{3}\pi + \varphi\right) \end{cases} \tag{2-60}$$

有源整流器产生的相电压决定于电力设备的状态，如式（2-2）所示。为了清楚起见，这里再写一下：

$$\begin{cases} u_{sA} = \dfrac{2S_a - (S_b + S_c)}{3}U_d \\ u_{sB} = \dfrac{2S_b - (S_a + S_c)}{3}U_d \\ u_{sC} = \dfrac{2S_c - (S_a + S_b)}{3}U_d \end{cases} \tag{2-61}$$

KVL 如下：

$$\begin{bmatrix} u_{gA} \\ u_{gB} \\ u_{gC} \end{bmatrix} = R\begin{bmatrix} i_{sA} \\ i_{sB} \\ i_{sC} \end{bmatrix} + L\frac{\mathrm{d}}{\mathrm{d}t}\begin{bmatrix} i_{sA} \\ i_{sB} \\ i_{sC} \end{bmatrix} + \begin{bmatrix} u_{sA} \\ u_{sB} \\ u_{sC} \end{bmatrix} \tag{2-62}$$

最后，再给出直流母线电压和电流公式：

$$C\frac{\mathrm{d}u_d}{\mathrm{d}t} = S_A i_{sA} + S_B i_{sB} + S_C i_{sC} - i_{dc} \tag{2-63}$$

（2）静止参考坐标系分析　在静止参考坐标系中，电网电压由式（2-59）通过克拉克变换式（1-9）得到

$$\begin{cases} u_{gD} = \sqrt{\dfrac{3}{2}}E_m\cos(\omega t) \\ u_{gQ} = \sqrt{\dfrac{3}{2}}E_m\sin(\omega t) \end{cases} \tag{2-64}$$

逆变器电压可以通过式（1-9）推导得到，其矢量形式为

$$\begin{cases} u_{sD} = \sqrt{\dfrac{2}{3}}\left(u_{sA} - \dfrac{1}{2}u_{sB} - \dfrac{1}{2}u_{sC}\right) \\ u_{sQ} = \dfrac{1}{\sqrt{2}}(u_{sB} - u_{sC}) \end{cases} \tag{2-65}$$

KVL 如下

$$\begin{bmatrix} u_{gD} \\ u_{gQ} \end{bmatrix} = R\begin{bmatrix} i_{sD} \\ i_{sQ} \end{bmatrix} + L\frac{\mathrm{d}}{\mathrm{d}t}\begin{bmatrix} i_{sD} \\ i_{sQ} \end{bmatrix} + \begin{bmatrix} u_{sD} \\ u_{sQ} \end{bmatrix} \tag{2-66}$$

直流母线式（2-63）变成

$$C\frac{\mathrm{d}u_d}{\mathrm{d}t} = (S_D i_{sD} + S_Q i_{sQ}) - i_{dc} \tag{2-67}$$

注意在静止系中，$(S_A i_{sA} + S_B i_{sB} + S_C i_{sC})$ 对应变为 $(S_D i_{sD} + S_Q i_{sQ})$，$(S_D，S_Q)$ 是开关状态的克拉克变换，并认为是空间矢量。

有功和无功功率可以由下面公式得到

$$\begin{cases} p = u_{gD} i_{sD} + u_{gQ} i_{sQ} \\ q = u_{gQ} i_{sD} - u_{gD} i_{sQ} \end{cases} \tag{2-68}$$

（3）同步参考坐标系分析　在同步参考坐标系中，电网电压可以由静止参考系中的式（2-64）通过相量旋转得到

$$\begin{bmatrix} u_{gd} \\ u_{gq} \end{bmatrix} = \begin{bmatrix} \sqrt{(3/2)}E_m \\ 0 \end{bmatrix} = \begin{bmatrix} \sqrt{u_{gD}^2 + u_{gQ}^2} \\ 0 \end{bmatrix} \tag{2-69}$$

逆变器电压可以由静止参考系转换得到

$$\begin{bmatrix} u_{sd} \\ u_{sq} \end{bmatrix} = \begin{bmatrix} \cos\gamma & \sin\gamma \\ -\sin\gamma & \cos\gamma \end{bmatrix} = \begin{bmatrix} u_{sD} \\ u_{sQ} \end{bmatrix} \tag{2-70}$$

其中

$$\begin{cases}\sin\gamma = \dfrac{u_{sQ}}{\sqrt{(u_{sD})^2 + (u_{sQ})^2}} \\ \cos\gamma = \dfrac{u_{sD}}{\sqrt{(u_{sD})^2 + (u_{sQ})^2}}\end{cases} \tag{2-71}$$

在同步参考坐标系中，直流矢量分量 i_{sd} 决定了有功潮流；正交电流矢量分量 i_{sq} 决定无功功率。这两组分量都可以单独控制。如果矢量 i_{sd} 和电网电压 $\boldsymbol{u}_g$ 同相位，可以达到的功率因数为1。通过在电网电压矢量加一个旋转坐标系直轴，就可以得到一个简化的动态模型。

系统KVL电压空间矢量方程的直轴（d）和交轴（q）分量为

$$\begin{cases}u_{gd} = u_{sd} + Ri_{sd} + L\dfrac{\mathrm{d}i_{sd}}{\mathrm{d}t} - \omega Li_{sq} \\ u_{gq} = u_{sq} + Ri_{sq} + L\dfrac{\mathrm{d}i_{sq}}{\mathrm{d}t} + \omega Li_{sd}\end{cases} \tag{2-72}$$

从式（2-72）可以看出，注入电流的直（交）轴分量决定于逆变器电压的直（交）轴分量。与电动驱动器一样，两个轴分量都有一些耦合项，由前馈控制条件补偿。电网电压的直轴分量也是一样的，要有合适的前馈条件来补偿。

最后，有功和无功功率表示为

$$\begin{cases}P = \dfrac{3}{2}u_{gd}i_{sd} \\ Q = -\dfrac{3}{2}u_{gd}i_{sq}\end{cases} \tag{2-73}$$

如果为了直接控制无功和有功功率，那么参考电流可以在参考有功和无功功率的基础上获得。

图2-58所示为一个控制方案。首先由模－数转换器得到电网电压（u_{gA}，u_{gB}，u_{gC}）和逆变器电流（i_{sA}，i_{sB}，i_{sC}）；先转换为静止 $D-Q$ 坐标参数再旋转到 $d-q$ 坐标参数。电流的直轴参考值 i_d 和交轴参考值 i_q 可以由有功功率 P_{ref} 和无功功率 Q_{ref} 通过式（2-73）得到。误差信号由PI控制器处理。特别地，经过PI控制器处理的直流误差会通过前馈项 $-\omega Li_{sq}$ 加到电网电压的直轴分量，经过PI控制器处理的交轴电流误差会加到前馈项 ωLi_{sd}。

逆变器电压的直轴和交轴分量可以计算为

$$\begin{cases}u_{sd} = \omega Li_{sq} + u_{gd} + \Delta u_{sd} \\ u_{sq} = -\omega Li_{sd} + \Delta u_{sq}\end{cases} \tag{2-74}$$

忽略电阻，PI控制器的目的是在这种方式下将电流误差控制为零，使两个轴的电流误差为零：

$$\begin{cases}\Delta u_{sd} = k_p(i_{dref} - i_d) + k_1\displaystyle\int(i_{dref} - i_d)\mathrm{d}t \\ \Delta u_{sq} = k_p(i_{qref} - i_q) + k_1\displaystyle\int(i_{qref} - i_q)\mathrm{d}t\end{cases} \tag{2-75}$$

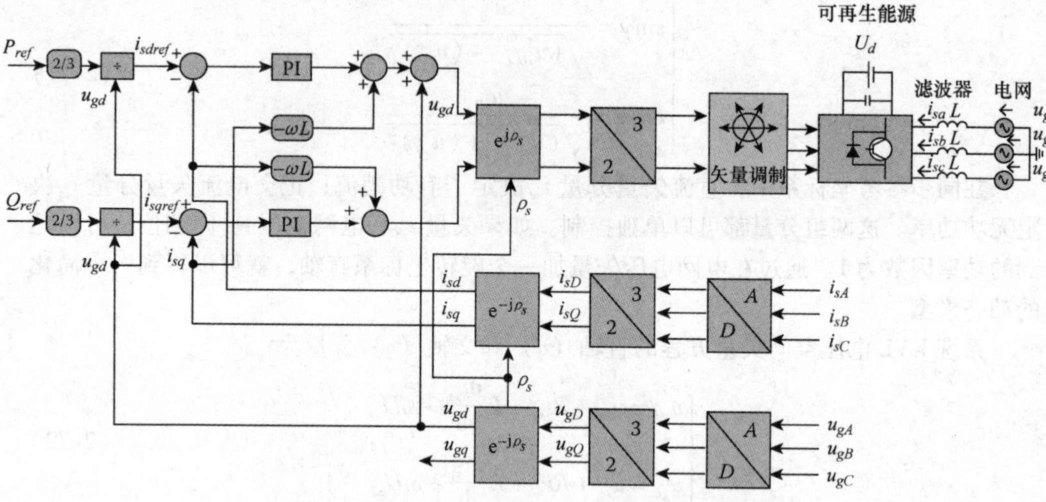

图 2-58　可控整流器在同步参考坐标系中的控制方案

（资料来源于 Pucci 等人，电力系统研究，81（4），830，2011 年 4 月）

图 2-58 所示是整个控制方案，描述了众所周知的去耦方法。但稍有不同的是[46-50]，参考电流的直流分量被计算为直流母线电压调节器的输出。电流控制就是在电网电压参考系中的 PI 控制。

2. 虚拟磁通定向控制

在学术上已经深入研究了电动机的典型控制技术，在 DG 和有源逆变器领域延伸了“虚拟电动机”的概念。可以把电网等效为虚拟电动机，由与逆变器（有源整流器）连接的滤波器电感等效的瞬时漏电感和电网（有源整流器）等效的反电动势组成。在这种抽象化的基础上，电动机磁通量的等效模型、虚拟磁通的概念可以定义为电网电压在时间上的积分。虚拟磁通与电网电压有 90° 的相移。虚拟磁通在同步参考坐标系中的直交轴分量为

$$\begin{cases} \psi_{gD} = \int \left(u_{sD} + L\dfrac{\mathrm{d}i_{sD}}{\mathrm{d}t} \right) \mathrm{d}t \\ \psi_{gQ} = \int \left(u_{sQ} + L\dfrac{\mathrm{d}i_{sQ}}{\mathrm{d}t} \right) \mathrm{d}t \end{cases} \tag{2-76}$$

虚拟磁通在 VOC 技术中使用是基于虚拟磁通矢量而不是电网电压矢量在旋转坐标系中的方位。虚拟通量实验应用的估算需要开环积分。解决这个问题的简单方法是把一阶低通滤波器近似为纯积分器（见第 6 章）。式（2-76）的实际应用见图 2-59。

3. VOC 与 VF－OC 的实验结果

VOC 控制技术与其相应的优化版本已经在 MATLAB® －Simulink® 环境下得到落实。尤其是 PLECS® 。已经用于电路方案的分析，PLECS® 软件已被用于 IGBT 三相逆变器、互连电感、电压和电流传感器。该种控制算法在经典的 Simulink® 的离散域里得到落实。VOC 和 VF－OC 已经采用 10kHz 和 5kHz 的 SV－PWM 频率的取样频率。图

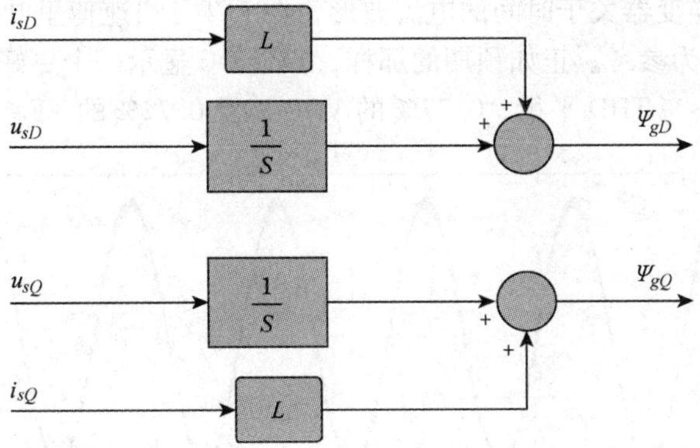

图 2-59 VF 估算框图

（资料来源于 giglia，G. 等人，基于 VOC 和 DPC 的三相分布式发电的比较控制技术，
可再生能源和电能质量国际会议，桑坦德银行，西班牙，2008 年 3 月 12 ~ 14 日）

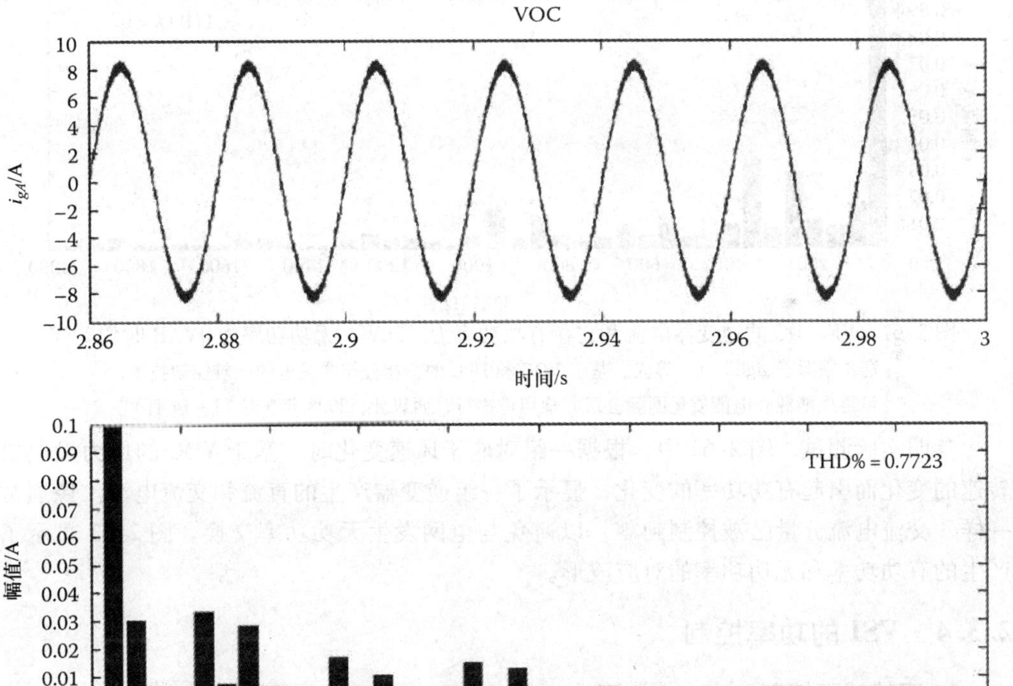

图 2-60 VOC 的逆变器电流和它在有功功率为 -2kW，无功功率为 0VAR 时的 FFT

（资料来源于 giglia，G. 等人，基于 VOC 和 DPC 的三相分布式发电的比较控制技术，
可再生能源和电能质量国际会议，桑坦德银行，西班牙，2008 年 3 月 12 ~ 14 日）

2-60和图 2-61 显示分别在相应的有功功率为 -2kW 和无功功率为 0VAR 时，在 VOC 和

VF－OC 计算稳态逆变器关于时间的电流波形，在 FFT（快速傅里叶变换）后获得高达 40 次谐波，可以作为参考。正如预期的那样，VF－OC 显示一个更好的注入电流谐波分析，包括谐波含量、% THD 平衡、0.77% 的 VOC 以及 0.72% 的 VF－OC。

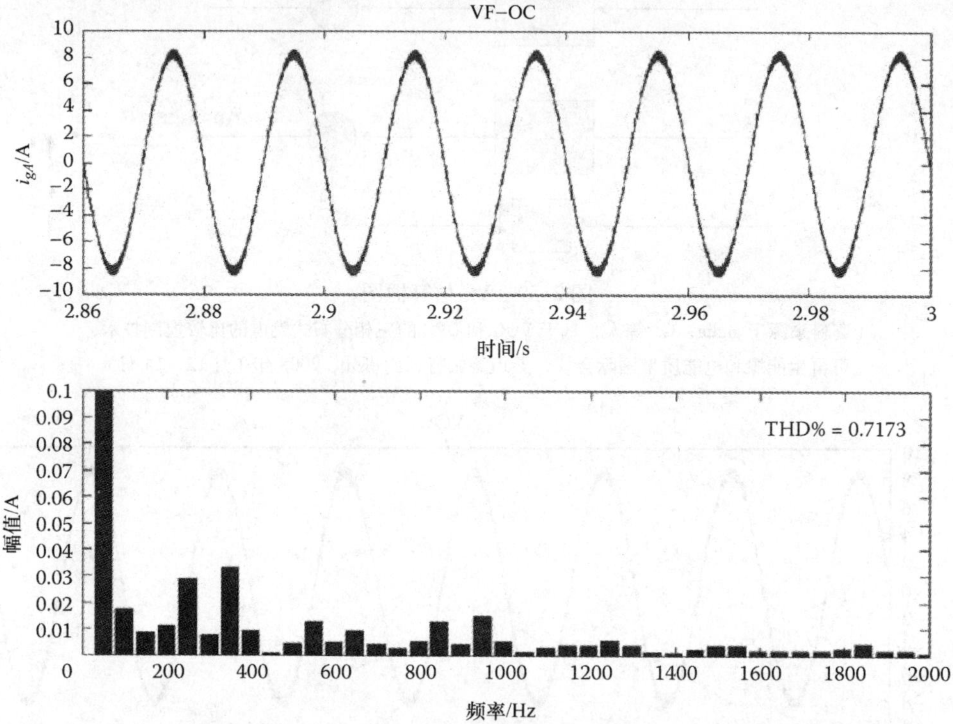

图 2-61　VF－OC 的逆变器电流和它在有功功率为－2kW，无功功率为 0VAR 时的 FFT

（资料来源于 giglia，G. 等人，基于 VOC 和 DPC 的三相分布式发电的比较控制技术，可再生能源和电能质量国际会议，桑坦德银行，西班牙，2008 年 3 月 12～14 日）

参照实验测试，图 2-62 中，根据一组对应于风速变化时，基于 VOC 的风力发电机转速的变化而引起有功功率的变化，显示了一组逆变器产生的直流和交流电流。像通常一样，交流电流分量已被控制到零，以避免与电网发生无功功率交换。图 2-63 显示了产生的有功功率和无功功率的对应波形。

2.3.4　VSI 的功率控制

1. 直接功率控制

直接功率控制直接由其对应指定的电动驱动程序控制，称为直接转矩控制（DTC）。直接功率控制是基于一种直接对逆变器增加或减少调节，不需经过切换到电流控制的构思，并且使两侧的直流电网与交流电网之间没有直接的有功和无功功率交换。即使 VF DPC 已发展到有功和无功功率估计可以在虚拟元件的基础上测量，由于在 DPC 的情况下，负载式发电机的控制系统的不完全对称，马林诺夫斯基等人也只是解决了发电机的运行问题[48,50]。

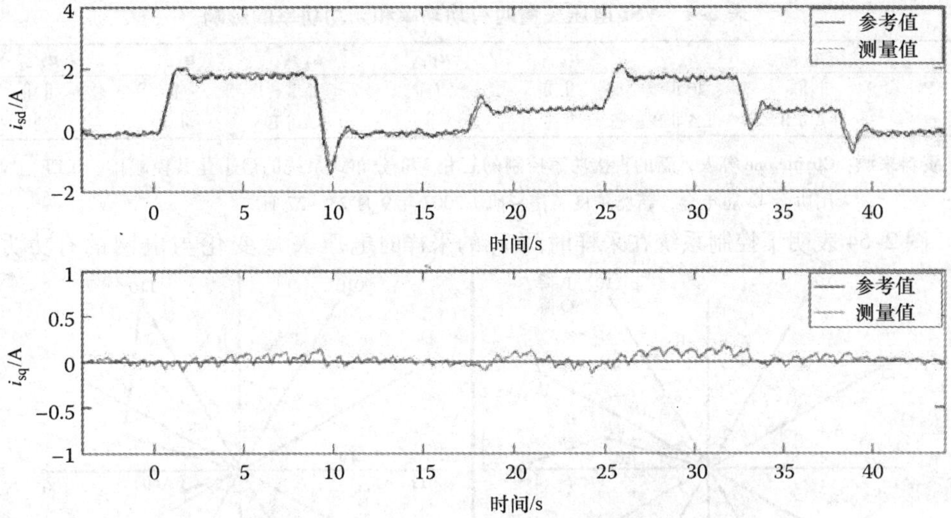

图 2-62　交流侧 i_{sd}，i_{sq} 的参考电流和测量电流

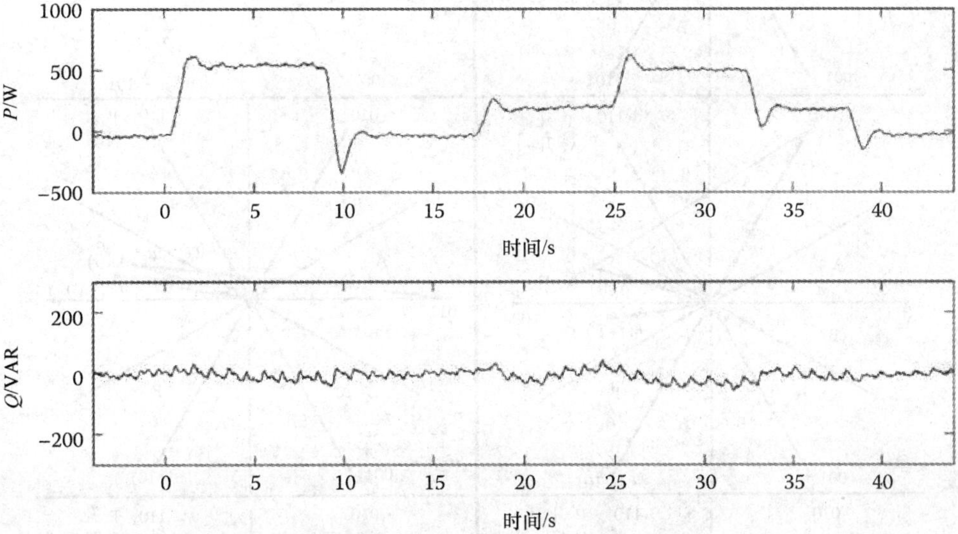

图 2-63　流向交流侧的有功功率（P）和无功功率（Q）

2. DPC 的转换表

DPC 是基于一种直接由逆变器耦合的方法使有功和无功功率在电网之间交换的控制方法，这样避免了任何电流的干扰。它的最佳切换模式是在有功和无功功率需求变化的基础上选择的，并由电网瞬时的电压矢量来决定。在表 2-4 所示的总结中可以看到，如果电网电压矢量 $\boldsymbol{u}_g$ 瞬间在第 k 扇区，这个软件控制了所有 VSI 电压矢量交换对有功和无功功率 P 和 Q 的调节，这也包括分段之间的调节或者一个分段内的调节（在电网电压矢量测量上，A 属于第一分段，B 属于第二分段）[24]。在该表中，一个单箭头表示小的变化，双箭头表示一个大的变化。

表 2-4　VSI 电压矢量对有功功率和无功功率的影响

	u_0	u_k	u_{k+1}	u_{k+2}	u_{k+3}	u_{k-1}	u_{k-2}
P	⇑⇑	⇓⇓	⇑⇑	⇑⇑	⇑⇑	⇑	⇑⇑
Q	⇑A⇓B	⇑A⇓B	⇑⇑	⇑	⇓A⇑B	⇓⇓	⇓

资料来源：Cirrincione 等人，新的直接功率控制的三相 VSI 分布式系统的最小化共模减排，IEEE 工业应用协会 42 届年会，新奥尔良，洛杉矶，2007 年 9 月 23 ~ 27 日.

图 2-64 表明了控制系统在采样时间 T_s 的采样时电压矢量变化与电网的有功功率

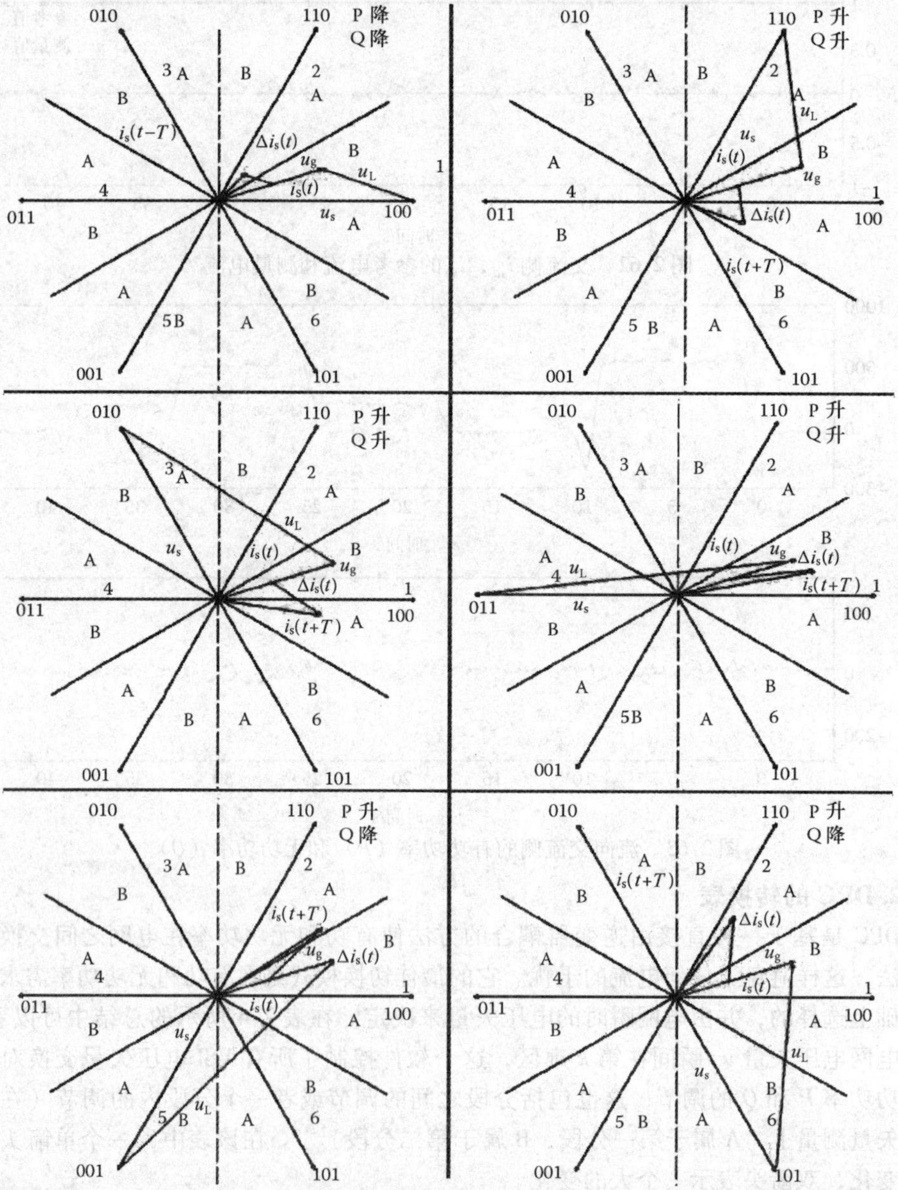

图 2-64　（见彩色插页）不同电压矢量时应用对电网有功功率和无功功率交换的影响

和无功功率的变化之间的关系。该图是在电网电压矢量 $\boldsymbol{u}_g(t)$ 位于的第一扇区，而且绘制出了使用的每个逆变器的有源电压矢量。在控制系统正常工作时，即所注入的电流 $\boldsymbol{i}_s(t)$ 的相位与加载在电感 L 上的电网电压的相位相同时，若忽略其过渡电阻，其矢量差为 $\boldsymbol{u}_g(t)-\boldsymbol{u}_s(t)$ 因此，电流 $\boldsymbol{i}_s(t+T_s)$ 是控制系统在一个采样时间后得到的 $\boldsymbol{i}_s(t)$ 及电感电压降附加相位的矢量和。

根据表2-4，Noguchi 等[46]提出可以直接推导出最佳的切换表（ST），如表2-5所示，ST 已被用在这里的实验应用的方法学上。

有功和无功功率控制反馈值由下面的公式求出：

$$P=u_{sA}i_{sA}+u_{sB}i_{sB}+u_{sC}i_{sC} \tag{2-77}$$

$$Q=\frac{1}{\sqrt{3}}((u_{sB}-u_{sC})i_{sA}+(u_{sC}-u_{sA})i_{sB}+(u_{sA}-u_{sB})i_{sC}) \tag{2-78}$$

表2-5　最佳的 ST

		Sub A	Sub B
$P\Uparrow$	$Q\Uparrow$	$\boldsymbol{u}_0$	$\boldsymbol{u}_0$
	$Q\Downarrow$	$\boldsymbol{u}_{k-1}$	$\boldsymbol{u}_0$
$P\Downarrow$	$Q\Uparrow$	$\boldsymbol{u}_k$	$\boldsymbol{u}_{k+1}$
	$Q\Downarrow$	$\boldsymbol{u}_{k-1}$	$\boldsymbol{u}_k$

资料来源：Cirrincione 等人，新的直接功率控制的三相 VSI 分布式系统的最小化共模减排，IEEE 工业应用协会42届年会，新奥尔良，洛杉矶，2007年9月23~27日.

有功和无功功率的计算需要用到逆变器的三相电压和电流，因此 VOC 的坐标需要保持恒定。整个控制方案如图2-65所示。两个水平滞后控制器执行有功和无功功率控

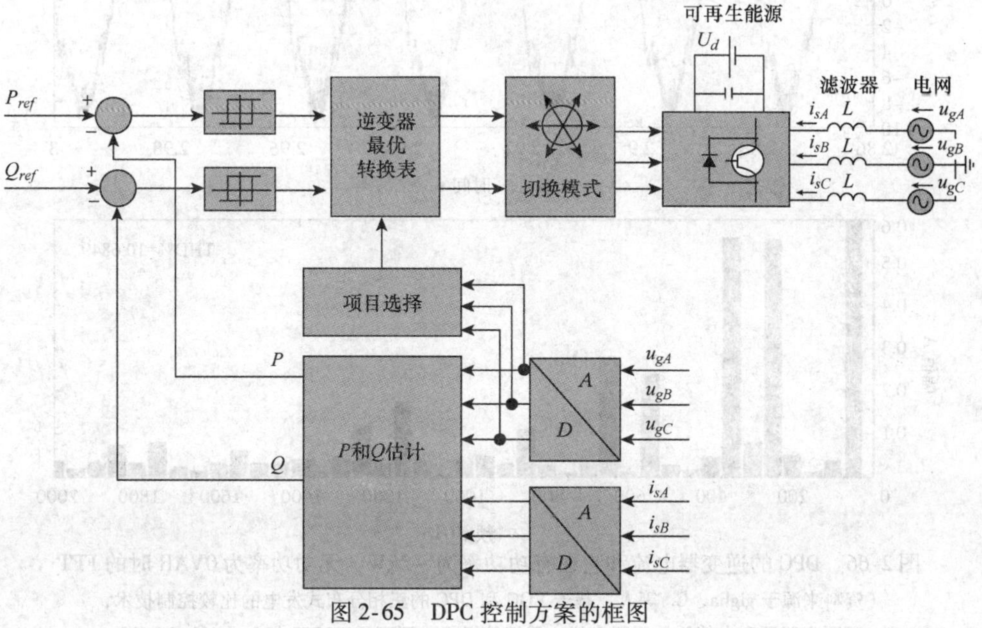

图2-65　DPC 控制方案的框图

（资料来源于 Pucci，M 等人，电力系统研究，81（4），830，2011年4月）

制，并进行分段计算，其中电网电压矢量瞬间需要用 π/6 弧度来拟合。

3. 虚拟磁通直接功率控制

用虚拟磁通的 DPC 技术可以使有功和无功功率转换为虚拟磁通功率，在这样的计算中得到的电网电压更精确。基于虚拟磁通的功率的计算可以使用下面的公式：

$$\begin{cases} P = \dfrac{3}{2}\omega(\Psi_{gD} i_{sQ} - \Psi_{dQ} i_{sD}) \\ Q = \dfrac{3}{2}\omega(\Psi_{gD} i_{sD} + \Psi_{dQ} i_{sQ}) \end{cases} \tag{2-79}$$

引入虚拟磁通的优点是可以使电网中的电流与有功和无功功率的脉动谐波降低。

4. DPC 和 VF－DPC 的实验结果

上面所描述的 DPC 与虚拟磁通对应的两个控制技术的版本已用 MATLAB 的 Simulink 和 PLCES 环境中的 IGBT 三相逆变器、互连电感、电压和电流传感器实现。所有在离散域的控制算法已在经典的 Simulink 中得到实现。因此可以采用 15kHz 的取样频率进行实验。

图 2-66 和图 2-67 显示的是与第 2.3.3 节第 2 部分的相同工况条件下（P_{ref} = －2kW，Q_{ref} = 0VAR），由 DPC 和 VF－DPC 获得的稳态逆变器电流在不同时间上的波形和相应的波谱。正如预期的那样，VF－DPC 具有更好的谐波含量的注入电流，同时对于总谐波含有率 THD，DPC 为 11.47%，而 VF－DPC 为 10.68%。

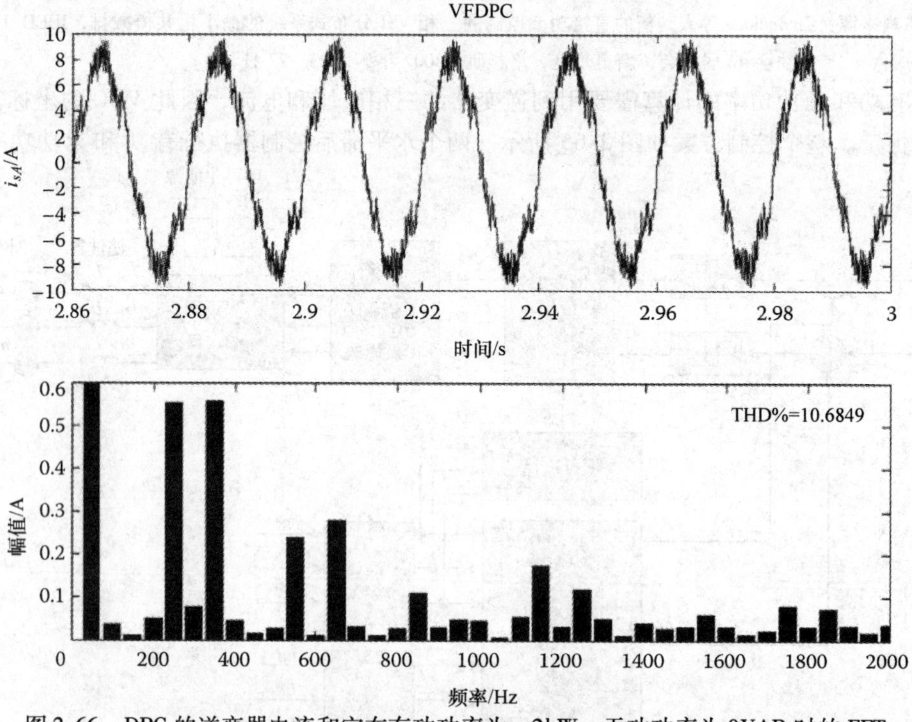

图 2-66　DPC 的逆变器电流和它在有功功率为－2kW，无功功率为 0VAR 时的 FFT

（资料来源于 giglia，G. 等人，基于 VOC 和 DPC 的三相分布式发电的比较控制技术，

可再生能源和电能质量国际会议，桑坦德银行，西班牙，2008 年 3 月 12～14 日）

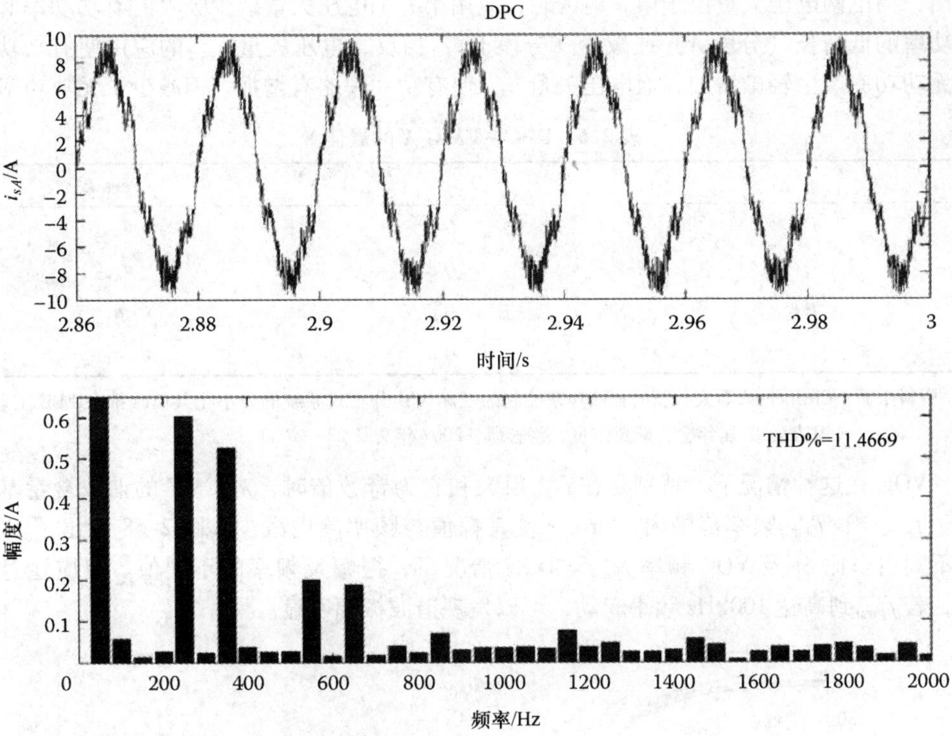

图 2-67 VF－DPC 的逆变器电流和它在有功功率为－2kW，无功功率为 0VAR 时的 FFT
（资料来源于 giglia，G. 等人，基于 VOC 和 DPC 的三相分布式发电的比较控制技术，
可再生能源和电能质量国际会议，桑坦德银行，西班牙，2008 年 3 月 12～14 日）

5. DPC EMC（电磁兼容）

在第 2.1 节中，表 2-1 显示了每个逆变器的 CMV 的状态。可以看出，如果只使用偶数或奇数个有功电压矢量（$\boldsymbol{u}_k$，k 分别为偶数或奇数）时 CMV 不会产生变化。如果从一个偶数的电压矢量向奇数 1 的过渡发生时（反之亦然），CMV 产生变化，电压为 $U_d/3$。如果发生从一个奇数（偶数）的电压矢量向第零（七）的电压矢量的过渡，则会产生振幅为 $U_d/3$ 的共模变化。最后，如果从一个奇数（偶数）电压矢量向第七（零）电压矢量的过渡，则会产生振幅为 $2U_d/3$ 的共模变化。

因为 CMV 变化表现出阶梯形状，使得谐波入侵电网。这些高次谐波的频率取决于开关和 CMV 的周期性变化。

因此，共模排放，最坏的情况是从一个奇数（偶数）的电压矢量到第七（零）电压矢量的过渡。

出于这个原因，需要改变逆变器的控制技术设计，以便最大限度地减少驱动器产生的共模干扰，应避免两个零电压矢量（零和第七）的使用。在运用 DPC 技术时，这个规定依然适用。所以，当在无功功率上升或下降的情况下需要有功功率增加时，DPC[46] 会控制电压矢量来调整。这个技术被称为 DPC－EMC1[51－54]，参见表 2-6。表中指出，当电网电压矢量位于第 k 扇区时，应用第 k 个电压矢量减少吸收的有功功率和无功功率的低增长（分段 A）或减少（分段 B），相反，电压矢量 u_{k+2} 的应用使有功功率和无功功率产生轻微增加，而电压矢量 u_{k-2} 使有功功率略有增加，但减少了无功功率。

表 2-6　DPC－EMC 1 的最佳 S

		Sect. k
$P\Uparrow$	$Q\Uparrow$	u_{k+2}
	$Q\Downarrow$	u_{k-2}
$P\Downarrow$	$Q\Uparrow$	u_k
	$Q\Downarrow$	u_k

资料来源：Cirrincione 等人，新的直接功率控制的三相 VSI 分布式系统的最小化共模减排，IEEE 工业应用协会 42 届年会，新奥尔良，洛杉矶，2007 年 9 月 23～27 日.

VOC 在这种情况下，特别是在 f_{PWM} 很大和它为奇数倍时，对 CMV 的谐波含量基本处于 $f_{PWM}=1/T_{PWM}$ 频率范围内，sinx/x 使其幅值与频率趋向减少。图 2-68 示出了 CMV 在不同占空比 δ_1 及 VOC 频率 $f_{PWM}=4$kHz 情况下，振幅及频率的不同值。但应注意的是，若 f_{PWM} 到高达 100kHz 频率起动，可以发现谐波振幅明显。

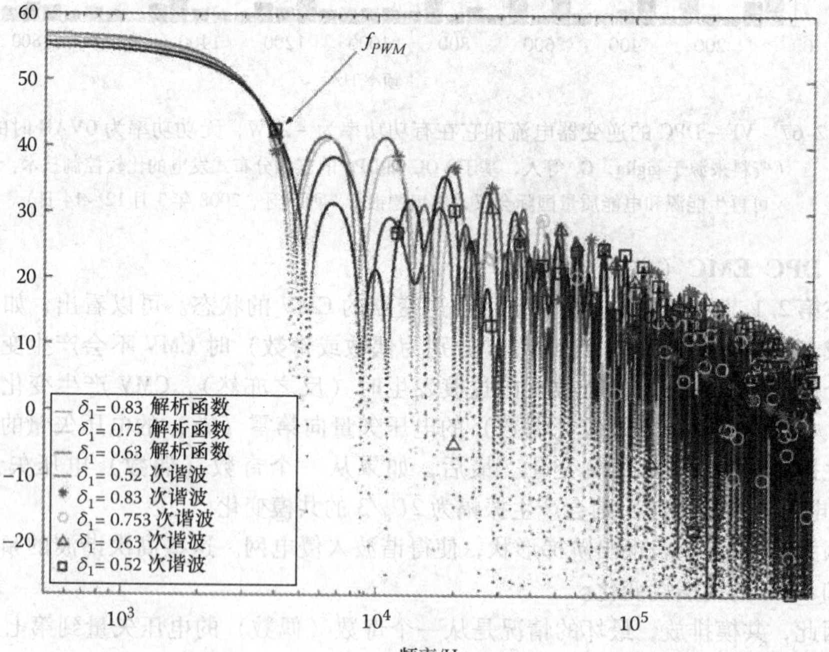

图 2-68　CMV 谱频率在 VOC 的不同占空比 δ_1 下的振幅

（资料来源于 Pucci，M 等人，电力系统研究，81（4），830，2011 年 4 月）

由于 DPC－EMC 1 产生的 CMV 的频谱容易预测，而事实上，如果忽略所有的寄生效应和上升/下降时间，理论稳态 CMV，u_{N0}是一个周期性的波形，周期等于电网电压的基波周期的1/3。图2-69显示了CMV与DPC－EMC 1获得的理论时域波形。其谐波频谱可以通过计算其傅里叶级数展开的系数分析推断直流母线电压 u_d 和电网电压的脉动 ω：

$$u_{N0} = \sum_{n=1}^{\infty} \frac{U_d}{3\pi n} \sin(3n\omega t) \tag{2-80}$$

在此基础上，在CMV含有的谐波基本上是在低频区域，特别是在基波（欧洲的标准为150Hz）和它的奇数倍波（基波的3倍、9倍、15倍、25倍等的三次谐波的幅值），其幅值与频率本身成反比。因此，相对于传统的调制技术，这样的控制发生器示出了共模谐波含量是相当低的，其波谱呈现出低的谐波含量。

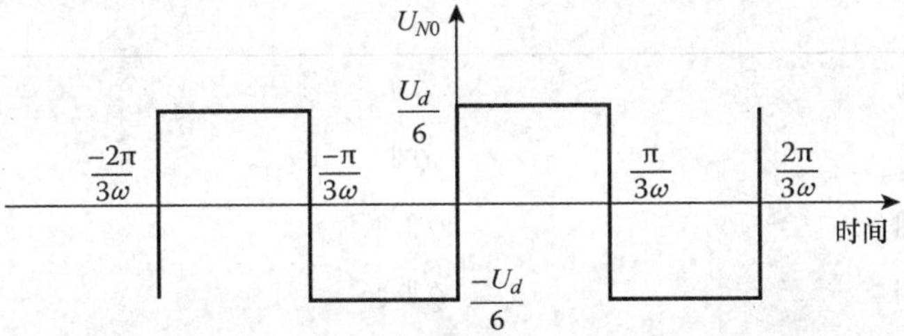

图2-69 在DPC－EMC 1中CMV的理论波形

（资料来源于Pucci，M等人，电力系统研究，81（4），830，2011年4月）

另外，考虑到公共电压的频谱优化，这种技术具有的缺点是一个高纹波 P 和 Q 波形与注入电流或者输入一个偏压时，有控制模式生成的无功功率存在。事实上，控制不稳定会产生无功功率，即 u_{k+2} 和 u_{k-2} 电压矢量会引起的无功功率的小的变化。与此相反，u_{k+1} 和 u_{k-1} 电压矢量会引起的无功功率的较大变化（见表2-4）。

通过这两个约束之间的权衡DPC－EMC 1的修正版本，就是DPC－EMC 2。

在DPC－EMC 2技术中，已设计出通过使用4级滞后控制器代替2级控制器（见图2-70）控制 Q，以改善DPC－EMC 1的缺点。在这种方式中，当 Q 的误差小时，控制器的输出是±1，因此使用电压矢量 $u_{k\pm2}$（该控制器与该DPC－EMC 1的轴线重合）。

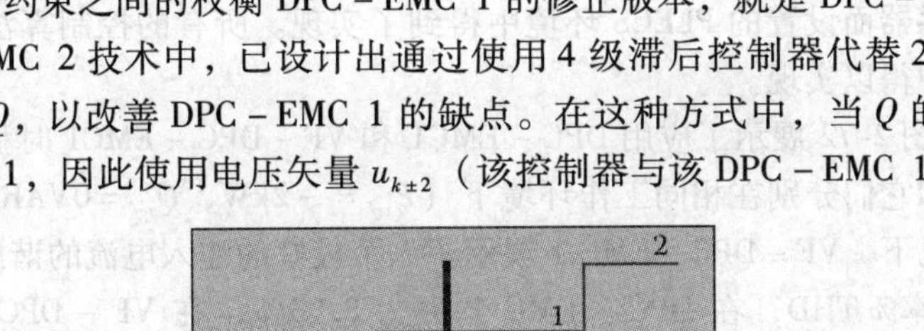

图2-70 4级滞后控制器

（资料来源于Pucci，M等人，电力系统研究，81（4），830，2011年4月）

与此相反，当在 Q 误差大时，控制器的输出为±2，因此使用电压矢量 $u_{k\pm1}$。该控制器的策略总结于表 2-7。

其结果是在 P 低纹波和 Q 波形或注入电流含有低次谐波时，能够更好地控制使 Q 的误差为零（电网的无功功率交换）。对于 CMV 起动，其结果是使用了 DPC－EMC 1 的适当的六阶梯控制 u_{k+1} 得到的一个波形。然而，相对于该 DPC－EMC 1，CMV 谐波含量的频率大约略微增加几千赫，但这种误差是可以忽略的，并且在任何情况下，都比经典的 DPC 的要低得多。

不同于 DPC－EMC 1，DPC－EMC 2 提出了一种 CMV 波形，这是一个方波，在 150Hz 时为内部尖峰，因此，相对于 DPC－EMC 1，它的波谱呈现出低频谐波的值较低，高频谐波的较高。

表 2-7　DPC－EMC 2 的最佳 ST

		Sect. k
$P\Downarrow$	$Q\Uparrow$	u_k
	$Q\Downarrow$	u_k
$P\Uparrow$	$Q\Uparrow\Uparrow$	u_{k+1}
	$Q\Downarrow\Downarrow$	u_{k-1}
$P\Uparrow$	$Q\Uparrow$	u_{k+2}
	$Q\Downarrow$	u_{k-2}

（资料来源：Cirrincione 等人，新的直接功率控制的三相 VSI 分布式系统的最小化共模减排，IEEE 工业应用协会 42 届年会，新奥尔良，洛杉矶，2007 年 9 月 23～27 日）

6. DPC－EMC 1 和 DPC－EMC 2 的仿真结果

DPC－EMC 1、DPC－EMC 2 和它们的虚拟磁通的版本 VF－DPC－EMC 1 和 VF－DPC－EMC 2 的控制技术在 MATLAB 的仿真环境，以及为 IGBT 三相逆变器、互连电感和电压电流传感器而设置的 PLECS 环境中得到了实现。所有的控制算法都在离散范围内的经典仿真中得以实现。

图 2-71 和图 2-72 展示了应用 DPC－EMC1 和 VF－DPC－EMC1 时稳态逆变器的电流—时间波形和它们分别在相同工作环境下（$P_{ref}=-2\text{kW}$，$Q_{ref}=0\text{VAR}$）对应的范围。同时在这种情况下，VF－DPC－EMC 1 展示了一个较好的注入电流的谐波容量，同时对于总谐波畸变率% THD，在 DPC－EMC 1 中为 8.93%，在 VF－DPC－EMC 1 中为 8.36%。最后，图 2-73 和图 2-74 展示了稳态逆变器的电流—时间波形和它们分别在 DPC－EMC 2 和 VF－DPC－EMC 2 相同工作环境下对应的范围。同时在这种情况下，VF－DPC－EMC 2 展示了一个较好的注入电流的谐波容量，同时对于总谐波畸变率% THD，在 DPC－EMC 2 中为 7.77%，在 VF－DPC－EMC 2 中为 6.70%。通过一个全球性的比较分析，注入电流和发电的谐波畸变率能够通过控制技术来描绘。

7. DPC、DPC－EMC 1 和 DPC－EMC 2 的对比试验分析

所有的 DPC 控制技术都要通过一个正确的设计装置的测试。它由以下部分组成：

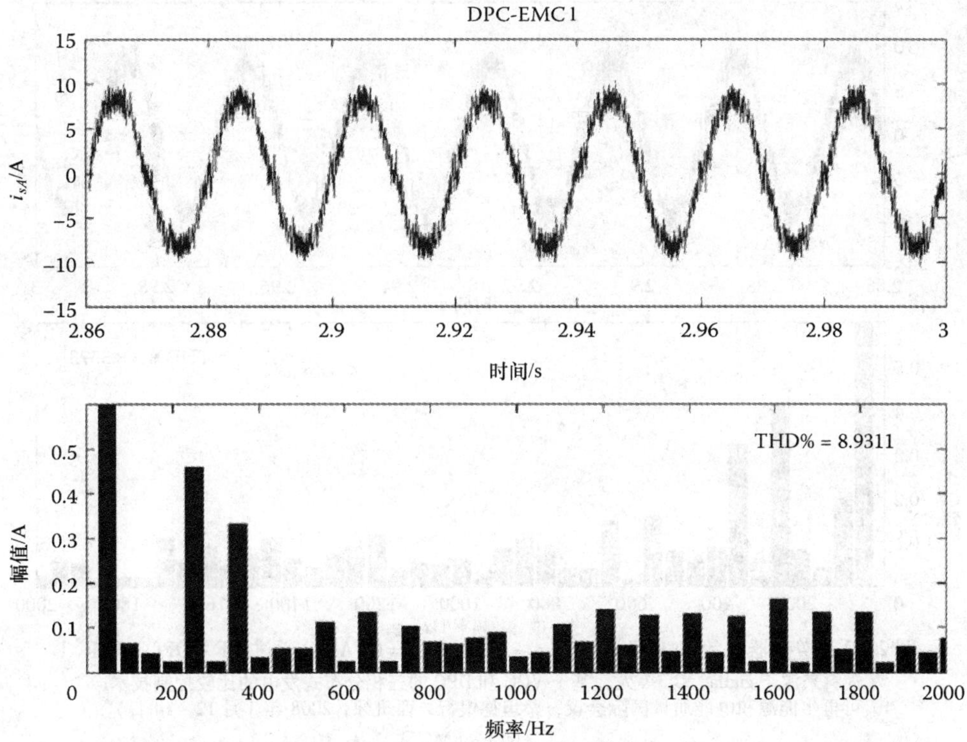

图 2-71 逆变器电流和 FFT 的 $P_{ref}=-2kW$，$Q_{ref}=0VAR$，通过 DPC－EMC 1

（资料来源于 giglia，G. 等人，基于 VOC 和 DPC 的三相分布式发电的比较控制技术，可再生能源和电能质量国际会议，桑坦德银行，西班牙，2008 年 3 月 12～14 日）

1）一个 7.5kVA，三相的 VSI。

2）一个带有电压和电流传感器的电子卡（型号为 LEM CV3－1000 和 LEM LA－55P）。

3）一个数字空间卡（DS1103）并配有一个 400MHz 和浮动点度为 DSP TMS320F240 的个人台式机 604e。

4）一个 560V 的直流电压源，模拟一个可再生能源的电压源。

5）一个 100V 的正弦输电网。

6）一个 12mH 的互联的串联电感，它的固有电阻为 0.9Ω。

所有控制设备的采样频率都设定为 $f_s=20kHz$，正如图 2-75 和图 2-76 分别展示的测试装置的电路方案和照片。通过一个电容分压器来测量出 CMV（图 2-75 中 $C_m=1nF$）。

直流供应配置与 $U_d=560V$ 相一致。正如图 2-77～图 2-79 分别展示的，通过 DPC－EMC 1、DPC－EMC 2 和经典的 DPC，作为参考和估计的有功和无功一旦达到 $P_{ref}=-1000W$ 和 $Q_{ref}=0VAR$，三相注入电流的响应波形图就会发出。实验结果和模拟结果相一致。尤其是在有功的命令下，所有的 DPC 策略呈现出良好的动态性能，没有明显的差

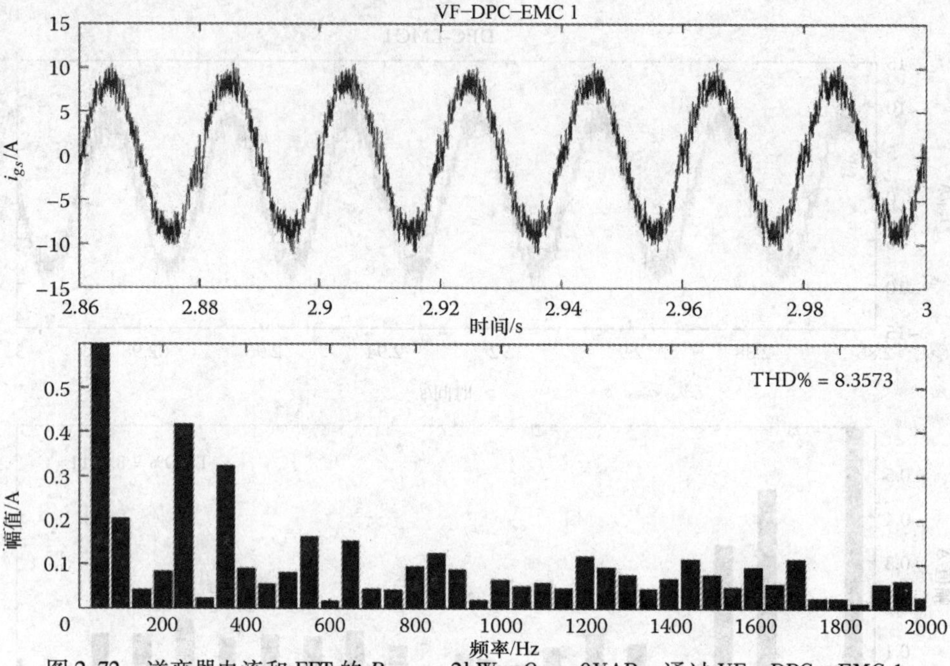

图 2-72　逆变器电流和 FFT 的 $P_{ref}=-2\text{kW}$，$Q_{ref}=0\text{VAR}$，通过 VF－DPC－EMC 1

（资料来源于 giglia，G. 等人，基于 VOC 和 DPC 的三相分布式发电的比较控制技术，可再生能源和电能质量国际会议，桑坦德银行，西班牙，2008 年 3 月 12～14 日）

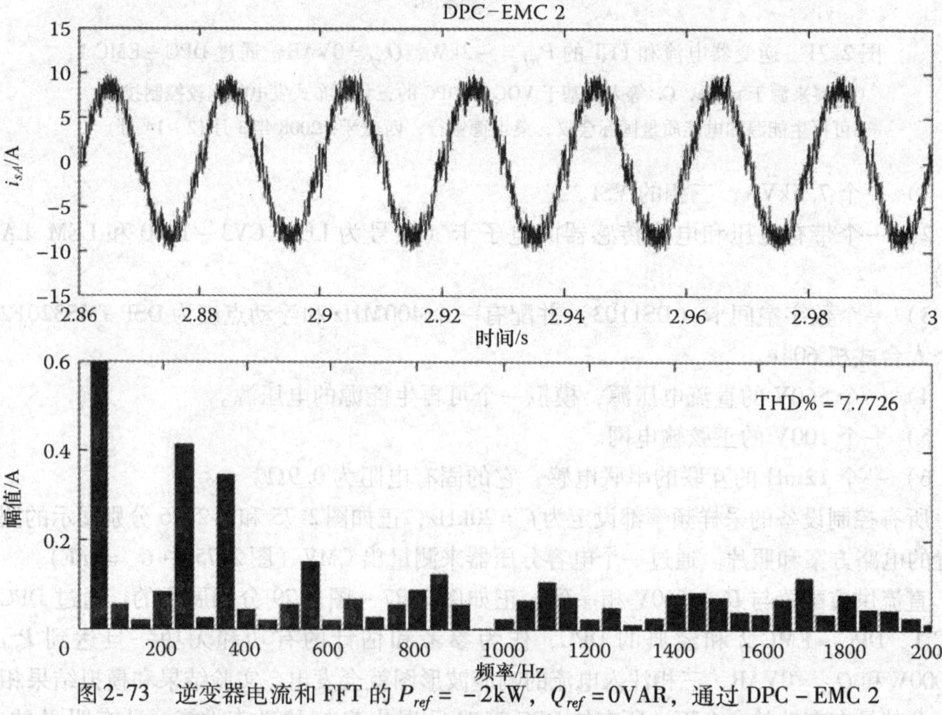

图 2-73　逆变器电流和 FFT 的 $P_{ref}=-2\text{kW}$，$Q_{ref}=0\text{VAR}$，通过 DPC－EMC 2

（资料来源于 giglia，G. 等人，基于 VOC 和 DPC 的三相分布式发电的比较控制技术，可再生能源和电能质量国际会议，桑坦德银行，西班牙，2008 年 3 月 12～14 日）

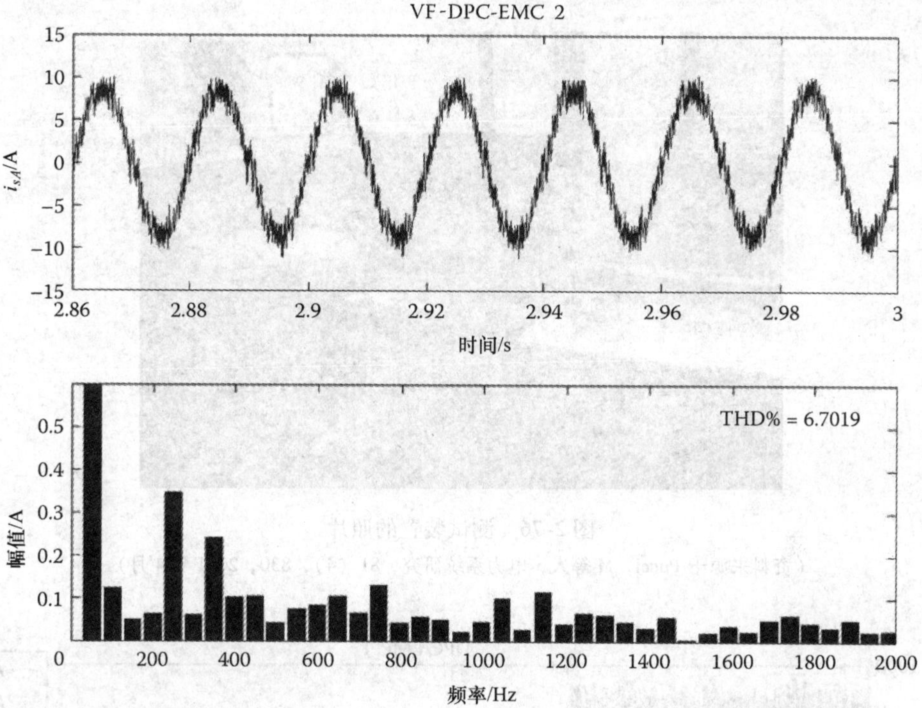

图 2-74　逆变器电流和 FFT 的 $P_{ref} = -2\text{kW}$，$Q_{ref} = 0\text{VAR}$，通过 VF - DPC - EMC 2

（资料来源于 giglia，G. 等人，基于 VOC 和 DPC 的三相分布式发电的比较控制技术，可再生能源和电能质量国际会议，桑坦德银行，西班牙，2008 年 3 月 12 ~ 14 日）

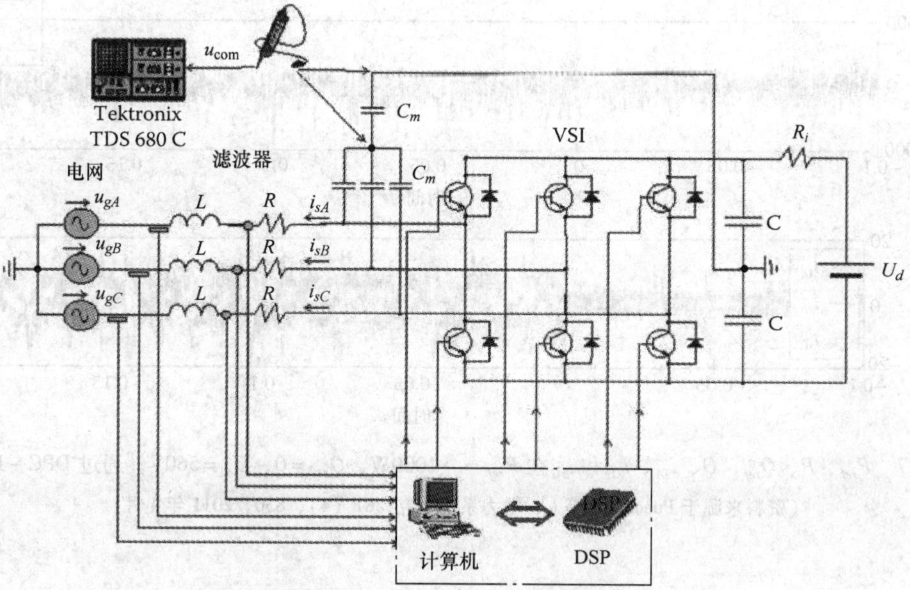

图 2-75　对于 DG 机组的电路方案

（资料来源于 Pucci，M 等人，电力系统研究，81（4），830，2011 年 4 月）

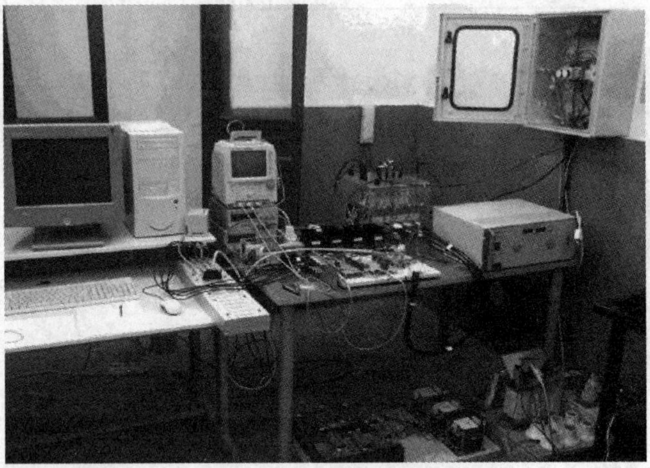

图 2-76　测试装置的照片

（资料来源于 Pucci，M 等人，电力系统研究，81（4），830，2011 年 4 月）

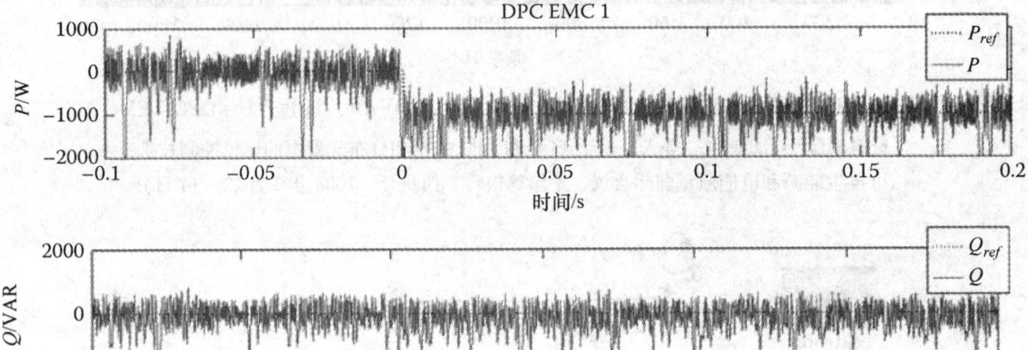

图 2-77　P_{ref}、P、Q_{ref}、Q、i_{sA}、i_{sB}和 i_{sC}在 $P_{ref}=-1000\mathrm{W}$，$Q_{ref}=0$，$U_d=560\mathrm{V}$，通过 DPC - EMC 1

（资料来源于 Pucci，M 等人，电力系统研究，81（4），830，2011 年 4 月）

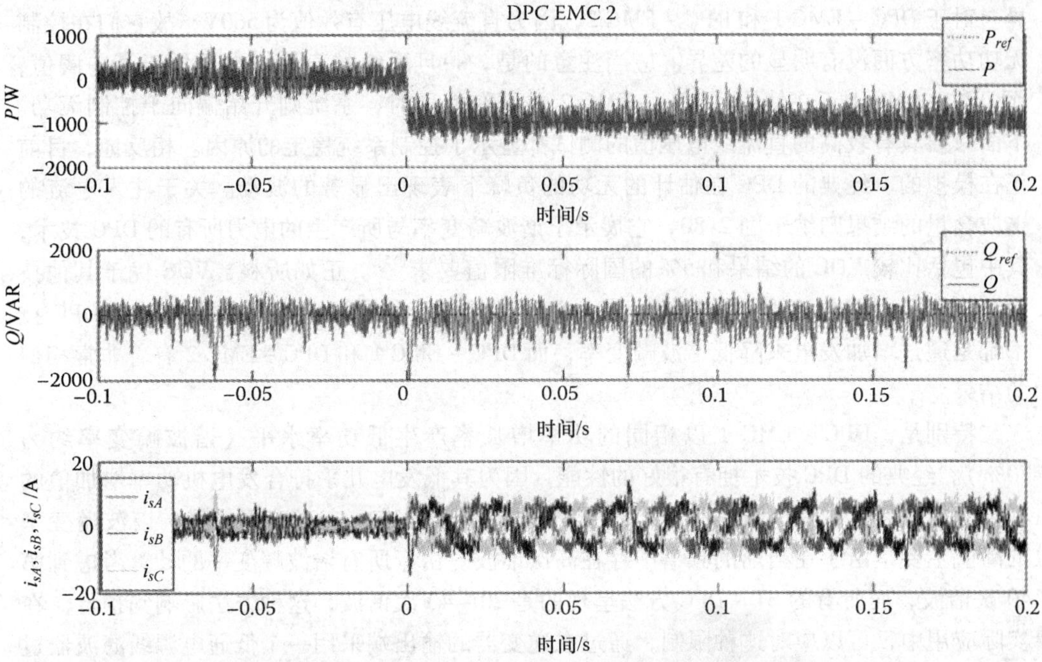

图 2-78　P_{ref}、P、Q_{ref}、Q、i_{sA}、i_{sB}和 i_{sC}在 $P_{ref}=-1000$W，$Q_{ref}=0$，$U_d=560$V，通过 DPC - EMC 2

（资料来源于 Pucci，M 等人，电力系统研究，81（4），830，2011 年 4 月）

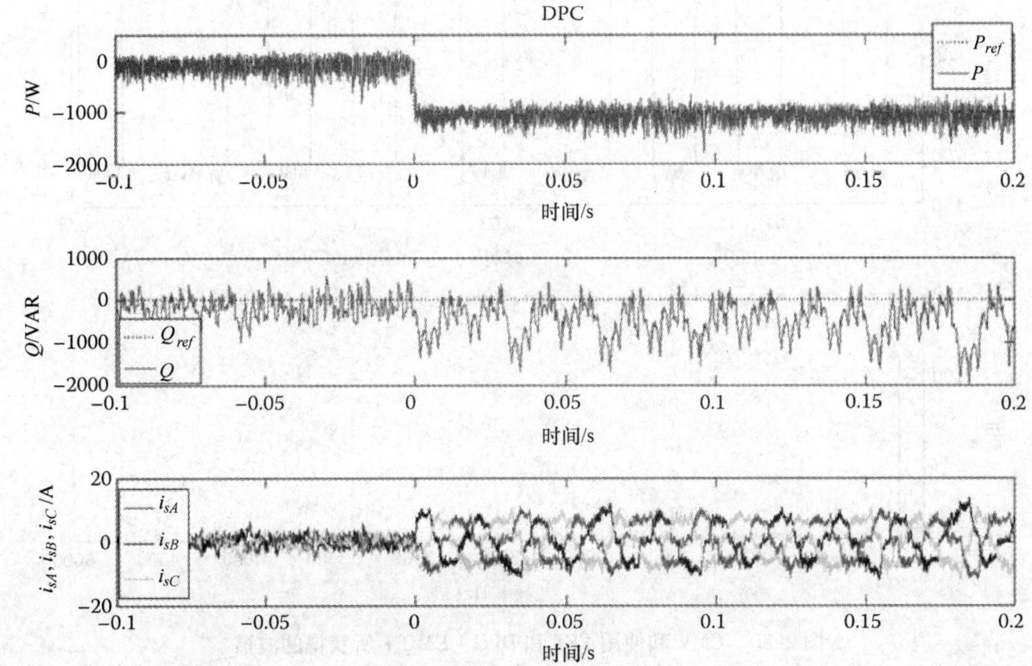

图 2-79　P_{ref}、P、Q_{ref}、Q、i_{sA}、i_{sB}和 i_{sC}在 $P_{ref}=-1000$W，$Q_{ref}=0$，$U_d=560$V，通过传统 DPC

（资料来源于 Pucci，M 等人，电力系统研究，81（4），830，2011 年 4 月）

异。对于 DPC－EMC 1 和 DPC－EMC 2，因为直流线电压有效值为560V，故它们在控制无功功率方面没有明显的差异。应当注意的是，一旦系统的直流线电压低于某一阈值，而 DPC－EMC 1 正在使用，DPC－EMC 2 并不在使用时，系统则开始偏向于控制无功。下面只要具有较高的直流线电压值的测试都显示了控制系统稳定的原因。相反地，目前正在模拟的、经典的 DPC 在估计的无功的负峰下表现出显著的波动。关于注入电流的谐波含量的结果归纳于图 2-80，它展示了谐波畸变率与所产生的电力所有的 DPC 技术，其中包括比较 VOC 的结果和 5% 的国际标准限值要求[55]。正如所料，VOC 优于其他技术，除非在发电非常低的情况下，VOC 总能保持低于规定限额。目前，所有的 DPC 技术都是通过增加发电来降低谐波畸变率，而 DPC－EMC 1 和 DPC－EMC 2 有着非常相似的结果。

特别是，DPC－EMC 1 以相同的功率增长率产生低功率水平（谐波畸变率约为70%）。经典的 DPC 技术拥有很好的性能，因为其低发电几乎符合发电机功率增加值的标准。显而易见的是，没有一个 DPC 技术完全符合标准，应当牢记的是，谐波畸变率的高值主要是由于在当前的频谱中存在高次谐波。由于所有谐波畸变率的计算考虑到第 40 次谐波，而所有的 ST－DPC 方法呈现的是 20～40 次谐波，这种方法影响到预计。在实际应用中，可以应对这种限制，通过在逆变器的输出端采用一个低通电源线滤波器过滤线路中流过的线电流。

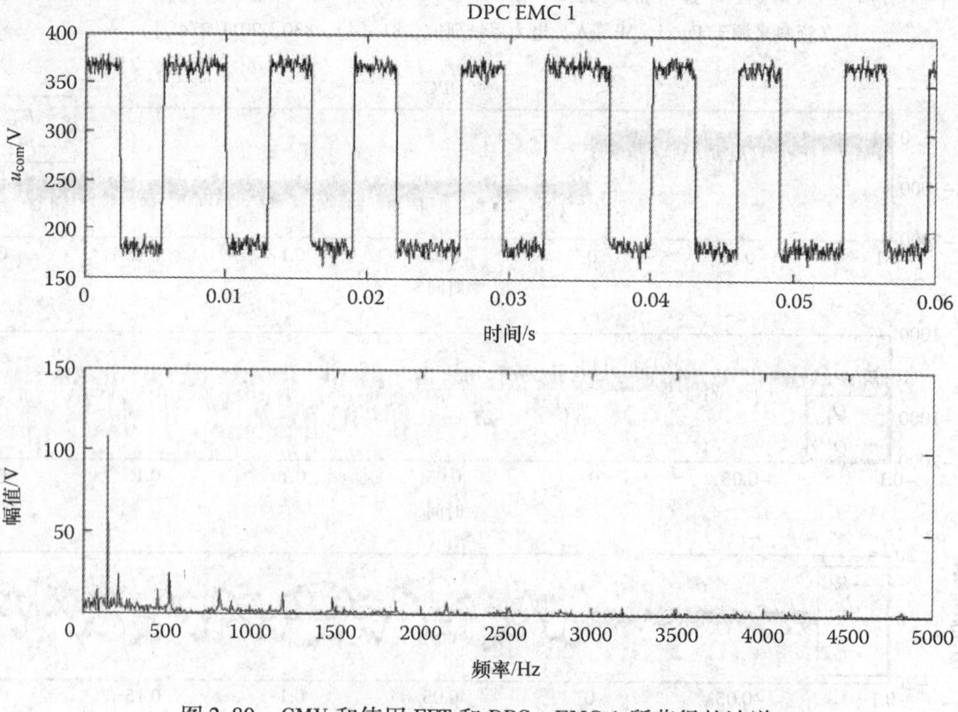

图 2-80　CMV 和使用 FFT 和 DPC－EMC 1 所获得的波谱

（资料来源于 Pucci，M 等人，电力系统研究，81（4），830，2011 年4 月）

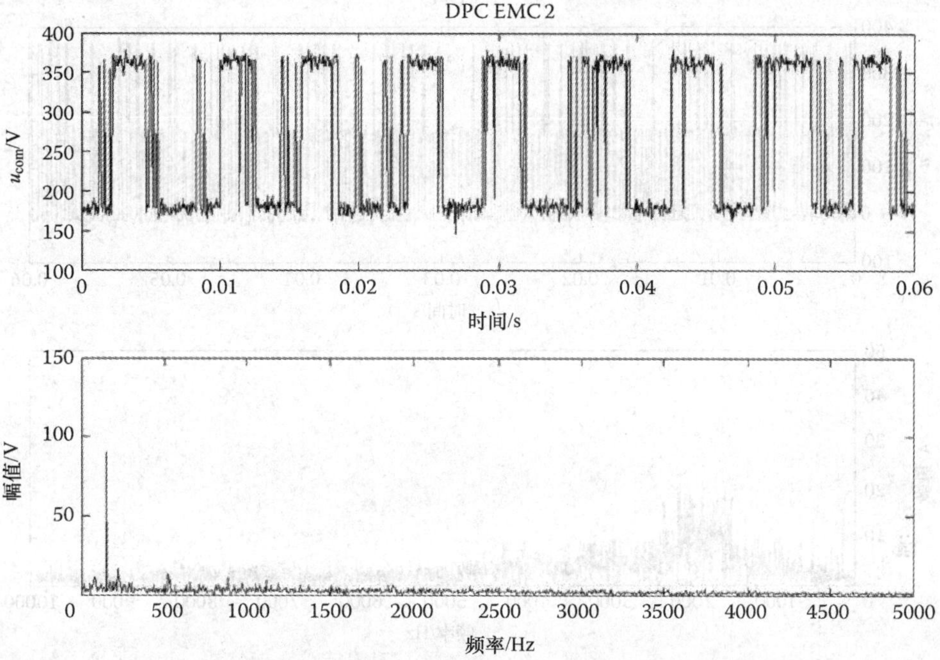

图 2-81 CMV 和使用 FFT 和 DPC－EMC 2 所获得的波谱

（资料来源于 Pucci，M 等人，电力系统研究，81（4），830，2011 年 4 月）

值得注意的是，这种滤波器使得所有的 DPC 技术与规范相符合。这意味着，所提出的 DPC 技术可以在不恶化谐波畸变率的基础上消除共模信号。

而且，通过软件的优化或者使用执行能力更强的硬件可以提高控制系统的采样频率，从而减少线电流中谐波的含量，这是可以预见的。实际上，系统在每个采样时间中电流的变化率都正比于采样时间的本身。采样时间越短，电流变化率越低，从而能够抑制纹波和减少谐波含量。在这种情况下，通常采用 20kHz 的采样频率，但更高的采样频率则可以在良好的硬件结构中得到应用，如 FPGA 等。

应当注意的是，即使 VOC 在逆变器电流的谐波畸变率方面具有较好的性能，它在共模输出方面的性能较差。另外，DPC 能够使共模输出降至最低，同时它在降低计算要求和复杂性中有着众所周知的优势。这对新能源的开发十分有利。

最后，图 2-80～图 2-82 分别展示了稳态 CMV 时间波形图和通过 DPC－EMC 1、DPC－EMC 2 和经典 DPC 获得的 FFT。实验结果和仿真与原理相符合。尤其是，通过 DPC－EMC 获得的谐波经过傅里叶级数展开后可知，谐波基本在低频区域内，以三次谐波为基础（欧洲为 150Hz）和它的奇数次谐波（3 次、9 次、15 次、25 次等），而振幅与频率成反比。DPC－EMC 2 将呈现出稍高于千赫兹频率范围的谐波内容，但是，与 DPC－EMC 1 非常接近。反之，对于经典 DPC，逆变器的功率器件是由控制法则本身来控制开关模式，因此 CMV 的变化是不可预知的。

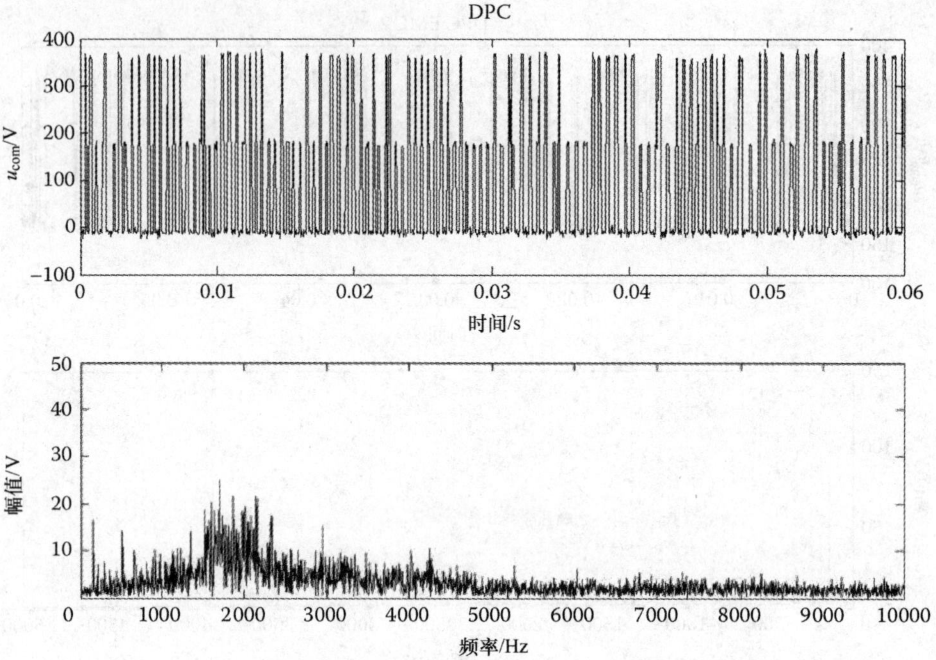

图 2-82　CMV 和使用 FFT 和经典 DPC 所获得的波谱
（资料来源于 Pucci，M 等人，电力系统研究，81（4），830，2011 年 4 月）

对于结果的分析显示了经典 DPC 在 2～10kHz 的高频谱范围内呈现出最糟糕的特性。反之，DPC－EMC 1 则显示了最良好的特性，它的 CMV 波形是一个基频为 150Hz 的方波，它的谐波频率很低，其次是 DPC－EMC 2，它的特性略不及 DPC－EMC 1[56]。

8. 标准符合性：比较分析

对于先前提出的技术进行了比较分析。工作条件为 $P_{ref}=-2\text{kW}$，$Q_{ref}=0\text{VAR}$。尤其在图 2-83 中显示了注入电流和发电的谐波畸变率。

需要牢记的是，在宏观上，VOC 和 VF－OC 的性能更为良好，在发电量较低时尤为明显。在所有不同的 DPC 技术中，性能最不好的是 DPC，而性能最好的是 DPC－EMC 2。它们都在 VF 版本中呈现了一定提高。大体上，无论使用任何一种技术，发电量越低，谐波就越多。需要牢记的是，只有 VOC 和 VF－OC 符合美国[55]和欧洲[57]的标准，在这两种情况下都约为 5%。

图 2-84 显示了注入电流和直流线电压的谐波畸变率。直流环节的电能质量的知识是重中之重，尤其当电压值不是连续时。该图展示了 VOC 和 VF－OC 都很注重标准的限制，而其他技术都不符合电压值。关于 DPC－EMC 1 和 DPC－EMC 2，趋势就是降低电压值来提高谐波畸变率。对于 VOC 也同样考虑，但其显示了在电压值较低时，谐波畸变率出现一个微小的升高。最后，DPC 并不显示在不同电压值下谐波畸变率的显著变化。

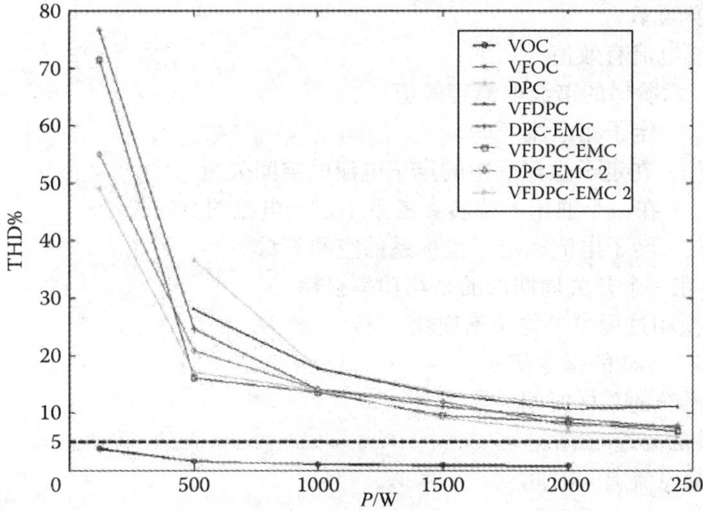

图 2-83 显示了注入电流和发电的谐波畸变率

（资料来源于 giglia，G. 等人，基于 VOC 和 DPC 的三相分布式发电的比较控制技术，可再生能源和电能质量国际会议，桑坦德银行，西班牙，2008 年 3 月 12 ~ 14 日）

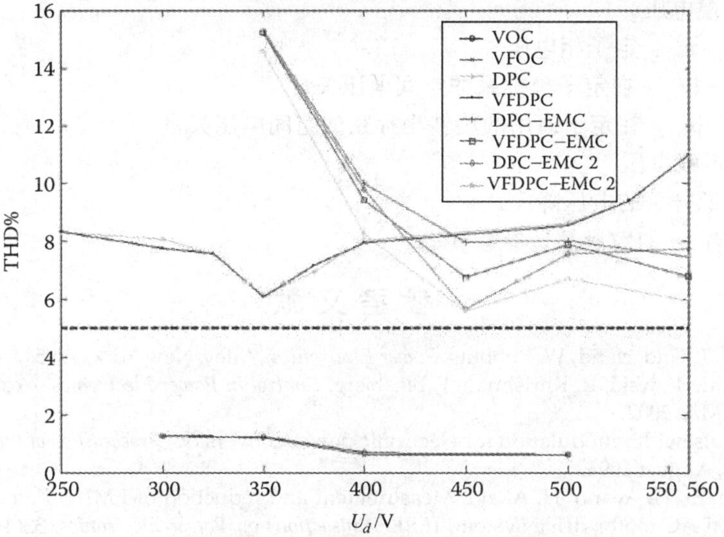

图 2-84 显示了注入电流和直流线电压的谐波畸变率

（资料来源于 giglia，G. 等人，基于 VOC 和 DPC 的三相分布式发电的比较控制技术，可再生能源和电能质量国际会议，桑坦德银行，西班牙，2008 年 3 月 12 ~ 14 日）

符号列表

f_s 交换频率

f_1 基频

f_{switch}　交换频率

$I_{h\ rms}$　谐波电流有效值

$I_{h\ rms\ six\ step}$　六阶梯的谐波电流有效值

i_{sA}，i_{sB}，i_{sC}　定子相电流

$\boldsymbol{i}_s = i_{sD} + \mathrm{j}i_{sQ}$　在定子坐标系中的定子电流的空间矢量

$\boldsymbol{i}_s = i_{sx} + \mathrm{j}i_{sy}$　在一个通用的旋转参考系中定子电流的空间矢量

$\boldsymbol{i}'_r = i_{rd} + \mathrm{j}i_{rq}$　转子电流在定子坐标系的空间矢量

$\langle P_{\mathrm{ON}} \rangle$　在一个开关周期内的平均功率损耗

$\langle P_{sw} \rangle$　换相过程中平均功率损耗

S_a，S_b，S_c　VSI 的指令信号

T_s　控制系统的采样时间

T_{ON}　开关的导通时间

t_{ri}　开关的电流上升时间

t_{rv}　开关的电压上升时间

t_{fi}　开关的电流下降时间

t_{fv}　开关的电压下降时间

T_{PWM}　脉宽调制周期

u_{N0}　共模电压

u_{sA}，u_{sB}，u_{sC}　定子相电压

$\boldsymbol{u}_s = u_{sD} + \mathrm{j}u_{sQ}$　在定子坐标系的空间电压矢量

$\boldsymbol{u}_s = u_{sx} + \mathrm{j}u_{sy}$　在定子通用的旋转坐标系的空间电压矢量

U_d　直流线电压

v_{ON}　电源开关的电压降

所有带有 *ref* 的数量都是参考量。

参考文献

1. N. Mohan, T. Underland, W. Robbins, *Power Electronics*, Wiley, New York, 1995.
2. M. P. Kazmierkowski, R. Khrishnan, F. Blaabjerg, *Control in Power Electronics*, Academic Press, Waltham, MA, 2002.
3. J. Holtz, Pulsewidth modulation for electronic power conversion, *Proceedings of the IEEE*, 82(8), 1194–1214, August 1994.
4. S. Ogasawara, H. Ayano, H. Akagi, Measurement and reduction of EMI radiated by a PWM inverter-fed AC motor drive system, *IEEE Transactions on Power Electronics*, 33(4), 1019–1026, July–August 1997.
5. S. Ogasawara, H. Ayano, H. Akagi, An active circuit for cancellation of common-mode voltage generated by a PWM inverter, *IEEE Transactions on Power Electronics*, 13(5), 835–841, September 1998.
6. A. L. Julian, G. Oriti, T. A. Lipo, Elimination of common-mode voltage in three-phase sinusoidal power converters, *IEEE Transactions on Power Electronics*, 14(5), 982–989, September 1999.
7. J. Adabi, F. Zare, Analysis, calculation and reduction of shaft voltage in induction generators, *International Conference on Renewable Energies and Power Quality (ICREPQ'09)*,Valencia, Spain, April 2009.

8. M. Cacciato, A. Consoli, G. Scarcella, A. Testa, Reduction of common-mode currents in PWM inverter motor drives, *IEEE Transactions on Industry Applications*, 35(2), 469–476, March–April 1999.
9. M. Cirrincione, M. Pucci, G. Vitale, G. Cirrincione, A new direct torque control strategy for the minimization of common-mode emissions, *IEEE Transactions on Industry Applications*, 42(2), 504–517, March–April 2006.
10. M. Cirrincione, M. Pucci, G. Vitale, Direct power control of three-phase VSIs for the minimization of common-mode emissions in distributed generation systems, *Electric Power Systems Research*, 81, 830–839, 2011.
11. D. A. Grant, J. A. Houldsworth, PWM ac motor drive employing ultrasonic carrier, *IEE Conference on Power Electronics and Variable, Speed Drives*, London, U.K., 1984.
12. J. W. Kolar, H. Ertl, F. C. Zach, Influence of the modulation method on the conduction and switching losses of a PWM converter system, *IEEE Transactions on Industry Applications*, 27(6), 1063–1075, November–December 1991.
13. M. Depenbrock, Pulsewidth control of a 3-phase inverter with non-sinusoidal phase voltages, *IEEE Industry Applications International Semiconductor Power Converter Conference*, 1997.
14. D. G. Holmes, T. A. Lipo, *Pulse Width Modulation for Power Converters*, Wiley, New York, 2003.
15. H. W. Van der Broek, H. Skudelny, G. Stanke, Analysis and realization of a pulse width modulator based on voltage space-vectors, *IEEE Transactions on Industry Applications*, 24(1), 142–150, January–February 1988.
16. O. Ogasawara, H. Akagi, A. Nabae, A novel PWM scheme of voltage source inverters based on space-vector theory, *European Power Electronics Conference (EPE)*, Aachen, Germany, 1989.
17. V. Blasko, Analysis of a hybrid PWM based on modified space-vector and triangle-comparison methods, *IEEE Transactions on Industry Applications*, 33(3), 756–764, May–June 1997.
18. D. G. Holmes, The significance of zero space-vector placement for carrier based PWM schemes, *IEEE Transactions on Industry Applications*, 32(5), 1122–1129, September–October 1996.
19. A. M. Trzynadlowsky, S. Legowsky, Minimum-loss vector PWM strategy for three-phase inverters, *IEEE Transactions on Power Electronics*, 9, 26–34, January 1994.
20. H. W. Van der Broek, Analysis of the harmonics in voltage fed inverter drives caused by PWM schemes with discontinuous switching operation, *European Power Electronics Conference (EPE)*, Florence (Italy) 1991.
21. K. Taniguchi, Y. Ogino, H. Irie, PWM technique for power MOSFET inverter, *IEEE Transactions on Power Electronics*, 3, 328–334, July 1988.
22. A. M. Hava, R. J. Kerkman, T. A. Lipo, A high performance generalized discontinuous PWM algorithm, *Presented at IEE APEC'97 Conference*, Atlanta, GA, February 23–27, 1997.
23. A. M. Hava, R. J. Kerkman, T. A. Lipo, A high performance generalized discontinuous PWM algorithm, *IEEE Transactions on Industry Applications*, 34(5), 1059–1071, September–October 1998.
24. W. Chung, J. S. Sheok, S. K. Sul, Unified voltage modulation technique for real time three phase power conversion, *IEEE Transactions on Industry Applications*, 34(2), 374–380, March–April 1998.
25. D. G. Holmes, A unified modulation algorithm for voltage and current source inverters based on AC–AC matrix converter theory, *IEEE Transactions on Industry Applications*, 28(1), 31–40, January/February 1992.
26. O. Ojo, The generalized discontinuous PWM scheme for three-phase voltage source inverters, *IEEE Transactions on Industry Electronics*, 51(6), 1280–1289, December 2004.
27. W. Lotzkat, Aufwandarme und netzausfallsichere Frequenzum-richter zur parameterunempfindlichen Regelung von Asynchron-maschinen fur industrielle Standardantriebe, PhD dissertation, Wuppertal University, Wuppertal, Germany, 1991.
28. J. Holtz, W. Lotzkat, A. Khambadkone, On continuous control of PWM inverters in the overmodulation range with transition to the six-step mode, *IECON*, San Diego, CA, 1992.
29. D. C. Lee, G. M. Lee, A novel overmodulation technique for space-vector PWM inverters, *IEEE Transactions on Power Electronics*, 1144–1151, 13, 1998.

30. H. S. Patel, R. G. Hoft, Generalized techniques of harmonic elimination and voltage control in thyristor inverters, *IEEE Transactions on Industry Applications*, IA-9(3), 310–317, May–June 1973.
31. G. S. Buja, G. B. Indri, Optimal pulsewidth modulation for feeding AC motors, *IEEE Transactions on Industry Applications*, IA-13(1), 3844, January–February 1977.
32. J. Holtz, S. Stadtfeld, H.-P. Wurm, A novel PWM technique minimizing the peak inverter current at steady-state and transient operation, *Elektrische Bahnen*, 81, 5541, 1983.
33. F. C. Zach, H. Ertl, Efficiency optimal control for AC drives with PWM inverters, *IEEE Transactions on Industry Applications*, IA-21(4), 987–1000, July–August 1985.
34. T. M. Rowan, R. J. Kerkman, A new synchronous current regulator and analysis of current regulated inverter, *IEEE Transactions on Industry Applications*, IA-22, 163–171, 1982.
35. D. N. Zmood, D. G. Holmes, Frequency-domain analysis of three-phase linear current regulators, *IEEE Transactions on Industry Applications*, 37, 601–610, 2001.
36. A. Khambadkone, J. Holtz, Low switching frequency and high dynamic pulsewidth modulation based on field orientation for high-power inverter drive, *IEEE Transactions on Power Electronics*, 7(4), October 1992.
37. J. Holtz, Pulsewidth modulation—A survey, *IEEE Transactions on Industry Electronics*, 39(5), 410–420, December 1992.
38. J. Holtz, S. Stadtfeld, A predictive controller for the stator current vector of AC machines fed from a switched voltage source, *International Power Electronics Conference*, Tokyo, Japan, 1983.
39. U. Boelkens, Comparative study on trajectory-based pulsewidth modulation methods for three-phase converters feeding induction machines, PhD thesis (Dissertation in German), Wuppertal University, Wuppertal, Germany, 1989.
40. J. Holtz, S. Stadtfeld, A PWM inverter drive system with on-line optimized pulse patterns, *EPE Conference*, Brussels, Belgium, 1985.
41. J. Holtz, E. Bube, Field-oriented asynchronous pulse-width modulation for high-performance AC machine drives operating at low switching frequency, *IEEE Transactions on Industry Applications*, 27(3), May–June 1991.
42. J. Holtz, B. Beyer, The trajectory tracking approach—A new method for minimum distortion PWM in dynamic high-power drives, *IEEE Transactions on Industry Applications*, 30(4), July–August 1994.
43. M. P. Kazmierkowski, Current control techniques for three-phase voltage-source PWM converters: A survey, *IEEE Transactions on Industrial Electronics*, 45(5), 691–703, October 1998.
44. M. P. Kazmierkowski, H. Tunia, *Automatic Control of Converter-Fed Drives*, Elsevier, Amsterdam, the Netherlands, 1994.
45. M. Liserre, A. Dell'Aquila, F. Blaabjerg, An overview of the three-phase voltage source active rectifiers interfacing the utility, *Powertech Conference*, Bologna, Italy, June 23–26, 2003.
46. T. Noguchi, H. Tomini, S. Kondo, Direct power control of PWM converter without power-source voltage sensor, *IEEE Transactions on Industry Applications*, 34(3), 473–479, May–June 1998.
47. M. Malinowski, Sensorless control strategies for three—Phase PWM rectifiers, PhD thesis, University of Warsaw, Warsaw, Poland, 2001.
48. M. Malinowski, M. P. Kazmierkowski, S. Hansen, F. Blaabjerg, Virtual-flux-based direct power control of three-phase PWM rectifiers, *IEEE Transactions on Industry Applications*, 37(4), 1019–1027, July–August 2001.
49. M. Liserre, F. Blaabjerg, S. Hansen, Design and control of an LCL-filter-based three-phase active rectifier, *IEEE Transactions on Industry Applications*, 41(5), 1281–1291, September–October 2005.
50. M. Malinowski, M. P. Kazmierkowski, M. Trzynadlowski, A comparative study of control techniques for PWM rectifiers in AC adjustable speed drives, *IEEE Transactions on Power Electronics*, 18(6), 1390–1396, November 2003.

51. M. Pucci, G. Vitale, M. Cirrincione, Direct power control of three-phase VSIs for the minimization of common-mode emissions in distributed generation systems, *Electric Power Systems Research*, 81(4), 830–839, April 2011, doi: 10.1016/j.epsr.2010.11.007.
52. M. Cirrincione, M. Pucci, G. Vitale, Direct power control of three-phase VSIs for the minimization of common-mode emissions in distributed generation systems, *ISIE 2006 IEEE International Symposium on Industrial Electronics*, Vigo, Spain, June 4–7, 2007.
53. G. Giglia, C. Serporta, M. Pucci, G. Vitale, Comparison of control techniques for three-phase distributed generation based on VOC and DPC, *International Conference on Renewable Energy and Power Quality (ICREPQ'08)*, Santander, Spain, March 12–14, 2008.
54. M. Cirrincione, M. Pucci, G. Vitale, New direct power control strategies of three-phase VSIs for the minimization of common-mode emissions in distributed generation systems, *The Forty-Second Annual Meeting of the IEEE Industry Applications Society (IAS 2007)*, New Orleans, LA, September 23–27, 2007.
55. IEEE 1547-2003, Standard for interconnecting distributed resources with electric power systems, 2003.
56. G. Giglia, C. Serporta, M. Pucci, G. Vitale, Experimental comparison of three-phase distributed generation systems based on VOC and DPC control techniques, *EPE 2007 European Conference on Power Electronics and Applications*, Aalborg, Denmark, September 2–5, 2007.
57. Standard IEC/EN61727, Photovoltaic (PV) Systems—Characteristics of the utility interface, IEC Std, 1997.

延伸阅读

1. Bose, B. K., *Power Electronics and Variable Frequency Drives: Technology and Applications*, 1 edn., Wiley, New York, September 21, 1996.
2. Bose, B. K., *Power Electronics and Variable Speed Drives*, IEEE Press, New York, 1997.
3. Bose, B. K., *Modern Power Electronics and AC Drives*, 1 edn., *Prentice Hall*, Upper Saddle River, NJ, October 22, 2001.
4. Bose, B. K., *Power Electronics and Motor Drives: Advances and Trends*, Academic Press, Waltham, MA, August 11, 2006.
5. Holmes, D. G., T. A. Lipo, *Pulse Width Modulation for Power Converters: Principle and Practice*, IEEE Press, Piscataway, NJ, 2003.
6. Kassakian, J. G., *Principles of Power Electronics*, Facsimile edn., Prentice Hall, Upper Saddle River, NJ, July 11, 1991.
7. Rashid, M., *Power Electronics Handbook*, 3 edn., Butterworth-Heinemann, Burlington, MA, December 23, 2010.
8. Trzynadlowski, A., *Introduction to Modern Power Electronics*, 2 edn., Wiley, New York, March 15, 2010.

第3章 电能质量

3.1 非线性负载

3.1.1 谐波源的电流源类型（谐波电流源）

经典的谐波电流源（CS）是由晶闸管整流器和一个串联电感包括负载电流组成的，见图3-1，二极管的开关动作使电流源产生周期性（三段的方波），但非正弦形式。作为结果，在电压（VS）上失真的发生是由于在它的阻抗上的电压降。因为这种负载叠加而导致失真的电流源，称为谐波电流源。在这种情况下，负载电源不是显著地取决于交流侧，因此它可以被认为是一个电流源。图3-2显示了典型的用三相二极管整流器连接到一个高电感负载获得的负载电压和电流的时间波形。电压波形因为由上述表示为R_g、L_g系列的对线路阻抗减少的电压降而出现准正弦。图3-3显示相应的电源频谱，包括快速傅里叶变换（FFT）。谱显示出的奇次谐波的振幅随频率增大而减小符合理论预期。

3.1.2 谐波源的电压源类型（谐波电压源）

当二极管整流器被连接到平滑电容时，如图3-4所示，所需的电流作为高次谐波电流负载的情况下是高度扭曲的。双重不同于它的是，负载电流的大小是显著依赖于源阻抗和电压源（如果存在）的失真。另外，电压在交流侧更少地取决于电源：这就是为什么它能被称为谐波电压负载。图3-5显示了典型的用三相整流器连接到一个高电容负载获得的负载电压和电流的时间波形。显然，无论负载电压还是电流都存在显著失真。图3-6显示了用FFT获得的电压光谱。对应谐波电流负载，波谱显示只有奇次谐波，且振幅值随频率的增加而减小。

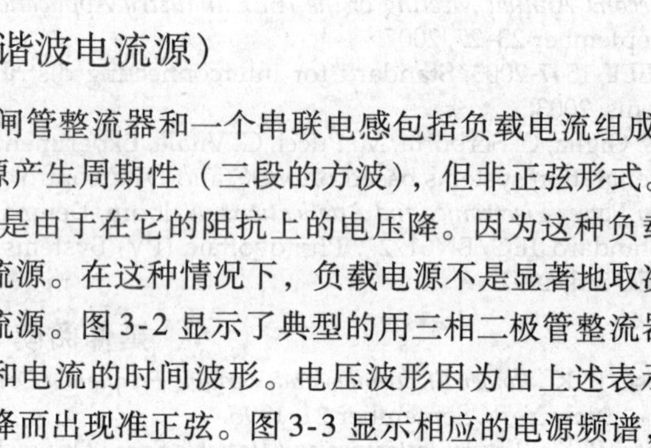

图3-1 负载产生相应的典型谐波电流负载电路示意图

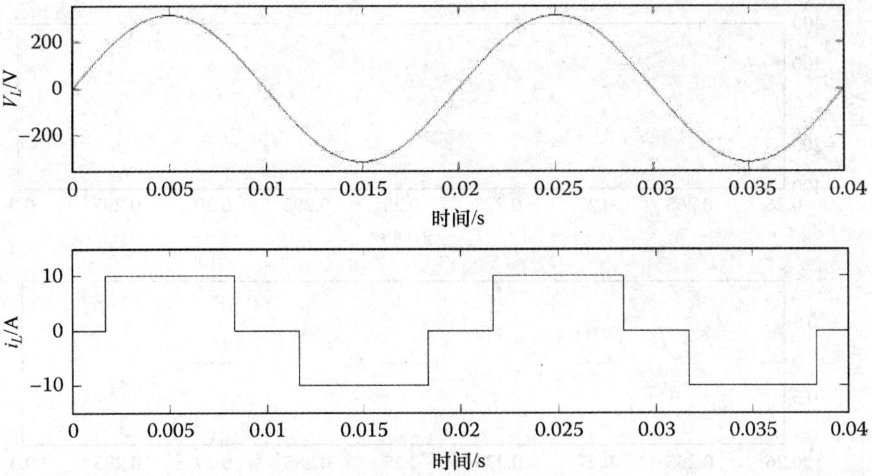

图 3-2 负载产生的电压、电流波形

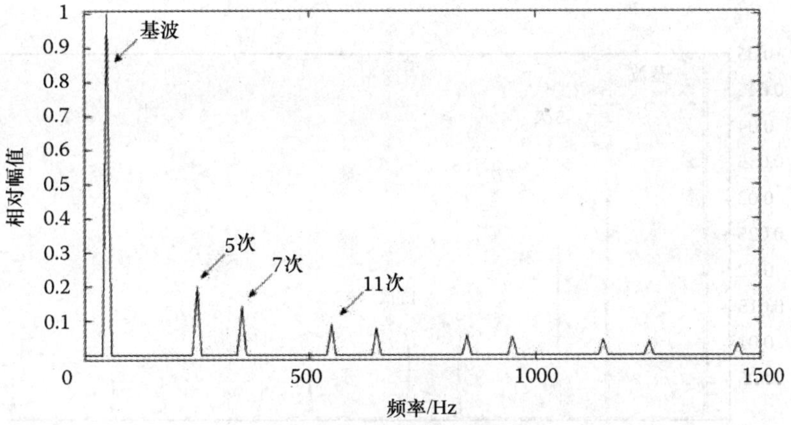

图 3-3 负载电流的谐波频谱

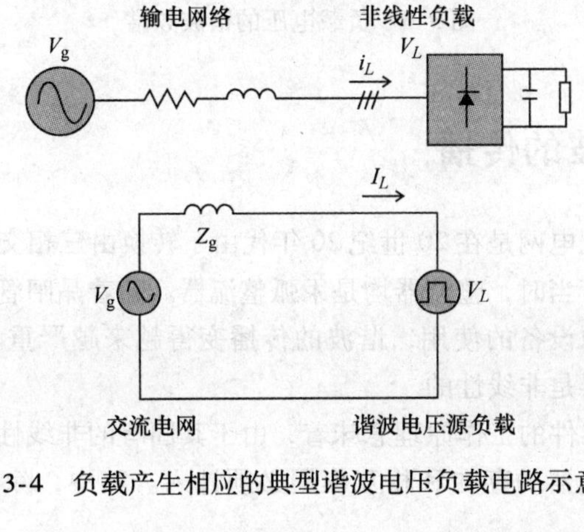

图 3-4 负载产生相应的典型谐波电压负载电路示意图

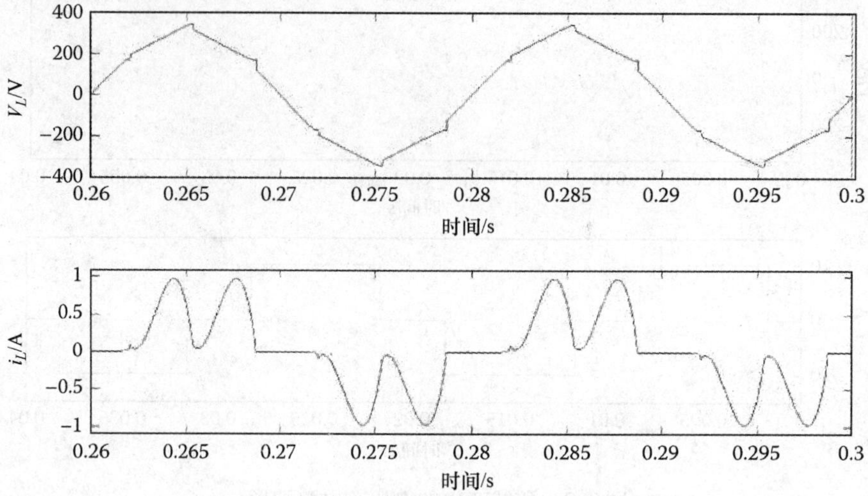

图 3-5　负载产生的电压、电流波形

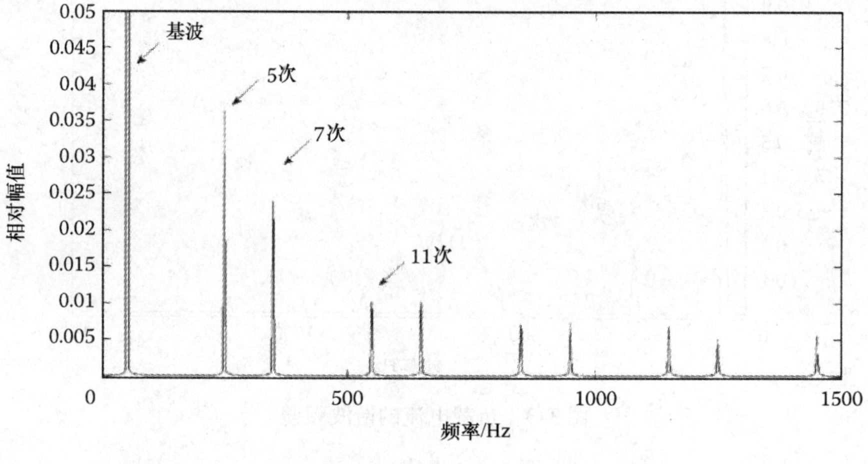

图 3-6　负载电压的谐波频谱

3.2　配电网谐波的传播

谐波开始出现在配电网是在 20 世纪 20 年代由于转换由三相交流系统输送电能以供应直流电动机的需要。当时，整流器均是汞弧整流器。随着晶闸管自 20 世纪 50 年代以来和之后现代开关电源设备的使用，谐波的传播变得越来越严重。现在，将近 80% 的发电机输出电源转换器是非线性的。

通常，开关电源器件的工作原理意味着，由于其固有的非线性谐波的存在，所以在网络中，几个谐波发生器的存在和相互作用必须计入。其中，除了整流器，还有逆变器、静止无功补偿器或者电力变压器。

谐波和次谐波的问题在电力系统中最常见的来源是三相换流桥。它产生的阶数 $n=6k+1$ 或 $n=6k-1$，其中，n 是谐波阶，k 是整数（见图3-3 和图3-6）。这样的整流器可以提供一个逆变器的直流侧电源。例如，在感应驱动中，或是能够生成直流电压给高压直流（HVDC）换流系统中。这种情况下，谐波能通过增加整流器的脉波数如12 脉波整流器而减少，其中两个6 脉波整流器是串联在直流侧，交流侧并联。这种方式下，一些谐波可以被消除。

脉宽调制（PWM）变速驱动器通常的直流供电，一般由前面所述的整流器提供。静止无功补偿器在电力系统中被应用在长线路的末端来控制电压。如果设计得好，它们对电网基本无负面影响。

电力变压器会产生稳定状态的低水平谐波。然而，当初始通电时，即所谓的冲击电流的存在会产生高次谐波电流，包括一个直流项，它可以高达变压器额定电流的60%。

最后，通常存在几种低功耗的谐波来源其累积效应也是可观的。例如，用于照明的电感整流器的荧光灯、PC 和电视等电子产品的换流器。

基波整数倍外的谐波，一些术语也称为间谐波。术语“间谐波”涵盖了广泛的非线性静态转换系统产生的谐波，这些谐波频率不是基波频率的整数倍[1]。

间谐波在两个交流系统通过直流连接且在不同的频率下工作中经常出现。在电动变速驱动器的例子中，无论供电交流系统还是电动机都将出现间谐波，包括频率低于基波的谐波。这可以解释为包含一个叠加纹波。

谐波污染主要来自类似于变速驱动器和电源转换器的大量非线性负载以及由于其累积效应产生的大量小非线性负载。

小非线性负载的三个主要群体可以识别。第一个群体包含利用单相电容滤波的二极管桥式整流器（DBR）的负载：这些电路含有丰富谐波的脉冲电流。在这个群体中，有计算机、电视、电池充电器和小型可调速驱动热泵。第二个群体含输入电压是出一个晶闸管控制相位角的电压控制器的负载，调光器、加热器、单相异步电动机（IMs）都属于这个组。最后，第三个群体包含紧凑型荧光灯采用电感整流器，气体放电是非线性的。

前面提到的负载的累积效果通过其互联到电网变得更加复杂。

参考图3-7，在其中一个线性负载和一个非线性负载并联连接，并且由电网发电机 V_g 通过它的阻抗 Z_g 供电。可以注意到，如果电网的阻抗是可忽略的，在总线#2 上的电压是正弦的，而非线性负载是电流谐波的来源。相反

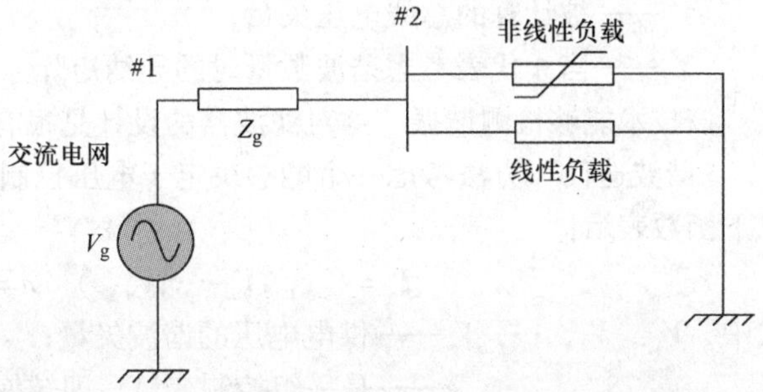

图3-7　同一电网内的线性和非线性负载示意图

的，如果电感性阻抗 Z_g 不可忽视，畸变电流则由于非线性负载产生一个使 Z_g 降低的谐波电压。从而导致电压在总线#2 上产生畸变；线性负载通过畸变电压以及由电网发电机所产生的被高度污染的畸变电流和总电流构成其谐波含量[2]。

一个真正的配电系统应该由大量的通过直流链的耦合器、转换器和母线组成。图 3-8 显示了一个典型的工业配电系统。这里有少数的 PCC（公共耦合点）。PCC1 代表主要转换器与配电网的联系。在 PCC2 中，非线性负载与降压配电变压器相连。在 PCC3 中，一个可控整流器和一台直流电动机连接到另一降压变压器中。这些负载可以通过相应的 PCC 进行分别补偿（或计算）。显然，这要求有正确的方法去预见谐波污染，并提供避免谐波传播的补救措施[3]。

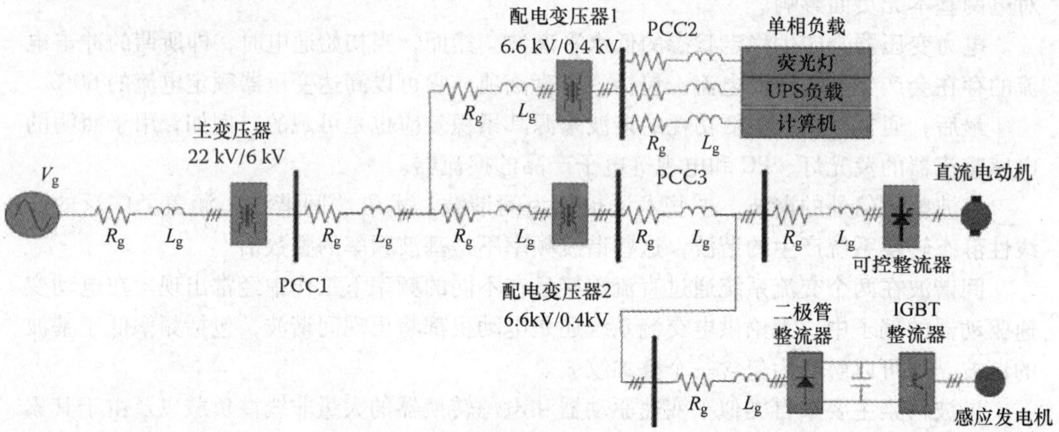

图 3-8　实际电网内的线性和非线性负载示例

已经具有许多成熟的谐波分析技术。最简单的是频率扫描。它基于一个特定的线路或节点上网络的响应：1 单位的正弦电流（电压）被注入总线并进行相应的响应计算。使用离散频率在一定的时间间隔内重复注入。数学上，它相当于解决网络方程。

$$[\boldsymbol{Y}_n][\boldsymbol{V}_n]=[\boldsymbol{I}_n] \tag{3-1}$$

式中　$\boldsymbol{I}_n$——注入电流的矢量；

$\boldsymbol{V}_n$——被计算的总线电压矢量；

$\boldsymbol{Y}_n$——当 n 代表考虑谐波数量时的导纳矩阵。

该技术能够检测谐振，这对滤波器的设计是很有用的。

“谐波迭代”方法考虑一个能够决定于电压控制的电流源作用的谐波产生设备，用以下函数表示：

$$\boldsymbol{I}_n=f(V_1,V_2,\cdots,V_n,c)\quad n=1,2,\cdots,h \tag{3-2}$$

式中　V_1，V_2，…，V_n——供电电压的谐波矢量；

c——是一组控制变量，即转换器的触发角或输出功率。

在第一次迭代中，式（3-2）是以估算供电电压初值来计算的；计算结果作为供给谐波电压的电流源代入式（3-1）。如在式（3-2）中所介绍的，这个过程直到收敛时结束。

另一种方法，牛顿型算法可以同时解决式（3-1）和式（3-2）。通常，在这种情况下，所有器件必须进行闭型建模，并用相关软件工具进行计算。如果初始值选择接近最终点，收敛性将会比以往的方法更好。

最后，分析可以通过电磁暂态时域仿真软件 EMTP[4,5]来实现。

在 PCC 处的失真限制是由 IEEE 标准规定的[6]。为了符合这个标准，补偿电路必须连接到所述失真系统的 PCC 上。这个电路可以是无源的，也可以是有源的，它们将在下面的章节中介绍。

3.3 无源滤波器

无源滤波器由无源组件、电容器、电感器和/或电阻构成。它们的目标是封锁单谐波（调谐滤波器）或一系列的频率高于门槛的谐波。通常情况下，它们与非线性负载并联连接[7]，它们被称为并联无源滤波器。在图 3-9a 中，显示了一个单调谐滤波器；要消除的频率是由 C 和 L 的值给出，而 R 是寄生电感电阻。图 3-9b 显示了一个双调谐滤波器。图 3-9c ~ 图 3-9e 分别绘出了第一、第二和第三阶的 HPF。

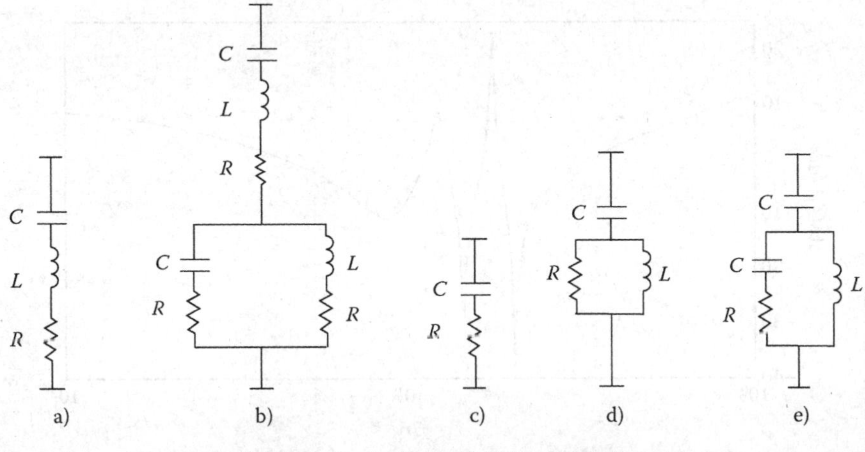

图 3-9　一些无源滤波器的电路方案

a）单调谐滤波器　b）双调谐滤波器　c）一阶高通滤波器　d）二阶高通滤波器　e）三阶高通滤波器

图 3-10 显示了一个 PPF 组的每个元件的频率响应，由滤波器调谐在 5 次、7 次谐波和通过 11 次以上谐波的 HPF 组成。图 3-11 显示滤波器组合的整体频率响应，呈现预期的谐振在第 5 和第 7 次谐波，而上述 11HPF 反映了 11 次谐波。表 3-1 给出了滤波元件的参数[7]。

在实践中，有以下几个原因，特征参数可能不同于理论值。参照图 3-9a，其中电阻 R 代表电感器的寄生电阻，阻抗由下式给出

$$Z = \sqrt{R^2 + \left(\omega L - \frac{1}{\omega C}\right)^2} \tag{3-3}$$

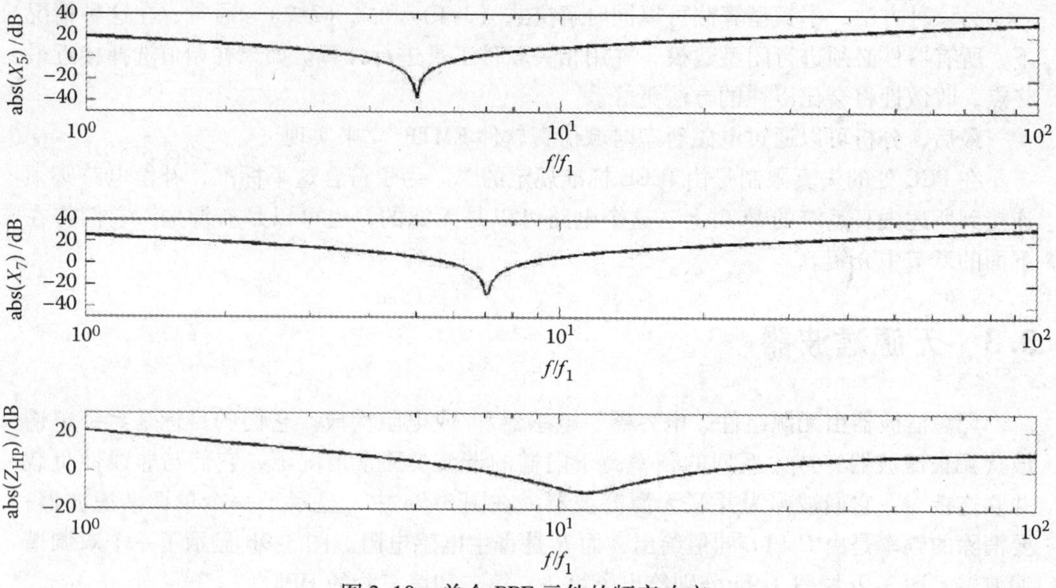

图 3-10　单个 PPF 元件的频率响应

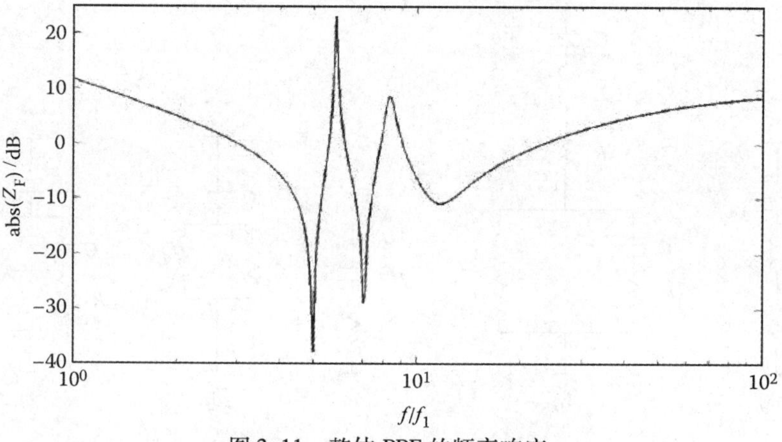

图 3-11　整体 PPF 的频率响应

表 3-1　PPF 元件参数

	电感/mH	电容/μF	
五次滤波器	1.2	340	$Q=14$
七次滤波器	1.2	170	$Q=14$
HPF	0.26	300	$R=3\Omega$

在谐振时呈现最小值即为电阻 R：

$$\omega_r = \frac{1}{\sqrt{LC}} \tag{3-4}$$

通过使用如下“电感器的品质因数”定义：

$$Q_r = \frac{\omega_r L}{R} \tag{3-5}$$

3dB 的带宽能被表达为

$$B_{3dB} = \frac{\omega_r}{2\pi Q_r} \tag{3-6}$$

合理的 Q 值范围是 20 ~ 100。

实际上，ω_r 和 Q_r 可能有几个不同的表示方法。例如，考虑到系列调谐滤波器与发电机相连，其中有一个电阻 R_g 和电感 L_g 的等效串联内阻，ω_r 和 Q_r 的新值被修改为

$$\omega_r^* = \frac{1}{\sqrt{(L+L_g)C}} \tag{3-7}$$

$$Q_r^* = \frac{\omega_r^*(L+L_g)}{R+R_g} = \frac{\sqrt{(L+L_g)}}{(R+R_g)\sqrt{C}} \tag{3-8}$$

但应注意的是，真正发电机的存在会使谐振脉动减少，且使该滤波器的频带变宽。此外，滤波器必须与进一步有助于对其性能变化的负载相连。最后，谐振脉动受参数变化的影响，且参数 ω_r 与电感器的容差和电容器的产量有关。

$$\Delta\omega_r = \frac{\partial \omega_r}{\partial L}\Delta L + \frac{\partial \omega_r}{\partial C}\Delta C = \left(-\frac{1}{2}\frac{C}{L}\omega_r\right)\Delta L + \left(-\frac{1}{2}\frac{L}{C}\omega_r\right)\Delta C \tag{3-9}$$

因此 ω_r 的相对变化正比于电容器以及电感值的相对变化，即

$$\frac{\Delta\omega_r}{\omega_r} = -\frac{1}{2}\left(C\frac{\Delta L}{L} + L\frac{\Delta C}{C}\right) \approx -\frac{L}{2}\frac{\Delta C}{C} \tag{3-10}$$

类似的考虑可以推广到图 3-9b ~ 图 3-9e 的电路。

3.4 有源电力滤波器

3.4.1 有源电力滤波器简介

众所周知，谐波在配电网及影响系统的组件和负载的运行方面有负面影响。例如，导线遭受的功率损失和趋肤效应；涡流损耗可以对变压器产生设备过热的不利影响；电容可能会通过潜在的故障谐振现象以及机器振动现象受到影响。

在过去的几年中，有源电力滤波器已经引起极大的关注，并由于半导体技术的最新进展，有望成为一个合适的措施以解决谐波污染的问题[7-9]。

有源滤波器的理论基础是在 40 年前被提出的[10-15]。由于电力电子器件和微处理器技术的进步以及用于信号处理和控制算法的实现，研究人员已经越来越多地运用这项技术。

特别是类似绝缘栅双极晶体管（IGBT）和功率场效应晶体管（MOSFET）这类电子器件的快速开关能力和绝缘栅结构已经可以使用快速调制频率和简单的低功率消耗驱动电路。而且，通过使用新的更便宜的微处理器，如数字信号处理器和 FPGA，使该算法的性能得到了提高[15-20]。

现在，有种趋势是用有源滤波器替代传统的无源滤波器。

“有源滤波”里面包含更多“功率调节”的一般术语，考虑了除了谐波滤波的几个特点，如谐阻尼、隔离谐波、谐波终端、功率因数校正和电压调节无功功率控制、负载均衡和减少电压闪烁。

有源滤波器的主要特点的简图如图 3-12 所示。首先，它们能被分成单相和三相有源滤波器。第一类型是低功耗应用以及电力牵引和机车车辆。第二类型最近由于其广泛的应用，已经引起行业和研究人员更多关注。有源滤波器配置可以更深入地分成纯或混合的。最终组态是由一个纯的有源滤波器采用与传统的无源滤波器结合而获得的。最后，电源电路可以是一个由电压源（VS）直流侧并联电容或是由电流源（CS）上串接电感构成的 PWM 变流器。

有源滤波器由于其较低的成本、物理尺寸和效率等优点，采用一个电压源（VS）配置的 PWM 变流器得到了广泛的应用；混合配置优选需考虑可行性和经济性，如以下说明。

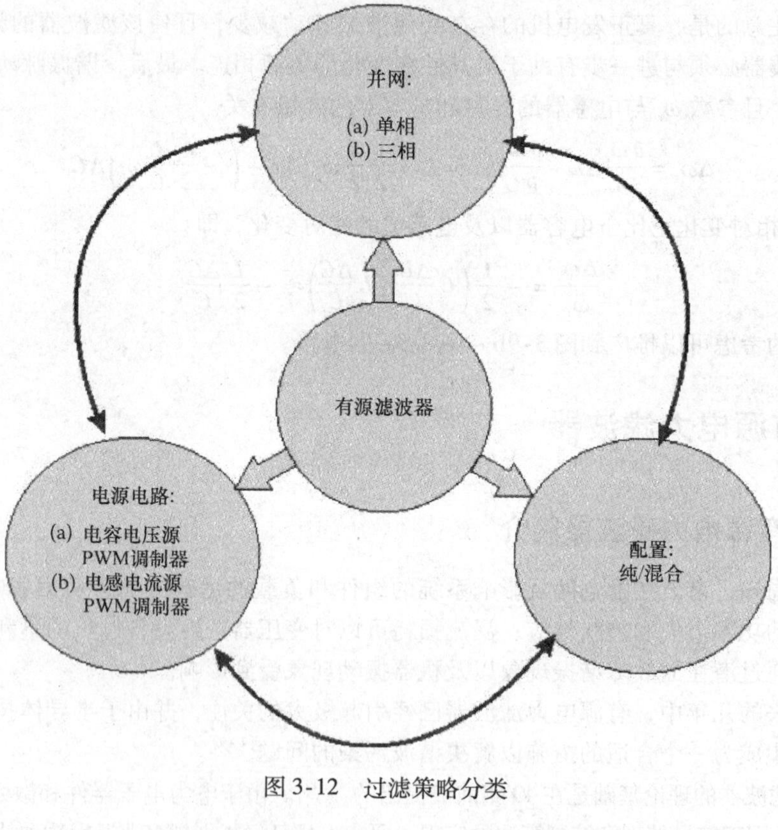

图 3-12　过滤策略分类

存在两个主要的纯 APF 类别：分流滤波器，也称为并行有源滤波器（PAF）和有源滤波器（SAF）系列。PAF 对那些能够被认为是电流谐波源的非线性负载是有效的（见第 3.1.1 节）。因此，它们被用于产生高频电流以补偿负载谐波电流。SAF 在产生高频电压以补偿负载谐波和电网谐波是有效的，适合补偿电压谐波源。

三相有源电力滤波器已经获得更多的关注。在这种情况下，三个“最优”的补偿目标可以通过有源电力滤波控制器从三个控制策略中得到解决[7]：

1）恒瞬时电源功率控制。

2）正弦电流控制。

3）广义 Fryze 电流控制。

具体表现为瞬时有功、无功（$p-q$）功率理论（见第 1 章）[7,8]，只有在三相无失真平衡电压时它可以同时执行这三个控制动作，否则，选择三出一。

有源滤波器可以通过个人消费者或变电站和/或配电馈线进行安装[19]。在第一种情况下，消费者的目的是补偿由它自己的负载产生的谐波，从而满足电网的等效负载标准。由于谐波是通过电网传播的，有源滤波器在变电站或电力馈线方面能够进行谐波阻尼和补偿电压不平衡。

3.4.2 并联和串联滤波器的基本操作问题

图 3-13 显示了一个典型的 PPF 和一个 CS 非线性负载的连接。在这种情况下，调谐滤波器被设计成呈现低阻抗来加以抑制高次谐波。滤波器在实践中代表了相应的谐波电流的滤波通道。实际上，抑制的频率范围取决于如上面所解释的电感的品质因数[22]。二阶 HPF 具有良好的过滤性能，但会造成较单调谐那些高基频的损失。

需要注意的是，PPF 由两个单调谐滤波器和高通滤波器组成[23]。前两个滤波器的目标是由低阻抗阻止单一频率（如 5 次谐波和 7 次谐波）。HPF 表现为比 11 次更高谐波时的低阻抗。

应该牢记的是，一个调谐无源滤波器可能存在着一些问题。参考图 3-13，第一个问题是，该滤波器的阻抗取决于负载阻抗，而不是常数。滤波器能成为从不同调谐频率的滤波通道。相应地，电流，其频率为 ω_i，将流过滤波器、电网阻抗 $\dot{Z}_g$ 和电网电压发生器组成的环路。这会导致一个畸变的源阻抗电压降与随之而来的负载电压失真。甚至，滤波器的电感和电网阻抗可能会引起并联谐振，随之在频率 ω_i 上的高电压加在负载上。

很显然，电网阻抗在谐波补偿上发挥着重要作用。它的值应该是高于对应于进行补偿谐波的值。另外，它的值应低于基频值，以避免在基频的电压降，即要求用混合滤波器来实现，如下所述。

图 3-14 示出了一系列的无源滤波器的基本结构[18,24]。该滤波器与电力网是串联连接的。不同于 PPF 的是，串联无源滤波器（Series Passive Filter，SPF）作为一个阻碍物相对于电压电网的谐波。SPF 是典型的由并联谐振电路和高阻（High Block，HB）电路组成的。调谐滤波器用于阻止特定谐波，而 HB 滤波器阻塞谐波有一定的顺序。

3.4.3 并联型有源滤波器

并联型有源滤波器或 PAF 与视为谐波发生器的负载并联连接[7,8]。PAF 注入幅度相同，与负载谐波相位相反的高次谐波电流。为此，负载谐波电流必须通过专用电路检

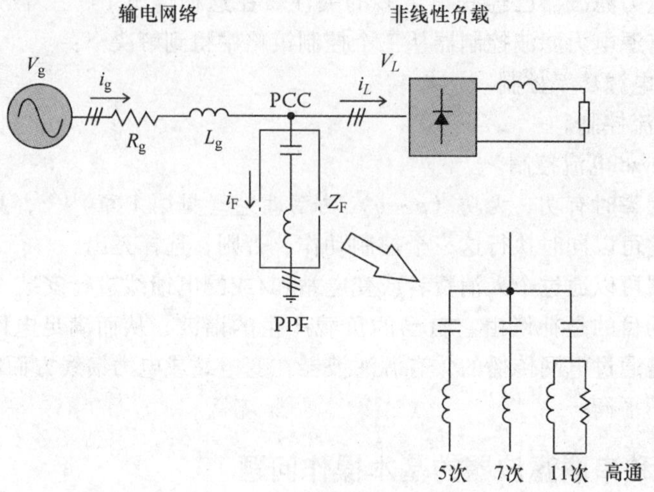

图 3-13　PPF 的基本电路示意图

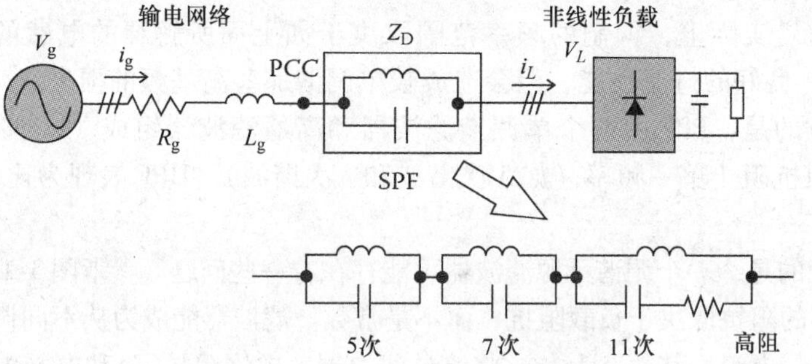

图 3-14　SPF 的基本电路示意图

测。因此这种滤波器是内循环的。

框图见图 3-15。用 CS $\dot{I}_C$表示 PAF，注入电流取决于负载电流 $\dot{I}_L$和增益系数 G。这种情况下，产生高次谐波电流的负载可以由诺顿等效电路表示，如图 3-15 所示[25,26]。如果负载为电压谐波发生器，它可以由戴维宁等效电路表示，如图 3-16 所示。这两个电路的表示是等价的。其形式的选择依赖于负载特性，如下文所述。以下分析了假设在正弦稳态下 h 次的通用谐波，此时，矢量值与每个变化电量相关联。

1. 由 PAF 谐波电流源补偿

图 3-15 中，由滤波器提供的电流可以表示为

$$\dot{I}_C = G\dot{I}_L \tag{3-11}$$

而电网电流可以写为

$$\dot{I}_g = \frac{\dot{Z}_L}{Z_g + \dot{Z}_L/(1-G)}\dot{I}_{L0} + \frac{\dot{V}_g}{\dot{Z}_g + \dot{Z}_L/(1-G)} \tag{3-12}$$

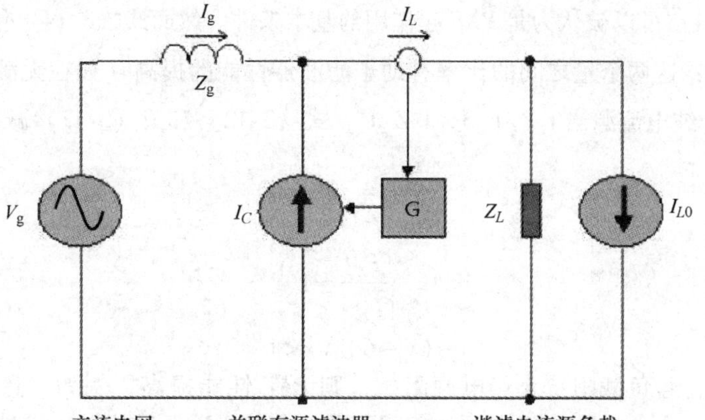

图 3-15 PAF 处理电流谐波的基本原理

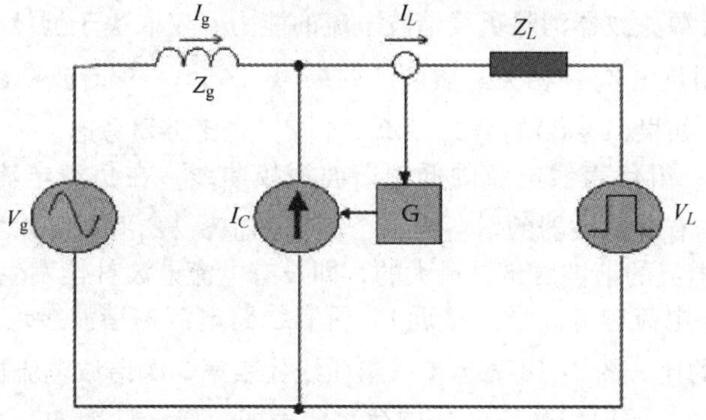

图 3-16 PAF 处理电压谐波的基本原理

负载电流可写为

$$\dot{I}_L=\frac{\dot{Z}_L/(1-G)}{\dot{Z}_g+\dot{Z}_L/(1-G)}\dot{I}_{L0}+\frac{1}{(1-G)}\cdot\frac{\dot{V}_g}{\dot{Z}_g+\dot{Z}_L/(1-G)} \tag{3-13}$$

至于 h 阶通用谐波，如果下列方程成立，$\dot{I}_{gh}$（电网电流的第 h 阶谐波）为零式（3-14）

$$\left|\frac{\dot{Z}_L}{1-G}\right|_h \gg \left|\dot{Z}_g\right|_h \tag{3-14}$$

在这种情况下，式（3-11）～式（3-13）可以写为

$$\dot{I}_C=\dot{I}_{Lh} \tag{3-15}$$

$$\dot{I}_{gh}\approx(1-G)|_h\dot{I}_{L0h}+(1-G)|_h\frac{\dot{V}_{gh}}{\dot{Z}_L}\approx 0 \tag{3-16}$$

$$\dot{I}_{Lh}=\dot{I}_{L0h}+\frac{\dot{V}_{gh}}{\dot{Z}_L} \tag{3-17}$$

注意，如果$(1-G)|_h=0$，式（3-14）始终成立且源电流为正弦波。因此$(1-G)|_h=$

0 或者式（3-14）可以被认为是 PAF 起作用的基本条件。然而式（3-14）包含了电网阻抗 $\dot{Z}_g$ 和负载阻抗：这两个量之间的比率有助于滤波器性能的提高（如在无源滤波器的情况下）。对于一个纯电流源当 $|\dot{Z}_L| >> |\dot{Z}_g|$，式（3-12）和式（3-13）减少到

$$\frac{|\dot{I}_g|}{|\dot{I}_{L0}|}=(1-G) \tag{3-18}$$

$$\frac{|\dot{I}_L|}{|\dot{I}_{L0}|}\approx 1 \tag{3-19}$$

$$(1-G)|_h << 1 \tag{3-20}$$

如前所述，若负载阻抗大于电网阻抗，则 PAF 性能提高，例如，高感应晶闸管整流器。这最后一个条件取决于电网和负载配置。此外，PAF 的增益 G 需能够区分基波与谐波电流。事实上，$(1-G)|_h$ 的范围为 0.1～0.3。

总之，电力有源滤波器消除负载谐波电流的能力不仅取决于滤波器本身（G）也和负载（$\dot{Z}_L$）和源阻抗（$\dot{Z}_g$）相关。然而，如果$(1-G)|_h\approx 0$ 谐波补偿能力是独立于系统阻抗的。相反，如果$(1-G)|_h\neq 0$，$|\dot{Z}_L|$与$|\dot{Z}_g|$之比必须考虑。

图 3-17 显示一组代表线电流的低频谐波振幅曲线，在负载电流（假定是一个方波）的基波部分，有源滤波器的增益为一个固定的值，$|\dot{Z}_L|$与$|\dot{Z}_g|$之比等于 30。结果表明$G=0$ 时，线电流的谐波含量是最大的，即没有电流谐波补偿发生。根据式(3-14)，增益 G 越高，谐波电流越低。当 G 接近 1，所有线路电流的谐波接近 0，独立于谐波顺序和$|\dot{Z}_L|$与$|\dot{Z}_g|$的比。图 3-18 显示了一组曲线代表第 3 次谐波电流振幅对应有源滤波器的谐波增益及$|\dot{Z}_L|$与$|\dot{Z}_g|$的比的不同值。这表明，增益 G 越低，3 次谐波幅值越受电网阻抗的影响。如前所述，$|\dot{Z}_L|$与$|\dot{Z}_g|$的比值越高，该影响力越小。对于增益 G 接近 1，3 次谐波的振幅几乎与阻抗的比无关。

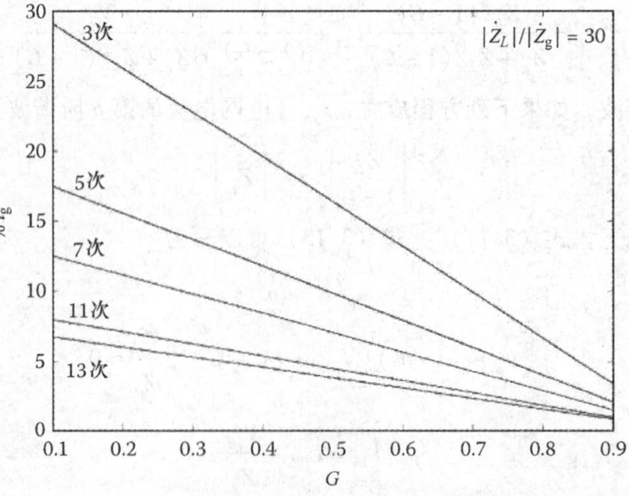

图 3-17　有源滤波器增益为 30 时的谐波电流补偿百分比

另外，负载阻抗很低的状态下，谐波会发生一些常见的情况。负载有时连接一个大容量电容或带着无源滤波器。因此，PAF 的性能取决于电网特征。另外，从式（3-17）可见，负载电流$\dot{I}_{L0h}$的第 h 次谐波与其诺顿等效电路之间的差异很大程度上取决于负载阻抗。特别地，如果负载阻抗接近于无穷，那么$\dot{I}_{L0h} \approx \dot{I}_{Lh}$。另外，对于越低的负载阻抗（刚性电网），$\dot{I}_{Lh}$越高，滤波器也应该进行相应地设计。

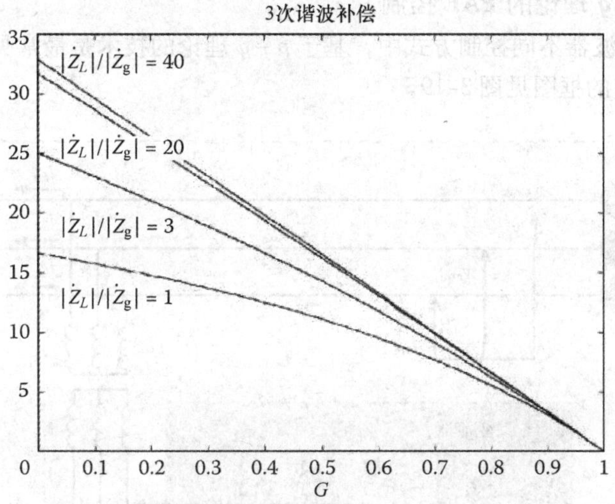

图 3-18　不同有源滤波器增益及不同阻抗比值下的 3 次谐波补偿

2. PAF 谐波电压源的补偿

图 3-16[27,28]中给出的戴维南等效电路，电路的描述方程

$$\dot{I}_C = G\dot{I}_L \tag{3-21}$$

如果以下的情况满足

$$\dot{I}_g = \frac{\dot{V}_g - \dot{V}_L}{\dot{Z}_g + \dot{Z}_L/(1-G)} \tag{3-22}$$

电网电流是正弦的，则有

$$\dot{I}_L = \frac{1}{(1-G)} \cdot \frac{\dot{V}_g - \dot{V}_L}{\dot{Z}_g + \dot{Z}_L/(1-G)} = \frac{\dot{V}_g - \dot{V}_L}{\dot{Z}_g(1-G) + \dot{Z}_L} \tag{3-23}$$

若满足下列条件

$$\left| \dot{Z}_g + \frac{\dot{Z}_L}{(1-G)} \right|_h >> 1pu \tag{3-24}$$

$$\dot{I}_C = \dot{I}_{Lh} \tag{3-25}$$

$$\dot{I}_{gh} \approx 0 \tag{3-26}$$

$$\dot{I}_{Lh} = \frac{\dot{V}_{gh} - \dot{V}_{Lh}}{\dot{Z}_L} \tag{3-27}$$

式（3-24）和式（3-14）是对偶方程。应该注意，谐波 VS 通常有一个非常小的原始阻抗，还有从负载侧看 PAF 的运行，电网的阻抗为零［式（3-23），当$(1-G)\approx 0$］。从式（3-25）看，很明显，谐波电流由 PAF 注入负载的潮流，最后从式（3-27）看，电网电压$\dot{V}_{gh}$的失真将会给负载带来谐波电流，这是由于滤波器本身的缘故。特别地对于低负载阻抗，所需的滤波器伏安等级必须增加。

3. 基于 $p-q$ 理论的 PAF 控制

有源电力滤波器不同控制方式中，基于 $p-q$ 理论的技术是最常见的[7,8]。基于 $p-q$ 理论的 PAF 完整的框图见图 3-19。

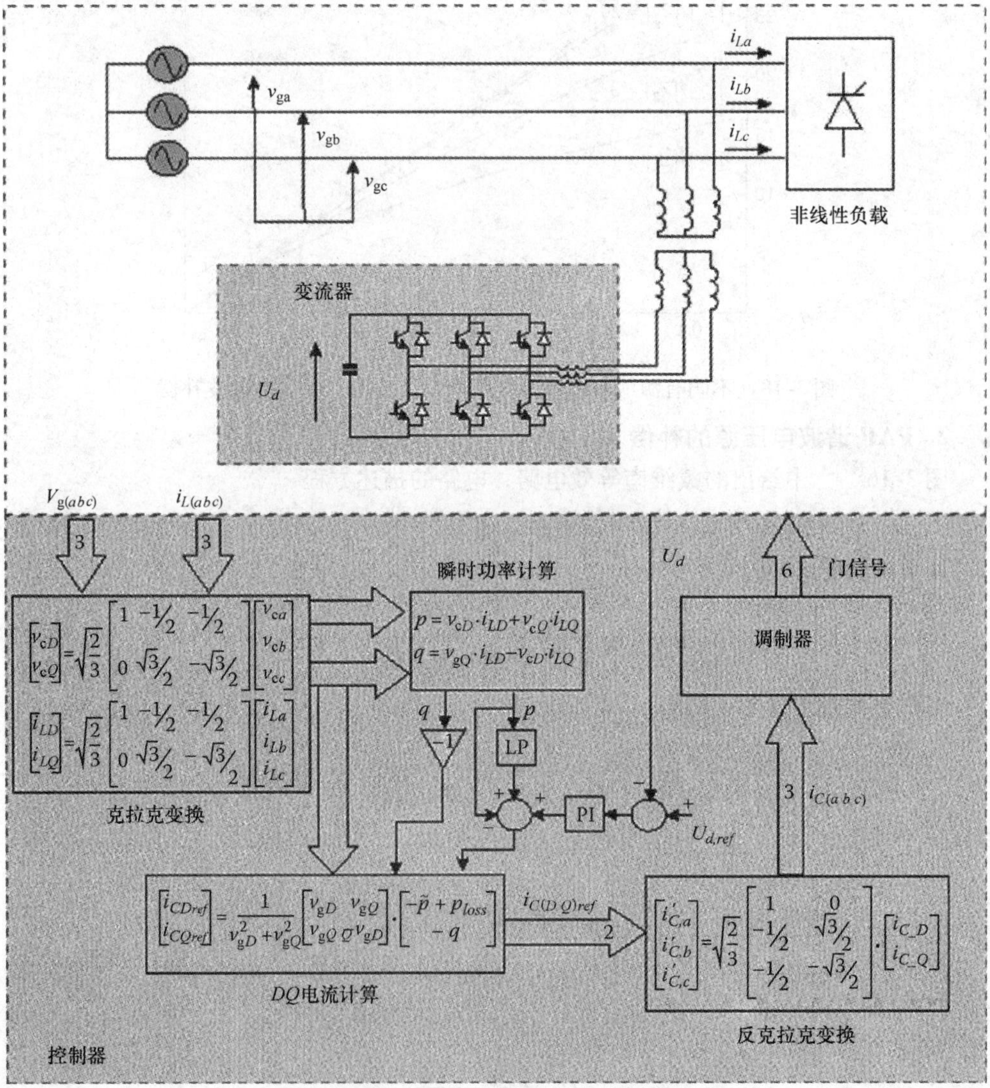

图 3-19　基于 $p-q$ 控制理论的 PAF 方案

可以确定两个主要的板块：用于计算补偿电流参考值的控制器和承担放大并向电网注入补偿电流的功率转换器。

在电力系统中，谐波电流可以由非线性负载和谐波电压（见第3.1和第3.2节）两者产生。例如，电网电压是由基波频率和多重基波频率混合组成的。由于并联型有源滤波器通常用于补偿所指定的负载谐波电流，它给出了具有相同振幅但相位相反的负载谐波电流。通常，在PCC点的电压会因电网产生的谐波电压而产生畸变。当滤波器补偿电网及负载谐波分量时，在PCC点的电压才会变为正弦。

如果负载阻抗很低就应该注意了（或者电力系统有一个大的短路容量），此时要求滤波器传送一个大电流，这很难实现。在这种情况下，可以采用其他解决方法，如采用大量的滤波器。

（1）并联型有源滤波器的PWM变流器　在图3-19中显示的电力变流器是一个电压源型变流器（Voltage Source Converter，VSC）。然而，其他拓扑结构如图3-20所示的电流源型变流器（Current Source Converter，CSC）的转换器也能被采用。这两个变流器表现为控制的CS。存储元件（对于VSC的一个电容器，而对于CSC是一个电感）有足够容量供给逆变器。理想的情况是，没有能量交换。事实上，逆变器有损耗，这要求控制存储元件的电压，以保持恒定的直流电压（电流）。

应该注意的是，所有逆变器均会产生谐波，为了避免谐波传播到电网中，通常添加一个星形连接无源*RC*低通滤波器在逆变器的输出端。因为逆变器的转换频率很高，往往需要一个小的无源滤波器。采用三个H桥型替代一个三桥臂型逆变器，它们可以共用存储元件，如图3-21所示。在SAF中采用了这样的配置。

CSC表现出较高的鲁棒性[27,28]，而VCS成本低，效率高，体积小[8,9]。目前，厂家提供免费续流二极管六反并联的IGBT模块，所以VCS的实现更实际、更便宜。

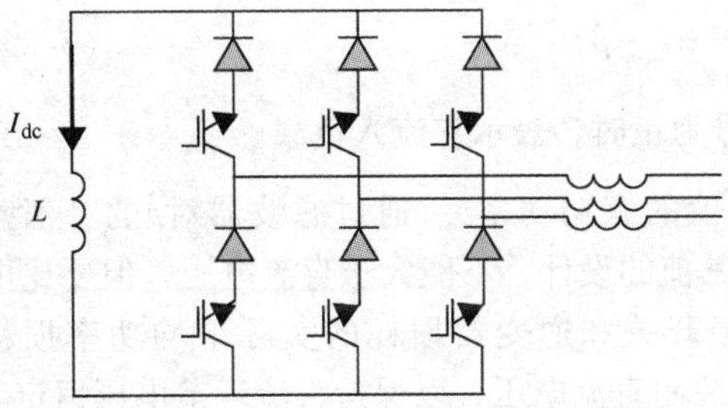

图3-20　一种CSC电路

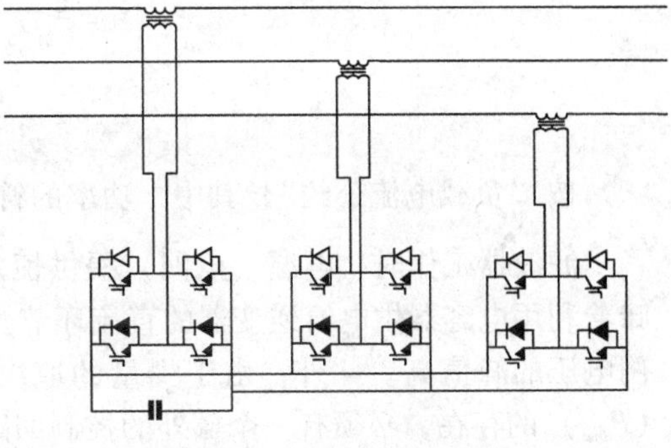

图3-21　H桥配置电路

（2）运用$p-q$理论的有源滤波控制器　$p-q$理论的运用非常适合用于设计一个有源滤波控制器，然而，经证明[7]当电力系统包含电压谐波或者不平衡的基本频率时，补偿的三大目标：从电网取得一个恒定的瞬时有功功率；从电网取得一个正弦电流：取得输送相同的能量，传输损耗最小的负载电流最小方均根值（单位功率因数），三者不能同时满足。

因此，三个基本补偿的方法可以确定为[7]：

1）恒定的瞬时功率控制策略。

2）正弦电流控制策略。

3）广义 Fryze 电流控制策略。

在正弦、系统电压平衡的条件下，三个控制策略能产生相同的结果。

从图 3-19 可以看出，对于补偿来说，三相三线并联有源滤波器是最重要的部分。在 PCC 测量的控制器的输入变量相电压 $V_{g(a,b,c)}$，和负载电流 $i_{L(a,b,c)}$ 流向负载作为补偿。直流母线电压 U_d 测量是为了补偿逆变器损耗。六门控制器输出信号来驱动逆变器开关。

对采样的输入信号进行处理，包括：从三相到两相系统用克拉克变换对电压和电流进行了初步转换，在 $Q-D$ 坐标系中获得相应的变量。然后，可以计算瞬时有功功率 p 和无功功率 q。补偿电流由 $D-Q$ 坐标下的电网电压 ν_{gD}、ν_{gQ}、无功功率 q、振荡有功功率 $\tilde{p}$、和损耗 p_{loss} 获得。得到的补偿电流再通过逆克拉克变换成三个参考值。电流控制器是始终存在的，它用来控制 PWM 提供六信号去驱动逆变器开关。工作在固定或旋转的参考坐标系中[29]，可以设计多种电流控制方法。最后，为了避免不稳定或谐振问题，（没有在图 3-19 中显示）可以放置一个低通滤波器在电网电压测量之前，并采用如下所述的恒定的瞬时功率控制策略。

（3）恒定的瞬时功率控制策略　这一策略的目标在于从源头上获取一个恒定的瞬时功率。滤波器连接必须尽可能接近负载。在理论上，这意味着振荡有功功率 $\tilde{p}$ 将由滤波器补偿。

在由滤波器提供电流的振荡部分在 D 和 Q 轴上的有功电流的基础上计算 $\tilde{p}$ 为

$$i_{CD\tilde{p}} = \frac{\nu_{gD}}{\nu_{gD}^2 + \nu_{gQ}^2}(-\tilde{p}) \tag{3-28}$$

$$i_{CQ\tilde{p}} = \frac{\nu_{gQ}}{\nu_{gD}^2 + \nu_{gQ}^2}(-\tilde{p}) \tag{3-29}$$

按“负载电流公约”，其中，功率的符号为正时，表示它流入负载。

滤波器工作时，电源（电网）提供恒定值的有功功率 $\bar{p}$。通过滤波器对 $\tilde{p}$ 的补偿意味着利用电容器供电给逆变器的直流环节。其值的设计，不能大于直流电压，但要比电网电压的峰值高。此外，由于少量的取决于开关和逆变器损耗的实际平均功率损耗（P_{loss}）的存在，必须有一个额外的控制回路控制直流电压，以保持直流环节电压恒定。

电流参考值的计算式（3-28）和式（3-29），可以添加到补偿 D 和 Q 轴的瞬时无功电流中：

$$i_{CDq} = \frac{\nu_{gQ}}{\nu_{gD}^2 + \nu_{gQ}^2}(-q) \tag{3-30}$$

$$i_{CQq} = \frac{-\nu_{gD}}{\nu_{gD}^2 + \nu_{gQ}^2}(-q) \tag{3-31}$$

平均功率$\bar{p}$和振荡功率$\tilde{p}$之间的分离由一个低通滤波器进行（见图3-19）。这会影响有源滤波器的动态性能，因为此过程会引入时间延迟[7]，所以其截止频率必须仔细选择。

（4）正弦电流控制策略　这个策略的目的是使电网电流正弦、平衡。这一要求不能解决提供给负载补偿的恒定功率中存在的电压不平衡或电压失真问题。两种方法之间必须进行选择。

该方法中，滤波器的补偿电流不同于基波正序电流 i_{+1}。这个策略中包括测定基波正序负载电流。在某种意义上，图3-19所示的方案需要插入一个正序检测器模块[7]处理电压克拉克变换之前的修改。另外，不再需要测量相电压的低通滤波器。

（5）广义 Fryze 电流控制策略　Fryze 方法目标是最小的补偿电流的方均根值。在这种情况下，欧姆损耗最小，由电网提供的平均有功功率仍然与初始电流给定功率相同。此外，这个方法不能利用 $p-q$ 理论，但可以直接利用三相电压 $v_{g(a,b,c)}$ 和负载电流 $i_{L(a,b,c)}$，因此，该方法的计算误差小于其他方法。

Fryze 的方案如图3-22所示。电流与电压之比等于电导，定义为平均瞬时功率与三相电压有效值和的开方的比值，即

$$G_e = \frac{(1/T)\int_0^T (v_{gA}i_{LA} + v_{gB}i_{LB} + v_{gC}i_{LC})}{\sqrt{(1/T)\left[\int_0^T v_{gA}^2(t)\,\mathrm{d}t + \int_0^T v_{gB}^2(t)\,\mathrm{d}t + \int_0^T v_{gC}^2(t)\,\mathrm{d}t\right]}} \tag{3-32}$$

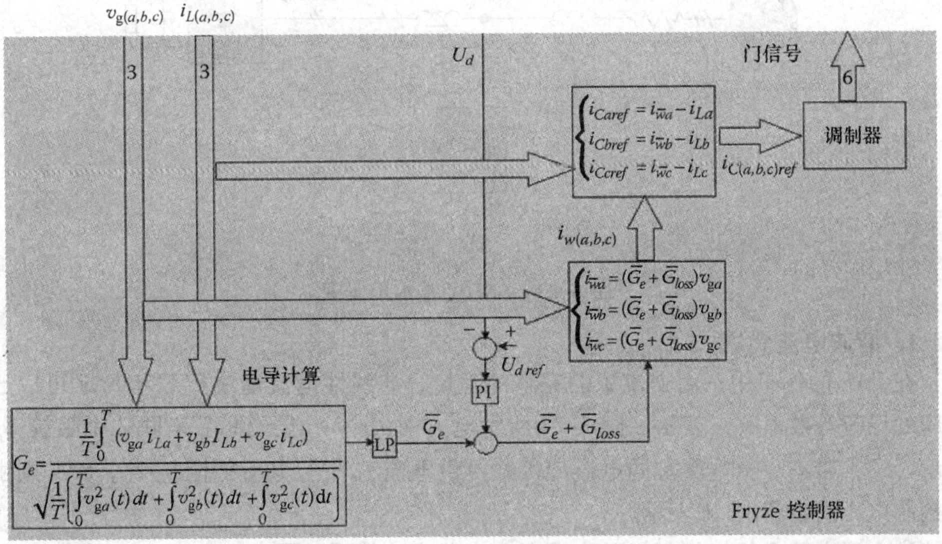

图3-22　基于模糊控制的 PAF 方案

如果运用式（3-32），那么在一个周期 T 中，算法会影响该方法的速度，但可以利用一个低通滤波器（LPF）见图3-22。此外，还要长期地考虑到直流母线的电压损失问

题。这个损失可以由所需的直流母线电压和实际 PI 之间的误差值所获得。

所获得的数量$\overline{G}_e+\overline{G}_{LOSS}$乘以相电压给出广义 Fryze 电流 $i_{\bar{w}(A,B,C)}$。然后，参考电流 $i_{Cref(A,B,C)}$可以通过减去负载电流而获得。

3.4.4 串联型有源滤波器

串联型有源滤波器（SAF）串联在交流源和非线性负载（电流或电压型）之间[7,24]。图 3-23 给出了一个 SAF 的大致框图和一个典型的电压谐波非线性负载，它可以是三相（三线）系统或单相系统。三相的 SAF 是由一个适当控制的三相 PWM VS 逆变器（或者三个单相逆变器），经三相变压器（或三个单相变压器）串联连接负载和电源。SAF 基本上是一个控制电压发生器。因此其 PWM 逆变器通常不存在任何内部电流回路，不同于 PAF。

SAF 的基本思想是产生适当的补偿电压阻止谐波。为了避免谐波电流在交流电源与非线性负载之间流动，SAF 必须在谐波频率时呈现高阻抗，而在基本频率上具有零阻抗。

在有 PAF 的情况下，应该对 SAF 在电流谐波负载或电压谐波负载情况下的有效性进行评估。SAF 可较好地用于补偿非线性负载谐波电压，如在一个电容性负载的三相整流桥的情况下。

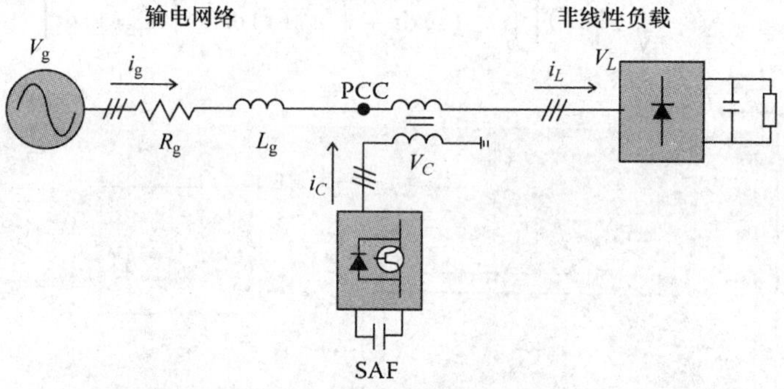

图 3-23 SAF 的基本示意图

1. 谐波电流负载

在 PAF 的例子中，由交流源的完整的系统、非线性电流谐波负载和 SAF 可以通过相应的诺顿等效电路来表示。图 3-24 所示电力网由一个电压源 V_g 串联一个阻抗 Z_g 来表示[25,26]，带有一个电流源的电流型负载提供电流 I_{L0}平行其等效阻抗 Z_L，SAF 则由一个控制电压发生器 V_C 来表示。

系统的电压方程在任何频率（基本或者 h 次谐波）都可以写成

$$\dot{V}_g=\dot{I}_g\dot{Z}_g+\dot{V}_C+\dot{V}_L \tag{3-33}$$

当

$$\dot{V}_C=KG\dot{I}_g \tag{3-34}$$

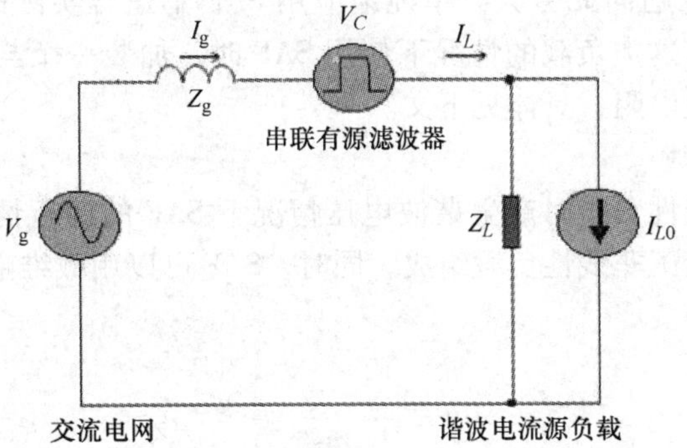

图3-24 SAF的谐波补偿示意图

用G表示谐波电流检测系统的等效传递函数，包括它的动态及延迟时间，K是增益量（量纲为Ω）。在基波频率，G的值应接近0，$G|_1=0$，任何h次谐波需要补偿时，它的值应该是几乎等于1，$G|_h=1$。

负载电压可以写为

$$\dot{V}_L = (\dot{I}_g - \dot{I}_{L0})\dot{Z}_L \tag{3-35}$$

在用式（3-32）替代式（3-33）和式（3-34）后，可以得到电网电流：

$$\dot{I}_g = \frac{\dot{V}_g + \dot{I}_{L0}\dot{Z}_L}{\dot{Z}_g + \dot{Z}_L + KG} \tag{3-36}$$

如果K的值满足下面对于每个被补偿的h阶谐波的假设，即

$$K|_h >> |\dot{Z}_g + \dot{Z}_L|_h \tag{3-37a}$$

$$K|_h >> |\dot{Z}_L|_h \tag{3-37b}$$

式（3-36）的初始电流h次谐波分量$\dot{I}_{gh}$可以表示为

$$\dot{I}_{gh} \cong 0 \tag{3-38}$$

同时，由SAF产生的h次电压谐波分量可以表示为

$$\dot{V}_{Ch} \cong \dot{Z}_{Lh}\dot{I}_{L0h} + \dot{V}_{gh} \tag{3-39}$$

式中 $\dot{V}_{gh}$——电压源的h次谐波分量；

$\dot{I}_{L0h}$——负载电流的h次谐波分量。

式（3-37a）和式（3-37b）是SAF运行的必要条件，其中要求K的值应该足够大，h次谐波下的负载阻抗$|\dot{Z}_L|_h$应该足够小。如果这些条件都能够满足，由式（3-38）就可以确定输电网的电流值约等于0，这表示SAF阻止了负载的谐波电流从初始端流向电网，同时式（3-39）表明由SAF产生的电压完全和负载的谐波电流通过负载时产生的电压降以及VS谐波相互抵消，从而不会流过负载。不幸的是，实际上典型的电流负载，像常见的相位控制的晶闸管整流器，它具有很高的$|\dot{Z}_L|_h$值，这就使得式（3-26）的要求没能完全地满足SAF的运行条件。由式（3-31）可以确定出，在这种情况下，

满足 SAF 要求的电压趋向无穷大。单纯地应用 SAF 不适合实际的电流型非线性负载。解决的办法是，在有这类负载的情况下使用 SAF 时，加装一个与负载并联的无源滤波器，尽量减少其等效电阻，具体见下文。

2. 电压谐波负载

现在分析在非线性负载时产生谐波电压情况下 SAF 的运行情况，这个完整的系统由交流电源、谐波电压非线性负载组成，同时，SAF 可以用戴维南定理等效电路，如图 3-25 所示[25,26]。

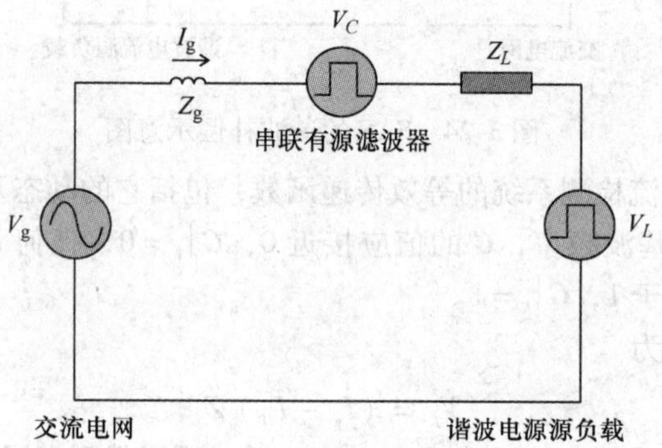

图 3-25　SAF 的电压谐波补偿示意图

任何频率下的电压公式，其基波或 h 次谐波可表示为

$$\dot{V}_g = \dot{I}_g(\dot{Z}_g + \dot{Z}_L) + \dot{V}_C + \dot{V}_L \tag{3-40}$$

其中

$$\dot{V}_C = KG\dot{I}_g \tag{3-41}$$

式中　G——谐波电流检测系统等值的传递函数，包括其动态和延迟时间；

K——一个增益（量纲是 Ω）。

将式（3-41）代入式（3-40）可得电网电流的表达式为

$$\dot{I}_g = \frac{\dot{V}_g - \dot{V}_L}{\dot{Z}_g + \dot{Z}_L + KG} \tag{3-42}$$

式（3-42）说明如果 K 在 h 次谐波下足够大，则产生的电流趋向于 0：

$$\dot{I}_{gh} \cong 0 \tag{3-43}$$

在 h 次谐波由 SAF 产生的电压可表示为

$$\dot{V}_{Ch} \cong \dot{V}_{gh} - \dot{V}_{Lh} \tag{3-44}$$

K 应该尽量的大，理想情况下无穷大，这是 SAF 在有非线性电压负载的情况下运行的必要条件。最简单的方法就是利用滞环控制器控制电流。这种情况下，如图 3-26 所示，增

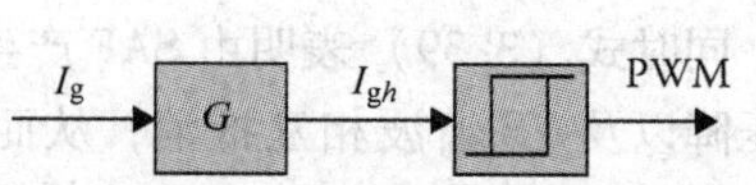

图 3-26　SAF 的滞环控制

量 K 的值趋向无穷大。另一个方法是直接控制 SAF 的 h 次谐波电压 $\dot{V}_{Ch}$，使其尽量抵消流过电流 $\dot{I}_{gh}$ 时产生的负载电压 $\dot{V}_{Lh}$，如图3-27所示。

从图 3-27 中可以看出，$\dot{V}_{Cref}$ 下 SAF 的参考电压可以写为

$$V_{Cref}=G(K\dot{I}_{g}-\dot{V}_{L}) \tag{3-45}$$

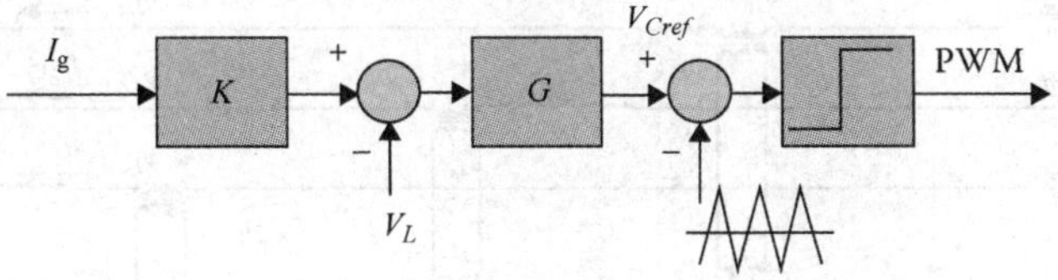

图 3-27　SAF 的载波控制

假设能正确地调整电压使得 $\dot{V}_C=\dot{V}_{Cref}$，则式（3-41）中电网电流可以表示为

$$\dot{I}_{g}=\frac{\dot{V}_{g}-\dot{V}_{L}(1-G)}{\dot{Z}_{g}+\dot{Z}_{L}+KG} \tag{3-46}$$

假设有足够小的谐波电压源，即 $\dot{V}_{gh}$ 趋向于0，若 G 的值在 h 次谐波下满足

$$(1-G)\,|_{h}\cong 0 \tag{3-47}$$

则电网电流的 h 次谐波趋向于0，于 K 和 $|\dot{Z}_{g}+\dot{Z}_{L}|_{h}$ 之比无关，即与负载大小也无关，从而有

$$\dot{I}_{gh}=-\frac{(1-G)\dot{V}_{Lh}}{|\dot{Z}_{g}+\dot{Z}_{L}|+KG}\cong 0 \tag{3-48}$$

如果 VS 谐波不为 0，则会出现一个无法抵消的项，这时则会发生相反的情况，会与负载阻抗有关，式（3-47）就是 SAF 在非线性电压负载下的运行条件。这表明在非线性电压负载情况下 SAF 的性能和效率与在非线性电流负载情况下的 PAF 的性能和效率相近。

3. 基于 $p-q$ 理论的 SAF 的控制方法

SAF 的经典控制方法是基于 $p-q$ 理论的。三相三线系统的电路结构的完整控制方案如图 3-28 所示。这是基于含有公用直流母线电容器的三相独立的逆变器。首先假设没有零序电流分量。控制的目的是产生电压抵消引起负载端振荡及产生无功功率的负载谐波电压分量。这一控制方案允许电网电压和电流具有纯正弦波。

这个系统中，负载电流 $i_{L(a,b,c)}$ 和电压 $v_{L(a,b,c)}$ 的瞬时值被测量并作为 SAF 控制器的输入量。已知三相变量，利用克拉克变换，相应的 $D-Q$ 变量能够得到，分别有（i_{LD}，i_{LQ}）和（v_{LD}，v_{LQ}）。在这个基础上，可计算得到瞬时有功（p）和无功（q）分量。振荡有功和无功分量在减去由低通滤波器（LPF）获得的它们的平均值之后能够得到。假设零序分量为0，可以计算出由 SAF 产生用来补偿负载谐波电压的振荡有功分量和瞬时电压，并作为电力变流器的给定参考量。另一个重要的假设前提是电力变流器是理想

的，也就是没有额外的能量损耗，这意味着理论上无须控制直流电压。在实际应用中，附加项$\Delta\bar{p}$应该加上$\tilde{p}$来合理地抵消损耗。另外，负载电压和负载电流之间的任何变换都会产生一个不为零的有功平均值$\bar{q}$，应该将其忽略，否则就要附加其他措施。

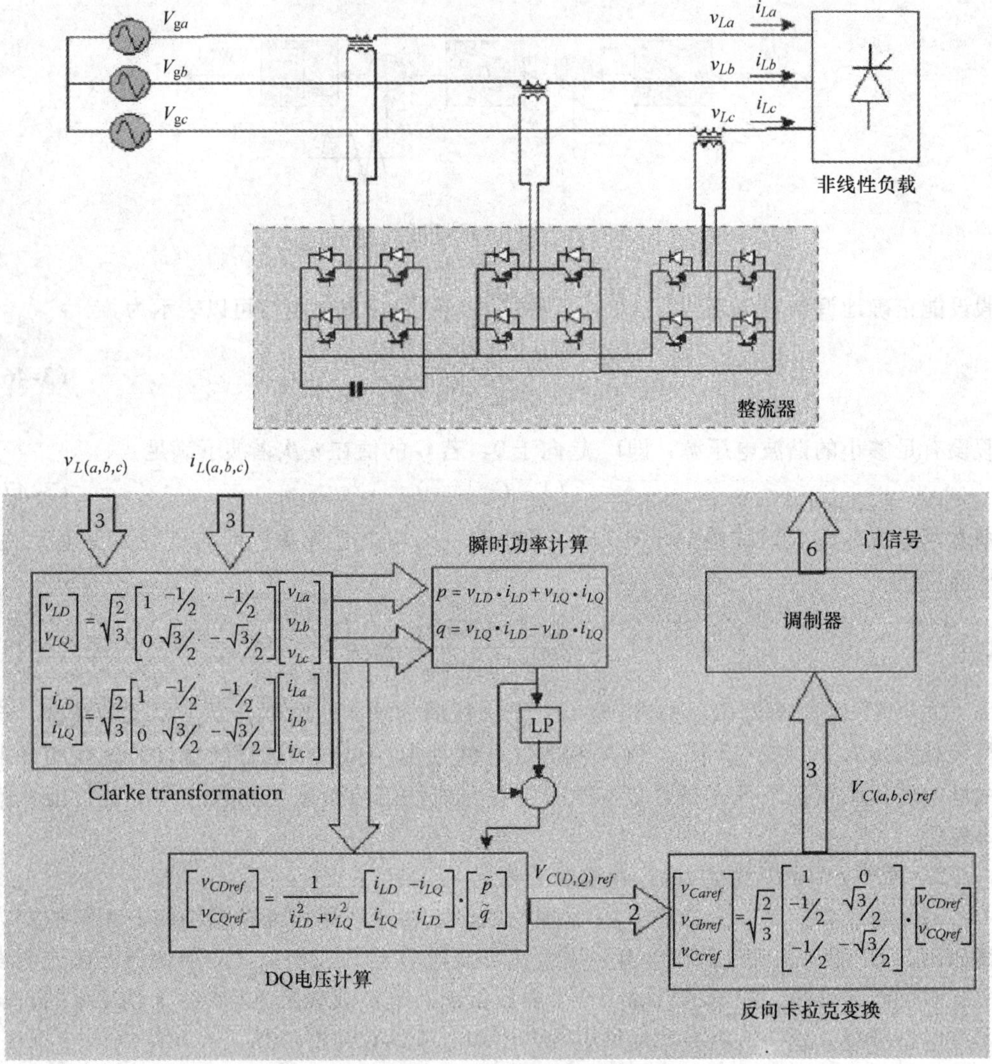

图 3-28　基于 $p-q$ 理论的 SAF 控制方案

3.4.5　PAF 和 SAF 的比较

通过分析 PAF 和 SAF，可以发现，它们在各自特定的负载种类下工作，含有各自精确的运行必要条件，在它们之间还具有一定的双重关系。主要的特点可以总结如下：

1）基本运行原则：当 SAF 作为 VS 时，PAF 作为 CS 工作。

2）非线性负载类型：PAF 工作在感性或者谐波 CS，如相控整理器，而 SAF 工作在容性或者谐波 VS，如含有滤波电容的二极管整流器。

3）运行条件：PAF 基本工作在高阻抗情况下，这时有 $|(1-G)|_h \ll 1$，而 SAF 工作在低负载阻抗下，这时有 $|(1-G)|_h \ll 1$。

4）补偿性能：PAF 能很好地补偿负载产生的谐波电流，当负载阻抗很高时则与电网阻抗大小无关，而 SAF 在谐波电压负载情况下，能很好地进行补偿，但与电网以及负载的阻抗无关，而与谐波电流负载的阻抗有关。

5）适用范围：当工作于电压谐波负载时，PAF 流入负载的电流会引起过载电流。而 SAF 工作于谐波电流负载时，需要并联一个低阻抗支路。

3.4.6 混合型有源滤波器

在很多情况下，使用有源滤波器是不合适的[7]。其原因如下：

1）从技术角度看，有时高功率有源滤波器的设计和安装是不合理的。

2）有源滤波器的成本高于无源滤波器。

针对具体的 PPF，应该进一步考虑：

1）其滤波性能和电网阻抗有很大关系，所以不可能对它们进行预判，同时它们也是时变的，会随着电网结构的变化而改变。

2）在给定电流谐波的情况下，电网阻抗越高，PPF 的滤波效果越好；但是相对在基波情况下，需要一个低值电网阻抗以限制输电线电压下降。

之前的情况说明了合理配合使用有源和无源滤波器的思路。这个合成滤波器一般称为混合型有源滤波。混合型有源滤波器由有源和无源滤波器组成，其功能是提高补偿性能并降低有源部分的额定功率[7,21,26]。

图 3-29 显示了 PAF 和 PPF 的并联组合，它使用于谐波电流负载。在这种情况下，PAF 用于抵消低阶的电流谐波，比较典型的是五次和七次谐波，但会受到逆变器开关频率和额定功率的限制。而 PPF 是用于抵消十一次及以上的电流谐波，这要求它要有更加紧凑的结构。一般来说，要达到这种配置的一个比较好的方法就是利用 PAF 去抵消低阶谐波，然后利用 SAF 去抵消高阶的谐波。PAF 还可以用于避免在电网和 PPF 之间发生谐振。

这种双结合的结构如图 3-30 所示，它是由 SAF 串联 SPF 得到的，适用于谐波电压负载。在这种情况下，SAF 和 SPF 分工合作，SAF 工作在低阶电压谐波，SPF 工作于高阶电压谐波。

图 3-31 显示了 SAF 与 PPF 相互配合的方案[7,25,26,30]。这种情况下，主要起滤波作用的是 PPF，它就像是一个电流谐波接收器，而 SAF 的设计还要考虑其成本。SAF 基本上是用于避免电网和 PPF 之间发生谐振现象，同时也能提高 PPF 的运行性能。

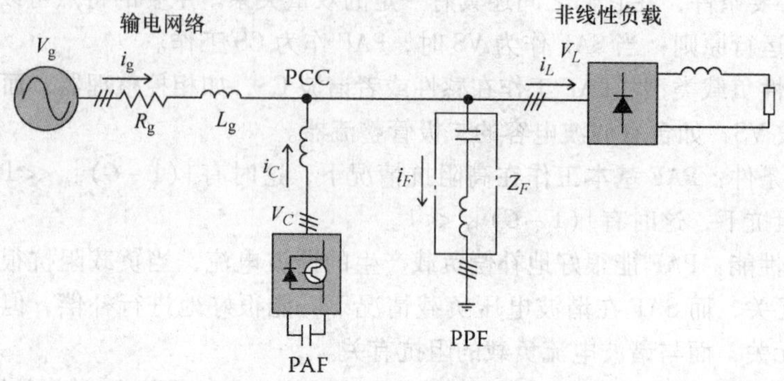

图 3-29　PAF 和 PPF 的并列组合

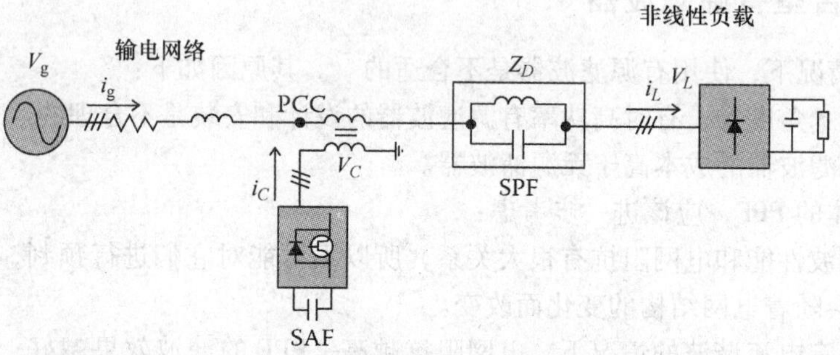

图 3-30　SAF 和 SPF 的串联组合

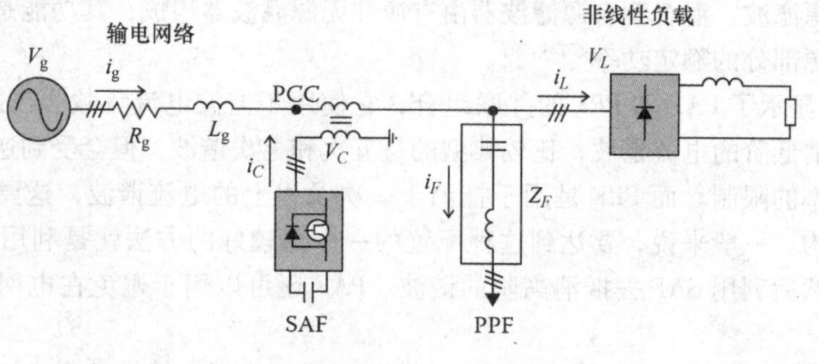

图 3-31　SAF 和 PPF 合并使用

这种情况下的基本思路不是直接去抵消谐波电压，而是通过适当地封闭谐波来帮助 PPF。SAF 在高频时需要呈现高值的等效阻抗，在低频时需要呈现低值阻抗（接近 0）。实际上，SAF 就像是一个“动态阻抗”，在基频时阻抗值为 0，在电网或负载谐波频率时阻抗值为 K。要评估这种混合型滤波器的性能，常常采用电网电流谐波振幅和负载电流谐波振幅之比来判断[7,30]：

$$\frac{I_{gh}}{I_{Lh}}=\frac{\dot{Z}_F}{\dot{Z}_g+\dot{Z}_F+K} \tag{3-49}$$

这个比值与动态电阻 K 有关，它是通过假设电网电压谐波值为零（$V_{gh}=0$）的情况下得到的，称为分布系数。如图 3-32 和图 3-33 所示，这个分布系数相对不同频率有不同的 K 值（0Ω、1Ω、2Ω），并有两个不同的网络电感值，分别为 $L_g=0.04\text{H}$ 和 $L_g=0.112\text{H}$。这些曲线是利用 PPF，由两个滤波器分别调谐得到的五次和七次谐波，HPF 也显示在图 3-32 中（PPF 的参数见表 3-1）。$K=0$ 对应没有 SAF 的情况，这说明了只有 PPF 在运行。可以看到，在这种情况下，在四次和六次谐波下发生谐振，增益系数大于 22dB。当 SAF 工作的时候，K 分别为 1 或 2，值得注意的是，分布系数会减少整个频率范围。最理想情况时 $K=2$。

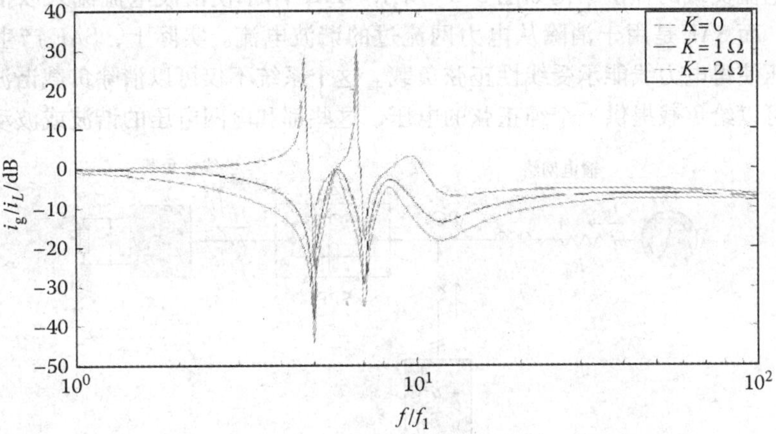

图 3-32 网络电感 $L_g=0.04\text{H}$ 的分布系数

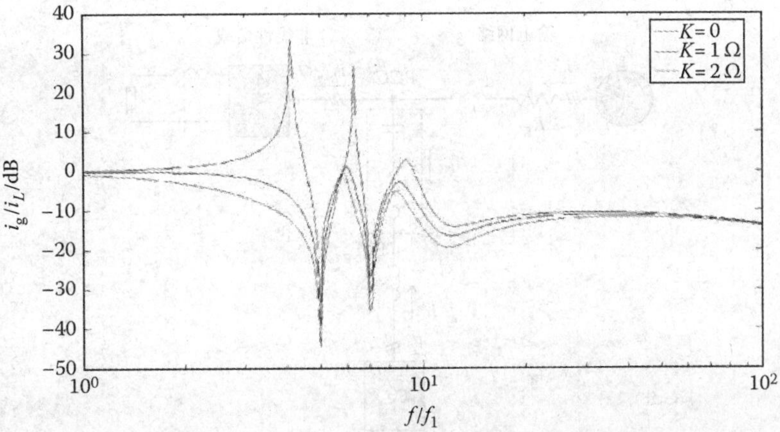

图 3-33 网络电感 $L_g=0.112\text{H}$ 的分布系数

双重结构如图 3-34 所示，显示了 PAF 和 SPF 的组合。在这种情况下，主要的滤波器是 SPF，阻断了电流谐波，而低级的 PAF 会被用于提高 SPF 的性能，同时避免电网和 SPF 之间的谐振现象。

图 3-35 显示了 PAF 和 PPF 的组合结构。这种情况下，PAF 使谐波电流流入用以抵消负载谐波电流。同时可以控制它产生一个基波电流分量使得基波网络电压不仅能用在 PAF 上，同时也能用在 PPF 上。这个特点可以显著地降低 PAF 的额定功率，同时保持了其优良的补偿性能。

图 3-36 显示了一个由并联的 SAF 和 SPF 组成的双重结构的电路。在这种情况下，SAF 的额定功率能通过允许基波电流流过 SPF 而降低，因为无源滤波器被设计成一个在基频下的短回路。

谐波电流负载的补偿结构如图 3-37 所示。PAF 用于使谐波电流流入以抵消负载的谐波电流，而 SAF 是用于消除从电力网流过的谐波电流。实际上，SAF 产生一个畸变的正弦电压使得电力线能承受线性正弦负载。这个系统不仅可以消除负载谐波电流的影响，而且可以给负载提供一个纯正弦的电压，这些都和电网电压的谐波或波动无关。

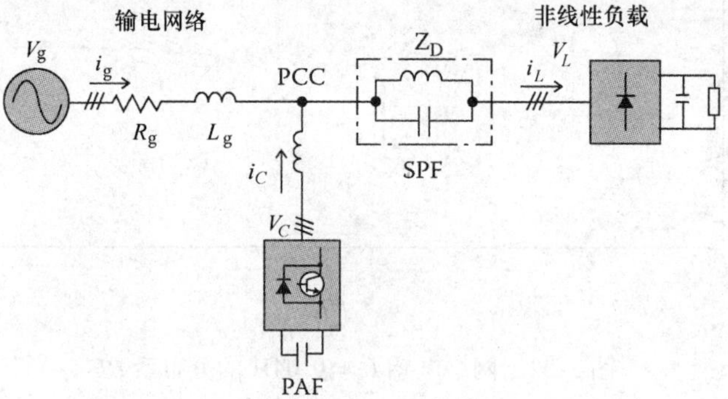

图 3-34 PAF 和 SPF 的组合配置

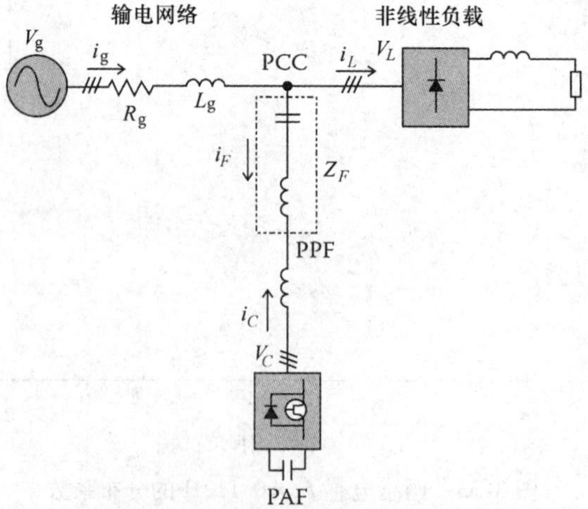

图 3-35 PAF 和 PPF 的串联结构

双重配置的结构如图3-38所示，这是基于SAF和PAF的组合，用于典型的谐波电压负载。在此情况下，该系统可以消除所有的电流谐波，确保在同一时刻在负载上是一个正弦波电压。

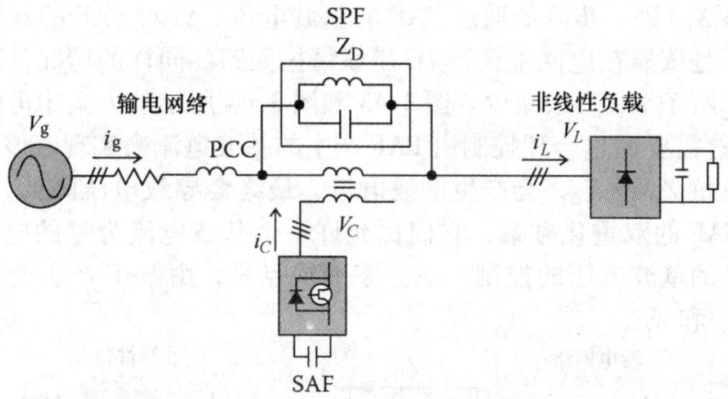

图3-36　SAF和SPF的并联结构

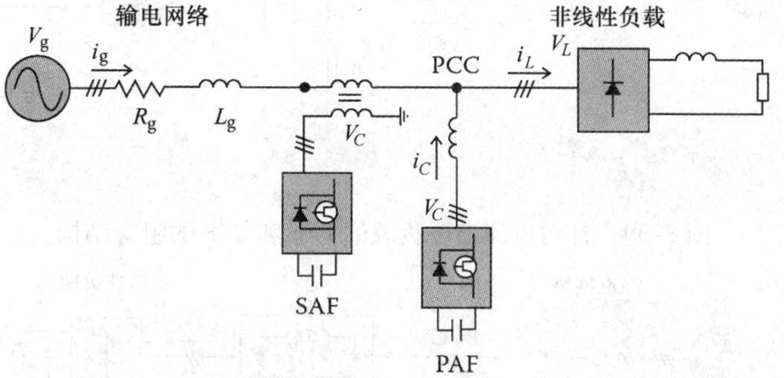

图3-37　电流谐波负载情况的PAF和SAF的组合结构

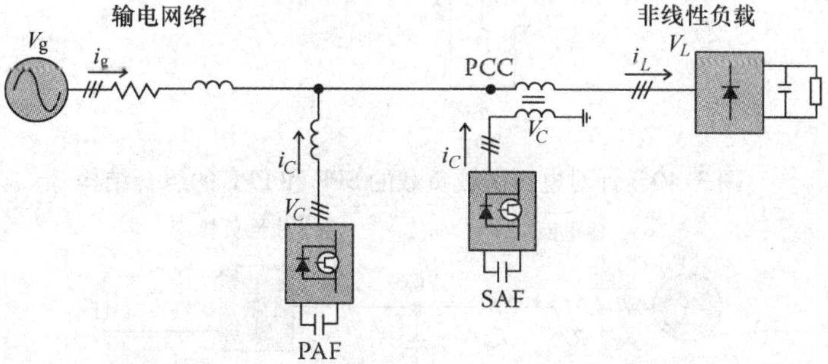

图3-38　电压谐波负载下的SAF和PAF组合结构

要实现电流、电压谐波负载补偿的结构通过无源滤波器就能够得到。图3-39和图3-40分别给出了两个系统。

在高功率系统中使用有源滤波器会出现一些问题，其中一个是要尽可能降低它们的额定功率。根据这个要求，提出了很多方法，这些方案如图3-41～图3-48所示。实际上，图3-41～图3-44指的是PAF，而图3-45～图3-48指的是SAF。图3-41所示的方案中，PAF中电压的减少是因L/C分压；PAF两端的电压与电容电抗X_C和电感电抗X_L

之比有关，能通过 $X_L/(X_L+X_C)$ 之比减少。针对 SAF 的双重方案如图 3-45 所示，其中 L 和 C 组成一个分流器。在此情况下，流过 SAF 的电流同样能通过 $X_L/(X_L+X_C)$ 的值来减少。在图 3-45 的方案中，电网基频下 LC 谐振回路的调节用于提高阻抗比，同时能通过参数 $X_L/(X_P+X_C)$ 进一步降低通过 PAF 的基波电压。针对 SAF 的双重化方案如图 3-46 所示，其分流是依靠在电网基频下 LC 串联谐振回路。同样的情况，通过 SAF 的电流可以通过参数 $X_S/(X_S+X_C)$ 来减少。图 3-43 和图 3-44 所示的方案中可以使 PAF 的基波电压减少到 0，这需要通过合理控制由 PAF 产生的基波电流来实现。该方案的缺点是由于 PAF 中存在电抗 X_P 或 X_C，会产生谐波电流，最终会导致电压降低。图 3-47 和图 3-48 所示的针对 SAF 的双重化方案，它们都允许一个基波电流为零的电流通过 SAF，但需要合适的 SAF 的基波电压的控制。该方案的缺点是，由 SAF 产生的谐波电压会导致谐波电流流过 X_P 和 X_C。

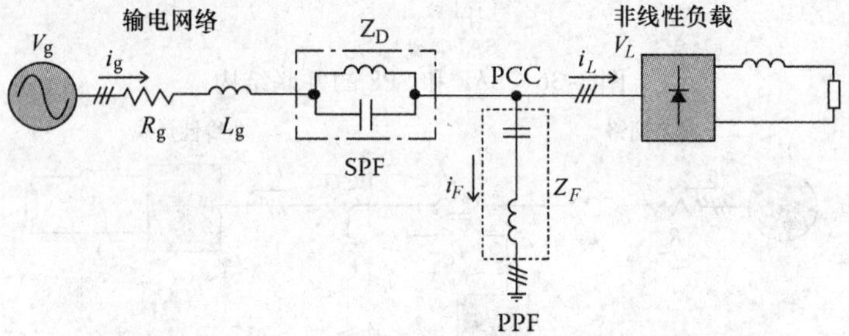

图 3-39　针对电流谐波负载的 PPF 和 SPF 的组合结构

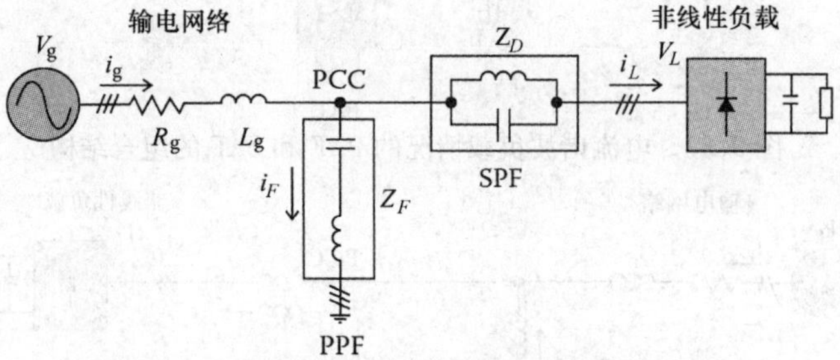

图 3-40　针对电压谐波负载的 SPF 和 PPF 的组合结构

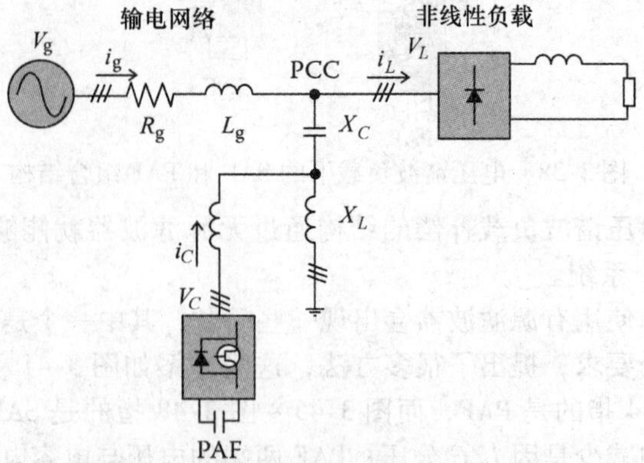

图 3-41　减少基波电压的 PAF：方案 1

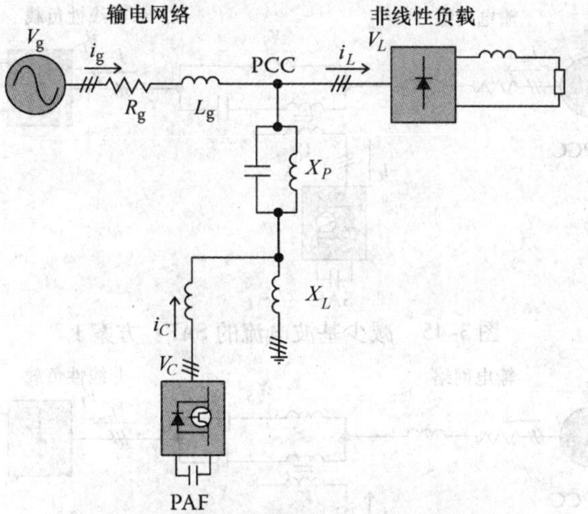

图 3-42 减少基波电压的 PAF：方案 2

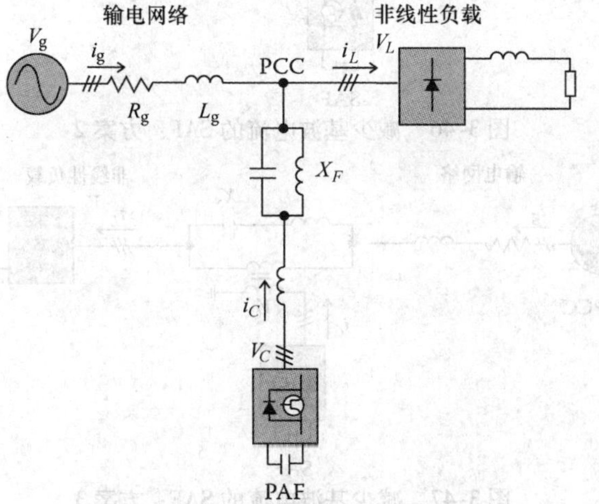

图 3-43 减少基波电压的 PAF：方案 3

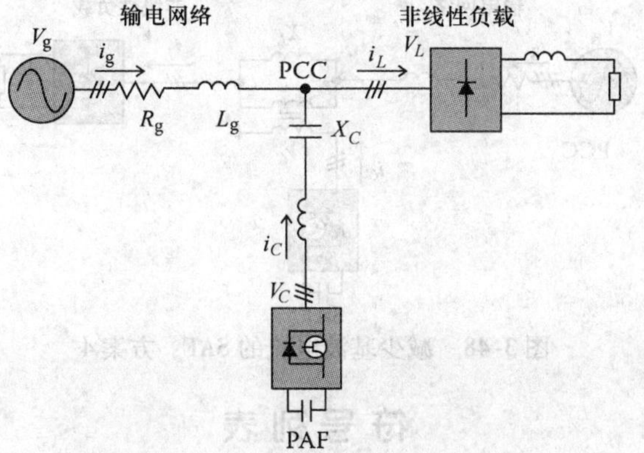

图 3-44 减少基波电压的 PAF：方案 4

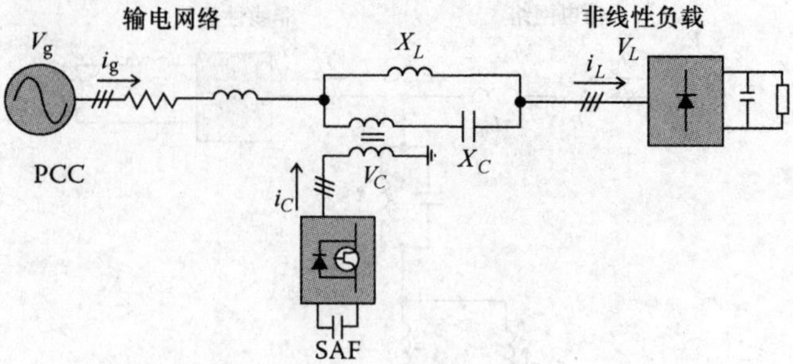

图 3-45　减少基波电流的 SAF：方案 1

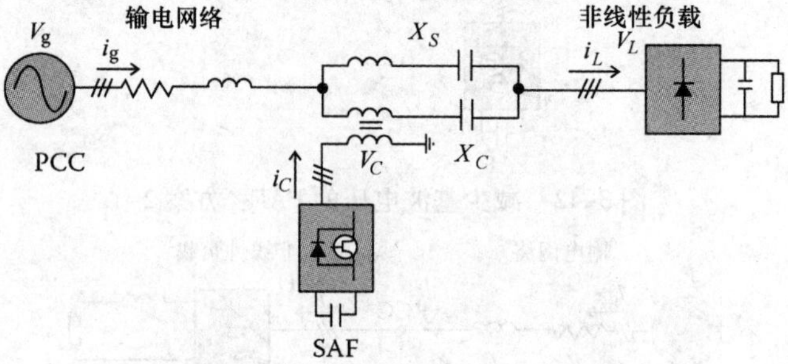

图 3-46　减少基波电流的 SAF：方案 2

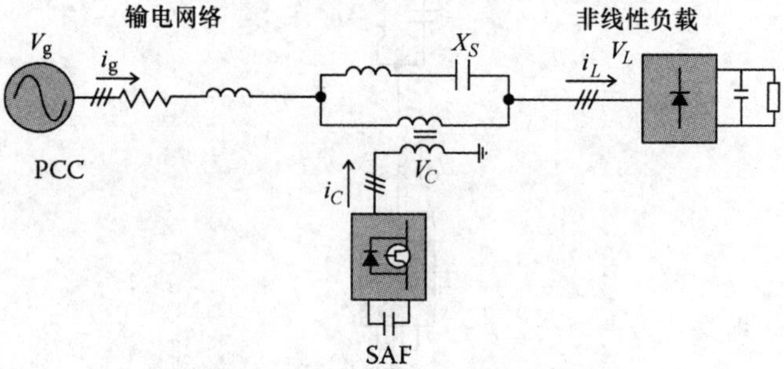

图 3-47　减少基波电流的 SAF：方案 3

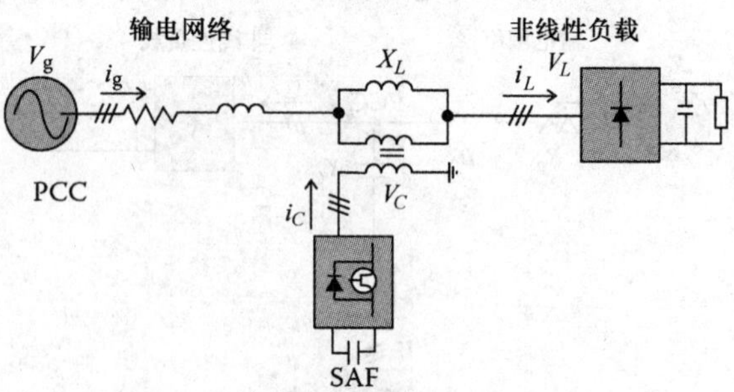

图 3-48　减少基波电流的 SAF：方案 4

符号列表

$\dot{I}_g$　电网电流相量

$\dot{I}_{L0}$ 理想电流源的电流相量

$i_C = i_{CD} + \mathrm{j}i_{CQ}$ 整流电流的空间矢量

$i_g = i_{gD} + \mathrm{j}i_{gQ}$ 电网电流的空间矢量

$i_L = i_{LD} + \mathrm{j}i_{LQ}$ 负载电流的空间矢量

p 瞬时有功功率

$\tilde{p}$ 瞬时振荡有功功率

$\bar{p}$ 瞬时平均有功功率

q 瞬时无功功率

$\tilde{q}$ 瞬时振荡无功功率

$\bar{q}$ 瞬时平均无功功率

$\dot{V}_C$ 由 APF 产生的电压矢量

$\dot{V}_g$ 交流电网电压矢量

$v_g = v_{gD} + \mathrm{j}v_{gQ}$ 电网电压的空间矢量

$v_L = v_{LD} + \mathrm{j}v_{LQ}$ 负载电压的空间矢量

$\dot{Z}_F$ 滤波器阻抗

$\dot{Z}_g$ 交流电网阻抗

$\dot{Z}_L$ 负载的等值阻抗

下标 h 出现在变量中表示 h 阶的谐波。

下标 ref 表示参考变量。

参考文献

1. R. Yacamini, Power system harmonics—Part 1 harmonic sources, *Power Engineering Journal*, 8(4), 193–198, August 1994.
2. E. F. El-Saadany, Parameters affecting harmonic propagation and distortion levels in non-linear distribution systems, *Power Engineering Society Summer Meeting, 2002 IEEE*, Chicago, IL, Vol. 2, pp. 1010–1016, 2002.
3. A. I. Maswood, J. Zhu, Attenuation and diversity effect in harmonic current propagation study, *Power Engineering Society General Meeting, 2003*, Vol. 3, pp. 1480–1485, 2003.
4. Task force on harmonics modelling and simulation, Modeling and simulation of the propagation of harmonics in electric power networks, *IEEE Transactions on Power Delivery*, 11(1), 452–465, January 1996.
5. J. Arrillaga, N. E. Watson, *Power System Harmonics*, Wiley, New York, 2007.
6. *IEEE Recommended Practices and Requirements for Harmonic Control in Electric Power Systems*, IEEE Std. 519-1993, IEEE, New York, 1993.
7. H. Akagi, E. H. Watanabe, M. Aredes, *Instantaneous Power Theory and Applications to Power Conditioning*, IEEE Press, Wiley Interscience, Piscataway, NJ, 2007.
8. H. Akagi, Active harmonic filters, *Proceedings of the IEEE*, 93(12), 2128–2141, December 2005.
9. H. Akagi, Trends in active power conditioners, *IEEE Transactions on Power Electronics*, 9(3), 263–268, May 1994.
10. B. M. Bird, J. F. Marsh, P. R. McLellan, Harmonic reduction in multiple converters by triple-frequency current injection, *IEE Proceedings*, 116(10), 1730–1734, 1969.

11. H. Sasaki, T. Machida, A new method to eliminate ac harmonic currents by magnetic compensation—Consideration on basic design, *IEEE Transactions on Power Apparatus Systems*, PAS-90, 2009–2019, 1971.
12. A. Ametani, Harmonic reduction in thyristor converters by harmonic current injection, *IEEE Transactions on Power Apparatus Systems*, PAS-95, 441–449, 1976.
13. L. Gyugyi, E. C. Strycula, Active ac power filters, *Proceedings of 1976 IEEE IAS Annual Meeting*, Orlando, FL, pp. 529–535, 1976.
14. N. Mohan, H. A. Peterson, W. F. Long, G. R. Dreifuerst, J. J. Vithaythil, Active filters for ac harmonic suppression, *Presented at the 1977 IEEE PES Winter Meeting*, A77026-8, 1977.
15. J. Uceda, F. Aldana, P. Martinez, Active filters for static power converters, *IEE Proceedings*, 130(Pt B, 5), 347–354, 1983.
16. H. Akagi, New trends in active filters for power conditioning, *IEEE Transactions on Industry Applications*, 32(6), 1312–1322, November/December 1996.
17. W. M. Grady, M. J. Samotyj, A. H. Noyola, Survey of active power line conditioning methodologies, *IEEE Transactions on Power Delivery*, 5(3), 1536–1542, July 1990.
18. H. Akagi, N. Watanabe, Present state and future trend of active power filters in Japan, *Conference Record International Symposium on Power Electronics*, pp. 445–452, 1992.
19. H. Akagi, New trends in active filters, *Conference Record EPE 1995*, vol. 0, pp. 17–26, keynote papers, 1995.
20. M. Routimo, M. Salo, H. Yuusa, Comparison of voltage source and current source shunt active power filters, *Conference Record IEEE PESC 2005*, pp. 2571–2577, 2005.
21. B. Singh, K. Al-Haddad, A. Chandra, A review of active filters for power quality improvements, *IEEE Transactions on Industrial Electronics*, 46(6), 960–971, December 1999.
22. E. B. Makram, E. V. Subramaniam, A. A. Girgis, R. Catoe, Harmonic filter design using actual recorded data, *IEEE Transactions on Industry Applications*, 29(6), 1176–1193, November/December 1993.
23. F. Z. Peng, G. J. Su, A series LC filter for harmonic compensation of ac drives, *Proceedings of IEEE Power Electronics Specialist Conference*, Charleston, SC, pp. 213–218, August 1999.
24. F. Z. Peng, M. Kohata, Series-active filter, National Convention Record IEE of Japan, 1991, Paper #568.
25. F. Z. Peng, Application issues of active power filters, *IEEE Industry Applications Magazine*, 4(5), 21–30, September/October 1998.
26. F. Z. Peng, Harmonic sources and filtering approaches, *IEEE Industry Applications Magazine*, 7(4), 18–25, July/August 2001.
27. L. Gyugyi, E. C. Strycula, Active AC power filters, *Proceedings of IEEE Industry Applications Annual Meeting*, Chicago, Vol. 19-C, pp. 529–535, 1976.
28. S. Fukuda, T. Endoh, Control method for a combined active filter system employing a current source converter and a high pass filter, *IEEE Transaction on Industrial Applications*, 31(3), 590–595, May/June 1995.
29. M. P. Kazmierkowski, R. Krishnan, F. Blaabjerg, *Control in Power Electronics*, Academic Press, London, U.K., 2002.
30. F. Z. Peng, H. Akagi, A. Nabae, Compensation characteristics of the combined system of shunt passive and series active filters, *IEEE Transactions on Industry Applications*, 29(1), 144–152, January/February 1993.

第 2 部分

电 气 传 动

第4章 感应电动机的动态和静态模型

4.1 简介

目前，有关感应电动机（IM）的模型已有大量文献介绍[1-15]。本章主要描述感应电动机的动态和静态模型，包括采用微分方程描述的定子和转子的电磁关系和电动机的运动方程。

这些方程是在第1章假设条件和空间矢量理论[1-3,11-14]基础上得到的，适用于任何三相交流感应电动机。所介绍的内容包括定子坐标系、转子坐标系和一般坐标系下对应的方程，并由一般坐标系得出定子磁链坐标系、转子磁链坐标系和磁化磁链坐标系下对应的方程。

4.2 电动机空间矢量的定义

将三相电动机视为含有三相定子和转子绕组，具有均匀气隙、一对极数的圆柱形结构，该结构的横切面图如图4-1所示。假设

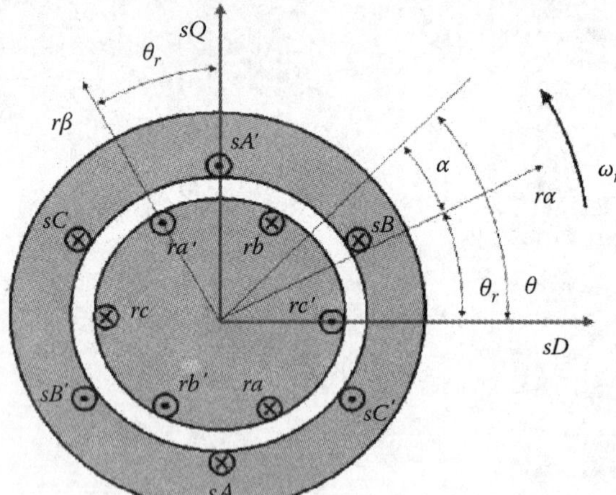

图4-1 三相电动机截面图

1）忽略铁损。

2）气隙中磁通密度方向为径向。

3）忽略定子和转子开槽的影响。

4）忽略定子和转子损耗。

5）定子和转子的三相绕组可视为整节距的多匝绕组。

6）定子三相绕组（s_A，s_B和s_C）的轴相互相差2π/3电角度。

7）转子三相绕组（r_a，r_b和r_c）的轴相互相差2π/3电角度，对应的转子（r_a）和定子（s_A）轴向之间的电角度为θ_r，转子角速度$\omega_r = \mathrm{d}\theta_r/\mathrm{d}t$。

8）定子三相系统的中性点是悬空的，不存在零序定子电流，即

$$i_{sA}(t) + i_{sB}(t) + i_{sC}(t) = 0 \tag{4-1}$$

式中 t——时间变量；

$i_{sA}(t)$，$i_{sB}(t)$和$i_{sC}(t)$——分别是三相定子电流的瞬时值。

在上述假设条件下，定子所产生的总磁动势$f_s(\theta, t)$可表示为

$$f_s(\theta,t) = N_{se}\left[i_{sA}(t)\cos\theta + i_{sB}(t)\cos\left(\theta - \frac{2\pi}{3}\right) + i_{sC}(t)\cos\left(\theta - \frac{4\pi}{3}\right)\right] \tag{4-2}$$

式中 θ——定子磁链至sD轴的电角度sD轴与sA相轴一致（见图4-1）；

N_{se}——定子绕组的有效匝数（N_{se} = 匝数N_s ×定子绕组的绕组系数k_{ws}）

式（4-2）的复数形式为

$$f_s(\theta,t) = \frac{3}{2}N_{se}\mathrm{Re}\left\{\frac{2}{3}[i_{sA}(t) + ai_{sB}(t) + a^2 i_{sC}(t)]\mathrm{e}^{-\mathrm{j}\theta}\right\} \tag{4-3}$$

式中 Re——实数部分；

j——虚数单位；

$a = \mathrm{e}^{\mathrm{j}2\pi/3}$——复数算子，使向量旋转2π/3弧度。

由式（4-3）可得静止坐标系定子电流空间矢量和“$sD-sQ$”的关系式为

$$\boldsymbol{i}_s(t) = \frac{2}{3}[i_{sA}(t) + ai_{sB}(t) + a^2 i_{sC}(t)] = |\boldsymbol{i}_s|\mathrm{e}^{\mathrm{j}\alpha_s} = i_{sD}(t) + \mathrm{j}i_{sQ}(t) \tag{4-4a}$$

式中 $|\boldsymbol{i}_s|$——定子电流空间矢量的幅度；

α_s——定子电流空间矢量相对sD轴的角度；

$i_{sD}(t)$和$i_{sQ}(t)$——分别为定子电流空间矢量沿sD轴和sQ轴分量的瞬时值。

$i_{sD}(t)$和$i_{sQ}(t)$——由每相电流变量通过Park变换（也称为3/2变换）得到，表达式为

$$\begin{cases} i_{sD} = \dfrac{2}{3}\left(i_{sA} - \dfrac{1}{2}i_{sB} - \dfrac{1}{2}i_{sC}\right) \\ i_{sQ} = \dfrac{1}{\sqrt{3}}(i_{sB} - i_{sC}) \end{cases} \tag{4-4b}$$

定子电流空间矢量的幅值和角度都是随时间连续变化的。定子电流空间矢量的表达式很复杂，正弦磁动势分布的瞬时幅值和瞬时角度由三个定子电流产生。

早前，定子磁动势空间矢量的定义为

$$\boldsymbol{f}_s(t) = N_{se}\boldsymbol{i}_s(t) \tag{4-5}$$

用类似于定子电流和磁动势的定义方法，可同样来定义转子电流空间矢量和转子磁动势空间矢量。

设转子零序电流为0，三相转子电流的瞬时值分别为$i_{ra}(t)$、$i_{rb}(t)$和$i_{rc}(t)$，N_{re}为每

相转子绕组的有效匝数（N_{re} = 匝数 N_r × 转子绕组的绕组系数 k_{wr}），由转子电流产生的磁动势分布可用下式来描述：

$$f_r(\theta,t)=N_{re}\left[i_{ra}(t)\cos\alpha+i_{rb}(t)\cos\left(\alpha-\frac{2\pi}{3}\right)+i_{rc}(t)\cos\left(\alpha-\frac{4\pi}{3}\right)\right] \tag{4-6}$$

式中 α——角 θ 的函数，是相对于转子“ra”相坐标轴的电角度，如图 4-1 所示。

式（4-6）的复数形式为

$$f_r(\theta,t)=\frac{3}{2}N_{re}\mathrm{Re}\left\{\frac{2}{3}\left[i_{ra}(t)+ai_{rb}(t)+a^2i_{rc}(t)\right]\mathrm{e}^{-\mathrm{j}\alpha}\right\} \tag{4-7}$$

在这里定义转子参考坐标系“$r\alpha-r\beta$”下的转子电流空间矢量表达式为

$$\boldsymbol{i}_r(t)=\frac{2}{3}\left[i_{ra}(t)+ai_{rb}(t)+a^2i_{rc}(t)\right]=|\boldsymbol{i}_r|\mathrm{e}^{\mathrm{j}\alpha_r}=i_{r\alpha}(t)+\mathrm{j}i_{r\beta}(t) \tag{4-8}$$

式中 $|\boldsymbol{i}_r|$——转子电流空间矢量的模；

α_r——转子电流空间矢量相对 $r\alpha$ 轴的电角度；

$i_{r\alpha}(t)$和 $i_{r\beta}(t)$——分别为转子电流空间矢量在 $r\alpha$ 轴和 $r\beta$ 轴分量的瞬时值。

通过 θ_r 的旋转变换，转子电流空间矢量在静止参考坐标系下可写为

$$\boldsymbol{i}'_r(t)=\boldsymbol{i}_r(t)\mathrm{e}^{\mathrm{j}\theta_r}=|\boldsymbol{i}_r|\mathrm{e}^{\mathrm{j}(\theta_r+\alpha_r)}=|\boldsymbol{i}_r|\mathrm{e}^{\mathrm{j}\alpha'_r}=i_{rd}(t)+\mathrm{j}i_{rq}(t) \tag{4-9}$$

式中 $\alpha'_r=\alpha_r+\theta_r$——静止参考坐标系下，转子电流空间矢量相对 sD 轴方向的电角度；

$i_{rd}(t)$和 $i_{rq}(t)$——分别为转子电流空间矢量在静止参考坐标系下，sD 轴和 sQ 轴分量的瞬时值。

同样，转子磁动势空间矢量可描述为

$$\boldsymbol{f}_r(t)=N_{re}\boldsymbol{i}_r(t) \tag{4-10}$$

同理，可定义定子和转子磁链空间矢量。定子磁链空间矢量可由静止参考坐标系下定子 sA、sB 和 sC 相磁链的瞬时值即 $\psi_{sA}(t)$、$\psi_{sB}(t)$和 $\psi_{sC}(t)$得到，即

$$\boldsymbol{\varPsi}_s=\frac{2}{3}\left(\psi_{sA}(t)+a\psi_{sB}(t)+a^2\psi_{sC}(t)\right) \tag{4-11}$$

定子总磁通链是由定子和转子电流相互作用的结果，总磁通链可由以下关系式给出：

$$\begin{cases}\psi_{sA}=\bar{L}_si_{sA}+\bar{M}_si_{sB}+\bar{M}_si_{sC}+\bar{M}_{sr}\cos\theta_ri_{ra}+\bar{M}_{sr}\cos\left(\theta_r+\dfrac{2\pi}{3}\right)i_{rb}+\bar{M}_{sr}\cos\left(\theta_r+\dfrac{4\pi}{3}\right)i_{rc} & (4\text{-}12\mathrm{a})\\ \psi_{sB}=\bar{L}_si_{sB}+\bar{M}_si_{sA}+\bar{M}_si_{sC}+\bar{M}_{sr}\cos\left(\theta_r+\dfrac{4\pi}{3}\right)i_{ra}+\bar{M}_{sr}\cos\theta_ri_{rb}+\bar{M}_{sr}\cos\left(\theta_r+\dfrac{2\pi}{3}\right)i_{rc} & (4\text{-}12\mathrm{b})\\ \psi_{sC}=\bar{L}_si_{sC}+\bar{M}_si_{sB}+\bar{M}_si_{sA}+\bar{M}_{sr}\cos\left(\theta_r+\dfrac{2\pi}{3}\right)i_{ra}+\bar{M}_{sr}\cos\left(\theta_r+\dfrac{4\pi}{3}\right)i_{rb}+\bar{M}_{sr}\cos\theta_ri_{rc} & (4\text{-}12\mathrm{c})\end{cases}$$

式中 $\bar{L}_s$——定子的自感（设各相自感相等）；

$\bar{M}_s$——定子绕组与另两相绕组中的一个绕组间的互感（设各相间的互感相等）；

$\bar{M}_{sr}$——定子绕组和转子绕组间互感的最大值。

由于电动机的对称性，任意定子绕组和转子绕组的自感都是相同的。但定子绕组和

转子绕组之间的互感会随着转子旋转的角度不同而发生改变。

由式（4-12a）~式（4-12c）和式（4-11）可得，在定子坐标系下，定子磁链空间矢量可用定子和转子电流空间矢量来描述，即

$$\boldsymbol{\Psi}_s = L_s\boldsymbol{i}_s + L_m\boldsymbol{i}'_r = L_s\boldsymbol{i}_s + L_m\boldsymbol{i}_r e^{j\theta_r} = \psi_{sD}(t) + j\psi_{sQ}(t) \tag{4-13}$$

式中 $L_s = \bar{L}_s - \bar{M}_s$——三相定子的总自感；

$L_m = 1.5\bar{M}_{sr}$——三相励磁电感；

$\psi_{sD}(t)$和$\psi_{sQ}(t)$——分别为定子磁链空间矢量 sD 轴和 sQ 轴分量的瞬时值。

由式（4-13）可知，定子磁链由两部分组成：一部分是由定子电流产生的定子磁链 $L_s\boldsymbol{i}_s$，另一部分是与定子绕组相对应的转子电流产生的互感磁链分量 $L_m\boldsymbol{i}'_r$。

同样，转子磁链空间矢量可由静止参考坐标系下转子 r_a、r_b 和 r_c 相磁链的瞬时值即 $\psi_{ra}(t)$、$\psi_{rb}(t)$和$\psi_{rc}(t)$得到，即

$$\boldsymbol{\Psi}_r = \frac{2}{3}(\psi_{ra}(t) + a\psi_{rb}(t) + a^2\psi_{rc}(t)) \tag{4-14}$$

在这种情况下，转子总磁链是由定子和转子电流相互作用的结果，可由以下关系式给出：

$$\begin{cases}\psi_{ra} = \bar{L}_r i_{ra} + \bar{M}_r i_{rb} + \bar{M}_r i_{rc} + \bar{M}_{sr}\cos\theta_r i_{sA} + \bar{M}_{sr}\cos\left(\theta_r + \dfrac{4\pi}{3}\right)i_{sB} + \bar{M}_{sr}\cos\left(\theta_r + \dfrac{2\pi}{3}\right)i_{sC} & (4\text{-}15\text{a})\\ \psi_{rb} = \bar{L}_r i_{rb} + \bar{M}_r i_{ra} + \bar{M}_r i_{rc} + \bar{M}_{sr}\cos\left(\theta_r + \dfrac{2\pi}{3}\right)i_{sA} + \bar{M}_{sr}\cos\theta_r i_{sB} + \bar{M}_{sr}\cos\left(\theta_r + \dfrac{4\pi}{3}\right)i_{sC} & (4\text{-}15\text{b})\\ \psi_{rc} = \bar{L}_r i_{rc} + \bar{M}_r i_{ra} + \bar{M}_r i_{rb} + \bar{M}_{sr}\cos\left(\theta_r + \dfrac{4\pi}{3}\right)i_{sA} + \bar{M}_{sr}\cos\left(\theta_r + \dfrac{2\pi}{3}\right)i_{sB} + \bar{M}_{sr}\cos\theta_r i_{sC} & (4\text{-}15\text{c})\end{cases}$$

式中 $\bar{L}_r$——转子各相的自感（设各相自感相等）；

$\bar{M}_r$——某相转子绕组和其他两相绕组中其中一相绕组间的互感（设各相间的互感相等）。

由式（4-15a）~式（4-15c）和式（4-14）可得，在转子坐标系下，转子磁链空间矢量可用定子和转子电流空间矢量来描述，即

$$\boldsymbol{\Psi}_r = L_r\boldsymbol{i}_r + L_m\boldsymbol{i}'_s = L_r\boldsymbol{i}_r + L_m\boldsymbol{i}_s e^{-j\theta_r} = \psi_{r\alpha}(t) + j\psi_{r\beta}(t) \tag{4-16}$$

式中 $L_r = \bar{L}_r - \bar{M}_r$——三相转子的总自感；

$\boldsymbol{i}'_s = \boldsymbol{i}_s e^{-j\theta_r}$——转子参考坐标系下定子电流的空间矢量；

$\psi_{r\alpha}(t)$和$\psi_{r\beta}(t)$——分别为转子磁链空间矢量 $r\alpha$ 轴分量和 $r\beta$ 轴分量的瞬时值。

定子坐标系下转子磁链空间矢量可表示为

$$\boldsymbol{\Psi}'_r = \boldsymbol{\Psi}_r e^{j\theta_r} = L_r\boldsymbol{i}'_r + L_m\boldsymbol{i}_s = \psi_{rd}(t) + j\psi_{rq}(t) \tag{4-17}$$

式中 $\psi_{rd}(t)$和$\psi_{rq}(t)$——分别为转子磁链空间矢量 sD 轴分量和 sQ 轴的瞬时值。

类似前面的方法，可定义定子电压空间矢量和转子电压空间矢量。在没有零序定子电压的情况下，定子电压空间矢量在定子坐标系下可写为

$$\boldsymbol{u}_s = \frac{2}{3}[u_{sA}(t) + a u_{sB}(t) + a^2 u_{sC}(t)] = u_{sD}(t) + \mathrm{j}u_{sQ}(t) \tag{4-18}$$

式中 $u_{sA}(t)$、$u_{sB}(t)$和$u_{sC}(t)$——分别是定子相 sA、sB 和 sC 电压的瞬时值；

$u_{sD}(t)$和$u_{sQ}(t)$——分别是定子电压空间矢量沿 sD 轴和 sQ 轴分量的瞬时值。

同理，在没有零序转子电压的情况下，转子电压空间矢量在转子坐标系下可写为

$$\boldsymbol{u}_r = \frac{2}{3}[u_{ra}(t) + a u_{rb}(t) + a^2 u_{rc}(t)] = u_{r\alpha}(t) + \mathrm{j}u_{r\beta}(t) \tag{4-19}$$

式中 $u_{ra}(t)$、$u_{rb}(t)$和$u_{rc}(t)$——分别是转子相 r_a、r_b 和 r_c 电压的瞬时值；

$u_{r\alpha}(t)$和$u_{r\beta}(t)$——分别是转子电压空间矢量 $r\alpha$ 轴分量和 $r\beta$ 轴分量的瞬时值。

转子电压空间矢量在定子坐标系下可表示为

$$\boldsymbol{u}'_r = \boldsymbol{u}_r \mathrm{e}^{\mathrm{j}\theta_r} = u_{rd}(t) + \mathrm{j}u_{rq}(t) \tag{4-20}$$

式中 $u_{rd}(t)$和$u_{rq}(t)$——分别为转子电压空间矢量沿 sD 轴和 sQ 轴分量的瞬时值。

4.3 感应电动机的相电压方程

三相交流电动机相电压的方程为

$$\begin{cases} u_{sA}(t) = R_s i_{sA}(t) + \dfrac{\mathrm{d}\psi_{sA}(t)}{\mathrm{d}t} & \text{(4-21a)} \\ u_{sB}(t) = R_s i_{sB}(t) + \dfrac{\mathrm{d}\psi_{sB}(t)}{\mathrm{d}t} & \text{(4-21b)} \\ u_{sC}(t) = R_s i_{sC}(t) + \dfrac{\mathrm{d}\psi_{sC}(t)}{\mathrm{d}t} & \text{(4-21c)} \end{cases}$$

式中 R_s——各定子绕组和定子磁链的电阻；

$\psi_{sA}(t)$、$\psi_{sB}(t)$和$\psi_{sC}(t)$——定子电流和转子电流的函数，见式(4-12a) ~ 式(4-12c)。

同理，在转子坐标系中，交流电动机转子相电压方程为

$$\begin{cases} u_{ra}(t) = R_r i_{ra}(t) + \dfrac{\mathrm{d}\psi_{ra}(t)}{\mathrm{d}t} & \text{(4-22a)} \\ u_{rb}(t) = R_r i_{rb}(t) + \dfrac{\mathrm{d}\psi_{rb}(t)}{\mathrm{d}t} & \text{(4-22b)} \\ u_{rc}(t) = R_r i_{rc}(t) + \dfrac{\mathrm{d}\psi_{rc}(t)}{\mathrm{d}t} & \text{(4-22c)} \end{cases}$$

式中 R_r——各转子绕组和转子磁链的电阻；

$\psi_{ra}(t)$、$\psi_{rb}(t)$ 和 $\psi_{rc}(t)$——定子电流和转子电流的函数，见式（4-15a） ~ 式（4-15c）。

运动方程为

$$t_e(t)-t_l(t)=J_m\frac{\mathrm{d}\omega_m(t)}{\mathrm{d}t}+D\omega_m(t) \tag{4-23}$$

式中 t_e——电磁转矩；

t_l——负载转矩；

J_m——转动惯量；

D——阻尼常数，它反映因摩擦和风阻产生的损失；

ω_m——用机械角度表示的机械转子速度[⊖]。

由式（4-21a）~式（4-21c）、式（4-22a）~式（4-22c）、式（4-12a）~式（4-12c）、式（4-15a）~式（4-15c）及运动方程（4-23）共同组成感应电动机“矢量”的动态数学模型。在这个模型中，电压电流的输入/输出关系组成了6×6的阻抗矩阵，其中一半存在转子位置的余弦函数而随时间变化，该模型可通过第1章中所述的空间矢量理论进行简化。

4.4 定子坐标系下的空间矢量方程

运用空间矢量原理，微分方程式（4-21a）~式（4-21c）和式（4-22a）~式（4-22c）在定子坐标系或静止坐标系下可改写为

$$\boldsymbol{u}_s=R_s\boldsymbol{i}_s+\frac{\mathrm{d}\boldsymbol{\Psi}_s}{\mathrm{d}t} \tag{4-24}$$

$$\boldsymbol{u}'_r=R_r\boldsymbol{i}'_r+\frac{\mathrm{d}\boldsymbol{\Psi}'_r}{\mathrm{d}t}-\mathrm{j}\omega_r\boldsymbol{\Psi}'_r \tag{4-25}$$

由式（4-13）和式（4-17）可将定子和转子磁链描述为定子和转子电流的函数，即

$$\boldsymbol{\Psi}_s=L_s\boldsymbol{i}_s+L_m\boldsymbol{i}'_r=L_s\boldsymbol{i}_s+L_m\boldsymbol{i}_r\mathrm{e}^{\mathrm{j}\theta_r}=\psi_{sD}(t)+\mathrm{j}\psi_{sQ}(t) \tag{4-26}$$

$$\boldsymbol{\Psi}'_r=\boldsymbol{\Psi}_r\mathrm{e}^{\mathrm{j}\theta_r}=L_r\boldsymbol{i}'_r+L_m\boldsymbol{i}_s=\psi_{rd}(t)+\mathrm{j}\psi_{rq}(t) \tag{4-27}$$

把式（4-26）、式（4-27）代入式（4-24）、式（4-25）可得定子、转子电压空间矢量和电流空间矢量的微分方程为

$$\boldsymbol{u}_s=R_s\boldsymbol{i}_s+\frac{\mathrm{d}(L_s\boldsymbol{i}_s)}{\mathrm{d}t}+\frac{\mathrm{d}(L_m\boldsymbol{i}'_r)}{\mathrm{d}t} \tag{4-28}$$

$$\boldsymbol{u}'_r=R_r\boldsymbol{i}'_r+\frac{\mathrm{d}(L_r\boldsymbol{i}'_r)}{\mathrm{d}t}+\frac{\mathrm{d}(L_m\boldsymbol{i}_s)}{\mathrm{d}t}-\mathrm{j}\omega_r(L_r\boldsymbol{i}'_r+L_m\boldsymbol{i}_s) \tag{4-29}$$

式（4-28）、式（4-29）和运动方程（4-23）构成了定子坐标系下，空间矢量描述的感应电动机的动态模型。

在定子坐标系中，使用空间矢量可将感应电动机的电磁转矩 t_e 描述成定子或转子磁链和定子或转子电流，及定子和转子电流的函数，即

⊖ 采用电角度描述的转子速度 ω_r，ω_r 与机械角速度 ω_m 满足关系式：$\omega_r=p\omega_m$，其中 p 表示电动机的极对数。

$$t_e = -\frac{3pL_m}{2L_s}\boldsymbol{\Psi}_s \wedge \boldsymbol{i}'_r = \frac{3pL_m}{2L_r}\boldsymbol{\Psi}'_r \wedge \boldsymbol{i}_s = -\frac{3}{2}pL_m\boldsymbol{i}_s \wedge \boldsymbol{i}'_r \tag{4-30}$$

式中　p——电动机的极对数；

$\wedge$——向量积符号[⊖]。

4.5　转子坐标系下的空间矢量方程

运用空间矢量原理，微分方程式(4-21a)～式(4-21c)、式（4-22a)～式(4-22c)、式(4-24)和式(4-25)在转子坐标系下可描述为

$$\boldsymbol{u}'_s = R_s\boldsymbol{i}'_s + \frac{\mathrm{d}\boldsymbol{\Psi}'_s}{\mathrm{d}t} + \mathrm{j}\omega_r\boldsymbol{\Psi}'_s \tag{4-31}$$

$$\boldsymbol{u}_r = R_r\boldsymbol{i}_r + \frac{\mathrm{d}\boldsymbol{\Psi}_r}{\mathrm{d}t} \tag{4-32}$$

在转子坐标系下，定子和转子磁链可改写为定子和转子电流的函数，即

$$\boldsymbol{\Psi}'_s = \boldsymbol{\Psi}_s\mathrm{e}^{-\mathrm{j}\theta_r} = L_s\boldsymbol{i}'_s + L_m\boldsymbol{i}_r = \psi_{sd}(t) + \mathrm{j}\psi_{sq}(t) \tag{4-33}$$

$$\boldsymbol{\Psi}_r = L_r\boldsymbol{i}_r + L_m\boldsymbol{i}'_s = \psi_{r\alpha}(t) + \mathrm{j}\psi_{r\beta}(t) \tag{4-34}$$

把式（4-33)、式（4-34）代入式（4-31)、式（4-32）可得定子、转子电压和电流空间矢量的微分方程，即

$$\boldsymbol{u}_s = R_s\boldsymbol{i}_s + \frac{\mathrm{d}(L_s\boldsymbol{i}_s)}{\mathrm{d}t} + \frac{\mathrm{d}(L_m\boldsymbol{i}'_r)}{\mathrm{d}t} \tag{4-35}$$

$$\boldsymbol{u}'_r = R_r\boldsymbol{i}'_r + \frac{\mathrm{d}(L_r\boldsymbol{i}'_r)}{\mathrm{d}t} + \frac{\mathrm{d}(L_m\boldsymbol{i}_s)}{\mathrm{d}t} - \mathrm{j}\omega_r(L_r\boldsymbol{i}'_r + L_m\boldsymbol{i}_s) \tag{4-36}$$

由式（4-35)、式（4-36）和运动方程（4-23）共同构成转子坐标系下，采用空间矢量描述的感应电动机的动态模型。

在转子坐标系下，采用空间矢量可以将感应电动机产生的电磁转矩 t_e 改写成定子或转子磁链和定子或转子电流的函数，即

$$t_e = -\frac{3pL_m}{2L_s}\boldsymbol{\Psi}'_s \wedge \boldsymbol{i}_r = \frac{3pL_m}{2L_r}\boldsymbol{\Psi}_r \wedge \boldsymbol{i}'_s = -\frac{3}{2}pL_m\boldsymbol{i}'_s \wedge \boldsymbol{i}_r \tag{4-37}$$

4.6　广义坐标系下的空间矢量方程

如果采用一般的坐标系，取旋转速度 $\omega_g = \mathrm{d}\theta_g/\mathrm{d}t$，其中 θ_g 为广义坐标系下横轴 x 和定子坐标系下横轴 sD 之间的夹角（见图 4-2)，在此坐标系下，可得到定子和转子电压、电流和磁链对应的微分方程。

⊖ 复数 x 和 y 的向量积由标量式 $x\wedge y = \mathrm{Re}(\mathrm{j}xy^*) = -\mathrm{Im}(xy^*)$ 且相互不可交替。

在广义坐标系下，定子电流的空间矢量可表示为定子坐标系下定子电流空间矢量的函数为

$$\boldsymbol{i}_s^g = \boldsymbol{i}_s \mathrm{e}^{-\mathrm{j}\theta_g} = |\boldsymbol{i}_s| \mathrm{e}^{\mathrm{j}\alpha_s} \mathrm{e}^{-\mathrm{j}\theta_g} = i_{sx}^g(t) + \mathrm{j} i_{sy}^g(t) \tag{4-38}$$

式中 $\boldsymbol{i}_s^g$——广义坐标系下定子电流空间矢量；

$\boldsymbol{i}_s$——定子坐标系下定子电流空间矢量；

α_s——定子电流空间矢量与定子坐标系的实轴夹角；

i_{sx}^g和i_{sy}^g——分别为矢量$\boldsymbol{i}_s^g$广义坐标系下横轴x_g分量和纵轴y_g分量（见图4-2）。

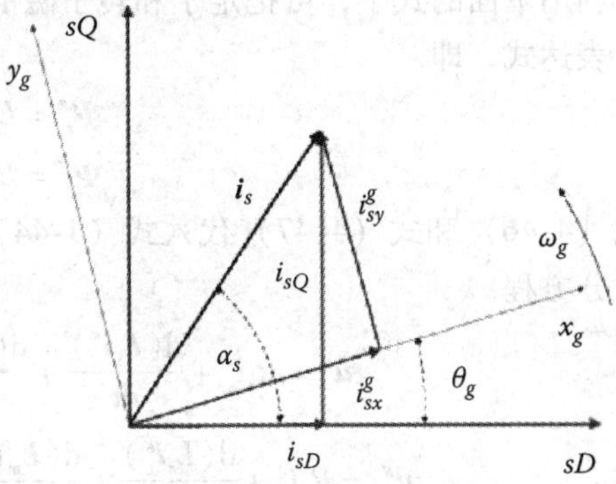

图4-2 广义坐标系：矢量图

同理，可得到广义坐标系下定子电压和定子磁链空间矢量为

$$\boldsymbol{u}_s^g = \boldsymbol{u}_s \mathrm{e}^{-\mathrm{j}\theta_g} = u_{sx}^g(t) + \mathrm{j} u_{sy}^g(t) \tag{4-39}$$

$$\boldsymbol{\Psi}_s^g = \boldsymbol{\Psi}_s \mathrm{e}^{-\mathrm{j}\theta_g} = \psi_{sx}^g(t) + \mathrm{j} \psi_{sy}^g(t) \tag{4-40}$$

式中 $\boldsymbol{u}_s^g$——广义坐标系下定子电压空间矢量；

$\boldsymbol{u}_s$——定子坐标系下定子电压空间矢量；

u_{sx}^g和u_{sy}^g——分别为广义坐标系下矢量$\boldsymbol{u}_s^g$横轴x_g分量和纵轴y_g分量；

$\boldsymbol{\Psi}_s^g$——广义坐标系下定子磁链空间矢量；

$\boldsymbol{\Psi}_s$——定子坐标系下定子磁链空间矢量；

ψ_{sx}^g和ψ_{sy}^g——分别为广义坐标系下矢量$\boldsymbol{\Psi}_s^g$横轴x_g分量和纵轴y_g分量。

设广义坐标系下横轴x_g和转子坐标系下横轴$r\alpha$之间的夹角等于$\theta_g - \theta_r$。在广义坐标系下转子变量的空间矢量方程为

$$\boldsymbol{i}_r^g = \boldsymbol{i}_r \mathrm{e}^{-\mathrm{j}(\theta_g - \theta_r)} = |\boldsymbol{i}_r| \mathrm{e}^{\mathrm{j}\alpha_r} \mathrm{e}^{-\mathrm{j}(\theta_g - \theta_r)} = i_{rx}^g(t) + \mathrm{j} i_{ry}^g(t) \tag{4-41}$$

$$\boldsymbol{u}_r^g = \boldsymbol{u}_r \mathrm{e}^{-\mathrm{j}(\theta_g - \theta_r)} = u_{rx}^g(t) + \mathrm{j} u_{ry}^g(t) \tag{4-42}$$

$$\boldsymbol{\Psi}_r^g = \boldsymbol{\Psi}_r \mathrm{e}^{-\mathrm{j}(\theta_g - \theta_r)} = \psi_{rx}^g(t) + \mathrm{j} \psi_{ry}^g(t) \tag{4-43}$$

式中 $\boldsymbol{i}_r^g$——广义坐标系下转子电流空间矢量；

$\boldsymbol{i}_r$——转子坐标系下转子电流空间矢量；

α_r——转子坐标系下转子电流空间矢量与实轴的夹角；

i_{rx}^g、i_{ry}^g——分别是广义坐标系下矢量$\boldsymbol{i}_r^g$横轴x_g分量和纵轴y_g分量；

$\boldsymbol{u}_r^g$——广义坐标系下转子电压空间矢量；

$\boldsymbol{u}_r$——转子坐标系下转子电压空间矢量；

u_{rx}^g、u_{ry}^g——分别为广义坐标系下矢量$\boldsymbol{u}_r^g$横轴x_g分量和纵轴y_g分量；

$\boldsymbol{\Psi}_r^g$——广义坐标系下转子磁链空间矢量；

$\boldsymbol{\Psi}_r$——转子坐标系下转子磁链空间矢量；

ψ_{rx}^g和ψ_{ry}^g——分别为广义坐标系下矢量$\boldsymbol{\Psi}_r^g$横轴分量x_g和纵轴y_g的分量。

在广义坐标系下，矢量方程（4-24）和（4-25）可表示为

$$\boldsymbol{u}_s^g = R_s \boldsymbol{i}_s^g + \frac{\mathrm{d}\boldsymbol{\Psi}_s^g}{\mathrm{d}t} + \mathrm{j}\omega_g \boldsymbol{\Psi}_s^g \tag{4-44}$$

$$\boldsymbol{u}_r^g = R_r \boldsymbol{i}_r^g + \frac{\mathrm{d}\boldsymbol{\Psi}_r^g}{\mathrm{d}t} + \mathrm{j}(\omega_g - \omega_r)\boldsymbol{\Psi}_r^g \tag{4-45}$$

利用下面的式子，可把定子和转子磁链转换为广义坐标系下定子和转子电流的空间矢量表达式，即

$$\boldsymbol{\Psi}_s^g = L_s \boldsymbol{i}_s^g + L_m \boldsymbol{i}_r^g \tag{4-46}$$

$$\boldsymbol{\Psi}_r^g = L_r \boldsymbol{i}_r^g + L_m \boldsymbol{i}_s^g \tag{4-47}$$

把式（4-46）和式（4-47）代入式（4-44）和式（4-45），可得定子和转子电压和电流的微分方程：

$$\boldsymbol{u}_s^g = R_s \boldsymbol{i}_s^g + \frac{\mathrm{d}(L_s \boldsymbol{i}_s^g)}{\mathrm{d}t} + \frac{\mathrm{d}(L_m \boldsymbol{i}_r^g)}{\mathrm{d}t} + \mathrm{j}\omega_g (L_s \boldsymbol{i}_s^g + L_m \boldsymbol{i}_r^g) \tag{4-48}$$

$$\boldsymbol{u}_r^g = R_r \boldsymbol{i}_r^g + \frac{\mathrm{d}(L_r \boldsymbol{i}_r^g)}{\mathrm{d}t} + \frac{\mathrm{d}(L_m \boldsymbol{i}_s^g)}{\mathrm{d}t} + \mathrm{j}(\omega_g - \omega_r)(L_r \boldsymbol{i}_r^g + L_m \boldsymbol{i}_s^g) \tag{4-49}$$

式（4-48）和式（4-49）与运动方程式（4-23）组成了广义坐标系下的感应电动机的动态模型。

在广义坐标系下，电动机的电磁转矩t_e既可以用定子/转子磁链空间矢量表示，也可以用定子/转子电流空间矢量表示，同时还可用定子/转子磁链和电流的空间矢量来描述，即

$$t_e = -\frac{3pL_m}{2L_s}\boldsymbol{\Psi}_s^g \wedge \boldsymbol{i}_r^g = \frac{3pL_m}{2L_r}\boldsymbol{\Psi}_r^g \wedge \boldsymbol{i}_s^g = -\frac{3}{2}pL_m \boldsymbol{i}_s^g \wedge \boldsymbol{i}_r^g \tag{4-50}$$

广义坐标系下的这些表达式和在定子磁链或转子磁链或磁化磁链坐标系下对应表达式的关系，将在后面分别给予介绍。

4.6.1 交互磁耦合电路

无论采用哪种坐标系，式（4-46）和式（4-47）都可用两个交互磁耦合电路及互感L_m来描述。三个定子回路和三个转子回路方程采用空间矢量来描述，则可写成另一种方程形式，即

$$\boldsymbol{\Psi}_s^g = L_s \boldsymbol{i}_s^g + L_m \boldsymbol{i}_r^g \tag{4-51}$$

$$\boldsymbol{\Psi}_r^g = L_r \boldsymbol{i}_r^g + L_m \boldsymbol{i}_s^g \tag{4-52}$$

引入参数n，上述方程可改写为

$$\boldsymbol{\Psi}_s^g = L_s \boldsymbol{i}_s^g + L_m \boldsymbol{i}_r^g = (L_s - nL_m)\boldsymbol{i}_s^g + nL_m\left(\boldsymbol{i}_s^g + \frac{\boldsymbol{i}_r^g}{n}\right) \tag{4-53}$$

$$n\boldsymbol{\Psi}_r^g = nL_r \boldsymbol{i}_r^g + nL_m \boldsymbol{i}_s^g = n^2\left(L_r - \frac{L_m}{n}\right)\frac{\boldsymbol{i}_r^g}{n} + nL_m\left(\boldsymbol{i}_s^g + \frac{\boldsymbol{i}_r^g}{n}\right) \tag{4-54}$$

这些方程的等效电路可以用图4-3表示。

参数 n 的取值根据描述电动机的模式的不同而改变。若取 $n=N_{se}/N_{re}$，其中，N_{se} 和 N_{re} 分别为定子和转子的有效匝数，L_s-nL_m 和 L_r-L_m/n 分别表示定子漏感 $L_{s\sigma}$ 和转子漏感 $L_{r\sigma}$，nL_m 为励磁电感，$\boldsymbol{i}_m^g=(\boldsymbol{i}_s^g+\boldsymbol{i}_r^g/n)$ 为励磁电流；若取 $n=L_m/L_r$，参考定子的定义方法，转子励磁电流定义为

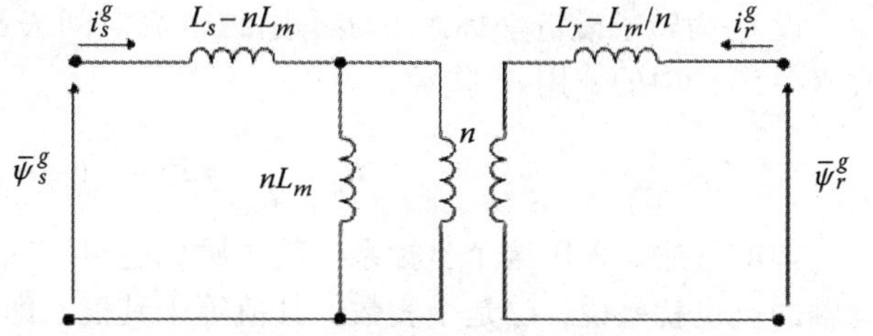

图4-3 交互磁耦合电路的等效电路

$$\boldsymbol{i}_{mr}^g=\frac{\boldsymbol{\Psi}_r^g}{L_m}=\boldsymbol{i}_s^g+\frac{L_r}{L_m}\boldsymbol{i}_r^g \tag{4-55}$$

在这种情况下，$L_s-nL_m=L_s(1-\frac{L_m^2}{L_sL_r})=\sigma L_s=L'_s$，其中，$\sigma=1-L_m^2/L_sL_r$ 为“漏感系数”或**布朗德尔漏磁系数**，$L'_s=(L_s-L_m^2/L_r)=\sigma L_s$ 是定子瞬态电感。

如果 $N_{se}=N_{re}$，则式（4-55）可改写为 $\boldsymbol{i}_{mr}^g=\boldsymbol{i}_s^g+\boldsymbol{i}_r^gL_r/L_m=\boldsymbol{i}_s^g+\boldsymbol{i}_r^g(1+\sigma_r)$，其中转子漏感系数 $\sigma_r=L_{r\sigma}/L_m$，且 $L_r=L_{r\sigma}+L_m$。

若取 $n=L_s/L_m$，与转子方法同理，定子励磁电流可描述为

$$\boldsymbol{i}_{ms}^g=\frac{\boldsymbol{\Psi}_s^g}{L_m}=\frac{L_s}{L_m}\boldsymbol{i}_s^g+\boldsymbol{i}_r^g \tag{4-56}$$

若 $N_{se}=N_{re}$，式（4-55）可写为

$$\boldsymbol{i}_{ms}^g=\boldsymbol{i}_s^gL_s/L_m+\boldsymbol{i}_r^g=\boldsymbol{i}_s^g(1+\sigma_s)+\boldsymbol{i}_r^g$$

式中，定子漏感系数 $\sigma_s=L_{s\sigma}/L_m$，且 $L_s=L_{s\sigma}+L_m$。

4.6.2 转子磁链坐标系下的空间矢量方程

本节将描述转子磁链坐标系下感应电动机的方程。转子磁链坐标系也称“场坐标系”或“转子磁通坐标系”。此坐标系是实现和描述交流电动机“转子磁通定向矢量控制”也称“磁场定向控制（FOC）”的一个关键因素，这种控制方法将会在第5章中详细阐述。这种坐标系沿转子磁链空间矢量纵轴方向的分量为0，即 $\psi_{ry}^{\psi_r}=0$，x 轴平行于转子磁链空间矢量方向。

设 ρ_r 是转子磁链坐标系横轴 x 和定子坐标系横轴 sD 之间的夹角，设电动机具有线性磁关系，$\omega_{mr}=\mathrm{d}\rho_r/\mathrm{d}t$ 为转子磁链空间矢量的角速度。在转子磁链坐标系下，式（4-44）和式（4-45）可改写成如下形式：

$$\boldsymbol{u}_s^{\psi_r}=R_s\boldsymbol{i}_s^{\psi_r}+L_s\frac{\mathrm{d}\boldsymbol{i}_s^{\psi_r}}{\mathrm{d}t}+L_m\frac{\mathrm{d}\boldsymbol{i}_r^{\psi_r}}{\mathrm{d}t}+\mathrm{j}\omega_{mr}L_s\boldsymbol{i}_s^{\psi_r}+\mathrm{j}\omega_{mr}L_m\boldsymbol{i}_r^{\psi_r} \tag{4-57}$$

$$\boldsymbol{u}_r^{\psi_r}=R_r\boldsymbol{i}_r^{\psi_r}+L_r\frac{\mathrm{d}\boldsymbol{i}_r^{\psi_r}}{\mathrm{d}t}+L_m\frac{\mathrm{d}\boldsymbol{i}_s^{\psi_r}}{\mathrm{d}t}+\mathrm{j}(\omega_{mr}-\omega_r)L_r\boldsymbol{i}_r^{\psi_r}+\mathrm{j}(\omega_{mr}-\omega_r)L_m\boldsymbol{i}_s^{\psi_r} \tag{4-58}$$

式中　$\boldsymbol{u}_s^{\psi_r}$ 和 $\boldsymbol{u}_r^{\psi_r}$——分别为转子磁链坐标系下的定子和转子电压空间矢量；

$\boldsymbol{i}_s^{\psi_r}$ 和 $\boldsymbol{i}_r^{\psi_r}$——分别为转子磁链坐标系下的定子和转子电流空间矢量。

设 $\boldsymbol{i}_{mr}$ 为转子磁链坐标系下转子励磁电流空间矢量，见式（4-55）。当 $N_{se}=N_{re}$，将式（4-55）中的 g 用 ψ_r 代替，可得

$$\boldsymbol{i}_{mr}=\frac{\boldsymbol{\Psi}_r^{\psi_r}}{L_m}=\boldsymbol{i}_s^{\psi_r}+(1+\sigma_r)\boldsymbol{i}_r^{\psi_r} \tag{4-59}$$

如前所述，采用这个坐标系，转子励磁电流空间矢量与转子磁链坐标系下的横轴是同轴的。也就是说，$\boldsymbol{i}_{mr}$ 是个实数，其值等于其模，即 $\boldsymbol{i}_{mr}=|\boldsymbol{i}_{mr}|$。

考虑到 $\boldsymbol{u}_r^{\psi_r}=0$，式（4-57）和式（4-58）可写成下面的形式：

$$T'_s\frac{\mathrm{d}\boldsymbol{i}_s^{\psi_r}}{\mathrm{d}t}+\boldsymbol{i}_s^{\psi_r}=\frac{\boldsymbol{u}_s^{\psi_r}}{R_s}-\mathrm{j}\omega_{mr}T'_s\boldsymbol{i}_s^{\psi_r}-(T_s-T'_s)\left(\mathrm{j}\omega_{mr}\boldsymbol{i}_{mr}+\frac{\mathrm{d}\boldsymbol{i}_{mr}}{\mathrm{d}t}\right) \tag{4-60a}$$

$$T_r\frac{\mathrm{d}\boldsymbol{i}_{mr}}{\mathrm{d}t}+\boldsymbol{i}_{mr}=\boldsymbol{i}_s^{\psi_r}-\mathrm{j}(\omega_{mr}-\omega_r)T_r\boldsymbol{i}_{mr} \tag{4-60b}$$

式中　$T_s=L_s/R_s$——定子时间常数；

$T'_s=L'_s/R_s$——定子瞬态时间常数；

$T_r=L_r/R_r$——转子时间常数。

应当注意的是，选择这种坐标系会出现定子瞬态时间常数和定子瞬态电感，即第4.6.1节部分的假设条件 $n=L_m/L_r$。

若将式（4-60a）和式（4-60b）投影到转子磁链坐标系的横轴 x 和纵轴 y 上，可得

$$\begin{cases} T'_s\dfrac{\mathrm{d}i_{sx}^{\psi_r}}{\mathrm{d}t}+i_{sx}^{\psi_r}=\dfrac{u_{sx}^{\psi_r}}{R_s}+\omega_{mr}T_s'i_{sy}^{\psi_r}-(T_s-T_s')\dfrac{\mathrm{d}|\boldsymbol{i}_{mr}|}{\mathrm{d}t} & \text{(4-61a)}\\ T'_s\dfrac{\mathrm{d}i_{sy}^{\psi_r}}{\mathrm{d}t}+i_{sy}^{\psi_r}=\dfrac{u_{sy}^{\psi_r}}{R_s}-\omega_{mr}T'_si_{sx}^{\psi_r}-(T_s-T_s')\omega_{mr}|\boldsymbol{i}_{mr}| & \text{(4-61b)}\end{cases}$$

$$\begin{cases} T_r\dfrac{\mathrm{d}|\boldsymbol{i}_{mr}|}{\mathrm{d}t}+|\boldsymbol{i}_{mr}|=i_{sx}^{\psi_r} & \text{(4-62a)}\\ \omega_{mr}=\omega_r+\dfrac{i_{sy}^{\psi_r}}{T_r|\boldsymbol{i}_{mr}|} & \text{(4-62b)}\end{cases}$$

式中　$u_{sx}^{\psi_r}$ 和 $u_{sy}^{\psi_r}$——分别为定子电压空间矢量的 x 轴和 y 轴分量；

$i_{sx}^{\psi_r}$ 和 $i_{sy}^{\psi_r}$——分别为转子磁链坐标系下的定子电流空间矢量的 x 轴和 y 轴分量。

由式（4-50）可利用转子磁链空间矢量和定子电流空间矢量得到电磁转矩 t_e，即

$$t_e=\frac{3pL_m}{2L_r}\Psi_{rx}^{\psi_r}i_{sy}^{\psi_r}=\frac{3pL_m^2}{2L_r}|\boldsymbol{i}_{mr}|i_{sy}^{\psi_r}=\frac{3pL_m}{2(1+\sigma_r)}|\boldsymbol{i}_{mr}|i_{sy}^{\psi_r} \tag{4-63}$$

在此坐标系下，转矩是由转子磁链空间矢量的横轴分量和定子电流空间矢量的纵轴分量的乘积得到的，类似于一个他励直流电动机的转矩方程。应注意的是，这些变量的稳定状态是恒定值。这是感应电动机磁场定向控制的关键（见第5章）。

图4-4给出了由式（4-61a）~式（4-61b）、式(4-62a)~式(4-62b)及运动方程式（4-23）得到的转子磁链坐标系下的感应电动机的动态模型框图，其中 s 为拉普拉斯算子。

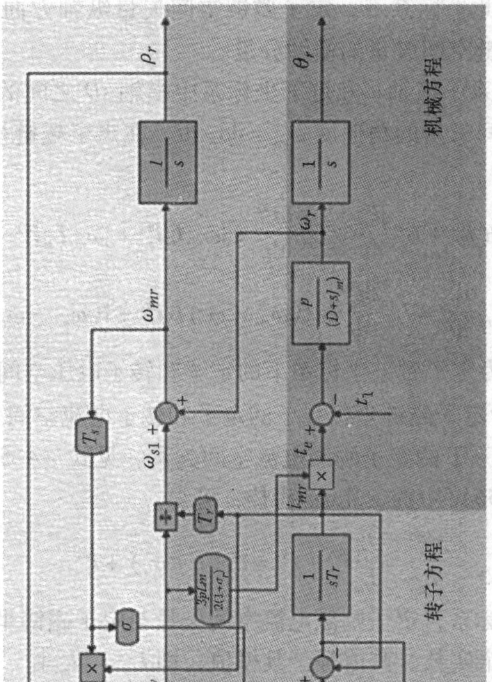

图 4-4　（见彩色插页）转子磁链坐标系下的 IM 动态模型框图

4.6.3 定子磁链坐标系下的空间矢量方程

本节将描述定子磁链坐标系下感应电动机的方程，这些方程是“定子磁通定向矢量控制”的理论基础。在此坐标系下，定子磁链空间矢量纵轴方向的分量为0（$\psi_{ry}^{\psi_s}=0$），即 x 轴平行于定子磁链空间矢量的横轴分量。

取 ρ_s 为定子磁链坐标系中横轴 x 和定子坐标系中横轴 sD 之间的夹角，假设电动机磁场是线性，定子磁链空间矢量的角速度 $\omega_{ms}=\mathrm{d}\rho_s/\mathrm{d}t$。在定子磁链坐标系下式（4-44）和式（4-45）可写为

$$\boldsymbol{u}_s^{\psi_s}=R_s\boldsymbol{i}_s^{\psi_s}+L_s\frac{\mathrm{d}\boldsymbol{i}_s^{\psi_s}}{\mathrm{d}t}+L_m\frac{\mathrm{d}\boldsymbol{i}_r^{\psi_s}}{\mathrm{d}t}+\mathrm{j}\omega_{ms}L_s\boldsymbol{i}_s^{\psi_s}+\mathrm{j}\omega_{ms}L_m\boldsymbol{i}_r^{\psi_s} \tag{4-64}$$

$$\boldsymbol{u}_r^{\psi_s}=R_r\boldsymbol{i}_r^{\psi_s}+L_r\frac{\mathrm{d}\boldsymbol{i}_r^{\psi_s}}{\mathrm{d}t}+L_m\frac{\mathrm{d}\boldsymbol{i}_s^{\psi_s}}{\mathrm{d}t}+\mathrm{j}(\omega_{ms}-\omega_r)L_r\boldsymbol{i}_r^{\psi_s}+\mathrm{j}(\omega_{ms}-\omega_r)L_m\boldsymbol{i}_s^{\psi_s} \tag{4-65}$$

式中 $\boldsymbol{u}_s^{\psi_s}$ 和 $\boldsymbol{u}_r^{\psi_s}$——分别为定子磁链坐标系下的定子和转子电压空间矢量；

$\boldsymbol{i}_s^{\psi_s}$ 和 $\boldsymbol{i}_r^{\psi_s}$——分别为定子磁链坐标系下的定子和转子电流空间矢量。

令 $\boldsymbol{i}_{ms}$ 为定子磁链坐标系下的定子励磁电流空间矢量，见式（4-56）。当 $N_{se}=N_{re}$ 时，为了描述方便，将式（4-56）中的 g 用 ψ_s 代替，可得

$$\boldsymbol{i}_{ms}=\frac{\boldsymbol{\Psi}_s^{\psi_s}}{L_m}=\frac{L_s}{L_m}\boldsymbol{i}_s^{\psi_s}+\boldsymbol{i}_r^{\psi_s}=\boldsymbol{i}_s^{\psi_s}(1+\sigma_s)+\boldsymbol{i}_r^{\psi_s} \tag{4-66}$$

如前所述，选择此坐标系，定子励磁电流空间矢量与定子磁链坐标系下的横坐标是同轴的。也就是说，$\boldsymbol{i}_{ms}$ 是个实数，其值等于其模值，即 $\boldsymbol{i}_{ms}=|\boldsymbol{i}_{ms}|$。

对于笼型感应电动机来说，转子电流不能获取，利用式（4-32）可消去转子电流空间矢量，由式（4-32）可得

$$\boldsymbol{i}_r^{\psi_s}=|\boldsymbol{i}_{ms}|-\frac{L_s\boldsymbol{i}_s^{\psi_s}}{L_m} \tag{4-67}$$

把式（4-67）代入式（4-30）得

$$\boldsymbol{u}_s^{\psi_s}=R_s\boldsymbol{i}_s^{\psi_s}+L_m\frac{\mathrm{d}|\boldsymbol{i}_{ms}|}{\mathrm{d}t}+\mathrm{j}\omega_{ms}L_m|\boldsymbol{i}_{ms}| \tag{4-68}$$

注意，式（4-68）也可由定子磁链坐标系下的式（4-44）得到。将式（4-68）分解成横轴和纵轴分量，则可得下列方程，即

$$\begin{cases} i_{sx}^{\psi_s}=\dfrac{u_{sx}^{\psi_s}}{R_s}-\dfrac{L_m}{R_s}\dfrac{\mathrm{d}|\boldsymbol{i}_{ms}|}{\mathrm{d}t} & \text{(4-69a)} \\ i_{sy}^{\psi_s}=\dfrac{u_{sy}^{\psi_s}}{R_s}-\omega_{ms}\dfrac{|\boldsymbol{i}_{ms}|}{R_s} & \text{(4-69b)} \end{cases}$$

对于笼型感应电动机，$\boldsymbol{u}_r^{\psi_s}=0$，则式（4-32）可写成如下形式：

$$0=R_r\left[|\boldsymbol{i}_{ms}|-\frac{L_s}{L_m}\boldsymbol{i}_s^{\psi_s}\right]+L_r\frac{\mathrm{d}|\boldsymbol{i}_{ms}|}{\mathrm{d}t}-\frac{L_s'L_r}{L_m}\frac{\mathrm{d}\boldsymbol{i}_s^{\psi_s}}{\mathrm{d}t}+\mathrm{j}\omega_{sl}\left[L_r|\boldsymbol{i}_{ms}|-\frac{L_s'L_r}{L_m}\boldsymbol{i}_s^{\psi_s}\right] \tag{4-70}$$

应当注意的是，一方面，式（4-68）比方程（4-60a）简单得多；另一方面，式

（4-70）比方程（4-60b）又复杂得多。因此，对于感应电动机的控制，选择定子磁链坐标系可以简化定子电压方程（如果定子电流不可导，定子无漏感，定子励磁电流保持恒定，则可进一步简化）；而为了消除 $|\boldsymbol{i}_{ms}|$ 和转矩电流分量 $i_{sy}^{\psi_s}$ 之间的耦合，则必须引入去耦电路。

将式（4-70）分解为其横轴和纵轴分量，则

$$\begin{cases}\dfrac{L_m}{L'_s}\dfrac{\mathrm{d}|\boldsymbol{i}_{ms}|}{\mathrm{d}t}+\dfrac{L_m}{L_sT'_r}|\boldsymbol{i}_{ms}|=\dfrac{\mathrm{d}i_{sx}^{\psi_s}}{\mathrm{d}t}+\dfrac{1}{T'_r}i_{sx}^{\psi_s}-\omega_{sl}i_{sy}^{\psi_s} & (4\text{-}71\mathrm{a})\\ \omega_{sl}\left(\dfrac{L_m}{L_s'}|\boldsymbol{i}_{ms}|-i_{sx}^{\psi_s}\right)=\dfrac{\mathrm{d}i_{sy}^{\psi_s}}{\mathrm{d}t}+\dfrac{1}{T'_r}i_{sy}^{\psi_s} & (4\text{-}71\mathrm{b})\end{cases}$$

式中　$T'_r=L'_r/R_s$——转子瞬时时间常数；

$L'_r=\sigma L_r$。

由式（4-50）可将电磁转矩 t_e 用定子磁链空间矢量和定子电流空间矢量来描述，即

$$t_e=\frac{3p}{2}\psi_{sx}^{\psi_s}i_{sy}^{\psi_s}=\frac{3p}{2}L_m|\boldsymbol{i}_{ms}|i_{sy}^{\psi_s} \tag{4-72}$$

在这个坐标系中，转矩由定子磁链空间矢量的横轴分量和定子电流空间矢量的纵轴分量的乘积得到，类似于他励直流电动机的转矩方程。这是感应电动机定子磁通定向控制的关键因素（见第 5 章）。

对于双馈感应电动机来说，用 $|\boldsymbol{i}_{ms}|$ 和 $\boldsymbol{i}_r^{\psi_s}$ 来描述 $\boldsymbol{i}_s^{\psi_s}$ 更加方便，即

$$\boldsymbol{i}_s^{\psi_s}=\frac{L_m}{L_s}(|\boldsymbol{i}_{ms}|-\boldsymbol{i}_r^{\psi_s}) \tag{4-73}$$

定子电压方程式（4-30）可改写为

$$\boldsymbol{u}_s^{\psi_s}=R_s\frac{L_m}{L'_s}(|\boldsymbol{i}_{ms}|-\boldsymbol{i}_r^{\psi_s})+L_m\frac{\mathrm{d}|\boldsymbol{i}_{ms}|}{\mathrm{d}t}+\mathrm{j}\omega_{ms}L_m|\boldsymbol{i}_{ms}| \tag{4-74}$$

将上面的方程分解成横轴分量和纵轴分量，并经过代数运算可得

$$T_s\frac{\mathrm{d}|\boldsymbol{i}_{ms}|}{\mathrm{d}t}+|\boldsymbol{i}_{ms}|=\frac{L_s}{R_sL_m}u_{sx}^{\psi_s}+i_{rx}^{\psi_s} \tag{4-75a}$$

$$\omega_{ms}T_s|\boldsymbol{i}_{ms}|=\frac{L_s}{R_sL_m}u_{sy}^{\psi_s}+i_{sy}^{\psi_s} \tag{4-75b}$$

包括式（4-69a）和式（4-69b），皆可由定子磁通定向控制进行控制。

将式（4-65）代入定子电压方程式（4-74），并定义转差率 $\omega_{sl}=\omega_{ms}-\omega_r$，得

$$\boldsymbol{u}_r^{\psi_s}=R_r\boldsymbol{i}_r^{\psi_s}+L'_r\frac{\mathrm{d}\boldsymbol{i}_r^{\psi_s}}{\mathrm{d}t}+\frac{L_m^2}{L_s}\frac{\mathrm{d}|\boldsymbol{i}_{ms}|}{\mathrm{d}t}+\mathrm{j}\omega_{sl}\left[\frac{L_m^2}{L_s}\boldsymbol{i}_r^{\psi_s}+L'_r\boldsymbol{i}_r^{\psi_s}\right] \tag{4-76}$$

将式（4-76）分解为横轴分量和纵轴分量，可得到下面方程，即

$$T'_r\frac{\mathrm{d}i_{rx}^{\psi_s}}{\mathrm{d}t}+i_{rx}^{\psi_s}=\frac{u_{rx}^{\psi_s}}{R_r}+\omega_{sl}T'_ri_{ry}^{\psi_s}-(T_r-T'_r)\frac{\mathrm{d}|\boldsymbol{i}_{ms}|}{\mathrm{d}t} \tag{4-77a}$$

$$T'_r\frac{\mathrm{d}i_{ry}^{\psi_s}}{\mathrm{d}t}+i_{ry}^{\psi_s}=\frac{u_{ry}^{\psi_s}}{R_r}+\omega_{sl}T'_ri_{rx}^{\psi_s}-(T_r-T'_r)\frac{\mathrm{d}|\boldsymbol{i}_{ms}|}{\mathrm{d}t} \tag{4-77b}$$

这两个方程与式（4-69a）和（4-69b）相似，如果不存在转子激磁电流，则可用于定子磁通定向控制。

4.6.4 励磁磁链坐标系下的空间矢量方程

本节将描述励磁磁链坐标系下感应电动机的方程，这些方程是“励磁磁链定向矢量控制”的依据。这个坐标系沿励磁磁链空间矢量正纵轴方向的分量为 0（$\psi_{my}^{\psi_m}=0$），即横轴平行于励磁磁链空间矢量，励磁电流空间矢量表示为 $\boldsymbol{i}_{mm}=|\boldsymbol{i}_{mm}|$。

设 $N_{se}=N_{re}$，由式（4-50）可得到励磁磁链坐标系下的转矩方程为

$$t_e=\frac{3p}{2}\psi_{mx}^{\psi_m}i_{sy}^{\psi_m}=\frac{3p}{2}L_m|\boldsymbol{i}_{mm}|i_{sy}^{\psi_m} \tag{4-78}$$

这个公式是励磁磁链定向矢量控制的基础。

与前两节类似，取 ρ_m 为励磁磁链坐标系中横轴 x 和定子坐标系中横轴 sD 之间的夹角，假设电动机具有线性磁关系，令励磁磁链空间矢量的角速度 $\omega_{mm}=\mathrm{d}\rho_m/\mathrm{d}t$。则在定子磁链坐标系下，式（4-48）和式（4-49）可写成如下形式，即

$$\boldsymbol{u}_s^{\psi_m}=R_s\boldsymbol{i}_s^{\psi_m}+L_s\frac{\mathrm{d}\boldsymbol{i}_s^{\psi_m}}{\mathrm{d}t}+L_m\frac{\mathrm{d}\boldsymbol{i}_r^{\psi_m}}{\mathrm{d}t}+\mathrm{j}\omega_{mm}L_s\boldsymbol{i}_s^{\psi_m}+\mathrm{j}\omega_{mm}L_m\boldsymbol{i}_r^{\psi_m} \tag{4-79}$$

$$\boldsymbol{u}_r^{\psi_m}=R_r\boldsymbol{i}_r^{\psi_m}+L_r\frac{\mathrm{d}\boldsymbol{i}_s^{\psi_m}}{\mathrm{d}t}+L_m\frac{\mathrm{d}\boldsymbol{i}_s^{\psi_m}}{\mathrm{d}t}+\mathrm{j}(\omega_{mm}-\omega_r)L_r\boldsymbol{i}_r^{\psi_m}+\mathrm{j}(\omega_{ms}-\omega_r)L_m\boldsymbol{i}_s^{\psi_m} \tag{4-80}$$

式中 $\boldsymbol{u}_s^{\psi_m}$和$\boldsymbol{u}_r^{\psi_m}$——分别为励磁磁链坐标系下的定子和转子电压空间矢量；

$\boldsymbol{i}_s^{\psi_m}$和$\boldsymbol{i}_r^{\psi_m}$——分别为励磁磁链坐标系下的定子和转子电流空间矢量。

设 $\boldsymbol{i}_{mm}$是励磁磁链坐标系下励磁电流空间矢量，当 $N_{se}=N_{re}$时，为了描述方便，将第4.6.1节中的上标 g 用 ψ_m 代替来表示励磁磁链坐标系下对应的量。

$$|\boldsymbol{i}_{mm}|=\frac{|\boldsymbol{\Psi}_m|}{L_m}=\boldsymbol{i}_r^{\psi_m}+\boldsymbol{i}_s^{\psi_m} \tag{4-81}$$

如前所述，选择这个坐标系表示定子励磁电流空间矢量与定子磁链坐标系下的横轴是同轴的。也就是说，$\boldsymbol{i}_{mm}$是个实数，其值等于其模，即 $\boldsymbol{i}_{mm}=|\boldsymbol{i}_{mm}|$。

由式（4-80）消除转子电流，式（4-79）可改写成如下形式：

$$\boldsymbol{u}_s^{\psi_m}=R_s\boldsymbol{i}_s^{\psi_m}+L_{s\sigma}\frac{\mathrm{d}\boldsymbol{i}_s^{\psi_m}}{\mathrm{d}t}+L_m\frac{\mathrm{d}|\boldsymbol{i}_{mm}|}{\mathrm{d}t}+\mathrm{j}\omega_{mm}(L_{s\sigma}\boldsymbol{i}_s^{\psi_m}+L_m|\boldsymbol{i}_{mm}|) \tag{4-82}$$

对于笼型电动机，转子方程为

$$R_r[|\boldsymbol{i}_{mm}|-\boldsymbol{i}_s^{\psi_m}]+L_r\frac{\mathrm{d}|\boldsymbol{i}_{mm}|}{\mathrm{d}t}=L_{r\sigma}\frac{\mathrm{d}\boldsymbol{i}_s^{\psi_m}}{\mathrm{d}t}-\mathrm{j}(\omega_{mm}-\omega_r)[L_r|\boldsymbol{i}_{mm}|-L_{r\sigma}\boldsymbol{i}_s^{\psi_m}] \tag{4-83}$$

将式（4-48）和式（4-49）分解为横轴分量和纵轴分量，可得定子方程为

$$i_{sx}^{\psi_m}=\frac{u_{sx}^{\psi_m}}{R_s}-T_{s\sigma}\frac{\mathrm{d}i_{sx}^{\psi_m}}{\mathrm{d}t}-\frac{L_m}{R_s}\frac{\mathrm{d}|\boldsymbol{i}_{mm}|}{\mathrm{d}t}+\omega_{mm}T_{s\sigma}i_{sy}^{\psi_m} \tag{4-84a}$$

$$i_{sy}^{\psi_m}=\frac{u_{sx}^{\psi_m}}{R_s}-T_{s\sigma}\frac{\mathrm{d}i_{sy}^{\psi_m}}{\mathrm{d}t}-\frac{\omega_{mm}(L_{s\sigma}i_{sx}^{\psi_m}+L_m|\boldsymbol{i}_{mm}|)}{R_s} \tag{4-84b}$$

转子方程为

$$\frac{|\boldsymbol{i}_{mm}|+T_r\mathrm{d}|\boldsymbol{i}_{mm}|/\mathrm{d}t}{T_{rl}}=\frac{\mathrm{d}i_{sx}^{\psi_m}}{\mathrm{d}t}+\frac{i_{sx}^{\psi_m}}{T_{r\sigma}}-\omega_{sl}i_{sy}^{\psi_m} \tag{4-85a}$$

$$\omega_{sl}\left(|\boldsymbol{i}_{mm}|\frac{T_r}{T_{r\sigma}}-i_{sx}^{\psi_m}\right)=\frac{\mathrm{d}i_{sy}^{\psi_m}}{\mathrm{d}t}+\frac{i_{sy}^{\psi_m}}{T_{r\sigma}} \tag{4-85b}$$

式（4-84a）、式（4-84b）和式（4-85a）、式（4-85b）都含有耦合项，因此在励磁磁链矢量控制中需要去耦电路。

4.7 磁饱和条件下感应电动机的动态数学模型

本节描述了感应电动机的动态数学模型，这个数学模型是在考虑了转子磁链坐标系下磁饱和路径后得到的[16-18]。事实上，感应电动机的一些电参数，如磁化电感、定子和转子电感，漏感因数σ_s、σ_r和σ都会随着磁饱和而变化。下面通过建立三相激磁电感和转子励磁电流的关系，来分析磁化电感的影响。见第4.6.1节，该分析只能建立在转子磁链坐标系下，而不能在其他坐标系中。

因此，需将式（4-48）和式（4-49）的电动机定子和转子方程改写为转子磁链坐标系下的方程。在式（4-48）和式（4-49）中，三相激磁电感L_m会随着磁饱和程度变化，且$L_s=L_m+L_{s\sigma}$，$L_r=L_m+L_{r\sigma}$。定子和转子漏感$L_{s\sigma}$和$L_{r\sigma}$是恒定的，且不受磁饱和程度的影响。

设磁化电感是转子励磁电流$\boldsymbol{i}_{mr}$的非线性函数，即$L_m=L_m(|\boldsymbol{i}_{mr}|)$。式（4-55）中$L_m$是转子磁链空间矢量的幅值和转子励磁电流空间矢量$\boldsymbol{i}_{mr}$幅值的比值，即

$$L_m=\frac{|\boldsymbol{\Psi}_r|}{|\boldsymbol{i}_{mr}|} \tag{4-86}$$

注意，L_m也称为静态电感。

动态电感L是转子磁链空间矢量的幅值和转子励磁电流空间矢量$\boldsymbol{i}_{mr}$幅值的导数，即

$$L=\frac{\mathrm{d}|\boldsymbol{\Psi}_r|}{\mathrm{d}|\boldsymbol{i}_{mr}|}=\frac{\mathrm{d}(L_m|\boldsymbol{i}_{mr}|)}{\mathrm{d}|\boldsymbol{i}_{mr}|} \tag{4-87}$$

由式（4-87）可得下面结果：

$$L=L_m+|\boldsymbol{i}_{mr}|\frac{\mathrm{d}L_m}{\mathrm{d}|\boldsymbol{i}_{mr}|} \tag{4-88}$$

由式（4-88）可得，在线性条件下，L_m和L是相同的，且不受时间的影响。

改进的转子时间常数T_r^*的表达式为

$$T_r^*=T_r\frac{L}{L_m}=\frac{L}{R_r}\left(1+\frac{L_{r\sigma}}{L_m}\right) \tag{4-89}$$

式（4-89）表明，在线性条件下，改进的转子时间常数和转子时间常数是一致的。

由式（4-48）和式（4-49）可得电动机磁饱和状态下的方程。根据动态电感和改进转子时间常数的定义，这些方程在形式上类似于线性激磁条件下的式（4-60a）和式

(4-60b)，可得下面的矢量方程，即

$$T'_s\frac{\mathrm{d}\boldsymbol{i}_s^{\psi_r}}{\mathrm{d}t}+\boldsymbol{i}_s^{\psi_r}=\frac{\boldsymbol{u}_s^{\psi_r}}{R_s}-\left\{\frac{L-L_m}{R_s}\left[1-\frac{L_{r\sigma}^2}{L_r^2(1-\boldsymbol{i}_s^{\psi_r}/|\boldsymbol{i}_{mr}|)}\right]+\frac{L_m^2}{L_r^2R_s}\right\}\frac{\mathrm{d}|\boldsymbol{i}_{mr}|}{\mathrm{d}t}$$
$$-\mathrm{j}\omega_{mr}\left[T'_s\boldsymbol{i}_s^{\psi_r}+\frac{L_m^2}{L_rR_s}|\boldsymbol{i}_{mr}|\right] \tag{4-90}$$

$$T_r^*\frac{\mathrm{d}|\boldsymbol{i}_{mr}|}{\mathrm{d}t}+|\boldsymbol{i}_{mr}|=\boldsymbol{i}_s^{\psi_r}-\mathrm{j}(\omega_{mr}-\omega_r)T_r|\boldsymbol{i}_{mr}| \tag{4-91}$$

电动机定子方程式(4-90)表明，导致磁饱和的原因不仅与转子磁化电流的瞬态时间常数 T'_s 的变化有关，还与下式给出的增量有关

$$\Delta\boldsymbol{i}_s^{\Psi_r}=\left\{\frac{(L-L_m)}{R_s}\left[1-\frac{L_{r\sigma}^2}{L_r^2(1-\boldsymbol{i}_s^{\psi_r}/|\boldsymbol{i}_{mr}|)}\right]\right\}\frac{\mathrm{d}|\boldsymbol{i}_{mr}|}{\mathrm{d}t} \tag{4-92}$$

在线性条件下，$\Delta\boldsymbol{i}_s^{\psi_r}$ 等于0，式(4-90)与式(4-60a)、(4-60b)等价。

转子方程式(4-91)表明，导致磁饱和的原因不仅与影响转子磁化电流的转子时间常数 T_r 变化有关，还与改进后的转子时间常数 T_r^* 有关，其中 T_r^* 也随着转子磁化电流的变化而不同，但与 T_r 不同。事实上，T_r^* 与动态电感 L 和静态电感 L_m 都有关联，而 T_r 只与静态电感 L_m 有关。在线性条件下，$T_r^*=T_r$，式(4-91)与式(4-60b)等价。

将式(4-91)和式(4-92)拆分成转子磁链坐标系下的横轴 x 轴和纵轴 y 轴分量，可得

$$\begin{cases}T'_s\dfrac{\mathrm{d}i_{sx}^{\psi_r}}{\mathrm{d}t}+i_{sx}^{\psi_r}=\dfrac{u_{sx}^{\psi_r}}{R_s}+\omega_{mr}T'_si_{sy}^{\psi_r}-(T_s-T'_s)\dfrac{\mathrm{d}|\boldsymbol{i}_{mr}|}{\mathrm{d}t}+\Delta i_{sx}^{\psi_r} & (4\text{-}93\mathrm{a})\\ T'_s\dfrac{\mathrm{d}i_{sy}^{\psi_r}}{\mathrm{d}t}+i_{sy}^{\psi_r}=\dfrac{u_{sy}^{\psi_r}}{R_s}-\omega_{mr}T'_si_{sx}^{\psi_r}-(T_s-T'_s)\omega_{mr}|\boldsymbol{i}_{mr}|+\Delta i_{sy}^{\psi_r} & (4\text{-}93\mathrm{b})\end{cases}$$

$$\begin{cases}T_r^*\dfrac{\mathrm{d}|\boldsymbol{i}_{mr}|}{\mathrm{d}t}+|\boldsymbol{i}_{mr}|=i_{sx}^{\psi_r} & (4\text{-}94\mathrm{a})\\ \omega_{mr}=\omega_r+\dfrac{i_{sy}^{\psi_r}}{T_r|\boldsymbol{i}_{mr}|} & (4\text{-}94\mathrm{b})\end{cases}$$

式中

$$\begin{cases}\Delta i_{sx}^{\psi_r}=\left\{(L_m-L)\dfrac{[1-(L_{r\sigma}^2/L_r^2)(1-i_{sx}^{\psi_r}/|\boldsymbol{i}_{mr}|)]}{R_s}\right\}\dfrac{\mathrm{d}|\boldsymbol{i}_{mr}|}{\mathrm{d}t} & (4\text{-}95\mathrm{a})\\ \Delta i_{sy}^{\psi_r}=\dfrac{(L_m-L)L_{r\sigma}^2i_{sy}^{\psi_r}}{L_r^2R_s|\boldsymbol{i}_{mr}|}\dfrac{\mathrm{d}|\boldsymbol{i}_{mr}|}{\mathrm{d}t} & (4\text{-}95\mathrm{b})\end{cases}$$

考虑到 L_m、L_r 和 $\boldsymbol{i}_{mr}$ 的变化，在磁饱和条件下的电磁转矩与式(4-63)相同。

图4-5给出了饱和效应下感应电动机的数学模型框图。它由式(4-93a)和式(4-93b)、式(4-94a)和式(4-94b)，及运动方程式(4-23)构成。为了数值仿真，磁饱和的影响可以通过线性内插查表法代替，其中电参数 L_m、L、σ、σ_s 和 σ_r 以及转子励磁电流空间矢量之间是非线性关系。

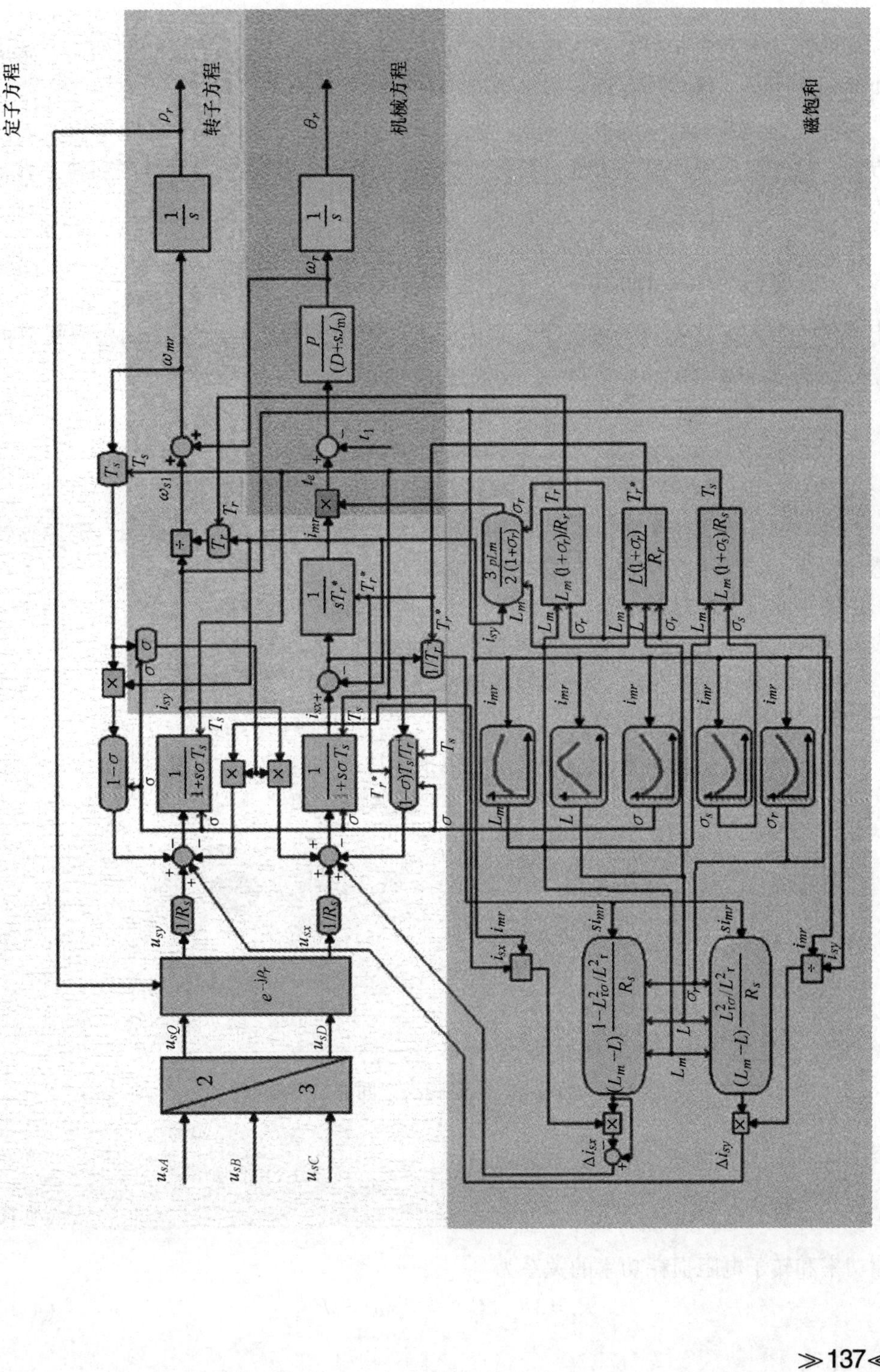

图4-5 （见彩色插页）饱和效应下感应电动机的数学模型框图

4.8 感应电动机的稳态空间矢量模型

从前面描述的空间矢量动态模型可得对称三相恒定频率 ω_1 正弦电压作用下感应电动机的稳态定子、转子方程和相应的空间矢量等效电路。

由静止坐标系中的空间矢量动态方程式（4-24）和式（4-25）可推导出下面的稳态方程。从动态方程到稳态方程，可把运算符 d( )/dt 变为 jω_1（ ）。定子和转子方程改写为[11]

$$\begin{cases} \boldsymbol{U}_s = R_s\boldsymbol{I}_s + \mathrm{j}\omega_1\boldsymbol{\Psi}_s \\ \boldsymbol{0} = R_r\boldsymbol{I}'_r + \mathrm{j}(\omega_1-\omega_r)\boldsymbol{\Psi}'_r = R_r\boldsymbol{I}'_r + \mathrm{j}s\omega_1\boldsymbol{\Psi}'_r \end{cases} \tag{4-96}$$

式中 $s=(\omega_1-\omega_r)/\omega_1$——转差率，其中的大写字母符号代表小写字母相应变量的稳态值。

相应地，磁链和定子电流以及转子电流之间的关系为

$$\begin{cases} \boldsymbol{\Psi}_s = L_s\boldsymbol{I}_s + L_m\boldsymbol{I}'_r \\ \boldsymbol{\Psi}'_r = L_m\boldsymbol{I}_s + L_r\boldsymbol{I}'_r \end{cases} \tag{4-97}$$

式（4-96）和式（4-97）可由图 4-6 所示的空间矢量等效电路得到，定子和转子漏感分别为 $L_{s\sigma}=L_s-L_m$ 和 $L_{r\sigma}=L_r-L_m$。

由图 4-6 所示的等效电路，可以得到稳态电磁转矩和功率的表达式。气隙功率 P_{gap} 可表示为输入功率 P_1 和定子电阻损耗功率 P_s 的差值，即

$$P_{\text{gap}} = P_1 - P_s = 3\Re\mathrm{e}(\boldsymbol{U}_s^*\boldsymbol{I}_s) - 3R_s\,|\boldsymbol{I}_s|^2 \tag{4-98}$$

式中 * ——复数共轭运算符。

气隙功率包含机械功率 P_{mech} 和转子电阻损耗功率 P_r，即

$$P_{\text{gap}} = P_{\text{mech}} + P_r = P_{\text{mech}} + 3R_r\,|\boldsymbol{I}'_r|^2 \tag{4-99}$$

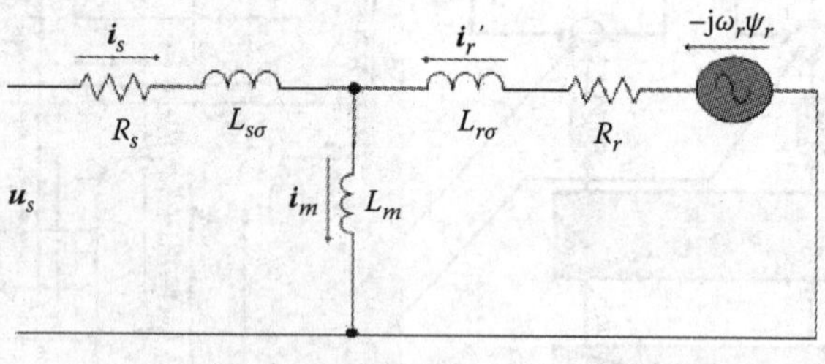

图 4-6 感应电动机的稳态空间矢量等效电路

稳态电磁转矩 T_e 可根据气隙功率得到，即

$$T_e = \frac{P_{\text{gap}}}{\omega_1} \tag{4-100}$$

气隙功率和转子电阻损耗功率的关系为

$$P_r = 3R_r\,|\boldsymbol{I}'_r|^2 = T_e s\omega_1 = sP_{\text{gap}} \tag{4-101}$$

因此，电磁转矩 T_e 可表示为

$$T_e=\frac{3R_r\ |\boldsymbol{I}'_r|^2}{s\omega_1} \tag{4-102}$$

为了能将电磁转矩表示为电源电压的函数，由图4-6所示的等效电路可推导出转子电流和定子电压的关系为

$$\boldsymbol{I}'_r=\frac{\boldsymbol{U}_s}{(1+\sigma_s)\left\{(R_s+R_r/s)+\mathrm{j}\left(\dfrac{X_{s\sigma}}{(1-\sigma_s)}+X'_{r\sigma}\right)\right\}} \tag{4-103}$$

式中 $X_{s\sigma}=\mathrm{j}\omega_1 L_{s\sigma}$ 和 $X'_{r\sigma}=\mathrm{j}\omega_1 L_{r\sigma}$——分别为定子和转子电抗；

$\sigma_s=X_{s\sigma}/X_m$——定子漏感因数。

可得电磁转矩的表达式为

$$T_e=\frac{3}{\omega_1}\frac{|\boldsymbol{U}_1|^2}{(1+\sigma_s)^2}\frac{R_r/s}{(R_s+R_r/s)^2+X'^2} \tag{4-104}$$

式中 $X'=X'_{r\sigma}+(X_{s\sigma}/1+\sigma_s)$——转子瞬态阻抗。

最大气隙电磁转矩可由电动机在特定频率转差率 $s_{\max}$ 下得到，即

$$s_{\max}=\frac{\pm R_r}{(R_s^2+X'^2)^{1/2}} \tag{4-105}$$

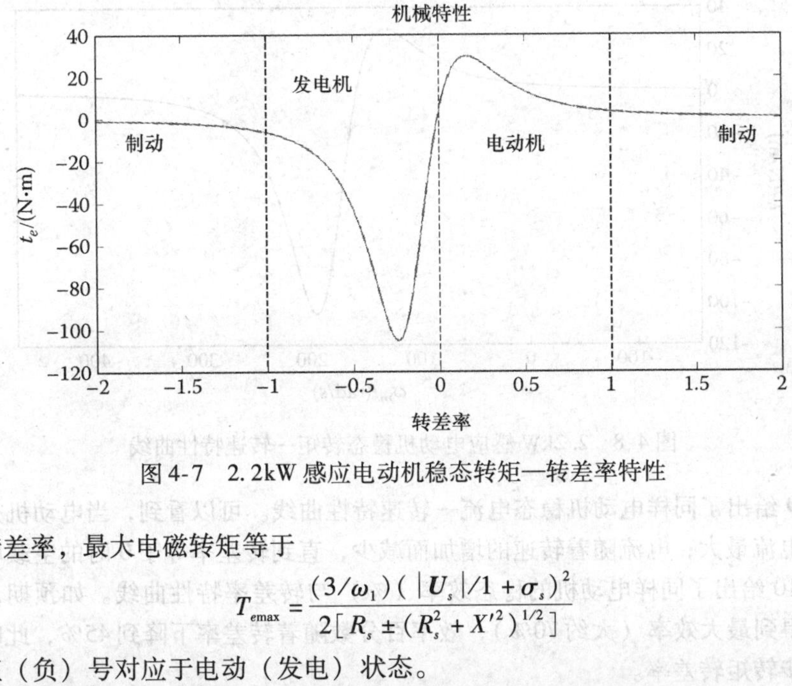

图4-7 2.2kW感应电动机稳态转矩—转差率特性

对应此转差率，最大电磁转矩等于

$$T_{e\max}=\frac{(3/\omega_1)(|\boldsymbol{U}_s|/1+\sigma_s)^2}{2[R_s\pm(R_s^2+X'^2)^{1/2}]} \tag{4-106}$$

其中，正（负）号对应于电动（发电）状态。

从前面的讨论可以推断出，电磁转矩的最大值与定子电压幅值的平方成正比。按绝对值计算，发电动机的电磁转矩一般大于电动机的电磁转矩。这是因为在工作中，定子电流在定子阻抗上产生压降，由此产生的反电动势也增高。相应地，在发电动机状态定

子磁链的幅值也较大。在大型机器中，由于定子电阻很小，所以这些差别可忽略。

图 4-7 给出了 2.2kW，4 极感应电动机（参数见表 4-1）工作在 220V、50Hz 电源下的稳态转矩—转差率特性曲线。通过三个转差率之间的间隔可以清楚地观察到电动机电动、发电和制动状态对应的现象。而且，发电状态和电动状态下的最大转矩也是有区别的。图 4-8 给出了相应的转矩—转速特性曲线。

表 4-1　2.2kW 感应电动机参数

额定功率，P_{rated}/kW	2.2
额定电压，U_{rated}/V	220
额定频率，f_{rated}/Hz	50
额定转速/（rad/s）	149.75
极对数	2
定子电阻，R_s/Ω	3.88
定子电感，L_s/mH	252
转子电阻，R_r/Ω	1.87
转子电感，L_r/mH	252
三相激磁电感，L_m/mH	236
转动惯量，J/(kg · m²)	0.0266

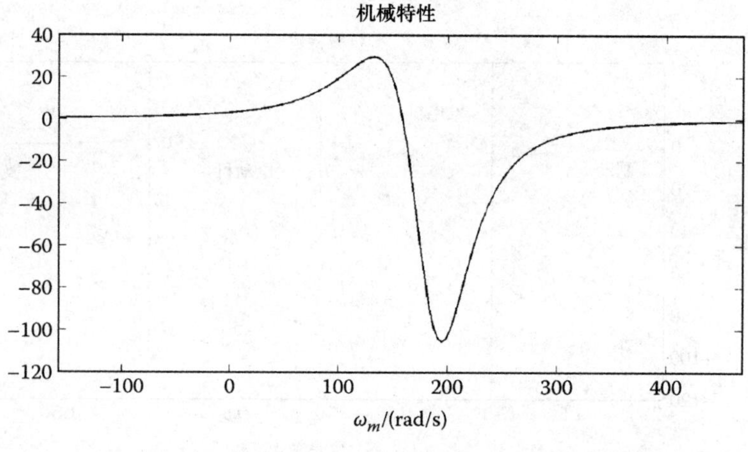

图 4-8　2.2kW 感应电动机稳态转矩—转速特性曲线

图 4-9 给出了同样电动机稳态电流—转速特性曲线。可以看到，当电动机处于静止状态时，电流最大；电流随着转速的增加而减少，直到转差率等于 0 时的空载电流。

图 4-10 给出了同样电动机的稳态效率（%）与转差率特性曲线。如预期，当转差率为 0 时得到最大效率（大约 70%），效率百分数随着转差率下降到 45%，此时转差率为最大同步转矩转差率。

最后，图 4-11 给出了同样电动机随转差率变化得到海兰德图，描述定子电流空间矢量在复平面上的稳态运行轨迹。

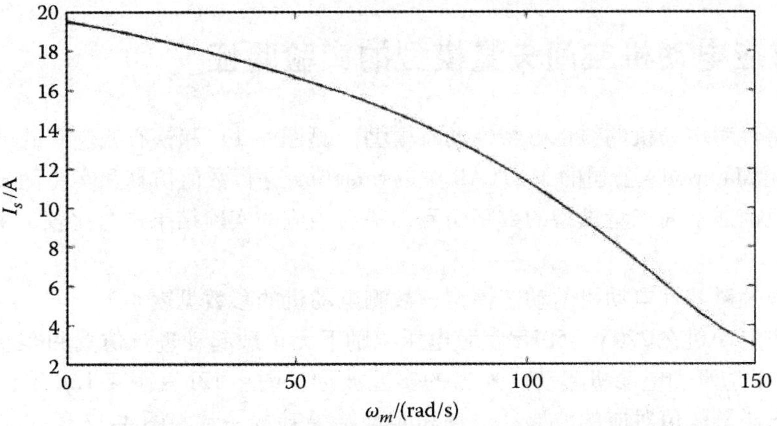

图4-9 2.2kW IM稳态速度与定子电流关系特性曲线

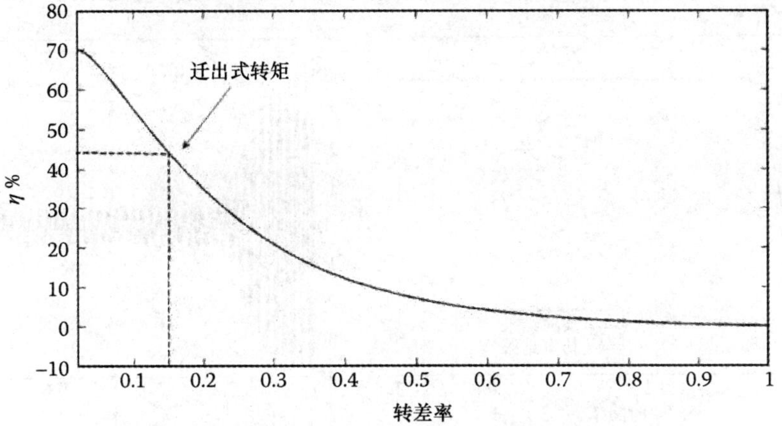

图4-10 2.2kW IM稳态效率（%）与转差率特性曲线

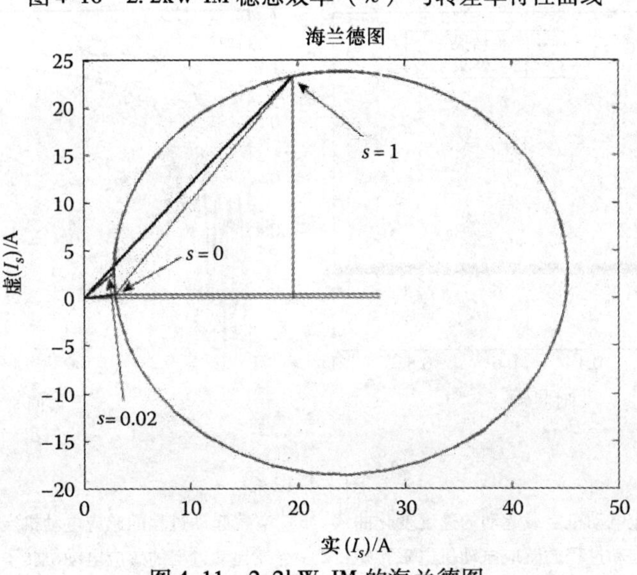

图4-11 2.2kW IM的海兰德图

4.9 感应电动机空间矢量模型的实验验证

本节将针对电动机的线性磁特性动态模型（见图4-4）和铁心磁饱和的模型（见图4-5），采用Mathworks公司的MATLAB中的Simulink进行数值仿真和实验测试，通过对感应电动机前述空间矢量模型的数字仿真结果与相应的实验结果进行比较，来验证数值模型[19]。

针对线性磁特性电动机的动态模型，被测电动机的参数见表4-1。

对感应电动机在220V，50Hz正弦电压激励下无负载起动进行仿真和实验研究。图4-12a给出了仿真和电动机起动时速度的实验波形。图4-12b～图4-12d给出了定子相电流和转子磁链幅值对应的波形。仿真和实验结果基本一致。图4-13给出了电动机起动时的动态转矩—速度特性曲线，在这种情况下，仿真和实验结果也基本一致。

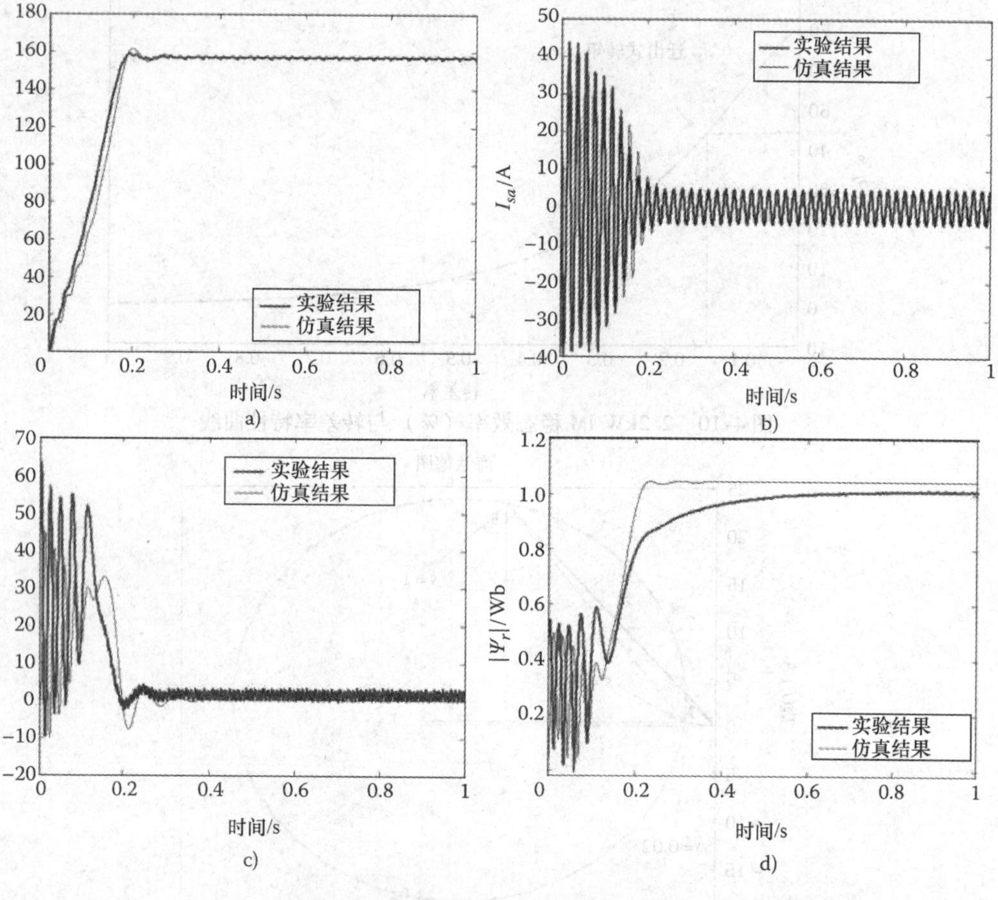

图 4-12

a）感应电动机空载起动的速度变化曲线 b）空载起动过程的感应电动机定子电流

c）空载起动过程的感应电动机电磁转矩 d）空载起动过程的感应电动机转子磁链幅值

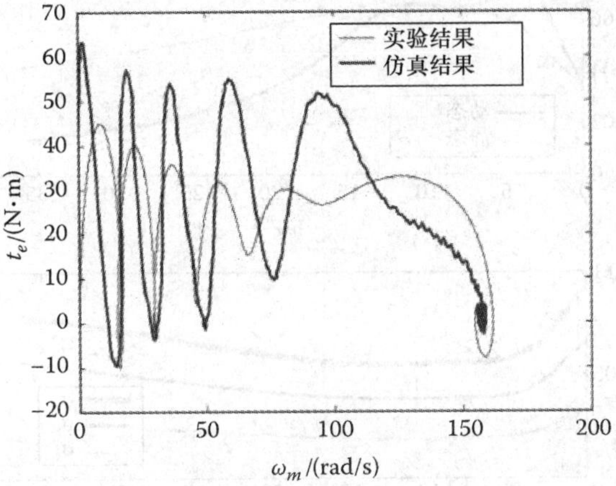

图 4-13　IM 空载起动过程中转矩—速度特性曲线

对于考虑铁心磁饱和的动态模型的检测，电动机的被测参数见表 4-2 所示。图 4-14给出了电动机的磁特性：转子励磁电流 i_{mr}—转子磁链幅值 ψ_r。图 4-15 给出了电动机的静态电感 L_m 和动态电感 L 相应的波形，定子 σ_s、转子 σ_r 和整体 σ 漏感系数为转子励磁电流的函数。在下面内容中，将对电磁饱和的数值仿真模型和不考虑饱和的数字仿真模型进行比较。其中，线性模型的电动机参数假设是恒定的，并与表 4-2 中参数相同。

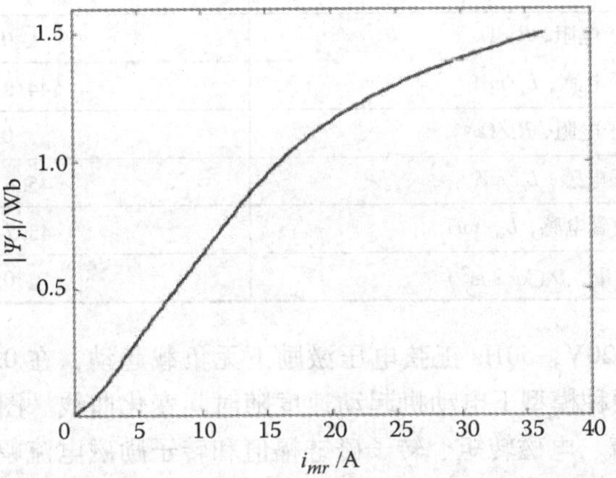

图 4-14　IM 的磁化曲线

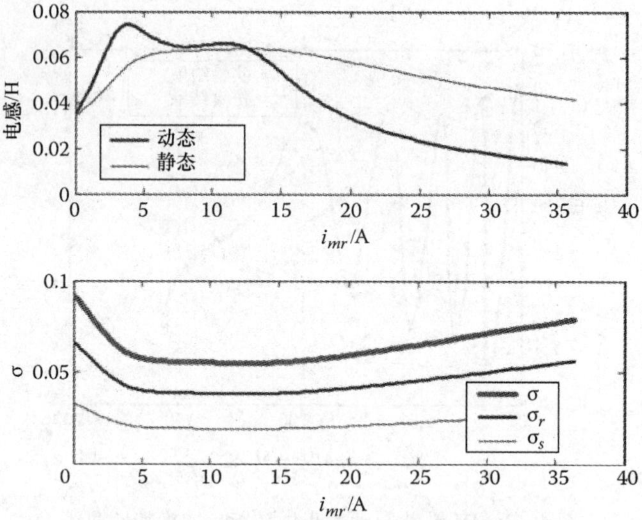

图 4-15　L_m、L、σ_s、σ_r、σ 与 i_{mr} 关系曲线

表 4-2　2.2kW 感应电动机参数

额定功率，P_{rated}/kW	2.2
额定电压，U_{rated}/V	220
额定频率，f_{rated}/Hz	50
额定转速/(rad/s)	150
极对数	2
定子电阻，R_s/Ω	0.18
定子电感，L_s/mH	44.8×10^{-3}
转子电阻，R_r/Ω	0.26
转子电感，L_r/mH	45.6×10^{-3}
三相激磁电感，L_m/mH	43.7×10^{-3}
转动惯量，J/(kg·m^2)	0.19

感应电动机在 220V，50Hz 正弦电压激励下无负载起动，在 0.7s 处施加 90N 的负载。图 4-16a 给出两种模型下电动机起动速度随时间变化曲线。图 4-16b ~ 图 4-16e 分别给出了定子相电流、电磁转矩、转子磁链幅值和转子励磁电流幅值的相应工作波形。图 4-17 给出电动机起动时动态转矩—速度特性曲线。可以看出两个模型之间能够很好匹配；也可以看出铁心的磁饱和造成电动机响应时间的延迟。且两种模型的转子磁链幅值是相等的，磁饱和模型的转子励磁电流相对较小。这是因为工作在电源电压下，电磁特性对应的稳态工作点比非线性和线性电磁特性的交点低（见图 4-18）。

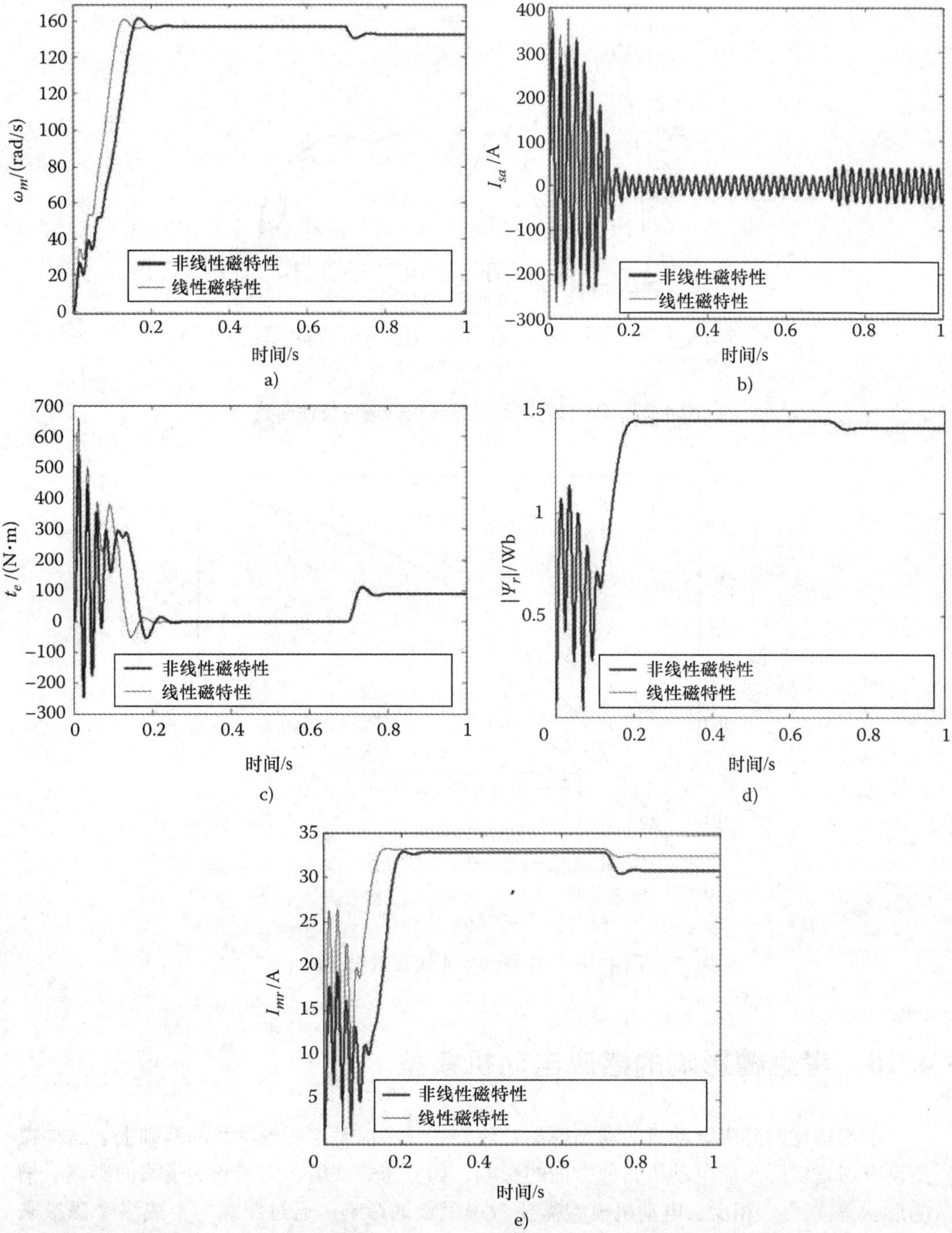

图 4-16　IM 空载情况下起动过程的特性

a）速度　b）定子电流　c）电磁转矩　d）转子磁链幅值　e）转子磁化电流幅值

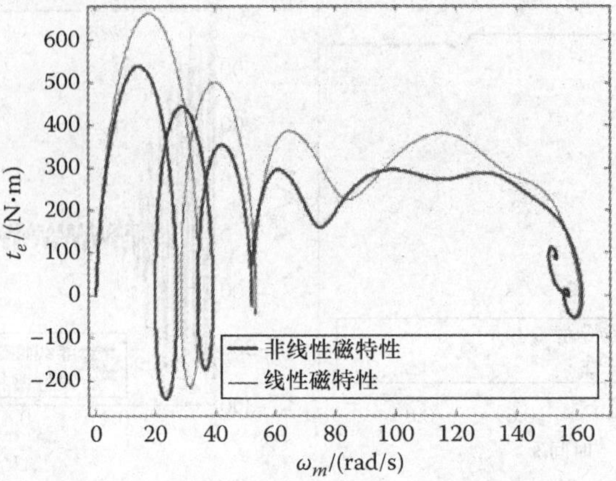

图 4-17　IM 空载起动过程转矩—速度特性曲线

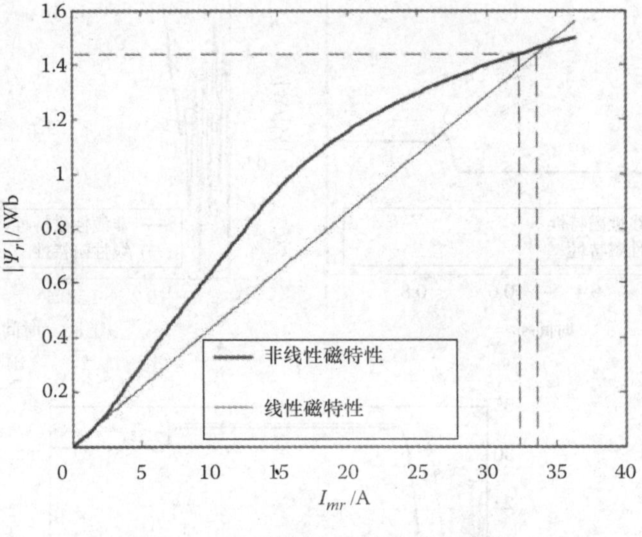

图 4-18　IM 线性与非线性磁化曲线

4.10　考虑槽影响的感应电动机模型

前面描述的感应电动机的动态模型是建立在只考虑基本的磁动势的基础上。这种模型没有考虑实际感应电动机其他方面的影响，如分布式绕组、定子和转子槽的影响、槽的形状等[22-24]。相反，电动机模型需要考虑磁极的影响。通过跟踪一个或多个磁极来估计电动机速度/位置出现增长的趋势[25-27]。其中，主要有主磁通饱和及转子槽的影响。为此，需要对电动机的一些参数（如定子电流、共模电压或电流）中的槽谐波（Principal Slot Harmonics，PSH）进行检测和处理。然而，考虑到槽的影响，目前在控制方面只有简化的模型。总之，这些模型只有工作在高频电源下才有效。这种只考虑了因转子槽造成定子漏感的变化，而且不能工作在基频电源下。考虑到槽的影响，参考文献［28，29］提出了感应电动机空间矢量动态模型，这种模型考虑了定子/转子槽和互感的变化，但是并没有给出适用于控制的空间向量状态方程。

本节将介绍受定子和转子槽影响的感应电动机空间矢量动态模型[20,30]。参考文献［26，27］考虑了槽对定子和转子漏磁变化的影响。

1. 建模的假设

含槽影响的感应电动机空间矢量模型是建立在以下假设基础上的，并将这些假设条件扩展到第4.2节。

1）铁的磁导率无穷大。

2）气隙磁通密度的指向为径向。

3）定子和转子集中绕组，互相相差120°。

4）定子绕组星形连接。

5）在定子和转子漏感变化中考虑定子和转子槽的影响。

依据这种模型已经开发出了具有一对极的电动机，显然，这个结果可以很容易地扩展到多对极电动机中。

2. 对建模假设的分析

建模首先考虑了定子和转子槽的影响。然后，对于空间状态的描述，只考虑转子槽的影响（方案见图4-19a）。第一个简化源自于实际的考虑：感应电动机通常设计成有多个定子槽极对数结构，这些极对数通常是三的倍数，因此，在定子电流中不存在定子槽谐波（Stator Slot Harmonics，SSH）。第二个简化只在定子和转子变化的漏感中考虑定子和转子槽的影响。严格地说，受转子槽的影响，互感也会随着变化。但是，这种简化已经被事实证明，即简化状态空间模型而不降低模型的精确度。

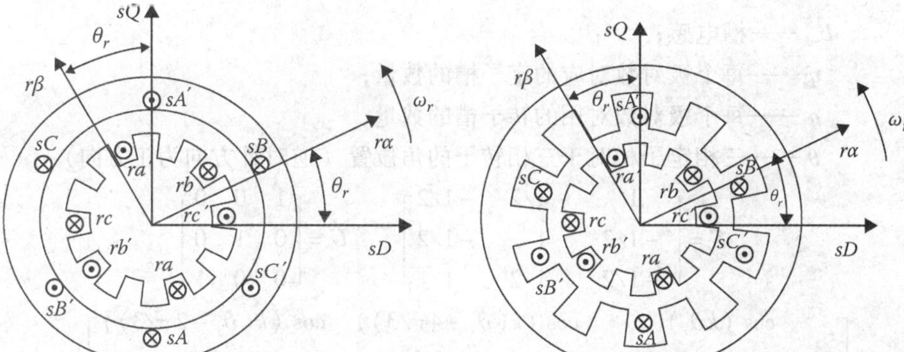

图4-19 IM集中绕组图

a）含转子槽的影响 b）含定子和转子槽的影响

事实上，如果在互感中也考虑转子槽的影响，会出现与第二个和第三个槽电感 L_h 成正比项，所有这些项都可以忽略不计，在任何情况下，这一简化的结果可以很容易评价。参考文献［20］中仿真和实验结果的比较显示，采用此模型得到的转子槽谐波（Rotor Slot Harmonics，RSH）与文献中得到的相符，并且与实验测得的一致。另外，这些谐波会随着频率而变化。这就意味着，在最坏的情况下，采用简化模型会引起定子槽电流相位角的微小误差，但是，为了避免增加模型的复杂程度，这种误差是可以接受的，尤其对于基于该模型的设计者。

4.10.1 含定子和转子槽影响的感应电动机空间矢量模型

如果仅在定子和转子漏感中存在槽影响，交流电动机每相电感为

$$\begin{cases}\overline{\boldsymbol{L}}_s=\overline{L}_{\sigma s}\boldsymbol{U}+\overline{L}_{sm}\boldsymbol{S}+\overline{L}_{mh}\boldsymbol{C}(q_r\theta_r)+\overline{L}_{mh}\boldsymbol{C}(q_s\theta_r)\\ \overline{\boldsymbol{L}}_r=\overline{L}_{\sigma r}\boldsymbol{U}+\overline{L}_{rm}\boldsymbol{S}+\overline{L}_{mh}\boldsymbol{C}^{\mathrm{T}}(q_r\theta_r)+\overline{L}_{mh}\boldsymbol{C}^{\mathrm{T}}(q_s\theta_r)\\ \overline{\boldsymbol{L}}_{sr}=\overline{L}_{sr}\boldsymbol{C}^{\mathrm{T}}(\theta_r)\\ \overline{\boldsymbol{L}}_{rs}=\overline{L}_{sr}\boldsymbol{C}(\theta_r)\end{cases}\tag{4-107}$$

式中 $\overline{\boldsymbol{L}}_s$ 和 $\overline{\boldsymbol{L}}_r$——分别为三相电动机定子和转子自感的矢量；

$\overline{\boldsymbol{L}}_{rs}$ 和 $\overline{\boldsymbol{L}}_{sr}$——互感矩阵；

$\overline{L}_{\sigma s}$——定子漏感均值；

$\overline{L}_{\sigma r}$——转子漏感均值；

$\overline{L}_{sm}$——两个定子相之间互感的最大值；

$\overline{L}_{rm}$——两个转子相之间互感的最大值；

$\overline{L}_{sr}$——定子和转子之间互感的最大值；

$\overline{L}_{mh}$——槽电感；

q_s——每个极对数对应的定子槽的数量；

q_r——每个极对数对用的转子槽的数量；

θ_r——三相定子相对于三相转子的角位置（逆时针方向为正方向）

$$\boldsymbol{S}=\begin{bmatrix}1 & -1/2 & -1/2\\ -1/2 & 1 & -1/2\\ -1/2 & -1/2 & 1\end{bmatrix}\quad \boldsymbol{U}=\begin{bmatrix}1&0&0\\0&1&0\\0&0&1\end{bmatrix}$$

$$\boldsymbol{C}(k\vartheta_r)=\begin{bmatrix}\cos(k\vartheta_r) & \cos(k(\vartheta_r-4\pi/3)) & \cos(k(\vartheta_r-2\pi/3))\\ \cos(k(\vartheta_r-2\pi/3)) & \cos(k\vartheta_r) & \cos(k(\vartheta_r-4\pi/3))\\ \cos(k(\vartheta_r-4\pi/3)) & \cos(k(\vartheta_r-2\pi/3)) & \cos(k\vartheta_r)\end{bmatrix}\quad k=1,q_s,q_r$$

q_s 和 q_r 的取值为 $3n$、$3n+1$ 或 $3n-1$，其中 $n\in N$。因此，每一极的定子和转子槽存在九种可能的函数模型。

应注意在式（4-107）中，由于耦合旋转（在互感中不会出现 q_r）导致互感矩阵$\overline{\boldsymbol{L}}_{rs}$和$\overline{\boldsymbol{L}}_{sr}$随着转子位置的变化而改变。

定子磁链、转子磁链、定子电流和转子电流的矢量为

$$\psi_{fs}=\begin{pmatrix}\psi_{sa}\\ \psi_{sb}\\ \psi_{sc}\end{pmatrix},\ \psi_{fr}=\begin{pmatrix}\psi_{ra}\\ \psi_{rb}\\ \psi_{rc}\end{pmatrix},\ i_{fs}=\begin{pmatrix}i_{sa}\\ i_{sb}\\ i_{sc}\end{pmatrix},\ i_{fr}=\begin{pmatrix}i_{ra}\\ i_{rb}\\ i_{rc}\end{pmatrix}$$

则下面的磁链方程可写在相坐标下，即

$$\begin{cases}\psi_{fs}=\overline{\boldsymbol{L}}_s i_{fs}+\overline{\boldsymbol{L}}_{rs} i_{fr}\\ \psi_{fr}=\overline{\boldsymbol{L}}_r i_{fr}+\overline{\boldsymbol{L}}_{sr} i_{fs}\end{cases}\tag{4-108}$$

由前面介绍的内容可知，为了从变量的相坐标中获得其空间矢量的形式，可以求相位矢量和下面复向量的内积，即

$$\boldsymbol{a}=\frac{2}{3}\begin{pmatrix}1\\ a\\ a^2\end{pmatrix}$$

式中 $a=\mathrm{e}^{\mathrm{j}(2\pi/3)}$，$a^2=\mathrm{e}^{\mathrm{j}(4\pi/3)}$

用 $\boldsymbol{a}^{\mathrm{T}}$ 左乘式（4-108）则：

1）如果 $k=3n$，则 $\boldsymbol{a}^{\mathrm{T}}\boldsymbol{C}(k\vartheta_r)=\boldsymbol{a}^{\mathrm{T}}\boldsymbol{C}(k\vartheta_r)^{\mathrm{T}}=0$

2）如果 $k=3n+1$，则 $\boldsymbol{a}^{\mathrm{T}}\boldsymbol{C}(k\vartheta_r)=\dfrac{3}{2}\mathrm{e}^{\mathrm{j}k\vartheta_r}\boldsymbol{a}^{\mathrm{T}}$

$$\boldsymbol{a}^{\mathrm{T}}\boldsymbol{C}(k\vartheta_r)^{\mathrm{T}}=\frac{3}{2}\mathrm{e}^{-\mathrm{j}k\vartheta_r}\boldsymbol{a}^{\mathrm{T}}$$

3）如果 $k=3n-1$，则 $\boldsymbol{a}^{\mathrm{T}}\boldsymbol{C}(k\vartheta_r)=\dfrac{3}{2}\mathrm{e}^{-\mathrm{j}k\vartheta_r}\boldsymbol{a}^{\mathrm{T}}$

$$\boldsymbol{a}^{\mathrm{T}}\boldsymbol{C}(k\vartheta_r)^{\mathrm{T}}=\frac{3}{2}\mathrm{e}^{\mathrm{j}k\vartheta_r}\boldsymbol{a}^{\mathrm{T}}$$

则可得到下面的方程，即

$$\begin{cases}\boldsymbol{\Psi}_s=(L_s+L_h\mathrm{e}^{\mp\mathrm{j}q_r\theta_r}+L_h\mathrm{e}^{\mp\mathrm{j}q_s\theta_r})\boldsymbol{i}_s+L_m\boldsymbol{i}'_r\\ \boldsymbol{\Psi}_r=L_m\boldsymbol{i}'_s+(L_r+L_h\mathrm{e}^{\pm\mathrm{j}q_r\theta_r}+L_h\mathrm{e}^{\pm\mathrm{j}q_s\theta_r})\boldsymbol{i}_r\end{cases}\tag{4-109}$$

式中 “+”——$q_r=3n-1$，$q_s=3m-1$；

“-”——$q_r=3n+1$，$q_s=3m+1$，其中 n，$m\in N$；

$\boldsymbol{i}'_r$和 $\boldsymbol{i}_r$——分别为定子和转子坐标系下的转子电流空间矢量；

$\boldsymbol{i}_s$ 和 $\boldsymbol{i}'_s$——分别为定子和转子坐标系下的定子电流空间矢量；

$\boldsymbol{\Psi}_s$——定子坐标系下的定子磁链空间矢量；

$\boldsymbol{\Psi}'_r$和 $\boldsymbol{\Psi}_r$——分别为定子和转子坐标系下的转子磁链空间矢量。

注意：$\boldsymbol{i}'_r=\mathrm{e}^{\mathrm{j}\vartheta_r}\boldsymbol{i}_r$，$\boldsymbol{\Psi}'_r=\mathrm{e}^{\mathrm{j}\vartheta_r}\boldsymbol{\Psi}_r$，且 $\boldsymbol{i}'_s=\mathrm{e}^{-\mathrm{j}\vartheta_r}\boldsymbol{i}_s$

式中 $L_s=\overline{L}_{\sigma s}+\dfrac{3}{2}\overline{L}_{sm}$——没有槽的三相定子电感；

$L_r = \bar{L}_{\sigma r} + \frac{3}{2}\bar{L}_{rm}$——没有槽的三相转子电感；

$L_m = \frac{3}{2}\bar{L}_{sr}$——三相励磁电感；

$L_h = \frac{3}{2}\bar{L}_{mh}$——三相槽电感。

4.10.2 含转子槽影响的感应电动机空间矢量状态模型

由式（4-109）可知，最常见的情况，是只考虑转子槽影响（$q_s = 3m$），将全部转子变量转换到定子坐标系下，即可得到方程，即

$$\begin{cases}\boldsymbol{\Psi}_s = (L_s + L_h e^{\mp jq_r\theta_r})\boldsymbol{i}_s + L_m \boldsymbol{i}'_r \\ \boldsymbol{\Psi}'_r = L_m \boldsymbol{i}_s + (L_r + L_h e^{\pm jq_r\theta_r})\boldsymbol{i}'_r\end{cases} \tag{4-110}$$

将 $\boldsymbol{i}'_r$ 的表达式从转子磁链方程变换到定子磁链方程，可得到方程，即

$$\boldsymbol{\Psi}_s = \left(L_s + L_h e^{\mp jq_r\theta_r} - \frac{L_m^2}{L_r + L_h e^{\pm jq_r\theta_r}}\right)\boldsymbol{i}_s + \left(\frac{L_m}{L_r + L_h e^{\pm jq_r\theta_r}}\right)\boldsymbol{\Psi}'_r \tag{4-111}$$

含转子槽影响的漏感系数可定义为

$$\boldsymbol{\sigma}^{slot} = \Re e\left(1 - \frac{L_m^2}{(L_r + L_h e^{\pm jq_r\theta_r})(L_s + L_h e^{\mp jq_r\theta_r})}\right) \tag{4-112}$$

对式（4-111）求导，考虑到 $d\vartheta_r/dt = \omega_r$，将求导结果代入感应电动机的定子方程得

$$\boldsymbol{u}_s = R_s \boldsymbol{i}_s + \frac{d\boldsymbol{\Psi}_s}{dt} \tag{4-113}$$

其中，R_s 是定子绕组的电阻，可得

$$\frac{d\boldsymbol{\Psi}'_r}{dt} = \frac{L_r + L_h e^{\pm jq_r\theta_r}}{L_m}\left\{\boldsymbol{u}_s - \left[R_s \pm j\omega_r\left(\frac{q_r L_m L_h}{(L_r + L_h e^{\pm jq_r\theta_r})^2}e^{\pm jq_r\theta_r} \mp q_r L_h e^{\mp jq_r\theta_r}\right)\right]\boldsymbol{i}_s - \left[L_s + L_h e^{\mp jq_r\theta_r} - \frac{L_m^2}{L_r + L_h e^{\pm jq_r\theta_r}}\right]\frac{d\boldsymbol{i}_s}{dt} \pm j\omega_r \frac{q_r L_m L_h}{(L_r + L_h e^{\pm jq_r\theta_r})^2}e^{\pm jq_r\theta_r}\boldsymbol{\Psi}'_r\right\} \tag{4-114}$$

可简化为

$$\frac{d\boldsymbol{\Psi}'_r}{dt} = f_1(\vartheta_r)\left\{\boldsymbol{u}_s - [R_s \pm j\omega_r f_2(\vartheta_r)]\boldsymbol{i}_s - f_3(\vartheta_r)\frac{d\boldsymbol{i}_s}{dt} \pm j\omega_r f_4(\vartheta_r)\boldsymbol{\Psi}'_r\right\} \tag{4-115}$$

在这里，定义复数函数 $f_i(\vartheta_r)$（其中 $i = 1$、2、3、4）。式（4-115）给出了定子坐标系下包含转子槽影响的感应电动机的“电压”磁通模型。图 4-20 给出了该磁通模型的框图。应注意到，在经典的“电压”磁通模型中，输出和输入之间不存在反馈（开环），转子磁通不依赖于转子速度。相比之下，包含转子槽影响的模型既包含依据转子速度和向量函数 $f_4(\vartheta_r)$ 的反馈量，也包含依据转子速度和函数 $f_2(\vartheta_r)$ 的量。如果 $L_h = 0$，则这种模型和经典模型一致。

根据定子坐标系下包含转子槽影响的电动机转子方程，同样可以推导出“电流”

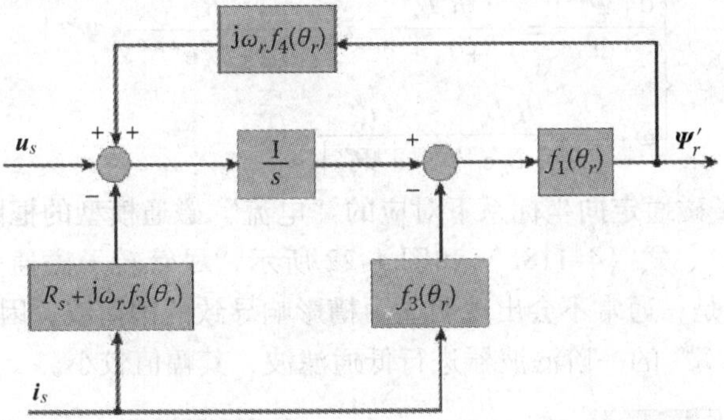

图 4-20　含转子槽影响的“电压”磁通模型框图（在 $q_r=3N-1$ 情况下绘制）

磁通模型为

$$\frac{\mathrm{d}\boldsymbol{\Psi}'_r}{\mathrm{d}t}=\frac{R_rL_m}{L_r+L_h\mathrm{e}^{\pm\mathrm{j}q_r\theta_r}}\boldsymbol{i}_s+\left(\mathrm{j}\omega_r-\frac{R_r}{L_r+L_h\mathrm{e}^{\pm\mathrm{j}q_r\theta_r}}\right)\boldsymbol{\Psi}'_r \tag{4-116}$$

图 4-21 给出了对应的“电流”磁通模型的框图。

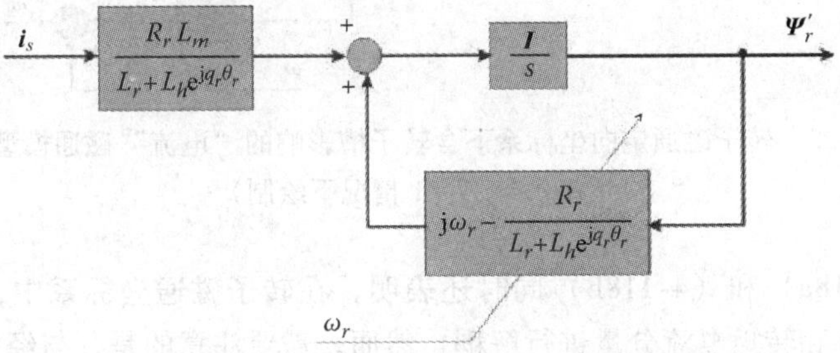

图 4-21　定子坐标系下含转子槽影响的“电流”磁通模型的框图
（在 $q_r=3N-1$ 情况下绘制）

包含转子槽影响的改进转子时间常数定义为

$$T_r^{slot}=\Re\mathrm{e}\left(\frac{L_r+L_h\mathrm{e}^{\pm\mathrm{j}q_r\theta_r}}{R_r}\right)=\frac{L_r+L_h}{R_r}$$

在转子磁通定向坐标系下也可推导出含槽影响的“电流”磁通模型。由于不需要开环，这种模型被广泛应用于磁通定向控制的磁通估计。因 $\boldsymbol{\Psi}_r^{\psi_r}=\boldsymbol{\Psi}'_r\mathrm{e}^{-\rho_r}$，其中 $\boldsymbol{\Psi}_r^{\psi_r}$ 是转子磁通定向坐标系下的转子磁通向量，ρ_r 是 $\boldsymbol{\Psi}_r^{\psi_r}$ 与 sD 轴之间的夹角，由式（4-116）可得下面的转子空间矢量方程，即

$$\frac{\mathrm{d}\boldsymbol{\Psi}_r^{\psi_r}}{\mathrm{d}t}=\frac{R_rL_m}{L_r+L_h\mathrm{e}^{\pm\mathrm{j}q_r\theta_r}}\boldsymbol{i}_s^{\psi_r}-\frac{R_r}{L_r+L_h\mathrm{e}^{\pm\mathrm{j}q_r\theta_r}}\boldsymbol{\Psi}_r^{\psi_r}-\mathrm{j}\omega_{sl}\boldsymbol{\Psi}_r^{\psi_r} \tag{4-117}$$

式中　$\boldsymbol{i}_s^{\psi_r}$——转子磁通定向坐标系下的定子电流空间矢量；

$\omega_{sl}=\omega_{mr}-\omega_r$——转差，即转子磁通矢量的旋转速度和转子速度（电角度）之差。

将式（4-117）分解为横轴分量和纵轴分量，可得

$$\begin{cases}\dfrac{\mathrm{d}\left|\boldsymbol{\Psi}_r^{\psi_r}\right|}{\mathrm{d}t}=\dfrac{R_rL_m}{L_r+L_h\mathrm{e}^{\pm \mathrm{j}q_r\theta_r}}i_{sx}^{\psi_r}-\dfrac{R_r}{L_r+L_h\mathrm{e}^{\pm \mathrm{j}q_r\theta_r}}\left|\boldsymbol{\Psi}_r^{\psi_r}\right| & \text{(4-118a)}\\ \omega_{sl}=\dfrac{R_rL_m}{L_r+L_h\mathrm{e}^{\pm \mathrm{j}q_r\theta_r}}\dfrac{i_{sy}^{\psi_r}}{\left|\boldsymbol{\Psi}_r^{\psi_r}\right|} & \text{(4-118b)}\end{cases}$$

图 4-22 给出了转子磁通定向坐标系下对应的“电流”磁通模型的框图。

如式（4-118a）、式（4-118b）和图 4-22 所示，尽管转子磁通矢量直接取决于定子和转子电流，但是，通常不会出现明显由槽影响导致的槽谐波，因为转子磁通矢量幅值经过时间常数为 T_r^{slot} 的一阶滤波器进行低通滤波，其幅值较小。

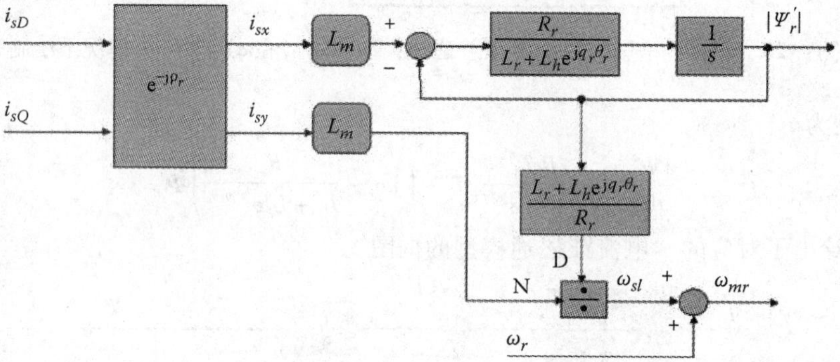

图 4-22　转子磁通定向坐标系下含转子槽影响的“电流”磁通模型框图
（在 $q_r=3N-1$ 情况下绘制）

方程（4-118a）和（4-118b）同时还表明，在转子磁通坐标系中，磁场定向控制通常需要对磁链和转矩电流分量进行解耦。然而，需要注意的是，与经典模型不同，在稳态，因为槽谐波随转子位置的变化而改变，转子磁链的幅值不再是常数。

4.10.3　含转子槽影响的感应电动机空间状态模型

由前面介绍的含转子槽影响的感应电动机全状态空间矢量模型，将方程式（4-114）写成 $\mathrm{d}\boldsymbol{i}_s/\mathrm{d}t$ 的函数，可得到第一个复数方程，其中 $\mathrm{d}\boldsymbol{\Psi}_r'/\mathrm{d}t$ 从“电流”模型式（4-116）获得。第二个复数方程是“电流”模型。全状态空间矢量方程为

$$\frac{\mathrm{d}}{\mathrm{d}t}\begin{bmatrix}\boldsymbol{i}_s\\ \boldsymbol{\Psi}_r'\end{bmatrix}=\begin{bmatrix}\boldsymbol{A}_{11} & \boldsymbol{A}_{12}\\ \boldsymbol{A}_{21} & \boldsymbol{A}_{22}\end{bmatrix}\begin{bmatrix}\boldsymbol{i}_s\\ \boldsymbol{\psi}_r'\end{bmatrix}+\begin{bmatrix}\boldsymbol{B}_1\\ 0\end{bmatrix}\boldsymbol{u}_s=\boldsymbol{A}\boldsymbol{x}+\boldsymbol{B}\boldsymbol{u}_s \tag{4-119a}$$

$$\boldsymbol{i}_s=\boldsymbol{C}\boldsymbol{x} \tag{4-119b}$$

式中　$\boldsymbol{C}=[\boldsymbol{I}\quad \boldsymbol{0}]$

$$\boldsymbol{A}_{11}=\frac{1}{L_s+L_h\mathrm{e}^{\mp \mathrm{j}q_r\theta_r}-(L_m^2/L_r+L_h\mathrm{e}^{\pm \mathrm{j}q_r\theta_r})}\times\left\{-R_s-\frac{R_rL_m^2}{(L_r+L_h\mathrm{e}^{\pm \mathrm{j}q_r\theta_r})^2}\pm \mathrm{j}\omega_r\left[q_rL_h\mathrm{e}^{\mp \mathrm{j}q_r\theta_r}-\frac{q_rR_rL_mL_h}{(L_r+L_h\mathrm{e}^{\pm \mathrm{j}q_r\theta_r})^2}\mathrm{e}^{\pm \mathrm{j}q_r\theta_r}\right]\right\} \tag{4-120a}$$

$$A_{12}=\frac{1}{L_s+L_h\mathrm{e}^{\mp \mathrm{j}q_r\theta_r}-(L_m^2/L_r+L_h\mathrm{e}^{\pm \mathrm{j}q_r\theta_r})}\times\left\{\frac{R_rL_m}{(L_r+L_h\mathrm{e}^{\pm \mathrm{j}q_r\theta_r})^2}+\mathrm{j}\omega_r\left[\pm\frac{q_rL_mL_h}{(L_r+L_h\mathrm{e}^{\pm \mathrm{j}q_r\theta_r})^2}\mathrm{e}^{\pm \mathrm{j}q_r\theta_r}-\frac{L_m}{L_r+L_h\mathrm{e}^{\pm \mathrm{j}q_r\theta_r}}\right]\right\} \tag{4-120b}$$

$$A_{21}=\frac{R_rL_m}{L_r+L_h\mathrm{e}^{\pm \mathrm{j}q_r\theta_r}} \tag{4-120c}$$

$$A_{22}=\mathrm{j}\omega_r-\frac{R_r}{L_r+L_h\mathrm{e}^{\pm \mathrm{j}q_r\theta_r}} \tag{4-120d}$$

$$B_1=\frac{1}{L_s+L_h\mathrm{e}^{\mp \mathrm{j}q_r\theta_r}-(L_m^2/L_r+L_h\mathrm{e}^{\pm \mathrm{j}q_r\theta_r})} \tag{4-120e}$$

备注：矩阵 **A** 和矢量 **B** 的系数都是复数，这些系数不仅与电动机的参数有关，还与转子的速度和角度有关。根据转子速度，A_{11} 和 A_{12} 出现额外的参数，这些参数在经典基波模型中不存在。如果 $L_h=0$，所有的系数都变成实数且与电动机经典全状态模型的参数一致。前面的全阶空间状态模型尤其受关注，通过增加由定子电流的测量值和估计值之差驱动的 Luenberger 校正环节，可以作为高性能感应电动机驱动器的全阶状态观测器。在这种情况下，电流的估计值应该考虑定子电流中的转子槽谐波的影响。此外，该模型也可用于实现感应电动机无位置传感器的驱动。事实上，空间矢量状态模型包括，像经典模型中的转子速度及转子角度等信息可采用相应的数值技术恢复。

由于空间矢量状态模型的大部分项是由转子角 θ_r 和转子槽极对数 q_r 的指数组合，导致计算量很大。但它们都是以 2π 为周期的复数函数，可以采用线性内插的查表法和写入转子角直接在 DSP 上实时处理来实现，观测器的复杂程度改变不大。

由于转子槽影响，从经典模型切换到此模型时，矩阵 **A** 的特征值会发生改变。图 4-23 给出了矩阵 **A** 的特征值轨迹。根据转子转速 ω_r 的变化，获得忽略槽影响的经典空间状态模型，根据转子角 θ_r 且 ω_r 为 85rad/ε 可获得该模型下矩阵 **A** 的特征值轨迹。显然，转子转速的特征值轨迹由单点变为经典模型中的旋转变化的值。旋转的圈数等于转子槽的极对数 q_r。意味这种情况下，在考虑转子的影响时，经典模型的每个特征值变成复平面上 q_r 黎曼曲面一个分支点。此外，这个旋转值的存在也意味着，尽管经典模型的特征值轨迹位于复平面的左半平面上，但黎曼曲线极点的实际路径可以进入复平面的右半平面，所以这种结果是不稳定的。

显然，这种结论是一种理论上的可能性：如果经典模型的特征值非常靠近虚轴，这种不稳定现象才会出现，但具有这种现象的感应电动机在真正实践中是不存在的。

4.10.4　含定子和转子槽影响的感应电动机空间状态模型

由式（4-109）可知，如果同时考虑定子和转子槽影响（见图 4-19b），可通过类似于第 4.10.2 节中的方法得到感应电动机的状态空间矢量模型[30]。在这种情况下，如果 L_{sh} 和 L_{rh} 分别代表三相定子和转子槽电感，则在静止参考坐标系下电压模型的方程可表示为

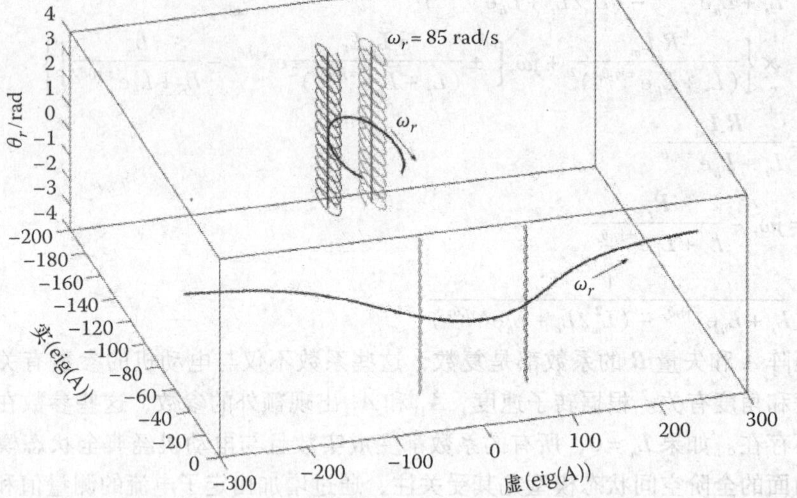

图 4-23　（见彩色插页）考虑转子开槽效应由 *mmf* 模型得到的矩阵 $\boldsymbol{A}$ 特征值轨迹

$$\begin{aligned}\frac{\mathrm{d}\boldsymbol{\Psi}'}{\mathrm{d}t} = \frac{L_r + L_{rh}\mathrm{e}^{\pm \mathrm{j}q_r\theta_r} + L_{sh}\mathrm{e}^{\pm \mathrm{j}q_s\theta_r}}{L_m}\Bigg\{\boldsymbol{u}_s - \Bigg[R_s + \mathrm{j}\omega_r\Bigg(\pm\frac{L_m^2(q_rL_{rh}\mathrm{e}^{\pm \mathrm{j}q_r\theta_r} + q_sL_{sh}\mathrm{e}^{\pm \mathrm{j}q_s\theta_r})}{(L_r + L_{rh}\mathrm{e}^{\pm \mathrm{j}q_r\theta_r} + L_{sh}\mathrm{e}^{\pm \mathrm{j}q_s\theta_r})^2} \\ \mp q_rL_{rh}\mathrm{e}^{\mp \mathrm{j}q_r\theta_r} \mp q_sL_{sh}\mathrm{e}^{\mp \mathrm{j}q_s\theta_r}\Bigg)\Bigg]\boldsymbol{i}_s - \Bigg[L_s + L_{rh}\mathrm{e}^{\mp \mathrm{j}q_r\theta_r} + L_{sh}\mathrm{e}^{\mp \mathrm{j}q_s\theta_r} - \frac{L_m^2}{L_r + L_{rh}\mathrm{e}^{\pm \mathrm{j}q_r\theta_r} + L_{sh}\mathrm{e}^{\pm \mathrm{j}q_s\theta_r}}\Bigg]\frac{\mathrm{d}\boldsymbol{i}_s}{\mathrm{d}t} \\ + \mathrm{j}\omega_r\frac{L_m(\pm q_rL_{rh}\mathrm{e}^{\pm \mathrm{j}q_r\theta_r} \pm q_sL_{sh}\mathrm{e}^{\pm \mathrm{j}q_s\theta_r})}{(L_r + L_{rh}\mathrm{e}^{\pm \mathrm{j}q_r\theta_r} + L_{sh}\mathrm{e}^{\pm \mathrm{j}q_s\theta_r})^2}\boldsymbol{\Psi}'_r\Bigg\}\end{aligned} \tag{4-121}$$

其中，"+"、"−"号的选择遵循第 4.10.2 节中的原则。

同理，在静止参考坐标系下描述"电流模型"的方程可表示为

$$\frac{\mathrm{d}\boldsymbol{\Psi}'_r}{\mathrm{d}t} = \frac{R_rL_m}{L_r + L_{rh}\mathrm{e}^{\pm \mathrm{j}q_r\theta_r} + L_{sh}\mathrm{e}^{\pm \mathrm{j}q_s\theta_r}}\boldsymbol{i}_s + \left(\mathrm{j}\omega_r - \frac{R_r}{L_r + L_{rh}\mathrm{e}^{\pm \mathrm{j}q_r\theta_r} + L_{sh}\mathrm{e}^{\pm \mathrm{j}q_s\theta_r}}\right)\boldsymbol{\Psi}'_r \tag{4-122}$$

对于状态方程，按照第 4.10.3 节中同样的方法，可得到下面是空间状态模型的参数：

$$\begin{aligned}\boldsymbol{A}_{11} = &\frac{1}{L_s + L_{rh}\mathrm{e}^{\mp \mathrm{j}q_r\theta_r} + L_{sh}\mathrm{e}^{\mp \mathrm{j}q_s\theta_r} - (L_m^2/L_r + L_{rh}\mathrm{e}^{\pm \mathrm{j}q_r\theta_r} + L_{sh}\mathrm{e}^{\pm \mathrm{j}q_s\theta_r})} \\ &\times\Bigg\{-R_s - \frac{R_rL_m^2}{(L_r + L_{rh}\mathrm{e}^{\pm \mathrm{j}q_r\theta_r} + L_{sh}\mathrm{e}^{\pm \mathrm{j}q_s\theta_r})^2} \\ &+ \mathrm{j}\omega_r\Bigg[\pm q_rL_{rh}\mathrm{e}^{\mp \mathrm{j}q_r\theta_r} \pm q_sL_{sh}\mathrm{e}^{\mp \mathrm{j}q_s\theta_r} - \frac{R_rL_m^2(\mp q_rL_{rh}\mathrm{e}^{\pm \mathrm{j}q_r\theta_r} \mp q_sL_{sh}\mathrm{e}^{\pm \mathrm{j}q_s\theta_r})}{(L_r + L_{rh}\mathrm{e}^{\pm \mathrm{j}q_r\theta_r} + L_{sh}\mathrm{e}^{\pm \mathrm{j}q_s\theta_r})^2}\Bigg]\Bigg\}\end{aligned}$$

$$\begin{aligned}\boldsymbol{A}_{12} = &\frac{1}{L_s + L_{rh}\mathrm{e}^{\mp \mathrm{j}q_r\theta_r} + L_{sh}\mathrm{e}^{\mp \mathrm{j}q_s\theta_r} - (L_m^2/L_r + L_{rh}\mathrm{e}^{\pm \mathrm{j}q_r\theta_r} + L_{sh}\mathrm{e}^{\pm \mathrm{j}q_s\theta_r})} \\ &\times\Bigg\{\frac{R_rL_m}{(L_r + L_{rh}\mathrm{e}^{\pm \mathrm{j}q_r\theta_r} + L_{sh}\mathrm{e}^{\pm \mathrm{j}q_s\theta_r})^2}\end{aligned}$$

$$+\mathrm{j}\omega_r\left[\frac{L_m(\pm q_r L_{rh}\mathrm{e}^{\pm \mathrm{j}q_r\theta_r}\pm q_s L_{sh}\mathrm{e}^{\pm \mathrm{j}q_s\theta_r})}{(L_r+L_{rh}\mathrm{e}^{\pm \mathrm{j}q_r\theta_r}+L_{sh}\mathrm{e}^{\pm \mathrm{j}q_s\theta_r})^2}-\frac{L_m}{L_r+L_{rh}\mathrm{e}^{\pm \mathrm{j}q_r\theta_r}+L_{sh}\mathrm{e}^{\pm \mathrm{j}q_s\theta_r}}\right]\Bigg\}$$

$$\boldsymbol{A}_{21}=\frac{R_r L_m}{L_r+L_{rh}\mathrm{e}^{\pm \mathrm{j}q_r\theta_r}+L_{sh}\mathrm{e}^{\pm \mathrm{j}q_s\theta_r}}$$

$$\boldsymbol{A}_{22}=\mathrm{j}\omega_r-\frac{R_r}{L_r+L_{rh}\mathrm{e}^{\pm \mathrm{j}q_r\theta_r}+L_{sh}\mathrm{e}^{\pm \mathrm{j}q_s\theta_r}}$$

$$\boldsymbol{B}_1=\frac{1}{L_s+L_{rh}\mathrm{e}^{\mp \mathrm{j}q_r\theta_r}+L_{sh}\mathrm{e}^{\mp \mathrm{j}q_s\theta_r}-(L_m^2/L_r+L_{rh}\mathrm{e}^{\pm \mathrm{j}q_r\theta_r}+L_{sh}\mathrm{e}^{\pm \mathrm{j}q_s\theta_r})} \tag{4-123}$$

应当注意的是，在这种情况下，矩阵 $\boldsymbol{A}$ 和矢量 $\boldsymbol{B}$ 的系数都是复数，这些系数不仅与电动机的参数有关，还与转子的速度和角度有关。尤其根据转子速度，$\boldsymbol{A}_{11}$ 和 $\boldsymbol{A}_{12}$ 出现额外的参数，这些参数在经典基波模型中不存在。如果 $L_{sh}=0$，状态模型的参数与式（4-120）中的参数一致。如果 $L_{rh}=0$，所有的系数就变为实数，且与感应电动机经典全状态模型中的参数一致。

图 4-24 给出了矩阵 $\boldsymbol{A}$ 的特征值轨迹。根据转子转速 ω_r 的变化，获得忽略槽影响的经典空间状态模型，及考虑定子和转子槽影响时该模型下矩阵 $\boldsymbol{A}$ 的特征值轨迹，根据转子角 θ_r，且 ω_r 为 85rad/s 可获得同时考虑定子和转子槽影响的该模型矩阵 $\boldsymbol{A}$ 的特征值轨迹。可以观察到，转子转速特征值轨迹由单点变为经典模型中的旋转变化的值。

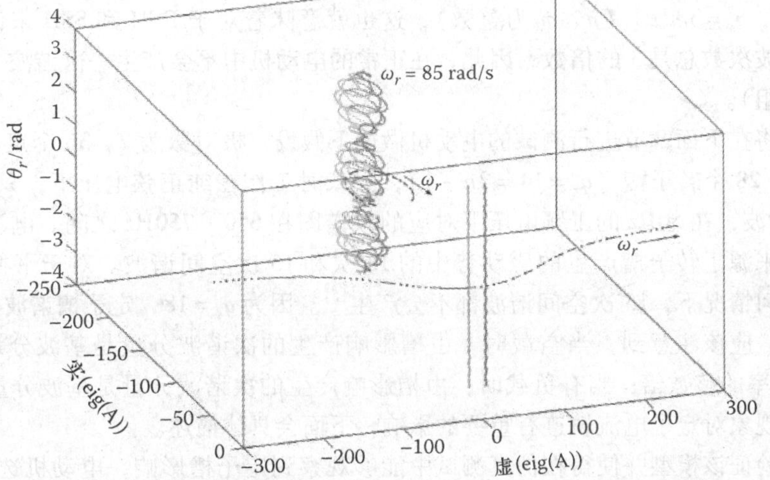

图 4-24　（见彩色插页）考虑定子和转子槽影响、基于 *mmf* 模型的矩阵 $\boldsymbol{A}$ 特征值轨迹

4.10.5　考虑定子和转子槽影响的空间矢量模型的实验验证

1. 定子和转子槽影响引起的定子电流谐波

对于感应电动机来说，转子槽谐波（RSH）及与动态和静态相关的谐波本质上是极对数、每对极转子槽数及转速的函数。RSH 的简化形式为[21-24]

$$f_{RSH}=\left(\frac{rq_r \mp n_d}{p}\right)(1-s)f_1 \mp vf_1 \tag{4-124}$$

式中 f_1——电源电压的基波分量；

s——转差率；

p——极对数；

q_r——每对极的转子槽数；

n_d——偏心顺序（$n_d=0$ 代表静态偏心，$n_d=1$、2、3…代表动态偏心）；

r——任意的正整数，空间谐波的顺序；

$v=1$、3、5…——电源电压下驱动电动机的定子次谐波次数。

如果忽略定子和转子电流以及静态和动态离心率的次谐波，由式（4-124）、$n_d=0$、$v=1$、$k=1$ 可得 RSH。在这种情况下，转子槽影响作用的频率为

$$f_{RSH}=q_r f_1(1-s) \mp f_1 \tag{4-125}$$

因此，对于电源频率为f_1的正常电动机来说，在定子电流频谱中会出现两个定子槽频率。Alger 已经给出了转子槽引起的频率分量证明[5]。

同理，受定子槽影响的工作频率为

$$f_{SSH}=q_s f_1(1-s) \mp f_1 \tag{4-126}$$

需要注意的是，对于任意转子槽数和极对数的电动机来说并不存在前面方程所描述的谐波[31-33]。这些次谐波主要来自于磁动势产生的 $q_r\pm1$ 次和 $q_s\pm1$ 次空间谐波。因为 $q_r=3n\pm1$，$q_s=3m\pm1$（n、m 为整数），这也就意味着对于 RSH 和 SSH 来说，其中一个空间谐波次数总是 3 的倍数，因此，在正常的电动机中不会产生一次谐波（例如，平衡三相绕组）。

对于将在下面章节进行测试的电动机做如下假设：极对数为 2，36 个定子槽（$q_s=18=3m$），28 个转子槽（$q_r=14=3n-1$），空载时工作在纯正弦电压下，只存在 13 次和 15 次谐波，在 50Hz 的工频电压下对应的频谱图在 650～750Hz 之间。电流频谱中的二次谐波来源于转子槽产生的磁动势中的 13 次和 15 次空间谐波。对于平衡的三相绕组，在任何情况下，15 次空间谐波都不会产生[5]。因为 $q_s=18$，定子槽谐波观测不到。

此外，应该注意到，当空载时，由槽影响产生的次谐波分量是基波分量（$q_r\pm1$，$q_s\pm1$）频率的整数倍；当有负载时，由槽影响产生的次谐波分量是基波分量的非整数倍，这种现象对定子电流轨迹有重要的影响，下面会具体描述。

为了验证该模型并使得在仿真测试中能够观察到定子槽影响，电动机选择 $q_s=17$。因此，空载仿真时，应出现 16 次和 18 次谐波，对应的频谱线在 800～900Hz 之间，不会出现 900Hz 谐波。

2. 实验结果

该模型已经在 MATLAB－Simu1ink 环境中进行了数字仿真验证。为了对该模型进行实验验证，使用三个具有相同定子和不同转子的电动机原型，这三个电动机的极对数是 2，36 个定子槽，28 个转子槽。具体方案，1 号电动机有一个斜槽转子，2 号电动机有一个直槽转子，3 号电动机有一个开放转子槽的直槽转子。图 4-25 给出了三个转子的

图片。电动机的参数见表4-3。

图4-25 三种转子图片斜槽（左）、非斜槽（中）、非斜槽采用开放式插槽（右）

表4-3 三种不同转子结构的2.2kW感应电动机参数

	电动机1	电动机2	电动机3
额定功率，P_{rated}/kW	2.2	2.2	2.2
额定电压，U_{rated}/V	220	220	220
额定频率，f_{rated}/Hz	50	50	50
极对数	2	2	2
定子电阻，R_s/Ω	2.9	2.9	2.9
定子电感，L_s/mH	275.1	270.0	203.0
定子漏感，$L_{\sigma s}$/mH	10.7	8.2	6.2
定子泄漏因数，σ_s	0.0406	0.0314	0.0317
转子电阻，R_r/Ω	2.7	1.54	1.54
转子电感，L_r/mH	285.8	278.2	209.3
转子漏感，$L_{\sigma r}$/mH	21.4	16.4	12.5
转子泄漏因数，σ_r	0.0811	0.0628	0.0634
三相磁化电感，L_m/mH	264.4	261.8	196.8
全局泄漏因数，σ	0.1111	0.0877	0.0886
槽电感，L_h/mH	1.32	1.30	0.98
转动惯量，J/(kg·m^2)	0.0048	0.0048	0.0048

为了评估上述模型，首先，给数值仿真和实验的电动机提供频率为50Hz、有效值为220V的正弦电压，计算出稳态定子电流频谱；绘制稳态时定子电流空间矢量轨迹（$i_{sQ}-i_{sD}$）。如果激励电源为一纯正弦电压，并忽略电动机中所有的空间谐波，定子电流矢量轨迹为一圆。由于存在转子和定子槽谐波，定子电流轨迹偏离了圆形。但是，在该模型假设的基础上，只有转子和定子槽谐波电流及模拟电动机中定子电流的基波分量是可预测的；而实际电动机中，其他谐波也是可预测的，尤其分布式定子绕组产生的谐波，因为这种谐波的幅值通常比定子槽和转子槽谐波的幅值大。为此，实验所得的定子电流轨迹完全不同于仿真所得的轨迹。为了使定子电流轨迹的实验结果与仿真结果相符，定子电流经过适当滤波获得只包含基波和转子槽谐波的电流信号（在实验电流信号中不存在定子槽谐波）。该方案如图4-26所示。通过Dspace DS1103获得了三个电流信号，然后在定子参考坐标系中将三相变换为两相。电流i_{sD}和i_{sQ}分别经过频率为基波（50Hz）和转子槽谐波（空载时为650Hz）的数字滤波器进行滤波、调谐，然后相加。滤波后的电流sD分量和sQ分量只包含基波和转子槽谐波成分。在实验中，因为在所选择的波段滤波器的相频特性为0，滤波器没有使信号产生相位失真。

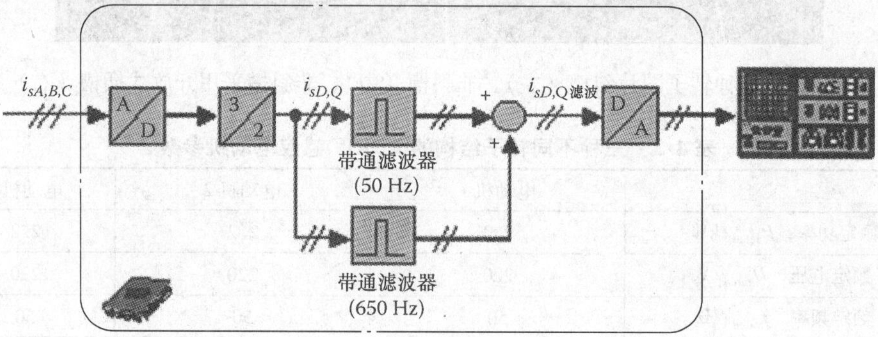

图4-26 描绘定子电流轨迹的定子电流分量滤波原理图[30]

在数字实验时，取$L_{sh}=L_{rh}=0.005L_m$。在此基础上，实验结果和仿真结果基本一致。图4-27给出了空载稳态时，经过快速傅里叶变换（FFT）获得的sA相稳态定子电流仿真结果以及其频谱。转子和定子槽谐波造成了定子电流时间波形的畸变。在前面介绍的内容中，$q_r=14$、$q_s=17$（仿真时），空载时（$s=0$）会出现13次（转子槽谐波）和16次（定子槽谐波），相应的频谱线位于650Hz和800Hz。图4-27给出了实验结果，参考文献［22－24，34］中的结果与该结果一致。测试中负载采用恒定转矩10N·m，对应的转差率为6.37%。图4-28给出了数值仿真中sA相的稳态定子电流及稳态频谱。如前面分析，在相同的转差率下转子和定子槽谐波会出现频率偏移，分别为$q_r f_1 s$和$q_s f_1 s$，结果显示频谱线分别由650Hz偏移至605Hz，800Hz偏移至746Hz。

根据所提出的不同转子结构的模型，对三种转子分别进行了相同的空载试验来查找它们之间的规律。图4-29～图4-31给出了三种电动机sA相的稳态定子电流和经过快速傅里叶变换得到的频谱。频谱显示，在实验中只存在650Hz的13次谐波。

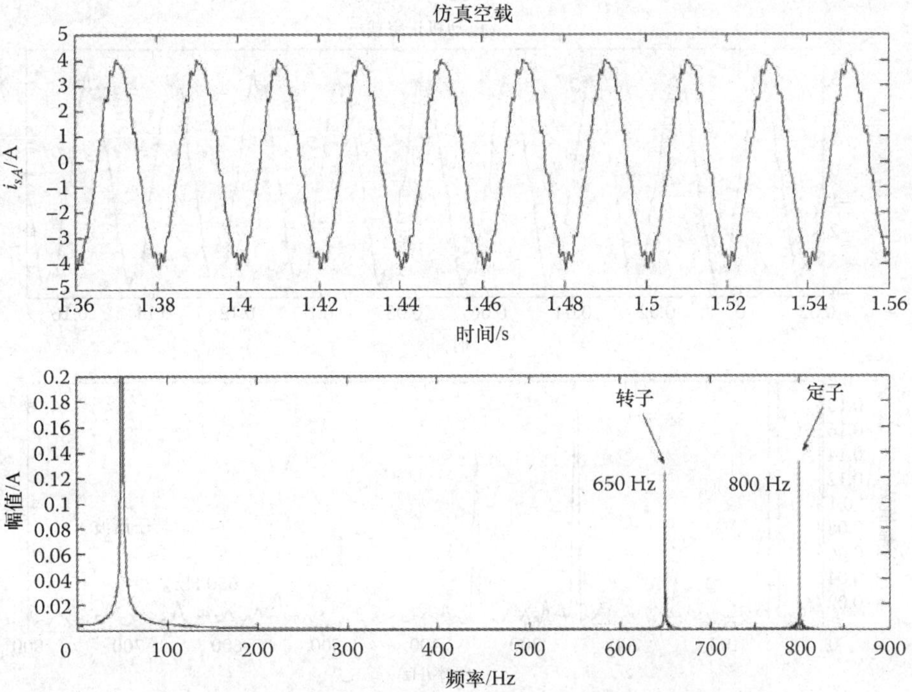

图 4-27　空载定子电流及其频谱图（数字仿真）[30]

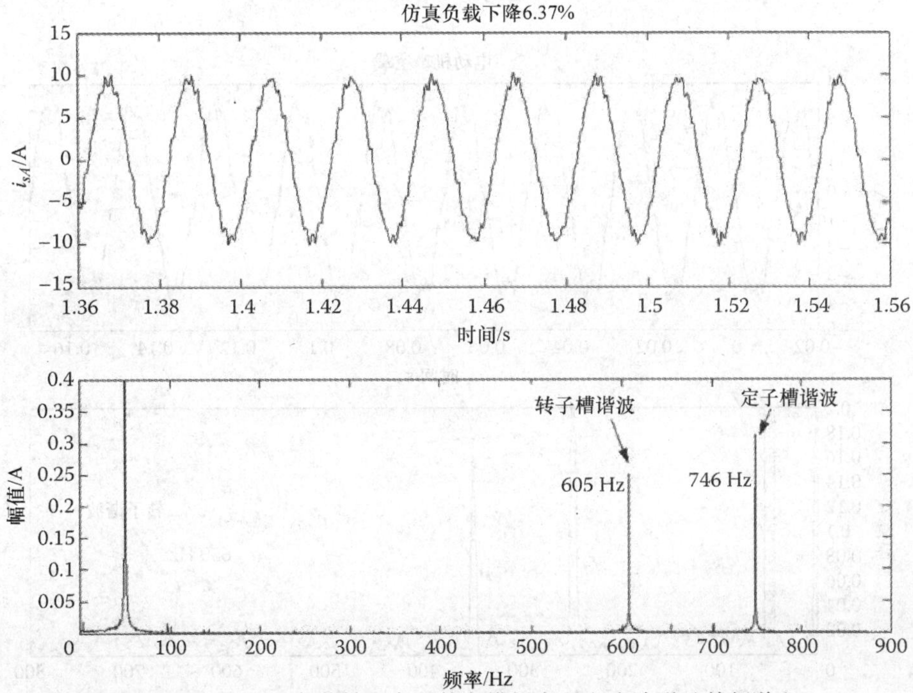

图 4-28　6.37%负载转差率下数字模拟定子电流波形及其频谱和
1 号电动机实验所得定子电流波形及其频谱[30]

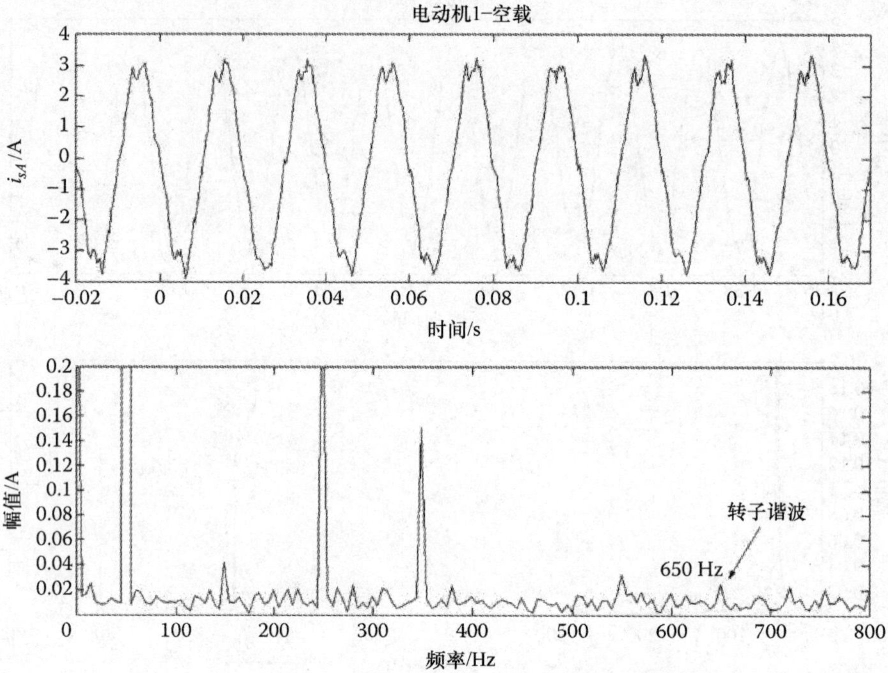

图 4-29　1 号电动机定子电流及其频谱[20]

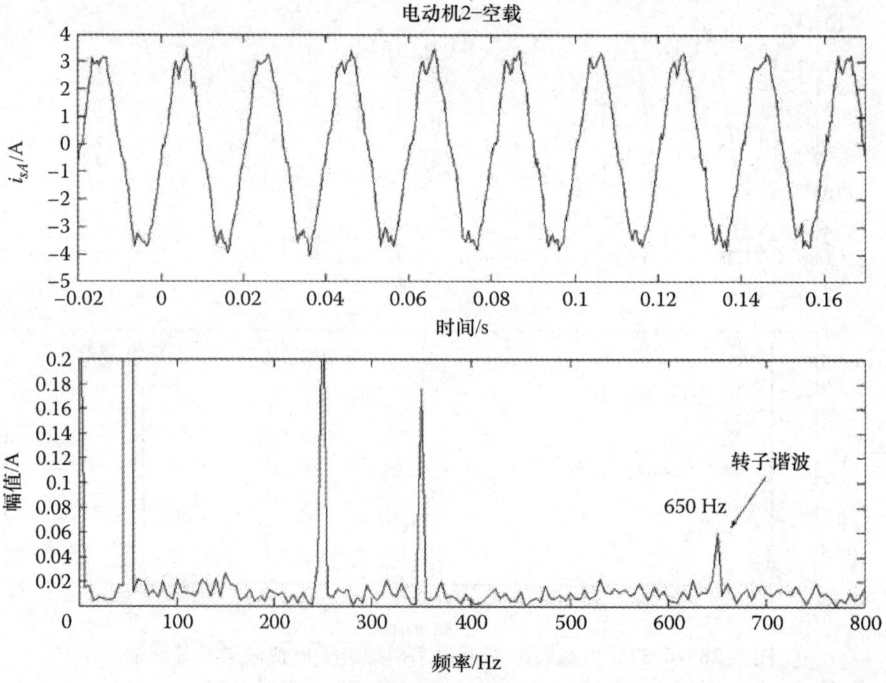

图 4-30　2 号电动机定子电流及其频谱[20]

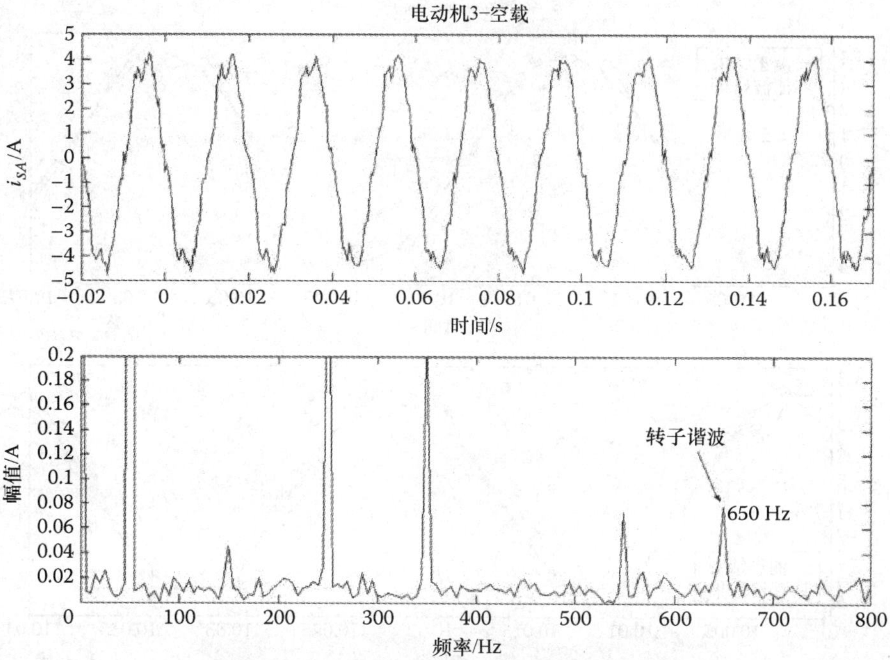

图 4-31　3 号电动机定子电流及其频谱[20]

应当注意的是，三种电动机中槽谐波最低的是 1 号电动机（斜槽转子），其次是 2 号电动机（直槽转子），最后是 3 号电动机（开放转子槽的直槽转子），具有开放转子槽的直槽转子电动机模型与实际电动机结构最匹配，其次是具有直槽转子的电动机，最后是具有斜槽转子的电动机。显然，在仿真测试中，只有基波和转子槽谐波存在；但在实验中，还会存在其他谐波。事实上，在实际电动机中定子和转子绕组是分散的，而前面所提出的模型中定子和转子绕组是集中分布的；且实际电动机中还存在一些细微的静态或动态离心率，同时从电网获得的电源电压不是纯正弦电压，定子电流谐波随时间也发生改变。正如 Cameron 等所述，正是这些原因导致了实际电动机的定子电流信号中存在其他的谐波，特别是 5 次、7 次、11 次和 13 次[22]。

图 4-32 分别给出了在 50Hz、220V 输入电压下，2 号电动机和 3 号电动机稳态电流分量，及转子槽谐波和其滤波后的值。由于 1 号电动机没有表现出对槽谐波的影响（见图 4-29），在这里只对 2 号和 3 号电动机进行测试。图 4-32 表明滤波器没有改变陷波频率的相位，避免了因滤波器造成相位失真。在滤波过程中，消除了对定子电流轨迹有影响的 5 次、7 次、11 次和 13 次谐波。在数值仿真中得到的定子电流轨迹并不是圆形，因为在空载（10N · m 负载）时，由 650Hz（605Hz）转子槽谐波和 800Hz（756Hz）定子槽谐波引起定子电流轨迹出现波瓣，如图 4-33a 和图 4-33b 所示。这个轨迹存在三种情况：只考虑定子槽影响；只考虑转子槽影响；同时考虑定子槽和转子槽效应。三种情况下，可通过电流轨迹的波瓣来观测到槽的影响。如果只考虑定子和转子槽影响中的一个，稳态电流轨迹是规则的且是极对称的；当同时考虑定子和转子槽影响时，稳态电流

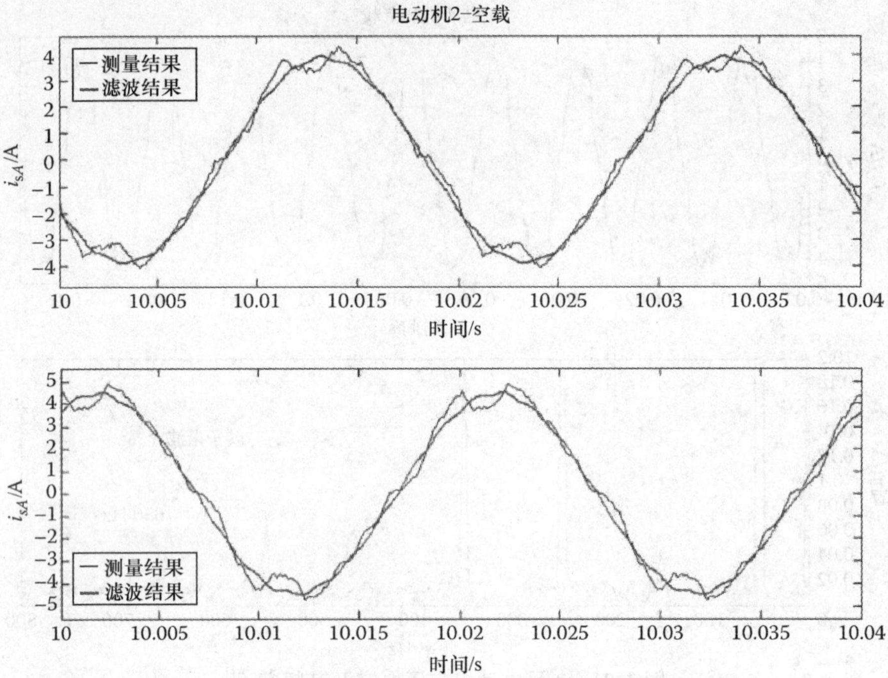

图 4-32　实测和经滤波后 i_{sD} 分量[20]

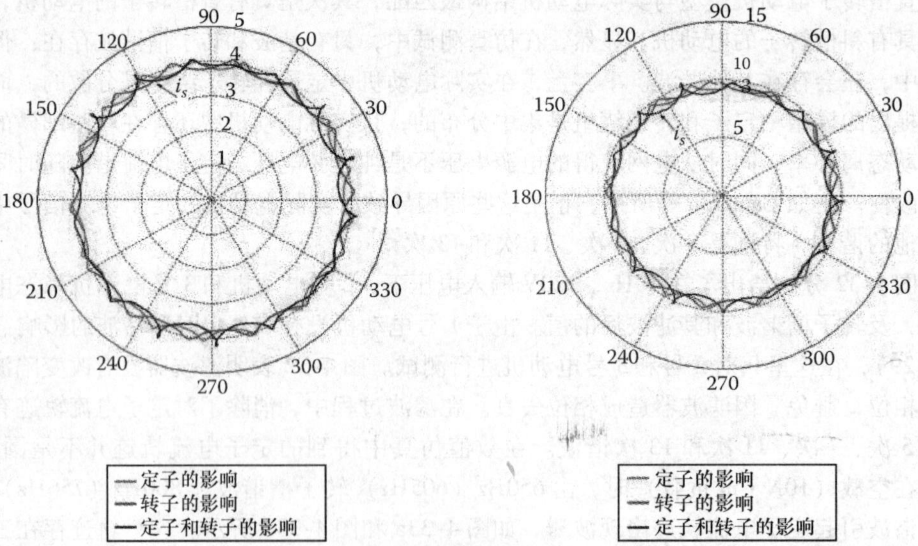

a)　　　　　　　　b)

图 4-33　（见彩色插页）数字仿真结果[30]

a）空载情况下定子电流轨迹（数字模拟）　b）6.37%负载转差频率下定子电流轨迹（数字模拟）

轨迹存在波瓣，不再是规则的且也不是极对称的。图4-34a和图4-34b给出了同样电压且空载条件下，2号电动机和3号电动机实验所得的稳态定子电流空间矢量轨迹。两个轨迹给出了测量所得电流和经滤波后所得电流。测量所得的轨迹是不规则的，且与理论分析（仿真所得）的不同。因为槽，主要谐波的波瓣隐藏了。但是，经滤波所得的轨迹只包含基波和转子槽谐波，与数值仿真的轨迹很接近，所以，具有直槽转子的两个电动机表现出非常明显的槽影响。

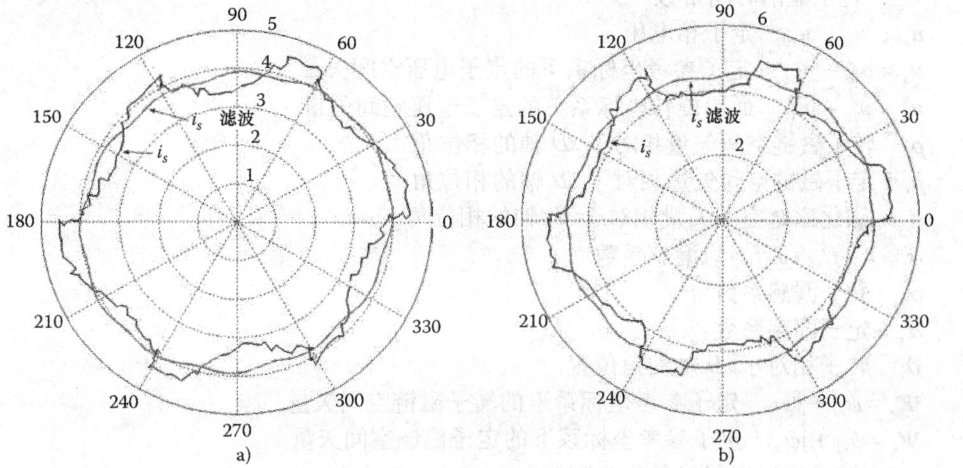

图4-34 定子电流的轨迹[20]

a）空载采用电动机2实测和经滤波后定子电流的轨迹（实验）

b）空载采用电动机3实测和经滤波后定子电流的轨迹（实验）

符号列表

i_{sA}、i_{sB}、i_{sC} 定子相电流

$\boldsymbol{i}_s = i_{sD} + \mathrm{j}i_{sQ}$ 定子参考坐标系下的定子电流空间矢量

$\boldsymbol{i}_s^g = i_{sx}^g + \mathrm{j}i_{sy}^g$ 通用旋转参考坐标系下的定子电流空间矢量

$\boldsymbol{i}'_r = i_{rd} + \mathrm{j}i_{rq}$ 定子参考坐标系下的转子电流空间矢量

$\boldsymbol{i}_r^g = i_{rx}^g + \mathrm{j}i_{ry}^g$ 通用旋转参考坐标系下的转子电流空间矢量

$\boldsymbol{i}_{mr} = i_{mrD} + \mathrm{j}i_{mrQ}$ 定子参考坐标系下的转子励磁电流空间矢量

$\boldsymbol{i}_{ms} = i_{msD} + \mathrm{j}i_{msQ}$ 定子参考坐标系下的定子励磁电流空间矢量

$\boldsymbol{i}_{mm} = i_{mmD} + \mathrm{j}i_{mmQ}$ 定子参考坐标系下的励磁电流空间矢量

L_s 定子电感

L'_s 定子暂态电感

L_r 转子电感

L_m 静态励磁电感

$L_{s\sigma}$ 定子漏感

$L_{r\sigma}$ 转子漏感

p 极对数

R_s 定子相绕组的电阻

R_r　转子相绕组的电阻
t_e　电磁转矩
T_s　定子时间常数
T_r　转子时间常数
T'_s　定子暂态时间常数
T'_r　转子暂态时间常数
$T_{r\sigma}$　转子泄漏时间常数
u_{sA}、u_{sB}、u_{sC}　定子相电压
$\boldsymbol{u}_s = u_{sD} + \mathrm{j}u_{sQ}$　定子参考坐标系下的定子电压空间矢量
$\boldsymbol{u}_s^g = u_{sx}^g + \mathrm{j}u_{sy}^g$　通用旋转坐标系下的定子电压空间矢量
ρ_r　转子磁链空间矢量相对于 sD 轴的相位角
ρ_s　定子磁链空间矢量相对于 sD 轴的相位角
ρ_m　磁化磁链空间矢量相对于 sD 轴的相位角
σ　$1 - L_m^2/(L_s L_r)$ 总漏感系数
σ_r　转子漏感系数
σ_s　定子漏感系数
ϑ_r　转子相对于 sD 轴的角位置
$\boldsymbol{\Psi}'_r = \psi_{rd} + \mathrm{j}\psi_{rq}$　定子参考坐标系下的转子磁链空间矢量
$\boldsymbol{\Psi}_s = \psi_{sd} + \mathrm{j}\psi_{sq}$　定子参考坐标系下的定子磁链空间矢量
ω_{mr}　转子磁通空间矢量角速度
ω_{ms}　定子磁通空间矢量角速度
ω_{mm}　磁化磁通空间矢量角速度
ω_{sl}　转差角速度
ω_r　转子角速度（电角度/s）
ω_m　转子机械角速度（机械角度/s）
$\boldsymbol{\psi}'_r$、$\boldsymbol{\psi}_s$、$\boldsymbol{\psi}'_m$　表示变量所在的坐标系

参考文献

1. K. P. Kovacs, I. Ràcz, *Transiente Vorgänge in Wechselstrommachinen*, Akadémia Kiadò, Budapest, Hungary, 1954.
2. K. P. Kovacs, *Transient Processes in Electrical Machines (in Hungarian)*, Müszaki Konyvkiadò, Budapest, Hungary, 1970.
3. K. P. Kovacs, Programmierung von Asynchronnmotoren unter Berük-sichtigung der Sättigung, *Archiv für Elektrotechnik*, 47, 193–206, 1962.
4. G. Kron, *Equivalent Circuits of Electrical Machinery*, John Wiley & Sons Inc., New York, 1951.
5. P. L. Alger, *The Nature of Induction Machine*, Gordon and Breach, New York, 1965.
6. M. Kostenko, L. Piotrovsky, *Electrical Machines*, MIR, Moscow, Russia, 1969, (two volumes).
7. P. C. Krause, *Analysis of Electrical Machinery*, McGraw Hill, New York, 1986.
8. C. V. Jones, *The Unified Theory of Electrical Machines*, Butterworth, London, U.K., 1967.
9. A. E. Fitzgerald, C. Kingsley, A. Kusko, *Electric Machinery*, McGraw Hill, New York, 1971.
10. S. A. Nasar, I. Boldea, *The Induction Machine Handbook*, CRC Press, Boca Raton, FL, 2001.
11. P. Vas, *Electric Machines and Drives, a Space-Vector Theory Approach*, Clarendon Press, Oxford, U.K., 1992.
12. P. Vas, *Sensorless Vector and Direct Torque Control*, Oxford Science Publications, Oxford, U.K., 1998.

13. P. Vas, *Vector Control of AC Machines*, Oxford Science Publications, Oxford, U.K., 1990.
14. W. Leonhard, *Control of Electrical Drives*, Springer-Verlag, Berlin, Germany, 1997.
15. J. Holtz, The representation of AC machine dynamics by complex signal flow graphs, *IEEE Transactions on Industrial Electronics*, 42(3), 263–271, June 1995.
16. P. Vas, Generalized analysis of saturated AC machines, *Archiv für Elektrotechnik*, 64, 57–62, 1981.
17. J. A. Melkebeek, Magnetizing field saturation and dynamic behaviour of induction machines. Part I: An improved calculation method for induction machine dynamics, *IEE Proceedings B*, 30(1), pp. 218–224, 1–9, January 1983.
18. P. Vas, M. Alaküla, Field-oriented control of saturated induction machines, *IEEE Transactions on Energy Conversion*, pp. 218–224, March 1990.
19. M. Pucci, Novel numerical techniques for the identification of induction motors for the control of AC drives: Simulations and experimental implementations (in Italian), PhD thesis, University of Palermo, Palermo, Italy, January 2001.
20. M. Cirrincione, M. Pucci, G. Cirrincione, A. Miraoui, Space-vector state model of induction machines including rotor slotting effects: Towards a new category of observers, *IEEE Transactions on Industry Applications*, 44, Vol. 44, n. 6, pp. 1683–1692, 2008.
21. P. Vas, *Parameter Estimation, Condition Monitoring, and Diagnosis of Electrical Machines*, Oxford Science Publications, Oxford, U.K., 1993.
22. J. R. Cameron, W. T. Thomson, A. B. Dow, Vibration and current monitoring for detecting airgap eccentricity in large induction motors, *IEE Proceedings B Electric Power Applications*, Vol. 133(Pt. B, 3), 155–163, May 1986.
23. S. Nandi, Modeling of induction machines including stator and rotor slot effects, *IEEE Transactions on Industry Applications*, 40(4), 1058–1065. July/August 2004.
24. S. Nandi, Slot permeance effects on rotor slot harmonics in induction machines, *IEEE IEMDC '03*, Vol. 3, pp. 1633–1639, June 1–4, 2003.
25. K. Rajashekara, A. Kawamura, K. Matsuse, *Sensorless Control of AC Motor Drives*, IEEE Press, Piscataway, NJ, 1996.
26. J. Holtz, Sensorless control of induction motor drives, *Proceedings of the IEEE*, 90(8), 1359–1394, August 2002.
27. P. L. Jansen, R. D. Lorenz, Transducerless position and velocity estimation in induction and salient AC machines, *IEEE Transactions on Industry Applications*, 31(2), 240–247, March/April 1995.
28. J. M. Aller, J. A. Restrepo, A. Bueno, M. I. Giménez, G. Pesse, Squirrel cage induction machine model for the analysis of sensorless speed measurement methods, *Second IEEE International Caracas Conference on Devices, Circuits and Systems*, Isla de Margarita, Venezuela, pp. 243–248, March 2–4, 1998.
29. J. M. Aller, J. A. Restrepo, A. Bueno, M. I. Giménez, V. M. Guzmàn, Induction machine model for sensorless speed measurement systems, *IEEE Power Engineering Review*, 18(7), pp. 53–54, July 1998.
30. M. Cirrincione, M. Pucci, G. Cirrincione, A. Miraoui, Space-vector state model of induction machines including rotor and stator slotting effects, *IEEE IEMDC '07*, Antalya, Turkey, pp. 673–682, May 3–5, 2007.
31. S. Nandi, S. Amhed, H. Toliyat, Detection of rotor slot and other eccentricity related harmonics in a three phase induction motor with different cages, *IEEE Transactions on Energy Conversion*, 16(3), pp. 253–260, September 2001.
32. S. Nandi, S. Amhed, H. Toliyat, M. Bharadwaj, Selection criteria of induction machines for speed-sensorless drive applications, *IEEE Transactions on Industry Applications*, 39(3), May/June 2003.
33. S. Nandi, H. Toliyat, Novel frequency-domain-based technique to detect stator interturn faults in induction machines using stator-induced voltages after switch-off, *IEEE Transactions on Industry Applications*, 38(1), pp. 101–109, January/February 2002.
34. M. M. Liwschitz, Field harmonics in induction motors, *Transactions of the American Institute of Electrical Engineers*, 61, 797–803, November 1942.

第5章　感应电动机驱动控制技术

5.1　感应电动机控制技术简介

本章主要介绍高性能感应电动机的控制技术。感应电动机的控制技术可分为两类：标量控制和矢量控制。标量控制是基于感应电动机稳态模型，来调节稳态定子电压的大小、频率、电流、磁链和电磁转矩。矢量控制是基于机器的动态模型，结合定子电压、电流及磁链的瞬时值，实现电动机优良的动态性能和转矩控制性能。

矢量控制实现方法有多种，最常用的方法是由 Hasse 和 Blaschke 提出的磁场定向控制（FOC），也称矢量控制[1-2]。其他的方法还有近年来提出的非线性控制等[3-5]，如 Marino 等提出了一种电动机状态变量的非线性变换方法，通过反馈实现速度和转子磁通幅值的解耦，该方法称为反馈线性化控制（FLC）或输入/输出解耦控制[6]；Krzeminski 也提出了一种类似的方法，建立了一个多标量的感应电动机模型[7]。一种基于变量原理和能量成形控制方法——无源性控制，最近受到关注。为了实现这一点，一种采用Euler-Lagrange 方程在广义坐标系建模的方法被引入了。

在 20 世纪 80 年代中期，Takahashi，Noguchi 和 Depenbrock 提出的 FOC 逐渐成为高性能驱动控制的工业标准[10-12]。从电动机控制角度来说，总是希望通过适当坐标变换来实现解耦从而使得电动机的控制类似直流电动机的控制。“棒-棒”控制是一种比较适合逆变器功率装置的开关指令的工作方式，可用来替代典型的 FOC 解耦控制，这种控制策略被称为直接转矩控制（DTC），自 1985 年以来，它一直在被不断地开发和改善。图 5-1 给出了最常见感应电动机控制技术的分类[13]。

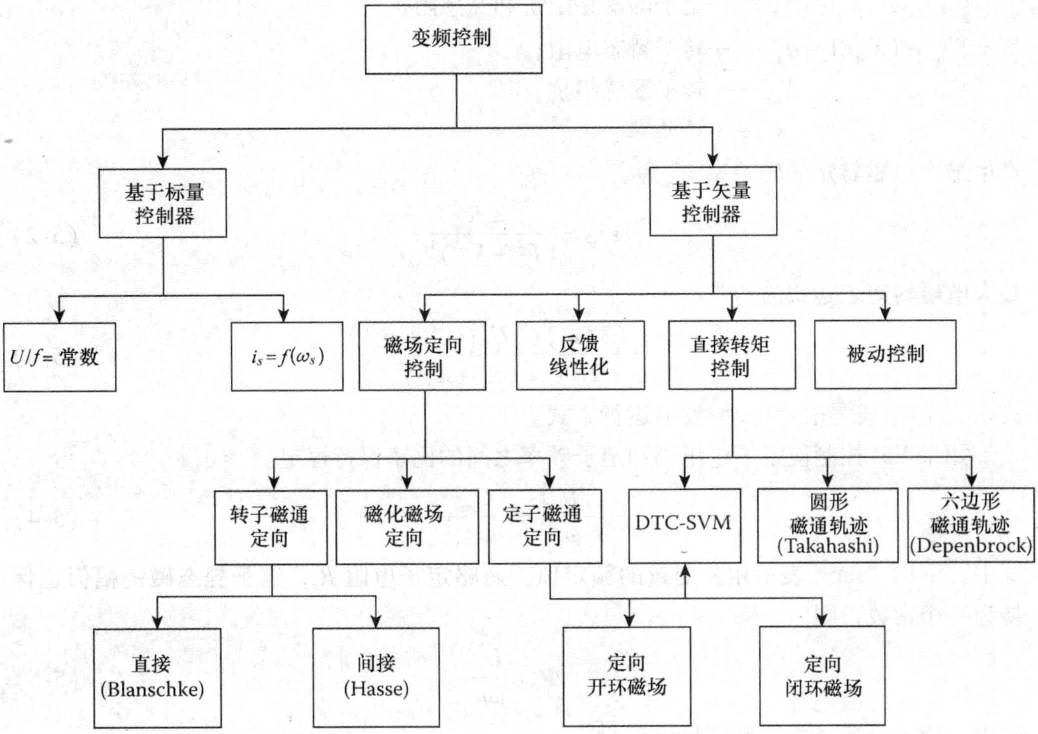

图 5-1　感应电动机控制技术的分类

5.2　感应电动机的标量控制

一些电动机负载不需要高动态性能，如风扇和泵类感应电动机的速度调控。其运行特点表明利用稳态模型已满足相应的要求，电动机可采用脉宽调制电压源型逆变器（VSI）来产生具有期望 U/f 特性的三相电压。感应电动机的标量控制是一种类似直流电动机开环控制的简单交流电动机调节速度的方法。

5.2.1　电压激励的标量控制

从感应电动机的稳态空间矢量公式可知，电动机的电磁转矩表达式为[14]

$$T_c=\frac{3}{\omega_1}\frac{|\boldsymbol{U}_1|^2}{(1+\sigma_s)^2}\frac{R_r/s}{(R_s+R_r/s)^2+X'^2} \tag{5-1}$$

式中　$\boldsymbol{U}_1$——静态电压的空间矢量；

ω_1——基波角速度；

R_s 和 R_r——分别是定子和转子电阻；

$\sigma_s=X_{s\sigma}/X_m$——定子漏感系数；

$X_{s\sigma}$和X_m——定子的漏感阻抗和互感阻抗；

$X' = \overline{X}'_{r\sigma} + (X_{s\sigma}/1 + \sigma_s)$——转子瞬态电阻；

$X_{r\sigma}$——转子漏感阻抗；

s——转差率。

产生最大电磁转矩的转差率$s_{\max}$为

$$s_{\max} = \frac{\pm R_r}{(R_s^2 + X'^2)^{1/2}} \tag{5-2}$$

最大电磁转矩表达式为

$$T_{e\max} = \frac{(3/\omega_1)(|\boldsymbol{U}_s|/(1+\sigma_s))^2}{2[R_s \pm (R_s^2 + X'^2)^{1/2}]} \tag{5-3}$$

式中，+/-符号表示电动/发电运行方式。

如果 VSI 控制使定子电压幅和定子频率之间的比率保持恒定。

$$\frac{|\boldsymbol{U}_s|}{\omega_1} = \frac{|\boldsymbol{U}_{\text{srat}}|}{\omega_{1\text{rat}}} \tag{5-4}$$

式中，下标“rat”表示相关变量的额定值。忽略定子电阻R_s，定子静态磁链幅值也保持为一个常数，则

$$\boldsymbol{\Psi}_s = \frac{\boldsymbol{U}_s}{\text{j}\omega_1} \tag{5-5}$$

式中　$\boldsymbol{\Psi}_s$——定子稳态空间磁链矢量。

式（5-3）描述的最大气隙电磁转矩$T_{e\max}$保持恒定，气隙电磁转矩可改写为

$$\frac{T_e}{T_{e\max}} \cong \frac{2}{s/s_{\max} + s_{\max}/s} \tag{5-6}$$

由式（5-6）的静态转矩可知，对于不同的工作频率，静态转矩取决于转差率，并且近似呈线性关系，即[14]

$$\frac{T_e}{T_{e\max}} \cong 2\frac{s}{s_{\max}} \tag{5-7}$$

基于上述原理，早期感应电动机速度开环调节基本原理是保持定子电压幅和定子频率之间比率$|\boldsymbol{U}_s|/\omega_1$恒定，来改变驱动器的同步转速。这种方法，既不需要测量电动机的速度，也不补偿由负载转矩引起的速度变化。图 5-2 所示为无定子电阻、不同频率驱动电源条件下，2.2kW 电动机的一组理想稳态转矩与电动机的速度关系曲线。显然随供电电源频率提高，电动机的同步速度越高。此外，在不同电源频率驱动下，也可获得较大的起动转矩。驱动频率变化时，最大转矩仍基本保持恒定。

因为标量控制没有考虑到电动机的动态特性，它除了具有上面提到的有限动态性能，还具有其他一些缺点。尤其是，频率突变可能出现下列现象：

1）电动机过电流。

2）定子电流、磁通量和转矩振荡。

3）由转差率来克服与最大转矩不一致会引起潜在的不稳定现象。

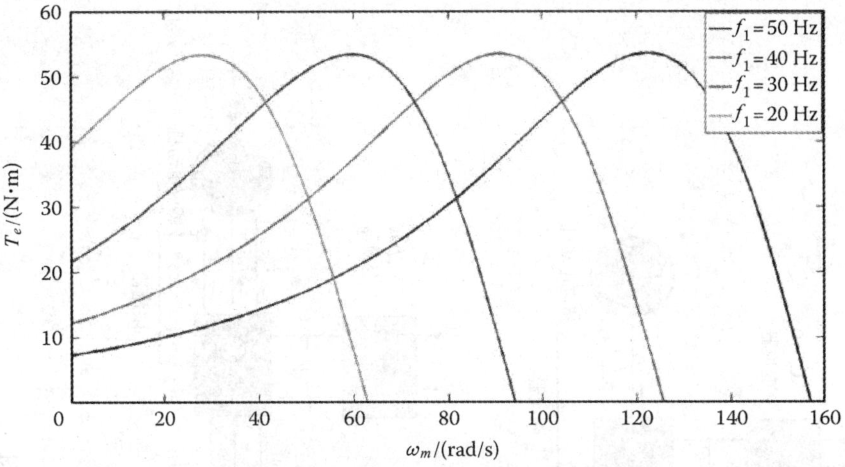

图5-2　理想情况下不同频率时稳态速度和转矩特性曲线

为了克服这些缺点，频率变化采用斜坡变化而不是阶跃。采用接近电动机的机电时间常数的斜坡函数可以更好地使电动机跟踪频率变化。此外，从系统稳定性角度，一种更好的方法可以进一步实现。

图5-3a给出了开环标量控制方案的结构框图[15]。在这个方案中，梯度限幅器减小了定子频率指令的带宽。有限带宽的定子频率信号产生定子参考幅值电压，由积分得到相角。电动机定子电压空间矢量的参考幅度和相位取决于PWM输出，进而建立逆变器同步参考电压的开关模式图。从理论上说不需要检测定子电流，虽然没有直接电流控制，但通常逆变器会安装过载电流保护。这一控制系统像一个前馈控制，因负载转矩的存在，电动机的速度与参考速度一般不一致。最大速度跟踪误差取决于电动机的额定转差频率，大约为3%～5%甚至更低。采用负载电流转差补偿方案是克服这个缺点的种方法[16]。可用图5-3b所示的转子转速闭环控制方案来实现[17]。

在这种情况下，参考速度ω_{mref}与实测速度之差通过PI控制器，得到电动机定子驱动频率。控制器的输出是参考转差速度ω_{2ref}，再加上测量的实际速度，得到电动机定子驱动电压频率ω_{1ref}。参考转差速度必须严格限制在有限的范围，避免出现失步现象，其转矩/速度几乎是线性的关系。针对电压频率关系，下面做进一步的说明。

当电动机速度低于额定转速，图5-3和图5-4中的$|\boldsymbol{U}_s|/\omega_1$比率呈线性规律变化，通常等于电动机定子额定磁通幅值，$|\boldsymbol{U}_s|/\omega_1=\text{const}=|\boldsymbol{\Psi}_{srat}|$。

当高于额定转速，电动机的电压为额定电压，使电动机工作在弱磁状态，$|\boldsymbol{U}_s|=|\boldsymbol{U}_{srat}|$。

当定子工作频率很低时，考虑电动机定子电阻的压降，通常需预设一个较小的电压值，$|\boldsymbol{U}_s|=|\boldsymbol{U}_{smin}|$。这是因为定子电阻不为0，若保持电压频率比恒定，随电压频率减少，定子磁通幅值也在降低。

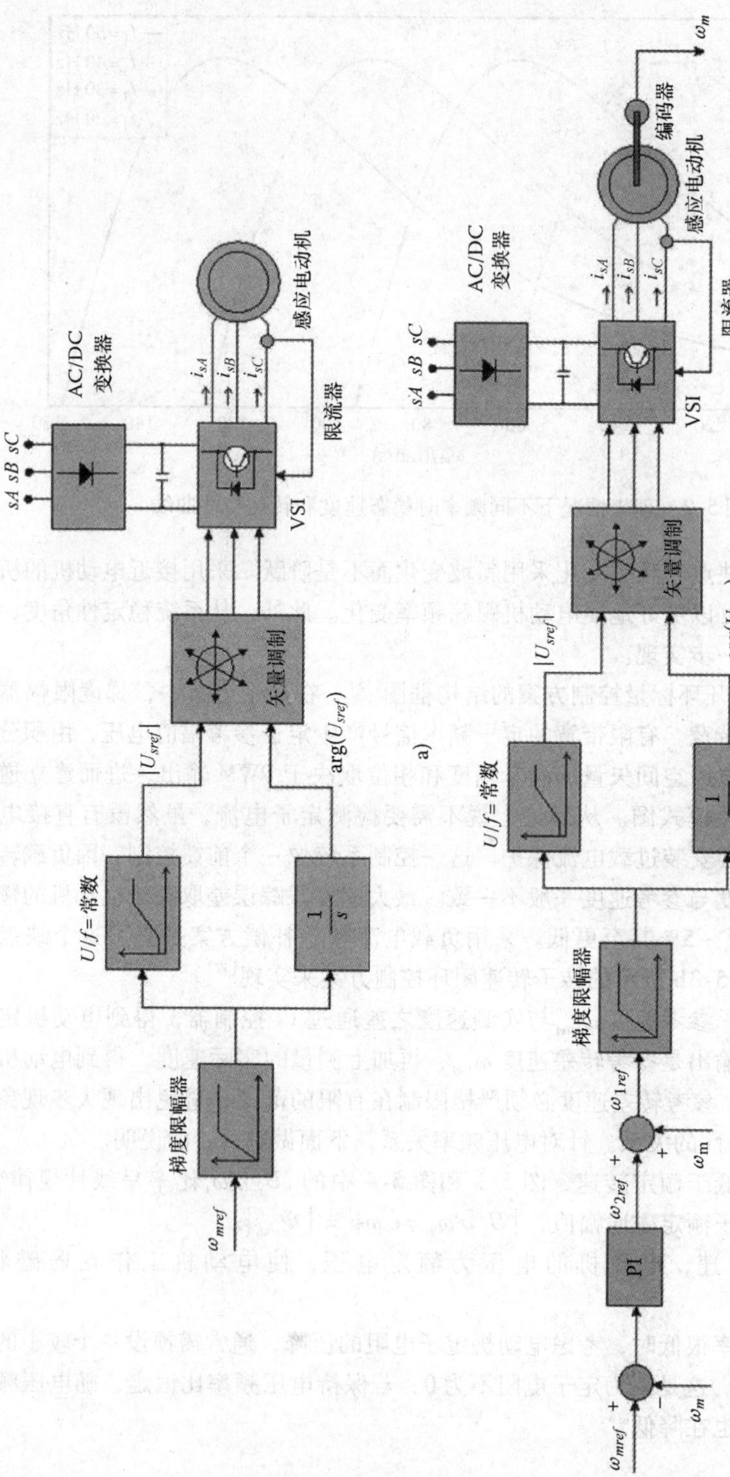

图 5-3 开环标量控制框图和电压的闭环标量控制框图

图5-4 给出了2.2kW 电动机恒压频比（$|\boldsymbol{U}_s|/\omega_1$）=0.7 时的定子磁通幅值与转子速度的关系曲线。由图5-4 可看出，电动机转矩能力随定子频率的减少而减少，图5-5 描述了2.2kW 电动机真正的转矩和速度在不同工作频率下的关系曲线，电源频率越低，最大电磁转矩越低。为了解决这一问题，这里不是在低速时设定一个较小的定子电压值，而是采用一个复杂方法去修正定子电压，补偿定子电阻产生的压降[17]。

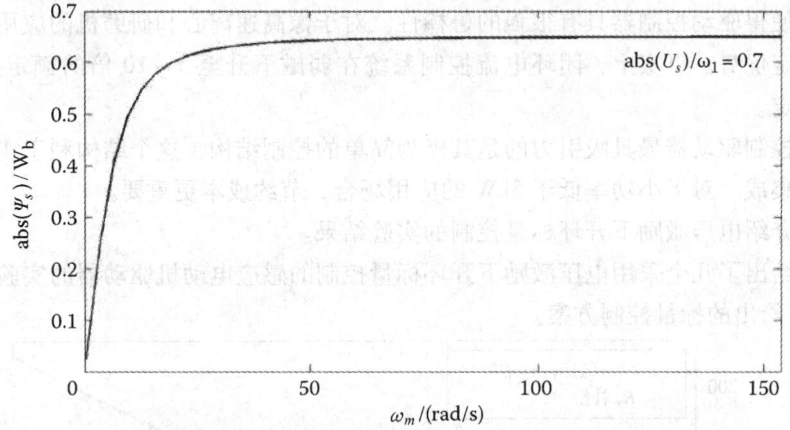

图5-4 定子磁通幅值与转子速度

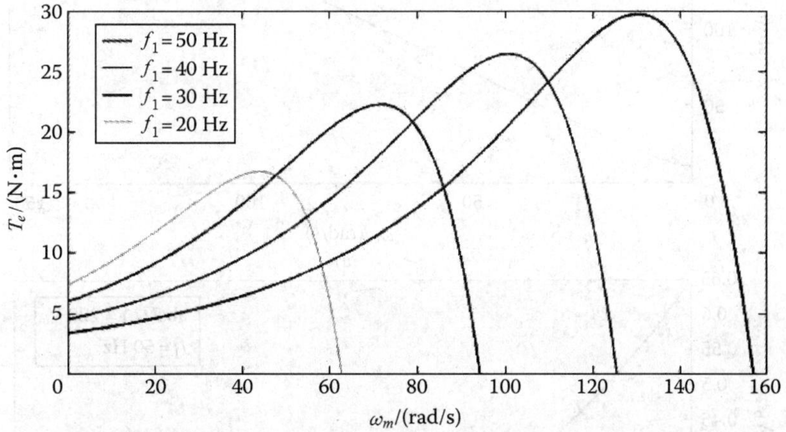

图5-5 不同电源频率下电动机速度与转矩特性曲线

补偿的方法[17]是参考定子电阻压降的基础上来修正定子电压。

$$|\boldsymbol{U}_s| = \left| \mathrm{j}\frac{\omega_1}{\omega_{1\mathrm{rat}}}\boldsymbol{U}_{s\mathrm{rat}} + R_s\boldsymbol{I}_s \right| \tag{5-8}$$

如果系统运行速度较低时

$$|\boldsymbol{U}_s| = \left| \frac{\omega_1}{\omega_{1\mathrm{rat}}} + \frac{R_s}{\mathrm{j}\omega_{1\mathrm{rat}}L_s}\ \frac{1+\mathrm{j}\omega_2 T_r}{1+\mathrm{j}\omega_2\sigma T_r} \right| \boldsymbol{U}_{s\mathrm{rat}} \tag{5-9}$$

图5-6a 给出了理想状态下和针对 R_s 补偿方法的两种电压与频率关系曲线。从图

5-6b可知，对于特定的供电频率，随着转差频率的增大，定子磁通的幅值减少。图 5-6b 给出了恒定压频比下，定子磁通幅值与转差频率的关系曲线。典型操作过程中转差频率的变化是有限的，但增加的负载会造成磁通的幅值减少，也会导致转矩的下降，使系统在低速的情况下控制更复杂。

开环标量控制以牺牲动态性能为代价确保了高鲁棒性。不采用闭环控制和低动态性能的限制使得驱动控制器具有很强的鲁棒性。对于像高速离心和研磨机的应用，开环控制具有一定优势。事实上，闭环电流控制系统在弱磁下升至 5 ~ 10 倍的额定速度[15]会趋于不稳定。

标量控制驱动器最具吸引力的是其极为简单的控制结构，这个结构利于实现电子元件的高度集成。对于小功率低于 5kW 的应用场合，节约成本更重要。

下面介绍电压激励下开环标量控制的实验结果。

下面给出了几个采用电压激励下开环标量控制的感应电动机驱动器的实验结果。采用图 5-3a 给出的标量控制方案。

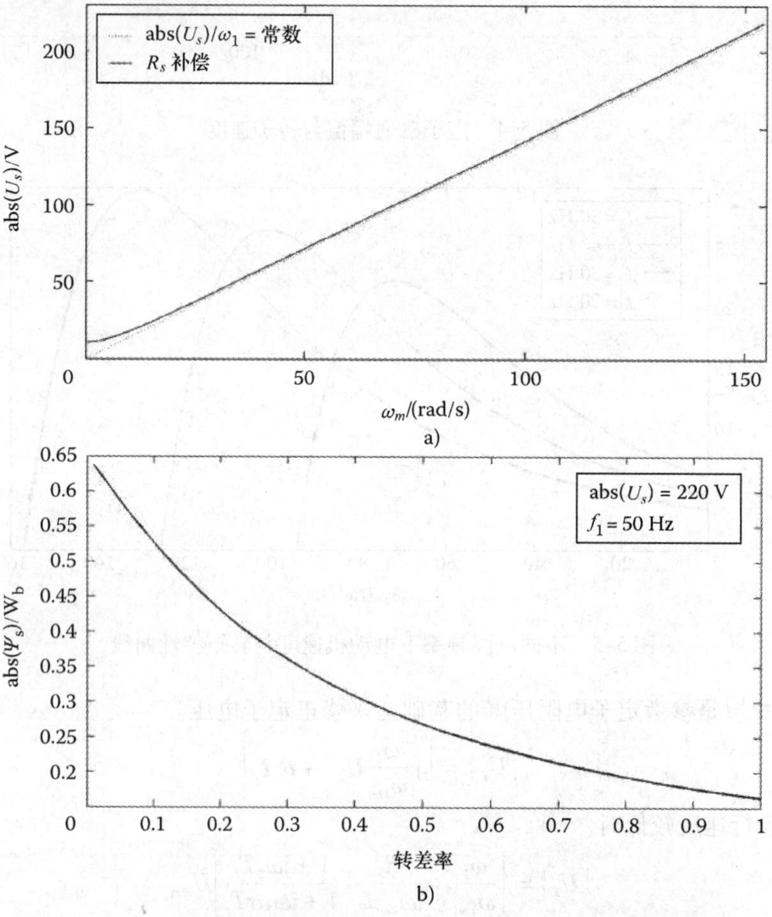

图 5-6　含 R_s 补偿的电压频率关系曲线和定子磁通与转差率关系曲线

实验采用2.2kW感应电动机（见附录A）。

图5-7a给出了正反转(100～－100)rad/s过程中，速度指令和实际速度的变化情况；图5-7b给出了电磁转矩和转子磁链幅值波形；图5-7c给出了相应三相定子电流的波形；实验结果证明了之前的分析。首先，速度正反转会出现速度的不受控制振荡，这

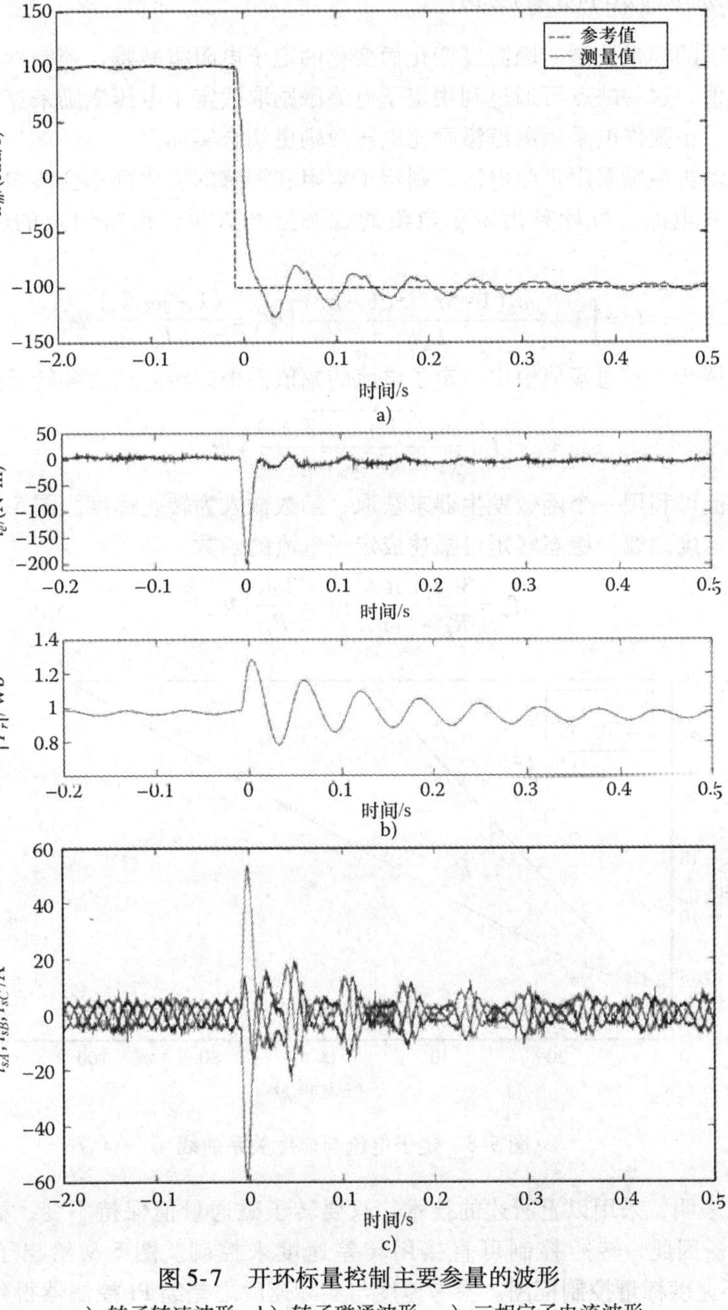

图5-7 开环标量控制主要参量的波形

a）转子转速波形 b）转子磁通波形 c）三相定子电流波形

种现象时间间隔在0.5s后会自动消失；其次，电磁转矩与转子磁通幅值的振荡会导致速度的振荡，两者都是不受控的变量；最后，三相受控电流达到非常高的值（超过50A），大大高于额定的电流值（约10A）。定子电流振荡与速度振荡是相对应的。

5.2.2 电流激励的标量控制

电压激励的标量控制对因温度变化而变化的定子电阻很敏感，控制性能依赖定子电阻和漏电抗值，这一缺点可通过利用定子电流激励取代定子电压激励来克服。对于开关变换器来说，正弦供电采用电流激励比电压激励更切合实际。

如果电动机激励采用正弦电流，则定子电阻和漏感的变化都不会影响控制。由感应电动机的等效电路，可计算出定子电流的稳态空间矢量，保持恒定的转子磁链，结果为[14]

$$\boldsymbol{I}_s = \left[1 + \frac{\mathrm{j}\omega_2(1-\sigma)L_s(1-\sigma_r)}{L_m R_r}\right]\boldsymbol{\Psi}'_r = \frac{(1+\mathrm{j}\omega_2 T_r)}{L_m}\boldsymbol{\Psi}'_r \tag{5-10}$$

为了保持转子磁通幅值恒定，定子电流的幅值需根据转差速度和转子参数来获取。

$$|\boldsymbol{I}_s| = \frac{\sqrt{(1+(\omega_2 T_r)^2)}}{L_m}|\boldsymbol{\Psi}'_r| \tag{5-11}$$

定子电流可利用一个函数发生器来获取，函数输入为转差速度。图5-8给出了两条电流与转差速度曲线。稳态转矩可描述成定子电流的函数，即[14]

$$T_e = \frac{3|\boldsymbol{I}_s|^2 R_r L_m^2 \omega_2}{R_r^2 + (\omega_2 L_r)^2} = \frac{3\omega_2}{R_r}|\boldsymbol{\Psi}'_r|^2 \tag{5-12}$$

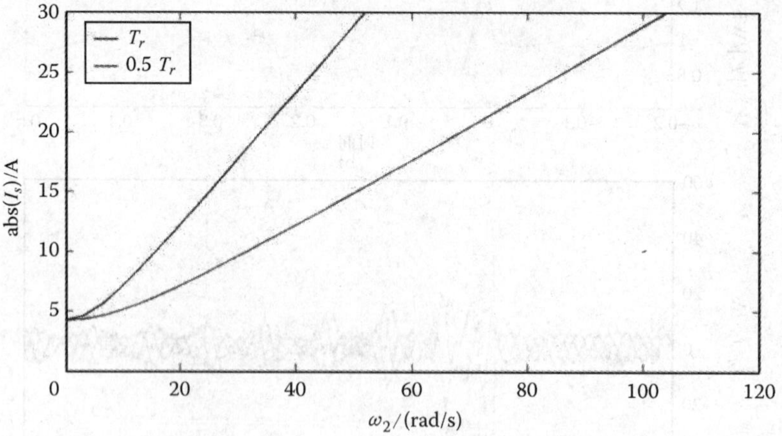

图5-8　定子电流与速度关系曲线

式（5-12）表明，采用以上所述的技术，只要转子磁通量值保持不变，稳态转矩取决于转差速度。因此，转矩控制可直接用转差速度来控制。图5-9给出了采用电流激励[17]的闭环速度标量控制框图。参考速度与实际速度之差经PI控制器得到转差速度的

指令值 ω_{2ref}，与实际转速 ω_m 相加得到定子角频率指令值 ω_{1ref}。由定子角频率的积分可得到定子的角度信号。ω_{2ref}信号被馈送至定子电流与转差速度的关系函数发生器，得到定子电流指令值。定子电流幅值和电角度都被馈送给两相变换器，输出两相瞬时的参考电流。

稳态电流控制系统控制实现瞬时电流对参考指令值的跟踪。采用电流激励的标量控制与相应电压激励相比更加复杂。它需要的已知参数包含电流与转差速度的关系曲线。可实现对电动机电流有效控制，它的优点是可对电流和转矩指令提供更快的响应速度。

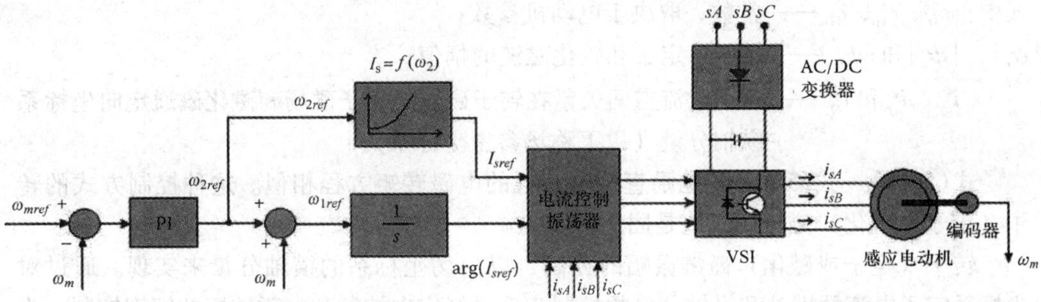

图5-9 电流闭环标量控制框图

5.3 感应电动机的磁场定向控制

感应电动机的标量控制，虽然已被成功应用于工业中，但并不能被高动态性能的应用场合所采用（如伺服驱动器、飞剪机、轧钢厂、机器人机械手等）。磁链开环控制是一种典型的标量控制，在低速和零速，电动机不可能达到额定电磁转矩。

IM 磁场定向控制驱动器 30 年前[1-2]被提出，它在过去的几十年被深入研究[17-33]，并被工业标准及高性能的 IM 所采用。它的发展也成了电力驱动和控制领域的重大突破的标志。IM 磁场定向控制使得 IM 的动态性能可以与直流电动机驱动相比，而且没有电刷带来的缺陷。

磁场定向控制的应用成为可能，并被应用于工业中，这一切得益于电力电子技术的发展，可靠、廉价和快速响应的电力设备以及低成本数字可编程单元。从经济角度来看，IM 驱动器也是对直流电动机驱动器的有效替代。

5.3.1 磁场定向矢量控制的原理

他励直流电动机是一种高动态性能容易控制的系统，其结构是自然解耦的。事实上直流电动机可通过励磁电流实现控制磁通；控制电枢电流即可控制电磁转矩，进而控制角速度和角位置。

磁场定向矢量控制可使感应电动机视作他励直流电动机控制并具有等效动态性能，

在这里，可采用第1章所解释的空间矢量理论来对系统进行描述，选择沿着转子磁链（或相似的定子或磁链）空间矢量方向为旋转直角坐标系横轴来描述电磁转矩的瞬时值，其值为转子（或定子）磁链和同一坐标系中定子电流的纵轴分量的乘积。在此坐标系中，电磁转矩可表示为[18]

$$t_e = c_{1r}\,|\boldsymbol{\psi}_r|\,i_{sy}^{\psi_r} \quad \text{转子磁链定向坐标系} \tag{5-13}$$

$$t_e = c_{1s}\,|\boldsymbol{\psi}_s|\,i_{sy}^{\psi_s} \quad \text{定子磁链定向坐标系} \tag{5-14}$$

$$t_e = c_{1m}\,|\boldsymbol{\psi}_m|\,i_{sy}^{\psi_m} \quad \text{磁化磁链定向坐标系} \tag{5-15}$$

式中　c_{1r}、c_{1s}、c_{1m}——常数，取决于电动机参数；

$|\boldsymbol{\psi}_r|$、$|\boldsymbol{\psi}_s|$和$|\boldsymbol{\psi}_m|$——转子、定子和磁化磁链的幅值；

$i_{sy}^{\psi_r}$、$i_{sy}^{\psi_s}$和$i_{sy}^{\psi_m}$——定子电流空间矢量在转子磁场、定子磁场和磁化磁通定向坐标系纵轴分量（以下称场参考坐标系）。

式(5-13)~式(5-15)与他励直流电动机的电磁转矩方程相似。这种控制方式的转子（定子或磁化）磁链的幅值是固定的。

转子（定子或磁化）磁链振幅的控制可以由场坐标系的横轴分量来实现。通过对坐标系定子电流的横轴和纵轴分量的控制实现磁场定向控制和电磁转矩的解耦控制。为了实现磁场定向控制，定子电流空间矢量被转换到相应的坐标系。在相应坐标系中，定子电流的横轴和纵轴分量类似直流电动机中的励磁电流和电枢电流。磁场定向控制通常在转子磁链坐标系中实现，在这个坐标系中，转子磁链取决于定子电流的横轴分量，随之电流实现解耦；而另两种场坐标系，磁链不仅仅取决于定子电流的横轴分量，还含有顺向的耦合项，称为前馈控制项，也称为解耦电路，使整个控制系统更复杂。为了实现磁场定向控制，需要定子坐标系横轴 sD 和磁链空间矢量之间的电角度信息。针对转子磁链定向控制，有两种方法可获得转子磁通空间矢量的振幅和相位：直接磁场定向控制（Direct Field - Oriented Control，DFOC）也称为磁通反馈，这些参数可直接测出（由霍尔效应传感器、附加绕组等），也可利用磁通量的模型计算获取；间接磁场定向控制（Indirect Field - Oriented Control，IFOC）方法，转子磁通空间矢量的幅值和相位可通过定子电流的横轴分量和纵轴分量及电动机的角速度获取。尤其在IFOC中，转子磁通空间矢量相位是通过转子角位置 θ_r 与计算出的转差角 θ_{sl} 之和获取的。转差角 θ_{sl} 给出了转子坐标系下转子磁通空间矢量相对于横轴 ra 的角位置。在场坐标系中，这个角度可由参考定子电流的横轴分量和纵轴分量计算出，估算的精度取决于转子时间常数的正确性。不正确的参数信息会导致磁场定向错误。

5.3.2　转子磁通定向控制

转子磁通定向控制适用于向电动机直接提供激励电流的方式。如果电动机由电流发电动机供电，系统的动态模型会大大简化。采用电流激励，不需考虑定子电阻的压降，可简化电动机转子空间矢量方程。

采用转子磁通定向坐标系，转子空间矢量方程为

$$T_r\frac{\mathrm{d}|\boldsymbol{i}_{mr}|}{\mathrm{d}t}+|\boldsymbol{i}_{mr}|=\boldsymbol{i}_s^{\psi_r}-\mathrm{j}(\omega_{mr}-\omega_r)T_r|\boldsymbol{i}_{mr}| \tag{5-16}$$

式中 $\boldsymbol{i}_s^{\psi_r}$——磁场坐标系中定子电流的空间矢量；

$\boldsymbol{i}_{mr}$——转子磁化电流空间矢量，定义为 $\boldsymbol{i}_{mr}=\boldsymbol{\psi}_r/L_m$，其中 L_m 为三相磁化电感，$\boldsymbol{\psi}_r$ 是转子磁链空间矢量；

T_r——转子时间常数；

ω_r——电动机电角速度；

ω_{mr}——电动机磁链电角速度。

空间矢量方程式（5-16）可分解到场坐标系的横轴 x 和纵轴 y 中，对应标量方程如下

$$\begin{cases}T_r\dfrac{\mathrm{d}|\boldsymbol{i}_{mr}|}{\mathrm{d}t}+|\boldsymbol{i}_{mr}|=i_{sx}^{\psi_r} & (5\text{-}17\text{a})\\ \omega_{mr}=\omega_r+\dfrac{i_{sy}^{\psi_r}}{T_r|\boldsymbol{i}_{mr}|} & (5\text{-}17\text{b})\end{cases}$$

式中 $i_{sx}^{\psi_r}$ 和 $i_{sy}^{\psi_r}$——场坐标系中定子电流空间矢量的横轴和纵轴分量。

转子磁链参考系中的电磁转矩为 $\boldsymbol{i}_{mr}$ 和 $i_{sy}^{\psi_r}$ 的函数功能，表达式为

$$t_e=\frac{3pL_m}{2(1+\sigma_r)}|\boldsymbol{i}_{mr}|i_{sy}^{\psi_r} \tag{5-18}$$

式中 σ_r——定子漏感系数。

图 5-10 给出了不同变量的矢量框图。

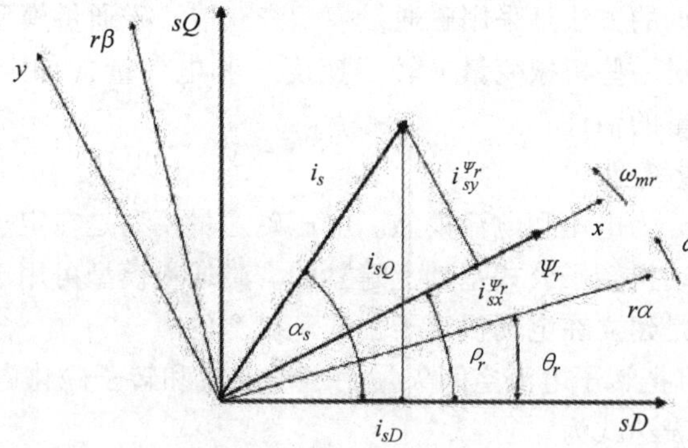

图 5-10 定子电流和转子磁链空间矢量图

由于转子磁化电流取决于定子电流 $i_{sx}^{\psi_r}$ 的横轴分量，式（5-17a）表明通过直接作用于 $i_{sx}^{\psi_r}$ 来控制转子磁链是可行的。其中 $\boldsymbol{i}_{mr}$ 和 $i_{sx}^{\psi_r}$ 具有一阶动态关系，受定子时间常数 T_r 制约。

式（5-18）表明电磁转矩可由作用于转子磁化电流 $\boldsymbol{i}_{mr}$ 和定子电流的纵轴分量 $i_{sy}^{\psi_r}$ 来控制。为了获得最佳的动态性能，应使电动机在额定转速下工作，仍维持转子磁链

（或转子磁化电流）幅值为一个恒定值，即维持定子电流的横轴分量 $i_{sx}^{\psi_r}$ 恒定。在一定速度范围，电磁转矩可由作用于定子的电流纵轴分量 $i_{sy}^{\psi_r}$ 控制。为了将定子电流空间矢量分解成分量 $i_{sx}^{\psi_r}$ 和 $i_{sy}^{\psi_r}$，须知相对于静止坐标系横轴 sD 的转子磁链瞬时空间矢量 ρ_r 的角位置。在直接磁场定向控制中，ρ_r 由磁通量模型获得。应该注意的是，在转子磁链坐标系，稳态定子电流的横轴和纵轴分量 $i_{sx}^{\psi_r}$ 和 $i_{sy}^{\psi_r}$ 是常数。

5.3.3 转子磁链的获取

考虑转子磁通定向的 DFOC，则需考虑如何利用转子磁通测量和利用磁通模型来获取转子磁通。

磁化磁通可通过在定子内周边插入一些基于霍尔效应的具有磁电流或磁阻效果的传感器来直接测量磁通量。通过对本地磁通密度的测量，可以得到气隙磁通密度的振幅和角位置。基于这种测量方法，也可测量定子电流，并计算出转子磁链空间矢量。然而，直接测量转子磁通也存在以下缺点[17]：

1）由于传感器必须插入在电动机的结构上，这种方法不适用一个现成的电动机。

2）除了装配问题，添加了成本，在机械和温度方面也会变得脆弱。

3）还存在霍尔效应传感器的热补偿和因为转子槽谐波干扰输出信号后续处理，意味着需要采用适当的滤波。

4）电磁转矩通过对定子内几个点的直接测量来估算不是很可靠。

另外，还可在定子上采用一些额外的绕组，在感应电动势的积分基础上估算磁链。此外，感应电动势能的测量，除了需适合的信号滤波还需要可靠和精确的传感器。

获取磁通量最常见的方法是采用磁通量模型来获取。磁通量模型是反应电动机工作特点的数学模型，在对一些机械变量（转子速度）和电参量（如定子电压和电流）测量基础上，实现磁通量的估计。

1. 电压型磁通量模型

磁通量模型一般分为电压和电流模型。电压磁通量模型是在定子公式基础上，而电流磁通量模型是在电动机转子公式基础上建立的。磁通量模型可用于磁通开环估计，早期的电压磁通量模型是建立在电动机定子公式基础上的。

由式（4-35），可把转子电流空间矢量用定子电流和转子磁化电流空间矢量的函数来描述，其空间矢量表达式为

$$(1-\sigma)T_s\frac{\mathrm{d}\boldsymbol{i}_{mr}}{\mathrm{d}t}=\frac{\boldsymbol{u}_s}{R_s}-\boldsymbol{i}_s-T'_s\frac{\mathrm{d}\boldsymbol{i}_s}{\mathrm{d}t}\tag{5-19}$$

式中 T_s——定子时间常数；

T'_s——电动机瞬态时间常数；

σ——总的漏感系数；

$\boldsymbol{u}_s$——静态坐标系中的定子电压空间矢量；

$\boldsymbol{i}_s$——静态坐标系中的定子电流空间矢量。

空间矢量式（5-19）可在静态坐标系中分解为横轴和纵轴部分，即

$$\begin{cases}(1-\sigma)T_s\dfrac{\mathrm{d}i_{mrD}}{\mathrm{d}t}=\dfrac{u_{sD}}{R_s}-i_{sD}-T'_s\dfrac{\mathrm{d}i_{sD}}{\mathrm{d}t} & \text{(5-20a)}\\ (1-\sigma)T_s\dfrac{\mathrm{d}i_{mrQ}}{\mathrm{d}t}=\dfrac{u_{sQ}}{R_s}-i_{sQ}-T'_s\dfrac{\mathrm{d}i_{sQ}}{\mathrm{d}t} & \text{(5-20b)}\end{cases}$$

式中 i_{mrD}和i_{mrQ}——静态坐标系下的转子磁化空间矢量的横轴和纵轴分量；

i_{sD}和i_{sQ}——定子电流的横轴和纵轴分量；

u_{sD}和u_{sQ}——静态坐标系下的定子电压的横轴和纵轴分量。

图5-11a所示为式（5-20a）和式（5-20b）描述的电压磁通量模型框图。

图5-11a中s为拉普拉斯算子。该磁通量模型需要测量定子电压和电流，不需要测量定子的角速度，但必须要得到电动机电气参数定子电阻、定子电感和漏感系数。图5-11a中标注3/2的地方表示三相变量被转换为二相静止坐标系。变换关系为

$$\begin{cases}u_{sD}=\left(\dfrac{2}{3}\right)u_{sA}-\left(\dfrac{1}{3}\right)u_{sB}-\left(\dfrac{1}{3}\right)u_{sC} & \text{(5-21a)}\\ u_{sQ}=\left(\dfrac{1}{\sqrt{3}}\right)u_{sB}-\left(\dfrac{1}{\sqrt{3}}\right)u_{sC} & \text{(5-21b)}\end{cases}$$

$$\begin{cases}i_{sD}=\left(\dfrac{2}{3}\right)i_{sA}-\left(\dfrac{1}{3}\right)i_{sB}-\left(\dfrac{1}{3}\right)i_{sC} & \text{(5-22a)}\\ i_{sQ}=\left(\dfrac{1}{\sqrt{3}}\right)i_{sB}-\left(\dfrac{1}{\sqrt{3}}\right)i_{sC} & \text{(5-22b)}\end{cases}$$

式中 u_{sA}，u_{sB}，u_{sC}和i_{sA}，i_{sB}，i_{sC}——为电动机的相电压和相电流。

在图5-11a的框图中R/P（极坐标）表示由笛卡尔坐标转换成极坐标，转换公式为

$$\begin{cases}|\boldsymbol{i}_{mr}|=\sqrt{i_{mrD}^2+i_{mrQ}^2} & \text{(5-23a)}\\ \rho_r=\arctan\left(\dfrac{i_{mrQ}}{i_{mrD}}\right) & \text{(5-23b)}\end{cases}$$

该模型存在以下缺陷[18-19]：

1）开环磁通的积分会带来积分器的偏置。

2）低速时模型对随温度变化的R_s较敏感，积分前需对R_s造成的压降进行补偿。

3）需要用适当的传感器来测量定子电压，通常这些传感器很昂贵，信号采样前需对电压信号进行滤波（一般排斥滤波）。

相反，也存在以下优点：

1）不需要进行速度测量。

2）高速时参数的鲁棒性强。

3）估计只依赖电动机的定子参数。

2. 电流型磁通量模型

不同于以上叙述，电流型磁通量模型是用电动机的转子方程进行描述。有些电流磁通量模型的存在，决定于方程式怎样被重写和采用的那种坐标系。常用的电流磁通量模型分别为转子磁通量坐标系和定子参考系。

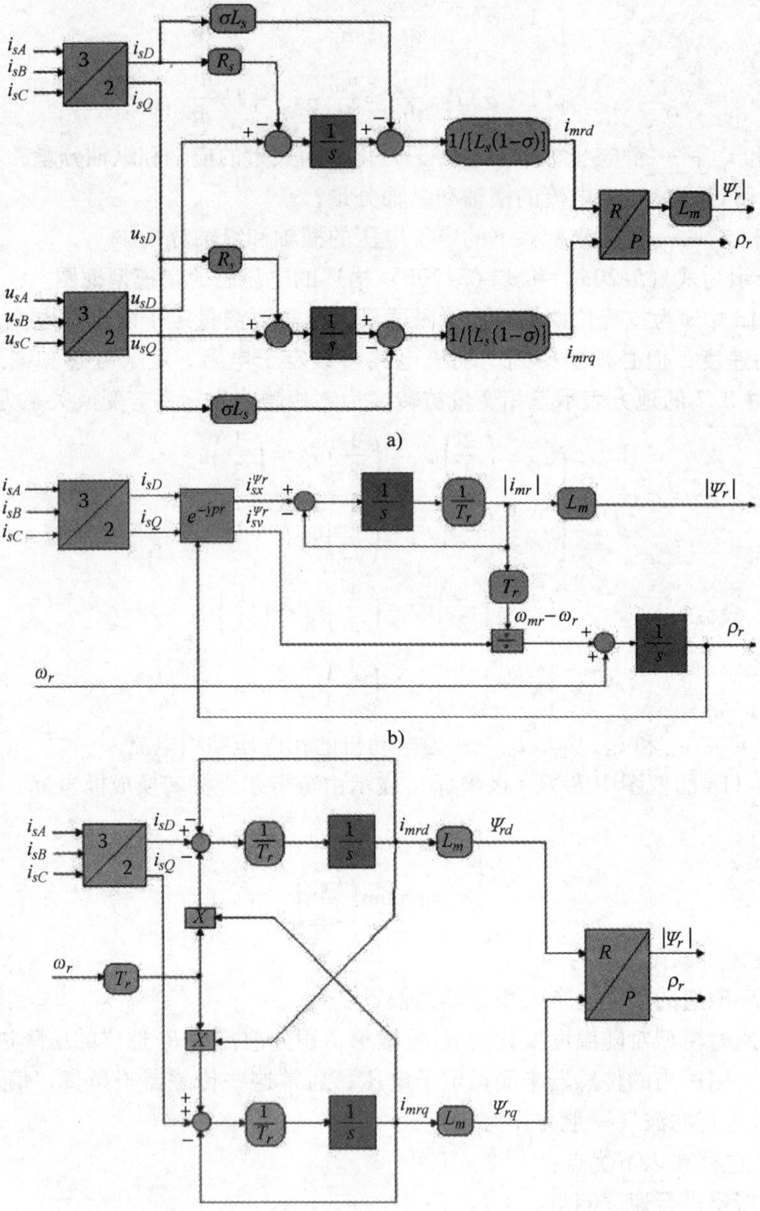

图 5-11　磁通量模型框图

a）电压磁通量模型框图　b）转子磁链定向坐标系下电流磁通量模型框图；

c）静止坐标系下电流磁通量模型框图

基于式（5-16）描述的转子磁通定向坐标系的转子磁通模型为

$$T_r\frac{\mathrm{d}|\boldsymbol{i}_{mr}|}{\mathrm{d}t}+|\boldsymbol{i}_{mr}|=\boldsymbol{i}_s^{\psi_r}-\mathrm{j}(\omega_{mr}-\omega_r)T_r|\boldsymbol{i}_{mr}| \tag{5-24}$$

这个方程可改写为下面描述的横轴 x 和纵轴 y 轴上的标量方程：

$$\begin{cases}T_r\dfrac{\mathrm{d}|\boldsymbol{i}_{mr}|}{\mathrm{d}t}+|\boldsymbol{i}_{mr}|=i_{sx}^{\psi_r} & \text{(5-25a)}\\ \omega_{mr}=\omega_r+\dfrac{i_{sy}^{\psi_r}}{T_r|\boldsymbol{i}_{mr}|} & \text{(5-25b)}\end{cases}$$

设电动机的磁化特性在观测点是线性，则式（5-25a）和式（5-25b）有效。在转子磁通坐标系下，显然定子电流的纵轴分量取决于转差速度 $\omega_{mr}-\omega_r$，而转子磁化电流（转子磁通）只与定子电流的横轴分量相关。图 5-11b 给出了式（5-25a）和式（5-25b）描述的磁通模型框图。

通过框图中的 $\mathrm{e}^{-\mathrm{j}\rho_r}$ 可把静止坐标系中的定子电流的分量 i_{sD} 和 i_{sQ} 转换为转子磁场定向坐标系中的电流分量 $i_{sx}^{\psi_r}$ 和 $i_{sy}^{\psi_r}$，转子磁场定向坐标系是建立在角度 ρ_r 已知的基础上。

相互间转换的关系为

$$\begin{cases}i_{sx}^{\psi_r}=i_{sD}\cos\rho_r+i_{sQ}\sin\rho_r & \text{(5-26a)}\\ i_{sy}^{\psi_r}=-i_{sD}\sin\rho_r+i_{sQ}\cos\rho_r & \text{(5-26b)}\end{cases}$$

图 5-11b 表明定子电流的横轴分量 $i_{sx}^{\psi_r}$ 与转子磁化电流 $\boldsymbol{i}_{mr}$ 具有一阶动态关系。稳态时，$\boldsymbol{i}_{mr}$ 是常数，在磁场坐标系中转子磁化电流与定子电流的横轴分量一致。

这个磁通模型的主要优点如下：

1）方程式简单。

2）闭环积分可实现磁通量的计算。

3）稳态时，变量为常数。

应该注意的是，由式（5-25a）和式（5-25b）所描述的模型，磁化电流的幅值和角度明显依赖于准确的电动机转子时间常数。错误的时间常数无法实现变量在 x、y 轴的准确解耦。这种耦合会导致驱动器动态性能的下降，负载能力的降低，最终导致驱动器出现不稳定现象。

由静止坐标系下描述的转子方程建立的磁通模型，可用矢量方程描述为

$$T_r\frac{\mathrm{d}\boldsymbol{i}'_{mr}}{\mathrm{d}t}=\boldsymbol{i}_s-\boldsymbol{i}'_{mr}+\mathrm{j}\omega_rT_r\boldsymbol{i}'_{mr} \tag{5-27}$$

式中 $\boldsymbol{i}'_{mr}$——静止坐标系下的转子磁化电流空间矢量。

由此方程可得横轴 sD 和纵轴 sQ 轴上的两个标量方程为

$$\begin{cases}T_r\dfrac{\mathrm{d}i'_{mrD}}{\mathrm{d}t}=i_{sD}-i'_{mrD}-\omega_rT_ri'_{mrQ} & \text{(5-28a)}\\ T_r\dfrac{\mathrm{d}i'_{mrQ}}{\mathrm{d}t}=i_{sQ}-i'_{mrQ}+\omega_rT_ri'_{mrD} & \text{(5-28b)}\end{cases}$$

式（5-28a）和式（5-28b）所描述的磁通量模型如图 5-11c 所示。其中，框图 3/2 表示在静止坐标系下把定子电流 i_{sA}、i_{sB} 和 i_{sC} 从三相转变为二相 i_{sD} 和 i_{sQ}，框图 R/P 表示从笛

卡尔坐标到极坐标的转换。转子磁化电流的幅值和相位的正确估算取决于正确的电动机转子时间常数。

与式（5-25a）和式（5-25b）描述的模型不同的是，这个磁通量模型存在以下缺点：

1）需通过开环积分来实现对磁通量估算。

2）电气变量交变。

3）与磁场坐标系相比，估计的误差更高。

事实上，由式（5-27）和所有变量的稳态值可知，转子磁化电流 $\boldsymbol{I}'_{mr}$ 是定子电流 $\boldsymbol{I}_s$ 和定子电流角速度 ω_1 的函数，即

$$\boldsymbol{I}'_{mr}=\frac{\boldsymbol{I}_s}{1+\mathrm{j}(\omega_1-\omega_r)T_r} \tag{5-29}$$

式（5-29）表明对于转子转速较高和转差速度较低，很小的转子速度测量误差会导致 $|\boldsymbol{i}'_{mr}|$ 和 ρ_r 较大的估计误差。而一些基于感应电动机电流和电压模型有机结合的磁通量模型，对于转子转速的误差不敏感[18-19]。

3. 采用电流激励的转子磁通定向控制

采用电流激励的转子磁通定向控制可采用电流周波控制器来实现，电流源型变流器由可控的 AC/DC 变换器或采用电流控制的 VSI 来实现，CRPWM（调节电流的 PWM）可由 AC/DC 变换器实现。

电流控制型周波变换器通常仅用于大功率驱动器。这种转换器至少需要 36 个晶体闸流管。此外，它的最大限制是所能产生的最大基本频率 f_1 值。可实现的最大频率变化范围为 $0<f_1<p_{\mathrm{u}}.f_{1\max}/15$，其中，$p_{\mathrm{u}}$ 为变换器的周波数[17]。对于输入频率为 50Hz 的三相桥转换器（$p_{\mathrm{u}}=6$），$f_{1\max}$ 约为 20Hz。如果有一个更高的额定频率电网可用，如提供的船舶推进涡轮机或柴油引擎，变频器的输出频率范围也相应增加。

在大功率驱动器，可采用含平波电抗器的 AC/DC 变换器来实现 CSI。在这种情况下，定子电流的幅值的控制由 AC/DC 变换器来实现。而定子电流的基本频率控制则由作用于电动机上的 CSI 来确定。CSI 采用 12 晶体闸流管，不一定需要高的开关频率器件。事实上，这种变换器的开关频率不是在任何情况都要求很高。转换器对电流参考变量的动态响应速度取决于变流器直流侧的平波电感、电动机电感、直流侧电流控制环的增益、AC/DC 变换器输出电压的额定值和负载转矩[18]，选择低漏电感电动机可以适当减少换向时间。应该注意的是，这样一个转换器，电动机吸收的电流波形是方波，除了在电流换向的瞬间产生尖峰外，电动机绕组上的电压是一个准正弦波形。因此，定子电流的谐波含量非常高，电磁转矩明显存在纹波，在低转速时，问题较大。这就是为什么这种变换器不满足对角位置实现连续精确控制的要求。当要求高动态性能驱动时，CRPWM 控制的逆变器是最好的解决方案。如果直流环节电压足够高，设计一个高增益的电流控制环是可能的，从而实现输出电流较好的跟踪指令值。如前所述，电流控制可避免使用电动机定子方程所描述的动态关系。控制系统也可被简化为电压控制逆变器，简单的方法是采用滞环比较器来控制三相定子电流。图 5-12 给出了基于滞环比较器的

定子电流控制系统框图。

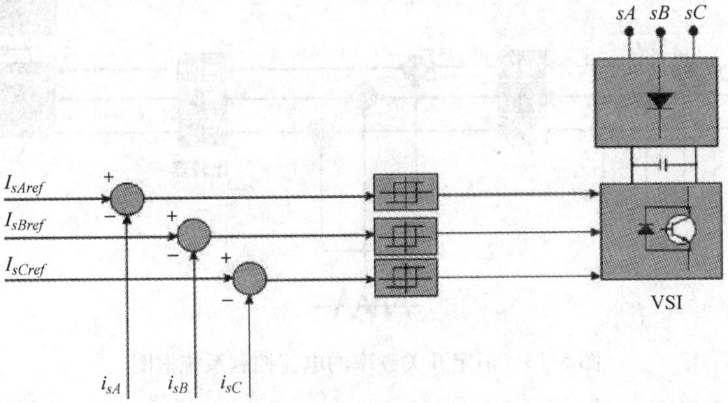

图 5-12 基于滞环比较器的定子电流控制系统框图

定子相电流 i_{sA}、i_{sB} 和 i_{sC} 瞬时值与控制系统的参考值 i_{sAref}、i_{sBref} 和 i_{sCref} 相比较，误差由滞环比较器处理。如果正误差高于一半的滞环量，则逆变器上桥臂部将运行。相反，如果负误差低于一半的滞环量，逆变器下桥背将执行。采用含可降低滞环宽度的滞环比较器来降低电动机定子电流的谐波。但这种变流器的特点是变流器的开关频率是变化的，它会成为对其他系统产生干扰的潜在问题。开关频率取决于定子电流滞环带从低到高的速度，反之亦然。它取决于直流环节电压的大小以及电动机自身电感和其电动势。如果使用了双极型晶体管（BJT），开关频率则被限制在几千赫。例如，使用 IGBT 或 MOS-TET 甚至可超过 16kHz，高于声波的频率[17]。MOSFET 可明显增加变换器开关频率，这样定子电流波形中谐波含量会更低，但受驱动器最大功率的限制，存在一个上限。出于这个原因，由 CRPWM 变流器采用电流激励实现的 FOC 只能解决中低功率驱动器问题。

更合适的方式是保持开关频率不变，而不是滞环比较器。但变频器稳定频率明显增加定子电流的谐波含量。而另一种恒定开关频率的逆变器控制方法如图 5-13 所示[19]。把每相的实际电流与相应参考电流相比较，其差经 PID 控制器处理输出与固定频率的三角载波波形（见图 5-13 中 u_{carr}）进行比较；所得的偏差经一个比较器处理，根据所得信号的符号对逆变器的上、下桥背进行控制。与简单的开关比较器应用相比，该技术减少了定子电流的谐波含量，并使变换器维持一个恒定的开关频率。

图 5-14 所示为电动机电流激励的转子磁场定向控制系统框图。驱动感应电动机的变流器主要由一个二极管组成的三相整流器和一个电压型 IGBT 逆变器组成。逆变器采用高增益电流控制进行电流控制。“电流控制”框图描述了一个基于滞环比较器的电流控制系统。这个框图可用恒开关频率的电流控制来替代，如图 5-13 所示。

由图 5-14 可以看出，其可实现对电动机速度 ω_m 和转子磁通 ψ_r 幅值的闭环控制。电动机速度可由增量编码器测量获得，与指令转速 ω_{mref} 相比，所得的速度误差经含抗饱

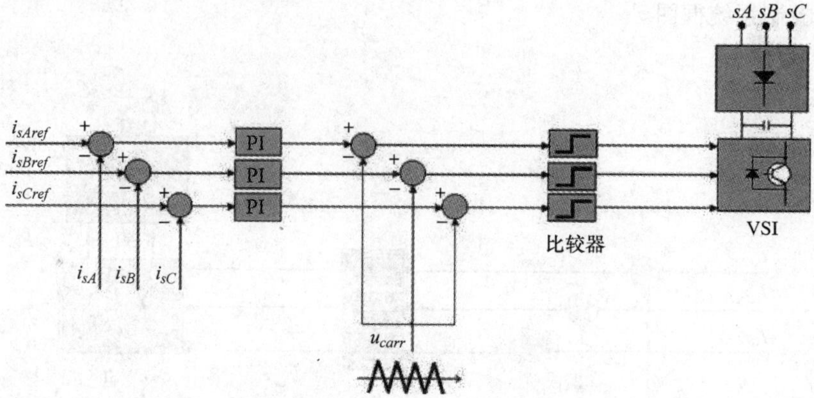

图 5-13　恒定开关频率的电流控制系统框图

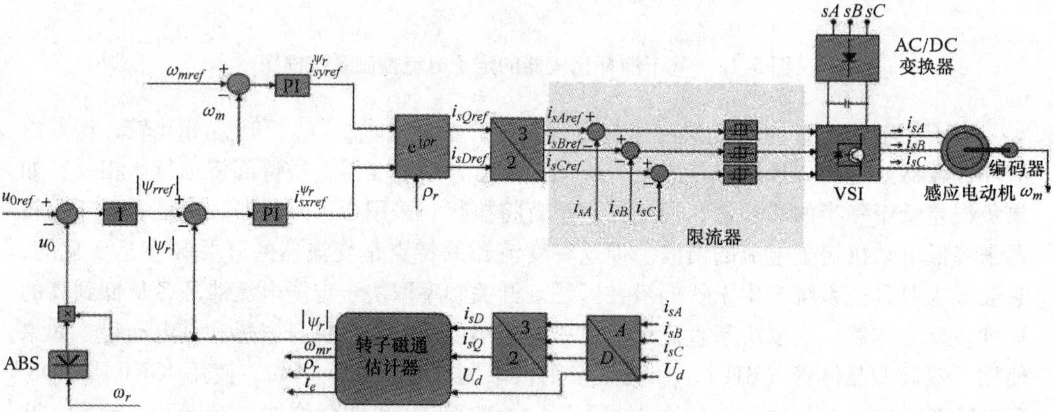

图 5-14　框图的 IM 驱动 FOC 基于电流控制转子磁通定向

和 PI 控制器处理后㊀，输出转子磁场定向坐标系下定子电流空间矢量纵轴分量的指令值 $i_{syref}^{\psi_r}$。在电动机额定转速以下和以上，参考磁通量的控制是通过电压 u_0 的闭环控制来实现。利用参考电压 u_{0ref} 与实际电压 u_0 相比之差，可估计转子磁通量的幅值。跟踪误差经一个积分器处理，输出转子磁通的指令值 ψ_{rref}，积分器的输出被限制在电动机工作于低于额定速度状态下的转子磁通量范围内。这个限制值通常选择对应于电动机磁化特性弯曲处㊁。当低于电动机的额定速度时，转子磁链保持恒定且等于积分器的限制值。相反在高于电动机额定速度时，控制系统减少了转子磁链的指令，以便维持 $|\omega_r|.\psi_r$ 为常数且等于指令电压 u_{0ref}。

另一种变通的方法是采用转子磁链的开环控制，尽管逆变器激磁方式是低效的。在这种情况下，参考磁链指令值是利用一个函数发生器来获取，以转子转速的电流值作为

㊀ 当饱和器对控制的输出进行限制时，在一定时间间隔系统的 PI 积分功能被取消。控制系统的输出超调会明显减少。

㊁ 电动机的磁化特性曲线给出了转子磁链关于转子磁化电流的函数关系。

输入的当前值。

转子磁链指令值ψ_{rref}与磁通量模型估计得到的转子磁链ψ_r相比较，所得的跟踪误差经 PI 控制器的处理，得到磁通量控制器的输出转子磁链坐标系中定子电流空间矢量的横轴分量的指令值$i_{sxref}^{\psi_r}$。

图 5-14 中的模块“磁通量模型”可以采用前面介绍的任何一种磁通量模型。通常，转子磁链坐标系下，基于转子方程的电流磁通模型被使用，如图 5-11b 所示。磁通模型中含有一个角度位置变量ρ_r，表示转子磁链空间矢量和静止坐标系中横轴sD之间的夹角。通过对瞬时值ρ_r的修正实现磁场定向，ρ_r为图 5-14 中的模块$e^{j\rho_r}$的输入。这个模块是把转子磁链坐标系下定子电流空间矢量的横轴和纵轴分量$i_{sxref}^{\psi_r}$和$i_{syref}^{\psi_r}$转变为相应静止坐标系下的横轴和纵轴分量i_{sDref}和i_{sQref}。这种转换可用下面的方程来描述：

$$\begin{cases} i_{sDref} = i_{sxref}^{\psi_r}\cos\rho_r - i_{syref}^{\psi_r}\sin\rho_r & (5\text{-}30\text{a}) \\ i_{sQref} = i_{sxref}^{\psi_r}\sin\rho_r + i_{syref}^{\psi_r}\cos\rho_r & (5\text{-}30\text{b}) \end{cases}$$

图 5-14 中的方框 2/3 可把静止的参考系中的参考电流分量i_{sDref}和i_{sQref}转换为三相参考电流i_{sAref}、i_{sBref}和i_{sCref}。

4. 采用电压激励的转子磁通定向控制

采用电压激励的转子磁通定向控制可被应用到动态性能要求较高，额定功率高达100kW 以上的伺服驱动中。在这个功率等级，可采用双极型晶体管型的电压型逆变器。随输出功率进一步增加，则需采用 GTO 甚至晶闸管。最大开关频率通常在 100Hz 至几千赫兹之间。如果采用电压源型逆变器控制的电流在如此低的开关频率，定子电流的谐波含量会很高。对于这种情况，逆变器应采用电压 PWM 控制技术。这意味着在控制系统中，需要考虑电动机的定子方程。转子磁链空间矢量坐标系下的电流控制，其对应的稳态电流是常数。

在磁场定向坐标系下的定子电压和电流之间的关系可用第 4 章的矢量方程式(4-49）来描述，可简写为

$$T'_s\frac{d\boldsymbol{i}_s^{\psi_r}}{dt} + \boldsymbol{i}_s^{\psi_r} = \frac{\boldsymbol{u}_s^{\psi_r}}{R_s} - j\omega_{mr}T'_s\boldsymbol{i}_s^{\psi_r} - (T_s - T'_s)\left(j\omega_{mr}|\boldsymbol{i}_{mr}| + \frac{d|\boldsymbol{i}_{mr}|}{dt}\right) \tag{5-31}$$

标识符的说明见附录。

把式（5-31）分解到磁场定向坐标系的横轴x轴和纵轴y轴上，可得下述方程，即

$$\begin{cases} T'_s\dfrac{di_{sx}^{\psi_r}}{dt} + i_{sx}^{\psi_r} = \dfrac{u_{sx}^{\psi_r}}{R_s} + \omega_{mr}T'_s i_{sy}^{\psi_r} - (T_s - T'_s)\dfrac{d|\boldsymbol{i}_{mr}|}{dt} & (5\text{-}32\text{a}) \\ T'_s\dfrac{di_{sy}^{\psi_r}}{dt} + i_{sy}^{\psi_r} = \dfrac{u_{sy}^{\psi_r}}{R_s} - \omega_{mr}T'_s i_{sx}^{\psi_r} - (T_s - T'_s)\omega_{mr}|\boldsymbol{i}_{mr}| & (5\text{-}32\text{b}) \end{cases}$$

式（5-32a）和式（5-32b）分别描述了电动机电流分量$i_{sx}^{\psi_r}$和$i_{sy}^{\psi_r}$的方程，电动机具有一阶系统的特点，其时间常数为电动机的瞬态时间常数，增益为定子电阻的倒数。应该注意的是，在x和y轴的动态方程中存在不期望出现的耦合项[17-18]。这意味着电压变量$u_{sx}^{\psi_r}$取决于电流变量$i_{sx}^{\psi_r}$，也与电流$i_{sy}^{\psi_r}$有关。两个控制变量$u_{sx}^{\psi_r}$和$u_{sy}^{\psi_r}$不能被认为实现了转

子磁链和电磁转矩的解耦控制。如果式（5-32）中的耦合项可被消除，电流分量 $i_{sx}^{\psi_r}$ 和 $i_{sy}^{\psi_r}$ 即可被分别控制。式（5-32a）中的耦合项为 $\omega_{mr}T'_s i_{sy}^{\psi_r}$，式（5-32b）则为 $-\omega_{mr}T'_s i_{sx}^{\psi_r}-(T_s-T'_s)\ \omega_{mr}|\boldsymbol{i}_{mr}|$。

如果信号处理的延迟时间可忽略，系统的转子磁通幅值不变，横轴和纵轴的解耦在每个采样周期可通过增加下述的电压项 $u_{dx}^{\psi_r}$ 和 $u_{dy}^{\psi_r}$ 至电流控制器的输出 $\hat{u}_{sx}^{\psi_r}$ 和 $\hat{u}_{sy}^{\psi_r}$ 完成：

$$\begin{cases} u_{dx}^{\psi_r} = -\omega_{mr}L'_s i_{sy}^{\psi_r} & (5\text{-}33a) \\ u_{dy}^{\psi_r} = \omega_{mr}L'_s i_{sx}^{\psi_r} + (L_s - L'_s)\omega_{mr}|\boldsymbol{i}_{mr}| & (5\text{-}33b) \end{cases}$$

控制系统输出至 PWM 的电压分量 $u_{sxref}^{\psi_r}$ 和 $u_{syref}^{\psi_r}$ 为

$$\begin{cases} u_{sxref}^{\psi_r} = \hat{u}_{sx}^{\psi_r} + u_{dx}^{\psi_r} = R_s i_{sx}^{\psi_r} + L'_s \dfrac{\mathrm{d}i_{sx}^{\psi_r}}{\mathrm{d}t} & (5\text{-}34a) \\ u_{syref}^{\psi_r} = \hat{u}_{sy}^{\psi_r} + u_{dy}^{\psi_r} = R_s i_{sy}^{\psi_r} + L'_s \dfrac{\mathrm{d}i_{sy}^{\psi_r}}{\mathrm{d}t} & (5\text{-}34b) \end{cases}$$

图 5-15 给出了式（5-33a）和式（5-33b）描述的去耦电路的结构框图。

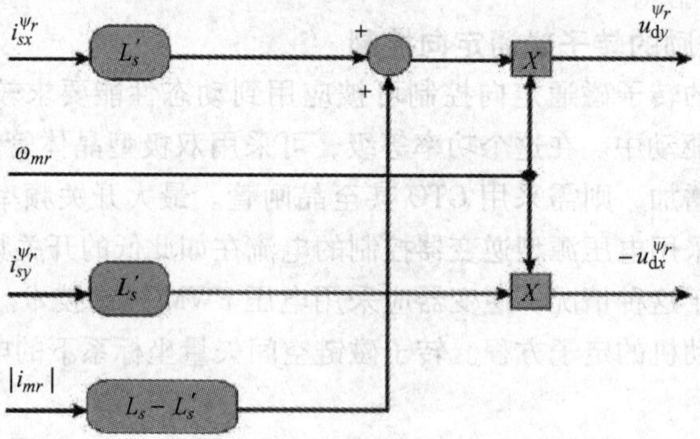

图 5-15　解耦电路框图

通过解耦电路可获得电动机电流的 $i_{sx}^{\psi_r}$ 和 $i_{sy}^{\psi_r}$，其中 $\boldsymbol{i}_{mr}$ 和 ω_{mr} 可由磁通模型计算出。不同于图 5-18，其他去耦电路，输入采用定子电压 $\hat{u}_{sx}^{\psi_r}$ 和 $\hat{u}_{sy}^{\psi_r}$ 取代定子电流 $i_{sx}^{\psi_r}$ 和 $i_{sy}^{\psi_r}$ 来实现[18]。此外，一些解耦电路在电源转换器和信号处理系统考虑了系统的延迟时间。值得注意的是，x 和 y 轴之间的耦合可能会使驱动器不稳定，使磁通定向控制的动态性能恶化，去耦电路的有效性主要取决于电动机参数 L_s 和 σ 的准确性。在驱动器正常运行期间由于转子磁链的幅值变化（如弱磁区域），这些参数可能会发生改变。逆变器输出的电压就是这个控制系统的输出值。为此，在几种常采用的 PWM 技术中，采用基于载波和空间矢量 PWM 技术（详见第 2 章）。

图 5-16 所示为采用电压激励的转子磁通定向感应电动机驱动器的结构框图。在这种情况下，与电流激励方式相比，这种控制方案更复杂。尤其应该注意的是，电流控制可在磁场定向坐标系中完成，去耦电路见图 5-15。驱动器的角速度和转子磁通的幅值控制被应用到这种方案。

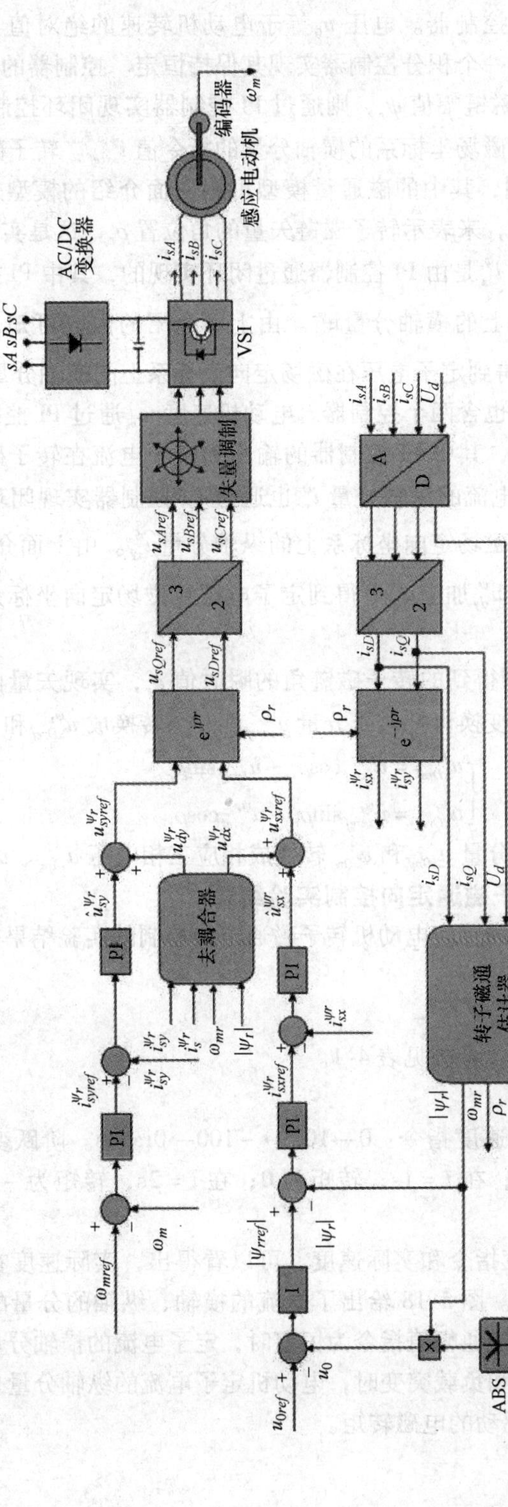

图 5-16 基于转子磁通定向电压控制的感应电动机驱动框图

横坐标轴上，含有三个控制器。电压 u_0 等于电动机转速的绝对值与转子磁链幅值的乘积，其中磁链的幅值由一个积分控制器实现其保持恒定。控制器的输出为转子磁链幅值的指令值 ψ_{rref}。而转子磁链幅值 ψ_r，则通过 PI 控制器实现闭环控制，其中 PI 控制器的输出为定子电流在转子磁场坐标系的横轴分量的指令值 $i_{sxref}^{\psi_r}$。转子磁通量的幅值 ψ_r 由“磁通量模型”估计得到，其中的磁通量模型可用前面介绍的模型来实现。由磁通量模型可同时计算出其角度，来表示转子磁链矢量的角位置 ρ_r，这是实现坐标旋转必需的量。定子电流的横轴分量 $i_{sx}^{\psi_r}$ 是由 PI 控制器通过闭环实现的，其中 PI 控制器的输出为定子电压在磁场定向坐标系上的横轴分量 $\widehat{u}_{sx}^{\psi_r}$。由上面介绍的内容可知，由去耦电路得到的电压分量 $u_{dx}^{\psi_r}$ 加上 $\widehat{u}_{sx}^{\psi_r}$ 可得到定子电压在磁场定向坐标系上的横轴分量指令值 $u_{sxref}^{\psi_r}$。

在纵坐标上，同上述，也含两个控制器。电动机速度 ω_m 通过 PI 控制器实现闭环控制使其趋于速度指令值 ω_{mref}，其中 PI 控制器的输出为定子电流在转子磁场坐标系的纵轴分量的指令值 $i_{syref}^{\psi_r}$。定子电流的纵轴分量 $i_{sy}^{\psi_r}$ 也通过 PI 控制器实现闭环控制，其中 PI 控制器的输出为定子电压在磁场定向坐标系上的纵轴分量 $\widehat{u}_{sy}^{\psi_r}$。由上面介绍的内容可知，由去耦电路得到的电压分量 $u_{dy}^{\psi_r}$ 加上 $\widehat{u}_{sy}^{\psi_r}$ 可得到定子电压在磁场定向坐标系上的纵轴分量指令值 $u_{syref}^{\psi_r}$。

方框 $e^{j\rho_r}$ 基于由磁通模型得到的转子磁链角的瞬时值 ρ_r，实现矢量由磁场定向坐标系向静止坐标系旋转。这个变换可把电压分量 $u_{sxref}^{\psi_r}$ 和 $u_{syref}^{\psi_r}$ 转换成 $u_{sDref}^{\psi_r}$ 和 $u_{sQref}^{\psi_r}$，即

$$\begin{cases} u_{sDref}^{\psi_r} = u_{sxref}^{\psi_r}\cos\rho_r - u_{syref}^{\psi_r}\sin\rho_r & (5\text{-}35a) \\ u_{sQref}^{\psi_r} = u_{sxref}^{\psi_r}\sin\rho_r + u_{syref}^{\psi_r}\cos\rho_r & (5\text{-}35b) \end{cases}$$

最后，模块 2/3 把电压分量 u_{sDref} 和 u_{sQref} 转换成相应三相电压 u_{sAref}、u_{sBref} 和 u_{sCref}。

5. 采用电压激励的转子磁通定向控制实验结果

下面给出了采用电压激励感应电动机转子磁通定向控制的实验结果。所采用的转子磁通定向控制方案如图 5-16 所示。

实验一：

1）实验采用 2.2kW IM，参数见表 4-1。

2）实验方案。

速度指令为阶跃变化的速度指令：0→100→－100→0rad/s。阶跃变化的转矩出现在 $t=0.5$s，转矩为 6N · m；在 $t=1$s，转矩为 0；在 $t=2$s，转矩为 －6N · m；在 $t=2.5$s，转矩为 0。

图 5-17 给出了实验速度指令和实际速度。可以看得出，实际速度在突加负载情况下可快速响应跟踪转速指令。图 5-18 给出了电流的横轴、纵轴的分量的指令值和实测值。可以看出，电动机转子磁通幅值指令为恒定时，定子电流的横轴分量控制为一恒定的常数值。如预期，在速度和负载突变时，电动机定子电流的纵轴分量也会发生阶跃变化。图 5-19 给出了负载和驱动的电磁转矩。

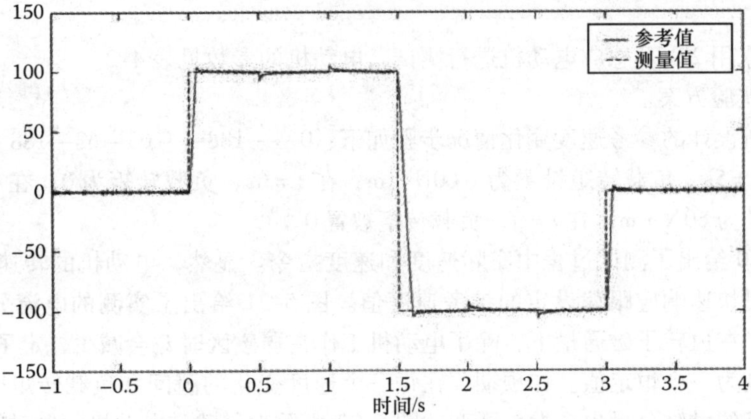

图 5-17 FOC 驱动速度控制变化曲线

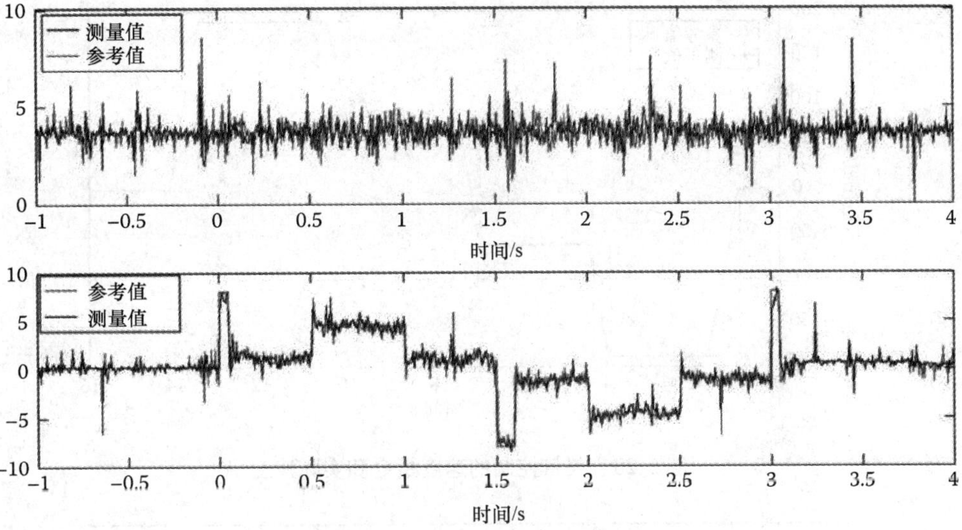

图 5-18 FOC 驱动电流 i_{sx} 和 i_{sy}

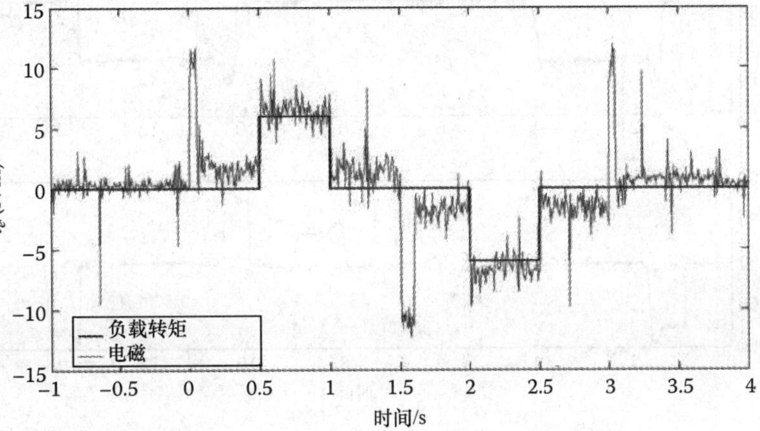

图 5-19 负载和矢量驱动装置的电磁转矩

实验二：

（1）采用22kW 感应电动机进行测试，电动机的参数见表4-2。

（2）实验方案。

测试所设计的参考速度变化情况步骤如下：0→-188→-63→63→188→0rad/s。相应地，在 $t=5$s，负载转矩设置为-60N·m；在 $t=6$s，负载转矩为0；在 $t=8$s，负载转矩由0变为60N·m；在 $t=9$，负载转矩被置0。

图5-20给出了测试过程中实际速度和速度指令。显然，电动机的转速在突加负载的情况下可快速响应跟踪设定的参考速度值。图5-21给出了实测的电流分量 i_{sx} 和 i_{sy}。可以看出，在恒转子磁通量下，除了电动机工作在弱磁区时 i_{sx} 会减少，定子电流的横轴分量被控制为一个恒定值。如预期，在每一个速度变化的瞬间和负载转矩突变的时刻，该定子电流的纵轴分量也会发生跃变。图5-22所示为负载和电动机的电磁转矩。

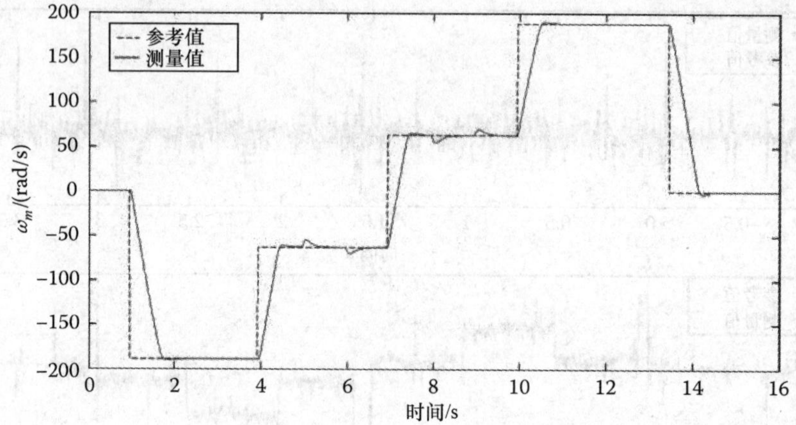

图5-20　矢量控制的速度指令和实际速度

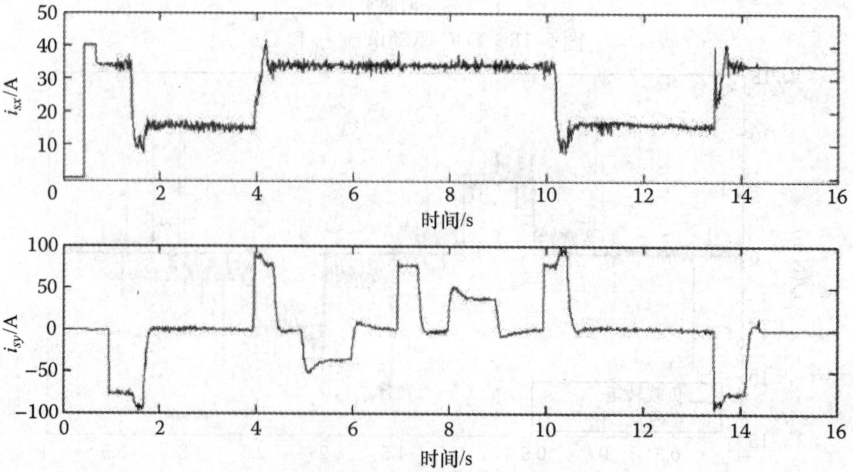

图5-21　FOC驱动电流 i_{sx} 和 i_{sy}

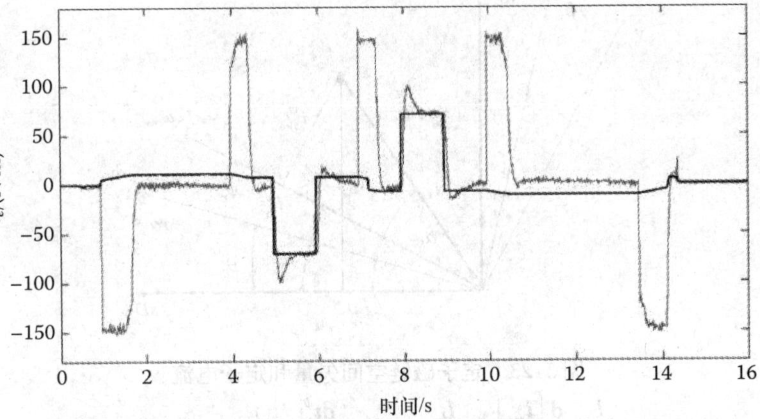

图 5-22 负载和矢量驱动装置的电磁转矩

5.3.4 定子磁通定向控制

本节将介绍感应电动机的定子磁链定向控制，转子磁通和定子磁通定向存在一些相似之处。

为简单起见，式（5-14）可在定子的磁场定向坐标系简化，电动机的电磁转矩与定子磁链的幅值和定子电流的纵轴分量的乘积成正比，即

$$t_e = \frac{3}{2}p\,|\boldsymbol{\psi}_s|\,i_{sy}^{\psi_s} = \frac{3}{2}pL_m\,|\boldsymbol{i}_{ms}|\,i_{sy}^{\psi_s} \tag{5-36}$$

式中 $\boldsymbol{\psi}_s$——定子磁链空间矢量；

$i_{sy}^{\psi_s}$——定子电流在定子磁通定向坐标系中的纵轴分量；

$\boldsymbol{i}_{ms}$——定子励磁电流的空间矢量，定义为

$$|\boldsymbol{i}_{ms}| = \frac{|\boldsymbol{\psi}_s|}{L_m} = \boldsymbol{i}_r^{\psi_s} + \frac{L_s}{L_m}\boldsymbol{i}_s^{\psi_s} = (i_{rx}^{\psi_s} + \mathrm{j}i_{ry}^{\psi_s}) + \frac{L_s}{L_m}(i_{sx}^{\psi_s} + \mathrm{j}i_{sy}^{\psi_s}) \tag{5-37}$$

所有变量都可在定子磁通坐标系中描述，图 5-23 所示为各变量的矢量图。

在这种情况下，如果电动机是采用电流激励，系统的动态模型可明显简化。当给电动机提供电流激励时，在控制系统里应该考虑的是空间矢量方程而不是静态方程。

采用定子磁通定向坐标系，转子空间矢量方程为

$$R_r\left[\,|\boldsymbol{i}_{ms}| - \frac{L_s}{L_m}\boldsymbol{i}_s^{\psi_s}\right] + L_r\frac{\mathrm{d}|\boldsymbol{i}_{ms}|}{\mathrm{d}t} = \frac{L'_sL_r}{L'_m}\frac{\mathrm{d}\boldsymbol{i}_s^{\psi_s}}{\mathrm{d}t} - \mathrm{j}\omega_{sl}\left[L_r|\boldsymbol{i}_{ms}| - \frac{L'_sL_r}{L_m}\boldsymbol{i}_s^{\psi_s}\right] \tag{5-38}$$

式中 $\omega_{sl} = \omega_{ms} - \omega_r$——转差角速度，等于定子磁链角速度和转子角转速之间的差。

空间矢量方程式（5-38）可分解到磁场定向坐标系的横轴分量 x 和纵轴分量 y 轴，所得的矢量方程为

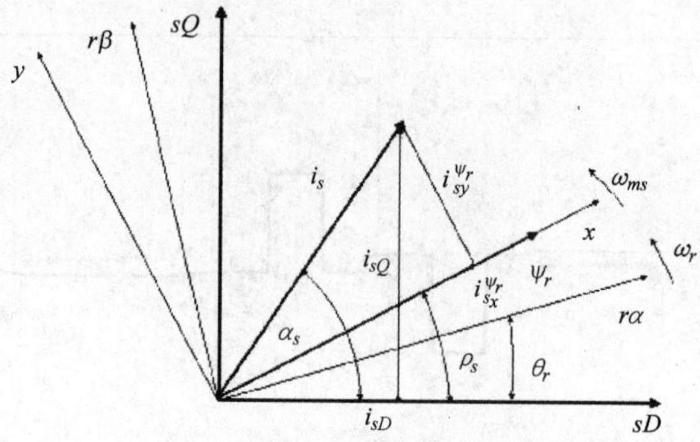

图 5-23　定子磁链空间矢量和定子电流

$$\begin{cases}\dfrac{L_m}{L'_s}\dfrac{\mathrm{d}|\boldsymbol{i}_{ms}|}{\mathrm{d}t}+\dfrac{L_m}{L_sT'_r}|\boldsymbol{i}_{ms}|=\dfrac{\mathrm{d}i_{sx}^{\psi_s}}{\mathrm{d}t}+\dfrac{1}{T'_r}i_{sx}^{\psi_s}-\omega_{sl}i_{sy}^{\psi_s} & (5\text{-}39\text{a})\\ \omega_{sl}\left(\dfrac{L_m}{L'_s}|\boldsymbol{i}_{ms}|-i_{sx}^{\psi_s}\right)=\dfrac{\mathrm{d}i_{sy}^{\psi_s}}{\mathrm{d}t}+\dfrac{1}{T'_r}i_{sy}^{\psi_s} & (5\text{-}39\text{b})\end{cases}$$

式中　T'_r——转子的瞬态时间常数。

式（5-38）和式（5-16）的比较显示，定子磁通坐标系下的转子方程比转子磁通坐标系下的转子方程更复杂。尤其是，两轴之间存在耦合：电流转矩分量 $i_{sy}^{\psi_s}$ 的变化将引起电流磁通分量 $i_{sx}^{\psi_s}$ 的瞬变。这种耦合可通过去耦电路进行补偿，这个去耦电路不同于转子磁场定向，是采取电流控制取代电压指令。在定子磁通幅值反馈控制的基础下，电流分量 $i_{dx}^{\psi_s}$ 与磁通控制器的输出 $\hat{i}_{sx}^{\psi_s}$ 相加，得到定子电流直流分量的指令值 $i_{sxref}^{\psi_s}$。可用如下形式来表达：

$$i_{sx}^{\psi_s}=\hat{i}_{sx}^{\psi_s}+i_{dx}^{\psi_s} \tag{5-40}$$

将式（5-40）代入式（5-39a），可得 $i_{dx}^{\psi_s}$ 为

$$i_{dx}^{\psi_s}=\omega_{sl}\frac{T'_r}{1+sT'_r}i_{sy}^{\psi_s} \tag{5-41}$$

式中　s——拉普拉斯算子。

式（5-41）需要了解转差角速度 ω_{sl}，ω_{sl} 可从式（5-39b）得到，即

$$\omega_{sl}=\frac{(1+sT'_r)L_s}{T_r(L_m|\boldsymbol{i}_{ms}|-L'_si_{sx}^{\psi_s})}i_{sy}^{\psi_s} \tag{5-42}$$

把式（5-41）和式（5-42）定义的去耦电路应用到电流激励的定子磁通定向控制中。图 5-24 给出了采用电流激励定子磁通定向的感应电动机控制框图。它和图 5-17 所示的方案基本相同，但也有一些差异。主要的区别在于：定子磁通矢量定向的矢量旋转变换采用的是定子磁通空间矢量角 ρ_s，而不是转子的。ρ_s 及定子磁通的空间矢量幅度和角位置同样由磁通模型估计得到。此外，PI 磁通控制器的输出 $\hat{i}_{sx}^{\psi_s}$ 被添加到去耦项 $i_{dx}^{\psi_s}$，见式（5-41）。

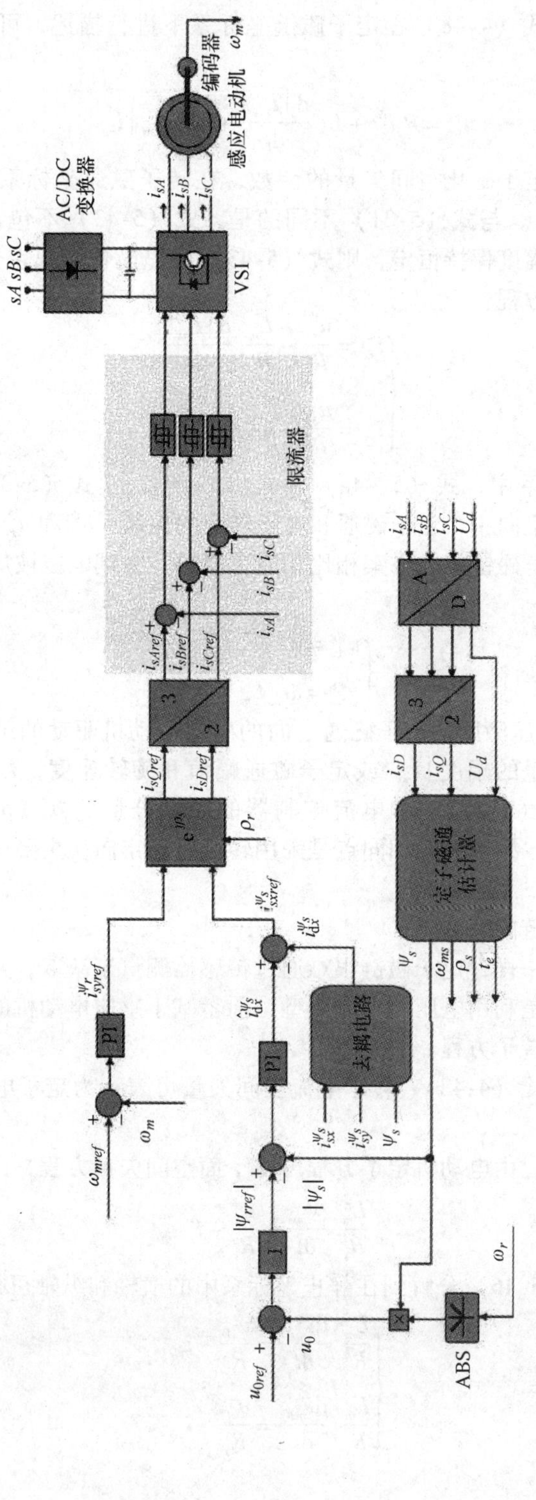

图 5-24 基于定子磁通定向电流控制的 IM 矢量控制框图

如果电动机采用电压激励，则可考虑感性电动机的定子方程。把第4章（一般坐标系描述的）定子方程式（4-48）在定子磁链坐标系下进行描述，可得如下的空间矢量方程：

$$\boldsymbol{u}_s^{\psi_s} = R_s \boldsymbol{i}_s^{\psi_s} + L_m \frac{\mathrm{d}|\boldsymbol{i}_{ms}|}{\mathrm{d}t} + \mathrm{j}\omega_{ms} L_m |\boldsymbol{i}_{ms}| \tag{5-43}$$

作为定子电流和定子磁化空间矢量的函数，在转子磁通坐标系由式（5-43）可得到更简单的式（5-31）。与式（5-31）不同的是，式（5-43）不包含定子电流的导数。如果定子励磁电流的幅度保持恒定，则式（5-43）明显简化，把它分解到横轴和纵轴，可得到下面两个标量方程：

$$\begin{cases} i_{sx}^{\psi_s} = \dfrac{u_{sx}^{\psi_s}}{R_s} - \dfrac{L_m}{R_s} \dfrac{\mathrm{d}|\boldsymbol{i}_{ms}|}{\mathrm{d}t} & \text{(5-44a)} \\ i_{sy}^{\psi_s} = \dfrac{u_{sy}^{\psi_s}}{R_s} - \omega_{ms} \dfrac{|\boldsymbol{i}_{ms}|}{R_s} & \text{(5-44b)} \end{cases}$$

在转子磁通坐标系中，式（5-44a）和式（5-44b）比式（5-32a）和式（5-32b）更简单。在转子磁场定向中，定子磁通和电磁转矩的控制，$u_{sx}^{\psi_s}$和$u_{sy}^{\psi_s}$未被解耦。事实上，增加一些去耦项与转子磁链定向方案相比相应更简单。去耦电压被加到电流控制器的输出端，去耦电压为

$$\begin{cases} u_{\mathrm{d}x}^{\psi_s} = 0 \\ u_{\mathrm{d}y}^{\psi_s} = \omega_{ms} L_m |\boldsymbol{i}_{ms}| \end{cases} \tag{5-45}$$

图5-25所示为电压激励的定子磁通定向的感应电动机驱动的结构框图。输入量为定子磁化电流空间矢量的幅度$|\boldsymbol{i}_{ms}|$或定子磁通幅值和旋转速度，可由磁通量模型来获取。磁通控制器［式（5-45）］和电流控制器的纵轴分量［式（5-41）］都含有去耦项。除了不同去耦项，控制方案相同点是采用转子磁场定向，主要区别是矢量旋转是基于定子磁链角度ρ_s。

下面介绍定子磁链的获取。

与转子磁场定向一样，定子磁链很难通过传感器测量来获取，常通过磁通模型来估算。主要的解决方案是利用电压和电流模型，前者基于感应电动机的定子方程，而后者则基于感应电动机的转子方程。

关于电压模型由式（4-48），转子电流空间矢量可表示为定子电流和励磁电流空间矢量的函数。

在静止坐标系下，由电动机定子方程可得下面空间矢量方程，即

$$\frac{L_m}{R_s} \frac{\mathrm{d}\boldsymbol{i}_{ms}}{\mathrm{d}t} = \frac{\boldsymbol{u}_s}{R_s} - \boldsymbol{i}_s \tag{5-46}$$

将空间矢量方程式（5-46）分解到在静止坐标系中的横轴和纵轴可得

$$\begin{cases} \dfrac{L_m}{R_s} \dfrac{\mathrm{d}i_{msD}}{\mathrm{d}t} = \dfrac{u_{sD}}{R_s} - i_{sD} & \text{(5-47a)} \\ \dfrac{L_m}{R_s} \dfrac{\mathrm{d}i_{msQ}}{\mathrm{d}t} = \dfrac{u_{sQ}}{R_s} - i_{sQ} & \text{(5-47b)} \end{cases}$$

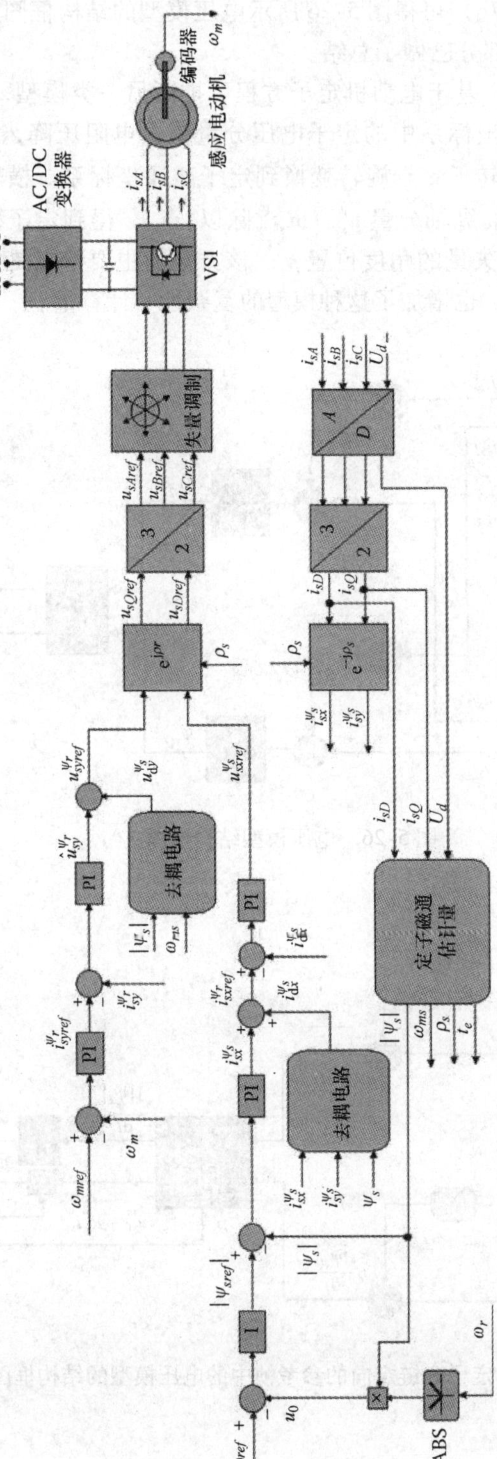

图 5-25 基于定子磁通定向的 IM 矢量控制框图

由式（5-47a）和式（5-47b）可得图5-26所示电压模型的结构框图。这种模型的优点和缺点在第5.3.3节第1部分已做了总结。

在定子磁链坐标系下，基于电动机定子方程可推断另一类模型，图5-27所示为该模型的结构框图。从定子坐标系中的定子电压分量减去电阻压降，可得到 $\mathrm{d}\boldsymbol{\psi}_{sD}/\mathrm{d}t$ 和 $\mathrm{d}\boldsymbol{\psi}_{sQ}/\mathrm{d}t$。这两项通过矢量转子 $\mathrm{e}^{-\mathrm{j}\rho_s}$ 旋转变换到定子磁通坐标系。横轴分量的积分得到定子磁通空间矢量的幅度。纵轴分量 $u_{sy}^{\psi_s}-R_s i_{sy}^{\psi_s}$ 除以 $|\boldsymbol{\psi}_s|$，得到定子磁通矢量的角速度 $\boldsymbol{\omega}_{ms}$。经积分得到定子磁通矢量的角度位置 $\boldsymbol{\rho}_s$。该方案的主要特点是定子磁链的闭环存在开环积分直流漂移问题。也增加了这种模型的复杂性和计算量。

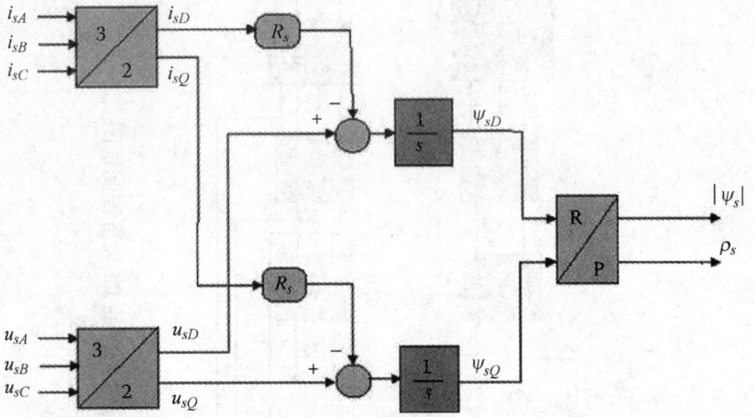

图5-26　电压模型结构框图

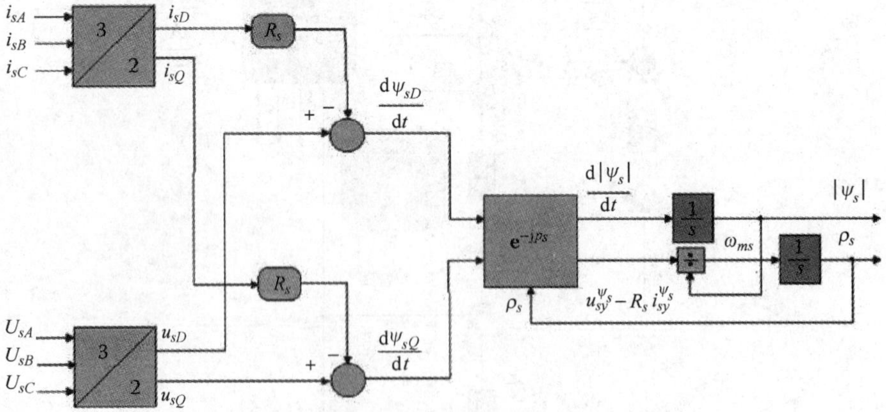

图5-27　定子磁链定向的参考帧中的电压模型的结构框图

5.3.5 磁化磁通定向控制

本节将描述感应电动机[18]的磁化磁链定向控制。转子磁链定向和磁化磁链定向之间存在一些相似之处，这里仅突出它们间明显差异之处。

式（5-15）表明电磁转矩正比于磁化磁链幅值和定子电流的纵轴分量之间的乘积，在电磁磁链定向坐标系下，式（5-15）可简化为

$$t_e = \frac{3}{2}p|\boldsymbol{\psi}_m|i_{sy}^{\psi_m} = \frac{3}{2}pL_m|\boldsymbol{i}_{mm}|i_{sy}^{\psi_m} \tag{5-48}$$

式中 $\boldsymbol{\psi}_m$——磁化磁链空间矢量；

$i_{sy}^{\psi_m}$——电磁磁链定向坐标系下的定子电流的纵轴分量；

$\boldsymbol{i}_{mm}$——磁化电流空间矢量，其定义为

$$|\boldsymbol{i}_{mm}| = \frac{|\boldsymbol{\psi}_m|}{L_m} = \boldsymbol{i}_r^{\psi_m} + \boldsymbol{i}_s^{\psi_m} = (i_{rx}^{\psi_m} + \mathrm{j}i_{ry}^{\psi_m}) + (i_{sx}^{\psi_m} + \mathrm{j}i_{sy}^{\psi_m}) \tag{5-49}$$

顶部 ψ_m 表达在定子磁通坐标系中的描述，所有的变量都可在定子磁链坐标系中进行描述，图5-28给出了不同变量的矢量图。

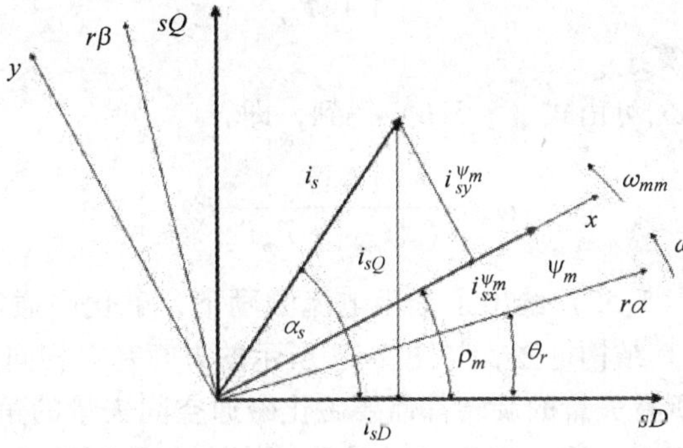

图5-28 磁化磁通空间矢量和定子电流

如果电动机采用电流激励，则系统的动态模型可明显简化；控制系统中，只需考虑转子空间矢量方程，不需考虑定子侧。

采用磁化磁场定向坐标系，转子空间矢量方程为

$$R_r[|\boldsymbol{i}_{mm}| - \boldsymbol{i}_s^{\psi_m}] + L_r\frac{\mathrm{d}|\boldsymbol{i}_{mm}|}{\mathrm{d}t} = L_{r\sigma}\frac{\mathrm{d}\boldsymbol{i}_s^{\psi_m}}{\mathrm{d}t} - \mathrm{j}(\omega_{mm} - \omega_r)[L_r|\boldsymbol{i}_{mm}| - L_{r\sigma}\boldsymbol{i}_s^{\psi_m}] \tag{5-50}$$

式中 ω_{mm}——磁化空间矢量的旋转速度；

$L_{r\sigma}$——转子漏感。

把式（5-50）分解到磁化磁场坐标系的 x 轴和 y 轴上，可得到标量方程为

$$\begin{cases} \dfrac{|\boldsymbol{i}_{mm}| + T_r\mathrm{d}|\boldsymbol{i}_{mm}|/\mathrm{d}t}{T_{r\sigma}} = \dfrac{\mathrm{d}i_{sx}^{\psi_m}}{\mathrm{d}t} + \dfrac{1}{T_{r\sigma}}i_{sx}^{\psi_m} - \omega_{sl}i_{sy}^{\psi_m} & \text{(5-51a)} \\ \omega_{sl}\left(\dfrac{T_r}{T_{r\sigma}}|\boldsymbol{i}_{mm}| - i_{sx}^{\psi_m}\right) = \dfrac{\mathrm{d}i_{sy}^{\psi_m}}{\mathrm{d}t} + \dfrac{1}{T_{r\sigma}}i_{sy}^{\psi_m} & \text{(5-51b)} \end{cases}$$

式中　$T_{r\sigma}=L_{r\sigma}/R_r$——转子漏感时间常数；

$\omega_{sl}=\omega_{mm}-\omega_r$——转差速度，其等于磁化通量空间矢量和转子速度之差。

式（5-51a）和式（5-51b）表明，两个方程间存在耦合项，其结果是改变转矩电流 $i_{sy}^{\psi_m}$时，$|\boldsymbol{i}_{mm}|$也会发生变化。这种耦合需用一个去耦电路来补偿，这个去耦电路相当于一个电流分量。假设控制系统中，通过磁化磁通幅值的反馈，电流分量 $i_{dx}^{\psi_m}$加上磁通控制器的输出$\hat{i}_{sx}^{\psi_m}$，可得到定子电流 $i_{sxref}^{\psi_m}$的横轴分量的指令值，即

$$i_{sx}^{\psi_m}=\hat{i}_{sx}^{\psi_m}+i_{dx}^{\psi_m} \tag{5-52}$$

把式（5-52）代入式（5-51a）可得

$$\frac{|\boldsymbol{i}_{mm}|+T_r\mathrm{d}|\boldsymbol{i}_{mm}|/\mathrm{d}t}{T_{r\sigma}}=\frac{\mathrm{d}\hat{i}_{sx}^{\psi_m}}{\mathrm{d}t}+\frac{1}{T_{r\sigma}}\hat{i}_{sx}^{\psi_m}+\frac{\mathrm{d}i_{dx}^{\psi_m}}{\mathrm{d}t}+\frac{1}{T_{r\sigma}}i_{dx}^{\psi_m}-\omega_{sl}i_{sy}^{\psi_m} \tag{5-53}$$

增加去耦项，则得

$$i_{dx}^{\psi_m}=\frac{T_{r\sigma}\omega_{sl}}{1+sT_{r\sigma}}i_{sy}^{\psi_m} \tag{5-54}$$

式中　s——拉普拉斯算子。

式（5-54）中的 ω_{sl}可由式（5-51b）得到，即

$$\omega_{sl}=\frac{(1+sT_{r\sigma})}{T_r|\boldsymbol{i}_{mm}|-T_{r\sigma}i_{sx}^{\psi_m}}i_{sy}^{\psi_m} \tag{5-55}$$

式（5-54）与式（5-55）给出了采用电流激励下，磁化磁通定向控制的去耦项表达式。图 5-29 给出了其结构框图，与图 5-17 所示的方案基本相同，主要的区别是在磁化磁通矢量的定向，所有矢量的旋转都需要磁化磁通空间矢量的角度 ρ_m而不是转子的，该角度可通过磁通模型来估算。磁通模型可同时估算出磁化磁通空间矢量振幅和角位置。此外，PI 磁通控制器的输出$\hat{i}_{sx}^{\psi_m}$与式（5-54）给出的去耦项 $i_{dx}^{\psi_m}$相加即得到指令值 $i_{sxref}^{\psi_m}$。

如果电动机采用电压激励，则需考虑感应电动机的定子方程。把一般坐标系中的定子方程式（4-48）用磁化磁通坐标系来描述，可得空间矢量方程为

$$\boldsymbol{u}_s^{\psi_m}=R_s\boldsymbol{i}_s^{\psi_m}+L_{s\sigma}\frac{\mathrm{d}\boldsymbol{i}_s^{\psi_m}}{\mathrm{d}t}+L_m\frac{\mathrm{d}|\boldsymbol{i}_{mm}|}{\mathrm{d}t}+\mathrm{j}\omega_{mm}(L_{s\sigma}\boldsymbol{i}_s^{\psi_m}+L_m|\boldsymbol{i}_{mm}|) \tag{5-56}$$

式中　$L_{s\sigma}=L_s-L_m$——定子漏感。

由于转子的向量是定子电流和磁化电流空间矢量的函数，该方程可通过改写转子的矢量获得。对比式（5-56）和式（5-43），值得注意的是，定子方程在磁化磁通量坐标系下要比在定子磁通量坐标系中描述更复杂。式（5-56）中包含了定子电流空间矢量的微分和定子漏感上的电压降，而相应的等式在定子磁通坐标系中则没有。

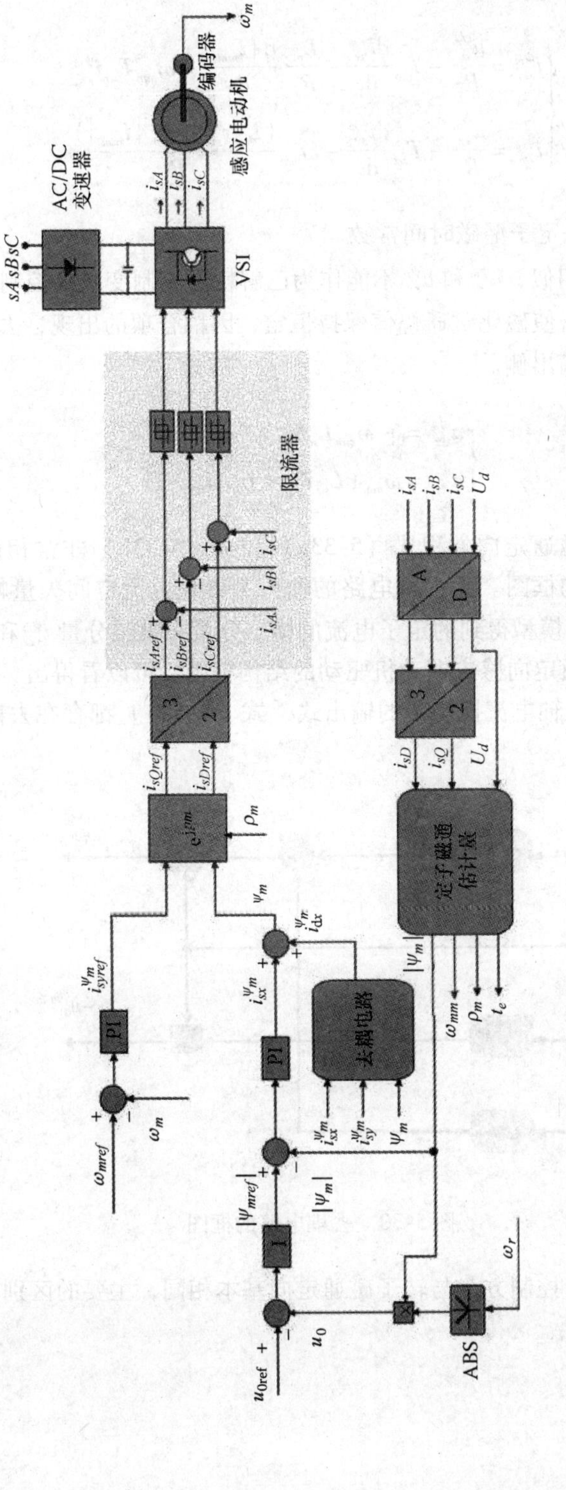

图 5-29 基于电流控制的磁化磁通定向的 IM 矢量控制技术框图

将式（5-56）分解到 x 和 y 轴，可得标量方程

$$\begin{cases} i_{sx}^{\psi_m} = \dfrac{u_{sx}^{\psi_m}}{R_s} - T_{s\sigma}\dfrac{\mathrm{d}\boldsymbol{i}_{sx}^{\psi_m}}{\mathrm{d}t} - \dfrac{L_m}{R_s}\dfrac{\mathrm{d}|i_{mm}|}{\mathrm{d}t} + \omega_{mm}T_{s\sigma}i_{sy}^{\psi_m} & (5\text{-}57\text{a}) \\ i_{sy}^{\psi_m} = \dfrac{u_{sy}^{\psi_m}}{R_s} - T_{s\sigma}\dfrac{\mathrm{d}i_{sy}^{\psi_m}}{\mathrm{d}t} - \omega_{mm}\dfrac{(L_{s\sigma}i_{sx}^{\psi_m} + L_m|\boldsymbol{i}_{mm}|)}{R_s} & (5\text{-}57\text{b}) \end{cases}$$

式中　$T_{s\sigma} = L_{s\sigma}/R_s$——定子漏磁时间常数。

与转子磁通定向相似，$u_{sx}^{\psi_m}$和 $u_{sy}^{\psi_m}$不能作为已解耦的控制变量来控制磁化磁通和电磁转矩。假设通过控制器使磁化磁通幅值保持恒定，因耦合项的出现，去耦电压项必须被添加到电流控制器的输出侧。

$$\begin{cases} u_{\mathrm{d}x}^{\psi_m} = -\omega_{mm}L_{s\sigma}i_{sy}^{\psi_m} \\ u_{\mathrm{d}y}^{\psi_m} = \omega_{mm}(L_{s\sigma}i_{sx}^{\psi_m} + L_m|\boldsymbol{i}_{mm}|) \end{cases} \tag{5-58}$$

这些方程与转子磁通定向方程式（5-33a）和式（5-33b）非常相似，并在图 5-30 给出了相应解耦的结构框图。此去耦电路的输入为磁化电流空间矢量幅值 $|\boldsymbol{i}_{mm}|$及其转速 ω_{mm}，以及由磁通量模型得到的定子电流的横轴分量和纵轴分量 $i_{sx}^{\psi_m}$和 $i_{sy}^{\psi_m}$。图 5-31 给出了电压激励定子磁通定向感应电动机驱动的结构框图。可以看得出，磁通控制器的输出［式（5-54）］和纵轴电流控制器的输出式［式（5-58）］都存在去耦项。

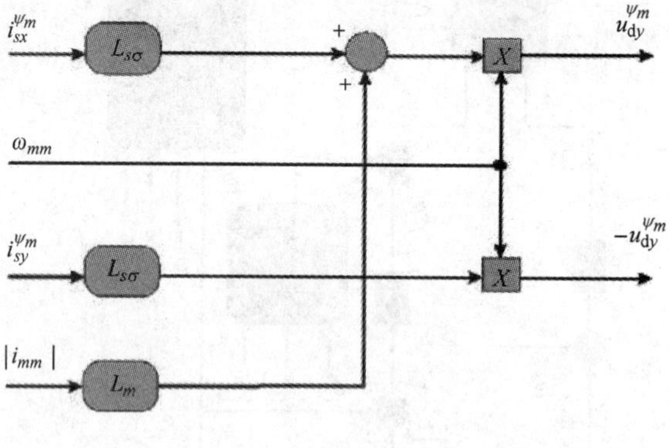

图 5-30　去耦电路的框图

除了去耦项不同，控制方案与转子磁通定向基本相同，主要的区别在于所有的矢量旋转基于磁化磁链角 ρ_m。

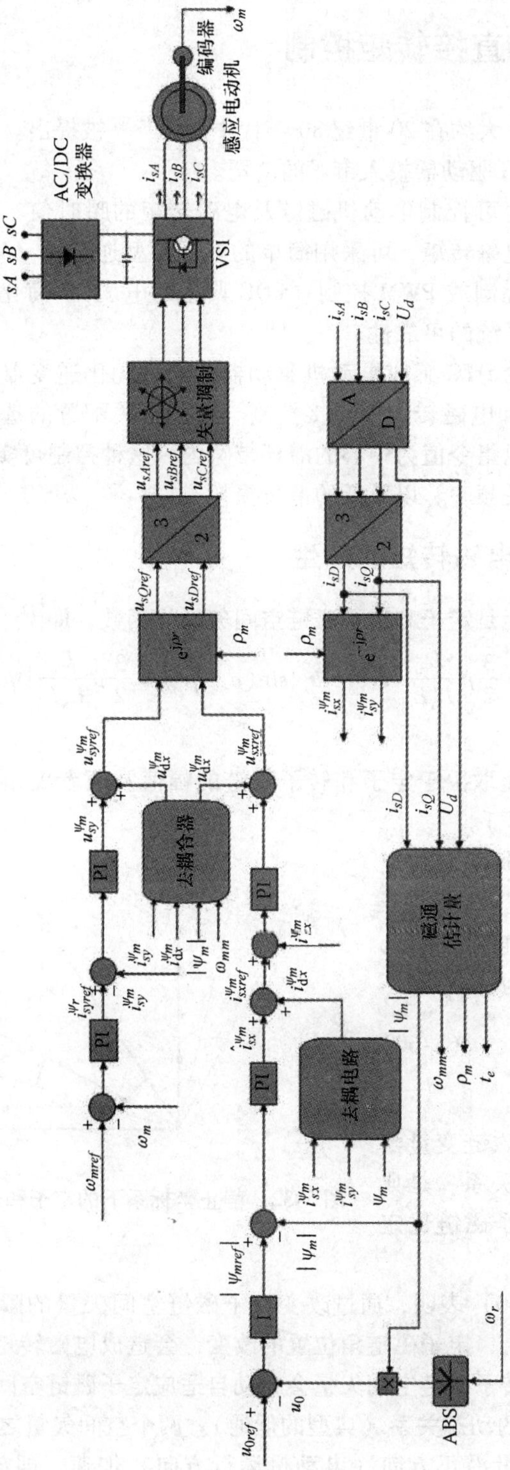

图 5-31 基于电压激励定子磁通定向的感应电动机矢量控制的结构框图

5.4 感应电动机的直接转矩控制

直接转矩控制（DTC）大约在20世纪80年代中期[9-13,18]被提出。1995年，ABB成为第一家把感应电动机DTC驱动器投入市场的公司。

如同矢量控制，DTC也可控制电动机磁链及电磁转矩的瞬时值。这类控制的目标是跟踪参考的磁通指令和电磁转矩，可采用简单的电压源型逆变器（VSI）来实现，不需要采用滞环比较器电流控制或PWM控制（FOC典型的电压）。简化了控制系统，相应降低了成本，也提高了系统的可靠性。

采用电压源型逆变器的DTC感应电动机驱动器，通过优化逆变器的开关配置实现定子（转子或磁化）磁链和电磁转矩的直接控制。这些开关配置的选择可保证定子磁链瞬时轨迹和电磁转矩在以指令值为中心的滞环带宽内。这种控制可实现转矩响应的高动态性能，降低逆变器开关频率，以及低的谐波损耗。

5.4.1 感应电动机中电磁转矩的产生

感应电动机的电磁转矩是定子和转子磁链空间矢量的函数，即[18]

$$t_e = \frac{3}{2}p\frac{L_m}{L'_sL_r}\boldsymbol{\psi}'_r \wedge \boldsymbol{\psi}_s = \frac{3}{2}p\frac{L_m}{L'_sL_r}|\boldsymbol{\psi}'_r||\boldsymbol{\psi}_s|\sin(\rho_s-\rho_r) = \frac{3}{2}p\frac{L_m}{L'_sL_r}|\boldsymbol{\psi}'_r||\boldsymbol{\psi}_s|\sin\gamma \tag{5-59}$$

式（5-59）表明，电磁转矩取决于定子和转子磁链的幅值及两者夹角γ的正弦量的乘积（磁链空间矢量的矢量积）。

图5-32给出了静止坐标系下的定子和转子磁链的相互位置。基于转子坐标系中的定子和转子磁链空间矢量，相应空间矢量之间的关系为

$$\boldsymbol{\psi}_r = \frac{L_m/L_s}{1+s\sigma T_r}\boldsymbol{\psi}'_s \tag{5-60}$$

式中　s——拉普拉斯算子。

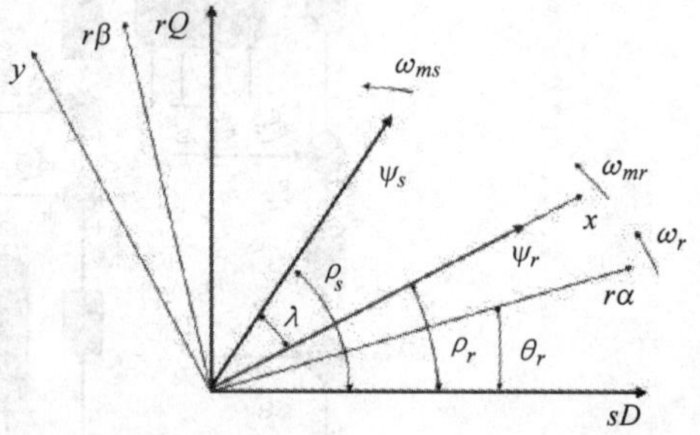

图5-32　静止坐标系下的定子和转子磁链矢量图

式（5-60）表明转子磁链变量与定子磁链变量之间的动态关系，是典型的一阶系统。因此，转子磁链比定子磁链变化更慢。

式（5-59）和式（5-60）表明，通过改变定子磁链空间矢量的瞬时角位移，可改变电动机电磁转矩。事实上，定子磁链角位置的改变，会造成电磁转矩的瞬时变化。这种变化受下述因素限制，转子磁链空间矢量会自动自适应定子磁链空间矢量的变化，产生一个如式（5-60）描述的动态关系（典型的低通）。两个空间矢量之间的角度γ趋于零。如果定子磁链空间矢量沿正方向（电动机运行方向）加速，即放大$\mathrm{d}\rho_s/\mathrm{d}t$的值，

同时定子磁链空间矢量的幅值保持恒定，则能够实现电动机转矩的快速响应。相反，如果定子磁链空间矢量是沿负方向加速，产生电磁转矩的符号相反，则能够实现电动机的制动。

5.4.2 定子磁链空间矢量与逆变器配置的关系

在静止坐标系中，忽略定子电阻的压降，则定子方程可表示为

$$\boldsymbol{u}_s=\frac{\mathrm{d}\boldsymbol{\psi}_s}{\mathrm{d}t}\quad\Rightarrow\quad \mathrm{d}\boldsymbol{\psi}_s=\boldsymbol{u}_s\mathrm{d}t \tag{5-61}$$

把电压空间矢量 $\boldsymbol{u}_s$ 应用在有限的时间间隔 Δt，那么式（5-61）可写为

$$\Delta\boldsymbol{\psi}_s=\boldsymbol{u}_s\Delta t \tag{5-62}$$

式（5-62）表明，忽略定子电阻压降和在足够小的时间间隔内，定子磁链空间矢量 $\Delta\boldsymbol{\psi}_s$ 的变化与定子电压空间矢量的方向相同。

如果定子电压的空间矢量可表示为关于逆变器三个上桥臂的逻辑指令信号的方程，可得到定子磁链空间矢量的变化与逆变器状态之间的关系为

$$\Delta\boldsymbol{\psi}_s=\frac{2}{3}U_d(S_a+aS_b+a^2S_c)\Delta t \tag{5-63}$$

式中 S_a、S_b 和 S_c——逆变器三个上桥臂的逻辑指令信号；

U_d——直流母线电压。

在此基础上，根据逆变器的状态，磁链的空间矢量的表达式在 $t+\Delta t$ 时刻和时刻 t 之间关系为

$$\boldsymbol{\psi}_s(t+\Delta t)=\boldsymbol{\psi}_s(t)+\frac{2}{3}U_d(S_a+aS_b+a^2S_c)\Delta t \tag{5-64}$$

定子磁链空间矢量通过“0”电压矢量可以保持其位置不变（忽略定子电阻压降），或沿在相应驱动的六个非“0”定子电压空间矢量方向变化，这个空间矢量由逆变器产生。

一般情况下，定子磁链空间矢量的幅值和初始角位置这两个量可通过非空的定子电压空间矢量修改。修改定子磁链矢量的幅度，需要应用电压矢量的径向分量（相对于方向的定子磁链空间矢量），而修改它的角位置，需要施加电压矢量的切向分量。选择一个合适的电压空间矢量，可按期望方式修改定子磁通矢量的幅度和角位移。磁通和电磁转矩的解耦控制可通过分别作用于定子磁链空间矢量的径向分量和切向分量来实现。

因为定子磁通矢量的幅值和角位置与电压和定子电流（定子电阻值是已知的）是直接相关的，因此在经典的 DTC 中，定子磁链矢量为被控量。采用这种方式，可使系统的控制对电动机参数变化的灵敏性相对较低。从而实现转子或磁化磁通矢量控制。可证明的是，通过控制转子磁链空间矢量，即使对电动机参数的变化较敏感，也可得到较高的驱动转矩[34]。若能利用霍尔传感器装置直接测量电动机的气隙磁通量，常采用磁化磁链矢量控制，磁化磁链矢量根据转矩过载和参数不匹配灵敏度可分别对定子或转子磁通进行矢量控制。

5.4.3 电压空间矢量和控制方案的选择标准

采用第5.4.2节中描述的方法可实现定子磁通幅值和电磁转矩的控制，采用非空的电压矢量可同时修改电动机定子磁通矢量的幅值和角位置，从本质上不需要解耦。在每个采样时刻，控制系统选择合适的电压矢量能够最大限度地减少磁通幅值和电磁转矩的跟踪误差，实现这两个变量的解耦控制。所施加的电压矢量取决于定子磁链空间矢量的瞬时角位置。

为了实现上述控制方案，有必要对平面电压空间矢量进行划分，在每个 $\pi/3$ 的扇区，对应一个非空电压空间矢量。在每个瞬间，定子磁通矢量在相应扇区 k（$k=1, 2, \cdots, 6$），施以适当的电压矢量，可产生以下效果[34]：

1）电压空间矢量 $\boldsymbol{u}_k$ 增加了定子磁链的幅值，角位置几乎保持不变（径向正向的配置）。

2）电压空间矢量 $\boldsymbol{u}_{k+1}$ 增加了定子磁链的幅值，并沿逆时针方向旋转（正向的配置）。

3）电压空间矢量 $\boldsymbol{u}_{k+2}$ 减少了定子磁链的幅值，并沿逆时针方向旋转（负向的配置）。

4）电压空间矢量 $\boldsymbol{u}_{k+3}$ 减少了定子磁通的振幅，角位置几乎保持不变（径向负向的配置）。

5）电压空间矢量 $\boldsymbol{u}_{k-1}$ 增加了定子磁链的幅值，并沿顺时针方向旋转（逆向配置）。

6）电压空间矢量 $\boldsymbol{u}_{k-2}$ 减少了定子磁链的幅值，并沿顺时针方向旋转（逆向配置）。

7）电压空间矢量 $\boldsymbol{u}_0$ 和 $\boldsymbol{u}_7$ 定子磁链的幅度和角位置保持不变。

在此基础上，给定定子磁通幅值和电磁转矩的指令值时，可能存在四种情况：

1）电磁转矩增加，磁通量增加：应选择一个正切向分量和正径向分量电压矢量。

2）电磁转矩增加，磁通量减少：应选择一个正切向分量和负径向分量电压矢量。

3）电磁转矩减少，磁通量增加：应选择一个负切向分量和正径向分量电压矢量。

4）电磁转矩减少，磁通量减少：应选择一个负切向分量和负径向分量电压矢量。

在此情况下，转矩增加，相应配置一个具有正切向和非空径向分量的电压矢量；相反，转矩降低，选择不是唯一的，因为，如果电动机的旋转速度非空，减少定子和转子磁链空间矢量间的角位移，可通过配置零电压空间矢量或反向电压空间矢量来实现。用于电磁转矩和磁通控制有许多方法。参照第 k 个扇区一个定子磁通矢量在确定时刻的瞬间，表5-1给出了最常见的转矩和定子磁链的控制方案[34]。

图5-33给出了定子磁链空间矢量位于六个区域中的某一个，电压空间矢量在四个可能的情况下，采用表5-1中的方案D的情况。

选择不同控制方案，驱动器在转矩和磁通脉动、开关频率、定子电流的谐波含量、DC链路电流、能量再生运行、低速下的特点和动态性能等的特点不同。通过观测可得：

1）方案A利用正向电压矢量配置增加转矩和空电压矢量配置来降低转矩。当减少转矩时，利用空电压矢量来固定定子磁链的位置。这个制动行为改变了电动机的旋转速度，使效率降低。这一方法在高速时较好，其开关频率一般低于其他方案。

表 5-1 DTC 的可能控制方案

	$t_e \Uparrow \mid \boldsymbol{\psi}_s \mid \Uparrow$	$t_e \Uparrow \mid \boldsymbol{\psi}_s \mid \Downarrow$	$t_e \Downarrow \mid \boldsymbol{\psi}_s \mid \Uparrow$	$t_e \Downarrow \mid \boldsymbol{\psi}_s \mid \Downarrow$
方案 A	$\boldsymbol{u}_{k+1}$	$\boldsymbol{u}_{k+2}$	$\boldsymbol{u}_0$，$\boldsymbol{u}_7$	$\boldsymbol{u}_0$，$\boldsymbol{u}_7$
方案 B	$\boldsymbol{u}_{k+1}$	$\boldsymbol{u}_{k+2}$	$\boldsymbol{u}_k$	$\boldsymbol{u}_0$，$\boldsymbol{u}_7$
方案 C	$\boldsymbol{u}_{k+1}$	$\boldsymbol{u}_{k+2}$	$\boldsymbol{u}_k$	$\boldsymbol{u}_{k+3}$
方案 D	$\boldsymbol{u}_{k+1}$	$\boldsymbol{u}_{k+2}$	$\boldsymbol{u}_{k-1}$	$\boldsymbol{u}_{k-2}$

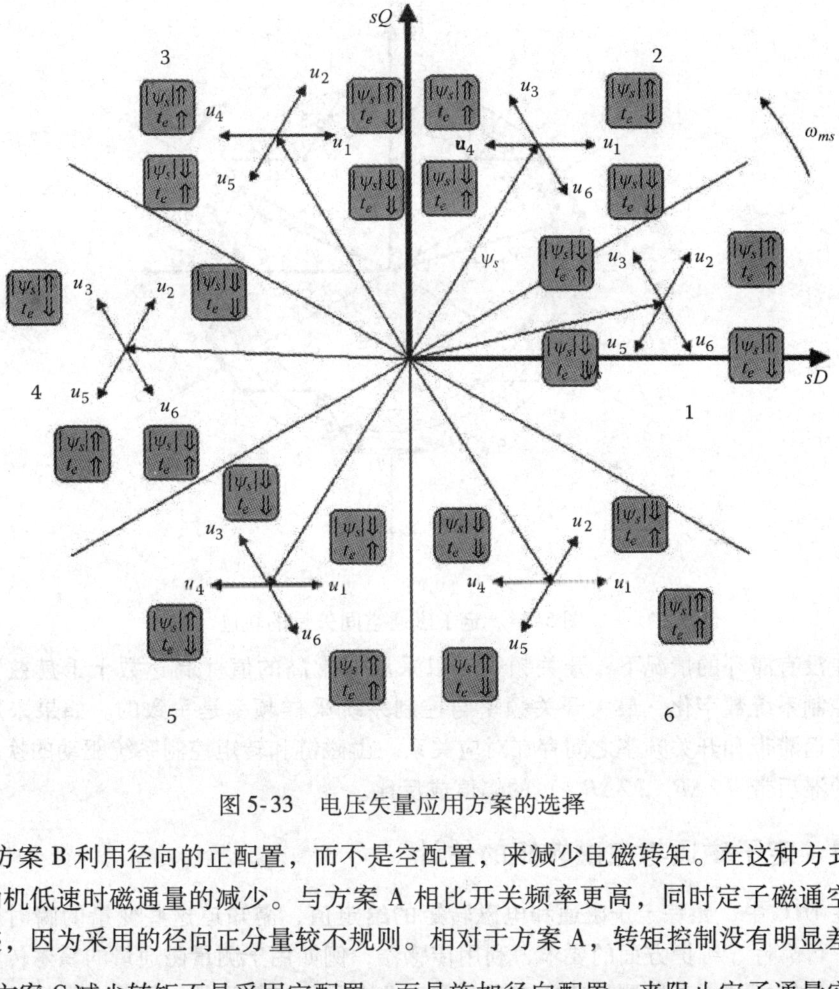

图 5-33 电压矢量应用方案的选择

2）方案 B 利用径向的正配置，而不是空配置，来减少电磁转矩。在这种方式，可避免电动机低速时磁通量的减少。与方案 A 相比开关频率更高，同时定子磁通空间矢量的轨迹，因为采用的径向正分量较不规则。相对于方案 A，转矩控制没有明显差异。

3）方案 C 减少转矩不是采用空配置，而是施加径向配置，来阻止定子通量空间矢量旋转。采用径向配置会影响定子磁通矢量轨迹的形状，必须在滞环带中进行修正，会增加开关频率。

4）方案 D 提高电磁转矩采用正向配置，仅采用反向配置来减少转矩。采用这种方案，电磁转矩的减少是通过定子磁通矢量向相反方向旋转来实现的。通过这种方式，即使在低转速下也能快速减少转矩。但这种方法会使开关频率明显增加。

通过选择适当电压矢量，DTC 对定子磁通和转矩指令，可采用 bang-bang 形式的控制技术进行跟踪，该技术和滑模控制非常相似[38]。为了适当限制开关频率，滞环一般以定子磁通和转矩的指令值为中心。

图 5-34 给出了定子磁通矢量的更改方法。在每个区域，因为合适的电压空间矢量（方案 D）的应用，同时可始终保持在中心为 $\boldsymbol{\psi}_{sref}$ 的滞环带 $2\Delta B_{\Psi_s}$ 内。设下面的控制系统总是需要增加电磁转矩。

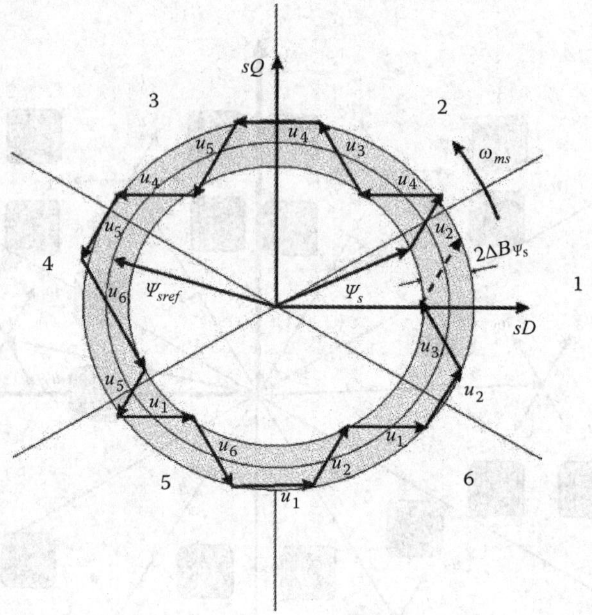

图 5-34　定子磁通空间矢量的轨迹

在没有滞环的情况下，开关频率可以采取非常高的值（高达数十千赫兹）。相反，如果控制系统数字化，最大开关频率与控制系统采样频率是一致的。如果采用滞环控制，在迟滞带和开关频率之间存在对应关系。由磁链和转矩控制系统驱动的换相频率与相应的滞后带（$2\Delta B_{t_e}$，$2\Delta B_{\Psi_s}$）的幅值成反比。

5.4.4　定子磁通与电磁转矩的估计

在 DTC 中，跟踪定子磁通和电磁转矩的给定值，需知道这些变量的瞬时值。因为成本、可靠性、维护方面的要求，利用传感器，例如用于测量磁通量的霍尔传感器和测量转矩的转矩计。直接测量这些变量，在工业上是很难接受的。因此，常见的方法是通过磁通和转矩模型来估计这样的变量。基于电动机微分方程的数学模型，通过检测一些电气变量（定子电压和/或电流）和机械变量（角速度），可实现对磁通量和电磁转矩的估计。

在 DTC 中，定子磁链的幅值通常可由电压模型，由定子电压，考虑在定子电阻上的压降，通过积分来获得。

由式（4-24），定子磁链空间矢量可由定子电压和电流得到，即

$$\boldsymbol{\psi}_s = \int(\boldsymbol{u}_s - R_s\boldsymbol{i}_s)\,\mathrm{d}t \tag{5-65}$$

在静止坐标系中，把矢量方程式（5-65）分解到 sD 和 sQ 轴上，可得到以下的标量方程，即

$$\begin{cases}\boldsymbol{\psi}_{sD} = \int(u_{sD} - R_s i_{sD})\,\mathrm{d}t & \text{(5-66a)}\\ \boldsymbol{\psi}_{sQ} = \int(u_{sQ} - R_s i_{sQ})\,\mathrm{d}t & \text{(5-66b)}\end{cases}$$

符号的描述请参阅列表。定子电压和电流的横轴和纵轴分量可以通过以下变化方式由对应的三相变量获得，即

$$\begin{cases}u_{sD} = \left(\dfrac{2}{3}\right)u_{sA} - \left(\dfrac{1}{3}\right)u_{sB} - \left(\dfrac{1}{3}\right)u_{sC} & \text{(5-67a)}\\ u_{sQ} = \left(\dfrac{1}{\sqrt{3}}\right)u_{sB} - \left(\dfrac{1}{\sqrt{3}}\right)u_{sC} & \text{(5-67b)}\end{cases}$$

$$\begin{cases}i_{sD} = \left(\dfrac{2}{3}\right)i_{sA} - \left(\dfrac{1}{3}\right)i_{sB} - \left(\dfrac{1}{3}\right)i_{sC} & \text{(5-68a)}\\ i_{sQ} = \left(\dfrac{1}{\sqrt{3}}\right)i_{sB} - \left(\dfrac{1}{\sqrt{3}}\right)i_{sC} & \text{(5-68b)}\end{cases}$$

电磁转矩可由定子磁通链分量和定子电流得到，即

$$t_e = \frac{3}{2}p\boldsymbol{\psi}_s \wedge \boldsymbol{i}_s = \frac{3}{2}p(\psi_{sD}i_{sQ} - \psi_{sQ}i_{sD}) \tag{5-69}$$

图 5-35 给出了式（5-66）和式（5-69）描述的磁通和转矩模型的结构框图。图中，s 为拉普拉斯算子。

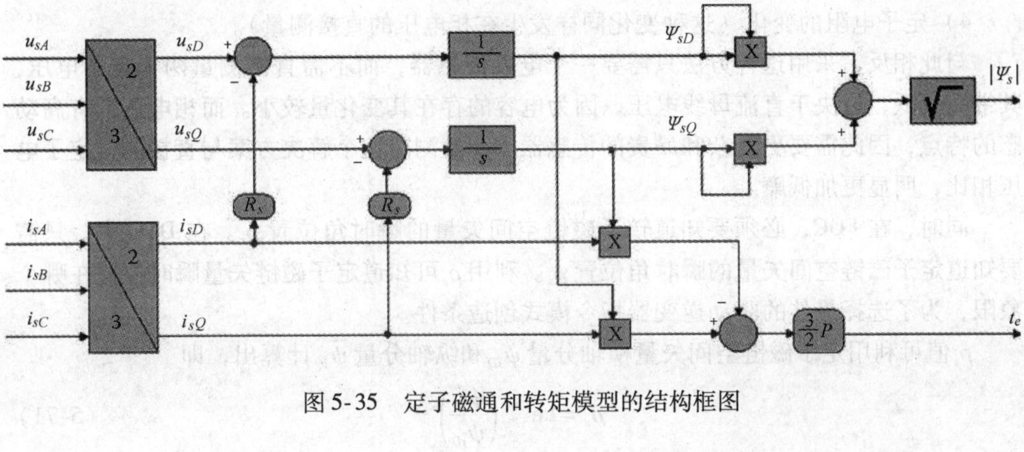

图 5-35　定子磁通和转矩模型的结构框图

图 5-35 所示磁通量模型的结构表明，模型明显简化，但对电动机参数的变化鲁棒性较弱，尤其在低速。实际上，定子电阻的值在每一时刻都随定子绕组的温度变化而变化。

当电动机在高速运转时，相对于电源电压和 R_s 没有明显影响定子磁通的估计，定子电阻上的压降可忽略不计。在低速时，定子电阻的压降与电源电压相当，R_s 的误差会严重影响定子磁链和转矩的估计。磁通模型对 R_s 变化的敏感性分析在第 9 章将有详细的介绍。对图 5-35 所示的方案可以通过一个低通滤波器取代纯积分器来修正，即对图 5-35 中的传递函数为 $1/s$ 的模块，用传递函数为 $T/(1+sT)$ 模块替代，其中 T 为时间常数。这种方案可部分地解决直流漂移和积分器初始条件问题（详细的分析和解决在第 6 章介绍）。

图 5-35 所示的磁通量模型需要通过电压传感器来测量定子电压，在工业生产中通常是不能接受的。但可通过测量直流母线电压 U_d 和逻辑指令信号 S_a、S_b 和 S_c，计算出定子电压。

式(5-70a) ~ 式(5-70c)给出了基于逆变器的开关配置的定子电压计算方法，即

$$\begin{cases} u_{sA}=\dfrac{U_d}{3}(2S_a-S_b-S_c) & \text{(5-70a)} \\ u_{sB}=\dfrac{U_d}{3}(2S_b-S_a-S_c) & \text{(5-70b)} \\ u_{sC}=\dfrac{U_d}{3}(2S_c-S_a-S_b) & \text{(5-70c)} \end{cases}$$

需要注意的是，其中相电压计算是基于逆变器直流侧的电压和逆变器桥臂上部器件的逻辑指令信号来获取的。这个方法对如下内容非常敏感：

1）电压的估计误差，由于要考虑保护时间（尤其在低速时更明显）。

2）逆变器的功率器件上的压降。

3）直流母线电压 U_d 的波动。

4）定子电阻的变化（这种变化同样发生在相电压的直接测量）。

与此相反，采用这种方法只需要一个电压传感器，而不需直接测量两相定子电压，其带宽较低，取决于直流母线电压，因为电容的存在其变化量较小。而相电压具有高动态的特点，因此需要更复杂和昂贵的传感器才能检测。这个解决方案与直接测量定子电压相比，明显更加低廉。

同时，在 FOC，必须要知道转子磁链空间矢量的瞬时角位置 ρ_r。在 DTC 中，只需要知道定子磁链空间矢量的瞬时角位置 ρ_s。利用 ρ_s 可知道定子磁链矢量瞬时位置在哪个象限，为了选择最佳的驱动逆变器指令模式创造条件。

ρ_s 值可利用定子磁链空间矢量横轴分量 ψ_{sD} 和纵轴分量 ψ_{sQ} 计算出，即

$$\rho_s=\tan^{-1}\left(\frac{\psi_{sQ}}{\psi_{sD}}\right) \tag{5-71}$$

实际上，经典的 DTC 不需要精确的定子磁通空间矢量角位移，因为它足以找到矢

量所在象限。再基于定子磁通量向量的分量ψ_{sD}和ψ_{sQ}的符号即可描述定子磁通矢量所在的扇区。从而可避免使用反正切$\tan^{-1}$函数。仅仅考虑ψ_{sD}和ψ_{sQ}这两个量的符号，很难在1和6两个扇区，1和2、3和4，以及4和5扇区之间进行区分。为了区分，例如，如果定子磁通矢量位于扇区1或2，则必须看ρ_s是否高于或者低于π/6弧度，如果$\rho_s >$ π/6弧度，定子磁通矢量位于扇区2，否则位于扇区1。实际上，定义$\psi'_{sQ} = \psi_{sD}\tan(\pi/6)$，然后比较$|\psi_{sQ}|$和$|\psi'_{sQ}|$，如果$|\psi_{sQ}| > |\psi'_{sQ}|$，则定子磁链矢量位于扇区2，如果$|\psi_{sQ}| < |\psi'_{sQ}|$，则位于扇区1。

同样的方法，其他领域的不确定性问题也可得以解决。图5-36给出了该算法的扇区判定流程图。

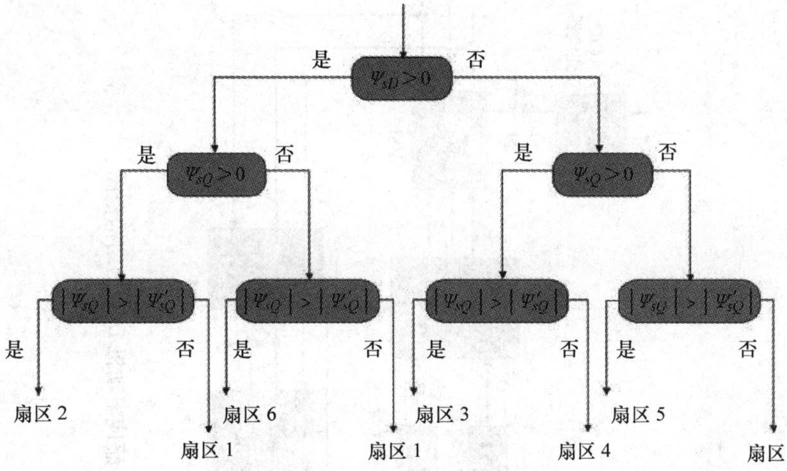

图5-36　区域确定算法流程图

5.4.5　DTC方案

图5-37描述了感应电动机DTC驱动器的结构框图。电动机速度ω_m和定子磁链ψ_s采用闭环控制。电动机的速度ω_m和指令值ω_{mref}相比，偏差经PI速度控制器输出转矩指令值t_{eref}，该值与由磁通和转矩模型所估计的转矩t_e相比较，偏差经滞环比较器，输出“逆变器模块最优开关表”。

在这种情况下，ψ_s可由磁通和转矩模型估计出，把定子磁链的给定值ψ_{sref}与估计值ψ_s相比较，所得的偏差经滞后比较器处理，输出送入模块的“逆变器最优开关表”。磁通和转矩模型如图5-35所示。在这个方案中，相电压通过直流母线电压U_d和逆变器S_a、S_b和S_c的开关方案来重构。在控制系统的每个采样时间，根据定子磁链空间矢量的角位置和“变频最优开关表”来选择逆变器模块的最佳开关配置。该算法对于象限选择与识别，如图5-36所示。为了获得较好的动态响应，控制方案通常采用方案D，见表5-1。

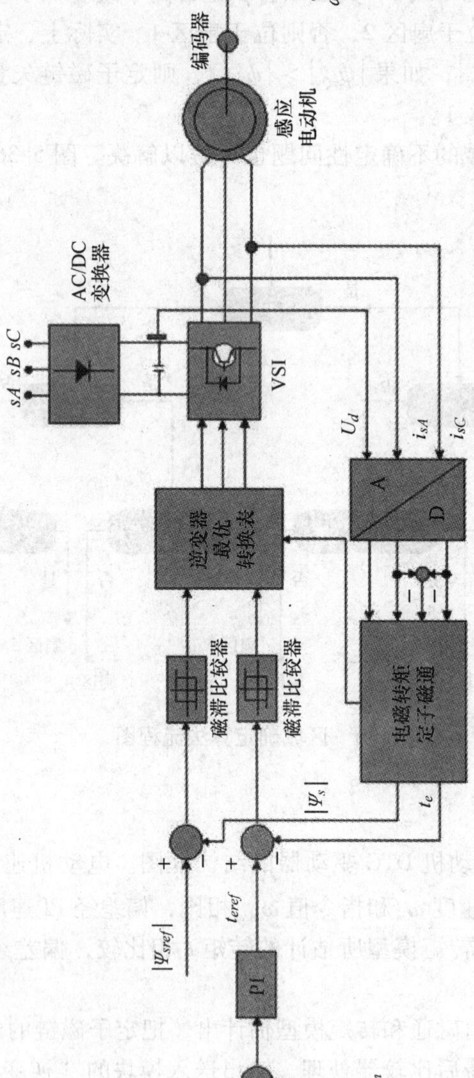

图 5-37 感应电动机 DTC 的结构框图

5.4.6 DTC EMC

最近，一种新的开关表DTC方案被提出[35]，称为DTC的EMC（Electromagnetically Compatible，电磁兼容），旨在减少驱动器的共模损耗。一般情况下，PWM和DTC驱动固有的快速开关频率，不利的作用是产生高的共模电压变量，导致高频共模电流流入地，通过驱动器和地之间的寄生电容及电动机，造成驱动器本身可靠性下降。例如，电动机轴承损坏，引起继电器跳闸，附近的电子设备被干扰。

DTC EMC的偶数或奇数电压矢量在每个逆变器的六个区域交替使用，没有使用空矢量，降低了驱动器的共模损耗。此方法与经典的DTC算法比较，减少了共模损耗；转矩和磁通的脉动量，以及电压和电流波形的谐波含量略有增加。

1. 共模电压

对一个星形连接的三相电动机来说，共模电压u_{com}为

$$u_{com}=\frac{u_{sA0}+u_{sB0}+u_{sC0}}{3} \tag{5-72}$$

式中　u_{sA0}、u_{sB0}和u_{sC0}——逆变器相对于直流母线中点的输出相电压值。

假定中点被连接到地，如果电动机用对称正弦三相电压供电，u_{com}瞬时值等于零。然而，当电动机由逆变器供电，该模电压总不为零，它的瞬时值基于DC链路电压U_d和逆变器的开关模式图，见表5-2（$\boldsymbol{u}_i$表示第i个定子电压空间矢量）。

2. 开关方案

表5-2显示，如果只有偶数或奇数有功电压矢量被使用（$\boldsymbol{u}_k$，其中k为偶数或奇数），没有共模电压的变化。如果从偶数的电压矢量过渡到奇数（或反之亦然）时，产生的共模电压的幅值为$U_d/3$。如果从一个奇数（偶数）电压矢量变为零（第七）电压矢量时，产生的共模幅值为$U_d/3$。

最后，如果由一个奇数（偶数）电压矢量过渡为第七（零）电压矢量时，共模变化量的幅值为$2U_d/3$。从共模损耗角度来看，最糟糕的是从奇数（偶数）电压矢量过渡为第七（零）电压矢量。因而，逆变器控制技术设计应尽量减少驱动器的共模损耗，两个空电压矢量（零和第七个）应尽量避免。

表5-2　逆变器的状态和共模电压[35]

状态	$\boldsymbol{u}_{sA0}$	$\boldsymbol{u}_{sB0}$	$\boldsymbol{u}_{sC0}$	$\boldsymbol{u}_{com}$
$\boldsymbol{u}_0$（0，0，0）	$-U_d/2$	$-U_d/2$	$-U_d/2$	$-U_d/2$
$\boldsymbol{u}_1$（1，0，0）	$U_d/2$	$-U_d/2$	$-U_d/2$	$-U_d/6$
$\boldsymbol{u}_2$（1，1，0）	$U_d/2$	$U_d/2$	$-U_d/2$	$-U_d/6$
$\boldsymbol{u}_3$（0，1，0）	$-U_d/2$	$U_d/2$	$-U_d/2$	$-U_d/6$
$\boldsymbol{u}_4$（0，1，1）	$-U_d/2$	$U_d/2$	$U_d/2$	$U_d/6$
$\boldsymbol{u}_5$（0，0，1）	$-U_d/2$	$-U_d/2$	$U_d/2$	$-U_d/6$
$\boldsymbol{u}_6$（1，0，1）	$U_d/2$	$-U_d/2$	$U_d/2$	$U_d/6$
$\boldsymbol{u}_7$（1，1，1）	$U_d/2$	$U_d/2$	$U_d/2$	$U_d/2$

DTC EMC 设计在早期已被研究，其基本思路如图 5-38 所示。当定子磁通空间矢量位于第 k 个扇区，如果需要增加磁通量，则第 k 个电压矢量被应用。如果增加（减少）转矩，则第$(k+2)$[第$(k-2)$]个电压矢量被应用。

当定子磁链位于第 k 扇区，施加第 k 个电压矢量产生增加磁通幅值和电磁转矩微减，第（$k+2$）个电压矢量会使磁通量幅值微减并增大电磁转矩，而第（$k-2$）个电压矢量会使磁通量幅值微减并减少电磁转矩。例如，图 5-39 给出了位于第一扇区定子

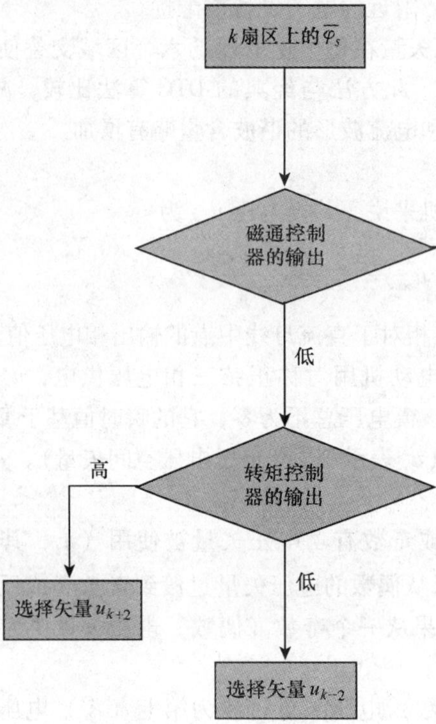

图 5-38　DTC EMC 算法流程图

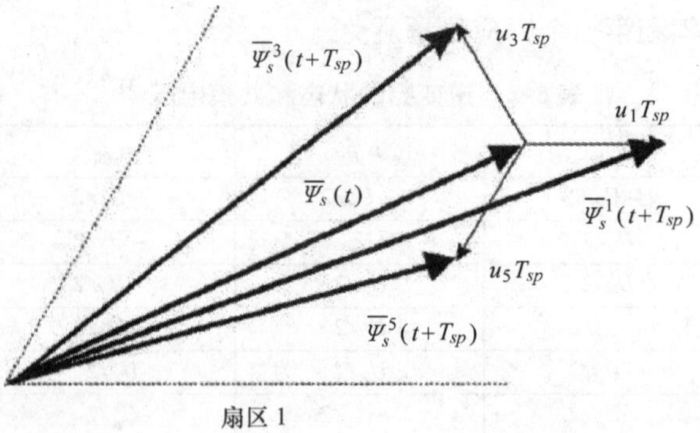

图 5-39　在第一扇区矢量 $\boldsymbol{u}_1$、$\boldsymbol{u}_3$、$\boldsymbol{u}_5$应用的影响[35]

磁通量矢量 $\boldsymbol{\psi}_s(t)$，在电压矢量 $\boldsymbol{u}_1$、$\boldsymbol{u}_3$ 和 $\boldsymbol{u}_5$ 作用下，经过一个采样周期后 T_{sp}，磁通量矢量变换的结果，分别为 $\psi_s^1(t+T_{sp})$、$\psi_s^3(t+T_{sp})$ 或者 $\psi_s^5(t+T_{sp})$。特别是，$\boldsymbol{u}_1$ 导致磁通幅值的大幅增加和转矩的微降，$\boldsymbol{u}_3$ 使得磁通幅值微降和转矩大幅增加，而 $\boldsymbol{u}_5$ 会使磁通幅值大幅增加和转矩大幅减少。用这样的控制方法，在转矩控制之前可进行磁通量控制（见图 5-38），否则，电动机不能在零速时被磁化，无负载转矩（零速度运行）；而在稳定状态下经一系列转矩指令来快速消磁。此外，减少磁通也会导致转矩的减少。

这意味当磁通为奇数（偶数）扇区，仅奇数（偶数）电压矢量被利用，如图 5-40 所示，其中所有可能的配置可以由经典 DTC 和 DTC EMC 中获得。

很显然只要定子磁链位于一个扇区，没有共模电压变化。每次共模电压仅当定子磁链从一个扇区到相邻的扇区换向才会出现。此外，在每个扇区交叉处，共模电压的变化是最小的，等于幅度的 $U_d/3$。因此，稳定状态时理论上幅度为 $U_d/3$ 的共模电压只出现六次变化。应当注意，这种控制方案在真正的应用中，会产生一些不希望的共模电压换向，共模电流的尖峰，会出现在各扇区的交叉处。如果发生转矩减少或仅仅是磁通量的增加，由控制系统控制可知，当定子磁通矢量在一个扇区的开始，定子磁通回到先前的扇区。在这种情况下，代替共模电压的一个简单的换向，随之而来的共模电流尖峰换向至少三次，这将在仿真和实验中进行验证。

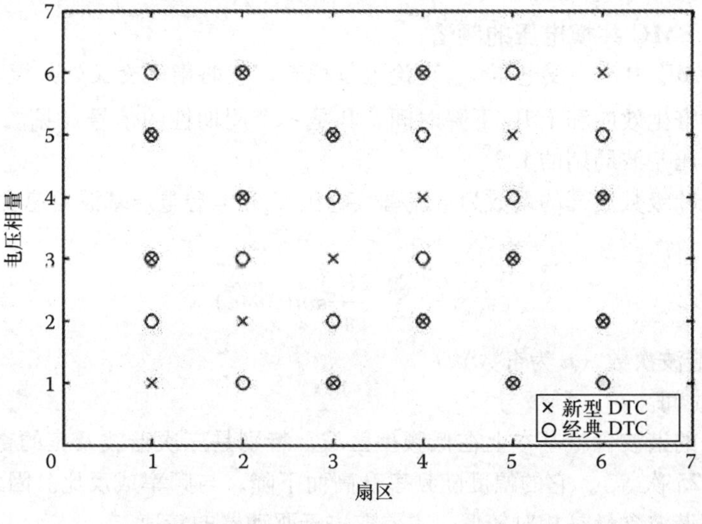

图 5-40　DTC EMC 和经典的 DTC 的电压矢量在各扇区的分布图[35]

然而，减少设备的共模损耗会造成变频器的直流母线性能较差（没有零电压矢量），会带来较高的波纹，并出现在磁通和转矩的波形中。定子电压和电流含有高次谐波分量，会导致定子磁通和转矩脉动的增加。图 5-41 给出了经典 DTC 和 DTC EMC 控制过程，正转矩时定子磁通矢量的轨迹。

与经典的 DTC 相比，利用 DTC EMC 获得的磁通轨迹更清晰，并给出可控制系统采样时间和磁通控制器滞环带的幅值。

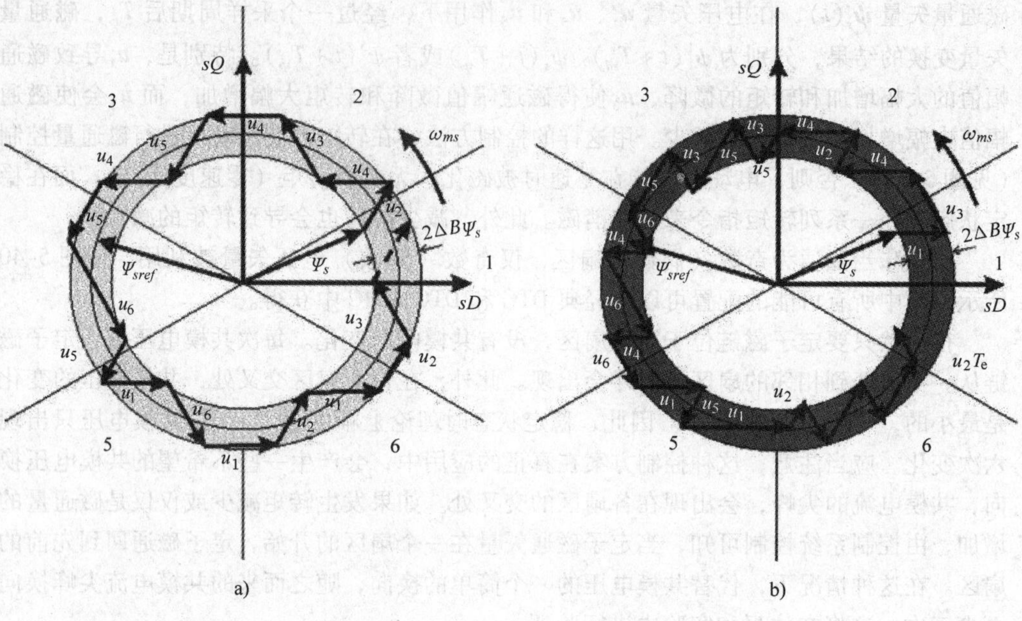

图 5-41　经典的 DTC 定子磁通矢量轨迹和 DTC EMC 定子磁通矢量轨迹[35]

3. DTC EMC 共模电压的频谱

在 DTC EMC 中，共模电压 u_{com} 理论上是稳态，忽略扇区交叉处共模电压不希望的换相、所有的寄生效应和上升/下降时间，其是一个周期性的信号（见图 5-42），周期为驱动电源电压基波周期的 1/3。

它的傅里叶级数展开的系数为直流母线电压 U_d 和电源电压基波角速度 ω 的函数：

$$u_{com} = \sum_{n}^{\infty} \frac{2U_d}{3\pi n}\sin(3n\omega t) \tag{5-73}$$

式中　n——谐波次数（n 为奇数）；

t——时间。

共模电压的谐波含量基本上在低频率区域，特别是三次谐波及三的奇数倍（3 次、9 次、15 次、25 次等），它的幅度随频率升高而下降，与频率成反比。因此，这样的驱动器，其共模谐波含量是相对较低，主要取决于驱动器的转速。

5.4.7　经典 DTC 和 DTC EMC 实验结果

下面给出了经典 DTC[9] 和 DTC EMC[35] 之间实验结果的比较。这些测试在一台 2.2kW 的 IM 上完成（附录 A 中有测试的详细信息）。

图 5-43 和图 5-44 分别为经典 DTC 和 DTC EMC 方式下转子速度与及电磁转矩，给定速度为 100rad/s。很明显，DTC EMC 转矩脉动如分析的那样，增大了。

图 5-45a、图 5-45b 和图 5-46a、图 5-46b 给出了采用 DTC EMC 技术在恒速为

110rad/s 和 2rad/s 时共模电压波形及相应的频谱。

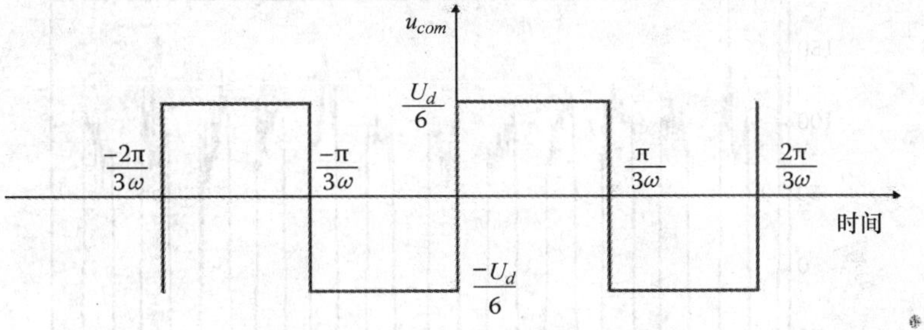

图 5-42　共模电压的理论波形[35]

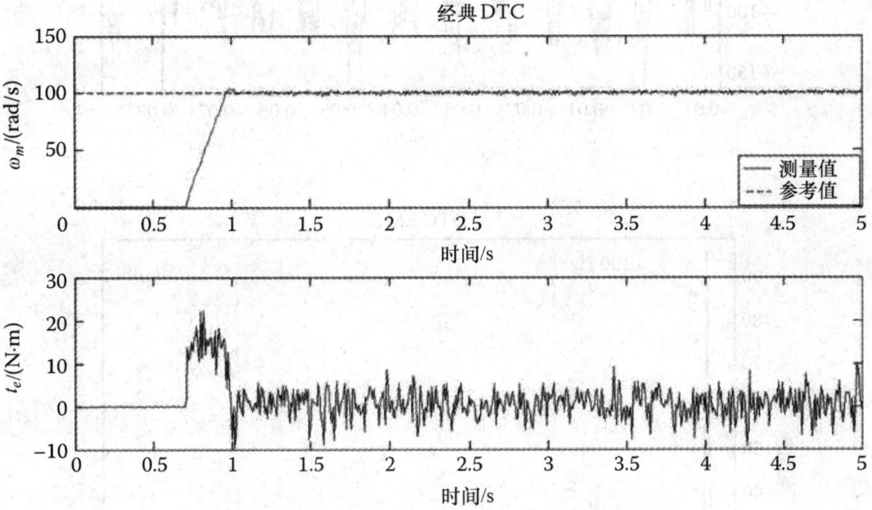

图 5-43　经典 DTC 的转子转速与电磁转矩[35]

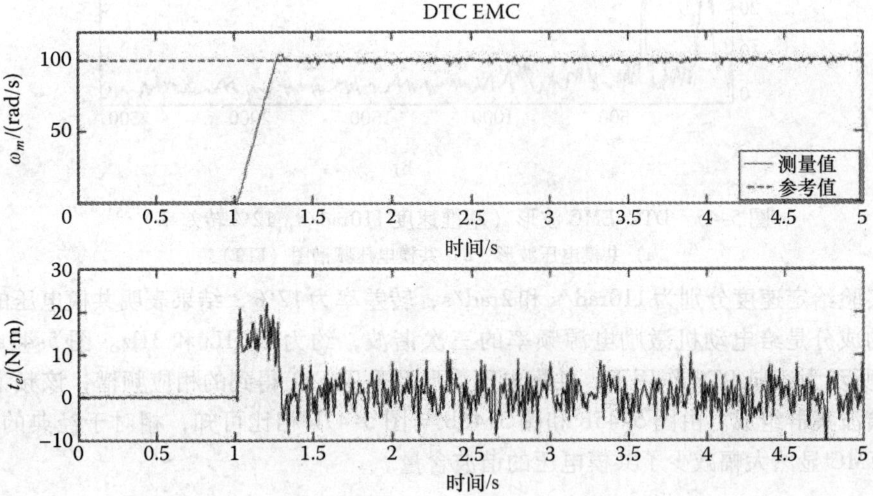

图 5-44　DTC EMC 技术的转速与电磁转矩波形[35]

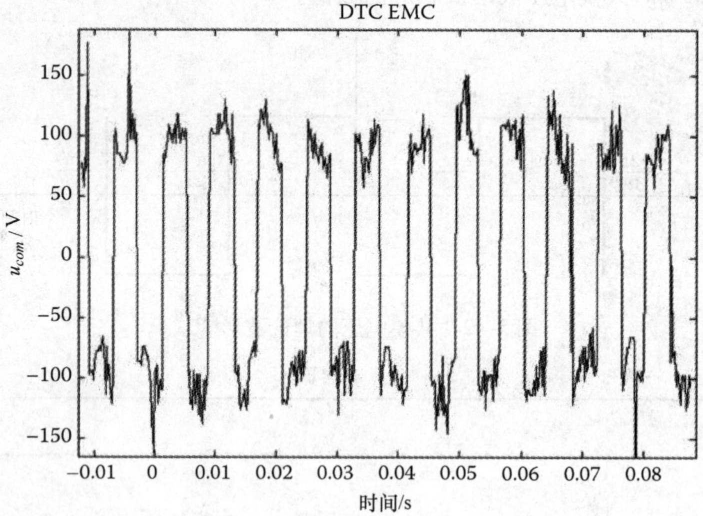

a)

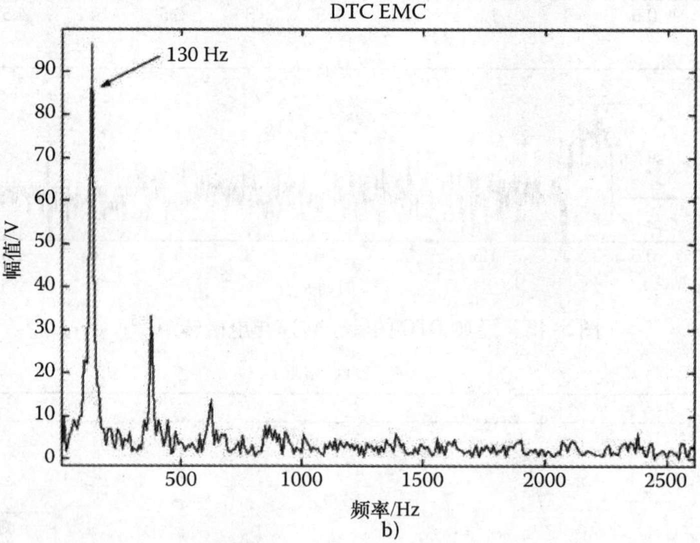

b)

图 5-45　DTC EMC 波形（基准速度 110rad/s，12% 转差率）[35]

a）共模电压波形　b）共模电压频谱图（FFT）

实验给定速度分别为 110rad/s 和 2rad/s，转差率为 12%，结果表明共模电压的主次谐波的成分是给电动机激励电源频率的三次谐波，约为 130Hz 和 3Hz。图 5-47a 和图 5-47b所示为经典 DTC 作用下，共模电压波形及采用 FFT 得到的相应频谱，该频谱由一系列谐波集群组成。由图 5-45b 和图 5-46b 与图 5-47b 相比可知，相对于经典的 DTC，DTC EMC 显然大幅减少了共模电压的谐波含量。

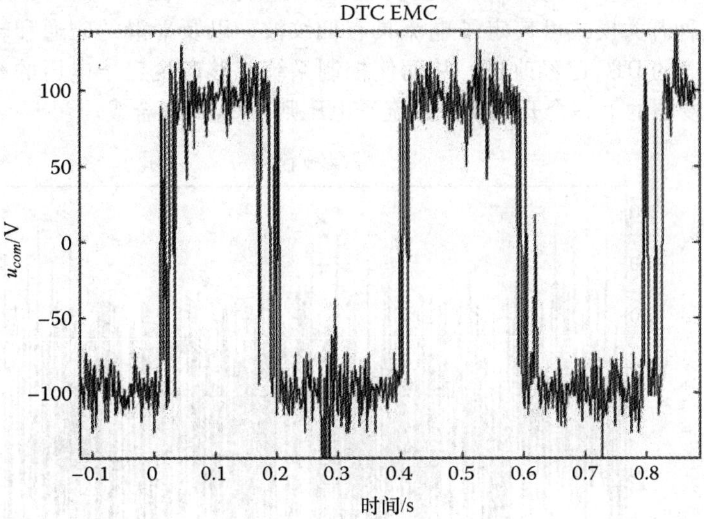

a)

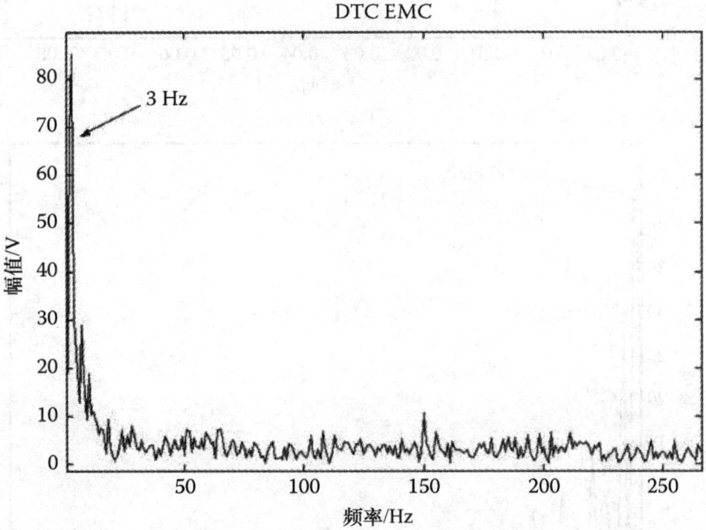

b)

图 5-46　DTC　EMC 波形（基准速度 2rad/s，12%转差率）[35]

a）共模电压波形　b）共模电压频谱图（FFT）

5.4.8　DTC－SVM

经典的 DTC 通常采用 bang－bang 控制来实现对电磁转矩和磁通量的控制，其特征是可快速响应控制指令。然而，在稳态运行尤其在低速时，DTC 控制会导致逆变器的开关状态混乱并产生转矩脉动，因此带来了噪声和振动。为了优化稳态开关过程，出现了多种控制方法[36,37]，其中一个最重要也是众所周知的空间矢量调制方法为 SVM DTC[37-39]。这种开关模式可使定子电流具有低纹波，以及平滑的磁通和转矩波形。在此基础上，经典的 DTC 已经改进，从而使控制系统能够产生定子电压的给定值，而不是直接指示逆变器的下一个开关模式，定子电压则由 SVM 来合成。

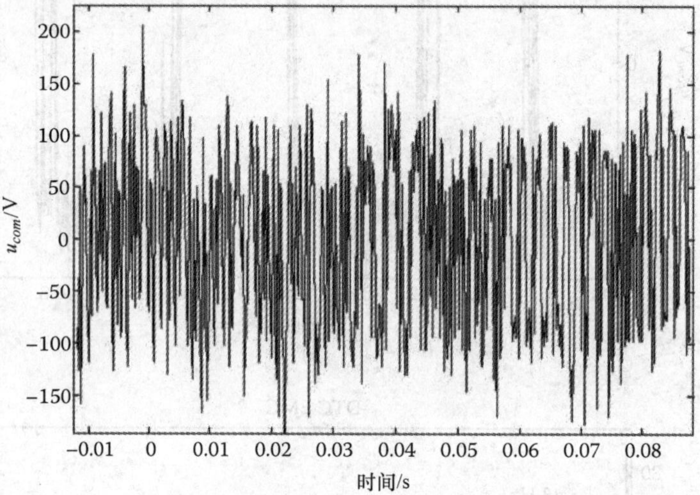

a)

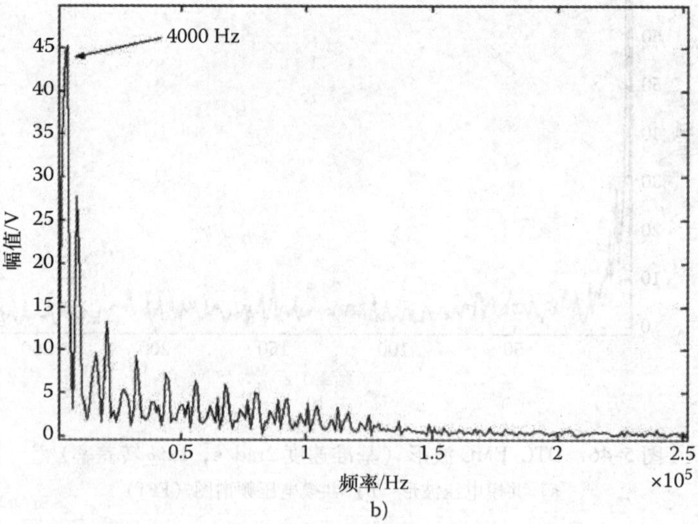

b)

图 5-47　经典 DTC（基准速度 2rad/s，12% 转差率）[35]

a）共模电压波形　b）共模电压频谱图（FFT）

其控制规律可由定子磁通定向坐标系下的 IM 横轴和纵轴定子方程得到

$$u_{sx}^{\psi_s} = R_s i_{sx}^{\psi_s} + \left(\frac{\mathrm{d}|\boldsymbol{\psi}_s|}{\mathrm{d}t}\right) \tag{5-74}$$

$$u_{sy}^{\psi_s} = R_s i_{sy}^{\psi_s} + \omega_{ms}|\boldsymbol{\psi}_s| \tag{5-75}$$

由上式可改写为电磁转矩的函数，即

$$u_{sy}^{\psi_s} = \frac{3}{2p}R_s\frac{t_e}{|\boldsymbol{\psi}_s|} + \omega_{ms}|\boldsymbol{\psi}_s| \tag{5-76}$$

其中定子磁通角速度 ω_{ms} 可在定子坐标系下，由定子磁通分量 ψ_{sD} 和 ψ_{sQ} 的离散形式在 k 和 $k-1$ 采样时刻的值估计得到，即

$$\omega_{ms} = \frac{\psi_{sQ}(k)\psi_{sD}(k-1) - \psi_{sD}(k)\psi_{sQ}(k-1)}{|\boldsymbol{\psi}_s|^2 T_s} \tag{5-77}$$

式中 T_s——控制系统的采样时间。

由式（5-75）和式（5-76）可知，定子磁通幅值和电磁转矩可分别通过定子电压分量 $u_{sx}^{\psi_s}$ 和 $u_{sy}^{\psi_s}$ 进行控制。

图5-48所示为感应电动机DTC－ SVM驱动器的结构框图。

在这个方案中，定子磁链幅值和转子速度都采用闭环控制。速度控制是通过PI控制器来实现，利用PI控制器来处理速度给定值和实际速度值之间的偏差。速度控制器的输出为转矩指令值与转矩估计值相减，差值由PI转矩控制器处理。转矩控制器的输出加上式（5-76）的去耦项，得到纵轴电压的给定值 $u_{sy}^{\psi_s}$。在横轴，定子磁链给定值和磁通估计值相比较，与跟踪误差经PI控制器处理。如前面所述，定子磁通幅值和电磁转矩可由磁通和转矩估计器估计得到。磁通控制器的输出为横轴给定电压 $u_{sx}^{\psi_s}$。基于定子磁通角 ρ_s 的矢量转换，把给定电压从定子磁链坐标系转换到静止坐标系，定子电压最后由PWM电压源型逆变器得到。

5.4.9 DTC－SVM驱动的实验结果

下面为采用DTC－SVM电动机驱动的实验结果。在图5-48中采用了转子磁通定向控制方案，采用一台2.2kW的感应电动机（附录A给出了测试设置的详细信息）进行实验。在空载条件下，驱动器输入阶跃速度为100rad/s。图5-49所示为给定速度和实测速度波形，图5-50所示为电磁转矩指令值和估计值波形。对比图5-50和图5-43，可以看出DTC－SVM与经典的DTC相比转矩脉动明显减少。

5.4.10 直接自动控制

直接自动控制（DSC）[10－12]于1985年由Depenbrock提出，几乎与DTC同时。DSC是更适用于由VSI驱动的高功率驱动器，其采用低速功率器件（如GTO）和低开关频率。在DSC中，VSI采用准方波控制，偶有零状态。当设备运行在额定转速以上弱磁状态下，零状态根本不需要采用。DSC通常作为DTC的一个子状态，但其工作原理不同。其基本思想是，由VSI产生不连续的电压波形，但其时间积分是连续的[37]。这些时间积分被称为虚拟磁通，并利用反馈方法通过滞环比较器来实现。

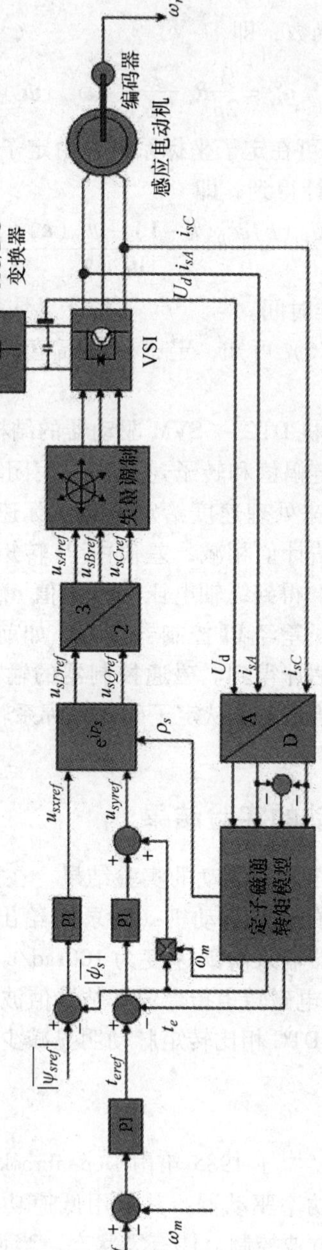

图 5-48 DTC－SVM 控制方案的结构框图

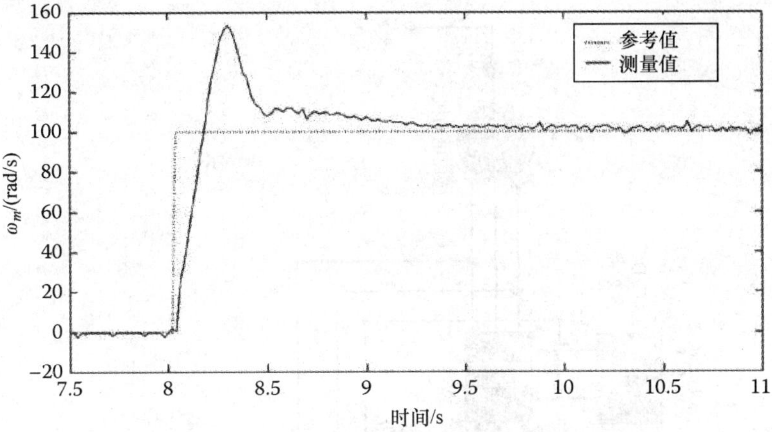

图 5-49　采用 DTC – SVM 的速度指令和实测的波形

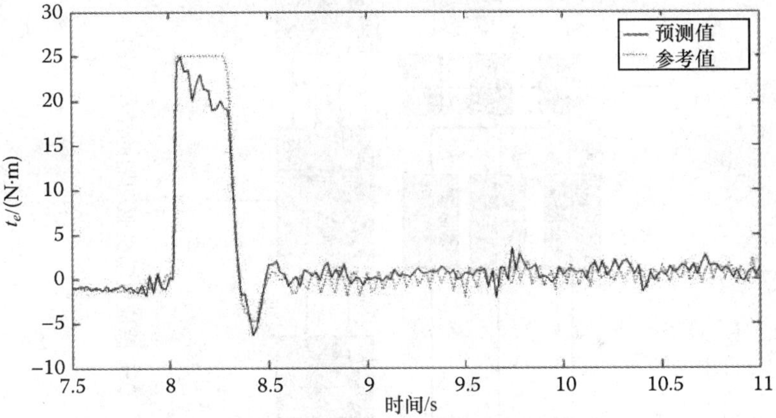

图 5-50　DTC – SVM 中给定转矩和估计值波形

用这种方式，可以在没有任何外部信息情况下采用方波方式实现对逆变器的控制。其基于定子虚拟磁通分量 $\psi_{s\beta A}$、$\psi_{s\beta B}$ 和 $\psi_{s\beta C}$，利用磁通比较器产生的数字化变量 d_A、d_B 和 d_C 对应有功电压矢量实现六阶梯运算。另外，滞环转矩控制器生成数字化的信号 d_0，确定零状态持续时间。图 5-51 所示为 DSC 感应电动机驱动器的结构框图。

DSC 的主要特点如下[13]：

1）恒磁通区采用 PWM 操作，在弱磁通区采用六阶梯运算。

2）除了谐波，对于 PWM 和六阶梯运算，非正弦定子磁通和电流波形是一致的。

3）定子磁通矢量在 PWM 操作下沿着六边形路径移动。

4）不需要储能，且逆变器的能力得到充分利用。

5）逆变器的开关频率比 ST – DTC 方案更低。

6）在磁场恒定和弱磁区都具有较好的转矩动态性能。

当定子磁通比较器的滞环设置适当，DSC 方案的特点可由 ST – DTC 方案来复制[40]。

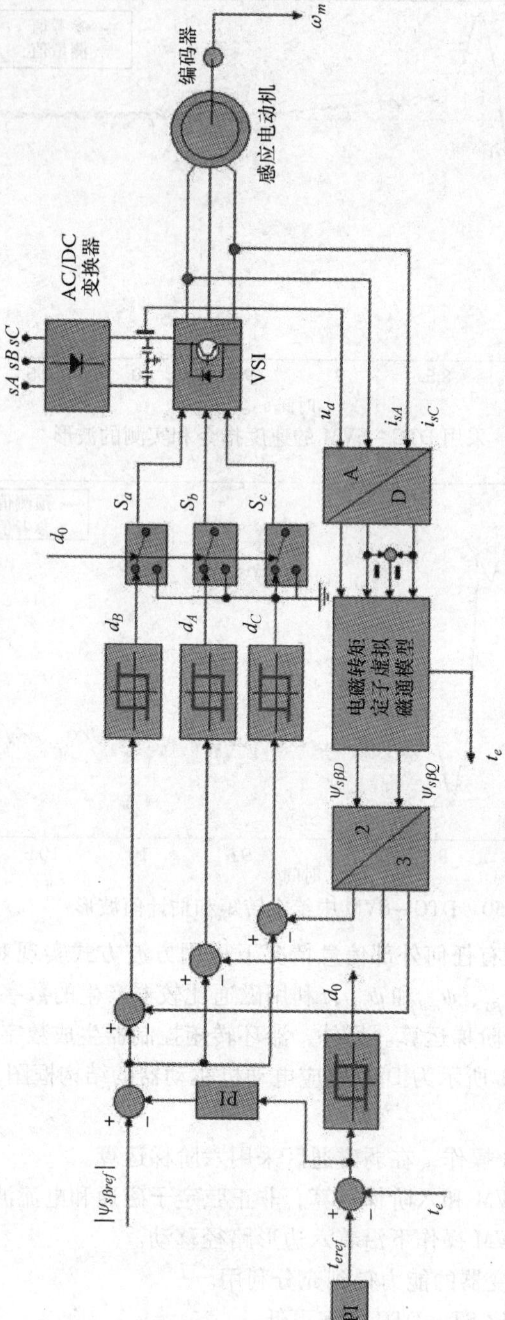

图 5-51 DSC 感应电动机驱动器的结构框图

5.4.11　FOC 和 DTC 的比较

FOC 和 DTC 是当今 IM 最重要的控制技术，能够确保感应电动机的高动态性能。因此，大多数驱动器制造商采用这两种解决方案中的一种。工业和学术界一直讨论了多年，探讨两种技术中哪个是更佳。大量的科学论文对这些技术进行了探讨和比较。下面对两种控制技术的主要优点和缺点进行了总结。

DTC 的主要特点如下[18]：

1）通过对逆变器配置的优化选择可实现磁通和电磁转矩的直接控制。

2）定子电压和电流采用间接控制。

3）定子磁通量和电流几乎是正弦波。

4）通过空电压矢量减少转矩脉动。

5）高动态性能。

6）根据滞环带宽的振幅及磁通和转矩比较器，确定逆变器开关频率的变化。

DTC 的主要优点如下[18]：

1）与 FOC 相反，控制算法中不存在坐标变换。

2）与 FOC 相反，缺少 PWM 模块。

3）与 FOC 电压激励方式相反，没有电压去耦电路。

4）存在几个控制器的控制方案，在电压激励的 FOC 中，至少需要四个控制器，而在 DTC 控制器中，控制器较少。

5）控制中只需要知道定子磁链所在的扇区，不需要这个空间矢量的瞬时实际位置。

6）转矩环响应速度快。

相反，DTC 的主要缺点如下：

1）在起动和低转速时，转矩指令快速变化期间，有潜在的问题。

2）需要磁链和转矩模型（在 FOC 有同样的问题）。

3）逆变器的开关频率是变化的。

4）高转矩脉动。

然而 DTC 的上述缺点如起动和低转速存在的问题及转矩脉动是可以克服的。DTC 中的转矩脉动产生，一方面是逆变器产生的电压矢量没有一个是与期望的电压矢量一致产生所要求的磁通和转矩的变化量；另一方面，电压矢量施加的时间间隔等于控制系统的采样时间，因此控制作用的持续时间等于整个采样周期。为了使转矩跟踪误差降低，必须缩短其中的时间间隔，采用比控制系统更低的采样时间，消除产生偏离给定值一周期里余下的时间。

一个较好的解决方法是应用定子电压空间矢量不是整个采样周期，这部分称占空比，剩余部分采用空电压矢量。在每个采用周期，基于转矩跟踪误差的值和定子磁链空间矢量的实际角位移，可选择占空比的值。为了这个目标，一些基于模糊逻辑的算法被提出[36]。

转矩脉动可以采用逆变器的高开关频率或不同逆变器结构来限制。开关频率的增加会导致变流器的开关损耗增加，因此这种技术不能被用在大功率驱动器。此外，高开关频率需要强有力也更昂贵的微处理器，因为提高开关频率的同时也减少了控制系统的采样时间。

符号列表

$\boldsymbol{i}_s = i_{sD} + \mathrm{j}i_{sQ}$　定子坐标系下的定子电流的空间矢量

$\boldsymbol{i}_s = i_{sx} + \mathrm{j}i_{sy}$　通用旋转坐标系下的定子电流的空间矢量

$\boldsymbol{i}_{sA}$，i_{sB}，i_{sC}　定子相电流

$\boldsymbol{i'}_r = i_{rd} + \mathrm{j}i_{rq}$　定子参考坐标系下的转子电流的空间矢量

$\boldsymbol{i}_r = i_{rx} + \mathrm{j}i_{ry}$　通用旋转坐标系下的转子电流的空间矢量

$\boldsymbol{i}_{mm} = i_{mmD} + \mathrm{j}i_{mmQ}$　定子参考坐标系下的磁化电流的空间矢量

$\boldsymbol{i}_{mr} = i_{mrD} + \mathrm{j}i_{mrQ}$　定子参考坐标系下的转子励磁电流的空间矢量

$\boldsymbol{i}_{ms} = i_{msD} + \mathrm{j}i_{msQ}$　定子坐标系下的定子励磁电流的空间矢量

L_m　总静态励磁电感

L_r　转子电感

$L_{r\sigma}$　转子漏感

L_s　定子电感

L'_s　定子瞬态电感

$L_{s\sigma}$　定子漏感

p　极对数

R_r　转子相绕组的电阻

R_s　定子相绕组的电阻

S_a、S_b、S_c　VSI 桥臂的指令信号

t_e　电磁转矩

T_r　转子时间常数

T'_r　转子瞬态时间常数

$T_{r\sigma}$　转子漏感时间常数

T_s　定子时间常数

T_{sp}　控制系统的采样时间

T'_s　定子暂态时间常数

u_{com}　共模电压

$\boldsymbol{u}_s = u_{sD} + \mathrm{j}u_{sQ}$　定子参考坐标系下定子电压的空间矢量

$\boldsymbol{u}_s = u_{sx} + \mathrm{j}u_{sy}$　通用的旋转参考坐标系下定子电压的空间矢量

u_{sA}、u_{sB}、u_{sC}　定子相电压

U_d　直流母线电压

$\boldsymbol{\rho}_r$　相对 sD 轴的转子磁链空间矢量的相位角

$\boldsymbol{\rho}_s$　相对 sD 轴的定子磁链空间矢量的相位角

$\boldsymbol{\rho}_m$　相对 sD 轴的磁化磁链空间矢量的相位角

σ　$1 - L_m^2/(L_sL_r)$ = 总漏感系数

σ_r 转子漏感系数

σ_s 定子漏感系数

ϑ_r 相对于 sD 轴转子角位置

$\psi_{s\beta A}$、$\psi_{s\beta B}$、$\psi_{s\beta C}$ 定子三相虚拟磁通量

$\boldsymbol{\psi}'_r = \psi_{rd} + \mathrm{j}\psi_{rq}$ 定子参考坐标系下的转子磁链的空间矢量

$\boldsymbol{\psi}_s = \psi_{sD} + \mathrm{j}\psi_{sQ}$ 定子参考坐标系下的定子磁链的空间矢量

ω_{mr} 转子磁通空间矢量的角速度

ω_{ms} 定子磁通空间矢量的角速度

ω_{mm} 励磁磁通空间矢量的角速度

ω_{sl} 转差角速度

ω_r 转子角速度（电角度/s）

文献中所有含“ref ”的变量为给定量。

在变量顶部的符号 ψ'_r，ψ_s 和 ψ_m 表示该变量所在的坐标。

参考文献

1. K. Hasse, Drehzahlgelverfahren für schnelle umkehrantriebe mit stromrichtergespeisten asynchron-kurzschlusslaufer-motoren, *Reglungstechnik*, 20, 60–66, 1972.
2. F. Blaschke, The principle of field-orientation as applied to the transvector closed-loop control system for rotating-field machines, *Siemens Review*, 34, 217–220, 1972.
3. M. Bodson, J. Chiasson, R. Novotnak, High performance induction motor control via input-output linearization, *IEEE Control Systems Magazine*, 14, 25–33, August 1994.
4. M. Pietrzak-David, B. de Fornel, Non-Linear control with adaptive observer for sensorless induction motor speed drives, *European Power Electronics and Drives Journal*, 11(4), 7–13, 2001.
5. D. G. Taylor, Nonlinear control of electric machines: An overview, *IEEE Control Systems Magazine*, 14, 41–51, December 1994.
6. R. Marino, Output feedback control of current-fed induction motors with unknown rotor resistance, *IEEE Transactions on Control Systems Technology*, 4, 336–347, July 1996.
7. Z. Krzeminski, Nonlinear control of induction motors, *Proceedings of 10th IFAC World Congress*, Munich, Germany, 1987, Vol. IA-22, pp. 349–354, 820–827.
8. R. Ortega, A. Loria, P. J. Nicklasson, H. Sira-Ramirez, *Passivity-Based Control of Euler-Lagrange Systems*, Springer-Verlag, London, U.K., 1998.
9. I. Takahashi, T. Noguchi, A new quick-response and high efficiency control strategy of an induction machine, *IEEE Transactions on Industry Applications*, IA-22, 820–827, September/October 1986.
10. M. Depenbrock, Direct self-control of the flux and rotary moment of a rotary-field machine, U.S. Patent 4 678 248, July 7, 1987.
11. M. Depenbrock, Direct self control of inverter-fed induction machines, *IEEE Transactions on Power Electronics*, 3, 420–429, October 1988.
12. U. Baader, M. Depenbrock, G. Gierse, Direct self control (DSC) of inverter-fed-induction machine—A basis for speed control without speed measurement, *IEEE Transactions on Industry Applications*, 28, 581–588, May/June 1992.
13. G. S. Buja, M. Kazmierkowski, Direct torque control of PWM inverter-fed AC motors—A survey, *IEEE Transactions on Industrial Electronics*, 51(4), 744–756, August 2004.
14. P. Vas, *Electrical Machines and Drives*, Oxford Science Publications, New York, 1992.
15. J. Holtz, Sensorless control of induction motor drives, *Proceedings of the IEEE*, 90(8), 1359–1394, August 2002.
16. A. Abbondanti, M. B. Brennen, Variable speed induction motor drives use electronic slip calculator based on motor voltages and currents, *IEEE Transactions on Industry Applications*, 29, 344–348, March/April 1993.

17. W. Leonhard, *Control of Electrical Drives*, Springer-Verlag, Berlin, Germany, 1997.
18. P. Vas, *Sensorless Vector and Direct Torque Control*, Oxford Science Publications, New York, 1998.
19. P. Vas, *Vector Control of AC Machines*, Oxford Science Publications, Oxford, U.K., 1990.
20. P. Vas, *Artificial-Intelligence-Based Electrical Machines and Drives*, Oxford Science Publications, Oxford, U.K., 1999.
21. I. Boldea, S. A. Nasar, *Electric Drives*, 2nd edn., Taylor & Francis, New York, 2005.
22. B. K. Bose, *Power Electronics and Variable Speed Drives*, IEEE Press, New York, 1997.
23. D. W. Novotny, T. A. Lipo, *Vector Control and Dynamics of AC Drives*, Oxford Science Publications, Oxford, U.K., 1996.
24. W. Leonhard, 30 Years space vectors, 20 years field orientation, 10 years digital signals processing with controlled AC-drives, a review (part 1), *European Power Electronics and Drives Journal*, 1(1), 13–19, July 1991.
25. W. Leonhard, 30 Years space vectors, 20 years field orientation, 10 years digital signals processing with controlled AC-drives, a review (part 2), *European Power Electronics and Drives Journal*, 1(2), 89–101, October 1991.
26. W. Leonhard, Microcomputer control of high dynamic performance AC-drives, a survey, *Automatica*, 22(1), 1–19, 1986.
27. W. Leonhard, Controlled AC drives, a successful transition from ideas to industrial practice, *Control Engineering Practice*, 4(7), 897–908, 1996.
28. R. Lessmeier, W. Schumacher, W. Leonhard, Microprocessor-controlled AC-servo drives with synchronous or induction motors: Which is preferable?, *IEEE Transactions on Industry Applications*, IA-22(5), 812–819, September/October 1986.
29. R. D. Lorenz, T. A. Lipo, D. W. Novotny, Motion control with induction motors, *Proceedings of the IEEE*, 82(8), 1215–1240, August 1994.
30. H. Theuerkauft, Zur digitalen Nachbildung von Antriebsschaltungen mit umrichtergespeisen Asynchronmachinen, PhD dissertation, Technischen Universitaet Carolo Wihelmina zu Braunschweig, Brunswick, Germany, 1975.
31. R. Gabriel, Feldorientierte Regelung einer Asynchronmachine mit einem Mikrorechner, PhD dissertation, Technischen Universitaet Carolo Wihelmina zu Braunschweig, Brunswick, Germany, 1982.
32. W. Schumacher, Microrechner-Geregelter Asynchron-Steallantrieb, PhD dissertation, Technischen Universitaet Carolo Wihelmina zu Braunschweig, Brunswick, Germany, 1985.
33. N. Mohan, T. M. Undeland, W. P. Robbins, *Power Electronics, Converters, Applications and Design*, John Wiley & Sons, Inc., Hoboken, NJ, 2003.
34. G. Buja, D. Casadei, J. Lalu, G. Serra, Il controllo diretto di coppia negli azionamenti elettrici con motore asincrono, Specialistic Course ANAE-UCIREV, Milano, Italy, November 7–8, 1996.
35. M. Cirrincione, M. Pucci, G. Vitale, G. Cirrincione, A new direct torque control strategy for the minimization of common-mode emissions, *IEEE Transactions on Industry Applications*, 42(2), 504–517, March/April 2006.
36. A. Mir, M. E. Elbuluk, D. S. Zinger, Fuzzy implementation of direct self control of induction motors, *IEEE Transactions on Industry Applications*, 30, 729–735, 1994.
37. A. M. Trzynadlowski, *Control of Induction Motors*, Academic Press, New York, 2001.
38. C. Lascu, I. Boldea, F. Blaabjerg, A modified direct torque control for induction motor sensorless drive, *IEEE Transactions on Industry Applications*, 36(1), 122–130, 2000.
39. T. G. Habetler, F. Profumo, M. Pastorelli, L. M. Tolbert, Direct torque control of induction machines using space vector modulation, *IEEE Transactions on Industry Applications*, 28(5), September/October 1992.
40. G. Buja, D. Casadei, G. Serra, DTC-based strategies for induction motor drives, *Proceedings of IEEE IECON'97*, New Orleans, LA, 1997, Vol. 4, pp. 1506–1516.

第6章　感应电动机驱动的无速度传感器控制技术

6.1　无速度传感器控制技术简介

在过去十年中，人们对去除异步电动机轴上的速度或位置传感器，并具有高动态性能矢量控制的异步电动机调速系统产生了极大的兴趣。这种转子速度或位置的估计技术被称为无速度传感器或者无编码器技术[1-5]。无速度传感器控制的电动机调速系统具有以下优点：降低系统硬件的复杂程度，成本低，减少了驱动装置的尺寸；没有传感器的接线，增强了系统的抗干能力和可靠度，减少了设备的维护成本[6]。也更适用于一些恶劣的环境。

事实上，高性能的电气传动装置应具有的性能：对速度的估算精度高，调速范围宽，速度控制回路具有高带宽，对负载转矩扰动具有较强的鲁棒性；在空载和负载时，零速也具有良好的转矩性能。到目前为止，大量关于无速度传感器的电动机控制方案被提出[1-6]。这些控制方案主要有两类：一类是基于磁饱和或基于电动机的各向异性；另一类是基于异步电动机基本磁动势的动态模型。表6-1给出了电动机无速度传感器不同控制技术特性[6]。

表6-1　不同无速度传感器控制方案的对比

	电动机基本模型			电动机的各向异性		
注入附加信号	无	无	无	有	有	有/无
控制原理	开环模型	观测器	转子槽谐波	电感饱和	人工智能	转子漏感
最小频率	接近0	接近0	低于1Hz	理论上为0	理论上为0	0
最大速度误差	0.5倍额定速度	0.5倍额定速度	理论上为0	0.5倍额定速度	小	理论上为0
位置误差	—	—	—	—	—	理论上为0

基于模型控制技术可由开环估测器或闭环观测器实现，并受到零定子频率的限制。在这些情况下，反电动势为0，电动机转速不能够观测。但在低速时，电动机的各向异性可以提供关于主磁场角度或者转子位置的有用信息。

通过计算空间转子槽谐波在定子绕组感应的电压可以精确地估计出转子速度。适当激励信号一般为比基波频率高的注入信号，也可以是逆变器开关管产生的瞬态信号，电动机的响应信号被用来确定磁场角度或者转子位置角度。

6.2　基于模型的无速度传感器控制技术

在过去几年，大量基于模型的无速度传感器控制技术被提出。下面将重点介绍几种具有代表性的控制方法。

Joetten 和 Maeder 最早开展了转子速度估计研究[7]，电动机转差速度的估算是基于电动机的状态方程来实现的。参考文献［8］首次采用了模型参考自适应系统（MRAS）控制方法。参考文献［9］采用了一种降阶观测器（ROO）控制模型来估算转子速度，采用降阶观测器作为参考模型，用相对较简单的电流模型作为自适应模型；所提出的自适应律和参考文献［8］所采用的基本相同；同时提出了一种增益矩阵来解决降阶观测器零极点的配置问题，而其他可能的增益矩阵选择已在参考文献［10，11］中作了介绍。参考文献［12］提出了一种全阶 Luenberger 观测器，用于电动机转子磁链和转速的估算，同时在线估算电动机定子、转子电阻；但这种观测器存在以下不足：再生模式下，低速运转时自适应律稳定性；在低速阶段和零速度时的精确性。为了克服上述缺点，一些相应的控制技术被提出[13-16]；参考文献［17］中提出了一种基于参数辨识和速度估算的无速度传感器控制方案。

6.3　基于各向异性的无速度传感器控制技术

基于各向异性的无速度传感器控制技术是利用电动机的某些特性来实现的，在基波磁动势模型中未能体现。若采用信号注入法，可注入比基波频率高的信号来激励电动机。高频电流产生的磁链，可通过电动机转子和定子的磁链构成回路，几乎不受基波产生的基波磁通影响。因此这种高频效应可视作附加在电动机上的基本性能。基本磁场的磁链路径的磁饱和会导致磁场的各向异性。其他各向异性结构如笼型电动机中分立的转子导条。此外，电动机也可以通过定制来增强电动机的某些特性或者展现出一个极距内的局部电磁和电气特性的周期性变化。典型的变化有转子槽开口的宽度的变化[18]、转子铜条埋在转子内部的深度和双笼型（或深槽型）转子外层导条的电阻等[19]。电动机还有很多各向异性参量。各种的各向异性参量代表了不同的空间方向的量，如基本磁场的位置角、转子导条的位置，如果可能，也包括定制设计的在转子对极中的位置。高频信号的响应必然反映了各向异性的量及其位置。注入的信号可以是周期性的，这将产生一高频旋转磁场或产生在一个特定空间方向的交变磁场，这类信号被称为载波。载波信号主要由定子电压附加的分量产生，附加的分量由电动机各向异性参量的实际方向调制得到。

其他类型的激励信号可由逆变器的 PWM 开关信号产生，逆变器的电力电子器件的每次换流将在电动机产生重复瞬变信号。除了基波分量外，其余的磁通量为高频成分，并且不能充分地穿透到转子中去产生互感磁链。相反地，这些磁通量产生了总漏磁通量。在基于各向异性参量的转子位置估算技术中，最重要的是通过在线电抗测量的间接磁通观测技术和瞬时转子位置的测量技术[6]。由 Schroedl 提出的在线电抗测量的间接磁通观测技术[20]，是基于测量极短时间间隔内定子电流的变化率来实现的。在两个连续的极短时间间隔内，两个相反的电压矢量被用来补偿定子绕组的电阻压降和反电动势。可以通过定子电流的改变率来估算磁链的相位角，电流改变率可在极短时间间隔内测量获得。瞬时转子位置测量技术是利用转子槽各向异性参量来确定转子的位置角度，磁饱和被视为一种干扰。这类控制技术由 Jiang[21]、Holtz[22,23] 提出，利用基于逆变器与电动机中性点间的端电压的瞬时测量得到的各向异性的参量来实现。

6.4　基于模型的无速度传感器控制技术

在介绍基于模型的无速度传感器控制技术之前，首先要解决实现基于模型控制技术会遇到的相关主要问题。特别是开环积分、逆变器的非线性和电动机参数的不匹配等问题。

6.4.1　开环积分

通常情况下，在实现高性能的电驱动器时，一些磁通估计量的数值积分存在的主要问题是积分器的输入存在直流偏置。这些采用开环磁通估计法的速度观测器（如开环速度估计和 MARS 系统）会受到上述问题的影响。而像 ROO 和 Luenberger 状态自适应观测器则不会。特别是积分之前，积分器输入信号存在直流漂移，这样会导致积分器饱和从而产生不能接受的估计误差，同时初始条件在积分后输出信号中也会在直流漂移[24,25]。在低速时积分器的直流漂移问题会更严重。为解决这个问题一些相应的解决方案被提出。例如，采用带有饱和反馈的积分器[24]、基于级联低通滤波器的积分器（LPF）[26,27]、基于偏移矢量估计的积分器和具有估计误差补偿的积分器[28-30]。下面将对这些方案进行分析。

通常，较低截止频率的一阶低通滤波器被用来替代纯积分。然而，在接近截止频率的低频范围，观测器的性能会明显受观测到的磁通相位和幅值误差的影响[3]。图 6-1 给出了截止频率 $\omega_c=15\text{rad/s}$ 的一阶低通滤波器的伯德图。由图可知，低于 10Hz 时，相位角度误差很明显，这表明低通滤波器的方法不适合无速度传感器驱动低速运行状态。

LPF 的截止频率不能太低，因为低截止频率时直流漂移的滤波效果会降低，利用拉普拉斯变换，通过计算阶跃输入下 LPF 的稳态输出值 E_{dr}，可很容易得到这个结论。

$$\lim_{s\to 0} sG_{LP}(s)\frac{E_{dr}}{s}=\lim_{s\to 0} s\frac{1}{s+\omega_c}\frac{E_{dr}}{s}=\frac{E_{dr}}{\omega_c} \tag{6-1}$$

式（6-1）表明，LPF 的截止频率 ω_c 越低，输出受直流漂移影响越大。
为了解决纯积分和 LPF 存在的问题，参考文献［25］介绍了一种新的积分方法，可用下式来描述[24]：

$$\Psi=\frac{1}{s+\omega_c}e+\frac{\omega_c}{s+\omega_c}\Psi \tag{6-2}$$

式中　e 和 Ψ——积分器的输入与输出；

ω_c——LPF 的截止频率。

e 为反电动势，Ψ 为对应的磁链。把其从 s 域变换到 z 域，取

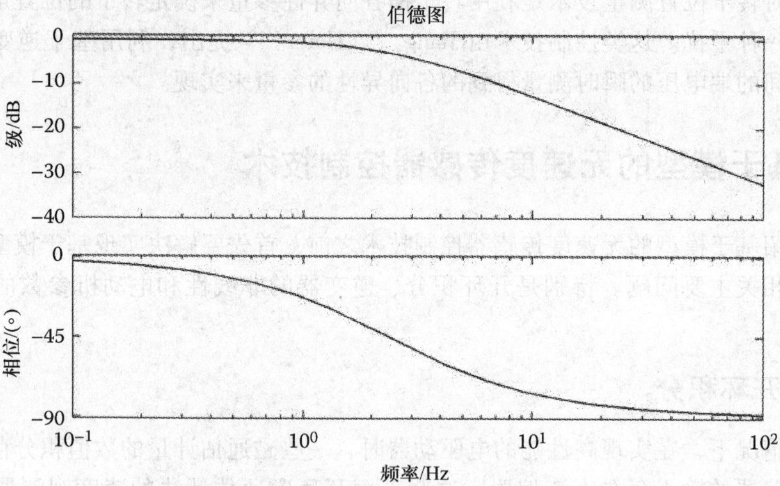

图 6-1　一阶低通滤波器的伯德图（截止频率为 15rad/s）

$$s=\frac{z-1}{T_{sp}} \tag{6-3}$$

式中　T_{sp}——系统的采样时间。

式（6-2）可写为

$$\Psi=\underbrace{\frac{T_{sp}}{z-\beta}e}_{前馈}+\underbrace{\frac{1-\beta}{z-\beta}\Psi}_{反馈} \tag{6-4}$$

式中　$\beta=e^{-T_{sp}\omega_c}$。这种方法把积分器分成两部分之和：前馈项和反馈项。z 域的结构框图如图 6-2 所示。由这个结构框图可得到 4 种算法，如下所示。

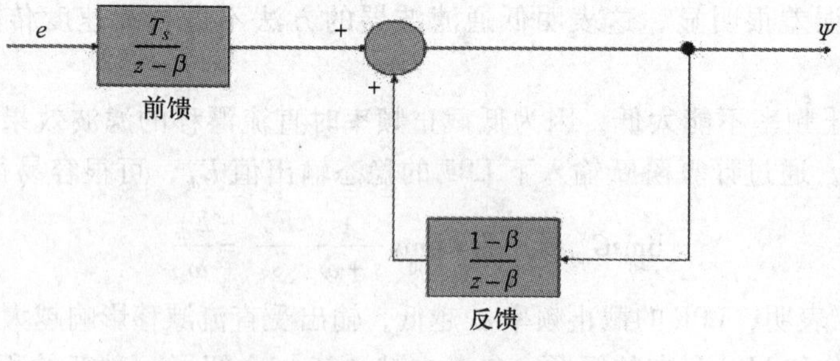

图 6-2　z 域下的积分器结构框图

1. 算法 1

如果式（6-4）右边第二项的变量 Ψ 由饱和函数的幅值 L 来确定，即可获得第一种算法[24]。结构框图如图 6-3 所示。

图 6-4 给出了 2.2kW 感应电动机把算法 1 应用到开环磁通积分的转子磁链轨迹计算框图。实验结果表明该算法是可行的。

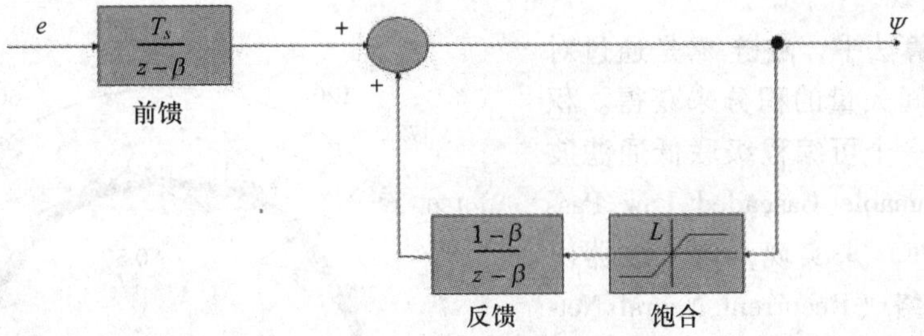

图6-3 积分算法1的结构框图

2. 算法2

算法2是对算法1的改进，通过限制磁通的幅值来获取，如图6-4所示。详细描述见参考文献［24］，下面简称算法2。图6-4给出了算法2在z域的结构框图，这个算法是通过对反电动势空间矢量的积分来获得磁链的空间矢量。因此，这种情况下，横轴和纵轴分量（下面简称D和Q）的空间矢量为系统的输出。

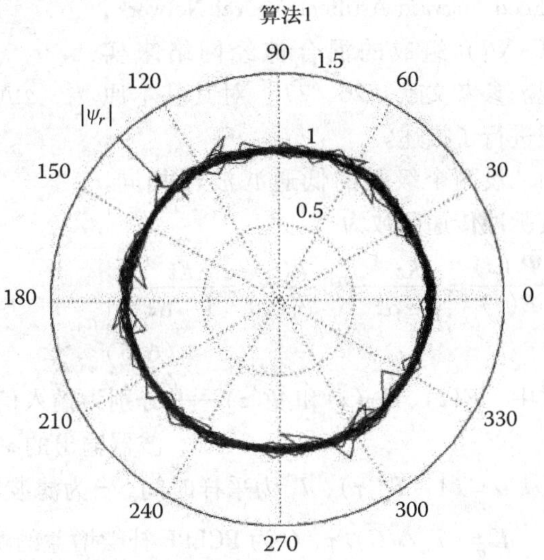

图6-4 采用算法1转子磁链轨迹

正如参考文献［24］所介绍的，算法1、算法2中饱和极限值L必须接近参考值（见图6-5）。

图6-6给出了把算法2用于开环磁通积分（无磁通反馈）得到的2.2kW感应电动机转子磁通的轨迹（详细情况见第11章）。实验结果与算法1的结果很接近。

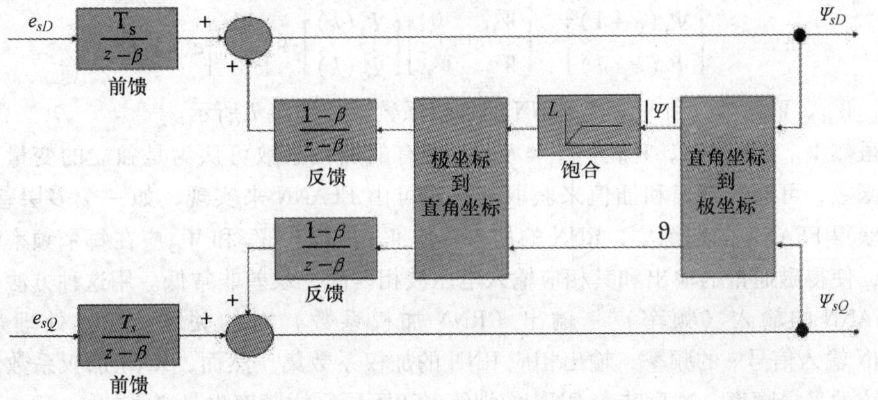

图6-5 积分算法2的结构框图

3. 算法3

在这种算法中，磁链 Ψ 是通过对反电动势空间矢量的积分来获得。积分方法是由一个可编程级联低通滤波器（Programmable Cascaded Low Pass Filter，PCLPF）来实现，该滤波器由递归神经网络（Recurrent Neural Network，RNN）和前馈人工神经网络（Feed Forward Artifical Neural Network，FFANN）组成的混合神经网络来实现。参考文献［26，27］对其基本原理进行了描述。

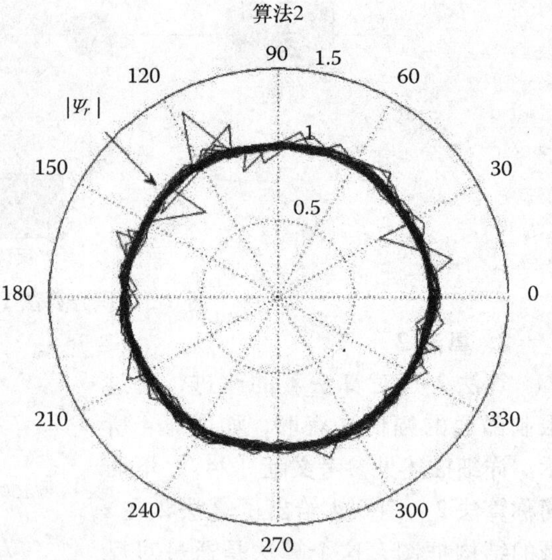

图6-6　采用算法2转子磁链轨迹

设两个级联的低通滤波器相同，其脉冲传递函数为

$$\frac{\Psi_1(z)}{E(z)}=\frac{Kz^{-1}}{1-\alpha z^{-1}}\text{和}\frac{\Psi(z)}{\Psi_1(z)}=\frac{Kz^{-1}}{1-\alpha z^{-1}} \tag{6-5}$$

式中　$E(z)$、$\Psi_1(z)$ 和 $\Psi(z)$——分别为输入信号 $e(k)$、第一级滤波器输出和第二级滤波器输出的 z 变换。

$\alpha=(1-T_{sp}/\tau)$，T_{sp} 为采样时间，τ 为滤波器的时间常数。

$K=(T_{sp}/\sqrt{G})/\tau$，G 为 PCLPF 补偿增益的幅值。

那么，离散时间方程的矩阵形式符号表达式为

$$\begin{bmatrix}\Psi_1(k+1)\\ \Psi_2(k+1)\end{bmatrix}=\begin{bmatrix}\alpha & 0\\ K & \alpha\end{bmatrix}\begin{bmatrix}\Psi_1(k)\\ \Psi_2(k)\end{bmatrix}+\begin{bmatrix}\alpha\\ 0\end{bmatrix}e(k) \tag{6-6}$$

等效的 RNN 可用下面的矩阵方程来描述，即

$$\begin{bmatrix}\Psi_1(k+1)\\ \Psi_2(k+1)\end{bmatrix}=\begin{bmatrix}W_{11} & 0\\ W_{21} & W_{22}\end{bmatrix}\begin{bmatrix}\Psi_1(k)\\ \Psi_2(k)\end{bmatrix}+\begin{bmatrix}W_{13}\\ 0\end{bmatrix}e(k) \tag{6-7}$$

式中　W_{11}、W_{21}、W_{22} 和 W_{13}——RNN 的加权系数，如图 6-7 所示。

虽然 $W_{11}=W_{22}=\alpha$，$W_{21}=W_{13}=K$，但所有的加权系数可认为是独立的变量，是频率的函数，可通过查表和插值来获取。这些可由 FFANN 来实现，如一个多层感知器。为了获得 FFANN 的训练集，RNN 的加权系数 W_{11}、W_{21}、W_{22} 和 W_{13} 应在每个频率电源激励下，使得磁通量的输出和其相应输入电压波相匹配，误差非常低。用这种方法，可获得 FFANN 的输入（频率）-输出（RNN 加权系数）对的关系。在此处理过程中 FFANN 输入信号 e 的频率，输出相应 RNN 的加权系数集。然而，RNN 加权系数依赖控制系统的采样频率，这意味着 RNN 的训练对于不同采样频率也是必需的。

可以按照不同的方式训练 RNN：可采用一阶滤波器、二阶滤波器或扩展卡尔曼滤

波器（EKF）方法[26,27,31]。图6-8给出了采用算法3开环磁集成（无磁通反馈）获得2.2kW感应电动机转子磁链轨迹的实验结果（详细情况见第11章）。结果表明该算法是正确的，其性能略低于算法1和算法2。事实上，在这种情况下往往磁通轨迹会退化为六角形而不是一个圆。

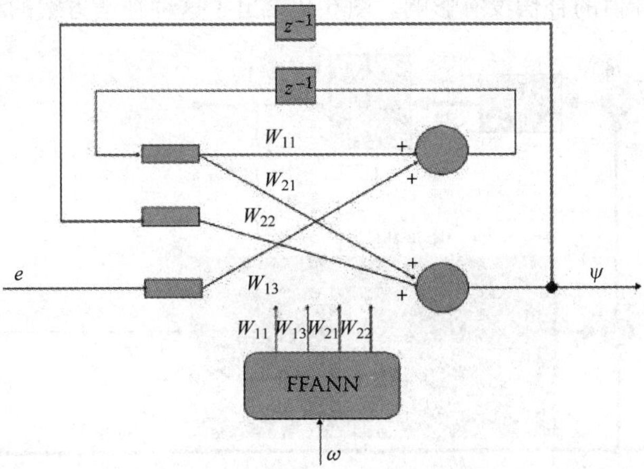

图6-7　积分算法3的结构框图

4. 算法4

参考文献［28－30］提出了一种不同的方法，这种方法是基于矢量偏移估计和估计错误的补偿。在这种情况下，通过对静止坐标系下描述的反电动势 e 积分可获得磁通量（见参考文献［28，29］，它被应用于定子磁通）。结果是磁通量 $\boldsymbol{\Psi}$ 被限制在一个半径为 $\boldsymbol{\Psi}^*$ 的圆形边界范围内，并给出 $\boldsymbol{\Psi}$ 的估计值 $\hat{\boldsymbol{\psi}}$。从反电动势中减去的电压偏置量可由下式得出

$$\varepsilon_{\text{off}}=\frac{\hat{\boldsymbol{\psi}}_{\max}+\hat{\boldsymbol{\psi}}_{\min}}{\Delta t} \tag{6-8}$$

式中　Δt——磁通分量 $\hat{\boldsymbol{\psi}}$ 过零点间的时间间隔，等于基波周期；

$\hat{\boldsymbol{\psi}}_{\max}$、$\hat{\boldsymbol{\psi}}_{\min}$——分别为 Δt 时间间隔里，磁通 $\hat{\boldsymbol{\psi}}$ 横轴和纵轴分量的最大和最小值。

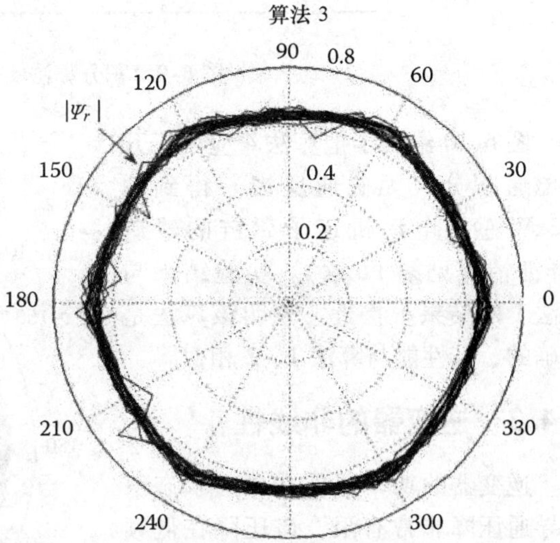

图6-8　采用算法3转子磁链轨迹

实践中，在每个基波周期要估计出平均偏移电压引起的磁通量漂移，然后减去。为

了提高系统的性能，补偿电压从电动势 e 减去之前需经低通滤波器滤波。此外，从电动势 e 中去除的噪声补偿项 e_{hf} 是针对因开关频率、逆变器死区时间等的影响，通常系统的非线性特点主要体现在比基波频率高得多的频率信号上。弥补这些影响的有效方法是采用快速的比例闭环控制使 $\hat{\boldsymbol{\psi}}$ 的径向分量逼近其指令值 $\boldsymbol{\Psi}_{ref}$。由于 $\hat{\boldsymbol{\psi}}$ 的切向分量是不变的，其对磁通估计值的补偿没有影响。图 6-9 给出了这种补偿方案的结构框图。

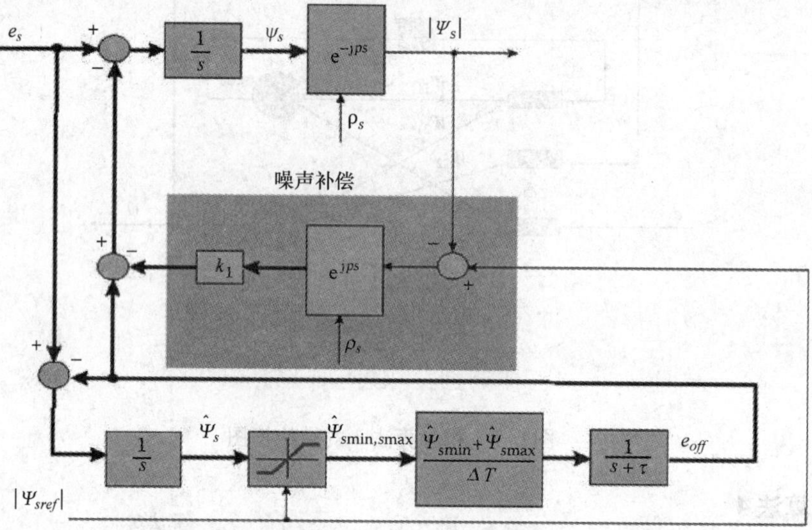

图 6-9　积分算法 4 的结构框图

图 6-10 给出了把算法 4 应用于开环磁通积分（无磁通反馈）得到的 2.2kW 感应电动机定子磁链的轨迹（详细情况见第 11 章）。实验结果与算法 1 的结果很接近。表明该算法是正确的，其性能与算法 1、2 相似。

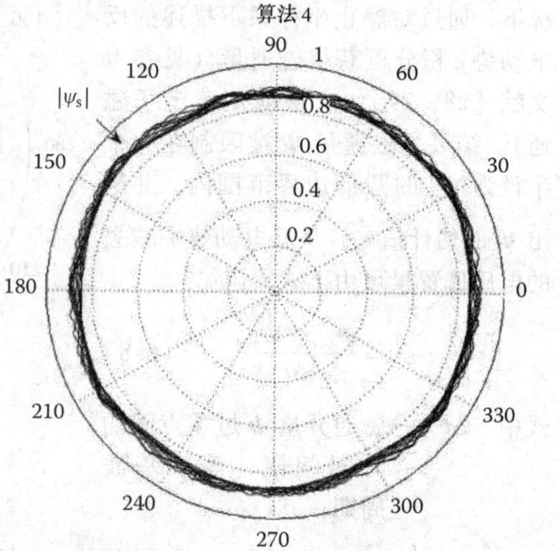

图 6-10　采用算法 4 转子磁链轨迹

6.4.2　逆变器的非线性

逆变器的功率器件在导通状态下其导通压降非常有限，该压降在低频时（基波电压幅值较低）需考虑。在这种情况下，其会明显引起定子电压的畸变，造成电压波形不连续。参考文献［28－30］提出了一个补偿逆变器设备产生电压降的方法。这种方法是用功率元件的平均阈值电压 u_{th} 和平

均动态电阻 R_d 特点来建立模型。例如，图 6-11 给出了 IGBT 模块（Semikron SMK 50GB 123）的 v_{ce} 与 i_c 的特性曲线。这一特点在第 11 章实验进行了测试。其中阈值电压 u_{th} = 1.8V，动态电阻 R_d = 0.02Ω。因为总存在功率器件是正向偏压，可以很容易地证明，在逆变器的每个桥臂产生的阈值电压的影响取决于相电流的符号。

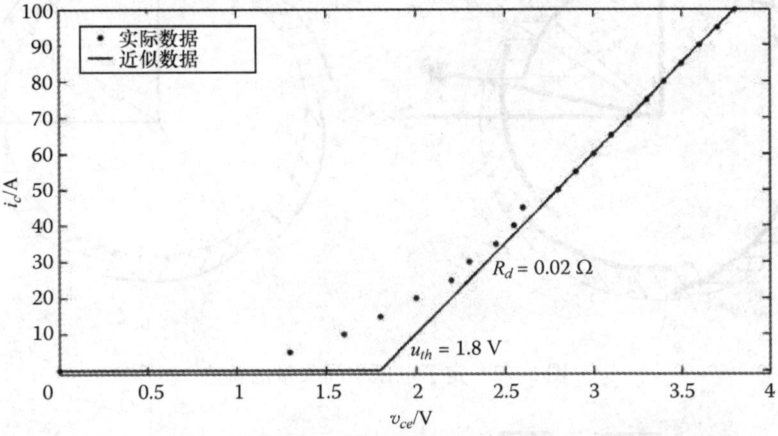

图 6-11　IGBT 模块（SMK 50GB 123）的前向导通特性（25℃）

A 相的阈值电压可写为 $u_{th}sign(i_{sA})$。阈值电压的空间矢量可定义为

$$\boldsymbol{u}_{th} = \frac{2}{3}(u_{th}sign(i_{sA}) + \alpha u_{th}sign(i_{sB}) + \alpha^2 u_{th}sign(i_{sC})) = \frac{4}{3}u_{th}\boldsymbol{sec}(\boldsymbol{i}_s) \tag{6-9}$$

其中

$$\boldsymbol{sec}(\boldsymbol{i}_s) = \frac{1}{2}(sign(i_{sA}) + \alpha sign(i_{sB}) + \alpha^2 sign(i_{sC})) \tag{6-10}$$

式中　$\boldsymbol{sec}(\boldsymbol{i}_s)$——定子电流所在的 60°扇区的单位矢量函数。

通常，定子电压的空间矢量 $\boldsymbol{u}_s^*$ 可由 PWM 调制得到的参考电压 $\boldsymbol{u}_{sref}$ 和阈值电压空间矢量 $\boldsymbol{u}_{th}$ 及电阻 R_d 上的压降之差来得到：

$$\boldsymbol{u}_s^* = \boldsymbol{u}_{sref} - \boldsymbol{u}_{th} - R_d\boldsymbol{i}_s \tag{6-11}$$

图 6-12a 和图 6-12b 给出了定子电压空间矢量的轨迹。由于逆变器的非线性，定子电压空间矢量 $\boldsymbol{u}_s^*$ 的轨迹是扭曲和不连续的。图 6-13 所示为参考文献［28 – 30］提出的补偿方法的结构框图。最后，图 6-14 所示为 2.2kW 感应电动机的转速指令为 1rad/s 时，阈值电压空间矢量 $\boldsymbol{u}_{th}$ 横轴分量和纵轴分量的波形。

6.4.3　电动机参数不匹配

造成磁通量估算误差更主要的因素是观测器的定子和转子电阻因为电动机的加热/冷却而与实际值不匹配。因为负载造成电动机绕组温度的变化会导致模型中的电阻的误差达到 50%。因此驱动器工作时，定子和转子电阻需要在线估算和跟踪。大量在线参数估计算法被用于控制系统，控制系统的一般估计算法要求复杂度和计算量低。一般情况下，转子电阻的稳态估计不能在无速度传感器驱动中完成。因此，转子电阻的变化需从定子电阻估计中推导出。参考文献提供了几种对感应电动机电气参数估计的方法。

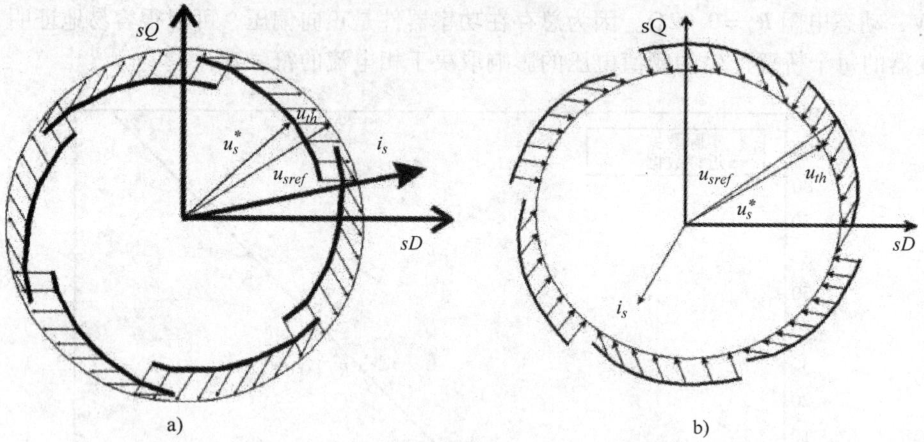

图 6-12　定子电压空间矢量的轨迹

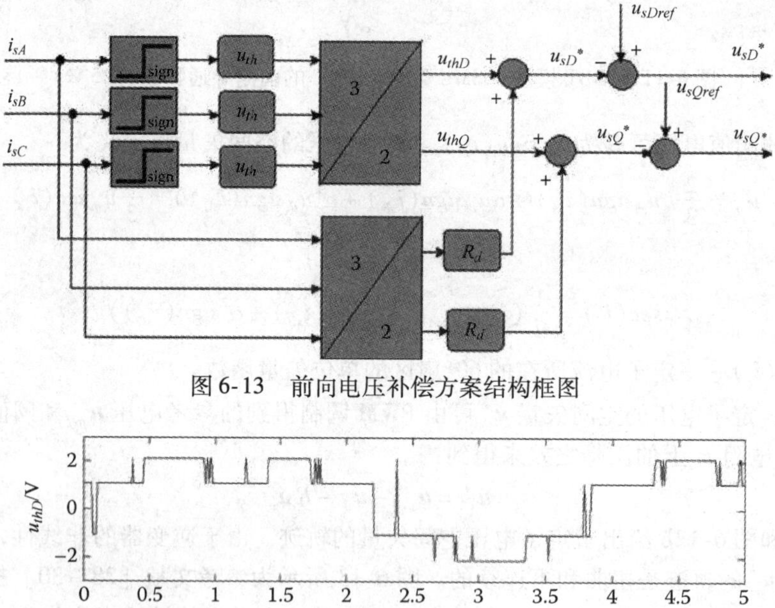

图 6-13　前向电压补偿方案结构框图

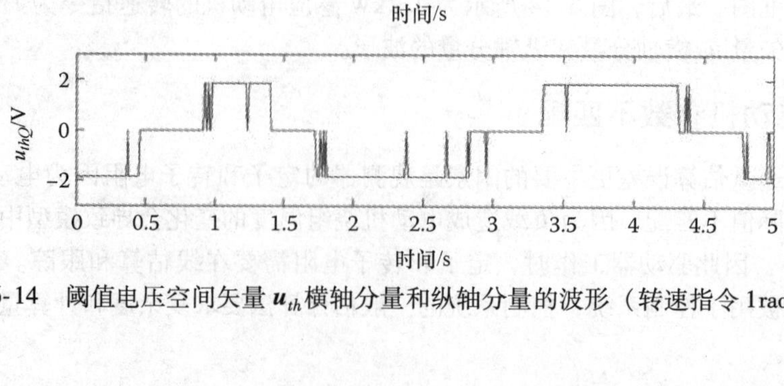

图 6-14　阈值电压空间矢量 $\boldsymbol{u}_{th}$ 横轴分量和纵轴分量的波形（转速指令 1rad/s）

第 9 章描述了一种借助于线性神经网络对感应电动机的所有电参数进行估计的方法：TLS EXIN 神经元。下面简要描述最近提出的三个定子电阻在线估计算法[12,28,29]。

1. 算法 1

算法 1 是基于稳态的概念，定子磁通矢量和感应电压是正交的[28]：

$$\boldsymbol{\psi}_s \boldsymbol{e}_s = \boldsymbol{\psi}_s \cdot (\boldsymbol{u}_s - R_s \boldsymbol{i}_s) = 0 \tag{6-12}$$

本质上，式（6-12）取决于定子电阻，因此可用来在线估算定子电阻。为了减少计算量，在矢量旋转算子 $e^{-j\alpha_s}$ 基础上，把式（6-12）从静止坐标系转变到与定子电流空间矢量相对应的坐标系，其中 α_s 是定子电流空间矢量角。基于上述描述，定子电阻可由下面的方程来估算：

$$R_s = \frac{u_{sx}^{i_s} - (\psi_{sy}^{i_s}/\psi_{sx}^{i_s})u_{sy}^{i_s}}{|\boldsymbol{i}_s|} = \frac{u_{sx}^{i_s} - \omega_s |\boldsymbol{\psi}_s| \sin(\alpha_s - \rho_s)}{|\boldsymbol{i}_s|} \tag{6-13}$$

式中

$$\frac{\psi_{sy}^{i_s}}{\psi_{sx}^{i_s}} = \tan(\alpha_s - \rho_s) \tag{6-14}$$

且 $u_{sy}^{i_s} = e_i \cos(\alpha_s - \rho_s)$，稳态时 $e_i = \omega_s |\boldsymbol{\psi}_s|$。

图 6-15 给出了这种定子电阻估算方法的结构框图。

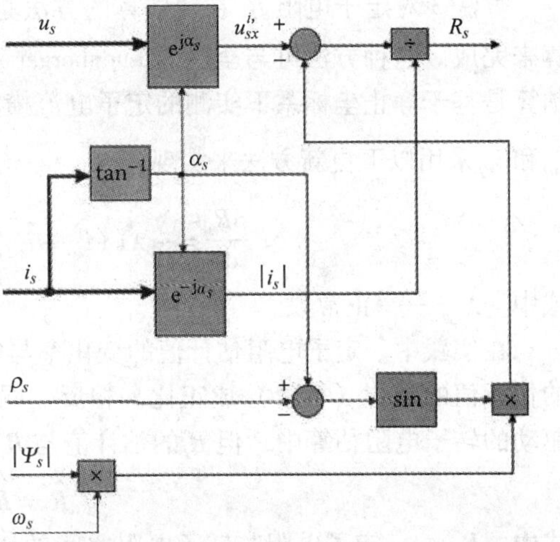

图 6-15　定子电阻 R_s 在线估计的算法 1 结构框图

2. 算法 2

算法 2 对定子电阻 R_s 在线估计的方法是基于减少定子磁通坐标下定子电流空间矢量的横轴分量实测的 $\boldsymbol{i}_{sx}^{\psi_s}$ 和估计量 $\hat{\boldsymbol{i}}_{sx}^{\psi_s}$ 之差来实现的[29]。

由定子磁链坐标系下感应电动机定子方程，可得下列稳态（$d/dt \cong = 0$）时的方程，即

$$\begin{cases} |\boldsymbol{\psi}_s| = -\omega_r T_r \sigma L_s i_{sy}^{\psi_s} + L_s i_{sx}^{\psi_s} \\ L_s i_{sy}^{\psi_s} = \omega_r T_r (|\boldsymbol{\psi}_s| - \sigma L_s i_{sx}^{\psi_s}) \end{cases} \tag{6-15}$$

消除上式中的 ω_r，可得估计值 $\hat{\boldsymbol{i}}_{sx}^{\psi_s}$ 的表达式为

$$\hat{\boldsymbol{i}}_{sx}^{\psi_s} = \frac{|\boldsymbol{\psi}_s|}{L_s(1+\sigma)} + \frac{L_s^2 \sigma}{L_s(1+\sigma)|\boldsymbol{\psi}_s|} |\boldsymbol{i}_s^{\psi_s}|^2 \tag{6-16}$$

式（6-16）与定子电阻无关，因此可用来作为 MRAS 的参考模型。把实测的电动机电流从静止坐标系变换到与定子电流空间矢量相对应的坐标系（图 6-16 中的单元块 $e^{-j\alpha_s}$）可得到 $\boldsymbol{i}_{sx}^{\psi_s}$，其中磁通角 α_s 由模型得到。两个电流之间的跟踪误差再经自适应控制器或 PI 控制器处理得到定子电阻估计值。图 6-16 给出了前面描述算法的结构框图。

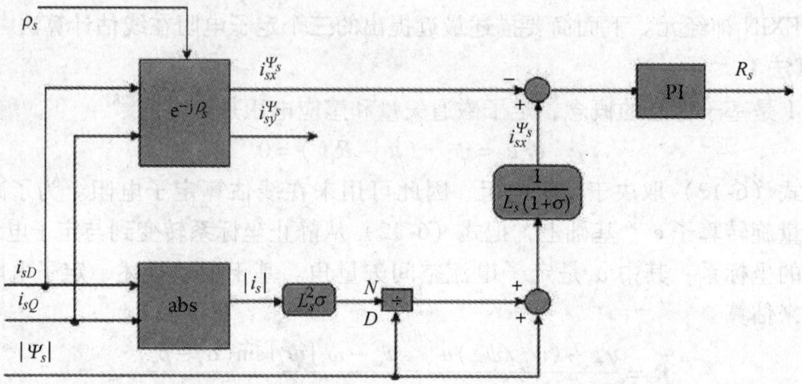

图 6-16　定子电阻 R_s 在线估计的算法 2 结构框图

3. 算法 3

算法 3 对定子电阻 R_s 在线估算的方法是利用对定子坐标系定子电流空间矢量的估算来完成。这种方法可与全阶的 Luenberger 观测器相结合，详见参考文献［12］。R_s 的估算是基于静止坐标系下实测的定子电流横轴分量 i_{sD} 和纵轴分量 i_{sQ} 及其对应的估计值 $\hat{i}_{sD}$ 和 $\hat{i}_{sQ}$ 采用以下更新方法来实现：

$$\frac{\mathrm{d}\hat{R}_s}{\mathrm{d}t} = -\lambda\left((i_{sD}-\hat{i}_{sD})\hat{i}_{sD}+(i_{sQ}-\hat{i}_{sQ})\hat{i}_{sQ}\right) \tag{6-17}$$

式中　λ——一正常数。

在实践中，定子电阻估计值的变化率与定子电流估计值的偏差和定子电流空间矢量的估计值的乘积（标量）成正比。相反，同样的估算策略并不能应用到无速度传感器驱动的转子电阻估算中，但 R_r 的估计值与 R_s 成正比，因而可用下式得到，即

$$\hat{R}_r = R_{srn}\hat{R}_s \tag{6-18}$$

式中　R_{srn}——定子电阻与转子电阻之间的比值，设电动机的定子和转子电阻都随电动机的工作温度变化而改变。

6.4.4　估计器和观测器

一般来说，所谓估计器是一个动态系统，其状态变量采用其他系统来估计。估计器主要有两种形式：开环和闭环，两者之间的区别在于是否存在修正项，利用估计误差在线调整估计器的响应[1]。闭环估计器则称为观测器。一般来说，观测器比开环估计器更好，因为其对参数的变化和噪声具有更好的鲁棒性。

观察器可按照被观测的对象进行分类。如果被观测对象是确定性的，相应观测器为一个确定性的观测器，否则称为随机观测器。事实上，FOLO 和 ROO 是确定性的，而卡尔曼滤波器（Kalman Filter KF）则是随机性的。经典的 KF 可应用在线性随机系统，而

EKF 可用于非线性随机系统。此外，基本的 Luenberger 观测器只能应用在线性非时变确定性系统，而扩展的 Luenberger 观测器（ELO）可应用于非线性非时变确定性系统。综上所述，ELO 和 EKF 是非线性观测器，分别适用于确定性和随机性系统。对于实时的工业驱动系统来说，与 EKF 相比，ELO 是一个好的选择，因为其算法简单，调节容易[1]。

6.4.5　开环速度估计器

不同的转子速度和转差速度的开环速度估计器可通过重写感应电动机的定子和转子方程式得到。参考文献［7］给出了一个开环速度估计器原创性的工作，其速度估计器是基于实测的电压和电流来完成。在参考文献［1］介绍了 5 个开环无速度传感器扩展方案，这些方案全部基于感应电动机定子和转子方程，不同之处是参考坐标系描述不同。这些速度估计的方案都是基于转子磁链估计得到的。有些方案目前被应用到商业无速度传感器驱动器中，类似的开环速度估计器也可采用基于定子磁链来进行速度估算而不是转子[3]。因此，等式可写为基于转子磁通定向或定子磁通定向坐标系。

若定子磁链已通过估计器得到，转子速度就可由定子磁链速度 ω_{ms} 与转差速度 ω_{sls} 之差得到，即

$$\omega_r = \omega_{ms} - \omega_{sls} = \underbrace{\left(\psi_{sD}\frac{\mathrm{d}\psi_{sQ}}{\mathrm{d}t} - \psi_{sQ}\frac{\mathrm{d}\psi_{sQ}}{\mathrm{d}t}\right)/|\boldsymbol{\psi}_s|^2}_{\omega_{ms}} - \underbrace{\frac{L_s}{T_r}\frac{\sigma T_r \mathrm{d}i_{sy}^{\psi_s}/\mathrm{d}t + i_{sx}^{\psi_s}}{|\boldsymbol{\psi}_s| - \sigma L_s i_{sx}^{\psi_s}}}_{\omega_{sls}} \tag{6-19}$$

定子磁链的速度是定子磁链空间矢量与其微分的矢量积除以定子磁通幅值的平方。转差速度是由定子磁通定向坐标系下的横轴分量和纵轴分量 $i_{sx}^{\psi_s}$、$i_{sy}^{\psi_s}$ 得到的，因而估计器需要进行相应的变换。图 6-17 给出了基于式（6-19）的开环速度估计器的结构框图。磁场定向的准确性受角度 α_s 估计精度的影响，角度 α_s 通过开环磁通估计得到，准确的磁场定向还存在对定子电阻变化的整合和敏感性问题。此外，转差速度的计算还需要 $\mathrm{d}i_{sy}^{\psi_s}/\mathrm{d}t$。应该注意的是，微分项会放大信号中的高频噪声。

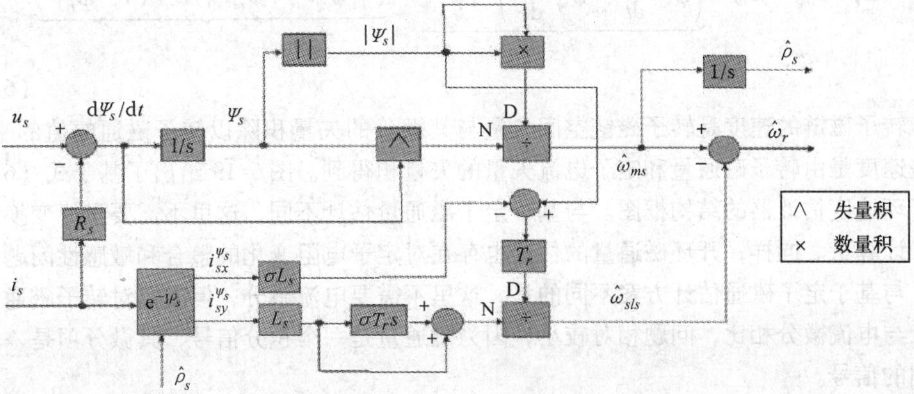

图 6-17　基于定子磁链的开环速度估计器

图6-17中的开环速度估计器已在2.2kW感应电动机的磁场定向控制（FOC）的实验中（见附录B）进行了实验（见附录A）。

图6-18给出了速度指令、实测值和估计值，及速度估计误差值的波形。在这里，开环磁通积分是通过一个LPF（见图6-1）来实现的。实验是在空载情况下，速度指令从100rad/s变化到-100rad/s。结果表明系统在稳态时速度的估计值跟踪较好，但在过渡过程中估计误差较大，这主要是因为微分项 $di_{sy}^{\psi_s}/dt$ 的存在。

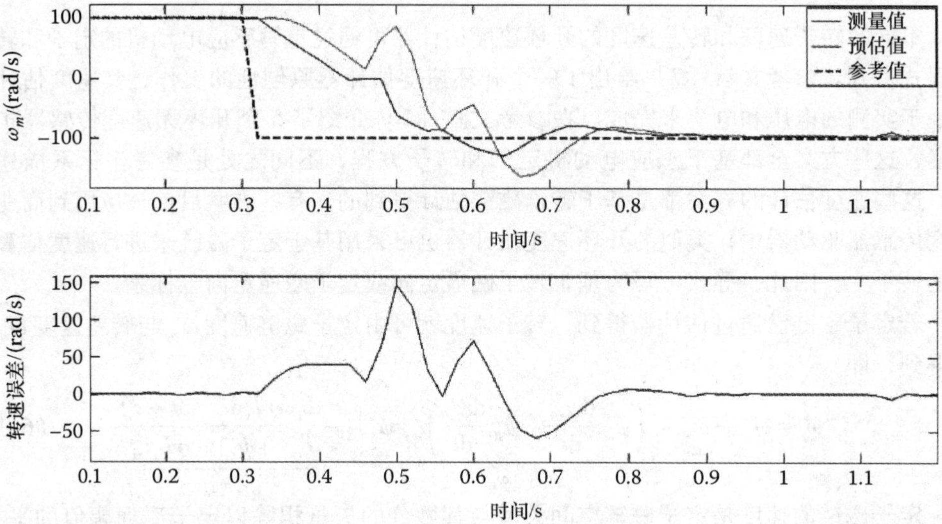

图6-18 采用开环速度估计方法的速度指令、实测值和估计值，及速度估计误差的波形

若转子磁链通过估计器得到，转子速度就可由转子磁链速度 ω_{mr} 与转差速度 ω_{slr} 之差得到，即

$$\omega_r=\omega_{mr}-\omega_{slr}=\underbrace{\left(\psi_{rd}\frac{d\psi_{rq}}{dt}-\psi_{rq}\frac{d\psi_{rd}}{dt}\right)/|\boldsymbol{\psi}_r|^2}_{\omega_{mr}}-\underbrace{(-\psi_{rq}i_{sD}+\psi_{rd}i_{sQ})L_m/(T_r|\boldsymbol{\psi}_r|^2)}_{\omega_{slr}} \tag{6-20}$$

转子磁链的速度是转子磁链空间矢量与其微分的矢量积除以转子磁通幅值的平方。转差速度是由转子磁通量和定子电流矢量的矢量积得到。图6-19给出了基于式（6-20）的开环速度估计器的结构框图。与基于定子磁通量估计不同，这里不需要坐标变换，减少了计算量。同样，开环磁通量的估计也存在对定子电阻变化的整合和敏感性问题。相反，与基于定子磁通估计方案不同的是，这里不需要电流微分，但需要对转子磁通量微分。与电流微分相比，问题相对较小，因为磁通量是一个积分信号，其微分项是一个可得到的信号。

图6-20给出了2.2kW感应电动机磁场定向控制（FOC）实验中的速度指令值，实测值和估计值，以及速度估计误差值的波形，其开环速度估计器如图6-19所示。在这

里开环磁通积分是通过一个 LPF（见图 6-1）来完成的，实验是在空载条件下，速度指令的变化次序是从 0→100rad/s→－100rad/s，结果显示系统在稳态和过渡过程时速度的估计值跟踪较好，瞬间的尖峰估计误差为 10rad/s。

一般情况下，开环估计器的效果取决于电动机参数的准确性，尤其在低速时，所有的方案会因为模型中错误的定子电阻使实际磁链与其估计值不匹配，从而造成速度估计的精度下降。

相反，转子时间常数的错误会影响转差速度的估计，因此在大负载情况下非常重要。可通过磁通模型对参数不匹配的敏感性分析得到证明[32]（见第 9 章的敏感性分析）。在这些方案中，参数不匹配对无速度传感器驱动器的稳态和动态过程有较大的影响。

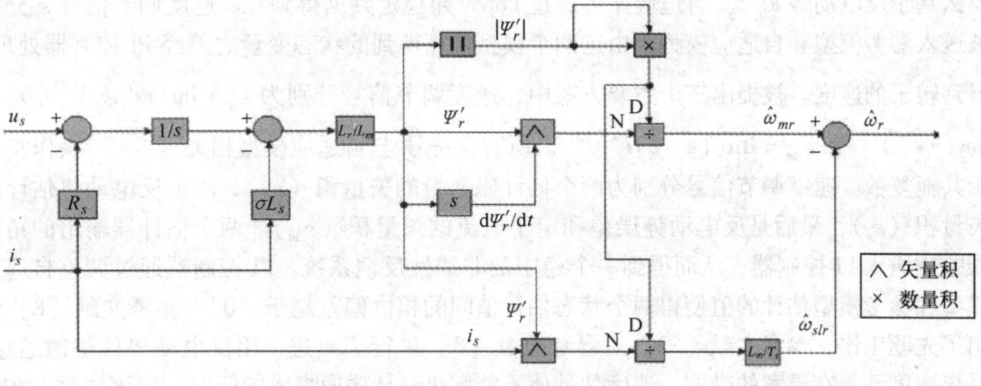

图 6-19　基于转子磁链的开环速度估计

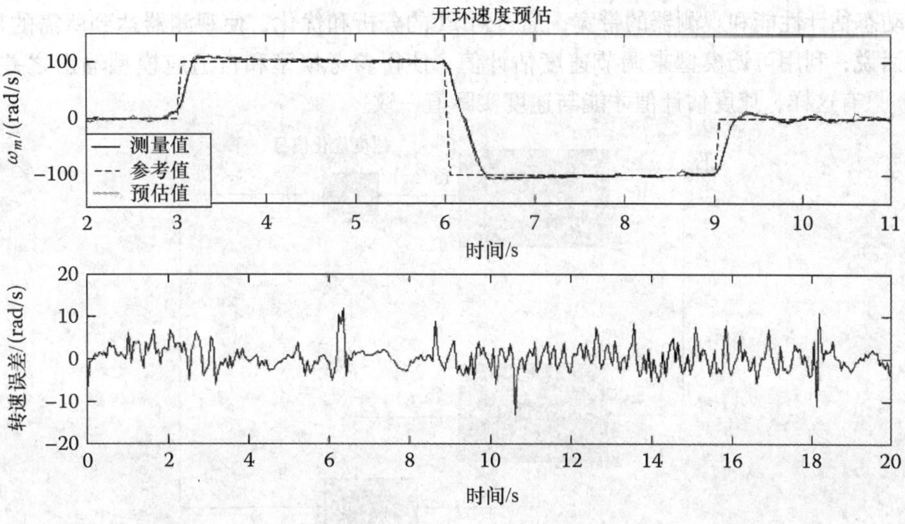

图 6-20　采用开环速度估计方法的速度指令、实测值和估计值，及速度估计误差的波形

6.4.6 模型参考自适应系统

与开环相比，采用闭环速度估计器（观测器）稳态和动态过程的速度估计的准确性都明显提高。

一种重要的观测器范畴 MRAS 被提出，采用这种架构，出现了几种速度观测器。

1. 经典的 MRAS

MRAS 观测器是基于理想的参考模型和自适应模型。感应电动机的状态变量可用参考模型和自适应模型同时估计出。这两个估计值之差经自适应律处理，通过调整自适应模型获得电动机转速的估计值，使其输出值与参考模型的输出相一致。各种 MRAS 方案的区别是状态变量的选择不同。从这一点来看，一些方案已经提到，要么基于转子磁通 $\boldsymbol{\psi}'_r$[8]，要么基于反电动势 $\boldsymbol{e}$[33]。自适应律可通过 Popov 超稳定判据得到[1]。速度调节信号 $\boldsymbol{\varepsilon}$ 分别被送入参考模型和自适应模型，由这两个模型估算得到的状态变量之差经 PI 控制器处理，得到转子的速度。被提出三个主要方案中，速度调节信号分别为 $\boldsymbol{\varepsilon}_{\omega}=\mathrm{Im}(\boldsymbol{\psi}'_r,\hat{\boldsymbol{\psi}}_r)$[8]、$\boldsymbol{\varepsilon}_e=\mathrm{Im}(\boldsymbol{e}\hat{\boldsymbol{e}}^*)$[33]和 $\boldsymbol{\varepsilon}_{\Delta e}=\mathbf{Im}((\boldsymbol{e}-\hat{\boldsymbol{e}})\boldsymbol{i}_s^*)$[33]。所有含符号^与自适应模型相关，“ * ”操作符表示共轭复数。速度调节信号分别为两个估计磁通量的矢量积（$\boldsymbol{\varepsilon}_{\omega}$）、两个反电动势估计的矢量积（$\boldsymbol{\varepsilon}_e$），最后是反电动势误差和定子电流的矢量积（$\boldsymbol{\varepsilon}_{\Delta e}$）。两个估计器输出的角度误差被送入 PI 控制器，从而得到一个稳定的非线性反馈系统。PI 控制器通过调整自适应模型和参考模型估计的值使得两个状态估计值间的相位偏差趋于“0”。参考文献［8］给出了先驱工作，参考文献［33］对参考文献［8］进行了改进，用反电动势代替磁通量，系统速度环具有更宽的带宽，速度估计值不能解决开环磁通集成的问题。应该注意，在任何情况下，采用磁通量闭环控制的所有控制方案都必须处理好开环集成问题。图 6-21 给出了经典 MRAS 方案的结构框图[8]（括号里的变量在其他文献里有采用[33]）。PI 的调节会影响动态估计性能和观测器的带宽，通过对 PI 的分析和优化，使观测器达到所需的带宽。换句话说，利用可调模型来调节速度估计值，使得参考模型和自适应模型输出之差变为“0”。只有这样，速度估计值才能与速度实际值一致。

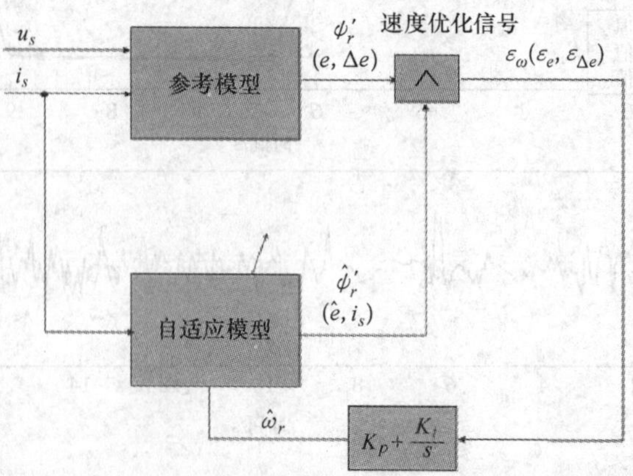

图 6-21　经典 MRAS 观测器结构框图

如果经典 MRAS 方法是基于转子磁通误差来考虑，为了简化系统的模型，系统的参考模型可用定子坐标系下的定子电压方程来描述，即

$$\begin{cases}\dfrac{\mathrm{d}\psi_{rd}}{\mathrm{d}t}=\dfrac{L_r}{L_m}\left(u_{sD}-R_s i_{sD}-\sigma L_s\dfrac{\mathrm{d}i_{sD}}{\mathrm{d}t}\right)\\ \dfrac{\mathrm{d}\psi_{rq}}{\mathrm{d}t}=\dfrac{L_r}{L_m}\left(u_{sQ}-R_s i_{sQ}-\sigma L_s\dfrac{\mathrm{d}i_{sQ}}{\mathrm{d}t}\right)\end{cases} \tag{6-21}$$

而基于定子坐标系下的转子方程得到的自适应模型，也称电流模型，即

$$\begin{cases}\dfrac{\mathrm{d}\hat{\psi}_{rd}}{\mathrm{d}t}=\dfrac{1}{T_r}\ (L_m i_{sD}-\hat{\psi}_{rd}-\omega_r T_r\hat{\psi}_{rq})\\ \dfrac{\mathrm{d}\hat{\psi}_{rq}}{\mathrm{d}t}=\dfrac{1}{T_r}\ (L_m i_{sQ}-\hat{\psi}_{rq}+\omega_r T_r\hat{\psi}_{rd})\end{cases} \tag{6-22}$$

速度的估计值则为

$$\hat{\omega}_r = K_p(\psi_{rq}\hat{\psi}_{rd}-\psi_{rd}\hat{\psi}_{rq})+K_i\int(\psi_{rq}\hat{\psi}_{rd}-\psi_{rd}\hat{\psi}_{rq})\,\mathrm{d}t \tag{6-23}$$

图 6-22 给出了参考模型和自适应模型的结构框图。很显然，参考模型存在开环积分问题。这个问题已在参考文献［8］采用 LPF 取代纯积分来解决，然而，这也会导致低频时，接近滤波器截止频率（约几赫兹），磁通幅度和角度及电动机速度估计能力会削弱。明显限制了电动机驱动器的最小工作速度和正确的磁场定向，低速转矩性能随之降低。替代方法案可采用第 6.4.1 节介绍的开环磁通积分。此外，低速时，定子电压幅值较低，因此要获得满意的响应，模型中的定子电阻值要精确。

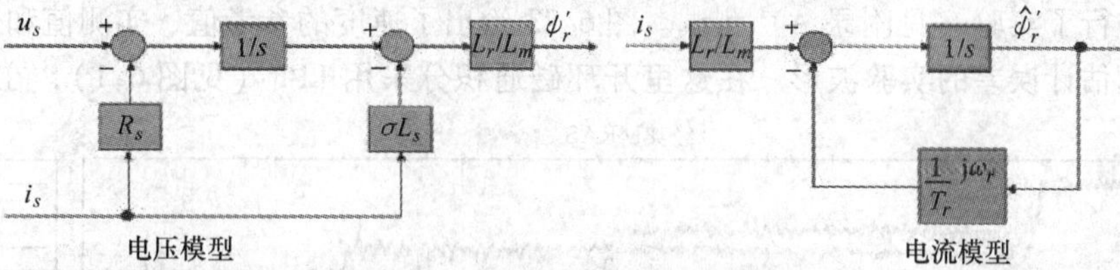

图 6-22　电压和电流模型结构框图

考虑由反电动势误差来构成的 MRAS 方法，参考模型可由下式来描述，即

$$\begin{cases}e_d=\dfrac{L_m}{L_r}\dfrac{\mathrm{d}\psi_{rd}}{\mathrm{d}t}=u_{sD}-R_s i_{sD}-L'_s\dfrac{\mathrm{d}i_{sD}}{\mathrm{d}t}\\ e_q=\dfrac{L_m}{L_r}\dfrac{\mathrm{d}\psi_{rq}}{\mathrm{d}t}=u_{sQ}-R_s i_{sQ}-L'_s\dfrac{\mathrm{d}i_{sQ}}{\mathrm{d}t}\end{cases} \tag{6-24}$$

相应的自适应模型反电动势方程可写为

$$\begin{cases}\hat{e}_d=\dfrac{L_m}{L_r}\dfrac{\mathrm{d}\hat{\psi}_{rd}}{\mathrm{d}t}=\dfrac{L_m}{L_r}\dfrac{(L_m i_{sD}-\hat{\psi}_{rd}-\omega_r T_r\hat{\psi}_{rq})}{T_r}\\ \hat{e}_q=\dfrac{L_m}{L_r}\dfrac{\mathrm{d}\hat{\psi}_{rq}}{\mathrm{d}t}=\dfrac{L_m}{L_r}\dfrac{(L_m i_{sQ}-\hat{\psi}_{rq}+\omega_r T_r\hat{\psi}_{rd})}{T_r}\end{cases} \tag{6-25}$$

速度估计值为

$$\hat{\omega}_r = K_p(e_q\hat{e}_d - e_d\hat{e}_q) + K_i\int(e_q\hat{e}_d - e_d\hat{e}_q)\mathrm{d}t \tag{6-26}$$

如期望的那样，与前面的方案不同，反电动势分量不需要用积分方式获得。在无速度传感器驱动器中采用这个（最后）MRAS 观测器，在低速时也可得到满意的性能[ ]。该方案的关键是获得正确的定子电阻值，这会明显影响系统在低速时的性能和稳定性。

对定子电阻的变换不敏感的 MRAS 方案可采用速度调节信号来实现，该调节信号取决的参量中应不包含定子电阻。为此，速度调节信号可取 $\mathrm{Im}((\boldsymbol{e}-\hat{\boldsymbol{e}})\boldsymbol{i}_s^*) = \mathrm{Im}(\boldsymbol{e}\boldsymbol{i}_s^* - \hat{\boldsymbol{e}}\boldsymbol{i}_s^*)$，下面的变量可由参考模型来估计出：

$$y = \boldsymbol{i}_s\hat{}\boldsymbol{e} = u_{sQ}i_{sD} - u_{sD}i_{sQ} - L'_s\left(i_{sD}\frac{\mathrm{d}i_{sQ}}{\mathrm{d}t} - i_{sQ}\frac{\mathrm{d}i_{sD}}{\mathrm{d}t}\right) \tag{6-27}$$

而等效的变量可由自适应模型来估计：

$$\hat{y} = \boldsymbol{i}_s\hat{}\hat{\boldsymbol{e}} = \hat{e}_q i_{sD} - \hat{e}_d i_{sQ} = \frac{L_m}{L_r}\left[\frac{1}{T_r}(\psi_{rd}i_{sQ} - \psi_{rq}i_{sD}) + \omega_r(\psi_{rd}i_{sD} - \psi_{rq}i_{sQ})\right] \tag{6-28}$$

速度的估计值为

$$\hat{\omega}_r = K_p(y - \hat{y}) + K_i\int(y - \hat{y})\mathrm{d}t \tag{6-29}$$

可以看得出，调节信号不依赖定子电阻，因此速度的估计值对定子电阻的变化不敏感。即使在低速情况下也可获得一个满意的性能[33]。

基于磁通误差（见图 6-21）的经典 MRAS 方案在一台 2.2kW 感应电动机矢量控制驱动中进行了实验（见附录 A）测试。图 6-23 给出了速度的参考值、实测值和估计值，以及速度估计误差的实验波形。在这里开环磁通积分采用 LPF（见图 6-1），在空载情

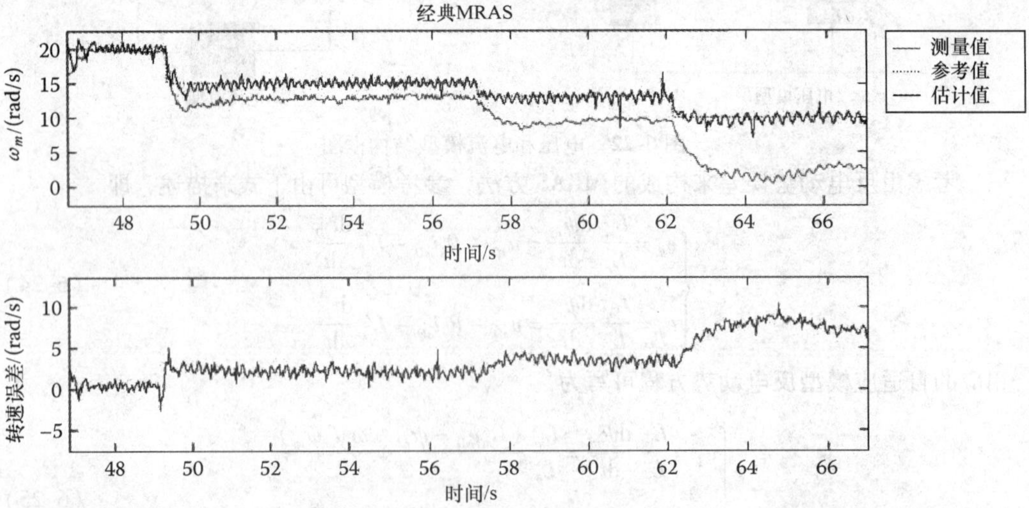

图 6-23　图 6-21 中观察的速度指令、实测值和估计值，及速度估计误差的波形

况下，测试的指令变量速度为阶跃变化，变化的次序为：20→15→13→10rad/s。结果表明在10rad/s，速度的估计值仍可较好地跟踪。低于10rad/s，速度的估计误差明显增加，主要是因为开环积分采用了低通滤波。

2. 闭环 MRAS

CL－MRAS（闭环 MRAS）集成了闭环磁通观测器和 MRAS，也包含了一个电动机系统的模型[34－36]。参考文献［32，37］介绍的 CLFO 包含了感应电动机的电压和电流模型，而不是以一定的速度突然在两个模型间进行切换，它采用一个平滑、连续的方法从一个模型切换到另一个模型。图6-24给出了 CL－MRAS 观测器的结构框图。系统由高通和低通滤波实现磁通估计的综合，并分别由电压和电流模型进行磁通估计。由两个模型得到的磁通量估计值之差经 PI 控制器处理得到一个修正项。从而实现观测器在电压和电流模型间对磁通估计进行平滑切换；观测器的闭环特征值由 PI 控制器的参数决定。

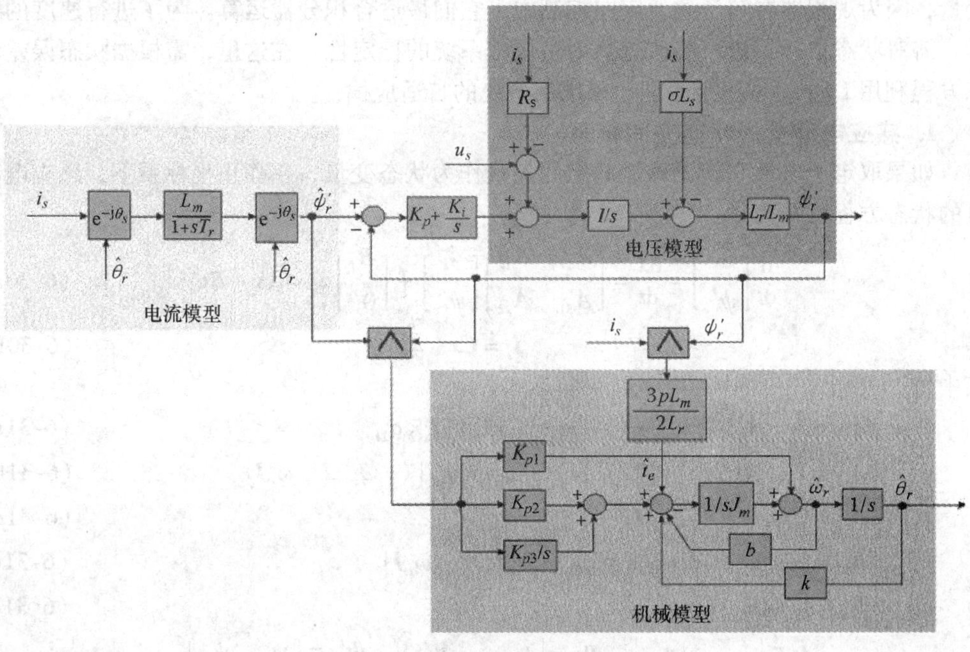

图6-24　CL－MRAS 观测器结构框图

转子速度低于观测器带宽时，观测器对电流模型相关参数敏感；而高速时，观测器对电压模型相关参数敏感。参考文献［35，36］采用一种基于两种转子磁通估计值叉积最小化的 PI 控制的 MRAS CLFO 方法，其中转子磁通估计值分别由电压模型和电流模型得到。对这类观测器，参考文献［34］提供了一种解决方法，采用闭环拓扑为电压模型中的积分提供了必要的反馈，与参考文献［8］不同的是，在电压模型中 LPF 不需取消直流偏移。但低速时，观测器性能较差，参考文献［35，36］对此做了较详细的描述：一方面，电流模型没有直流输出，因而磁通耦合的 PI 控制器使其输出直流分量为0；另一方面，频率趋于0，叉积也趋于0，速度估计的驱动力消失。

电动机机理模型被用于补偿此类问题，使得磁通量矢量积趋于0时，仍能对电动机的磁通和转速进行估计。具体方法是由机械模型结构估算出电磁转矩，并送至一阶电动机模型中。由磁通矢量积经 PI 控制器驱动，来补偿模型误差。前馈项见图 6-24 中的 K_{p1}）加大了 CLFO 和电动机模型在速度估计中的影响。如果电动机模型不一致，观测器的性能会降低，但与不使用电动机模型相比，性能仍得到改善[35,36]。显然，这增加了观测器的复杂性。此外，观测器需要经过两次坐标变换，分别从定子到转子定向坐标系，反之亦然。磁通估计取决于速度估计，这与参考文献［8］不同。

6.4.7 全阶 Luenberger 自适应观测器

为了研发全阶 Luenberger 自适应观测器的结构，一种用于感应电动机状态变量的状态观测器被提出。在各种变量中，参考文献［12］选择转子磁链和定子电流作为状态变量，因为观测器在转子磁通定向控制中，它们最适合积分器运算。为了进行速度的估计，需对状态估计器进一步改进。为了保证系统的稳定性，在这里，需根据状态误差动态方程利用 Lyapunov 稳定原理，来推出系统的自适应律。

1. 感应电动机的状态空间模型

如果取定子电流和转子磁链的空间矢量作为状态变量，在静止坐标系下，感应电动机的状态方程可写为[12]

$$\frac{\mathrm{d}}{\mathrm{d}t}\begin{bmatrix}\boldsymbol{i}_s\\ \psi'_r\end{bmatrix}=\frac{\mathrm{d}\boldsymbol{x}}{\mathrm{d}t}=\begin{bmatrix}\boldsymbol{A}_{11} & \boldsymbol{A}_{12}\\ \boldsymbol{A}_{21} & \boldsymbol{A}_{22}\end{bmatrix}\begin{bmatrix}\boldsymbol{i}_s\\ \psi'_r\end{bmatrix}+\begin{bmatrix}\boldsymbol{B}_1\\ 0\end{bmatrix}\boldsymbol{u}_s=\boldsymbol{A}\boldsymbol{x}+\boldsymbol{B}\boldsymbol{u}_s \tag{6-30a}$$

$$\boldsymbol{i}_s=\boldsymbol{C}\boldsymbol{x} \tag{6-30b}$$

其中

$$\begin{cases}\boldsymbol{A}_{11}=-\{R_s/(\sigma L_s)+(1-\sigma)/(\sigma T_r)\}\boldsymbol{I}\times a_{11} & (6\text{-}31\text{a})\\ \boldsymbol{A}_{12}=L_m/(\sigma L_s L_r)\{(1/T_r)\boldsymbol{I}-\omega_r\boldsymbol{J}\}=a_{12}\{(1/T_r)\boldsymbol{I}-\omega_r\boldsymbol{J}\} & (6\text{-}31\text{b})\\ \boldsymbol{A}_{21}=\{L_m/T_r\}\boldsymbol{I}=a_{21}\boldsymbol{I} & (6\text{-}31\text{c})\\ \boldsymbol{A}_{22}=-(1/T_r)\boldsymbol{I}+\omega_r\boldsymbol{J}=a_{22}\{(1/T_r)\boldsymbol{I}-\omega_r\boldsymbol{J}\} & (6\text{-}31\text{d})\\ \boldsymbol{B}_1=1/(\sigma L_s)\boldsymbol{I}=b\boldsymbol{I} & (6\text{-}31\text{e})\end{cases}$$

$$\boldsymbol{i}_s=[i_{sD}\quad i_{sQ}]^{\mathrm{T}},\ \boldsymbol{u}_s=[u_{sD}\quad u_{sQ}]^{\mathrm{T}},\ \boldsymbol{\psi}'_r=[\psi_{rd}\quad \psi_{rq}]^{\mathrm{T}},$$

$$\boldsymbol{C}'=[0\quad \boldsymbol{I}],\ \boldsymbol{C}=[\boldsymbol{I}\quad 0],\ \boldsymbol{I}=\begin{bmatrix}1 & 0\\ 0 & 1\end{bmatrix},\ \boldsymbol{J}=\begin{bmatrix}0 & -1\\ 1 & 0\end{bmatrix}$$

在上述状态表达式中，$\boldsymbol{x}=[\boldsymbol{i}_s,\ \boldsymbol{\psi}'_r]$为状态矢量，其由静止坐标系中定子电流和转子磁链的横轴分量和纵轴分量组成；$\boldsymbol{u}_s$为输入矢量，是由静止坐标系下定子电压的横轴分量和纵轴分量组成；$\boldsymbol{A}$ 为依据转子转速 ω_r获得的状态矩阵（4×4），$\boldsymbol{B}$ 为输入矩阵，$\boldsymbol{C}$ 为输出矩阵。

2. 自适应速度观测器

如果增加一个修正项，全阶 Luenberger 自适应状态观测器可从式（6-30）和式

(6-31) 获得，修正项中含状态的实际值和估计值之差。因为能测量的状态变量只有定子电流，修正项中只含有定子电流的误差矢量$\boldsymbol{e}_{rr}=[\boldsymbol{i}_s-\hat{\boldsymbol{i}}_s]$，即

$$\frac{\mathrm{d}\hat{\boldsymbol{x}}}{\mathrm{d}t}=\hat{\boldsymbol{A}}\boldsymbol{x}+\boldsymbol{B}\boldsymbol{u}_s+\boldsymbol{G}(\hat{\boldsymbol{i}}_s-\boldsymbol{i}_s) \tag{6-32}$$

式中　^——估计值；

　　$\boldsymbol{G}$——观测器的增益矩阵，其必须保证观测器是稳定的。

为了保证在整个调速范围内系统稳定，通过选择合适的常数 $k>1$，可使观测器的极点与电动机的极点成比例[12]。为了保证观测器对噪声具有鲁棒性，利用这种方式，即使 k 取很小的值，观测器的动态速度也比电动机更快。采用经典的极点配置方法，可选择增益矩阵 $\boldsymbol{G}(2\times4)$：

$$\boldsymbol{G}=-\begin{bmatrix}g_1\boldsymbol{I}+g_2\boldsymbol{J}\\g_3\boldsymbol{I}+g_4\boldsymbol{J}\end{bmatrix} \tag{6-33}$$

其中四个增益项可由感应电动机的特征值获得：

$$\begin{cases}g_1=-(k-1)\left(\dfrac{1}{T'_s}+\dfrac{1}{T'_r}\right)\\g_2=(k-1)\hat{\omega}_r\\g_3=(k^2-1)\left\{-\left[\dfrac{1}{T'_s}+\dfrac{(1-\sigma)}{T'_r}\right]\dfrac{L'_sL_m}{L_r}+\dfrac{L_m}{T_r}\right\}+L'_s\dfrac{L_m}{L_r}(k-1)\left(\dfrac{1}{T'_s}+\dfrac{1}{T'_r}\right)\\g_4=-(k-1)\hat{\omega}_r\dfrac{L'_sL_m}{L_r}\end{cases} \tag{6-34}$$

由式 (6-34) 可知，增益矩阵 $\boldsymbol{G}$ 取决于速度估计值 $\hat{\omega}_r$。这样的选择可保证状态的估计值在整个速度范围内趋于实际值。

若观测器的极点为电动机转速两倍，随着电动机转速的变化，图 6-25a 给出了电动机和观测器的极点轨迹。

由 Maes 和 Melkebeek[38] 提出的增益矩阵选择方法略有不同，观测器极点 S_{obs} 的选择是通过对电动机极点 $\boldsymbol{s}_{mot}$ 在 s 平面向左移动 $k_s(a_{11}+a_{22})$ 得到，其中 a_{11} 和 a_{22} 为负值，观测器的极点为

$$\boldsymbol{s}_{obs}=k_s(a_{11}+a_{22})+\boldsymbol{s}_{mot} \tag{6-35}$$

k_s为正值，增益矩阵分量为

$$\begin{cases}g_1=-k_sR_s\left(1+\dfrac{a_{22}}{a_{11}}\right)(1-\sigma a_{22}f)\\g_2=-k_sR_s\hat{\omega}_r\left(1+\dfrac{a_{22}}{a_{11}}\right)f\\g_3=k_sR_s\dfrac{L_r}{L_m}\left(1+\dfrac{a_{22}}{a_{11}}\right)(1+\sigma a_{22}f)\\g_4=-k_sR_s\hat{\omega}_r\dfrac{L_r}{L_m}\left(1+\dfrac{a_{22}}{a_{11}}\right)\end{cases} \tag{6-36}$$

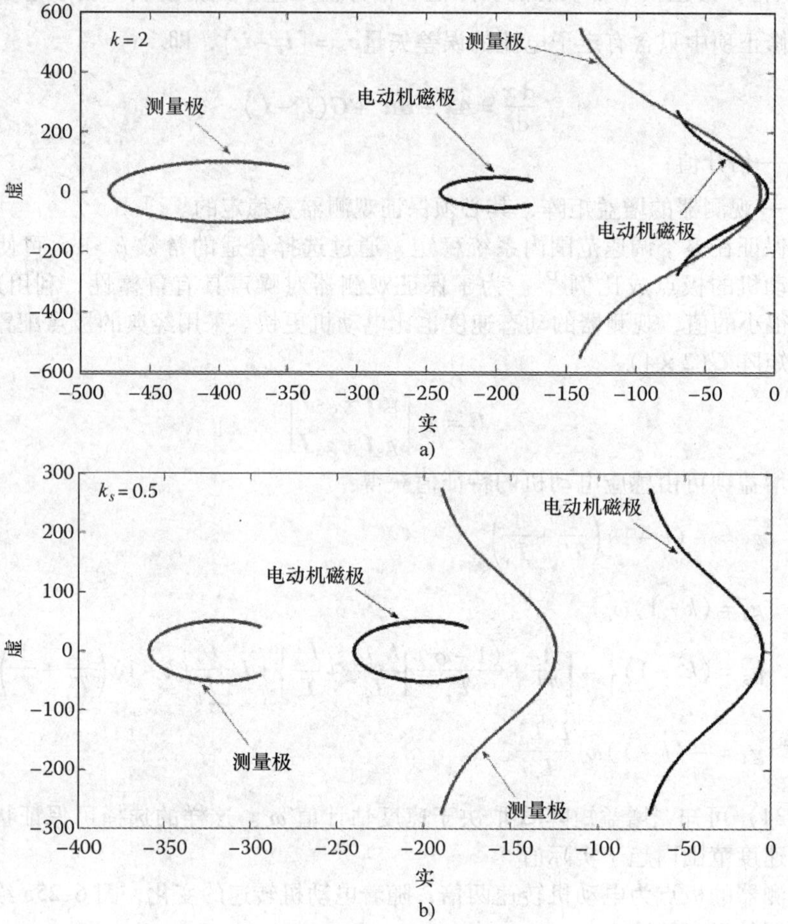

图 6-25　电动机和观测器的极点轨迹

a）观测器的极点为电动机极点的两倍　b）观测器的极点为电动机极点的 0.5 倍

其中

$$f=\frac{(\sigma a_{22}-(k_s+1)(a_{11}+a_{22}))}{(\hat{\omega}_r^2+(\sigma a_{22})^2)}$$

在这种情况下，增益取决于转速的估计值，可通过在线计算或离线计算储存在微处理器的存储器里在运行过程中使用。图 6-25b 给出了 $k_s=0.5$，随着电动机转速的变化，电动机和观测器的极点移动的轨迹。

如参考文献［38］所强调的，下面主要优点可通过增益矩阵的选择来实现：

1）低速时，经典方法中的最慢极点更接近虚轴，因此误差减少会更慢。

2）高速时，采用经典的极点配置法极点会有很大的虚部，这样会造成观测器在离散时间里不稳定。

状态矩阵$\hat{A}$上含"^"符号，因为它是速度ω_r的估计值的函数。在EKF中，速度估计值是其状态变量[1]，与EKF不同的是在这里，速度的估计值是$\hat{A}$的参数。

速度的自适应律是利用Lyapunov稳定性理论得到的。下面给出了Lyapunov函数V，即

$$V=(\boldsymbol{x}-\hat{\boldsymbol{x}})^{\mathrm{T}}(\boldsymbol{x}-\hat{\boldsymbol{x}})+\frac{1}{\lambda}(\hat{\omega}_r-\omega_r)^2 \tag{6-37}$$

其中λ为一个正常数。对式（6-37）进行微分，可得到下面的速度调节信号，即

$$e_\omega=\frac{\mathrm{d}\hat{\omega}_r}{\mathrm{d}t}=\lambda\frac{L_m}{\sigma L_s L_r}\Delta\boldsymbol{i}_s\hat{}\hat{\boldsymbol{\psi}}'_r=\lambda\frac{L_m}{\sigma L_s L_r}(\boldsymbol{i}_s-\hat{\boldsymbol{i}}_s)\hat{}\hat{\boldsymbol{\psi}}'_r=\lambda\frac{L_m}{\sigma L_s L_r}[\psi_{rq}(i_{sD}-\hat{i}_{sD})-\psi_{rd}(i_{sQ}-\hat{i}_{sQ})] \tag{6-38}$$

为了提高速度估计的动态性能，误差e_ω经PI控制器修正后可得

$$\hat{\omega}_r=K_p(\psi_{rq}(i_{sD}-\hat{i}_{sD})-\psi_{rd}(i_{sD}-\hat{i}_{sQ}))+K_i\int(\psi_{rq}(i_{sD}-\hat{i}_{sD})-\psi_{rd}(i_{sQ}-\hat{i}_{sQ}))\mathrm{d}t \tag{6-39}$$

全阶Luenberger自适应观测器的结构框图如图6-26所示。并在2.2kW感应电动机的磁场定向控制（FOC）的实验（见附录B）进行了测试（见附录A）。观察器集成了R_s和R_r的估计算法（见第6.4.3节中算法3）。

第一个实验的速度参考指令为阶跃信号，在空载情况下，速度的阶跃变化次序：0→100→-100→0rad/s。图6-27a给出了速度的指令、实测和估计值及速度估计误差的波形。图6-27b和6-27c给出了相应转子磁通幅值、电磁转矩以及电流i_{sD}和i_{sQ}分量的估计和测量值的波形。结果表明，无论在稳态还是瞬态过程中，速度的估计值可很好地跟踪实际值，最大瞬时尖峰误差小于20rad/s，电流估计值与实测值匹配较好。

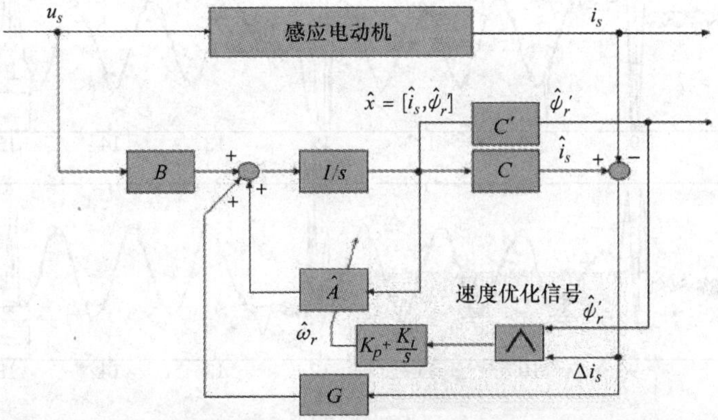

图6-26　全阶Luenberger自适应观测器的结构框图

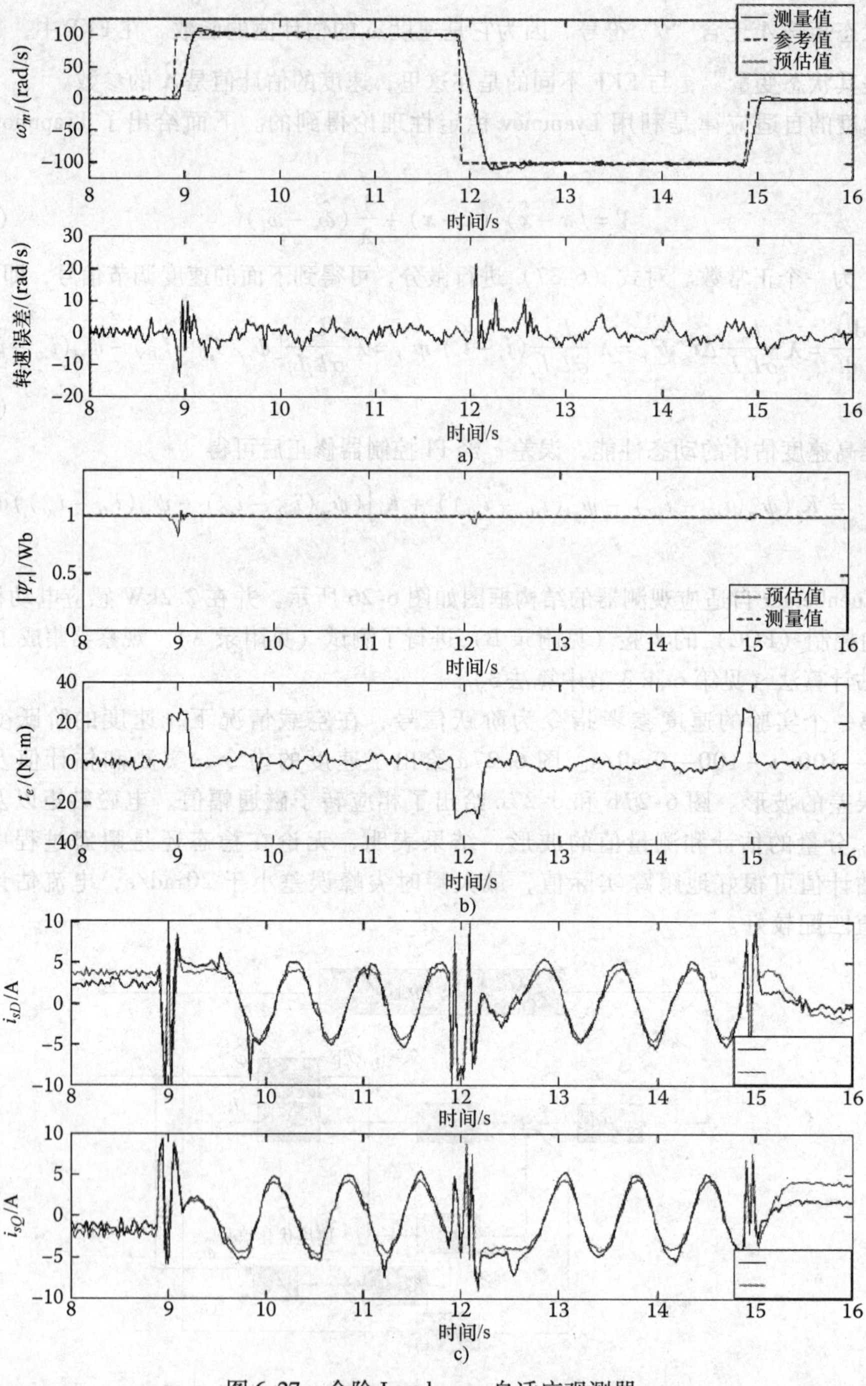

图 6-27 全阶 Luenberger 自适应观测器

a）速度的参考、实测和采用全阶 Luenberger 观测器得到的速度估计值的波形 b）采用全阶 Luenberger 观测器得到的转子磁通幅值和电磁转矩的估计值的波形 c）电流 i_{sD} 和 i_{sQ} 分量的估计和测量值第二个实验为低速和空载，速度指令值为恒定值。驱动的速度为 5rad/s 空载。图 6-28a 给出了速度的参考、实测和估计值及速度估计误差的波形。图 6-28b 给出了相应电流 i_{sD} 和 i_{sQ} 分量的估计和测量值及 R_s 和 R_r 估计值的波形。这些图表明即使定子电流分

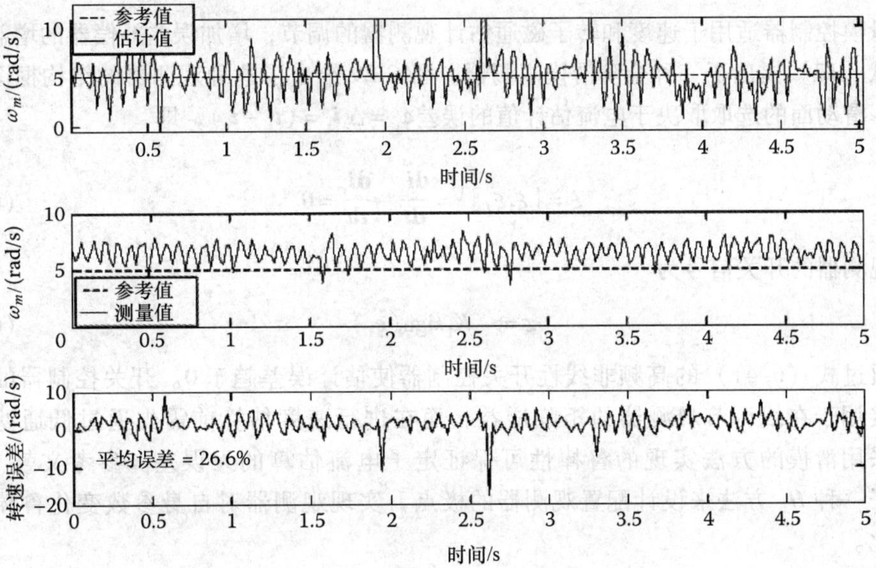

a)

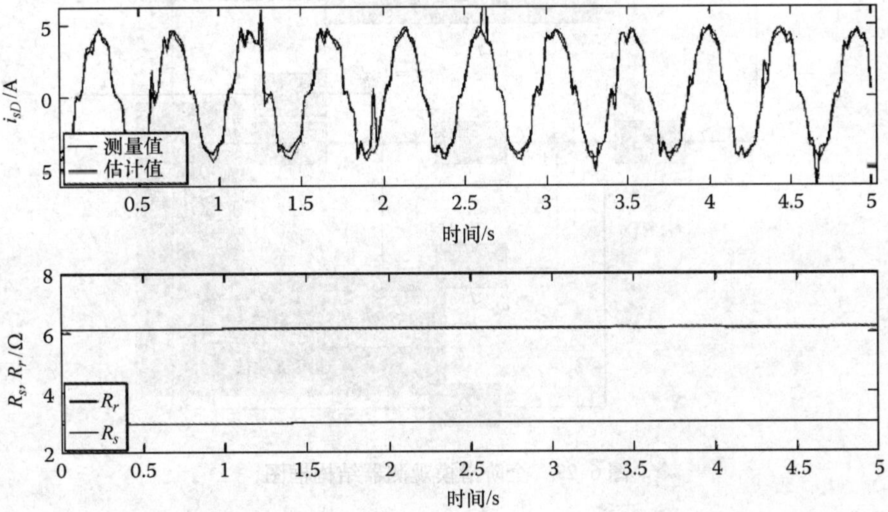

b)

图 6-28　全阶 Luenberger 自适应观测器

a）速度的参考、实测和估计值及速度估计误差的波形

b）电流 i_{sD} 估计值和测量值及 R_s 和 R_r 估计值的波形

量和转子电阻有较好的估计值，速度估计误差在参考速度为 5rad/s 时，误差仍大于 26%，速度估计值明显有纹波。

6.4.8 全阶滑模观测器

滑模控制器适用于速度和转子磁通估计观测器的调节，增加误差补偿器的增益。参考文献［17］提出了一种全阶滑模观测器。图 6-29 给出了这种观测器的结构框图。在这里，滑动面的选取取决于电流估计值的误差$\boldsymbol{e}_1=\Delta\boldsymbol{i}_s=(\hat{\boldsymbol{i}}_s-\boldsymbol{i}_s)$，即

$$\xi=[\xi_1\xi_2]^{\mathrm{T}}=\frac{\mathbf{d}\hat{\boldsymbol{i}}_s}{\mathbf{d}\boldsymbol{t}}-\frac{\mathbf{d}\boldsymbol{i}_s}{\mathbf{d}\boldsymbol{t}}=\mathbf{0} \tag{6-40}$$

滑模观测器的开关信号为

$$\boldsymbol{z}=-K_1\,\mathrm{sign}(\boldsymbol{e}_1) \tag{6-41}$$

通过式（6-41）的高频非线性开关控制器使估计误差趋于 0。开关控制器的输出被直接用于在线调节观测器的矩阵增益，而在进行速度估算前需先通过低通滤波处理。采用滑模的方法实现的鲁棒性可保证定子电流估算的无误差。参考文献［17］采用了一种 H_∞ 方法来设计配置观测器的极点，实现观测器对自身参数变化鲁棒性的最大化。

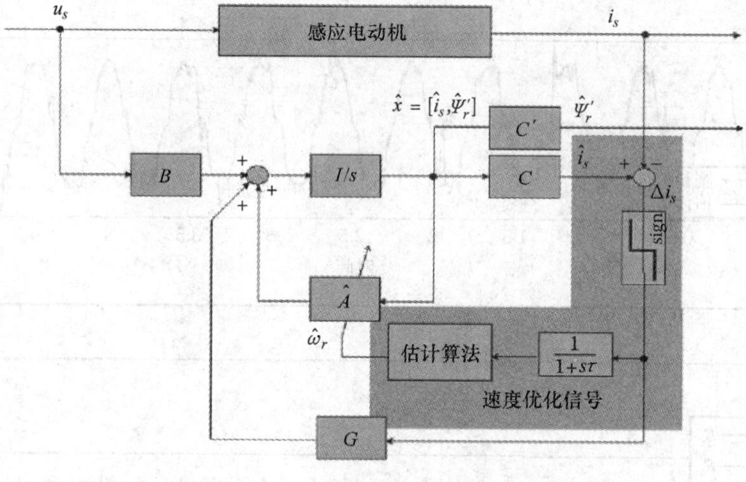

图 6-29 全阶滑模观测器结构框图

从干扰到磁通量的估计误差，已对 H_∞ 的标准传递函数进行了评估。参考文献［17］中的速度估计采用下面的自适应律：

$$\frac{\mathrm{d}\hat{\omega}_r}{\mathrm{d}t}=-g\,\frac{\sigma L_s L_r}{pL_m}\boldsymbol{z}^{\mathrm{T}}\boldsymbol{J}\,\hat{\boldsymbol{\psi}}'_r \tag{6-42}$$

式中 g——正的自适应增益。

参考文献［39］对参考文献［17］方法做了进一步改进，采用滑模观测器，避免使用速度自适应方案；采用开环方式计算电动机的转速，作为转子磁链速度和转差速度之差，就像上一个转速根据转矩进行估算。

6.4.9 降阶自适应观测器

ROO采用减少动态阶数（如把4阶改为2阶）的观测器来估计转子磁链分量。其主要优点是系统的复杂性明显降低，计算要求完全可实现。

1. 降阶观测器方程

从IM模型的状态空间表达式，用电压偏差来修正反馈量，从而推导出降阶磁通观测器的矩阵方程[9-11,40-43]为

$$\frac{\mathrm{d}}{\mathrm{d}t}\hat{\boldsymbol{\psi}}'_r=\boldsymbol{A}_{22}\hat{\boldsymbol{\psi}}'_r+\boldsymbol{A}_{21}\boldsymbol{i}_s+\boldsymbol{G}\left(\frac{\mathrm{d}}{\mathrm{d}t}\boldsymbol{i}_s-\boldsymbol{A}_{12}\hat{\boldsymbol{\psi}}'_r-\boldsymbol{A}_{11}\boldsymbol{i}_s-\boldsymbol{B}_1\boldsymbol{u}_s\right)$$

$$=(\boldsymbol{A}_{22}-\boldsymbol{G}\boldsymbol{A}_{12})\hat{\boldsymbol{\psi}}'_r+(\boldsymbol{A}_{21}-\boldsymbol{G}\boldsymbol{A}_{11})\boldsymbol{i}_s-\boldsymbol{G}\boldsymbol{B}_1\boldsymbol{u}_s+\boldsymbol{G}\frac{\mathrm{d}}{\mathrm{d}t}\boldsymbol{i}_s \tag{6-43}$$

式中

$$\begin{cases}\boldsymbol{A}_{11}=-\{R_s/(\sigma L_s)+(1-\sigma)/(\sigma T_r)\}\boldsymbol{I}=a_{11}\boldsymbol{I} & (6\text{-}44\text{a})\\ \boldsymbol{A}_{12}=L_m/(\sigma L_sL_r)\{(1/T_r)\boldsymbol{I}-\omega_r\boldsymbol{J}\}=a_{12}\{(1/T_r)\boldsymbol{I}-\omega_r\boldsymbol{J}\} & (6\text{-}44\text{b})\\ \boldsymbol{A}_{21}=\{L_m/T_r\}\boldsymbol{I}=a_{21}\boldsymbol{I} & (6\text{-}44\text{c})\\ \boldsymbol{A}_{22}=-(1/T_r)\boldsymbol{I}+\omega_r\boldsymbol{J}=a_{22}\{(1/T_r)\boldsymbol{I}-\omega_r\boldsymbol{J}\} & (6\text{-}44\text{d})\\ \boldsymbol{B}_1=1/(\sigma L_s)\boldsymbol{I}=b\boldsymbol{I} & (6\text{-}44\text{e})\end{cases}$$

其中定子坐标系下的所有空间矢量：

$\boldsymbol{i}_s=[i_{sD}\quad i_{sQ}]^{\mathrm{T}}$——定子电流矢量；

$\boldsymbol{u}_s=[u_{sD}\quad u_{sQ}]^{\mathrm{T}}$——定子电压矢量；

$\hat{\boldsymbol{\psi}}_r=[\hat{\psi}_{rd}\quad \hat{\psi}_{rq}]^{\mathrm{T}}$——转子磁通矢量；

$$\boldsymbol{I}=\begin{bmatrix}1&0\\0&1\end{bmatrix},\ \boldsymbol{I}=\begin{bmatrix}0&-1\\1&0\end{bmatrix}$$

ω_r——转子速度；

$\boldsymbol{G}$——观测器的增益矩阵。

2. 观测器增益矩阵的选择

观测器增益矩阵的选择问题在许多文献得到了关注和研究[9,10,41-43]。众所周知ROO的极点是矩阵（$\boldsymbol{A}_{22}-\boldsymbol{G}\boldsymbol{A}_{12}$）的成对共轭复数极点$\alpha+\mathrm{j}\beta$和$\alpha-\mathrm{j}\beta$。其中

$$\alpha=-p_r-\frac{L_m}{\sigma L_sL_r}p_rg_{re}-\frac{L_m}{\sigma L_sL_r}\omega_rg_{im}$$

$$\beta=\omega_r+\frac{L_m}{\sigma L_sL_r}\omega_rg_{re}-\frac{L_m}{\sigma L_sL_r}p_rg_{im}$$

且

$$G = G_{re} + G_{im} = g_{re}I + g_{im}J$$

图6-30给出了极点幅值相对于转子速度和阻尼系数相对于转子速度的观测器极点轨迹，并获得五种不同的增益矩阵增益的选择方法。

（1）选择方法1　参考文献［44］介绍了一种选择观测器极点轨迹的准则，即随转子速度变化，观测器极点的轨迹幅值恒定。这个准则给出了一个可能的解决问题的方法，如果取 $\alpha^2+\beta^2=$ 常数，则极点轨迹为一个圆心在原点，半径为 R 的半圆，处于复平面的左半部分，实部为负值。在这种情况下，随转子转速的变化，选择适当最大转子转速 ω_{rx}，相应观测器的极点位于虚轴上，这样的极点配置可避免不稳定现象。

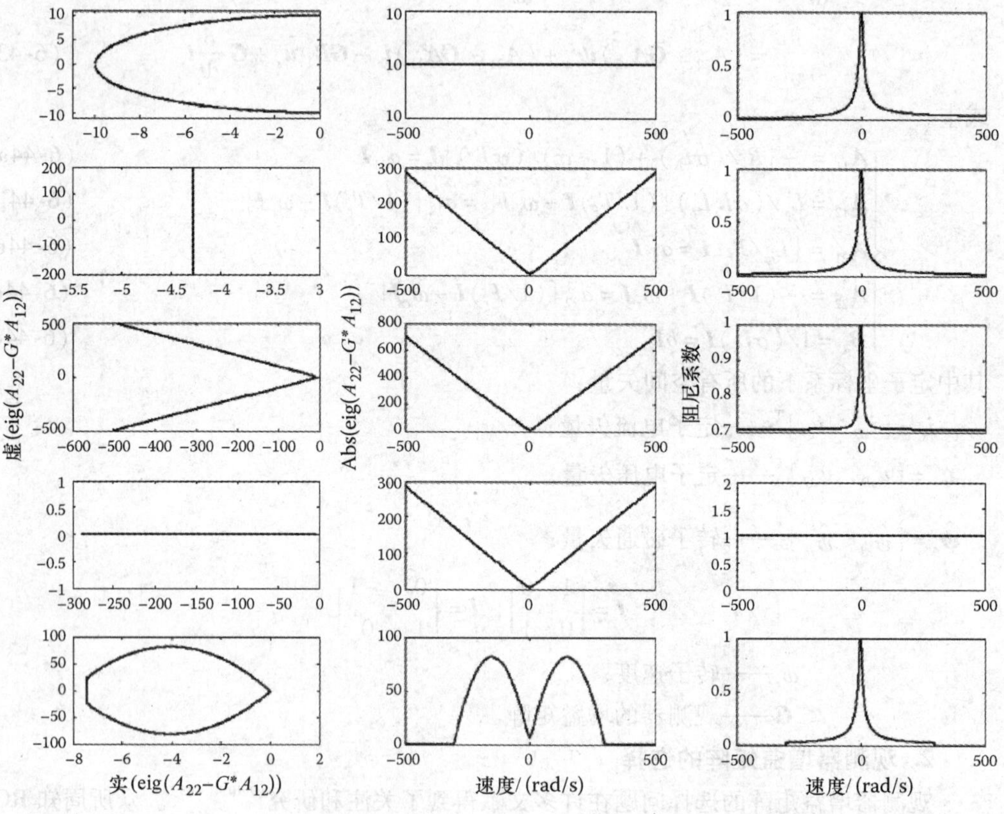

图6-30　五种矩阵增益选择方法的极点轨迹、速度与极点幅值关系及速度与 ζ 关系曲线[44]

增益矩阵的选择应满足以下条件，即

$$G=G_{re}+G_{im}=\frac{\sigma L_sL_r}{L_m}\left(-1+\frac{\omega_{rx}}{\sqrt{\omega_{rx}^2+p_r^2}}\frac{R}{\sqrt{p_r^2+\omega_r^2}}\right)I+\frac{\sigma L_sL_r}{L_m}\frac{p_r}{\sqrt{\omega_{rx}^2+p_r^2}}\frac{R}{\sqrt{p_r^2+\omega_r^2}}J \tag{6-45}$$

增益矩阵取决于转子速度，因此，观测器应含修正项 dG/dt。对于这样一个矩阵增益的选择，极点是复数，幅值恒定为 R，但阻尼系数会大幅下降，从 0 速时的“1”变化到额定及以上转速时的“0”。

（2）选择方法 2　参考文献［43］提出了一种矩阵增益选择方法，即

$$G=G_{re}=-\frac{\sigma L_sL_mp_r}{R_s}I \tag{6-46}$$

采用这种方法，观测器的极点为虚数，随转子速度和阻尼系数的大幅度减少，其幅值增加；从 0 速时的“1”变化到额定及以上转速时的“0”。这种选择可从观测器方程式（6-43）中去除定子电流项。其优点是增益矩阵不依赖转速，因此比其他方法简单，甚至还不需要修正项 dG/dt。

（3）选择方法 3　参考文献［9］提出了下面矩阵增益的选择方法，即

$$G=G_{re}+G_{im}=\frac{\sigma L_sL_rp_r}{L_m}\left(\frac{\sqrt{2p_r^2+\omega_r^2}-p_r}{p_r^2+\omega_r^2}\right)I+\frac{\sigma L_sL_r\omega_r}{L_m}\left(\frac{\sqrt{2p_r^2+\omega_r^2}-p_r}{p_r^2+\omega_r^2}\right)J \tag{6-47}$$

这个增益矩阵取决于转子速度，因此观测器存在修正项 dG/dt。采用这种增益矩阵的选择方法，观测器的极点是复数，其幅值会随速度增加而增加，阻尼系数 ζ 随速度增加而减少。阻尼系数 ζ 从 0 速时的“1”变化到 0.7 倍额定转速及以上时的“0”。然而这种增益矩阵的选择方法降低了观测器对转子电阻变化的敏感性[9]。

（4）选择方法 4　参考文献［42］提出了下面矩阵增益的选择方法，即

$$G=G_{re}+G_{im}=\frac{\sigma L_sL_r}{L_m}\left(-1+\frac{Rp_r}{\sqrt{p_r^2+\omega_r^2}}\right)I+\frac{\sigma L_sL_r}{L_m}\frac{R\omega_r}{\sqrt{p_r^2+\omega_r^2}}J \tag{6-48}$$

这个增益矩阵取决于转子速度，观测器也存在修正项 dG/dt。采用这种选择方法，观测器的极点为实数，位于负的实轴上，电动机速度恒定，阻尼系数 $\zeta=1$。

（5）选择方法 5　参考文献［10］提出了下面矩阵增益的选择方法，即

$$\begin{cases}G=0 & |\omega_r|\leqslant\omega_1\\ G=G_{re}=-\dfrac{\sigma L_sL_r}{L_m}\dfrac{(|\omega_r|-\omega_1)}{(\omega_2-\omega_1)}I & \omega_1<|\omega_r|<\omega_2\\ G=G_{re}=-\dfrac{\sigma L_sL_r}{L_m}I & |\omega_r|\geqslant\omega_2\end{cases} \tag{6-49}$$

设定两个转子速度阈值 ω_1 和 ω_2，增益矩阵 G 分为三部分。低于 ω_1，没有反馈量被送入观测器，其特点如基于转子方程的简单电流模型。高于 ω_2，送入观测器的反馈量是用一个恒值乘以单位矩阵，如基于定子方程的简单电压模型。转速在 ω_1 和 ω_2 之间，增益矩阵在两个极限值之间呈线性变化。由于这种方法在转速上升过程中，平滑的实现从电流模型向电压模型过渡，因此，也称为电流电压模型。这样的选择，使观测器的极

点很复杂，随速度增加首先增大然后减少，随速度的增加阻尼系数 ζ 明显减少，阻尼系数 ζ 从 0 速时的“1”变化到额定转速及以上时的“0”。如前面所述，这种方法会使观测器在高低速时，像一个简单的开环估计器，随之而来的也给积分带来了直流漂移问题。这在其他 4 种方法中不存在[10]。

上述的方法与 CL－MRAS[37] 相比在结构上有微小的区别（见第 6.4.6 节），所提出观测器中的转子磁通是由电压和电流模型分别估计，并经高通和低通滤波后相加得到的。这类方法与早期讨论的其他选择方法不同，修正项取决于两个磁通量估计值之差，再经 PI 控制器处理得到。观测器实现在电压和电流模型磁通估计间的平滑转换，这是由观测器的闭环特征值确定的，而闭环特征值则是由 PI 控制器的参数确定的。当转速低于观测器带宽时，观测器对参数的敏感性与电流模型相似，而转速高于观测器带宽时，其对参数的敏感性与电压模型相似，其特点类似选择方法 5。

表 6-2 总结了 5 种选择方式的特点，主要考虑了观测器极点模的变化和阻尼系数随转速的变化情况，矩阵增益 $\boldsymbol{G}$ 与转速的关系以及直流漂移积分的问题。从极点模这一点来看，选择方法 1 最佳，因为其可保持模恒定；选择方法 2、4 和 5 极点的幅值有微小的变化，而选择方法 3 的变化较大。对于阻尼系数的变化，选择方法 4 是最佳的，因为其一直保持为“1”；选择方法 3 在速度增加时幅度减少较低；而选择方法 1、2、5 则下降的幅度较大。至于 $\boldsymbol{G}$ 取决于转速，除了选择方法 2，其他都存在这一问题。对于直流漂移积分问题，只有选择方法 5 提出了这一问题，尤其在高速和低速情况下。

表 6-2　5 种增益矩阵选择的情况

	极点的模随 ω_r 变化情况	阻尼系数 ζ 随 ω_r 下降情况	$\boldsymbol{G}$ 取决于 ω_r	存在直流偏移积分问题
选择方法 1	不	是（高速）	是	不
选择方法 2	是（低速）	是（高速）	不	不
选择方法 3	是（高速）	是（低速）	是	不
选择方法 4	是（低速）	不	是	不
选择方法 5	是（低速）	是（高速）	是	是

3. 速度估计

参考文献［9］介绍的降阶自适应观测器是一个采用磁通偏差来估计转速的 MRAS 系统。事实上，它采用了 ROO 作为参考模型和电流模型，并和参考文献［8］一样，作为自适应模型。这样，就由电压和电流模型组成了参考模型，而自适应模型就是电流模型自身。

在这里，转速估算表达式为

$$\hat{\omega}_r = K_p(\hat{\psi}_{rq}\hat{\hat{\psi}}_{rd} - \hat{\psi}_{rd}\hat{\hat{\psi}}_{rq}) + K_i\int(\hat{\psi}_{rq}\hat{\hat{\psi}}_{rd} - \hat{\psi}_{rd}\hat{\hat{\psi}}_{rq})\mathrm{d}t \tag{6-50}$$

图 6-31 给出了降阶自适应观测器的结构框图。

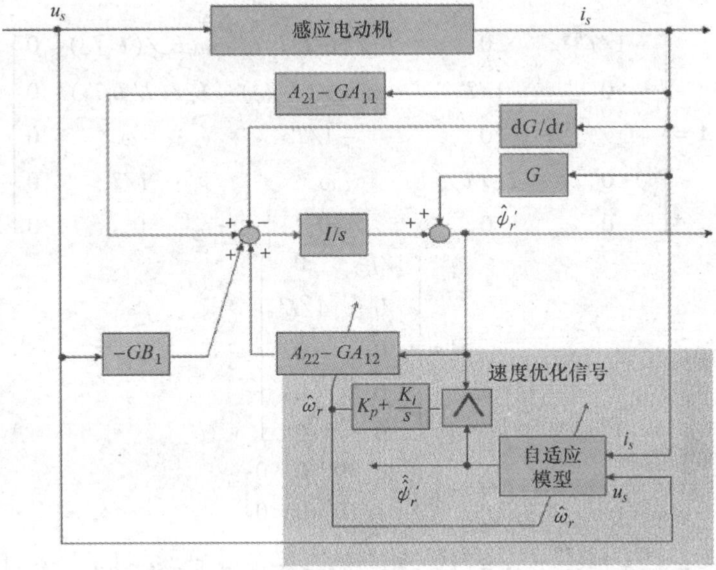

图6-31 降阶自适应观测器的结构框图

6.4.10 扩展卡尔曼滤波器

扩展卡尔曼滤波器（EKF）的应用是感应电动机驱动速度估计更进一步的方法[45]。EKF适合高性能的驱动器，它对速度的估计可在一个宽的速度范围做较精确的估计，包括低速。此外，它还可用于同时对状态和参数进行估计。与全阶自适应观测器和降阶自适应观测器相比，它对计算要求更高。EKF是一个递归优化随机状态估计器，利用由随机噪声造成的检测噪声信号可对非线性动态系统的状态和参数同时进行实时估计。假设测量噪声和扰动噪声是不相关的，考虑噪声来源时也包括测量和建模的不准确之处。与全阶自适应观测器不同，EKF是一个随机估计器，在估计过程中，其允许考虑噪声。此外，EKF把速度视为一个状态变量，然而全阶自适应观测器把它作为一个参数。

采用EKF的无速度传感器感应电动机驱动的设计主要步骤如下[1]：

1）感应电动机时域模型的选择。

2）感应电动机时域模型的离散化。

3）噪声 $\boldsymbol{Q}$ 和协方差 $\boldsymbol{R}$ 矩阵及 $\boldsymbol{P}$ 的确定。

4）EKF离散化的实现和调节。

至于在静止坐标系中描述的时域模型，最常用的是取定子电流和转子磁链为状态变量，见式（6-30a）和式（6.30b）。如果模型利用对转速来进行扩张增强，这样得到的状态空间方程为

$$\begin{cases}\dfrac{\mathrm{d}x}{\mathrm{d}t}=\boldsymbol{A}\boldsymbol{x}+\boldsymbol{B}\boldsymbol{u}\\ \boldsymbol{y}=\boldsymbol{C}\boldsymbol{x}\end{cases} \tag{6-51}$$

式中

$$\boldsymbol{A}=\begin{bmatrix} -1/T'^{*}_{s} & 0 & L_m/(L'_sL_rT_r) & \omega_r L_m/(L'_sL_r) & 0 \\ 0 & -1/T'^{*}_{s} & -\omega_r L_m/(L'_sL_r) & L_m/(L'_sL_rT_r) & 0 \\ L_m/T_r & 0 & -1/T_r & -\omega_r & 0 \\ 0 & L_m/T_r & \omega_r & -1/T_r & 0 \\ 0 & 0 & 0 & 0 & 0 \end{bmatrix} \tag{6-52a}$$

$$\boldsymbol{B}=\begin{bmatrix} 1/L'_s & 0 \\ 0 & 1/L'_s \\ 0 & 0 \\ 0 & 0 \\ 0 & 0 \end{bmatrix} \tag{6-52b}$$

$$\boldsymbol{C}=\begin{bmatrix} 1 & 0 & 0 & 0 & 0 \\ 0 & 1 & 0 & 0 & 0 \end{bmatrix} \tag{6-52c}$$

$$\frac{1}{T'^{*}_{s}}=\frac{1}{T'_s}+\frac{1-\sigma}{T'_r},\quad \boldsymbol{x}=[i_{sD}\quad i_{sQ}\quad \psi_{rd}\quad \psi_{rq}\quad \omega_r]^{\mathrm{T}},\ \boldsymbol{u}=[u_{sD}\quad u_{sQ}]^{\mathrm{T}}$$

式中 $\boldsymbol{A}$——系统矩阵；

$\boldsymbol{C}$——输出矩阵。

要注意的是，矩阵 $\boldsymbol{A}$ 是非线性的，取决于状态变量 ω_r，取 $\boldsymbol{A}=\boldsymbol{A}(x)$。

EKF 的估计值 $\hat{\boldsymbol{x}}$ 是由状态变量 $\boldsymbol{x}$ 的预测值得到的，其通过一个修正项的递推来进行修正，修正项为 Kalman 增益 K 与输出实测值和估计值差（$\boldsymbol{y}-\hat{\boldsymbol{y}}$）间的乘积。Kalman 增益必须保证最优估计。滤波算法包含两个阶段：预测阶段和滤波阶段[1]。预测阶段，状态变量下一个预测值 $\boldsymbol{x}(k+1)$ 是由电动机的数学模型和前面的状态估计值得到。此外，协方差矩阵 $\boldsymbol{P}$ 是由前面检测到的状态量构成，为此，系统 $\boldsymbol{Q}$ 的数学模型和协方差矩阵被应用。在滤波阶段，下一个状态变量的估计值 $\hat{\boldsymbol{x}}(k+1)$ 是由预测估计值 $\boldsymbol{x}(k+1)$ 加上修正项 $K(\boldsymbol{y}-\hat{\boldsymbol{y}})$ 来得到。修正项是实际输出矢量 $\boldsymbol{y}$ 和输出预测矢量 $\hat{\boldsymbol{y}}$ 差的加权，其中 K 是 Kalman 增益。状态（和协方差矩阵）估计的预测值是利用实际测量值，通过修正的方法来进行修正。Kalman 增益的选择应使状态估计的方程最小。

EKF 矢量方程为

$$\frac{\mathrm{d}\hat{\boldsymbol{x}}}{\mathrm{d}t}=\boldsymbol{A}(\hat{\boldsymbol{x}})\hat{\boldsymbol{x}}+\boldsymbol{B}\boldsymbol{u}+\boldsymbol{K}(\boldsymbol{i}_s-\hat{\boldsymbol{i}}_s) \tag{6-53}$$

6.5 各向异性的无速度传感器技术

6.5.1 旋转载波技术

在这种无速度传感器技术中，以转速 ω_c 旋转的多相旋转载波常被加到由脉宽调制

技术产生的基波电压中，如图6-32所示。该项的类型为

$$\boldsymbol{u}_c = u_c \mathrm{e}^{\mathrm{j}\omega_c t} \tag{6-54}$$

式中　$\boldsymbol{u}_c$——旋转载波的幅值。

电动机各向异性电压分量的相互作用带来的定子电流空间矢量中存在载波频率 ω_c 对应的电流分量。

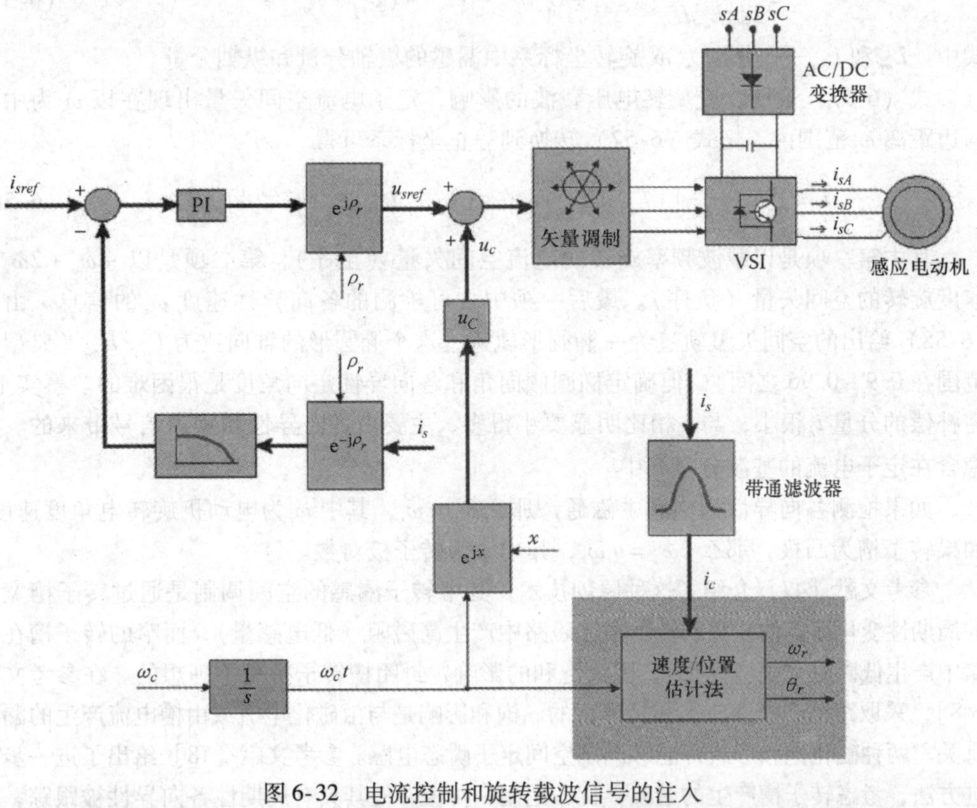

图6-32　电流控制和旋转载波信号的注入

通过对速度估计算法的进一步处理，$\boldsymbol{i}_c$ 可通过中心频率为载波的带通滤波器来提取，从而把基波和因开关频率带来的高频分量区分开。此外，定子电流在送入电流控制器前要先经低通滤波去除高频 $\boldsymbol{i}_c$ 分量。

就电动机主磁通、开槽及定制电动机而言，各向异性是极距的空间周期性电动机所特有的。考虑可检测的以速度 ω_x 旋转的 $x-y$ 坐标系的系统，为了计算电动机对载波电压的响应，此电压必须转换到以速度 ω_x 旋转的坐标系中，变换方法可用式（6-54）表示的电压乘以 $\mathrm{e}^{-\mathrm{j}\omega_x}$。电压方程如下所示，该方程只在分析电动机高频特点时有效。

$$\boldsymbol{u}_c^x = u_c \mathrm{e}^{\mathrm{j}(\omega_c - \omega_x)t} = \boldsymbol{L}_\sigma^x \frac{\mathrm{d}\boldsymbol{i}_c^x}{\mathrm{d}t} \tag{6-55}$$

式中　顶部含 x——在以速度 ω_x 旋转坐标系中相应的变量；

$\boldsymbol{L}_\sigma^x$——总漏感张量；

$\boldsymbol{i}_c^x$——定子电流空间矢量。

总漏感张量可写为

$$L_\sigma^x = \begin{bmatrix} L_{\sigma d} & 0 \\ 0 & L_{\sigma q} \end{bmatrix} \tag{6-56}$$

若 $\omega_c >> \omega_x$，解式（6-55）可求得$\boldsymbol{i}_c^x$ 为[3]

$$\boldsymbol{i}_c^x = \frac{-\mathrm{j}u_c}{2\omega_c L_{\sigma d} L_{\sigma q}}[(L_{\sigma d} + L_{\sigma q})\mathrm{e}^{\mathrm{j}(\omega_c - \omega_x)t} + (L_{\sigma d} - L_{\sigma q})\mathrm{e}^{-\mathrm{j}(\omega_c - \omega_x)t}] \tag{6-57}$$

式中　$L_{\sigma d}$和 $L_{\sigma q}$——分别为 ω_x旋转坐标系中漏感的横轴分量和纵轴分量。

式（6-57）表明，受旋转电压载波的影响，定子电流空间矢量出现在以 ω_c为中心两边距离 ω_x范围内。把式（6-57）转换到静止坐标系可得

$$\boldsymbol{i}_c = \frac{-\mathrm{j}u_c}{2\omega_c L_{\sigma d} L_{\sigma q}}[(L_{\sigma d} + L_{\sigma q})\mathrm{e}^{\mathrm{j}\omega_c t} + (L_{\sigma d} - L_{\sigma q})\mathrm{e}^{-\mathrm{j}(\omega_c - 2\omega_x)t}] = \boldsymbol{i}_p + \boldsymbol{i}_n \tag{6-58}$$

其中第一项是以载波频率旋转的电流空间矢量（正序），第二项是以 $-\omega_c + 2\omega_x$角速度旋转的空间矢量（负序）。最后一项中含可检测的各向异性速度 ω_x的信息。由式（6-58）给出的空间矢量轨迹为一椭圆形轨迹，这个椭圆形的轴向比为 $L_{\sigma q}/L_{\sigma d}$（典型的范围在 0.9~0.96 之间），但确定椭圆倾向角和各向异性定向角度是很困难的。事实上，需补偿的分量 $\boldsymbol{i}_n$很小，与 $\boldsymbol{i}_p$相比明显要小得多，主要由各向异性和噪声信号带来的。其隐含在定子电流的基波分量 $\boldsymbol{i}_{sl}$中[3]。

如果检测各向异性为饱和主磁通，那么 $\omega_x = \omega_r$，其中 ω_r为电动机旋转电角度速度；如果转子槽为凸极，那么 $2\omega_x = q_r\omega_r$，其中 q_r为转子极对数。

参考文献［47］介绍了这种原创技术，其中转子漏感的空间调制是通过转子槽宽度的周期性变化得到的。宽的转子槽在磁路中产生高磁阻（低电感量），而窄的转子槽在磁路中产生低磁阻（高电感量）。因为饱和的影响，封闭槽转子桥是不理想的。在参考文献［48］，采取跟踪凸极感应饱和是可行的。饱和影响是与由磁化电流或由槽电流产生的漏感有关。两种磁化饱和形式都能够调制空间定子瞬态电感。参考文献［18］给出了进一步改进方法，考虑转子槽产生的谐波干扰，定制一对极，使其具有周期性各向异性被跟踪，其载波频率为 250Hz。图 6-33 给出了系统的结构框图，系统也称锁相环。

系统的输入为图 6-32 中的带通滤波器得到的定子电流载波分量 $\boldsymbol{i}_c$。其被转换到以旋转 $+\omega_c$的坐标系，在此坐标系 $\boldsymbol{i}_p$ 分量为一个恒定值，可通过反馈配置中的积分器来取消。信号的其余部分，理论上只包含全部负序分量，被转换到以旋转 $-\omega_c$的坐标系（原频率偏移的 $-\omega_c$）。不平衡扰动通过电流的估计值 $\hat{\boldsymbol{i}}_u = \hat{i}_u \mathrm{e}^{\mathrm{j}\varphi_u}$来进行补偿。经过这样的坐标变换，$\boldsymbol{i}_n$中的信号含有频率为 $2\omega_r$和 $q_r\omega_r$（槽产生的谐波）信号。两个各向异性模型被用来产生同步信号：

$$\boldsymbol{s}_n(\hat{\vartheta}_r) = \hat{\boldsymbol{i}}_2 \mathrm{e}^{\mathrm{j}(2\hat{\vartheta}_r + \hat{\varphi}_2)} + \hat{\boldsymbol{i}}_{slot} \mathrm{e}^{\mathrm{j}(q_r\hat{\vartheta}_r + \hat{\varphi}_{\mathrm{slot}})} \tag{6-59}$$

同步信号取决于转子位置的估计值 $\hat{\vartheta}_r$，$\boldsymbol{s}_n(\hat{\vartheta}_r)$用 $\boldsymbol{i}_n$转变为负时进行锁相。误差信号是矢量积 $\boldsymbol{\varepsilon} = \boldsymbol{i}_n \hat{} \boldsymbol{s}_n(\hat{\vartheta}_r)$，通过 PID 控制器使该误差趋于“0”，该误差信号可用来估计电

动机的加速度，而系统的机械模型可用来计算角速度和位置。转矩信号的估计值$\hat{t}_e$可用来进一步改善观测器的动态性能。这种方法没有把主磁通造成的磁场饱和考虑进去，因此只适用于不饱和电动机。事实上，区分是由定制或磁饱和造成的谐波很困难，它们产生的谐波很接近$\omega_s \cong \omega_r$。为了克服这一问题，参考文献［49］提出了一种通过对转子槽各向异性追踪来补偿因扰动带来饱和影响的方法。考虑激磁和负载电流的影响，建立了电动机的饱和模型。图6-22给出了这种方法的结构框图。

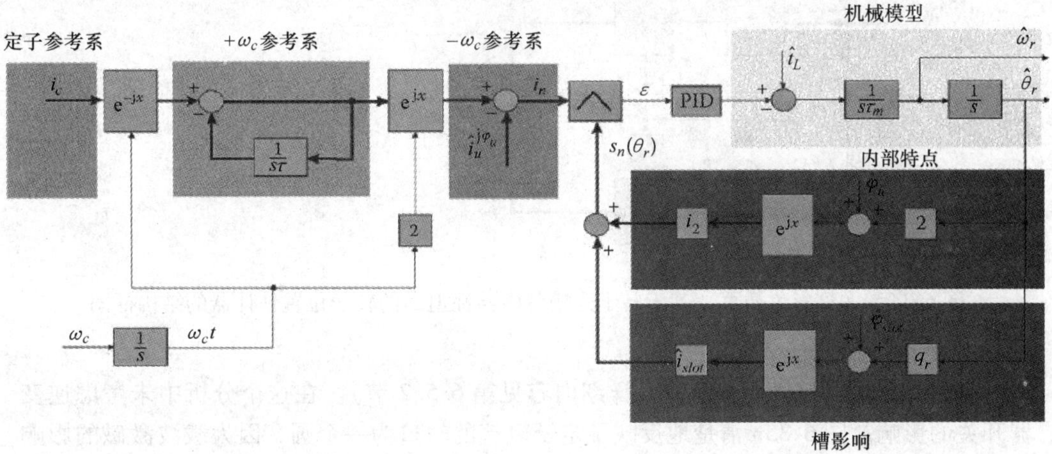

图6-33 （见彩色插页）基于PLL转子位置估计器的各向异性追踪的结构框图

系统的输入为定子电流中的载波分量$\boldsymbol{i}_c$，该电流采用图6-32描述的带通滤波器来提取。首先，其被转换到以$-\omega_c$速度旋转的坐标系，低通滤波器提取了电流中的负序分量$\boldsymbol{i}_n$，包括所有的负序电流如$\hat{\boldsymbol{i}}_{sat}$、$\hat{\boldsymbol{i}}_{slot}$和$\hat{\boldsymbol{i}}_u$。饱和电流分量$\hat{\boldsymbol{i}}_{sat}$被视作扰动。可用两个复杂的函数$f_2(\boldsymbol{i}_{s1})$和$f_4(\boldsymbol{i}_{s1})$来估计，相对于基波磁场，分别产生了二次和四次谐波。这些函数的输入信号是磁场坐标系下的基波定子电流，反映了横轴分量主磁通和纵轴分量负载的特性。事实上，电动机的磁化饱和受这两个电流分量影响。这两个函数取决于电动机，必须在离线状态下识别和确定[49]。因为在频域下电流的谐波是很难补偿的，一种离线的识别方法被提出[50]，这些函数在一个电气循环的时间间隔里产生波形：波形产生每个激磁和负载电流值。如果采用相应的空间矢量$\hat{\boldsymbol{i}}_{sat}$、$\hat{\boldsymbol{i}}_{inv'}$和$\hat{\boldsymbol{i}}_{u'}$来表示饱和、逆变器的非线性和信号的不平衡被正确的补偿，其余信号取决于转子槽带来的电流：

$$\hat{\boldsymbol{i}}_{slot} = \hat{\boldsymbol{i}}_{slot} e^{j(q_r \hat{\vartheta}_r + \hat{\varphi}_{slot})} \tag{6-60}$$

如果这个信号不包含其他扰动的谐波量，则不需要采用PLL，可直接计算出$\hat{\boldsymbol{i}}_{slot}$的相角，如图6-34所示。为了获取转子的速度，任何情况下，相应的位置应该是有区别的，采用PLL是比较合适的。

例如，图6-35a和图6-35b分别给出了一台2.2kW电动机的稳态定子电流空间矢量的轨迹和频谱图。这些结果是在基波频率为1Hz，开关频率为1500Hz和开槽电动机，

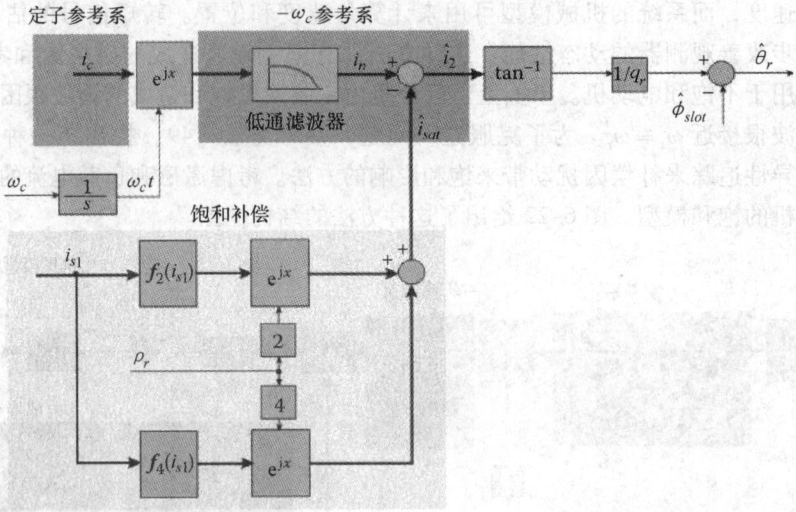

图 6-34　（见彩色插页）基于转子开槽各向异性追踪的转子位置估计器的结构框图

通过有限元分析（FEA）获得的（详细内容见第 6.5.2 节）。在这个分析中未考虑逆变器开关的影响。图 6-35a 清楚地反映了定子电流的轨迹为一个圆，因为载波激磁的影响产生了几个额外的瓣片。图 6-35b 给出了由转子开槽影响（$q_r=14$）带来的定子电流的两个谐波分量，如预期的那样 $\boldsymbol{i}_p$ 的频率为 1500Hz（ω_c），$\boldsymbol{i}_n$ 的频率为 1486Hz（$\omega_c-q_r\omega_r$）。其中，$\boldsymbol{i}_p$ 的幅值约为基波的 16%，$\boldsymbol{i}_n$ 的幅值小于 0.68%，检测十分困难。

参考文献［51］提出了一种完全不同的方法，旋转的载波被用来调制气隙磁场的饱和程度。其思路是，漏感受主磁通的饱和情况影响，不平衡相的漏感电压包含了气隙磁场角度的信息。因为漏感电压造成的不平衡反映了定子电压中存在零序分量，这个量可在逆变器直流侧电压的电压中点和定子线圈中点之间或人为构建一个中点（如电阻）之间测得，这项技术也称 ZST（Zero Sequence Technique，零序技术）。在这种情况下，载波频率不是恒定值，而是 $\omega_c=\omega_0+\omega_s$，其中 $\omega_0=2\pi\,500\text{rad/s}$，$\omega_s$ 为定子的基波频率。因此零序电压恒频等于 $\omega_0=\omega_c-\omega_s$。磁通的幅值的计算可根据预先配置好的表格查表来完成。甚至可能取消电流传感器，采用参考文献［51］描述的电流估计器来替代。

参考文献［52］重点探讨了附加高频磁场产生的相关问题，并采用三种不同的方法，如分析计算、计算机模拟和有限元分析来预测零序电压的谐波量。此外，给出了一个不同载波（脉动和旋转）注入方式产生结果的表达式，并利用此表达式来描述 ZST 的不同性质。

6.5.2　基于有限元的旋转载波下感应电动机凸极的分析

通过载波电源对电动机凸极激磁来解决电动机速度和位置的估计是值得关注的关键

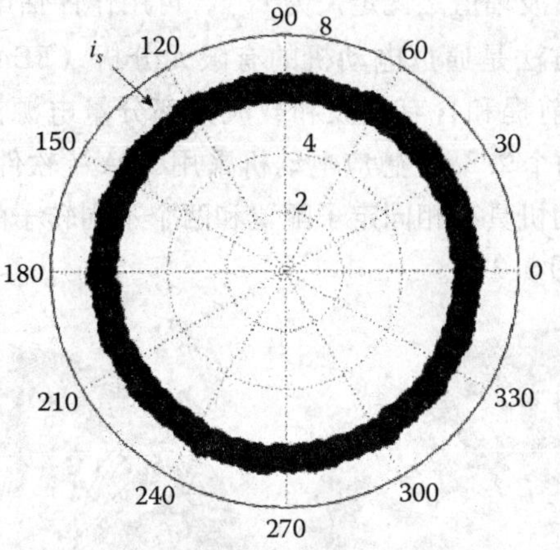

a)

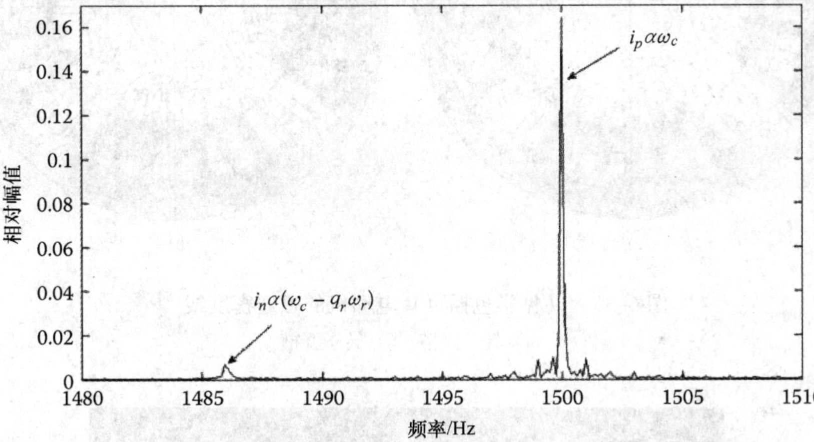

b)

图6-35 定子电流空间矢量的轨迹和频谱图

a）旋转载波激磁下采用有限元分析得到的定子电流轨迹；

b）定子电流的FFT频谱图（空载，载波频率为1.5kHz，基波频率为1Hz）

问题。反映电动机信息参数的正确选择是非常关键的。基于高频电压载波注入的无速度传感器控制，载波电压幅值是产生激磁的原因，而相应的电流谐波量是其作用的结果。两者都不是最好的参数选择。

要考虑的一个参数是电动机定子感应的谐波，尤其其谐波是由载波对电动机凸极激磁产生的。下面对电动机的转子凸极槽进行跟踪。电动机定子电感在正弦电源作用下，由于受转子槽以频率 $\omega_r(q_r-1)$ 的影响，存在谐波。除了基波频率外，还有高频电压载波的存在，然而，修改电动机的磁结构，会产生新的定子感应谐波。如果电动机以不变的速度 ω_r旋转，定子感应的谐波则以频率 $\omega_c \pm \omega_r q_r$ 出现（符号取决于 q_r等于 $3n+1$ 还是 $3n-1$）。

定子感应的基波和谐波幅值之比定义为 L_{hexc}，可用作评估电动机对载波激磁响应的一个指标[53,54]。最好的方法是通过电动机的有限元分析（FEA）来获得此参数，并获得速度（$\vartheta_r = \omega_r t$）不变前提和含有基波和载波频率分量电源激励下定子磁通的分布。图 6-36a 和图 b 给出了两个 2.2kW 感应电动机采用 FEA（软件 Flux-2D）得到的磁通密度线，构建的两个电动机具有相同定子配置和两个不同转子配置，转子槽分别为开槽和闭槽导条不倾斜（见图 6-37）。

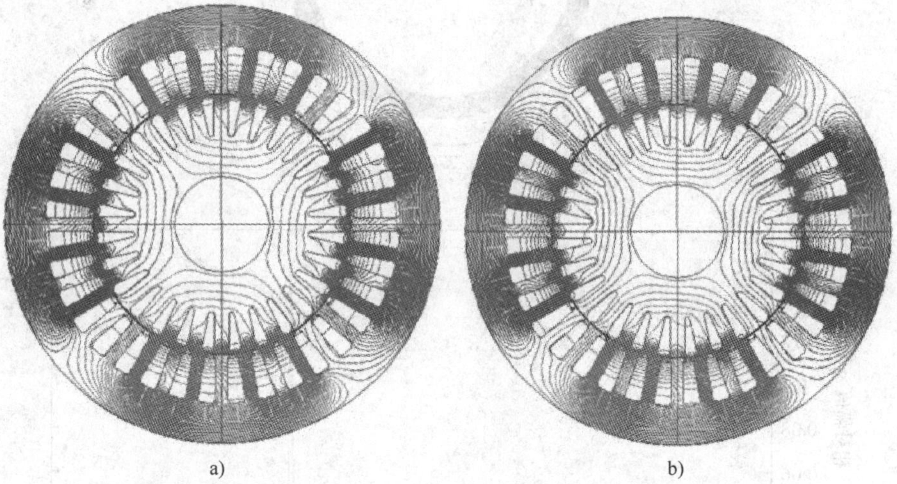

图 6-36　（见彩色插页）电动机的磁通密度线[54]

a）转子闭槽　b）转子开槽

图 6-37　三种转子外形图片斜槽（左）、非斜槽（中）、非斜的开槽（右）

通过对电动机运行在空载，驱动电源的基波频率为 1Hz，转子磁链为额定值 1Wb，电压的载波频率 1500Hz 状态下进行实验测试。

定子电感的空间矢量 $\boldsymbol{L}_s$ 的值可根据 FEA 获得：

$$\boldsymbol{L}_s(\vartheta_r)=L_{sD}(\vartheta_r)+\mathrm{j}L_{sQ}(\vartheta_r)=\frac{\boldsymbol{\psi}_s(\vartheta_r)}{\boldsymbol{i}_s(\vartheta_r)}=\frac{\psi_{sD}(\vartheta_r)+\mathrm{j}\psi_{sQ}(\vartheta_r)}{i_{sD}(\vartheta_r)+\mathrm{j}i_{sQ}(\vartheta_r)}$$
$$=\frac{\psi_{sD}(\vartheta_r)i_{sD}(\vartheta_r)+\psi_{sQ}(\vartheta_r)i_{sQ}(\vartheta_r)+\mathrm{j}(\psi_{sQ}(\vartheta_r)i_{sD}(\vartheta_r)+\psi_{sD}(\vartheta_r)i_{sQ}(\vartheta_r))}{i_{sD}(\vartheta_r)^2+i_{sQ}(\vartheta_r)^2}\tag{6-61}$$

图 6-38a 给出了用两个转子分别采用开槽和闭槽电动机，在频率 1Hz 的纯正弦电源激励和空载下获得的定子电感空间矢量的轨迹；而图 6-38b 给出了在基波电源加载波电源共同作用下得到的相似轨迹。很明显，载波的存在改变了定子电感空间矢量的轨迹，在轨迹上产生波瓣图。

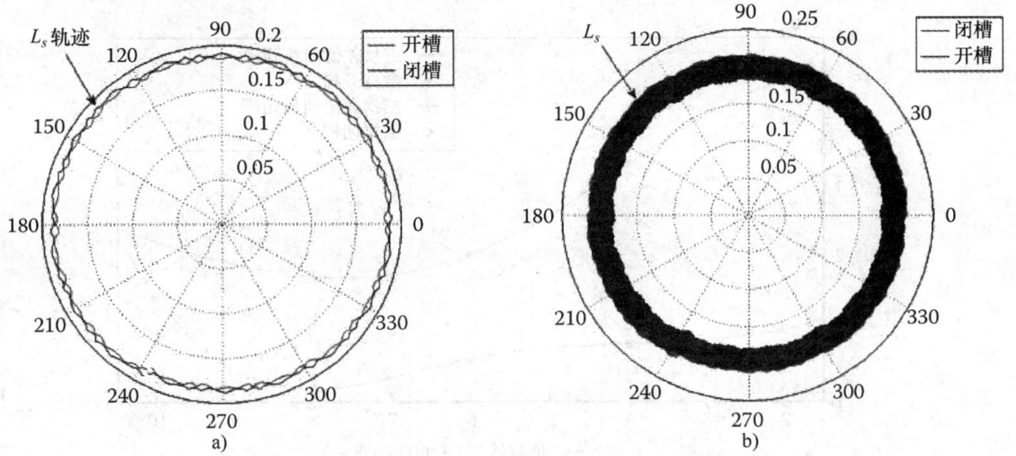

图 6-38　（见彩色插页）定子电感空间矢量的轨迹[54]

a）在基波电源激励下　b）在基波和高频载波电源激励下

由 FEA 检测的结果，图 6-39 给出了不同载波频率下相应的 L_{hexc}。旋转载波电压的大小随频率线性增加，从 400Hz 20V 起保持定子电流信号几乎恒定。图 6-39 绘出了 L_{hexc} 与载波频率的关系曲线，频率范围为 400 ~ 3000Hz。正如预期那样，结果表明任何载波

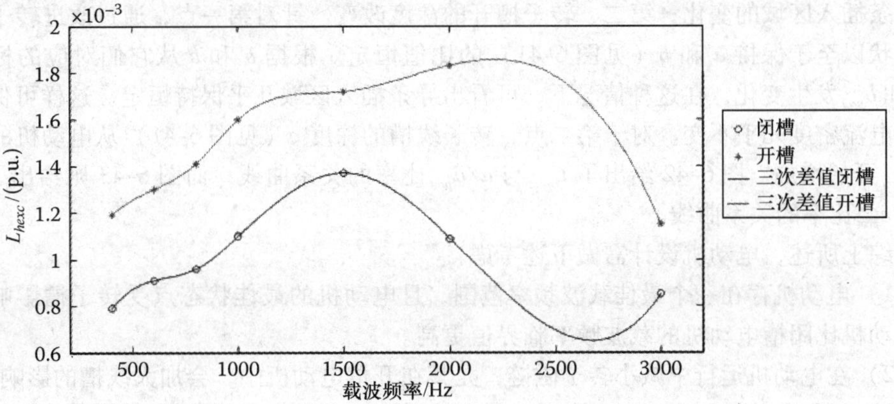

图 6-39　L_{hexc} 与载波频率的关系曲线[53]

频率下与转子槽开放对应的 L_{hexc} 总是高于转子槽闭合对应的。此外，这两类电动机，相应 L_{hexc} 随载波频率增加而增加，直至一个确定值，超过这个值后，开始减少。

在不同负载条件下电动机的工作特点被做了分析。所有的实验是在载波频率 1500Hz 下完成的，其中电动机中的开槽影响最大（见图 6-39）。尤其电动机的电源的频率和幅值随负载扭矩的增加而增加，使得电动机总是工作在相同的转速 30r/min（相当于供电电源频率 1Hz，无负载）。图 6-40 给出了负载转矩在 2～10N·m 范围内（接近额定值），L_{hexc} 与负载转矩的关系曲线。结果表明在任何负载下与转子槽开放对应的 L_{hexc} 总是高于转子槽闭合对应的。此外，这两类电动机，相应 L_{hexc} 随负载增加而减少，直至负载增加到一个确定值（8N·m），超过这个值后，L_{hexc} 开始增加。负载超过这个值后，两种电动机凸极影响增加。

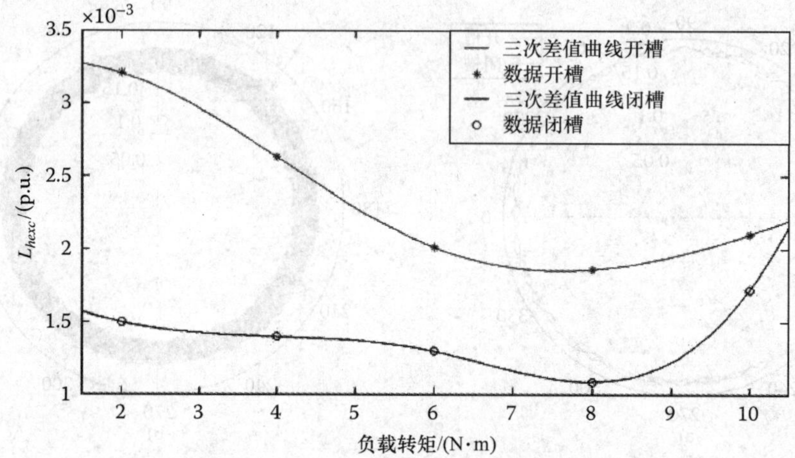

图 6-40　L_{hexc} 与负载转矩的关系曲线[54]

参考文献［54］对电动机转子结构进行改进后的电动机工作特点开展了研究。在这里，实验的载波频率为 1500Hz。尤其是，两种改进后的转子结构被考虑：第一，转子导条插入区域的变化；第二，转子槽开的深度改变。针对第一点，通过改进转子导条的形状以至于保持 a 和 b（见图 6-41）的比值恒定。根据 a 和 b 从它们对应的标准值 a_{prot} 和 b_{prot} 发生变化，在这种情况下，可看出导条插入区域几乎保持恒定。这样可保持导条的电流密度几乎不变。对于第二点，转子线槽的深度 c（见图 6-41）从电动机的标准值 c_{prot} 开始增加。图 6-42 给出了 L_{hexc} 与 a/a_{prot} 比率的关系曲线；而图 6-43 则给出了 L_{hexc} 与 c/c_{prot} 比率的关系曲线。

综上所述，电动机设计需做下述考虑：

1）电动机存在一个最佳载波频率范围，且电动机的最佳状态点受转子槽影响。开槽电动机比闭槽电动机的载波频率临界值更高。

2）在电动机运行中减小转子磁链，尤其在开槽电动机中，会加大线槽的影响。

3）增大负载转矩会减少电动机的槽影响；但当负载超过某特定值时，电动机的槽影响开始增加；开槽电动机与闭槽电动机相比，这个影响更明显。

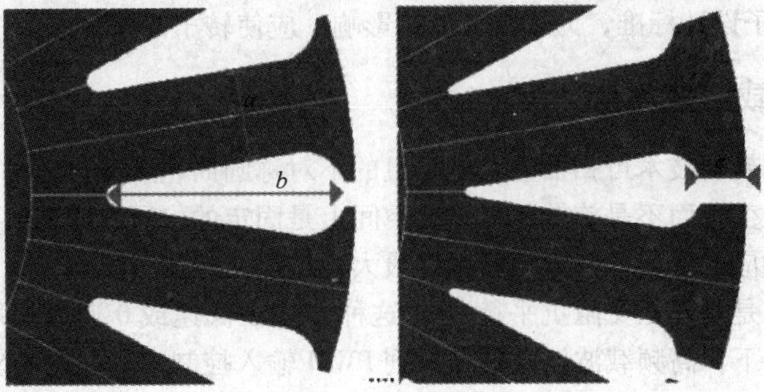

图 6-41　转子导条区域外形图[54]

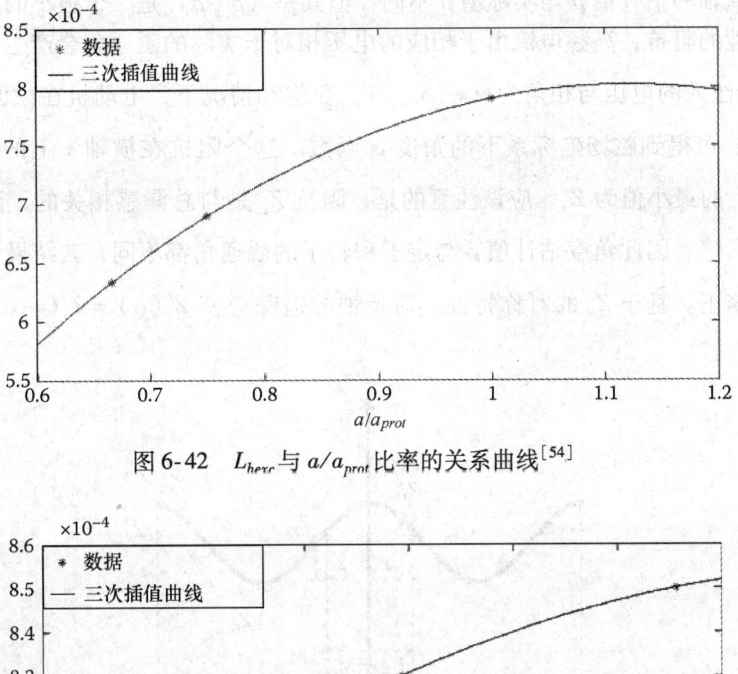

图 6-42　L_{hexc} 与 a/a_{prot} 比率的关系曲线[54]

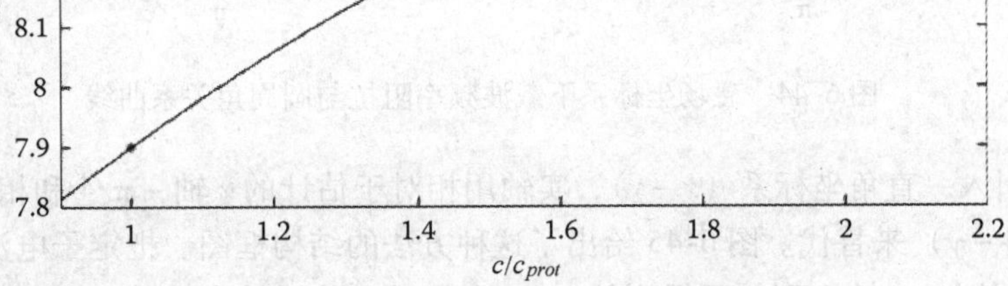

图 6-43　L_{hexc} 与 c/c_{prot} 比率的关系曲线[54]

4）根据转子设计标准，为了放大的槽影响，应使转子的导条棒更薄。

5）根据转子设计标准，为了放大的槽影响，应使转子的槽更深。

6.5.3 脉动载波技术

基于载波的旋转技术可扫描整个电动机的不对称圆周轮廓线。一种转换方法是实时注入脉动的载波变量而不是旋转的，但在空间上是固定的。所选择载波被调制的方向必须是使其与之对应的各向异性方法敏感性最大化，以便检测。

第一种技术是基于正交阻抗平衡[55]。这种方法在低速或0速时提取磁通角度的信号。在这种情况下，高频载波信号被加入到PWM输入控制中，在磁场坐标系下可得

$$\boldsymbol{u}_s^{(F)} = (u_{sx}^{(F)} + u_c\cos(\omega_c t) + \mathrm{j}u_{sy}^{(F)}) \tag{6-62}$$

式（6-62）信号对电动机在横轴 x 的方向进行激磁。假设角度估计值收敛到实际值，虽然横轴的估计值 $\hat{\rho}$ 与实际值 ρ 不同，但其差（$\hat{\rho}-\rho$）是一个很小的量。因为电动机各向异性的阻抗，高频电流由于相应的电压相对于实际的磁通角会产生一个空间位移 γ，相对于注入的电压与相角为 $\gamma+(\hat{\rho}-\rho)$。在饱和情况下，电动机在载波频率 ω_c 下的阻抗为 $\dot{Z}_c$，可得到磁场坐标系下的角度 α 函数。这个阻抗在横轴 x 上的最大值为 $\dot{Z}_x$，在纵轴 y 上的最小值为 $\dot{Z}_y$。应该注意的是，阻抗 $\dot{Z}_c$ 是与总漏感相关的，而不只是定子或转子的漏感。因此角度估计值 $\hat{\rho}$ 与定子和转子的磁通角都不同，其结果是需对磁场的定向进行修正。基于 $\dot{Z}_c$ 的对称特性，对 x 轴的追踪应使 $\dot{Z}_c(\alpha)=\dot{Z}_c(-\alpha)$，如图6-44所示。

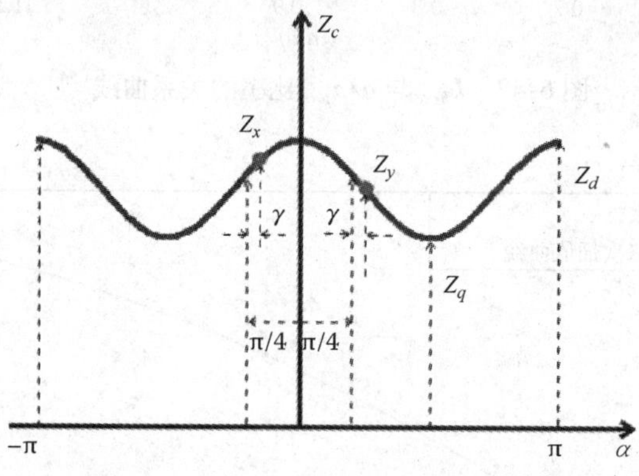

图6-44　磁场坐标系下载波频率阻抗与圆周角关系曲线

在此引入一直角坐标系（$x-y$），实轴用相对于估计的 x 轴 $-\pi/4$ 和相对于实际的 x 轴 $-(\pi/4-\gamma)$ 来替代。图6-45给出了这种方法的结构框图。把定子电流的载波分量 $\boldsymbol{i}_c$ 以及激磁信号 u_{cx} 转换到前面提到的 $x-y$ 坐标系。然后转变为复矢量，幅值用它们的有效值，矢量角为它们的相位。由此可获得复数阻抗

$$\dot{Z}_c^{(xy)} = \dot{Z}_x + \mathrm{j}\dot{Z}_y = \frac{\boldsymbol{u}_c^{(xy)}}{\boldsymbol{i}_c^{(xy)}} \tag{6-63}$$

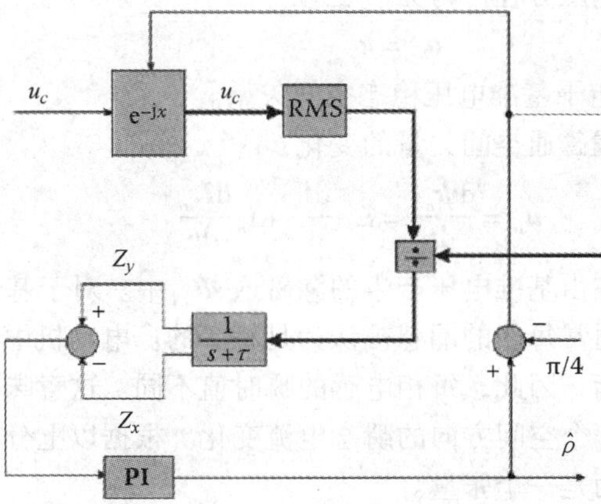

图 6-45　基于纵轴阻抗测量的磁场角估计的结构框图

当磁通 $\gamma=0$ 时，在 $x-y$ 参考坐标系同轴的条件下，$\dot{Z}_x$与 $\dot{Z}_y$是相等的。由于正误差角 γ 会导致 $\dot{Z}_x$ 增加、$\dot{Z}_y$ 减少，可得到下面的误差信号：

$$\varepsilon = \dot{Z}_y(\gamma) - \dot{Z}_x(\gamma) \tag{6-64}$$

误差信号经 PI 调节器处理获得角 ε 的估算值 $\hat{\rho}$。

参考文献［56］提出了一种基于 ZST 框架的方法。它提出了一种改进的无速度传感器方案，该方法是在额定定子电流参考值中注入低频（50/100Hz）正弦分量。低频分量在空间是静止的，这意味着定子参考电流被施加了一个恒定的角位置，随主磁场的旋转产生一个交变的正弦磁通势。因此，可根据气隙磁场来对电动机内磁场饱和程度进行调制。结果，产生了一个包含气隙磁通位置信息的零序电压分量。该方法的不同之处在于实现了低频（50/100Hz）信号解调，避免采用高频信号解调来获取近似的位置信息。

6.5.4　高频激励技术

这种技术的基本思想是：PWM 逆变器的开关向电动机施加一组重复瞬态激励。对应瞬时磁通分量不能够充分地进入转子产生互感磁链。由此产生的磁通是由转子和定子绕组分别产生的耦合、漏磁通的叠加，从而形成总的漏磁通。在参考文献［50］中，已清楚地表明：假设磁化曲线是线性的，基本磁链和由阶跃瞬态激励引起的瞬态磁链可以分别处理。在此基础上，可对瞬态磁链进行单独分析。瞬态磁链空间矢量 $\boldsymbol{\Psi}_{\sigma tr}$ 可表示为

$$\boldsymbol{\psi}_{\sigma tr} = \boldsymbol{L}_\sigma \boldsymbol{i}_{tr} \tag{6-65}$$

式中　$\boldsymbol{i}_{tr}$——由瞬时电压 $\boldsymbol{u}_{tr}$ 产生电流分量；

　　$\boldsymbol{L}_{\sigma}$——总漏感量，见式（6-56）。

忽略定子电阻，开关瞬时电压方程可写为

$$\boldsymbol{u}_{tr}=\boldsymbol{u}_{s}-\boldsymbol{u}_{s1} \tag{6-66}$$

式中　$\boldsymbol{u}_{s1}$——开关动作前定子基准电压稳态空间矢量。

这个瞬时电压会引起漏磁通空间矢量的变化：

$$\boldsymbol{u}_{tr}=\frac{\mathrm{d}\boldsymbol{\psi}_{\sigma tr}}{\mathrm{d}t}=\boldsymbol{L}_{\sigma}\frac{\mathrm{d}\boldsymbol{i}_{tr}}{\mathrm{d}t}+\boldsymbol{i}_{tr}\frac{\mathrm{d}\boldsymbol{L}_{\sigma}}{\mathrm{d}t} \tag{6.67}$$

这个空间矢量应包含在由基准电压产生的漏磁通 $\boldsymbol{\Psi}_{\sigma 1}$ 中。对于基于基波磁动势的感应电动机经典模型来说，通常每相的漏感被认为是相等的。电动机中各种各向异性的存在导致了每相漏感的不平衡，因此，每相电感的瞬时值不同。这意味着与外加电压不同的是，瞬态电压会导致在一个空间方向的瞬态电流变化。根据以上分析显然可知：漏电感并非一个简单的标量，而是一个张量。

电动机空载时，在静止坐标系下相对横轴的一个预定角位置 δ 电动机磁通处于饱和状态（图6-46a）。如果瞬时激励的电压矢量 $\boldsymbol{u}_{s}$、相应的瞬时电流 $\boldsymbol{i}_{tr}$ 可以通过式（6-56）计算出来，在相应的静止坐标系下可以认为没有 $\boldsymbol{u}_{sl}$，因为 δ 为常数时 $R_s\cong 0$、$\mathrm{d}L_{\sigma}/\mathrm{d}t\cong 0$。为了得到 $\boldsymbol{i}_{tr}$，全局漏感张量的逆为

$$\boldsymbol{L}_{\sigma}^{-1}=\frac{1}{L_{\sigma d}L_{\sigma q}}\begin{bmatrix}\frac{1}{2}(L_{\sigma d}+L_{\sigma q})-\frac{1}{2}(L_{\sigma d}-L_{\sigma q})\cos(2\delta) & \frac{1}{2}(L_{\sigma d}-L_{\sigma q})\sin(2\delta)\\ \frac{1}{2}(L_{\sigma d}-L_{\sigma q})\sin(2\delta) & \frac{1}{2}(L_{\sigma d}+L_{\sigma q})+\frac{1}{2}(L_{\sigma d}-L_{\sigma q})\cos(2\delta)\end{bmatrix} \tag{6-68}$$

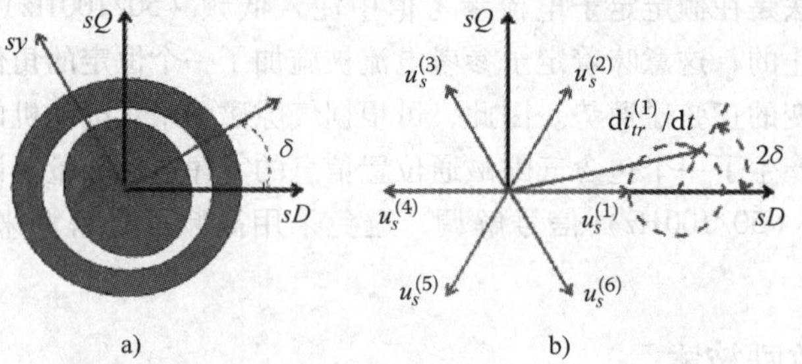

图6-46　各向异性对电流瞬时微分的影响

在此基础上，瞬时电流可改为

$$\frac{\mathrm{d}\boldsymbol{i}_{tr}^{(1)}}{\mathrm{d}t}=\frac{1}{2}\left[(L_{\sigma d}+L_{\sigma q})-(L_{\sigma d}-L_{\sigma q})\cos(2\delta)+\mathrm{j}(L_{\sigma d}-L_{\sigma q})\sin(2\delta)\right]\boldsymbol{u}_{s}^{(1)} \tag{6-69}$$

式（6-69）表明，考虑不同的 δ 值，瞬时电流导数空间矢量集中在电压矢量 $\boldsymbol{u}_{s}^{(1)}$ 的顶点，可以用相对于横轴的 2δ 角来描述其圆轨迹。

一个实际的电动机，除了饱和效应，还呈现开槽影响。相对于封闭槽式电动机，开

槽影响在开放槽式电动机中更为明显，$q_r\theta_r$具有周期性。在饱和性和开槽各向异性的综合效应下，矢量 $\mathrm{d}\boldsymbol{i}_{tr}^{(1)}(\theta_r, \delta)/\mathrm{d}t$ 的顶点轨迹为集中在电压矢量 $\boldsymbol{u}_s^{(1)}$ 顶点的周转圆曲线。转子槽影响产生的高频空间分量曲线，可用围绕圆中心点的角度 $q_r\theta_r$来替代。

如果电动机进一步加载，转差频率会导致 $\mathrm{d}\theta_r/\mathrm{d}t \neq \mathrm{d}\delta/\mathrm{d}t$。这是及时修改 $\mathrm{d}\boldsymbol{i}_{tr}^{(1)}(\theta_r, \delta)/\mathrm{d}t$ 轨迹来维持同样形状的一个原因。

如果使用 $\boldsymbol{u}_s^{(3)}$ 代替 $\boldsymbol{u}_s^{(1)}$，产生的矢量 $\mathrm{d}\boldsymbol{i}_{tr}^{(3)}(\theta_r, \delta)/\mathrm{d}t$ 为集中在电压矢量 $\boldsymbol{u}_s^{(3)}$ 顶点的周转圆曲线（电动机的 sB 轴）。那么，使用 $\boldsymbol{u}_s^{(5)}$，产生的矢量 $\mathrm{d}\boldsymbol{i}_{tr}^{(5)}(\theta_r, \delta)/\mathrm{d}t$，为集中在电压矢量 $\boldsymbol{u}_s^{(3)}$ 顶点的周转圆曲线（电动机的 sC 轴）。

1. 信息技术

参考文献［20］提出了一种信息技术。考虑一个各向异性交流电动机在静止坐标系下的定子方程[6]：

$$\boldsymbol{u}_s = R_\sigma \boldsymbol{i}_s + \boldsymbol{L}_\sigma \frac{\mathrm{d}\boldsymbol{i}_s}{\mathrm{d}t} + \frac{k_r}{T_r}(\mathrm{j}\omega_r T_r - 1)\boldsymbol{\psi}'_r \tag{6-70}$$

式中　$\boldsymbol{L}_\sigma$——电感量，考虑感应饱和的各向异性；

$k_r = L_m/L_r$——转子的耦合系数；

$R_\sigma = R_s + k_r^2 R_r$——等效阻抗。

假设定子电压空间矢量 $\boldsymbol{u}_s$在相同时间间隔内保持不变，根据在有限时间间隔 Δt 内不同的 $\Delta \boldsymbol{i}_s$，定子电流空间矢量的时间导数可以通过离散形式 $\Delta \boldsymbol{i}_s/\Delta t$ 得到。

受定子电阻压降和式（6-69）中反电动势的影响，可通过连续使用两个同向和反向的电压空间矢量来消除。时间间隔 Δt 内两次开关切换配置可以是：$\boldsymbol{u}_s^{(1)} \rightarrow \boldsymbol{u}_s^{(4)}$，其中 $\boldsymbol{u}_s^{(1)} = -\boldsymbol{u}_s^{(4)}$；或 $\boldsymbol{u}_s^{(2)} \rightarrow \boldsymbol{u}_s^{(5)}$，其中 $\boldsymbol{u}_s^{(2)} = -\boldsymbol{u}_s^{(5)}$；或 $\boldsymbol{u}_s^{(3)} \rightarrow \boldsymbol{u}_s^{(6)}$，其中 $\boldsymbol{u}_s^{(3)} = -\boldsymbol{u}_s^{(6)}$。前提是：在时间间隔内，定子电流空间矢量 $\boldsymbol{i}_s$和转子磁链空间矢量 $\boldsymbol{\psi}'_r$的基本分量不会明显地变化。对于开关切换 $\boldsymbol{u}_s^{(1)} \rightarrow \boldsymbol{u}_s^{(4)}$，把两个电压空间矢量代入式（6-70），等效变换后，可得如下方程，即

$$\boldsymbol{u}_s^{(1)} - \boldsymbol{u}_s^{(4)} = \boldsymbol{L}_\sigma \left(\frac{\Delta \boldsymbol{i}_s^{(1)}}{\Delta t} - \frac{\Delta \boldsymbol{i}_s^{(4)}}{\Delta t} \right) \tag{6-71}$$

由于 $\boldsymbol{u}_s^{(1)}$ 和 $\boldsymbol{u}_s^{(4)}$ 位于横轴，研究产生定子电流空间矢量的导数的实部分量具有重要价值。将式（6-68）全局漏电感量的逆代入式（6-71）可以推导出这个量，即

$$\Re_e(\Delta \boldsymbol{i}_s^{(4)} - \Delta \boldsymbol{i}_s^{(1)}) = [(L_{\sigma d} + L_{\sigma q}) - (L_{\sigma d} - L_{\sigma q})\cos(2\delta)]|\boldsymbol{u}_s|\Delta t \tag{6-72}$$

可以获得定子电流变化的模拟表达式，因为开关切换 $\boldsymbol{u}_s^{(2)} \rightarrow \boldsymbol{u}_s^{(5)}$ 和 $\boldsymbol{u}_s^{(3)} \rightarrow \boldsymbol{u}_s^{(6)}$，产生的定子电流空间矢量只是沿着强迫电压方向的分量（sB 轴是 $\boldsymbol{u}_s^{(3)}$，sC 轴是 $\boldsymbol{u}_s^{(5)}$）。定子电流空间矢量的变化量可定义为

$$\boldsymbol{f} = \frac{2}{3}[\Delta \boldsymbol{i}_s^{(1)}|_{sA} - \Delta \boldsymbol{i}_s^{(4)}|_{sA} + \alpha(\Delta \boldsymbol{i}_s^{(5)}|_{sC} - \Delta \boldsymbol{i}_s^{(2)}|_{sC}) + \alpha^2(\Delta \boldsymbol{i}_s^{(3)}|_{sB} - \Delta \boldsymbol{i}_s^{(6)}|_{sB})] \tag{6-73}$$

由此产生的定子电流空间矢量的变化量表达式为

$$\boldsymbol{f}=\frac{1}{2}(L_{\sigma d}-L_{\sigma q})\,|\boldsymbol{u}_s|\Delta t\mathrm{e}^{\mathrm{j}(2\hat{\delta}+\pi)} \tag{6-74}$$

空间矢量$\boldsymbol{f}$取决于横轴和纵轴漏感之间的差异，如果两者一致则$\boldsymbol{f}$不存在。此外，$\boldsymbol{f}$可以基于定子相电流的瞬时测量值在线计算。除了固定相移等于 π，$\boldsymbol{f}$的相位是磁通相位的2倍。

因此，磁通角估计值为

$$\hat{\delta}=\frac{1}{2}(\arg(\boldsymbol{f})-\pi) \tag{6-75}$$

为确保该技术有效性，电动机需要采用封闭的转子槽。实际上，封闭槽避免了转子导条受到高频漏磁的影响，因而减少了开槽影响。

2. 瞬时转子位置测量

这种技术的基本思想是利用转子槽信息来获取转子位置。从这个意义上说，与信息方法不同，转子槽的各向异性被跟踪，而主磁通的饱和性可作为干扰。参考文献［21，22］提出了这种技术，这种技术依赖于对变换器端点与电动机中性点之间的定子电压瞬时值的测量[23]。如前所述，电动机呈现出的各向异性是导致各相不平衡漏感的原因。

如果考虑转子槽影响，当转子槽数不是极对数3的整倍数时，转子槽影响是明显的。这是一个常规的电动机设计准则，因为电动机的转子槽数是极对数3的倍数时会呈现出明显的转矩脉动。

对于电动机的每一相k，如参考文献［22］只考虑基波分量，根据由转子槽影响产生的漏感，可建立其漏感的模型，即

$$L_{\sigma slot}(\vartheta_r)=L_{\sigma 0}\left(1+\frac{L_{\sigma slot0}}{L_{\sigma 0}}\cos\left(q_r\left(\vartheta_r-(k-1)\frac{2}{3}\pi\right)\right)\right) \tag{6-76}$$

式中　$L_{\sigma 0}$——平均漏感；

$L_{\sigma slot0}$——开槽漏感量的幅值。

同时，磁通密度分布达到最大值时，其磁化分量造成定子和转子齿的饱和，会导致每相漏感的变化。对于每相k，可建立漏感变化量的模型为

$$L_{\sigma sat}(\delta)=L_{\sigma 0}\left(1+\frac{L_{\sigma sat0}}{L_{\sigma 0}}\cos\left(2\left(\delta-(k-1)\frac{2}{3}\pi+\varphi_{sat}\right)\right)\right) \tag{6-77}$$

式中　$L_{\sigma 0}$——平均漏感；

$L_{\sigma sat0}$——磁化漏感的幅值；

δ——磁场角度。

最后，φ_{sat}是以sA相为基准的磁场角位移。磁场饱和一方面影响根据磁通密度分布函数和漏磁的路径，另一方面会影响$L_{\sigma slot0}$的值。

考虑电动机磁通饱和基于开槽各向异性的综合效应可采用一个与饱和相关的幅值调

制系数来表示。因此，对于每相 k，相的总漏感为转子角 θ_r 和磁场角 δ 的函数，可用下式表示：

$$L_\sigma(\vartheta_r,\delta)=L_{\sigma0}\left(1+\frac{L_{\sigma slot0}}{L_{\sigma0}}\left(1+k_m\frac{L_{\sigma sat0}}{L_{\sigma0}}\cos\left(2\left(\delta-(k-1)\frac{2}{3}\pi\right)\right)\right)\cos\left(q_r\left(\vartheta_r-(k-1)\frac{2}{3}\pi\right)\right)\right)\times\left(1+\frac{L_{\sigma sat0}}{L_{\sigma0}}\cos\left(2\left(\delta-(k-1)\frac{2}{3}\pi\right)\right)\right) \tag{6-78}$$

式中　$k_m=0.2,\cdots,0.5$——电动机相关系数。

获得基于各向异性信号的一种方法是测量定子绕组的零序电压，定义三相电压的平均值为

$$u_{s0}=\frac{u_{sA}+u_{sB}+u_{sC}}{3} \tag{6-79}$$

由于反电动势不会带来任何零序分量，即

$$e_{sA}+e_{sB}+e_{sC}=0 \tag{6-80}$$

式中　e_{sA}、e_{sB}和 e_{sC}——三相的反电动势。

因而有

$$u_{s0}=L_{\sigma A}\frac{\mathrm{d}i_{sA}}{\mathrm{d}t}+L_{\sigma B}\frac{\mathrm{d}i_{sB}}{\mathrm{d}t}+L_{\sigma C}\frac{\mathrm{d}i_{sC}}{\mathrm{d}t} \tag{6-81}$$

式中　$L_{\sigma A}$、$L_{\sigma B}$和 $L_{\sigma C}$——三相漏感，定义见式（6-78）。

如果考虑由电压空间矢量 $\boldsymbol{u}_s^{(1)}=-\boldsymbol{u}_s^{(4)}$ 的切换所产生的暂态，零序电压可以写为

$$u_{s0}^{(1,4)}=\pm U_d\frac{L_{\sigma A}(L_{\sigma B}+L_{\sigma C})-2L_{\sigma B}L_{\sigma C}}{L_{\sigma A}L_{\sigma B}+L_{\sigma B}L_{\sigma C}+L_{\sigma A}L_{\sigma C}}+u_{s0i} \tag{6-82}$$

式中，正负号与使用 $\boldsymbol{u}_s^{(1)}$（$\boldsymbol{u}_s^{(4)}$）有关；

U_d——直流母线电压。

考虑了转子感应电压 e_{sA}、e_{sB}和 e_{sC}的影响，u_{s0i}可以写为

$$u_{s0i}=3\frac{L_{\sigma A}L_{\sigma B}e_{sC}+L_{\sigma A}L_{\sigma C}L_{sB}+L_{\sigma B}L_{\sigma C}e_{sA}}{L_{\sigma A}L_{\sigma B}+L_{\sigma B}L_{\sigma C}+L_{\sigma A}L_{\sigma C}} \tag{6-83}$$

在低速下，可忽略 u_{s0i}，而在高速下需适当地补偿 u_{s0i}，根据给定不同的变换器开关模式指令，获得不同信号 $u_{s0A}=u_{s0}^{(1)}-u_{s0}^{(4)}$ 或 $u_{s0B}=u_{s0}^{(2)}-u_{s0}^{(5)}$ 或 $u_{s0C}=u_{s0}^{(3)}-u_{s0}^{(6)}$。由于这三个电压对称，一个基于转子位置的复空间矢量可以定义为

$$p(\vartheta_r)=\frac{2}{3}[u_{s0A}+\alpha u_{s0B}+\alpha^2u_{s0C}]=p_{sD}(\vartheta_r)+\mathrm{j}p_{sQ}(\vartheta_r) \tag{6-84}$$

转子位置信息包含在这个信号的相位信息里，与其幅值无关。式（6-84）中与位置相关的信号可通过饱和干扰得到进一步补偿，产生一个仅取决于转子位置的信号[22]。

6.6 驱动感应电动机无速度传感器技术的总结

本章所述的几个无速度传感器技术，很难明确地说哪个最优。但可以得出几点结论。所有基于感应电动机基波磁动势模型的技术，必须采用复杂的模型，并结合适当的信号处理方法来补偿电动机和逆变器的非线性。在低速运行时，就简单性和计算的要求而言是可取的。为了让电动机和逆变器在最大转矩能力下有更大的工作范围，结合适当的参数估计算法会更好。一般来说，基于模型的技术适用于较宽转速范围，而基于凸极的方法只适用于非常低的转速或零转速。相反，即使带负载的条件下，基于凸极技术能在非常低的转速和零转速下正常工作，而基于模型的技术则不能，因为电动机速度变得不可观察[3,6]。此外，基于凸极技术可允许驱动在位置闭环控制下工作，而基于模型技术基本上只能在速度闭环控制下工作。

基于凸极技术能跟踪电动机的几个凸极。封闭槽电动机基本上只有主磁通磁饱和特点。通过适当改变电动机的负载，可以检测和跟踪它的角位置。开槽式电动机有更好对凸极进行跟踪的依据方法，如转子槽影响。跟踪凸极会产生具有高动态宽带的高分辨率位置信号。这种情况下，主磁通饱和性应被看作扰动并需补偿。

关于基于凸极的无速度传感器技术，对参考文献［58］给出的主要方法进行了理论分析与实验对比。有以下结论[57,58]：

1）所有基于凸极技术都适用于转子位置估计与磁场定向，因为槽影响和引起饱和的凸极均产生可测量的作用。

2）几乎所有的方法都存在相似的局限性，特别对于那些跟踪开槽转子凸极的方法。

3）零序电压方法中引起饱和的凸极性，不同于激励（载波信号或 PWM 开关信号），主要取决于转子槽开放和半封闭式电动机的主磁通，它们适用于磁通角估计（封闭转子槽式电动机相对困难）。

4）基于电压载波零序电压和基于 PWM 开关零序电压的方法都建立在相同的物理原理基础上，并有基本相同的结论。不同的是关于一些应用的问题。很难准确地说哪个方法最优。

5）逆变器的非线性，以及其他不良影响如长电缆、屏蔽和接地措施引起的高频现象，以不同的方式影响各种方法，导致各种方法具有不同的鲁棒性和精确性问题。

6）电动机定向问题的重要性带来了新的研究前景，如对电动机设计上所能达到的精度和分辨率的影响，所需谐波次数应达到指定的精度。这些问题也会影响实践应用。

参考文献

1. P. Vas, *Sensorless Vector and Direct Torque Control*, Oxford Science Publication, Oxford, U.K., 1998.
2. K. Rajashekara, A. Kawamura, K. Matsuse, *Sensorless Control of AC Motor Drives*, IEEE Press, Piscataway, NJ, 1996.
3. J. Holtz, Sensorless control of induction motor drives, *Proceedings of the IEEE*, 90(8), 1359–1394, August 2002.
4. R. D. Lorenz, T. A. Lipo, D. W. Novotny, Motion control with induction motors, *Proceedings of the IEEE*, 82(8), 1215–1240, August 1994.
5. W. Leonhard, *Control of Electrical Drives*, Springer-Verlag, Berlin, Germany, 1997.
6. J. Holtz, Sensorless control of induction machines—With or without signal injection? *IEEE Transactions on Industrial Electronics*, 53(1), 7–30, February 2006.
7. R. Joetten, G. Maeder, Control methods for good dynamic performance induction motor drives based on current and voltage measured quantities, *IEEE Transactions on Industry Applications*, IA-19, 356–363, May/June 1983.
8. C. Shauder, Adaptive speed identification for vector control of induction motors without rotational transducers, *IEEE Transactions on Industry Applications*, 28(5), 1054–1061, September/October 1992.
9. H. Tajima, Y. Hori, Speed sensorless field-orientation of the induction machine, *IEEE Transactions on Industry Applications*, 29(1), 175–180, January/February 1993.
10. L. Harnefors, Design and analysis of general rotor-flux-oriented vector control systems, *IEEE Transactions on Industrial Electronics*, 48(2), 383–390, April 2001.
11. G. C. Verghese, S. R. Sanders, Observers for flux estimation in induction machines, *IEEE Transactions on Industrial Electronics*, 35(1), 85–94, February 1988.
12. H. Kubota, K. Matsuse, T. Nakano, DSP-based speed adaptive flux observer of induction motor, *IEEE Transactions on Industry Applications*, 29(2), 344–348, March/April 1993.
13. H. Kubota, I. Sato, Y. Tamura, K. Matsuse, H. Ohta, Y. Hori, Stable operation of adaptive observer based sensorless induction motor drives in regenerating mode at low speeds, *Thirty-Sixth IAS Annual Meeting*, Chicago, IL, Vol. 1, pp. 469–474, October 2001.
14. H. Kubota, K. Matsuse, Y. Hori, Behaviour of sensorless induction motor drives in regenerating mode, *PCC Proceeding*, Nagaoka, Japan, August 3–6, 1997.
15. M. Hinkkanen, J. Luomi, Stabilization of the regenerating mode of full-order flux observer for sensorless induction motors, *IEEE Electrical Machines and Drives Conference, IEMDC 2003*, Madison, WI, Vol. 1, pp. 145–150, June 1–4, 2003.
16. H. Kubota, I. Sato, Y. Tamura, K. Matsuse, H. Otha, Y. Hori, Regenerating-mode low-speed operation of sensorless induction motor drive with adaptive observer, *IEEE Transactions on Industry Applications*, 38(4), 1081–1086, July/August 2002.
17. S. Doki, S. Sangwongwanich, S. Okuma, Implementation of speed-sensor-less field-oriented vector control using adaptive sliding observer, *IEEE IECON 92*, San Diego, CA, pp. 453–458, November 9–13, 1992.
18. M. W. Degner, R. D. Lorenz, Using multiple saliencies for the estimation of flux, position and velocity in AC machines, *IEEE Transactions on Industry Applications*, 34(5), 1097–1104, September/October 1998.
19. J. Cilia, D. M. Asher, K. J. Bradley, Sensorless position detection for vector controlled induction motor drives using an asymmetric outersection cage, *IEEE Transactions on Industry Applications*, 33(5), 1162–1169, September/October 1997.
20. M. Schroedl, Sensorless control of AC machines at low speed and standstill based on the inform method, *Thirty-First IEEE IAS Annual Meeting*, San Diego, CA, pp. 270–277, October 6–10, 1996.
21. J. Jiang, Sensorless field oriented control of induction motors at zero stator frequency, PhD dissertation, Department of Electrical Engineering, Wuppertal University, Wuppertal, Germany, 1999 (in German).

22. J. Holtz, H. Pan, Elimination of saturation effects in sensorless position controlled induction motors, *IEEE Transactions on Industry Applications*, 40(2), 623–631, March/April 2004.
23. J. Holtz, H. Pan, Acquisition of rotor anisotropy signals in sensorless position control systems, *IEEE IAS Annual Meeting*, pp. 1165–1172, October 12–16, 2003.
24. J. Hu, B. Wu, New integration algorithms for estimating motor flux over a wide speed range, *IEEE Transactions on Power Electronics*, 13(5), 969–977, September 1998.
25. K. D. Hurst, T. Hableter, G. Griva, F. Profumo, Zero-speed tacholess IM torque control: Simply a matter of stator voltage integration, *IEEE Transactions on Industry Applications*, 34(4), 790–795, July/August 1998.
26. L. E. Borges de Silva, B. K. Bose, J. O. P. Pinto, Recurrent-neural-network-based implementation of a programmable cascaded low-pass filter used in stator flux synthesis of vector-controlled induction motor drive, *IEEE Transactions on Industrial Electronics*, 46(3), 662–665, June 1999.
27. J. O. P. Pinto, B. K. Bose, L. E. Borges de Silva, A stator-flux-oriented vector-controlled induction motor drive with space-vector PWM and flux-vector synthesis by neural network, *IEEE Transactions on Industry Applications*, 37(5), 1308–1318, September/October 2001.
28. J. Holtz, Q. Juntao, Sensorless vector control of induction motors at very low speed using a nonlinear inverter model and parameter identification, *IEEE Transactions on Industry Applications*, 38(4), 1087–1095, July/August 2002.
29. J. Holtz, Q. Juntao, Drift- and parameter-compensated flux estimator for persistent zero-stator-frequency operation of sensorless-controlled induction motors, *IEEE Transactions on Industry Applications*, 39(4), 1052–1060, July/August 2003.
30. Q. Juntao, Sensorless vector control of induction motors at low and zero speed, Fortschritt-Berichte VDI, Reihe 21, Elektrotechnik, n. 325.
31. B. K. Bose, N. R. Patel, A sensorless stator flux oriented vector controlled induction motor drive with neuro-fuzzy based performance enhancement, *Thirty-Second IEEE IAS Annual Meeting*, New Orleans, LA, October 5–9, 1997.
32. P. L. Jansen, R. D. Lorenz, A physically insightful approach to the design and accuracy assessment of flux observers for field oriented induction machine drives, *IEEE Transactions on Industry Applications*, 30(1), 101–110, January/February 1994.
33. F. Peng, T. Fukao, Robust speed identification for speed-sensorless vector control of induction motors, *IEEE Transactions on Industry Applications*, 30(5), 1234–1240, 1994.
34. P. L. Jansen, R. D. Lorenz, Accuracy limitations of velocity and flux estimation in direct field oriented induction machines, *Proceedings of EPE Conference*, Brighton, U.K., September 13–16, 1993.
35. R. Blasco-Gimenez, G. M. Asher, M. Sumner, K. J. Bradley, Dynamic performance limitations for MRAS based sensorless induction motor drives. I. Stability analysis for the closed loop drive, *Electric Power Applications, IEE Proceedings*, Vol. 143(2), pp. 113–122, March 1996.
36. R. Blasco-Gimenez, G. M. Asher, M. Sumner, K. J. Bradley, Dynamic performance limitations for MRAS based sensorless induction motor drives. II. Online parameter tuning and dynamic performance studies, *Electric Power Applications, IEE Proceedings*, Vol. 143(2), pp. 123–134, March 1996.
37. P. J. Jansen, R. D. Lorenz, Observer-based direct field orientation: Analysis and comparison of alternative methods, *IEEE Transactions on Industry Applications*, 30(4), 945–953, July/August 1994.
38. J. Maes, J. Melkebeek, Speed-sensorless direct torque control of induction motors using an adaptive flux observer, *IEEE Transactions on Industry Applications*, 36(3), 778–785, May/June 2000.
39. C. Lascu, I. Boldea, F. Blaabjerg, A modified direct torque control for induction motor sensorless drive, *IEEE Transactions on Industry Applications*, 36(1), 122–130, 2000.
40. Y.-N. Lin, C.-L. Chen, Adaptive pseudoreduced-order flux observer for speed sensorless field-oriented control of IM, *IEEE Transactions on Industrial Electronics*, 46(5), 1042–1045, October 1999.
41. R. Nilsen, M. P. Kazmierkowski, Reduced-order observer with parameter adaption for fast rotor flux estimation in induction machines, *IEE Proceedings D, Control Theory and Applications*, 136(1), 35–43, January 1989.

42. C.-M. Lee, C.-L. Chen, Observer-based speed estimation method for sensorless vector control of induction motors, *IEE Proceedings D, Control Theory and Applications*, 145(3), 359–363, May 1998.
43. G. Franceschini, M. Pastorelli, F. Profumo, C. Tassoni, A. Vagati, About the gain choice of flux observer in induction servo-motors, *IEEE Industry Applications Society Annual Meeting*, Seattle, WA, pp. 601–606, October 7–12, 1990.
44. M. Cirrincione, M. Pucci, G. Cirrincione, G. Capolino, Sensorless control of induction motors by reduced order observer with MCA EXIN + based adaptive speed estimation, *IEEE Transactions on Industrial Electronics*, 54,(1), 150–166, February 2007, Special Section Neural Network Applications in Power Electronics and Motor Drives (Guest Editor B. K. Bose).
45. Y.-R. Kim, S.-K. Sul, M.-H. Park, Speed sensorless vector control of an induction motor using extended Kalman filter, *IEEE Transactions on Industry Applications*, 30(5), 1225–1233, September/October 1994.
46. J. Holtz, Sensorless position control of induction motors—An emerging technology, *IEEE Transactions on Industrial Electronics*, 45(6), 840–851, 1998.
47. P. L. Jansen, R. D. Lorenz, Transducerless position and velocity estimation in induction and salient AC machines, *IEEE Transactions on Industry Applications*, 31(2), 240–247, March/April 1995.
48. P. L. Jansen, R. D. Lorenz, Transducerless field orientation concepts employing saturation-induced saliencies in induction machines, *IEEE Transactions on Industry Applications*, 32(6), 1380–1393, November/December 1996.
49. N. Teske, G. M. Asher, M. Sumner, K. J. Bradley, Suppression of saturation saliency effects for the sensorless position control of induction motor drives under loaded conditions, *IEEE Transactions on Industrial Electronics*, 47(5), 1142–1149, September/October 2000.
50. N. Teske, G. M. Asher, K. J. Bradley, M. Sumner, Analysis and suppression of inverter clamping saliency in sensorless position controlled of induction motor drives, *IEEE Industry Applications Society Annual Meeting*, Chicago, IL, pp. 2629–2636, 2001.
51. A. Consoli, G. Scarcella, A. Testa, Speed- and current-sensorless field-oriented induction motor drive operating at low stator frequencies, *IEEE Transactions on Industry Applications*, 40(1), 186–193, January/February 2004.
52. A. Consoli, G. Scarcella, G. Bottiglieri, A. Testa, Harmonic analysis of voltage zero-sequence-based encoderless techniques, *IEEE Transactions on Industry Applications*, 42(6), 1548–1557, November/December 2006.
53. M. Pucci, C. Serporta, Finite-element analysis of rotor slotting saliency in induction motors for sensorless control, *IEEE Transactions on Magnetics*, 46(2), 650–659, February 2010.
54. M. Pucci, C. Serporta, Analysis of rotor slotting saliency in induction motor sensorless control, *Electric Power Systems Research*, 81, 318–328, 2011.
55. J.-I. Ha, S.-K. Sul, Sensorless field-oriented control of an induction machine by high-frequency signal injection, *IEEE Transactions on Industry Applications*, 35, 45–51, January/February 1999.
56. A. Consoli, G. Scarcella, G. Bottiglieri, G. Scelba, A. Testa, D. A. Triolo, Low-frequency signal-demodulation-based sensorless technique for induction motor drives at low speed, *IEEE Transactions on Industrial Electronics*, 53(1), 207–215, February 2006.
57. F. Briz, M. W. Degner, A. Diez, R. D. Lorenz, Static and dynamic behavior of saturation-induced saliencies and their effect on carrier-signal-based sensorless AC drives, *IEEE Transactions on Industry Applications*, 38(3), 670–678, May/June 2002.
58. F. Briz, M. W. Degner, P. Garcia, R. D. Lorenz, Comparison of saliency-based sensorless control techniques for AC machines, *IEEE Transactions on Industry Applications*, 40(4), 1107–1115, July/August 2004.

第 7 章　永磁同步电动机驱动

7.1　简介

在过去的 20 年里，永磁同步电动机（Permanent Magnet Synchronous Motor，PMSM）已经引起了广泛的关注。利用永磁代替励磁同步电动机绕组的想法可以追溯到 19 世纪[1]，稀土磁铁的发现使得人们实际应用永磁同步电动机成为现实。

如今，PMSM 在许多应用领域得到了广泛的应用，其原因如下：

1）不存在转子绕组，这样永磁同步电动机可以在恶劣的环境中使用。

2）不存在励磁绕组损耗，使得电动机效率更高，同时，电动机的温升降低。

3）与外控励磁同步电动机和感应电动机（IM）相比，永磁同步电动机具有更高的转矩密度和功率密度。

4）永磁同步电动机具有更高的气隙磁通密度，具有更好的动态性能，可取代外控励磁同步电动机。

然而，永磁体（Permanent Magnet，PM）的应用也使电动机存在一些缺点：

1）由稀土材料制成的永磁同步电动机比外控励磁同步电动机和感应电动机的成本高。

2）机械特性较硬，不适合应用于重型机械设备中。

3）在高温下永磁体会削弱磁性，限制了永磁同步电动机的过载能力。

PMSM 通常可分为两类：直流无刷同步电动机和交流无刷同步电动机。[2]

1）直流无刷同步电动机的气隙磁通呈梯形分布。

2）交流无刷同步电动机的气隙磁通呈正弦分布。

两类控制方法的机械特性、控制方法与动态性能指标存在差异。

7.1.1　直流无刷电动机

直流无刷电动机的永磁体可以产生梯形或准梯形的磁通量。定子电枢绕组通常连接在一起，在同一时间内只有两个绕组允许有电流通过。主电源通常为直流电，控制器能够保证在同一时间内直流电只流过两个绕组，因此每个电枢绕组的电流为方波。每个电流脉冲的持续角度为 120°，并且它与反电动势（emf）的中心对称点相同，如图 7-1 所示。

显然，直流无刷电动机的控制方法需要转轴的位置信息，以确保正确的电枢电流切换顺序。但是，它的精确度不高。电流脉冲必须与梯形反电动势保持中心点一致，且反电动势的极性会改变，每个定子绕组不允许有电流流过，因此需检测反电动势的唯一换向点。通过三个霍尔效应传感器的检测，可为定子绕组的切换顺序提供定时脉冲[3]。这类电动机依赖所采用的控制方法来获得良好的动态性能。如换流器驱动的无刷直流电动机可适用于CD播放器或硬盘驱动，同样PWM驱动的无刷直流电动机和其他控制策略也可以用于其他伺服驱动应用中。

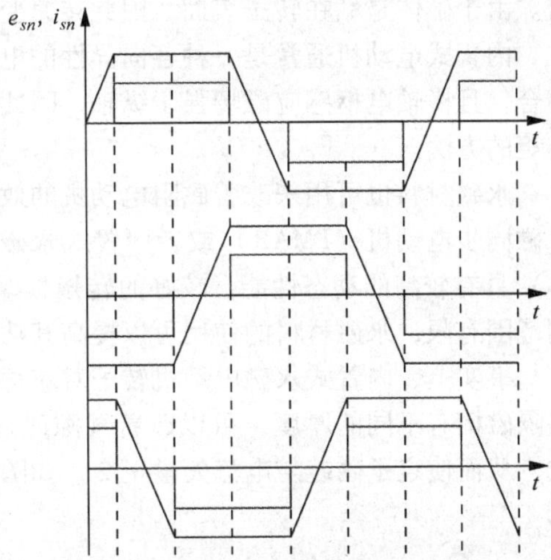

图7-1　直流无刷电动机的反电动势和电流波形图

7.1.2　交流无刷电动机

交流无刷电动机与直流无刷电动机在许多方面存在不同。转子磁铁和电枢绕组的设计使其具有准正弦气隙磁通。其极弧成正弦分布[4]，通常永磁体极弧在磁极处成锥形，使其缩成一个更小的弧度（120°）。交流无刷电动机广泛地应用于汽车，特别是在高动态性能和精确定位的领域。这类电动机的控制方法主要采用矢量控制，其控制性能可以和经典直流电动机相媲美。

划分无刷电动机的另一个标准是永磁体的位置。若永磁体放置在转子的表面，称为表面式电动机，而埋在转子内部则称为内置式电动机。图7-2给出了这两种磁体的放置方案。

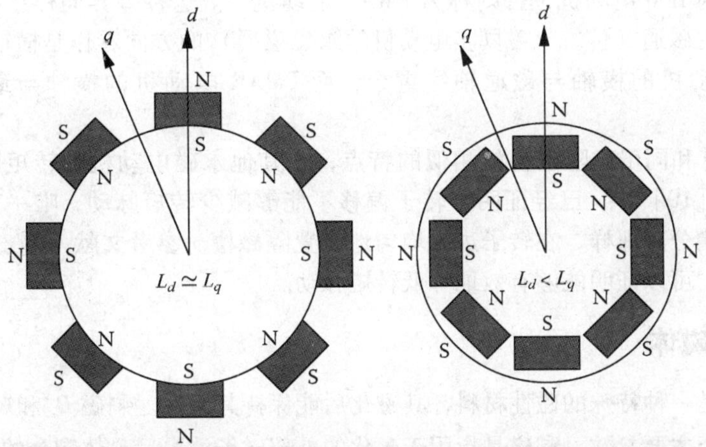

图7-2　永磁同步电动机的磁体位置

理论上，表面式电动机是各向同性的电动机，磁铁的磁导率几乎等于空气中的相应值。由于磁体是粘在转子表面，因此转速变化范围比内置式电动机更低。

内置式电动机通常是一种各向异性的电动机，磁极的位置使横轴电抗与主磁通轴线重合，且横轴电枢感应磁场强于纵轴，因此它具有负磁阻转矩。在本章将不阐述负磁阻转矩的方法。

永磁材料也可用来改善磁阻电动机的效率和功率因数，这种电动机称为辅助磁阻式永磁同步电动机（PMAR）或者内置式永磁同步电动机（IPM）。磁阻电动机（无永磁体）具有较高的动态性能，较好的转矩惯量特性。由于磁阻电动机功率因数低，其应用范围有限，永磁材料的使用可以提高其功率因数[5]。

事实上，内置式永磁电动机转子对应每个磁极都放置了隔磁槽，如图 7-3 所示。这些隔磁槽有不同的厚度，可以改善气隙磁通的分布，选择适当的磁通可以提高功率因数，从而使定子磁链与电流矢量正交，如图 7-4 所示[6]。

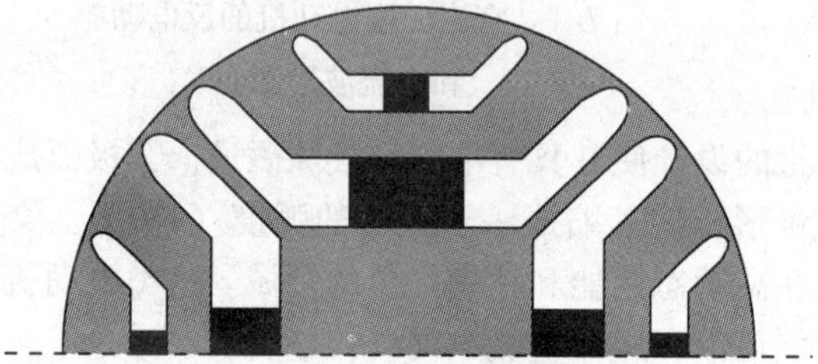

图 7-3　PMAR 电动机图

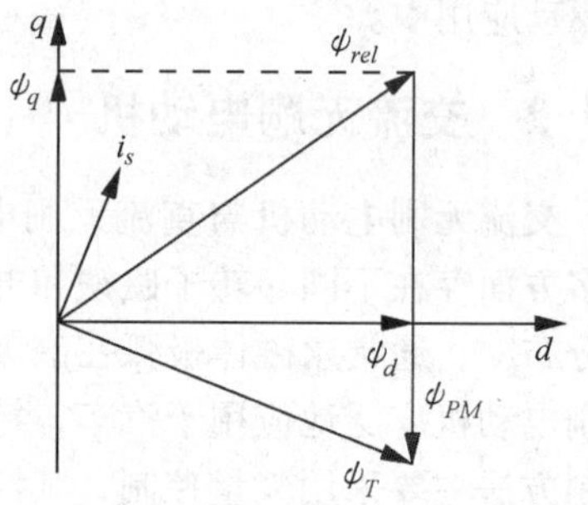

图 7-4　IPM 矢量图

事实上，IPM 和 PMAR 属于不同类型的电动机。如果永磁体产生的磁通大于磁阻磁通，就称其为 IPM 电动机，否则称为 PMAR 电动机[7]。这种差异同样影响着电动机的建模，由于主磁通（传统永磁同步电动机的永磁磁通）的方向看作是横轴的参考方向，因此 IPM 电动机的横轴与磁通轴线重合，而 PMAR 电动机的横轴与最大磁导方向重合[7]。

IPM 具有和同步磁阻电动机相似的特点，比其他永磁电动机的转矩脉动更大[8,9]，在参考文献［10］中，已经证明了转子偏移不能够减少转矩脉动，唯一有效的方法是类似于定子槽分布那样，在转子边缘均匀地布置隔磁槽。参考文献［9］介绍了两种转子配置方式，可以证明能够有效地降低转矩脉动。

7.1.3　永磁体

永磁体是一种特殊的磁性材料，其磁化后能保持其磁性。剩磁 B_r 和矫顽力 H_c 是描述磁体的两个主要参数。剩磁是指用于磁化的外部磁场消失后磁体剩余的磁通强度，矫顽力是指施加反方向的外部磁场后可以消除磁体内部磁场的最小磁场强度。实际上，矫顽力可以分为矫顽力 H_{cB} 和本征矫顽力 H_{cJ}，本征矫顽力 H_{cJ} 是指外磁场使磁体完全退磁的一个指标，而矫顽力 H_{cB} 是指外磁场使磁体对外表现为磁场强度为零。换句话说，本征矫顽力是磁体内部是否永久退磁的指标，从理论上说，如果磁体的本征矫顽力为无穷，即 $H_{cJ}=\infty$，那么这个磁体将永远不会失去磁性。显然，磁体的矫顽力都小于本征矫顽力，即 $H_{cB}<H_{cJ}$。

永磁体用于产生穿过气隙的磁场。磁极是当磁体放置于磁回路时，复合磁场所产生的，由系统磁滞曲线和负载曲线的几何交叉点来确定。其结论是：矫顽力越大，产生的磁场强度越大。

另一个重要参数是最大磁能积 BH，它等于该磁体剩磁和矫顽力的乘积。对于一个特定的永磁体，最大磁能积对应于磁滞曲线上的特定点，通过该点就可以计算出最大磁能积。如果磁体的工作点对应其最大磁能积，那么可使磁体体积最小。

不同材料制成的电动机具有不同的剩磁和矫顽力。例如，铝镍钴 5 的剩磁为 1.22 Wb/m^2，矫顽力为 49kA/m。电力钢片 M－5 的剩磁几乎等于前者（约为1.4Wb/m^2），但是矫顽力却十分小（为 7A/m）。铁氧体常用来制作永磁体，它们通常是由氧化铁和氧化锶或钡的碳酸盐组成，其剩磁低于铝镍钴磁铁，但具有较高的矫顽力。目前常用钐钴作为永磁同步电动机的材料，由稀土材料制成的钐钴合金具有较宽的磁滞曲线，其磁滞曲线如图 7-5 所示。图 7-6 所示为 N35 磁滞曲线，表明采用钕、铁、硼制成的合金具有较高的剩磁和矫顽力，并且具有较好的机械性能，适合用作电动机设计中的永磁体材料（见表 7-1）。

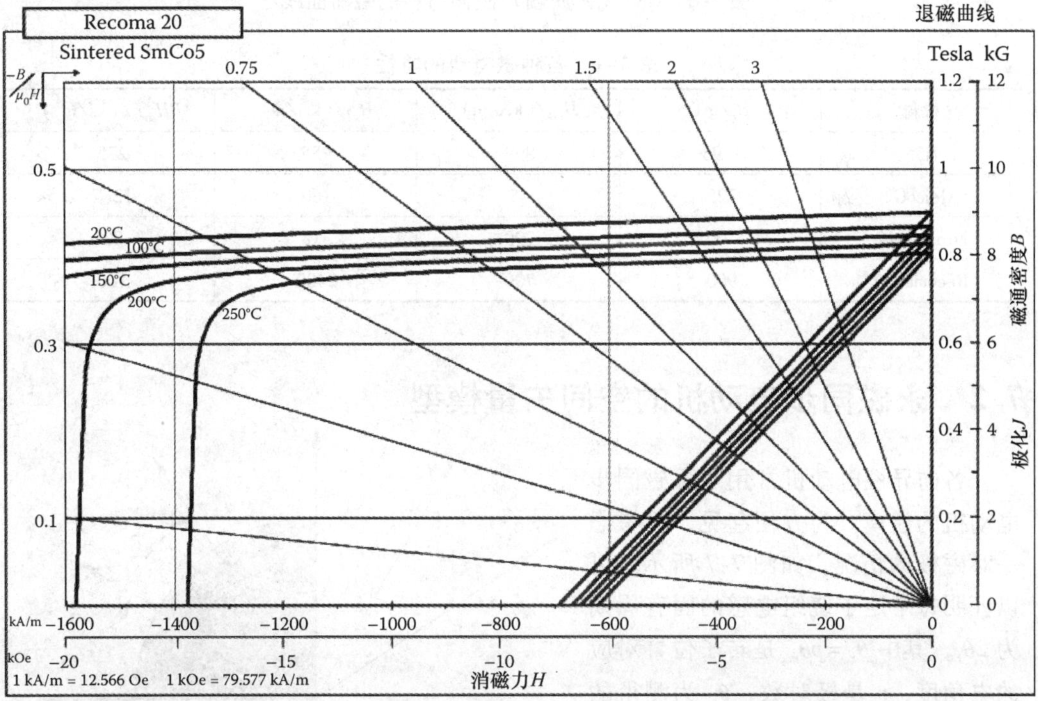

图 7-5　Recoma 20（钐钴）磁性材料的磁滞曲线

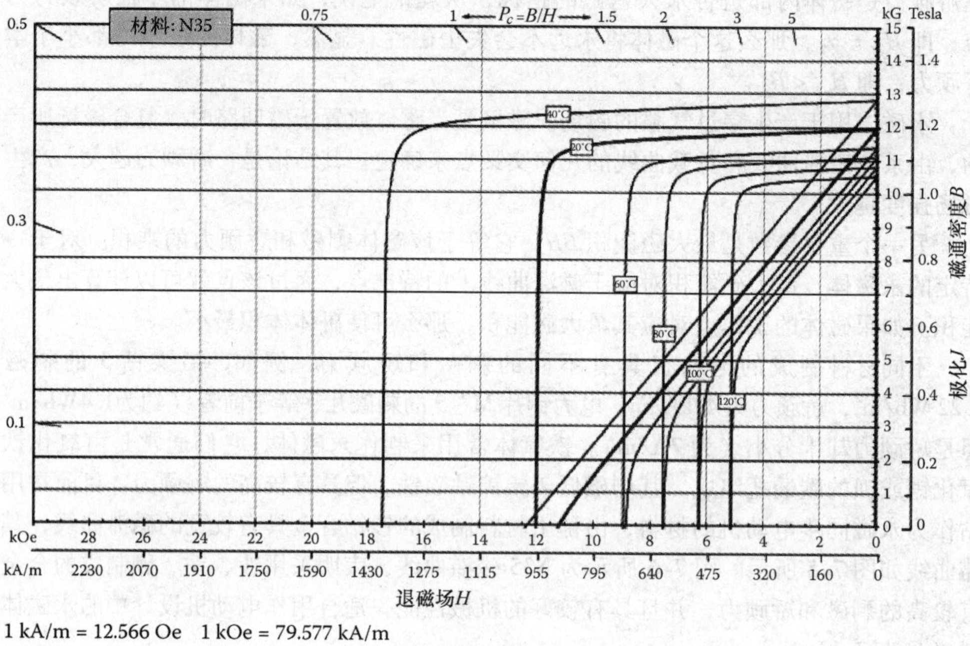

图 7-6 N35（钕铁硼）磁性材料的磁滞曲线

表 7-1 各种磁材料的特性

材料	B_r/mT	H_{cB}/(kA/m)	H_{cJ}/(kA/m)	BH_{max}/(kJ/m^3)
N35	1195	899	955	275
AlnicoG2	725	45	160	12.7
Ferrite c12	400	290	318	32
Recoma 20	900	700	2400	160

7.2 永磁同步电动机的空间矢量模型

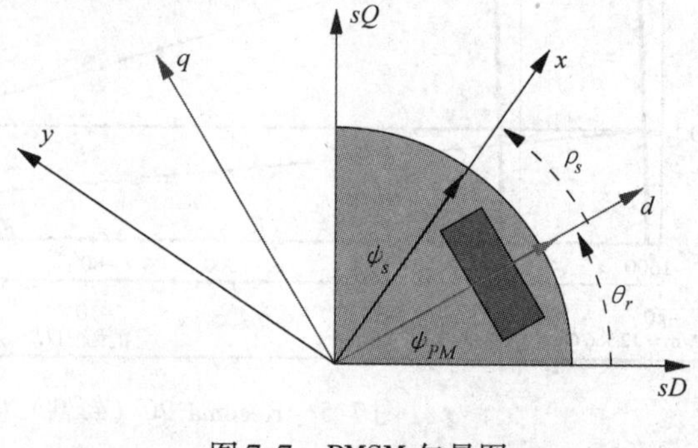

图 7-7 PMSM 矢量图

各向异性电动机常用于永磁同步电动机的建模。为方便起见，只考虑一对磁极的情况，如图 7-7 所示。可以证明每个定子绕组电感的固有周期为 $2\theta_r$，其中 $\theta_r=p\theta_m$ 是转子位置对应的电角度，p 是极对数，θ_m 为测得的转子位置对应的机械角度。

若转子横轴与 A 相定子绕组所在

的坐标轴平行，此时气隙磁通将达到最大值，相应的磁化电感 L_{mA} 为最小值，且等于

$$L_{mA}(0) = L_{md} = \mu_0 N_s^2 \left(\frac{rl}{g_{\max}}\right)\left(\frac{\pi}{4}\right) \tag{7-1}$$

式中　μ_0——气隙的磁导率；

N_s——线圈匝数；

r——转子半径；

l——转子周长；

$g_{\max}$——最大气隙；

L_{md}——永磁坐标系下的磁化电感。

当 $\theta = \pi/2$ 时，气隙最小，A 相绕组的磁化电感达到其最大值

$$L_{mA}\left(\frac{\pi}{2}\right) = L_{mq} = \mu_0 N_s^2 \left(\frac{rl}{g_{\min}}\right)\left(\frac{\pi}{4}\right) \tag{7-2}$$

式中　$g_{\min}$——气隙的最小值。

考虑到漏感 L_{sl}，且假设每相绕组的漏感相等，则 A 相绕组的自感可描述为

$$L_{sA}(\theta_r) = L_{sl} + L_{0s} + L_{2s}\cos(2\theta_r) \tag{7-3}$$

其中[3]

$$\begin{aligned} L_{0s} &= \frac{L_{mq} + L_{md}}{2} = \mu_0 N_s^2 rl\left(\frac{1}{g_{\min}} + \frac{1}{g_{\max}}\right)\left(\frac{\pi}{8}\right) \\ L_{2s} &= \frac{L_{mq} - L_{md}}{2} = \mu_0 N_s^2 rl\left(\frac{1}{g_{\min}} - \frac{1}{g_{\max}}\right)\left(\frac{\pi}{8}\right) \end{aligned} \tag{7-4}$$

因此横轴和纵轴电感 L_d 和 L_q 可以表示为

$$\begin{cases} L_d = L_{sl} + L_{md} \\ L_q = L_{sl} + L_{mq} \end{cases} \tag{7-5}$$

由式（7-3）可很容易得到 B 和 C 相绕组的自感为

$$\begin{aligned} L_{sB}(\theta_r) &= L_{sl} + L_{0s} + L_{2s}\cos\left(2\theta_r + \frac{2\pi}{3}\right) \\ L_{sC}(\theta_r) &= L_{sl} + L_{0s} + L_{2s}\cos\left(2\theta_r - \frac{2\pi}{3}\right) \end{aligned} \tag{7-6}$$

用类似的方法可得定子两相之间的互感，其一般表达式为

$$L_{xy}(\theta_r) = \mu_0 N_x N_y \left(\frac{rl}{g(\theta_r)}\right)\frac{\pi}{4}\cos\alpha \tag{7-7}$$

式中　α——两相绕组轴线间的夹角。

对于 A 和 B 绕组间，当 $\theta = \pi/2$ 时，互感可表示为

$$L_{AB}(0) = \mu_0 N_s^2 \left(\frac{rl}{g_{\max}}\right)\frac{\pi}{4}\cos\left(\frac{2\pi}{3}\right) = -\frac{1}{2}L_{md} \tag{7-8}$$

当 $\theta = \pi/2$ 时

$$L_{AB}\left(\frac{\pi}{2}\right) = \mu_0 N_s^2 \left(\frac{rl}{g_{\min}}\right)\frac{\pi}{4}\cos\left(\frac{2\pi}{3}\right) = -\frac{1}{2}L_{mq} \tag{7-9}$$

当转子横轴与两相之间夹角的平分线同时达到最大值时，互感绕组的周期为 $2\theta_r$，此时，三个绕组之间互感的关系可以表示为

$$L_{AB}(\theta_r) = -\frac{1}{2}L_{0s} - L_{2s}\cos\left(2\theta_r - \frac{2\pi}{3}\right)$$
$$L_{AC}(\theta_r) = -\frac{1}{2}L_{0s} - L_{2s}\cos\left(2\theta_r + \frac{2\pi}{3}\right) \tag{7-10}$$
$$L_{BC}(\theta_r) = -\frac{1}{2}L_{0s} - L_{2s}\cos(2\theta_r)$$

可用矩阵表达式来表示永磁同步电动机的模型。设定子相电阻值为 R_s，可得每相定子绕组上的电压为

$$\begin{bmatrix} u_{sA} \\ u_{sB} \\ u_{sC} \end{bmatrix} = R_s \begin{bmatrix} i_{sA} \\ i_{sB} \\ i_{sC} \end{bmatrix} + \frac{\mathrm{d}}{\mathrm{d}t}\begin{bmatrix} \psi_{sA} \\ \psi_{sB} \\ \psi_{sC} \end{bmatrix} \tag{7-11}$$

式中　$\psi_{sn}(n = A, B, C)$——第 n 相定子磁链。

每相磁链由各相自感和三相之间的互感产生。其矩阵形式表示为

$$\begin{bmatrix} \psi_{sA} \\ \psi_{sB} \\ \psi_{sC} \end{bmatrix} = \begin{bmatrix} L_A & L_{AB} & L_{AC} \\ L_{AB} & L_B & L_{BC} \\ L_{AC} & L_{BC} & L_C \end{bmatrix}\begin{bmatrix} i_{sA} \\ i_{sB} \\ i_{sC} \end{bmatrix} + \psi_{PM}\begin{bmatrix} \cos(\theta_r) \\ \cos\left(\theta_r - \frac{2\pi}{3}\right) \\ \cos\left(\theta_r + \frac{2\pi}{3}\right) \end{bmatrix} \tag{7-12}$$

式中　ψ_{PM}——永磁体产生的磁通。

把式（7-10）代入式（7-12），式（7-12）可改写为

$$\begin{bmatrix} \psi_{sA} \\ \psi_{sB} \\ \psi_{sC} \end{bmatrix} = \begin{bmatrix} L_{ls} + L_{0s} & -\frac{1}{2}L_{0s} & -\frac{1}{2}L_{0s} \\ -\frac{1}{2}L_{0s} & L_{ls} + L_{0s} & -\frac{1}{2}L_{0s} \\ -\frac{1}{2}L_{0s} & -\frac{1}{2}L_{0s} & L_{ls} + L_{0s} \end{bmatrix}\begin{bmatrix} i_{sA} \\ i_{sB} \\ i_{sC} \end{bmatrix}$$
$$+ L_{2s}\begin{bmatrix} \cos(2\theta_r) & \cos\left(2\theta_r - \frac{2\pi}{3}\right) & \cos\left(2\theta_r + \frac{2\pi}{3}\right) \\ \cos\left(2\theta_r - \frac{2\pi}{3}\right) & \cos\left(2\theta_r + \frac{2\pi}{3}\right) & \cos(2\theta_r) \\ \cos\left(2\theta_r + \frac{2\pi}{3}\right) & \cos(2\theta_r) & \cos\left(2\theta_r - \frac{2\pi}{3}\right) \end{bmatrix}\begin{bmatrix} i_{sA} \\ i_{sB} \\ i_{sC} \end{bmatrix} + \psi_{PM}\begin{bmatrix} \cos(\theta_r) \\ \cos\left(\theta_r - \frac{2\pi}{3}\right) \\ \cos\left(\theta_r + \frac{2\pi}{3}\right) \end{bmatrix} \tag{7-13}$$

可简写为

$$\boldsymbol{\psi}_p = \boldsymbol{L}\boldsymbol{i}_p - \frac{L_{2s}}{2}\boldsymbol{T}\boldsymbol{i}_p + \frac{\psi_{PM}}{2}\boldsymbol{t} \tag{7-14}$$

式中　$\boldsymbol{T}$——一个矩阵；

t——通过基本欧拉公式定义的矢量：

$$T=\begin{bmatrix} e^{j2\theta_r} & \alpha^2 e^{j2\theta_r} & \alpha e^{j2\theta_r} \\ \alpha^2 e^{j2\theta_r} & \alpha e^{j2\theta_r} & e^{j2\theta_r} \\ \alpha e^{j2\theta_r} & e^{j2\theta_r} & \alpha^2 e^{j2\theta_r} \end{bmatrix}+\begin{bmatrix} e^{-j2\theta_r} & \alpha e^{-j2\theta_r} & \alpha^2 e^{-j2\theta_r} \\ \alpha e^{-j2\theta_r} & \alpha^2 e^{-j2\theta_r} & e^{-j2\theta_r} \\ \alpha^2 e^{-j2\theta_r} & e^{-j2\theta_r} & \alpha e^{-j2\theta_r} \end{bmatrix}$$

$$t=\begin{bmatrix} e^{j\theta_r} \\ \alpha^2 e^{j\theta_r} \\ \alpha e^{j\theta_r} \end{bmatrix}+\begin{bmatrix} e^{-j\theta_r} \\ \alpha e^{-j\theta_r} \\ \alpha^2 e^{-j\theta_r} \end{bmatrix} \tag{7-15}$$

对矢量 $\boldsymbol{\psi}$ 左乘 $2/3\,[1\quad \alpha\quad \alpha^2]=2/3\boldsymbol{\alpha}^{\mathrm{T}}$ 可获得定子磁链的空间矢量，可得

$$\boldsymbol{\psi}_s=\frac{2}{3}\boldsymbol{\alpha}^{\mathrm{T}}\boldsymbol{\psi}_p=\frac{2}{3}[1\quad \alpha\quad \alpha^2]\begin{bmatrix} \psi_{sA} \\ \psi_{sB} \\ \psi_{sC} \end{bmatrix}=\frac{2}{3}\boldsymbol{\alpha}^{\mathrm{T}}\boldsymbol{L}\boldsymbol{i}_p-\frac{2}{3}\boldsymbol{\alpha}^{\mathrm{T}}\frac{L_{2s}}{2}\boldsymbol{T}\boldsymbol{i}_p+\frac{2}{3}\boldsymbol{\alpha}^{\mathrm{T}}\frac{\psi_{PM}}{2}\boldsymbol{t} \tag{7-16}$$

代入式（7-16）可得

$$\frac{2}{3}\boldsymbol{\alpha}^{\mathrm{T}}\boldsymbol{L}\boldsymbol{i}_p=\frac{2}{3}\begin{bmatrix} 1 \\ \alpha \\ \alpha^2 \end{bmatrix}^{\mathrm{T}}\begin{bmatrix} L_{ls}+L_{0s} & -\frac{1}{2}L_{0s} & -\frac{1}{2}L_{0s} \\ -\frac{1}{2}L_{0s} & L_{ls}+L_{0s} & -\frac{1}{2}L_{0s} \\ -\frac{1}{2}L_{0s} & -\frac{1}{2}L_{0s} & L_{ls}+L_{0s} \end{bmatrix}\begin{bmatrix} i_{sA} \\ i_{sB} \\ i_{sC} \end{bmatrix}$$

$$=\frac{2}{3}\begin{bmatrix} (L_{ls}+L_{0s})-\frac{\alpha^2}{2}L_{0s}-\frac{\alpha}{2}L_{0s} \\ \alpha(L_{ls}+L_{0s})-\frac{1}{2}L_{0s}-\frac{\alpha^2}{2}L_{0s} \\ \alpha^2(L_{ls}+L_{0s})-\frac{\alpha}{2}L_{0s}-\frac{1}{2}L_{0s} \end{bmatrix}^{\mathrm{T}}\begin{bmatrix} i_{sA} \\ i_{sB} \\ i_{sC} \end{bmatrix}=(L_{ls}+L_{0s})\boldsymbol{i}_s-\frac{\alpha}{2}L_{0s}\boldsymbol{i}_s-\frac{\alpha^2}{2}L_{0s}\boldsymbol{i}_s$$

$$=\left(L_{ls}+\frac{3}{2}L_{0s}\right)\boldsymbol{i}_s$$

$$\frac{2}{3}\frac{L_{2s}}{2}\boldsymbol{\alpha}^{\mathrm{T}}\boldsymbol{T}\boldsymbol{i}_p=\frac{2}{3}\frac{L_{2s}}{2}\begin{bmatrix} 1 \\ \alpha \\ \alpha^2 \end{bmatrix}^{\mathrm{T}}\left\{\begin{bmatrix} e^{j2\theta_r} & \alpha^2 e^{j2\theta_r} & \alpha e^{j2\theta_r} \\ \alpha^2 e^{j2\theta_r} & \alpha e^{j2\theta_r} & e^{j2\theta_r} \\ \alpha e^{j2\theta_r} & e^{j2\theta_r} & \alpha^2 e^{j2\theta_r} \end{bmatrix}+\begin{bmatrix} e^{-j2\theta_r} & \alpha e^{-j2\theta_r} & \alpha^2 e^{-j2\theta_r} \\ \alpha e^{-j2\theta_r} & \alpha^2 e^{-j2\theta_r} & e^{-j2\theta_r} \\ \alpha^2 e^{-j2\theta_r} & e^{-j2\theta_r} & \alpha e^{-j2\theta_r} \end{bmatrix}\right\}\begin{bmatrix} i_{sA} \\ i_{sB} \\ i_{sC} \end{bmatrix}$$

$$=\frac{2}{3}\frac{L_{2s}}{2}\left\{\begin{bmatrix} 3e^{j2\theta_r} \\ 3\alpha^2 e^{j2\theta_r} \\ 3\alpha e^{j2\theta_r} \end{bmatrix}^{\mathrm{T}}+\begin{bmatrix} e^{-j2\theta_r}+\alpha^2 e^{-j2\theta_r}+\alpha e^{-j2\theta_r} \\ \alpha e^{-j2\theta_r}+e^{-j2\theta_r}+\alpha^2 e^{-j2\theta_r} \\ \alpha^2 e^{-j2\theta_r}+\alpha e^{-j2\theta_r}+e^{-j2\theta_r} \end{bmatrix}^{\mathrm{T}}\right\}\begin{bmatrix} i_{sA} \\ i_{sB} \\ i_{sC} \end{bmatrix}$$

$$=\frac{2}{3}\frac{L_{2s}}{2}\boldsymbol{i}_s^{*}e^{j2\theta}+\frac{L_{2s}}{2}\boldsymbol{i}_s\,[e^{-j2\theta_r}+\alpha^2 e^{-j2\theta_r}+\alpha e^{-j2\theta_r}]\;=\frac{3}{2}L_{2s}\boldsymbol{i}_s^{*}e^{j2\theta_r}$$

$$\frac{2}{3}\boldsymbol{\alpha}^{\mathrm{T}}\frac{\psi_{PM}}{2}\boldsymbol{t}=\frac{2}{3}\frac{\psi_{PM}}{2}\begin{bmatrix} 1 \\ \alpha \\ \alpha^2 \end{bmatrix}^{\mathrm{T}}\left\{\begin{bmatrix} e^{j\theta_r} \\ \alpha^2 e^{j\theta_r} \\ \alpha e^{j\theta_r} \end{bmatrix}+\begin{bmatrix} e^{-j\theta_r} \\ \alpha e^{-j\theta_r} \\ \alpha^2 e^{-j\theta_r} \end{bmatrix}\right\}$$

$$=\frac{2}{3}\frac{\psi_{PM}}{2}\{3\mathrm{e}^{\mathrm{j}\theta_r}+[\mathrm{e}^{-\mathrm{j}\theta_r}+\alpha^2\mathrm{e}^{-\mathrm{j}\theta_r}+\alpha\mathrm{e}^{-\mathrm{j}\theta_r}]\}=\psi_{PM}\mathrm{e}^{\mathrm{j}\theta_r}$$

替换原式相应项，得定子磁通的空间矢量为

$$\boldsymbol{\psi}_s=\left(L_{ls}+\frac{3}{2}L_{0s}\right)\boldsymbol{i}_s-\frac{3}{2}L_{2s}\boldsymbol{i}_s^*\mathrm{e}^{\mathrm{j}2\theta_r}+\psi_{PM}\mathrm{e}^{\mathrm{j}\theta_r} \tag{7-17}$$

式（7-17）乘以 $\mathrm{e}^{-\mathrm{j}\theta_r}$，可将定子磁通量的空间矢量在同步参考坐标系中来描述，设转速为 ω_r，且保持横轴与永磁磁通矢量的方向一致。

$$\boldsymbol{\psi}_s^{\psi_{PM}}=\boldsymbol{\psi}_s\mathrm{e}^{-\mathrm{j}\theta_r}=\left(L_{ls}+\frac{3}{2}L_{0s}\right)\boldsymbol{i}_s\mathrm{e}^{-\mathrm{j}\theta_r}-\frac{3}{2}L_{2s}\boldsymbol{i}_s^*\mathrm{e}^{\mathrm{j}\theta_r}S\psi_{PM}$$

$$=\left(L_{ls}+\frac{3}{2}L_{0s}\right)\boldsymbol{i}_s^{\psi_{PM}}-\frac{3}{2}L_{2s}\boldsymbol{i}_s^{*\psi_{PM}}+\psi_{PM} \tag{7-18}$$

由式（7-11），采用空间矢量来描述，可得定子电压矢量 $\boldsymbol{u}_s$

$$\boldsymbol{u}_s=R_s\boldsymbol{i}_s+\frac{\mathrm{d}}{\mathrm{d}t}\boldsymbol{\psi}_s \tag{7-19}$$

在同步参考坐标系下使用空间矢量方法，式（7-19）也可以写为

$$\boldsymbol{u}_s^{\psi_{PM}}\mathrm{e}^{\mathrm{j}\theta_r}=R_s\boldsymbol{i}_s^{\psi_{PM}}\mathrm{e}^{\mathrm{j}\theta_r}+\frac{\mathrm{d}}{\mathrm{d}t}(\boldsymbol{\psi}_s^{\psi_{PM}}\mathrm{e}^{\mathrm{j}\theta_r})=R_s\boldsymbol{i}_s^{\psi_{PM}}\mathrm{e}^{\mathrm{j}\theta_r}+\mathrm{e}^{\mathrm{j}\theta_r}\frac{\mathrm{d}}{\mathrm{d}t}\boldsymbol{\psi}_s^{\psi_{PM}}+\mathrm{j}\omega_r\boldsymbol{\psi}_s^{\psi_{PM}}\mathrm{e}^{\mathrm{j}\theta_r}$$

得

$$\boldsymbol{u}_s^{\psi_{PM}}=R_s\boldsymbol{i}_s^{\psi_{PM}}+\frac{\mathrm{d}}{\mathrm{d}t}\boldsymbol{\psi}_s^{\psi_{PM}}+\mathrm{j}\omega_r\boldsymbol{\psi}_s^{\psi_{PM}} \tag{7-20}$$

把该矢量投影到横轴和纵轴方向上，可得

$$\begin{cases}\boldsymbol{u}_{sd}^{\psi_{PM}}=R_s\boldsymbol{i}_{sd}^{\psi_{PM}}+\left(L_{ls}+\frac{3}{2}L_{0s}\right)\frac{\mathrm{d}}{\mathrm{d}t}i_{sd}^{\psi_{PM}}-\frac{3}{2}L_{2s}\frac{\mathrm{d}}{\mathrm{d}t}i_{sd}^{\psi_{PM}}-\omega_r\left(L_{ls}+\frac{3}{2}L_{0s}\right)i_{sq}^{\psi_{PM}}-\frac{3}{2}L_{2s}\omega_r i_{sq}^{\psi_{PM}}\\ \boldsymbol{u}_{sq}^{\psi_{PM}}=R_s\boldsymbol{i}_{sq}^{\psi_{PM}}+\left(L_{ls}+\frac{3}{2}L_{0s}\right)\frac{\mathrm{d}}{\mathrm{d}t}i_{sq}^{\psi_{PM}}+\frac{3}{2}L_{2s}\frac{\mathrm{d}}{\mathrm{d}t}i_{sq}^{\psi_{PM}}+\omega_r\left(L_{ls}+\frac{3}{2}L_{0s}\right)i_{sd}^{\psi_{PM}}-\frac{3}{2}L_{2s}\omega_r i_{sd}^{\psi_{PM}}+\omega_r\psi_{PM}\end{cases} \tag{7-21}$$

定义横轴电感 L_d 和纵轴电感 L_q 为

$$\begin{cases}L_d=L_{sl}+\underbrace{\frac{3}{2}L_{0s}-\frac{3}{2}L_{2s}}_{L_{md}}\\ L_q=L_{sl}+\underbrace{\frac{3}{2}L_{0s}+\frac{3}{2}L_{2s}}_{L_{mq}}\end{cases}$$

由式（7-5），可得式（7-21）的更直观形式，即

$$\begin{cases}u_{sd}^{\psi_{PM}}=R_s i_{sd}^{\psi_{PM}}+L_d\frac{\mathrm{d}}{\mathrm{d}t}i_{sd}^{\psi_{PM}}-\omega_r L_q i_{sq}^{\psi_{PM}}\\ u_{sq}^{\psi_{PM}}=R_s i_{sq}^{\psi_{PM}}+L_q\frac{\mathrm{d}}{\mathrm{d}t}i_{sq}^{\psi_{PM}}+\omega_r L_d i_{sd}^{\psi_{PM}}+\omega_r\psi_{PM}\end{cases} \tag{7-22}$$

磁同步电动机得到的“瞬时复功率”为

$$\boldsymbol{s}=\boldsymbol{u}_s\boldsymbol{i}_s^*=\frac{2}{3}(u_{sA}+\alpha u_{sB}+\alpha^2u_{sC})\cdot\frac{2}{3}(i_{sA}+\alpha^2 i_{sB}+\alpha i_{sC})$$

$$=\frac{4}{9}[u_{sA}i_{sA}+u_{sB}i_{sB}+u_{sC}i_{sC}+\alpha(u_{sA}i_{sC}+u_{sB}i_{sA}+u_{sC}i_{sB})+\alpha^2(u_{sA}i_{sB}+u_{sB}i_{sC}+u_{sC}i_{sA})] \tag{7-23}$$

基于功率守恒，由式（1-21）可得“瞬时有功功率”为

$$p(t)=\frac{3}{2}\mathrm{Re}(\boldsymbol{s})=\frac{3}{2}(u_{sd}^{\psi_{PM}}i_{sd}^{\psi_{PM}}+u_{sq}^{\psi_{PM}}i_{sq}^{\psi_{PM}}) \tag{7-24}$$

由式（7-22）和式（7-24）可进一步得到

$$p(t)=\frac{3}{2}\left[i_{sd}^{\psi_{PM}}\left(R_s i_{sd}^{\psi_{PM}}+L_d\frac{\mathrm{d}}{\mathrm{d}t}i_{sd}^{\psi_{PM}}-\omega_r L_q i_{sq}^{\psi_{PM}}\right)+i_{sq}^{\psi_{PM}}\left(R_s i_{sq}^{\psi_{PM}}+L_q\frac{\mathrm{d}}{\mathrm{d}t}i_{sq}^{\psi_{PM}}+\omega_r L_d i_{sd}^{\psi_{PM}}+\omega_r\psi_{PM}\right)\right]$$

$$=\frac{3}{2}\left[\underbrace{R_s(i_{sd}^{\psi_{PM}2}+i_{sq}^{\psi_{PM}2})}_{P_{je}}+\underbrace{\omega_r(L_d-L_q)i_{sd}^{\psi_{PM}}i_{sq}^{\psi_{PM}}+\omega_r i_{sq}^{\psi_{PM}}\psi_{PM}}_{P_{em}}+\underbrace{L_d i_{sd}^{\psi_{PM}}\frac{\mathrm{d}}{\mathrm{d}t}i_{sd}^{\psi_{PM}}+L_q i_{sq}^{\psi_{PM}}\frac{\mathrm{d}}{\mathrm{d}t}i_{sq}^{\psi_{PM}}}_{P_{mag}}\right] \tag{7-25}$$

式中　P_{je}——由定子电阻产生的定子损耗；

P_{em}——电磁功率；

P_{mag}——储存在定子绕组上的磁动势。

因此，在同步转速下通过分解电磁功率 P_{em} 可以计算出电磁转矩为

$$t_e=p\frac{P_{em}}{\omega_r}=\frac{3}{2}p\left[\underbrace{(L_d-L_q)i_{sd}^{\psi_{PM}}i_{sq}^{\psi_{PM}}}_{\text{reluctance}}+i_{sq}^{\psi_{PM}}\psi_{PM}\right] \tag{7-26}$$

式中　p——极对数。

第一项是磁阻转矩，根据式（7-1）和式（7-2），在永磁同步电动机中，$L_d<L_q$，因此，磁阻转矩是阻尼转矩。假设不存在弱磁磁通，控制横轴电流等于零，就可以消除磁阻转矩的作用。更多细节详见第 7.3 节。

7.3　永磁同步电动机驱动器的控制策略

相对而言，永磁同步电动机驱动器的控制比异步电动机简单。由于转子磁通由永磁体生成，对于磁通模型的去耦转矩和磁通控制来说，这些量都没有严格的要求，因此一旦已知转子的位置，它们完全可以计算出来。在大多数情况下，永磁同步电动机可以在可能的最大转矩角下工作，因此只有当转速超过额定转速时才需要弱磁通。

在本节，将对各种控制策略进行测试，且这些控制策略都是基于第 7.2 节中描述的永磁同步电动机模型得到的。

7.3.1　永磁同步电动机驱动器的磁场定向控制

磁场定向控制（FOC）的有效性在于能够将永磁同步电动机的控制看成直流电动机的控制，且两者具有相同的动态性能。众所周知，直流电动机可实现磁通和转矩的解耦控制，保持恒定的磁场电流时，由电枢电流转矩分量的调节实现电动机的转矩控制。在永磁同步电动机中，通过定子绕组给出三相定子电流 i_{sA}、i_{sB} 和 i_{sC}，利用该控制方法，

可以得到永磁坐标系下的两相电流分量$i_{sd}^{\psi_{PM}}$和$i_{sq}^{\psi_{PM}}$。首先，通过式（1-6）给出的3→2变换（由功率守恒得到的两轴Park变换）可将三相电流变换到两相静止参考坐标系中，即

$$\boldsymbol{i}_s=\begin{bmatrix}i_{sD}\\ i_{sQ}\end{bmatrix}=\frac{2}{3}\begin{bmatrix}1 & -\frac{1}{2} & -\frac{1}{2}\\ 0 & \frac{\sqrt{3}}{2} & -\frac{\sqrt{3}}{2}\end{bmatrix}\begin{bmatrix}i_{sA}\\ i_{sB}\\ i_{sC}\end{bmatrix} \tag{7-27}$$

再将静止坐标系下的定子电流空间矢量$\boldsymbol{i}_s$转换到同步旋转坐标系下，其横轴分量位于永磁磁链矢量的方向上（见图7-8），即

$$\boldsymbol{i}_s^{\psi_{PM}}=\boldsymbol{i}_s\mathrm{e}^{-\mathrm{j}\theta_r}\Rightarrow\begin{bmatrix}i_{sd}^{\psi_{PM}}\\ i_{sq}^{\psi_{PM}}\end{bmatrix}=\begin{bmatrix}\cos\theta_r & -\sin\theta_r\\ \sin\theta_r & \cos\theta_r\end{bmatrix}\begin{bmatrix}i_{sD}\\ i_{sQ}\end{bmatrix} \tag{7-28}$$

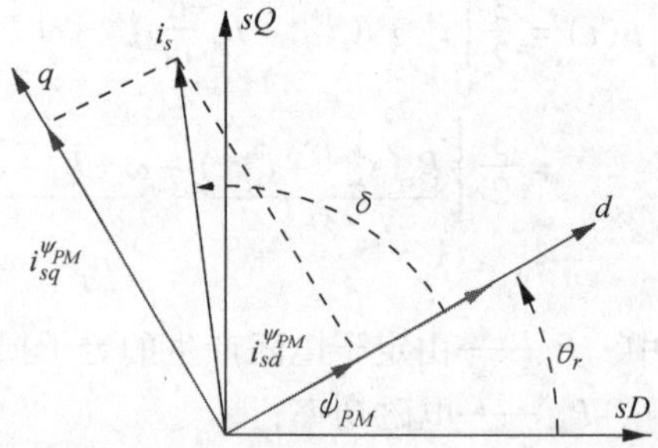

图7-8　矢量控制电流空间矢量的矢量图

应用永磁同步电动机的空间矢量理论，可以得到其直流等效模型。对于恒定的横轴电流分量$i_{sd}^{\psi_{PM}}$，电动机的永磁磁通是恒定的，且纵轴电流分量$i_{sq}^{\psi_{PM}}$控制电磁转矩，如式（7-26）所示，即

$$t_e=\frac{3}{2}p[(L_d-L_q)i_{sd}^{\psi_{PM}}i_{sq}^{\psi_{PM}}+i_{sq}^{\psi_{PM}}\psi_{PM}]$$

如果永磁体安装在转子的表面上，电动机可近似地认为等向性，因此横轴和纵轴的电感值几乎相等，且没有磁阻转矩的存在。横轴电流分量对转矩没有影响，因此转矩是由纵轴电流分量完全控制。在此条件下，转矩方程可简化为

$$t_e=\frac{3}{2}pi_{sq}^{\psi_{PM}}\psi_{PM} \tag{7-29}$$

在内置式永磁电动机中，两轴磁阻L_d和L_q是不同的，并且总存在磁阻转矩。转矩的大小取决于$i_{sd}^{\psi_{PM}}$和$i_{sq}^{\psi_{PM}}$，其影响很容易通过使$i_{sd}^{\psi_{PM}}=0$来消除。

然而，有些应用可能需要$i_{sd}^{\psi_{PM}}<0$。如图7-9所示，如果适当地控制$i_{sd}^{\psi_{PM}}$和$i_{sq}^{\psi_{PM}}$，则可以实现更高的转矩。设给定的转矩角δ定义为

$$\delta=\arccos\left(\frac{i_{sd}^{\psi_{PM}}}{i_{sq}^{\psi_{PM}}}\right) \tag{7-30}$$

当其值大于90°，磁阻转矩变为正，$i_{sd}^{\psi_{PM}}<0$。尽管电流分量$i_{sq}^{\psi_{PM}}$在减少，但总转矩所产生的效果是增加的。

应当指出，当转矩达到最大值时，转矩角的值跟随定子电流的值而变化[11]。在图7-9中，给出了$|\boldsymbol{i}_s^{\psi_{PM}}|$从0.1～1.0p.u.变化而产生的各种转矩特性。

由式（7-18）得到磁链控制表明定子磁链受两个电流分量的影响。从式（7-18）可得

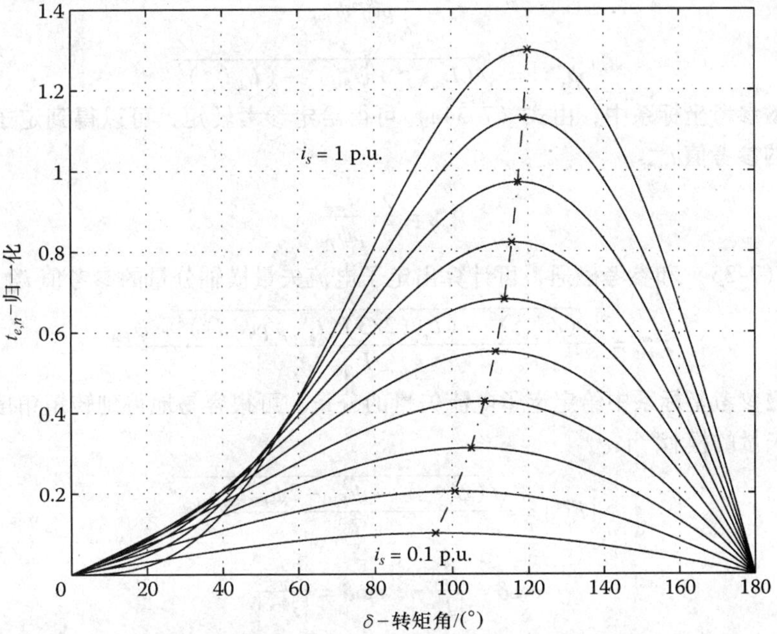

图 7-9 不同电流下转矩角与归一化转矩关系曲线

$$\boldsymbol{\psi}_s^{\psi_{PM}} = \left(L_{ls} + \frac{3}{2}L_{0s}\right)\boldsymbol{i}_s^{\psi_{PM}} - \frac{3}{2}L_{2s}\boldsymbol{i}_s^{*\psi_{PM}} + \psi_{PM} = (L_d i_{sd}^{\psi_{PM}} + \psi_{PM}) + \mathrm{j}(L_q i_{sq}^{\psi_{PM}}) \tag{7-31}$$

磁通控制必须依赖于这两个分量，定子磁链的模型为

$$|\boldsymbol{\psi}_s^{\psi_{PM}}| = \sqrt{(L_d i_{sd}^{\psi_{PM}} + \psi_{PM})^2 + (L_q i_{sq}^{\psi_{PM}})^2} \tag{7-32}$$

$$\phi = \tan^{-1}\left[\frac{L_q i_{sq}^{\psi_{PM}}}{L_d i_{sd}^{\psi_{PM}} + \psi_{PM}}\right] \tag{7-33}$$

7.3.2 转矩控制的驱动器

转矩控制的驱动器有两个输入信号控制：参考转矩 t_{eref} 和参考磁通 $|\boldsymbol{\psi}_{sref}^{\psi_{PM}}|$。这两个信号可以由一个转速控制器或直接施加参考信号来获得。

具体使用何种控制方案，取决于永磁同步电动机的各向异性，如控制变量的选择和所使用的逆变器类型，即电流源型逆变器（CSI）或电压源型逆变器（VSI）。下面将介绍一些既可用于表面式永磁同步电动机又可用于内置式永磁同步电动机的控制方案。

1. 表面式永磁同步电动机

表面式永磁同步电动机的转矩控制较简单：由于没有磁阻转矩的作用，其转矩仅取决于 $i_{sq}^{\psi_{PM}}$，同时定子磁链取决于定子电流空间矢量的两个分量。

（1）电流激励的磁场定向控制　由式（7-29）和式（7-32）可得电磁转矩和定子磁链矢量的幅值为

$$t_e = \frac{3}{2} p i_{sq}^{\psi_{PM}} \psi_{PM} \tag{7-34a}$$

$$|\boldsymbol{\psi}_s^{\psi_{PM}}| = \sqrt{(L_{dq} i_{sd}^{\psi_{PM}} + \psi_{PM})^2 + (L_{dq} i_{sq}^{\psi_{PM}})^2} \tag{7-34b}$$

在永磁参考坐标系中，由式（7-34a）可得给定参考转矩，可以得到定子电流矢量纵轴分量的参考值 $i_{sqref}^{\psi_{PM}}$，

$$i_{sqref}^{\psi_{PM}} = \frac{2}{3} \frac{t_{eref}}{p\psi_{PM}} \tag{7-35}$$

由式（7-35）和参考磁通，可计算出定子电流矢量横轴分量的参考值 $i_{sdref}^{\psi_{PM}}$：

$$i_{sdref}^{\psi_{PM}} = \frac{\sqrt{(\psi_{s,ref}^{\psi_{PM}})^2 - (L_{dq}(2/3)(t_{e,ref}/p\psi_{PM}))^2} - \psi_{PM}}{L_{dq}} \tag{7-36}$$

由永磁参考坐标系中给定定子电流矢量的分量，可很容易地得到转矩角度 δ 和定子电流空间矢量的模 $|\boldsymbol{i}_s^{\psi_{PM}}|$：

$$|\boldsymbol{i}_s^{\psi_{PM}}| = \frac{\sqrt{(\psi_{s,ref}^{\psi_{PM}})^2 - \psi_{PM}^2 - 2\psi_{PM} L_{dq} i_{sdref}^{\psi_{PM}}}}{L_{dq}}$$

$$\cos\delta = \frac{i_{sdref}^{\psi_{PM}}}{|\boldsymbol{i}_s^{\psi_{PM}}|};\ \sin\delta = \frac{i_{sqref}^{\psi_{PM}}}{|\boldsymbol{i}_s^{\psi_{PM}}|} \tag{7-37}$$

图 7-10 介绍了一种转矩控制的方案。利用之前介绍的等式可得到定子电流空间矢量的极坐标表达式，且该矢量可由带有电流控制的 VSI 实现[11]。将基准磁通量下的参考转矩作为输入信号，再通过计算得到的定子电流空间矢量的角度（转矩角度）和幅值的参考值，并在永磁磁通参考坐标系中进行描述。添加转矩角 δ_{ref} 到瞬时的转子位置，乘以极对数 p，得到定子电流空间矢量在静止参考坐标系中的电角度，即

$$\theta_{sref} = \delta_{ref} + \theta_r \tag{7-38}$$

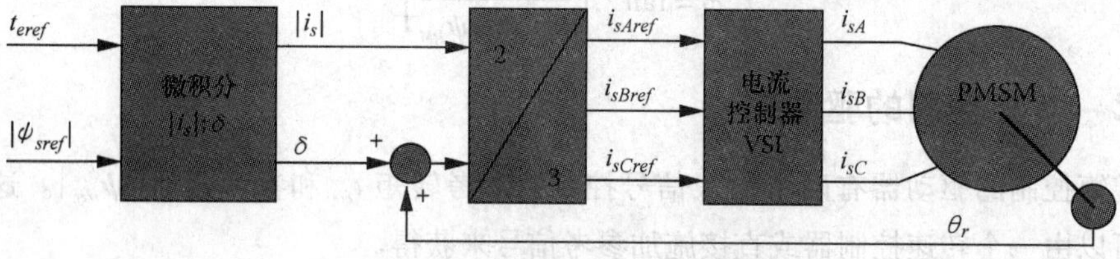

图 7-10　极坐标下的电流转矩控制

最后，基于已知的电角度 θ_{sref}，可以很容易地得到三相电流的参考值，即

$$\begin{bmatrix} i_{sAref} \\ i_{sBref} \\ i_{sCref} \end{bmatrix} = |\boldsymbol{i}_s^{\psi_{PM}}| \begin{bmatrix} \sin(\theta_{sref}) \\ \sin\left(\theta_{sref} - \dfrac{2\pi}{3}\right) \\ \sin\left(\theta_{sref} + \dfrac{2\pi}{3}\right) \end{bmatrix} \tag{7-39}$$

由式（1-8）经过变换可得到式（7-39）。应当指出，在式（7-39）中，定子电流空间矢量的幅值是在永磁参考坐标系中计算得到的，它同样可在静止参考坐标系中描述。Park 变换为幅值不变的变换，因此这两个值是等价的。这些参考电流在逆变器中时常通过滞环控制器来实现，见第 2 章和第 5 章。

事实上，定子电流空间矢量角度和模的计算是可以避免的。在永磁参考坐标系中给定空间矢量的分量 $\boldsymbol{i}_{sref}^{\psi_{PM}}$，可以通过 Park 逆变换得到定子参考坐标系中的参考电流，即

$$\boldsymbol{i}_{sref}=\mathrm{e}^{\mathrm{j}\theta_r}\boldsymbol{i}_{sref}^{\psi_{PM}}\Rightarrow\begin{bmatrix}i_{sDref}\\ i_{sQref}\end{bmatrix}=\begin{bmatrix}\cos\theta_r & \sin\theta_r\\ -\sin\theta_r & \cos\theta_r\end{bmatrix}\begin{bmatrix}i_{sdref}^{\psi_{PM}}\\ i_{sqref}^{\psi_{PM}}\end{bmatrix} \tag{7-40}$$

最后，通过 2→3 变换可以将 $\boldsymbol{i}_{sref}$ 的两相分量变换到三相参考坐标系中，得式（1-7）：

$$\begin{bmatrix}i_{sAref}\\ i_{sBref}\\ i_{sCref}\end{bmatrix}=\begin{bmatrix}1 & 0\\ -\dfrac{1}{2} & \dfrac{\sqrt{3}}{2}\\ -\dfrac{1}{2} & -\dfrac{\sqrt{3}}{2}\end{bmatrix}\begin{bmatrix}i_{sDref}\\ i_{sQref}\end{bmatrix} \tag{7-41}$$

三相参考电流可以馈送到电流控制 VSI 中，从而得到永磁同步电动机所需的转矩和磁通，见图 7-11。

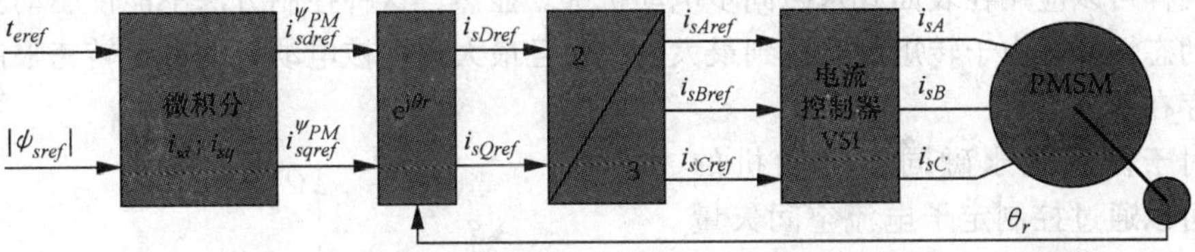

图 7-11　直角坐标系下电流转矩控制

（2）基于感应电动势的 FOC　在永磁参考坐标系中，使用 PWSM－VSI，可以进行电流控制，其中电流分量是直流。对于定子电流空间矢量的两个分量可以使用简单的 PI 控制器（见图 7-12），来获得基准电压 $u_{sdref}^{\psi_{PM}}$ 和 $u_{sqref}^{\psi_{PM}}$。在此参考坐标下，可由式（7-40）描述的旋转矩阵来进行转化，即

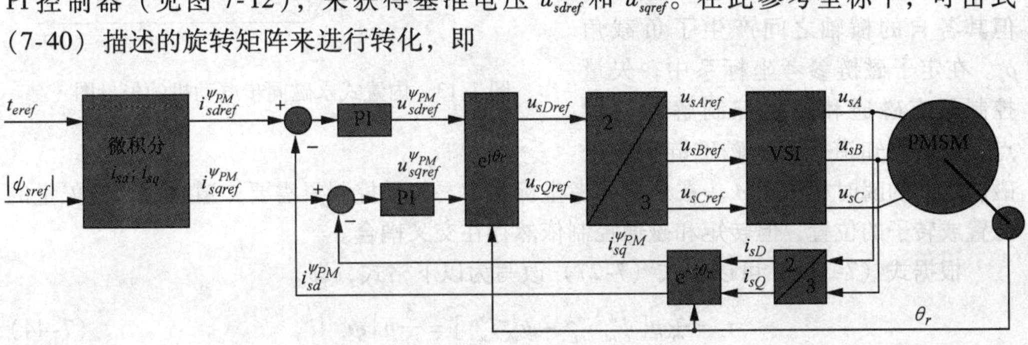

图 7-12　直角坐标系下电压转矩控制

$$\boldsymbol{u}_{sref}=\mathrm{e}^{\mathrm{j}\theta_r}\boldsymbol{u}_{sref}^{\psi_{PM}}\Rightarrow\begin{bmatrix}u_{sDref}\\u_{sQref}\end{bmatrix}=\begin{bmatrix}\cos\theta_r & \sin\theta_r\\-\sin\theta_r & \cos\theta_r\end{bmatrix}\begin{bmatrix}u_{sdref}\\u_{sqref}\end{bmatrix}\tag{7-42}$$

再由式（1-7）得到的参考电压 u_{sAref}、u_{sBref} 和 u_{sCref}，并将这些参考电压馈入 VSI 中，VSI 通过 PWM 技术来合成这些量，即

$$\begin{bmatrix}u_{sAref}\\u_{sBref}\\u_{sCref}\end{bmatrix}=\begin{bmatrix}1 & 0\\-\dfrac{1}{2} & \dfrac{\sqrt{3}}{2}\\-\dfrac{1}{2} & -\dfrac{\sqrt{3}}{2}\end{bmatrix}\begin{bmatrix}u_{sDref}\\u_{sQref}\end{bmatrix}\tag{7-43}$$

对于逆变器电压控制的更多细节，请参考第 2 章和第 5 章。

2. 内置式永磁同步电动机

如果存在凸磁极，那么式（7-26）和式（7-31）的解会比较复杂，$i_{sdref}^{\psi_{PM}}=f(t_{eref},\boldsymbol{\psi}_s^{\psi_{PM}})$ 和 $i_{sqref}^{\psi_{PM}}=g(t_{eref},\boldsymbol{\psi}_s^{\psi_{PM}})$ 的实时计算是比较困难的。采用上节介绍的方法，利用迭代法可获得一个离线的解，再将结果存储在实时控制使用查找的表中。针对参数的变化，利用查表来完成。

用于内置式永磁同步电动机最简单的转矩控制策略是基于给定转矩角度 $\delta=\pi/2$，也就是，令 $i_{sdref}^{\psi_{PM}}$ 等于零。在这种方式中，定子磁链不被控制，转矩仅取决于 $i_{sqref}^{\psi_{PM}}$。转矩控制同样可以应用在表面式永磁同步电动机中。显然，这种控制方法不能使驱动获得最佳的动态性能，由于转矩没有达到最大值，而且最大速度被电动机的额定转速限制，因此不存在弱磁。

对于内置式永磁同步电动机的 FOC 可以通过控制定子电流空间矢量的两个分量来实现，该矢量可在定子磁链同步参考坐标系也可在永磁同步参考坐标系中来描述[2]。图 7-13 所示为内置式永磁同步电动机的矢量图。这两个参考坐标系以同步转速旋转，但其各自的横轴之间产生了负载角 ρ_s。在定子磁链参考坐标系中，矢量控制具有磁通和转矩控制解耦的优点，但需要知道介于永磁磁链和定子磁链之间的瞬时相位角 ρ_s。在永磁参考坐标系中，矢量控制只需要知道永磁磁链矢量的位置或转子的位置，但转矩和磁通控制依然存在交叉耦合。

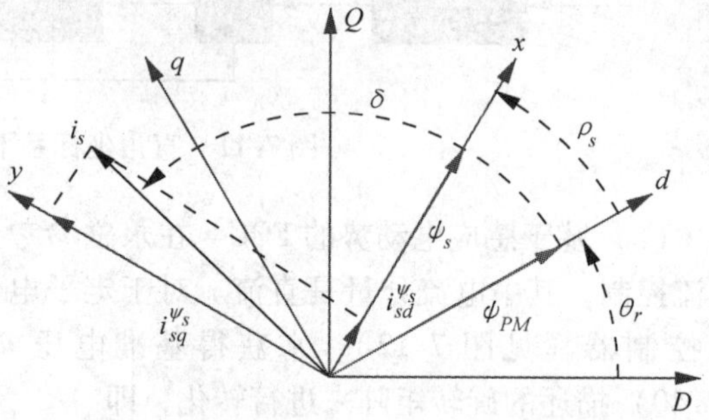

图 7-13　内置式永磁同步电动机的矢量图

根据式（7-31），可以将式（7-27）改写为以下格式，即

$$t_e=\frac{3}{2}p[\psi_{sd}^{\psi_{PM}}i_{sq}^{\psi_{PM}}-\psi_{sq}^{\psi_{PM}}i_{sd}^{\psi_{PM}}]=\frac{3}{2}p|\boldsymbol{\psi}_s^{\psi_s}|i_{sq}^{\psi_s}\tag{7-44}$$

式中　$i_{sq}^{\psi_s}$——定子电流空间矢量在定子磁链参考坐标系下的纵轴分量。

式（7-44）和图7-13表明，电磁转矩可以通过$i_{sq}^{\psi_s}$分量进行控制，而定子磁链受$i_{sd}^{\psi_s}$分量的影响。

图7-14给出了永磁参考坐标系下的矢量控制方案。在该参考坐标系中，转矩和定子磁链是耦合的，因此要独立控制这两个变量是不可能的。给定的转矩参考值$i_{sdref}^{\psi_{PM}}$和$i_{sqref}^{\psi_{PM}}$都可由计算得出。按照预定的控制策略，通常为每安培最大转矩（Maximum Torque Per Ampeve，MTPA）控制策略，从而优化了永磁同步电动机驱动系统的性能。应该指出，相应的驱动器的效率并没有被优化。事实上，定子损耗得到了最小化，但核心损耗没有得到优化，从而影响驱动器的整体效率[11]。

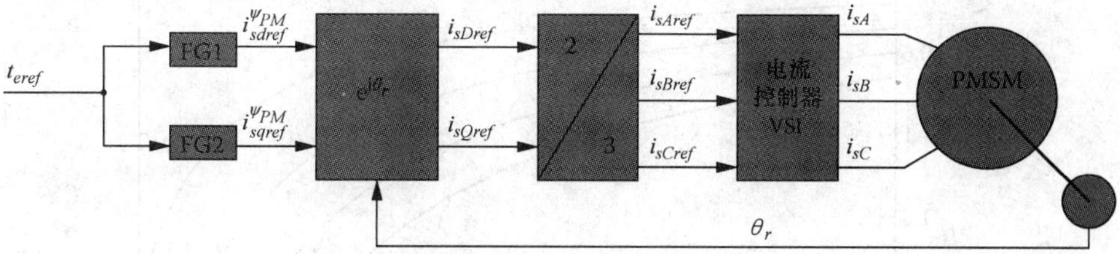

图7-14　定子磁链参考坐标系下的电流转矩控制

如果i_{sb}是定子电流的额定值，由下式给出，即

$$i_{sb}=\frac{\psi_{PM}}{L_q-L_d} \tag{7-45}$$

电磁转矩的额定值为

$$t_{eb}=\frac{3}{2}p\psi_{PM}i_{sb}=\frac{3}{2}p\frac{\psi_{PM}^2}{L_q-L_d} \tag{7-46}$$

用于计算单位转矩的值，即

$$\begin{aligned}t_{en}=\frac{t_e}{t_{eb}}&=\frac{(3/2)p[(L_d-L_q)i_{sd}^{\psi_{PM}}i_{sq}^{\psi_{PM}}+i_{sq}^{\psi_{PM}}\psi_{PM}]}{(3/2)p(\psi_{PM}^2/L_q-L_d)}=-\frac{(L_q-L_d)^2i_{sd}^{\psi_{PM}}i_{sq}^{\psi_{PM}}}{\psi_{PM}^2}+\frac{(L_d-L_q)i_{sq}^{\psi_{PM}}}{\psi_{PM}}\\&=-i_{sdn}i_{sqn}+i_{sqn}=i_{sqn}(1-i_{sdn})\end{aligned} \tag{7-47}$$

为得到一个标准化的转矩给定值，式（7-47）可改写为

$$k=i_{sqn}(1-i_{sdn})\Rightarrow i_{sqn}=\frac{k}{1-i_{sdn}} \tag{7-48}$$

对于每个k值，式（7-48）都能得到一条双曲线，并且曲线的点最靠近原点的轨迹满足MTPA控制策略，如图7-15所示。

MTPA标准确保了最小的电阻损耗，因为相同转矩值的实现与电流的最小可能值相关。如果考虑到永磁同步电动机是表面式的，为了产生转矩而牺牲整个电流，那么这个条件将导致$i_{sdref}^{\psi_{PM}}=0$。根据式（7-33）和式（7-34），可以计算定子参考磁链幅值为

$$|\boldsymbol{\psi}_{s,ref}|=\sqrt{(\psi_{PM})^2+\left(L_{dq}\frac{2}{3}\frac{t_{e\,ref}}{\psi_{PM}}\right)^2}$$

在前面已提到，对于一个内置式永磁同步电动机，转矩方程还包含一个磁阻项，因

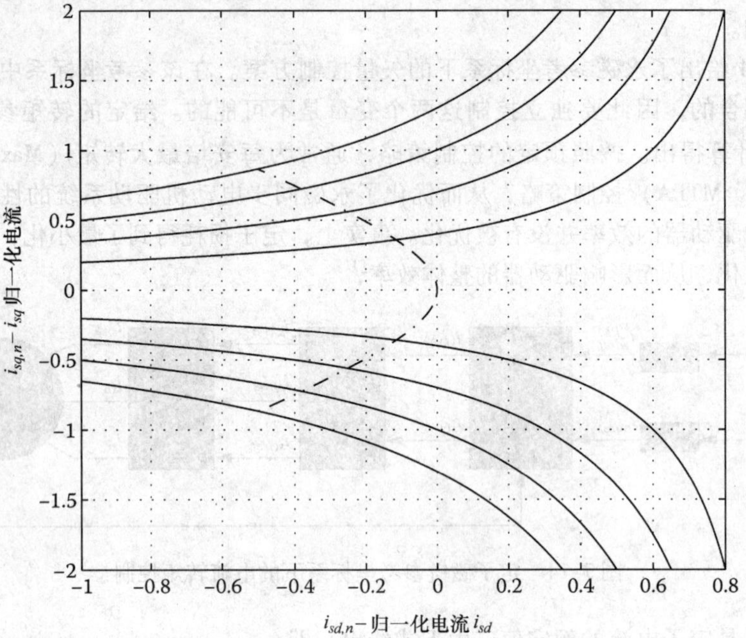

图 7-15　MTPA 的轨迹

此令 $i_{sdref}^{\psi_{PM}}=0$ 并不能获得单位电流的最大转矩。

3. 前馈控制

回顾式（7-22），为了简单起见在此改写如下，应该指出的是，一些耦合项出现在两个电压方程中，即

$$\begin{cases} u_{sd}^{\psi_{PM}} = R_s i_{sd}^{\psi_{PM}} + L_d \dfrac{\mathrm{d}}{\mathrm{d}t} i_{sd}^{\psi_{PM}} - \underbrace{\omega_r L_q i_{sq}^{\psi_{PM}}}_{\text{耦合项}} \\ u_{sq}^{\psi_{PM}} = R_s i_{sq}^{\psi_{PM}} + L_q \dfrac{\mathrm{d}}{\mathrm{d}t} i_{sq}^{\psi_{PM}} + \underbrace{\omega_r L_d i_{sd}^{\psi_{PM}} + \omega_r \psi_{PM}}_{\text{耦合项}} \end{cases} \tag{7-49}$$

在电流控制逆变器方案中，这些耦合项由控制器自动补偿。如果一个 VSI 在外加电压的情况下，则应使用前馈补偿项来消除磁通和转矩等效电路的耦合。这个问题也出现在异步电动机驱动器的矢量控制中，如第 5.3.3 节第 4 部分中所述。

忽略由信号处理引入的延迟，前馈作用可以用来有效地消除转矩和磁通控制的耦合。通过添加由电压 PI 控制器产生的参考电压 $u_{sdref}^{\psi_{PM}}$ 和 $u_{sqref}^{\psi_{PM}}$ 来获得下列等式，即

$$\begin{cases} u_{sdref}^{\psi_{PM}*} = u_{sdref}^{\psi_{PM}} + \omega_r L_q i_{sq}^{\psi_{PM}} \\ u_{sqref}^{\psi_{PM}*} = u_{sqref}^{\psi_{PM}} - \omega_r L_d i_{sd}^{\psi_{PM}} - \omega_r \psi_{PM} \end{cases}$$

去耦项可以通过测量定子电流和转速获得。不考虑前馈可能会导致驱动器的动态性能变差，甚至导致驱动器不稳定。

7.3.3 转速控制的驱动器

永磁同步电动机的转速矢量控制可以通过在转矩控制回路外添加转速控制环来实现，如图7-16所示。

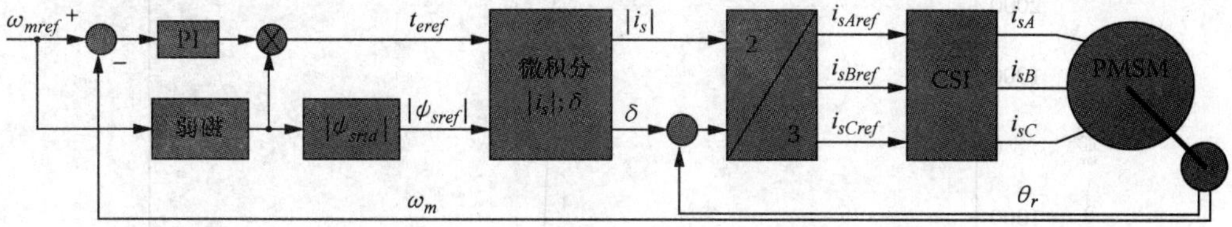

图7-16 极坐标系下的电流速度控制

转速给定 ω_{mref} 为输入信号，其和实际速度 ω_m 的差值为转速误差 $e_\omega = \omega_{mref} - \omega_m$。这个误差信号输入到转速PI控制器，转速PI控制器的输出为转矩给定 t_{eref}。

转速参考值也可以用来计算用于永磁同步电动机的参考磁通量。如果转速给定低于额定转速，即在该转速下，反电动势等于外部施加电压，则参考磁通量等于电动机的额定磁通量 $\psi_{srat}^{\psi_{PM}}$，即

$$\omega_{mref} \leqslant \omega_b \Rightarrow \psi_{sref}^{\psi_{PM}} = \psi_{srat}^{\psi_{PM}} \tag{7-50}$$

相反，如果转速给定高于额定转速，则必须采用弱磁方式。施加一个低于额定磁通的参考磁通相当于施加一个使得参考电流 $i_{sdref} < 0$ 的磁通，从而使产生一个磁通来抵抗由永磁体产生的磁通。

$$\omega_{mref} > \omega_b \Rightarrow \psi_{sref}^{\psi_{PM}} = \frac{\omega_b}{\omega_m}\psi_{srat}^{\psi_{PM}} \tag{7-51}$$

通过这种方式，反电动势会减少，从而导致一种潜在的危险。电动机可以吸收比测定值更高的电流，从而导致电动机过热。由此得到基准电流 $i_{sqref}^{\psi_{PM}}$ 的转矩必须以相同的比率降低：

$$\omega_{mref} > \omega_b \Rightarrow t_{eref} = \frac{\omega_b}{\omega_m} t_{erat} \tag{7-52}$$

因此电磁功率是恒定的，并且等于在弱磁区域中的测量值，即

$$P_e = \omega_r t_e = \begin{cases} \omega_r t_{eref} \Leftrightarrow \omega_r \leqslant p\omega_b \\ \omega_r \dfrac{\omega_b}{p\omega_r} t_{erat} = \dfrac{\omega_b}{p} t_{erat} \Leftrightarrow \omega_r > p\omega_b \end{cases} \tag{7-53}$$

下面介绍实验结果。

基于外加电压的FOC方案在小功率永磁同步电动机上已被实验证，在本章最后描述了其测试设置，所采用的控制方案描述如图7-12所示，方案增加了速度控制环。图7-17和图7-18给出了转速和电流的波形，是在速度控制模式下从永磁同步电动机矢量控制驱动器中测得这两个变量（见本章最后给出的实验测试装置）。

当转速值等于额定转速的一半时，该驱动器给定一个速度的反转命令。见表7-2，

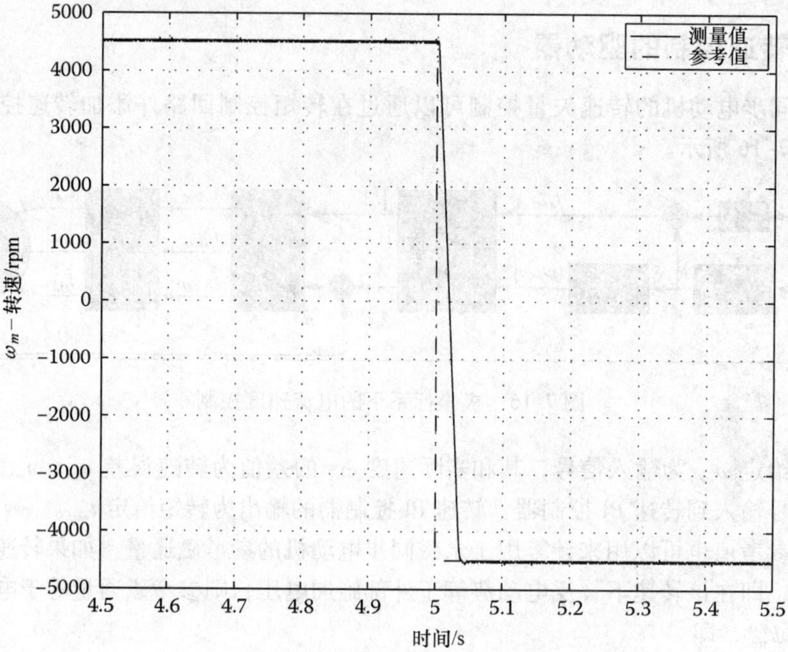

图 7-17　PMSM 驱动器矢量控制的速度响应曲线

该永磁同步电动机是一个内置式永磁同步电动机，$L_d < L_q$，它具有较低的凸极比。外加电压下，执行该控制时，$i_{sdref}^{\psi_{PM}}$置为零，转矩角 δ 设为 90°。如前所述，在这种情况下，转矩仅取决于 $i_{sq}^{\psi_{PM}}$，图 7-18 给出了电磁转矩的波形。测试条件为空载。由于自然摩擦负载的作用，$i_{sq}^{\psi_{PM}}$电流分量的值在稳定状态下非常低，在瞬态过程中，可达到其最大测定值、最大化的转矩及由此产生的动态性能。

表 7-2　PMSM 驱动测试的电动机参数

参数	数值
额定功率	15. 7W
额定电压	36V
最大连续转矩（可至 5000r/min）	30mN · m
最大连续电流	913mA
额定转速	6000rpm
极对数	1
定子电阻	4. 3Ω
横轴电感	0. 359mH
纵轴电感	0. 433mH
PM 磁通	24. 35mWb

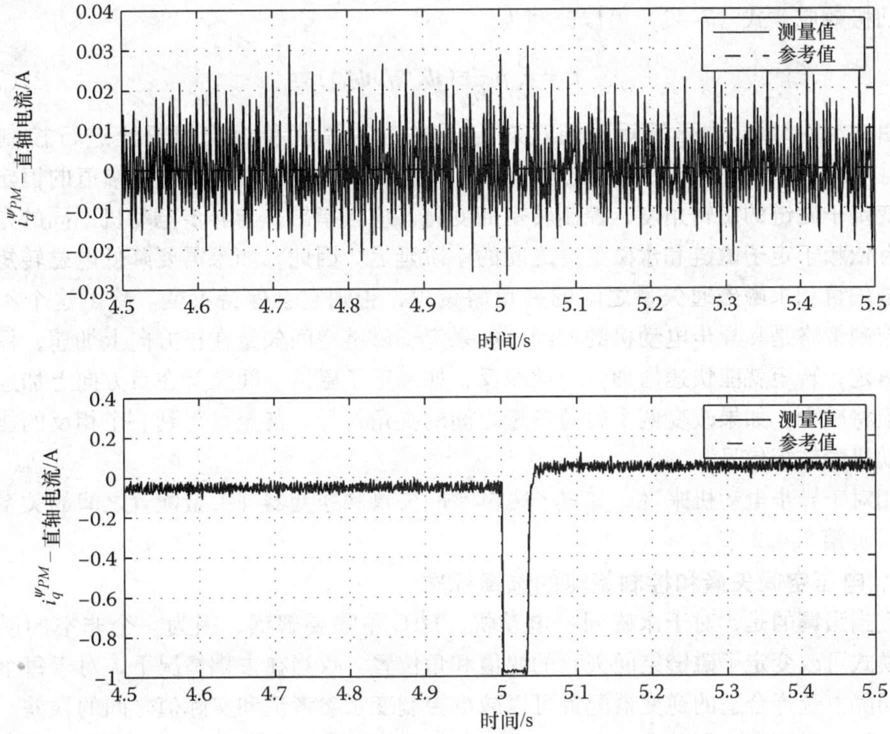

图 7-18　PMSM 驱动器的速度矢量控制—电流分量

7.3.4　直接转矩控制

直接转矩控制（DTC）策略是基于选取适当的定子电压空间矢量，直接控制定子磁通空间矢量并由此产生电磁转矩。第 5 章指出 DTC 通常在异步电动机控制中实现的。在本节，DTC 被用来设计永磁同步电动机驱动器。

从第 7.3.2 节可知，FOC 可由外加电流和电压控制来实现，这取决于最终的控制变量：第一种情况，以三相电流作为基准；在第二种情况，以三相电压作为基准。无须使用滞环电流比较器或脉宽调制器（PWM），DTC 可得到较高的动态性能。实际上，通过对逆变器施加适当的开关量，可控制定子磁链，并由此产生电磁转矩。根据其幅值和相位及由此产生的电磁转矩来实现。

1. 永磁同步电动机产生的电磁转矩

类似式（5-59），由式（7-26）和式（7-30）可得，永磁同步电动机产生的电磁转矩可以表示为

$$t_e = \frac{3}{2}p\left[(L_d - L_q)\,i_{sd}^{\psi_{PM}} i_{sq}^{\psi_{PM}} + i_{sq}^{\psi_{PM}}\psi_{PM}\right] = \frac{3}{2}p\left[\psi_{sd}^{\psi_{PM}} i_{sq}^{\psi_{PM}} - \psi_{sq}^{\psi_{PM}} i_{sd}^{\psi_{PM}}\right]$$

$$= \frac{3}{2}p\left[\psi_{sd}^{\psi_{PM}} i_{sq}^{\psi_{PM}}\left(\frac{L_d - L_q}{L_d L_q}\right) + \frac{\psi_{sq}^{\psi_{PM}}\psi_{PM}}{L_d}\right] \tag{7-54}$$

忽略凸极效应，式（7-43）可以改写为

$$t_e = \frac{3}{2} p \frac{1}{L_{dq}} (\boldsymbol{\psi}_s^{\psi_{PM}} \wedge \boldsymbol{\psi}_{PM}^{\psi_{PM}}) \tag{7-55}$$

由式（7-55），电磁转矩可通过对定子磁链的幅值和相位的位置进行控制来实现[12]。图7-13给出了永磁同步电动机的矢量框图。通过保持定子磁链幅值的恒定，快速改变定子磁链的旋转角度，控制转矩的变化。应当指出，与异步电动机不同的是，这里没有依赖于定子磁链和永磁磁链之间的一阶延迟。因此，如果需要降低电磁转矩，定子磁链矢量和永磁磁通矢量之间的夹角需减少，否则它会保持不变。除了这个不同之外，控制策略是和异步电动机的相同。如果定子磁链空间矢量在正方向上加速，保持其幅值恒定，转矩就能快速增加。与此相反，如果定子磁链空间矢量在负方向上加速，电磁转矩将减少，如果改变两个磁通矢量之间的夹角符号，甚至可得到一个相反的能够制动电动机的转矩信号。

相对于异步电动机来说，其定子磁链空间矢量和逆变器开关量配置之间的关系是一样的（见第5.4.2节）。

2. 电压空间矢量和控制策略的选择标准

应当强调的是，对于永磁同步电动机，DTC不需要解耦，因为一个非空的逆变器工作模式可改变定子磁链空间矢量的幅值和角位置。仅当在去耦情况下，对于每个采样时间间隔，选择合适的逆变器配置可以减少控制变量参考值和实际值之间的误差。

空间矢量平面被划分为6个扇区，每个扇区都有一个角度值为π/3的角，围绕在非空逆变器的电压空间矢量上。如果在第n个瞬时时间，定子磁链矢量在扇区k内，不确定的电压矢量能产生以下效果[13]：

1）电压空间矢量$\boldsymbol{u}_k$增加了定子交链磁通的幅值，且保持电动机电角度基本不变（径向配置为正）。

2）电压空间矢量$\boldsymbol{u}_{k+1}$增加了定子交链磁通的幅值，且使电动机逆时针方向旋转（横轴配置为正）。

3）电压空间矢量$\boldsymbol{u}_{k+2}$减少了定子交链磁通的幅值，且使电动机逆时针方向旋转（横轴配置为负）。

4）电压空间矢量$\boldsymbol{u}_{k+3}$减少了定子交链磁通的幅值，且几乎保持不变的角度位置（径向配置为负）。

5）电压空间矢量$\boldsymbol{u}_{k-1}$增加了定子交链磁通的幅值，且使电动机顺时针方向旋转（逆向配置为正）。

6）电压空间矢量$\boldsymbol{u}_{k-2}$减少了定子交链磁通的幅值，且使电动机顺时针方向旋转（逆向配置为负）。

电压空间矢量$\boldsymbol{u}_0$和$\boldsymbol{u}_7$保持定子交链磁通的幅值和角度位置不变。与异步电动机不同的是，在永磁同步电动机中，这些矢量不影响电磁转矩。因此，这些矢量通常不受永磁同步电动机的DTC支配。可以得出以下优化逆变器电压空间矢量的选择策略：

1）增加电磁转矩和定子磁链。电压空间矢量切向和径向分量须为正，通常选

用 $\boldsymbol{u}_{k+1}$。

2）增加定子磁链矢量幅值，同时减少电磁转矩。径向分量须为正，切向分量须为负，所以选用 $\boldsymbol{u}_{k-1}$。

3）减少定子磁链矢量幅值，同时增加电磁转矩。径向分量须为负，切向分量须为正，所以选用 $\boldsymbol{u}_{k+2}$。

4）减少电磁转矩和定子磁链。电压空间矢量的切向和径向分量须为负，通常选用 $\boldsymbol{u}_{k-2}$。

应该说，PMSM 的 DTC 所采用的控制策略与异步电动机 DTC 中的直接控制策略相似。因此，在第 5. 4. 3 节提出的相同情况也适用这里：转矩响应非常快，因为采用直接的逆配置来影响该过程，可能导致开关频率会很高。

如果定子磁链等于额定值，只有采用 DTC 才能控制定子电流空间矢量的分量 i_{sq}，从而迫使 $i_{sd}^{\psi_{PM}}=0$[2]。如果磁通电流 $i_{sd}^{\psi_{PM}}$ 等于零，则定子磁链等于永磁磁通和转子参考坐标系下的纵轴磁通的总和：

$$\boldsymbol{\psi}_{s,1}^{\psi_{PM}}=\psi_{PM}+\mathrm{j}L_q i_{sq}^{\psi_{PM}} \tag{7-56}$$

如果 $i_{sq}^{\psi_{PM}}$ 变化量为 $\Delta i_{sq}^{\psi_{PM}}$，$\boldsymbol{\psi}_s^{\psi_{PM}}$ 只在转子参考坐标系下的纵轴发生变化，即

$$\boldsymbol{\psi}_{s,2}^{\psi_{PM}}=\psi_{PM}+\mathrm{j}L_q(i_{sq}^{\psi_{PM}}+\Delta i_{sq}^{\psi_{PM}}) \tag{7-57}$$

在每个采样时间间隔，转矩控制表现为选择逆变器的矢量配置，使得定子电压空间矢量沿着转子参考坐标系的纵轴旋转；如果需要增加转矩，电压矢量为正，反之为负。在这种情况下，需实现对转子的位置测量或估计。

3. 定子磁通与电磁转矩的估计

在永磁同步电动机驱动器的直接转矩控制中，变量定子磁链和电磁转矩的估计与异步电动机驱动器相同变量的估计之间具有一些相似之处（见第 5. 4. 4 节）。

由式（7-19）可得[2]

$$\boldsymbol{u}_s=R_s\boldsymbol{i}_s+\frac{\mathrm{d}}{\mathrm{d}t}\boldsymbol{\psi}_s\Rightarrow\boldsymbol{\psi}_s=\int(\boldsymbol{u}_s-R_s\boldsymbol{i}_s)\,\mathrm{d}t \tag{7-58}$$

式（7-47）是在定子坐标系中描述的，其中 $\boldsymbol{\psi}_s$ 的分量为

$$\begin{cases}\psi_{sD}=\int(u_{sD}-R_s i_{sD})\,\mathrm{d}t\\ \psi_{sQ}=\int(u_{sQ}-R_s i_{sQ})\,\mathrm{d}t\end{cases} \tag{7-59}$$

显然，在式（7-59）中，只有一个定子电阻参数 R_s 是已知的。然而，此参数也是一个不确定的量，会随温度而改变。在高速时，相对于定子电压而言，定子电阻的电压降可以忽略不计，因此没有参数的变化。与此相反，在低转速时，电阻压降和定子电压是相当的，因此 R_s 的误差会影响磁通估计（见第 9 章中的灵敏度分析）。

因此，式（7-59）的最佳工作方式不是开环积分。但在这里使用开环控制的原因是该方案受参数变化影响较小。除了此问题之外，开环积分也存在一些问题（如直流漂移、初始值的确定），所以必须采用闭环积分来解决这些问题。可以采用具有较低截止频率的一阶低通滤波器（LPF），其传递函数为

$$G(s)=\frac{T}{1+sT} \tag{7-60}$$

式中 T——时间常数，应选择得足够大，从而接近理想的积分器（见图7-19）。

为了进一步提高磁通估计准确性，应使用定子电阻的热变化模型。在低于 $1/T$ 的频率时，可以采用定子磁链的基准值代替估计值来避免不准确的磁通估计，下面的式(7-61）通过低于截止频率下的平滑过渡实现了这种策略：

$$\boldsymbol{\psi}_s=\frac{T(\boldsymbol{u}_s-R_s\boldsymbol{i}_s)+\boldsymbol{\psi}_{sref}}{1+sT} \tag{7-61}$$

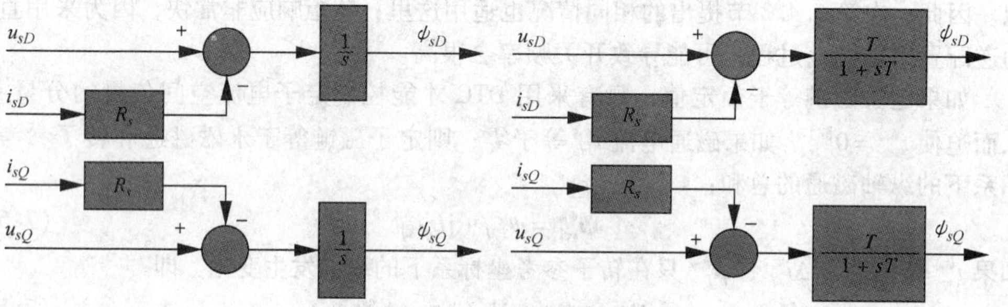

图7-19 开环和闭环集成策略

在永磁同步电动机驱动器中，定子磁链的参考值可取为

$$\boldsymbol{\psi}_{sref}=\psi_{PM}\mathrm{e}^{\mathrm{j}\theta_r} \tag{7-62}$$

采用式（7-61）来实现磁通估计与应用，需获得转子位置；如果采用表面式永磁同步电动机，这种解决方案能够提供很好的控制效果，但是在非常低的转速下，还需考虑其他的解决方案。

在定子磁链参考坐标系中，还有另一种方法来估计定子磁链。由式（7-19）给出的静止参考坐标系下的电压矢量方程式可得

$$\boldsymbol{u}_s=R_s\boldsymbol{i}_s+\frac{\mathrm{d}}{\mathrm{d}t}\boldsymbol{\psi}_s\Rightarrow\boldsymbol{u}_s^{\psi_s}\mathrm{e}^{-\mathrm{j}\omega_{ms}t}=R_s\boldsymbol{i}_s^{\psi_s}\mathrm{e}^{-\mathrm{j}\omega_{ms}t}+\frac{\mathrm{d}}{\mathrm{d}t}(\boldsymbol{\psi}_s^{\psi_s}\mathrm{e}^{-\mathrm{j}\omega_{ms}t})$$

$$\Rightarrow\boldsymbol{u}_s^{\psi_s}=R_s\boldsymbol{i}_s^{\psi_s}+\frac{\mathrm{d}}{\mathrm{d}t}\boldsymbol{\psi}_s^{\psi_s}+\mathrm{j}\omega_{ms}\boldsymbol{\psi}_s^{\psi_s} \tag{7-63}$$

通过提取式（7-63）的实部，可以计算出定子磁链矢量幅值的时间导数，考虑到

$$\frac{\mathrm{d}}{\mathrm{d}t}|\boldsymbol{\psi}_s^{\psi_s}|=u_{sd}^{\psi_s}-R_s\boldsymbol{i}_{sd}^{\psi_s} \tag{7-64}$$

由式（7-63）的虚部得到其转速 ω_{ms}

$$\omega_{ms}=\frac{u_{sq}^{\psi_s}-R_s\boldsymbol{i}_{sq}^{\psi_s}}{|\boldsymbol{\psi}_s^{\psi_s}|} \tag{7-65}$$

如图7-20所示，在定子磁链参考坐标系下坐标变换所需求的角度 ρ_s 是通过转速 ω_{ms} 的积分来获得的。本方案只使用了一个坐标变换。

上面给出的磁通量估计需要定子电压的信息，这里可利用直流母线电压进行校正

(详见第5章)。直流母线电压 U_d 的测量只需要低廉的传感器，因为它的变化通常缓慢。可以通过式（5-70a）~式（5-70c）计算出三相电压。

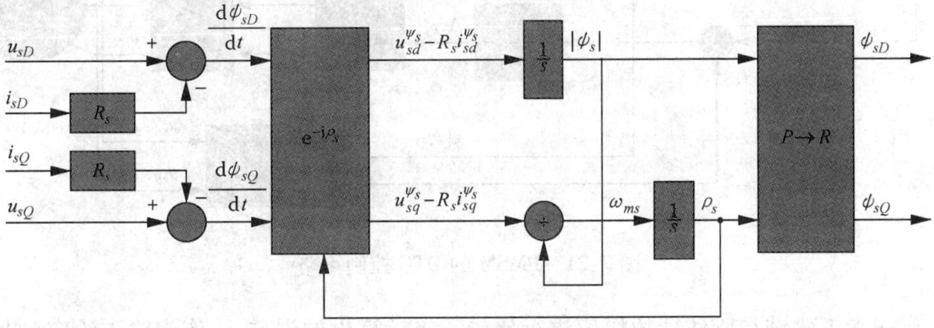

图7-20 定子磁链参考坐标系下磁通估计

然而，应当指出的是，虽然上述许多磁通估计可获得定子磁链矢量角度 ρ_s 的准确估计，但这对于直接转矩控制不是必需的。实际上，由于逆变器电压空间矢量的应用被限制为6个不同的矢量，因此所需的磁通矢量位置的精度等于 π/3。对于坐标变换来说角度 ρ_s 是必须要的，它可以使图7-20的估计器避免使用反三角函数。一般情况下，定子磁链矢量所在扇区可以用图5-36所示的流程图来确定。

最后，良好的转矩估计才能实现较好的直接转矩控制。在不知道转子位置信息的情况下，也可以计算出电磁转矩。由静止坐标系下变换式（7-43），可得

$$t_e=\frac{3}{2}p[\psi_{sD}i_{sQ}-\psi_{sQ}i_{sD}] \tag{7-66}$$

定子磁链的组成部分可以通过前面所介绍的估计器来获得。在永磁磁链坐标系下，若转子位置已知，由式（7-26）可得包含横轴和纵轴电感量的电磁转矩为

$$t_e=\frac{3}{2}[(L_d-L_q)\psi_{sd}^{\psi_{PM}}i_{sd}^{\psi_{PM}}+i_{sd}^{\psi_{PM}}\psi_{PM}] \tag{7-67}$$

应该考虑这些电感的饱和效应。电磁转矩估计的第三种方法是将它的特性参数存储在表格通过查表获取：

$$t_e=f(\theta_r,\ \boldsymbol{i}_s)$$

这种方法不需要知道 L_d 和 L_q 的电感值，但需要一个自我学习阶段。可以通过电动机共同能量的变化率来获得其电磁转矩。该方法更详细的细节见参考文献［2］。

4. 直接转矩控制策略

图7-21给出了永磁同步电动机直接转矩控制的框图。这种控制方法仅具有一个控制输入端，参考电磁转矩 t_{eref}。与之前方法不同的是，永磁电动机的转矩估计是由转矩误差 e_t 产生的，该转矩误差被送入一个滞环控制器中，滞环控制器的输出 Δe_t 为 -1 或 1。同时利用转矩误差来计算参考磁链 $|\boldsymbol{\Psi}_{sref}|$；通过单位电流或单位磁通下的最大转矩两种不同的方法来获取[2]。

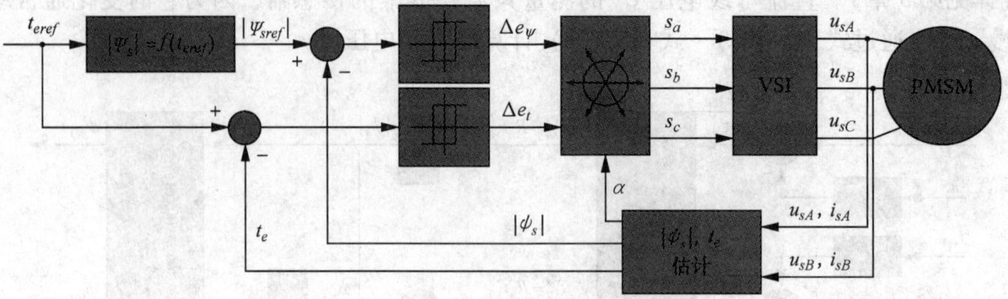

图 7-21　PMSM 的 DTC 控制策略

定子参考磁链与所估计的幅值进行比较，将计算出的误差 e_ψ 作为输入给定到另一迟滞比较器。按照 Δe_t 和 Δe_ψ 的值，选择最佳的逆变器结构，然后将信号送入到 VSI 中。在这个方案中，需要两个电流传感器和一个电压传感器，而不需要检测转子位置。

7.4　永磁同步电动机驱动器的无速度传感器控制技术

采用无速度/位置传感器控制技术的主要特点是在没有速度/位置传感器的情况下仍然能够得到速度和电气设备的位置信息。其中一些技术已经在第 6 章的异步电动机驱动器中提到过了。编码器或其他速度/位置传感器的去除，使得系统成本降低，尺寸减小，并提高了整个驱动器的可靠性，这三个原因使得无速度/位置传感器控制在近几年得到深入的研究。特别是，无速度/位置传感器控制的应用是用于永磁同步电动机的关键问题。考虑到更高的转矩密度，相对于其他电动机来说，编码器的尺寸确实是整个驱动器的关键部分，特别是用于低功耗永磁同步电动机。

无速度传感器控制的两个主要类别包括：

1）以定向为基础的无速度传感器技术。该技术采用了永磁同步电动机的磁链定向，通过研究磁链定向来估计空间位置信息。

2）基于模型的无速度传感器技术。它是基于永磁同步电动机的动态模型。位置信息是通过反电动势来估计，或者介于测量和估计电流的偏差信息，或通过求解某些拓展模型的线性方程组来得到的。

在接下来的章节中，将对主要技术的优点和缺点进行分析。

7.4.1　基于各向异性的无速度传感器技术

通过准确地追踪电动机的磁链，转子位置信息就能被锁定。通过向定子绕组注入高频信号，可产生一个高频的漏磁通。实践中常注入一个电压信号或注入电流信号[14]。如果采用电压源型逆变器，则可以很容易地注入电压载波信号，然而，电流载波信号会产生较大的电压信号，这是由于注入信号的高频率导致了电压幅值的增大。这就是为什么电流载波信号的频率较低，然而其转矩脉动却较大[15]。

事实上，永磁同步电动机的气隙磁通分布不是呈正弦的，甚至表面式永磁同步电动机也没有磁极的凸极比，由于它们的磁极对应的电角度小于180°[11]。其结果是，与转子位置跟踪相关的磁各向异性方法可同时应用在表面式和内置式永磁同步电动机上；凸极比越大，转子的位置信息就越容易得到。

基于凸极追踪的各种技术可以分为如下几类：

1）基于注入载波信号的技术。

① 注入旋转的载波信号。

② 注入交替的（或脉动的）载波信号。

2）基于适当的逆变器开关模式的选择技术。

这些技术在低速和零速也有效，但是如果转速超过阈值，或者如果凸极比差，这些技术也会失效。实际上，如果“位置信号”信息由注入的小幅值载波信号产生，那么位置信息就可能会被破坏，并且估计器可能得到不稳定的结果。一般情况下，位置信号依赖于位置估计误差，如果在瞬态期间其频率超过估计量的带宽，其位置信号将会衰减。

下面载波信号注入法将被用来测试，一些先进控制方案将被介绍。

1. 旋转载波信号注入法

这些无速度传感器技术是基于叠加到基本定子电压的旋转电压载波信号。如果 ω_c 是电压载波信号的频率，在静止参考坐标系中，载波信号 $\boldsymbol{u}_c$ 可以表示为[16,17]

$$\boldsymbol{u}_c = u_c \mathrm{e}^{\mathrm{j}\omega_c t} \tag{7-68}$$

频率 ω_c 显然比基频 ω_r 高得多。在较高的频率下，相比于磁通变化，定子电阻 R_s 上的电压降可以忽略不计，在载波频率下式（7-19）可改写为

$$\boldsymbol{u}_c = \frac{\mathrm{d}}{\mathrm{d}t}\boldsymbol{\psi}_c \tag{7-69}$$

由式（7-68），可得

$$\boldsymbol{\psi}_c = \int \boldsymbol{u}_c \mathrm{d}t = -\mathrm{j}\frac{\boldsymbol{u}_c}{\boldsymbol{\omega}_c}\mathrm{e}^{\mathrm{j}\theta_c} \tag{7-70}$$

式中

$$\omega_c = \frac{\mathrm{d}\theta_c}{\mathrm{d}t} \tag{7-71}$$

由式（7-17）得，载波频率下的磁通可以用矩阵形式表示为

$$\begin{aligned}\begin{bmatrix}\psi_{cD}\\ \psi_{cQ}\end{bmatrix} &= \begin{bmatrix} L_{sl}+\frac{3}{2}L_{0s}-\frac{3}{2}L_{2s}\cos(2\theta_r) & -\frac{3}{2}L_{2s}\sin(2\theta_r) \\ -\frac{3}{2}L_{2s}\sin(2\theta_r) & L_{sl}+\frac{3}{2}L_{0s}+\frac{3}{2}L_{2s}\cos(2\theta_r)\end{bmatrix}\begin{bmatrix}i_{cD}\\ i_{cQ}\end{bmatrix} \\ &= \begin{bmatrix} L-\Delta L\cos(2\theta_r) & -\Delta L\sin(2\theta_r) \\ -\Delta L\sin(2\theta_r) & L+\Delta L\cos(2\theta_r)\end{bmatrix}\begin{bmatrix}i_{cD}\\ i_{cQ}\end{bmatrix}\end{aligned} \tag{7-72}$$

结合式（7-18），在永磁参考坐标系中求解式（7-72）电流 i_{cD} 和 i_{cQ} 的一个简单方法描

述为

$$\boldsymbol{\psi}_c^{\psi_{PM}} = L\boldsymbol{i}_c^{\psi_{PM}} - \Delta L\boldsymbol{i}_c^{*\psi_{PM}} = -\mathrm{j}\frac{u_c}{\omega_c}\mathrm{e}^{\mathrm{j}(\theta_c - \theta_r)} \tag{7-73}$$

拆分式（7-73）可得实部和虚部为

$$\begin{cases} \psi_{cd}^{\psi_{PM}} = Li_{cd}^{\psi_{PM}} - \Delta Li_{cd}^{*\psi_{PM}} = \dfrac{u_c}{\omega_c}\sin(\theta_c - \theta_r) \\ \psi_{cq}^{\psi_{PM}} = Li_{cq}^{\psi_{PM}} + \Delta Li_{cq}^{*\psi_{PM}} = -\dfrac{u_c}{\omega_c}\cos(\theta_c - \theta_r) \end{cases} \tag{7-74}$$

在永磁参考坐标系中，载波电流空间矢量 $i_c^{\psi_{PM}}$ 的横轴和纵轴分量可以容易地从式（7-74）得出，即

$$\begin{cases} i_{cd}^{\psi_{PM}} = \dfrac{u_c}{\omega_c(L-\Delta L)}\sin(\theta_c - \theta_r) \\ i_{cq}^{\psi_{PM}} = -\dfrac{u_c}{\omega_c(L+\Delta L)}\cos(\theta_c - \theta_r) \end{cases} \tag{7-75}$$

在静止参考坐标系中，$\boldsymbol{i}_c$ 矢量的组成部分为

$$\begin{cases} i_{cD} = i_{cd}^{\psi_{PM}}\cos\theta_r - i_{cq}^{\psi_{PM}}\sin\theta_r \\ i_{cQ} = i_{cd}^{\psi_{PM}}\sin\theta_r + i_{cq}^{\psi_{PM}}\cos\theta_r \end{cases} \tag{7-76}$$

把式（7-75）代入式（7-76）可得

$$\begin{cases} i_{cD} = \dfrac{u_c}{\omega_c}\left[\dfrac{1}{(L-\Delta L)}\sin(\theta_c - \theta_r)\cos\theta_r + \dfrac{1}{(L+\Delta L)}\cos(\theta_c - \theta_r)\sin\theta_r\right] \\ i_{cQ} = \dfrac{u_c}{\omega_c}\left[\dfrac{1}{(L-\Delta L)}\sin(\theta_c - \theta_r)\sin\theta_r - \dfrac{1}{(L+\Delta L)}\cos(\theta_c - \theta_r)\cos\theta_r\right] \end{cases}$$

$$\Rightarrow \begin{cases} i_{cD} = \dfrac{u_c}{\omega_c(L^2-\Delta L^2)}[(L+\Delta L)\sin(\theta_c - \theta_r)\cos\theta_r + (L-\Delta L)\cos(\theta_c - \theta_r)\sin\theta_r] \\ i_{cQ} = \dfrac{u_c}{\omega_c(L^2-\Delta L^2)}[(L+\Delta L)\sin(\theta_c - \theta_r)\sin\theta_r - (L-\Delta L)\cos(\theta_c - \theta_r)\cos\theta_r] \end{cases}$$

最终可得

$$\begin{cases} i_{cD} = \dfrac{u_c}{\omega_c(L^2-\Delta L^2)}[L\sin(\theta_c) + \Delta L\sin(\theta_c - 2\theta_r)] \\ i_{cQ} = \dfrac{u_c}{\omega_c(L^2-\Delta L^2)}[-L\cos(\theta_c) + \Delta L\cos(\theta_c - 2\theta_r)] \end{cases} \tag{7-77}$$

式（7-77）可等价为

$$\boldsymbol{i}_c = \underbrace{\frac{u_c L}{\omega_c(L^2-\Delta L^2)}\mathrm{e}^{\mathrm{j}(\omega_c t - \frac{\pi}{2})}}_{i_{cp}} + \underbrace{\frac{u_c\Delta L}{\omega_c(L^2-\Delta L^2)}\mathrm{e}^{-\mathrm{j}[(\omega_c - 2\omega_r)t + \frac{\pi}{2}]}}_{i_{cn}} \tag{7-78}$$

式（7-78）表明$\boldsymbol{i}_c$矢量有两个组成部分：$\boldsymbol{i}_{cp}$和$\boldsymbol{i}_{cn}$，两者以不同的转速和相反的方向旋转[17]。图7-22显示了这两个量，实验组成部分：以机械弧度为单位，驱动器的转速

等于 $\omega_m=500\text{rpm}$，且电动机极对数等于3；载波频率为 $\omega_c=400\text{Hz}$。

值得注意的是，转速信息仅包含在载波电流空间矢量的组成部分 $\boldsymbol{i}_{cn}$ 中。可以通过各种方式来实现转速信号的解调。下面阐述了一种典型的解调技术，该技术是许多调制技术的基础。

参考文献［18］提出了一种解调方案，如图7-23所示。系统采用PLL来观察转子的位置。由测得的三相电流，得到定子电流空间矢量 $\boldsymbol{i}_s$，它是由一个中心频率为 ω_c 的带通滤波器滤波：在这种方式中，载波电流空间矢量 $\boldsymbol{i}_c$ 是隔离的；矢量 $\boldsymbol{i}_c$ 乘以参考矢量 $\boldsymbol{i}_{cref}$，可得到矢量 $\boldsymbol{\varepsilon}$ 的振幅为

$$\boldsymbol{\varepsilon}=|\boldsymbol{i}_c\wedge\boldsymbol{i}_{cref}|=|\boldsymbol{i}_c\wedge \mathrm{e}^{\mathrm{j}(2\hat{\theta}_r-\theta_c)}|=i_{cD}\sin(2\hat{\theta}_r-\theta_c)-i_{cQ}\cos(2\hat{\theta}_r-\theta_c) \tag{7-79}$$

式中 $\hat{\theta}_r$——位置估计值，式（7-79）可改写为

$$\varepsilon_{lpf}=\frac{u_cL}{\omega_c(L^2-\Delta L^2)}\cos[2(\hat{\theta}_r-\theta_c)]+\frac{u_c\Delta L}{\omega_c(L^2-\Delta L^2)}\cos[2(\theta_r-\hat{\theta}_r)] \tag{7-80}$$

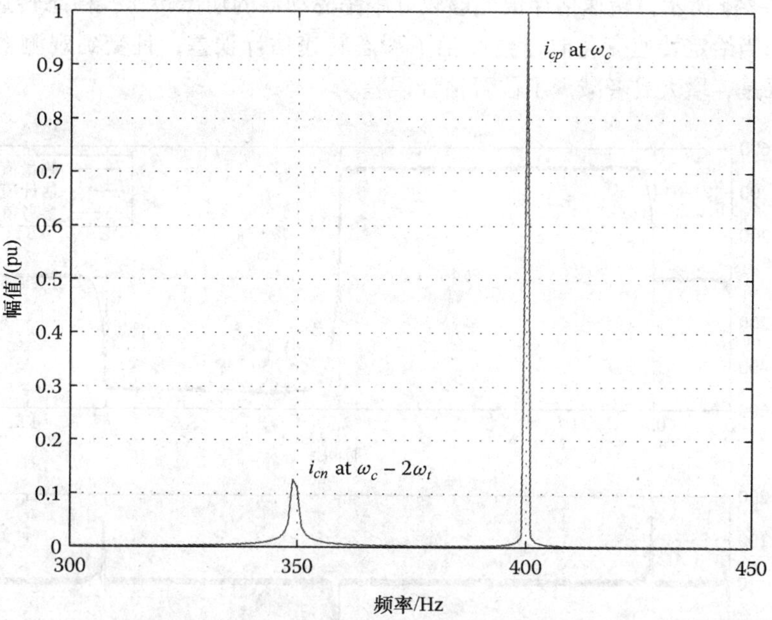

图7-22 旋转载波电压信号产生的谐波

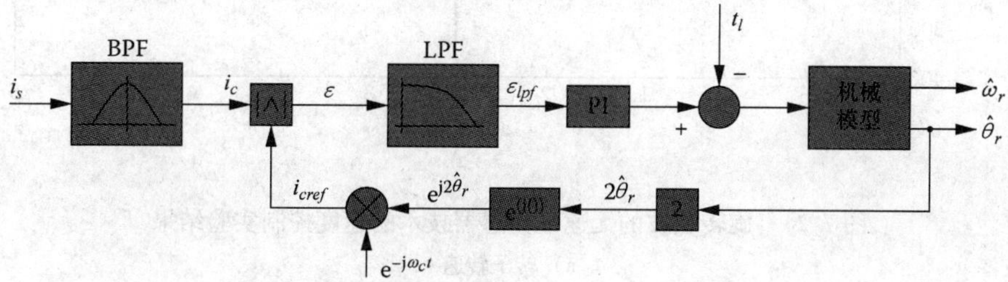

图7-23 旋转载波信号的解调方案结构图

如图 7-23 所示，通过低通滤波器滤波后，信号 ε 将被滤除，式（7-80）中的第一项会消除。第二项则包含位置误差，该位置误差将被馈送到一个 PI 控制器，得到电磁转矩的参考值。如果用在电动机模型上，就可得到转速和位置估计值，并反馈到 PLL 中。

即使在低速和零速下，旋转载波信号注入无速度传感器方案虽然能使驱动器工作，但存在一些缺点[18]。首先，该系统的信噪比较差；在误差调节下的参数依赖性，使得这种方法不适用于低凸极电动机；其次，在脉冲注入技术中，由于衰减载波信号的影响，如果转速太高，该估计策略会时常失效。

图 7-24 给出了内置式永磁同步电动机进行速度反转测试的仿真结果。外加电压下的转速矢量控制已被广泛使用。加入速度控制环的无速度传感器方案如图 7-12 所示。图 7-17 和图 7-18 分别给出了永磁同步电动机驱动器 FOC 速度控制模式下的转速和电流波形。

如图 7-24a 所示，转速估计值能够较好跟踪驱动器的输出转速：稳态转速误差的平均值为零。当给定转速变化时，会产生了瞬态转速估计误差，且受到观测器带宽的约束。其结果是，增大或者减少了位置估计误差。

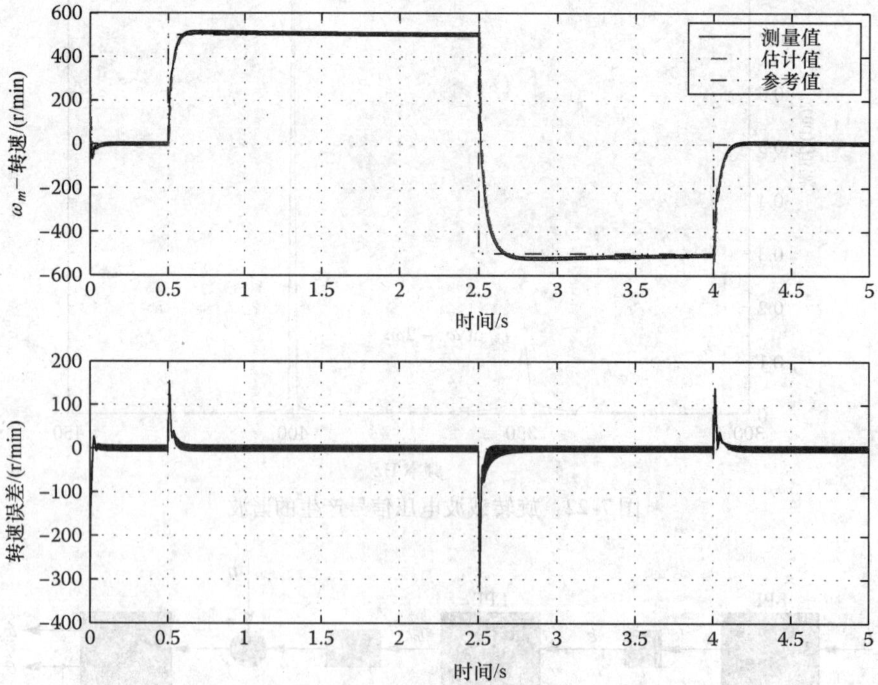

a)

图 7-24　旋转载波的无速度传感器技术的速度控制实验结果

a）转子转速

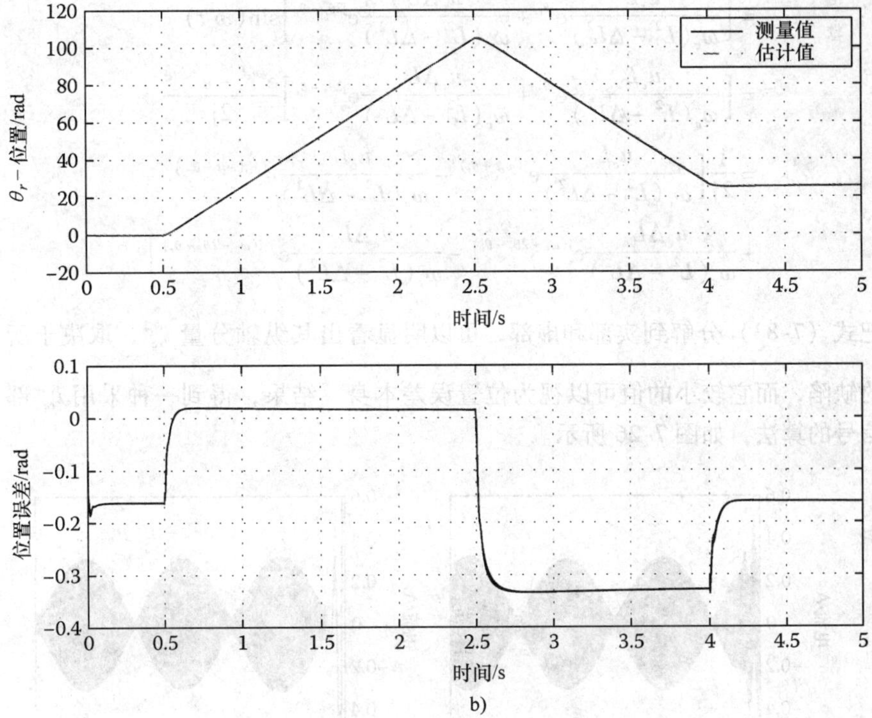

图7-24　旋转载波的无速度传感器技术的速度控制实验结果（续）

b）转子位置

2. 交替载波信号的注入

在被估计的永磁体参考坐标系下，通过注入一个频率为 ω_c 的信号，可得到脉动载波电压信号为

$$\boldsymbol{u}_c^{\hat{\psi}_{PM}} = u_c \cos(\omega_c t) \tag{7-81}$$

它在永磁体参考坐标系下是横轴脉动信号。在实际永磁体参考坐标系中，式（7-81）可写为

$$\boldsymbol{u}_c^{\psi_{PM}} = u_c \cos(\omega_c t) \mathrm{e}^{\mathrm{j}(\hat{\theta}_r - \theta_r)} \tag{7-82}$$

同上，解永磁同步电动机的简化微分方程，得到以下解[19]，即

$$\boldsymbol{i}_c^{\hat{\psi}_{PM}} = \left[\frac{u_c L}{\omega_c (L^2 - \Delta L^2)} + \frac{u_c \Delta L}{\omega_c (L^2 - \Delta L^2)} \mathrm{e}^{\mathrm{j}2(\theta_r - \hat{\theta}_r)}\right] \sin(\omega_c t) \tag{7-83}$$

其中载波电流的空间矢量是在被估计永磁体参考坐标系下描述的。此载波电流有一个部分对位置估计没有用，且另一部分还包含了位置误差信息。在静止参考坐标系下来描述式（7-83）可得

$$\boldsymbol{i}_c = \mathrm{e}^{\mathrm{j}\hat{\theta}_r} \boldsymbol{i}_c^{\hat{\psi}_{PM}} = \mathrm{e}^{\mathrm{j}\hat{\theta}_r}\left[\frac{u_c L}{\omega_c (L^2 - \Delta L^2)} + \frac{u_c \Delta L}{\omega_c (L^2 - \Delta L^2)} \mathrm{e}^{\mathrm{j}2(\theta_r - \hat{\theta}_r)}\right] \sin(\omega_c t)$$

$$= \left[\frac{u_c L}{\omega_c(L^2-\Delta L^2)}e^{j\hat{\theta}_r}+\frac{u_c \Delta L}{\omega_c(L^2-\Delta L^2)}e^{j2\theta_r-\hat{\theta}_r}\right]\sin(\omega_c t)$$

$$= \left[\frac{u_c L}{\omega_c(L^2-\Delta L^2)}e^{j\hat{\theta}_r}+\frac{u_c \Delta L}{\omega_c(L^2-\Delta L^2)}e^{j2\theta_r-\hat{\theta}_r}\right]\frac{e^{j\omega_c t}-e^{-j\omega_c t}}{2j}$$

$$= \frac{1}{2j}\left[\frac{u_c L}{\omega_c(L^2-\Delta L^2)}e^{j(\omega_c t+\hat{\theta}_r)}-\frac{u_c L}{\omega_c(L^2-\Delta L^2)}e^{-j(\omega_c t-\hat{\theta}_r)}\right.$$

$$\left.+\frac{u_c \Delta L}{\omega_c(L^2-\Delta L^2)}e^{j(\omega_c+2\theta_r-\hat{\theta}_r)}-\frac{u_c \Delta L}{\omega_c(L^2-\Delta L^2)}e^{-j(\omega_c-2\theta_r+\hat{\theta}_r)}\right] \quad (7\text{-}84)$$

把式（7-83）分解到实部和虚部，可以明显看出其纵轴分量 $\hat{i}_{cq}^{\psi_{PM}}$，取决于所述位置误差的缺陷，而它较小的值可以视为位置误差本身。结果，得到一种采用 $\hat{i}_{cq}^{\psi_{PM}}$ 部分作为误差信号的算法，如图 7-26 所示。

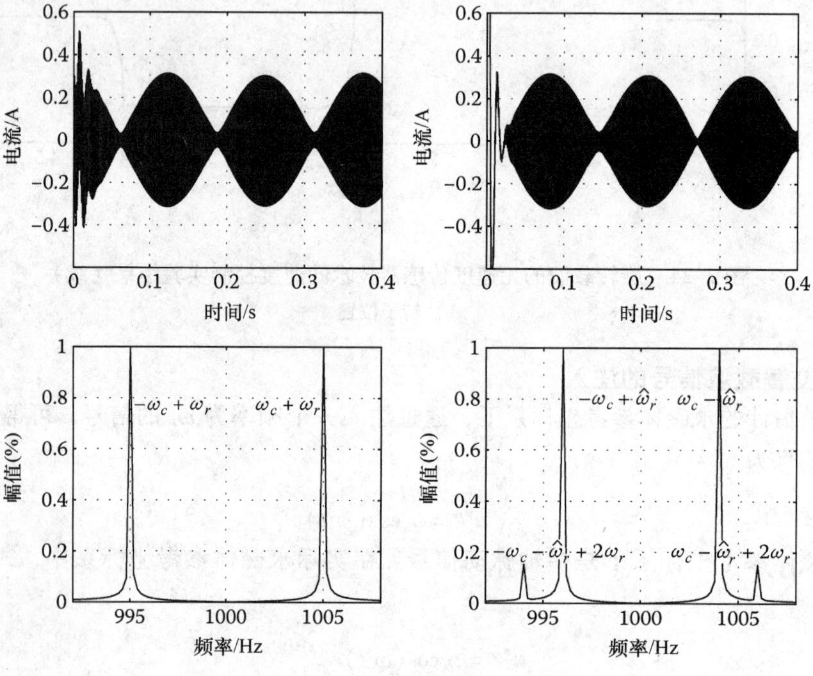

图 7-25　注入异步载波信号的影响[21]

图 7-25 给出了同步和异步条件下载波电流波形和频谱图（采用 FFT 来获得的）。在同步状态下，当 $\hat{\omega}_r=\omega_r$ 时，式（7-84）的四个谐波重叠，而在异步条件下，所有谐波都出现了。

图 7-26[20] 所示的无速度传感器方案采用了被估计永磁体参考坐标系中的定子电流空间矢量，并给出了要估计的位置 $\hat{\theta}_r$。通过带通滤波，得到空间矢量 $\hat{i}_s^{\psi_{PM}}$，提取载波空

间矢量 $\hat{i}_c^{\psi_{PM}}$；并根据式（7-83），来确定数字滤波器的载波频率。最后，从 $\hat{i}_{sq}^{\psi_{PM}}$ 得到位置估计误差，用它来与 $\hat{i}_{sd}^{\psi_{PM}}$ 电流的符号函数相乘。

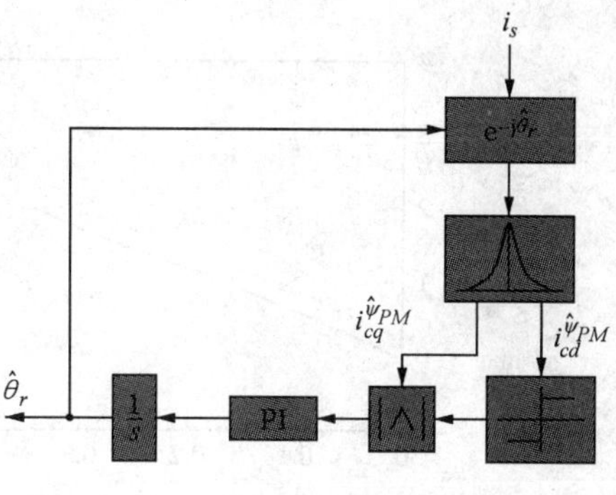

图 7-26　载波信号注入的解调方案[21]

图 7-27 给出了一个在空载下电动机正反转的实验结果，该实验是在本章最后所述的永磁同步电动机驱动系统上实现的。图 7-12 介绍了所采用的控制方案及其速度控制回路，给定转速的初始值为 60r/min，并在 0.5s 时突变为 −60r/min。整个实验的持续时间为 1s。注入电压的载波信号的频率为 1kHz，振幅为 5V。由于所有的数字滤波器是从零状态开始的，经过一个初始跳变的瞬态后，估计值能较准确跟踪驱动器的输出转速（见图 7-27a）。如图 7-27b 所示，位置估计值具有一个 0.25rad 的恒定偏差，该恒定的位置偏差是由初始转速瞬间跳变引起的。

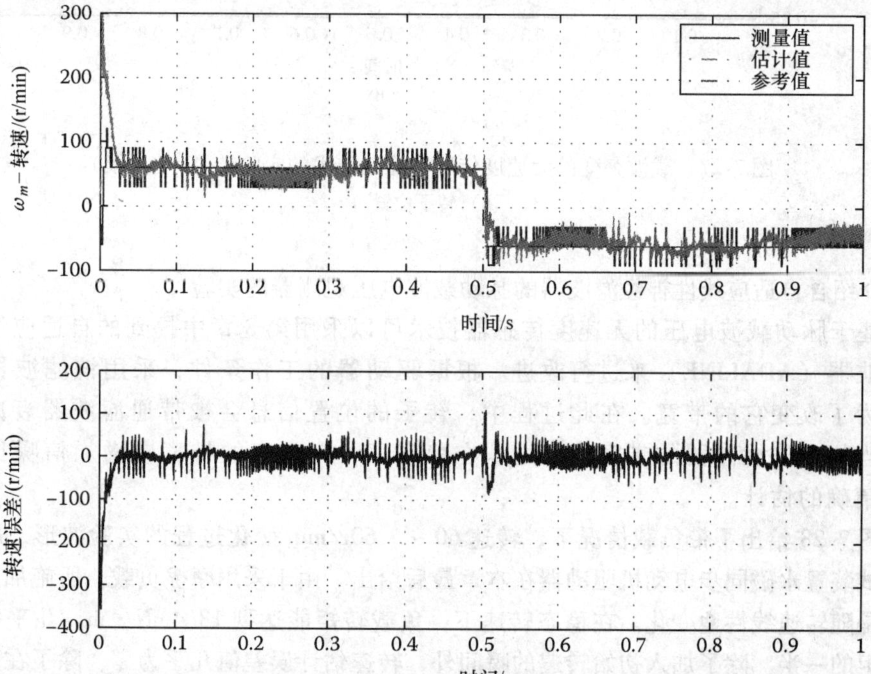

图 7-27　载波突变的无速度传感器控制技术的实验结果[21]

a）转子转速

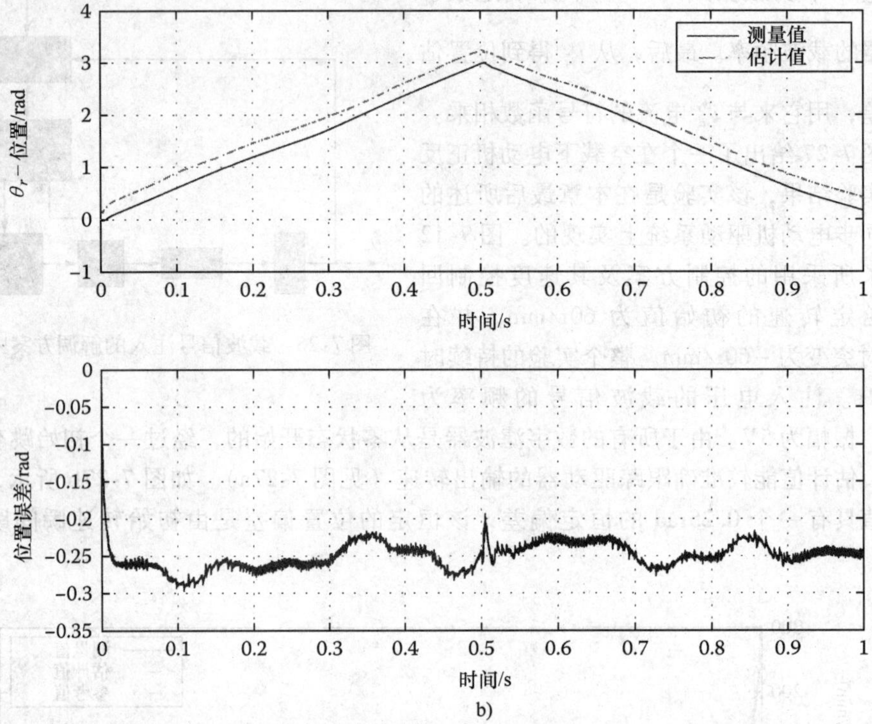

图 7-27　载波突变的无速度传感器控制技术的实验结果[21]（续）
b）转子位置

下面介绍含自适应线性神经滤波器的脉动载波电压观测器的实验㊀。

基于脉动载波电压的无速度传感器技术可以采用第 8 章中提到的自适应线性神经滤波器（ADALINE）来进行改进。根据驱动器的工作条件，采用该滤波器的策略是为了改变它的带宽。在此过程中，转子的位置信息会被带通滤波器衰减，因此应当加大该滤波器的带宽。反之，在稳态下，一个窄的带宽应增加信噪比来获得更精确的估计。

图 7-28 给出了带负载情况下，转速 60 ~ －60r/min 变化过程的实验波形，所述实验测试装置永磁同步电动机驱动器在本章最后给出。由于采用摩擦负载，所施加的负载转矩是随转速线性地变化。在稳态转速下，负载转矩能达到 18.4mN · m，几乎等于额定转矩的一半。除了加入初始转速的瞬间外，转速估计误差值几乎为零。除了在加入初始转速瞬间产生的偏差外，位置误差值几乎保持不变，如图 7-28b 所示。

㊀ 见参考文献［21］

图7-29和图7-30给出了空载下电动机的高速正反转实验结果，分别给出了含自适应和无自适应无速度传感器控制方案的实验波形。应该指出的是，即使在反转速度等于1/2额定转速的情况下，自适应方案也能够很好地控制驱动系统，而在反转速度为600r/min，即1/10额定速度情况下，无自适应方案则不能正常工作。

3. 无速度传感器的在线阻抗电抗测量技术

采用在线电抗测量技术的间接磁通检测方法已在第6章基于异步电动机进行了说明（见第6章的参考文献［20］）。同样的技术可以用于永磁同步电动机驱动的位置估计中，该技术概述如下。

由式（7-17）和式（7-19）可得在定子坐标系下的定子电压空间矢量方程，即

$$\boldsymbol{u}_s = R_s\boldsymbol{i}_s + \frac{\mathrm{d}}{\mathrm{d}t}\boldsymbol{\psi}_s$$

$$\boldsymbol{\psi}_s = \left(L_{ls} + \frac{3}{2}L_{0s}\right)\boldsymbol{i}_s - \frac{3}{2}L_{2s}\boldsymbol{i}_s^*\,\mathrm{e}^{\mathrm{j}2\theta_r} + \psi_{PM}\mathrm{e}^{\mathrm{j}\theta_r}$$

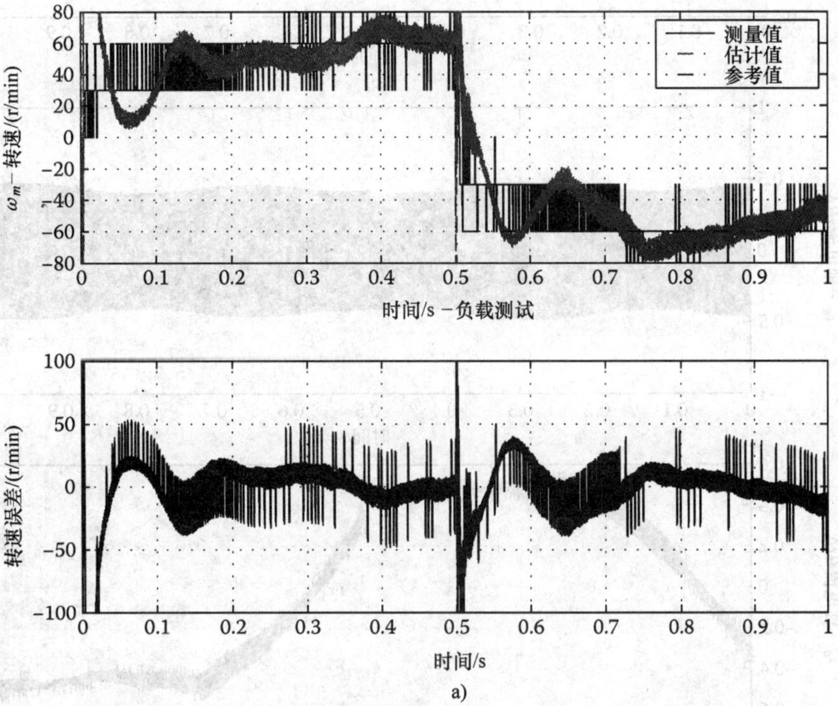

图7-28　自适应无速度传感器控制技术在低速负载下的测试结果
a）转子转速

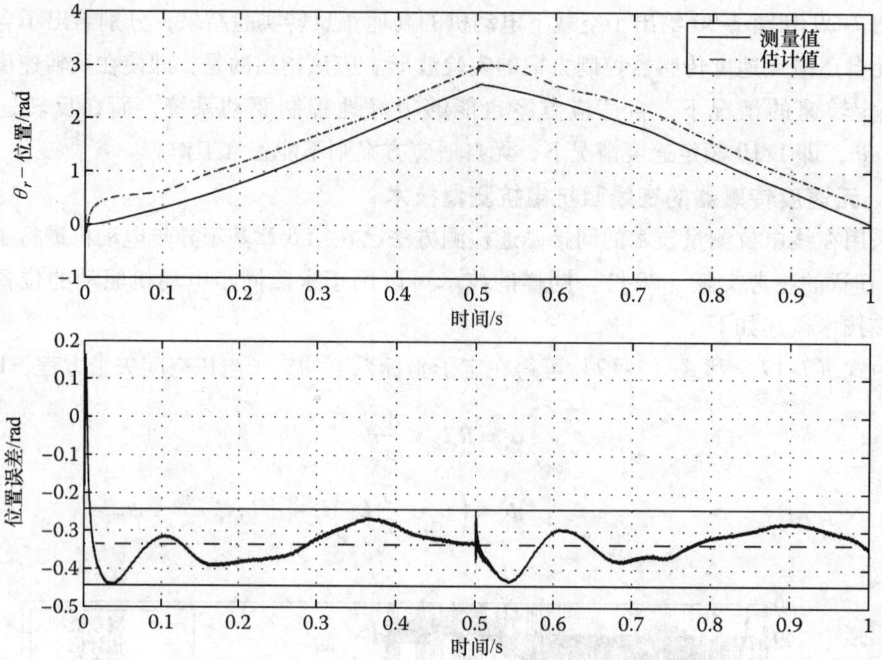

b)

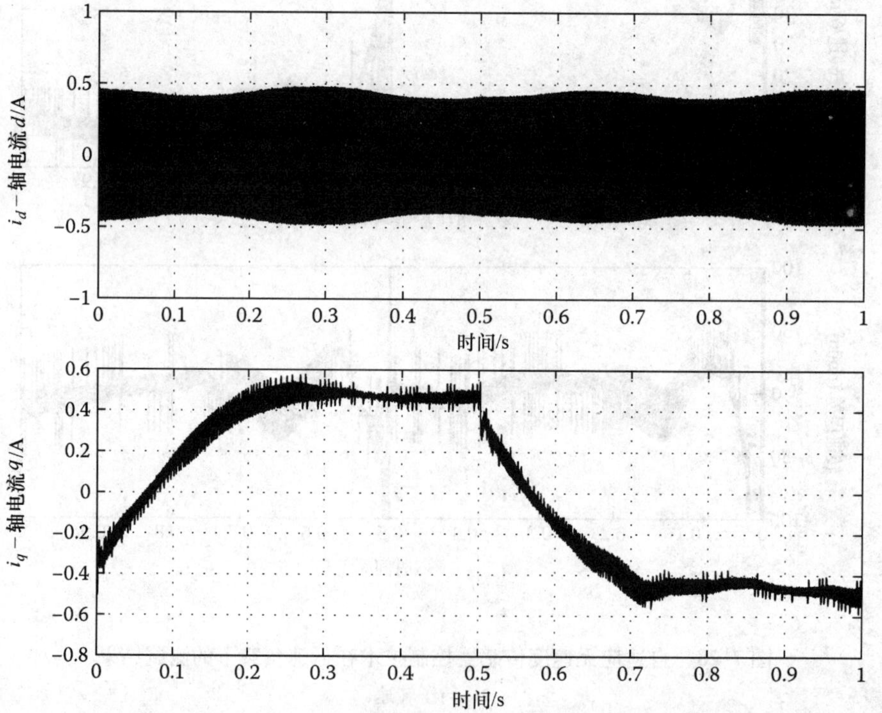

c)

图 7-28　自适应无速度传感器控制技术在低速负载下的测试结果（续）

b）转子位置　c）电流

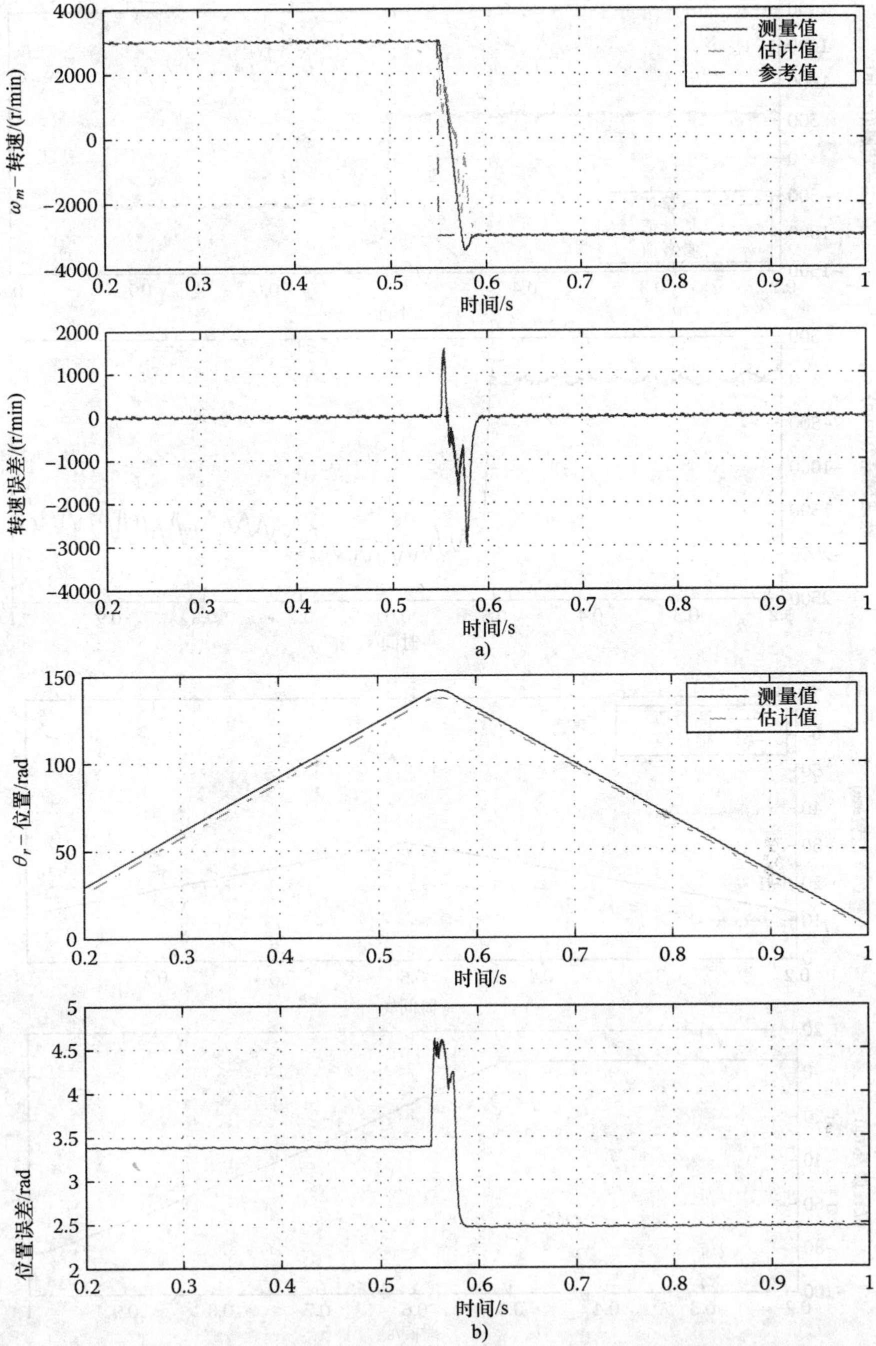

图 7-29　自适应无速度传感器控制技术在高速负载下的测试结果[21]

a）转子转速　b）转子位置

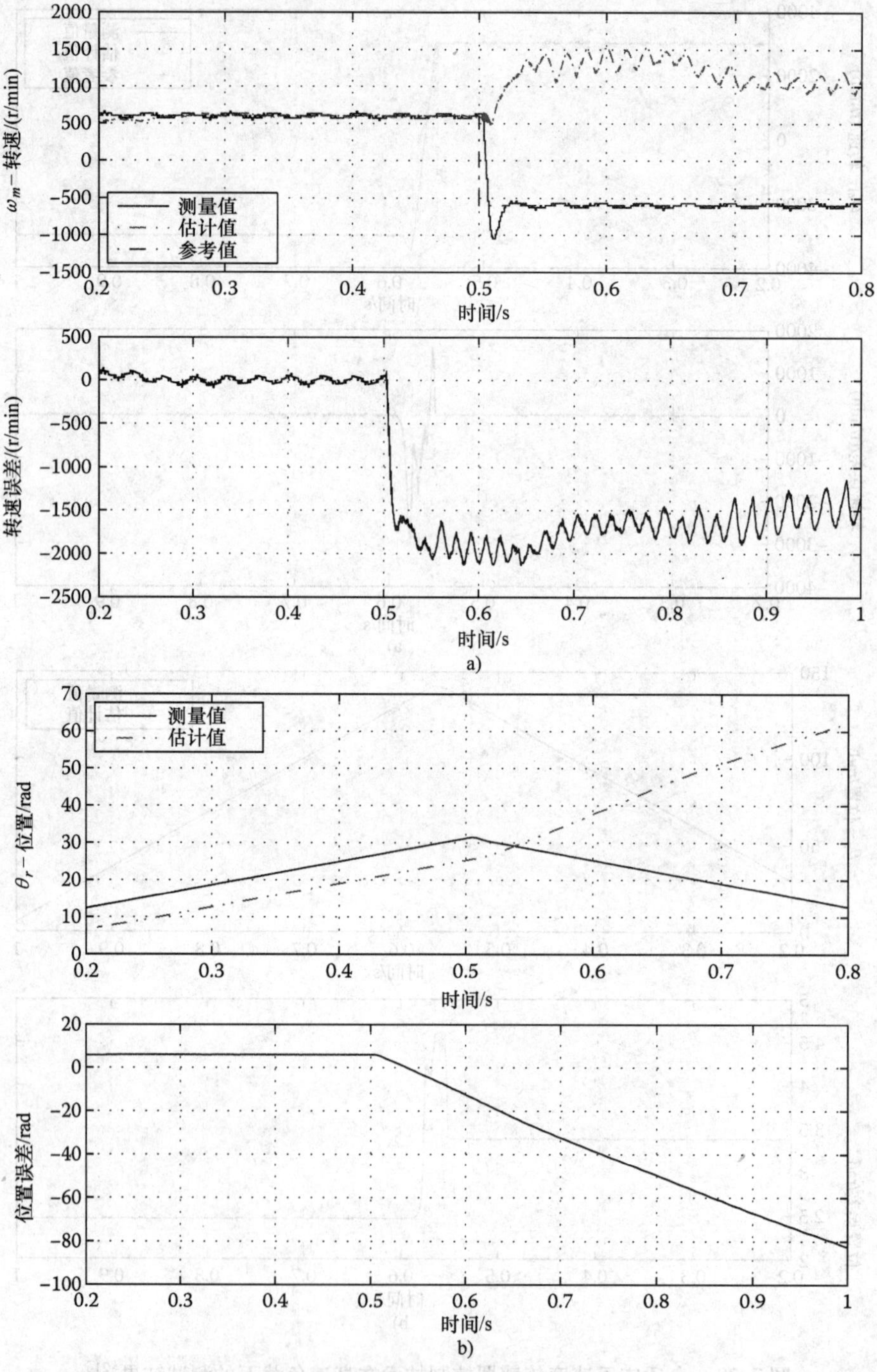

图 7-30　非自适应无速度传感器控制技术在高速负载下的测试结果[21]

a）转子转速　b）转子位置

其等价的形式为

$$\boldsymbol{u}_s = R_s\boldsymbol{i}_s + \boldsymbol{L}(2\theta_r)\frac{\mathrm{d}}{\mathrm{d}t}\boldsymbol{i}_s + \omega_r\Delta\boldsymbol{L}(2\theta_r)\boldsymbol{i}_s + \omega_r\boldsymbol{\psi}_{PM}(\theta_r) \tag{7-85}$$

设在一个很短的时间间隔 Δt 内，电压空间矢量可被认为是恒定的。通过施加两个连续的逆变器配置电压，便可获得两个同向的逆变器电压空间矢量，但实际方向是相反的，定子电阻的压降和反电动势项都可以忽略。如果这两个逆变器的电压空间矢量，如 $\boldsymbol{u}_s^{(1)}$ 和 $\boldsymbol{u}_s^{(4)}$，可以用离散时间对应的导数取代连续时间的导数，则式（7-85）可以改写为

$$\boldsymbol{u}_s^{(1)} - \boldsymbol{u}_s^{(4)} = \boldsymbol{L}(2\theta_r)\left[\frac{\Delta\boldsymbol{i}_s^{(1)}}{\Delta t} - \frac{\Delta\boldsymbol{i}_s^{(4)}}{\Delta t}\right] \tag{7-86}$$

矢量 $\boldsymbol{u}_s^{(1)}$ 和 $\boldsymbol{u}_s^{(4)}$ 都在静止参考系的横轴上，可以通过 $\boldsymbol{L}(2\theta_r)$ 矩阵的逆矩阵，提取矢量解的实部，通过如下的求解过程，可以发现：

$$\Re\mathrm{e}[\Delta\boldsymbol{i}_s^{(1)} - \Delta\boldsymbol{i}_s^{(4)}] = \Re\mathrm{e}\{\Delta t\boldsymbol{L}^{-1}(2\theta_r)[\Delta\boldsymbol{i}_s^{(1)} - \Delta\boldsymbol{i}_s^{(4)}]\} = \frac{2\Delta t}{L^2 - \Delta L^2}[L + \Delta L\cos(2\theta_r)]|\boldsymbol{u}_s| \tag{7-87}$$

相同的步骤可以用在其他两对相反的逆变器电压空间矢量上，通过强制改变电压矢量的方向来获取唯一的矢量解。类似于异步电动机，可以得到定子电流频率的空间矢量为

$$f = \frac{1}{2}\frac{\Delta t}{L^2 - \Delta L^2}\Delta L|\boldsymbol{u}_s|\mathrm{e}^{\mathrm{j}(2\hat{\theta}_r + \pi)} \tag{7-88}$$

从而可估计转子位置。

然而，应当指出的是，在线电抗测量的无速度传感器方法需要采用逆变器测试矢量来检测系统的电流响应。此外，测试矢量应集成到 PWM 的正常操作中。为了降低算法复杂性和硬件要求，降低驱动器成本，应当选择一个优化的在线电抗测量顺序，通过直流回路电流来得到电流响应[22]。

7.4.2 基于模型的无速度传感器技术

许多基于永磁同步电动机基本励磁的无速度传感器技术已见之于各类文献中。永磁同步电动机的动态模型是众所周知的，且比异步电动机更简单，准确的无速度传感器技术模型被推导出来。这些技术可分为以下几点：

1）开环估计。一般来说，定子磁链的幅度和相位都是能被估计的。从其相位的瞬时值，可计算出驱动器的同步转速。也可采用测量值和估计值之间的电流误差来校正转速的估计值。此外，反电动势可用来推算位置估计值，因为它与转子的位置密切相关。

2）基于观测器的估计。可扩展的卡尔曼滤波器或 Luenberger 观测器可以应用在高性能永磁同步电动机驱动器中。其主要思想是通过容易测量的变量，如定子电压和电流，来观测较难测量的状态量，如转速和位置。一些方案不是使用采样电压及其滤波，而是使用三相参考电压。

简单地说，在第7.3.4节永磁同步电动机的DTC中，对于永磁同步电动机以基本激励为基础的传感器技术当前的一些问题已在第6.4节关于无速度传感器IM控制中得到解决。

1. 开环估计器

与异步电动机不同的是，在永磁同步电动机中，定子磁链的电角度等于该转子的旋转角度。可以很容易地利用它来得到转速的估计值，在理论上定子磁链空间矢量可以由定子电压计算得到。

下面介绍基于电动势的估计器。

基于永磁同步电动机驱动器反电动势估计的无速度传感器方案已在参考文献[23]中提出，并且该方法一直在分析和改进中。

由定子电压和电流采样值，可得反电动势的空间矢量 $\boldsymbol{e}_s$ 为

$$\boldsymbol{e}_s = \boldsymbol{u}_s - R_s\boldsymbol{i}_s \tag{7-89}$$

对式（7-89）进行积分运算，可得定子磁链为

$$\boldsymbol{\psi}_s = \int \boldsymbol{e}_s \mathrm{d}t = \int \boldsymbol{u}_s - R_s\boldsymbol{i}_s \mathrm{d}t \tag{7-90}$$

由式（7-90），定子磁链角 ρ_s 和定子磁链空间矢量的幅值可以通过一个反三角函数或 $\sin\rho_s$ 和 $\cos\rho_s$ 来算出。

积分漂移来源于转子位置实际值与估计值之间差值。理想稳态情况下，定子磁链空间矢量以静止坐标系的原点为中心旋转一圈。在这一圈中积分漂移误差也不断变化，位置估计误差继续加大（在0.4p.u.时存在130%的漂移[23]）。积分漂移的补偿方法在第6.4.1节进行了说明。

应当指出，当转速为零或接近于零时，由于反电动势太小，而不能对位置进行可靠的估计。由于这个原因，这种无速度传感器技术在低转速下无效。总之，永磁同步电动机驱动器是不能够自起动的，并且在这种情况下也是不可能进行定位控制的。这个问题可以通过提供一个开环自起动控制方案来解决，该方案能控制驱动器开环起动，并且使转速超过能够得到良好位置估计的阈值。这种可切换的混合估计器是基于两者的反电动势和注入信号来设计的，但是，由这两种算法计算出的位置估计值需根据实际情况进行切换[24-25]。

另一个问题是使用反电动势为基础的无速度传感器技术只适用于表面式永磁同步电动机。事实上，在内置式永磁同步电动机中，凸极特性改变了电动机的模型，电动机的位置信息不仅与反电动势相关而且与凸极特性相关：因此需要做一些修正。然而，在算法中这些修正信息可能会增大估计误差，甚至导致系统不稳定。

目前，针对内置式永磁同步电动机无速度传感器控制已经提出了一种扩展的电动势模型[26]。扩展的电动势模型是从内置式永磁同步电动机的模型中推导出来的，且该电动势同时包含了反电动势和凸极电压下的位置信息，即

$$\boldsymbol{e}_{ext} = \left[(L_d - L_q)\left(\omega_r i_{sd}^{\psi_{PM}} - \frac{\mathrm{d}}{\mathrm{d}t} i_{sq}^{\psi_{PM}}\right) + \omega_r K_E\right](-\sin\theta_r + \mathrm{j}\cos\theta_r) \tag{7-91}$$

备注：式（7-91）适用于所有的无刷同步电动机。令 $(L_d - L_q) = 0$，扩展电动势等于表面式永磁同步电动机的电动势；当 $K_E = 0$ 时，可得到同步磁阻电动机的反电动势[26]。

2. 基于状态观测器的转速估计

在转速和转子位置不可测量的状态下，永磁同步电动机无速度传感器驱动控制系统可以通过一个观测器来获得转速和转子位置，该观测器需要通过测量定子电流和电压两个量来进行估计。

(1) 扩展卡尔曼滤波器　扩展卡尔曼滤波器可以应用于无速度传感器控制系统中，它是一个递归最优状态估计，特别用在测量易受到采样噪声影响的变量。稳态估计可分两步进行。首先，在所选驱动器数学模型的基础上进行粗略预测。其次，采用反馈方式对估算进行校正。在参考文献［2］中，详述了如何使用卡尔曼滤波器来设计电动机的无速度传感器控制。

(2) 基于 TLS EXIN 神经元的转速估计方法　在第 8 章中，将详细地描述 TLS EXIN 神经元的估计方法，在这里，可将该方法应用到永磁同步电动机的无速度传感器控制系统中。为获得永磁同步电动机永磁体磁链的基本模型，可用神经网络来实现对模型的参数进行估计。其主要思想是在永磁同步电动机模型的基础上，将永磁同步电动机驱动器的输出转速视为一个超稳定线性系统的解，利用最小二乘法获得系统的解决方案。

在静止参考坐标系中，永磁同步电动机定子电压空间矢量等式可以表示为

$$\boldsymbol{u}_s = R_s\boldsymbol{i}_s + \boldsymbol{L}(2\theta_r)\frac{\mathrm{d}}{\mathrm{d}t}\boldsymbol{i}_s + \omega_r\Delta\boldsymbol{L}(2\theta_r)\boldsymbol{i}_s + \omega_r\psi_{PM}(\theta_r) \tag{7-92}$$

其中

$$\begin{cases}\boldsymbol{L}(2\theta_r) = \begin{bmatrix} L-\Delta L\cos(2\theta_r) & -\Delta L\sin(2\theta_r) \\ -\Delta L\sin(2\theta_r) & L+\Delta L\cos(2\theta_r)\end{bmatrix} \\ \Delta\boldsymbol{L}(2\theta_r) = \begin{bmatrix} \Delta L\sin(2\theta_r) & -\Delta L\cos(2\theta_r) \\ -\Delta L\cos(2\theta_r) & -\Delta L\sin(2\theta_r)\end{bmatrix}\end{cases} \tag{7-93}$$

将式 (7-84) 分解为横轴分量和纵轴分量，可以得到以下两个标量方程，即

$$\begin{cases} u_{sD} = R_s i_{sD} + L\dfrac{\mathrm{d}i_{sD}}{\mathrm{d}t} - \Delta L\cos(2\theta_r)\dfrac{\mathrm{d}i_{sD}}{\mathrm{d}t} - \Delta L\sin(2\theta_r)\dfrac{\mathrm{d}i_{sQ}}{\mathrm{d}t} + 2\omega_r\Delta L\sin(2\theta_r)i_{sD} \\ \qquad -2\omega_r\Delta L\cos(2\theta_r)i_{sQ} - \omega_r\psi_{PM}\sin\theta_r \\ u_{sQ} = R_s i_{sQ} + L\dfrac{\mathrm{d}i_{sQ}}{\mathrm{d}t} + \Delta L\cos(2\theta_r)\dfrac{\mathrm{d}i_{sQ}}{\mathrm{d}t} - \Delta L\sin(2\theta_r)\dfrac{\mathrm{d}i_{sD}}{\mathrm{d}t} - 2\omega_r\Delta L\sin(2\theta_r)i_{sQ} \\ \qquad -2\omega_r\Delta L\cos(2\theta_r)i_{sD} + \omega_r\psi_{PM}\cos\theta_r \end{cases} \tag{7-94}$$

式 (7-94) 可以重新通过下面的方式将其转化为一个线性系统的形式，即

$$\begin{cases} u_{sD} - R_s i_{sD} - L\dfrac{\mathrm{d}i_{sD}}{\mathrm{d}t} + \Delta L\cos(2\theta_r)\dfrac{\mathrm{d}i_{sD}}{\mathrm{d}t} + \Delta L\sin(2\theta_r)\dfrac{\mathrm{d}i_{sQ}}{\mathrm{d}t} \\ = \omega_r[2\Delta L\sin(2\theta_r)i_{sD} - 2\Delta L\cos(2\theta_r)i_{sQ} - \psi_{PM}\sin\theta_r] \\ u_{sQ} - R_s i_{sQ} - L\dfrac{\mathrm{d}i_{sQ}}{\mathrm{d}t} - \Delta L\cos(2\theta_r)\dfrac{\mathrm{d}i_{sQ}}{\mathrm{d}t} + \Delta L\sin(2\theta_r)\dfrac{\mathrm{d}i_{sD}}{\mathrm{d}t} \\ = \omega_r[-2\Delta L\sin(2\theta_r)i_{sQ} - 2\Delta L\cos(2\theta_r)i_{sD} + \psi_{PM}\cos\theta_r] \end{cases} \tag{7-95}$$

考虑到离散时间的表示形式，取 T_{sp} 为采样时间，可将式 (7-95) 按照连续和离散

时间之间的关系进行如下修改，得

$$s=\frac{1-z^{-1}}{T_{sp}} \tag{7-96}$$

式中　s——拉普拉斯算子；

z——离散时间变量算子。

$$\underbrace{T_s\boldsymbol{u}_s(k)-T_{sp}R_s\boldsymbol{i}_s(k)+\boldsymbol{L}(2\theta_r(k))[\boldsymbol{i}_s(k)-\boldsymbol{i}_s(k-1)]}_{\boldsymbol{S}}$$
$$=\omega_r(k)\underbrace{T_{sp}[\Delta\boldsymbol{L}(2\theta_r(k))\boldsymbol{i}_s(k)+\boldsymbol{\psi}_{PM}(\theta_r(k))]}_{\boldsymbol{q}} \tag{7-97}$$

式中　k——实际的单位时间；

$\boldsymbol{S}$——“数据矢量”；

$\boldsymbol{q}$——“观测矢量”。

式（7-97）给出了一个最小二乘法描述问题，其中 $\hat{\omega}_r(k)$ 是驱动器的转速估计值。应当指出的是，在第 k 个单位时间时，$\hat{\omega}_r(k)$ 取决于定子电流空间矢量 $\boldsymbol{i}_s(k)$ 和 $\boldsymbol{i}_s(k-1)$，同理可以推广到位置估计 $\theta_r(k)$ 上。总之，在第 k 个单位时间时，利用最小二乘法可得到系统的解。

利用最小二乘法是求取式（7-97）的解是一种可行的方法。事实上，应当强调的是，定子的电压和电流必需可观察采样，并且转速估计的准确性会受采样噪声的影响。采样噪声包含了数据矢量和观测矢量，通常，观测矢量受采样噪声的影响较大，因此，最小二乘法不适合应用在这个场合（详情请参考第 8 章）。

最小二乘法和 EXIN 神经元在接下来的章节中可以解决由式（7-97）描述的线性系统，该线性方程可以改写为矩阵的形式，即

$$\boldsymbol{S}\hat{\omega}_r\approx\boldsymbol{q}$$

并且得到最小二乘法的解 $\hat{\omega}_r$。

图 7-31 给出了一种无速度传感器技术的解决方案。首先通过对三相电动机中任意两相电压和电流的采样得到式（7-96）中的数据矢量和观测矢量。由这些测量的变量求得静止参考坐标系下的电流和电压空间矢量，然后利用 TLS EXIN 算法来求解对应的最小二乘法问题。对最小二乘法得到的转速估计值进行积分，从而得到位置的估计值。

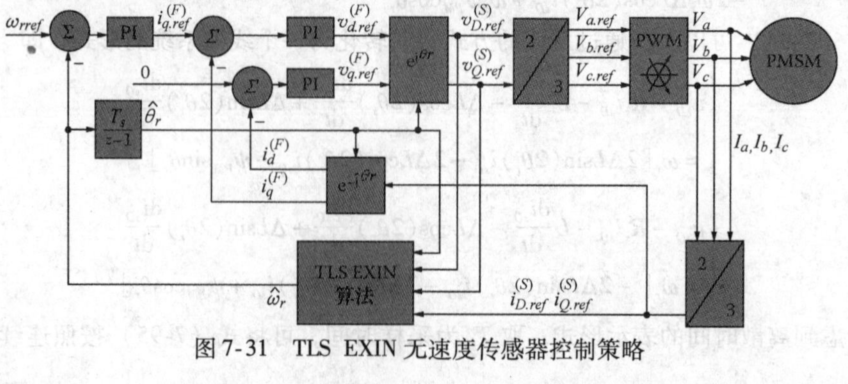

图 7-31　TLS EXIN 无速度传感器控制策略

转速控制方案在第7.3.3节已详述。

基于TLS EXIN转速观测器已在小功率永磁同步电动机驱动上通过实验测试，其试验配置见本章最后给出的实验测试装置。

1）测试1：在高速空载和带载情况下电动机驱动系统的反转测试。在无负载转矩的情况下，该驱动器给定转速的正反转大小为1500~-1500r/min。图7-32a给出了在实验过程中获取的转速参考值、测量值、估计值及其估计误差值。图7-32b显示了转子位置的测量值和估计值及其估计误差值的相应的波形。从中可看出，转速的估计值能够快速地跟踪测量值及其参考值。由此可以说明：转速过冲期间无论瞬时峰值有多大，在转速稳态下的转速估计误差波形都是趋于零。

此外，位置估计值能正确跟踪测量值，表现位置估计误差在转速稳态下几乎恒定和在瞬态期间不断变化。这表明了位置估计误差的作用过程主要发生在瞬态期间。

驱动器在恒定负载下给定相同的速度，其转速变动区间为1500~-1500r/min。电动机在这种情况下装有一个摩擦类型的负载，其幅度与速度几乎呈线性增加。图7-33a给出了转速的参考值、测量值、估计值及其估计误差值，而图7-33b给出了位置的测量值、估计值及其估计误差值所对应的波形。实验结果表明：即使在带负载的条件下，该观测器结果也与空载时一致，即在转速稳态下估计误差趋于零，且转速瞬态过程中具有一定的估计误差。

2）测试2：在空载和带载下给定三角形转速参考波形测试。在空载和负载下，驱动器分别给定转速的峰值为1500r/min，且频率为1Hz的三角波形。该测试验证了在给定速度连续变化的情况下，观测器的输出能够对给定进行准确跟踪。图7-34a给出了转速的给定参考值、测量值、估计值及其估计误差值。图7-34b显示了位置的测量值、估计值及其估计误差值相对应的波形。由此可以看出，转速的估计值能准确跟踪实验的测量值和给定参考值，转速估计误差几乎不变，仅在每个过零点处比预期的幅值更高。这也验证了该位置估计值的波形逼近于测量值，且等于一个几乎恒定的数值（位置估计误差的准恒定），表明了两条曲线之间的差值是由初始瞬态过程的误差所引起的。图7-35a和图7-35b表明在带负载条件下得到相同的波形。即使在这种情况下，负载是一个摩擦类型的负载，其幅值与转速几乎呈线性增加。这些波形也表明了在带负载条件下的转速估计的准确性。与非空载时波形的主要区别是过零点期间转速的估计误差幅值比预期的更高。

3）测试3：在低速空载下转速给定阶跃参考信号测试。为了验证转速观测器在低速时转速估计的准确性，该驱动器给定空载转速为100r/min的阶跃参考信号。图7-36a给出了转速的参考值、测量值、估计值及其估计误差值。图7-36b给出了位置的测量值、估计值及其估计误差值的相应波形。由此可以看出，即使在更低转速时，经过一个由观测器带宽减少引起的较长瞬态（如0.1s）的情况下，转速估计也能准确地跟踪测量值和参考值。在稳态下平均转速估计误差非常低，约等于额定转速的1.87%，然而在瞬态过程中这一误差将变得更大。这可以通过位置波形验证，实验结果（波形）表明位置的估计值和测量值之间差值几乎保持恒定。

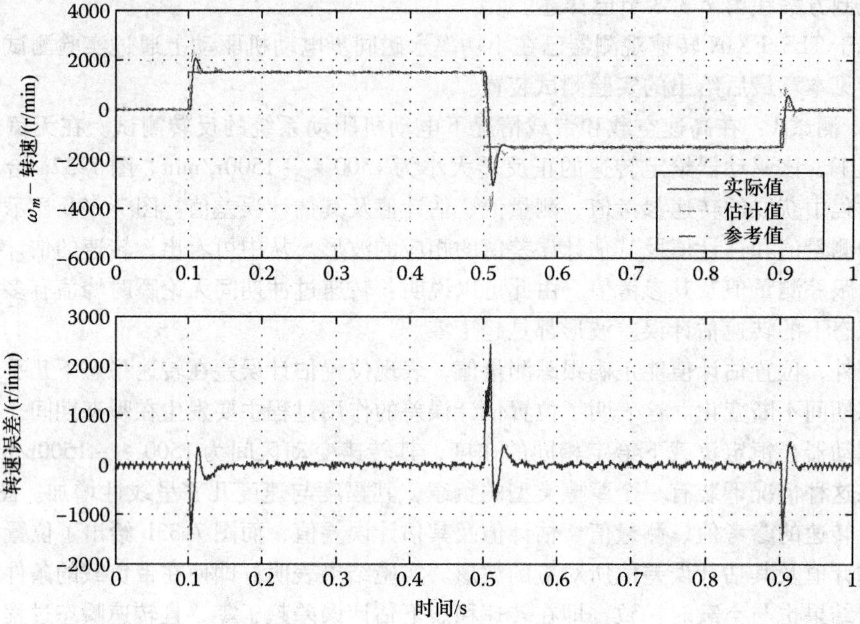

a)

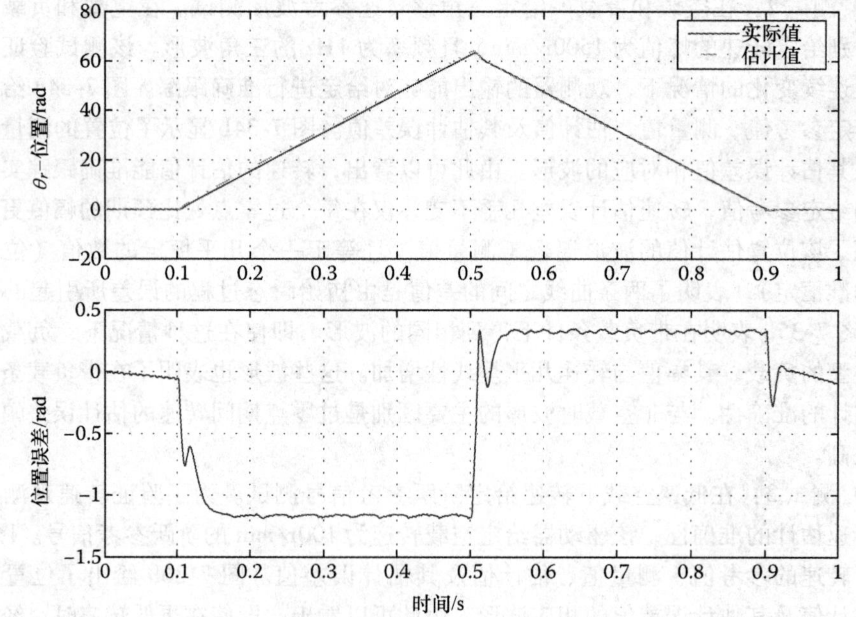

b)

图 7-32　测试 1 空载实验结果

a）转子转速　b）转子位置

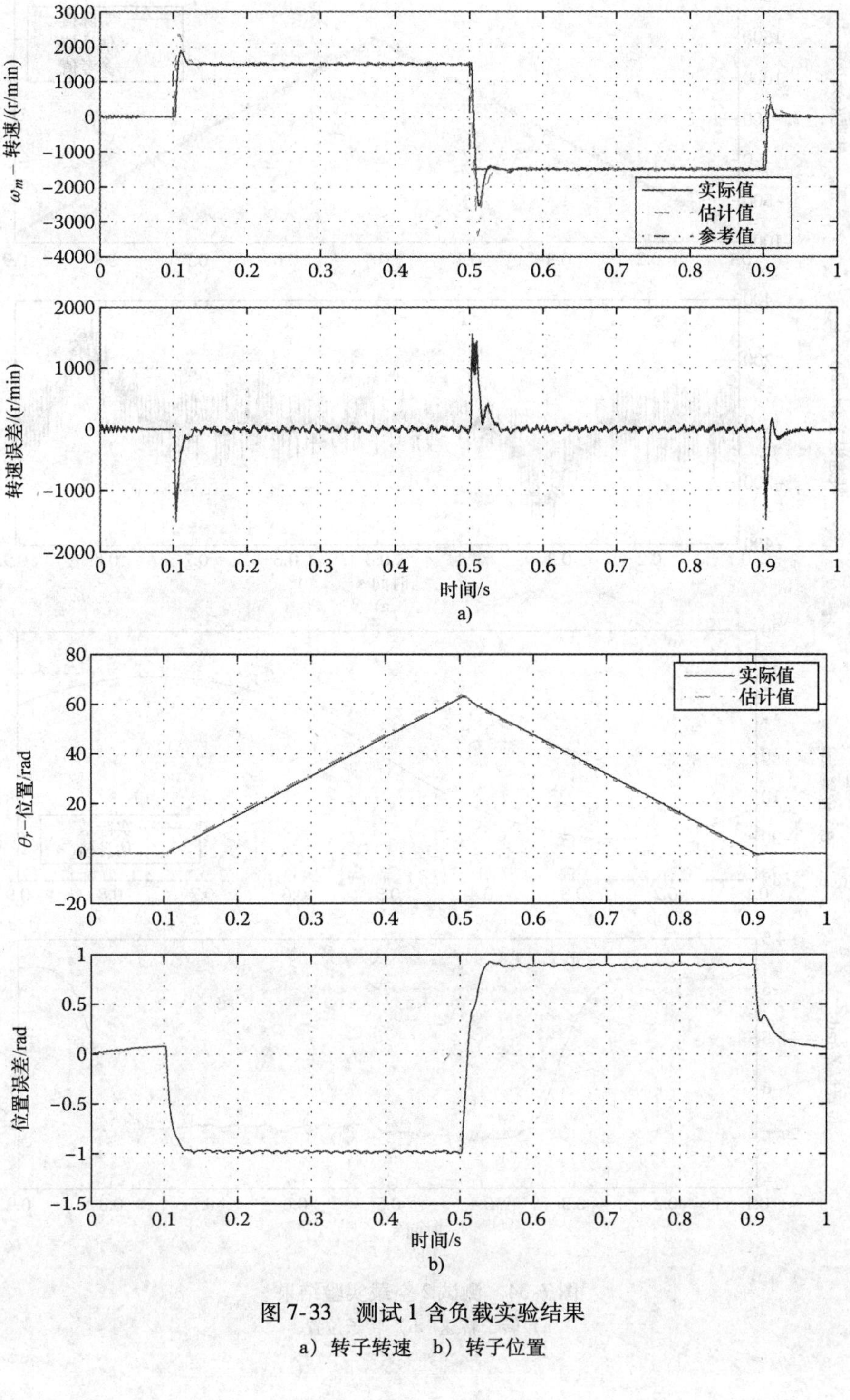

图 7-33　测试 1 含负载实验结果

a）转子转速　b）转子位置

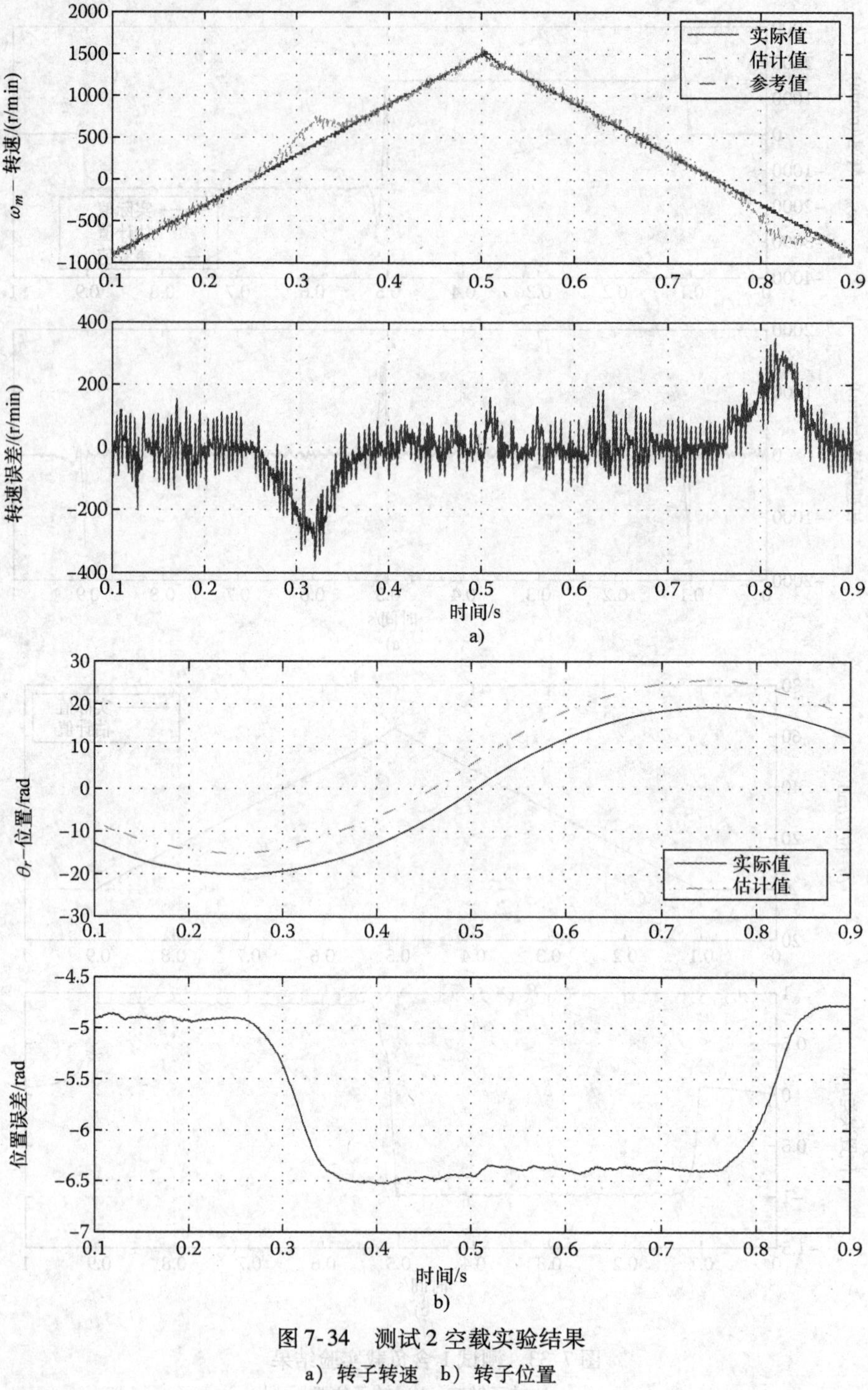

图 7-34　测试 2 空载实验结果

a）转子转速　b）转子位置

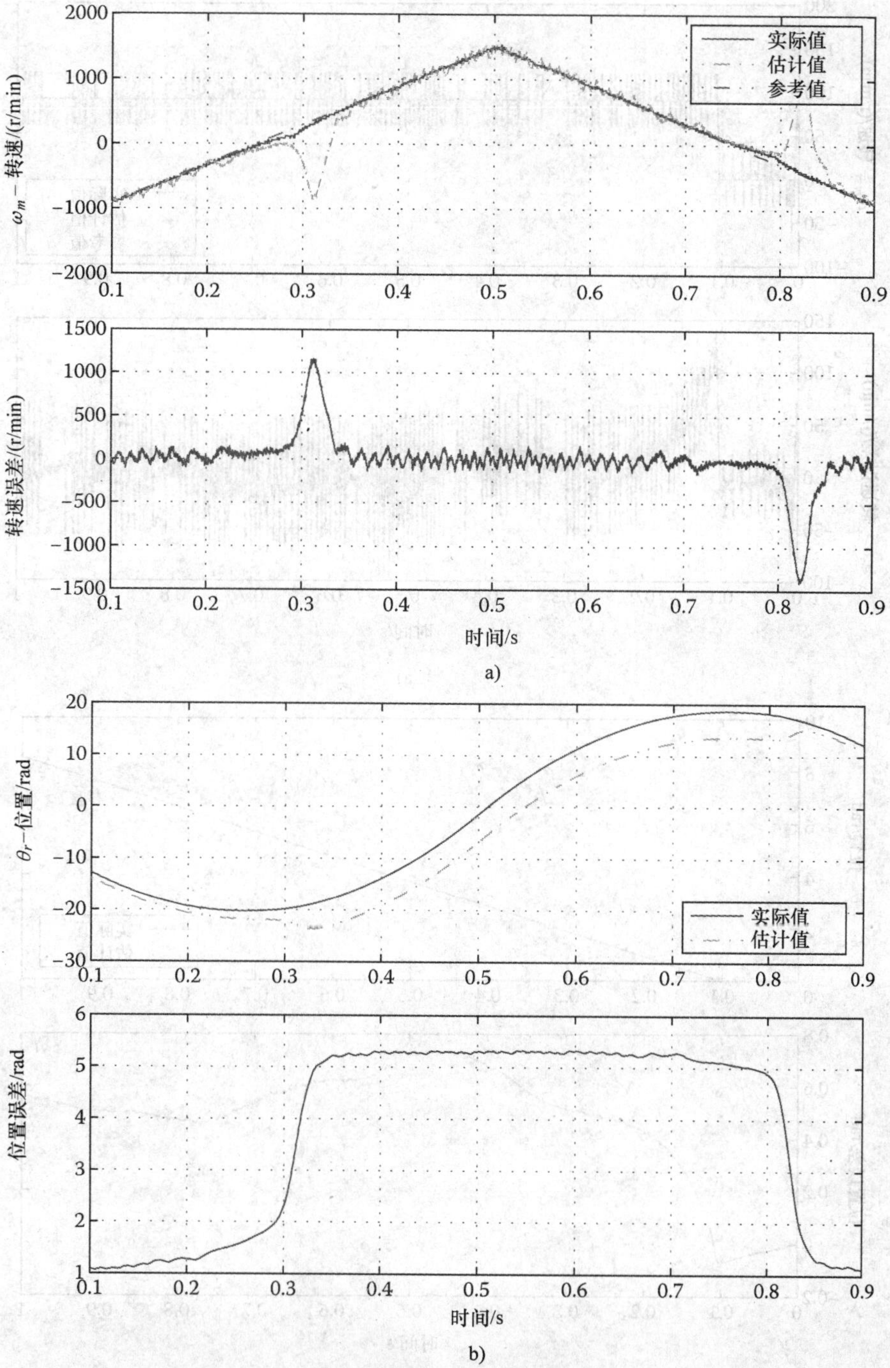

图 7-35　测试 2 负载实验结果

a）转子转速　b）转子位置

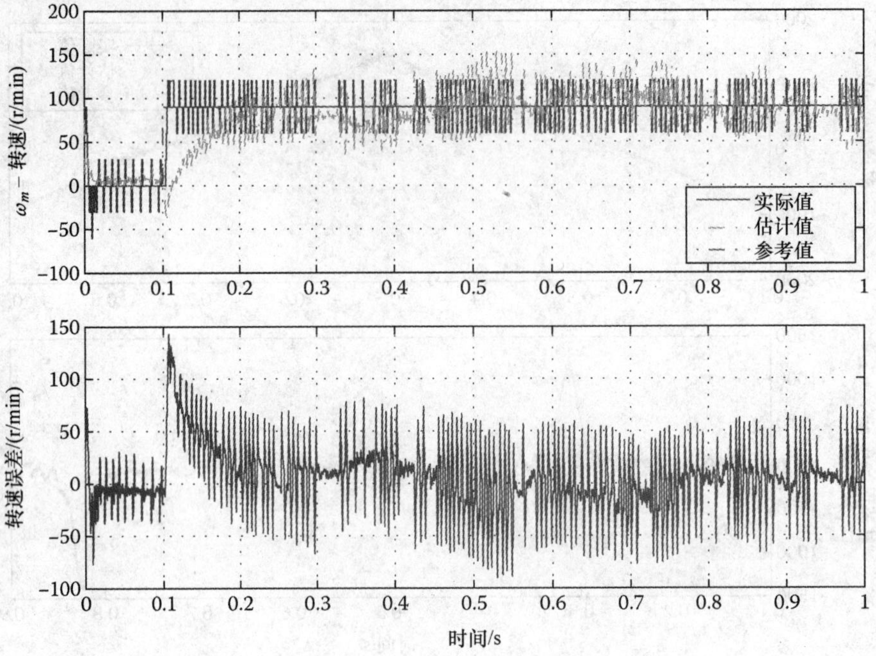

a)

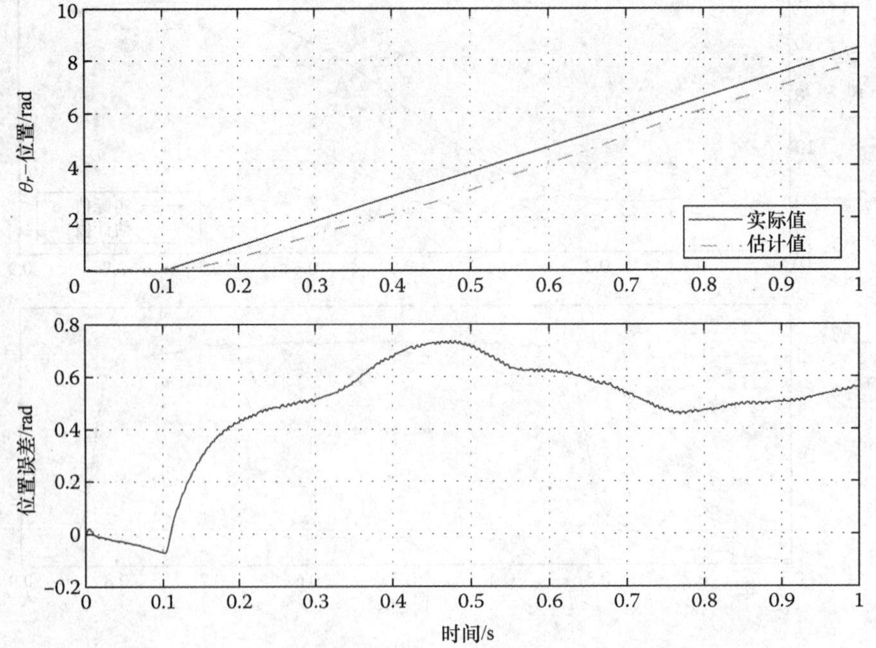

b)

图 7-36 测试 3 的实验结果

a）转子转速 b）转子位置

最后给出本章实验测试装置。

基于永磁同步电动机驱动器所采用的测试装置由以下部分组成：

1）三相永磁同步电动机的型号为 MBE. 300. E500，其参数见表7-2。

2）系统开发板采用 Technosoft MSK28335 模块，其采用的 DSC 运动控制器为 TMS320F28335 模块。

3）三相逆变器 PM50 电源模块的额定电压为 36V，额定电流为 2. 1A，直流母线电压变动范围为 12~36V，PWM 工作频率可高达 25kHz。

所采用的测试装置如图7-37 所示。

永磁同步电动机的凸极比等于0. 83，并且配备了500 脉冲/r 的正交增量式编码器。永磁同步电动机在额定负载转矩的效率约为81%。

图7-37　PMSM 驱动器功率部分实物图

参考文献

1. J. F. Gieras, M. Wing, *Permanent Magnet Motor Technology: Design and Applications*, Marcel Dekker Inc., New York, 2002.
2. P. Vas, *Sensorless Vector and Direct Torque Control*, Oxford University Press, Oxford, U.K., 1998.
3. D. W. Novotny, T. A. Lipo, *Vector Control and Dynamics of AC Drives*, Oxford University Press, Oxford, U.K., 1997.
4. T. J. E. Miller, *Brushless Permanent-Magnet and Reluctance Motor Drives*, Oxford University Press, Oxford, U.K., 1989.
5. A. Fratta, A. Vagati, F. Villata, Permanent magnet assisted synchronous reluctance drive for constant-power application: Drive power limit, *Proceedings of Intelligent Motion European Conference (PCIM)*, Nürnberg, Germany, pp. 196–203, April 1992.
6. Bianchi, N., S. Bolognani, Interior PM synchronous motor for high performance applications, *Proceedings of the Power Conversion Conference, 2002. PCC Osaka 2002*, Osaka, Vol. 1, pp. 148–153, 2002.
7. E. Armando, P. Guglielmi, G. Pellegrino, M. Pastorelli, A. Vagati, Accurate modeling and performance analysis of IPM-PMASR motors, *IEEE Transactions on Industry Applications*, 45(1), 123–130, January–February 2009.
8. A. Fratta, G. P. Troglia, A. Vagati, F. Villata, Evaluation of torque ripple in high performance synchronous reluctance machines, *Conference Records of IEEE IAS Annual Meeting*, Toronto, ON, Canada, Vol. I, pp. 163–170, October 1993.

9. N. Bianchi, S. Bolognani, D. Bon, M. Dai Pre, Rotor flux-barrier design for torque ripple reduction in synchronous reluctance and PM-assisted synchronous reluctance motors, *IEEE Transactions on Industry Applications*, 45(3), 921–928, May–June 2009.
10. A. Vagati, M. Pastorelli, G. Franceschini, S. C. Petrache, Design of low-torque-ripple synchronous reluctance motors, *IEEE Transactions on Industry Applications*, 34(4), 758–765, July–August 1998.
11. R. Krishnan, *Permanent Magnet Synchronous and Brushless DC Motor Drives*, CRC Press, Boca Raton, FL, 2010.
12. S. Dun, F. Weizhong, H. Yikang, Study on the direct torque control of permanent magnet synchronous motor drives, *Proceedings of the Fifth International Conference on Electrical Machines and Systems (ICEMS)*, Shenyang, China, pp. 571–574, 2001.
13. G. Buja, D. Casadei, J. Lalu, G. Serra, Il controllo diretto di coppia negli azionamenti elettrici con motore asincrono, Specialistic Course ANAE-UCIREV, Milano, Italy, November 7–8, 1996.
14. D. Raca, P. Garcia, D. D. Reigosa, F. Briz, R. D. Lorenz, Carrier-signal selection for sensorless control of PM synchronous machines at zero and very low speeds, *IEEE Transactions on Industry Applications*, 46(1), 167–178, January–February 2010.
15. O. Benjak, D. Gerling, Review of position estimation methods for PMSM drives without a position sensor, part III: Methods based on saliency and signal injection, *International Conference on Electrical Machines and Systems (ICEMS), 2010*, Incheon, Korea, pp. 873–878, October 10–13, 2010.
16. P. L. Jansen, R. D. Lorenz, Transducerless position and velocity estimation in induction and salient AC machines, *IEEE Transactions on Industry Applications*, 31(2), 240–247, March–April 1995.
17. W. Limei, G. Qingding, R. D. Lorenz, Sensorless control of permanent magnet synchronous motor, *The Third International Power Electronics and Motion Control Conference, 2000. Proceedings. IPEMC 2000*, Beijing, China, Vol. 1, pp. 186–190, 2000.
18. M. Linke, R. Kennel, J. Holtz, Sensorless position control of permanent magnet synchronous machines without limitation at zero speed, *IEEE 2002 28th Annual Conference of the IECON 02 [Industrial Electronics Society]*, Seville, Spain, Vol. 1, pp. 674–679, November 5–8, 2002.
19. H. Kim, R. D. Lorenz, Carrier signal injection based sensorless control methods for IPM synchronous machine drives, *Industry Applications Conference, 2004. 39th IAS Annual Meeting. Conference Record of the 2004 IEEE*, Seattle, USA, Vol. 2, pp. 977–984, October 3–7, 2004.
20. O. C. Ferreira, R. Kennel, Encoderless control of industrial servo drives, *12th International Power Electronics and Motion Control Conference, 2006. EPE-PEMC 2006*, pp. 1962–1967, August 30–September 1, 2006.
21. A. Accetta, M. Cirrincione, M. Pucci, G. Vitale, Sensorless control of PMSM fractional horsepower drives by signal injection and neural adaptive-band filtering, Special section fractional horsepower electric drives, *IEEE Transactions on Industrial Electronics*, 59(3), 1355–1366, March 2012.
22. E. Robeischl, M. Schroedl, Optimized INFORM measurement sequence for sensorless PM synchronous motor drives with respect to minimum current distortion, *IEEE Transactions on Industry Applications*, 40(2), 591–598, March–April 2004.
23. R. Wu, G. R. Slemon, A permanent magnet motor drive without a shaft sensor, *IEEE Transactions on Industry Applications*, 27(5), 1005–1011, September–October 1991.
24. L. Harnefors, H. P. Nee, A general algorithm for speed and position estimation of AC motors, *IEEE Transactions on Industrial Electronics*, 47(1), 77–83, February 2000.
25. M. Schrodl, M. Hofer, W. Staffler, Sensorless control of PM synchronous motors in the whole speed range including standstill using a combined INFORM/EMF model, *12th International Power Electronics and Motion Control Conference, 2006. EPE-PEMC 2006*, Portoroz, Slovenia, Vol., pp. 1943–1949, August 30–September 1, 2006.
26. Z. Chen, M. Tomita, S. Doki, S. Okuma, An extended electromotive force model for sensorless control of interior permanent-magnet synchronous motors, *IEEE Transactions on Industrial Electronics*, 50(2), 288–295, April 2003.

第3部分

基于神经网络的正交回归

第 8 章　基于神经网络的正交回归

8.1　ADALINE 和最小二乘问题简介

本章介绍了线性神经网络的概念，特别是单个神经元的组成。在文献中，它被称为 ADALINE，名字的来历：最开始对神经网络的研究比较少时为 “ADAptive Linear Neuron”，后来由 Minsky 和 Papert 的著作[1]得名 “ADAptive LINear Element”[2]。相对于一般的神经网络模型，ADALINE 的最简单形式仅包含线性组合器，它的输出为组合器之和。一般不存在输出激励函数，即使有输出函数也是恒等函数。图 8-1 所示为一般的 ADALINE 简单模型。

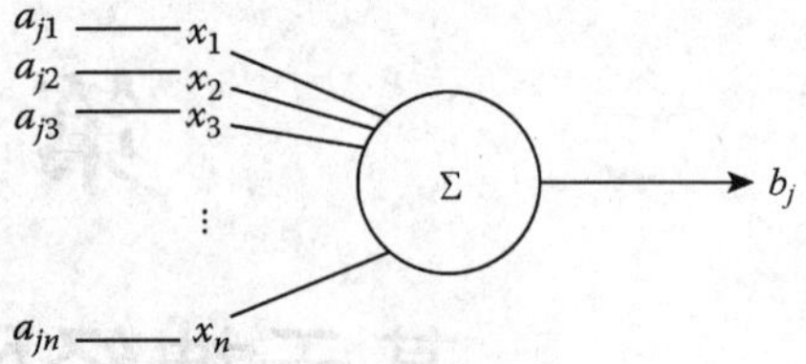

图 8-1　线性神经网络

输出 y 的描述为

$$b_j = \sum_{i=1}^{n} a_{ji} x_i = \boldsymbol{a}_j^{\mathrm{T}} \boldsymbol{x} \tag{8-1a}$$

式中　a_{ji}——第 j 个时刻输入矢量 $\boldsymbol{a}_j$ 的第 i 个分量；

x_i——权值矢量 $\boldsymbol{x}$ 的第 i 个分量；

b_j——第 j 个时刻相应的输出。

如果考虑矢量 $b = [b_1 \cdots b_j \cdots b_m]^{\mathrm{T}} \in \Re^m$，以及由 M 行 $\boldsymbol{a}_j^{\mathrm{T}}$ 矢量构成的矩阵 $\boldsymbol{A} \in \Re^{m \times n}$，然后求解权值矢量 $\boldsymbol{x}$（线性参数估计问题），则这个问题大致等同于：在扩展矩阵 $[\boldsymbol{A};\ \boldsymbol{b}]$ 组成的训练集（TS）基础上，求解如下的超定线性方程组，即

$$\boldsymbol{A}\boldsymbol{x} \approx \boldsymbol{b} \tag{8-1b}$$

通常，$\boldsymbol{A} \in \Re^{m \times n}$ 被称为数据矩阵，$\boldsymbol{b} \in \Re^m$ 被称为观测矢量。根据经典的普通最小二乘法（Ordinary Least Squares，OLS），误差被假设只隐含于观测矢量。这个假设是理想化的。事实上，使数据矩阵受影响的因素包括噪声、采样误差、人为误差、建模误差和测量误差。参考文献［3，4］给出了一些方法，以估计这些误差对 OLS 解的影响。提出总体最小二乘法（Total Least Squares TLS）的目的就是要消除这些误差的影响。参考文献［5］首次提出了 TLS 问题，采用了参考文献［4］所建议的奇异值分解（Singular Value Decomposition，SVD）方法进行求解，更完整的求解方法见参考文献［36］。这种估算方法源自统计学的论著，原称为正交回归或变量误差（Errors – In – Variables，EIV）回归㊀。事实上，回归直线问题自 20 世纪就已经被考虑了[6]，其主要研究成果见参考文献［6 – 10］。大约 30 年前，这项技术已经被推广到多变量的情况，后来又到了多维

㊀ 在 EIV 模型中，观测变量的实际值能准确地满足未知的线性关系。

的情况（处理几个观测矢量 **b**），如参考文献［11］和［12］所述。TLS 问题的完整分析见参考文献［13］，在该文献中参考文献［5］的算法被推导为非泛型化（非泛型化 TLS），原因是原算法不能实现求解。根据数据最小二乘法（Data Least Squares，DLS），误差被假设仅限于数据矩阵中[14]。DLS 特别适合于某些解卷积问题，如系统辨识或信道均衡问题[14]。

8.2 线性回归的方法

8.2.1 OLS 问题

其最小二乘解是下列最小值，即

$$\min_{\boldsymbol{b}' \in \Re^m} \| \boldsymbol{b} - \boldsymbol{b}' \|_2 \text{ 约束条件为 } \boldsymbol{b}' \in R(A) \tag{8-2}$$

式中 $R(A)$——$\boldsymbol{A}$ 的列空间。当找到 $\boldsymbol{b}'$ 的最小值，则满足下式的每个矢量称为 OLS 的解。

$$\boldsymbol{A}\boldsymbol{x}' = \boldsymbol{b}' \tag{8-3}$$

它对应于下列代价函数的最小值点：

$$E_{OLS}(x) = (\boldsymbol{A}\boldsymbol{x} - \boldsymbol{b})^{\mathrm{T}}(\boldsymbol{A}\boldsymbol{x} - \boldsymbol{b}) \tag{8-4}$$

8.2.2 DLS 问题

其最小二乘解是下列最小值，即

$$\min_{A'' \in \Re^{m \times n}} \| \boldsymbol{A} - \boldsymbol{A}'' \|_F \text{ 约束条件为 } \boldsymbol{b} \in R(A'') \tag{8-5}$$

式中 $\| \ldots \|_F$——Frobenius 范数。

当找到 $\boldsymbol{A}''$ 的最小值，则每个满足条件的式（8-6）中的 $\boldsymbol{x}''$ 就称为 DLS 的解。在参考文献［15］第 120 页中，证明了该解对应于成本函数式（8-7）中的最小值。

$$\boldsymbol{A}''\boldsymbol{x}'' = \boldsymbol{b}' \tag{8-6}$$

$$E_{DLS}(\boldsymbol{x}) = \frac{(\boldsymbol{A}\boldsymbol{x} - \boldsymbol{b})^{\mathrm{T}}(\boldsymbol{A}\boldsymbol{x} - \boldsymbol{b})}{\boldsymbol{x}^{\mathrm{T}}\boldsymbol{x}} \tag{8-7}$$

8.2.3 TLS 问题

其最小二乘解是下列最小值，即

$$\min_{[\hat{A};\hat{b}] \in \Re^{m \times (n+1)}} \| [\boldsymbol{A};\boldsymbol{b}] - [\hat{\boldsymbol{A}};\hat{\boldsymbol{b}}] \|_F \text{ 约束条件为 } \hat{\boldsymbol{b}} \in R(\hat{A}) \tag{8-8}$$

当找到［$\hat{\boldsymbol{A}}$；$\hat{\boldsymbol{b}}$］的最小值，则每个满足条件的式（8-9）中的 $\hat{x}$ 称为 TLS 的解。它使正交距离平方（权值残留项的平方和）之和为最小值，见式（8-10）。

$$\hat{\boldsymbol{A}}\hat{\boldsymbol{x}} = \hat{\boldsymbol{b}} \tag{8-9}$$

$$E_{TLS}(\boldsymbol{x}) = \frac{(\boldsymbol{A}\boldsymbol{x} - \boldsymbol{b})^{\mathrm{T}}(\boldsymbol{A}\boldsymbol{x} - \boldsymbol{b})}{1 + \boldsymbol{x}^{\mathrm{T}}\boldsymbol{x}} = \frac{\| [\boldsymbol{A};\boldsymbol{b}][\boldsymbol{x}^{\mathrm{T}}; -1] \|_2^2}{\| [\boldsymbol{x}^{\mathrm{T}}; -1] \|_2^2} \tag{8-10}$$

上式对应于$[A;b]^T[A;b]$的 Raleigh 商数（RQ），即

$$E_{MCA}(x)=\frac{u^T[A;b]^T[A;b]u}{u^Tu} \tag{8-11}$$

约束条件为$u_{n+1}=-1$（u_{n+1}是矢量u的最后1个分量），它表示空间u的超平面，称为 TLS 的超平面。式（8-11）表明，可以采用最小主元分析（MCA）进行求解，之后再对结果进行归一化。

可以证明，TLS 解平行于右奇异值矢量（$\in\Re^{n+1}$），该矢量对应于［A；b］的最小奇异值。

8.3 最小主元分析和 MCA EXIN 神经元

MCA 是一种提取输入信号的二阶统计值的技术，在数据分析和信号处理中起着越来越重要的作用。

最小主元是对应于数据自相关矩阵[16]最小特征值的特征矢量。

8.3.1 一些 MCA 的应用

MCA 具有多个应用领域，尤其在自适应信号处理中。它已经被应用到频率估算[17,18]、定位[19]、波束成型[20]、运动目标检测[21]和杂波消除[22]。它也被应用到 TLS 算法进行参数估算[23,24]。参考文献［16］给出了 MCA 和 TLS 规则的函数逼近之间的关系，把 MCA 的应用领域扩大到了数个工程领域以及认知科学，如计算机视觉。

8.3.2 神经网络方法

几种神经网络均能求解 MCA 问题。其中唯一的非线性神经网络是 Mathew 等[17,18]提出的 Hopfield 网络，但是它存在一些严重的缺陷（见 Cirrincione[15]，第 120 页）。目前其他所有的方法均仅采用一个线性神经元。

考虑线性神经元的输入矢量为$x(t)=[x_1(t),\cdots,x_N(t)]^T$，输出$y(t)$为

$$y(t)=\sum_{i=1}^{N}w_i(t)x_i(t)=w^T(t)x(t) \tag{8-12}$$

式中　$w(t)=[w_1(t),\cdots,w_N(t)]^T$——权值矢量。

$x(t)$的自相关矩阵的 RQ 是这些神经元的 Liapounov 函数，采用梯度下降方法实现函数的最小化。最重要的线性神经元为 OJA、OJAn、OJA +[16]、LUO[29,41]、FENG、FENG1[32]和 MCA EXIN[25,26,37-41]。MCA EXIN 这个术语在参考文献［25，26］中引入，目前已被文献所采用。Cirrincione 等[25]通过分析 RQ 的性质和早期神经元常微分方程（Ordinary Differential Equation，ODE）对应的梯度流，证明了下列论点：

1）LUO、OJAn 和 MCA EXIN 的 ODE 是等价的，只是在黎曼度量上存在差异。这意味着稳定性分析相似，临界点除外。

2）RQ 临界点是奇异的，因为 Hessian 矩阵在这些点上是不可逆的。因此，RQ 在

包含临界点的每个开放空间域不是 Morse 函数㊀。

3）因此，梯度流的相位图仅由沿 RQ 特征值矢量方向的直线组成，即临界点并非孤立的。

4）对于非奇异的临界点，该点附近的梯度流的局部稳定性不随黎曼度量发生变化。然而，如果临界点为奇异，则 RQ 临界点附近梯度流的局部相位图将随黎曼度量发生明显变化[27,28]。

8.4 MCA EXIN 神经元

MCA EXIN 神经元学习方法是把 RQ 梯度流连续化的式子离散化后得到的，即

$$\boldsymbol{w}(t+1)=\boldsymbol{w}(t)-\frac{\alpha(t)y(t)}{\boldsymbol{w}^{\mathrm{T}}(t)\boldsymbol{w}(t)}\left[x(t)-\frac{y(t)\boldsymbol{w}(t)}{\boldsymbol{w}^{\mathrm{T}}(t)\boldsymbol{w}(t)}\right] \tag{8-13}$$

式中 $\alpha(t)$——学习率。

8.4.1 初始过渡过程的收敛性

本节分析论述了 ODE MCA EXIN，因此结论局限于 ODE 假设：它是神经元时域特性初始行为的逼近理论，特别是最小值首次达到之前的时域特性。Cirrincione 等[25,26]证明了下列定理：

定理 8-1（MCA EXIN 的收敛性）

令 $\boldsymbol{R}$ 为输入数据的 $n\times n$ 自相关矩阵，特征值为 $0\leqslant\lambda_N\leqslant\lambda_{N-1}\leqslant\cdots\leqslant\lambda_1$，相应的正交特征矢量为 z_N，z_{N-1}，…，z_1。如果 $\boldsymbol{w}(0)$ 满足 $\boldsymbol{w}^{\mathrm{T}}(0)z_N\neq0$，且 λ_n 是单一的，则 MCA EXIN 在 ODE 内，逼近方法有效的范围，即

$$\|\boldsymbol{w}(t)\|_2^2\approx\|\boldsymbol{w}(0)\|_2^2\quad t>0 \tag{8-14}$$

$$\boldsymbol{w}(t)\rightarrow\pm\|\boldsymbol{w}(0)\|_2 z_N\vee\boldsymbol{w}(t)\rightarrow\infty \tag{8-15}$$

在 OBE 逼近方法的限制下，相位图的解释如下[29,30]（也适用于其他神经元）：

1）RQ 具有全局最小值和全局最大值的临界方向，其他临界方向是鞍形的。

2）临界方向在特征值较大的特征矢量方向存在全局最小值，在特征值较小的特征矢量方向存在全局最大值。

3）临界方向在特征值较大的特征矢量线性组合方向存在全局最小值，在特征值较小的特征矢量线性组合方向存在全局最大值。

4）每一个鞍形方向存在有引力为无穷大的锥体，其中心的方向具有比其他鞍形特征值更大的特征值矢量线性组合。也存在斥力为无穷大的锥体，其轴线与引力锥体的轴线正交，中心方向（逃逸维度）具有比其他鞍形特征值更小的特征值矢量线性组合。

5）穿过原点并垂直于最小值方向的超平面是由沿最小值方向的峰值点组成的（沿最小值方向的超平面峰）。穿过原点并垂直于最大值方向的超平面是由沿最大值方向的

㊀ 函数 f: $U\rightarrow\mathfrak{R}$，U 是 $\mathfrak{R}^n$ 的开子集，若函数所有的临界点 $x_0\in U$ 为非奇异的，则该函数为 Morse 函数。

谷值点组成的（沿最小值方向的超平面谷）。穿过原点并垂直于鞍形方向的超平面由两种类型的点组成：与斥力锥体相交并沿鞍形方向的谷值点（沿鞍形方向的超平面谷）；与引力锥体相交并沿鞍形方向的峰值点（沿鞍形方向的超平面峰）。

图 8-2 所示为 RQ 的 MCA EXIN ODE 函数 3 - D 相位图。

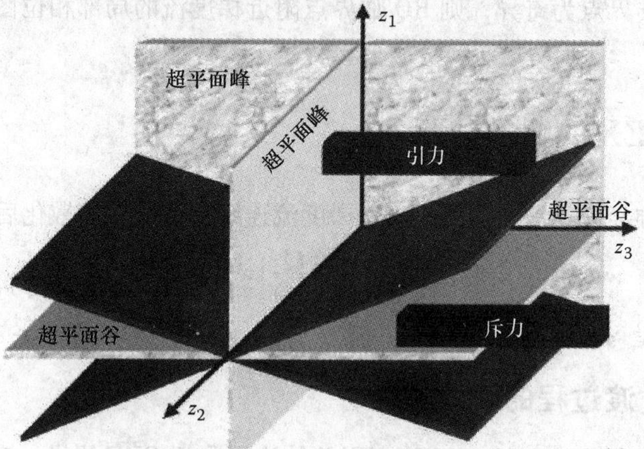

图 8-2　MCA EXIN ODE 稳定性分析和相位图（3 - D 图）

（资料来源：Cirrincione，G. et al.，IEEE Trans. Neural Netw.，13（1），160，January 2002；Cirrincione，G. and Cirrincione，M.，Neural Based Orthogonal Data Fitting：The EXIN Neural Networks，Series：Adaptive and Learning Systems for Signal Processing，Communications and Control，Wiley & Sons，New York，255pp.，November 2010.）

如果该权值矢量的模小于 1，则 MCA EXIN 神经元的权值矢量快于 OJAn 达到最小主元方向，就比 LUO 更快了。如果权值矢量的模大于 1，则结果刚好相反。如果权重矢量刚好落在单位球体上，模等于 1，则三个神经元的速度相同。此外，它们的时间常数与 $\lambda_{N-1}-\lambda_N$ 成反比：特征值之差越大响应越快。OJA 和 OJAn 具有相同的时间常数。

当初始值比较大时，OJA 和 LUO 的结果优于 MCA EXIN。但据此做出选择是不合适的，因为两者的 RQ 图过于平坦，另外其学习方法也异于 MCA EXIN，这很难中止算法（见参考文献［31］的发散分析）。通过分析，对 MCA EXIN 神经元的最好选择是零初始条件。但是，可以很容易验证这是不可能的。此外，该权值矢量值太低可能导致强烈的振荡，见式（8-13）。下面介绍的 MCA 神经元带有一个规划方法（DLS 规划），允许它从无穷小的初始条件开始，保持一定时间的低权值，并遵循相图中稳定的轨迹：这被称作 MCA EXIN +。

8.4.2　MCA 神经元的动态特性

所有 MCA 神经元的时域特性可以通过随机离散法进行分析，原因是仅采用 ODE 近似方法不能得到这些神经元的某些重要特性。

根据 ODE 近似方法，OJAn、LUO 和 MCA EXIN 权值矢量的模的时间序列值为恒值，然而，参考文献［25，26］表明，模的值是逐渐增大的。相对于其他神经元，MCA EXIN具有权值模的最大增量，增量小于1：这解释了它较大的瞬时振荡，以及在初始值为零或较小值时能在MC方向（RQ全局最小值）迅速收敛的事实。此外，发散开始时，如参考文献［31］所述，具有较大的模值：在这种情况下，MCA EXIN具有最小的模值增量，也表明了其发散是最慢的。除FENG、FENG1和OJA+以外的所有MCA神经元，其动态特性可以总结如下（3D相位图见图8-3）。

1）初始的过渡过程。

2）围绕常数模的轨迹出现波动，漂移逐渐增大；波动量是学习率的函数。

3）能够收敛至所需的方向。

4）通过模值的增加，至时间为∞，波动逐渐使权值达到另一临界点。

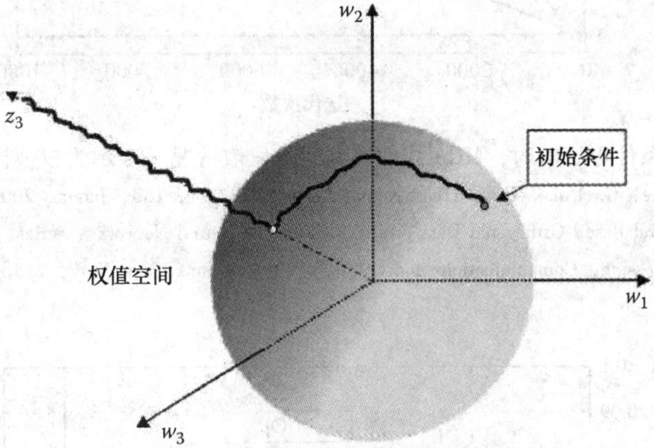

图8-3 MCA EXIN、LUO、OJAn和OJA权值的动态特征（特定的初始条件）：3D图像
（资料来源：Cirrincione，G. et al.，IEEE Trans. Neural Netw.，13（1），160，January 2002：Cirrincione，G. and Cirrincione，M.，Neural Based Orthogonal Data Fitting：The EXIN Neural Netw.，Series：Adaptive and Learning Systems for Signal Processing，Communications and Control，Wiley & Sons，New York，255pp.，November 2010.）

参考文献［25，26，31］证明了某些线性神经元在有限的时间内，会存在“突发性发散”现象。对于LUO，这个时间取决于自相关矩阵$\boldsymbol{R}$特征值的频谱。对于OJA和OJA+，它取决于$\boldsymbol{R}$的最小特征值的倒数，这意味着含有噪声的数据会恶化发散现象。图8-4所示为一个例子：OJA表现最差，MCA EXIN缓慢发散，OJA+收敛。图8-5所示为LUO在MC方向的偏差。图中明显可见与MC方向正交的权值增量的影响，以及突发性发散的出现。

由于存在发散，因此很难设置合适的算法中止准则。在参考文献［25，26］中，研究了为MCA EXIN解决该问题的一些技术；也分析了FENG和FENG1，它们的表现符合反Hebbian规则，造成围绕着解存在大幅振荡，不像MCA EXIN那样只围绕着解存在小幅波动。图8-6所示为这样的一个例子。

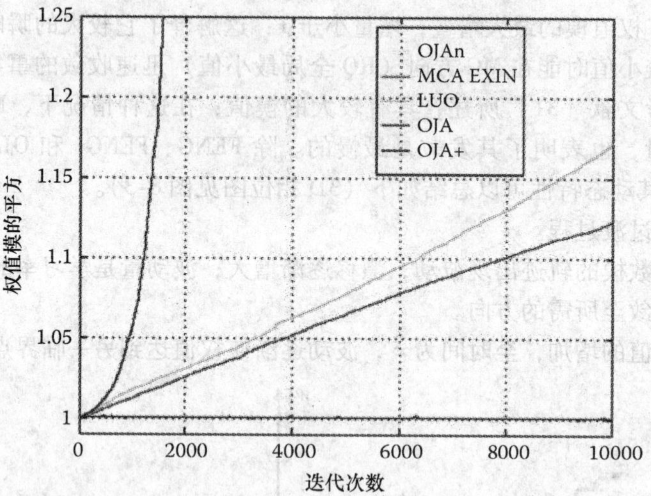

图 8-4　初始条件等于解时，MCA 线性神经元的发散情况（表示为权值模平方的变化）

（资料来源：Cirrincione，G. et al.，IEEE Trans. Neural Netw.，13（1），160，January 2002：Cirrincione，G. and Cirrincione，M.，Neural Based Orthogonal Data Fitting：The EXIN Neural Networks，Series：Adaptive and Learning Systems for Signal Processing，Communications and Control，Wiley & Sons，New York，255pp.，November 2010.）

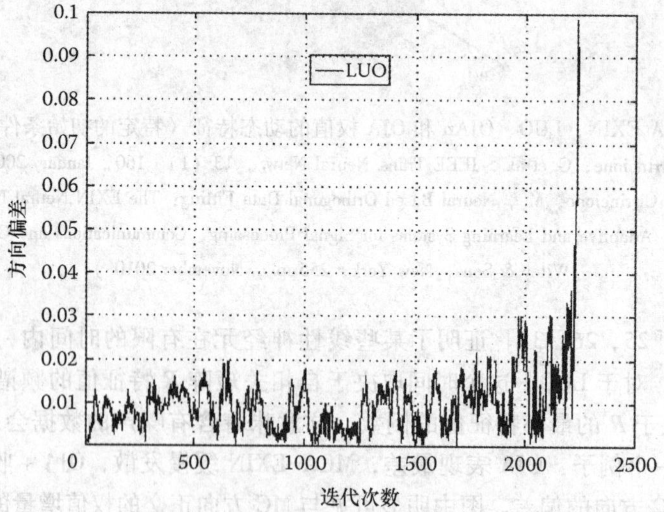

图 8-5　LUO 在 MC 方向的偏移量，为权值矢量和 MC 方向之间夹角正弦值的平方

（资料来源：Cirrincione，G. et al.，IEEE Trans. Neural Netw.，13（1），160，January 2002.）

8.4.3　动态稳定性和学习率

参考文献［25，26］中，提出了一个原创的分析权值矢量 $\boldsymbol{\psi}=\boldsymbol{w}$ 波动的技术，波动

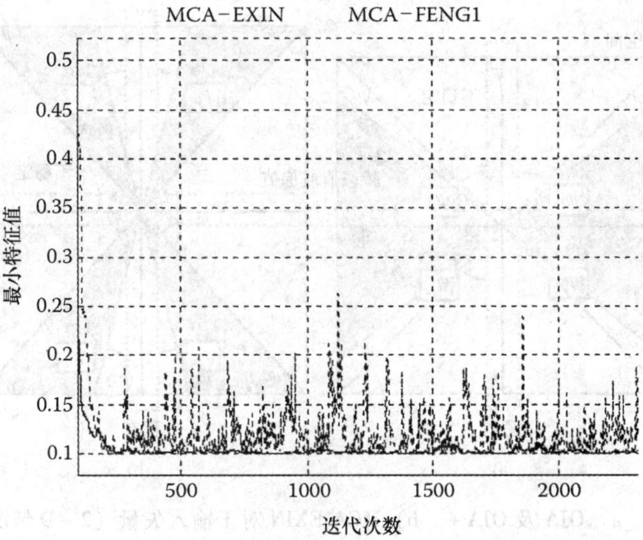

图 8-6　在 3-D 良态自相关矩阵下 MCA EXIN 和 FENG 最小特征值的计算

（资料来源：Cirrincione，G. et al.，IEEE Trans. Neural Netw.，13（1），160，January 2002；Cirrincione，G. and Cirrincione，M.，Neural Based Orthogonal Data Fitting：The EXIN Neural Networks，Series：Adaptive and Learning Systems for Signal Processing，Communications and Control，Wiley & Sons，New York，255pp.，November 2010.）

为学习率 α 的函数。根据这个技术，参考文献［25，26］给出了权值矢量子空间的时域分析。图 8-7 显示了一个例子。下列事实已经被证明：

1）存在一个新形式的发散，不稳定的发散。

2）在较短的学习时间内得到小的 α 结果值。

3）很难找到合适的 α 值，以避免不稳定的发散。

4）解的过渡过程和准确性取决于所选择的 α。

LUO、OJAn 和 MCA EXIN 的迭代算法具有高方差和低漂移。然而，OJAn 和 LUO 比 MCA EXIN 需要更多的迭代才能收敛，因为它们在 MC 的方向波动大，不能按规则提早中止，中止规则要求权值时间序列达到一定的平滑度。相反，OJA、OJA + 和 FENG 的算法具有低方差和高漂移。然而，FENG 的波动最大且因矩阵接近奇异而不可靠。只有 MCA EXIN，小的初始值将导致在初始过渡阶段权值出现大的方差，但这不会影响最终精度，原因如参考文献［25，26］所述，波动将在发散阶段降为零。

8.4.4　数值计算的考虑

1. 计算量

MCA 学习方法是一种迭代算法，每种迭代的计算量均不相同，见表 8-1。其中可见 OJA 的计算量最小。所有的计算量与数据的维数 n 相关：对于高维数据，除 OJA 以外的所有学习方法具有相同的计算量，OJA 每次迭代可以节省 33% flops（每秒浮点运算次数）的计算量。

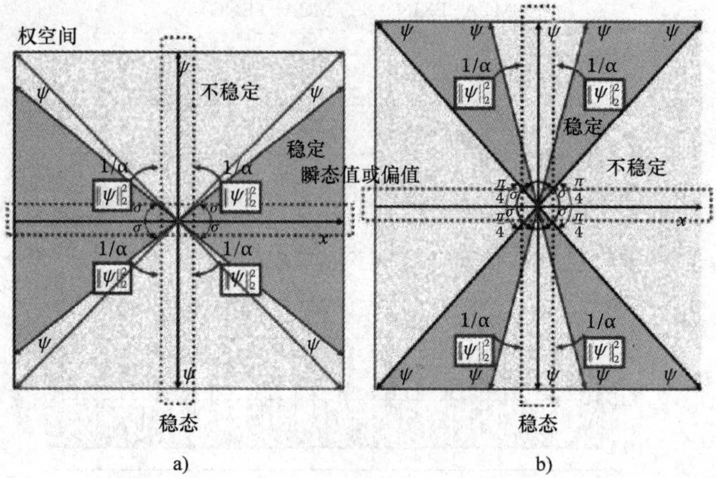

图 8-7 a) OJA 及 OJA +、b) MCA EXIN 对于输入矢量(2 - D 情况)为权值矢量 $\psi = w$ 的稳定子空间。箭头表示 $\boldsymbol{\psi}$ 的时间变化

(资料来源:*Cirrincione, G. et al., IEEE Trans. Neural Netw.*, 13 (1), 160, *January* 2002; *Cirrincione, G. and Cirrincione, M., Neural Based Orthogonal Data Fitting: The EXIN Neural Networks, Series: Adaptive and Learning Systems for Signal Processing, Communications and Control, Wiley & Sons, New York*, 255*pp.*, *November* 2010.)

表 8-1 MCA 神经元每次迭代的运算量

	每次迭代的 Flops
OJA +	$8n+3$
LUO	$8n+1$
EXIN	$8n+1$
OJAn	$8n$
FENG	$8n-1$
OJA	$6n$

资料来源:From Cirrincione, G. et al., IEEE Trans. Neural Netw., 13 (1), 160, January 2002.

2. 量化误差

量化误差将恶化梯度算法的解,而这些梯度算法的性能是达到无限精度的。这些误差将随时间出现积累。不加以限制时,长时间运行(数千万次迭代)会导致最终数据溢出[32]。这种发散在这里被称为数值发散。

解的恶化程度与输入自相关矩阵的特征值频谱范围成正比,这是一个接近于奇异的矩阵。图 8-8 所示为 FENG 的计算例子,奇异矩阵的特征值很小,为 0、1 和 1.5。可以注意到,有限时间内数值计算中出现突发性发散。

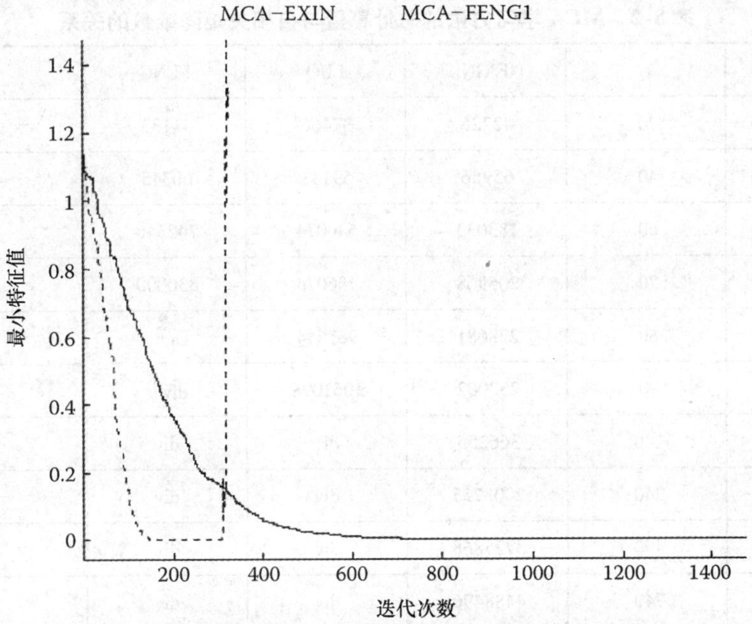

图 8-8　自相关矩阵为奇异的情况下 FENG 的数值突发性发散

（资料来源：Cirrincione，G. et al IEEE Trans. Neural Netw.，13（1），160，January 2002；Cirrincione，G. and Cirrincione，M.，*Neural Based Orthogonal Data Fitting*：*The EXIN Neural Networks*，*Series*：Adaptive and Learning 即 stems for Signal Processing Communications and Control，Wiley&Sons，New York，255pp.，November 2010.）

8.4.5　加速技术

MCA 学习方法是实时自适应的梯度算法，适应后立即生效。然而，批处理技术可以进一步加快 MCA 算法。如果输入数据组成块之后送至神经元，也就是整个数据块处理后才调整权值，就可以采用批学习的各种方法。尽管这样，采用 Newton 和 quasi - Newton 技术是不实际的，因为 RQ Hessian 矩阵在最小值点是奇异的，不可逆。另外，共轭梯度法可以解决这个问题[33, pp. 256 - 259][34]，并且可以用数据块模式加速 MCA EXIN[15]。

8.4.6　仿真

下面仿真采用的数据，是由自相关矩阵 $\boldsymbol{R}$ 产生的高斯随机矢量 $x(t)$，$\boldsymbol{R}$ 的频谱是预先确定的。仿真的目的是分析 MCA 方法的特性与数据的维数 n、$\boldsymbol{R}$ 的条件数之间的关系。在第一组仿真中，权值矢量的初始分量是在 [0，1] 之间随机选择的，λ_n 设置为等于1。其他的特征值由 $\lambda_i = n - i$ 设置，则条件数 κ_2（$\boldsymbol{R}$）$= \lambda_1 / \lambda_n$ 中随 n 增大而增大，而 $\boldsymbol{R}$ 始终为良态矩阵。表 8-2 所示为四种 MCA 方法的最佳结果[⊖]，显示了各 n 值对

⊖ 对每个 n 值，采用不同学习率（在初始值和终值间单调递减取值）进行了几次实验，只记录最佳结果。

表 8-2 MCA 学习方法的总计算量与自相关矩阵维数的关系

	κ_2	EXIN	LUO	FENG	OJA
3	20	42726	37466	41133	20888
5	40	65966	59131	60345	42942
7	60	183033	640074	742346	div
8	70	205968	706075	830000	div
9	80	228681	965544	a②	div
10	90	252002	1061098	div①	div
15	140	366255	div	div	div
25	240	2003755	div	div	div
50	490	3725868	div	div	div
75	740	4488496	div	div	div
100	990	6258001	div	div	div

资料来源：From Cirrincione, G. et al., IEEE Trans. Neural Netw., 13（1），160，January 2002.

① div 表示发散。

② a 表示不准确的结果。

应的总计算量，单位为 flops。除 EXIN 以外的所有其他方法在小的 n 值已经发散：OJA 方法 $n=7$ 就发散了，LUO 方法在 $n=10$ 发散。这个问题可以通过初始条件的选择解释：分量数目增加后，权值初始模值将增大并迅速变得大于 1。对于 OJA，有突发性发散的现象。对于 FENG，则存在不稳定的发散。事实上，波动仅决定于模值和输入数据。模值之所以大是因为大幅的振荡阻止了权值接近 MC 方向。因此，这将越来越不稳定，累积后产生有限时间内的发散现象。很明显，n 增加会恶化发散现象。对于 LUO，这两种解释都是有可能的：突发性和不稳定性的发散。尽管如此，在实验中，发散的主要原因还是不稳定性，因为它伴随着大幅的振荡，且出现在突发性发散之前。图 8-9～图 8-11 分别为 $n=5$、11 及 100 的实验结果。图 8-9 证实了 FENG 有不稳定性发散（见发散之前的峰值），图 8-11 显示 MCA EXIN 获得了良好的结果。

为了避免初始条件值过大，进行了第二组实验，权值矢量的初始值参照第一组实验的数据，但先把其范数除了 10。表 8-3 所示为实验结果，除 MCA EXIN 以外的所有 MCA 方法均出现了发散，而 MCA EXIN 的结果是收敛的。显然，与第一组实验相比，发散稍晚才出现，原因是权值比较小。图 8-12 和图 8-13 显示了部分实验结果，这些结果的更深入讨论见参考文献［25，26］。

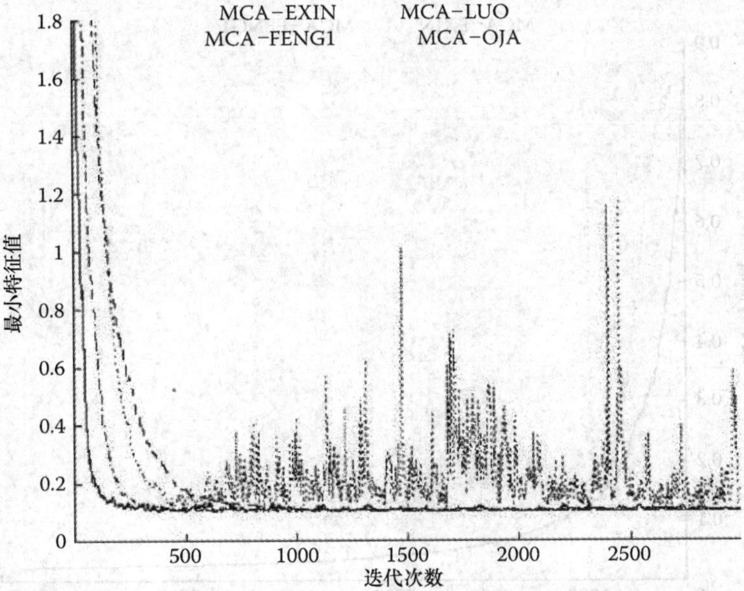

图 8-9　初始条件值为 5×5 自相关矩阵，最小特征值的计算

（资料来源：Cirrincione，G. et al.，IEEE Trans. Neural Networks，13（1），160，January 2002；Cirrincione，G. and Cirrincione M.，*Neural Based Orthogonal Data Fitting*：*The EXIN Neural Netw.*，*Series*：Adaptive and Learning 即 stems for Signal Processing，Communications and Control，Wiley & Sons，New York，255pp.，November 2010.）

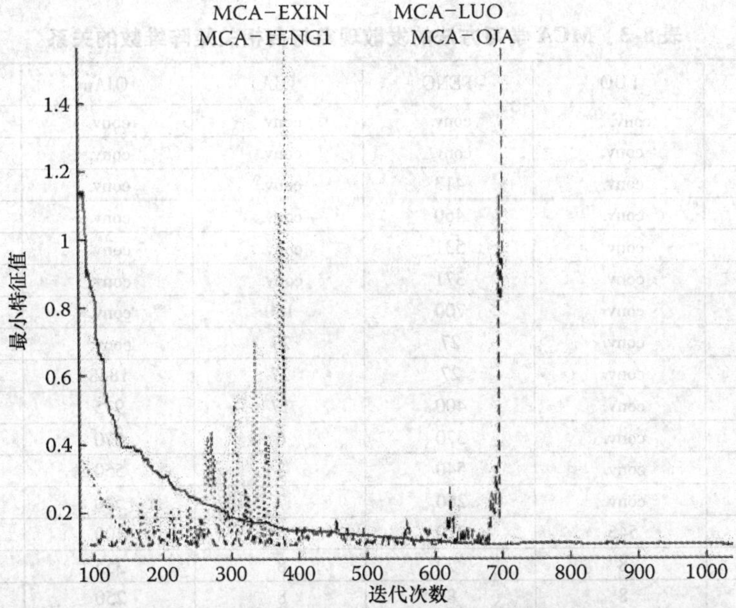

图 8-10　初始条件值为 11×11 自相关矩阵，最小特征值的计算

（资料来源：Cirrincione，G. et al.，*IEEE Trans. Neural Networks*，13（1），160，January 2002；Cirrincione，G. and Cirrincione M.，*Neural Based Orthogonal Data Fitting*：*The EXIN Neural Netw.*，Series：Adaptive and Learning Sstems for Signal Processing，Communications and Control，Wiley & Sons，New York，255pp.，November 2010）

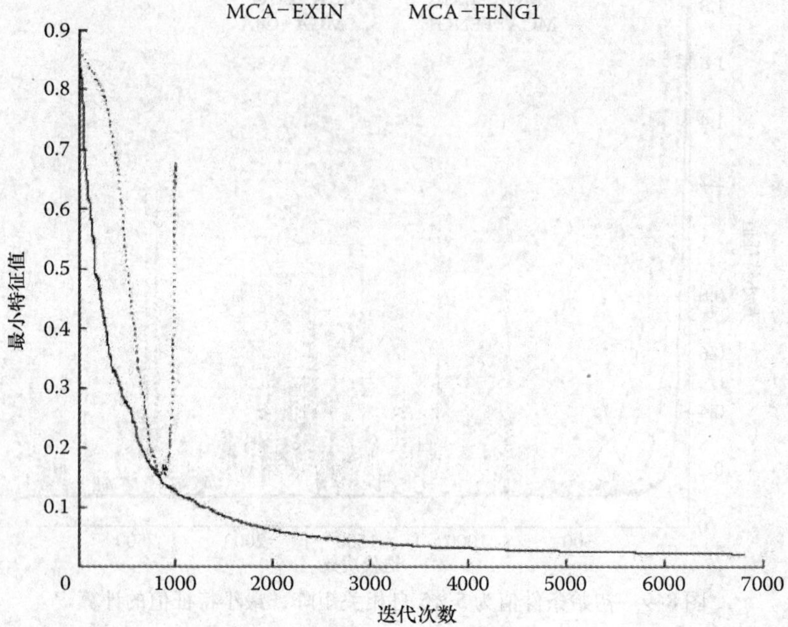

图 8-11　初始条件值为 100×100 自相关矩阵，最小特征值的计算

（资料来源：Cirrincione，G. et al.，*IEEE Trans. Neural Netw.*，13（1），160，January 2002.）

表 8-3　MCA 学习方法的发散现象与自相关矩阵维数的关系

dim	LUO	FENG	OJA	OJAn	OJA +
3	conv. ①	conv.	conv.	conv.	conv.
7	conv.	conv.	conv.	conv.	conv.
9	conv.	413	conv.	conv.	conv.
10	conv.	460	conv.	conv.	conv.
15	conv.	531	conv.	conv.	conv.
18	conv.	371	conv.	conv.	conv.
20	conv.	700	180	conv.	65
25	conv.	27	27	conv.	26
30	conv.	27	27	1848	17
40	conv.	400	17	975	12
50	conv.	370	6	670	12
60	conv.	540	3	550	14
70	conv.	260	7	520	12
80	545	220	5	400	6
90	8	7	8	355	8
100	8	8	8	250	5

注：上述数字表明在哪次迭代发散。

① conv. 表示收敛。

资料来源：Cirrincione，G. et al IEEE Trans. Neural Netw，13（1），160，January 2002.

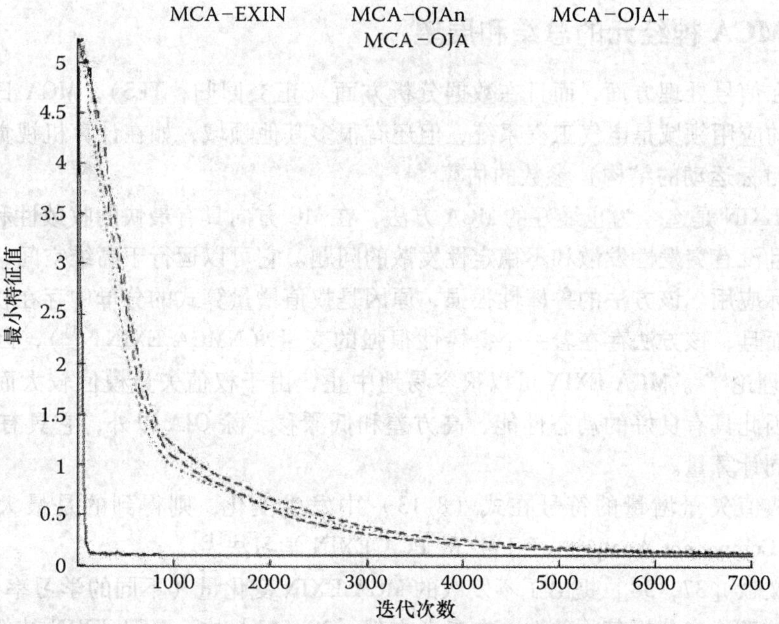

图 8-12　初始条件值为 7×7 自相关矩阵，最小特征值的计算

（资料来源：Cirrincione，G. et al.，*IEEE Trans. Neural Netw.*，13（1），160，January 2002）

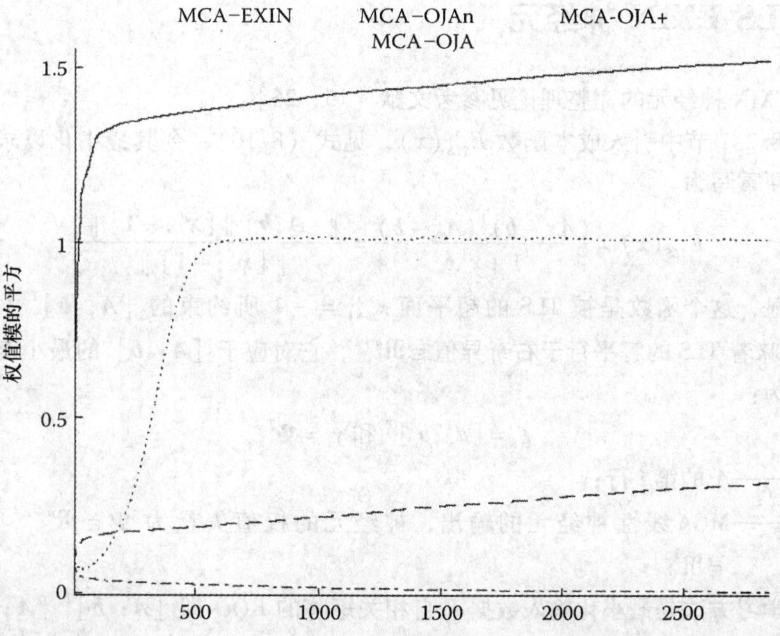

图 8-13　初始条件值为 10×10 自相关矩阵，权值模的平方图

（资料来源：Cirrincione，G. et al.，*IEEE Trans. Neural Netw.*，13（1），160，January 2002.）

8.4.7 MCA 神经元的总结和展望

不仅在信号处理方面，而且在数据分析方面（正交回归，TLS），MCA 日益变得重要：本书的应用领域是电气工程系统，但还有很多其他领域，如在计算机视觉中用于关键矩阵（目标运动的结构）参数的估算[15]。

MCA EXIN 是迄今为止最好的 MCA 方法，在 MC 方向具有最快的收敛性和最慢的发散性，而且没有突发性发散和不稳定性发散的问题。它可以运行于高维空间，并在本书中用于实际应用。该方法的鲁棒性很强，原因是权值增量算式的分母中存在权值矢量模的平方。而且，该方法存在着一个鲁棒性很强的变量（NMCA EXIN [35]），因为它应用了 M 估计理论[36]。MCA EXIN 可以很容易地中止，由于权值矢量模值较大而具备一定的惯量，因此具有良好的动态性能、高方差和低漂移。除 OJA 以外，它具有其他 MCA 方法的相同计算量。

如果权值矢量增量的符号在式（8-13）中发生变化，则得到的是最大主元分析（Principal Component Analysis，PCA）的 PCA EXIN 学习法[15]。

参考文献［37，38］提出了不发散的 MCA EXIN 变化量（不同的学习率），并采用了一种新的理论来分析其收敛性。在参考文献［39－41］中，MCA EXIN 神经元用于实现非线性 Volterra 滤波器。

8.5 TLS EXIN 神经元

TLS EXIN 神经元的完整理论见参考文献［15，26］。

在第 8.2.1 节中引入成本函数 $E_{TLS}(\boldsymbol{x})$，见式（8-10），令其最小化以求出 TLS 的解，为方便重写为

$$E_{TLS}(\boldsymbol{x})=\frac{(\boldsymbol{Ax}-\boldsymbol{b})^{\mathrm{T}}(\boldsymbol{Ax}-\boldsymbol{b})}{1+\boldsymbol{x}^{\mathrm{T}}\boldsymbol{x}}=\frac{\|[\boldsymbol{A};\boldsymbol{b}]\|[\boldsymbol{x}^{\mathrm{T}};-1]\|_2^2}{\|[\boldsymbol{x}^{\mathrm{T}};-1]\|_2^2} \tag{8-10}$$

很明显，这个函数是被 TLS 的超平面 $x_{n+1}=-1$ 所约束的 $[\boldsymbol{A};\ \boldsymbol{b}]^{\mathrm{T}}[\boldsymbol{A};\ \boldsymbol{b}]$ 的 RQ，这意味着 TLS 的解平行于右奇异值 $\in\Re^{n+1}$，它对应于 $[\boldsymbol{A};\ \boldsymbol{b}]$ 的最小奇异值。

定义为：

$$\xi_i=[\boldsymbol{a}_i^{\mathrm{T}};b_i]^{\mathrm{T}}\ 和\ y_i=\boldsymbol{\Psi}^{\mathrm{T}}\xi_i \tag{8-16}$$

式中 $\boldsymbol{a}_i^{\mathrm{T}}$——$\boldsymbol{A}$ 的第 i 行；

y_i——MCA 线性神经元的输出，神经元的权值矢量为 $\boldsymbol{\Psi}\in\Re^{n+1}$，输入为 $\xi_i\in\Re^{n+1}$。

它的学习方法是最小化输入数据 $\boldsymbol{R}$ 自相关矩阵的 RQ，即 $[\boldsymbol{A};\ \boldsymbol{b}]^{\mathrm{T}}[\boldsymbol{A};\ \boldsymbol{b}]/m$，$m$ 是矩阵的行数，得

$$\boldsymbol{R}=\boldsymbol{R}[\xi(t)\xi^{\mathrm{T}}(t)]=\begin{bmatrix}\overline{R} & \boldsymbol{r}\\ \boldsymbol{r}^{\mathrm{T}} & \Gamma\end{bmatrix}\approx\frac{1}{m}\begin{bmatrix}\boldsymbol{A}^{\mathrm{T}}\boldsymbol{A} & \boldsymbol{A}^{\mathrm{T}}\boldsymbol{b}\\ \boldsymbol{b}^{\mathrm{T}}\boldsymbol{A} & \boldsymbol{b}^{\mathrm{T}}\boldsymbol{b}\end{bmatrix}=\frac{[\boldsymbol{A};\boldsymbol{b}]^{\mathrm{T}}[\boldsymbol{A};\boldsymbol{b}]}{m} \tag{8-17}$$

因此，为求出 TLS 的解，MCA 的解必须归一化，并使其最后的分量等于 -1。通过这种方法求 TLS 的解必须解决两个基本问题：

1）由于输出需要归一化，因此必须有附加的除法运算。

2）在第 8.4 节中提到的 MCA 神经元特性的所有问题，都会在这里出现。

如果权值矢量受 TLS 超平面约束（如失去一个自由度），就可以说明，所有由 Rayleigh 商退化带来的收敛性问题不再成立，因为在 TLS 的超平面上，唯一的临界点是与临界直线的交点，是孤立的（这说明了超平面上的解以及可能的解 ∞ 的全局渐进稳定性）。第 8.5 节推导出的这个原因，在图 8-14 中以 3－D 空间图 $\boldsymbol{\Psi} \in \mathfrak{R}^3$ 进行了说明。此外，可以通过下列方式改变 MCA 图形。

1）MCA 的引力和斥力值，成为每个鞍点相同类型的值。TLS 超平面上的超平面峰和超平面谷相交形成（$n-1$）维的平面，它们分别表示正交矢量方向的最小值或最大值。在图 8-14 中，TLS 平面划分成两个区域：一个引力区和一个斥力区（图中为局部图形）。穿过鞍点的最大值直线是沿最大值方向的峰，穿过鞍点的最小值直线是沿最小值方向的谷。穿过最小值和最大值直线是沿鞍点方向的峰，在排斥区的相交线为沿鞍点方向的谷。

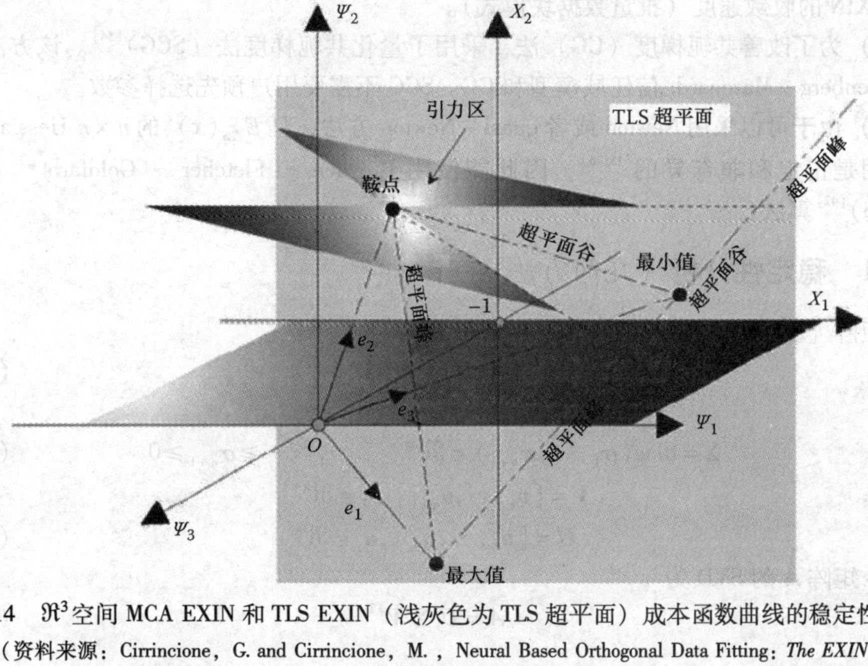

图 8-14 $\mathfrak{R}^3$空间 MCA EXIN 和 TLS EXIN（浅灰色为 TLS 超平面）成本函数曲线的稳定性分析
（资料来源：Cirrincione，G. and Cirrincione，M.，Neural Based Orthogonal Data Fitting：*The EXIN Neural Networks* Series：Adaptive and Learning Systems for Signal Processing，Communications and Control，Wiley&Sons New York，255pp.，November 2010.）

2）对于 MCA，沿着最小值方向的超平面峰不是最小值的限值（引力的限制区）。事实上，如果学习方法的初始条件选择为超平面峰分割的半个空间内，则权值矢量总是向着包围初始条件的半个空间，沿最小值方向收敛。对于 TLS，上述描述不成立，因为超平面峰起了限制作用，只有一个最小值点且必须在包含该点的半个空间内选择初始条件。这个超平面峰并不是唯一的 TLS 限制：必须把它和鞍点值一起考虑。

在式（8-13）中，用 $\boldsymbol{\Psi}(t)=\boldsymbol{w}(t)$ 代替 $[\boldsymbol{x}^{\mathrm{T}}(t);-1]^{\mathrm{T}}$，$\xi_i$ 代替 $[\boldsymbol{a}_i^{\mathrm{T}};\ b_i]^{\mathrm{T}}$，$i$ 为 $[\boldsymbol{A};\boldsymbol{b}]$ 的行号，作为 t 时刻的神经元输入，并且只取开始的 n 个分量。

$$\boldsymbol{x}(t+1)=\boldsymbol{x}(t)-\alpha(t)\gamma(t)\boldsymbol{\alpha}_i+[\alpha(t)\gamma^2(t)]\boldsymbol{x}(t) \tag{8-18}$$

式中

$$\gamma(t)=\frac{\delta(t)}{1+\boldsymbol{x}(t)^{\mathrm{T}}\boldsymbol{x}(t)} \tag{8-19}$$

和

$$\delta(t)=\boldsymbol{x}^{\mathrm{T}}(t)\boldsymbol{a}_i-b_i \tag{8-20}$$

这就是 TLS EXIN 学习方法。TLS EXIN 神经元是线性单元，有 n 个输入（矢量 $\boldsymbol{a}_i$）、n 个权值（矢量 $\boldsymbol{x}$）、1 个输出（标量 $\gamma_i=\boldsymbol{x}^{\mathrm{T}}\boldsymbol{a}_i$）和 1 个训练误差（标量 $\delta(t)$）。因此，训练被认为是有监督的，目标为 b_i。括号中的量是正的：这意味着式（8-18）的第二项为反向岭回归。

TLS EXIN 能以顺序方式或批量数据块模式工作。目前已经实现了几种方法以加快 TLS EXIN 的收敛速度（批量数据块模式）。

1）为了改善共轭梯度（CG）法，采用了量化共轭梯度法（SCG）[54]。该方法结合了 Levenberg - Marquardt 信任域模型和 CG。SCG 不需要用户预先选择参数。

2）由于可以采用 Newton 或者 quasi - Newton 方法，且 $E_{TLS}(\boldsymbol{x})$ 的 $n\times n$ Hessian 矩阵被证明是正定和非奇异的[15,26]，因此能使用 Broyden - Fletcher - Goldfarb - Shanno (BFGS)[42] 算法。

8.5.1 稳定性分析（几何方法）

矩阵 $[\boldsymbol{A};\boldsymbol{b}]$ 的奇异值（SVD）分解为

$$[\boldsymbol{A};\boldsymbol{B}]=\boldsymbol{U}\boldsymbol{\Sigma}\boldsymbol{V}^{\mathrm{T}} \tag{8-21}$$

式中

$$\boldsymbol{\Sigma}=\mathrm{diag}(\sigma_1,\cdots,\sigma_{n+1})\in\Re^{mx(n+1)},\sigma_1\geqslant\cdots\geqslant\sigma_{n+1}\geqslant0 \tag{8-22}$$

$$\boldsymbol{V}=[\boldsymbol{v}_1,\cdots,\boldsymbol{v}_{n+1}],\boldsymbol{v}_i\in\Re^{n+1}$$

$$\boldsymbol{U}=[\boldsymbol{u}_1,\cdots,\boldsymbol{u}_m],\boldsymbol{u}_i\in\Re^m \tag{8-23}$$

令矩阵 $\boldsymbol{A}$ 的 SVD 为

$$\boldsymbol{A}=\boldsymbol{U}'\boldsymbol{\Sigma}'\boldsymbol{V}'^{\mathrm{T}} \tag{8-24}$$

式中

$$\boldsymbol{\Sigma}'=\mathrm{diag}(\sigma_1',\cdots,\sigma_{n+1}')\in\Re^{m\times n},\sigma_1'\geqslant\cdots\geqslant\sigma_n'\geqslant0 \tag{8-25}$$

$$\boldsymbol{V}'=[\boldsymbol{v}_1',\cdots,\boldsymbol{v}_n'],\boldsymbol{v}_i'\in\Re^n$$

$$\boldsymbol{U}'=[\boldsymbol{u}_1',\cdots,\boldsymbol{u}_m'],\boldsymbol{u}_i\in\Re^m \tag{8-26}$$

可得

$$\boldsymbol{A}^{\mathrm{T}}\boldsymbol{A}=\boldsymbol{V}'\Lambda'\boldsymbol{V}'^{\mathrm{T}} \tag{8-27}$$

式中　$\Lambda=\mathrm{diag}(\lambda_1,\cdots,\lambda_n)=\Sigma'^{\mathrm{T}}\Sigma$ 和 $\lambda_i=\sigma'^2_i$。

可以把误差函数式(8-10)视为两个正定二次式之间的比值,这可以得出等高超曲面簇的几何分析式为

$$E_{TLS}(\boldsymbol{x})=\gamma \tag{8-28}$$

式中　γ——簇的参数。

如果用未知矢量 $\boldsymbol{x}$ 代替 $\boldsymbol{y}+\boldsymbol{x}_c(\gamma)$（转换），其中

$$\boldsymbol{x}_c(\gamma)=[\boldsymbol{A}^{\mathrm{T}}\boldsymbol{A}-\gamma\boldsymbol{I}_n]^{-1}\boldsymbol{A}^{\mathrm{T}}\boldsymbol{b} \tag{8-29}$$

上式对应为幅值为 γ 的超曲面中心（锥点），进行旋转 $\boldsymbol{z}=\boldsymbol{V}'^{\mathrm{T}}\boldsymbol{y}$ 后，超曲面锥点幅值 γ 表示为

$$\boldsymbol{z}^{\mathrm{T}}[\Lambda-\gamma\boldsymbol{I}_n]\boldsymbol{z}=g(\gamma) \tag{8-30}$$

式中

$$g(\gamma)=\boldsymbol{b}^{\mathrm{T}}\boldsymbol{A}\boldsymbol{V}'[\Lambda-\gamma\boldsymbol{I}_n]^{-1}\boldsymbol{V}'\boldsymbol{A}^{\mathrm{T}}\boldsymbol{b}-\boldsymbol{b}^{\mathrm{T}}\boldsymbol{b}+\gamma \tag{8-31}$$

如果引入矢量 $\boldsymbol{q}\equiv[q_1,\ q_2\cdots,\ q_n]^{\mathrm{T}}=\boldsymbol{V}'\boldsymbol{A}^{\mathrm{T}}\boldsymbol{b}$，式（8-31）可变成

$$g(\gamma)=\sum_{i=1}^{n}\frac{q_i^2}{\lambda_i-\gamma}-\boldsymbol{b}^{\mathrm{T}}\boldsymbol{b}=\boldsymbol{q}^{\mathrm{T}}(\Lambda-\gamma\boldsymbol{I}_n)^{-1}\boldsymbol{q}+\gamma-\boldsymbol{b}^{\mathrm{T}}\boldsymbol{b} \tag{8-32}$$

由于分量 q_i 在 TLS 收敛域分析中起到重要作用，因此称为收敛关键因子。

式（8-32）的零点，对应于矩阵［$\boldsymbol{A}$；$\boldsymbol{b}$］的奇异值的平方，也是 $E_{TLS}(\boldsymbol{x})$ 在其临界点的值（参考文献［26］的推论 92）。因此可以得出推论：式（8-32）是一般性的 TLS 方程[3,11]，且 $g(\gamma)$ 的最小零点，即 $\gamma_{\min}=\sigma^2_{n+1}$，为 TLS 解的幅值。在时间间隔（0，$\lambda_n$）里存在且只存在 γ 的一个 $\gamma_{\min}$ 值，使得 $g(\gamma_{\min})=0$，因此式（8-30）的等高超锥面是一个（$n-1$）维的超椭圆 $\forall\gamma\in(\gamma_{\min},\ \lambda)$。在 $\gamma=\gamma_{\min}$ 时，该超锥面缩小为一点 $z=y=0$，其对应于 $E_{TLS}(\boldsymbol{x})$ 的唯一最小值，其位置为

$$\hat{\boldsymbol{x}}=\boldsymbol{x}_c(\gamma_{\min})=[\boldsymbol{A}^{\mathrm{T}}\boldsymbol{A}-\gamma\boldsymbol{I}_n]^{-1}\boldsymbol{A}^{\mathrm{T}}\boldsymbol{b}=(\boldsymbol{A}^{\mathrm{T}}\boldsymbol{A}-\sigma^2_{n+1}\boldsymbol{I})^{-1}\boldsymbol{A}^{\mathrm{T}}\boldsymbol{b} \tag{8-33}$$

这就是 TLS 解[23]。

$g(\gamma)$ 的渐近线是由数据矩阵 $\boldsymbol{A}$ 的 SV 的平方 $\sigma'^2_i=\lambda_i$ 得出的，在零点 σ_i^2 之间，符合交错定理，如图 8-15 所示。

n 维未知 $\boldsymbol{x}$ 的 TLS EXIN 成本函数有 $n+1$ 个临界点：1 个最小值点、$n-1$ 个鞍点和 1 个最大值点。

图 8-16 所示为 $n=2$ 时的 $E_{TLS}(\boldsymbol{x})$ 例子（1 个最小值点、1 个鞍点和 1 个最大值点）。图 8-17 所示为其等高曲线。图中也显示了临界点的轨迹，及沿鞍点和最小值点直线方向的一部分成本函数，即沿最大值方向的谷。图中也可以见到本节所描述的鞍点限制线：初始条件位于鞍点的左侧时，采用梯度下降法无法到达最小值点。

8.5.2　收敛域

TLS 的收敛域受以下几点的综合作用影响：

1）限制线（渐近线）：TLS 的收敛限制线逐渐沿着 $\boldsymbol{z}$ 方向：这是 $j\neq n$ 的 v_j'特征值方

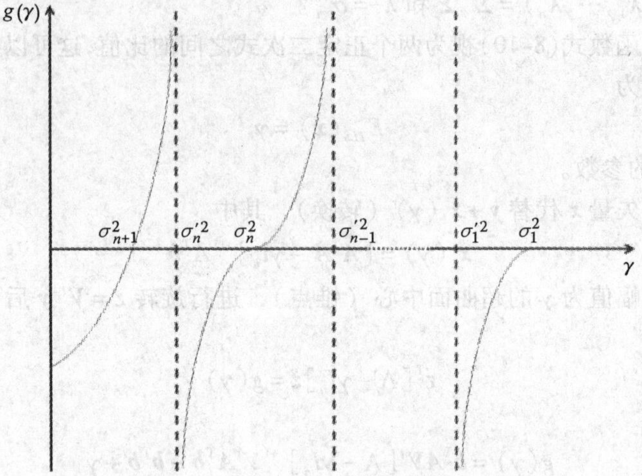

图 8-15 $g(\gamma)$ 与 $E_{TLS}(\boldsymbol{x})$ 幅值之间的函数关系

（资料来源：Cirrincione，G. and Cirrincione，M.，Neural Based Orthogonal Data Fitting：*The EXIN Neural Networks* Series Adaptive and Learning Systems for Signal Processing，Communications and Control，Wiley&Sons New York，255pp.，November 2010.）

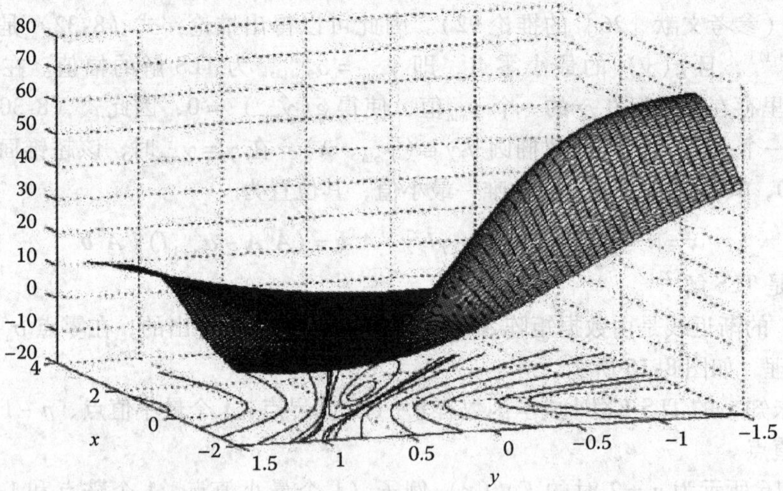

图 8-16 具有两个未知量 x 和 y 的超定系统，TLS 成本曲线及其对应的等高曲线

（资料来源：Cirrincione，G. and Cirrincione，M.，Neural Based Orthogonal Data Fitting：*The EXIN Neural Networks* Series：Adaptive and Learning Systems for Signal Processing，Communications and Control，Wiley&Sons New York，255pp.，November 2010.）

向。此外，每一个 $j<i$ 的平面 z_iz_j，存在 1 个 $\boldsymbol{v}_i'$ 方向的唯一限制线，平行于 $\boldsymbol{v}_j'$。原点位于最小值点和限制线之间。

2）鞍点锥面在 TLS 超平面的投影（值）：斥力锥面的投影与鞍点及其限制线相邻。

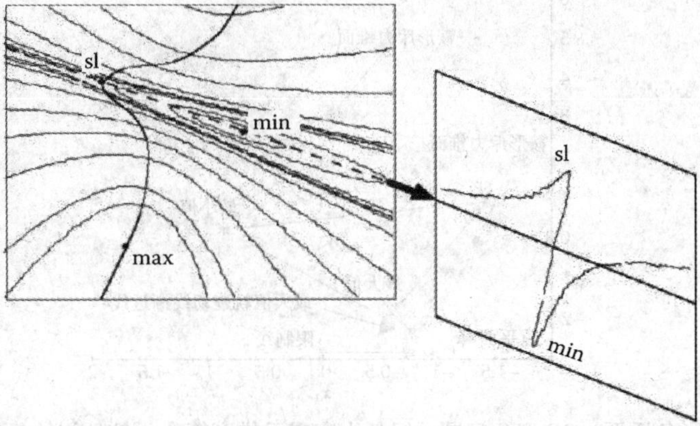

图 8-17 基准超定系统的 TLS 等高曲线（对应的临界点和收敛限制线，沿穿过最小值点和鞍点的直线方向的部分）

（资料来源：Cirrincione，G. and Cirrincione，M.，Neural Based Orthogonal Data Fitting：The EXIN Neural Networks Series：Adaptive and Learning Systems for Signal Processing，Communications and Control，Wiley&Sons New York，255pp.，November 2010）

3）最大值轨迹的切线：如果最大值线靠近垂直渐进线，则切线约等于该渐进线。对于差值大的特征值 λ_i（$\lambda_i \ll \lambda_1$）所对应的垂直渐进线，则切线的影响不可忽略。

4）鞍形最大值超平面峰投影：在 TLS 的超平面，最小值方向上代表最大值的超平面投影至 $n-1$ 维平面上，对应于每个 $z_i z_j$ 平面上的直线。

TLS 超平面的原点位于鞍形最大值超平面峰投影和 TLS 解之间（见参考文献［25］的定理 113），这是 TLS EXIN 基本定理的推论（见参考文献［25］的定理 114）。

定理 8-2（TLS 收敛域和原点）

TLS 原点位于 TLS 的收敛域

这个定理表明存在普遍的初始条件：零初始条件的情况下，总是收敛的。

作为例子，图 8-18 所示和图 8-19 所示为图 8-16 中基准 TLS 问题的收敛域。图 8-18 所示为顺序型 TLS EXIN 神经元某些初始条件的收敛域（这对 TLS 能量梯度同样有效）：绿色的是收敛神经元的初始条件。深蓝色直线代表渐进线/限制线 z_1。边界的底部由渐进线给出，因为最大值靠近渐进线。x_2 增大后，边界由鞍形最大值线和鞍形曲线的斥力区给出。根据渐近线，后者对顶部有影响。图 8-19 以蓝线描述对应权值向量的变化。所有始于绿色点的轨迹延伸为经过最小值点和鞍点（鞍形最小值超平面谷的 TLS 投影）的直线，位于鞍点右边，最后收敛于最小值点。所有始于红色点的轨迹延伸为鞍点左边的同一直线，然后再在直线方向上分离。

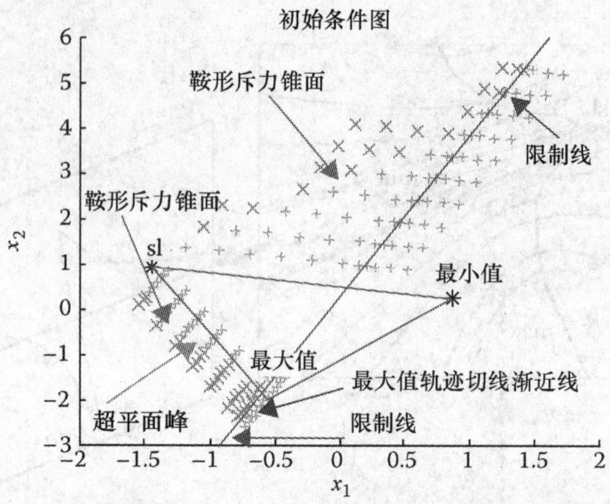

图 8-18　（见彩色插页）2D TLS 问题：绿色十字表示梯度算法收敛的初始条件，即收敛域。红色十字表示发散域。深蓝色三角形顶点为临界点。深蓝色直线代表渐近线/限制线 z_1

（资料来源：Cirrincione, G. and Cirrincione, M., Neural Based Orthogonal Data Fitting: *The EXIN Neural Networks* Series: Adaptive and Learning Systems for Signal Processing, Communications and control, Wiley&Sons New York, 255pp., November 2010.）

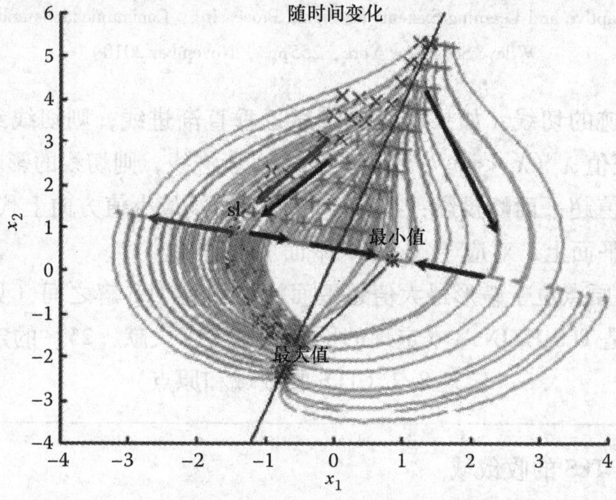

图 8-19　（见彩色插页）泛型 2D TLS 问题的顺序型 TLS EXIN 神经元随时间的变化

（资料来源：Cirrincione, G. and Cirrincione, M., *Neural Based Orthogonal Data Fitting*: *The EXIN Neural Networks*, Series: Adaptive and Learning Systems for Signal Processing, Communications and Control, Wiley & Sons, New York, 255pp., November 2010.）

8.5.3　非泛型 TLS 问题

在下面条件下 TLS 问题，即式（8-8）是无解的：

$$\sigma_p > \sigma_{p+1} = \cdots = \sigma_{n+1}, p \leqslant n \text{ 且 } v_{n+1,i} = 0, i = p+1, \cdots, n+1 \tag{8-34}$$

这就是非泛型 TLS 问题。在这个情况下，现有条件是无法满足的。当 $\boldsymbol{A}$ 的秩不足时（$\sigma'_p \approx \sigma_{p+1}$ 大）这些情况会出现。这最后的情况可以通过检查当 $v_{n+1,i} \neq 0$ 时的最小值 σ_i 进行判定。如果奇异值太大，该问题可以不管并声明这与线性模型不兼容。另外，加入更多的方程可以使问题变为泛型。例如满足条件：模型为 EIV 且观测误差为 i. i. d

（独立同分布，例如具有相同的方差）。如果 $\sigma'_p=0$，就可以消除 $\boldsymbol{A}$ 某些列，进而消除 $\boldsymbol{A}$ 的列之间的关联性，使得到的子矩阵满秩。然后，再应用 TLS 方法解决这个子问题（子集选择[43-45]）。虽然非泛型 TLS 问题比较罕见，但是会存在一些接近于非泛型问题的情况。在这些情况下，依然可以求解非泛型 TLS 问题，但解不稳定，且对数据误差如 $\sigma'_p-\sigma_{p+1}$ 是否接近于零很敏感[5]。

如果 $\sigma_n>\sigma_{n+1}$ 且 $v_{n+1,n+1}=0$，则[13]

$$\sigma_{n+1}>\sigma'_n;v_{n+1,n+1}=\begin{bmatrix}\pm\boldsymbol{v}'_n\\0\end{bmatrix} \tag{8-35}$$

非泛型 TLS 问题需要搜索

$$\min_{[\hat{\boldsymbol{A}};\hat{\boldsymbol{b}}]\in\Re^{mx(n+1)}}\|[\boldsymbol{A};\boldsymbol{b}]-[\hat{\boldsymbol{A}};\hat{\boldsymbol{b}}]\|_F \text{ 约束条件为 } \hat{\boldsymbol{b}}\in R(\hat{\boldsymbol{A}})$$

和

$$\begin{bmatrix}\hat{\boldsymbol{x}}\\-1\end{bmatrix}\perp\boldsymbol{v}_j,\ j=p+1,\cdots,n+1(\text{当 } v_{n+1,p}\neq0 \text{ 且 } v_{n+1,j}=0 \text{ 时}) \tag{8-36}$$

当最小值 $[\hat{\boldsymbol{A}};\ \hat{\boldsymbol{b}}]$ 搜索成功，每个 $\hat{\boldsymbol{x}}$ 满足下式

$$\hat{\boldsymbol{A}}\hat{\boldsymbol{x}}=\hat{\boldsymbol{b}} \tag{8-37}$$

被称为非泛型 TLS 的解。

非泛型 TLS 的算法[13]在应用对应的算式之前，必须首先确认问题是否为接近于非泛型或为非泛型：通过计算含有噪声的矩阵的秩数。可以证明，TLS EXIN 能够在不改变学习方法的情况下自动求解该问题[26]。从几何角度来看式（8-34），这意味着后面的 $n-p+1$ 个临界点（最小值）趋于无穷大，即开始的 $n-p+1$ 渐进线与 $g(\gamma)$ 的零点对应。σ_p^2 对应的鞍点是与渐近线不对应的第一个临界点。

鞍点就是非泛型 TLS 的解。如果 $\sigma_{p+1}\to\sigma'_p$（方程存在冲突），则收敛域变坏，因为鞍点接近对应的渐近线（良态方程有分离度大的鞍点）。此外，鞍点的间距小，将减慢迭代算法的敛速度，且增大最大值点和原点与鞍点/解之间的距离。

$p=n$ 时为最低的临界点，与 σ_{n+1} 相关，沿着 $\boldsymbol{v}'_n$ 方向趋于无限。式（8-35）表明，$(n+1)$ 维的向量 $\boldsymbol{v}_{n+1}$ 平行于 TLS 的超平面，以 $\boldsymbol{v}'_n$ 的方向。因此，解存在于经过原点并垂直于 $\boldsymbol{A}^{\mathrm{T}}\boldsymbol{A}$ 特征向量 $\boldsymbol{v}'_n$ 的超平面（非泛型 TLS 子空间）中。

非泛型 TLS 子空间的维数为 $n-1$，n 为 TLS 超平面的维数。在这个子空间中，鞍点越低意味着，σ_n 对应的临界点没有了扩散的维，因此它为最小值。最重要的结果是，在这个低维子空间进行重复所有 TLS 稳定性分析的可能性。图 8-20 表明，每个 z_nz_i 平面中，鞍点/最小值总是比其他的鞍点（$t<\lambda_i$）更接近渐近线。这意味着，原点总是位于鞍点/解和最大值之间。因此，对每个 TLS 梯度流法，如 TLS EXIN，初始条件的选择必须保证收敛性。此外，每个 z_nz_i 平面中在鞍点/最小值和最大值点之间存在着发散的直线[15]。$p<n$ 时的收敛性分析是类似的，可以参见参考文献［15］。

图 8-21 所示为不同初始条件的 TLS EXIN 2D 相位图例子：红色（黑色）初始条件得到了收敛（发散）轨迹，穿过红点的黑色直线包含了鞍点/解，就是 z_i 轴。收敛域为源自最大值点（-1.2247，-1.2247）的半分线分割的区域，包含了鞍点/解。所有不

收敛轨迹最终趋向发散直线（深蓝色粗线），这是$\boldsymbol{v}_2'$方向的发散渐近线z_2。

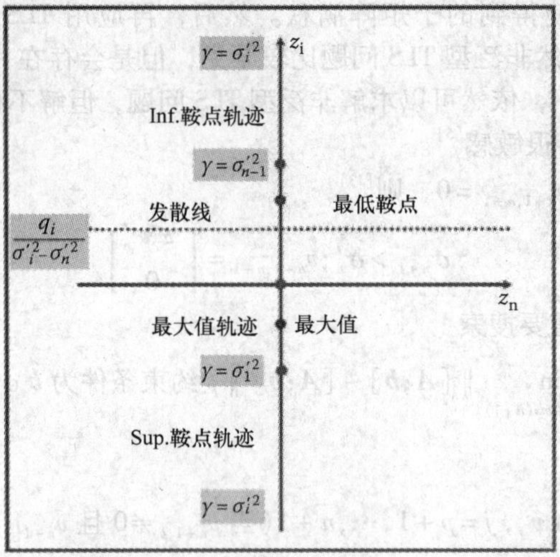

图 8-20　$z_n z_i$ 平面中非泛型 TLS 的解/中心轨迹，虚线表示发散线

（资料来源：From Cirrincione，G. and Cirrincione，M.，Neural Based Orthogonal Data Fitting：The EXIN Neural Networks，Series：Adaptive and Learning Systems for Signal Processing，Communications and Control，Wiley & Sons，New York，255pp.，November 2010.）

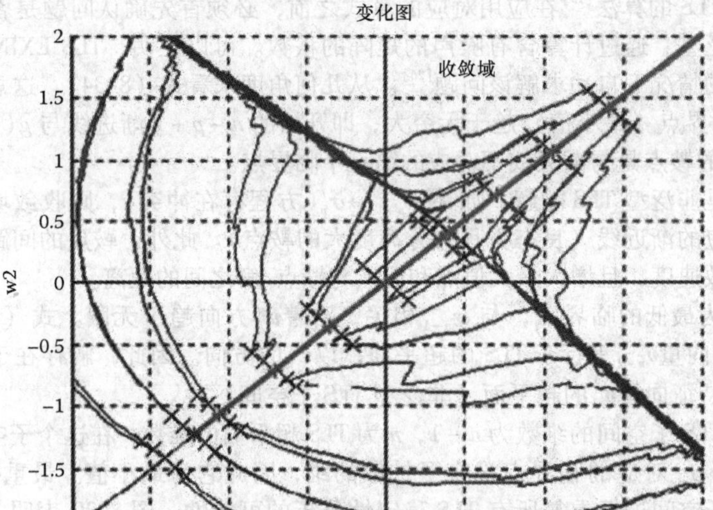

图 8-21　（见彩色插页）第一个 TLS 基准问题的顺序型 TLS EXIN 变化图。收敛轨迹的初始条件为红色，其余为黑色。通过红点的直线包含了鞍点/解。深蓝色粗线为发散线

（资料来源：Cirrincione，G. and Cirrincione，M.，Neural Based Orthogonal Data Fitting：The EXIN Neural Networks，Series：Adaptive and Learning Systems for Signal Processing，Communications and Cntrol，Wiley & Sons，New York，255pp.，November 2010.）

8.6 线性最小二乘问题的泛化

泛化的 TLS 问题（GeTLS[15,26,31,46,47]）能处理数据矩阵 $\boldsymbol{A}$ 中均值为零、方差 σ_a^2 相同且误差 Δa_{ij} 是 i. i. d 的情况；也能处理均值为零、方差 σ_b^2 相同且误差 Δb_i 也为 i. i. d 的情况。也就是说，$\boldsymbol{b}$ 和 $\boldsymbol{A}$ 代表了不同的物理量，测量方法和精度均不同。求解 GeTLS 问题的关键在于找到矢量 $\boldsymbol{x}$，方法是最小化式

$$\zeta \| \Delta A \|_F^2 + (1-\zeta) \| \Delta \boldsymbol{b} \|_F^2 \quad 0 \leqslant \zeta \leqslant 1 \tag{8-38}$$

式中

$$\frac{\zeta}{1-\zeta} = \frac{\sigma_a^2}{\sigma_b^2} \tag{8-39}$$

式（8-38）包括三个问题：OLS、TLS 和 DLS（见第 8.2 节）。事实上，由于 $\sigma_a^2 = 0$，则 $\zeta = 0$ 时为 OLS 式子，而由于 $\sigma_a^2 = \sigma_b^2 = \sigma_v^2$；则 $\zeta = 0.5$ 时为 TLS 式子；如果 $\zeta = 1$ 则由于 $\sigma_b^2 = 0$ 得到 DLS 式子。式（8-39）定义了 ζ 为中间值的问题：在实验中，方差 σ_a^2 和 σ_b^2 在球形高斯假设下进行估算，采用式（8-39）计算对应的 ζ。

式（8-38）的最优解可以通过最小化下列误差函数得到，即

$$E_{GeTLS}(\boldsymbol{x}) = \frac{1}{2} \frac{(\boldsymbol{A}\boldsymbol{x} - \boldsymbol{b})^{\mathrm{T}} (\boldsymbol{A}\boldsymbol{x} - \boldsymbol{b})}{(1-\zeta) + \zeta \boldsymbol{x}^{\mathrm{T}} \boldsymbol{x}} = \frac{\boldsymbol{u}^{\mathrm{T}} \boldsymbol{R} \boldsymbol{u}}{\boldsymbol{u}^{\mathrm{T}} \boldsymbol{D} \boldsymbol{u}} \tag{8-40}$$

式中，$\boldsymbol{u} = [\boldsymbol{x}^{\mathrm{T}}; -1]^{\mathrm{T}}, \boldsymbol{R} = [\boldsymbol{A}; \boldsymbol{b}]^{\mathrm{T}} [\boldsymbol{A}; \boldsymbol{b}]$，和 $D = \mathrm{diag}\left(\overbrace{2\zeta, \cdots, 2\zeta}^{n\text{次}}, 2(1-\zeta)\right)$

$\zeta = 0$、0.5 和 1 时，该误差函数分别等于 OLS、TLS 和 DLS。在式（8-40）中，很明显可以看到与加权 TLS[48-50] 的差别，加权 TLS 只要一个标量参数并趋向无穷就可以得到 DLS 的解。相同的问题出现在泛化时[51]，也只使用一个参数。因此，在数值算法中采用有限的参数值限制了精度，GeTLS 式子不会出现这种情况，因为 DLS 由有限的参数表示。

对于 $0 < \zeta < 1$，误差函数式（8-40）是正定二次式的比值，表示了对称正定线束（R，D）的泛化 Rayleigh 商[52]。其临界点是广义特征值问题 $\boldsymbol{Ru} = \gamma \boldsymbol{Du}$ 的解，即

$$\begin{bmatrix} \boldsymbol{A}^{\mathrm{T}}\boldsymbol{A} & \boldsymbol{A}^{\mathrm{T}}\boldsymbol{b} \\ \boldsymbol{b}^{\mathrm{T}}\boldsymbol{A} & \boldsymbol{b}^{\mathrm{T}}\boldsymbol{b} \end{bmatrix} \boldsymbol{u} = 2\gamma \begin{bmatrix} \zeta I_n & 0 \\ 0^{\mathrm{T}} & 1-\zeta \end{bmatrix} \boldsymbol{u} \tag{8-41}$$

从式（8-41）的最后一个方程可以得到 GeTLS EXIN 的特征方程为

$$\boldsymbol{b}^{\mathrm{T}} \boldsymbol{A} \boldsymbol{x}_{crit} + 2\gamma(1-\zeta) - \boldsymbol{b}^{\mathrm{T}} \boldsymbol{b} = 0 \Rightarrow \tag{8-42}$$

$$\boldsymbol{q}^{\mathrm{T}} (\Lambda - 2\gamma\zeta I_n)^{-1} \boldsymbol{q} + 2\gamma(1-\zeta) - \boldsymbol{b}^{\mathrm{T}} \boldsymbol{b} = g(\gamma, \zeta) = 0 \tag{8-43}$$

式中 $g(\gamma, \zeta)$——$g(\gamma)$[15]（$g(\gamma) = g(\gamma, 0.5)$）的泛型，可以用 $g(\gamma)$ 一样的解法计算，对比式（8-32）；

x_{crit}——$\boldsymbol{x}$ 对应 γ 的值，是 $E_{GeTLS}(\zeta, \boldsymbol{x})$ 的 1 个临界值。

式（8-41）的前 n 个方程可以得到 γ 相应的 GeTLS EXIN 临界值，即

$$\boldsymbol{x}_{crit} = [\boldsymbol{A}^{\mathrm{T}} \boldsymbol{A} - 2\gamma\zeta I_n]^{-1} \boldsymbol{A}^{\mathrm{T}} \boldsymbol{b} \tag{8-44}$$

是式（8-29）的泛化表示。式（8-43）和式（8-44）这两个式子都是 GeTLS EXIN 理论的基础。

总之，根据误差函数式（8-40）的形式，GeTLS EXIN 方法可以作为广义特征值问题（GEVD，广义特征值分解）进行分析。从理论（推导的新定理和不等式）和数值计算（可以使用其他算法，如 Wilkinson 算法[52]）的角度来看，这个解释很重要。在参考文献［26］中，GEVD 方法用于研究 OLS 和 DLS 频谱：

1）OLS 有 n 个无限的特征值，其对应的特征矢量在 TLS 超平面不相交；存在 1 个零特征值，其特征矢量是 E_{GeTLS} 的最小值，与 TLS 超平面的交点为 OLS 的解。

2）DLS 有 1 个无限的特征值，对应的特征矢量与 TLS 超平面在轴的原点相交，表示 E_{GeTLS} 的最大值。

8.7 GeMCA EXIN 神经元

对于 $0<\zeta<1$，$\boldsymbol{R}$ 可以由 $\boldsymbol{D}$ 正交转换为对角式[52]，即

$$\boldsymbol{D}=\boldsymbol{Z}^{\mathrm{T}}\boldsymbol{Z} \tag{8-45}$$

式中

$$\boldsymbol{Z}=\begin{bmatrix}\sqrt{2\zeta}I_n & 0\\ 0^{\mathrm{T}} & \sqrt{2(1-\zeta)}\end{bmatrix} \tag{8-46}$$

矩阵 $\boldsymbol{K}$ 定义为

$$\boldsymbol{K}=\boldsymbol{Z}^{-\mathrm{T}}\boldsymbol{R}\boldsymbol{Z}^{-1}=\frac{1}{2}\begin{bmatrix}\dfrac{\boldsymbol{A}^{\mathrm{T}}\boldsymbol{A}}{\zeta} & \dfrac{\boldsymbol{A}^{\mathrm{T}}\boldsymbol{b}}{\sqrt{\zeta(1-\zeta)}}\\ \dfrac{\boldsymbol{b}^{\mathrm{T}}\boldsymbol{A}}{\sqrt{\zeta(1-\zeta)}} & \dfrac{\boldsymbol{b}^{\mathrm{T}}\boldsymbol{b}}{1-\zeta}\end{bmatrix}=\boldsymbol{Z}^{-\mathrm{T}}[\boldsymbol{A};\boldsymbol{b}]^{\mathrm{T}}[\boldsymbol{A};\boldsymbol{b}]\boldsymbol{Z}^{-1} \tag{8-47}$$

$$=\|[\boldsymbol{A};\boldsymbol{b}]\boldsymbol{Z}^{-1}\|_2^2=\left\|\frac{\boldsymbol{A}}{\sqrt{2\zeta}};\frac{\boldsymbol{b}}{\sqrt{2(1-\zeta)}}\right\|_2^2$$

对应的特征值分解为

$$\boldsymbol{V}^{\mathrm{T}}\boldsymbol{K}\boldsymbol{V}=\mathrm{diag}(\alpha_1,\cdots,\alpha_{n+1})=D_\alpha \tag{8-48}$$

特征向量矩阵 $\boldsymbol{Y}$ 定义为

$$\boldsymbol{Y}=[\boldsymbol{y}_1,\cdots,\boldsymbol{y}_{n+1}]=\boldsymbol{Z}^{-1}\boldsymbol{V} \tag{8-49}$$

且 $\boldsymbol{D}$ 正交即

$$\boldsymbol{Y}^{\mathrm{T}}\boldsymbol{D}\boldsymbol{Y}=1 \tag{8-50}$$

因此，（α_i，$\boldsymbol{y}_i$）是对称正定线束（R，D）的一个特征值对。

从 MCA 的角度来看，上述理论可以整理为 Rayleigh 商的式子，即

$$E_{GeTLS}(x)=\frac{1}{2}\frac{(\boldsymbol{Ax}-\boldsymbol{b})^{\mathrm{T}}(\boldsymbol{Ax}-\boldsymbol{b})}{(1-\zeta)+\zeta\boldsymbol{x}^{\mathrm{T}}\boldsymbol{x}}=\frac{\boldsymbol{u}^{\mathrm{T}}\boldsymbol{R}\boldsymbol{u}}{\boldsymbol{u}^{\mathrm{T}}\boldsymbol{D}\boldsymbol{u}}=\frac{\boldsymbol{u}^{\mathrm{T}}\boldsymbol{R}\boldsymbol{u}}{\boldsymbol{u}^{\mathrm{T}}\boldsymbol{Z}^{\mathrm{T}}\boldsymbol{Z}\boldsymbol{u}}=\frac{\boldsymbol{\nu}^{\mathrm{T}}\boldsymbol{Z}^{-\mathrm{T}}\boldsymbol{R}\boldsymbol{Z}\boldsymbol{\nu}}{\boldsymbol{\nu}^{\mathrm{T}}\boldsymbol{\nu}}=\frac{\boldsymbol{\nu}^{\mathrm{T}}\boldsymbol{K}\boldsymbol{\nu}}{\boldsymbol{\nu}^{\mathrm{T}}\boldsymbol{\nu}}=E_{MCA}(\boldsymbol{v}) \tag{8-51}$$

式中

$$u = Z^{-1}\nu \tag{8-52}$$

E_{MCA}的临界矢量v^c，对应式（8-48）中定义的矩阵 V 的列。因此，式（8-52）对应于式（8-49）。从数值计算的角度来看，这就是 MCA 算法，与 MCA EXIN 算法（神经元）（Rayleigh 商的梯度流）一样，可以通过把矩阵 K 作为自相关矩阵代替 GeTLS EXIN 算法。估算的最小主元必须使用式（8-52）进行缩放，通过约束最后一个分量等于 -1 实现归一化。选择 K 为自相关矩阵意味着 MCA EXIN 神经元输入的矢量 m_i 定义为

$$m_i = \left[\frac{a_i^{\mathrm{T}}}{\sqrt{2\zeta}}; \frac{b_i}{\sqrt{2(1-\zeta)}}\right]^{\mathrm{T}} \tag{8-53}$$

a_i 为矩阵 A 的第 i 行的列向量。通过式（8-53）进行了预处理的 MCA EXIN 神经元被称为 GeMCA EXIN 神经元。

8.7.1 GeMCA EXIN 误差函数临界点的定性分析

图 8-22 引用了参考文献［26］中的分析。为了可视化，分析的 GeTLS 问题是 2D 的（$n=2$）。矢量 u 的分量为 u_1、u_2 和 u_3。图中绘制了归一化至 u_3 的平面，以及 TLS 超平面，$u_3=-1$，图中包含了 x_1 和 x_2 轴，用于表示 GeTLS 的解 x。除了 u 轴和虚线的方向，所有的矢量均指向 TLS 超平面（黑点）。所有临界方向由式（8-51）估算，然后通过式

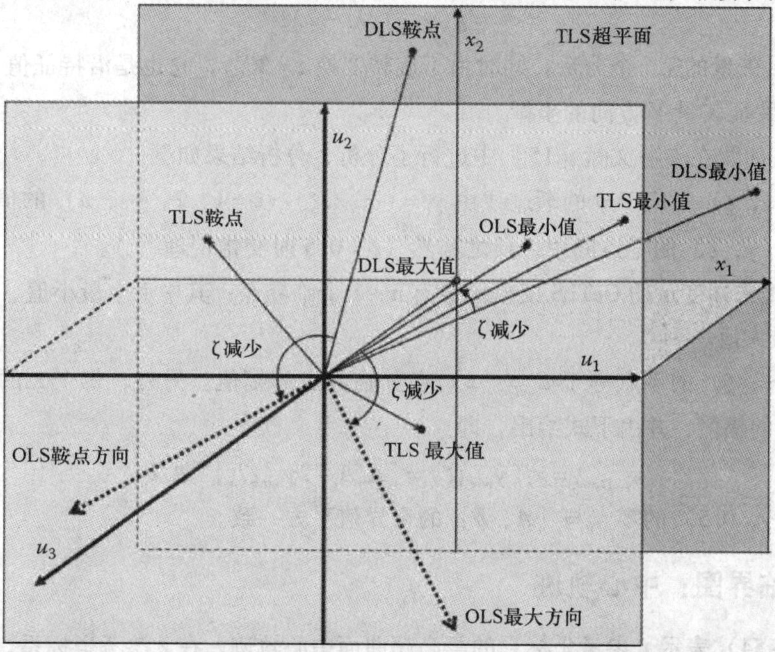

图 8-22　GeMCA EXIN 和 GeTLS EXIN 临界方向和临界点

（资料来源：Cirrincione，G. and Cirrincione，M.，*Neural Based Orthogonal Data Fitting*: *The EXIN Neural Networks*，Series：Adaptive and Learning Systems for Signal Processing，Communications and Control，Wiley & Sons，New York，255pp.，November 2010.）

(8-52) 缩放。三种特例分别是 OLS、TLS 和 DLS。所有的最小值，如图 8-22 所示，为 GeTLS 的解。对于 DLS，其最大值平行于 $\boldsymbol{u}_3 = (0, 0, 1)^{\mathrm{T}}$，并对应无限的特征值。减少该值后，对应于鞍点或最大值的临界矢量趋向平行于 TLS 超平面（图中前面的平面），接近 OLS 的情况。对于 OLS，与 TLS 超平面相交的最小值矢量产生对应的 OLS 解。其他临界方向对应无穷大的特征值。

8.7.2 GeTLS 误差函数的分析（几何方法）

E_{GeTLS}的几何分析与E_{TLS}相似，如同第 8.4 节所预计的。特别的是通过分解式（8-27），式（8-44）变为

$$x_c(\gamma,\zeta) = \boldsymbol{V}'(\Lambda - 2\gamma\zeta I_n)^{-1}\boldsymbol{q} \tag{8-54}$$

存在一簇超锥形［式（8-30）的泛化］，即

$$\boldsymbol{z}^{\mathrm{T}}[\Lambda - 2\gamma\zeta I_n]z = g(\gamma,\zeta) \tag{8-55}$$

可以改写为

$$\boldsymbol{z}^{\mathrm{T}}[\Lambda - 2\gamma\zeta I_n]z = g(\gamma,\zeta) \rightarrow \sum_{i=1}^{n}\frac{z_i^2}{k_i} = 1 \tag{8-56}$$

式中

$$k_i = g(\gamma,\zeta)/\lambda_i - 2\lambda\zeta$$

z_i——$\boldsymbol{z}$ 矢量的第 i 个分量，同时由于旋转变换 $\boldsymbol{z} = \boldsymbol{V}'^{\mathrm{T}}\boldsymbol{y}$，它也是沿特征值 $\lambda_i = \sigma_i^2$ 的特征矢量 $\boldsymbol{V}_i'$方向的坐标。

这一簇曲线在参考文献［15］中进行了分析，分析结果如下：

1）$g(\gamma, \zeta)$ 对应于 γ 的渐进线由 $\gamma_i = (\sigma'^2_i/2\zeta)$（$i = 1, 2, \cdots, n$）的值得到。这些点位于 $g(\gamma, \zeta)$ 的零点间中，反之亦然（$\zeta = 0.5$ 时交错定理[53]）。

2）n 维未知变量的 GeTLS 误差函数有 $n+1$ 个临界点：其中 1 个最小值、$n-1$ 个鞍点和 1 个最大值。

3）$g(\gamma, \zeta)$ 的零点等于 $E_{GeTLS}(\boldsymbol{x})$ 在其临界点的幅值。另外，每个 ζ 的 GeTLS 解对应于 $\gamma_{\min}$的幅值，并由下式给出，即

$$\boldsymbol{x}_{GeTLSsol} = \boldsymbol{x}_c(\gamma_{\min},\boldsymbol{\zeta}) = [\boldsymbol{A}^{\mathrm{T}}\boldsymbol{A} - 2\gamma_{\min}\zeta I_n]^{-1}\boldsymbol{A}^{\mathrm{T}}\boldsymbol{b} \tag{8-57}$$

4）$g(\gamma, 0.5)$ 的零点与［$\boldsymbol{A}$; $\boldsymbol{b}$］的奇异值平方一致。

8.7.3 临界图：中心轨迹

式（8-54）表示 $\boldsymbol{x}$ 参考坐标系的等高超曲面中心轨迹，在 $\boldsymbol{z}$ 参考坐标系，应用了围绕原点的 $\boldsymbol{V}'$旋转矩阵后，该式子变为

$$z_c(\gamma,\zeta) = [\Lambda - 2\gamma\zeta I_n]^{-1}q \tag{8-58}$$

也就是对于每个分量（$i = 1, 2, \cdots, n$），有

$$z_{ci}=\frac{q_i}{\lambda_i-2\lambda\zeta} \tag{8-59}$$

在每个 z_nz_i 平面，该轨迹是相对于原点的等边双曲线转换，即

$$z_i=\frac{q_iz_j}{(\lambda_i-\lambda_j)z_j+q_j} \tag{8-60}$$

所有轨迹在 z 原点相交并与 x 原点重合，渐近线由下式给出，即

$$z_j=-\frac{q_j}{\Delta\lambda},z_i=\frac{q_i}{\Delta\lambda}\quad \Delta\lambda=\lambda_i-\lambda_j \tag{8-61}$$

在参考文献［15］中，平行于 z_i（$\lambda_i=\sigma'^2_i$）对应特征矢量 V'_i方向的分量）的双曲渐近线被定义为“z_i 渐近线”。

假设 A 具有明显的奇异值，这些轨迹在 $q_j\to 0$ 或 $q_i\to 0$ 时，趋向两个正交的直线。

双曲线在 $t=\infty$ 和 $t=-\infty$ 时在原点相交。积 $\gamma\zeta$ 是全局轨迹式（8-59）的参数，令参数 $t=2\gamma\zeta$。若不做先验假设，γ 和 ζ 的影响不能独立开来。

根据轨迹，做出以下解释：

1）如果 ζ = 常数，则基于这对坐标的双曲线，表示当前 GeTLS 问题的能量成本等高超曲面中心在对应坐标的轨迹。

2）如果 γ = 常数，则双曲线表示了 ζ 的变化对等高超曲面中心位移的影响，给了解决不同 GeTLS 问题的思路。

3）如果 $\forall\zeta$，计算 $g(\gamma,\zeta)$ 的零点，则把双曲线分成多端轨迹（临界轨迹），零点表示了临界点。

上述解释中，从对收敛域研究角度和引入 GeTLS 规划理论的角度，第 3 点最吸引人。临界轨迹（见图 8-23）是解的轨迹。

1）由 $t\leqslant\lambda_n$ 且根据 $2\zeta\gamma_{\min}\ \forall\zeta$（$\gamma_{\min}$是 $g(\gamma,\zeta)$ 的最小零点）。只有其中一个平面坐标是 z_n 时，这个轨迹才延伸至无穷远；如果不是这种情况，则轨迹表示只延伸至 λ_n 的双曲线线段。

2）鞍形轨迹由 $\lambda_j\leqslant t\leqslant\lambda_{j-1}$ 的点组成，且根据 $2\zeta\gamma_{\text{saddle}}\ \forall\zeta$($\gamma_{\text{saddle}}$为 $g(\gamma,\zeta)$ 在对应区间的零点)，这表示了每个 GeTLS 问题的鞍点。它以平面 z_jz_{j-1} 内的整条双曲线来表示；在其他平面，它表示 $t<\lambda_j$ 到 $t\leqslant\lambda_{j-1}$之间的线段。

3）最大值的轨迹由 $t\geqslant\lambda_1$ 的点组成，且根据 $2\zeta\gamma_{\max}t\leqslant\lambda_j\ \forall\zeta$($\gamma_{\max}$是 $g(\gamma,\zeta)$ 最大的零点)。只有其中一个平面坐标是 z1 时，这个轨迹才延伸至无穷远；如果不是这种情况，则轨迹表示 λ_1 至∞ 的双曲线线段，∞ 对应于原点。该点仅由 DLS 最大值获得，因为在这种情况下 $g(\gamma,1)$ 的零点在无限远：式子（8-43）表明 $g(\gamma,1)$ 是在 $t\geqslant\lambda_1$ 区间单调递增的，且在 $t\to\infty$ 时趋近 $-b^{\mathrm{T}}b$。

曲线 $t=0$ 的点（参数曲线的原点）的位置与 OLS 的解一致，且为 OLS 等高超曲面的唯一中心。双曲线可以描述为该点的函数[26]。

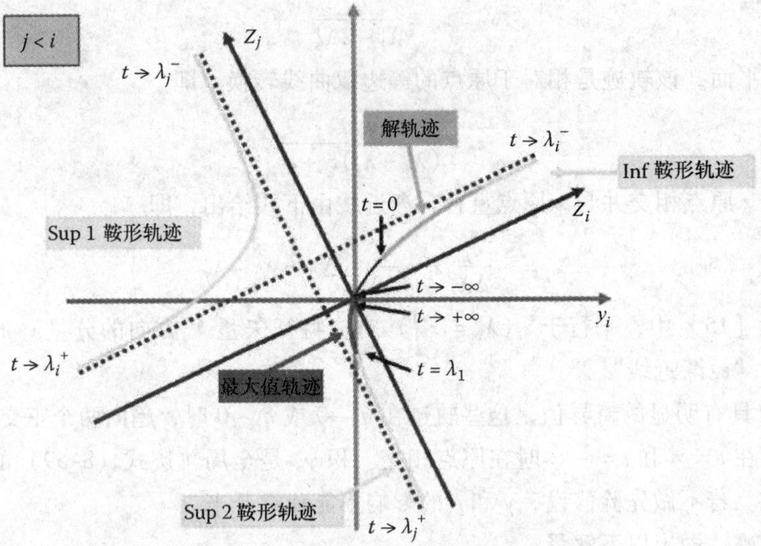

图 8-23　（见彩色插页）$j<I$ 时的临界轨迹

（资料来源：Cirrincione，G. and Cirrincione，M.，*Neural Based Orthogonal Data Fitting*：*The EXIN Neural Networks*，Series：Adaptive and Learning Systems for Signal Processing，Communications and Control，Wiley & Sons，New York，255 pp.，November 2010.）。

GeTLS 的解的参数值（解轨迹中相对于原点的位置，这是 OLS 的解）与 ζ 的值成正比。这意味着 $t_{DLS} \geqslant t_{TLS} \geqslant t_{OLS} = 0$。在每个鞍形轨迹和最大值轨迹中，临界点在相应轨迹的位置 t 与 GeTLS 问题的参数 ζ 成正比。

在参考文献［25，26］中，证明了 $z_i z_j$ 平面的双曲线线段取决于对应 q_i 和 q_j 的符号。因此，对 OLS 的解的认识可以描述每个 $z_i z_j$ 平面中，包含解轨迹的象限。

8.8　GeTLS EXIN 神经元

式（8-38）的最优解可以通过最小化成本方程式（8-40）得到

$$E_{GeTLS\ EXIN}(\boldsymbol{x}) = \sum_{i=1}^{m} E^{(i)}(\boldsymbol{x}) \tag{8-62}$$

式中

$$E^{(i)}(\boldsymbol{x}) = \frac{1}{2}\frac{(\boldsymbol{a}_i^{\mathrm{T}}\boldsymbol{x} - b_i)^2}{(1-\zeta)+\zeta\boldsymbol{x}^{\mathrm{T}}\boldsymbol{x}} = \frac{1}{2}\frac{\delta^2}{(1-\zeta)+\zeta\boldsymbol{x}^{\mathrm{T}}\boldsymbol{x}} \tag{8-63}$$

可得

$$\frac{\mathrm{d}E^{(i)}(\boldsymbol{x})}{\mathrm{d}\boldsymbol{x}} = \frac{\delta\boldsymbol{a}_i}{(1-\zeta)+\zeta\boldsymbol{x}^{\mathrm{T}}\boldsymbol{x}} - \frac{\delta^2\zeta\boldsymbol{x}}{[(1-\zeta)+\zeta\boldsymbol{x}^{\mathrm{T}}\boldsymbol{x}]^2} \tag{8-64}$$

对应的最陡下降离散算式为

$$x(t+1)=x(t)-a(t)\gamma(t)a_i+[\zeta a(t)\gamma^2(t)]x(t) \tag{8-65}$$

式中

$$\gamma(t)=\frac{\delta(t)}{(1-\zeta)+\zeta x(t)^{\mathrm{T}}x(t)} \tag{8-66}$$

式（8-65）表示了 GeTLS EXIN 的学习方法。它的分析与 TLS EXIN 的分析类似。

8.8.1　GeTLS 的收敛域

GeTLS 的收敛域类似于 TLS 的收敛域，也就是说，同样由限制线/渐进线和最大值轨迹切线作为边界[15]。

$\zeta=0$ 时（OLS），收敛域是整个 x 空间。增大 ζ 后，收敛域会变得越来越小。已经证明[13]，解空间 x 轴的原点在 $\zeta\in[0,1]$ 时总是收敛的，也就是，在零初始条件情况下都能求解。对于 DLS，原点不是成本函数式（8-7）的正则点，因此可以作为初始条件。域的形状取决于几个因素。例如，鞍点的位置和 z 影响边界位置的渐近线（收敛限制线）。下面给出了一些临界轨迹分析的考虑因素。

x 空间的原点与 z 空间的原点重合，这是双曲线导致的，并具有一些非常重要的特性：

1）在每个参数双曲线中，原点对应于 $t=-\infty$ 的点。根据前述的内容，在该点与 GeTLS 的解之间没有零点，可知原点位于解轨迹的同一线段，且在原点和该轨迹之间不存在收敛限制线（鞍点导致的）。

2）在每个参数双曲线中，原点也对应于 $t=+\infty$ 的点。可知，原点为最大值轨迹的上限。

根据上述考虑因素可知，如果没有给定先验信息，则 TLS 超平面的原点是 GeTLS EXIN 神经元初始条件的最佳选择。

在每个 z_nz_i 平面，最大值点总是比鞍点更接近于最小值点（GeTLS 的解）；在每个 z_iz_j 平面，最大值点总是比所有 $t>\lambda_j$ 对应的鞍点更接近于最小值；原点总是位于最大值和解轨迹之间。从收敛性的角度，如果选择原点为初始条件，$t<\lambda_j$ 的鞍点曲线不会造成问题，原因是权值矢量在学习率不大时可以跟随解轨迹（与等高超椭球的中心轨迹重合）。后续内容中，对参数 ζ 进行规划，把其定义为 0～1 间的连续函数，再结合不太大的学习率，可以加速 DLS EXIN 神经元，并在缺乏初始条件先验知识的情况下保证其收敛性，即零初始条件是收敛的一般性选择。

8.8.2　规划

从神经网络方法的角度来看，或更一般地，从梯度流来看，DLS 问题（$\zeta=1$）是最困难（$b\neq0$）的，原因包括：

1）收敛域更小。

2）成本函数式（8-7）是最平坦的。

3）DLS 的解比 GeTLS 的解更远离于原点。

4）零初始条件时没有定义 DLS 误差成本，且每个梯度流算法在该初始条件下为发散的。因此，对于其他 GeTLS EXIN 神经元，没有一个普遍的选择。

为了解决上述问题，提出了一种新的参数设计技术[26]，称为规划。这是把 GeTLS EXIN 神经元参数化为非恒值 ζ，并预定义其时间变化。如果参数 ζ 为变量并根据预制规律（规划）从 0 增加至 1，则 GeTLS EXIN 权值矢量将沿解轨迹趋向 DLS 的解。第一次迭代，$\zeta=0$，在 OLS 解（最小值）的方向。因此，在零初始条件和权值的情况下，第一次迭代在收敛域完成。新的位置也在 DLS 域，因为它沿着解轨迹方向。慢慢地改变 ζ，使得权值矢量沿着每个 x 平面上包含解轨迹的双曲线线段（见图 8-24）。此外，GeTLS 神经元结合不太大的初始学习率，以非常低的初始条件开始第一次迭代，这可以加快学习方法。

下面的例子为 DLS 双曲线规划，即

$$\zeta(i)=1-\frac{1}{i} \tag{8-67}$$

式中　$i \geqslant 1$——迭代次数。

初始条件为零。图 8-25 所示为解空间的权值轨迹。权值在 TLS 解之前接近于解轨迹（ζ 参数化），原因是双曲线规划只能在 $\zeta=0$ 时产生单个学习步长。注意解轨迹的吸引作用。瞬态和准确度都非常好。

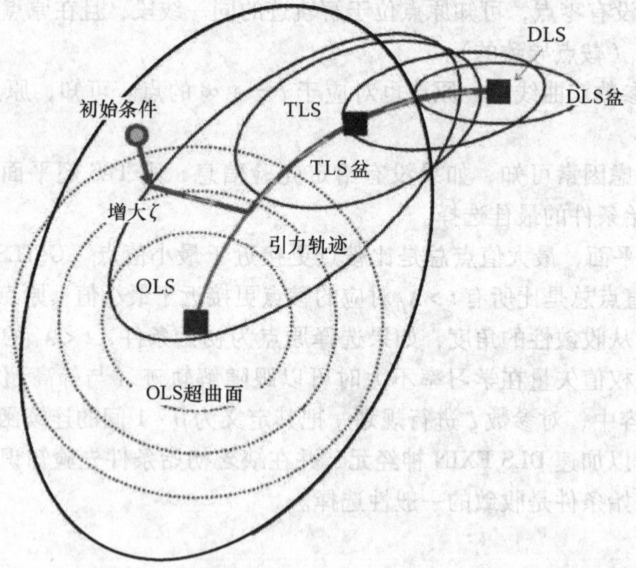

图 8-24　DLS 规划

（资料来源：Cirrincione，G. and Cirrincione，M.，*Neural Based Orthogonal Data Fitting*：*The EXIN Neural Networks*，Series：Adaptive and Learning Systems for Signal Processing，Communications and Control，Wiley & Sons，New York，255 pp.，November 2010.）

当观测矢量（b）为零时，DLS 规划不能为零初始条件。实际上，第一步（OLS

权值相位图与基准解轨迹

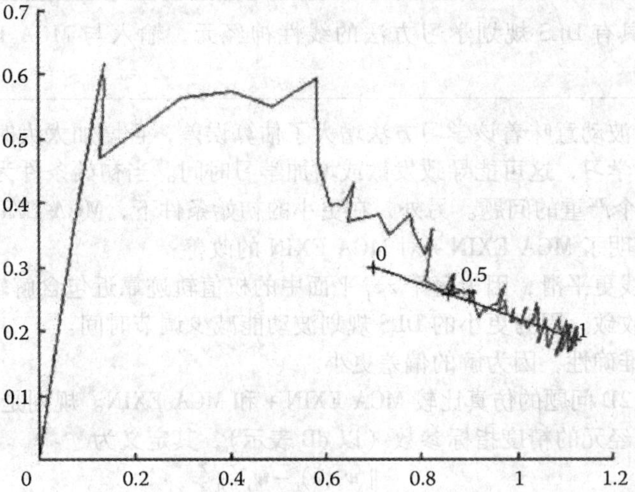

图 8-25　DLS 规划 EXIN 的权值轨迹（双曲线规划和零初始条件）。
解轨迹可见 OLS、TLS 和 DLS 的解

（资料来源：Cirrincione，G. and Cirrincione，M.，*Neural Based Orthogonal Data Fitting*：*The EXIN Neural Networks*，Series：Adaptive and Learning Systems for Signal Processing，Communications and Control，Wiley & Sons，New York，255pp.，November 2010.）

$\zeta=0$）的能量函数为 $\boldsymbol{x}^{\mathrm{T}}\boldsymbol{A}^{\mathrm{T}}\boldsymbol{A}\boldsymbol{x}$，对零初始条件也为零。在规划中，缺乏普遍初始条件的问题可以通过插入一个或多个 OLS 学习步长来避免，以进入收敛域。如果初始条件非常小，一个 OLS 步长足以保证收敛性。

8.8.3　加速后的 MCA EXIN 神经元（MCA EXIN +）

DLS 规划的 EXIN 可以用于提高 MCA EXIN 神经元的性能。事实上，$\boldsymbol{b}=\boldsymbol{0}$ 的 DLS 能量成本为［见式（8-7）］

$$E_{DLS}(\boldsymbol{x})=\frac{1}{2}\frac{\boldsymbol{x}^{\mathrm{T}}\boldsymbol{A}^{\mathrm{T}}\boldsymbol{A}\boldsymbol{x}}{\boldsymbol{x}^{\mathrm{T}}\boldsymbol{x}}=\frac{1}{2}r(\boldsymbol{x},\boldsymbol{A}^{\mathrm{T}}\boldsymbol{A})\quad\forall\boldsymbol{x}\in\Re^{n}-\{\boldsymbol{0}\}\tag{8-68}$$

也就是 $\boldsymbol{A}^{\mathrm{T}}\boldsymbol{A}$ 的 Rayleigh 商。神经元的输入是矩阵 $\boldsymbol{A}$ 的行，输入数据的自相关矩阵 $\boldsymbol{R}$ 等于 $\boldsymbol{A}^{\mathrm{T}}\boldsymbol{A}/m$，于是 DLS 神经元的问题等效于相同输入的 MAC 神经元问题。这种等效只适用于 DLS EXIN（$\zeta=1$ 时的 GeTLS EXIN）和 MCA EXIN，原因是这两种神经元的学习方法采用了准确的误差梯度。

输入矩阵 $\boldsymbol{A}$ 的行和零目标的 DLS EXIN 神经元等效于相同输入的 MCA EXIN 神经元。两个神经元均需要找到 $\boldsymbol{A}^{\mathrm{T}}\boldsymbol{A}$ 的最小主元，即 $\boldsymbol{A}$ 的最小奇异值对应的奇异值矢量。等效的缺点是，与 MCA EXIN 总是收敛不一样，DLS EXIN 无法保证其收敛性。这种等效可以使用 DLS 规划改善 MCA EXIN。

定义 8-1（MCA EXIN +）

MCA EXIN + 是具有 DLS 规划学习方法的线性神经元，输入与 MCA EXIN 相同，目标为零[26]。

权重较大的波动意味着该学习方法增大了估算误差，且增加太大时，会使权值矢量急剧偏离正常的学习，这可能导致发散或增加学习时间。当初始条件为无穷小时，这对 MCA EXIN 是一个严重的问题。另外，在更小的初始条件下，MCA EXIN 的收敛会更快。以下观察结果证明了 MCA EXIN + 对 MCA EXIN 的改善：

1）动态曲线更平滑，因为每个 z_iz_j 平面中的权值轨迹靠近包含解轨迹的双曲线段。

2）更快的收敛，因为更小的 DLS 规划波动能减少调节时间。

3）更好的准确性，因为解的偏差更小。

接下来通过 2D 问题的仿真比较 MCA EXIN + 和 MCA EXIN。规划是线性的。图 8-26 显示了这两种神经元的精度指标参数（以 dB 表示），其定义为

$$\rho = \frac{\| \boldsymbol{w}_i(t) - \boldsymbol{w}_i^* \|_2^2}{n} \tag{8-69}$$

式中　$\boldsymbol{w}_i(t)$——n 维神经元权值矢量；

$\boldsymbol{w}_i^*$——n 维目标权值矢量。

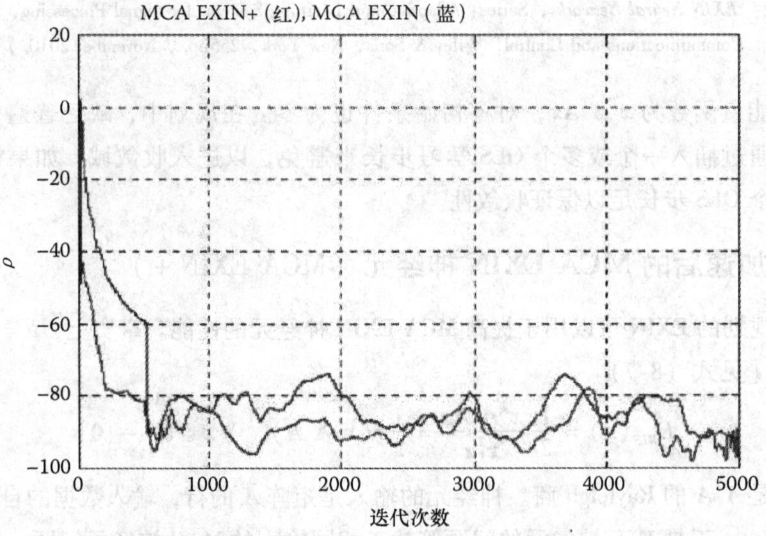

图 8-26　（见彩色插页）规划后的 MCA EXIN +（红色）和 MCA EXIN（蓝色）的指标参数 ρ（表示为 dB）。

（资料来源：Cirrincione，G. and Cirrincione，M.，*Neural Based Orthogonal Data Fitting*：*The EXIN Neural Networks*，Series：Adaptive and Learning Systems for Signal Processing，Communications and Control，Wiley & Sons，New York，255 pp.，November 2010.）

该图说明 MCA EXIN + 收敛更快并有更好的精度。

下面为计算机实现 MCA EXIN + 算法的流程图[26]：

1）目标：找到矩阵 $\boldsymbol{A}$ 的最小特征值矢量 x。

2）输入：

① $\eta(t)$：学习速度，一直减少到零。

② $\boldsymbol{x}(0)$：初始条件（越小越好，但不为零）。

③ $\zeta(t)$：GeTLS 参数，从 0 增加到 1。

④ $\boldsymbol{a}(t)$：在 t 时刻输入 $\boldsymbol{A}$ 中的行。

⑤ ε：停止阈值。

⑥ $t_{\max}$：最大迭代次数。

3）算法：

对于每个 t

① 计算

$$\boldsymbol{x}(t+1)=\boldsymbol{x}(t)-\eta(t)\gamma(t)\boldsymbol{a}(t)+[\zeta(t)\eta(t)\gamma^2(t)]\boldsymbol{a}(t)$$

式中

$$\gamma(t)=\frac{\boldsymbol{a}^{\mathrm{T}}(x)x(t)}{1-\zeta(t)+\zeta(t)\boldsymbol{x}^{\mathrm{T}}(t)\boldsymbol{x}(t)}$$

② 计算

$$E_{GeTLS}(t+1)=\frac{1}{2}\frac{(A\boldsymbol{x}(t))^{\mathrm{T}}(A\boldsymbol{x}(t))}{1-\zeta(t)+\zeta(t)\boldsymbol{x}^{\mathrm{T}}(t)\boldsymbol{x}(t)}$$

$$=\frac{\gamma(t)}{2}\frac{(A\boldsymbol{x}(t))^{\mathrm{T}}(A\boldsymbol{x}(t))}{\boldsymbol{a}^{\mathrm{T}}(x)\boldsymbol{x}(t)}$$

③ 如果若干次数迭代后 $\|E_{GeTLS}(t+1)-E_{GeTLS}(t)\|_2<\varepsilon$，则中止。

④ 如果 $t>t_{\max}$，则中止。

⑤ 更新 $\eta(t)$ 和 $\zeta(t)$。

注意，算法中止之前 $\zeta(t)$ 必须等于 1。

参考文献

1. M. Minsky, S. Papert, *Perceptrons*, MIT Press, Cambridge, MA, 1969.
2. B. Widrow, S. D. Stearns, *Adaptive Signal Processing*, Signal Processing Series, Prentice-Hall, Englewood Cliffs, NJ, 1985.
3. S. D. Hodges, P. G. Moore, Data uncertainties and least square regression, *Applied Statistics*, 21, 185–195, 1972.
4. G. W. Stewart, Sensitivity coefficients for the effects of errors in the independent variables in a line regression, Technical Report TR-571, Department of Computer Science, University of Maryland, College Park, MD, 1977.
5. G. H. Golub, C. F. Van Loan, An analysis of the total least squares problem, *SIAM Journal of Numerical Analysis*, 17, 883–893, 1980.
6. R. J. Adcock, A problem in least squares, *The Analyst*, 5, 53–54, 1878.
7. K. Pearson, On lines and planes of closest fit to points in space, *Philosophical Magazine*, 2, 559–572, 1901.
8. T. C. Koopmans, *Linear Regression Analysis of Economic Time Series*, De Erver F. Bohn, N.V., Haarlem, the Netherlands, 1937.
9. A. Madansky, The fitting of straight lines when both variables are subject to error, *Journal of the American Statistical Association*, 54, 173–205, 1959.

10. D. York, Least squares fitting of a straight line, *Canadian Journal of Physics*, 44, 1079–1086, 1966.
11. P. Sprent, *Models in Regression and Related Topics*, Methuen, London, U.K., 1969.
12. L. J. Gleser, Estimation in a multivariate "errors in variables" regression model: Large sample results, *Annals of Statistics*, 9, 24–44, 1981.
13. S. Van Huffel, J. Vandewalle, *The Total Least Squares Problems: Computational Aspects and Analysis. Frontiers in Applied Mathematics*, SIAM, Philadelphia, PA, 1991.
14. R. D. Degroat, E. Dowling, The data least squares problem and channel equalization, *IEEE Transactions on Signal Processing*, 41(1), 407–411, January 1993.
15. G. Cirrincione, *A Neural Approach to the Structure from Motion Problem*, PhD thesis, LIS INPG, Grenoble, France, December 1998.
16. L. Xu, E. Oja, C. Suen, Modified Hebbian learning for curve and surface fitting, *Neural Networks*, 5, 441–457, 1992.
17. G. Mathew, V. Reddy, Development and analysis of a neural network approach to Pisarenko's harmonic retrieval method, *IEEE Transactions on Signal Processing*, 42, 663–667, 1994.
18. G. Mathew, V. Reddy, Orthogonal eigensubspace estimation using neural networks, *IEEE Transactions on Signal Processing*, 42, 1803–1811, 1994.
19. R. Schmidt, Multiple emitter location and signal parameter estimation, *IEEE Transactions on Antennas and Propagation*, 34, 276–280, 1986.
20. J. W. Griffiths, Adaptive array processing, a tutorial, *IEE Proceedings*, 130(pt.F), 3–10, 1983.
21. R. Klemm, Adaptive airborne MTI: An auxiliary channel approach, *IEE Proceedings*, 134(pt.F), 269–276, 1987.
22. S. Barbarossa, E. Daddio, G. Galati, Comparison of optimum and linear prediction technique for clutter cancellation, *IEE Proceedings*, 134(pt.F), 277–282, 1987.
23. K. Gao, M. O. Ahmad, M. N. Swamy, Learning algorithm for total least-squares adaptive signal processing, *Electronic Letters*, 28(4), 430–432, February 1992.
24. K. Gao, M. O. Ahmad, M. N. Swamy, A constrained anti-Hebbian learning algorithm for total least-squares estimation with applications to adaptive FIR and IIR filtering, *IEEE Transactions on Circuits and Systems-II: Analog and Digital Processing*, 41(11), 718–729, November 1994.
25. G. Cirrincione, M. Cirrincione, J. Hérault, S. Van Huffel, The MCA EXIN neuron for the minor component analysis, *IEEE Transactions on Neural Networks*, 13(1), 160–187, January 2002.
26. G. Cirrincione, M. Cirrincione, *Neural Based Orthogonal Data Fitting: The EXIN Neural Networks*, Series: Adaptive and Learning Systems for Signal Processing, Communications and Control, Wiley & Sons, New York, 255pp., November 2010.
27. U. Helmke, J. B. Moore, *Optimization and Dynamical Systems*, Springer-Verlag, London, U.K., 1994.
28. D. Shafer, Gradient vector fields near degenerate singularities, In Z. Nitecki, C. Robinson, eds., *Global Theory of Dynamical Systems*, Lecture Notes in Mathematics, Springer-Verlag, Berlin, Germany, Vol. 819, pp. 410–417, 1980.
29. F. Luo, R. Unbehauen, A. Cichocki, A minor component analysis algorithm, *Neural Networks*, 10(2), 291–297, 1997.
30. D. Z. Feng, Z. Bao, L. C. Jiao, Total least mean squares algorithm, *IEEE Transactions on Signal Processing*, 46, 2122–2130, August 1998.
31. G. Cirrincione, G. Ganesan, K. V. S. Hari, S. Van Huffel, Direct and neural techniques for the data least squares problem, *MTNS 2000*, Perpignan, France, p. 10, June 2000.
32. J. M. Cioffi, Limited-precision effects in adaptive filtering, *IEEE Transactions on Circuits and Systems*, 34(7), 821–833, July 1987.
33. M. Hestenes, *Conjugate Direction Methods in Optimization*, Springer-Verlag, New York, 1980.
34. X. Yang, T. K. Sarkar, E. Arvas, A survey of conjugate gradient algorithms for solution of extreme eigen-problems of a symmetric matrix, *IEEE Transactions on Acoustics, Speech and Signal Processing*, 37(10), 1550–1556, October 1989.
35. G. Cirrincione, M. Cirrincione, Robust total least squares by the nonlinear MCA EXIN neuron, *Proceedings of IEEE International Joint Symposia on Intelligence and Systems*, Rockville, MD, pp. 295–300, May 1998.

36. P. Huber, *Robust Statistics*, Wiley, New York, 1981.
37. C. Han, X. Kong, R. Wei, A stable total least square adaptive algorithm for the nonlinear volterra filter volterra filter, *Seventh International Conference on Information Fusion*, Stockholm, Sweden, June–July 2004.
38. C. Han, X. Kong, R. Wei, Modified gradient algorithm for total least square filtering, *Neurocomputing*, 70, 568–576, 2006.
39. D. Peng, Z. Yi, X. Xiang, A modified MCA EXIN algorithm and its convergence analysis, *Advances in Neural Networks, Second International Symposium on Neural Networks, Chongqing, China, May 30–June 1, 2005, Proceedings, Part II*, Vol. 3496/2005 of Lecture Notes in Computer Science, Springer, Berlin, Germany, pp. 1028–1033, May 02, 2005.
40. D. Peng, Z. Yi, Convergence analysis of an effective MCA learning algorithm, *ICNN&B'05. International Conference on Neural Networks and Brain*, Beijing, China, *2005*, Vol. 3, pp. 2003–2008, October 13–15, 2005.
41. D. Peng, Z. Yi, W. Luo, Convergence analysis of a simple minor component analysis algorithm, *Neural Networks*, 20(7), 842–850, 2007.
42. W. H. Press, S. A. Teukolsky, W. T. Wetterling, B. P. Flannery, *Numerical Recipes in C: The Art of Scientific Computing*, 2nd edn., Cambridge University Press, Cambridge, U.K., 1992.
43. R. R. Hocking, The analysis and selection of variables in linear regression, *Biometrics*, 32, 1–49, 1976.
44. R. R. Hocking, Developments in linear regression methodology 1959–1982, *Technometrics*, 25, 219–230, 1983.
45. S. Van Huffel, J. Vandewalle, Subset selection using the total least squares approach in collinearity problems with errors in the variables, *Linear Algebra and Its Applications*, 88/89, 695–714, 1987.
46. A. Premoli, M. L. Rastello, G. Cirrincione, A new approach to total least squares techniques for metrological applications. In P. Ciarlini, M. G. Cox, F. Pavese, D. Richter, eds., *Advanced Mathematical Tools in Metrology II Series on Advances in Mathematics for Applied Sciences*, World Scientific, Singapore, Vol. 40, pp. 206–215, 1996.
47. G. Cirrincione, M. Cirrincione, S. Van Huffel, The GeTLS EXIN neuron for linear regression, *Proceedings of the IEEE-INNS-ENNS International Joint Conference on Neural Networks, IJCNN*, Como, Italy, *2000*, Vol. 6, pp. 285–289, July 24–27, 2000.
48. B. D. Rao, Unified treatment of LS, TLS and truncated SVD methods using a weighted TLS framework. In S. Van Huffel, ed., *Recent Advances in Total Least Squares Techniques and Errors-in-Variables Modeling*, SIAM, Philadelphia, PA, pp. 11–20, 1997.
49. C. C. Paige, Z. Strakos, Unifying least squares, total least squares and data least squares problems. In S. Van Huffel, P. Lemmerling, eds., *Proceedings of the Third International Workshop on TLS and Errors-in-Variables Modelling*, Kluwer Academic, Dordrecht, the Netherlands, pp. 35–44, 2001.
50. C. C. Paige, Z. Strakos, Scaled total least squares fundamentals, *Numerische Mathematik*, 91, 117–146, 2002.
51. A. Cichocki, R. Unbehauen, *Neural Networks for Optimization and Signal Processing*, John Wiley & Sons, New York, 1993.
52. G. W. Stewart, *Matrix Algorithms, Volume II: Eigensystems*, SIAM, Philadelphia, PA, 2001.
53. R. C. Thompson, Principal submatrices ix: Interlacing inequalities for singular values of submatrices, *Linear Algebra and Its Applications*, 5, 1–12, 1972.
54. M. F. Moller, A scaled conjugate gradient algorithm for fast supervised learning, *Neural Networks*, 6, 525–533, 1993.

第4部分

应用精选

第9章 电动机的最小二乘法和神经网络辨识

9.1 感应电动机的参数估计

感应电动机（以下简称IM）的实时电气参数非常重要，这些参数可以从电网或调速驱动器的拓扑结构估算而来。这一点已经被过去20年在感应电动机在线参数估计领域发表的大量科技论文所证明[1-80]。

IM的实时电气参数在功率系统分析中非常有用。众所周知，在这样的系统分析中，特别是在故障条件下，为得到负载特性，负载与电网电压、频率的关联性是至关重要的。为了这个目标，研究了IM对短路电流的影响，短路电流与电网的电压、频率不直接相关。电动机电气参数的在线估计，可有助于计算电动机对短路电流的影响。

另外一种情况是，当电动机直接由电网驱动并频繁地起制动时，对IM参数的在线估计特别依赖，尤其定子和转子电阻值。通过定子和转子电阻估算值可以得到绕组温度的变化数据，进一步可确定安全起动时刻，以避免对电动机造成损坏。

此外，对于调速的IM，实时电气参数也非常重要，因为它将影响控制系统的性能和稳定性。例如，在转子磁场定向控制中，转子磁场空间矢量幅值和相角的估计要么采用“电流模型”（见第5.3.3节第2部分），其实现需要准确的转子时间常数；要么采用“电压模型”（见第5.3.3节第1部分），其实现需要准确的定子电阻值。直接转矩控制（DTC）中，转子磁场空间矢量幅值和相角（或只是扇区）通常采用“电压模型”，就必须知道准确的定子电阻值。

电动机的额定电气参数，是在额定工作条件下，处于静止状态时用离线方法进行测量的（空载和堵转测试）[4,5]。在正常运转中，这些参数会变化。例如，定子和转子电阻的数值将跟随电动机的温度变化，而定子电感、转子电感以及漏磁因数会随电动机中心的磁场大小而变化（主磁通的饱和程度）。电阻值的变化非常缓慢，因为它决定于电动机的热时间常数，磁场参数的变化则非常快。此外，只要电动机转速高于额定值，磁场参数就会变化，其原因是磁通量变小了（磁场减弱）。转子时间常数也会由于温度影响和电动机磁场的改变出现漂移。在正常的工作条件下，参数漂移百分比可能高达50%[1,2,5,6]。

如果电动机的参数出现变化，而磁通模型中对应的数值保持不变，就是所谓的磁通模型失准。磁通模型失准将严重影响电气驱动性能甚至稳定性。因此必须研究电气参数在线估算算法，以在线适应受电动机参数漂移影响的磁通模型。

9.2　磁通模型对参数变化的敏感度

下列内容为磁通模型对电动机参数变化的敏感度的分析[6,8]。针对磁场定向控制（FOC）和 DTC 方案中常用的“电压”和“电流”磁通模型，根据负载对下列参数的变化进行分析：

1）转子（定子）磁链估算值和实际值的稳态幅值比。

2）转子（定子）磁链估算值和实际值的稳态相角差。

3）电磁转矩估算值和实际值的稳态比率。

9.2.1　电流磁通模型的敏感度

现考虑在转子磁场定向参考坐标系下的 IM “电流磁通模型”，其中根据磁通模型估算的变量和参数带“∧”符号，对应的电动机实际变量不带“∧”符号。为简单起见，没有列出方程对应的“∧”符号参考坐标系，模型基于转子磁场定向参考坐标系。

电流磁通模型为

$$\begin{cases}\hat{T}_r\dfrac{\mathrm{d}|\hat{\boldsymbol{i}}_{mr}|}{\mathrm{d}t}+|\hat{\boldsymbol{i}}_{mr}|=\hat{i}_{sx}\\[2ex]\omega_{mr}=\omega_r+\dfrac{\hat{i}_{sy}}{\hat{T}_r|\hat{\boldsymbol{i}}_{mr}|}\end{cases}\tag{9-1}$$

其中　$\hat{\psi}_r=\hat{L}_m\hat{i}_{mr}$。式中的符号参考本章结尾的符号列表。

按上述方程电动机的电流磁通模型为

$$\begin{cases}T_r\dfrac{\mathrm{d}|\boldsymbol{i}_{mr}|}{\mathrm{d}t}+|\boldsymbol{i}_{mr}|=i_{sx}\\[2ex]\omega_{mr}=\omega_r+\dfrac{i_{sy}}{T_r|\boldsymbol{i}_{mr}|}\end{cases}\tag{9-2}$$

其中　$\psi_r=L_m\boldsymbol{i}_{mr}$

由于转差角速度 ω_{sl}（rad/s）只与负载有关，可以得到下列等式，即

$$\omega_{sl}=\frac{i_{sy}}{T_r i_{sx}}=\frac{\hat{i}_{sy}}{\hat{T}_r\hat{i}_{sx}}\tag{9-3}$$

联合式（9-3）与式（9-1）和式（9-2），可以得到转子磁链估算值和实际值之间的稳态空间矢量关系为

$$\frac{\boldsymbol{\psi}_r}{\hat{\boldsymbol{\psi}}_r}=\frac{L_m}{\hat{L}_m}\frac{(1+\mathrm{j}\omega_{sl}\hat{T}_r)}{(1+\mathrm{j}\omega_{sl}T_r)}\tag{9-4}$$

从该矢量方程可以推导出下面的两个标量方程，分别为转子磁通空间矢量的幅值和相角，即

$$\left|\frac{\boldsymbol{\psi}_r}{\hat{\boldsymbol{\psi}}_r}\right| = \frac{L_m}{\hat{L}_m}\frac{\sqrt{1+(\omega_{sl}\hat{T}_r)^2}}{\sqrt{1+(\omega_{sl}T_r)^2}} \tag{9-5}$$

$$\delta_{\rho r} = \rho_r - \hat{\rho}_r = \arctan\left(\frac{\omega_{sl}(\hat{T}_r - T_r)}{1+\omega_{sl}^2 T_r\hat{T}_r}\right) = \arctan\left(\left(1-\frac{T_r}{\hat{T}_r}\right)\frac{\hat{i}_{sx}\hat{i}_{sy}}{\hat{i}_{sx}^2+(T_r/\hat{T}_r)\hat{i}_{sy}^2}\right) \tag{9-6}$$

式中　$\delta_{\rho r}$——转子磁链相角位置的估计值误差。

图9-1标出了定子电流空间矢量、它在实际转子磁通 $x-y$ 坐标下的分解，以及它在估算转子磁通 $\hat{x}-\hat{y}$ 坐标下的分解。图中还画出了线圈温度上升时（将造成线圈电阻上升）和电动机磁通减少时的情况，解释如下。

由于 $\beta_i = \arctan(i_{sy}/i_{sx}) = \arctan(\omega_{sl}T_r)$ 且 $\hat{\beta}_i = \arctan(\hat{i}_{sy}/\hat{i}_{sx}) = \arctan(\omega_{sl}\hat{T}_r)$，可以得到下列结论：

1）在电动机温度上升时，转子磁链幅值的稳态值将大于模型的值，因此，$R_r > \hat{R}_r$，则 $T_r < \hat{T}_r$，$\beta_i < \hat{\beta}_i$，这意味着转子磁通估计值对应的参考坐标系滞后于实际转子磁通对应的参考坐标系，且定子电流分量估计值出现偏差：$i_{sx} > \hat{i}_{sx}$ 和 $i_{sy} < \hat{i}_{sy}$。

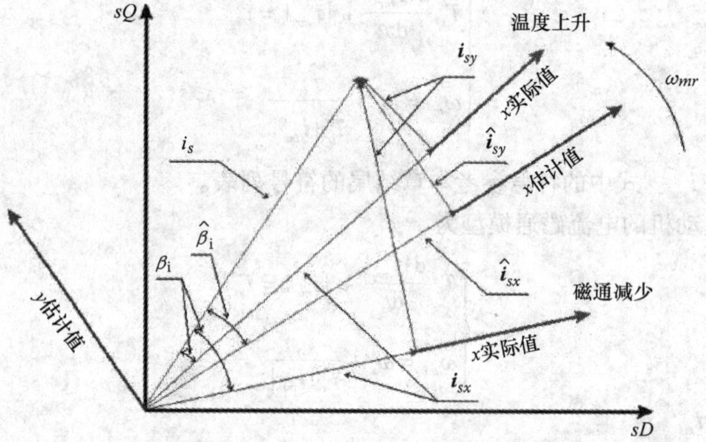

图9-1　磁通模型失准情况下的定子电流空间矢量分解

2）如果电动机工作于电磁特性曲线的线性区（弱磁区域），转子磁链幅值的稳态值将小于模型的值。因此，$L_r > \hat{L}_r$，则 $T_r > \hat{T}_r$，$\beta_i > \hat{\beta}_i$，在这种情况下，估计值的参考坐标系将超前于实际值的参考坐标系，这将导致定子电流分量估计出现偏差：$i_{sx} < \hat{i}_{sx}$ 和 $i_{sy} > \hat{i}_{sy}$。

研究式（9-4）和式（9-5）可以得到相同的结论。图9-2所示为不同 $\hat{i}_{sy}/\hat{i}_{sx}$ 值的 $|\boldsymbol{\psi}_r|/|\hat{\boldsymbol{\psi}}_r|$—$\hat{R}_r/R_r$ 稳态关系曲线。图中电动机的参数见表9-1。所有曲线在 $\hat{R}_r/R_r=1$ 且 $|\boldsymbol{\psi}_r|/|\hat{\boldsymbol{\psi}}_r|=1$ 时相交，交点对应准确的磁通模型。当 $\hat{R}_r/R_r<1$ 时，电动机处于温度升

高状态，此时$|\boldsymbol{\psi}_r|/|\hat{\boldsymbol{\psi}}_r|>1$，电动机的转子磁通比在磁通模型值大。相反，当电动机温度降低时，电动机的真实磁通小于磁通模型值。$\hat{R}_r/R_r$ 与 1 之间的差值越大，磁通实际值和估计值之间的差值也越大。$\hat{i}_{sy}/\hat{i}_{sx}$的比值越大，则意味着负载越大，同时磁通实际值和估计值之间的误差也越大。

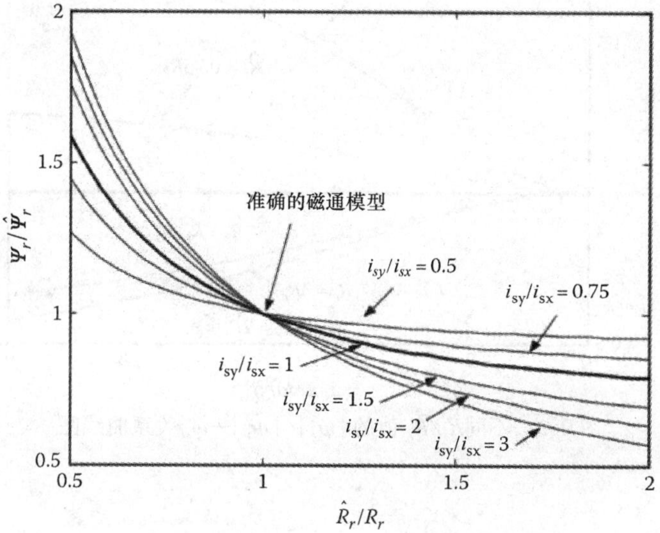

图 9-2　不同$\hat{i}_{sy}/\hat{i}_{sx}$值的$|\boldsymbol{\psi}_r|/|\hat{\boldsymbol{\psi}}_r|$—$\hat{R}_r/R_r$ 关系曲线

表 9-1　IM 的 K 参数和估计值

	OLS	实际值	误差（%）
k_1	188.6	189.0088	-0.2136
k_2	1267	946.4266	33.8906
k_{31}	127.1	127.5	-0.3765
k_4	32.8	32.8711	-0.1550
k_5	243.2	243.9244	-0.2913

资料来源：Cirrincione, M. and Pucci, M., Experimental verification of a technique for the real - time identification of induction motors based on the recursive least - squares, *International Workshop on Advanced Motion Control*（*IEEE AMC'02*）Maribor, Slovenia, 2002.

图 9-3 所示为不同$\hat{R}_r/R_r$ 值的$|\boldsymbol{\psi}_r|/|\hat{\boldsymbol{\psi}}_r|$—转差角速度$\omega_{sl}$关系曲线图。从图中可见，空载时（$\omega_{sl}=0$），即使失准的磁通模型也可以准确地估计转子磁链的幅值。负载转矩越大，磁通实际值和估计值之间的误差越大。这意味着，就电流模型而言，由负载导致的模型失准是明显的。图 9-4 所示为从图 9-2 和图 9-3 得到的$|\boldsymbol{\psi}_r|/|\hat{\boldsymbol{\psi}}_r|$—$\hat{R}_r/R_r$—$\omega_{sl}$关系曲面图。

图 9-5 所示为不同$\hat{i}_{sy}/\hat{i}_{sx}$值的$\hat{\rho}_r-\rho_r$—$\hat{R}_r/R_r$ 关系曲线图。所有的曲线在$\hat{R}_r/R_r=1$ 且 $\delta_{\rho r}=0$ 时相交，交点对应准确的磁通模型。图 9-6 所示为不同$\hat{T}_r/T_r$ 值的 $\delta_{\rho r}$—ω_{sl}关系曲

线图。从图中可见，空载时（$\omega_{sl}=0$），即使失准的磁通模型也可以准确地估计转子磁链空间矢量的相角。负载转矩增大时，磁通相角误差将出现先增大后减少的情况。

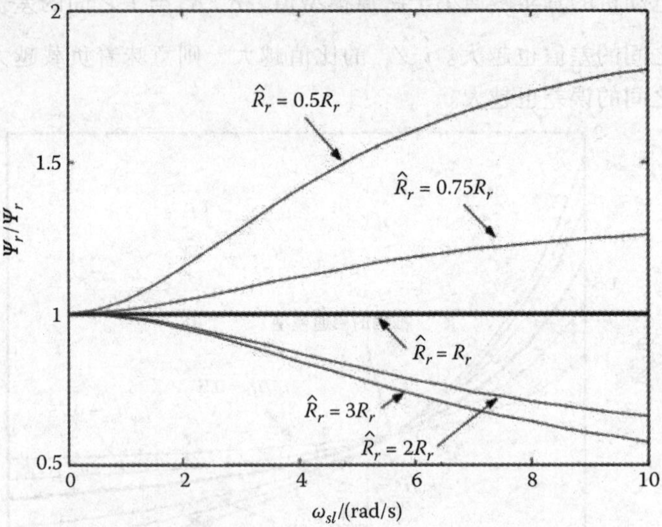

图 9-3　不同$\hat{R}_r/R_r$ 值的 $|\boldsymbol{\psi}_r|/|\hat{\boldsymbol{\psi}}_r|$—$\omega_{sl}$关系曲线图

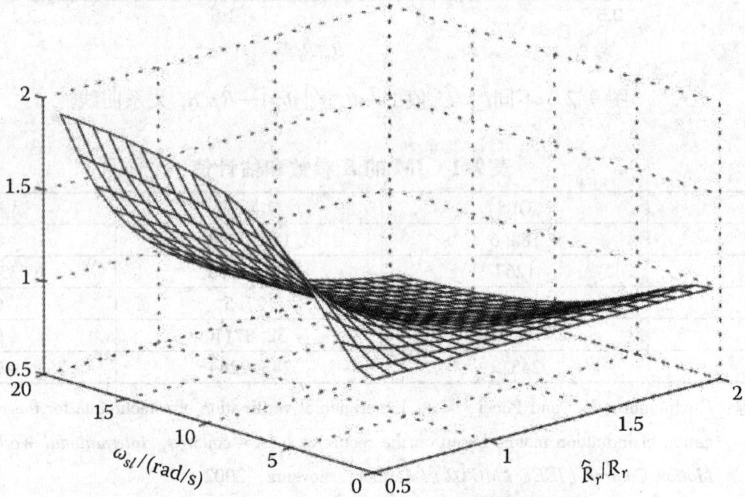

图 9-4　$|\boldsymbol{\psi}_r|/|\hat{\boldsymbol{\psi}}_r|$—$\hat{R}_r/R_r$—$\omega_{sl}$关系曲面图

最后，图 9-7 ~ 图 9-10 为类似曲线，描述了电流磁通模型对于三相励磁电感和转子漏磁因数的敏感度。

利用式（9-4）和式（9-5），可得电磁转矩估计值$\hat{t}_e$ 和实际值 t_e 之间的关系为

$$\frac{t_e}{\hat{t}_e}=\frac{L_m^2}{L_r}\frac{\hat{L}_r}{\hat{L}_m^2}\frac{T_r}{\hat{T}_r}\frac{1+(\omega_{sl}\hat{T}_r)^2}{1+(\omega_{sl}T_r)^2} \tag{9-7}$$

在式（9-7）的基础上，可以得出图 9-11 中的曲线簇为不同 $\hat{i}_{sy}/\hat{i}_{sx}$ 比值的 $t_e/\hat{t}_e$—$\hat{R}_r/R_r$

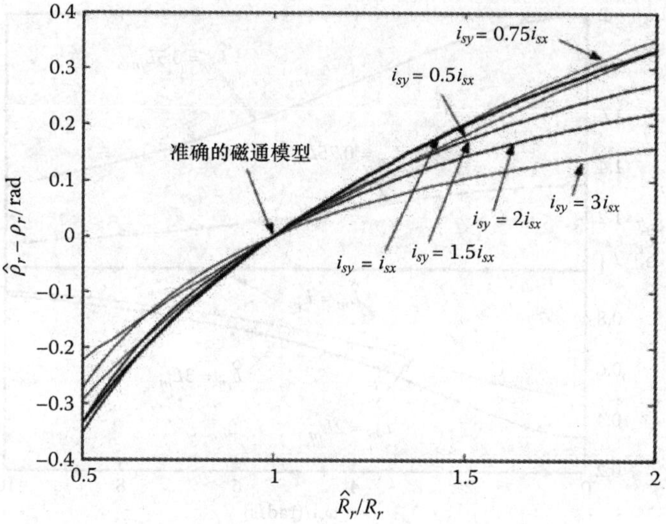

图 9-5　不同$\hat{i}_{sy}/\hat{i}_{sx}$值的$\hat{\rho}_r-\rho_r$—$\hat{R}_r/R_r$关系曲线图

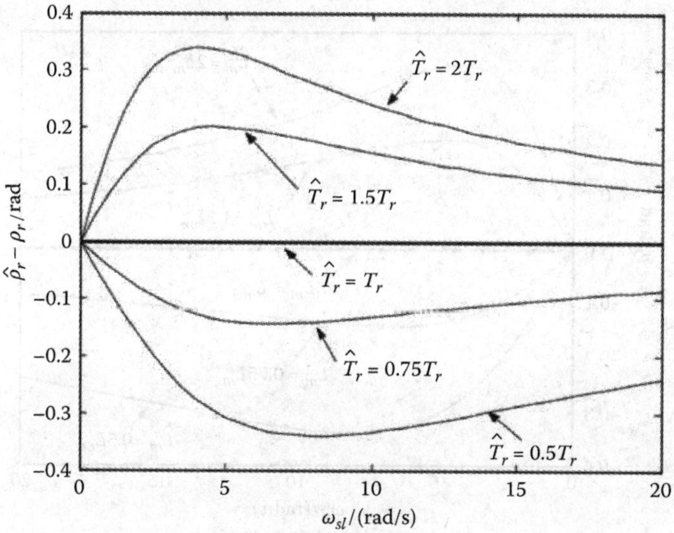

图 9-6　$\hat{\rho}_r-\rho_r$—$\hat{R}_r/R_r$—ω_{sl}的关系曲线图

关系曲线。该图是基于电动机励磁线性化的假设。所有曲线在$\hat{R}_r/R_r=1$且$t_e/\hat{t}_e=1$时相交，交点对应准确的磁通模型。可以进一步观察到存在一些区域，在这些区域中即使磁通模型有偏差，但驱动器的动态性能比模型准确时更好。更精确地说，如果$\hat{R}_r/R_r<1$（升温）和$\hat{i}_{sy}/\hat{i}_{sx}$较大时（大负载转矩或小励磁电流），电磁转矩的实际值大于估计值。最后给出了电磁转矩与电流分量估计值$\hat{i}_{sx}$和$\hat{i}_{sy}$之间的关系式为

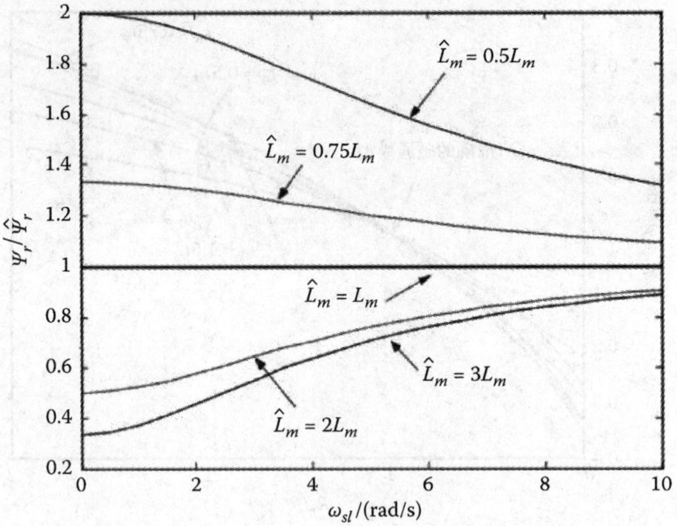

图 9-7　不同 $\hat{L}_m/L_m$ 值的 $|\boldsymbol{\psi}_r|/|\hat{\boldsymbol{\psi}}_r|$—$\omega_{sl}$关系曲线图

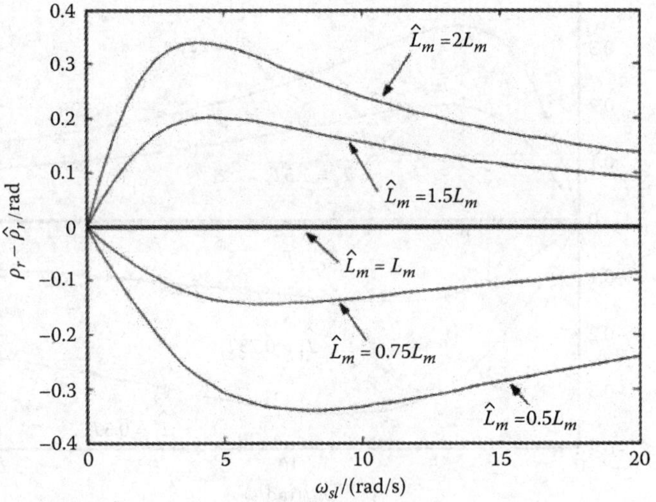

图 9-8　$\hat{\rho}_r-\rho_r$—$\hat{L}_m/L_m$—ω_{sl}的关系曲线图

$$t_e=\frac{3}{2}p\frac{L_m^2}{L_r}\frac{T_r}{\hat{T}_r}\hat{i}_{sx}\hat{i}_{sy}\frac{\hat{i}_{sx}^2+\hat{i}_{sy}^2}{\hat{i}_{sx}^2+(T_r/\hat{T}_r)^2\hat{i}_{sy}^2}\tag{9-8}$$

图 9-12 所示为不同 $\hat{R}_r/R_r$ 值的实际转矩 t_e—$\hat{i}_{sy}$之间的关系，且 $\hat{i}_{sx}$为定值。从图中可见，只有在 $\hat{R}_r/R_r=1$ 时 t_e 与 $\hat{i}_{sy}$ 的关系才近似线性，这也对应着磁场定向正确的情况。对于 $\hat{R}_r/R_r$ 不等于 1 的值，该关系将变成非线性。

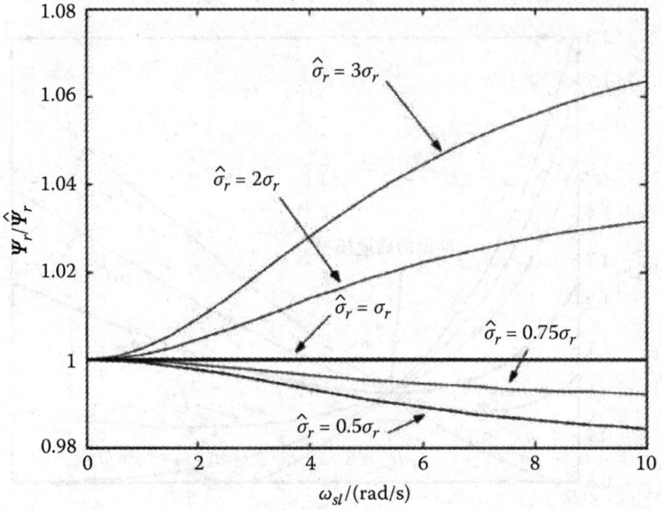

图 9-9　不同 $\hat{\sigma}_r/\sigma_r$ 值的 $|\boldsymbol{\psi}_r|/|\hat{\boldsymbol{\psi}}_r|$—$\omega_{sl}$ 关系曲线图

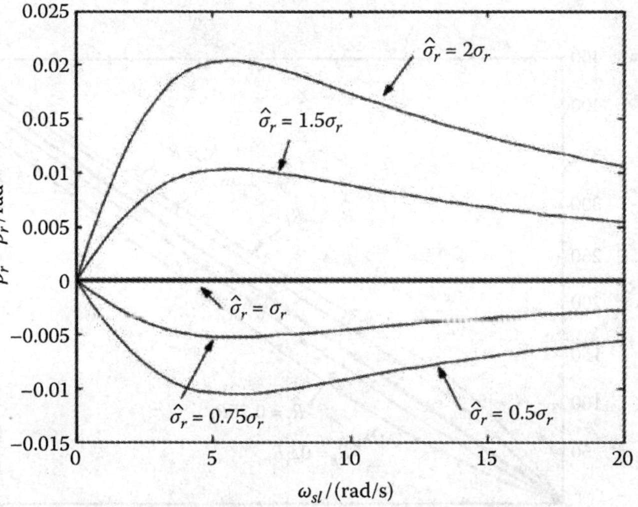

图 9-10　$\hat{\rho}_r - \rho_r$—$\hat{\sigma}_r/\sigma_r$—ω_{sl} 的关系曲线图

9.2.2　电压磁通模型的敏感度

如同电流磁通模型一样，将进行“电压磁通模型”对于电动机参数变化的敏感度分析。从式（5-19），可以得到转子磁链空间矢量估计值和实际值之间的关系为

$$\frac{\hat{\boldsymbol{\psi}}_r}{\boldsymbol{\psi}_r} = \frac{L_m \hat{L}_r}{\hat{L}_m L_r}\left[1 + \frac{L_r^2}{R_r L_m^2}\left(\frac{R_r}{L_r} + \mathrm{j}\omega_{sl}\right)\left((\sigma L_s - \hat{\sigma}\hat{L}_s) - \mathrm{j}\,\frac{(R_s - \hat{R}_s)}{\omega_{sl} + \omega_r}\right)\right] \tag{9-9}$$

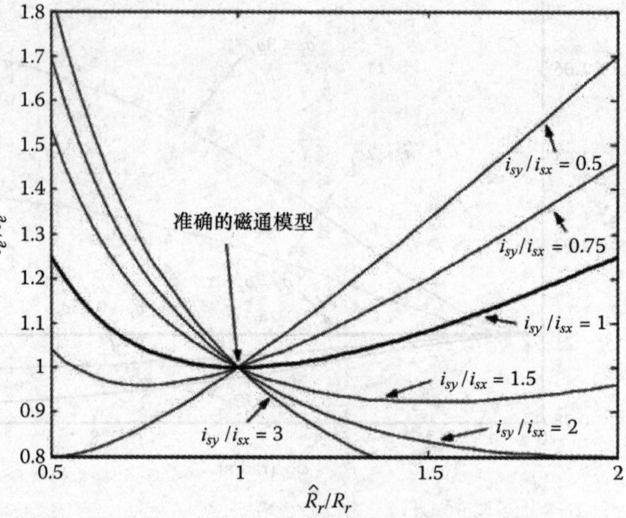

图 9-11　不同 $\hat{i}_{sy}/\hat{i}_{sx}$ 值的 $t_e/\hat{t}_e$—$\hat{R}_r/R_r$ 关系曲线图

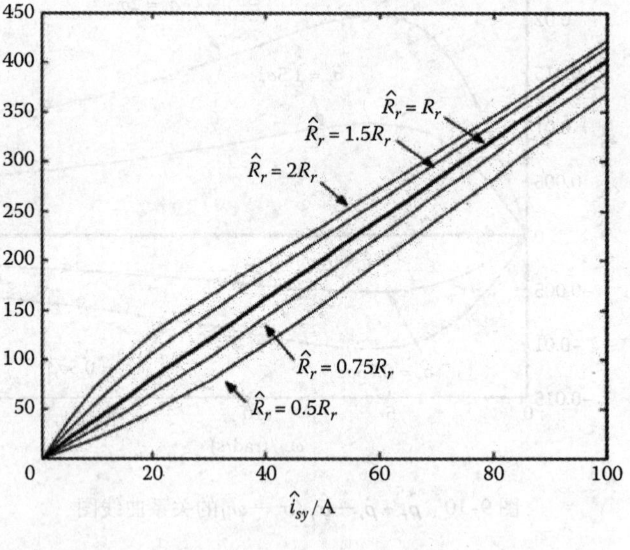

图 9-12　不同 $\hat{R}_r/R_r$ 值的 t_e—$\hat{i}_{sy}$ 关系曲线图

从矢量式（9-9），可以推导出下面的标量式，即

$$\frac{|\hat{\boldsymbol{\psi}}_r|}{|\boldsymbol{\psi}_r|}=\frac{L_m\hat{L}_r}{\hat{L}_mL_r}\sqrt{\left(1+\frac{L_r}{L_m^2}(\sigma L_s-\hat{\sigma}\hat{L}_s)+\frac{\omega_{sl}L_r^2}{R_rL_m^2}\frac{(R_s-\hat{R}_s)}{(\omega_{sl}+\omega_r)}\right)^2+\left(-\frac{L_r}{L_m^2}\frac{(R_s-\hat{R}_s)}{(\omega_{sl}+\omega_r)}+\frac{\omega_{sl}L_r^2}{R_rL_m^2}(\sigma L_s-\hat{\sigma}\hat{L}_s)\right)^2} \tag{9-10}$$

和

$$\delta_{\rho r}=\hat{\rho}_r-\rho_r=\arctan\left(\frac{-\frac{L_r}{L_m^2}\frac{(R_s-\hat{R}_s)}{(\omega_{sl}+\omega_r)}+\frac{\omega_{sl}L_r^2}{R_rL_m^2}(\sigma L_s-\hat{\sigma}\hat{L}_s)}{1+\frac{L_r}{L_m^2}(\sigma L_s-\hat{\sigma}\hat{L}_s)+\frac{\omega_{sl}L_r^2}{R_rL_m^2}\frac{(R_s-\hat{R}_s)}{(\omega_{sl}+\omega_r)}}\right) \tag{9-11}$$

图9-13所示为不同 $\hat{R}_s/R_s$ 值的 $|\boldsymbol{\psi}_r|/|\hat{\boldsymbol{\psi}}_r|$—转子转速 ω_r 的关系曲线图，角速度每隔10rad/s取点。该图清楚地表明，如果 $\hat{R}_s/R_s<1$（电动机升温）时，$|\boldsymbol{\psi}_r|/|\hat{\boldsymbol{\psi}}_r|<1$，即磁通实际值比估计值小。如果电动机降温，则刚好相反。$\hat{R}_s/R_s$ 偏离1越大，则磁通估计值和实际值之间的误差越大。此外，在低转速下可以观察到定子电阻的影响很大，原因是定子电阻的压降起了重要作用。转子转速增大后，磁通模型受定子电阻的影响明显减少。图9-14所示为不同 $\hat{R}_s/R_s$ 值对应的 $\rho_r-\hat{\rho}_r$ 与转子转速 ω_r 之间的关系曲线簇，角速度每隔10rad/s取点。在这种情况下，低转速时转子磁通角估计值的误差同样非常大，但随着转速增加误差将显著降低。

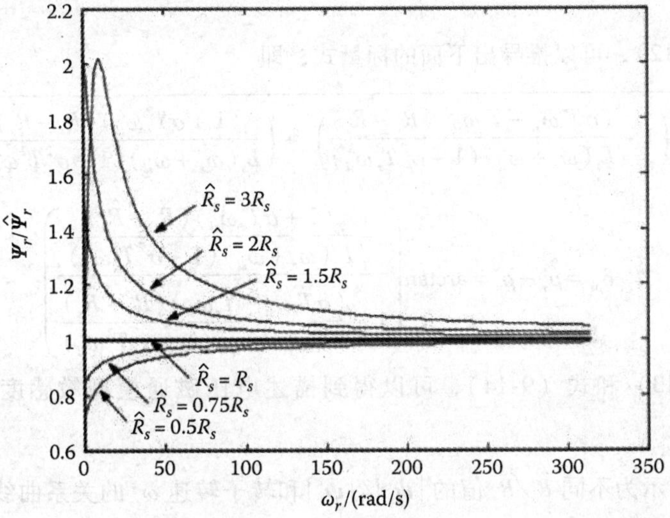

图9-13 不同 $\hat{R}_s/R_s$ 值的 $|\boldsymbol{\psi}_r|/|\hat{\boldsymbol{\psi}}_r|$—$\omega_r$ 关系曲线图

类似地，可以把IM转子磁链估计的电压模型敏感度分析推广到定子磁链。这样的磁通模型，见式（5-46），同时适用于定子磁场定向矢量控制和DTC驱动器。另外，在这种情况下，也能得到定子磁链空间矢量估计值和实际值之间的稳态关系为

$$\frac{\hat{\boldsymbol{\psi}}_s}{\boldsymbol{\psi}_s}=1-\mathrm{j}\frac{1}{L_s}\left(\frac{1+\mathrm{j}T_r\omega_{sl}}{1+\mathrm{j}\sigma T_r\omega_{sl}}\right)\frac{R_s-\hat{R}_s}{\omega_r+\omega_{sl}} \tag{9-12}$$

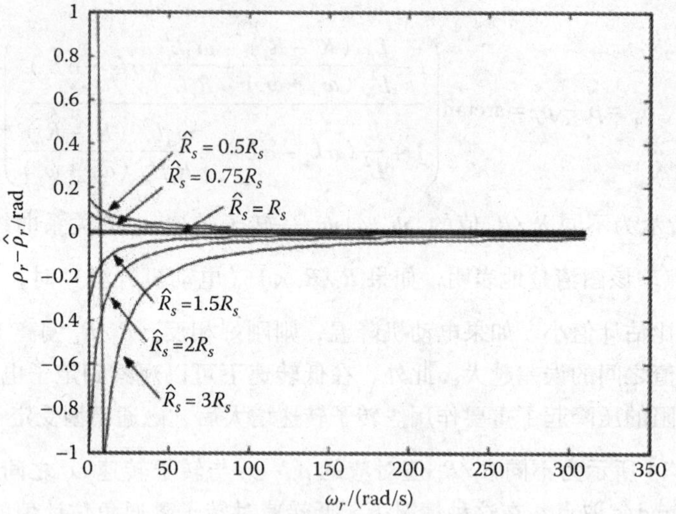

图 9-14　不同 $\hat{R}_s/R_s$ 值对应的 $\rho_r - \hat{\rho}_r$—ω_r 关系曲线图

从矢量式（9-12），可以推导出下面的标量式，即

$$\frac{|\hat{\boldsymbol{\psi}}_s|}{|\boldsymbol{\psi}_s|} = \sqrt{\left(1 - \frac{(\sigma T_r\omega_{sl} - T_r\omega_{sl})(R_s - \hat{R}_s)}{L_s(\omega_r + \omega_{sl})(1 + \sigma^2 T_r^2\omega_{sl}^2)}\right)^2 + \left(\frac{(1 + \sigma T_r^2\omega_{sl}^2)(R_s - \hat{R}_s)}{L_s(\omega_r + \omega_{sl})(1 + \sigma^2 T_r^2\omega_{sl}^2)}\right)^2} \tag{9-13}$$

和

$$\delta_{\rho s} = \hat{\rho}_s - \rho_s = \arctan\left(\frac{-\dfrac{(1 + \sigma T_r^2\omega_{sl}^2)(R_s - \hat{R}_s)}{L_s(\omega_r + \omega_{sl})(1 + \sigma^2 T_r^2\omega_{sl}^2)}}{1 - \dfrac{(\sigma T_r\omega_{sl} - T_r\omega_{sl})(R_s - \hat{R}_s)}{L_s(\omega_r + \omega_{sl})(1 + \sigma^2 T_r^2\omega_{sl}^2)}}\right) \tag{9-14}$$

从式（9-13）和式（9-14），可以得到描述电压磁通模型敏感度分析的关系曲线簇。

图 9-15 所示为不同 $\hat{R}_s/R_s$ 值的 $|\boldsymbol{\psi}_s|/|\hat{\boldsymbol{\psi}}_s|$ 和转子转速 ω_r 的关系曲线图，角速度每隔 10rad/s 取点。该图清楚地表明，如果 $\hat{R}_s/R_s < 1$（电动机升温）时，$|\boldsymbol{\psi}_s|/|\hat{\boldsymbol{\psi}}_s| < 1$，即磁通实际值比估计值小。如果电动机降温，则刚好相反。$\hat{R}_s/R_s$ 偏离 1 越大，则磁通估计值和实际值之间的误差越大。此外，在低转速下可以观察到定子电阻的影响很大，原因是定子电阻的压降起了重要作用。转子转速增大后，磁通模型受定子电阻的影响明显减小。图 9-16 所示为不同 $\hat{R}_s/R_s$ 值的 $\rho_s - \hat{\rho}_s$ 和转子转速 ω_r 之间的关系曲线簇，角速度每隔 10rad/s 取点。在这种情况下，低转速时转子磁通角估计值的误差同样非常大，但随着转速增加误差将显著降低。

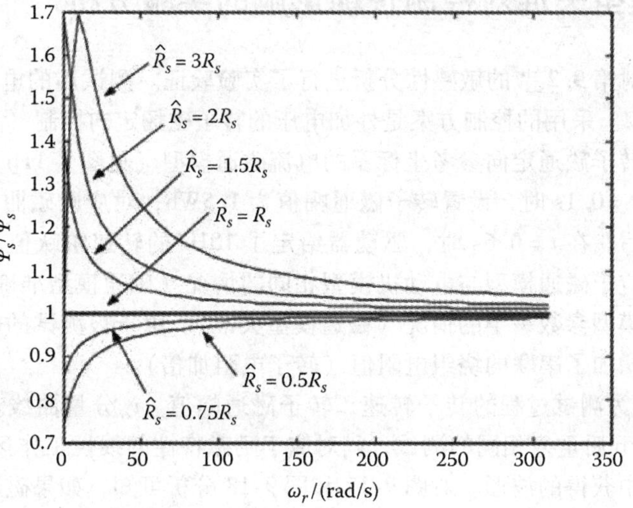

图 9-15 不同 $\hat{R}_s/R_s$ 值的 $|\boldsymbol{\psi}_s|/|\hat{\boldsymbol{\psi}}_s|$—$\omega_r$ 关系曲线图

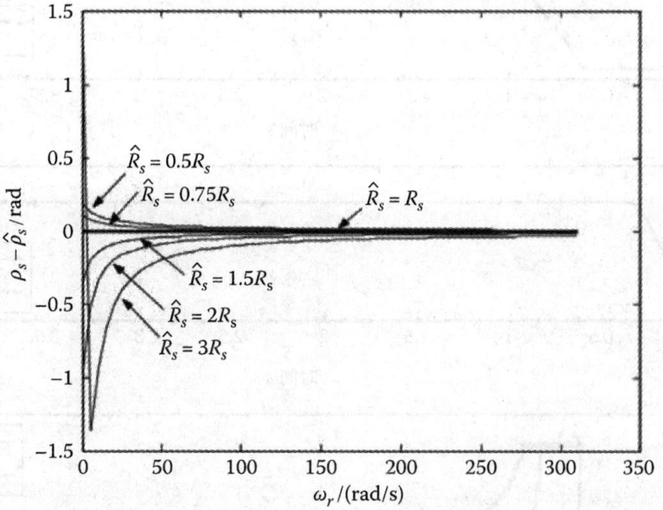

图 9-16 不同 $\hat{R}_s/R_s$ 值的 $\rho_s-\hat{\rho}_s$—ω_r 关系曲线图

9.3 磁通模型失准对控制性能影响的实验分析

在本节中，对第 9.2 节的敏感性分析进行了实验验证。测试用的电动机为 22kW 的 IM，参数见表 4-2。采用的控制方案是外加电压的转子磁场定向控制（见图 5-16），采用的磁通模型为转子磁通定向参考坐标系的电流磁通模型（见图 5-11b）。

该驱动器在 $t=0.1$s 时，设置转子磁通幅值为 1.5Wb，对应励磁曲线（见图 4-14）的一个拐点。随后，在 $t=0.6$s 时，驱动器给定了 10Hz 的转速阶跃值。测试过程执行了两次，分别对应于磁通模型与电动机模型相同的情况（磁通模型准确）、磁通模型转子电阻为电动机模型参数一半的情况（磁通模型失准）。由于被测试的电动机为绕线转子，其实际阻值增加了串联的绕组电阻值（转子电阻加倍）。

图 9-17 所示为测试过程的转子转速、转子磁通幅值、i_{sy} 分量曲线。把转子磁通参考值设定为 0.6Wb 后重复相同的测试，其对应于励磁特性的线性工作区。图 9-18 所示是从该测试过程中获得的波形。对图 9-17 和图 9-18 分析可知，如果磁通模型失准，当 $\hat{R}_r/R_r<1$ 且电动机工作于励磁特性的饱和区域时，失准磁通模型驱动器的动态性能将差于准确磁通模型驱动器。与此相反，当 $\hat{R}_r/R_r<1$ 且电动机工作于励磁特性的线性区域时，失准磁通模型驱动器的动态性能将好于准确磁通模型驱动器，如图 9-11 所示。

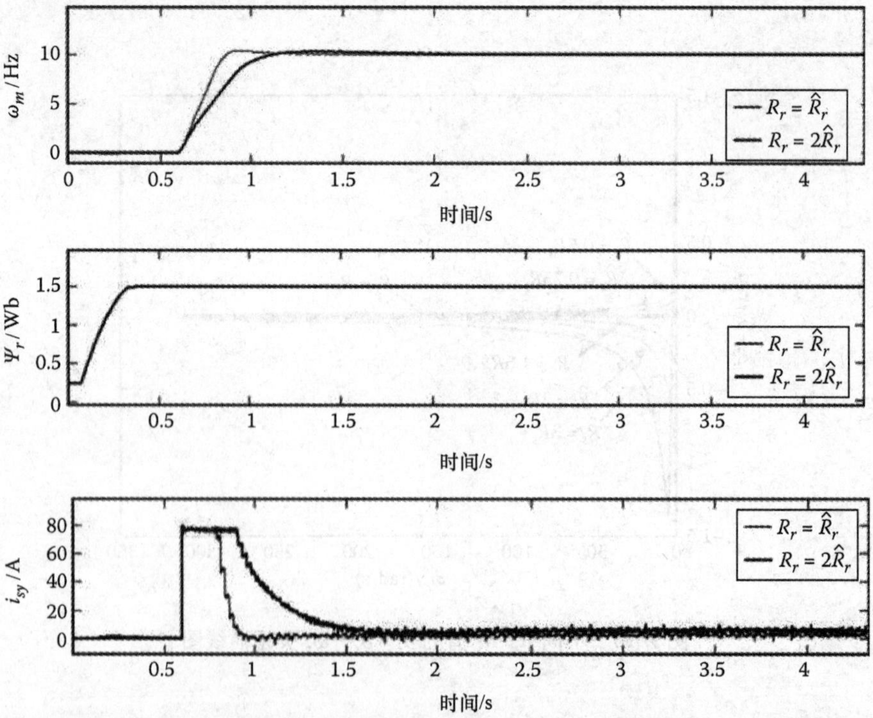

图 9-17　磁通幅值为 1.5Wb 时的转子转速、转子磁通幅值和 i_{sy} 分量曲线

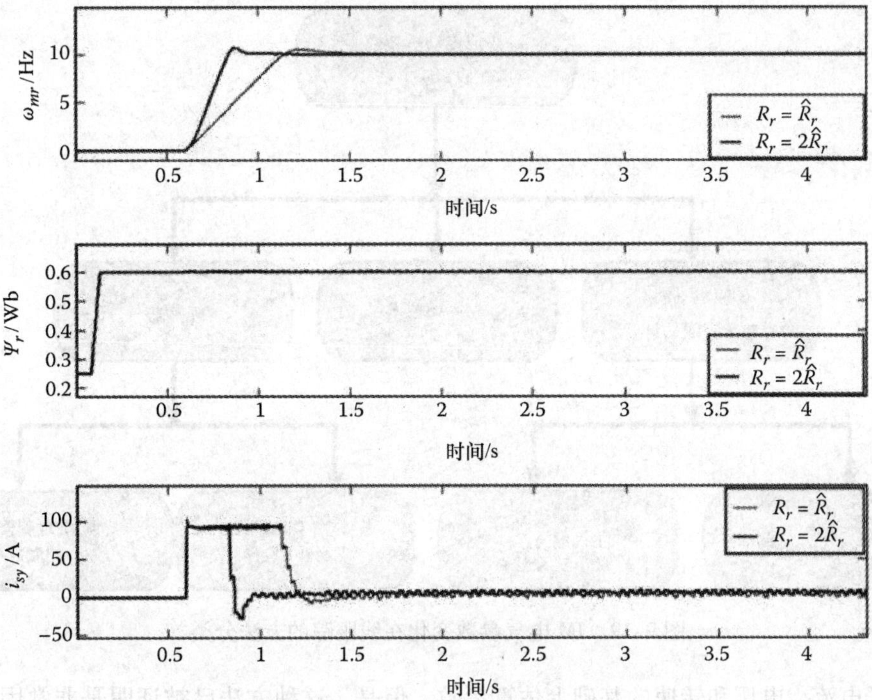

图9-18　磁通幅值为0.6Wb时的转子转速、转子磁通幅值和i_{sy}分量曲线

9.4　电动机参数变化的在线跟踪方法

为了消除IM驱动器在线运行时电气参数变化对磁通模型的不良影响，已经提出了一些方法。可以采用简单的磁通模型（转子或定子），配合合适的在线算法估计IM的某些参数，如电流磁通模型中的转子时间常数、电压磁通模型中的定子电阻等。另外，电动机磁通还可以通过对参数变化鲁棒性强的观测器进行估计。最后，也可以采用可同步估计磁链和一个（或几个）电动机参数的观测器。

图9-19对用于IM电气参数变化在线跟踪的主要方法进行了分类。

参考文献中最早的论文致力于采用静态测量技术推导辨识的式子[4]。之后，其他方法则着重于电动机方程的非线性推导。这些方法的缺点是众所周知的，大量的运算导致即使采用强力数字处理器也难以实现在线应用。从20世纪80年代开始，有新的方法被提出，主要是用于控制目的的，如递推最小二乘（Recursive Least Squaves，RLS）方法[20,84-87]、扩展卡尔曼滤波器（EKF）[25,81]和模型参考自适应系统（MRAS）[2,51,82,83]。它们的目标是跟踪电动机参数的变化，并使系统的静态和动态性能保持为准确模型状态。然而，EKF和MRAS方法在数值计算上比RLS方法烦琐，且RLS理论在算法收敛性和稳定性上更可靠。例如，在参考文献［84-92］中，提出了最小二乘（LS）法，

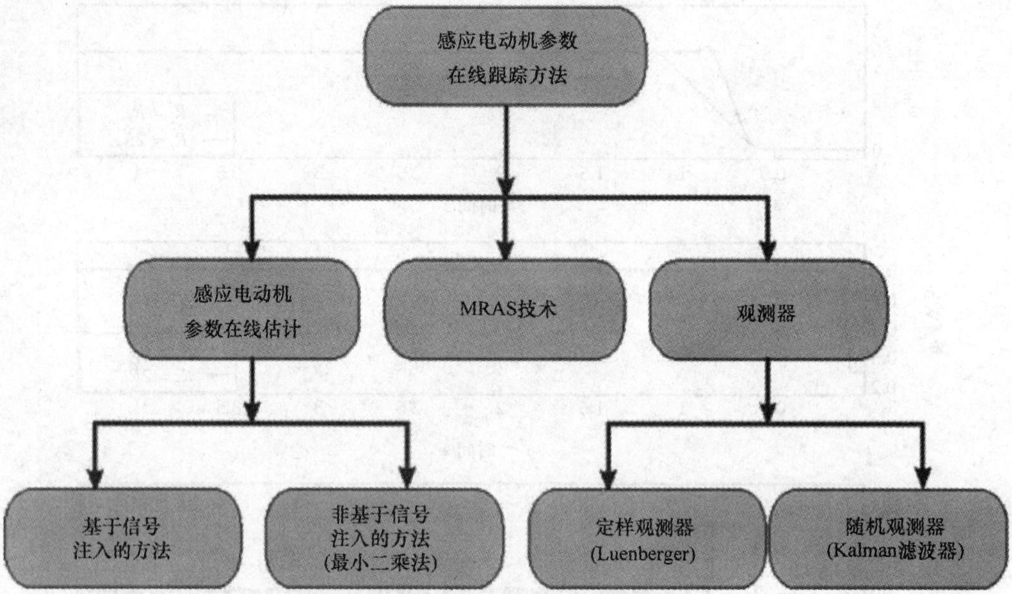

图 9-19　IM 电气参数变化在线跟踪的方法分类

在定子电流、电压和转速的基础上估算参数。但是，这种方法已被证明是非常困难的，原因是为了求物理参数必须引入辅助变量，且不是所有的参数都很容易检测。只有在参考文献［86］中，作者提出了更完整的方法来克服这个问题，但涉及更大的计算量且没有证明其收敛性。在参考文献［93，94］中，重点提到了 LS 法应用于 IM 辨识的原理性分析，这也是本章后续部分的主要内容。

9.5　使用普通最小二乘法的感应电动机参数的在线估计

本节采用了不同种类的 LS 法，说明如何把 LS 法应用于 IM 参数的估计。特别是，阐明了电动机电气参数的估计如何在无约束条件下进行，并间接考虑了以下的约束条件：为应用 LS 法重新整理过的定子和转子电压方程。在该技术是有效的基础上做了一些假设，并提出了瞬态和正弦稳态的辨识规则。此外，在考虑数值计算后给出了适用参考坐标系的选择方法。最后，列出并讨论了各种负载条件下的仿真结果。所有的仿真基于直接连接到公共电网的 IM，很明显，相同的分析可以推广到交流驱动的电动机。

9.5.1　在普通参考坐标系下的空间矢量电压方程

在普通参考坐标系下，IM 模型可以用以下的定子和转子空间矢量电压方程进行描述，其转速为 ω_g(rad/s)，如第 4 章中所述，即

$$\boldsymbol{u}_s^g = R_s \boldsymbol{i}_s^g + \frac{\mathrm{d}\psi_s^g}{\mathrm{d}t} + \mathrm{j}\omega_g \psi_s^g \tag{9-15a}$$

$$\boldsymbol{u}_r^g = R_r \boldsymbol{i}_r^g + \frac{\mathrm{d}\psi_r^g}{\mathrm{d}t} + \mathrm{j}(\omega_g - \omega_r)\psi_r^g \tag{9-15b}$$

$$\psi_s^g = L_s \boldsymbol{i}_s^g + L_m \boldsymbol{i}_r^g \tag{9-15c}$$

$$\psi_r^g = L_r \boldsymbol{i}_r^g + L_m \boldsymbol{i}_s^g \tag{9-15d}$$

上述式子中的符号含义，请参阅本章结尾的符号列表。

在上述方程中，每个参数可以是常量，或时变量、空间变量，这取决于初始的设定。做出以下重要的假设[86,93,94]，即

$$\frac{\mathrm{d}\omega_r}{\mathrm{d}t} \approx 0 \tag{9-16}$$

也就是假设该电动机为静止，处于慢瞬变状态，或处于正弦稳态。消除不可测量的转子电流空间矢量，取其正交分量，得出以下两个简化的标量方程，即

$$\frac{\mathrm{d}^2 i_{sx}^g}{\mathrm{d}t^2} + \left(\frac{1}{\sigma T_s} + \frac{\beta_0}{\sigma}\right)\frac{\mathrm{d}i_{sx}^g}{\mathrm{d}t} - (2\omega_g - \omega_r)\frac{\mathrm{d}i_{sy}^g}{\mathrm{d}t} - \omega_g(\omega_g - \omega_r)i_{sx}^g + \frac{\beta_0}{\sigma T_s}i_{sx}^g - \frac{\omega_g - \omega_r}{\sigma T_s}i_{sy}^g - \frac{\beta_0}{\sigma}\omega_g i_{sy}^g$$

$$= \frac{1}{\sigma L_s}\frac{\mathrm{d}u_{sx}^g}{\mathrm{d}t} - \frac{\omega_g - \omega_r}{\sigma L_s}u_{sy}^g + \frac{\beta_0}{\sigma L_s}u_{sx}^g \tag{9-17a}$$

$$\frac{\mathrm{d}^2 i_{sy}^g}{\mathrm{d}t^2} + \left(\frac{1}{\sigma T_s} + \frac{\beta_0}{\sigma}\right)\frac{\mathrm{d}i_{sy}^g}{\mathrm{d}t} + (2\omega_g - \omega_r)\frac{\mathrm{d}i_{sx}^g}{\mathrm{d}t} - \omega_g(\omega_g - \omega_r)i_{sy}^g + \frac{\beta_0}{\sigma T_s}i_{sy}^g + \frac{\omega_g - \omega_r}{\sigma T_s}i_{sx}^g + \frac{\beta_0}{\sigma}\omega_g i_{sx}^g$$

$$= \frac{1}{\sigma L_s}\frac{\mathrm{d}u_{sy}^g}{\mathrm{d}t} + \frac{\omega_g - \omega_r}{\sigma L_s}u_{sx}^g + \frac{\beta_0}{\sigma L_s}u_{sy}^g \tag{9-17b}$$

下面的参数，称为 K 参数，其符号定义来自参考文献［86］：

$$K_1 = \frac{1}{\sigma T_s} + \frac{\beta_0}{\sigma} \tag{9-18a}$$

$$K_2 = \frac{\beta_0}{\sigma T_s} \tag{9-18b}$$

$$K_{31} = \frac{1}{\sigma T_s} \tag{9-18c}$$

$$K_{32} = \frac{\beta_0}{\sigma} \tag{9-18d}$$

$$K_4 = \frac{1}{\sigma L_s} \tag{9-18e}$$

$$K_5 = \frac{\beta_0}{\sigma L_s} \tag{9-18f}$$

这6个参数之间，存在如下所示的线性和二次关系，即

$$K_1 = K_{31} + K_{32} \tag{9-19a}$$

$$K_2 K_4 = K_{31} K_5 \tag{9-19b}$$

上述两式可以写为

$$K_1 = \frac{K_2 K_4}{K_5} + K_{32} \tag{9-19c}$$

通过K参数，如果不做转子测量，不能算出所有的5个电气参数（R_s、R_r、L_s、L_r、L_m）[86,93,94]。事实上，K参数只能以下列方式确定4个独立参数，即R_s、R_r、σ和$\beta_0=1/T_r$：

$$T_r=\frac{K_4}{K_5} \tag{9-20a}$$

$$\sigma=\frac{K_5}{K_4K_{32}}=\frac{K_5}{K_4(K_1-K_{31})} \tag{9-20b}$$

$$L_s=\frac{K_{32}}{K_5}=\frac{K_1-K_{31}}{K_5} \tag{9-20c}$$

$$R_s=\frac{K_2}{K_5}=\frac{K_{31}}{K_4}=\frac{K_1K_5-K_{32}}{K_4K_5} \tag{9-20d}$$

根据参考文献［86］，L_m、L_r和R_r不能在转子磁链未知时得到。因此具有相同转子时间常数和L_m^2/L_r比率的电动机具有相同的输入/输出（电压/电流）方程。

根据选择的参考坐标系，可以简化上述方程和关系，因此关系式和K参数的数量可以减少，如下面所述。

选择定子的静止参考坐标系，式（9-17a）和式（9-17b）变为

$$\frac{\mathrm{d}^2 i_{sD}}{\mathrm{d}t^2}+\left(\frac{1}{\sigma T_s}+\frac{\beta_0}{\sigma}\right)\frac{\mathrm{d}i_{sD}}{\mathrm{d}t}+\omega_r\frac{\mathrm{d}i_{sQ}}{\mathrm{d}t}+\frac{\beta_0}{\sigma T_s}i_{sD}+\frac{\omega_r}{\sigma T_s}i_{sQ}$$
$$=\frac{1}{\sigma L_s}\frac{\mathrm{d}u_{sD}}{\mathrm{d}t}+\frac{\omega_r}{\sigma L_s}u_{sQ}+\frac{\beta_0}{\sigma L_s}u_{sD} \tag{9-21a}$$

$$\frac{\mathrm{d}^2 i_{sQ}}{\mathrm{d}t^2}+\left(\frac{1}{\sigma T_s}+\frac{\beta_0}{\sigma}\right)\frac{\mathrm{d}i_{sQ}}{\mathrm{d}t}-\omega_r\frac{\mathrm{d}i_{sD}}{\mathrm{d}t}+\frac{\beta_0}{\sigma T_s}i_{sQ}-\frac{\omega_r}{\sigma T_s}i_{sD}$$
$$=\frac{1}{\sigma L_s}\frac{\mathrm{d}u_{sQ}}{\mathrm{d}t}-\frac{\omega_r}{\sigma L_s}u_{sD}+\frac{\beta_0}{\sigma L_s}u_{sQ} \tag{9-21b}$$

需要估计的参数减少为5个，少了K_{32}。式（9-17a）和式（9-17b）中的该项现在没有了。这样只剩下式（9-19b）。尽管式（9-20a）~式（9-20d）依然成立，但很明显，必需去除K_{32}才能使用。

相反，若选择转子的旋转参考坐标系，则式（9-17a）和式（9-17b）变为

$$\frac{\mathrm{d}^2 i_{sd}}{\mathrm{d}t^2}+\left(\frac{1}{\sigma T_s}+\frac{\beta_0}{\sigma}\right)\frac{\mathrm{d}i_{sd}}{\mathrm{d}t}-\omega_r\frac{\mathrm{d}i_{sq}}{\mathrm{d}t}+\frac{\beta_0}{\sigma T_s}i_{sd}-\frac{\beta_0}{\sigma}\omega_r i_{sq}$$
$$=\frac{1}{\sigma L_s}\frac{\mathrm{d}u_{sd}}{\mathrm{d}t}+\frac{\beta_0}{\sigma L_s}u_{sd} \tag{9-22a}$$

$$\frac{\mathrm{d}^2 i_{sq}}{\mathrm{d}t^2}+\left(\frac{1}{\sigma T_s}+\frac{\beta_0}{\sigma}\right)\frac{\mathrm{d}i_{sq}}{\mathrm{d}t}+\omega_r\frac{\mathrm{d}i_{sd}}{\mathrm{d}t}+\frac{\beta_0}{\sigma T_s}i_{sq}+\frac{\beta_0}{\sigma}\omega_r i_{sd}$$
$$=\frac{1}{\sigma L_s}\frac{\mathrm{d}u_{sq}}{\mathrm{d}t}+\frac{\beta_0}{\sigma L_s}u_{sq} \tag{9-22b}$$

在这种情况下，需要估计的参数也为5个，少了K_{31}。式（9-17a）和式（9-17b）中的该项现在没有了。这样只剩下式（9-19c）。尽管式（9-20a）~式（9-20d）也依然

成立，但必须去除 K_{31} 才能使用。

在任何情况下，上述微分方程的系数是时变的。如果转子转速已知，这些方程可以以矩阵形式表示如下，其中矩阵的全部系数为已知，即

$$\begin{pmatrix} \dfrac{\mathrm{d}i_{sx}^{g}}{\mathrm{d}t} & i_{sx}^{g} & -(\omega_g-\omega_r)i_{sy}^{g} & -\omega_g i_{sy}^{g} & -\left(\dfrac{\mathrm{d}u_{sx}^{g}}{\mathrm{d}t}-(\omega_g-\omega_r)u_{sy}^{g}\right) & -u_{sx}^{g} \\ \dfrac{\mathrm{d}i_{sy}^{g}}{\mathrm{d}t} & i_{sy}^{g} & (\omega_g-\omega_r)i_{sx}^{g} & \omega_g i_{sx}^{g} & -\left(\dfrac{\mathrm{d}u_{sy}^{g}}{\mathrm{d}t}+(\omega_g-\omega_r)u_{sx}^{g}\right) & -u_{sy}^{g} \end{pmatrix}\begin{pmatrix} K_1 \\ K_2 \\ K_{31} \\ K_{32} \\ K_4 \\ K_5 \end{pmatrix}$$
$$=\begin{pmatrix} -\dfrac{\mathrm{d}^2 i_{sx}^{g}}{\mathrm{d}t^2}+(2\omega_g-\omega_r)\dfrac{\mathrm{d}i_{sy}^{g}}{\mathrm{d}t}+\omega_g(\omega_g-\omega_r)i_{sx}^{g} \\ -\dfrac{\mathrm{d}^2 i_{sy}^{g}}{\mathrm{d}t^2}-(2\omega_g-\omega_r)\dfrac{\mathrm{d}i_{sx}^{g}}{\mathrm{d}t}+\omega_g(\omega_g-\omega_r)i_{sy}^{g} \end{pmatrix} \tag{9-23}$$

这个矩阵方程可以采用第 8 章介绍的几种 LS 法求解，如普通最小二乘法（OLS）和总体最小二乘法（TLS）。

应该指出的是，上述方程是基于转子转速缓慢变化的假设得到的。因此，它们可以准确适用于稳态或缓慢变化的瞬态或静止状态。即使在转子转速变化略快的场合，方程也可以按以下所述的方式应用。参考文献［86，88］指出了上述方程的缺点，就是要求具有微分环节和电压传感器，其中微分环节需要构造微分器，而电压传感器需要模拟滤波。

把式（9-17）转换到转子和定子的参考坐标系，得出以下矩阵方程，即

$$\begin{pmatrix} \dfrac{\mathrm{d}i_{sd}}{\mathrm{d}t} & i_{sd} & -\omega_r i_{sq} & -\dfrac{\mathrm{d}u_{sd}}{\mathrm{d}t} & -u_{sd} \\ \dfrac{\mathrm{d}i_{sq}}{\mathrm{d}t} & i_{sq} & \omega_r i_{sd} & -\dfrac{\mathrm{d}u_{sq}}{\mathrm{d}t} & -u_{sq} \end{pmatrix}\begin{pmatrix} K_1 \\ K_2 \\ K_{32} \\ K_4 \\ K_5 \end{pmatrix}=\begin{pmatrix} -\dfrac{\mathrm{d}^2 i_{sd}}{\mathrm{d}t^2}+\omega_r\dfrac{\mathrm{d}i_{sq}}{\mathrm{d}t} \\ -\dfrac{\mathrm{d}^2 i_{sq}}{\mathrm{d}t^2}-\omega_r\dfrac{\mathrm{d}i_{sd}}{\mathrm{d}t} \end{pmatrix} \tag{9-24}$$

$$\begin{pmatrix} \dfrac{\mathrm{d}i_{sD}}{\mathrm{d}t} & i_{sD} & \omega_r i_{sQ} & -\left(\dfrac{\mathrm{d}u_{sD}}{\mathrm{d}t}+\omega_r u_{sQ}\right) & -u_{sD} \\ \dfrac{\mathrm{d}i_{sQ}}{\mathrm{d}t} & i_{sQ} & -\omega_r i_{sD} & -\left(\dfrac{\mathrm{d}u_{sQ}}{\mathrm{d}t}-\omega_r u_{sD}\right) & -u_{sQ} \end{pmatrix}\begin{pmatrix} K_1 \\ K_2 \\ K_{31} \\ K_4 \\ K_5 \end{pmatrix}=\begin{pmatrix} -\dfrac{\mathrm{d}^2 i_{sD}}{\mathrm{d}t^2}-\omega_r\dfrac{\mathrm{d}i_{sQ}}{\mathrm{d}t} \\ -\dfrac{\mathrm{d}^2 i_{sQ}}{\mathrm{d}t^2}+\omega_r\dfrac{\mathrm{d}i_{sD}}{\mathrm{d}t} \end{pmatrix} \tag{9-25}$$

根据式（9-23）~式（9-25），得出 3 种不同的参数估计方法。式（9-23）只在参考文献［90］中使用，参考文献［89，91］用了式（9-24），参考文献［88］用了式（9-25）。但是，所有这些方法在考虑方程的 LS 求解方法时，均作为搜索最小 2 范数解的无约束最优问题进行处理。事实上，参考文献［86］也考虑了 RLS，且带有直接利用

约束条件更新 K_2 参数的算法，但没有给出该算法收敛性的证明。本章提出，可以在无约束的情况下采用 OLS 进行求解，同时间接地考虑约束条件。这样作为 LS 法应用的结果，无约束条件最小化收敛是必需的。

从矩阵方程式（9-23）［或从式（9-24）和式（9-25）］明显可见，这两个标量方程是线性无关的。这意味着，在瞬态条件下或在非正弦稳态时，数据矩阵是满秩的，可以获得 LS 解。然而，在正弦稳态时，数据矩阵的秩为 2，因此只有两个参数可以被计算。也就是说，估计全部的参数不能在稳定状态下进行。

总结一下对方程组的选择。在同步参考坐标系中（例如，转子磁链参考坐标系或定子磁链参考坐标系或励磁磁链参考坐标系），所有的信号，至少在稳态时，是恒值或变化慢于定子、转子参考坐标系对应静止参考系中的信号。由于更快变化的信号有丰富的谐波，因此定子或转子参考坐标系都可以用于参数估算。事实上，恒值或缓慢变化的信号可能会产生病态问题，如瞬态时，数据矩阵可能出现不满秩导致数值计算的问题。因此，选择定子（或转子）参考坐标系，是基于数值计算的考虑，如在第 9.5.2 节所述内容。

9.5.2 磁化曲线估计

式（9-20）推导了 4 个电气参数后，可以估计电动机磁化曲线，即转子磁链幅值与转子励磁电流幅值的关系曲线 $|\boldsymbol{\psi}_r| = f(|\boldsymbol{i}_{mr}|)$。为此，要在同频不同压的电源情况下，对电动机不同励磁的工作情况进行测试。对每种电压，转速从零开始达到稳态转速后（起动测试），估计电气参数：转子时间常数 T_r、定子电感 L_s、定子电阻 R_s 和总漏磁因数 σ。无论有无约束条件（见第 9.6.2 节）均可采用 LS 法。同时，转子励磁电流 $|\boldsymbol{i}_{mr}|$ 可以在转子参考坐标系[1-3]（见第 5.3.3 节第 2 部分）中，通过基于 IM 方程的经典磁通模型进行估算。应当指出的是，由于起动测试是在空载时进行的，$|\boldsymbol{i}_{mr}|$ 的估计稳态值不受 T_r 参数的影响，T_r 参数是磁通估计器所需要的。事实上，转子磁链实际值和估计值之间的比率由式（9-5）给出，转换为转子励磁电流的比值重写为[6,8]

$$\frac{|\boldsymbol{i}_{mr}|}{|\hat{\boldsymbol{i}}_{mr}|} = \frac{\sqrt{1 + (\omega_{sl}\hat{T}_r)^2}}{\sqrt{1 + (\omega_{sl}T_r)^2}} \tag{9-26}$$

式中　^——估计值；

ω_{sl}——角速度，取决于负载转矩。

根据式（9-5）或式（9-26），以及图 9-9，可知励磁电流的估计与测试中空载时（角速度为 0）磁通模型的参数 $\hat{T}_r$ 无关。

随后，在每个运行点如第 9.6.2 节第 1 部分所述那样计算 L_s、σ 和 L_m。完成不同电压等级的测试后，可以估计出磁化曲线。

然而，应当注意到，只可估计总漏磁因数，而非分别估计定子和转子漏磁因数。因此，静态励磁电感的估计基于一般的假设 $\sigma_r = 2\sigma_s$[5]。根据这一假设，σ_r 和 σ_s 可以通过下式由 σ 计算得到[5]，即

$$\sigma_s = \sqrt{\frac{1}{2(1-\sigma)} + \frac{1}{16}} - \frac{3}{4} \tag{9-27a}$$

$$\sigma_r = \sqrt{\frac{2}{1-\sigma} + \frac{1}{4}} - \frac{3}{2} \tag{9-27b}$$

所以，在每种励磁情况下，总励磁电感 L_m 是根据 L_s 和 σ 的估计值以下式计算得到，即

$$L_m = \frac{L_s}{1+\sigma_s} = \frac{L_s}{1+\sqrt{\frac{1}{2(1-\sigma)} + \frac{1}{16}} - \frac{3}{4}} \tag{9-28}$$

最后完成了电动机的磁化曲线，它给出了电动机励磁电流和转子磁通之间的非线性关系 $|\boldsymbol{\psi}_r| = f(|\boldsymbol{i}_{mr}|)$ 为

$$|\boldsymbol{\psi}_r(i_{mr})| = L_m(\boldsymbol{i}_{mr})|\boldsymbol{i}_{mr}| \tag{9-29}$$

9.5.3 普通最小二乘法辨识

式(9-23)~式(9-25)可以写成如同第8章的形式：

$$\boldsymbol{Ak} \approx \boldsymbol{b} \tag{9-30}$$

式中 k——未知参数的列矢量，也就是 K 参数。

在每一个周期处理一组方程。由于模型忽略了 $\mathrm{d}\omega_r/\mathrm{d}t$ 的项，存在误差，另外没有考虑信号的噪声和非线性，因此等式两边只是约等于[86]。这将导致矩阵方程式（9-30）在观测器矢量和数据矩阵中均有误差。最合适的求解方法是 TLS 而不是 OLS[95-97]。在本节，只描述了 OLS 估计方法，TLS 估计方法将在后面介绍。

LS 技术的应用，需要同时使用模拟和数字滤波器。这使得数据矩阵中的误差比观测器矢量的误差更重要，因为它容易受模型误差的影响（忽略了 $\mathrm{d}\omega_r/\mathrm{d}\tau$ 的项）。上述结论在 OLS 的应用时将得到验证，而后面介绍的 TLS 可以得到更准确的结果，也可以参阅参考文献［98，99］。

这里采用的算法与参考文献［86］中提出的 RLS 算法相同。但在经典线性回归理论的基础上进行了更深入的估计误差分析。

下面采用了静止参考坐标系进行参数估计，在后面将在数值分析考虑的基础上，解释这个选择。

9.5.4 RLS 算法

算法的目标是使式（9-30）残余项的2范数为最小（参见第8.2节），也就是 $\|\boldsymbol{Ak}-\boldsymbol{b}\|_2$，$\boldsymbol{k} \in \Re^n$，$\boldsymbol{A} \in \Re^{2m \times n}$，$\boldsymbol{b} \in \Re^{2m}$，$\Re$ 为实数集，m 为观测器周期时间（在这种情况下，每个周期有2个观测器在工作，因此 $\boldsymbol{A}$ 矩阵的总行数是 $2m$)，n 为未知变量的数目（这里，有5个 K 参数)。数据矩阵为满秩的情况下，可以得到唯一的最小解，如下：

$$\boldsymbol{k}' = (\boldsymbol{A}^{\mathrm{T}}\boldsymbol{A})^{-1}\boldsymbol{A}^{\mathrm{T}}\boldsymbol{b} = \boldsymbol{P}^{-1}\boldsymbol{r} \tag{9-31a}$$

$$\boldsymbol{P} = \boldsymbol{A}^{\mathrm{T}}\boldsymbol{A} \tag{9-31b}$$

$$r = A^{\mathrm{T}} b \tag{9-31c}$$

式中 P——数据矩阵行的自相关矩阵；

r——数据矩阵的行和观测矢量 b 之间的互相关矢量。

可以很容易求出每个周期的递归解。把 A 矩阵划分成 n 列的 2 个子矩阵。第一个是 A 矩阵的 $m-1$ 周期后的部分，由前 $2m-2$ 行组成，称为 $\widetilde{A}$，另一个为 A 矩阵最后 2 行。同样可以把观测器矢量 b 划分为 $2m-2$ 行的 $\widetilde{b}$ 和 2 行的 $\breve{b}$。

$$A = \begin{bmatrix} \widetilde{A} \\ \breve{A} \end{bmatrix}_{2}^{2m-2} \tag{9-32a}$$

$$b = \begin{bmatrix} \widetilde{b} \\ \breve{b} \end{bmatrix}_{2}^{2m-2} \tag{9-32b}$$

因此，m 个周期后，矩阵 P 和矢量 r 可以计算为

$$P(m) = A^{\mathrm{T}} A = \widetilde{A}^{\mathrm{T}} \widetilde{A} + \breve{A}^{\mathrm{T}} \breve{A} = P(m-1) + \breve{A}^{\mathrm{T}} \breve{A} \tag{9-33a}$$

$$r(m) = A^{\mathrm{T}} b = \widetilde{A}^{\mathrm{T}} \widetilde{b} + \breve{A}^{\mathrm{T}} \breve{b} = r(m-1) + \breve{A}^{\mathrm{T}} \breve{b} \tag{9-33b}$$

m 个周期后，OLS 的解 k' 为

$$k'(m) = P^{-1}(m) r(m) \tag{9-34}$$

由于 P 是 $n \times n$ 的方阵，这样每个周期需要求 5×5 方阵的逆。然而，根据 Stephen 和 Bodson 在参考文献［86］中的建议，采取这样的策略：每个周期刷新 P 和 r，k' 的求解则间隔若干周期。这样可以降低求逆的计算负担，同时又连续监测了参数估计的过程。此外，从 P 的逆推导出 k 的协方差矩阵，可以评价估计的可靠性。

考察式（9-24）和式（9-25），很容易看出，A 矩阵第 2 列的值比其他列的低很多。这说明，k_2 的估计非常关键，这也在实际中得到了验证[87,89]。

正如前面所提到的，可以采用如下两种方法：有约束条件和无约束条件的 LS 最小化方法。采用的有约束条件最小化方法来自 Stephen 和 Bodson[86]，但算法的收敛性没有被证明，后续章节将对该方法进行介绍。在接下来将解释：间接使用约束条件的话可以应用无约束条件最小化方法，因此可以应用全部 OLS 理论。参考文献［88］提出了一个有约束条件最小化的 LS 法，但是从式（9-15）导出微分方程的阶数太高，导致约束条件太多：从前面的讨论中可知，如果选定了定子或转子参考坐标系，则最小化过程只需要一个约束条件，这样可以简化计算。

Boussak 和 Capolino 采用了无约束条件最小化方法[90]。然而，根据前面提到的数值计算问题，如果不考虑其他约束条件，K 参数的计算将出现误差。事实上，电气参数的计算比 K 参数还要重要。如果采用了约束条件，这些参数可以从式（9-20）得到，无须使用 K_2。因此，K 参数可以用无约束条件最小化方法进行计算，同时采用不含 K_2 参数的式（9-20）。最后，由于无约束条件方法允许采用可靠的 OLS 理论，所以不存在收

敛性问题。选择合适的参考坐标系进行参数估计是非常重要的，必须认真考虑。对于所有参数的估计而言，最坏的情况是稳态时数据矩阵的秩只为2。这是因为在频域中，所有的信息包含在基波。而实际上，逆变器驱动的IM很少由单一频率的电压源驱动，因为在电压源型逆变器（VSI）中存在大量谐波。在本研究的辨识方案中，所有的信号都进行了低通滤波，因此可以忽略高次谐波对计算的影响。在瞬态时，需要考虑数据矩阵与奇异点的距离，也就是瞬态和稳态之间的裕量。这个裕量的表达为数据矩阵的条件数，其定义为

设$\boldsymbol{A}\in\Re^{m\times n}$有满秩，则$\boldsymbol{A}$的条件数为

$$\kappa(\boldsymbol{A}) = \|\boldsymbol{A}\|_2 \|\boldsymbol{A}^+\|_2$$

式中　$\|\boldsymbol{A}\|_2$——$\boldsymbol{A}$矩阵的2范数；

$\boldsymbol{A}^+$——$\boldsymbol{A}$的伪逆。

应该指出对于非奇异矩阵$\boldsymbol{A}$，存在$1/\kappa(\boldsymbol{A})$，表示$\boldsymbol{A}$与所有奇异值组成的$m\times n$矩阵的相对距离。条件数小（反之为大）称为良态（反之为病态）。计算结果显示，在定子参考坐标系得到数据矩阵$\boldsymbol{A}$的条件数比转子参考坐标系得到的小[95]。

这可以用定子参考坐标系中基波以上的谐波频带宽于转子参考坐标系中基波以上的谐波频带来解释：转子参考坐标系的基波频率和其他谐波频率低于定子参考坐标系的对应谐波，所以在转子参考系中得到的谐波频率比较接近基波，带宽低于定子参考坐标系获得的谐波。这种与基波的“邻近度”可以描述瞬态和稳态的裕量，也就是数据矩阵方程解与奇异点之间的裕量。同时也得到一个选择算法，可以在转速变化速率的基础上，选择的K参数及电气参数的数量。在驱动瞬态开始时，算法计算5个K参数及4个电气参数；电动机处于转速稳态后，算法只计算2个K参数和1个控制系统要求的电气参数（通常为FOC的T_r或DTC的R_s）。应当指出，如果没有这种选择算法，不能在转速稳态时跟踪电动机所有参数的变化。图9-20所示为选择算法框图，转速瞬变时计算全部5项K参数，而在转速稳态只计算2个K参数。稳态时估计的这2个K参数在采用的磁通模型基础上进行选择。如果采用电流模型，则选择与T_r相关的K参数；若采用电压模型，则选择与定子电阻R_s相关的K参数。因此，与L_s和σ相关的去耦电路，在每次转速瞬变后均需要进行调整，而与T_r和R_s相关的磁通模型，则在每个控制周期进

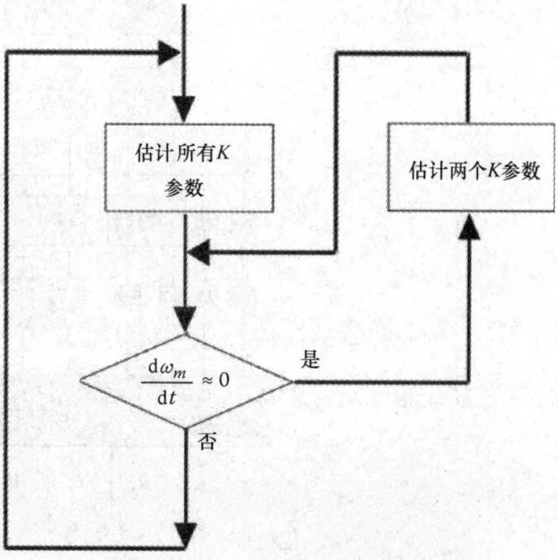

图9-20　选择算法的框图

行更新。

9.5.5 信号处理系统

本节主要考虑对电动机信号的处理。估计算法需要定子电压、电流及其导数、电流的二阶导数和电压的一阶导数及电动机的转速。

由于电动机可以由电网或 VSI 供电，需要定子电压和电流信号的模拟低通滤波器，以避免混叠现象。但是，过滤器将导致处理后的信号出现畸变和时间延迟。因此在每个周期，应根据 IM 的动态方程同步所有环节。图 9-21 所示为处理所有辨识算法需求信号的完整方案，组成如下[93,99,100]：

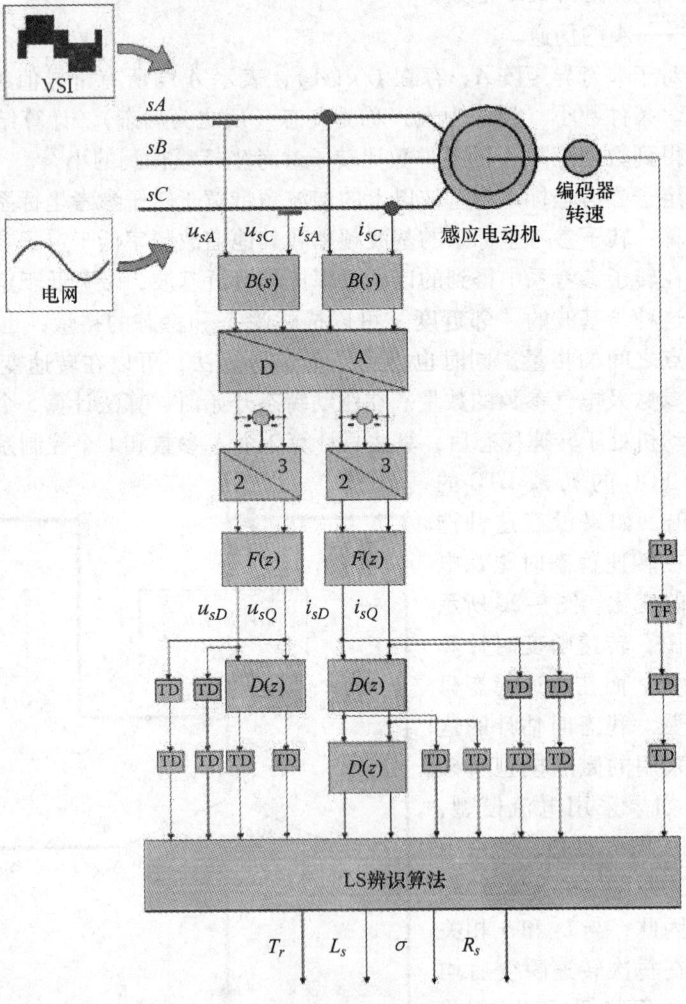

图 9-21 信号处理系统框图

（资料来源：Cirrincione，M. et al.，*IEEE Trans. Ind. Electron.*，52（5），1391，October 2005.）

1）四个模拟低通抗锯齿滤波器（图9-21中的$B(s)$框），过滤从驱动器电压和电流传感器得到的定子电压和电流信号。

2）四个数字低通滤波器（图9-21中的$F(z)$框），抑制高次谐波和定子电压、电流信号的噪声，这种噪声可能会被后面的微分滤波器放大。

3）六个数字微分滤波器（图9-21中的$D(z)$框），得到驱动器的定子电压（一阶）和电流导数（最高二阶）。

在本应用中，由于电压和电流信号的模拟—数字转换器（ADC）采样周期时间$T_{sp}=100\mu s$（采样频率$f_s=10kHz$），因此这些信号的谐波截止频率设为5kHz，以避免混叠现象。这里采用了贝塞尔低通模拟滤波器，因为它很容易地设计成具有准确的线性相位特性。

由于需要对电压和电流信号进行微分，因此设计了数字有限脉冲响应（Finite Impulse Response，FIR）微分滤波器（图9-21中的$D(z)$框）。FIR滤波器设计为具有准确的线性相位特性。这些滤波器在w域的传输函数为$D(j\omega)=j\omega$。最后确定数字低通FIR滤波器（图9-21中的$F(z)$框）。因为所有由估计算法处理的信号必须同步，当定子电压或电流信号由微分滤波器进行处理时，其他没有进行微分但被辨识算法使用的信号，必须延迟与微分滤波器相同的延迟时间。根据本方法的实验情况，制作了带6个模拟低通四阶贝塞尔滤波器的板卡，所有的数字滤波器（低通FIR滤波器和微分FIR滤波器）以及LS算法在数字信号处理器（DSP）中以软件方式实现。

图9-22所示为制作的贝塞尔滤波器板卡的频率响应和理想滤波器的频率响应。图9-23和9-24所示为DSP实现的微分FIR滤波器和数字低通FIR滤波器的频率响应。

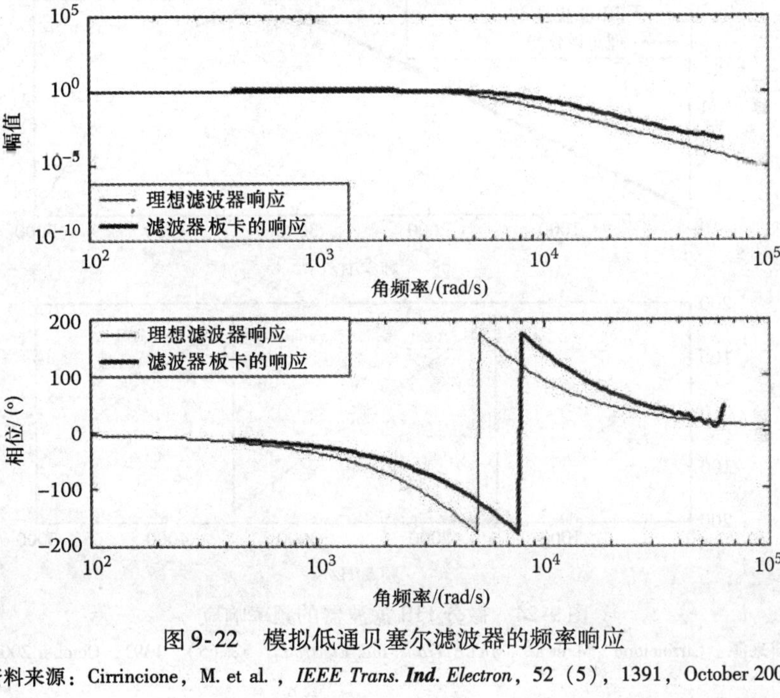

图9-22 模拟低通贝塞尔滤波器的频率响应

（资料来源：Cirrincione，M. et al.，*IEEE Trans. Ind. Electron*，52（5），1391，October 2005.）

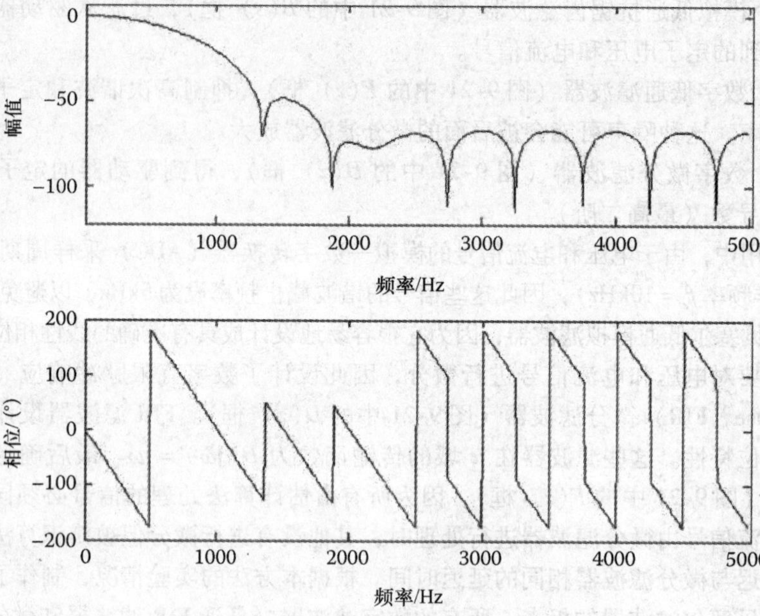

图 9-23　低通 FTR 滤波器的频率响应

（资料来源：Cirrincione，M. et al.，*IEEE Trans. Ind. Electron.*，52（5），1391，October 2005.）

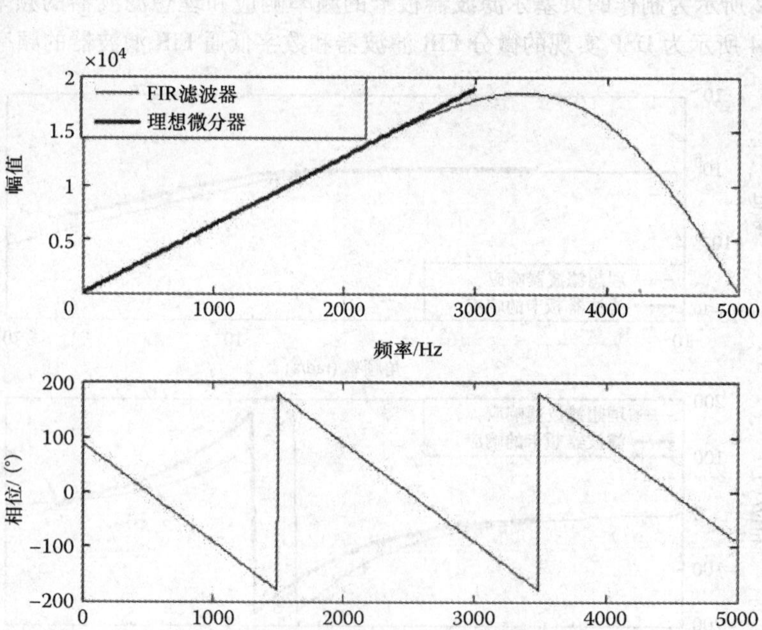

图 9-24　微分 FIR 滤波器的频率响应

（资料来源：Cirrincione，M. et al.，*IEEE Trans. Ind. Electron.*，52（5），1391，October 2005.）

9.5.6 应用实验的测试装置说明

参数估计算法实验验证的测试装置清单如下[101]：

1）1 个三相 IM，额定值见表 4-1。

2）1 个额定功率为 7.5kV · A 的电力电子变流器（三相二极管整流器，三个 IGBT 模块组成的 VSI 模块，VSI 不带控制系统）。

3）1 块带电压传感器（型号 LEM LV 25 – P）和电流传感器（型号 LEM LA 55 – P）的板卡，用于监测定子相电压和电流的瞬时值。

4）1 个电压传感器（型号 LEM CV3 –1000），用于监测直流母线电压的瞬时值。

5）1 个带模拟四阶低通贝塞尔滤波器的板卡，截止频率为 800Hz。

6）1 个增量型编码器（型号 RS 256 – 499，2500 脉冲/r）。

7）1 个 dSPACE 板卡（型号 DS1103），带浮点 DSP。

VSI 采用的驱动技术为异步空间矢量脉宽调制（SV – PWM）（开关频率 f_{PWM} = 5kHz），由 dSPACE 板卡以软件方式实现，使用了 DC 母线电压传感器对调制时的 DC 母线电压瞬时值进行监测。图 9-25 所示为测试装置的电气原理图，图 9-26 所示为实物照片。

测试装置中电流传感器精度为 0.65%，线性度误差小于 0.15%，–1dB 的带宽为 200kHz；电压传感器精度为 0.9%，线性度误差小于 0.2%，响应时间为 400μs。

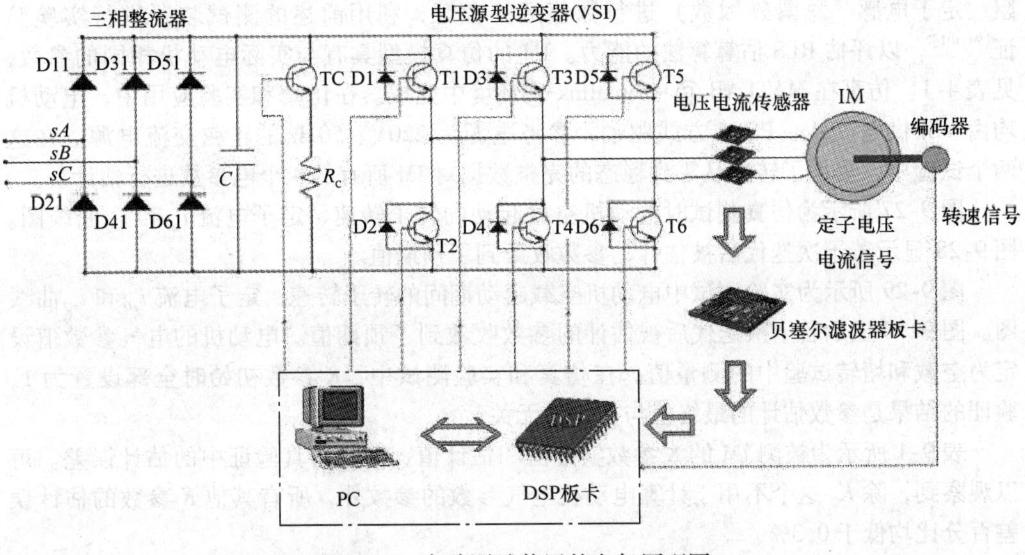

图 9-25 实验测试装置的电气原理图

（资料来源：Cirrincione，M. et al.，*IEEE Trans. Ind. Appl*，39（5），1247，September/October 2003.）

此外，6 个模拟信号需要 6 路 16 位 ADC，采用三路一组的复用模式，每个通道的采样时间为 1μs，其量化误差百分比根据 N 位 ADC 的计算式 $100/2^{N+1}$，为 7.6 ×

图 9-26　测试装置的实物照片

（资料来源：Cirrincione，M. et al.，*IEEE Trans*，*hui. Appl*，39（5），1247，September/October 2003.）

10^{-4}%。因此，量化误差百分比与传感器误差相比可以忽略不计。电流信号采集的总误差百分比为 0.80076%，而电压信号采集的总误差百分比为 1.10076%。

9.5.7　仿真与实验结果

利用电动机转速瞬变的实时数据，对 IM 所有的电气参数（转子时间常数、定子电阻、定子电感、总漏磁因数）进行数值运算验证，利用前述的测试装置进行实验验证[94,101]，以评估 RLS 估算算法的能力。IM 的仿真模型具有与实际电动机相同的参数，见表 4-1。仿真在 MATLAB ® - Simulink ®环境中完成。在仿真和实验应用中，电动机均由 VSI 供电，SV - PWM 方式驱动，参考电源为 220V、50Hz 的正弦交流电源。在这两个试验中，采用了转速从零到稳态的完整数据对 IM 所有的 4 个电参数进行估计。

图 9-27 所示为仿真测试时电动机空载起动的转子转速、定子电流 i_{sD} 和 i_{sQ} 曲线图。图 9-28 显示若干次迭代后被估计的参数收敛到了预期值。

图 9-29 所示为实验测试中电动机空载起动期间的转子转速、定子电流 i_{sD} 和 i_{sQ} 曲线图。图 9-30 显示若干次迭代后被估计的参数收敛到了预期值。电动机的电气参数值设定为空载和堵转试验中的测量值。在仿真和实验测试中，K 参数初始时全部设置为 1，验证的结果是参数估计的最终值与初始值无关。

表 9-1 所示为被测 IM 的 K 参数实际值和估计值，以及仿真验证中的估计误差。可以观察到，除 K_2 这个不用于计算电动机电气参数的参数外，所有其他 K 参数的估计误差百分比均低于 0.3%。

一般来说，本方法具有以下优点：

1）比文献中的其他算法简单和计算量小，如 EKF、ELO 和 MRAS。

2）能够在电动机转速瞬态时估计 4 个电气参数，在电动机处于正弦稳态时估计 1 个电气参数。

3）做少许修改就可以用于静止状态电动机的离线辨识，可应用在自整定驱动器中。

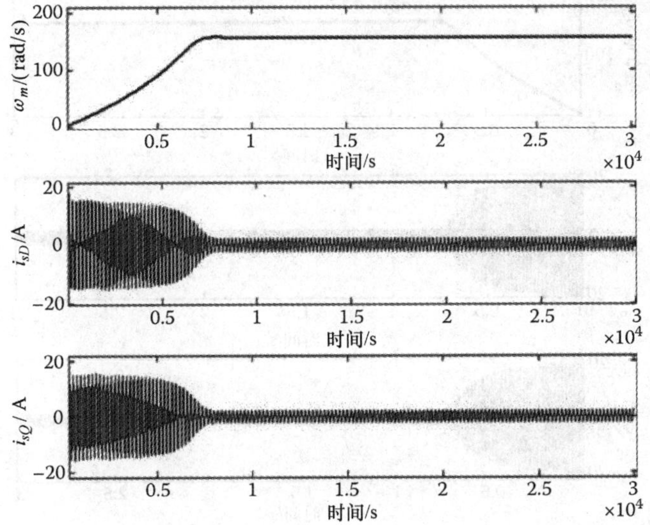

图 9-27 转子转速、i_{sD}和 i_{sQ}波形（仿真结果）

（资料来源：Cirrincione，M. and Pucci，M，Experimental verification of a technique for the real – time identification of induction motors based on the recursive least – squares，*International Workshop on Advanced Motion Control*｛*IEEE AMC'*02），Maribor，Slovenia，2002.）

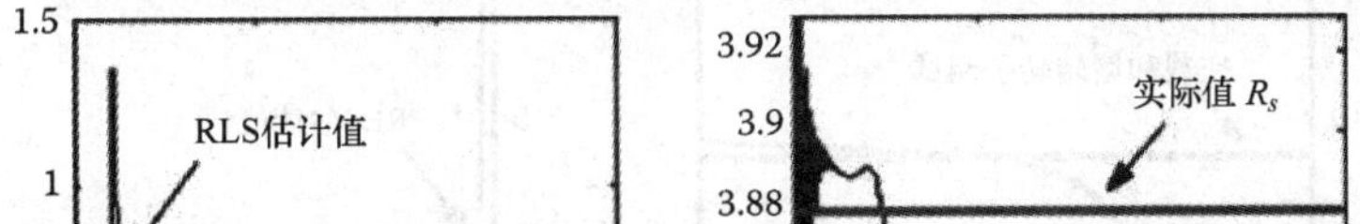

图 9-28 电动机电气参数的实际值和估计值（仿真结果）

（资料来源：Cirrincione，M. and Pucci，Mv Experimental verification of a technique for the real – time identification of induction motors based on the recursive least – squares，*International Workshop on Advanced Motion Control*（*IEEE AMC*02），Maribor，Slovenia，2002.）

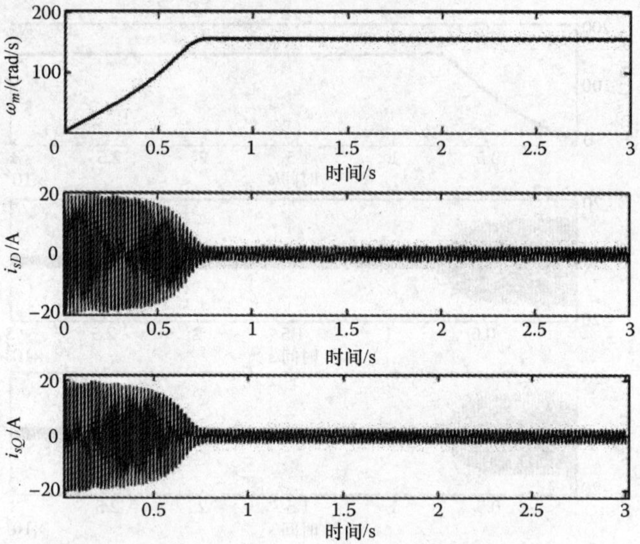

图 9-29 转子转速、i_{sD}和 i_{sQ}波形（实验结果）

（资料来源：Cirrincione, M. and Pucci, Mv Experimental verification of a technique for the real - time identification of induction motors based on the recursive least - squares, International Workshop on Advanced Motion Control（IEEE AMC'02）, Maribor, Slovenia, 2002.）

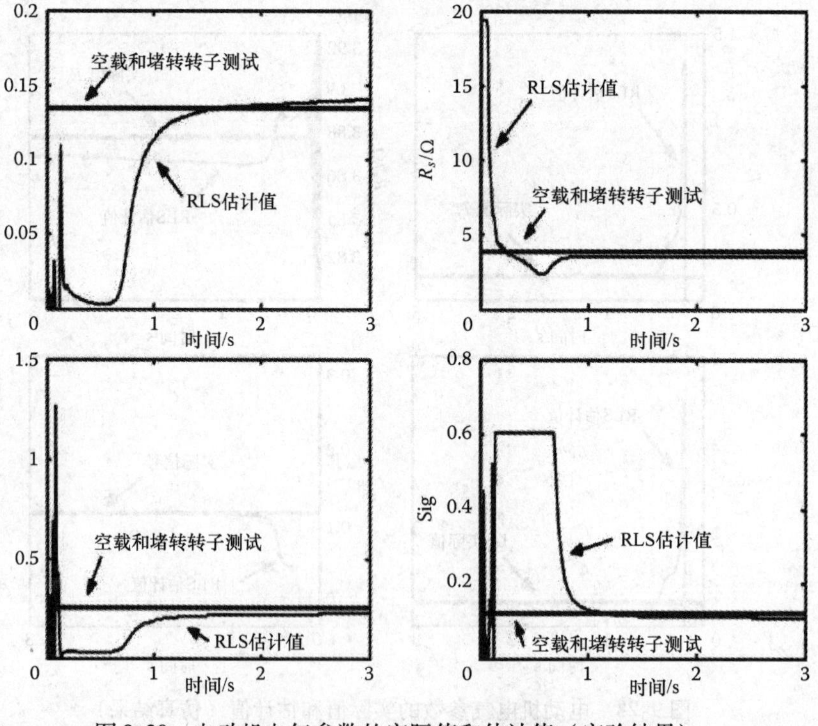

图 9-30 电动机电气参数的实际值和估计值（实验结果）

（资料来源：Cirrincione, M. and Pucci, M., Experimental verification of a technique for the real - time identification of induction motors based on the recursive least - squares, International Workshop on Advanced Motion Control（IEEE AMC'02）, Maribor, Slovenia, 2002.）

4）不需要电动机电气参数的任何先验知识或者铭牌数据。

5）做轻微修改就能同时适用于 FOC 和 DTC 驱动器：在工业应用中相当有用，因为减少了开发时间。

6）能够计算不同励磁条件下的参数变化：此特性在驱动器工作在弱磁区时非常有用。

7）数据刷新率可以远低于控制系统和磁通模型，并把计算量分散到多个控制系统控制周期里，降低计算负担。

但本方法具有以下缺点：

1）信号处理系统必须准确地设计和制作。

2）需要有微分滤波器，但这会放大高频噪声。

3）需要高质量（宽的带宽）的定子电压传感器，比电流传感器昂贵得多。

9.6 在饱和与非饱和条件下的有约束条件的最小化感应电动机参数估计方法

矩阵方程式（9-21）和约束方程式（9-19）可写成如下形式[100,102]，即

$$\begin{cases} \boldsymbol{Ak} \approx \boldsymbol{b} \\ f(\boldsymbol{k}) = 0 \end{cases} \tag{9-35}$$

式中，$f(.)$ 是约束条件方程式（9-19）。式（9-35）的第一个方程，可以实时地应用 OLS 法解出稳态和瞬态的 K 参数，因为模型误差的主要误差是观测矢量中的误差，这一点已经在前述内容中解释过。

观察式（9-21）或不同参考坐标系中的同类方程［式（9-17）或式（9-22）］，很容易见到，矩阵第二列的值比其他列的值低。这意味着两点：

1）梯度下降法是不适用的，因为它太慢收敛。

2）如果采用了有约束条件的最小化方法，可以直观发现满足约束条件的实际解和 2 范数解之间存在差异，即无约束条件的最小化方法将在最小化梯度（K_2）的方向存在偏差。

因此 K_2 的估算相当关键，这可以从参考文献中证实[86,90]（K_2 问题）。有两个方法可以解决这个问题：

1）第一个方法是采用无约束条件的最小化方法时，在一定程度上考虑约束条件。例如，Stephen 和 Bodson 采用的方法[86]，但没有证明算法的收敛性。此外，在参考文献［88］中，提出了一种有约束条件的最小化 LS 法，但由于从式（9-21）推导的微分方程阶数太高，存在太多的约束条件，因此该方法不适合于实际应用。

2）第二个方法是采用约束条件为解析式的最小化方法，以解决 K_2 问题。这种方法在参考文献［102］中有详细解释，总结如下。

已知在参数估计时，如果选择了定子参考坐标系（虽然也可以选用其他参考坐标系，但根据前面提到的数值运算考虑，推荐选用静止参考坐标系）。有方程 $\boldsymbol{Ak} = \boldsymbol{b}$，其中 $\boldsymbol{A}$ 为 $m \times 5$ 的矩阵（矩阵数据），$\boldsymbol{k}$ 为 5 个未知数的矢量（K 参数），$\boldsymbol{b}$ 为 $m \times 1$ 矢量

（观测矢量）。$\boldsymbol{k}$ 矢量由 OLS 算法完成计算，下列误差函数应该为最小：

$$\begin{aligned} \boldsymbol{E} &= \|\boldsymbol{A}\boldsymbol{k}-\boldsymbol{b}\|_2^2 = (\boldsymbol{b}-\boldsymbol{A}\boldsymbol{k})^{\mathrm{T}}(\boldsymbol{b}-\boldsymbol{A}\boldsymbol{k}) \\ &= \boldsymbol{b}^{\mathrm{T}}\boldsymbol{b}-2\boldsymbol{P}^{\mathrm{T}}\boldsymbol{k}+\boldsymbol{k}^{\mathrm{T}}\boldsymbol{R}\boldsymbol{k} \end{aligned} \tag{9-36}$$

式中　$\boldsymbol{R}=\boldsymbol{A}^{\mathrm{T}}\boldsymbol{A}$——自相关矩阵（5×5）；

$\boldsymbol{P}^{\mathrm{T}}=\boldsymbol{b}^{\mathrm{T}}\boldsymbol{A}$——互相关矢量（$\boldsymbol{P}\in R^{5\times 1}$）。

但是，$k_i(i=1,\ \cdots,\ 5)$ 之间存在下面的约束条件：

$$k_2k_4=k_3k_5 \tag{9-37}$$

也就是说，要采用有约束条件的 LS 最小化算法。围绕这个目标，已经有两种方法。一个方法是简化方程为规范形式，再进行几何观察，然后在这个新的参考坐标系下使用拉格朗日优化技术，参考文献［100］对此做了详细说明。另外一个方法见参考文献［102］，推导起来更简单，但是几何含义与前一个方法有区别。

9.6.1　有约束条件的最小化第一方法

要进行有约束条件的 LS 最小化方法，首先把式（9-35）转换为合适的参考坐标系中的规范形式，然后再修改相应的约束条件。为此目标方程进行了 3 次变换和 1 次旋转，解释如下[103]。

1. 变换

式（9-36）中的表达式很容易简化为

$$z_1=-2\boldsymbol{P}^{\mathrm{T}}\boldsymbol{k}+\boldsymbol{k}^{\mathrm{T}}\boldsymbol{R}\boldsymbol{k} \tag{9-38}$$

式中

$$z_1=\boldsymbol{E}-\boldsymbol{b}^{\mathrm{T}}\boldsymbol{b}$$

2. 旋转

令 $\boldsymbol{y}=\boldsymbol{V}^{\mathrm{T}}\boldsymbol{k}$，$\boldsymbol{V}$ 为一矩阵，其列是 $\boldsymbol{R}$ 的归一化特征矢量。然后进行下列旋转

$$z_1=-2\boldsymbol{P}^{\mathrm{T}}\boldsymbol{V}\boldsymbol{y}+\boldsymbol{y}^{\mathrm{T}}\Lambda_R\boldsymbol{y} \tag{9-39}$$

式中　$\Lambda_R=\boldsymbol{V}^{\mathrm{T}}\boldsymbol{R}\boldsymbol{V}$——由 $\boldsymbol{R}$ 的特征值形成的对角矩阵，矩阵元素均为实数。

3. 变换

用矢量 $\boldsymbol{h}$ 平移 $\boldsymbol{y}$，即

$$\boldsymbol{y}=\hat{\boldsymbol{y}}+\boldsymbol{h} \tag{9-40}$$

其目的是确定 $\boldsymbol{h}$ 的值，以消除式（9-39）中的 1 阶项。采用了二乘方法。把式（9-40）代入式（9-39），消除 1 阶项，结果为

$$\boldsymbol{h}=\Lambda_R^{-1}\boldsymbol{V}^{\mathrm{T}}\boldsymbol{P} \tag{9-41}$$

则式（9-39）可以写成

$$z_1=-2\boldsymbol{P}^{\mathrm{T}}\boldsymbol{V}\boldsymbol{h}+\boldsymbol{h}^{\mathrm{T}}\Lambda_R\boldsymbol{h}+\hat{\boldsymbol{y}}^{\mathrm{T}}\Lambda_R\hat{\boldsymbol{y}} \tag{9-42}$$

4. 变换

前面的推导得到

$$\hat{\boldsymbol{z}}=\hat{\boldsymbol{y}}^{\mathrm{T}}\Lambda_R\hat{\boldsymbol{y}} \tag{9-43}$$

由于

$$z_1 + 2P^{\mathrm{T}}Vh - h^{\mathrm{T}}\Lambda_R h = \hat{y}^{\mathrm{T}}\Lambda_R\hat{y}$$

考虑 $k = Vy = V(\hat{y}+h)$，重新列写约束条件。记 $e_i^{\mathrm{T}} =$（0…1…0）为第 i 个元素为 1，其他元素全为 0 的单位矢量，则

$$k_i = e_i^{\mathrm{T}}V(\hat{y}+h) \quad i = 1,\cdots,5$$

约束条件可以改写为

$$(\hat{y}+h)^{\mathrm{T}}V^{\mathrm{T}}e_2e_4^{\mathrm{T}}V(\hat{y}+h) = (\hat{y}+h)^{\mathrm{T}}V^{\mathrm{T}}e_3e_5^{\mathrm{T}}V(\hat{y}+h)$$

也就是，约束条件为

$$(\hat{y}^{\mathrm{T}}v_2 + h^{\mathrm{T}}v_2)(\hat{y}^{\mathrm{T}}v_4 + h^{\mathrm{T}}v_4) = (\hat{y}^{\mathrm{T}}v_3 + h^{\mathrm{T}}v_2)(\hat{y}^{\mathrm{T}}v_5 + h^{\mathrm{T}}v_5) \tag{9-44}$$

式中　v_i——V^{T}（$i=1$，…，5）的第 i 列。

定义 f_i 和 f 为

$$f_i = (\hat{y}^{\mathrm{T}}v_i + h^{\mathrm{T}}v_i)(i = 1,\cdots,5) \tag{9-45}$$

$$f = f_2f_4 - f_3f_5 \tag{9-46}$$

f 的梯度（$grad_{\hat{y}}f$ 从现在开始简写为 $grad\,f$）可写为

$$grad\,f = f_4(gradf_2) + f_2(gradf_4) - f_5(gradf_3) - f_3(gradf_5) \tag{9-47}$$

但 $grad\,f_i = v_i$ 且 $grad\,\hat{z} = 2\Lambda_R\hat{y}$。

设 α 为拉格朗日因子，$C(\hat{y},\alpha)$ 为最小化评估函数，定义为

$$C(\hat{y},\alpha) = \hat{y}^{\mathrm{T}}\Lambda_R\hat{y} + \alpha f \tag{9-48}$$

所以

$$grad\,C = 2\Lambda_R\hat{y} + \alpha\,grad\,f \tag{9-49}$$

式（9-47）可变为以下形式，即

$$grad\,f = (W + W^{\mathrm{T}})\hat{y} + (W + W^{\mathrm{T}})h \tag{9-50}$$

式中

$$W = v_2v_4^{\mathrm{T}} - v_3v_5^{\mathrm{T}} \tag{9-51}$$

然后令评估函数最小，即 $grad\,C = 0$，得

$$\begin{cases}2\Lambda_R\hat{y} + \alpha(W + W^{\mathrm{T}})\hat{y} + \alpha(W + W^{\mathrm{T}})h = 0\\ f_2f_4 = f_3f_5\end{cases} \tag{9-52}$$

这样，约束条件式（9-41）可改写为

$$\frac{1}{2}\hat{y}^{\mathrm{T}}(W + W^{\mathrm{T}})\hat{y} + h^{\mathrm{T}}(W + W^{\mathrm{T}})\hat{y} + \frac{1}{2}h^{\mathrm{T}}(W + W^{\mathrm{T}})h = 0 \tag{9-53}$$

式（9-32）和式（9-33）也因此可以写成如下形式，即

$$\begin{cases}2\Lambda_R\hat{y} + \alpha(W + W^{\mathrm{T}})\hat{y} + \alpha(W + W^{\mathrm{T}})h = 0 & \text{(9-54a)}\\ \dfrac{1}{2}y^{\mathrm{T}}(W + W^{\mathrm{T}})\hat{y} + h^{\mathrm{T}}(W + W^{\mathrm{T}})\hat{y} + \dfrac{1}{2}h^{\mathrm{T}}(W + W)^{\mathrm{T}}h = 0 & \text{(9-54b)}\end{cases}$$

由式（9-43a）可得

$$\hat{y} = -\alpha[2\Lambda_R + \alpha(W + W^{\mathrm{T}})]^{-1}(W + W^{\mathrm{T}})h \tag{9-55}$$

把式（9-55）代入式（9-54b），得到带未知标量 α 的非线性标量方程，它可以很容易地通过数值技术进行求解（例如，Newton – Raphson 方法、二分法，甚至经典的“试位法”，它是对割线法的改进[103]，p. 338）。
下面介绍有约束条件的最小化第一方法：仿真和实验结果。

利用电动机转速瞬变的实时数据，对 IM 所有的电气参数（转子时间常数、定子电阻、定子电感、总漏磁因数）进行仿真验证和利用先前描述的测试装置进行实验验证[102]，以评估该方法的估算能力。IM 的仿真模型具有与实际电动机相同的参数，见表 4-1。仿真在 MATLAB® – Simulink®环境中完成，进行了下列测试。

仿真和实验应用中，电动机均由 VSI 供电，采用 SV – PWM 方式驱动，参考电源为 220V、50Hz 的正弦交流电源。在这两个试验中，采用了转速从零到稳态的完整数据对 IM 所有的 4 个电参数进行估计。

图 9-31 所示为仿真测试时电动机空载起动的转子转速、定子电流 i_{sD} 和 i_{sQ} 波形图。图 9-32 所示为参数对应的估计值，由有约束条件的解析解求出。

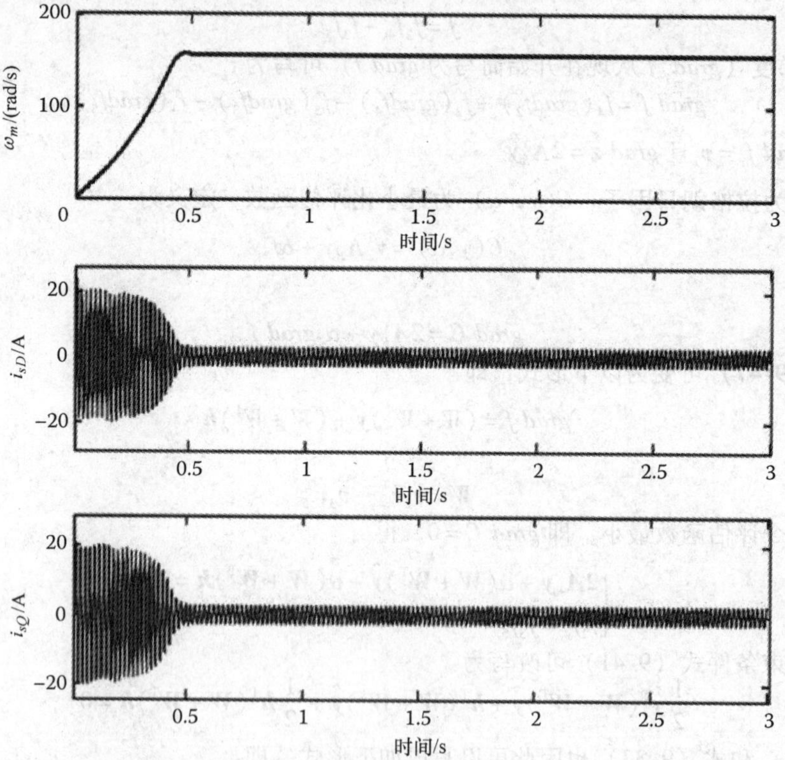

图 9-31　转子转速、定子电流 i_{sD} 和 i_{sQ} 波形图（仿真结果）

（资料来源：(From Cirrincione, M. et al., Capolino, Constrained least – squares method for the estimation of the electrical parameters of an induction motor, *COMPEL* (*The International Journal for Computation and Mathematics in Electrical and Electronic Engineering*), *Special Issue*: *Selected papers from the International Conference on Electrical Machines* (*1CEM*) 2002, Bruges, Belgium, Vol. 22 (4), pp. 1089 – 1101, 2003.)

图 9-33 所示为实验测试中电动机空载起动期间的转子转速、定子电流 i_{sD} 和 i_{sQ} 波形图。图 9-34 所示为参数对应的估计值，由有约束条件的解析解求出。

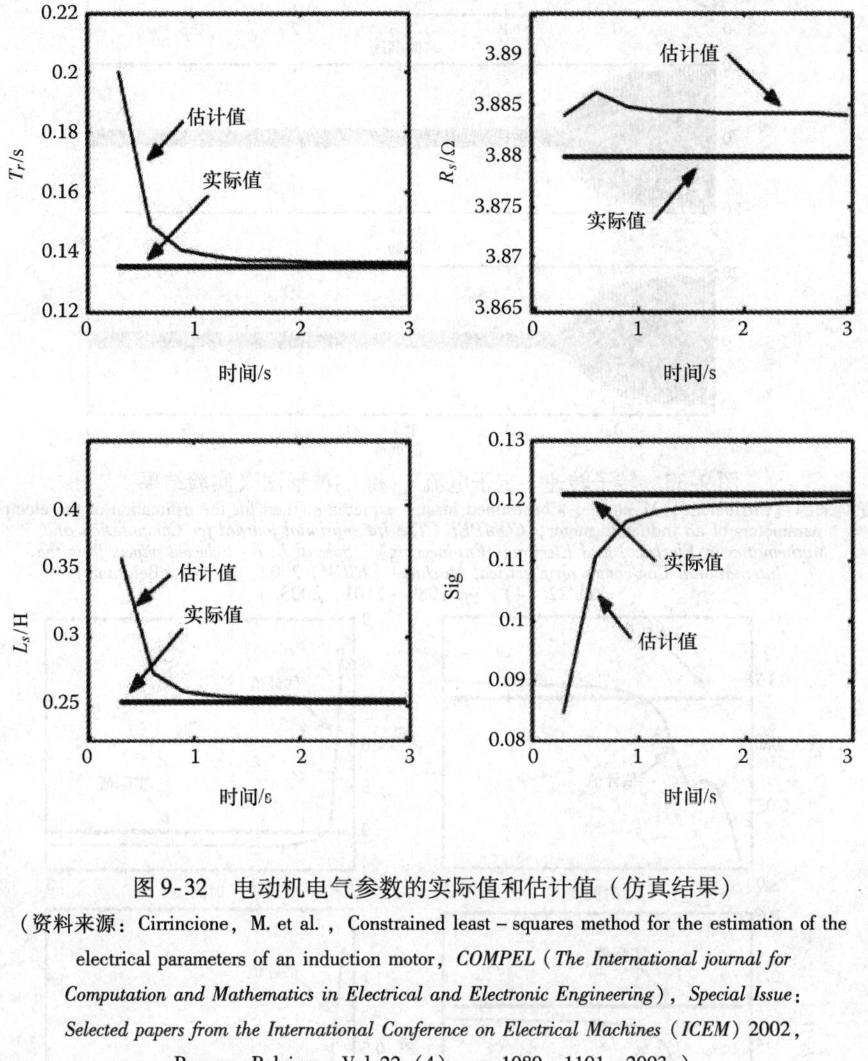

图 9-32 电动机电气参数的实际值和估计值（仿真结果）

（资料来源：Cirrincione，M. et al.，Constrained least - squares method for the estimation of the electrical parameters of an induction motor，*COMPEL*（*The International journal for Computation and Mathematics in Electrical and Electronic Engineering*），*Special Issue*：*Selected papers from the International Conference on Electrical Machines*（*ICEM*）2002，Bruges，Belgium，Vol. 22（4），pp. 1089 - 1101，2003.）

电动机的电气参数值用空载和堵转试验进行测量，并以此确认为实际值。

表 9-2 和表 9-3 所示为被测 IM 的 K 参数实际值和估计值，分别在仿真和实验测试中用有约束条件的解析解方法得到。从表中可见，被估计的电气参数快速平滑地收敛到实际值。此外，表中也描述了所有 K 参数估计的准确度，包括 K_2。

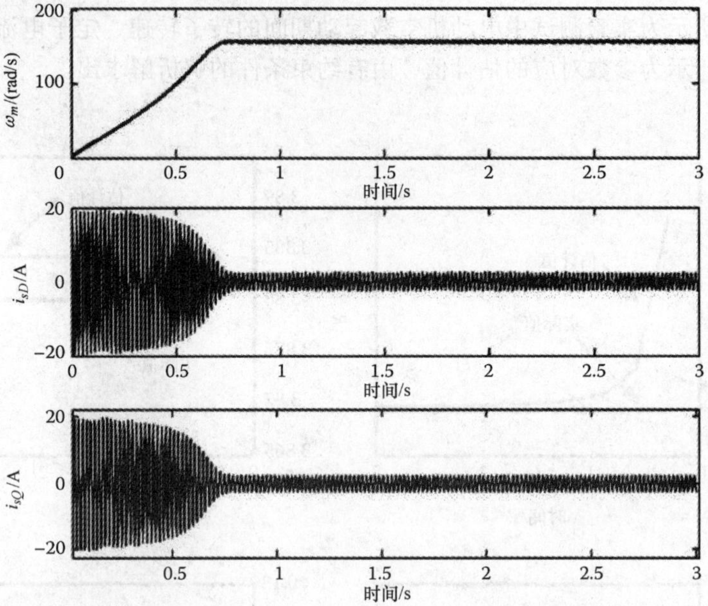

图 9-33 转子转速、定子电流 i_{sD} 和 i_{sQ} 波形图（实验结果）

（资料来源：Cirrincione, M. et al., Constrained least - squares method for the estimation of the electrical parameters of an induction motor, *COMPEL* (*The International journal for Computation and Mathematics in Electrical and Electronic Engineering*), *Special Issue*: *Selected papers from the Internationnl Conference on Electrical Machines* (*ICEM*) 2002, Bruges, Belgium, Vol. 22 (4), pp. 1089 - 1101, 2003.）

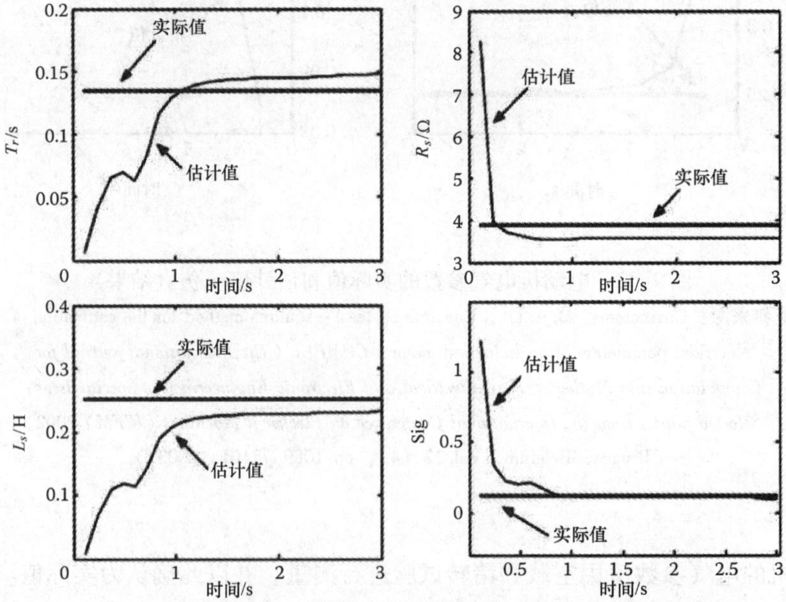

图 9-34 电动机电气参数的实际值和估计值（实验结果）

（资料来源：Cirrincione, M. et al., Constrained least - squares method for the estimation of the electrical parameters of an induction motor, *COMPEL* (*The International Journal for Computation and Mathematics in Electrical and Electronic Engineering*), *Special Issue*: *Selected papers from the International Conference on Electrical Machines* (*ICEM*) 2002, Bruges, Belgium, Vol. 22 (4), pp. 1089 - 1101, 2003.）

表 9-2 K 参数的稳态估计值（仿真结果）

	实际值	估计值	误差（%）
K_1	189.0088	189.4606	0.2390
K_2	946.4266	941.3659	-0.5347
K_{31}	127.5398	128.0074	0.3666
K_4	32.8711	32.9568	0.2609
K_5	243.9244	242.3646	-0.6395

资料来源：Cirrincione，M. et al.，Constrained least - squares method for the estimation of the electrical parameters of an induction motor，*COMPEL*（*The International Journal for Computation and Mathematics in Electrical and Electron！.：Engineering*），*Special Issue*：*Selected papers from the In ter national Conference on Electrical Machines*（*ICEM*）2002，Bruges，Belgium，Vol. 22（4），pp. 1089 - 1101，2003.

表 9-3 K 参数的稳态估计值（实验结果）

	实际值	估计值	误差（%）
K_1	189.0088	212.2766	12.3104
K_2	946.4266	995.9520	5.2329
K_{31}	127.5398	147.4474	15.6089
K_4	32.8711	41.2711	25.5544
K_5	243.9244	278.7709	14.2858

资料来源：Cirrincione，M. et al.，Constrained least - squares method for the estimation of the electrical parameters of an induction motor，*COMPEL*（*The Intermtional Journal for Computation and Mathematics in Electrical and Electronic Engineering*），*Special Issue*：*Selected papers from the International Conference on Elcctricnl Machines*（*ICEM*）2002，Bruges，Belgium，Vol. 22（4），pp. 1089 - 1101，2003.

9.6.2 有约束条件的最小化第二方法

本方法是前一个方法的简化版本[101]。设 α 为拉格朗日因子，E_c 为最小化评估函数，则从式（9-35）可以得到

$$E_c = \boldsymbol{b}^{\mathrm{T}}\boldsymbol{b} - 2\boldsymbol{p}^{\mathrm{T}}\boldsymbol{k} + \boldsymbol{k}^{\mathrm{T}}\boldsymbol{R}\boldsymbol{k} + \alpha(k_2k_4 - k_3k_5) \tag{9-56}$$

所以评估函数的梯度表示为

$$grad(\boldsymbol{E}_c) = -2\boldsymbol{p} + 2\boldsymbol{R}\boldsymbol{k} + \begin{pmatrix} 0 \\ \alpha k_4 \\ -\alpha k_5 \\ \alpha k_2 \\ -\alpha k_3 \end{pmatrix} = 0 \tag{9-57}$$

如果引入如下矩阵 $\boldsymbol{E}$：

$$\boldsymbol{E}=\begin{pmatrix}0&0&0&0&0\\0&0&0&1&0\\0&0&0&0&1\\0&1&0&0&0\\0&0&1&0&0\end{pmatrix} \tag{9-58}$$

则式（9-46）可写为

$$-2\boldsymbol{p}+2\boldsymbol{R}\boldsymbol{k}+\alpha\boldsymbol{E}\boldsymbol{k}=0 \tag{9-59}$$

也就是

$$(2\boldsymbol{R}+\alpha\boldsymbol{E})\boldsymbol{k}=2\boldsymbol{p}$$

或若矩阵的逆存在，则

$$\boldsymbol{k}=(2\boldsymbol{R}+\alpha\boldsymbol{E})^{-1}2\boldsymbol{p} \tag{9-60}$$

如果将式（9-60）得到的 $\boldsymbol{k}$ 值代入式（9-56），可以得到带未知 α 的标量方程，采用非线性计算方法能够很容易进行求解（见第 9.6.1 节）。然后从式（9-60）得到 $\boldsymbol{K}$ 矢量。

对估计误差，可以做出与无约束条件的最小化方法相同的考虑。如果采用了无约束条件的最小化方法，则可以应用参考文献［86］中的式（42），即

$$\delta k_i=\sqrt{\mathbf{Re}^*(\boldsymbol{A}^{\mathrm{T}}\boldsymbol{A})_{ii}} \tag{9-61}$$

式中　δk_i——$\boldsymbol{k}$ 的第 i 个元素允许变化的量，而这个变化不会导致误差大于 2 倍的残余项误差（参数误差指标）；

$\mathbf{Re}^*$——残余项误差求值，这时 $\boldsymbol{k}$ 以无约束条件 LS 法求解；

$(\,)_{ii}$——括号内矩阵的第 ii 个元素（对角线），即最小的残余项误差。

根据式（9-60），可以从式（9-61）得到类似的约束条件，也就是

$$\delta k_i^c=\sqrt{\mathbf{Re}_c^*(\boldsymbol{A}^{\mathrm{T}}\boldsymbol{A}+\alpha\boldsymbol{E})_{ii}} \tag{9-62}$$

式中　δk_i^c——$\boldsymbol{k}$ 的第 i 个元素允许变化的量，而这个变化不会导致误差大于 2 倍的残余项误差（参数误差指标）；

$\mathbf{Re}_c^*$——以 $\boldsymbol{E}_c$ 为求值，这时 $\boldsymbol{k}$ 以式（9-60）求得，即有约束条件的最小残余项误差。

根据矩阵 $\boldsymbol{E}$ 的定义，可以得到

$$\delta k_i^c=\sqrt{\mathbf{Re}_c^*(\boldsymbol{A}^{\mathrm{T}}\boldsymbol{A}+\alpha\boldsymbol{E})_{ii}}=\sqrt{\mathbf{Re}_c^*(\boldsymbol{A}^{\mathrm{T}}\boldsymbol{A})_{ii}} \tag{9-63}$$

由于 $\mathbf{Re}_c^*<\mathbf{Re}^*$ 导致 $\delta k_i^c<\delta k_i$，这表示有约束条件的最小化的参数误差指标减少了。大的参数误差指标表示结果的准确度降低[86]。所以有约束条件的最小化方法，其结果的准确性优于无约束条件的最小化方法。应当指出的是，在任何情况下 OLS 方法的误差被认为主要存在于观察矢量中，这种观点在一定程度上被认可的原因是观测矢量存在

二阶导数。如果同时要考虑数据矩阵的不确定性，则应该采用有约束条件的 TLS 技术[95-97]。

下面介绍有约束条件的最小化第二方法：仿真与实验结果。

本方法已经进行了仿真和实验测试，分别在励磁线性和饱和的工作环境下获取 IM 的电气参数[101]，使用了第 4 章介绍的动态模型，见式（4-23）、式（4-63）、式（4-89）、式（4-88）、式（4-90）和式（4-91）。这里的 L_m、L、σ、σ_s、σ_r 和转子励磁电流之间的非线性关系，来自于参考文献［5］对实际 IM 的实验结果（参见图 4-5）。

1. 仿真结果

首先对比了本方法（有约束条件的最小化方法）获得的和经典 OLS 方法获得的电磁参数估计值，经典 OLS 方法见第 9.5.4 节和参考文献［94，102，105］。

为验证参数估计算法的稳定性，分别在不同的稳态励磁强度下进行了转速慢瞬变、快瞬变的各种测试。不同的稳态励磁强度实际上对应了不同的电动机磁场参数。由于 IM 数学模型推导处理的辨识模型方程没有考虑磁路饱和的影响，因此辨识算法只能计算参数的稳态值，即电动机励磁稳态时的值，如同前面内容和参考文献所述[105]。

为此，在工频 50Hz 不同电压等级的条件下，进行了一系列的起动测试，让电动机在不同的稳态励磁强度下工作，即不同 $|\boldsymbol{i}_{mr}|$ 和 $|\boldsymbol{\psi}_r|$。对应的，实施了转速慢瞬变和快瞬变：转速慢瞬变时采用低电压/频率比，转速快瞬变时采用高电压/频率比。每次试验结束后，用两种方法求出四个电气参数 L_s、σ、T_r 和 R_s。

图 9-35 所示是电压为 155V 和 50Hz 时转子转速和定子电流 i_{sD} 的波形图。图 9-36 所示为电气参数估计值和实际值之间的对比波形图，估计采用了有约束条件的最小化方法。图中表明，与预期一致，在电动机转速从零至稳态变化时，电动机的磁场参数（T_r、L_s 和 σ）由于励磁的原因也在变化。应该指出的是，采用的 IM 辨识模型没有考虑到电动机铁磁回路饱和的影响，所以有约束条件的最小化方法只能得到参数的稳态值，而在转速瞬态时不能做出正确估计。

表 9-4 和表 9-5 所示为两种方法估计值的相对误差百分比，对比的数据为图 4-5 描述的模型实际参数表。从这两个表和图 9-37 明显可见，有约束条件的最小化方法获得的结果优于经典的无约束条件的 LS 方法。

研究一下负载转矩对估计误差影响。图 9-38 所示为从空载到额定负载的不同负载条件下，各 K 参数的估计误差百分比。可以看出，K_1 和 K_4 具有较低的误差百分比，几乎与负载条件无关，而 K_{31} 和 K_5 则与负载有关，比前面两个参数具有较高的误差百分比。这个情况可以这样解释：数据矩阵中 K_1 和 K_4 所对应列的值比 K_{31} 和 K_5 所对应列的值大。此外，K_5 的误差比 K_{31} 的大，因为后者所对应数据矩阵列的值与负载相关度更高：负载越大，定子电流越大，数据矩阵所对应列的值越大，则 K_{31} 的误差比 K_5 的误差越小。

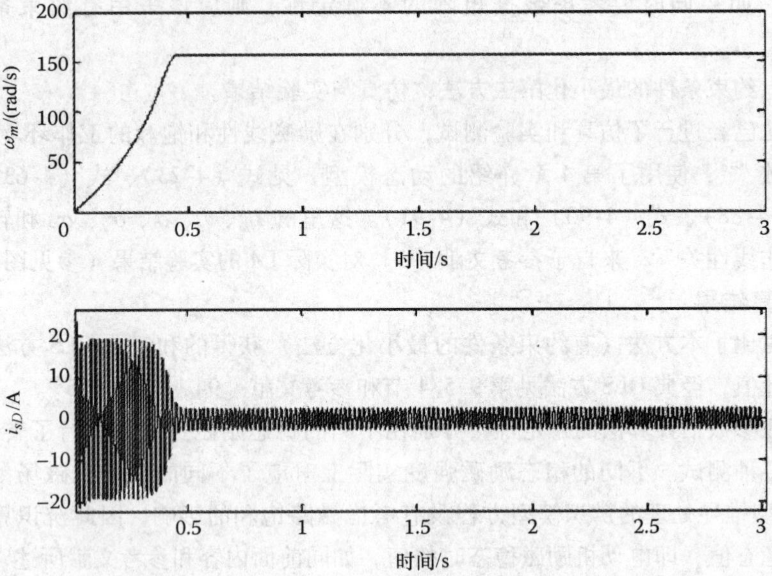

图 9-35　电压为 155V 和 50Hz 时，起动阶段的转子转速和定子电流波形图（仿真）

（资料来源：Cirrincione，M. et al.，*IEEE Trans. Ind. Electron.*，52（5），1391，October 2005.）

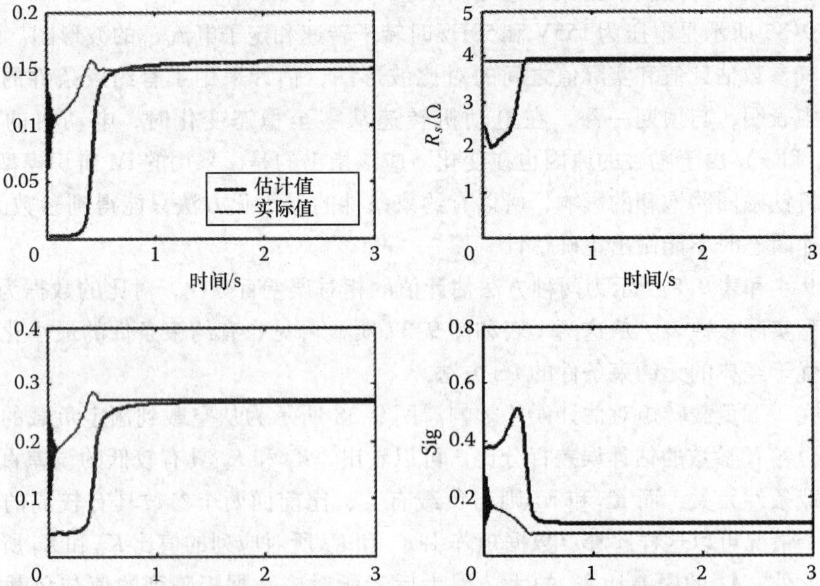

图 9-36　电压为 155V 和 50Hz 时，电动机电气参数估计值和实际值（仿真）

（资料来源：Cirrincione，M. et al.，*IEEE Trans. Ind. Electron.*，52（5），1391，October 2005.）

表 9-4　采用 RLS 方法的估计误差百分比

u_s/V	T_r 误差（%）	R_s 误差（%）	L_s 误差（%）	σ 误差（%）
30	4.42	-2.33	3.13	-6.11
60	0.87	-0.67	-0.66	-4.08
90	3.70	0.18	2.85	-4.83
120	6.14	0.73	4.85	-6.86
150	7.56	1.18	6.20	-8.18
180	6.27	1.61	4.94	-7.28
210	5.26	2.03	4.09	-6.45
240	6.32	2.53	5.32	-7.02
270	4.28	2.85	4.20	-4.89
300	2.00	3.10	3.33	-2.54

资料来源：Cirrincione，M. et al.，*IEEE Trans. Ind. Electron.*，52（5），1391，October 2005.

表 9-5　有约束条件的最小化方法得到的估计误差百分比

u_s/V	T_r 误差（%）	R_s 误差（%）	L_s 误差（%）	σ 误差（%）
30	-7.66	-2.82	-7.82	5.81
60	-0.801	-0.78	-2.14	-2.27
90	2.94	0.21	2.06	-4.11
120	3.47	0.39	2.50	-4.33
150	3.52	0.45	2.79	-4.36
180	2.84	0.52	2.63	-4.00
210	2.33	0.63	2.04	-3.58
240	2.80	0.8	2.99	-3.76
270	1.62	1.00	2.55	-2.52
300	0.05	1.30	2.50	-0.84

资料来源：Cirrincione，M. et al.，*IEEE Trans. Ind. Electron.*，52（5），1391，October 2005.

2. 实验结果

前述的方法已经在第 9.5.6 节描述的测试装置进行了实验验证。表 4-1 所示为所用 IM 的铭牌数据及从空载和堵转试验获得的电气参数。特别地，如在第 9.5.2 节所述，完成了 50Hz 不同电压等级下的一系列空载起动测试，电动机工作于不同的稳态励磁环境，即不同 $|\boldsymbol{i}_{mr}|$ 和 $|\boldsymbol{\psi}_r|$ 值。图 9-39 和图 9-40 所示为转子转速和定子电流 i_{sD} 的波形，4 个起动测试分别对应 50Hz 电源电压 55V、105V、155V 和 220V。图 9-41 ~ 图 9-44 所示为电气参数估计值与空载、堵转测试测量值的比较曲线。应当指出的是，对于

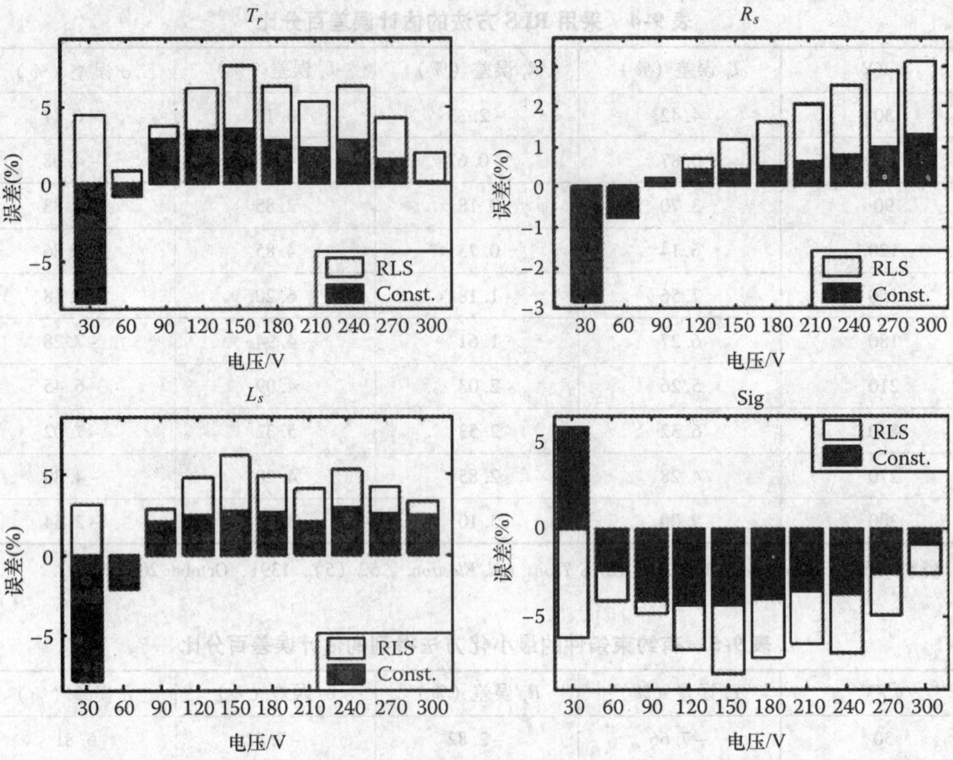

图 9-37　电气参数估计误差百分比（仿真）

（资料来源：Cirrincione，M. et al.，*IEEE Trans. Ind. Electron.*，52（5），1391，October 2005.）

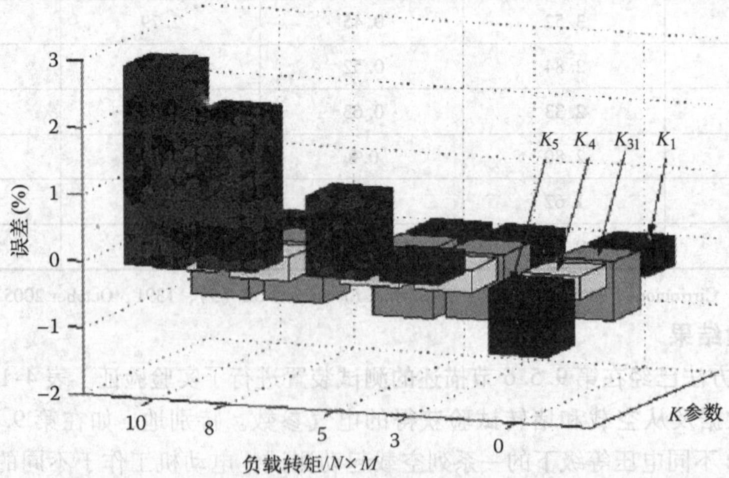

图 9-38　负载变化时的 K 参数估计误差百分比（仿真）

（资料来源：Cirrincione，M. et al.，*IEEE Trans. Ind. Electron.*，52（5），1391，October 2005.）

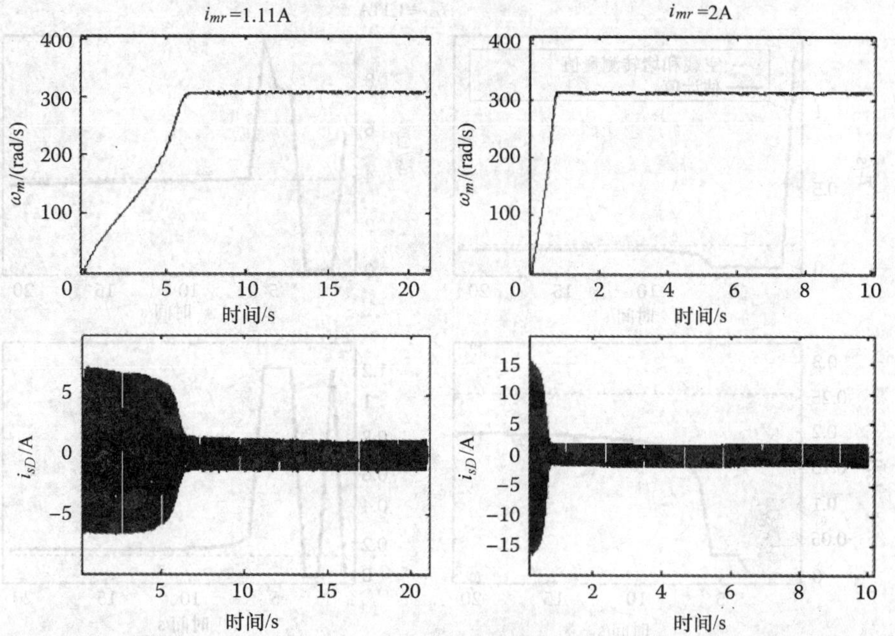

图9-39　电源为55V和105V 50Hz时起动测试的转子转速和定子电流波形（实验）
（资料来源：Cirrincione，M. et alv *IEEE Trans. Ind. Electron.*，52（5），1391，October 2005.）

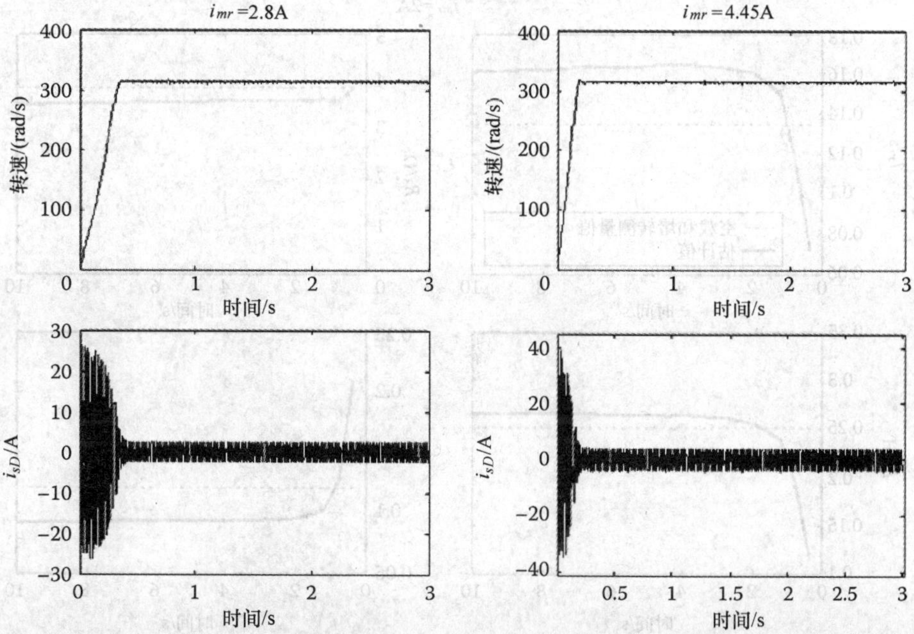

图9-40　电源为155V和220V 50Hz时起动测试的转子转速和定子电流波形（实验）
（资料来源：Cirrincione，M. et al.，*IEEE Trans. Ind. Electron.*，52（5），1391，October 2005.）

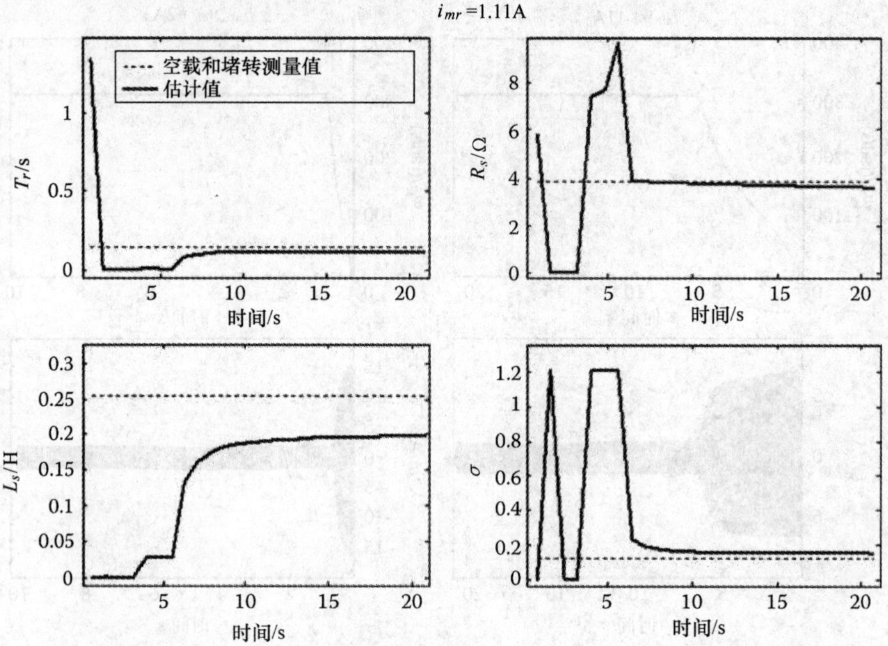

图 9-41　电源为 55V 50Hz 时电动机电气参数估计值和空载、堵转测量值（实验）
（资料来源：Cirrincione，M. et al.，*IEEE Trans. Ind. Electron.*，52（5），1391，October 2005.）

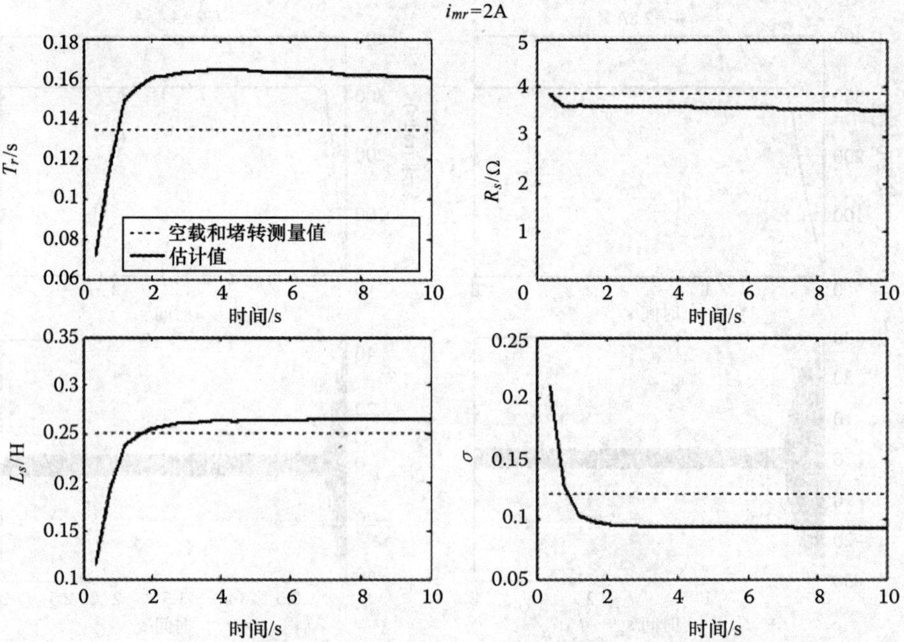

图 9-42　电源为 105V 50Hz 时电动机电气参数估计值和空载、堵转测量值（实验）
（资料来源：Cirrincione，M. et al.，*IEEE Trans. Ind. Electron.*，52（5），1391，October 2005.）

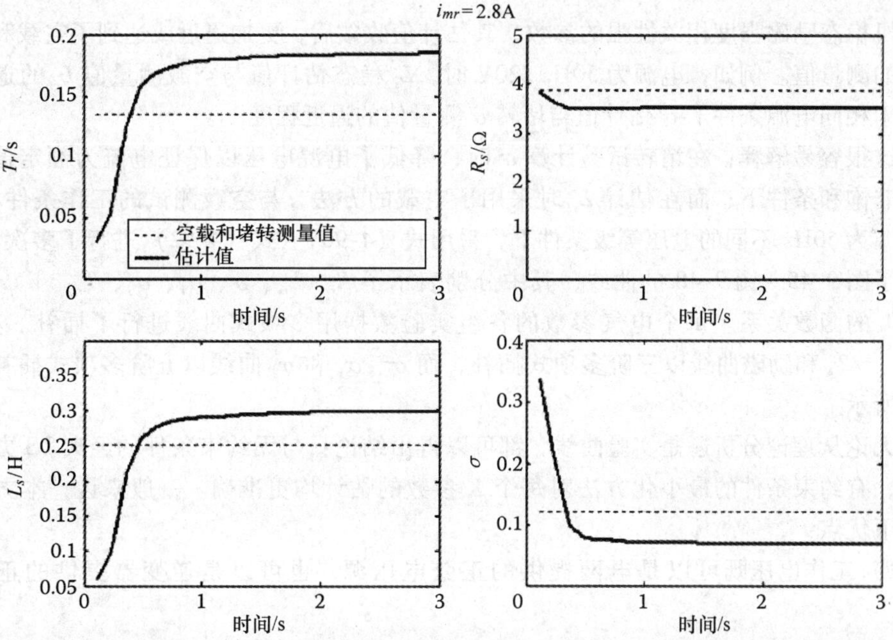

图 9-43　电源为 155V 50Hz 时电动机电气参数估计值和空载、堵转测量值（实验）

（资料来源：Cirrincione，M. et al.，*IEEE Trans. Ind. Electron.*，52（5），1391，October 2005.）

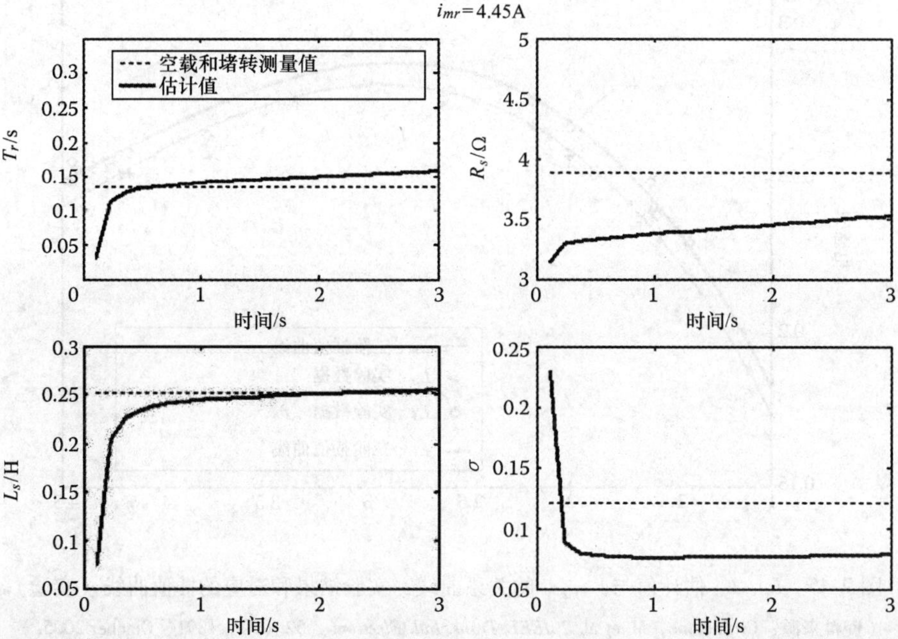

图 9-44　电源为 220V 50Hz 时电动机电气参数估计值和空载、堵转测量值（实验）

（资料来源：Cirrincione，M. et al.，*IEEE Trans. Ind. Electron.*，52（5），1391，October 2005.）

电动机稳态励磁强度相关性强的参数，其估计值收敛后，更加逼近或达到了空载和堵转测试的测量值。例如，电源为50Hz 220V 时，L_s 稳态估计值与空载测量值 L_s 的逼近程度高于相同电源条件下 σ 估计值与堵转 σ 测量值的逼近程度。

这很容易解释：在堵转试验计算 σ 时，降低了电源电压以保证电流为额定值，工作于非饱和条件下；而在估计 L_s 时采用了空载的方法，与空载测试的工作条件相同。在电源为50Hz 不同的电压等级条件下，采用式（4-90）~式（4-92）进行了多次测试，获得了图 9-45 ~图 9-48 的曲线，其中分别表示了 L_s、L_m、σ、σ_r、σ_s、T_r、$|\boldsymbol{\psi}_r|$ 与 $|\boldsymbol{i}_{mr}|$ 的函数关系。每个电气参数的各组实验数据用多项式曲线进行了插补。其中，L_s、L_m、T_r 和励磁曲线以三阶多项式插补，而 σ、σ_r 和 σ_s 曲线以五阶多项式插补，如图中所示。

无论从理论分析还是实验曲线，都可以得出结论：与无约束条件的经典 LS 方法相比较，有约束条件的最小化方法对每个 K 参数的估计均更准确。一般来说，本方法具有以下优点：

1）工作电压既可以是电网提供的正弦电压源，也可以是逆变器提供的正弦电压源。

2）不需要电气参数或电动机所有铭牌数据的先验知识（除额定电压和频率之外）。

3）可同步估计四个电气参数。

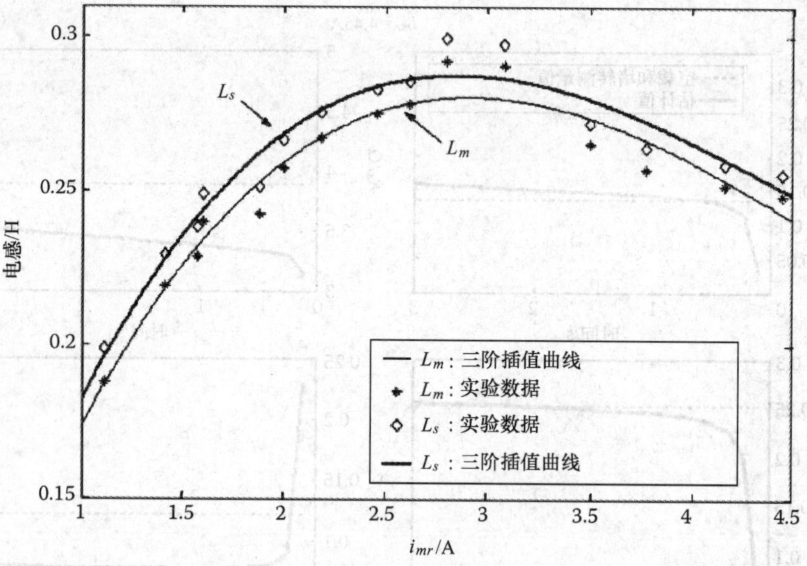

图 9-45　L_s、L_m 估计值与 $|\boldsymbol{i}_{mr}|$ 的关系曲线：实验结果和对应的插值曲线（实验）

（资料来源：Cirrincione，M. et al.，*IEEE Trans. Ind. Electron.*，52（5），1391，October 2005.）

下一节将说明如何利用 TLS（TLS 功能）增加参数估计的鲁棒性，减少观测矢量和矩阵数据误差的影响。

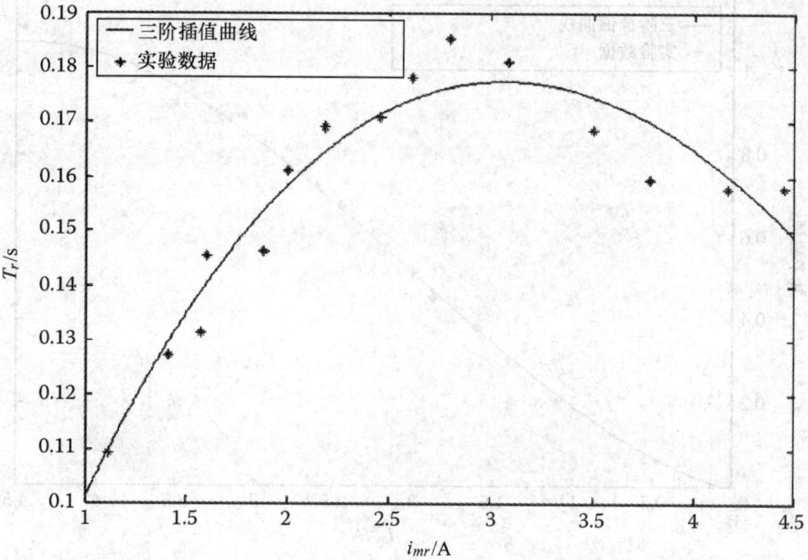

图9-46　T_r 估计值与 | i_{mr} | 的关系曲线：实验结果和对应的插值曲线（实验）

（资料来源：Cirrincione，M. et al.，*IEEE Trans. I mi. Electron.*，52（5），1391，October 2005.）

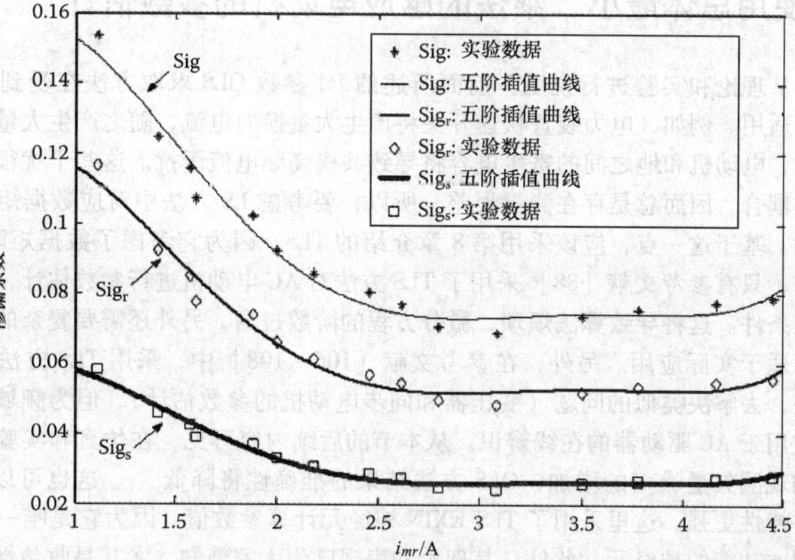

图9-47　σ、σ_r、σ_s 估算值与 | i_{mr} | 的关系曲线：实验结果和对应的插值曲线（实验）

（资料来源：Cirrincione，M. et al.，*IEEE Trans. Ind. Electron.*，52（5），1391，October 2005.）

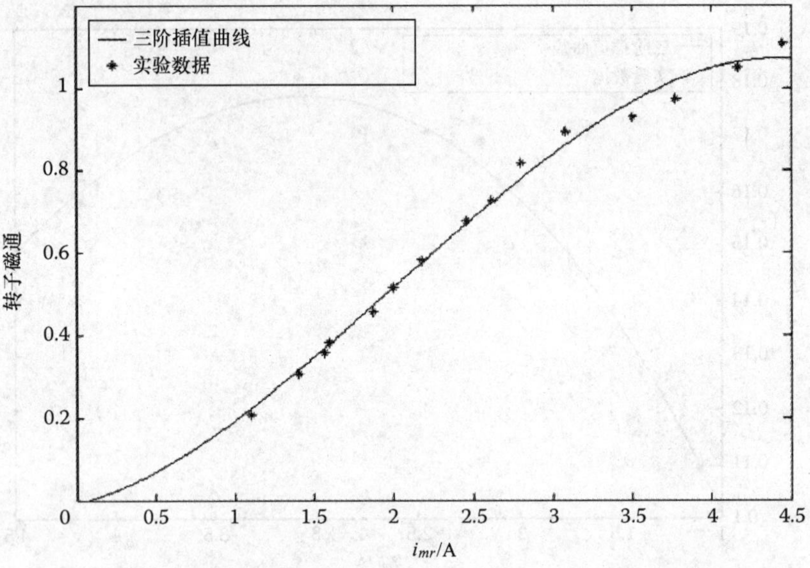

图 9-48　励磁估计曲线：实验结果和对应的插值曲线（实验）

（资料来源：Cirrincione，M. et al.，*IEEE Trans. Ind. Electron.*，52（5），1391，October 2005.）

9.7　使用总体最小二乘法的感应电动机的参数估计

本节从理论和实验进行说明：前面所述的 IM 参数 OLS 求取方法在受到噪声影响时，将不适用。例如，电力装置快速开关将产生大量换向电流，随之产生大量的电磁辐射。此外，电动机和地之间的寄生电容将导致共模高频电流干扰。这些干扰很容易对信号线产生耦合，因而总是存在测量误差。所以，要考虑 LS 方法中对应数据矩阵元素的不确定性。基于这一点，应该采用第 8 章介绍的 TLS，因为它考虑了数据矩阵的误差。在文献中，只有参考文献［88］采用了 TLS 方法对 AC 电动机进行参数估计，但没有合适的约束条件。这将导致算法烦琐，微分方程的阶数过高，另外还需要复杂的信号处理系统，不适于实际应用。另外，在参考文献［106－108］中，采用 TLS 方法结合最大似然方法，去解决类似的问题（变压器和同步电动机的参数估计），但为频域分析，所以不能应用于 AC 驱动器的在线辨识。从本节的后续内容可见，在仿真和实验中随着数据矩阵和观测矢量噪声的增加，OLS 方法结果的准确性将降低[99]。这也可以证明 TLS 方法的鲁棒性更强。这里采用了 TLS EXIN 神经元计算参数值，因为它是唯一可以在线工作实现本功能的神经元。此外，其理论和表现已为大家熟知，尤其是收敛性和跟踪能力[97]。为进一步提高结果的准确性，本节提出了一种考虑了约束条件的优化技术。

在解式（9-35）时，采用了 TLS EXIN 神经元，即下列的误差函数，见式(8-10)得

$$\boldsymbol{E}_{TLS}(\boldsymbol{k})=\frac{(\boldsymbol{Ak}-\boldsymbol{b})^{\mathrm{T}}(\boldsymbol{Ak}-\boldsymbol{b})}{1+\boldsymbol{k}^{\mathrm{T}}\boldsymbol{k}}=\frac{\|[\boldsymbol{A};\boldsymbol{b}][\boldsymbol{k}^{\mathrm{T}};-1]^{\mathrm{T}}\|_2^2}{\|[\boldsymbol{k}^{\mathrm{T}};-1]^{\mathrm{T}}\|_2^2}\tag{9-64}$$

和相应的 TLS EXIN 神经元的学习方法，见式（8-18）和式（8-19）得

$$\boldsymbol{k}(t+1)=\boldsymbol{k}(t)-\alpha(t)\gamma(t)a_i+[\alpha(t)\gamma^2(t)]\boldsymbol{k}(t) \tag{9-65}$$

式中

$$\gamma(t)=\frac{\delta(t)}{1+\boldsymbol{k}^{\mathrm{T}}(t)\boldsymbol{k}(t)} \tag{9-66}$$

如前所述，有约束条件的最小化方法采用简单的梯度下降法，不能实现 K_2 的计算，原因是 $\boldsymbol{A}$ 矩阵的特殊结构造成矩阵 $\boldsymbol{R}=\boldsymbol{A}^{\mathrm{T}}\boldsymbol{A}$ 第二列的值很小，导致病态问题（K_2 问题）：几何上，这将导致沿 K_2 方向出现平坦的误差曲面，进行数值缩放不能解决这个问题。图 9-49 所示为 OLS 误差函数与 K_1、K_2（所有其他 K 参数被假设等于正确值）的关系曲面和 K 估计值的轨迹。图中可以很容易观察到沿 K_2 方向 OLS 误差曲面是平坦的。此外，可以进一步观察到，K 估算值轨迹被包围于 K_2 的方向，这使得该参数的估计非常困难。相应地，图 9-50 所示为 TLS 误差函数与 K_1、K_2 的关系曲面（所有其他 K 参数被假设等于正确值）。可以看到，TLS 误差曲面比 OLS 误差曲面更复杂。

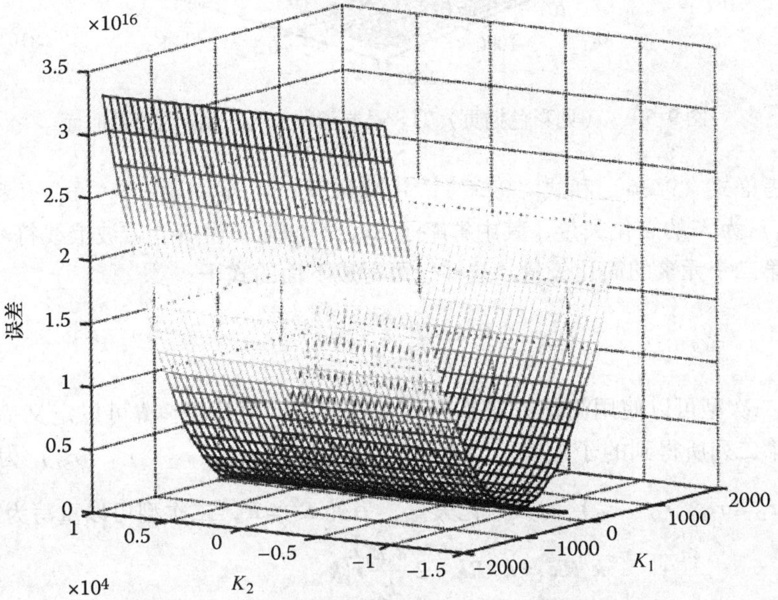

图 9-49 （见彩色插页）OLS 误差函数与 K_1、K_2 的关系曲面和 K 估计值的轨迹

在这种情况下建议采用有约束条件的最小化方法以得到实际解。当然，同样在这种情况下，瞬态时由于数据矩阵为满秩，可以得出所有四个电气参数，但在正弦稳态情况下，只能计算两个 K 参数，因为数据矩阵的秩为 2。故此，只能得到一个电气参数。

在任何情况下如果没有考虑约束条件，当数据存在噪声时，TLS 的解将变为非正常和不准确（尤其是 K_2）。在这种情况下（数据矩阵和观测矢量存在大噪声），不能保证式（9-35）线性的假设。因此，应采用考虑了式（9-35）约束条件的非线性最小化方

法，以优化 TLS 估计值，类似第 9.6.1 节所描述的算法。

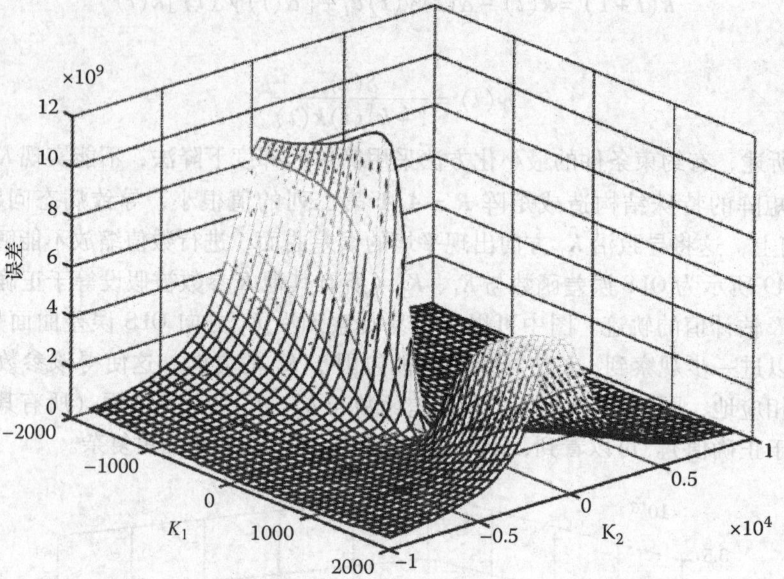

图 9-50　（见彩色插页）TLS 误差函数与 K_1、K_2 的关系曲面

现在考虑式（9-36）和式（9-37），并设 $\boldsymbol{P}^{\mathrm{T}}=(p_1\quad p_2\quad p_3\quad p_4\quad p_5)$，和 $\tilde{\boldsymbol{k}}=(k_1\quad k_3\quad k_4\quad k_5)$ 为 K 的简化矢量，其中省略了 K_2。类似地，设所有带波浪线符号 ~ 的矢量为省略了第二个元素的简化矢量。这样，可写成下面的式子：

$$\boldsymbol{P}^{\mathrm{T}}\boldsymbol{k}=\tilde{\boldsymbol{P}}^{\mathrm{T}}\tilde{\boldsymbol{k}}+p_2\frac{k_3k_5}{k_4} \tag{9-67}$$

$\boldsymbol{k}^{\mathrm{T}}\boldsymbol{R}\boldsymbol{k}$ 二次型可以使用简化矢量重新定义。首先，简化矩阵 $\tilde{\boldsymbol{R}}$ 可以定义为从 $\boldsymbol{R}$ 移除第二行和第二列所得到的子矩阵。然后，设 $\boldsymbol{r}_2^{\mathrm{T}}=(r_{12}\quad r_{22}\quad r_{32}\quad r_{42}\quad r_{52})$ 为 $\boldsymbol{R}$ 的第二列，$\tilde{\boldsymbol{r}}_2^{\mathrm{T}}=(r_{12}\quad r_{32}\quad r_{42}\quad r_{52})$ 为其简化矢量，另外 $\boldsymbol{R}^{\mathrm{T}}=\boldsymbol{R}$，二次型可以重写为

$$\begin{aligned}\boldsymbol{k}^{\mathrm{T}}\boldsymbol{R}\boldsymbol{k}&=\tilde{\boldsymbol{k}}^{\mathrm{T}}\tilde{\boldsymbol{R}}\tilde{\boldsymbol{k}}+2\frac{k_3k_5}{k_4}\boldsymbol{r}_2^{\mathrm{T}}\boldsymbol{k}\\&=\tilde{\boldsymbol{k}}^{\mathrm{T}}\tilde{\boldsymbol{R}}\tilde{\boldsymbol{k}}+2\frac{k_3k_5}{k_4}\tilde{\boldsymbol{r}}_2^{\mathrm{T}}\tilde{\boldsymbol{k}}+2r_{22}\left(\frac{k_3k_5}{k_4}\right)^2\end{aligned} \tag{9-68}$$

最后，最小化的误差函数为

$$\begin{aligned}E=&\boldsymbol{b}^{\mathrm{T}}\boldsymbol{b}-2\tilde{\boldsymbol{P}}^{\mathrm{T}}\tilde{\boldsymbol{k}}+\tilde{\boldsymbol{k}}^{\mathrm{T}}\tilde{\boldsymbol{R}}\tilde{\boldsymbol{k}}+\\&-2p_2\frac{k_3k_5}{k_4}+2\frac{k_3k_5}{k_4}\tilde{\boldsymbol{r}}_2^{\mathrm{T}}\tilde{\boldsymbol{k}}+2r_{22}\left(\frac{k_3k_5}{k_4}\right)^2\end{aligned} \tag{9-69}$$

上式只和 k_1、k_3、k_4、k_5 相关。

式（9-69）中的非线性部分相对于线性部分可以被忽略，原因是它和数据矩阵第

二列的大小有关，而这种情况它为最小。因此，E 的渐近性取决于$\widetilde{\boldsymbol{R}}$。

如果 $\boldsymbol{A}$ 是满秩或非满秩，则对应的数据自相关矩阵 $\boldsymbol{R}$ 分别是正定或半正定的。在这种情况下，所有可能的 $\boldsymbol{R}$ 主子矩阵（如$\widetilde{\boldsymbol{R}}$）也具有这样特性[108]。由此，式（9-69）中得到的误差 E 是凸函数，因此只存在一个临界点。这就保证了任何初始条件下最小化方法的收敛性。对于$\widetilde{\boldsymbol{R}}$，根据 Eckart – Young – Mirsky 的定理[108]，其最小特征值变大，甚至在最坏情况下等于 $\boldsymbol{R}$ 的最小特征值，也意味情况优于无约束条件。因此，有约束条件的算法不仅可以保证收敛性，而且估计更准确。图 9-51 所示为有约束条件的最小化算法［见式（9-69）］的误差函数与 K_1、K_4（所有其他 K 参数被假设等于正确值）的关系曲面和 K 估计值的轨迹。可以注意到的是，误差函数消除了 K_2 参数后，其形状几乎是抛物面，符合预期。因此，误差轨迹很容易收敛到最小值。

下面介绍仿真与实验结果。

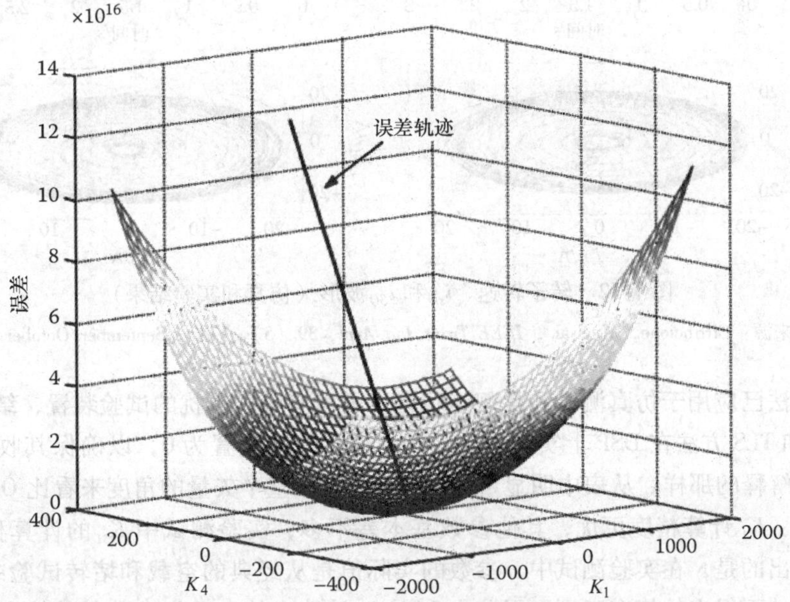

图 9-51 （见彩色插页）有约束条件最小化方法的误差函数与 K_1、K_4 的关系曲面和 K 估计值的轨迹

LS 方法已经通过了数值运算仿真验证，并实验应用于第 9.5.6 节中描述的测试装置[100]。仿真在 MATLAB 和 Simulink 中完成。仿真使用的 IM 的参数列于表 4-1。在实验中，电动机由异步 SV – PWM 驱动的 VSI 供电，采用电压/频率开环控制。脉宽调制和开环增益控制算法由 dSPACE 1103 板卡上的 DSP 实现，应用了 MATLAB – Simulink – Real Time Workshop® – Real Time Interface®软件。采用了虚拟仪器实现驱动器的控制及电动机所有电气和机械信号的在线监测，如转子转速、DC 母线电压和定子电压/电流。

LS 算法在 DSP 板中以软件方式实现。在所有的仿真和实验测试中，电动机由 VSI 起动，参考电源为220V、50Hz 的正弦电压源。图 9-52 所示为仿真和实验空载测试中的转子转速、A 相定子电流 i_{sA} 和定子电流 $i_{sD}-i_{sQ}$ 关系曲线。

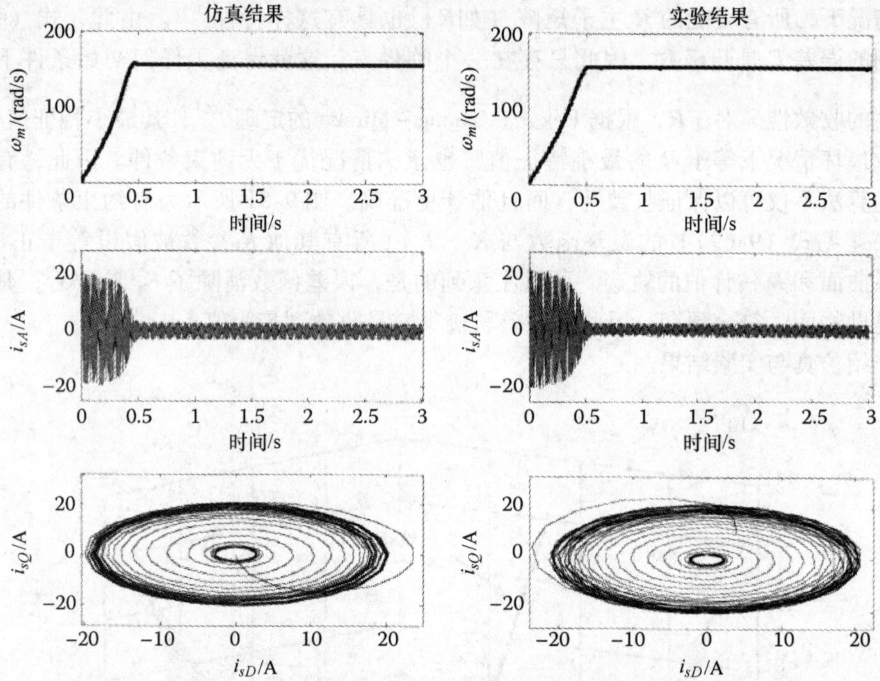

图 9-52　转子转速、i_{sD} 和 i_{sQ} 波形（仿真和实验结果）

（资料来源：Cirrincione，M. et al.，*IEEE Trans. Ind. Appl*，39（5），1247，September/October 2003.）

本方法已应用于仿真测试和常规运行条件下没有噪声干扰的试验装置，结果见表 9-6。OLS 和 TLS 方法在 DSP 上实现。K 参数的初始值均设置为 0，以确保其收敛性如定理 8-2 所解释的那样。从表中明显可见，TLS 的解从整个矢量的角度来看比 OLS 更接近于实际值：K_2 计算精度更优，其他参数基本差不多，实验测试中 K_{31} 的计算稍微差点。同时应指出的是，在实验测试中，参数的实际值是从经典的空载和堵转试验中得到的，与运行条件下得出的值有区别。因此由 LS 方法计算出的电动机参数与传统方法获得的略有不同。

下面将对结果进行更深入的离线数据分析。

首先，应用 OLS、TLS 和有约束条件的 OLS 方法进行仿真，从其数据获得的误差曲面见图 9-53。基于可视化的理由，3 维（3 - D）图的二维平面由两个 K 参数组成，第三维从表 9-6 取值绘制。从这些 3 - D 图可以看到，K_2 问题在第一个图中很明显，如同图 9-49 中沿 K_2 方向的误差曲面很平坦。第二个图为更复杂的 TLS 曲面，存在同样的问题。第三个图为有约束条件的 OLS 曲面，K_2 变量通过使用约束条件消除，因此该问题的解没有出现平坦的情况。

表 9-6 *K* 参数估计值（仿真和实验结果，无约束条件的 OLS 和 TLS）

	OLS × 10^3	TLS × 10^3	OLS 误差（%）	TLS 误差（%）
仿真结果				
K_1/s^{-1}	0.1886	0.1888	0.21	0.11
K_2/s^{-2}	1.267	0.9364	33.8	1.05
K_{31}/s^{-1}	0.1271	0.1280	0.37	0.34
K_4/H^{-1}	0.0328	0.0329	0.15	0.09
$K_5/s^{-1}H^{-1}$	0.2432	0.2413	0.29	1.06
实验结果				
K_1/s^{-1}	0.1887	0.1794	0.14	5.09
K_2/s^{-2}	1.373	0.9480	45.11	0.16
K_{31}/s^{-1}	0.1229	0.1172	3.60	8.09
K_4/H^{-1}	0.0328	0.0324	0.16	1.53
$K_5/s^{-1}H^{-1}$	0.2580	0.2470	5.78	1.17

资料来源：Cirrincione，M. et al.，IEEE Trans. Ind. Appl.，39（5），1247，September/October 2003.

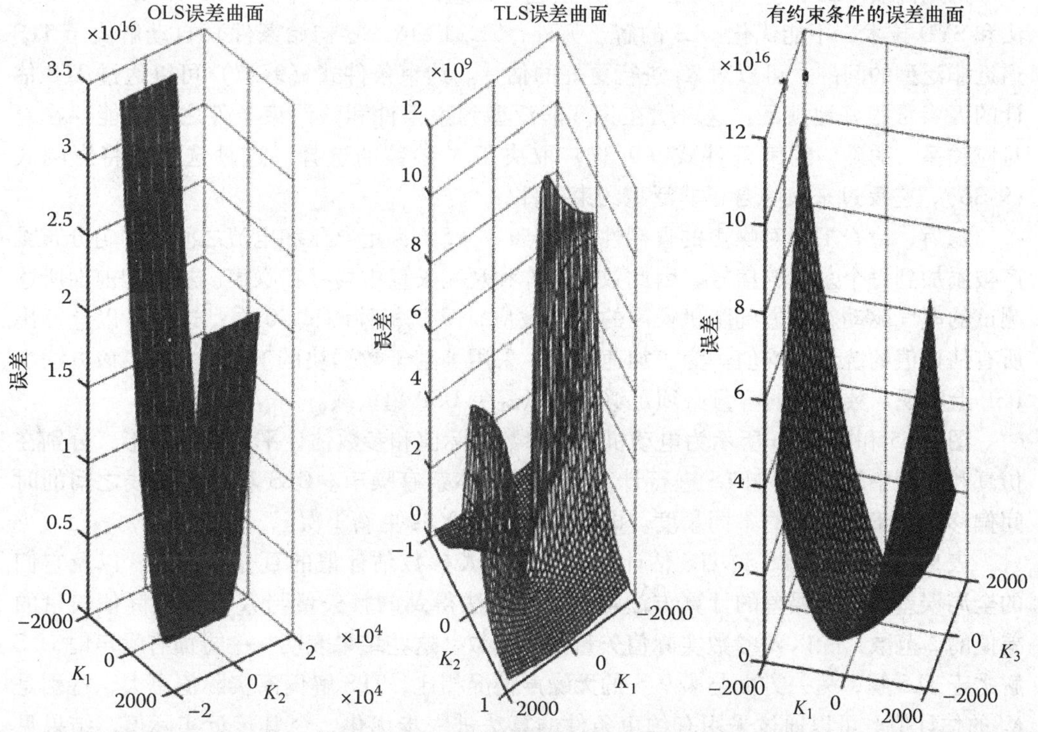

图 9-53 OLS、TLS 和有约束条件的 OLS 的 3-D 误差曲面

（资料来源：Cirrincione，M. et al.，*IEEE Trans. Ind. Appi*，39（5），1247，September/October 2003.）

OLS 误差沿 K_2 方向的平坦性，是由于 ***A*** 对应 K_2 的奇异值非常小，将产生很大的 2 范数条件数[108]：***A*** 扰动对解扰动的条件数，由仿真数据算得为 6578，从实验数据算得为8820；而$\boldsymbol{b}$扰动对解扰动的条件数，由仿真数据算得为98.4，从实验数据算得为116。计算其他奇异值表明结果相差不大，就验证了只有K_2是难以估计的。此外，$\boldsymbol{A}$的缩放不能改变条件数，这也说明$\boldsymbol{A}$与$\boldsymbol{b}$相比，解的扰动更容易受到$\boldsymbol{A}$扰动的影响。因此上述情况证明了TLS技术不同于OLS，考虑了$\boldsymbol{A}$的噪声。然而，TLS误差函数沿K_2方向平坦度的存在，说明了TLS问题的"非泛型"，这可以通过分析数据自相关矩阵$\boldsymbol{R}$的特征值来验证。仿真和实验的例子中，K_2对应的特征矢量（$\boldsymbol{A}$的MC矢量）在K_2实际值方向与TLS超平面平行（部分地）。因此，这个问题由于K_2而接近非泛型。TLS EXIN神经元的应用自动隐含了近似的约束条件（因为这个问题是不完全非泛型），即权值必须保证与K_2解的正交[109]。对于实验数据，图9-54所示为K_1、K_2平面上的TLS误差曲线，数值从最低鞍点（s#1）至最小值点（TLS最小值）。图中显示了这两个关键点，及其对应的解和TLS EXIN神经元权值的变化轨迹。可以看出，无论TLS最小值（泛型TLS解）和TLS最低鞍点值#1（非泛型TLS解），都非解的实际值。解的实际值在上述两者之间（接近非泛型TLS解）。可以注意到，曲线的特殊形状验证了K_2方向的非泛型。

采用离线OLS的直接方法[108]，即正规方程组的Cholesky分解、Householder分解方法和SVD技术，不能优化OLS的解。另外，TLS EXIN（零初始条件）自动解决了TLS逼近非泛型的问题，可以对K_2进行更好的估计。约束条件式（9-37）可以通过TLS估计的K参数很好地满足。这表明在TLS非泛型约束条件和该约束条件之间可能存在着对应关系。的确，约束条件式（9-37）取决于K参数的选择。这种选择也将影响式(9-36)，它反过来又隐含了非泛型约束条件。

随后，检查TLS对噪声的鲁棒性，$-5\% \sim +5\%$额定电压和电流之间的均匀分布噪声被添加到每个采集的信号，因此数据矩阵和观测矢量中均存在噪声。进行如前面所述测试的电气驱动，考虑到随机噪声的统计效应，重复每种测试50次：这样可以计算出所有估计值的统计平均值。为了加速收敛，采用了基于数据块的BFGS方法，该方法在DSP上实现。数据块的容量必须足够小，以避免DSP超负载。

图9-55和图9-56所示为电动机电气参数实际值和参数估计平均值的波形，分别在仿真和实验中以OLS和TLS进行计算，信号中掺杂有噪声。OLS和TLS曲线之间的时间偏移是由于数据块的不同长度。电气参数每隔0.3s更新1次。

表9-7所示为OLS和TLS估计过程结束时K参数估计值的百分比误差，以及它们的全局误差。全局误差的计算方法：用每种方法得到的解矢量与K参数实际值矢量的差值的2范数，除以K参数实际值矢量的2范数。这些结果表明：一方面有噪声时OLS解劣于TLS解，另一方面与表9-6的无噪声情况相比，TLS解偏离实际值更大，特别是K_2的估计值。可以通过采用有约束条件的算法进一步优化，令其接近实际值，结果见表9-7，其值比TLS和OLS解的误差明显降低。应该指出的是，实时应用中若信号含有较大噪声，有约束条件的算法应在TLS算法收敛后使用。只有在收敛后应用OLS有约束条件的算法才能得到好的结果，即其初始条件位于实际解的邻域。在相同的噪声环境中使用远离实际解的初始条件进行测试，将得到比无约束条件的TLS方法更差的结果。

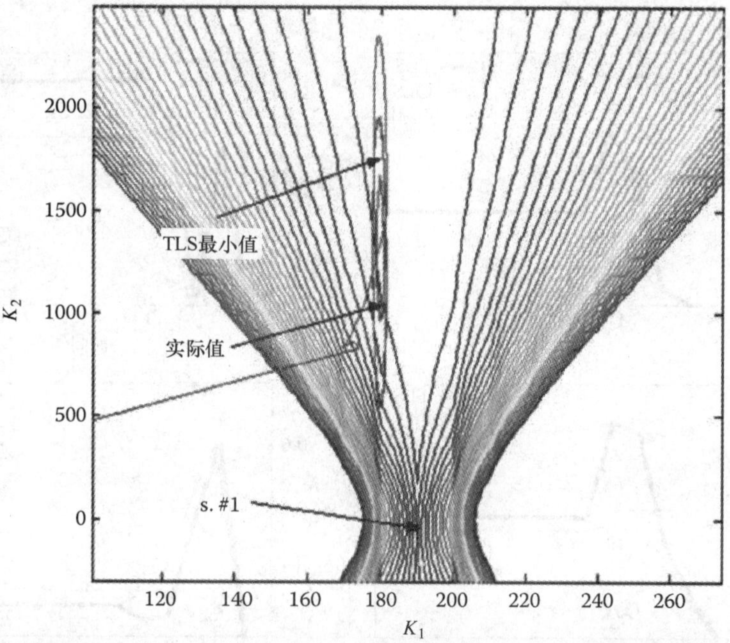

图9-54　（见彩色插页）K_1、K_2 平面上的 TLS 误差曲线和关键点，以及 TLS EXIN 权值曲线
（资料来源：Cirrincione，M. et al.，*IEEE Trans. Ind. Appi*，39（5），1247，September/October 2003.）

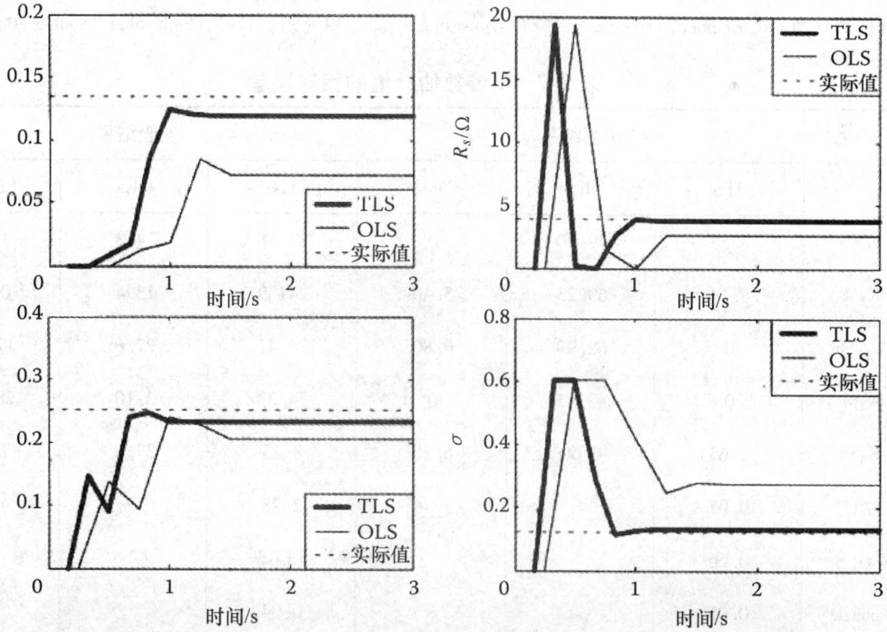

图9-55　有噪声情况下的电动机电气参数实际值和估计值（仿真结果）
（资料来源：Cirrincione，M. et al.，*IEEE Trans. Ind. AppL*，39（5），1247，September/October 2003.）

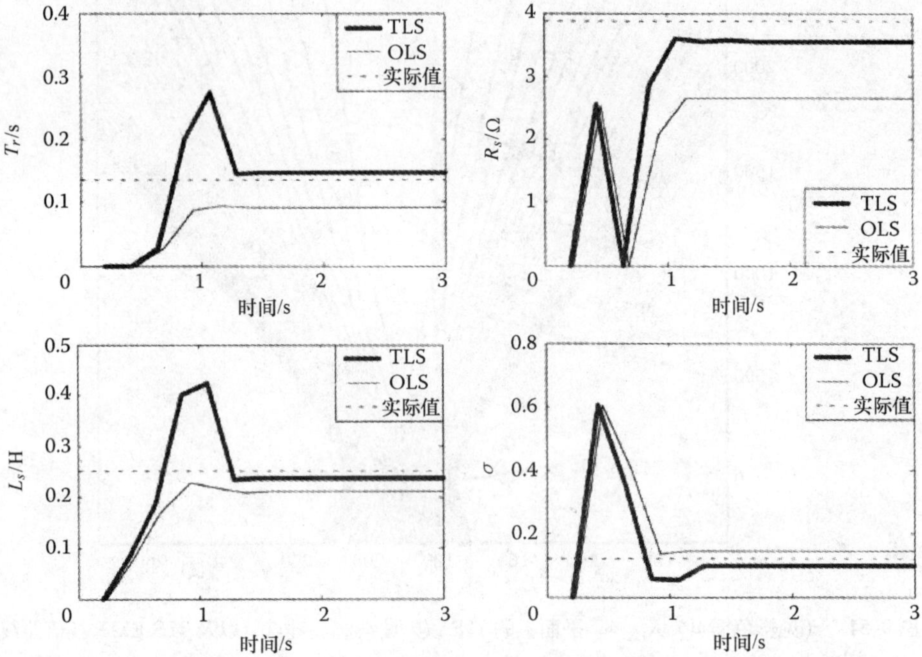

图 9-56　有噪声情况下的电动机电气参数实际值和估计值（实验结果）

（资料来源：Cirrincione，M. et al.，IEEE *Trans. Ind. Appi.*，39（5），1247，September/October 2003.）

表 9-7　*K* 参数估计值的相对误差

	仿真结果			实验结果		
	TLS	OLS	Const.	TLS	OLS	Const.
e K_1%	0.53	49.20	0	17.46	14.3	12.2
e K_2%	8.14	69.23	5.40	241.9	1394	0.32
e K_{31}%	0	62.99	0.80	24.41	27.6	17.32
e K_4%	0	43.75	0	34.38	3.10	28.12
e K_5%	1.65	8.60	6.20	8.23	37.0	7.41
E. TLS	0.07			2.28		
E. OLS	0.66			13.13		
E. const.	0.05			0.04		

资料来源：Cirrincione，M. et al.，*IEEE Trans. Ind. Appl*，39（5），1247，September/October 2003.

应当强调的是，IM 参数估计的问题是逼近非泛型的问题，TLS EXIN 神经元学习方法由于其隐含地满足了非线性约束条件，因而能正确地估计所有的参数。此外，TLS EXIN 在对噪声的鲁棒性强，优于 OLS。另外，若噪声逐渐增大，TLS 解也会明显恶化，这时应该采用非线性有约束条件的最小化方法，对解进行优化。

9.8　在 FOC 和 DTC IM 驱动器中应用基于 RLS 的参数估计方法对磁通模型进行适应

本节介绍在高性能的 FOC 和 DTC IM 驱动器中，应用基于 LS 的在线参数估计算法对磁通模型进行适应[111-113]。在这种情况下，为实现简单起见，使用了 RLS 算法（见第9.5.4节）。采用的 FOC 方案基于转子磁场定向的电压控制（见图5-16），而所采用的 DTC 方案是经典的基于切换表的 DTC（见图5-37）。被测 IM 的参数见表4-1。从列出的仿真结果可见，LS 技术结合图9-20中的选择算法，能够使控制系统适应电动机参数的变化。在这两种控制方案中，控制策略可以通过对电动机某些电气参数的实时计算进行适应，从而使每个方案磁通模型在每个时刻均准确。在这两种控制方案中，所有的电气参数（T_r、L_s、R_s 和 σ）在转速瞬态过程中计算，而在转速稳态时，只从控制的角度选择估计最关键参数，其他参数假定为常数，并等于转速瞬态期间的最终估计值。

FOC 方案采用的磁通模型是转子磁通参考坐标系中基于转子方程的电流模型（见图5-11b），因此对转子磁通估计时，需要知道第9.2.1节所述磁通模型中的 T_r 值的变化情况。磁通模型所需要的 T_r 设定值，通常对应于电动机为额定温度和额定励磁强度。但是，T_r 值将跟随转子温度缓慢变化，跟随电动机的励磁强度较快地变化（磁场弱化）。因此，温度的变化和电动机磁场的饱和程度将导致磁通模型存在误差（失准），这对控制方案的稳定性及其性能非常关键。基于这个原因，FOC 方案中最重要的参数是 T_r，它被选定为转速稳态时唯一进行估计的参数。

在 DTC 方案所采用的磁通模型是基于静止参考坐标系中定子方程的电压模型，需要知道定子电阻 R_s 的数值。磁通模型所需要的 R_s 设定值，通常对应于电动机为额定温度，而该值将随定子绕组温度而变化。这样，电动机的温度变化将导致 DTC 驱动器中的磁通模型失准，进而降低驱动性能，并可能影响稳定性。因此，DTC 方案中最重要的参数是 R_s，它被选定为在转速稳态时唯一进行估计的参数。仿真采用 MathWorks® 公司的仿真软件 MATLAB—Simulink。有些测试在转速极快速瞬变和转速稳态时均进行了实现以验证估计算法。两个驱动器进行了同样的测试。

第一个测试中，驱动器的转速阶跃参考值为 100rad/s，转子磁通阶跃参考值为 0.8Wb。在这些条件下，转速变化率较高，慢瞬变的假设不完全成立。图9-57a、图9-57b分别为 FOC 和 DTC 驱动器的波形，包括转子转速、*sA* 相定子电压、*sA* 相定子电流。图9-58a、图9-58b 分别为两种控制技术中转速瞬变时的电气参数估算值和实际值。从图中可见，虽然两种情况下定子电压和电流波形不同，但 RLS 算法在转速瞬变结束时能够正确地估计电动机的所有四个电参数。

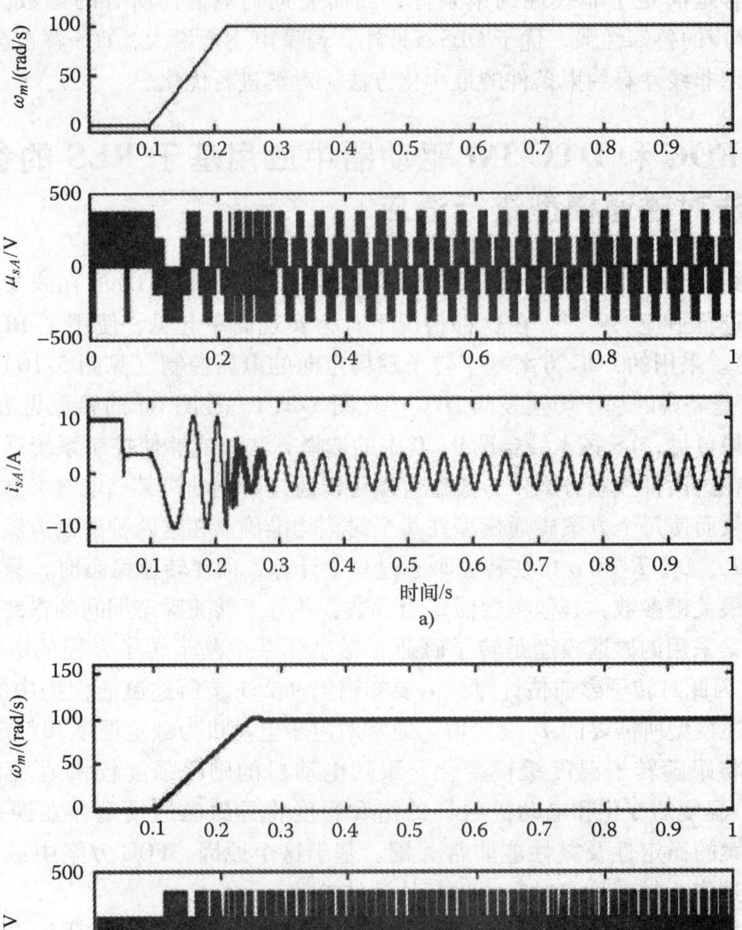

图 9-57 a）转子转速、定子电压、定子电流（FOC）与 b）转子转速、定子电压、定子电流（DTC）

（资料来源：Cirrincione，M. and Pucci，M.，A direct - torque - control of an AC drive based on a recursive - least - squares（RLS）method，*Proceedings of the IEEE International Symposium on Diagnostics for Electric Machines*，*Power Electronics and Drives*（*IEEE SDEMPEDV*1），Grado，Italy，2001.）

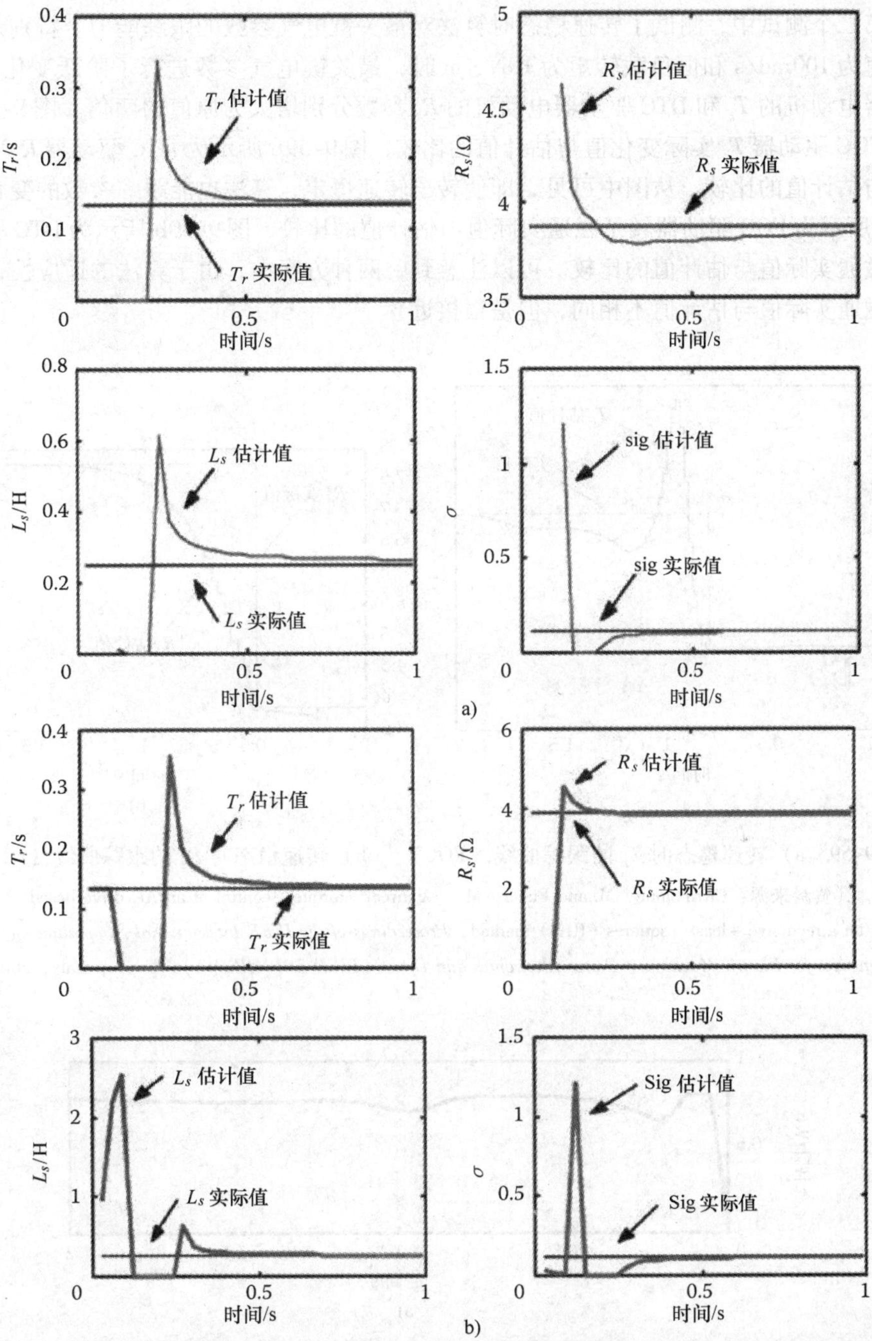

图 9-58 a) 转速瞬态时参数的实际值和估计值（FOC）与 b）转速瞬态时参数的实际值和估计值（DTC）

（资料来源：Cirrincione，M. and Pucci，M.，A direct – torque – control of an AC drive based on a recursive – least – squares（RLS）method，*Proceedings of the IEEE Intermtional Symposium on Diagnostics for Electric Machines*，*Pozver Electnmics and Drives*（*IEEE SDEMPED'Ol*），Grado，Italy，2001.）

第二个测试中，测试了转速稳态时算法对最关键电气参数的跟踪能力。特别地，在恒转速为100rad/s和恒负载转矩为10N·m时，最关键电气参数进行了阶跃变化，FOC驱动器电动机的T_r和DTC驱动器电动机的R_s参数分别增大为原值的两倍。图9-59a所示为FOC驱动器T_r实际变化值与估计值的比较，图9-59b所示为DTC驱动器R_s实际变化值与估计值的比较。从图中可见，即使转子转速恒定，算法也能跟踪参数的变化。图9-60a所示为FOC驱动器转子磁通实际值与估计值的比较，图9-60b所示为DTC驱动器定子磁通实际值与估计值的比较。可以注意到，两种方案中，由于算法的适应性，使得尽管磁通实际值与估计值不相同，但是很接近。

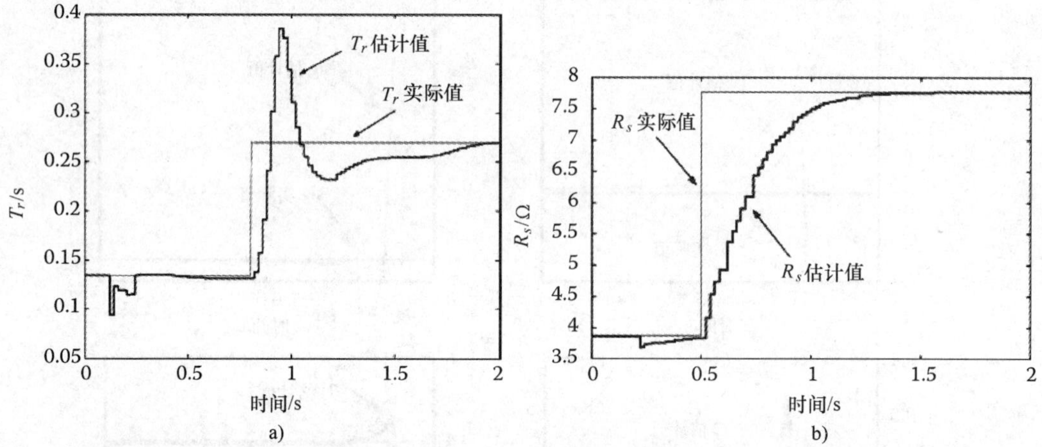

图9-59　a）转速稳态时T_r的跟踪曲线（FOC）与b）转速稳态时R_s的跟踪曲线（DTC）

（资料来源：Cirrincione，M. and Pucci，M.，A direct - torque - control of an AC drive based on a recursive - least - squares（RLS）method，*Proceedings of the IEEE International Symposium on Diagnostics for Electric Machines*，*Power Electronics and Drives*（*IEEE SDEMPEDV*1），Grado，Italy，2001.）

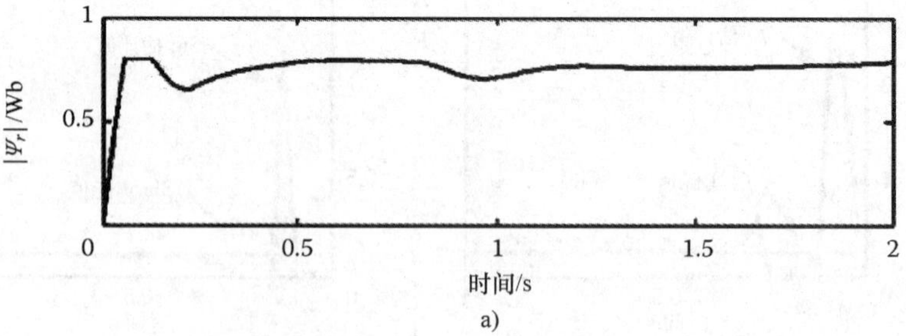

图9-60　a）转子磁通估计值和实际值（FOC）与b）定子磁通估计值和实际值（DTC）

（资料来源：Cirrincione，M. and Pucci，ML，A direct - torque - control of an AC drive based on a recursive - least - squares（RLS）method，*Proceedings of the IEEE International Symposium on Diagnostics for Electric Machines*，*Power Electronics and Drives*（*IEEE SDEMPEDVl*），Grado，Italy，2001.）

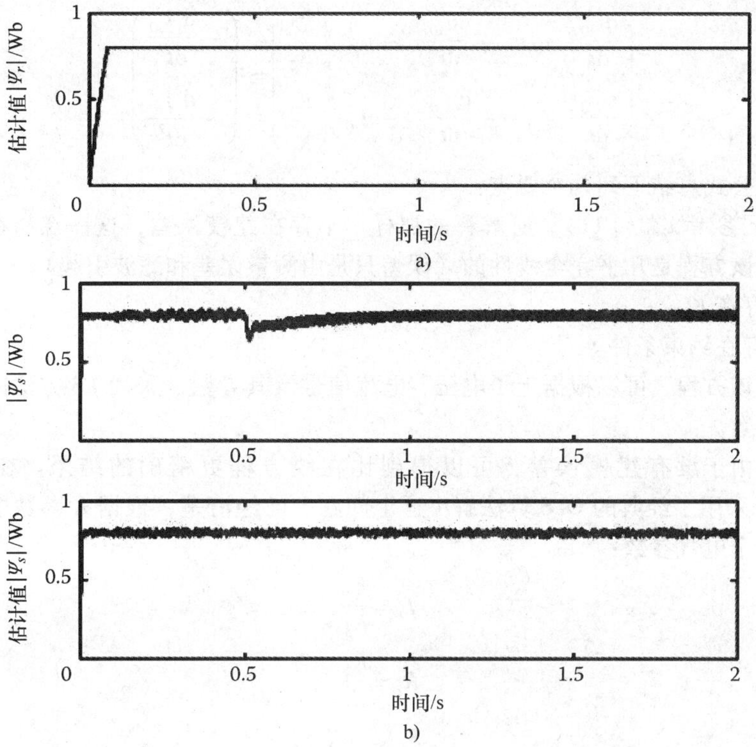

图9-60 a）转子磁通估计值和实际值（FOC）与b）定子磁通估计值和实际值（DTC）（续）
（资料来源：Cirrincione，M. and Pucci，ML，A direct－torque－control of an AC drive based on a recursive－least－squares（RLS）method，*Proceedings of the IEEE International Symposium on Diagnostics for Electric Machines*，*Power Electronics and Drives*（*IEEE SDEMPEDVl*），Grado，Italy，2001.）

9.9 静止状态IM参数的估计

IM参数离线估计技术对自整定驱动器而言是必不可少的[4,5,10,13,19,68,113]，其内容包括控制器、解耦电路的正确调整，或进一步进行磁通模型的正确估计。传统上一般采用空载和堵转试验，但是它们的精度在之前的应用中是不足够的。而且，这些测试有时很难两者均执行的，因为电动机通常耦合到机械负载，所以堵转有时比较困难，整个过程也难以实现自动化[4]。目前已经研究了对静止的IM进行辨识的方法，这时电动机不产生任何转矩，也不需要堵转。这些技术已分别在频域和时域中被提出了。在频域中，需要一个可变频率的正弦电源，以获得电动机电气参数相关的频率特性。在时域中，使用了多种技术，如MRAS、EKF、LS、双频率方法等。

利用LS技术可以实现静止状态IM的时域辨识[114]。从式（9-25）开始，假设电动机工作在静止状态，即$\omega_r=0$和$\frac{d\omega_r}{dt}=0$，方程可以简化为

$$\begin{pmatrix} \dfrac{\mathrm{d}i_{sD}}{\mathrm{d}t} & i_{sD} & -\dfrac{\mathrm{d}u_{sD}}{\mathrm{d}t} & -u_{sD} \\ \dfrac{\mathrm{d}i_{sQ}}{\mathrm{d}t} & i_{sQ} & -\dfrac{\mathrm{d}u_{sQ}}{\mathrm{d}t} & -u_{sQ} \end{pmatrix} \begin{pmatrix} K_1 \\ K_2 \\ K_4 \\ K_5 \end{pmatrix} = \begin{pmatrix} -\dfrac{\mathrm{d}^2 i_{sD}}{\mathrm{d}t^2} \\ -\dfrac{\mathrm{d}^2 i_{sQ}}{\mathrm{d}t^2} \end{pmatrix} \tag{9-70}$$

从上述公式总结下列几个要点：

1）如同参考文献［114］所解释的那样，不存在建模误差，这一点与在线方程不同。因此，该方程是几乎完全线性的（误差只是由测量误差和滤波引起）。

2）不存在 K_{31}。

3）不存在约束条件。

为求解该方程，可以根据定子电压、电流信号及其导数，采用 LS 方法来确定电动机的电气参数。

此外，由于没有建模误差，可以得到比在线方程更精确的结果。在参考文献［114］中，采用了经典的 OLS 算法解决这个问题。已经清楚，根据 K 参数能够以下列方式求出四个电气参数：

$$T_r = \frac{K_4}{K_5} \tag{9-71a}$$

$$R_s = \frac{K_2}{K_5} \tag{9-71b}$$

$$L_s = \frac{K_5 K_1 - K_2 K_4}{K_5^2} \tag{9-71c}$$

$$\sigma = \left(\frac{K_5}{K_1 K_5 - K_4 K_2}\right)\left(\frac{K_5}{K_4}\right) \tag{9-71d}$$

因此四个参数是以无约束条件的方式进行计算的。根据式（9-70）可知，有至少两种不同谐波的电源波形就能够求出所有的四个参数。在选择适当的电动机电源电压波形时，应注意该波形应该很容易以 VSI 实现的。选择波形遵循的原则是：静止状态不能产生任何的电磁转矩，因此不能有机械应力在转子上。为了实现这一点，如图 9-61 所示，电动机 sA 和 sC 相给定两个从零变化至某恒定值的瞬态电压波形，而 sB 相的电压参考值为零[114]。

特别指出的是，不能输入阶跃的电压，因为其导数为无穷大；也不能输入其他一阶导数为阈函数的信号，因为数据矩阵非满秩。因此，输入信号的一阶导数应能确保一段时间内为线性，以求出所有参数。

例如，电动机的三相电压参考值为

$$\begin{aligned} u_{Aref} &= \begin{cases} \lambda t^2 & t < 1\mathrm{s} \\ \lambda(2 - \mathrm{e}^{\alpha(1-t)}) & t > 1\mathrm{s} \end{cases} \\ u_{Bref} &= 0 \\ u_{Cref} &= \begin{cases} -\lambda t^2 & t < 1\mathrm{s} \\ -\lambda(2 - \mathrm{e}^{\alpha(1-t)}) & t > 1\mathrm{s} \end{cases} \end{aligned} \tag{9-72}$$

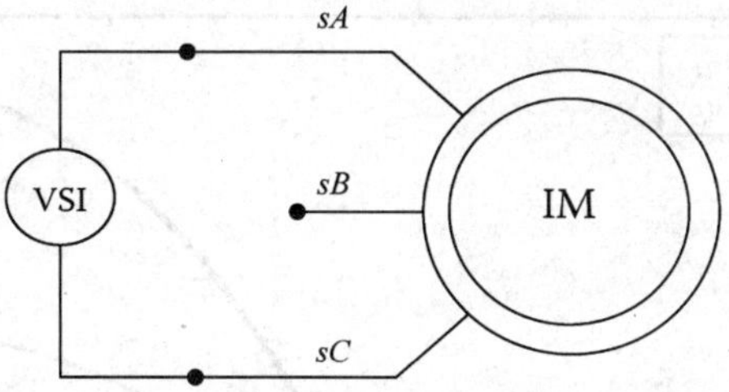

图9-61 供电原理图

（资料来源：Cirrincione，M. et al.，A least – squares based methodology for estimating the electrical parameters of induction machine at standstill，*Proceedings of the IEEE International Symposium on Industrial Electronics*（*ISIE'*02），L'Aquila，Ualy，2002.）

式中，$\alpha=3$ 和 λ 是程序自动选择的，能使电动机定子电流幅值接近于电动机正常工作时的励磁电流。但这种电源波形的缺点是，估计出来的电动机电气参数将导致电动机的励磁情况异于正常工作状况。在前面描述的供电情况下，将产生方向固定而幅值随时间变化的磁动势（MMF），而在正常运行状况下，将产生恒幅值在空间中旋转的MMF。被测电动机的参数见表4-1。

图9-62所示为定子电压信号 u_{sD} 和 u_{sQ}，是在式（9-72）的三个电压参考值的基础上，由低通贝塞尔滤波器板卡进行模拟滤波和dSPACE板卡进行数字滤波得到的。图9-63所示为对应的定子电流信号 i_{sD} 和 i_{sQ}。图9-64所示为OLS算法得到的电气参数估计值和实际值，实际值通过常规的空载和堵转试验获得。可见电动机的所有电参数的估计过程时间不到1s。

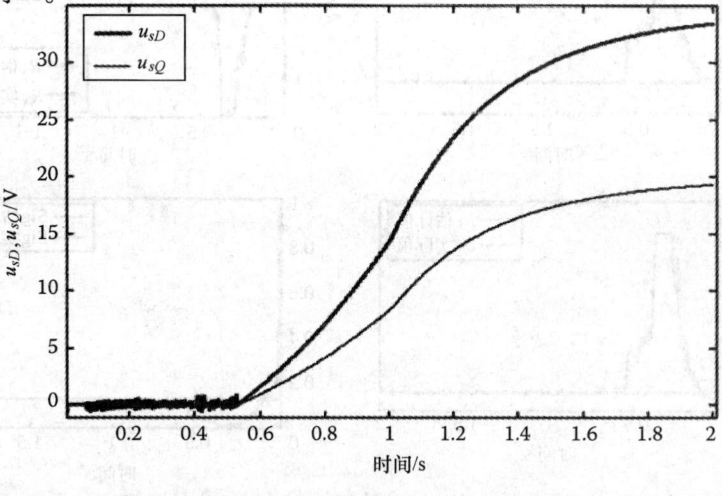

图9-62 滤波后的定子电压 u_{sD} 和 u_{sQ}

（资料来源：Cirrincione，M. et al.，A least – squares based methodology for estimating the electrical parameters of induction machine at standstill，*Proceedings of the IEEE International Symposium on Industrial Electronics*（*ISIEV*2），UAquila，Italy，2002.）

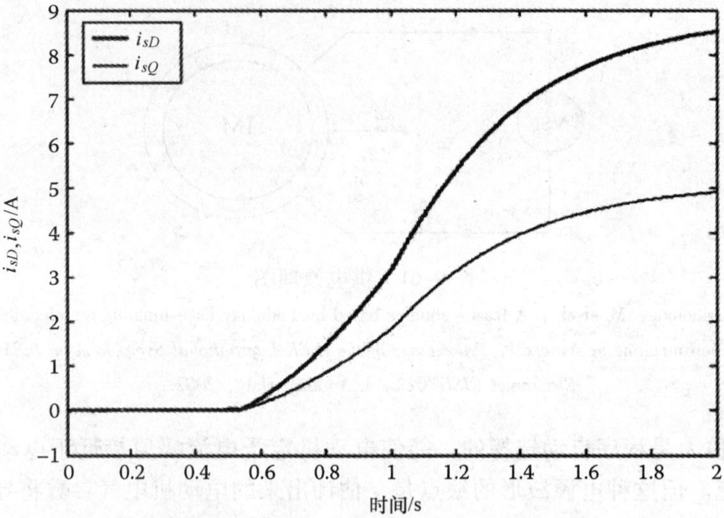

图 9-63　滤波后的定子电流 i_{sD}和 i_{sQ}

（资料来源：Cirrincione，M. et al.，A least – squares based methodology for estimating the electrical parameters of induction machine at standstill，*Proceedings of the IEEE International Symposium on Industrial Electronics*（*ISIEV* 2），UAquila，Italy，2002.）

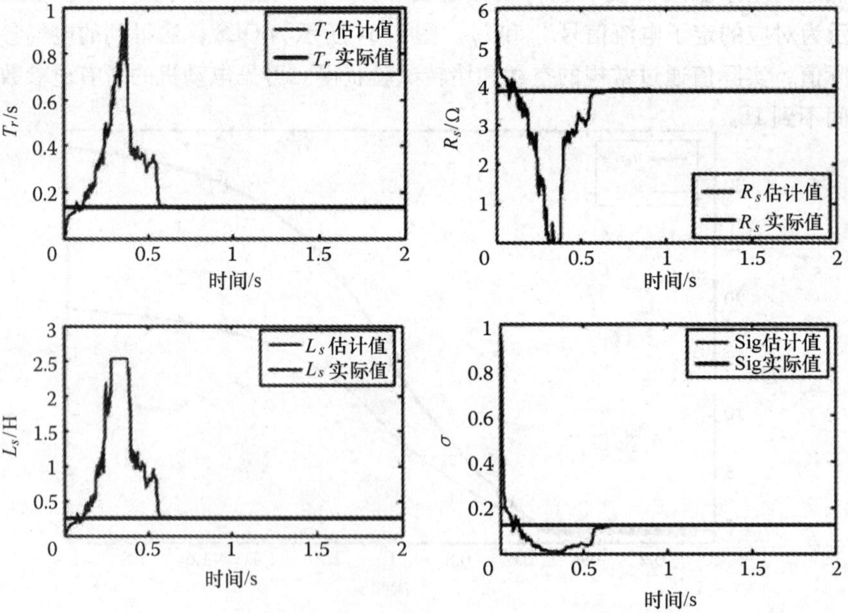

图 9-64　电气参数的估计值和实际值

（资料来源：Cirrincione，M. et al.，A least – squares based methodology for estimating the electrical parameters of induction machine at standstill，*Proceedings of the IEEE International Symposium on Industrial Electronics*（*ISIS'*02），L'Aquila，Italy，2002.）

表 9-8 和表 9-9 为被测 IM 的电气参数和 K 参数的估计值与实际值，以及估计误差。应当指出，由于前面解释的原因，LS 离线估计方法的结果比其在线估计更准确。

表 9-8　电气参数的估计值和实际值

	OLS	实际值	误差（%）
T_r/s	0.1341	0.1348	-0.4649
R_s/Ω	3.88	3.88	-1.669910^4
L_g/H	0.2518	0.2520	-0.0957
σ	0.1208	0.1207	0.1048

资料来源：Cirrincione, M. et al., A least - squares based methodology for estimating the electrical parameters of induction machine at standstill, *Proceedings of the IEEE International Symposium on Industrial Electronics* (*ISIE'*02), UAquila, Italy, 2002.

表 9-9　*K* 参数的估计值和实际值

	OLS	实际值	误差（%）
K_1	189.2196	189.0088	0.1115
K_2	950.7603	946.4266	0.4579
K_4	32.8681	32.8711	-0.0090
K_5	245.0417	243.9244	0.4581

资料来源：Cirrincione, M. et al., A least - squares based methodology for estimating the electrical parameters of induction machine at standstill, *Proceedings of the IEEE International Symposium on Industrial Electronics* (*ISIE'OI*), UAquila, Italy, 2002.

符号列表

u_{sA}、u_{sB}、u_{sC}　定子相电压

i_{sA}、i_{sB}、i_{sC}　定子相电流

$\boldsymbol{u}_s = u_{sD} + \mathrm{j}u_{sQ}$　定子参考坐标系中的定子电压空间矢量

$\boldsymbol{u}_s^g = u_{sx}^g + \mathrm{j}u_{sy}^g$　通用旋转参考坐标系中的定子电压空间矢量

$\boldsymbol{i}_s = i_{sD} + \mathrm{j}i_{sQ}$　定子参考坐标系中的定子电流空间矢量

$\boldsymbol{i}_s^g = i_{sx}^g + \mathrm{j}i_{sy}^g$　通用旋转参考坐标系中的定子电流空间矢量

$\boldsymbol{i}'_r = i_{rd} + \mathrm{j}i_{rq}$　定子参考坐标系中的转子电流空间矢量

$\boldsymbol{i}_r^g = i_{rx}^g + \mathrm{j}i_{ry}^g$　通用旋转参考坐标系中的转子电流空间矢量

$\boldsymbol{\psi}'_r = \psi_{rd} + \mathrm{j}\psi_{rq}$　定子参考坐标系中的转子磁链空间矢量

$\boldsymbol{\psi}_s = \psi_{sD} + \mathrm{j}\psi_{sQ}$　定子参考坐标系中的定子磁链空间矢量

$\boldsymbol{i}_{mr} = i_{mrD} + \mathrm{j}i_{mrQ}$　定子参考坐标系中的转子励磁电流空间矢量

$\boldsymbol{i}_{ms} = i_{msD} + \mathrm{j}i_{msQ}$　定子参考坐标系中的定子励磁电流空间矢量

$\boldsymbol{i}_{mm} = i_{mmD} + \mathrm{j}i_{mmQ}$　定子参考坐标系中的励磁电流空间矢量

ρ_r　转子磁链空间矢量与 sD 轴之间的相位角

ρ_s　定子磁链空间矢量与 sD 轴之间的相位角

ρ_m　励磁磁链空间矢量与 sD 轴之间的相位角

ϑ_r　转子相对于 sD 轴的角度

L_s　定子电感

L_s'　定子瞬态电感

L_r　转子电感

L_m　总静态励磁电感

$L_{s\sigma}$　定子漏感

$L_{r\sigma}$　转子漏感

R_s　定子相绕组电阻

R_r　转子相绕组电阻

T_s　定子时间常数

T_r　转子时间常数

$\beta_0 = R_r/L_r$　转子时间常数 T_r 的倒数

T_s'　定子瞬态时间常数

T_r'　转子瞬态时间常数

$T_{r\sigma}$　转子磁漏时间常数

$\sigma = 1 - L_m^2/(L_sL_r)$　总漏磁因数

σ_r　转子漏磁因数

σ_s　定子漏磁因数

p　极对数

ω_{mr}　转子磁通空间矢量的角速度

ω_{ms}　定子磁通空间矢量的角速度

ω_{mm}　励磁磁通空间矢量的角速度

ω_{sl}　转差角速度

ω_r　转子角速度（rad/s）

t_e　电磁转矩

参考文献

1. W. Leonhard, *Control of Electrical Drives*, Springer-Verlag, Berlin, Germany, 1997.
2. P. Vas, *Sensorless Vector and Direct Torque Control*, Oxford Science Publications, Oxford, U.K., 1998.
3. P. Vas, *Vector Control of AC Machines*, Oxford Science Publications, Oxford, U.K., 1990.
4. P. Vas, *Parameter Estimation and Condition Monitoring*, Cambridge University Press, Cambridge, U.K., 1996.
5. H. Klaassen, Selbsteinstellende, Feldorientierte regelung einer asynchronmaschine und geberlose drehzahlregelung, Dissertation, Technische Universität Braunschweig, Braunschweig, Germany, 1999.

6. N. P. Quang, J.-A. Dittrich, *Praxis der feldorientierten Drehstrom-antriebsregelungen*, Expert-Verlag, 1999.
7. J. Holtz, Sensorless control of induction motor drives, *Proceedings of the IEEE*, 90(8), 1359–1394, August 2002.
8. P. L. Jansen, R. D. Lorenz, A physically insightful approach to the design and accuracy assessment of flux observers for field oriented induction machine drives, *IEEE Transactions on Industry Applications*, 30(1), 101–110, January/February 1994.
9. P. J. Chrzan, H. Klaassen, Parameter identification of vector-controlled induction machines, *Electrical Engineering*, 79(1), 39–46, 1996.
10. S. I. Moon, A. Keyhani, Estimation of induction machine parameters from standstill time-domain data, *IEEE Transactions on Industry Applications*, 30(6), 1606–1615, November/December 1994.
11. A. Consoli, L. Fortuna, A. Gallo, Induction motor identification by a microcomputer-based structure, *IEEE Transactions on Industry Applications*, 34, 422–428, November 1987.
12. C. Wang, D. W. Novotny, T. A. Lipo, An automated rotor time constant measurement system for indirect field-oriented drives, *IEEE Transactions on Industry Applications*, 24, 151–159, January/February 1988.
13. M. Bertoluzzo, G. S. Buja, R. Menis, Self-commissioning of RFO IM drives: One-test identification of the magnetization characteristic of the motor, *IEEE Transactions on Industry Applications*, 37, 1801–1806, November/December 2001.
14. E. Levi, M. Sokola, S. N. Vukosavic, A method for magnetizing curve identification in rotor flux oriented induction machines, *IEEE Transactions on Energy Conversion*, 15, 157–162, June 2000.
15. E. Levi, Method of magnetizing curve identification in vector controlled induction machines, *European Transactions on Electrical Power*, 2(5), 309–314, 1992.
16. A. Ganji, P. Guillaume, R. Pintelon, P. Lataire, Induction motor dynamic and static inductance identification using a broadband excitation technique, *IEEE Transactions on Energy Conversion*, 13, 15–20, March 1998.
17. D. E. Borgard, G. Olsson, R. D. Lorenz, Accuracy issues for parameter estimation of field oriented induction machine drives, *IEEE Transactions on Industry Applications*, 31, 795–801, July/August 1995.
18. A. Gastli, Identification of induction motor equivalent circuit parameters using the single-phase test, *IEEE Transactions on Energy Conversion*, 14, 51–56, March 1999.
19. T. Kudor, K. Ishihara, H. Naitoh, Self-commissioning for vector controlled induction motors, in *Power Electronics Technology and Applications II*, F. C. Lee, (Ed.), IEEE Press, New York, pp. 509–516, 1997.
20. L. A. de S. Ribeiro, C. B. Jacobina, A. M. N. Lima, A. C. Oliviera, Real-time estimation of the electric parameters of an induction machine using sinusoidal PWM voltage waveforms, *IEEE Transactions on Industry Applications*, 36, 743–754, May/June 2000.
21. J. K. Seok, S. K. Sul, Induction motor parameter tuning for high-performance drives, *IEEE Transactions on Industry Applications*, 37, 35–41, January/February 2001.
22. T. Matsuo, T. A. Lipo, A rotor parameter identification scheme for vector controlled induction motor drives, *IEEE Transactions on Industry Applications*, 21, 624–632, May/June 1985.
23. H. Chai, P. P. Acarnley, Induction motor parameter estimation algorithm using spectral analysis, *IEE Proceedings of the Electric Power Applications, Part B*, 139(3), 165–174, 1992.
24. H. Sugimoto, S. Tamai, Secondary resistance identification of an induction motor—Applied model reference adaptive system and its characteristics, *IEEE Transactions on Industry Applications*, 23, 296–303, March/April 1987.
25. L. C. Zai, C. L. DeMarco, T. A. Lipo, An extended Kalman filter approach to rotor time constant measurement in PWM induction motor drives, *IEEE Transactions on Industry Applications*, 28, 96–104, January/February 1992.
26. J. W. Finch, D. J. Atkinson, P. P. Acarnley, Full-order estimator for induction motor states and parameters, *IEE Proceedings on Electric Power Applications*, 145(3), 169–179, 1998.

27. D. J. Atkinson, J. W. Finch, P. P. Acarnley, Estimation of rotor resistance in induction motors, *IEE Proceedings on Electric Power Applications*, 143(1), 87–94, 1996.
28. L. J. Garces, Parameter adaption for the speed-controlled static AC drive with a squirrel-cage induction motor, *IEEE Transactions on Industry Applications*, IA–16, 173–178, March/April 1980.
29. T. M. Rowan, R. J. Kerkman, D. Leggate, A simple on-line adaption for indirect field orientation of an induction machine, *IEEE Transactions on Industry Applications*, 27, 720–727, July/August 1991.
30. S. N. Vukosavic, M. R. Stojic, On-line tuning of the rotor time constant for vector-controlled induction motor in position control applications, *IEEE Transactions on Industry Electronics*, 40, 130–138, February 1993.
31. R. D. Lorenz, D. B. Lawson, A simplified approach to continuous, on-line tuning of field-oriented induction machine drives, *IEEE Transactions on Industry Applications*, 26, 420–424, May/June 1990.
32. R. Lessmeier, W. Schumacher, W. Leonhard, Microprocessor-controlled AC-servo drives with synchronous or induction motors: Which is preferable? *IEEE Transactions on Industry Applications*, 22, 812–819, September/October 1986.
33. N. R. Klaes, On line tuning of the rotor resistance in an inverter fed induction machine with direct-self-control, *European Transactions on Electrical Power*, 4(1), 5–11, 1994.
34. K. Ohnishi, Y. Ueda, K. Miyachi, Model reference adaptive system against rotor resistance variation in induction motor drive, *IEEE Transactions on Industry Applications*, 33, 217–223, August 1986.
35. R. J. Wai, D. C. Liu, F. J. Lin, Rotor time-constant estimation approaches based on energy function and sliding mode for induction motor drive, *Electric Power Systems Research*, 52, 229–239, 1999.
36. S. K. Sul, A novel technique of rotor resistance estimation considering variation of mutual inductance, *IEEE Transactions on Industry Applications*, 25, 578–587, July/August 1989.
37. C. C. Chan and H. Wang, An effective method for rotor resistance identification for high-performance induction motor vector control, *IEEE Transactions on Industry Electronics*, 37(6), 477–482, 1990.
38. H. Toliyat, M. S. Arefeen, K. M. Rahman, M. Ehsani, Rotor time constant updating scheme for a rotor flux oriented induction motor drive, *IEEE Transactions on Power Electronics*, 14, 850–857, September 1999.
39. H. T. Yang, K. Y. Huang, C. L. Huang, An artificial neural network based identification and control approach for the field-oriented induction motor, *Electric Power Systems Research*, 30, 35–45, 1994.
40. F. Zidani, M. S. Nait-Said, M. E. H. Benbouzid, D. Diallo, R. Abdessemed, A fuzzy rotor resistance updating scheme for an IFOC induction motor drive, *IEEE Power Engineering Review*, 21(11), 47–50, November 2001.
41. E. Bim, Fuzzy optimization for rotor constant identification of an indirect FOC induction motor drive, *IEEE Transactions on Industry Electronics*, 48, 1293–1295, December 2001.
42. E. Cerruto, A. Consoli, A. Raciti, A. Testa, Fuzzy adaptive vector control of induction motor drives, *IEEE Transactions on Power Electronics*, 12(6), 1028–1040, November 1997.
43. H. Kubota, K. Matsuse, Speed sensorless field-oriented control of induction motor with rotor resistance adaptation, *IEEE Transactions on Industry Electronics*, 30, 1219–1224, September/October 1994.
44. J. Faiz, M. B. B. Sharifian, Different techniques for real time estimation of an induction motor rotor resistance in sensorless direct torque control for electric vehicle, *IEEE Transactions on Energy Conversion*, 16, 104–109, March 2001.
45. K. Akatsu, A. Kawamura, Online rotor resistance estimation using the transient state under the speed sensorless control of induction motor, *IEEE Transactions on Power Electronics*, 15, 553–560, May 2000.
46. H. Kubota, D. Yoshihara, K. Matsuse, Rotor resistance adaptation for sensorless vector-controlled induction machines, *Electrical Engineering in Japan*, 125(2), 65–72, 1998.
47. R. Krishnan, A. S. Bharadwaj, A review of parameter sensitivity and adaptation in indirect vector controlled induction motor drive systems, *IEEE Transactions on Power Electronics*, 6, 695–703, October 1991.

48. L. Umanand, S. R. Bhat, Online estimation of stator resistance of an induction motor for speed control applications, *IEE Proceedings of Electric Power Applications*, 142(2), 97–103, 1995.
49. M. Tsuji, S. Chen, K. Izumi, E. Yamada, A sensorless vector control system for induction motors using q-axis flux with stator resistance identification, *IEEE Transactions on Industry Electronics*, 48, 185–194, February 2001.
50. R. Marino, S. Peresada, P. Tomei, On-line stator and rotor resistance estimation for induction motors, *IEEE Transactions on Control Systems Technology*, 8(3), 570–579, May 2000.
51. V. Vasic, S. Vukosavic, Robust MRAS-based algorithm for stator resistance and rotor speed identification, *IEEE Power Engineering Review*, 21(11), 39–41, November 2001.
52. K. Shinohara, T. Nagano, H. Arima, W. Z. W. Mustafa, Online tuning method of stator and rotor resistances in both motoring and re-generating operations for vector controlled induction machines, *Electrical Engineering in Japan*, 135(1), 56–64, 2001.
53. E. D. Mitronikas, A. N. Safacas, E. C. Tatakis, A new stator resistance tuning method for stator-flux-oriented vector-controlled induction motor drive, *IEEE Transactions on Industry Electronics*, 48, 1148–1157, December 2001.
54. L. A. Cabrera, E. Elbuluk, I. Husain, Tuning the stator resistance of induction motors using artificial neural network, *IEEE Transactions on Power Electronics*, 12, 779–787, September 1997.
55. B. K. Bose, N. R. Patel, Quazi-fuzzy estimation of stator resistance of induction motor, *IEEE Transactions on Power Electronics*, 13, 401–409, May 1998.
56. S. Mir, M. E. Elbuluk, D. S. Zinger, PI and fuzzy estimators for tuning the stator resistance in direct torque control of induction machines, *IEEE Transactions on Power Electronics*, 13, 279–287, March 1998.
57. T. G. Habetler, F. Profumo, G. Griva, M. Pastorelli, A. Bettini, Stator resistance tuning in a stator-flux field-oriented drive using an instantaneous hybrid flux estimator, *IEEE Transactions on Power Electronics*, 13, 125–133, January 1998.
58. M. Wang, E. Levi, M. Jovanovic, Compensation of parameter variation effects in sensorless indirect vector controlled induction machines using model based approach, *Electric Power Components and Systems*, 27(9), 1001–1027, 1999.
59. O. Touhami, R. Ibtiouen, S. Moulahoum, S. Mekhtoub, Analysis and compensation of parameter variation effect in vector controlled induction machine, *Archives of Electrical Engineering*, 50(2), 165–182, 2001.
60. H. A. Toliyat, E. Levi, M. Raina, A review of RFO induction motor parameter estimation techniques, *IEEE Transactions on Energy Conversion*, 18(2), 271–283, 2003.
61. H. A. Toliyat, E. Levi, M. Raina, A review of RFO induction motor parameter estimation techniques, *IEEE Power Engineering Review*, 22(7), 52, 2002.
62. M. S. Zaky, M. M. Khater, S. S. Shokralla, H. A. Yasin, Wide-speed-range estimation with online parameter identification schemes of sensorless induction motor drives, *IEEE Transactions on Power Electronics*, 56(5), 1699–1707, 2009.
63. M. Rashed, P. F. A. MacConnell, A. F. Stronach, Nonlinear adaptive state-feedback speed control of a voltage-fed induction motor with varying parameters, *IEEE Transactions on Industry Electronics*, 42(3), 723–732, 2006.
64. D. J. Atkinson, P. P. Acarnley, J. W. Finch, Observers for induction motor state and parameter estimation, *IEEE Transactions on Industry Electronics*, 27(6), 1119–1127, 1991.
65. S. Bolognani, L. Peretti, M. Zigliotto, Parameter sensitivity analysis of an improved open-loop speed estimate for induction motor drives, *IEEE Transactions on Power Electronics*, 23(4), 2127–2135, 2008.
66. D. P. Marcetic, S. N. Vukosavic, Speed-sensorless AC drives with the rotor time constant parameter update, *IEEE Transactions on Industry Electronics*, 54(5), 2618–2625, 2007.
67. C. Attaianese, G. Tomasso, A. Damiano, I. Marongiu, A. Perfetto, A novel approach to speed and parameters estimation in induction motor drives, *IEEE Transactions on Energy Conversion*, 14(4), 939–945, 1999.
68. P. Castaldi, A. Tilli, Parameter estimation of induction motor at standstill with magnetic flux monitoring, *IEEE Transactions on Control Systems Technology*, 13(3), 386–400, 2005.

69. J. L. Zamora, A. Garcia-Cerrada, Online estimation of the stator parameters in an induction motor using only voltage and current measurements, *IEEE Transactions on Industry Electronics*, 36(3), 805–816, 2000.
70. A. Ukil, R. Bloch, A. Andenna, Estimation of induction motor operating power factor from measured current and manufacturer data, *IEEE Transactions on Energy Conversion*, 26(2), 699–706, 2011.
71. E. Laroche, M. Boutayeb, Identification of the induction motor in sinusoidal mode, *IEEE Transactions on Energy Conversion*, 25(1), 11–19, 2010.
72. G. Kang, J. Kim, K. Nam, Parameter estimation scheme for low-speed linear induction motors having different leakage inductances, *IEEE Transactions on Industry Electronics*, 50(4), 708–716, 2003.
73. E. Laroche, E. Sedda, C. Durieu, Methodological insights for online estimation of induction motor parameters, *IEEE Transactions on Control Systems Technology*, 16(5), 1021–1028, 2008.
74. J. A. de Kock, F. S. van der Merwe, H. J. Vermeulen, Induction motor parameter estimation through an output error technique, *IEEE Transactions on Energy Conversion*, 9(1), 69–76, 1994.
75. Y.-S. Kwon, J.-H. Lee, S.-H. Moon, B.-K. Kwon, C.-H. Choi, J.-K. Seok, Standstill parameter identification of vector-controlled induction motors using the frequency characteristics of rotor bars, *IEEE Transactions on Industry Electronics*, 45(5), 1610–1618, 2009.
76. G. Kenné, R. S. Simo, F. Lamnabhi-Lagarrigue, A. Arzandé, J. C. Vannier, An online simplified rotor resistance estimator for induction motors, *IEEE Transactions on Control Systems Technology*, 18(5), 1188–1194, 2010.
77. T. Du, P. Vas, F. Stronach, Design and application of extended observers for joint state and parameter estimation in high-performance AC drives, *IEE Proceedings on Electric Power Applications*, 142(2), 71–78, 1995.
78. D. S. Raptis, A. G. Kladas, J. A. Tegopoulos, Accurate induction motor estimator based on magnetic field analysis, *IEEE Transactions on Magnetics*, 44(6), 1574–1577, 2008.
79. S. Rao, M. Buss, V. Utkin, Simultaneous state and parameter estimation in induction motors using first- and second-order sliding modes, *IEEE Transactions on Industry Electronics*, 56(9), 3369–3376, 2009.
80. J. Pedra, L. Sainz, Parameter estimation of squirrel-cage induction motors without torque measurements, *IEE Proceedings on Electric Power Applications*, 153(2), 263–270, 2006.
81. J. Holtz, H. Pan, Elimination of saturation effects in sensorless position controlled induction motors, *IEEE Transactions on Industry Electronics*, 40(2), 623–631, March/April 2004.
82. J. Holtz, H. Pan, Acquisition of rotor anisotropy signals in sensorless position control systems, *IEEE Industry Applications Society Annual Meeting*, Salt Lake City, UT, 2003.
83. W. Leonhard, G. Heinemann, Self-tuning field oriented control of an induction motor drive, *International Power Electronics Conference*, Tokyo, Japan, 1990.
84. C. Cecati, N. Rotondale, On-line identification of electrical parameters of the induction motor using RLS estimation, *Proceedings of the 24th Annual Conference of the IEEE Industry Electronics Society (IECON'98)*, Aachen, Germany, Vol. 4, pp. 2263–2268, August 31–September 4, 1998.
85. M. Velez-Reyes, K. Minami, G. C. Verghese, Recursive speed and parameter estimation for induction machines, *IEEE Industry Applications Society Annual Meeting*, San Diego, CA, 1989.
86. J. Stephan, M. Bodson, Real-time estimation of the parameters and fluxes of induction motors, *IEEE Transactions on Industry Electronics*, 30(3), 746–759, May/June 1994.
87. L. A. de S. Ribeiro, C. B. Jacobina, A. M. N. Lima, The influence of the slip and the speed in the parameter estimation of induction machines, *Power Electronics Specialists Conference (PESC'97)*, St. Louis, MO, June 1997.
88. C. Moons, B. De Moor, Parameter identification of induction motor drives, *Automatica*, 31(8), 1137, 1995.
89. M. Velez-Reyes, Speed and parameter estimation for induction motors, MSc Electrical Engineering dissertation, Massachusetts Institute of Technology (MIT), Boston, MA, May 1988.
90. M. Boussak, G. A. Capolino, Recursive least-squares rotor time-constant identification for vector-controlled induction machine, *Electric Machines and Power Systems*, 20(2), 137–147, 1992.

91. A. Bellini, A. De Carli, M. La Cava, Parameter identification for induction motor simulation, *Automatica*, 12, 383–386, 1976.
92. C. B. Jacobina, J. E. C. Filho, A. M. N. Lima, Estimating the parameters of induction machines at standstill, *IEEE Transactions on Energy Conversion*, 17(1), 85–89, March 2002.
93. L. Salvatore, S. Stasi, Application of EKF to parameter and state estimation of PMSM drive, *IEE Proceedings B Electric Power Applications*, 139(3), 155–164, 1992.
94. M. Pucci, Novel numerical techniques for the identification of induction motors for the control of AC drives: Simulations and experimental implementations (in Italian), PhD thesis, University of Palermo, Palermo, Italy, January 2001.
95. M. Cirrincione, M. Pucci, Identification of an induction motor with the least-squares method, Electrical Engineering Research Report, No. 10, pp. 22–30, December 2000.
96. G. Cirrincione, M. Cirrincione, J. Hérault, S. Van Huffel, The MCA EXIN neuron for the minor component analysis: Fundamentals and comparisons, *IEEE Transactions on Neural Networks*, 13(1), 160–187, January 2002.
97. G. Cirrincione, M. Cirrincione, Linear system identification by using the TLS EXIN neuron, *Neurocomputing*, 28(1–3), 53–74, October 1999.
98. G. Cirrincione, M. Cirrincione, *Neural-Based Orthogonal Data Fitting: The EXIN Neural Networks*, John Wiley & Sons, Inc., Hoboken, NJ, 2010.
99. M. Cirrincione, M. Pucci, G. Cirrincione, Estimation of the electrical parameters of an induction motor with the TLS EXIN neuron, *Proceedings of the 22nd International Conference on Distributed Computing Systems (ICDCS'02)*, Aruba, Dutch Caribbean, 2002.
100. M. Cirrincione, M. Pucci, G. Cirrincione, G. A. Capolino, A new experimental application of least-squares techniques for the estimation of the induction motor parameters, *IEEE Transactions on Industry Applications*, 39(5), 1247–1256, September/October 2003.
101. M. Cirrincione, M. Pucci, G. Cirrincione, G. Capolino, Constrained minimization for parameter estimation of induction motors in saturated and unsaturated conditions, *IEEE Transactions on Industrial Electronics*, 52(5), 1391–1402, October 2005.
102. M. Cirrincione, M. Pucci, Experimental verification of a technique for the real-time identification of induction motors based on the recursive least-squares, *International Workshop on Advanced Motion Control* (*IEEE AMC'02*), Maribor, Slovenia, 2002.
103. M. Cirrincione, M. Pucci, G. Cirrincione, G. A. Capolino, Constrained least-squares method for the estimation of the electrical parameters of an induction motor, *COMPEL* (*The International Journal for Computation and Mathematics in Electrical and Electronic Engineering*), *Special Issue: Selected Papers from the International Conference on Electrical Machines* (*ICEM*) *2002*, Bruges, Belgium, Vol. 22(4), pp. 1089–1101, 2003.
104. A. Ralston, P. Rabinowits, *A First Course in Numerical Analysis*, 2nd edn., International Student Edition, McGraw-Hill, New York, 1978.
105. M. Pucci, M. Cirrincione, Estimation of the electrical parameters of an induction motor in saturated and unsaturated conditions by use of the least-squares method, *IEEE International Aegean Conference on Electrical Machines and Power Electronics* (*IEEE ACEMP '01*), Kusadasi, Turkey, 2001.
106. P. Guillame, R. Pintelon, J. Schoukens, A weighted total least squares estimator for multivariable systems with nearly maximum likelihood properties, *IEEE Transactions on Instrumentation and Measurement*, 47(4), 818–822, August 1998.
107. J. Verbeeck, R. Pintelon, P. Lataire, Identification of synchronous machine parameters using a multiple input multiple output approach, *IEEE Transactions on Energy Conversion*, 14(14), 909–917, December 1999.
108. N. Dedene, R. Pintelon, P. Lataire, Estimation of a global synchronous machine model using a multiple-input multiple-output estimator, *IEEE Transactions on Energy Conversion*, 18(1), 11–16, February 2003.
109. L. N. Trefethen, D. Bau, *Numerical Linear Algebra*, Society for Industrial and Applied Mathematics (SIAM), Philadelphia, PA, 1997.

110. S. Van Huffel, J. Vandewalle, Analysis of the total least squares problem and its use in parameter estimation, PhD thesis, Society for Industrial and Applied Mathematics (SIAM), Leuven, Belgium, 1987.
111. M. Cirrincione, M. Pucci, A rotor-flux-oriented vector control of an AC drive based on a recursive least-squares (RLS) method, Electrical Engineering Research Report, No. 9, pp. 11–22, July 2000.
112. M. Pucci, C. Serporta, A recursive least-squares method for real-time parameter estimation in adjustable-speed induction motor drives, Electrical Engineering Research Report, No. 10, pp. 31–37, December 2000.
113. M. Cirrincione, M. Pucci, A direct-torque-control of an AC drive based on a recursive-least-squares (RLS) method, *Proceedings of the IEEE International Symposium on Diagnostics for Electric Machines, Power Electronics and Drives* (*IEEE SDEMPED'01*), Grado, Italy, 2001.
114. M. Cirrincione, M. Pucci, G. Vitale, A least-squares based methodology for estimating the electrical parameters of induction machine at standstill, *Proceedings of the IEEE International Symposium on Industrial Electronics* (*ISIE'02*), L'Aquila, Italy, 2002.

第 10 章　带 APF 能力的神经网络增强型单相 DG 系统

本章介绍了如何利用神经网络（NN）提高带有源滤波（APF）能力的分布式发电（DG）系统的性能。随着控制系统技术的进步，上述两个电力电子技术的领域取得了发展。如同第 2 章和第 3 章所见，相同的功率电路拓扑结构既可以用于功率控制，也可以用于有源滤波。两个功能可以通过同一个电路与合适的 NN 控制相结合来实现。

一方面，逆变器功能可由与电网并联的 DG 单元来实现，输入电网电流的相位和频率与电网相同，幅值则由再生能源的功率决定；另一方面，APF 单元输入电网谐波电流的幅值等于负载电流谐波的幅值，但相位相反，从而保证了线路电流近似为正弦波。在这些应用中，NN 的作用是进行电网基波电压的检测和负载谐波补偿电流的计算。

本章描述了两部分内容，前面针对单相系统，后面针对三相系统。

10.1　简介

本章介绍并讨论了一个 130V RMS，50Hz 单相配电网络的实验结果，网络里含有来自设备本身和非线性负载的畸变电流。这里采用了本书前面部分解释过的几个概念，如电流控制逆变器（第 2 章）、并联型有源电力滤波器（第 3 章），以及神经元自适应滤波器（第 8 章）。这些概念被用于搭建实验测试装置，以验证所提出的方法。此外，在离散域描述并讨论了一些问题，例如，所提出控制方法的全局稳定性分析的问题。

参考文献中提出了一些用于可再生能源的 DG 变换器实例[1-4]和 APF 实例[5-10]，参考文献［11-13］描述了两种功能的结合，其中 DG 单元连接到电网，有源滤波器作为其附加运行功能。

DG 能否正确连接至电网，取决于能否正确检测耦合点的基波频率和电压相位。理论上电网电压应为正弦波，但是，正如第 3.1 节所述，电压受到了电网阻抗和非线性负载的影响。此外，DG 自身也非理想化，因此将使耦合点的电压畸变加剧。

为了获得电网的基波电压，主要采用两种方法：锁相环（Phase Locked Loop，PLL）[14,15]和过零检测器（Zero Crossing Detection，ZCD）[13-15]。

在第 3.4.3 节第 3 部分中，解释了基于瞬时有功 - 无功（$p-q$）功率理论的 APF 控制方法；在参考文献中，提出了一些基于 NN 的解决方案。其中一些是反向传播网络（Back Propagation Network，BPN）多层感知器，见参考文献［16，17］，该网络可以离线训练学习主要谐波的特征，然后在线产生逆变器的开关信号。在一般情况下，对于基于 BPN 的技术，必须考虑一些大家熟悉的问题，如神经元数目的选择、学习参数的选择、训练样本和测试样本的选择，若其收敛则其收敛时间、计算时间等。参考文献［18］提出了另外一种估计基波负载电流有功分量的方法，该方法是在线从总电流中减去补偿电流分量，采用了线性 NN（ADALINE），训练方法为最小二乘算法。

上述最后一种方法与本章所使用的方法类似。但是，本章所描述系统采用的 NN 的复杂度更低，计算量更小，因为它简单得相当于一个二阶数字滤波器。

本章所描述的系统采用了两个相同的基于线性神经元（ADALINE）的神经网络自适应滤波器，分别用于为电网连接计算电网电压波形的基波分量，以及为电流谐波补偿计算负载电流的总谐波分量。在第一个滤波器中，神经网络检测电网基波电压，抑制其他分量，被称为“带通”配置。在第二个滤波器，则检测基波以外的所有电流谐波分量，并且消除基波，被称为“陷波”配置。应当指出，这种方法不需要对神经网络进行任何先验训练，可以在线适应[19-21]。

本章后续将讨论其他相关问题，包括特定应用 NN 的设计规则、从可再生能源传输指定功率的 DG 单元控制方法，以及采用多谐振电流控制方法实现的并联有源滤波器（PAF），其谐振频率为电网基波频率和三次、五次和七次谐波。这样的控制器采用解耦的方法进行控制，逆变器电流的电网基波分量具有零稳态误差，能有效地把功率传输到电网，且其谐波具备了 APF 功能。

10.2 基本工作原理

图 10-1 所示为带 APF 功能的神经网络增强型单相 DG 系统框图。图中有 4 大部分：电网及其公共连接点（Point of Common Coupling，PCC）；包含逆变器的功率单元；采集所有参数的测量单位；最后是微处理器单元，包含了基于 NN 的滤波器。

电网模型由正弦波发生器和串联阻抗组成。电网连接了各种负载，包括线性和非线性负载。PCC 包含了连接到电网的逆变器端子、电流和电压传感器。在 PCC 需要测量电网电流 i_g、逆变器电流 i、负载电流 i_L 和电压 v_{cp}。

功率单元包含单相 H 桥逆变器，及其互连电感。测量单元包含了所有的转换器，能够把主要参数转换为合适倍数的电压进行采集。最后，微处理器单元接收变送器信号，它在基于 NN 的滤波器基础上计算输入的有功电流和补偿的谐波电流，并输出信号驱动逆变器的功率器件。

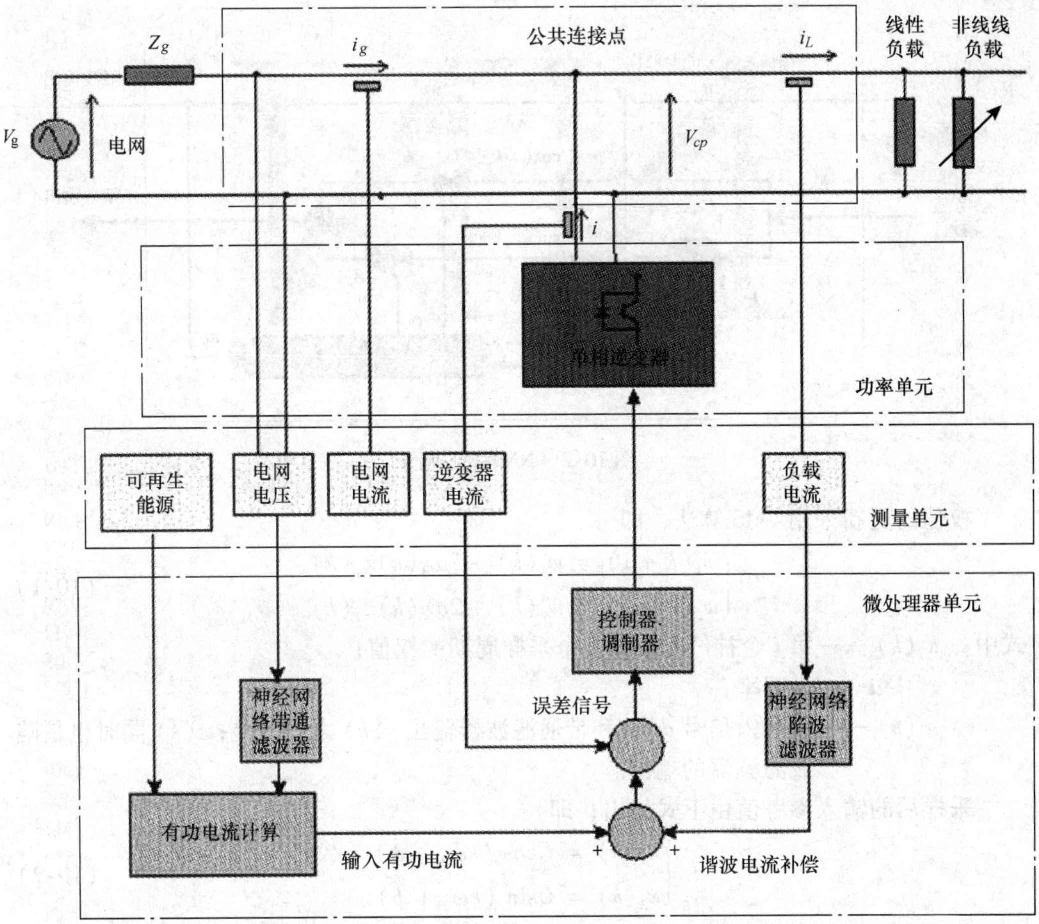

图10-1 （见彩色插页）带APF功能的神经网络增强型单相DG系统框图

10.3 ADALINE设计规则

NN的原理图如图10-2所示。

神经网络有两个输入和两个输出。第一个输入是待处理的信号；第二个输入是正弦信号，为频率参考值ω_0。两个输出为陷波和带宽输出。

应当指出的是，神经元权值由最小均方（Least Mean Squaves，LMS）在线训练算法进行调整，原因是其复杂度低、计算量小以及收敛速度快。

此外，这并不会导致滤波器的计算量和复杂度显著增加，符合本研究开发一个简单DG控制系统的目标。

输入参考值延迟π/2后成为第二个正弦波参考值，参考值信号的频率对应为主输入信号d_k陷波或带通的频率。k为当前采样时刻。

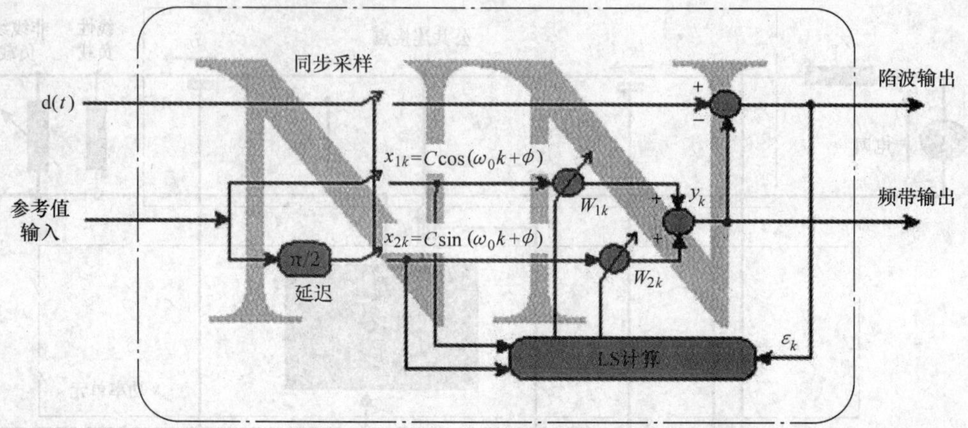

图 10-2　NN 的原理图

权值的更新采用 LMS 算法，即

$$\begin{cases} w_1(k+1) = w_1(k) + 2\mu\varepsilon(k)x_1(k) \\ w_2(k+1) = w_2(k) + 2\mu\varepsilon(k)x_2(k) \end{cases} \tag{10-1}$$

式中　$w_i(k)$——第 i 个神经元在第 k 个采样周期的权值；

μ——学习率；

$\varepsilon_i(k)$——主输入信号 $d(k)$ 和带通滤波器输出 $y(k)$ 之间的差；$\varepsilon(k)$ 同时也是陷波滤波器的输出。

采样后的输入参考值由下式给出，即

$$\begin{cases} x_1(k) = C\cos(k\omega_0 + \phi) \\ x_2(k) = C\sin(k\omega_0 + \phi) \end{cases} \tag{10-2}$$

式中　C——参考频率为 ω_0 的正弦波振幅。

神经网络的传递函数在 z 域有以下形式，即

$$\begin{cases} H(z) = \dfrac{z^2 - 2z\cos\omega_0 + 1}{z^2 - 2(1-\mu C^2)z\cos\omega_0 + 1 - 2\mu C^2} & \text{陷波器传递函数} \\ K(z) = \dfrac{2\mu C^2(z\cos\omega_0 - 1)}{z^2 - 2(1-\mu C^2)z\cos\omega_0 + 1 - 2\mu C^2} & \text{带通滤波器传递函数} \end{cases} \tag{10-3}$$

设置内部参数 μ 时，需要考虑带宽和收敛速度之间的平衡，这对于神经网络滤波器网络的性能和系统的整体稳定性是至关重要的。事实上，慢的收敛速度，对应较低的 μ 值和较窄的频带，将导致反馈通道的延迟，这是不能接受的。

对谐波电压的基波频率进行提取的约束条件如下：参考信号的频率固定为电网频率的标称值，带宽必须覆盖标准所允许的漂移范围，确保电网频率变化时滤波器能正常工作。另外，二次谐波和中间谐波应被抑制在滤波器带宽之外。

此外，应该在自相关矩阵 $\lambda_{\max}$ 最大特征值的基础上，根据滤波器的稳定性考虑 μ 的上限：$1/\lambda_{\max} > \mu > 0$。

对陷波器和带通运行应选择不同的最优 μ 值，这将在后续章节进行讨论。

10.3.1　陷波器运行

在此配置中，NN 滤波器能够抑制输入信号的某个频率（或极窄频带）。滤波器频带之外的频率信号保持幅值和相位不变。该功能用于消除负载电流的基波分量，由此获得所有的电流谐波分量。

如果能确保滤波器的稳定性，则在选择参数 μ 时应考虑以下几点：

1）窄频带的陷波器可以补偿低频的负载谐波电流；但同时，如果电网频率相对于标称值出现标准允许范围内的轻微漂移，则会被过窄频带的陷波器抑制。

2）窄频带的陷波器使得陷波频率附近具有更好的相位特性，非常接近陷波频率时，相位特性等于 0（滤波器对所有谐波的延迟时间为零）。这样，负载谐波补偿电流即使在低频也不存在相位畸变。

图 10-3 所示为不同 μ 值的陷波滤波器的伯德图。需要指出的是，$\mu = 8 \times 10^{-4}$ 能较好地满足约束条件，带宽为 2Hz（见图 10-3a），且在谐波补偿范围内具有线性的相位（见图 10-3b）。图中还绘制了两个不合适的选择。其中 $\mu = 1 \times 10^{-4}$ 对应的带宽太窄，另外 $\mu = 20 \times 10^{-4}$ 时，电流谐波范围内相位不为零。

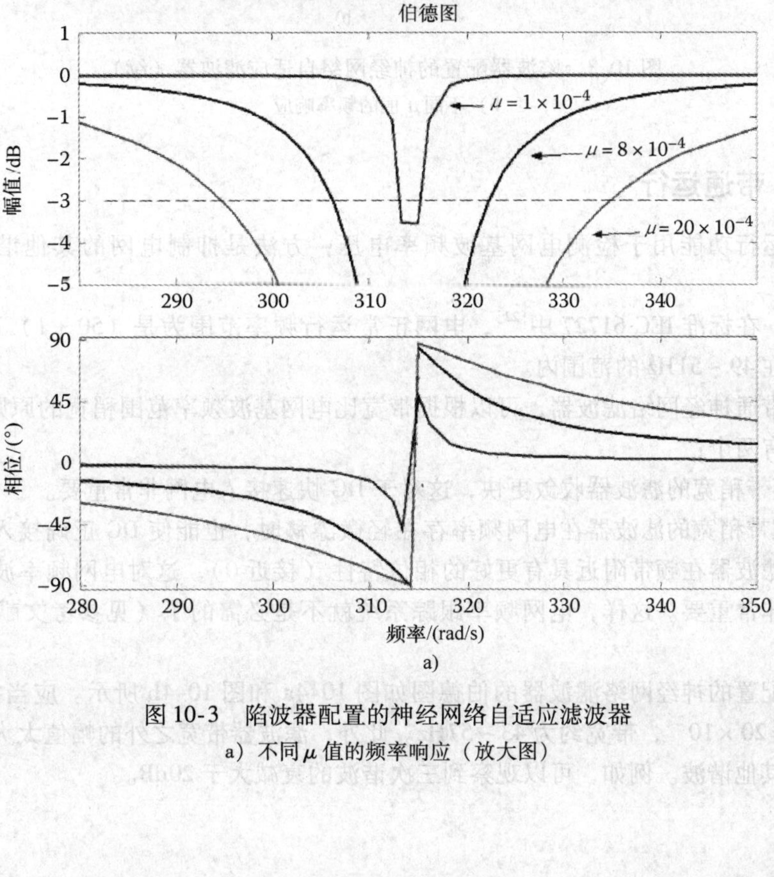

a)

图 10-3　陷波器配置的神经网络自适应滤波器

a）不同 μ 值的频率响应（放大图）

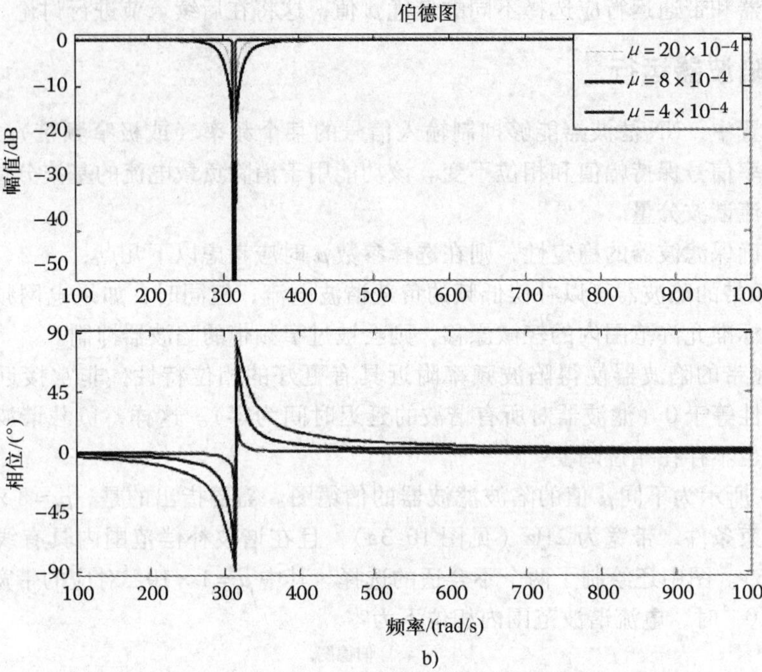

图 10-3　陷波器配置的神经网络自适应滤波器（续）

b）不同 μ 值的频率响应

10.3.2　带通运行

带通运行功能用于检测电网基波频率电压，方法是抑制电网的其他谐波和中间谐波。

例如，在标准 IEC 61727 中[22]，电网正常运行频率范围为是（50 ± 1）Hz。因此，基波频率在 49 ~ 51Hz 的范围内。

对于带通神经网络滤波器，可以根据带宽比电网基波频率范围稍宽的原则来选择 μ 值，原因有两个：

1）频带稍宽的滤波器收敛更快，这对于 DG 快速接入电网非常重要。

2）频带稍宽的滤波器在电网频率存在轻微漂移时，也能使 DG 正确接入电网。频带稍宽的滤波器在频带附近具有更好的相位特性（接近 0），这对电网频率波动时进行电网接入非常重要。这样，电网频率跟踪系统就不是必需的了（见参考文献［15］的 PLL）。

带通配置的神经网络滤波器的伯德图如图 10-4a 和图 10-4b 所示。应当指出的是，现选择 $\mu=20\times10^{-4}$，带宽约为 43 ~ 57Hz。此外，滤波器带宽之外的幅值大大衰减，从而抑制了其他谐波。例如，可以观察到三次谐波的衰减大于 20dB。

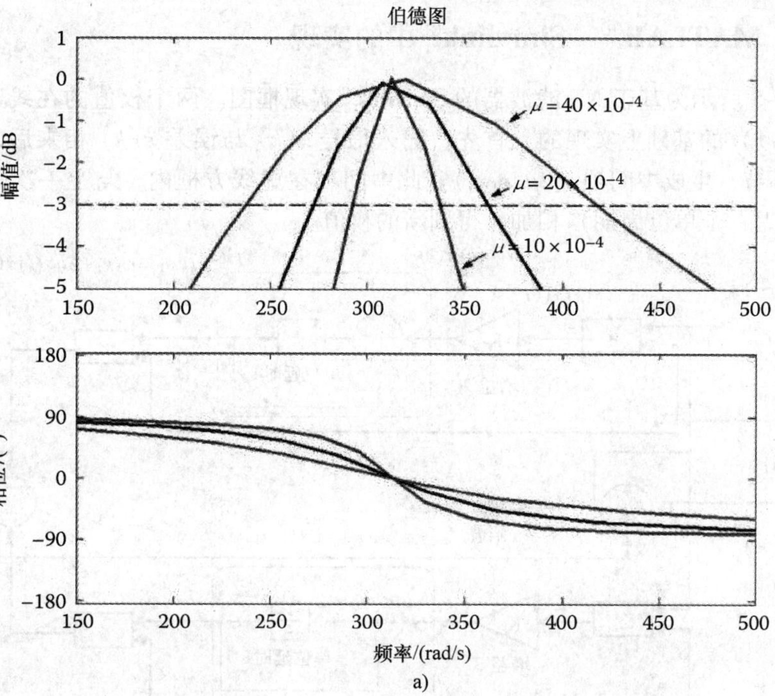

a)

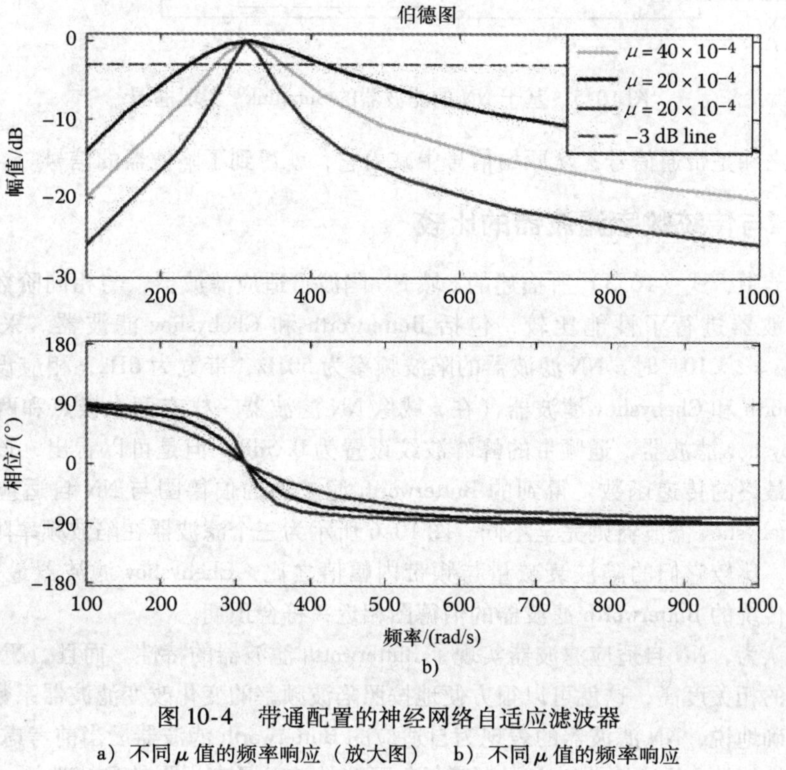

b)

图 10-4　带通配置的神经网络自适应滤波器

a）不同 μ 值的频率响应（放大图）　b）不同 μ 值的频率响应

10.3.3 MATLAB® - Simulink®中的实现

图10-5所示为基于NN滤波器的Simulink®实现框图。两个权值的在线适应方法是在式（10-1）的基础上实现的。首先，输入信号 $x(k)$ 与误差 $\varepsilon(k)$ 相乘后，进入增益为 2μ 的环节，生成中间项（$2\mu\ \varepsilon_k x_k$）。此中间项在虚线方框内，与上一次采样周期的权值（延迟一个单位周期）相加，得到新的权值。

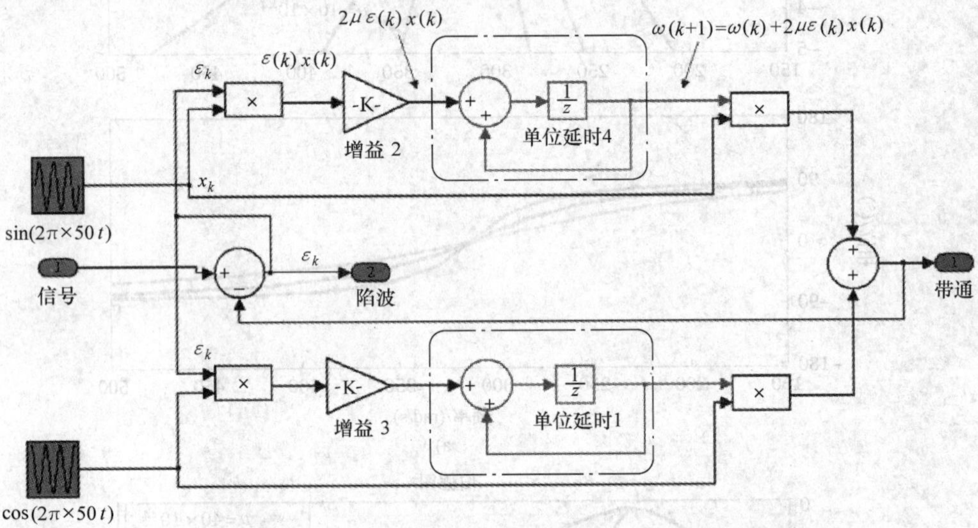

图10-5 基于NN的滤波器的Simulink®实现框图

权值之和是带通信号，从原始信号中减去它，就得到了陷波器的信号。

10.3.4 与传统数字滤波器的比较

在本节中，式（10.3）所描述的 z 域NN陷波自适应滤波器，与相同阶数的传统数字陷波滤波器进行了性能比较，包括Butterworth和Chebyshev滤波器。采样频率为15kHz和 $\mu=2\times10^{-4}$ 时，NN滤波器的陷波频率为50Hz，带宽为6Hz，相应设计了一阶的Butterworth和Chebyshev滤波器（在 z 域像NN滤波器一样有两个极点和两个零点）。对于Chebyshev滤波器，通频带的峰峰波纹设置为0.5dB，但是可以看出，该纹波不会显著影响最终的传递函数。得到的Butterworth滤波器的伯德图与NN自适应滤波器近似，而Chebyshev滤波器则完全不同。图10-6所示为三个滤波器在陷波频率附近范围内的伯德图。比较它们的陷波衰减量与频带内幅值之比，Chebyshev滤波器最差，而NN滤波器和传统的Butterworth滤波器的伯德图相近，符合预期。

可以认为，NN自适应滤波器实现了Butterworth滤波器的特性。而且，NN滤波器与陷波频率的相关度高，这就可以很方便地按照陷波频率的变化改变滤波器系数。

更准确地说，NN滤波器的表现为自适应的Butterworth滤波器。当前考虑的应用中，这种适应性能让NN滤波器对电网频率任何可能的波动具有很强的鲁棒性。

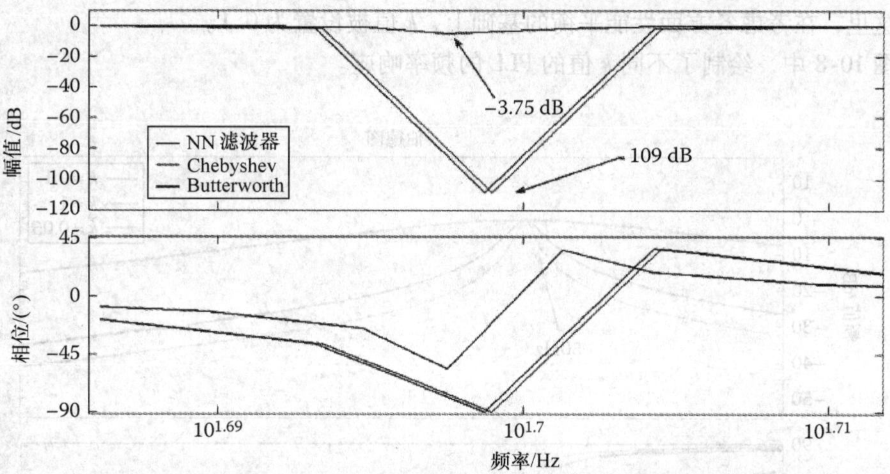

图 10-6 Butterworth 滤波器、Chebyshev 滤波器和 NN 自适应滤波器的伯德图

（资料来源：Cirrincione，M. et al.，IEEE Trans. Ind. Electron.，56（8），3128，August 2009.）

10.3.5 NN 带通滤波器与 PLL：理论上的比较

由于 PLL 是 DG 电网接入的最经典解决方案，因此将所提出的 NN 带通滤波器与已实现的 PLL 解决方案进行比较，对比它们锁定电网基波频率的能力。图 10-7 所示为拉普拉斯连续域的 PLL 系统框图。

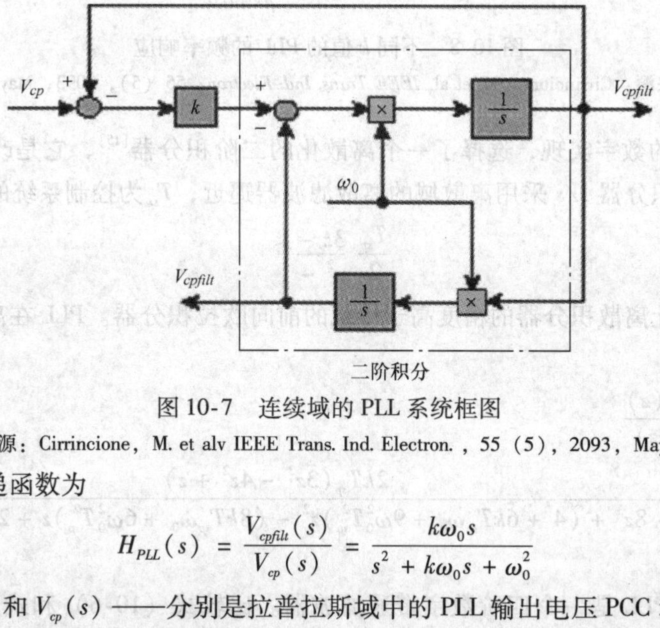

图 10-7 连续域的 PLL 系统框图

（资料来源：Cirrincione，M. et alv IEEE Trans. Ind. Electron.，55（5），2093，May 2008.）

对应的传递函数为

$$H_{PLL}(s)=\frac{V_{cpfilt}(s)}{V_{cp}(s)}=\frac{k\omega_0 s}{s^2+k\omega_0 s+\omega_0^2} \tag{10-4}$$

式中 $V_{cpfilt}(s)$ 和 $V_{cp}(s)$——分别是拉普拉斯域中的 PLL 输出电压 PCC 和电压；

ω_0——谐振频率（频带）。

k——影响带宽即 PLL 收敛速度的参数；低的 k 值对应于窄的频带，和较慢的收敛速度。

这里，在考虑各方面性能平衡的基础上，k 值被设置为 0.1。

图 10-8 中，绘制了不同 k 值的 PLL 的频率响应。

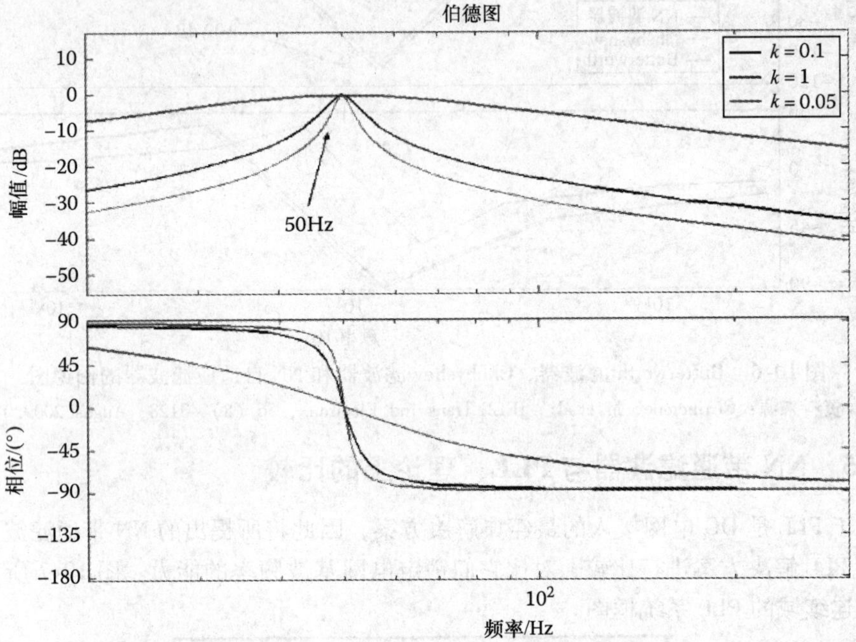

图 10-8　不同 k 值的 PLL 的频率响应

（资料来源：Cirrincione，M. et al$_v$ *IEEE Trans. Ind. Electron*；55（5），2093，May 2008.）

对于 PLL 的数字实现，选择了一个离散化的二阶积分器[15]，它是改进的欧拉积分器，连续域的积分器 $1/s$ 采用离散域的离散滤波器逼近，T_{sp} 为控制系统的采样时间，即

$$\frac{T_{sp}}{2}\frac{3z-1}{z^2-1} \tag{10-5}$$

上述选择让离散积分器的精度高于传统的前向欧拉积分器。PLL 在离散 z 域的传递函数变为

$$H_{PLL}(z)=\frac{V_{cpfilt}(z)}{V_{cp}(z)}$$
$$=\frac{2kT_{sp}(3z^3-4z^2+z)}{4z^4-8z^3+(4+6kT_{sp}\omega_0+9\omega_0^2T_{sp}^2)z^2-(8kT_{sp}\omega_0+6\omega_0^2T_{sp}^2)z+2kT_{sp}\omega_0+\omega_0^2T_{sp}^2} \tag{10-6}$$

因此，该 PLL 是一个四阶数字带通滤波器。比较式（10-6）和式（10-3）可知，神经网络自适应带通滤波器是二阶滤波器，而 PLL 是四阶的。这意味着 NN 滤波器具有更低的复杂度和更小的计算量。此外，当电网频率围绕额定值出现轻微波动时，神经网络自适应带通滤波器具有比 PLL 更快的收敛速度和更好的接入能力。

10.4 电流参考值的生成

电网提供的理想电流是正弦波的，因此所有基波频率以外的谐波都应被抑制，参考值 i_{comp}^* 应包含上述所有谐波，且相位相反。这个功能由陷波神经网络滤波器实现（见图10-1），方法是消除负载电流的基波电流分量。

在可再生能源提供的功率的基础上，计算有功电流参考值 P_{ref}，并叠加至参考值以向电网提供有功功率。该参考值分量 i_{act}^* 通过下式计算，即

$$i_{act}^* = \frac{2P_{ref}}{v_{cpfilt}^2 + v_{cpfilt}'^2} v_{cpfilt} \tag{10-7}$$

式中 v_{cpfilt}——神经网络带通自适应滤波器的输出，只含有电网电压基波分量。

虚拟的电压 v'_{cpfilt} 与 v_{cpfilt} 正交，是把后者在时间上延迟 z^{-75} 后得到的（控制系统的15kHz 采样频率下，75 个采样时间相当于 5ms，即 50Hz 的 1/4 周期）。式（10-7）的分母是耦合点电压幅值的平方。根据这个方案，产生的有功电流参考值对应产生的功率等于 P_{ref}，稳态时为正弦波，且相位正好与耦合点电压 v_{cp} 基波相同。这样 DG 只对电网传输有功功率，而没有无功功率。当 DG 单元接入点靠近非线性电流负载时，电网谐波电压的检测是至关重要的。原因是耦合点电压 v_{cp} 会受到负载电流 i_L 在线路电抗上的电压降影响，出现畸变。另外，DG 也将在同一线路电抗输入谐波电流，导致电网电压波形产生畸变。

10.5 多谐振电流控制器

在 s 域的传统 PI 补偿器

$$H(s) = K_P + \frac{K_I}{s} \tag{10-8}$$

当 PI 补偿器在 AC 系统中使用时，例如本应用，将在幅值和相位中引入稳态误差。为了避免这种情况，需要基于 DC 信号的同步调节器（见第 2 章的 VOC）。如在参考文献［19，23］中，采用了如下形式的控制网络，其 DC 控制响应与式（10-8）相同，但 AC 控制中心频率为 ω_0，即

$$G_r(s) = K_P + \frac{K_I s}{s^2 + \omega_0^2} \tag{10-9}$$

式（10-9）表示比例增益加上一个谐振频率为 ω_0 的谐振传递函数，在 ω_0 具有理想的无穷大增益。

在本研究的系统中，不同频率的不同正弦波分量必须采用解耦方式来进行控制。最重要的是电网频率，其他谐波包括电网频率的三次、五次和七次谐波。基波控制器用于向电网传输有功功率，三次谐波控制器用于负载电流的谐波补偿（APF 功能开启时），或把输入电流的前三个奇次谐波通过有源控制为零（APF 功能关闭时）。

根据上述解释，设计的控制器是由四个谐振控制器组成的多谐振控制器，在连续拉普拉斯 s 域中控制器的传递函数为

$$G_{MR}(s) = \sum_{n=1,3,5,7}\left(K_{1n} + \frac{sK_{2n}}{s^2 + (n\omega_0)^2}\right) \tag{10-10}$$

式中　ω_0——控制器的基波谐振角频率，与电网频率相同；

K_{1n}和 K_{2n}——n 次谐波的增益项。

这些量可以在电流控制环路闭环传递函数的基础上进行计算。事实上，电流控制环路的框图，可以绘制为如图 10-9 所示。图中，K_C 为脉宽调制（PWM）逆变器，假定其延迟时间是可以忽略不计的；L 为电网连接电感；R 为寄生电阻。

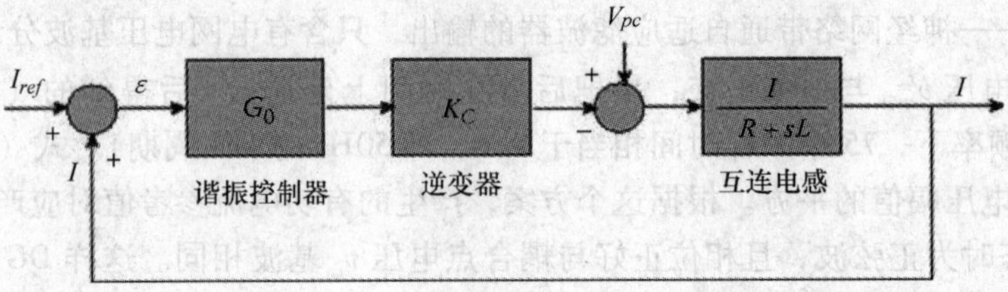

图 10-9　电流控制环路框图

电流开环传递函数为

$$G_0(s) = K_C\left[\sum_{n=1,3,5,7}\left(K_{1n} + \frac{sK_{2n}}{s^2 + (n\omega_0)^2}\right)\right]\left(\frac{1}{R + sL}\right) \tag{10-11}$$

这可表示为

$$G_0(s) = \left[\left(\frac{\sum_{m=0}^{8} c_m s^m}{\prod_{n=1,3,5,7}(s^2 + (n\omega_0)^2)}\right)\right]\left(\frac{1}{R + sL}\right) \tag{10-12}$$

最后，闭环传递函数的特征多项式为

$$G_0(s) = \left(\sum_{m=0}^{8} c_m s^m + \left(\prod_{n=1,3,5,7}(s^2 + (n\omega_0)^2)\right)(R_L + sL)\right) \tag{10-13}$$

它对应为九阶的 s 多项式，其系数可以通过令 $G_0(s)$ 等于相同阶数的 Naslin 多项式[1]进行计算得到，即

$$P_N(s) = a_0\left(1 + \sum_{n=0}^{7} \frac{s^{n+1}}{\alpha^n \omega^{n+1}}\right) \tag{10-14}$$

在离散 z 域的等效多谐振控制器为

$$G_R(z) = \sum_{n=1,3,5,7}\left(\frac{(K_{1n} + K_{2n}T_{sp})z^2 - \cos(n\omega_0 T_{sp})(2K_{1n} + K_{2n}T_{sp})z + K_{1n}}{z^2 - 2\cos(n\omega_0 T_{sp})z + 1}\right) \tag{10-15}$$

式中　T_{sp}——控制系统的采样时间。

图 10-10 所示为所设计的多谐振器的频率响应。

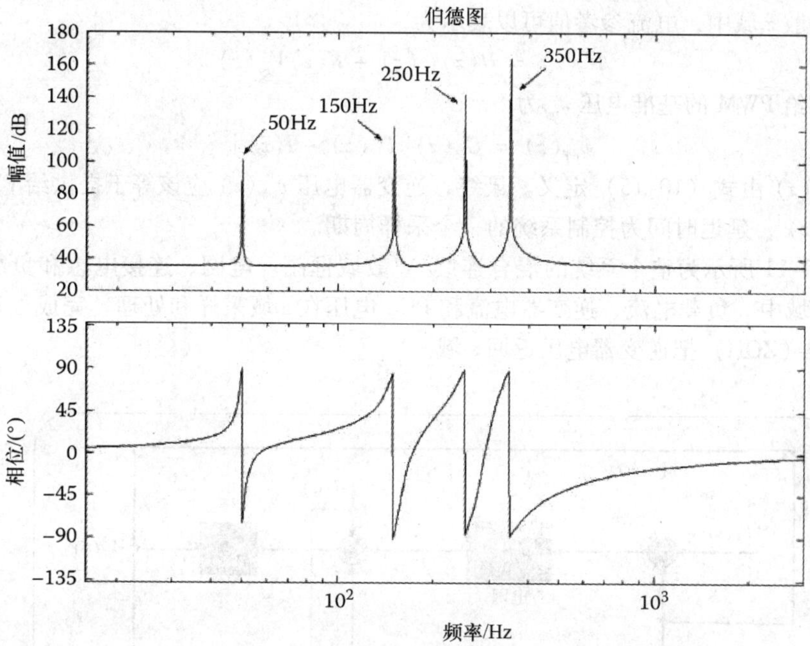

图 10-10　设计的多谐振控制器的频率响应

（资料来源：Cirrincione，M. et al.，IEEE Trans. Ind. Electron.，55（5），2093，May 2008.）

电流控制器的输出是逆变器的电压参考值，输入至 PWM 模块。这里采用了双极性控制的电压源逆变器（VSI），因此桥臂的占空比 d 可以在 DC 母线电压 u_d 和电压参考值 v_{ref} 的基础上进行计算：

$$d = \frac{v_{ref}}{2u_d} + \frac{1}{2} \tag{10-16}$$

10.6　稳定性问题

稳定性分析的重点在于系统传递函数的极点位置，即逆变器/负载电流的比值。这些极点有可能会受到系统主参数漂移的影响。其中，要特别注意陷波滤波器 $H(z)$ 的学习因子 μ、滤波电感 L 和线路电抗 L_g。考虑最后这个参数的原因是它不能由设计者进行选择。

如果系统中所有的电感被认为是恒值的，这是合理的假设，则系统为线性的。系统在拉普拉斯域的电压方程为

$$I(s) = \frac{1}{R + sL}[V_{inv}(s) - V_{cp}(s)] \tag{10-17}$$

$$I_g(s) = \frac{1}{R_g + sL_g}[V_g(s) - V_{cp}(s)] \tag{10-18}$$

$$V_{cp}(s) = R_L[I(s) + I_g(s) - I_L(s)] \tag{10-19}$$

在离散 z 域中，电流参考值可以表示为

$$I^*(z) = H(z)I_L(z) + K(z)V_{cp}(z)$$

提供给 PWM 的基准电压 v_{ref} 为

$$v_{ref}(z) = G_R(z)[I^*(z) - I(z)]$$

式中，$G_R(z)$ 由式（10-15）定义。最终，逆变器电压 $v_{inv}(z)$ 应该等于提供给 PWM 的参考值 $v_{ref}(z)$，延迟时间为控制系统的一个采样周期。

图 10-11 所示为整个系统的混合连续/离散域框图。电网、连接电感和负载阻抗被认为在 s 域中。负载电流、逆变器电流和 PCC 电压在 z 域采样和处理。完成处理后，零阶保持器（ZOH）把逆变器电压返回 s 域。

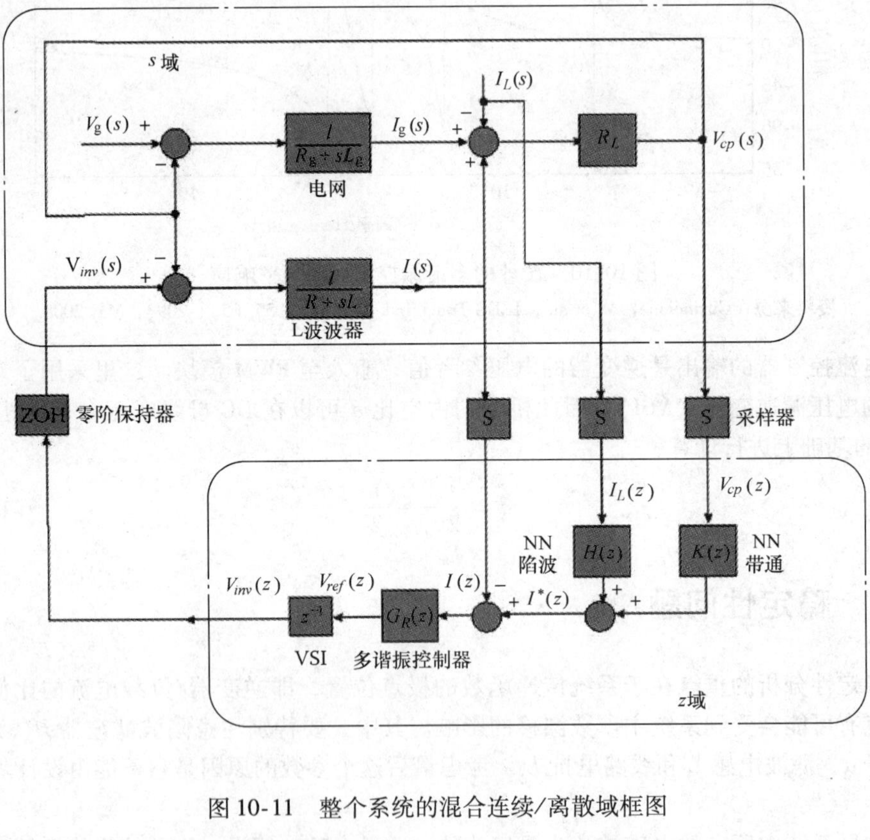

图 10-11　整个系统的混合连续/离散域框图

如果式（10-17）~式（10-19）转换至 z 域，可以推导出输入—输出传递函数 $\omega(z) = I(z)/I_L(z)$。$\omega(z)$ 有 15 个极点和 14 个零点，见表 10-1。

所有 $w(z)$ 的极点是基于表 10-2 中的额定系统参数获得的，均在 z 域的单位圆中内，所以系统是稳定的。$w(z)$ 的零极点图如图 10-12 所示。

表 10-1　$w(z)$ 的零点和极点

零点		极点	
z_1	-0.8366	$p_{1,2}$	0.1838 ±0.7558i
$z_{2,3}$	0.9234 ±0.2151i	$p_{3,4}$	0.9179 ±0.2279i
$z_{4,5}$	0.9741 ±0.1684i	$p_{5,6}$	0.9757 ±0.1689i
z_6	0.8642	p_7	0.8667
$z_{7,8}$	0.9897 ±0.0979i	$p_{8,9}$	0.9900 ±0.0982i
$z_{9,10}$	0.9949 ±0.0323i	$p_{10,11}$	0.9949 ±0.0320i
$z_{11,12}$	0.9995 ±0.0315i	$p_{12,13}$	0.9986 ±0.0316i
$z_{13,14}$	0.9986 ±0.0316i	$p_{14,15}$	0.9993 ±0.0314i

资料来源：Cirrincione，M. et al″ *IEEE Trans. Ind. Electron.*，55（5），2093，May 2008.

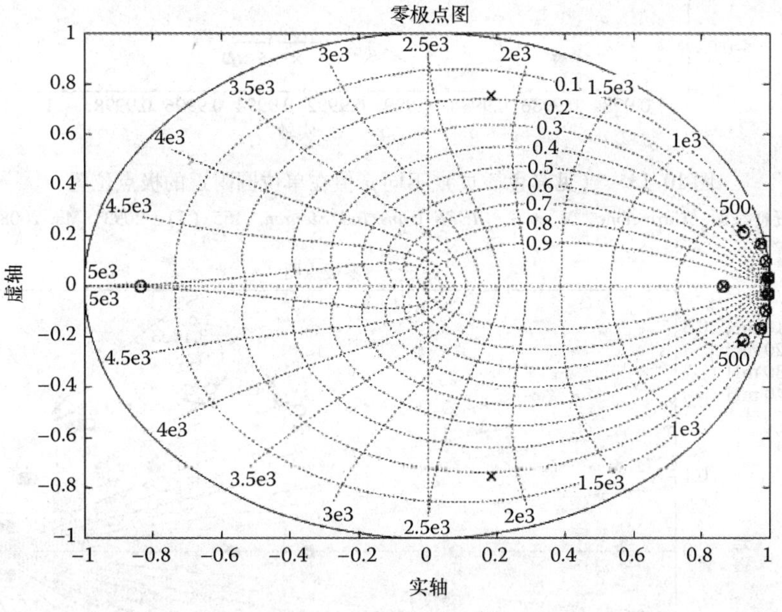

图 10-12　$w(z)$ 的零极点图

（资料来源：Cirrincione，M. et al.，*IEEE Trans. Ind. Electron.*，55（5），2093，May 2008.）

图 10-13 所示为 μ 变化时的极点位置图。可见，随着 μ 值减少，极点逐渐靠近单位圆，并越来越接近零点。这种变化是合理的，因为 μ 值减少后滤波器变得更接近理想的滤波器。若 μ 值增大，则极点远离单位圆。然而，该值存在第 10.3.1 节所述的上限值。

图 10-14 显示了不同 L_g 值的极点位置变化情况。可以观察到，L_g 值增大时，极点逐步逼近单位圆，当 L_g 值约为额定值的 10 倍后极点在单位圆之外。这一点非常值得注意，因为电网在故障条件下进行保护运行时，等效线路电抗将增加，有可能导致 DG－APF 系统不稳定。

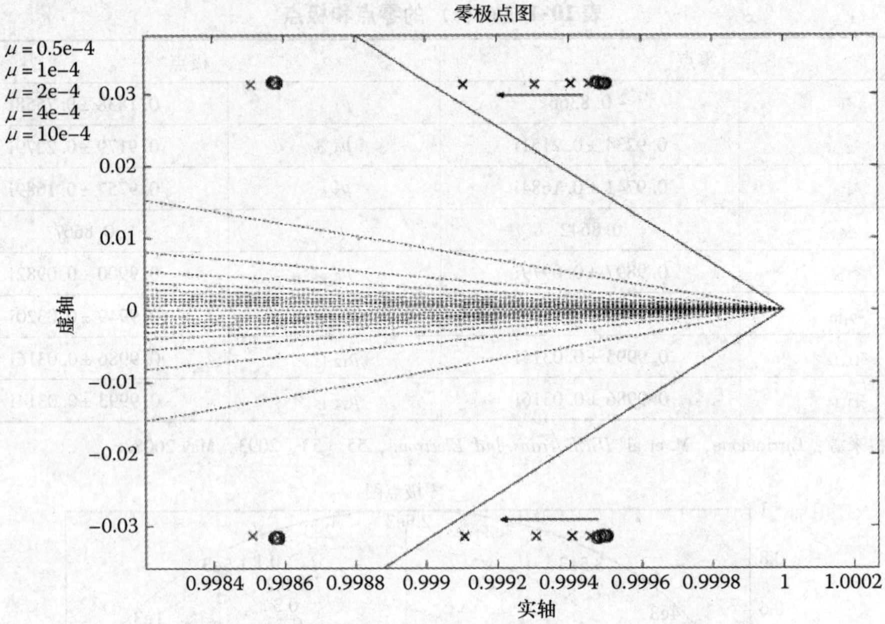

图 10-13　（见彩色插页）不同μ值在单位圆附近的极点位置

（资料来源：Cirrincione，M. et al.，*IEEE Trans. Ind. Electron.*，55（5），2093，May 2008.）

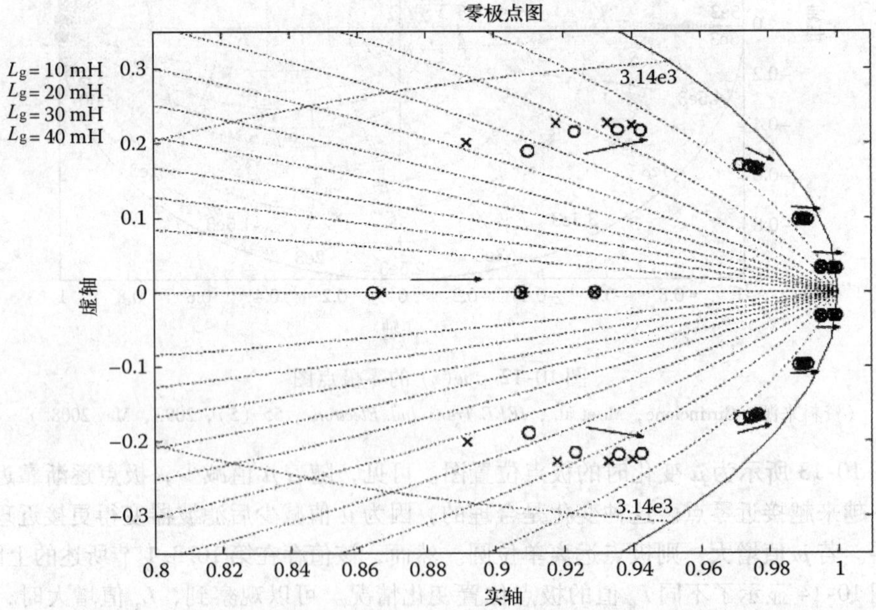

图 10-14　（见彩色插页）不同L_g值的极点位置图（L_g值从左至右增大）

（资料来源：Cirrincione，M. et al.，*IEEE Trans. Ind. Electron.*，55（5），2093，May 2008.）

最后，图10-15所示为不同L值的极点位置。可以观察到，L增大后，极点对应的系统阻尼系数减少了。与此相反，L值减少后将导致极点接近单位圆，当L值为非常小的值时，将导致极点在单位圆之外并造成系统不稳定。应该注意的是，必须根据相应的L值对多谐振电流控制器进行正确调整后，再计算每个极点位置。通常，一旦设计者选定L值后，该值的漂移是由器件老化和制造偏差造成的。显然，如果控制器根据某个准确的L值进行调整，则L值存在漂移后，得到的零极点图完全不同。

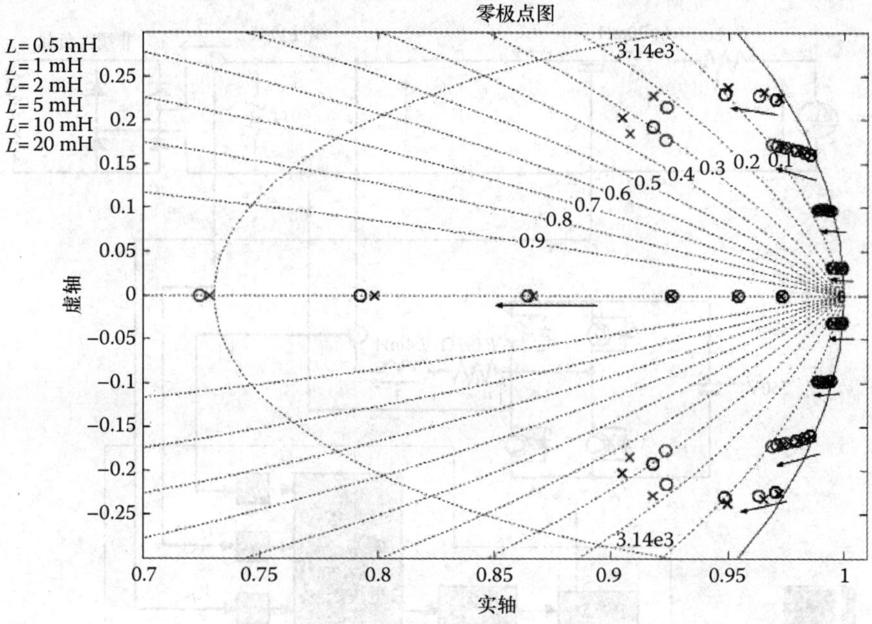

图10-15　（见彩色插页）不同L值的极点位置图（L值从左至右增大）

（资料来源：Cirrincione，M. et al.，*IEEE Trans. Ind. Electron.*，55（5），2093，May 2008.）

10.7　试验台

所提出的带APF功能的DG单元已经在单相电网进行了测试。电网用一个正弦波电压发生器v_g表示，而线路电抗和电阻分别为L_g和R_g，带一个阻值为50Ω的线性电阻负载，及一个由二极管整流桥和高感性负载组成的非线性电流负载。

可再生能源（光伏［PV］、风能、燃料电池等）接上DC电压$U_d = 250V$的单相逆变器，再经过滤波电感L（寄生电阻为R）接入到电网。

为了让DG－APF正常工作，需要采集逆变器电流i、负载电流i_L和耦合点电压v_{cp}。这些信号通过可编程硬件进行采集，本研究采用的是数字信号处理器（DSP），可以同时实现负载电流谐波补偿与电网接入功能。

图10-16所示为带APF功能的DG单元电气原理图，目的是通过实验验证所提出的神经网络控制方案。

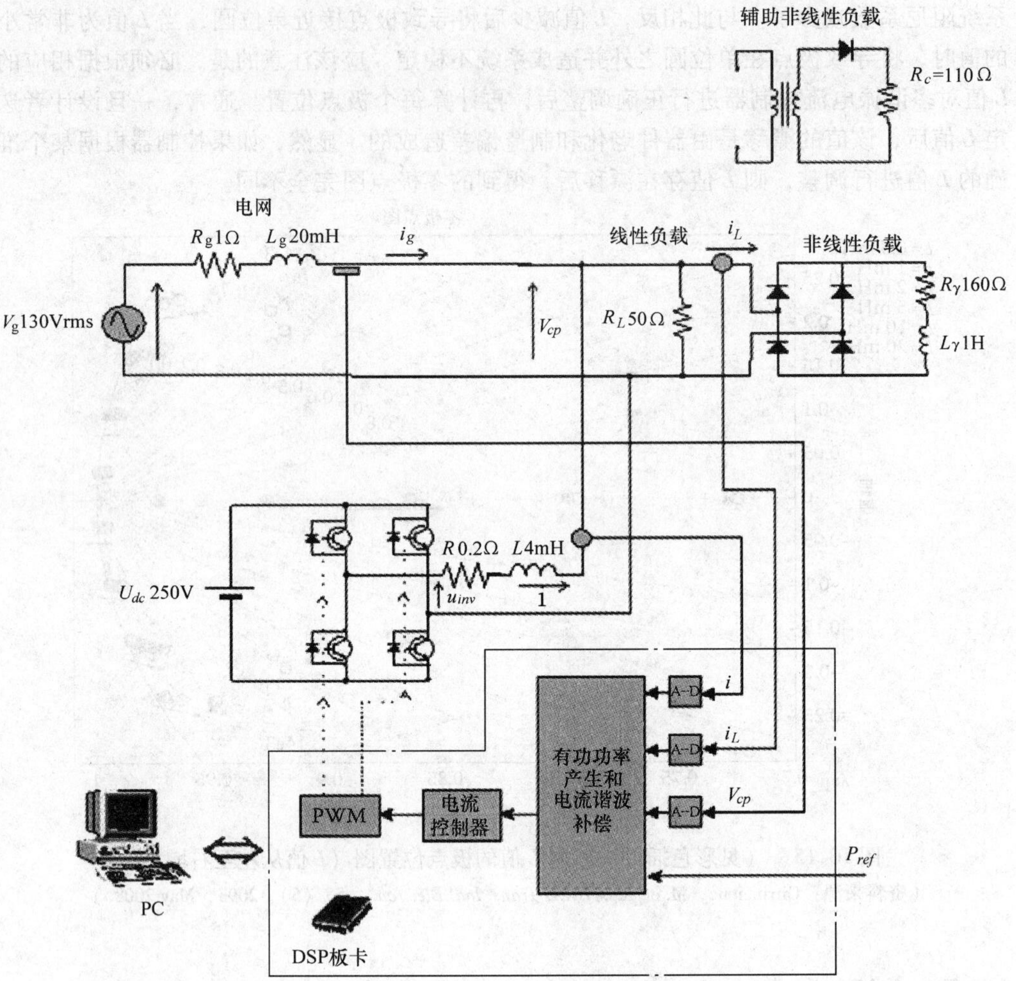

图 10-16　带有源滤波功能的 DG 单元电气原理图

（资料来源：Cirrincione，M. et aJ.，*IEEE Trans. Ind. Electron.*，55（5），2093，May 2008.）

10.8　实验结果

10.8.1　APF 接入

图 10-16 所示的 130V rms，50Hz 单相正弦波电网，参数见表 10-2，用于对本方法进行实验验证。

表 10-2　电网参数

L_g/mH	20
R_g/Ω	1
L/mH	4
R/Ω	0.2
V_{grms}/V	130
U_d/V	250

资料来源：Cirrincione，M. et al.，*IEEE Trans. Ind. Electron.*，55（5），2093，May 2008.

非线性负载电流由二极管整流桥 + 高感性负载实现，所以提供的电流接近方波。此外，还可以连接一个辅助的非线性负载替代前者。这个辅助负载由可饱和变压器 + 二极管整流器 + 电阻负载组成，电流波形是含有奇数和偶次谐波的复合波形。

单相逆变器经过滤波电感连接电网，可以平滑逆变器电流波形。该逆变器采用了四个型号为 Semikron SMK 50GB 123 的 IGBT 模块，配合相应的驱动电路组成 H 桥。三个型号为 LEM LA 55 – P 的电流传感器分别用于测量电网、逆变器和负载的电流。型号为 LEM CV3 – 1000 的电压传感器用于测量耦合点电压。仿真和实验测试均采用 15kHz 的采样频率。

图 10-17 的左边为非线性负载的稳态电流波形，其谐波含量通过 FFT（快速傅里叶变换）得到。该波形近似方波，含有随频率增大幅值成反比减少的奇次谐波，其% THD（总谐波失真）计算到 20 次谐波是 25.2%。图 10-17 的右边为辅助非线性负载的稳态电流波形及其谐波含量。该波形除奇次谐波外还含有偶次谐波，对应的% THD 为 43%。

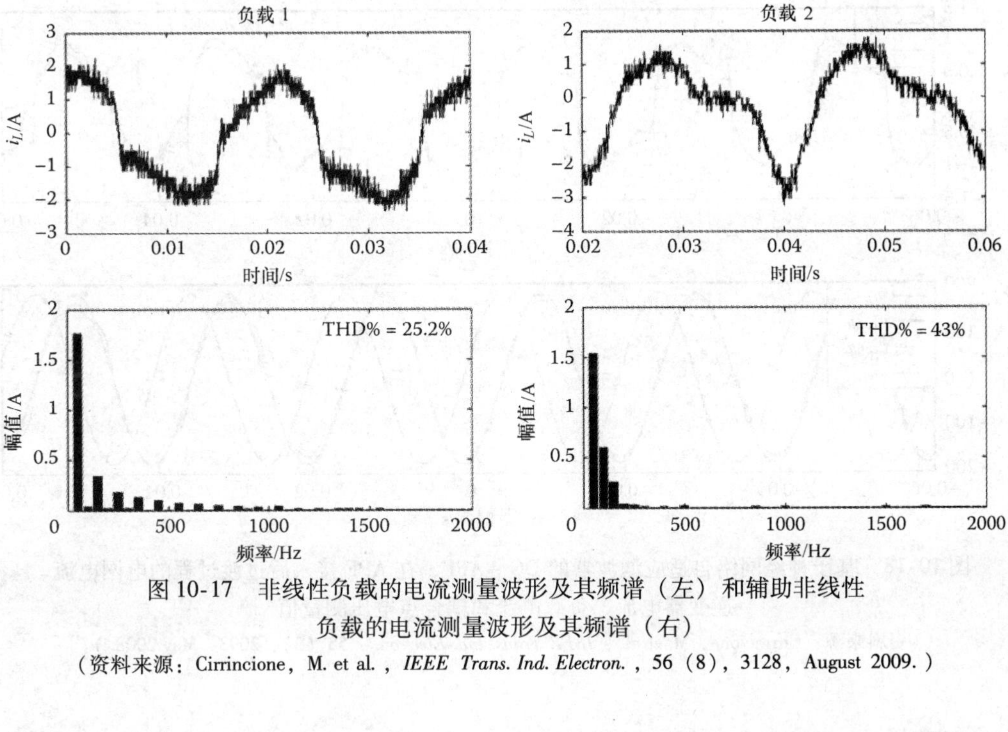

图 10-17　非线性负载的电流测量波形及其频谱（左）和辅助非线性负载的电流测量波形及其频谱（右）

（资料来源：Cirrincione，M. et al.，*IEEE Trans. Ind. Electron.*，56（8），3128，August 2009.）

在所提出的系统中对两个过渡过程进行了研究。第一个是有源滤波功能（APF）突然接入，并维持有功功率为0，对应于纯并联型电力有源滤波器运行。

第二个过渡过程是APF运行时，从可再生能源输入功率。这种情况是在APF的基础上对电网输送有功功率。

这两种过渡过程的条件均可重复再现，如第二个过渡过程的测试：当DG已经在有源滤波模式运行时，给定一个600W有源功率阶跃参考值。

这些测试条件都是特别具有挑战性的：带非线性负载；给定阶跃参考值突然起动APF；给定阶跃参考值突然从可再生能源输入功率。

图10-18所示为基于神经网络自适应滤波器的DG－APF突然在电网接入APF的实验结果，其有功功率参考值为零。APF在 $t=0$ 时起动，在此时刻前电网电流为非线性负载电流。图10-18中显示了逆变器电流的波形（参考值和测量值）、负载电流、电网电流、耦合点电压（经NN带通滤波器滤波的测量值）及其虚拟正交分量和产生的PWM

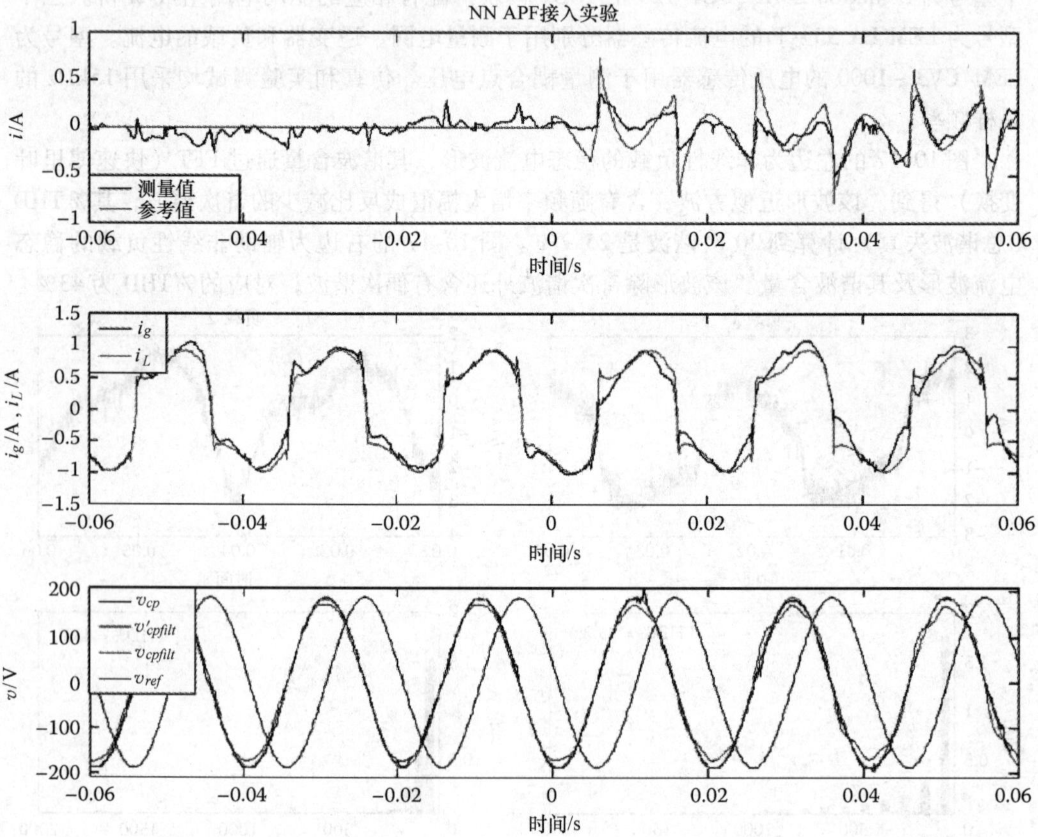

图10-18　基于神经网络自适应滤波器的DG－APF，在APF接入后过渡过程的电网电流、逆变器电流、负载电流和耦合点电压测量值

（资料来源：Cirrincione，M. et al.，*IEEE Trans. Ind. Electron.*，55（5），2093，May 2008.）

电压参考值。可以观察到，将APF接入后，逆变器电流迅速达到参考值（在几个基波周期后），而电网电流最初等于负载电流，逐渐逼近正弦波。同时，耦合点电压在APF接入后出现轻微噪声，这与预期相符，原因是逆变器输入了电流而NN滤波器正确地提取其基波。图10-19所示为图10-18中所示的过渡过程结束后的稳态逆变器电流以及FFT后得到的频谱。在APF模式下，逆变器产生谐波电流，当中含有大量由谐振控制器控制的三次电网基波的谐波（见图10-19），及一些其他倍数的谐波。图10-20所示为图10-18中所示的过渡过程结束后的稳态电网电流，及FFT得到的频谱。图中表明，电网电流在APF接入后，基本上是正弦波，三次、五次和七次谐波被神经网络陷波器驱动的多谐振控制器正确地消除，而主要的谐波——九次谐波，在不加以控制的情况下其幅值也小于基波的4%。电网电流的%THD为4.51%。

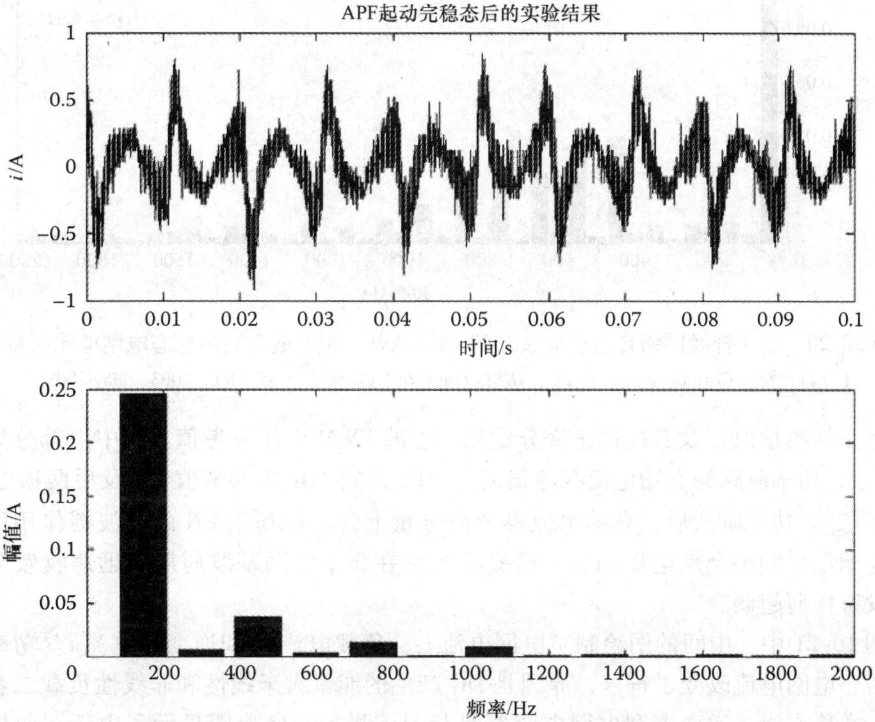

图10-19　基于神经网络自适应滤波器的DG－APF，APF起动后的稳态逆变器电流测量值

（资料来源：Cirrincione，M. et al.，*IEEE Trans. Ind. Electron.*，55（5），2093，May 2008.）

10.8.2　功率参考值接入

该测试中，APF运行时，给定阶跃的功率参考值，模拟从可再生能源突然输入能量。阶跃参考值设定为600W，电网连接了线性（R_L）和非线性负载。

阶跃控制参考值在$t=0$时给定，结果如图10-21所示。图中包括了下列参数：逆变器电流波形（参考值和测量值）、负载电流、电网电流、耦合点电压（经NN带通滤

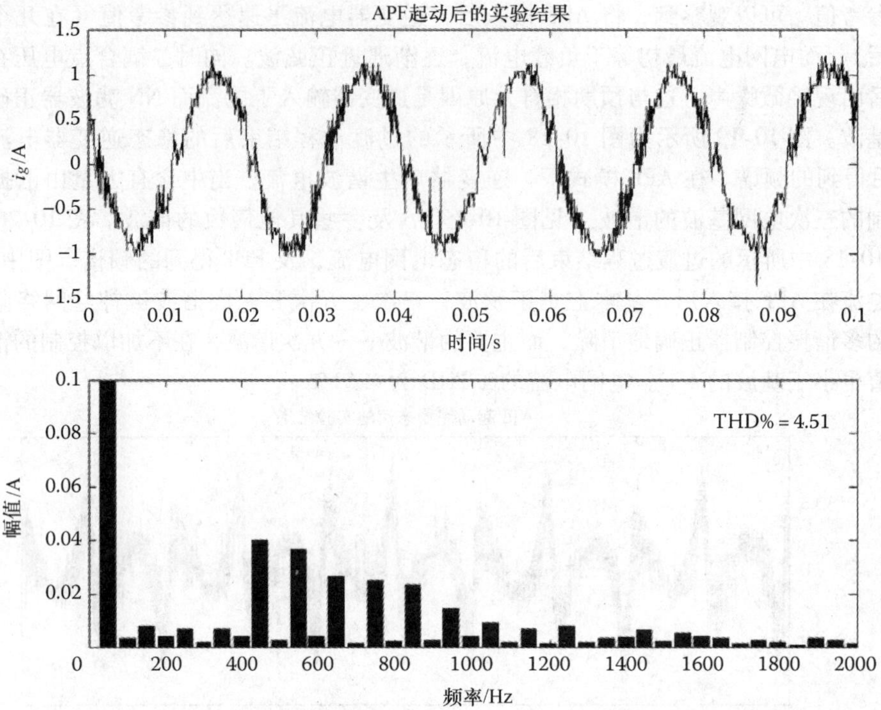

图 10-20　基于神经网络自适应滤波器的 DG－APF，APF 起动后的稳态电网电流测量值

（资料来源：Cirrincione，M. et al.，*IEEE Trans. Ind. Electron.*，55（5），2093，May 2008.）

波器滤波的测量值）及其虚拟正交分量和产生的 PWM 电压参考值。图中上部分为电流测量值 i、功率阶跃的有功电流参考值 i_{act}^*、APF 运行的电流参考值 i_{comp}^* 及后两项之和 $i^* = i_{act}^* + i_{comp}^*$。功率阶跃后，有功电流参考值分量上升，在基于 NN 的滤波器作用下，其相位与滤波后的耦合点电压同步。逆变器电流在 3 个电网基波周期内迅速收敛至参考值，没有任何超调。

图 10-21 中，中间的图绘制了电网电流 i_g、负载电流 i_L 和逆变器电流 i。功率出现阶跃后，电网电流改变了符号，原因是 DG 产生的能量大于线性和非线性负载二者所需之和。在稳态时，逆变器和电网电流符号相反。最后，底部图显示了电压，包括 PCC 电压 V_{cp}、PCC 滤波电压 V_{cpfilt}、PCC 延迟 π/4 电压 V'_{cpfilt} 和电压参考值 V_{ref}。在功率阶跃之前，PWM 的电压参考值低于耦合点电压，功率阶跃后 DG 投入运行，则反过来高于耦合点电压。

图 10-22 所示为图 10-21 所示的过渡过程结束后的稳态逆变器电流，及 FFT 得到的频谱。本图的目的是要表明，逆变器电流基波为 50Hz 正弦波，三次、五次和七次谐波正好等于负载电流对应的谐波分量（AFP 运行之前的电流为如图 10-17 所示）。APF 功能开启后，高次谐波由逆变器产生。如果 APF 功能关闭，则多谐振控制器将会把这些谐波的参考值设置为零，因此谐波将被有源控制为零。图中波形的% THD 等于 4.74%。

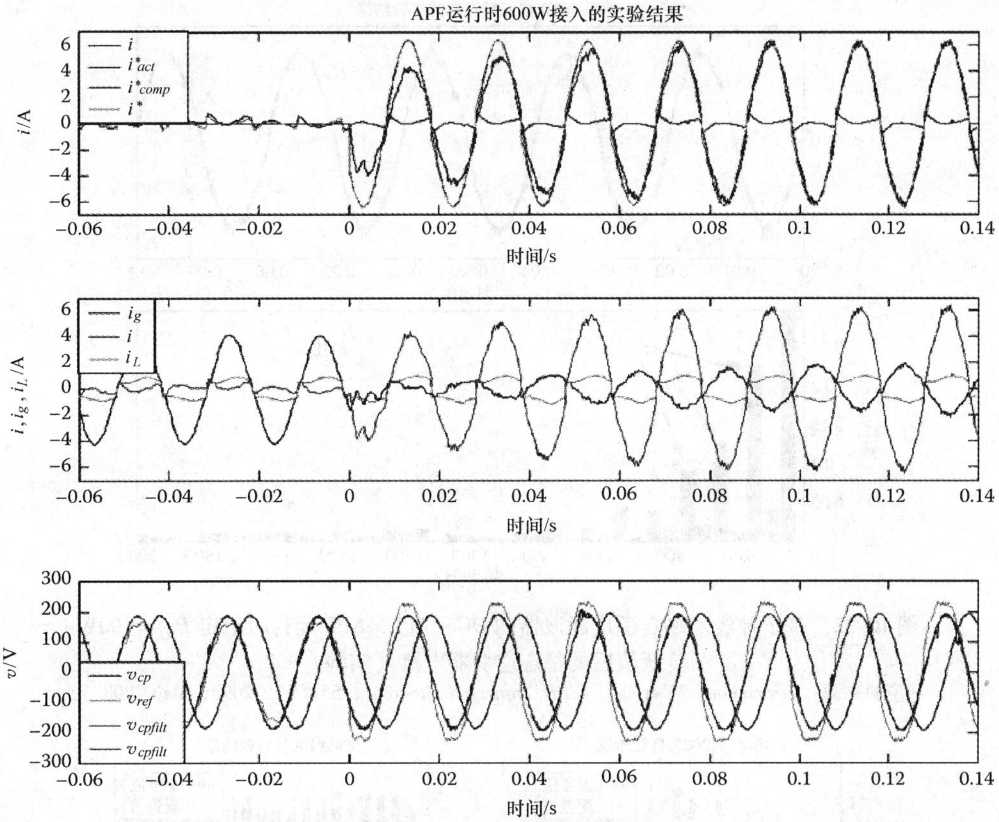

图 10-21　（见彩色插页）基于神经网络自适应滤波器的 DG－APF，APF 运行时给定 P_{ref} = 600W 阶跃值后过渡过程的电网电流、逆变器电流、负载电流和耦合点电压（实验）

（资料来源：Cirrincione，M. et al.，*IEEE Trans. Ind. Electron.*，55（5），2093，May 2008.）

10.8.3　负载波动

本节的目的是验证所提出系统在非线性负载突然波动后的情况，以测试神经网络自适应滤波器的性能。两个测试均已完成数值仿真。第一个测试是负载从 100% 到 200% 阶跃变化（100% 对应图 10-16 中的负载），第二个测试是负载从 0% 到 100% 阶跃变化。图 10-23 的左侧图为负载从 100% 到 200% 变化的过渡过程，右侧图为负载从 0% 到 100% 变化的过渡过程。图上方为逆变器电流参考值和测量值，中间为电网电流，下方为负载电流。

可以观察到，对于从 100% 到 200% 负载变化，负载系统在几乎一个电网频率周期内迅速地收敛至新的系统配置。对于从 0% 到 100% 负载过渡，过渡过程时间较长（约 6 个电网频率周期）。这是由于多谐振控制器和自适应陷波滤波器的收敛过程时间较长。应当注意，最后这个测试的工作条件更为恶劣，因为连接到电网的逆变器初始时既不交换任何功率，也不补偿任何负载谐波电流。

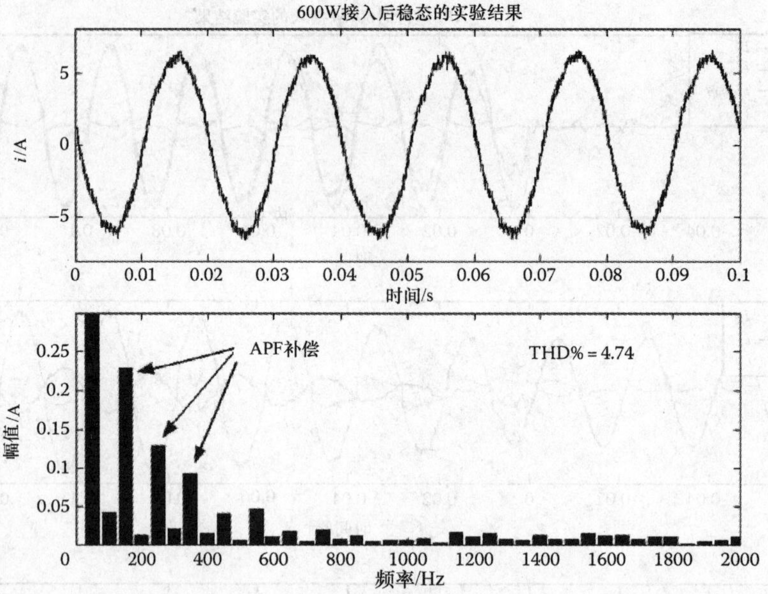

图 10-22　基于神经网络自适应滤波器的 DG - APF，APF 运行时给定 $P_{ref}=600\text{W}$ 阶跃值后的稳态逆变器电流（实验）

（资料来源：Cirrincione，M. et al.，*IEEE Trans. Ind. Electron.*，55（5），2093，May 2008.）

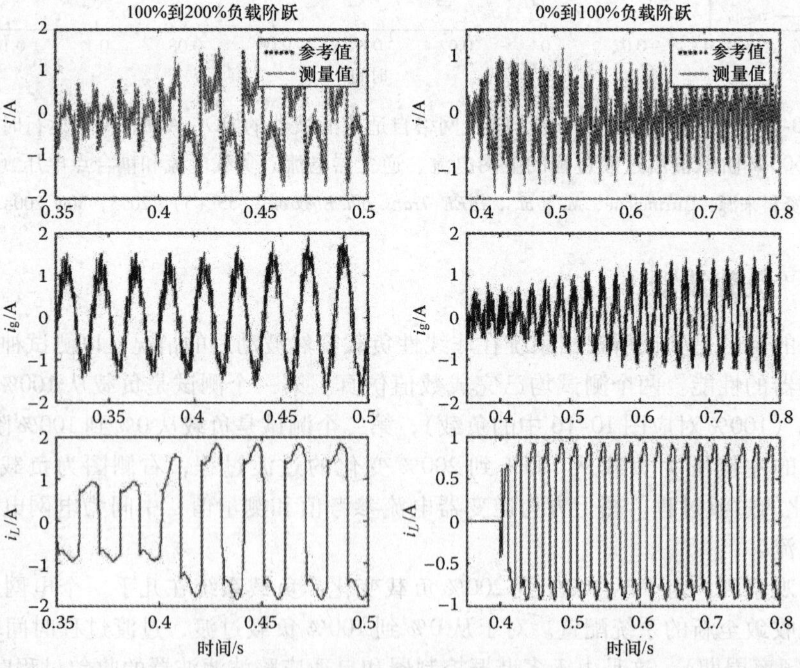

图 10-23　0% 到 100% 和 100% 到 200% 两个负载阶跃变化的 i、i_g 和 i_L（仿真）

（资料来源：Cirrincione，M. et al.，*IEEE Trans. Ind. Electron.*，55（5），2093，May 2008.）

10.8.4　NN 滤波器与锁相环的对比

最后，为了更准确比较 NN 带通自适应滤波器和锁相环（PLL）的电网接入能力，特进行了一些恶劣条件下的附加测试。数值测试在三个不同的工作条件下完成。

第一个测试的目的是比较对电网电压的跟踪速度（瞬态响应），结果为图 10-24 的上图，包括了耦合点正弦波电压，以及 NN 带通滤波器和 PLL 的跟踪输出。图中表明，NN 带通滤波器跟踪电网电压的收敛速度快于 PLL。

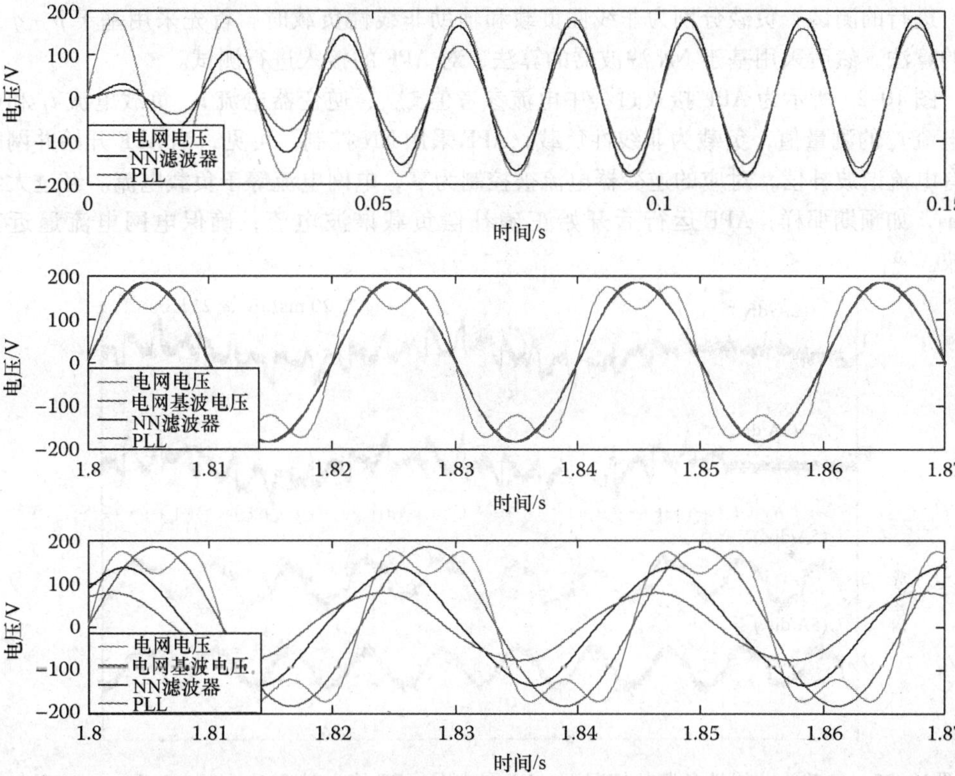

图 10-24　不同的工作条件下的稳态电网电压，NN 带通滤波器和 PLL 的输出（仿真）

（资料来源：Cirrincione，M. et al.，*IEEE Trans. Ind. Electron.*，55（5），2093，May 2008.）

第二个测试在电网额定频率为 50Hz 且电压存在畸变时（三次谐波为 33%），对比了 NN 滤波器和 PLL 的运行情况。结果为图 10-24 的中图。图中表明，NN 滤波器和 PLL 均工作正常，能正确地提取 v_{vp}的基波分量（包括幅度和相位）。

第三个测试中，电网电压 v_{vp} 存在畸变（三次谐波为 33%），且频率出现漂移（45Hz），而 NN 滤波器和 PLL 是按照电网额定频率（50Hz）设定的。这是非常具有挑战性的情况，结果如图 10-24 的下图所示。结果表明，电网频率偏离基波频率后，NN 带通滤波器在电网基波电压估计方面的表现优于 PLL。PLL 与 NN 带通滤波器相比，相位差更大，幅值误差也更大。NN 滤波器和 PLL 所采用的频率跟踪方法都不会增加计算的复杂度和计算量。

10.8.5 NN 滤波器与 $p-q$ 理论的对比

在这里，采用辅助非线性负载代替之前的非线性负载，这个辅助负载由可饱和变压器 + 二极管整流器 + 电阻负载组成。它的电流波形是含有奇数和偶次谐波的复合波形。基于 $p-q$ 理论的算法在 dSPACE DS1103 板卡上进行了实现和实验，该板卡上也实现了 NN 自适应滤波器。整个控制系统在两种情况下均采用了 15kHz 的采样频率。

进行的测试：负载分别为非线性负载和辅助非线性负载时，首先采用基于 $p-q$ 理论的算法，然后采用基于 NN 滤波器的算法，对 APF 的接入进行测试。

图 10-25 所示为 APF 接入过程中电流参考值 i_{comp}^*、逆变器电流 i、负载电流 i_L 和电网电流 i_S 的测量值，负载为非线性负载，APF 采用 NN 控制。可见，当 APF 开始并网时没有电流谐波补偿，对应的逆变器电流被控制为零，电网电流等于负载电流。经过大约 40ms，如预期那样，APF 运行后开始正确补偿负载谐波电流，确保电网电流逼近正弦波。

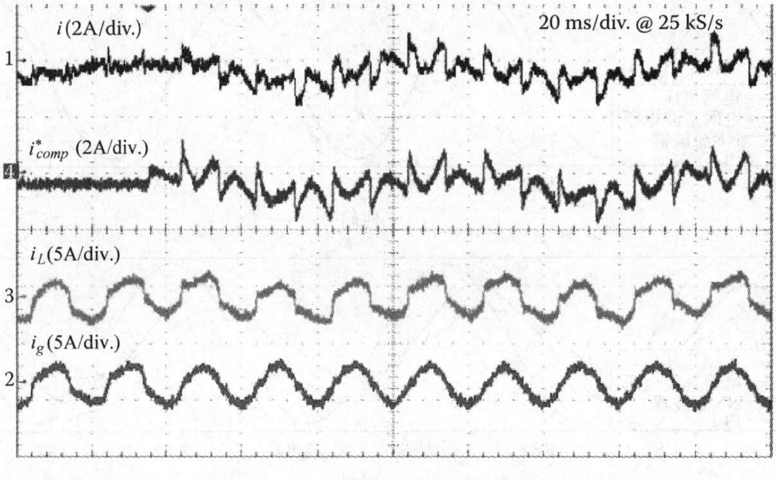

图 10-25　负载为非线性负载的情况下，NN 控制的 APF 接入时的 i_{comp}^*、i、i_L 和 i_g（实验）

（资料来源：Cirrincione, M. et al., *IEEE Trans. Ind. Electron.*, 56 (8), 3128, August 2009.）

图 10-26 中，重复之前的测试，但用辅助非线性负载替代前面测试的非线性负载。在这种情况下，APF 依然工作正常，能正确地补偿电网的谐波电流。NN 自适应滤波器能很快地自适应，正确估计负载谐波。因此，多谐振控制器能迅速调整逆变器电流达到参考值。

图 10-27 和图 10-28 所示为与上述测试相同的测试，非线性负载也相同，只是采用了经典的 $p-q$ 理论进行控制。图的对比说明时域分析的性能没有明显差别，这意味着基于 NN 自适应滤波器的控制方法和基于 $p-q$ 理论的控制方法均能正常工作，实现了电网电流谐波的完全补偿。

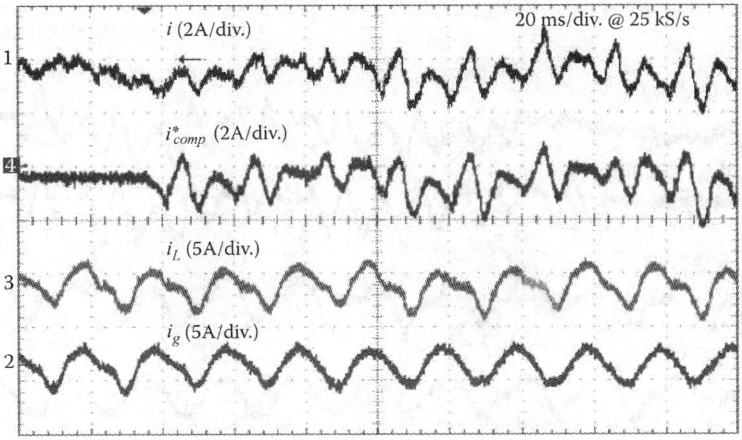

图10-26 负载为辅助非线性负载的情况下，NN控制的APF接入时的i^*_{comp}、i、i_L和i_g（实验）

（资料来源：Cirrincione，M. et al.，*IEEE Trans. Ind. Electron.*，56（8），3128，August 2009.）

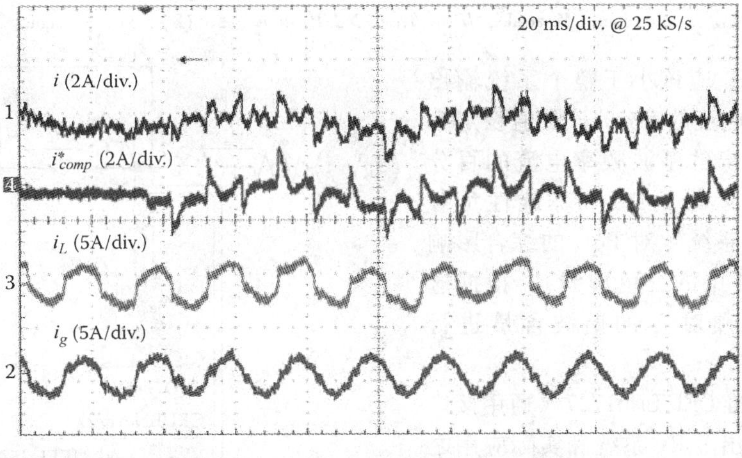

图10-27 负载为非线性负载的情况下，$p-q$理论控制的APF接入时的i^*_{comp}、i、i_g和i_L（实验）

（资料来源：Cirrincione，M. et al.，*IEEE Trans. Ind. Electron.*，56（8），3128，August 2009.）

10.8.6 与国际标准的对比

基于NN的DG-APF的实验结果，与美国和欧洲国际标准的限值进行了对比。包括IEEE标准1547-2003《IEEE分布式电源接入电力系统标准》[24]、欧洲标准CEI/EN61727《通用接口的特性》[22]、CEI/EN61000-3-2《谐波电流发射限值（设备每相输入电流<16A）》[25]。

IEEE标准1547-2003《IEEE分布式电源接入电力系统标准》要求任何基于可再生能源的系统在PCC的输出必须符合IEEE标准519-1992第10条，即总谐波电流失真［TDD：电流总需量畸变系数，即最大需求电流（15min或30min的需求）中谐波电流

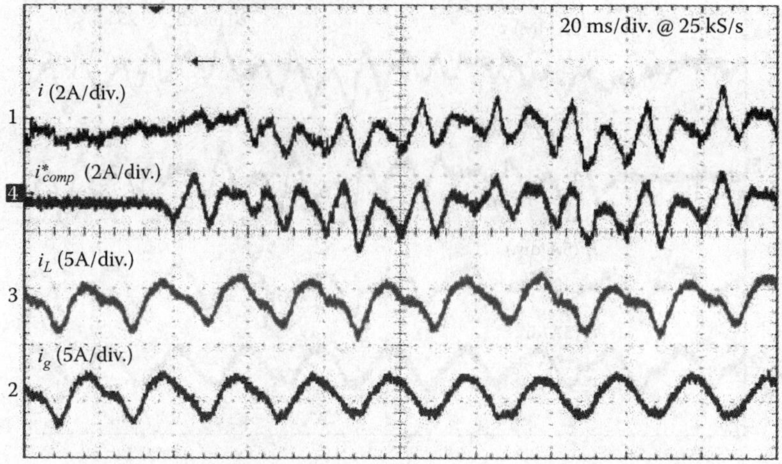

图 10-28　负载为辅助非线性负载的情况下，$p-q$ 理论控制的 APF 接入时的 i^*_{comp}、i、i_L 和 i_g（实验）

（资料来源：Cirrincione，M. et al.，*IEEE Trans. Ind. Electron.*，56（8），3128，August 2009.）

畸变量的%］应该小于整个系统输出的基波频率电流的5%。该限值设定为整个系统输出的基波频率电流的百分比。该标准考虑了 DG 和非线性负载（EPS，电力系统）对 PCC 的综合影响（见图 10-29 中的红色虚线）。根据这一要求，必须对 i_g 的谐波含量进行分析。

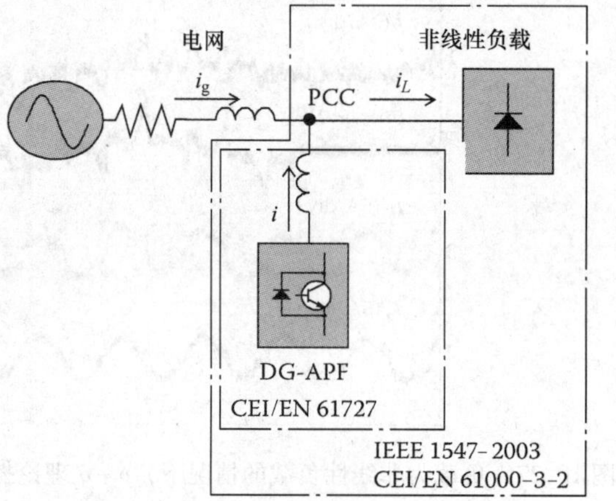

图 10-29　参照国际标准的 DG－APF 原理图

（资料来源：Cirrincione，M. et al.，*IEEE Trans. Ind. Electron.*，55（5），2093，May 2008.）

欧洲标准 CEI/EN61727《通用接口的特性》给出了 PV 系统和实际应用之间的接口要求，并提供技术建议。标准是为 PV 系统而写的，但其原理可以推广到任何以可再生能源为基础的 DG。在电能质量特别是谐波方面，该标准要求谐波电流和电压的幅值必须很低。标准建议的设计限值指标为谐波电流 THD（限值为5%），没有对各个单次谐波进行限值。参照这一标准，只考虑 DG－APF（图 10-29 中的蓝色虚线框）。

最后，考虑标准 CEI/EN61000－3－2《谐波电流发射限值（设备每相输入电流≤16A）》[25]。虽然该标准是为负载制定的，但在本研究中，从 PCC 来看 DG－APF＋非线性负载组成了一个 EPS。事实上，单独考虑本研究的非线性负载，计算最高达 40 次的谐波幅值绝对值，就已经大大超出了限值。由于这个标准的最大电流为 16A，IEEE 标准也采用了同样的值定义了用户的平均最大需求负载电流。

对于%THD的限值，参考文献［24］和［25］规定为电网电流 i_g 的5%，而参考文献［30］规定为逆变器电流 i 的5%。图10-20和图10-22表明，在两种情况下，THD都没有超出限值。然而应当牢记的是，图10-22中输入的电流 i 包括了用于负载电流谐波补偿的三次、五次和七次谐波。如果没有进行负载谐波补偿，%THD会更低。

关于间谐波的分析，图10-30显示了标准[29,31]所描述的限值和电流 i_g 的谐波含量。可见，所提出的系统同时符合美国和欧洲标准。

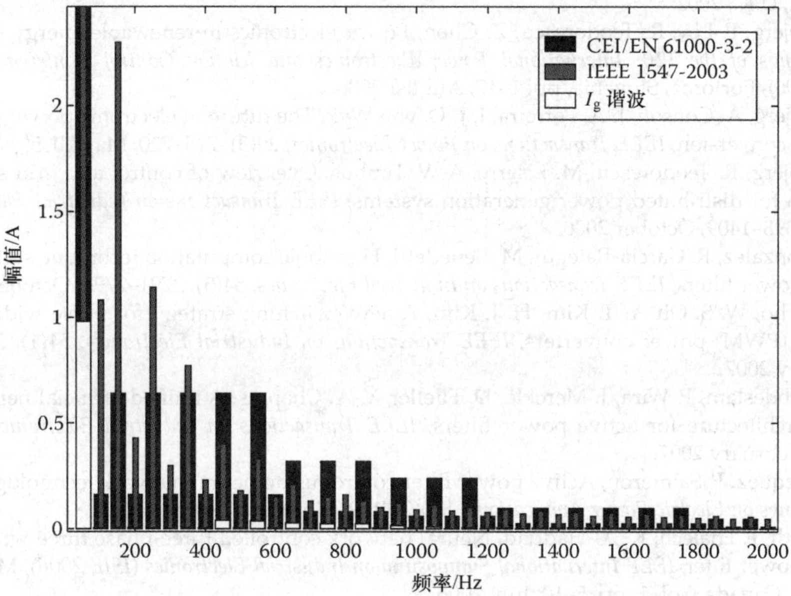

图10-30 国际标准规定的电网电流谐波含量及其限值

（资料来源：Cirrincione，M. et al.，*IEEE Trans. Ind. Electron.*，55（5），2093，May 2008.）

10.9 APF接入步骤

如何把AFP接入电网是非常关键的问题。为了描述接入步骤，在第10.7节所述的实验装置上增加了一个硬件命令设备（开关）和两个软件命令设备（PC上由用户选择的虚拟设备）。为简单起见，这些命令设备没有在图10-16中列出。硬件命令设备直接作用于IGBT的驱动信号，可以使能/关闭器件驱动。由于逆变器的驱动为双极性调制，这样可以避免设备起动后没有调制信号时，桥臂的上下两个器件同时处于导通状态。第一个软件命令设备完成待机/运行选择（调制器的输出分别为0或1）。第二个软件命令设备完成APF功能的开启/关闭。因此，APF并网的步骤是：

1）接入非线性负载到电网。

2）DC母线电压上升至额定值。

3）触发硬件命令设备由关闭转换为使能模式（电网与逆变器进行物理连接，控制功能不投入）。

4）触发软件命令设备 1 从待机转换为运行（APF 并入电网，但不启用电流补偿）。

5）触发软件命令设备 2 从关闭转换为开启（运行 APF 电流补偿）。

参考文献

1. M. P. Kazmierkowski, R. Krishnan, F. Blaabjerg, *Control in Power Electronics*, Academic Press, London, U.K., 2002.
2. F. Blaabjerg, F. Lov, R. Teodorescu, Z. Chen, Power electronics in renewable energy systems, *Proceedings of the 12th International Power Electronics and Motion Control Conference* (*EPE-PEMC'06*), Portorož, Slovenia, pp. 1–17, August 2006.
3. F. Blaabjerg, A. Consoli, J. A. Ferreira, J. J. D. van Wyk, The future of electronic power processing and conversion, *IEEE Transactions on Power Electronics*, 20(3), 715–720, May 2005.
4. F. Blaabjerg, R. Teodorescu, M. Liserre, A. V. Timbus, Overview of control and grid synchronization for distributed power generation systems, *IEEE Transactions on Industrial Electronics*, 53(5), 1398–1409, October 2006.
5. S. A. Gonzalez, R. Garcia-Retegui, M. Benedetti, Harmonic computation technique suitable for active power filters, *IEEE Transactions on Industrial Electronics*, 54(5), 2791–2796, October 2007.
6. K. M. Cho, W. S. Oh, Y. T. Kim, H. J. Kim, A new switching strategy for pulse width modulation (PWM) power converters, *IEEE Transactions on Industrial Electronics*, 54(1), 330–337, February 2007.
7. D. O. Abdeslam, P. Wira, J. Merckle, D. Flieller, Y.-A. Chapuis, A unified artificial neural network architecture for active power filters, *IEEE Transactions on Industrial Electronics*, 54(1), 61–76, February 2007.
8. J. R. Vazquez, P. Salmeron, Active power filter control using neural network technologies, *IEE Proceedings on Electric Power Applications*, 150(2), 139–145, March 2003.
9. A. Zouidi, F. Fnaiech, K. Al-Haddad, Neural network controlled three-phase three-wire shunt active power filter, *IEEE International Symposium on Industrial Electronics* (*ISIE 2006*), Montreal, Quebec, Canada, Vol. 1, pp. 5–10, July 2006.
10. A. Elmitwally, S. Abdelkader, M. El-Kateb, Neural network controlled three-phase four-wire shunt active power filter, *IEE Proceedings on Generation, Transmission and Distribution*, 147(2), 87–92, March 2000.
11. W. Tsai-Fu, S. Chih-Lung, H. Chien-Chang, C. Jeiyang, 1/spl phi/ 3W grid-connection PV power inverter with partial active power filter, *IEEE Transactions on Aerospace and Electronic Systems*, 39(2), 635–646, April 2003.
12. W. Tsai-Fu, S. Chih-Lung, N. Hung-Shou, L. Guang-Feng, A 1/spl phi/3W inverter with grid connection and active power filtering based on nonlinear programming and fast-zero-phase detection algorithm, *IEEE Transactions on Power Electronics*, 20(1), 218–226, January 2005.
13. T.-F. Wu, H.-S. Nei, C.-L. Shen, G.-F. Li, A single-phase two-wire grid-connection PV inverter with active power filtering and nonlinear inductance consideration, *Proceedings of the 19th Annual IEEE Applied Power Electronics Conference and Exposition* (*APEC 2004*), Anaheim, CA, Vol. 3, pp. 1566–1571, 2004.
14. G. Hsieh, J. C. Hung, Phase-locked loop techniques: A survey, *IEEE Transactions on Industrial Electronics*, 43(6), 609–615, December 1996 (invited paper).
15. M. Ciobotaru, R. Teodorescu, F. Blaabjerg, A new single-phase PLL structure based on second order generalized integrator, *Proceedings of the 37th IEEE Power Electronics Specialists Conference* (*PESC'06*), Jeju, South Korea, pp. 1–6, June 18–22, 2006.

16. M. Rukonuzzaman, M. Nakaoka, Single-phase shunt active power filter with adaptive neural network method for determining compensating current, *Proceedings of the 27th Annual Conference of the IEEE Industrial Electronics Society* (*IECON'01*), Denver, CO, Vol. 3, pp. 2032–2037, November 29–December 2, 2001.
17. C. Sharmeela, M. R. Mohan., G. Uma, Line harmonics reduction using neural based controller for shunt active filters, *Conference on Convergent Technologies for Asia-Pacific Region* (*TENCON 2003*), Bangalore, India, Vol. 4, pp. 1554–1557, October 15–17, 2003.
18. D. Gao, X. Sun, A shunt active power filter with control method based on neural network, *Proceedings of the PowerCon 2000 International Conference on Power System Technology*, Perth, WA, Vol. 3, pp. 1619–1624, December 4–7, 2000.
19. M. Cirrincione, M. Pucci, G. Vitale, A single-phase DG generation unit with shunt active power filter capability by adaptive neural filtering, *IEEE Transactions on Industrial Electronics*, 55(5), 2093–2110, May 2008.
20. M. Cirrincione, M. Pucci, G. Vitale, A single-phase shunt active power filter for current harmonic compensation by adaptive neural filtering, *European Power Electronics and Drives Journal*, 19(1), 40–49, March 2009.
21. M. Cirrincione, M. Pucci, G. Vitale, A. Miraoui, Current harmonic compensation by a single-phase shunt active power filter controlled by adaptive neural filtering, *IEEE Transactions on Industrial Electronics*, 56(8), 3128–3143, August 2009.
22. International Standard IEC 61727, Characteristics of the utility interface, 1997.
23. D. N. Zmood, D. G. Holmes, G. H. Bode, Frequency-domain analysis of three-phase linear current regulators, *IEEE Transactions on Industry Applications*, 37(2), 601–610, March/April 2001.
24. IEEE standard 1547-2003 IEEE standard for interconnecting distributed resources with electric power systems, Institute of Electrical and Electronics Engineers, New York, 2003.
25. International Standard IEC 61000-3-2, Limits for harmonic current emissions (equipment input current ⩽ 16 A per phase), 1998.

第 11 章　交流驱动器的神经网络无位置传感器控制

11.1　基于 NN 的无位置传感器控制

交流电动机驱动器的无位置传感器控制是重要的研究课题，大量学者对此进行了研究[1~6]。相关文献提出了各种技术，其中许多已在第 6 章中进行了描述，而一个可行性高的方法是采用基于人工智能（AI）的技术。因此，电气驱动可以假设为智能行为，这意味着它可以嵌入“学习”、“自组织”或“自适应”[7-12]等概念。除了上述优点外，在电气调速驱动器上集成 AI 技术可以减少开发时间，降低系统研发的数学难度，因为一般 AI 技术不需要系统的数学模型。在自动控制领域中，一般来讲，需要该系统（被控对象）的模型知识，表示为代数或微分方程，用以描述系统的输入/输出关系。这些模型通常是复杂的，依赖于理想化的假设，并包含了难以测量的参数，或者系统运行中会发生时变。在某些情况中，系统数学模型是无法确定的。这些问题可以通过采用智能控制技术来解决，甚至可以不需要被控对象的数学模型，且对参数漂移不敏感。上述考虑使 AI 成为优化驱动器控制的有效工具。

目前，只有两家大型生产商——日立公司和安川公司，其工业驱动器的控制具备了 AI 特性[7]。特别是日立公司型号为 J300 的驱动器是无速度传感器矢量控制感应电动机（IM）驱动器，在加减速时间优化计算和定子电流控制中采用了模糊逻辑控制技术。安川公司型号为 VS-616G5 的驱动器，被称为“真正的磁通矢量驱动器”，采用了基于神经网络的控制方法。该驱动器具有“智能神经网络磁通观测器”，允许驱动器工作于简单的标量（*V/f*）模式、有转速反馈矢量控制模式或无位置传感器矢量控制模式。

人工智能技术主要分为两类：硬计算和软计算。专家系统（Expert System，ES）属于第一类，是基于确定的严格规则的，采用了严谨的布尔逻辑。第二类包括模糊逻辑系统（Fuzzy Logic System，FLS）[13-18]、人工神经网络（ANN）[19-29]、遗传算法（Genetic Algorithms，GA）[30]和混合式系统[7]，如模糊神经网络系统、遗传算法辅助的神经网络系统和模糊系统。所有的软计算技术已经考虑了实际应用中信息和数据的不确定性。ES 和 FLS 都是基于规则的技术，目标是再现人类大脑的行为，而 ANN 则倾向于重现生物结构。GA 为不同的方法，也被称为进化计算，基于遗传学原理（达尔文的进化学说或理论）。GA 在进化过程的基础上解决了最优化问题，提供最优解（优胜劣汰）。在上述技术中，ANN 对电力电子技术及电气传动的影响最大[11,12,31,32,33]。

对于 IM 驱动器的无位置传感器技术，相关文献列出了几种方法。参考文献［34］提出了一种简单的开环转速估计器，基于式（6-20），其中的转速估计器集成了模型参考自适应系统（MRAS）技术，用于在线估计电动机的定子电阻。MRAS 的自适应模型为多层感知器（MLP），在线训练方法为反向传播网络（BPN）算法。参考文献［35］介绍了一种基于神经网络的 MRAS 观测器。该 MRAS 方案采用 NN 转子磁通观测器替代了传统的电压模型，而非其他 NN 无位置传感器方案的电流模型，以提高驱动器在零速和低速的性能。MLP 根据当前和过去的终端电压、电流采样值估计转子磁通，系统没有开环且对电动机参数的变化不敏感。如作者所述，NN 的训练数据是从实验测量中得到的，其模型更准确，考虑了所有的驱动器非线性特性。在参考文献［36］中，转速观测器采用 ANN 对转子转速估计值进行校正。转速观测器系统的内部信号用于消除稳态和瞬态期间的观测器误差。在这种情况下，依然可以采用由 BPN 算法在线训练的 MLP。采用双层 ANN 已经足够，其隐层神经元很少且输出层只有一个神经元。在确定前馈网络的隐层神经元数目时，运用了进化编程方法。作者称所开发基于转速观测器的系统，稳定且鲁棒性强。参考文献［37］提出了一个 MRAS 观测器，其中的参考和自适应模型为 IM 传统的电压和电流模型。NN 的输入包括基于参考模型的转子磁通估计值、基于自适应模型的转子磁通估计值和转速估计延迟值，用于对转速当前值的估计。因此该 NN 具有类似 Jordan 时序网络的递归结构，可以通过传统的 BPN 算法进行训练。在这种情况下，NN 只需要在线训练，无须预先训练。Orlowska－Kowalska 等[38]研究了自适应滑模模糊神经网络转速控制器（ASNFC）对无速度传感器矢量控制 IM 驱动器的应用和优点。控制器 ANN 的权值，根据 IM 转速估计值和参考模型输出之间的误差，由改进的梯度下降算法进行训练。此外，无须对模糊神经网络转速控制器（NFC）进行预先离线训练。转速由自适应观测器进行估计。Heredia 等[39]采用了比较经典的神经网络方法，提出以神经网络（NN）来估计转速。这种想法的基础是某些输入（定子电流、电压和频率）与某些输出（转速和转矩）存在的关联关系。在这种情况下，对于每组输入，均有一组对应的输出。为了实现这个功能，ANN 必须进行初始化训练。这不需要进行在线训练，也没有必要给予所有可能的输入/输出组合样本，因为该方法能够在有限的输入—输出组合中产生结果。训练阶段完成后，网络可以根据任何形式的输入估计转速。所采用 ANN 的最终结构是一个前馈三层 MLP：第一层 2 个神经元；第二层 10 个神经元以约束误差为规定值，第三层 2 个神经元：输出估计的转速和转矩。Campbell 和 Summer[40]采用了 Karanayil 等[34]提出的类似方法，提出了一种基于磁通误差最小化，并集成了定子电阻神经网络估计器的经典 MRAS 观测器。定子电阻估计值用于在线适应参考模型。Ben－Brahim 和 Kurosawa[41]、Elloumi 等[42]和 Ben－Brahim[43]提出了非常有意义的基于神经网络的 MRAS 观测器，启发了下面将详细描述的基于 LS 的 MRAS 观测器。

11.2　基于 BPN 的 MRAS 转速观测器

参考文献［41－44］提出了非常有意义的基于神经网络的无位置传感器高性能 IM 驱动器控制方法。这些论文中均描述了基于神经网络的 MRAS 转速观测器。在第 6.4.6 节中讨论了各种 MRAS 解决方案，这是其中的基于转子磁通误差最小化的 MRAS 方案[45]。像参考文献［45］一样，本 MRAS 由一个参考模型和一个自适应模型组成，两个均用于同步估计转子磁链空间矢量的幅度和相位。然而在这种情况下，自适应模型采用了两层“实时”NN。该神经网络能够在驱动运行时在线学习，因此不需要任何的离线训练，异于传统的有监督训练 ANN。ANN 的在线学习由参考模型控制，让 ANN 于在线训练中跟踪参考模型。训练过程的结果，是估计驱动器的转速。

参考模型为定子参考坐标系中的定子电压方程，如参考文献［45］中所述，简单起见列写为

$$\begin{cases}\dfrac{\mathrm{d}\psi_{rd}}{\mathrm{d}t}=\dfrac{L_r}{L_m}\left(u_{sD}-R_s i_{sD}-\sigma L_s\dfrac{\mathrm{d}i_{sD}}{\mathrm{d}t}\right)\\ \dfrac{\mathrm{d}\psi_{rq}}{\mathrm{d}t}=\dfrac{L_r}{L_m}\left(u_{sQ}-R_s i_{sQ}-\sigma L_s\dfrac{\mathrm{d}i_{sQ}}{\mathrm{d}t}\right)\end{cases}\tag{11-1}$$

式中符号请参阅本章结尾的符号列表。电压模型框图如图 6-23 所示。

自适应模型方面，则可以根据 IM 的电路模型，建立该系统的神经元模型，简单起见列写为

$$\begin{cases}\dfrac{\mathrm{d}\hat{\psi}_{rd}}{\mathrm{d}t}=\dfrac{1}{T_r}(L_m i_{sD}-\hat{\psi}_{rd}-\omega_r T_r\hat{\psi}_{rq})\\ \dfrac{\mathrm{d}\hat{\psi}_{rq}}{\mathrm{d}t}=\dfrac{1}{T_r}(L_m i_{sQ}-\hat{\psi}_{rq}-\omega_r T_r\hat{\psi}_{rd})\end{cases}\tag{11-2}$$

要设计为 ANN，式（11-2）的电流模型首先应该从连续域转换到离散域。如果采用简单的前向欧拉方法，可以得到以下的有限差分方程，即

$$\begin{cases}\hat{\psi}_{rd}(k)=w_1\hat{\psi}_{rd}(k-1)-w_2\hat{\psi}_{rq}(k-1)+w_3 i_{sD}(k-1)\\ \hat{\psi}_{rq}(k)=w_1\hat{\psi}_{rq}(k-1)+w_2\hat{\psi}_{rd}(k-1)+w_3 i_{sQ}(k-1)\end{cases}\tag{11-3}$$

式中 $\hat{}$——自适应模型中的变量估计值；

k——当前采样时刻。

线性 NN 可以逼近这些式中，其中 w_1、w_2 和 w_3 作为 NN 的权值，定义为 $w_1=1-T_{sp}/T_r$、$w_2=\omega_r T_{sp}$ 和 $w_3=T_{sp}L_m/T_r$，T_{sp} 是控制系统的采样时间，L_m 是电动机的三相励磁电感，T_r 是转子时间常数，ω_r 是转子的电角度转速。式（11-3）描述了一个四输入两输出的线性 ANN，其输入为 $i_{sD}(k-1)$、$i_{sQ}(k-1)$、$\hat{\psi}_{rd}(k-1)$、$\hat{\psi}_{rq}(k-1)$，其输出为 $\hat{\psi}_{rd}(k)$、$\hat{\psi}_{rq}(k)$，其权值为 w_1、w_2 和 w_3[41-44]。事实上，此线性 ANN 不是前馈而是递归网络，也就是输出延迟后被反馈至输入端。在这种情况下，自适应模型被认为是作为一个“模拟器”[46]。

理论上，所有三个权值 w_1、w_2 和 w_3 都可以在线训练；然而实际上，w_1 和 w_3 只决定于电动机参数，可以保持为常数。这样，只有 w_2 进行在线训练，因为它包括了转子转速的信息。图 11-1 所示为 BPN MRAS 观测器框图。

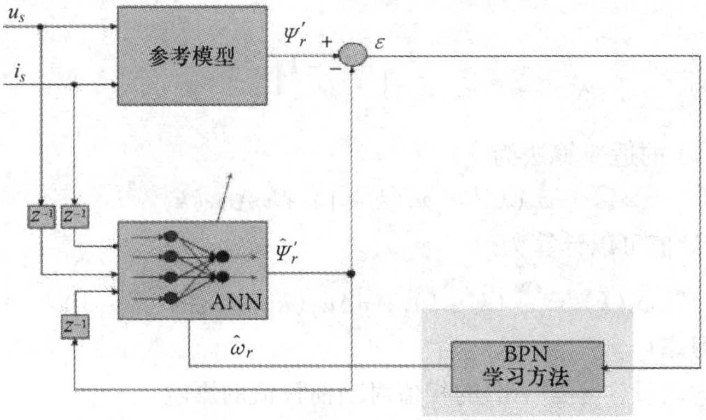

图 11-1 BPN MRAS 观测器框图

11.2.1 BPN MRAS 观测器的在线训练

如前所述，包含自适应模型的线性 NN 是在线训练的，也就是说，它不需要在预先采集数据的基础上进行离线训练。这是本观测器保证优良性能的关键。为了进行在线训练，ANN 输出的 $\hat{\psi}_{rd}(k)$ 、$\hat{\psi}_{rq}(k)$ 与参考模型提供的目标值 $\psi_{rd}(k)$ 、$\psi_{rq}(k)$ 进行同步比较。图 11-2 所示为训练过程框图。

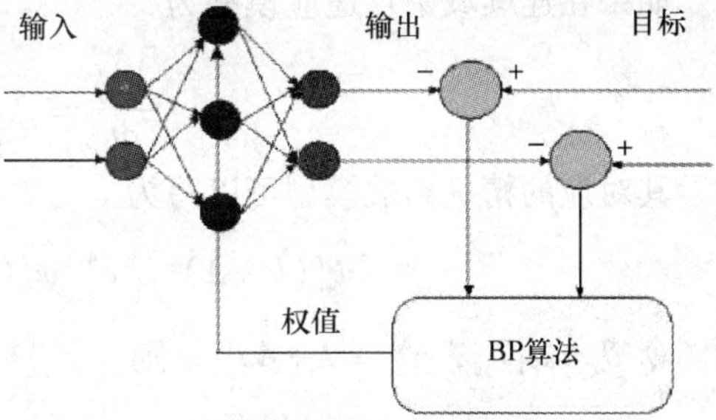

图 11-2 训练过程框图

分别由参考模型和自适应模型提供的磁通估计值之间的误差，被反向传播以调整神经网络的权值（尤其取决于转子转速的 w_2），最终使误差为最小。应用中，神经元模型的转速估计值和电动机转速实际值之间的任何差异，将产生两个磁通估计值之间的误差。$\hat{\psi}_{rd}(k)$ 、$\hat{\psi}_{rq}(k)$ 和 $\psi_{rd}(k)$ 、$\psi_{rq}(k)$ 之间的误差用于根据 BPN 学习方法对 w_2 进行调整。把表达方式从复数转为矢量，则如果 $\boldsymbol{\varepsilon}(k) = \psi_r'(k) - \hat{\psi}_r'(k)$（空间矢量误差），$w_2$ 被调整致使能量方差函数 $E = 1/2\varepsilon^2(k)$ 为最小，即

$$\Delta w_2(k) \propto -\frac{\mathrm{d}E}{\mathrm{d}w_2} = -\frac{\mathrm{d}E}{\mathrm{d}\hat{\boldsymbol{\psi}}_r'(k)}\frac{\mathrm{d}\hat{\boldsymbol{\psi}}_r'(k)}{\mathrm{d}w_2} = -\boldsymbol{\delta}(k)\boldsymbol{J}\hat{\boldsymbol{\psi}}_r'(k-1) \tag{11-4}$$

式中

$$\boldsymbol{\delta}(k) = \frac{\mathrm{d}E}{\mathrm{d}\hat{\boldsymbol{\psi}}_r'(k)} = [\hat{\boldsymbol{\psi}}_r'(k) - \hat{\boldsymbol{\psi}}_r'(k)]^{\mathrm{T}}$$

因此，权值变化量 $\Delta w_2(k)$ 是由梯度下降误差最小化得出的，即

$$\Delta w_2 = [\boldsymbol{\psi}_r'(k) - \hat{\boldsymbol{\psi}}_r'(k)]^{\mathrm{T}}\boldsymbol{J}\hat{\boldsymbol{\psi}}_r'(k-1) \tag{11-5}$$

式中

$$J=\begin{bmatrix}0 & -1\\1 & 0\end{bmatrix}$$

最后，$\Delta w_2(k)$ 的适应算法为

$$w_2(k)=w_2(k-1)+\eta\Delta w_2(k) \tag{11-6}$$

因此转速估计值可以计算为

$$\hat{\omega}_r(k)=\hat{\omega}_r(k-1)+\eta\Delta w_2(k)+\alpha\Delta w_2(k-1) \tag{11-7}$$

式中 η——学习率；

α——称为动量，考虑了旧的权值对当前权值的影响。

BPN 训练 ANN 的收敛动态性能决定于参数 η 和 α。

11.2.2 BPN MRAS 观测器的实现

为了提高 BPN MRAS 观测器的性能，在参考文献［41－44］中，考虑了进一步的问题。例如在自适应模型方面，式（11-3）的简化模型只能用于 BPN 算法的推导。为了更准确地估计转子磁通，采用了更好的离散自适应模型，如本节后续所述内容。

如果在连续域中自适应模型为

$$\frac{\mathrm{d}\hat{\boldsymbol{\psi}}'_r}{\mathrm{d}t}=\boldsymbol{A}\hat{\boldsymbol{\psi}}'_r+\boldsymbol{B}\boldsymbol{i}_s \tag{11-8}$$

其对应的精确离散模型可以写为

$$\hat{\boldsymbol{\psi}}'_r(k+1)=\mathrm{e}^{\boldsymbol{A}T_{sp}}\hat{\boldsymbol{\psi}}'_r(k)+\frac{\mathrm{e}^{\boldsymbol{A}T_{sp}}-\boldsymbol{I}}{\boldsymbol{A}}\boldsymbol{B}\boldsymbol{i}_s(k) \tag{11-9}$$

令 $\vartheta_r=\omega_r T_{sp}$，$\mathrm{e}^{\boldsymbol{A}T_{sp}}\cong\boldsymbol{I}+\boldsymbol{A}T_{sp}$，则

$$\hat{\boldsymbol{\psi}}'_r(k+1)=\mathrm{e}^{-T_{sp}/T_r}[\cos(\vartheta_r)\boldsymbol{I}+\sin(\vartheta_r)\boldsymbol{J}]\hat{\boldsymbol{\psi}}_r(k)+\boldsymbol{B}T_{sp}\boldsymbol{i}_s(k) \tag{11-10}$$

从计算的角度来看，用实验实现式（11-10）特别困难，这是该方法的一个缺点。因此在实现时，可以用查找表替代计算。这个缺点还可以通过采用其他离散化方法来克服，如后续所述的改进型欧拉方法。

最后，在参考文献［41－44］中，采用了简单的低截止频率一阶低通滤波器（LPF）解决参考模型中磁通的开环问题。这是最简单的解决方案，但会导致驱动器低速性能的恶化（见第 6 章）。

11.2.3 BPN MRAS 观测器的实验结果

参考文献［41－44］中的 BPN MRAS 观测器，在 2.2kW FOC IM 驱动器上进行了实验测试。附录 A 和 B 分别所述了测试采用的控制方案和测试设备。图 11-3 所示为空载转速从 100rad/s 到－100rad/s 反转时的转速参考值、测量值、估计值和误差。

从图 11-3 中可见，转速估计值能正常跟踪测量值和参考值，但存在瞬间略低于 30rad/s 的转速估计误差。估计误差的峰值，并不是太低，原因是转速估计值在反馈至转速控制器之前进行了低通滤波。学习率 η 减少为低于某值就可以解决这个问题，但代

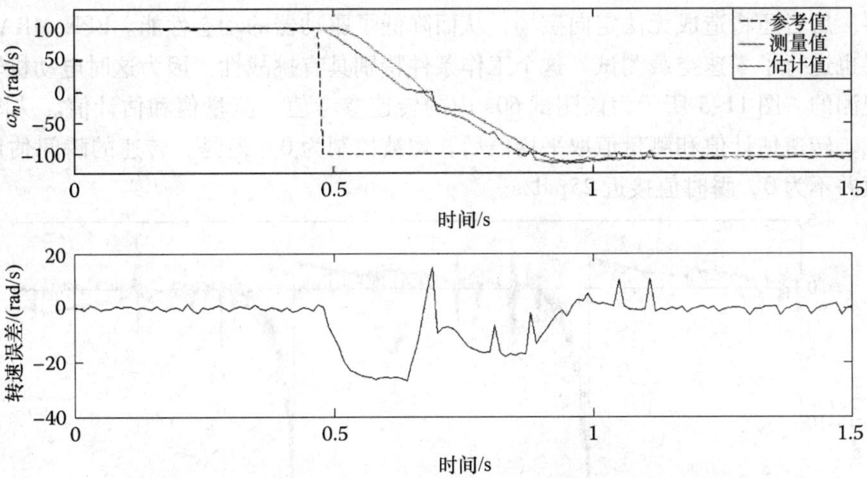

图 11-3 BPN MRAS 观测器在转速从 100rad/s 到 -100rad/s 反转时的转速参考值、测量值和估计值

价是增加了算法收敛时间。学习率 η 的选择必须权衡这两个方面。ANN 估计需要低通滤波是因为估计过程存在噪声，其本质原因是 ANN 用于“模拟器”模式，或者说 ANN 是递归的。BPN MRAS 观测器也已进行了低速测试。图 11-4 所示为空载转速从 10rad/s 到 -10rad/s 反转时的转速参考值、测量值、估计值和误差。从图 11-4 中可见，转速估计值能正确跟踪测量值和参考值，但存在瞬间略低于 10rad/s 的转速估计误差。

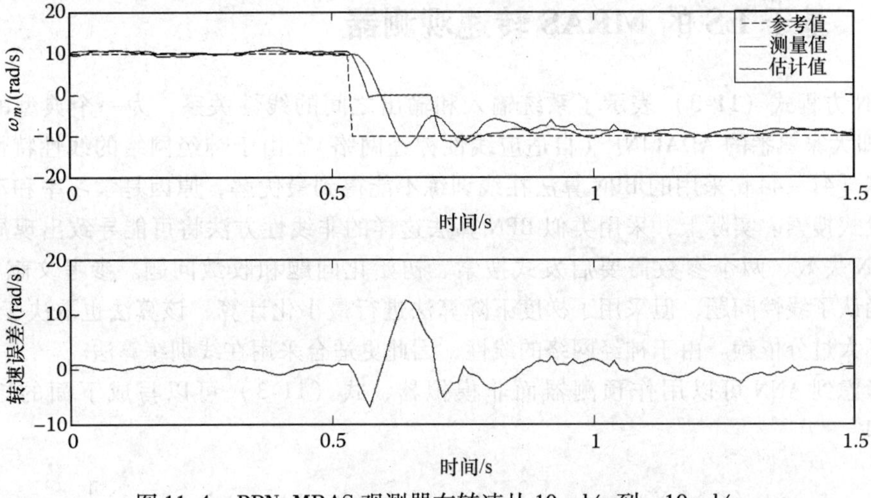

图 11-4 BPN MRAS 观测器在转速从 10rad/s 到 -10rad/s 反转时的转速参考值、测量值和估计值

此外，在转速过零瞬间，转速测量值在开始收敛至参考值之前，有一短暂时段（约 0.15s）为零。正如预期，这将导致转速控制回路的带宽显著减少。这种低速表现的主要原因是观测器和电动机参数之间的不匹配，以及在参考模型中采用了 LPF 作为

积分器。后者还将造成无法定向磁场，从而降低了驱动器的动态性能。BPN MRAS 观测器最终也进行了零速空载测试。这个工作条件特别具有挑战性，因为这时电动机转速是无法观测的。图 11-5 所示为该测试 60s 内的转速参考值、测量值和估计值。从图 11-5 中可见，转速估计值和测量值取平均值后，均被控制为 0。但是，转速的瞬间估计值和测量值并不为 0，瞬时值接近 25rad/s。

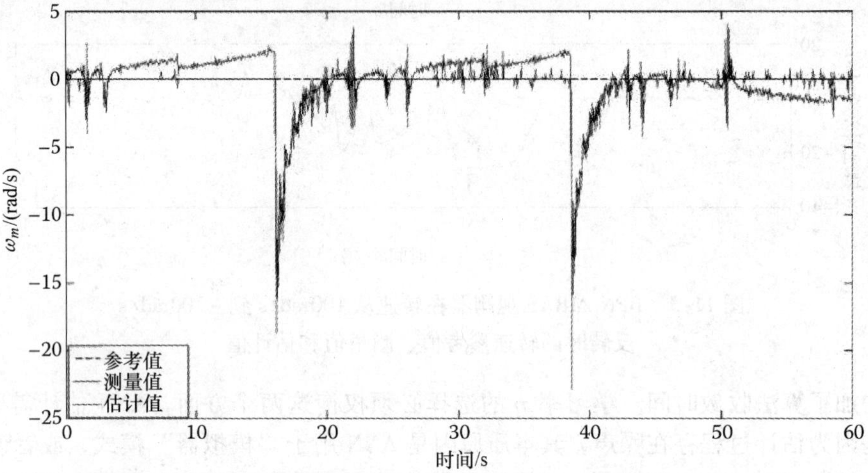

图 11-5　BPN MRAS 观测器零速运行过程中的转速参考值、测量值和估计值

11.3　基于 LS 的 MRAS 转速观测器

NN 方程式（11-3）表示了系统输入和输出之间的线性关系，为一个典型的线性 NN，即大家熟悉的 ADALINE（自适应线性神经网络）。由于神经网络的线性特性，参考文献［41－44］采用的 BPN 算法在线训练不能得到最优解，原因是学习率和动量需要启发式搜索。实际上，采用类似 BPN 算法这样的非线性方法将可能导致出现局部极小、NN 失效、两个参数需要启发式搜索、初始化问题和收敛问题。参考文献［44］中，确认了线性问题，但采用了梯度下降算法进行最小化计算，该算法也取决于动量，但并不太过分依赖。由于神经网络的线性，因此更适合采用在线训练算法。

考虑到 ANN 可以用作预测器而非模拟器，式（11-3）可以写成下面的矩阵形式，即

$$\begin{bmatrix}\psi_{rq}(k-1)\\-\psi_{rd}(k-1)\end{bmatrix}w_2=\begin{bmatrix}\hat{\psi}_{rd}(k)-w_1\hat{\psi}_{rd}(k-1)-w_3 i_{sD}(k-1)\\\hat{\psi}_{rq}(k)-w_1\hat{\psi}_{rq}(k-1)-w_3 i_{sQ}(k-1)\end{bmatrix}\tag{11-11}$$

这是典型的 $\boldsymbol{Ax}\approx\boldsymbol{b}$ 类型的矩阵方程，其中被 $\boldsymbol{A}$ 称作“数据矩阵”，$\boldsymbol{b}$ 被称为“观测矢量”，$\boldsymbol{x}$ 则为包含了未知标量 w_2 的矢量。

最小二乘（LS）技术是本应用 ADALINE 在线训练的最佳方法，可以完成式

(11-11)的递归求解。此外，以此为基础的理论在对神经网络参数选择进行分析评估时，可以保证收敛的稳定性（见第 8 章的详细说明），与 BPN 算法的情况不同。参考文献［41－44］首次尝试用合适的普通最小二乘法（OLS）[47]替代 BPN 训练算法，以提高 BPN MRAS 观测器的性能。同时，观察到参考文献［41－44］中的自适应模型用于“模拟器模式”，这意味着它的输出为递归反馈。改进的自适应模型用于“预测器模式”，无反馈也无须对估计信号进行滤波，在瞬态和稳态运行时均有更高的精度。图 11-6 所示为采用了 OLS MRAS 观测器[47]的框图。

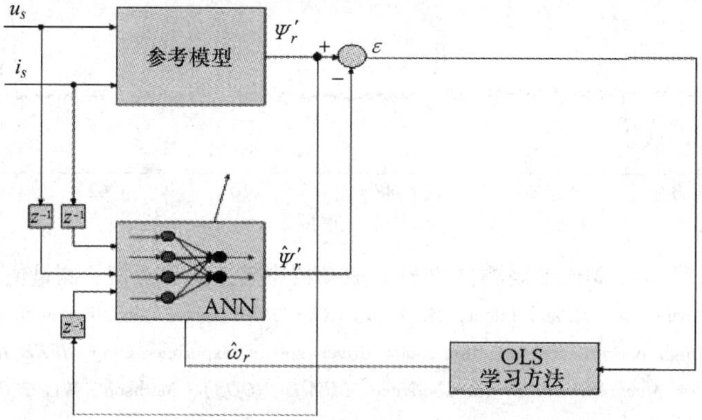

图 11-6 （见彩色插页）OLS MRAS 观测器的框图

11.3.1 OLS MRAS 观测器的实验结果

OLS MRAS 观测器[47]分别在磁场定向控制（FOC）和直接转矩控制（DTC）IM 驱动器上进行了实验测试。附录 A 和 B 分别描述了测试采用的控制方案和测试设备。图 11-7 和图 11-8 分别显示了 FOC 和 ST－DTC 无位置传感器驱动器的实验数据，包括转速的参考值、测量值、估计值和估计误差，速度参考为阶跃变化信号 130→100→70→30rad/s。可以观察到，两个控制方案中，估计值均能正确跟踪参考值和测量值。估计值的稳态精度好，转速下降至 30rad/s 时估计误差平均值接近为零。瞬时精度也相当不错，估计误差峰值小于 10rad/s。应该注意到，DTC 驱动器转速估计波形的噪声略大于 FOC 驱动器，这是符合预期的结果，因为 DTC 控制具有 Bang－Bang 特性。

图 11-9 和图 11-11 分别显示了 FOC 和 ST－DTC 无位置传感器驱动器的实验数据，包括转速的参考值、测量值、估计值和估计误差，速度参考值为阶跃变化信号 0→200→－200→0rad/s，这覆盖了在弱磁区域转速反转的情况。可以注意到，两种控制技术的 OLS MRAS 观测器在弱磁区域均能够正常工作。即使转速反转，估计误差峰值也不超过 20rad/s。图 11-10 和图 11-12 分别为 FOC 驱动器中的转子磁通幅值和电流分量 i_{sy} 的波形，及 DTC 驱动器中定子磁通幅值和电磁转矩的波形。DTC 无位置传感器驱动器的转矩波动比 FOC 驱动器高，符合预期。

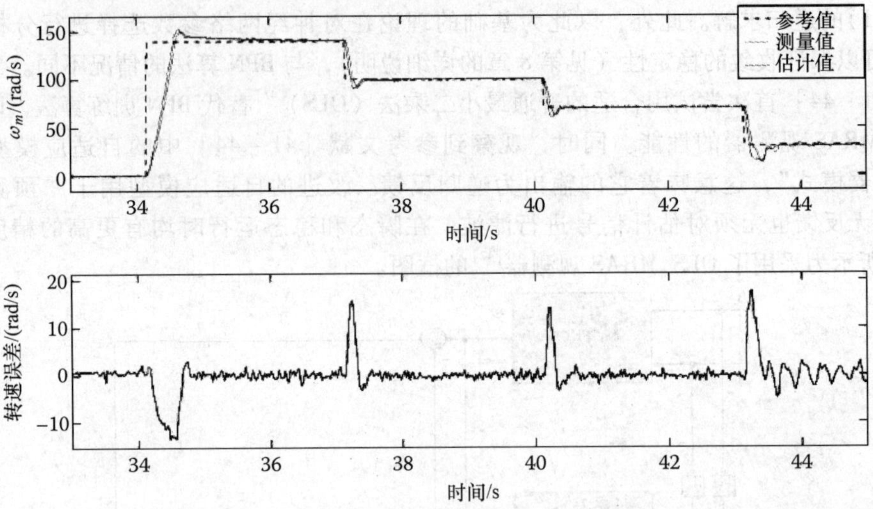

图 11-7 带 OLS MRAS 观测器的 FOC 驱动器中转速的参考值、测量值和估计值
（资料来源：Cirrincione，M. and Pucci，M.，An MRAS based speed estimation method with a linear neuron for high performance induction motor drives and its experimentation，*IEEE International Electric Machines and Drives Conference*（*lEMDC'IOOS*），Madison，WI，2003.）

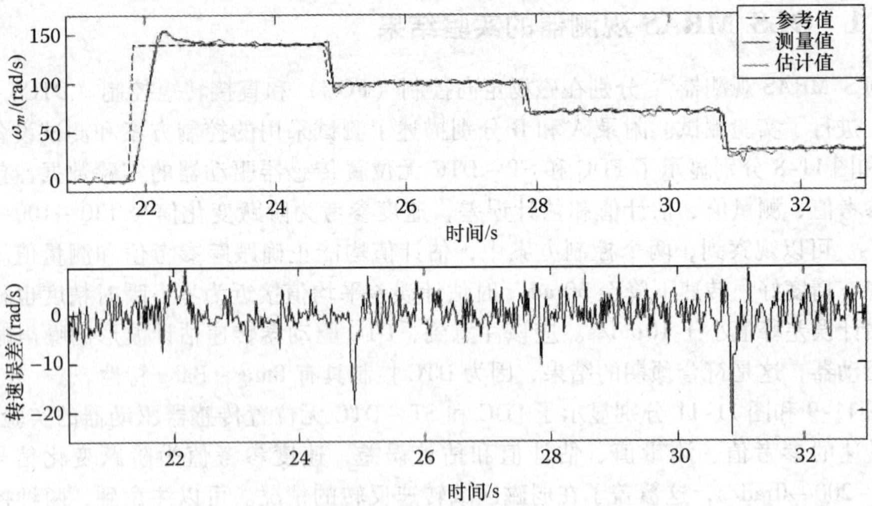

图 11-8 带 OLS MRAS 观测器的 DTC 驱动器中转速的参考值、测量值和估计值
（资料来源：Cirrincione，M. and Pucci，M.，An MRAS based speed estimation method with a linear neuron for high performance induction motor drives and its experimentation，*IEEE International Electric Machines and Drives Conference*（*lEMDC'ZOOS*），Madison，WI，2003.）

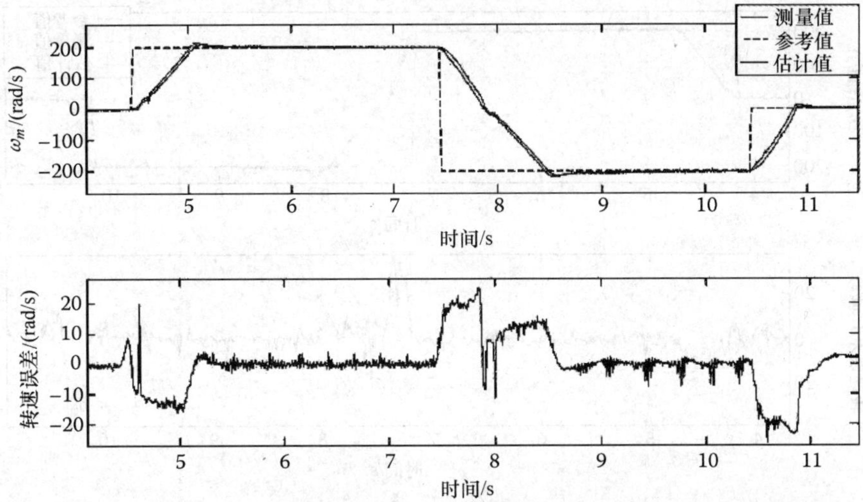

图 11-9　带 OLS MRAS 观测器的 FOC 驱动器中转速的参考值、测量值和估计值

（资料来源：Cirrincione，M. and Pucci，M. An MRAS based speed estimation method with a linear neuron for high performance induction motor drives and its experimentation，*IEEE International Electric Machines and Drives Conference*（*lEMDC'IOOS*），Madison，WI，2003.）

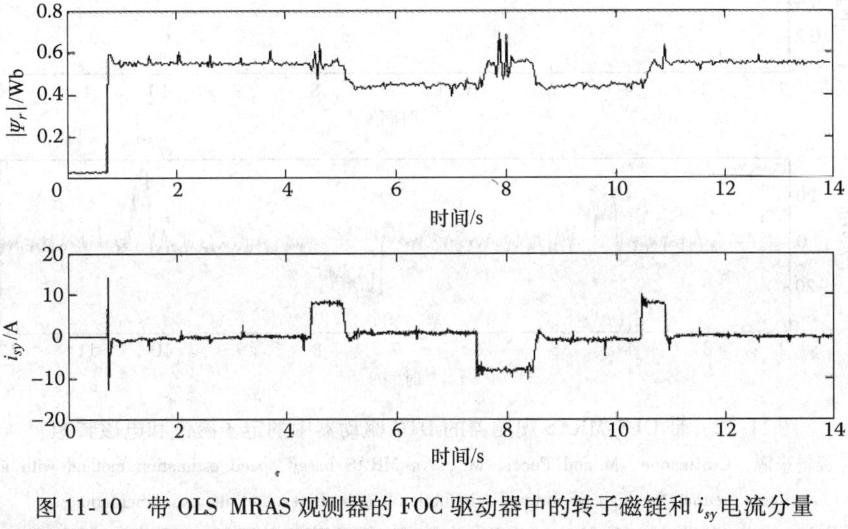

图 11-10　带 OLS MRAS 观测器的 FOC 驱动器中的转子磁链和 i_{sy} 电流分量

（资料来源：Cirrincione，M. and Pucci，M.，An MRAS based speed estimation method with a linear neuron for high performance induction motor drives and its experimentation，*IEEE International Electric Machines and Drives Conference*（*lEMDC'IOOS*），Madison，Wl，2003.）

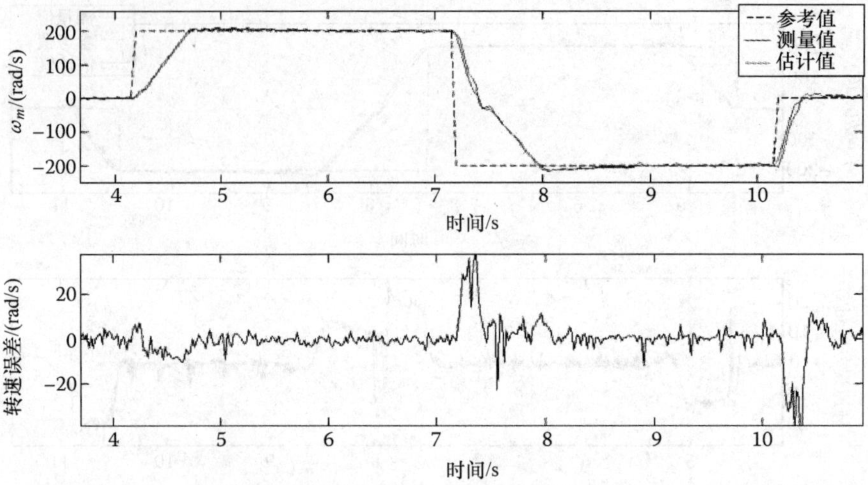

图 11-11　带 OLS MRAS 观测器的 DTC 驱动器中的转速参考值、测量值和估计值

（资料来源：Cirrincione，M. and Pucci，M.，An MRAS based speed estimation method with a linear neuron for high performance inductio motor drives and its experimentation，*JEEE International Electric Machines and Drives Conference*（*IEMDC'OOS*），Madison，WI，2003.）

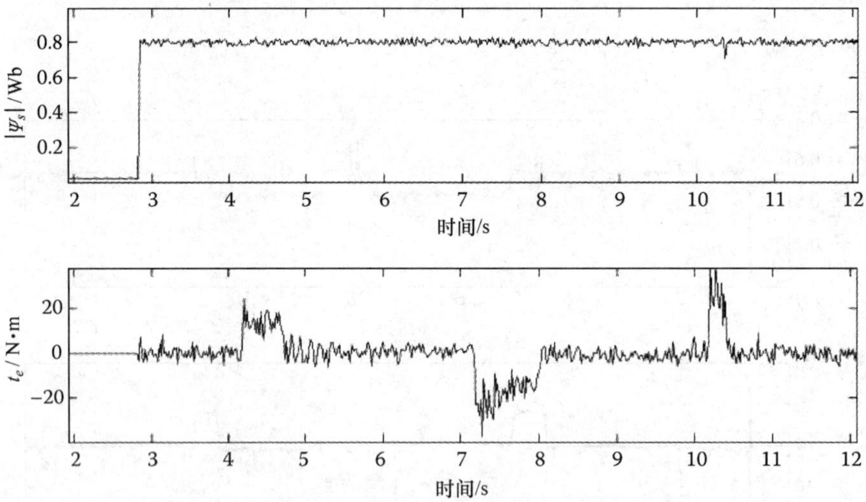

图 11-12　带 OLS MRAS 观测器的 DTC 驱动器中的定子磁链和电磁转矩

（资料来源：Cirrincione，M. and Pucci，M.，An MRAS based speed estimation method with a linear neuron for high performance induction motor drives and its experimentation，*IEEE International Electric Machines and Drives Conference*（*IEMDC'ZOOS*），Madison，WI，2003.）

图 11-13 和图 11-14 分别为带 OLS MARS 观测器的 FOC 和 DTC 无位置传感器驱动器的实验数据，为空载和额定负载时，转速误差的稳态平均值和标准差值。图中表明，OLS MRAS 观测器集成于两种控制技术后，可以保证在转速低至 20rad/s 前，具有非常小的转速估计误差。在这两种情况下，当转速低于 20rad/s 后，转速误差迅速增大，在

10rad/s 时可达 80%。正如预期的那样，在带载情况下，转速估计误差更高，尤其在低速时。如前面所述的原因，DTC 的标准差高于 FOC。

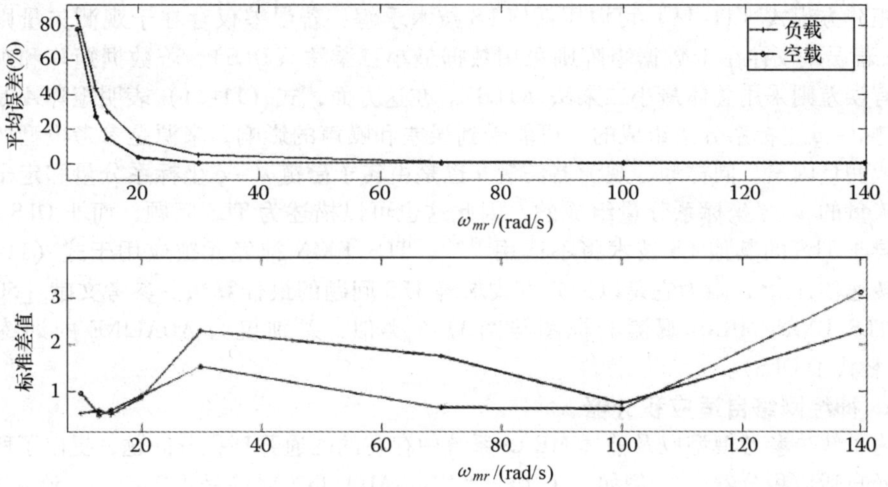

图 11-13　带 OLS MARS 观测器的 FOC 驱动器中转速误差的稳态平均值和标准差值

（资料来源：Cirrincione，M. and Pucci，M.，An MRAS based speed estimation method with a linear neuron for high performance induction motor drives and its experimentation, *IEEE International Electric Machines and Drives Conference*（*IEMDC* 2003），Madison，WI，2003.）

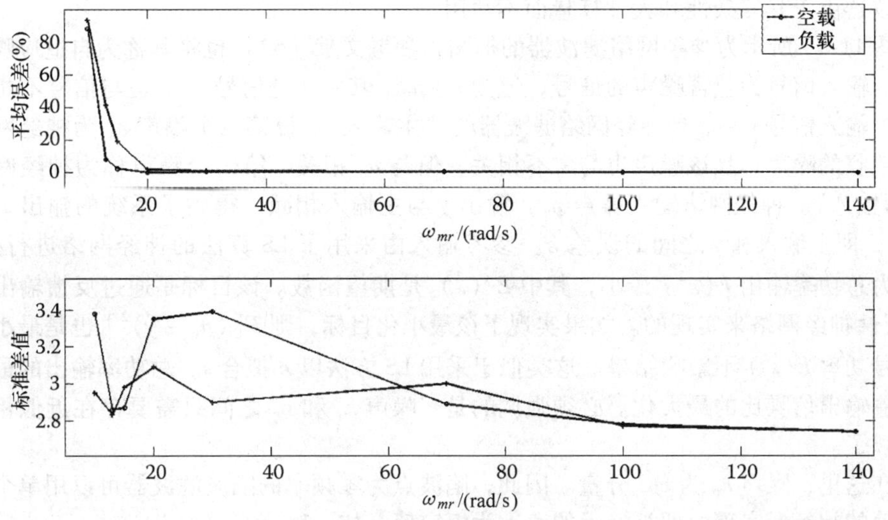

图 11-14　带 OLS MARS 观测器的 DTC 驱动器中转速误差的稳态平均值和标准差值

（资料来源：Cirrincione，M. and Pucci，M.，An MRAS based speed estimation method with a linear neuron for high performance induction motor drives and its experimentation, *IEEE International Electric Machines and Drives Conference*（1*EMDC* 2003），Madison，WI，2003.）

11.3.2 TLS EXIN MRAS 观测器

矩阵方程式（11-11）可以用任何 LS 技术求解，若误差仅存在于观测矢量则采用 OLS，若误差仅存在于数据矩阵则采用数据最小二乘法（DLS），若数据矩阵和观测矢量均有误差则采用总体最小二乘法（TLS）。在这方面，式（11-11）表明矩阵 $\boldsymbol{A}$ 是由转子磁链 $d-q$ 坐标系分量组成的，可能受到误差和噪声的影响，来源是参考模型的开环特性或测量因素。同样地，观测器矢量 $\boldsymbol{b}$ 也是由转子磁链 $d-q$ 坐标系分量和定子电流空间矢量的 $d-q$ 坐标系分量组成的，因此这也可以描述为 TLS 问题，而非 OLS 问题。因此异于 TLS 的其他 LS 技术将不适用[48,49]。TLS EXIN 神经元被应用于式（11-11），实现转速估计[50]，因为它是以递归方式求解 TLS 问题的最佳算法。参考文献［50］提出的 TLS EXIN MRAS 观测器框图与图 11-6 类似，差别仅为 ADALINE 的训练算法（TLS 替代了 OLS）。

1. 神经网络自适应积分器

为了解决参考模型以及前述 MRAS 系统中存在的磁通开环积分问题，提出了所谓的神经元自适应积分器[51]。例如，采用线性 NN—ADALINE 对信号进行积分，消除 DC 漂移和初始条件的影响。本积分器采用了两个神经网络自适应滤波器[52]，运行时为两个不同基本过程，形成一个反馈环路：一个是自适应过程，只调整一个参数；另一个是滤波过程，计算误差并反馈至自适应过程。两者一起消除了 DC 分量。

采用这种 NN 的原因是该线性神经元很简单（仅调整一个权值），而传统的固定陷波滤波器由于其复杂性和大计算量而不适用。

图 11-15 所示为神经网络滤波器的框图，参考文献［52］也将其称为自适应噪声消除器。输入信号为包含噪声的信号，记为 $s+n_0$，其中 s 是信号，n_0 是与信号不相关的噪声。输入信号 $s+n_0$ 是神经网络滤波器的“主输入”。设第二个噪声 n_1 为神经网络滤波器接收的噪声，且该噪声也与 s 不相关，但与 n_0 相关。第二个噪声称为神经网络的“参考输入”。神经网络输入噪声 n_1，输出 y 与主输入相减，得到了系统的输出 $z=s+n_0-y$，即主输入和 y 之间的误差 ε。参考输入由采用了 LS 算法的神经网络进行处理，目标为总功率输出 $E(\varepsilon^2)$ 最小，其中 E（.）是期望函数。该目标是通过反馈输出信号 z 至线性神经网络来实现的。如果实现了该最小化目标，则 $E[(n_0-y)^2]$ 也是最小，因为信号功率 $E(s^2)$ 不影响结果。这类似于采用 LS 方法以 ε 拟合 s。总功率输出的最小化意味着输出信噪比的最大化。必须强调的是，噪声 n_1 和 n_0 之间只需要存在近似相关性就可以了。

在这里，噪声 n_0 为 DC 分量。因此，陷波点为零频率的陷波滤波器可以用单个偏移量权值的神经元实现，即神经元的输入为恒定值，如 -1。

神经网络自适应滤波器的学习方法如下，即

$$y(k+1)=y(k)+2\tau[d(k)-y(k)] \tag{11-12}$$

式中　k——当前的采样时刻；

$d(k)$——e（第一个陷波滤波器）或积分器的输出（第二个陷波滤波器）；

τ——学习率。

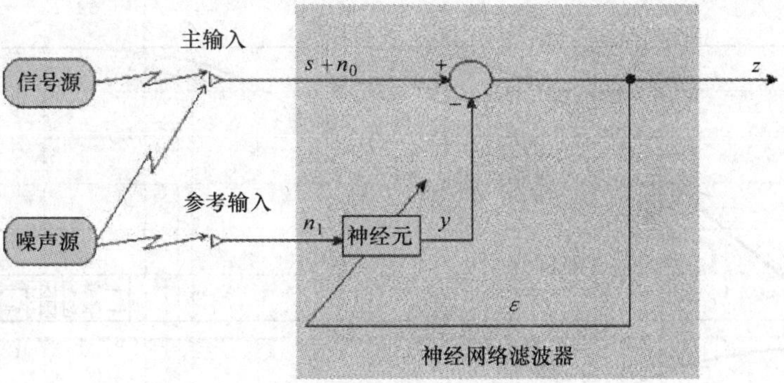

图 11-15 神经网络自适应滤波器的框图

（资料来源：Cirrincione，M. et al.，*IEEE Trans. Power Electron.*，19（1），25，January 2004.）

单权值的神经元不仅能消除恒定的偏移量，还可以消除主输入的缓慢漂移[52]。图 11-16 所示为自适应积分器，是在纯积分器的前后加了两个相同的神经网络陷波滤波器。应当指出，基于神经网络的积分器必须采用两个神经网络滤波器：神经网络滤波器 1 消除待处理信号的 DC 分量；神经网络滤波器 2 消除积分器输出的 DC 漂移，造成该漂移的原因是初始条件以及神经网络滤波器 1 自适应时产生的滤波误差。

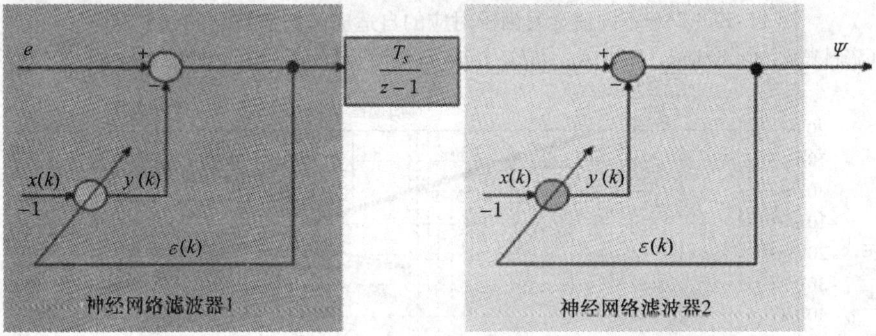

图 11-16 （见彩色插页）神经网络自适应积分器的框图

（资料来源：Cirrincione，M. et al.，*IEEE Trans. Pozver Electron.*，19（1），25，January 2004.）

将神经网络自适应滤波器的式子从离散域变换到连续域，可以得到神经网络自适应滤波器的总传递函数为

$$G_{filt}(s) = \frac{s}{s + 2\tau/T_{sp}} \tag{11-13}$$

式中 s——拉普拉斯变量。

图 11-17 所示为不同学习因子 τ 值时（分别为 2×10^{-4} 和 1×10^{-5}）自适应陷波滤波器的频率响应，可见 τ 值越小陷波频率幅值越低。把整个神经网络积分器式子从离散域转换到连续域，可以得到神经网络自适应积分器的总传递函数为

$$G_{int}(s) = \frac{s}{s^2 + 4\tau/T_{sp}s + 4\tau^2/T_{sp}^2} \tag{11-14}$$

图 11-18 所示为理想积分器、基于 LPF 的积分器（截止频率 = 15rad/s）、2 个不同

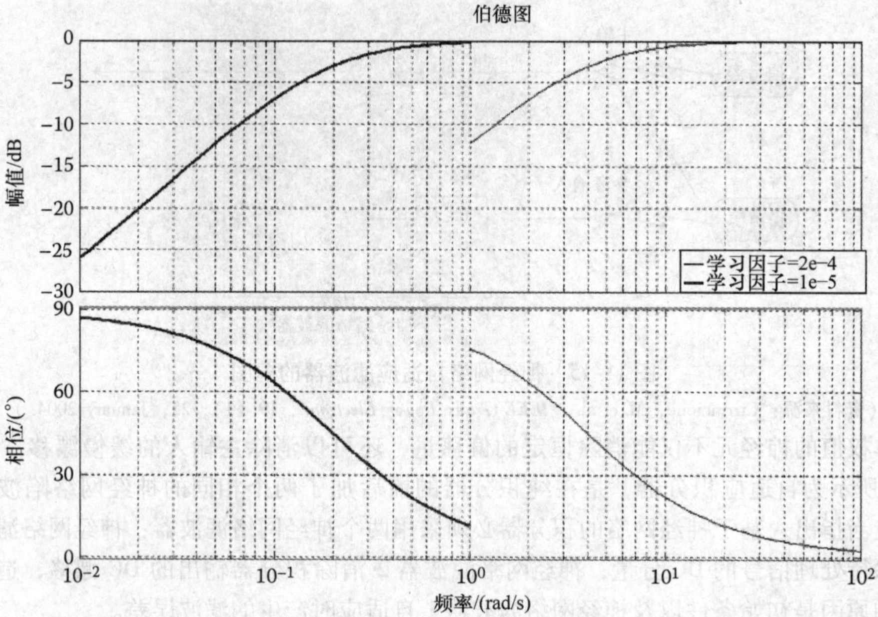

图 11-17　2 个不同值学习因子对应的自适应陷波滤波器的频率响应
（资料来源：Cirrincione，M. et al，，*IEEE Trans. Ind. Electron.*，54（1），127，February 2007.）

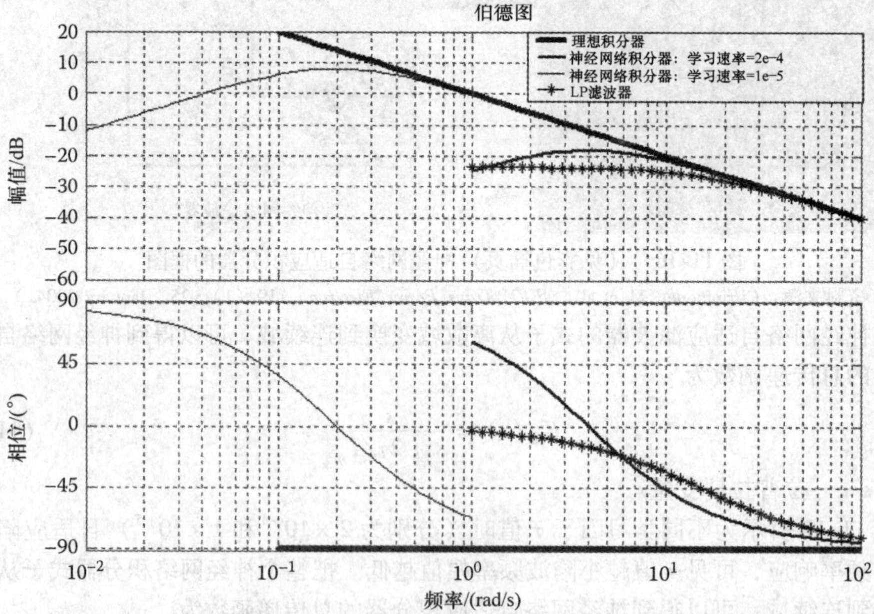

图 11-18　2 个不同值学习因子对应的自适应陷波滤波器、LP 积分器、理想积分器的频率响应
（资料来源：Cirrincione，M. et al.，*IEEE Trans. Ind. Electron.*，54（1），127，February 2007.）

τ 值（分别为 2×10^{-4} 和 1×10^{-5}）对应的自适应陷波滤波器的频率响应。从图 11-18 中

可见，在转速参考值为 10rad/s（对应电动机转速为 5rad/s）附近的范围，$\tau = 2 \times 10^{-4}$ 的自适应神经网络积分器在幅值和相位特性方面均优于 LPF。

下面介绍神经网络自适应积分器的实验结果。

在参考文献［51］中，提出了如图 11-16 所示的神经网络自适应积分器，并在转子磁场定向控制的 IM 驱动器上进行了实验。首先，在 MATLAB®—Simulink®环境进行了仿真测试。

图 11-19a 和图 11-19b 所示为在 *sA* 相的电压信号叠加 2% DC 信号阶跃值后，神经网络滤波器、LPF、算法 1 和 2（见第 6.4.1 节）得到的 ψ_{rd} 分量瞬时波形。上述积分方

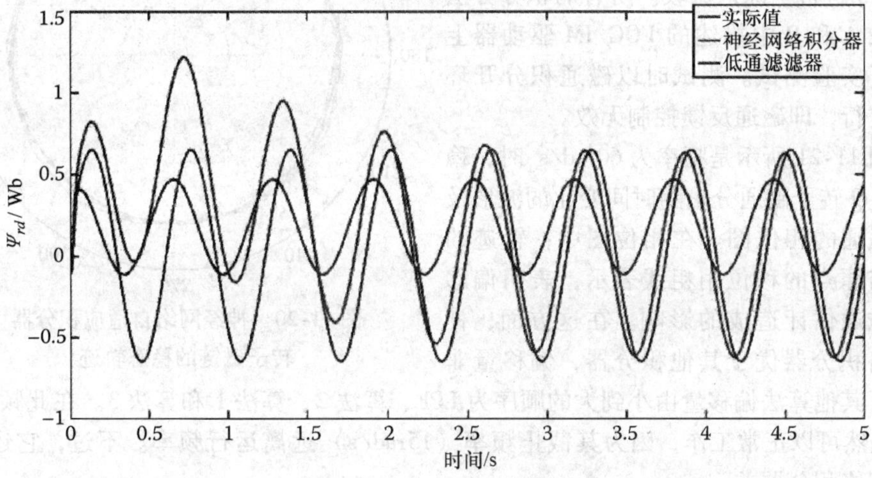

a)

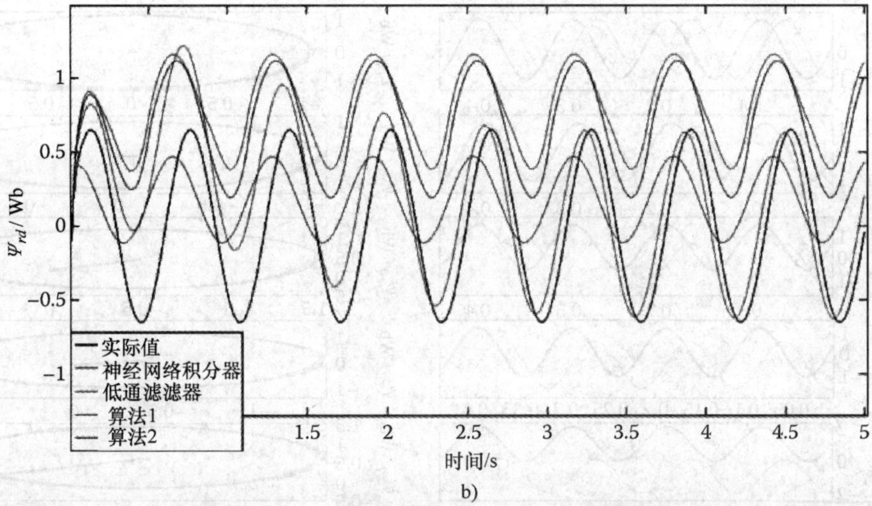

b)

图 11-19　（见彩色插页）a）神经网络滤波器和 LPF 得到的 ψ_{rd} 分量瞬时波形及 b）神经网络滤波器、低通滤波器、算法 1 和 2 得到的 ψ_{rd} 分量瞬时波形

法以磁通积分开环方式进行测试，即磁通反馈控制无效。可以清楚地看到，神经网络自适应滤波器在消除 DC 漂移方面性能最佳。事实上，神经网络滤波器可以完全消除 DC 偏移量，这无法由 LPF 实现，因为其磁通估计误差很大（包括幅度和相位）。也无法用算法 1 和 2 实现，因为其磁通估计值存在很大的 DC 偏移量（算法 2 优于算法 1）。

图 11-20 所示为实验中神经网络自适应积分器获得的转子磁链空间向量的稳态轨迹。神经网络自适应积分器获得的实验结果与 LPF，及第 6.4.1 节中描述的算法 1、2、3 进行了深入比较。所有的积分方法在附录 A 和 B 中描述的 FOC IM 驱动器上进行了实验测试。测试时以磁通积分开环方式进行，即磁通反馈控制无效。

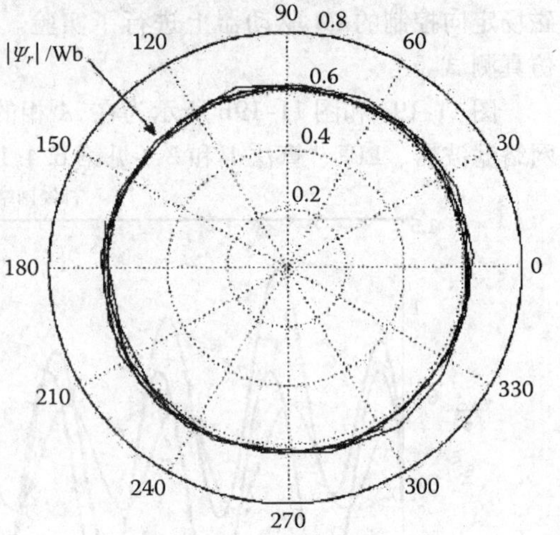

图 11-20 神经网络自适应积分器转子磁链的稳态轨迹

图 11-21 所示是频率为 60rad/s 时，稳态 D、Q 转子磁通分量随时间变化的波形及转子磁通的相位图。在相位图中，轨迹的中心与原点的移位用粗线表示，表明偏移量对磁通估计造成的影响。在这方面，神经网络积分器优于其他积分器，偏移量非常低，其他算法偏移量由小到大的顺序为 LPF、算法 2、算法 1 和算法 3。在此频率下，LPF 仍然可以正常工作，因为其截止频率（15rad/s）远离运行频率。不过，它还是比神经网络积分器差。

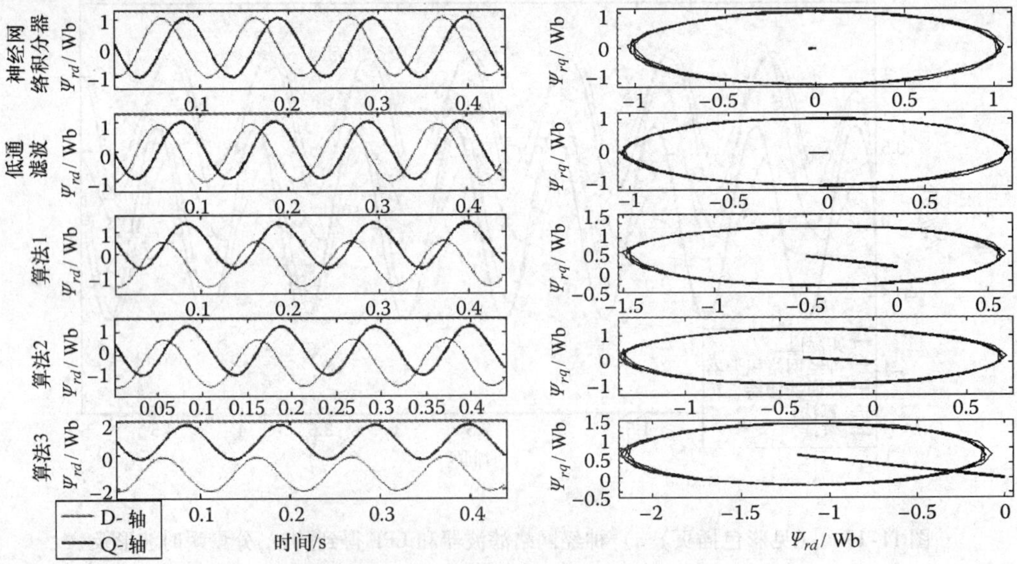

图 11-21 5 种积分器的开环估计过程中，D、Q 转子磁通分量随时间变化的波形及转子磁通的相位图

（资料来源：Cirrincione，M. et al.，*IEEE Trans. Power Electron.*，19（1），25，January 2004.）

2. TLS EXIN MRAS 观测器的实验结果

TLS EXIN MRAS 观测器已经在 FOC 和 DTC IM 驱动器中进行了实验测试。所采用的 FOC[50] 和 DTC[53] 原理图详见附录 A 中的描述，对应的测试设备见附录 B。在参考文献［50］中，在线定子电阻估计算法的 MRAS 参考模型集成了如第 6.4.3 节所述的算法 2。

（1）FOC 驱动器的 TLS EXIN MRAS 观测器　带神经网络积分器和 R_s 估计算法的 TLS EXIN MRAS 观测器，已在一些具有挑战性的运行条件下进行了测试。首先，空载转速从 -10rad/s 到 10rad/s 反转的测试验证了驱动器在低转速的动态性能。图 11-22 所示为转速估计值、测量值和参考值的波形。很明显转速响应是非常快的，在少许振荡后收敛于参考值。

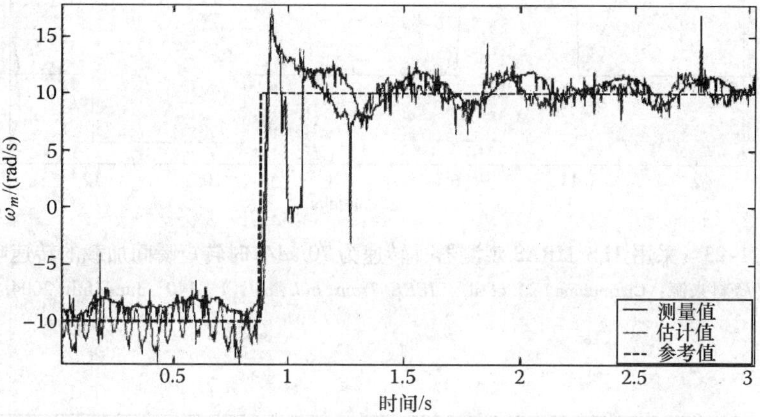

图 11-22　空载转速从 -10rad/s 到 10rad/s 反转时的 TLS MRAS 观测器实验结果
（资料来源：Cirrincione，M. et al.，*IEEE Trans. Ind. AppL.*，1，140，June/July 2004.）

然后，验证了中低转速的负载转矩抗干扰能力。图 11-23 和图 11-24 分别是转速为 70rad/s 和 10rad/s 时，11N · m 的负载转矩瞬间加载和卸载后，转速的参考值、估计值和测量值。可以注意到在中速时，当转矩阶跃值给定后，不管给定值的方向驱动器均能迅速响应。此外，即使在由于转矩造成的转速过渡过程中，转速估计值也可以很好地跟踪转速实际值。低速测试时，可以观察到在转矩存在扰动的情况下，驱动器的转速响应还能很好地跟踪参考转速，只在很短时间内转速估计值轻微偏离实际值。造成某些时段转速测量值与估计值之间存在偏差，甚至符号相反的原因，是转速观测器在此转速下调整不准确。

再次，验证了在低速时的转速估计精度。图 11-25 分别为空载和带载后，转速稳定为 6rad/s 时的转速参考值、估计值、测量值、估计误差和转子电阻估计值。可以观察到，带神经网络积分器和 R_s 估计器的 TLS MRAS 观测器，使驱动器在 6rad/s 运行时，空载的平均估计误差为 0.83%，额定负载的平均估计误差为 23.59%。表 11-1 总结了 TLS MRAS 观测器的实验结果，并与经典的 MRAS 观测器[45] 和 OLS MRAS[47] 进行了比较。结论是：TLS MRAS 观测器性能最优，OLS MRAS 次之，最差是经典的 MRAS 观测器。

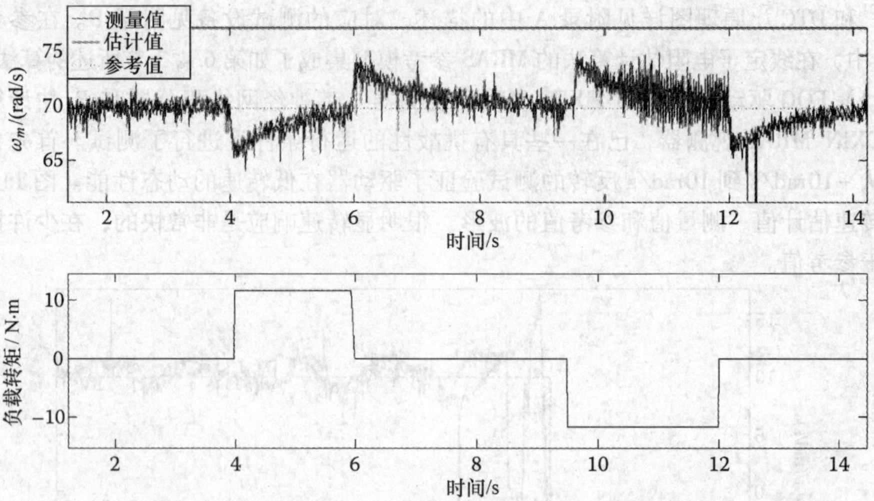

图 11-23　采用 TLS MRAS 观测器，转速为 70rad/s 时转矩瞬间加载的转速响应

（资料来源：Cirrincione，M. et al.，*IEEE Trans. Ind. Appl*，1，140，June/July 2004.）

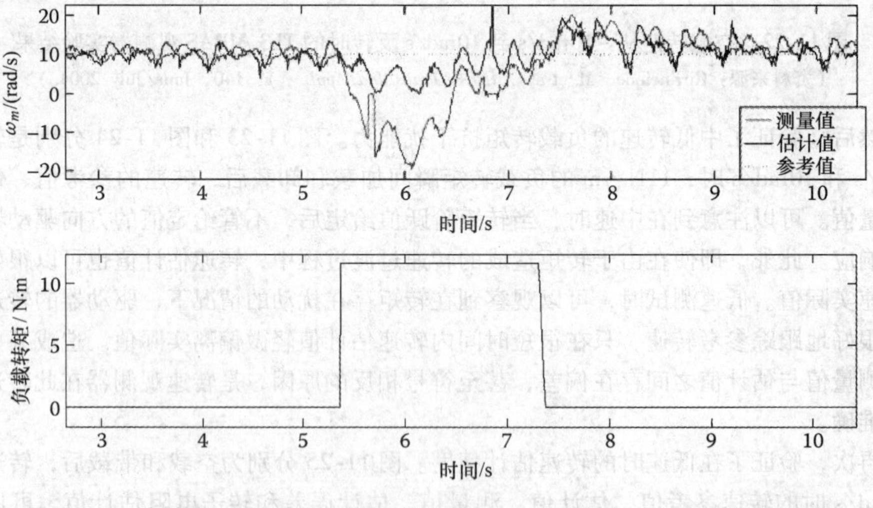

图 11-24　采用 TLS MRAS 观测器，转速为 10rad/s 时转矩瞬间加载的转速响应

（资料来源：Cirrincione，M. et al.，*IEEE Trans. Ind. Appl*，1，140，June/July 2004.）

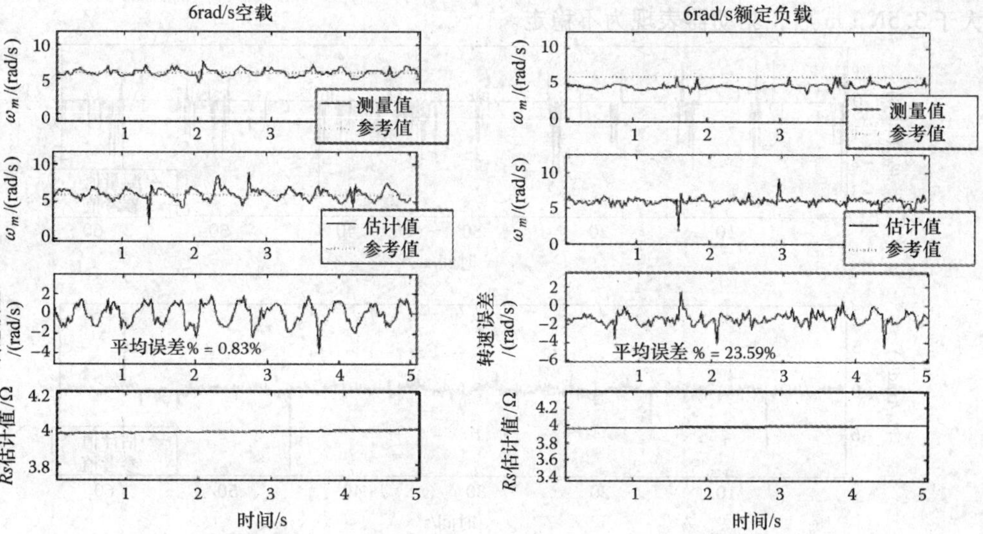

图 11-25　采用TLS MRAS观测器，参考转速为6rad/s时空载和带载的转速估计值、测量值、转速误差和 R_s 估计值

（资料来源：Cirrincione，M. et al.，*IEEE Trans. Ind. AppL*，1，140，June/July 2004.）

表 11-1　转速估计精度比较

转速/(rad/s)	TLS 和神经网络积分器		OLS 和 LPF		经典的 MRAS 观测器	
	额定负载	空载	额定负载	空载	额定负载	空载
	平均估计误差（%）	平均估计误差（%）	平均估计误差（%）	平均估计误差（%）	平均估计误差（%）	平均估计误差（%）
10	0.72	7	90.25	5.49	12.26	21.89
9	6.21	4.19	99.28	12.40	17.29	23.44
8	19.55	1.03	100.25	99.09	27	24.31
7	53.55	32.7	—	—	—	—
6	48.6	38.71	—	—	—	—

资料来源：Cirrincione，M. et al.，*IEEE Trans. Ind. AppL*，1，140，June/July 2004.

最后，驱动器在额定转子磁链下进行了零速运行测试。测试分别在空载和负载3.5N·m（约30%的额定负载）时进行。图11-26所示为约60s内的转速参考值、测量值和估计值波形。图11-26中表明，电动机励磁后，驱动器可以在没有任何信号输入的情况下空载零速正常运行：这主要是由于该自适应模型被用作预测器，带有转子磁链估计值的反馈回路，因此比用作模拟器时更稳定。另外，转速估计值围绕0rad/s出现轻微振荡而转速测量值始终为0。图11-27所示是负载转矩为3.5N·m约60s内的转速参考值、测量值和估计值波形。图11-27中表明，在中等/小负载时电动机的转速平均值能够保持为零速度，但很短的瞬间电动机会出现转动，其转速小于10rad/s。负载转矩大于3.5N·m后，驱动器表现为不稳定。

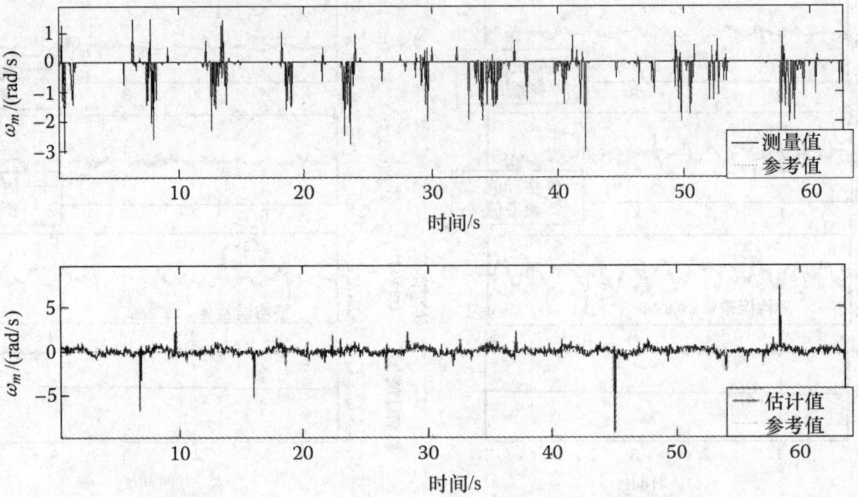

图11-26　采用了TLS、神经网络积分器和R_s估计器的驱动器，带TLS MRAS观测器，在参考转速为0rad/s时，空载的转速响应

（资料来源：Cirrincione，M. et al.，*IEEE Trans. Ind. App*！.，1，140，June/July 2004.）

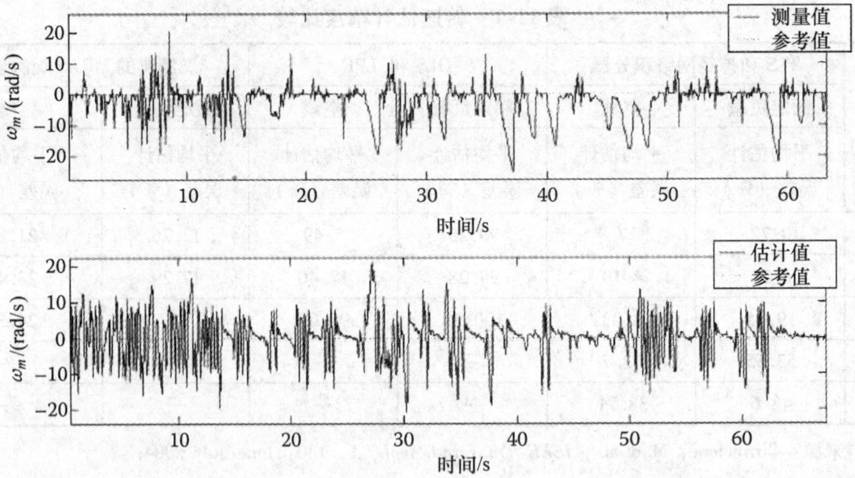

图11-27　采用了TLS、神经网络积分器和R_s估计器的驱动器，带TLS MRAS观测器，在参考转速为0rad/s时，恒定负载为3.5N·m的转速响应

（资料来源：Cirrincione，M. et al.，*IEEE Trans. Ind. Appl.*，140，June/July 2004.）

（2）DTC驱动器中的TLS EXIN MRAS观测器　带神经网络积分器的基于TLS的MRAS转速观测器，分别在经典的ST-DTC和DTC-SVM（空间矢量调制）中进行了测试。首先，验证了无位置传感器驱动器的四象限运行能力，方法是空载时输入转速反转的转速阶跃命令，从100rad/s到-100rad/s（954.9~-954.9r/min）。图11-28a和图

11-28b所示为转速估计值、测量值和转速误差波形，而图 11-29a 和图 11-29b 所示为测试过程中的定子磁链幅值和电磁转矩。图 11-29 中表明，转速反转可以在不到 1s 内，经典的 DTC 只需 0.39s 而 DTC－SVM 只需 0.3s，在转速参考值为 100rad/s 时转速回路为 3dB 带宽分别为 14.6rad/s 和 16.9rad/s。

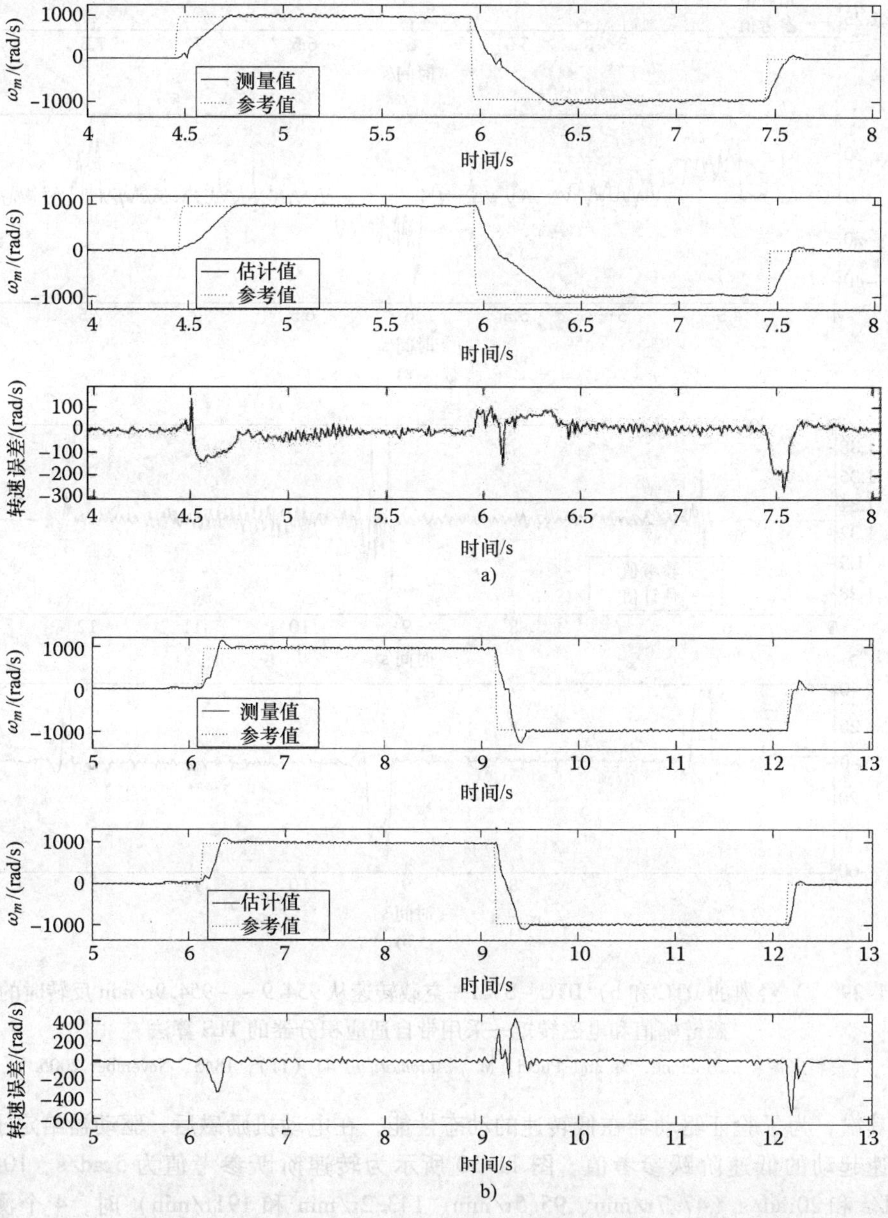

图 11-28　a）经典的 DTC 和 b）DTC－SVM—空载转速从 954.9～－954.9r/min 反转时的转速估计值、测量值和转速误差—采用带自适应积分器的 TLS 算法

（资料来源：Cirrincione，M. and Pucci，M.，*Automatica*，41（11），1843，November 2005.）

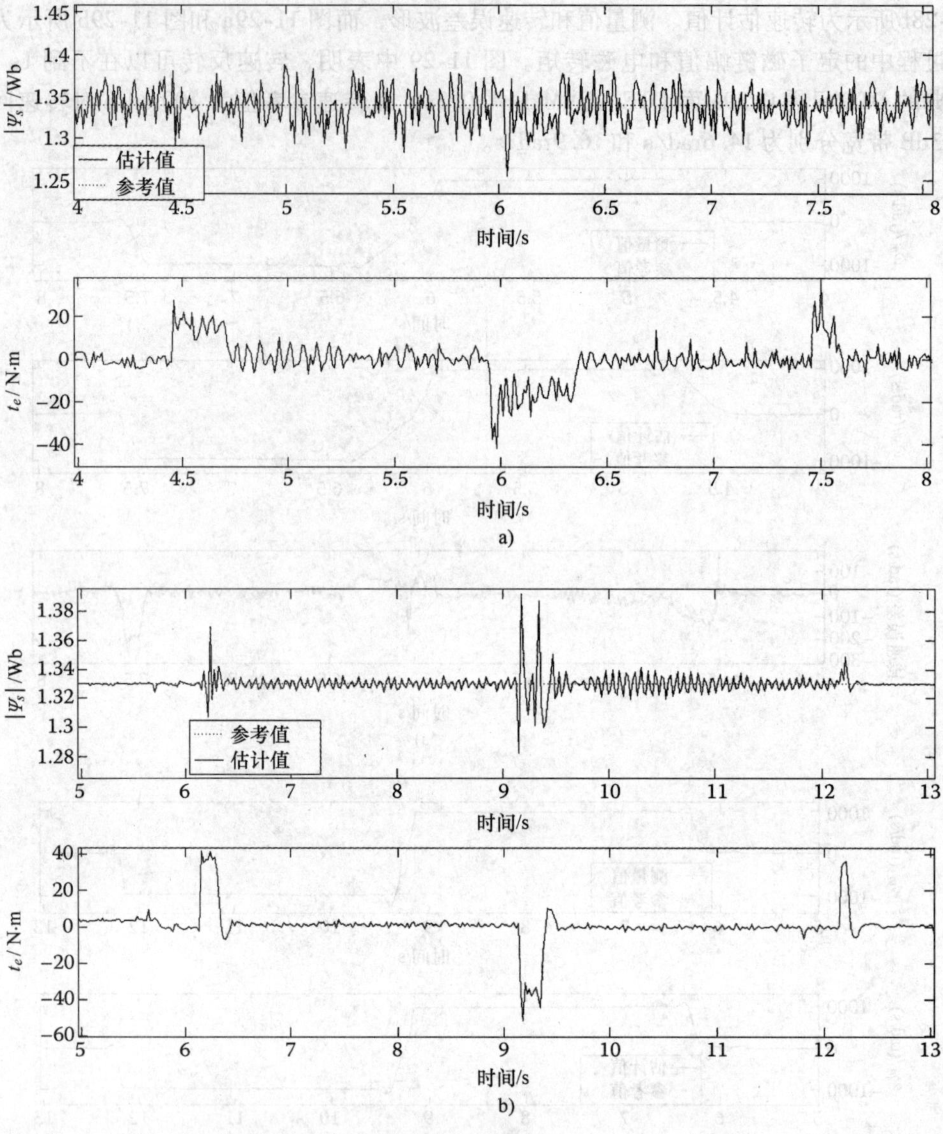

图 11-29　a）经典的 DTC 和 b）DTC－SVM—空载转速从 954. 9～－954. 9r/min 反转时的定子磁链幅值和电磁转矩—采用带自适应积分器的 TLS 算法

（资料来源：Cirrincione，M. and Pucci，M.，*Automatica*，41（11），1843，November 2005.）

其次，为了验证驱动器在低转速的动态性能，在电动机励磁后，驱动器给定了一组从零速起动的低速阶跃参考值。图 11-30 所示为转速阶跃参考值为 5rad/s、10rad/s、15rad/s 和 20rad/s（47. 7r/min、95. 5r/min、143. 2r/min 和 191r/min）时，4 个测试的转速参考值、测量值和估计值。可见，即使在 5rad/s 的最低转速，无论瞬态还是稳态的精度，驱动器的性能均为优秀。

最后，驱动器在额定定子磁链下进行了零速运行测试。该测试只完成了空载测试，因为负载后零速不能正常运行，将导致驱动器不稳定。图11-31a和图11-31b分别为ST－DTC和DTC－SVM的转速参考值、测量值和估计值波形。图中表明，电动机励磁后，驱动器空载可以正常零速运行。只是转速估计值围绕0rad/s有轻微振荡（经典的DTC比DTC－SVM的振荡略小），而转速测量值始终为0。

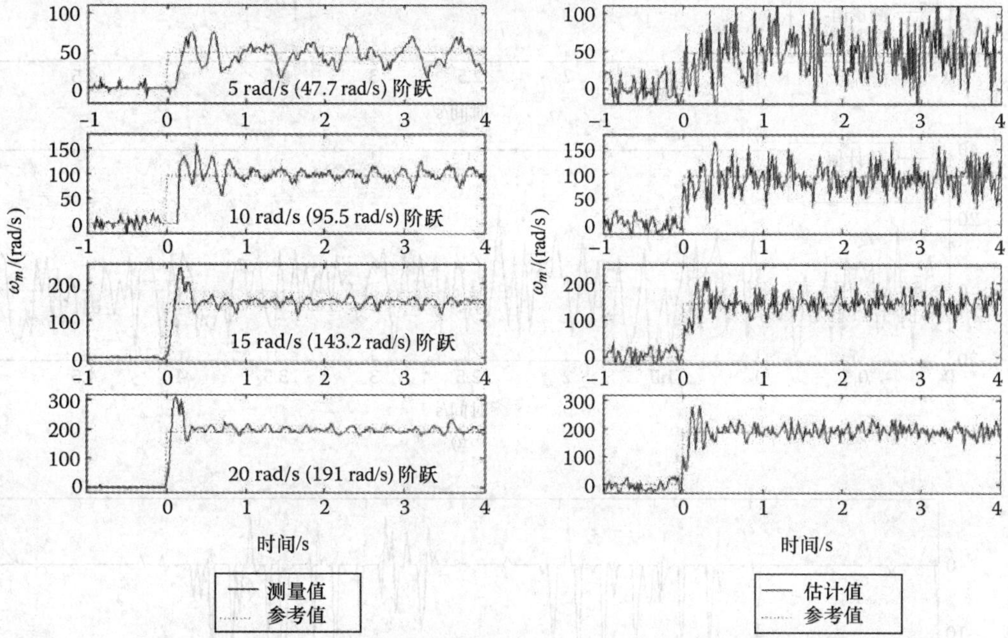

图11-30　经典的DTC—低转速阶跃的转速参考值、估计值和测量值—TLS MRAS观测器

（资料来源：Cirrincione，M. and Pucci，M.，*Automatica*，41（11），1843，November 2005.）

11.3.3　改进的欧拉神经网络自适应模型

式（11-2）也可以写为

$$\dot{\boldsymbol{\psi}}'_r = \boldsymbol{A}_x \boldsymbol{\psi}'_r + B_x \boldsymbol{i}_s \tag{11-15}$$

式中

$$\boldsymbol{\psi}'_r = \begin{bmatrix} \psi_{rd} \\ \psi_{rd} \end{bmatrix}$$

$$\boldsymbol{A}_x = \begin{bmatrix} -1 & -\omega_r T_r \\ \omega_r T_r & -1 \end{bmatrix}$$

$$B_x = L_m$$

$$\boldsymbol{i}_s = \begin{bmatrix} i_{sD} \\ i_{sQ} \end{bmatrix}$$

因此，其对应的离散模型由下式给出：

$$\hat{\boldsymbol{\psi}}'_r(k) = \mathrm{e}^{\boldsymbol{A}_x T_{\mathrm{s}}} \hat{\boldsymbol{\psi}}'_r(k-1) + [\mathrm{e}^{\boldsymbol{A}_x T_{\mathrm{s}}} - I]\boldsymbol{A}_x^{-1} B_x \boldsymbol{i}_s(k-1) \tag{11-16}$$

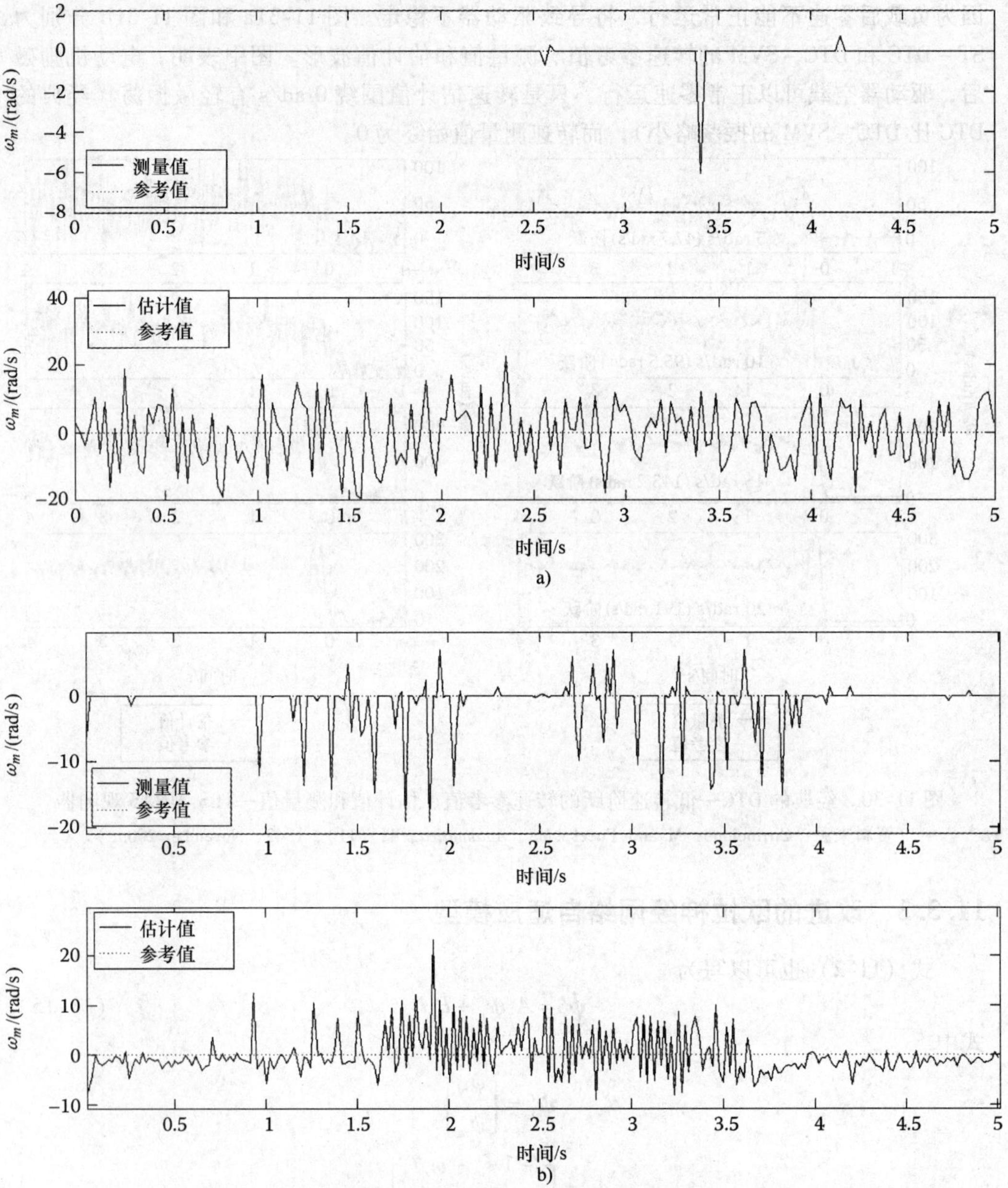

图 11-31　a）经典的 DTC 和 b）DTC－SVM—空载零速运行的转速估计值和测量值—采用带自适应积分器的 TLS 算法

（资料来源：Cirrincione，M. and Pucci，M，*Automatica*，41（11），1843，November 2005.）

$e^{A_x T_{sp}}$一般是通过其幂级数展开式进行计算，即

$$e^{A_x T_{sp}} = \boldsymbol{I} + \frac{\boldsymbol{A}_x T_{sp}}{1!} + \frac{\boldsymbol{A}_x^2 T_{sp}^2}{2!} + \cdots + \frac{\boldsymbol{A}_x^n T_{sp}^n}{n!} \tag{11-17}$$

如果 $n=1$，可以得到简单的前向欧拉方法，也就是式（11-13）的有限差分方程。

这里采用了改进型欧拉积分方法，比式（11-3）的效果更好，该方法也考虑了前两个周期的值[54-57]。从式（11-16），可以得到以下离散时间方程，即

$$\begin{cases}\hat{\psi}_{rd}(k)=w_{1n}\hat{\psi}_{rd}(k-1)-w_{2n}\hat{\psi}_{rq}(k-1)+w_{3n}i_{sD}(k-1)\\ \qquad +w_{4n}\hat{\psi}_{rd}(k-2)+w_{5n}\hat{\psi}_{rq}(k-2)-w_{6n}i_{sD}(k-2)\\ \hat{\psi}_{rq}(k)=w_{1n}\hat{\psi}_{rq}(k-1)+w_{2n}\hat{\psi}_{rd}(k-1)+w_{3n}i_{sQ}(k-1)\\ \qquad +w_{4n}\hat{\psi}_{rq}(k-2)-w_{5n}\hat{\psi}_{rq}(k-2)-w_{6n}i_{sQ}(k-2)\end{cases} \tag{11-18}$$

另外，在这种情况下，NN 可以实现这些方程，式中 w_{1n}、w_{2n}、w_{3n}、w_{4n}、w_{5n} 和 w_{6n} 为 NN 的权值，定义为 $w_{1n}=1-3T_{sp}/(2T_r)$、$w_{2n}=3\omega_r T_{sp}/2$、$w_{3n}=3T_{sp}L_m/(2T_r)$、$w_{4n}=T_{sp}/(2T_r)$、$w_{5n}=\omega_r T_{sp}/2$ 和 $w_{6n}=T_{sp}L_m/(2T_r)$。式（11-18）描述了一个 8 输入 2 输出的线性 ANN，其输入为 $i_{sD}(k-1)$、$i_{sQ}(k-1)$、$i_{sD}(k-2)$、$i_{sQ}(k-2)$、$\hat{\psi}_{rd}(k-1)$、$\hat{\psi}_{rq}(k-1)$、$\hat{\psi}_{rd}(k-2)$、$\hat{\psi}_{rq}(k-2)$，其输出为 $\hat{\psi}_{rd}(k)$、$\hat{\psi}_{rq}(k)$，且其权值为 w_{1n}、w_{2n}、w_{3n}、w_{4n}、w_{5n} 和 w_{6n}。

重新整理式（11-18），可以得到以下预测器模式的矩阵方程，即

$$\begin{bmatrix}-3/2T_{sp}\psi_{rq}(k-1)+1/2T_{sp}\psi_{rq}(k-2)\\ 3/2T_{sp}\psi_{rd}(k-1)-1/2T_{sp}\psi_{rd}(k-2)\end{bmatrix}\omega_r(k-1)$$

$$=\begin{bmatrix}\hat{\psi}_{rd}(k)-w_{1n}\psi_{rd}(k-1)-w_{3n}i_{sD}(k-1)-w_{4n}\psi_{rd}(k-2)+w_{6n}i_{sD}(k-2)\\ \hat{\psi}_{rq}(k)-w_{1n}\psi_{rq}(k-1)-w_{3n}i_{sQ}(k-1)-w_{4n}\psi_{rq}(k-2)+w_{6n}i_{sQ}(k-2)\end{bmatrix} \tag{11-19}$$

该矩阵方程可以由任何 LS 方法来求解。在这种情况下，由于两个矩阵受到转子磁通估计误差的影响，应使用 TLS 技术而不是 OLS。在线应用时应采用 TLS EXIN 神经元，或其改进型——最小主元分析（MCA）EXIN + 神经元。

图 11-32 所示为对应的 MRAS 转速观测器的框图。

下面介绍 MRAS 观测器的模拟器模式和预测器模式：对简单欧拉方法的改进。

利用改进型欧拉积分法，考虑使用预测器模式的自适应模型。可以证明，即使在模拟器模式中，TLS 方法训练的改进型欧拉积分方法的性能，也优于 TLS 或 BPN 方法训练的简单欧拉积分方法。进一步可知，就稳定性而言，在预测器模式采用的简单欧拉方法，优于模

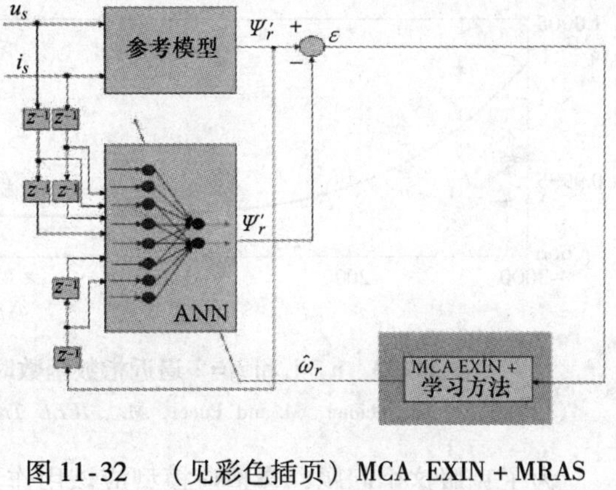

图 11-32　（见彩色插页）MCA EXIN + MRAS 转速观测器的框图

拟器模式中 BPN 训练的相同的欧拉积分方法。

当用于模拟器模式时，过程的数据输出，即转子磁链，被延迟作为其中一个输入。如果采用简单欧拉积分方法，则磁通模型在 z 域的传递函数 $X(z)$ 为

$$X(z)=Z(\hat{\boldsymbol{\Psi}}_r'(k))/Z(\boldsymbol{i}_S(k-1))=\frac{w_3}{(\mathrm{j}w_2+w_1)z^{-1}-1}=\frac{w_3 z}{(\mathrm{j}w_2+w_1)-z} \quad (11\text{-}20)$$

上式在 z 域有一个极点 $z_1=w_1+\mathrm{j}w_2$ 和一个在原点的零点。系统要稳定，传递函数的极点就必须位于 z 域的单位圆内。因此存在一个系统稳定边界的转速临界值。更准确地说，下面的关系必须满足，即

$$-\frac{1}{T_{sp}}\sqrt{\frac{T_{sp}}{T_r}\left(2-\left(\frac{T_{sp}}{T_r}\right)\right)}<\omega_r<\frac{1}{T_{sp}}\sqrt{\frac{T_{sp}}{T_r}\left(2-\left(\frac{T_{sp}}{T_r}\right)\right)} \quad (11\text{-}21)$$

和

$$T_{sp}<\frac{2T_r}{1+T_r^2\omega_r^2} \quad (11\text{-}22)$$

式（11-21）说明转子转速增加将导致驱动器不稳定，而式（11-22）表明，如果电动机在某个角速度下运行，则存在系统稳定的采样时间 T_{sp} 上限值。

例如，目前采用的电动机额定转速为 314rad/s 且 $T_r=0.134$s，则采样时间的上限值为 0.15ms。如果采用 0.1ms 的采样时间，则转速的最高上限值为 385rad/s（见图 11-33 的上图），这意味着不超出限制的情况下转速可以比额定值增加 18%，导致在弱磁场区使用驱动器将出现问题。

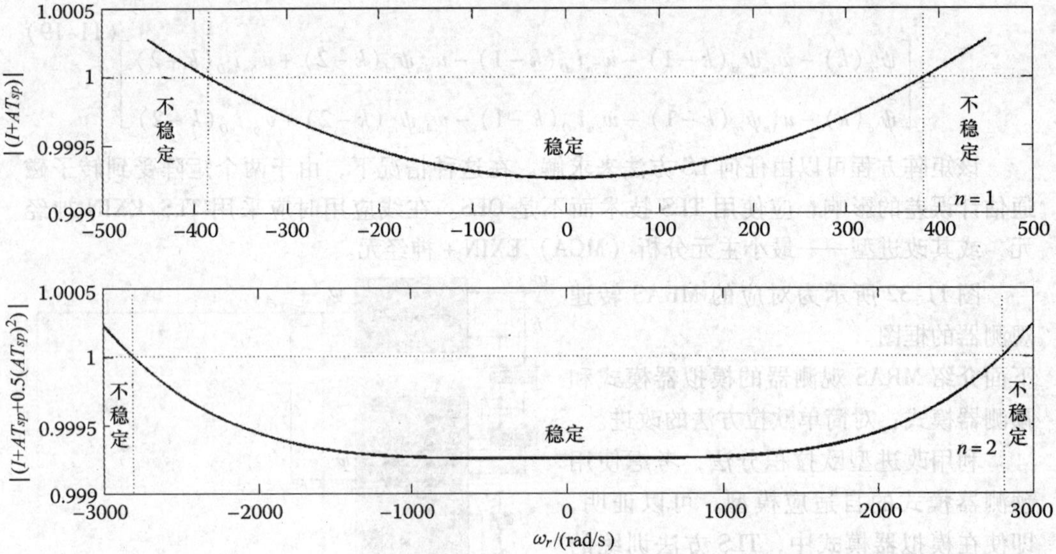

图 11-33 $n=1$ 和 $n=2$ 逼近指数函数时，简单欧拉积分方法的极点幅值

（资料来源：Cirrincione，M. and Pucci，M.，*IEEE Trans. Ind. Electron.*，52（2），532，April 2005.）

为了克服这个问题，自适应模型应该用作预测器模式中，即参考模型的输出延迟后

作为自适应模型的输入。在这种情况下，也不存在反馈和稳定性问题。

式（11-17）中令 $n=1$ 可以得到简单欧拉方法。如果令式（11-17）中 $n=2$ 可以得到更好的稳定性，即图11-33的下图所示，转速的稳定限值提高。这种近似方法已经至少在参考文献［41-44］中使用，以避免模拟器模式中的稳定性问题。应当强调的是，后一种方法意味着要对 $\boldsymbol{A}_x T_{sp}$ 矩阵的平方进行在线计算，使得这种方法在线应用时过于烦琐。

改进的欧拉方法[57]比简单欧拉方法略增加计算量，但可以得到更好的结果。

在离散域对式（11-2）进行积分，连续域中的纯积分器 $1/s$ 在 z 域成为离散滤波器 $\dfrac{T_{sp}(3/2z-1/2)}{z(z-1)}$。这是通过对离散方程 $y(k)=\underbrace{y(k-1)+T_{sp}x(k-1)}_{\text{简单欧拉积分}}+\underbrace{T_{sp}/2(x(k-1)-x(k-2))}_{\text{附加项}}$ 进行 z 变换得到的，其中 $x(k)$ 为当前采样时刻 k 的积分器输入，$y(k)$ 是积分器的对应输出。这个式子是简单欧拉积分和一个附加项之和，考虑了被积函数变量在前两个周期的值，根据合适的 T_{sp} 值可保证状态方程的积分正确并准确地估计磁通，这一点与简单前向欧拉积分器 $T_{sp}/z-1$ 不同。

在这种情况下，类似的稳定性分析表明传递函数的两个极点随转速而变化，但是转速稳定限值高于简单欧拉方法得到的限值，因此可以拓展在弱磁区域的运行（见图11-34）。

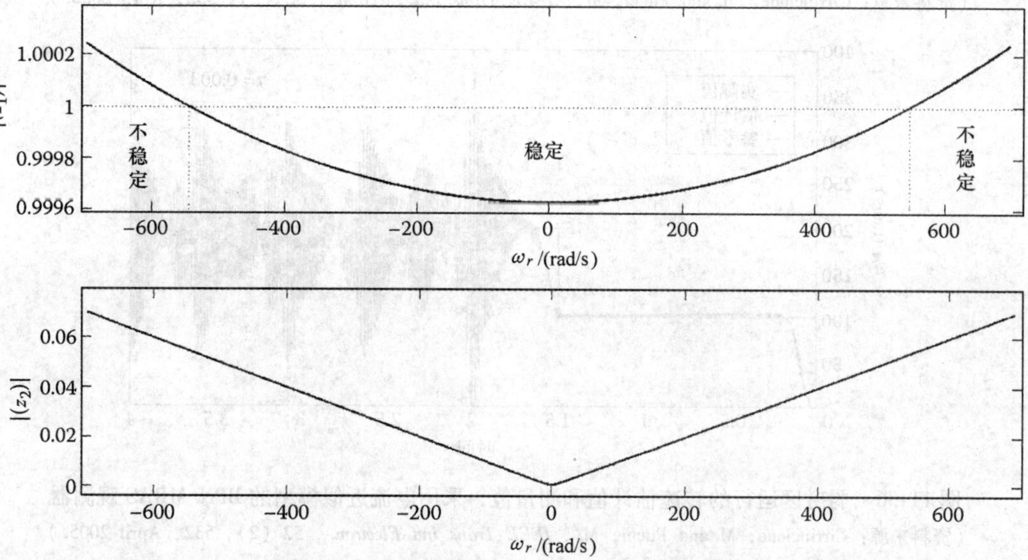

图11-34　改进型欧拉积分方法的极点幅值

（资料来源：Cirrincione，M. and Pucci，*M.*，*Ind. Electron.*，52（2），532，April 2005.）

图11-35所示为BPN MRAS观测器数值仿真时的转速参考值、实际值和估计值。观测器的自适应模型采用简单前向欧拉方法离散化的电流模型，工作于模拟器模式。参考

值为两个阶跃信号，分别是100rad/s和200rad/s。图中清楚地表明：当转速达到约200rad/s后，驱动器如预期那样变为不稳定。相同的测试进行了数值仿真，采用BPN MRAS观测器，其自适应模型类似于Ben - Brahim等[44]的模型，工作于模拟器模式。图11-36所示为参考值分别是100rad/s和200rad/s阶跃信号时转速的参考值、实际值和估计值，BPN NN的学习率为 $\eta=0.003$。图中清楚地表明，η 为该值时，驱动器在约200rad/s接近不稳定，转速估计存在很大误差并存在剧烈振荡。

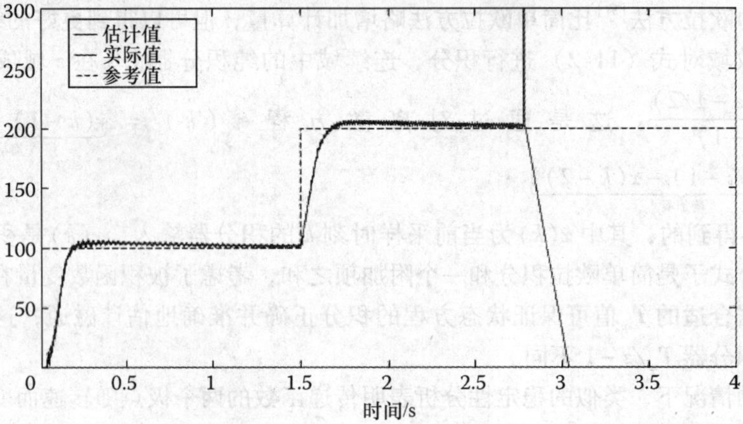

图11-35 弱磁区运行的转速估计值和测量值，采用离散欧拉电流模型的BPN MRAS观测器
（资料来源：Cirrincione，M. and Pucci，*M*,，*IEEE Trans. Ind. Electron.*，52（2），532，April 2005.）

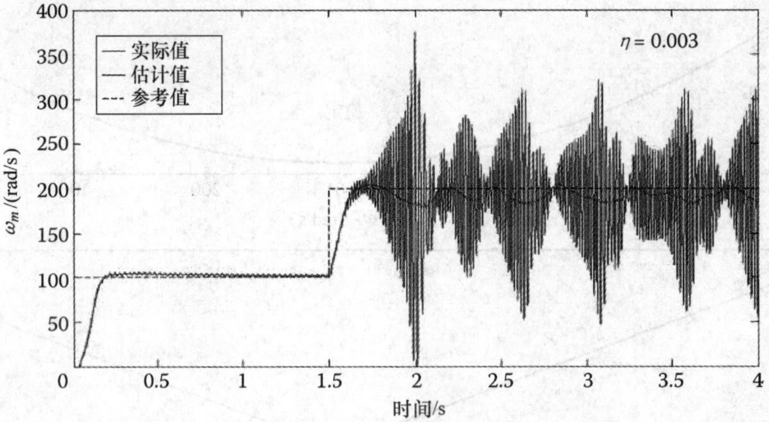

图11-36 弱磁区运行的转速估计值和测量值，采用电流近似模型的BPN MRAS观测器
（资料来源：Cirrincione，M. and Pucci，M.，*IEEE Trans. Ind. Electron.*，52（2），532，April 2005.）

11.3.4 MCA EXIN + MRAS观测器

MCA EXIN + MRAS观测器是基于LS的MRAS观测器中的最新研究成果[55,56]。在此观测器中，采用了第11.3.3节中的改进型欧拉神经网络自适应模型。MCA EXIN + 也采用了 ADALINE 训练算法，是对 TLS EXIN（见第8章）的改进。改进后可以允许更低的转速。参考模型用的神经网络自适应积分器，采用了跟随驱动器转速参考值变化的学习因子，可以提升其低频特性。

查看图 11-18 可以观察到，如果需要转速低于 5rad/s，$\tau=1\times10^{-5}$的神经网络积分器能够提供更好的性能，因为它在很低频率都可以接近理想的积分器。然而，$\tau=1\times10^{-5}$的神经网络积分器不适用于驱动器的整个转速范围，原因是当τ值变小后滤波器的适应时间将增加，如图 11-37 所示。图中显示了运行转速为 2rad/s 时，2%（额定电压）DC 信号叠加到 sA 相电压信号后，两个不同τ值适应时间的区别。该图表明，小的τ值可以实现更好的磁通估计，但是适应时间更长。基于这个原因，采用小的τ值将在磁通控制回路带来稳定性问题，尤其在转速瞬态时。可以采用下列方法解决该问题：转速参考值高于 10rad/s（电角度）和处于转速瞬态期间，τ值被设置为2×10^{-4}，转速参考值为 10rad/s ~ 4rad/s 且处于稳态后，τ值从2×10^{-4}线性地变化为1×10^{-5}，并在低转速参考值时保持该值，如图 11-38 所示。

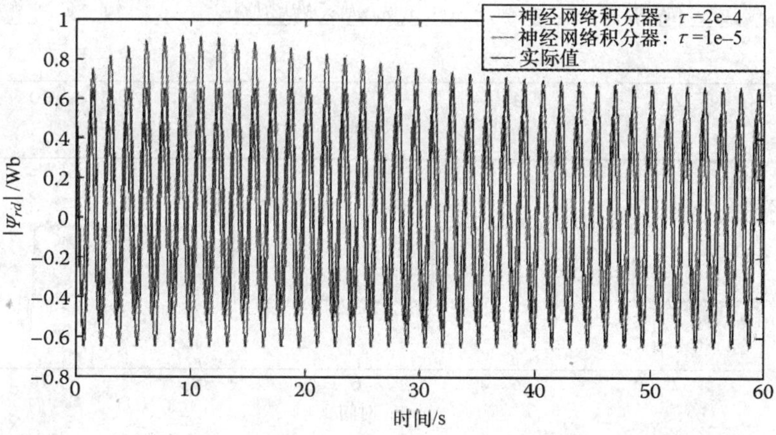

图 11-37 2%（的额定电压）DC 信号叠加到 sA 相电压信号后，转子磁通的 D 轴分量，τ为两个不同的值（仿真）

（资料来源：Cirrincione，M. et al.，*IEEE Trans. Ind. Electron.*，54（1），127，February 2007.）

应当指出，减少τ值相当于把神经网络滤波器的极点移向原点，这不会影响积分器的精度。对于 LPF 滤波器就不同，其极点的幅值不能太小，因为极点的幅值越小则 LPF 受输入 DC 漂移造成的输出漂移越大。实际上，如果设输入端的 DC 漂移幅值为 E_{dr}，在两个滤波器上应用终值定理，则 LPF 的输出为常数而神经网络积分器的输出为零，因为它在原点有零点。

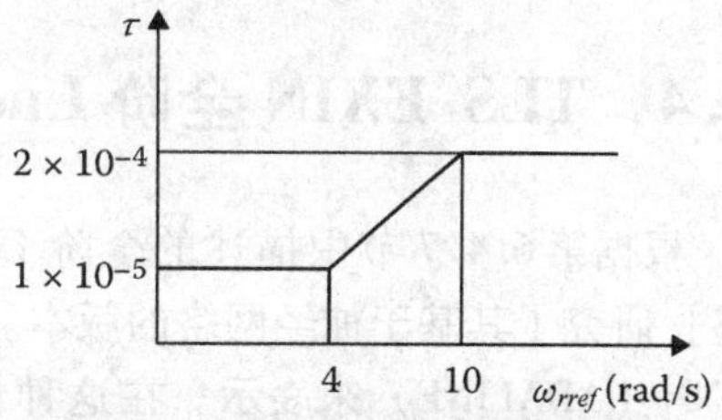

图 11-38 学习因子与电动机转速参考值的关系曲线

（资料来源：Cirrincione，M. et al.，*IEEE Trans. Ind. Electron.*，54（1），127，February 2007.）

LP 滤波器：

$$\lim_{s\to 0} sG_{LP}(s)\frac{E_{dr}}{s}=\lim_{s\to 0} s\frac{1}{s+\alpha_p}\frac{E_{dr}}{s}=\frac{E_{dr}}{\alpha_p}$$

式中　α_p——LPF 的极点。

神经网络积分器：

$$\lim_{s\to 0} sG_{\text{int}}(s)\frac{E_{dr}}{s}=\lim_{s\to 0} s\frac{s}{s^2+4\tau/T_{sp}s+4\tau^2/T_{sp}^2}\frac{E_{dr}}{s}=0 \tag{11-23}$$

MCA EXIN + MRAS 观测器已经在 FOC IM 驱动器（请参阅附录 A 和附录 B）上进行实验测试。图 11-39 所示为参考值是幅值为 7rad/s、角频率为 0.2rad/s 的方波时，TLS MRAS 观测器的转速参考值、测量值和估计值。图 11-39 中表明，观测器对低振幅高频率的参考值方波进行跟踪，是非常具有挑战性的。

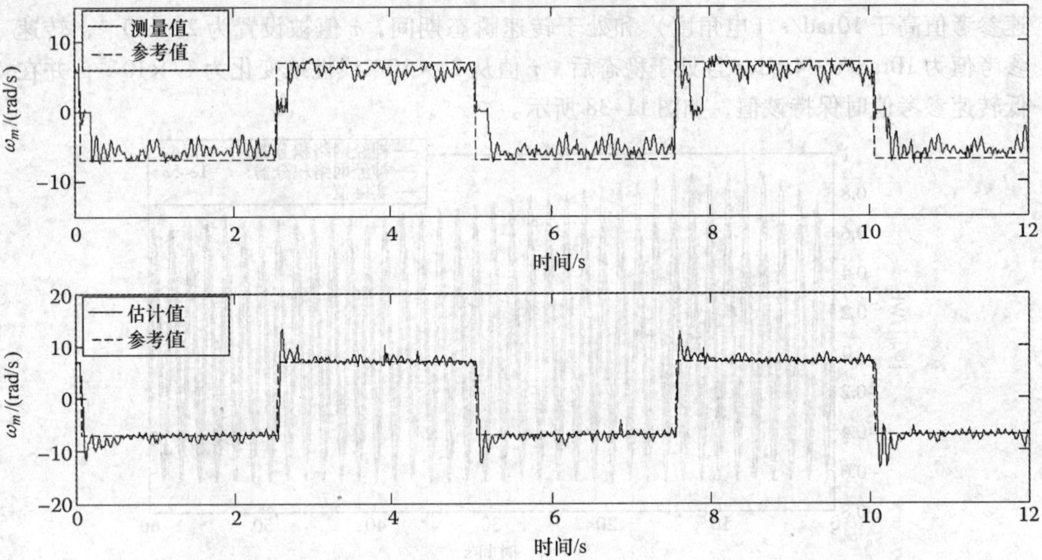

图 11-39　参考值是幅值为 7rad/s，角频率为 0.2rad/s 的方波时，MCA EXIN + MRAS 观测器的转速参考值、测量值和估算值

（资料来源：Cirrincione，M. et al.，*IEEE Trans. Ind. Electron.*，54（1），127，February 2007.）

11.4　TLS EXIN 全阶 Luenberger 自适应观测器

根据第 6.4.7 节中描述的全阶 Luenberger 自适应观测器结构，参考文献［55］和［58］研究了其基于神经网络的版本。IM 的状态方程被离散化和重新整理，以便利用线性 NN（ADALINE）来表示。在这种情况下，依然可以采用 TLS EXIN 神经元对 ADALINE 进行在线训练，以正确估计转子转速。该 NN 观测器进一步集成了第 6.4.3 节描述的在线定子电阻估计算法（算法 3）。

11.4.1 IM 的状态空间模型

如果定子电流和转子磁链空间矢量被选择作为状态变量，在静止参考坐标系中的 IM 状态方程可写为[59]

$$\frac{\mathrm{d}}{\mathrm{d}t}\begin{bmatrix}\boldsymbol{i}_s\\ \boldsymbol{\psi}_r'\end{bmatrix}=\frac{\mathrm{d}\boldsymbol{x}}{\mathrm{d}t}=\begin{bmatrix}\boldsymbol{A}_{11}\boldsymbol{A}_{12}\\ \boldsymbol{A}_{21}\boldsymbol{A}_{22}\end{bmatrix}\begin{bmatrix}\boldsymbol{i}_s\\ \boldsymbol{\psi}_r'\end{bmatrix}+\begin{bmatrix}\boldsymbol{B}_1\\ 0\end{bmatrix}\boldsymbol{u}_s=\boldsymbol{A}\boldsymbol{x}+\boldsymbol{B}\boldsymbol{u}_s \tag{11-24a}$$

$$\boldsymbol{i}_s=\boldsymbol{C}\boldsymbol{x} \tag{11-24b}$$

$$\boldsymbol{A}_{11}=-\{R_S/(\sigma L_s)+(1-\sigma)/\sigma T_r\}\boldsymbol{I}=a_{11}\boldsymbol{I} \tag{11-25a}$$

$$\boldsymbol{A}_{12}=L_m/(\sigma L_s L_r)\{(1/T_r)\boldsymbol{I}-\omega_r\boldsymbol{J}\}=a_{12}\{(1/T_r)\boldsymbol{I}-\omega_r\boldsymbol{J}\} \tag{11-25b}$$

$$\boldsymbol{A}_{21}=\{L_m/T_r\}\boldsymbol{I}=a_{21}\boldsymbol{I} \tag{11-25c}$$

$$\boldsymbol{A}_{22}=-(1/T_r)\boldsymbol{I}+\omega_r\boldsymbol{J}=a_{22}\{(1/T_r)\boldsymbol{I}-\omega_r\boldsymbol{J}\} \tag{11-25d}$$

$$\boldsymbol{B}_1=1/(\sigma L_s)\boldsymbol{I}=b\boldsymbol{I} \tag{11-25e}$$

其中

$$\boldsymbol{i}_s=[i_{sD}\quad i_{sQ}]^{\mathrm{T}},\boldsymbol{u}_s=[u_{sD}\quad u_{sQ}]^{\mathrm{T}},\boldsymbol{\Psi}_r'=[\Psi_{rd}\quad \Psi_{rq}]^{\mathrm{T}},\ \boldsymbol{C}'=[0\quad \boldsymbol{I}],$$

$$\boldsymbol{C}=[\boldsymbol{I}\quad 0],\ \boldsymbol{I}=\begin{bmatrix}1&0\\0&1\end{bmatrix},\ \boldsymbol{J}=\begin{bmatrix}0&-1\\1&0\end{bmatrix}.$$

在之前的状态表达式中，$\boldsymbol{x}=[\boldsymbol{i}_s,\ \boldsymbol{\psi}_r']$ 是状态矢量，由定子电流、静止参考坐标系中的转子磁链直轴和横轴分量组成。$\boldsymbol{u}_s$ 是输入矢量，由静止参考坐标系中的定子电压直轴和横轴分量组成，$\boldsymbol{A}$ 为决定于转子转速 ω_r 的状态矩阵（4×4 矩阵），$\boldsymbol{B}$ 为输入矩阵，$\boldsymbol{C}$ 为输出矩阵。

11.4.2 自适应转速观测器

如果式（11-24）增加一个包含实际值与估计值之间的误差的修正项，则可以得到全阶 Luenberger 状态观测器。由于唯一可以检测的状态变量是定子电流，修正项为只包含定子电流的误差矢量 $\boldsymbol{e}_{rr}=(\boldsymbol{i}_s-\hat{\boldsymbol{i}}_s)$，即

$$\frac{\mathrm{d}\hat{\boldsymbol{x}}}{\mathrm{d}t}=\hat{\boldsymbol{A}}\boldsymbol{x}+\boldsymbol{B}\boldsymbol{u}_s+\boldsymbol{G}(\hat{\boldsymbol{i}}_s-\boldsymbol{i}_s) \tag{11-26}$$

式中　^——估计值；

$\boldsymbol{G}$——观测器增益矩阵，被设计为使前述的观测器稳定。

对于观测器增益矩阵的选择，参见第 6.4.7 节。

11.4.3 基于 TLS 的转速估计

改进式（11-24）可以得到基于 TLS 的转速观测器，可以利用前两个标量方程来估计转子转速，其数字实现方案如以下离散式所示[58]。

矩阵方程式（11-24）的前两个标量方程可以写为

$$\begin{cases}\dfrac{\mathrm{d}i_{sD}}{\mathrm{d}t} = a_{11}i_{sD} + a_{12}p_r\hat{\psi}_{rd} + a_{12}\hat{\omega}_r\hat{\psi}_{rq} + bu_{sD} \\ \dfrac{\mathrm{d}i_{sQ}}{\mathrm{d}t} = a_{11}i_{sQ} + a_{12}p_r\hat{\psi}_{rq} - a_{12}\hat{\omega}_r\hat{\psi}_{rd} + bu_{sQ}\end{cases} \tag{11-27}$$

其中的电流分量为测量值，转子磁通和转速为估计值。采用离散滤波器 $(1-z^{-1})/T_{sp}z^{-1}$ 近似连续域的导数，实现连续域到离散域的转换。其中 T_{sp} 为控制系统的采样时间，可以推导出下列方程，即

$$\begin{cases}\dfrac{i_{sQ}(k)-i_{sQ}(k-1)}{T_{sp}} = a_{11}i_{sD}(k-1) + a_{12}p_r\hat{\psi}_{rd}(k-1) + a_{12}\hat{\omega}_r(k-1)\hat{\psi}_{rq}(k-1) + b\hat{u}_{sD}(k-1) \\ \dfrac{i_{sQ}(k)-i_{sQ}(k-1)}{T_{sp}} = a_{11}i_{sQ}(k-1) + a_{12}p_r\hat{\psi}_{rq}(k-1) - a_{12}\hat{\omega}_r(k-1)\hat{\psi}_{rd}(k-1) + b\hat{u}_{sQ}(k-1)\end{cases} \tag{11-28}$$

式中　k——当前的采样时刻。

从式（11-28），可以很容易地写出下面的矩阵方程，即

$$\begin{bmatrix} a_{12}T_{sp}\hat{\psi}_{rq}(k-1) \\ -a_{12}T_{sp}\hat{\psi}_{rd}(k-1)\end{bmatrix}\hat{\omega}_r(k-1) = \begin{bmatrix} i_{sD}(k)-i_{sD}(k-1)-a_{11}T_{sp}i_{sD}(k-1)-a_{12}p_rT_{sp}\hat{\psi}_{rd}(k-1)-bT_{sp}\hat{u}_{sD}(k-1) \\ i_{sQ}(k)-i_{sQ}(k-1)-a_{11}T_{sp}i_{sQ}(k-1)-a_{12}p_rT_{sp}\hat{\psi}_{rq}(k-1)-bT_{sp}\hat{u}_{sQ}(k-1)\end{bmatrix} \tag{11-29}$$

式中　$p_r = 1/T_r$

进一步的改进见参考文献［55］，其中式（8-7）的所有 4 个标量方程被改进以得到转速估计值，即

$$\begin{bmatrix} a_{12}T_{sp}\hat{\psi}_{rq}(k-1) \\ -a_{12}T_{sp}\hat{\psi}_{rd}(k-1) \\ -a_{22}T_{sp}\hat{\psi}_{rq}(k-1) \\ a_{22}T_{sp}\hat{\psi}_{rd}(k-1)\end{bmatrix}\hat{\omega}_r(k-1) = \begin{bmatrix} i_{sD}(k)-i_{sD}(k-1)-a_{11}T_{sp}i_{sD}(k-1)-a_{12}p_rT_{sp}\hat{\psi}_{rd}(k-1)-bT_{sp}\hat{u}_{sD}(k-1) \\ i_{sQ}(k)-i_{sQ}(k-1)-a_{11}T_{sp}i_{sQ}(k-1)-a_{12}p_rT_{sp}\hat{\psi}_{rq}(k-1)-bT_{sp}\hat{u}_{sQ}(k-1) \\ -\hat{\psi}_{rd}(k)+\hat{\psi}_{rd}(k-1)+a_{21}T_{sp}i_{sd}(k-1)+a_{22}T_{sp}/T_r\hat{\psi}_{rd}(k-1) \\ -\hat{\psi}_{rq}(k)+\hat{\psi}_{rq}(k-1)+a_{21}T_{sp}i_{sq}(k-1)+a_{22}T_{sp}/T_r\hat{\psi}_{rq}(k-1)\end{bmatrix} \tag{11-30}$$

式（11-29）和式（11-30）是典型的 $\boldsymbol{A}\boldsymbol{x}\approx\boldsymbol{b}$ 类型矩阵方程，其中 $\boldsymbol{A}$ 被称为“数据矩阵”；$\boldsymbol{b}$ 被称为“观测矢量”；x 为未知矢量，等于 $\hat{w}_r$。在这种情况下，LS 技术是用于在线训练 ADALINE 以求解递归形式式（11-29）和式（11-30）的最佳解决方案。矩阵 $\boldsymbol{A}$ 由转子磁链 $d-q$ 轴分量组成，容易受到误差和测量噪声的影响，同样的问题也影响了观测矢量 $\boldsymbol{b}$，$\boldsymbol{b}$ 由转子磁链 $d-q$ 轴分量和定子电流空间矢量 $d-q$ 轴分量组成。因此，要解决的问题是 TLS 问题而非 LS 问题。异于 TLS 的其他 LS 技术均不适用[48,49]。

图 11-40 所示为 TLS EXIN 全阶自适应观测器的框图。应该指出，转子转速的计算由 TLS 估计器完成，方法是最小化矩阵方程式（11-29）或式（11-30）的残留项。该残留项主要取决于转子磁通的估计误差，而其所有其他项则取决于电气变量的测量值（i_s和 u_s），受到测量误差的影响。TLS 则是解决转子转速这些不确定性问题的最佳方案。

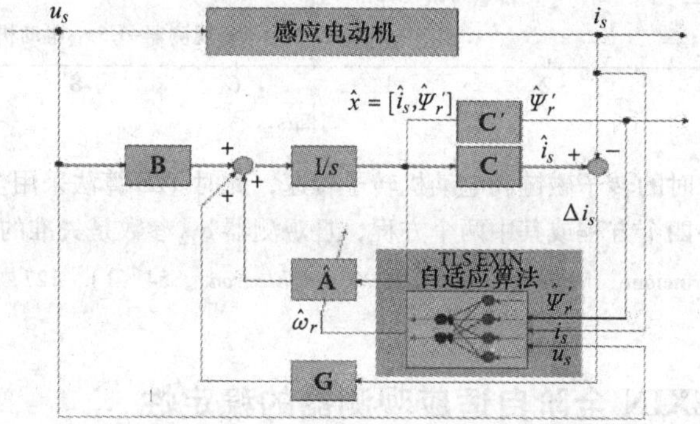

图 11-40　（见彩色插页）TLS EXIN 全阶自适应观测器的框图

应该指出的是，转子转速的计算对式（11-30）的全部四个标量方程没有严格要求。基本上可以有三种方法：

1）求解式（11-24）的前两个标量方程，其对应于离散化的电动机定子和转子方程组。

2）求解式（11-24）的后两个标量方程，其对应于离散化的电动机转子方程。

3）同时求解式（11-24）的全部四个标量方程。

第三种方法应该是最好的，即使从计算的角度来看最麻烦，因为它对数据矩阵和观测矢量参数的不确定性具有最好的鲁棒性。例如在实际应用中，这种不确定性可能会造成励磁电感测量不正确。图 11-41 所示为数值仿真中转速的实际值和估计值，以及转子磁链幅值的实际值和估计值，这时转速参考值为 1rad/s 且观测器的参数 a_{12} 设定为电动机参数 a_{12} 的 1.5 倍。分别采用式（11-29）和式（11-30）进行了两次该测试。图中清楚地表明，变量估计值在反馈控制作用下，能正确跟踪参考值，且采用四个标量方程与只采用两个标量方程相比，前者的实际值更接近参考值。因此如同预期那样，采用观测器的全部标量方程对转子转速进行计算，对观测器参数的不确定性具有更好的鲁棒性。

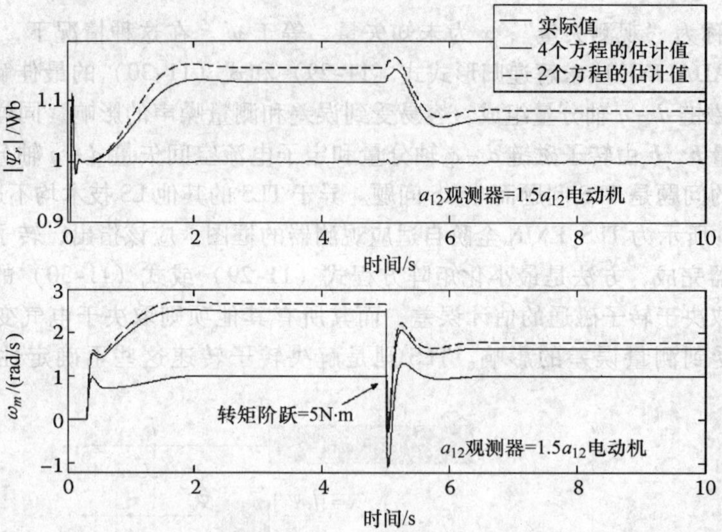

图 11-41　1rad/s 时的转子磁链和电动机转子转速，此时 TLS 算法采用全阶观测器的全部四个方程或其中两个方程，且观测器 a_{12} 参数是失准的

（资料来源：Cirrincione，M. et al.，*IEEE Trans. Ind. Electron.*，54（1），127，February 2007.）

11.4.4　TLS EXIN 全阶自适应观测器的稳定性

下面将论证 TLS EXIN 全阶自适应观测器的稳定性。论证针对采用式（11-30）的普遍情况。在 TLS 自适应转速观测器中，需要考虑三个关系：

1）电动机的实际方程，即式（11-24a），以稍微不同的形式重写为

$$\dot{\boldsymbol{x}} = \begin{pmatrix} a_{11}\boldsymbol{I} \\ a_{21}\boldsymbol{I} \end{pmatrix}\boldsymbol{i}_s + \frac{1}{T_r}\begin{pmatrix} a_{12}\boldsymbol{I} \\ a_{22}\boldsymbol{I} \end{pmatrix}\boldsymbol{\psi}_r - \omega_r\begin{pmatrix} a_{12}\boldsymbol{I} \\ a_{22}\boldsymbol{I} \end{pmatrix}\boldsymbol{\psi}_r + \boldsymbol{B}\boldsymbol{u}_s \tag{11-31}$$

式中　$\boldsymbol{x} = \begin{pmatrix} \boldsymbol{i}_s \\ \boldsymbol{\psi}_r \end{pmatrix}$

2）全阶观测器方程，估计定子电流和转子磁通，见式（11-26），改写为

$$\dot{\hat{\boldsymbol{x}}} = \begin{pmatrix} a_{11}\boldsymbol{I} \\ a_{21}\boldsymbol{I} \end{pmatrix}\hat{\boldsymbol{i}}_s + \frac{1}{T_r}\begin{pmatrix} a_{12}\boldsymbol{I} \\ a_{22}\boldsymbol{I} \end{pmatrix}\hat{\boldsymbol{\psi}}_r - \hat{\omega}_r\begin{pmatrix} a_{12}\boldsymbol{I} \\ a_{22}\boldsymbol{I} \end{pmatrix}\hat{\boldsymbol{\psi}}_r + \boldsymbol{B}\boldsymbol{u}_s + \boldsymbol{G}\ (\hat{\boldsymbol{i}}_s - \boldsymbol{i}_s) \tag{11-32}$$

式中　$\hat{\boldsymbol{x}} = \begin{pmatrix} \hat{\boldsymbol{i}}_s \\ \hat{\boldsymbol{\psi}}_r \end{pmatrix}$

^——估计值。

例如，$\hat{\omega}_r$ 为通过下列 TLS 转速观测器方程得到的转速估计值。

3）TLS 转速观测器［式（11-30）］的连续域形式为

$$\dot{\tilde{\boldsymbol{x}}} \cong \begin{pmatrix} a_{11}\boldsymbol{I} \\ a_{21}\boldsymbol{I} \end{pmatrix} \boldsymbol{i}_s + \frac{1}{T_r}\begin{pmatrix} a_{12}\boldsymbol{I} \\ a_{22}\boldsymbol{I} \end{pmatrix} \hat{\boldsymbol{\psi}}_r - \hat{\omega}_r \begin{pmatrix} a_{12}\boldsymbol{I} \\ a_{22}\boldsymbol{I} \end{pmatrix} \hat{\boldsymbol{\psi}}_r + \boldsymbol{B}\boldsymbol{u}_s \tag{11-33}$$

式中 $\tilde{\boldsymbol{x}} = \begin{pmatrix} \boldsymbol{i}_s \\ \hat{\boldsymbol{\psi}}_r \end{pmatrix}$

及

$$\boldsymbol{J} = \begin{bmatrix} 0 & -1 \\ 1 & 0 \end{bmatrix}$$

$$\boldsymbol{I} = \begin{bmatrix} 1 & 0 \\ 0 & 1 \end{bmatrix}$$

定义 $\boldsymbol{e} = \boldsymbol{x} - \hat{\boldsymbol{x}}$，从式（11-31）中减去式（11-32）可以得到方程，即

$$\dot{\boldsymbol{e}} = (\boldsymbol{A} - \boldsymbol{G}\boldsymbol{C})\boldsymbol{e} - \Delta\boldsymbol{A}\,\hat{\boldsymbol{x}} \tag{11-34}$$

式中

$$\Delta\boldsymbol{A} = \hat{\boldsymbol{A}} - \boldsymbol{A} = \begin{bmatrix} \boldsymbol{O}_2 & -(\hat{\omega}_r - \omega_r)\boldsymbol{J}a_{12} \\ \boldsymbol{O}_2 & (\hat{\omega}_r - \omega_r)\boldsymbol{J} \end{bmatrix}$$

式中

$$\boldsymbol{O}_2 = \begin{bmatrix} 0 & 0 \\ 0 & 0 \end{bmatrix}$$

$\boldsymbol{C}$ 已在前面定义。

如果矩阵定义为

$$\tilde{\boldsymbol{C}} = \begin{bmatrix} \boldsymbol{O}_2 & \boldsymbol{O}_2 \\ \boldsymbol{O}_2 & \boldsymbol{I} \end{bmatrix}$$

则式（11-31）和式（11-33）之间的差为

$$\tilde{\boldsymbol{C}}\dot{\boldsymbol{e}} \cong \boldsymbol{A}\,\tilde{\boldsymbol{C}}\boldsymbol{e} - \Delta\boldsymbol{A}\,\hat{\boldsymbol{x}} \tag{11-35}$$

现在可以看到式（11-35）直接来自采用的 LS 转速观测器（11-33），这也是该方法比较奇特的地方。

如果式（11-34）和式（11-35）相减，则可以得到关系式，即

$$(\boldsymbol{I}_4 - \tilde{\boldsymbol{C}})\dot{\boldsymbol{e}} \cong (\boldsymbol{A} - \boldsymbol{G}\boldsymbol{C} - \boldsymbol{A}\,\tilde{\boldsymbol{C}})\boldsymbol{e} \tag{11-36}$$

式中
$$\boldsymbol{I}_4 = \begin{bmatrix} 1 & 0 & 0 & 0 \\ 0 & 1 & 0 & 0 \\ 0 & 0 & 1 & 0 \\ 0 & 0 & 0 & 1 \end{bmatrix}$$

上式为观测器稳定性的关键式。

如果定义矢量为

$$\boldsymbol{e}=\begin{pmatrix}\boldsymbol{e}_a\\ \boldsymbol{e}_b\end{pmatrix}=\begin{pmatrix}e_1\\ e_2\\ e_3\\ e_4\end{pmatrix} \tag{11-37}$$

再根据式（11-36），若不失一般性，$\boldsymbol{G}=0$，则有下面的关系，即

$$\dot{\boldsymbol{e}}_a \cong (a_{11}\boldsymbol{I})\ \boldsymbol{e}_a \tag{11-38a}$$

$$\dot{\boldsymbol{e}}_b \cong (a_{21}\boldsymbol{I})\ \boldsymbol{e}_a \tag{11-38b}$$

根据式（11-38a），立即可以得到$\boldsymbol{e}_a\to 0$，即若$t\to\infty$则$\hat{\boldsymbol{i}}_s\to\boldsymbol{i}_s$，原因是$a_{11}$小于0。从式（11-38b）可以得出若$t\to\infty$则$\boldsymbol{e}_b\to$常数，这个结果将在下面由Lyapunov定理证明该常数为0。

定义Lyapunov函数为

$$v=\boldsymbol{e}^{\mathrm{T}}\boldsymbol{e}+(\hat{\omega}_r-\omega_r)^2/\mu \tag{11-39}$$

当$\boldsymbol{e}=0$，$\hat{\omega}_r=\omega_r$，且μ为正的常数时，上式为0。

对其求导，可得

$$\frac{\mathrm{d}v}{\mathrm{d}t}=\left(\frac{\mathrm{d}\boldsymbol{e}^{\mathrm{T}}}{\mathrm{d}t}\right)\boldsymbol{e}+\boldsymbol{e}^{\mathrm{T}}\left(\frac{\mathrm{d}\boldsymbol{e}}{\mathrm{d}t}\right)+\frac{1}{\mu}\frac{\mathrm{d}}{\mathrm{d}t}\ (\hat{\omega}_r-\omega_r)^2=\frac{\mathrm{d}\tilde{v}}{\mathrm{d}t}+\frac{1}{\mu}\frac{\mathrm{d}}{\mathrm{d}t}\ (\hat{\omega}_r-\omega_r)^2 \tag{11-40}$$

其中，$\tilde{v}=\boldsymbol{e}^{\mathrm{T}}\boldsymbol{e}$，然后根据式（11-37），存在如下关系，即

$$\frac{\mathrm{d}\tilde{v}}{\mathrm{d}t}=\frac{\mathrm{d}\boldsymbol{e}^{\mathrm{T}}}{\mathrm{d}t}\boldsymbol{e}+\boldsymbol{e}^{\mathrm{T}}\left(\frac{\mathrm{d}\boldsymbol{e}}{\mathrm{d}t}\right)=\left(\frac{\mathrm{d}\boldsymbol{e}_a^{\mathrm{T}}}{\mathrm{d}t},\frac{\mathrm{d}\boldsymbol{e}_b^{\mathrm{T}}}{\mathrm{d}t}\right)\begin{pmatrix}\boldsymbol{e}_a\\ \boldsymbol{e}_b\end{pmatrix}+(\boldsymbol{e}_a^{\mathrm{T}},\boldsymbol{e}_b^{\mathrm{T}})\begin{pmatrix}\mathrm{d}\boldsymbol{e}_a/\mathrm{d}t\\ \mathrm{d}\boldsymbol{e}_b/\mathrm{d}t\end{pmatrix}$$

也就是说，通过使用式（11-38）且（$a_{11}\boldsymbol{I}$）$=\boldsymbol{A}_{11}$和（$a_{12}\boldsymbol{I}$）$=\boldsymbol{A}_{21}$，得到

$$\begin{aligned}\frac{\mathrm{d}\tilde{v}}{\mathrm{d}t}&=\frac{\mathrm{d}\boldsymbol{e}_a^{\mathrm{T}}}{\mathrm{d}t}\boldsymbol{e}_a+\frac{\mathrm{d}\boldsymbol{e}_b^{\mathrm{T}}}{\mathrm{d}t}\boldsymbol{e}_b+\boldsymbol{e}_a^{\mathrm{T}}\left(\frac{\mathrm{d}\boldsymbol{e}_a}{\mathrm{d}t}\right)+\boldsymbol{e}_b^{\mathrm{T}}\left(\frac{\mathrm{d}\boldsymbol{e}_b}{\mathrm{d}t}\right)\\&=\boldsymbol{e}_a^{\mathrm{T}}\boldsymbol{A}_{11}^{\mathrm{T}}\boldsymbol{e}_a+\boldsymbol{e}_a^{\mathrm{T}}\boldsymbol{A}_{11}\boldsymbol{e}_a+\boldsymbol{e}_a^{\mathrm{T}}\boldsymbol{A}_{21}\boldsymbol{e}_b+\boldsymbol{e}_b^{\mathrm{T}}\boldsymbol{A}_{21}\boldsymbol{e}_a\\&=\boldsymbol{e}_a^{\mathrm{T}}(\boldsymbol{A}_{11}^{\mathrm{T}}+\boldsymbol{A}_{11})\boldsymbol{e}_a+(\boldsymbol{e}_a^{\mathrm{T}}\boldsymbol{e}_b+\boldsymbol{e}_b^{\mathrm{T}}\boldsymbol{e}_a)a_{21}=a_{11}\boldsymbol{e}_a^{\mathrm{T}}\boldsymbol{e}_a+2\boldsymbol{e}_a^{\mathrm{T}}\boldsymbol{e}_b a_{21}\end{aligned} \tag{11-41}$$

这意味着，若$t\to\infty$，由于$\boldsymbol{e}_a\to 0$，则最终$\dfrac{\mathrm{d}\tilde{v}}{\mathrm{d}t}\to 0$，最终有下式，即

$$\frac{\mathrm{d}v}{\mathrm{d}t}\cong\frac{1}{\mu}\frac{\mathrm{d}}{\mathrm{d}t}(\hat{\omega}_r-\omega_r)^2=2\,\frac{(\hat{\omega}_r-\omega_r)}{\mu}\frac{\mathrm{d}\hat{\omega}_r}{\mathrm{d}t} \tag{11-42}$$

采用LS方法计算转速，无论OLS还是TLS，均可采用二次型误差函数，误差函数在$\hat{\omega}_r=\omega_r$时等于0。误差函数的最小值可以用任何梯度法求得。这里也采用梯度法，并用下列常微分方程（ODE）来逼近，即

$$\frac{\mathrm{d}\hat{\omega}_r}{\mathrm{d}t}=-\alpha\frac{\mathrm{d}E_{LS}}{\mathrm{d}\hat{\omega}_r} \tag{11-43}$$

式中　α——正的常数；

E_{LS}——所选择LS方法的误差函数。

如果采用了转速估计的OLS方法，则该误差函数是抛物线曲线，在数据没有被噪声影响的情况下，$\hat{\omega}_r=\omega_r$时其最小值为零。也就是

$$(\hat{\omega}_r-\omega_r)\frac{\mathrm{d}E_{OLS}}{\mathrm{d}\hat{\omega}_r}>0 \quad \forall\hat{\omega}_r\neq\omega_r \tag{11-44}$$

然后由式（11-43）可以推出

$$(\hat{\omega}_r-\omega_r)\frac{\mathrm{d}\hat{\omega}_r}{\mathrm{d}t}=-\alpha(\hat{\omega}_r-\omega_r)\frac{\mathrm{d}E_{OLS}}{\mathrm{d}\hat{\omega}_r}<0 \tag{11-45}$$

这明显意味着，根据式（11-42），当$t\to\infty$时，得

$$\frac{\mathrm{d}v}{\mathrm{d}t}\cong\frac{1}{\mu}\ \frac{\mathrm{d}}{\mathrm{d}t}(\hat{\omega}_r-\omega_r)^2=2\frac{(\hat{\omega}_r-\omega_r)}{\mu}\frac{\mathrm{d}\hat{\omega}_r}{\mathrm{d}t}<0 \tag{11-46}$$

上式隐含了OLS观测器的稳定性。

如果使用TLS误差，则

$$(\hat{\omega}_r-\omega_r)\frac{\mathrm{d}E_{TLS}}{\mathrm{d}\hat{\omega}_r}>0 \quad \forall\hat{\omega}_r\neq\omega_r\wedge\hat{\omega}_r<|\hat{\omega}_{r\max}| \tag{11-47}$$

式中　$\hat{\omega}_{r\max}$——E_{TLS}达到唯一最大值的对应值。

实际上有式

$$E_{TLS}=\frac{E_{OLS}}{1+\hat{\omega}_r^2}$$

因此，转速估计的初始值可以证明$\hat{\omega}_r<|\hat{\omega}_{r\max}|$，那么类似于式（11-46）的关系成立，可以做出类似的考虑，这证明了TLS观测器的稳定性。有关TLS收敛性的更多详情，请参阅参考文献［48］。

11.4.5 TLS EXIN全阶Luenberger自适应观测器的实验结果

TLS EXIN全阶Luenberger自适应观测器已在FOC IM驱动器上进行了实验测试。所采用的FOC方案在附录A进行了详细描述，而对应测试装置的描述见附录B。观测器集成了第6.4.3节中描述的算法3，用于在线定子电阻估计。它在几个具有挑战性的工作条件下进行了测试，如以下所述。

1. 动态性能

驱动器动态性能的验证方法是，在空载时给定0→100→－100→0rad/s阶跃转速参考值。图11-42所示为采用TLS EXIN全阶Luenberger自适应观测器的转速参考值、估计值、测量值和转速估计误差。图11-43所示为对应的转子磁链幅值和电磁转矩。图11-44所示为采用NN和传统的全阶Luenberger自适应观测器，在反转时转速和转矩波形的放大图。图11-44中显示，两种观测器的转速反转均在0.29s内完成，且转矩响应几乎是瞬间的。图11-44中也说明，转速反转时TLS观测器在瞬时最大转速估计误差方

面优于传统观测器。特别是在转速反转过零时，TLS 观测器的估计误差远小于传统观测器。另外，两个观测器在稳态时如预期那样表现相近，因为它们均以高转速运行。通过采用基于 TLS 的观测器，在转速第一次瞬变时，出现了最大的瞬时转速估计误差，此时自适应观测器还没有正确调整，因为观测器参数与电动机实际参数不匹配。之后在转速反转时，误差是几乎可以忽略不计的。而传统的自适应观测器就不是那样了，在转速反转时大约有 20rad/s 的瞬时转速估计误差。

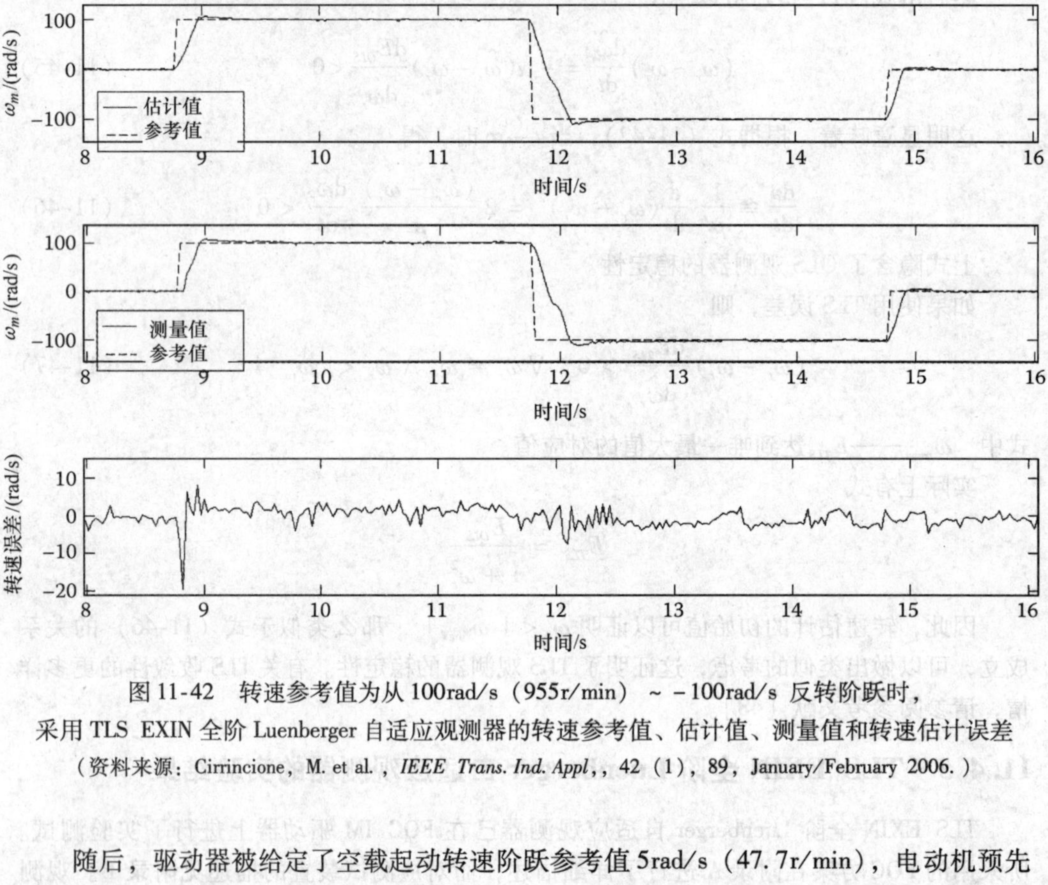

图 11-42　转速参考值为从 100rad/s（955r/min）～ −100rad/s 反转阶跃时，

采用 TLS EXIN 全阶 Luenberger 自适应观测器的转速参考值、估计值、测量值和转速估计误差

（资料来源：Cirrincione, M. et al., *IEEE Trans. Ind. Appl*., 42（1）, 89, January/February 2006.）

随后，驱动器被给定了空载起动转速阶跃参考值 5rad/s（47.7r/min），电动机预先励磁。图 11-45 所示为测试过程的转速估计值、测量值和参考值波形，说明在低速起动的过渡过程中转速估计值和测量值的吻合程度高。此外，转速阶跃指令和转子的运动之间没有时间延迟。

最后，所提出观测器的动态性能通过给定转速参考值方波进行测试，方波的幅值尽可能地低，角频率尽可能地高。图 11-46 所示为给定驱动器参考值方波时，得到的转速参考值、测量值和估计值，方波幅值为 2rad/s，角频率为 0.3rad/s。从图 11-46 中可见，观测器可以很好地跟随非常低幅值和非常高频率的方波参考值。应当指出的是，转速过零期间，有一段时间内电动机的转速实际值为 0。

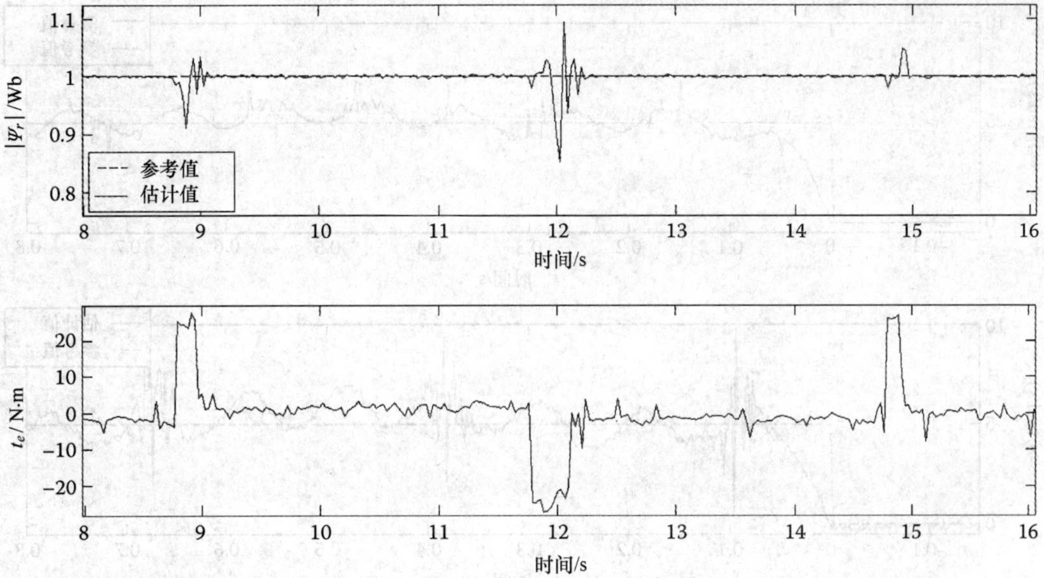

图 11-43 转速参考值为从 100rad/s（955r/min）~ −100rad/s（−955r/min）反转阶跃时，采用 TLS EXIN 全阶 Luenberger 自适应观测器的转子磁链幅值和电磁转矩

（资料来源：Cirrincione，M. et al，*IEEE Trans. Ind. AppL*，42（1），89，January/February 2006.）

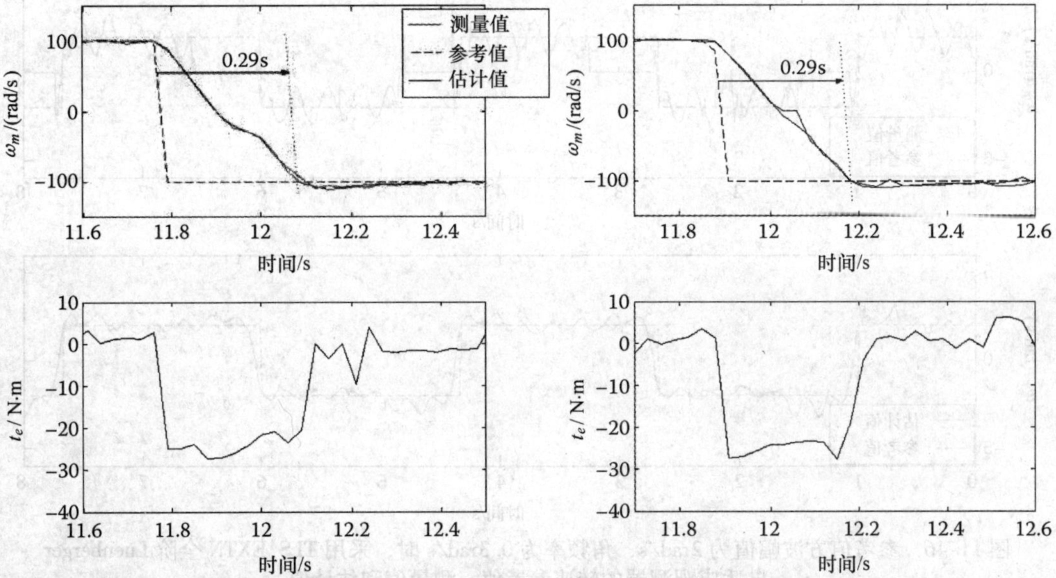

图 11-44 转速参考值为从 100rad/s（955r/min）~ −100rad/s（−955r/min）反转阶跃时，采用 TLS EXIN 和传统全阶 Luenberger 自适应观测器的转速参考值、估计值、测量值和电磁转矩

（资料来源：Cirrincione，M. et al.，*IEE*，. −*Trans. Ind. AppL*，42（1），89，January/February 2006.）

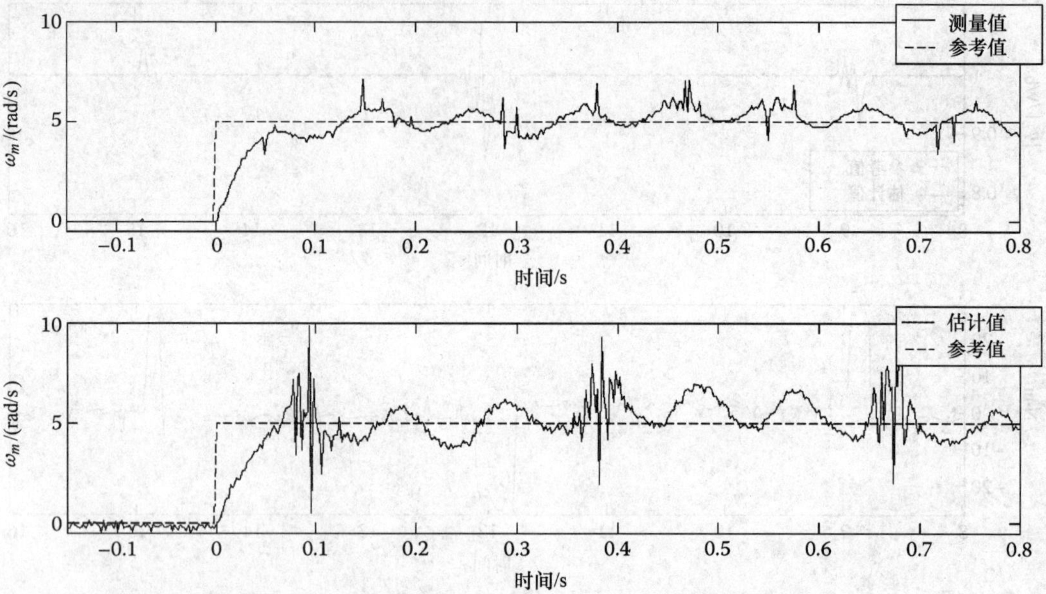

图 11-45　转速阶跃参考值为 5rad/s（47.7r/min）且空载时，采用 TLS EXIN 全阶 Luenberger 自适应观测器的转速参考值、估计值和测量值

（资料来源：Cirrincione，M. et al.，*IEEE Trans. Ind. AppL*，42（1），89，January/February 2006.）

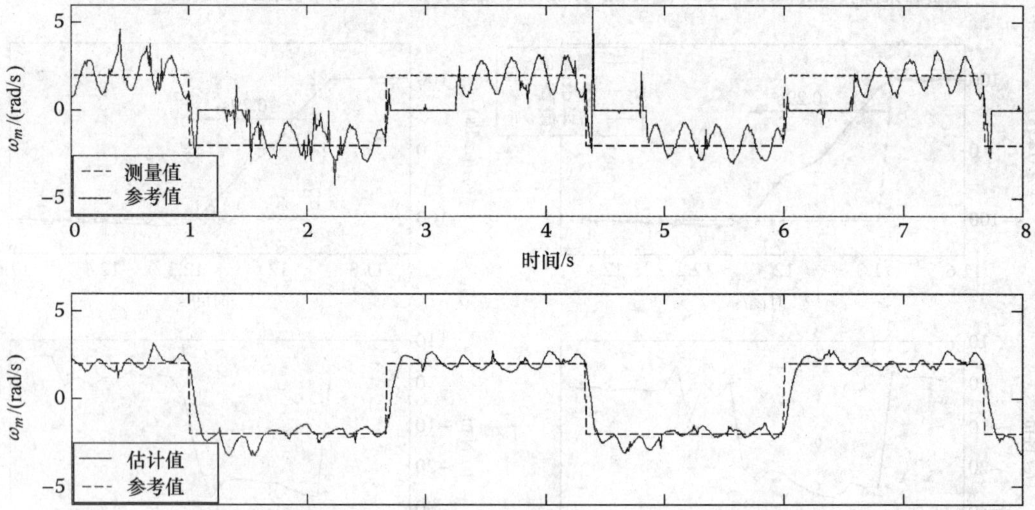

图 11-46　参考值方波幅值为 2rad/s，角频率为 0.3rad/s 时，采用 TLS EXTN 全阶 Luenberger 自适应观测器的转速参考值、测量值和估计值

（资料来源：Cirrincione，M. et al.，*IEEE Trans. Ind. Electron.*，54（1），127，February 2007.）

2. 低速范围内的准确度

驱动器空载时给定 5rad/s（47.7r/min）的恒转速参考值。图 11-47 所示为采用 TLS EXTN 全阶 Luenberger 自适应观测器的转速参考值、测量值、估计值和估计误差。图 11-

48 所示为对应 i_{sD}、R_s、R_r 的测量值和估计值波形。图 11-47 清楚地表明，TLS 观测器的转速估计值有轻微的波动，相对转速误差为 3.4%。图 11-48 显示了 i_{sD} 的测量值和估计值之间具有很好的一致性，而 R_s、R_r 被正确地估计。

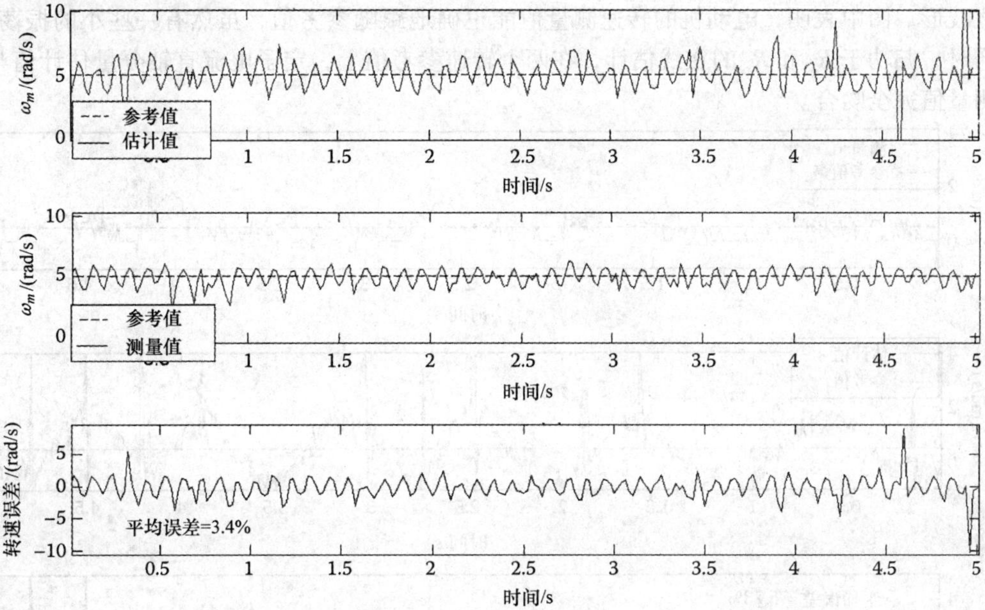

图 11-47　空载恒定参考值为 5rad/s（47.7r/min）时，采用 TLS EXTN 全阶 Luenberger 自适应观测器的转速参考值、测量值、估计值和估计误差

（资料来源：Cirrincione，M. et al.，*IEEE Trans. Ind. Appi*，42（1），89，January/February 2006.）

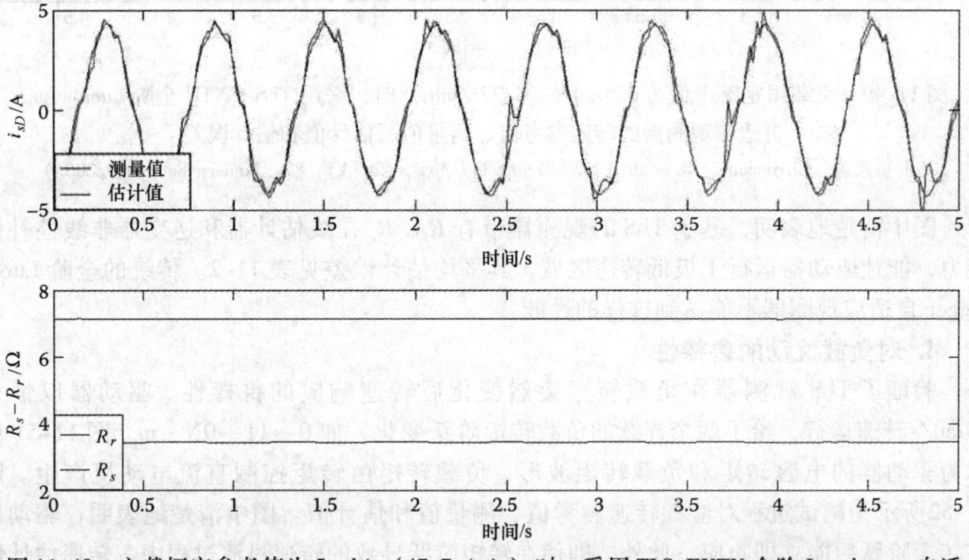

图 11-48　空载恒定参考值为 5rad/s（47.7r/min）时，采用 TLS EXTN 全阶 Luenberger 自适应观测器的 i_{sD}、R_s、R_r 测量值和估计值

（资料来源：Cirrincione，M. et al.，*IEEE Trans. Ind. AppL*，42（1），89，January/February 2006.）

3. 在极低转速（低于 2rad/s）的准确度

驱动器空载时给定 0.5rad/s 的恒定转速参考值。图 11-49 所示为测试过程的转速参考值、测量值、估计值和估计误差。图 11-50 所示为对应 i_{sD}、R_s、R_r 的测量值和估计值波形。图中表明，电动机的转速测量值能正确地跟随参考值，虽然有一些小的振荡；同时，归功于 R_s 和 R_r 的在线估计，在两个转速参考值上，定子电流直轴分量估计值与测量值完全吻合。

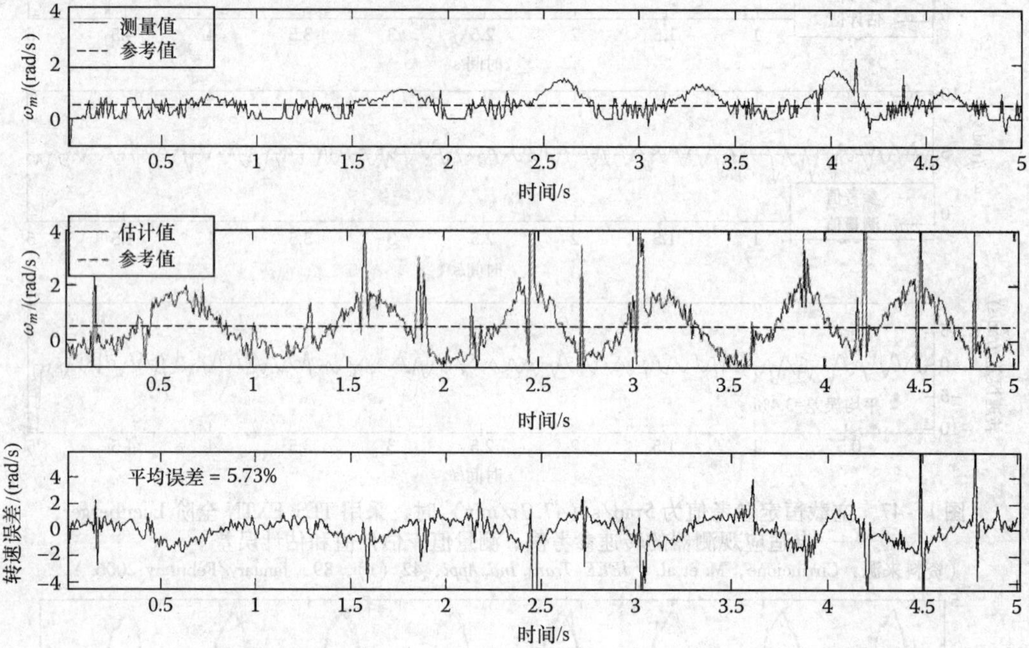

图 11-49　空载恒定参考值为 0.5rad/s（4.77r/min）时，采用 TLS EXTN 全阶 Luenberger 自适应观测器的转速参考值、测量值、估计值和估计误差

（资料来源：Cirrincione，M. et al.，*IEEE Trans. Ind. Appi*，42（1），89，January/February 2006.）

图中清楚地表明，基于 TLS 的观测器带有 R_s、R_r 在线估计器和逆变器非线性补偿能力，能让驱动器运行于极低转速区域，其平均估计误差见表 11-2。传统的全阶 Luenberger 自适应观测器不能达到这样的性能。

4. 对负载扰动的鲁棒性

验证了 TLS 观测器在负载转矩突然变化后转速响应的鲁棒性。驱动器以恒定 20rad/s转速运行，给予两个连续的负载转矩阶跃变化，如 0→11→0N·m。图 11-51 所示为驱动器的电磁转矩和负载转矩波形，负载转矩由转矩控制直流电动机产生。图 11-52所示为测试过程对应的转速参考值、测量值和估计值。图中清楚地表明，驱动器在转矩阶跃后能立即响应。此外，即使在转矩阶跃导致的转速过渡过程中，转速估计值也可以很好地跟随实际值。

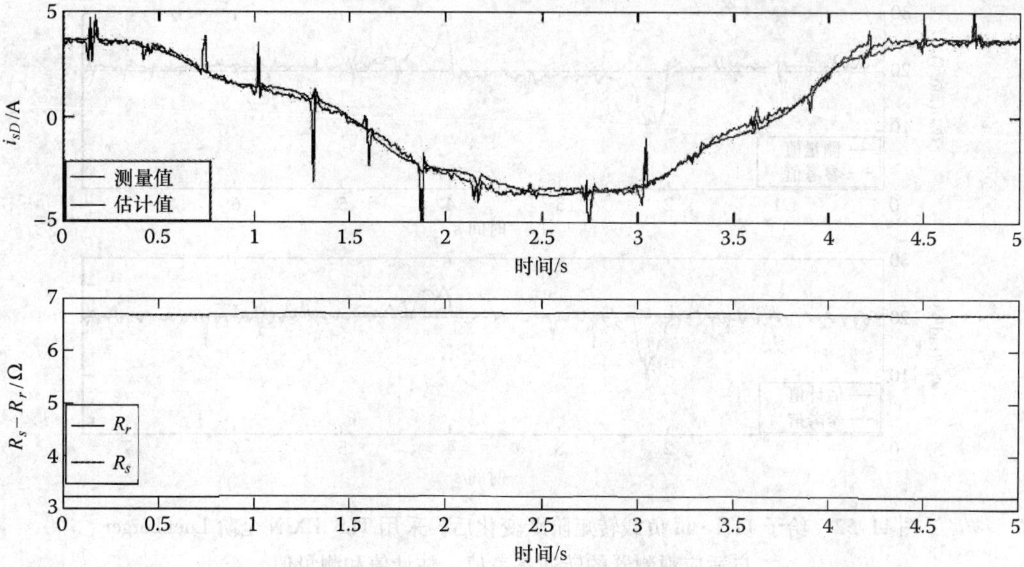

图 11-50 空载恒定参考值为 0. 5rad/s（4. 77r/min）时，采用 TLS EXTN 全阶 Luenberger 自适应观测器的 i_{sD}、R_s、R_r 测量值和估计值。

（资料来源：Cirrincione，M. et al.，*JEEE Trans. Ind. Appl*，42（1），89，January/February 2006.）

表 11-2 转速为 1rad/s（9. 55r/min）**和 0. 5rad/s**（4. 77r/min）**时，空载和额定负载下的转速平均估计误差%**

转速/(rad/s)	平均误差(%)	
	空载	额定负载
1	8	22. 97
0. 5	5. 73	24. 6

资料来源：从 Cirrincione，M. et al.，IEEE Trans. Ind. Appl.，42（1），89，January/February 2006.

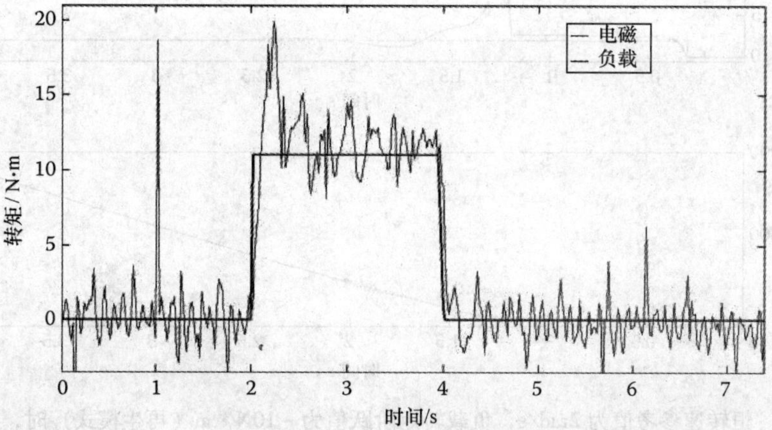

图 11-51 给予 11N · m 负载转矩阶跃变化后，采用 TLS EXIN 全阶 Luenberger 自适应观测器的电磁转矩和负载转矩

（资料来源：Cirrincione，M. et al.，*IEEE Trans. Ind. AppL*，42（1），89，January/February 2006.）

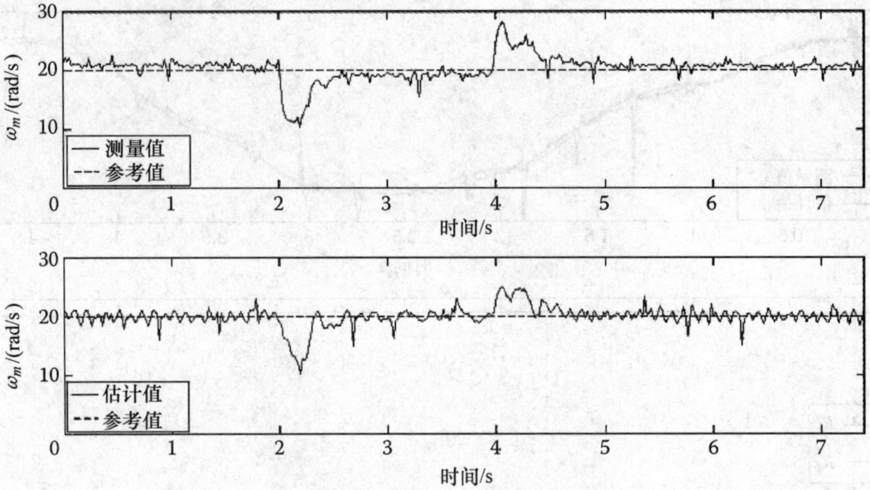

图 11-52　给予 11N · m 负载转矩阶跃变化后，采用 TLS EXIN 全阶 Luenberger 自适应观测器的转速参考值、估计值和测量值

（资料来源：Cirrincione，M. et al.，*IEEE Trans. Ind. AppL*，42（1），89，January/ February 2006.）

5. 在极低转速的再生模式

驱动器在极低转速下带负的负载转矩运行（再生模式）。传统的全阶 Luenberger 自适应观测器，以 $G=0$ 运行时，在这个工作条件下，从图 11-53 可见将出现不稳定的情况。图中显示了数值仿真的转速参考值、实际值和估计值波形，此时驱动器恒转速参考值为 2rad/s，负载转矩阶跃值为 -10N · m。

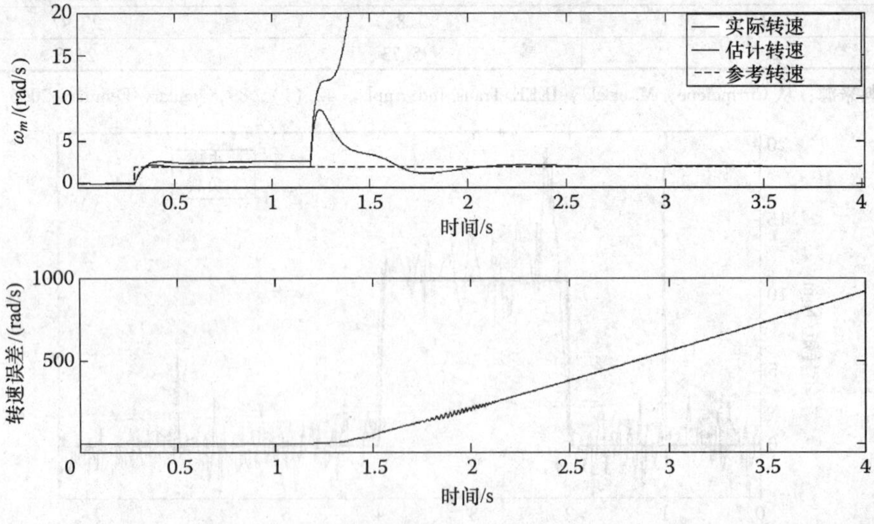

图 11-53　恒转速参考值为 2rad/s，负载转矩阶跃值为 -10N · m（再生模式）时，采用全阶 Luenberger 自适应观测器的转速参考值、测量值、估计值和估计误差

（资料来源：Cirrincione，M. et al.，*IEEE Trans. Ind. Appl.*，42（1），89，January/February 2006.）

与上述情况相反，TLS 观测器已被证明在这种条件下可以稳定。图 11-54 所示为基于 TLS 的观测器的实验结果，包括转速参考值、测量值、估计值和估计误差，驱动器恒转速参考值为 3rad/s，负载转矩为 −10N · m。图中清楚地表明，TLS 观测器在极低转速和负转矩情况下工作正常，而传统的自适应观测器则存在大家熟知的不稳定问题[60-63]。然而，在这个转速范围内存在比较大的平均转速误差百分比（94%）。造成这种偏差的原因，是 TLS 观测器参数不匹配导致其失准。

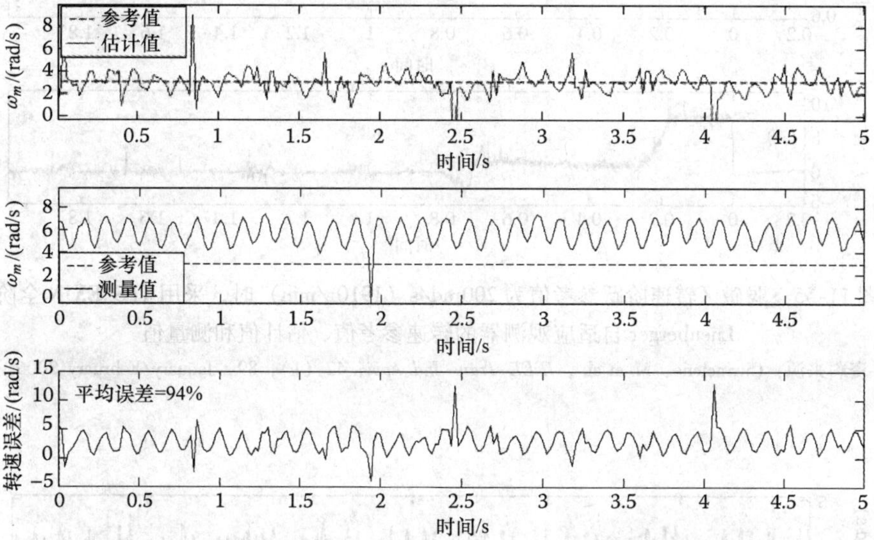

图 11-54　恒转速参考值为 3rad/s，负载转矩为 −10N · m（再生模式）时，采用 TLS EXIN 全阶 Luenberger 自适应观测器的转速参考值、测量值、估计值和估计误差

（资料来源：Cirrincione，M. et al.，*IEEE Trans. Ind. Appi*，42（1），89，January/February 2006.）

6. 弱磁区运行

驱动器在弱磁区运行，转速高于额定值 157rad/s（1500r/min）。为了测试过渡过程和稳态的转速准确度，电动机预先励磁然后给定转速阶跃参考值为 200rad/s（1910r/min），进行空载起动。图 11-55 所示为转速参考值、估计值和测量值以及转子磁链和 i_{sv} 电流分量。图中表明，控制系统发出转子磁通减弱的指令后，无论低于还是高于额定转速，整个过渡过程的转速估计值和测量值都非常匹配。此外，在稳态时转速估计的准确度也是非常好的，误差百分比可以忽略不计。

7. 零速运行

驱动器在转子磁链为额定值时进行零速运行。测试分别在空载和 5N · m（约 50% 额定负载）负载情况下进行。图 11-56 和图 11-57 所示分别为采用 TLS 和传统全阶观测器，在 60s 内的转速参考值、估计值、测量值和估计误差波形。图中表明，采用 TLS 观测器，在电动机励磁后，驱动器可正确地进行零速空载运行，即使没有输入任何信号。

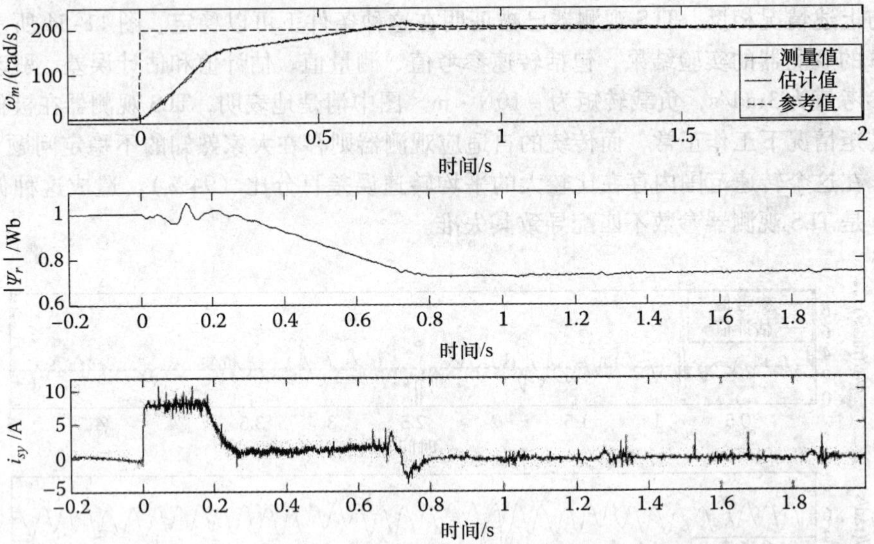

图 11-55　弱磁区转速阶跃参考值为 200rad/s（1910r/min）时，采用 TLS EXIN 全阶 Luenberger 自适应观测器的转速参考值、估计值和测量值

（资料来源：Cirrincione，M. et al.，*IEEE Trans. Ind. Appi*，42（1），89，January/February 2006.）

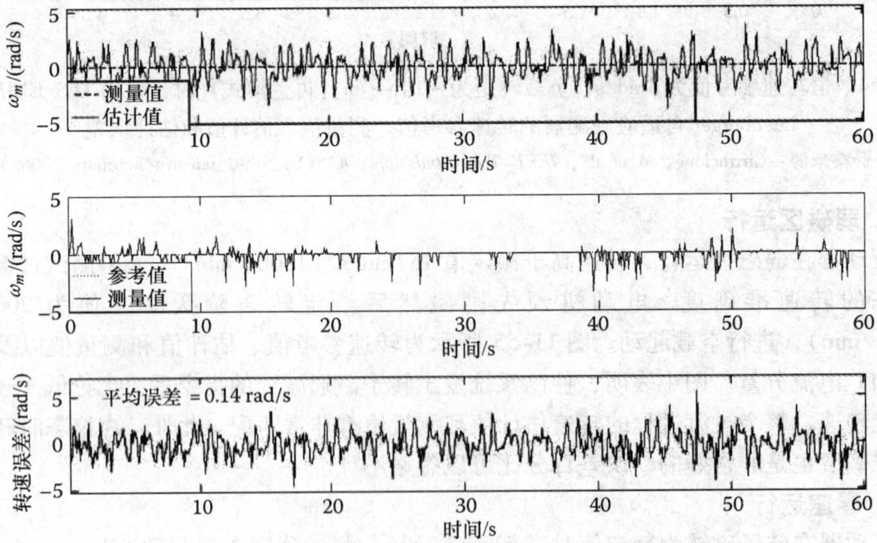

图 11-56　空载零速运行时，采用 TLS EXIN 全阶 Luenberger 自适应观测器的转速参考值、估计值、测量值和估计误差

（资料来源：Cirrincione，M. et al.，*IEEE Trans. Ind. Appi*，42（1），89，January/February 2006.）

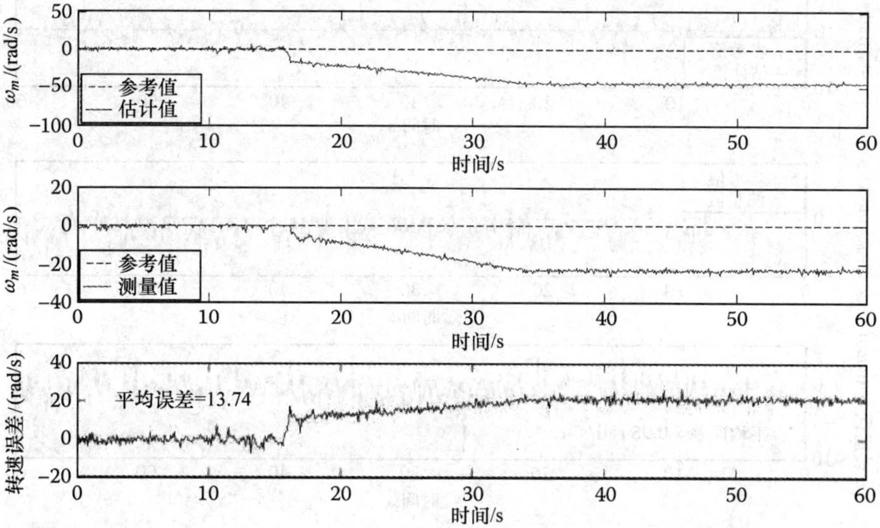

图 11-57　空载零速运行时，采用全阶 Luenberger 自适应观测器的转速参考值、估计值、测量值和估计误差

（资料来源：Cirrincione，M. et al.，*IEEE Trans. Ind. Appl*，42（1），89，January/February 2006.）

这主要是由于 TLS 算法采用定子电流测量值来估计转子转速，而不是像传统观测器那样采用了定子电流估计值。转速估计值围绕 0rad/s 有微小的振荡而测量值则始终为 0。与此相反，传统观测器在电动机励磁后约 15s 后出现不稳定，电动机转速最高达 45rad/s，转速估计误差平均值达到了 13.74rad/s。重复该测试多次后驱动器依然出现这种不稳定情况。

图 11-58 所示为采用 TLS 观测器，带 5N · m 负载转矩在 60s 内的转速参考值、估计值、测量值和估计误差波形。图中表明，从平均值上看，电动机可以在额定负载的一半时保持零速。与此相反，传统全阶观测器被证实在零速时不稳定，即使只带轻负载转矩。

11.4.6　实验对比测试

在两种工作条件下实验比较了五种转速观测器的情况：转速从 100rad/s 到 -100rad/s反转；空载零速运行。所测试的转速观测器包括以下五种：

1）TLS EXIN 全阶 Luenberger 自适应观测器。

2）全阶 Luenberger 自适应观测器。

3）TLS EXIN MRAS 观测器。

4）BPN MRAS 观测器。

5）开环转速估计器（原理图见图 6-18）。

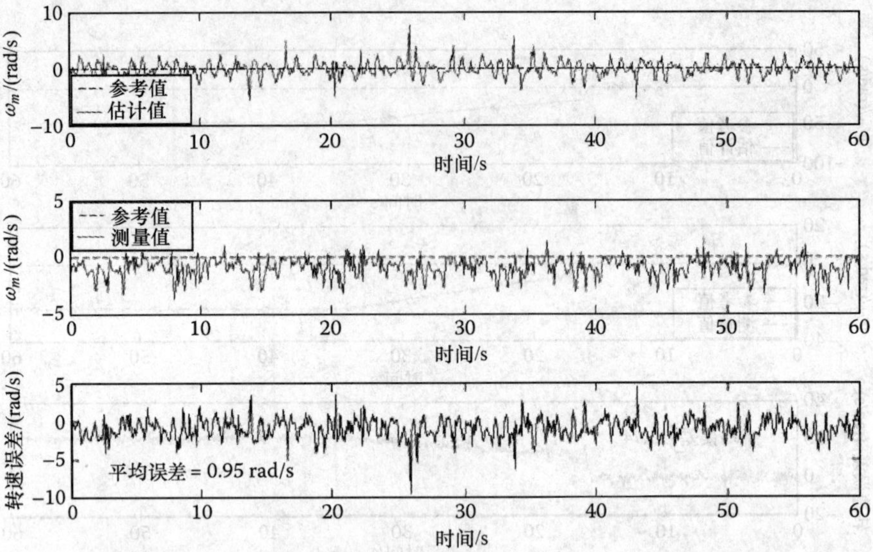

图 11-58　带 5N·m 负载转矩零速运行时，采用 TLS EXIN 全阶 Luenberger 自适应观测器的转速参考值、估计值、测量值和估计误差

图 11-59 所示为转速反转期间的转速参考值、测量值、估计值和估计误差。从图中可见，转速反转时间在所有五个观测器中均小于 0.5s，TLS 自适应观测器、传统自适应

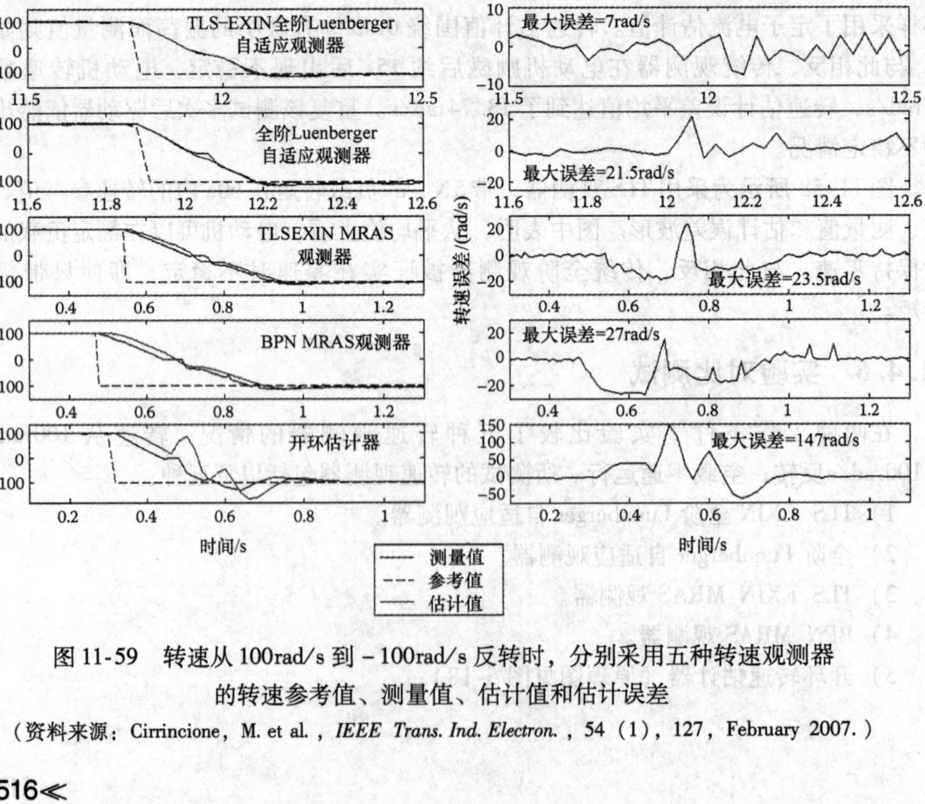

图 11-59　转速从 100rad/s 到 -100rad/s 反转时，分别采用五种转速观测器的转速参考值、测量值、估计值和估计误差

（资料来源：Cirrincione，M. et al.，*IEEE Trans. Ind. Electron.*，54（1），127，February 2007.）

观测器和TLS MRAS观测器在反转时间上优于BPN MRAS观测器和开环估计器。TLS MRAS观测器在转速带宽上略优于BPN MRAS，原因是BPN MRAS进行转速估计时需要数字滤波，而TLS MRAS观测器或TLS自适应观测器不需要数字滤波，它们的自适应模型为预测器模式。TLS MRAS观测器的3dB带宽比BPN MRAS观测器宽大约16%。

比较转速过渡过程中的估计准确度，从图中可见，最好的结果是TLS自适应观测器，最大瞬时估计误差为7rad/s；次之是传统的自适应观测器，最大瞬时估计误差为21.5rad/s；然后是TLS MRAS观测器，最大瞬时估计误差为23.5rad/s；再者为BPN MRAS观测器，最大瞬时估计误差为27rad/s；最差的是开环估计器，最大瞬时估计误差为147rad/s。

对于开环估计器，非常高的瞬时估计误差是所有开环转速估计器的特性。这可以得到确切的解释，由于转速角频率是通过定子磁链定向参考坐标系统的正交分量求导得到的［见式（6-19）］，因此将放大测量中的高频噪声。其他四个速度观测器不存在这种情况，因为它们是闭环转速观测器。

所有五个观测器在额定转子磁链下进行了空载零速测试比较。图11-60所示为分别采用五种转速观测器，60s内的转速参考值、测量值、估计值和估计误差波形。图中表明，最好的结果是TLS自适应观测器和TLS MRAS观测器，它们可以正确地进行空载零速运行；接着是BPN MRAS观测器和开环估计器，前者比TLS MRAS观测器表现差的

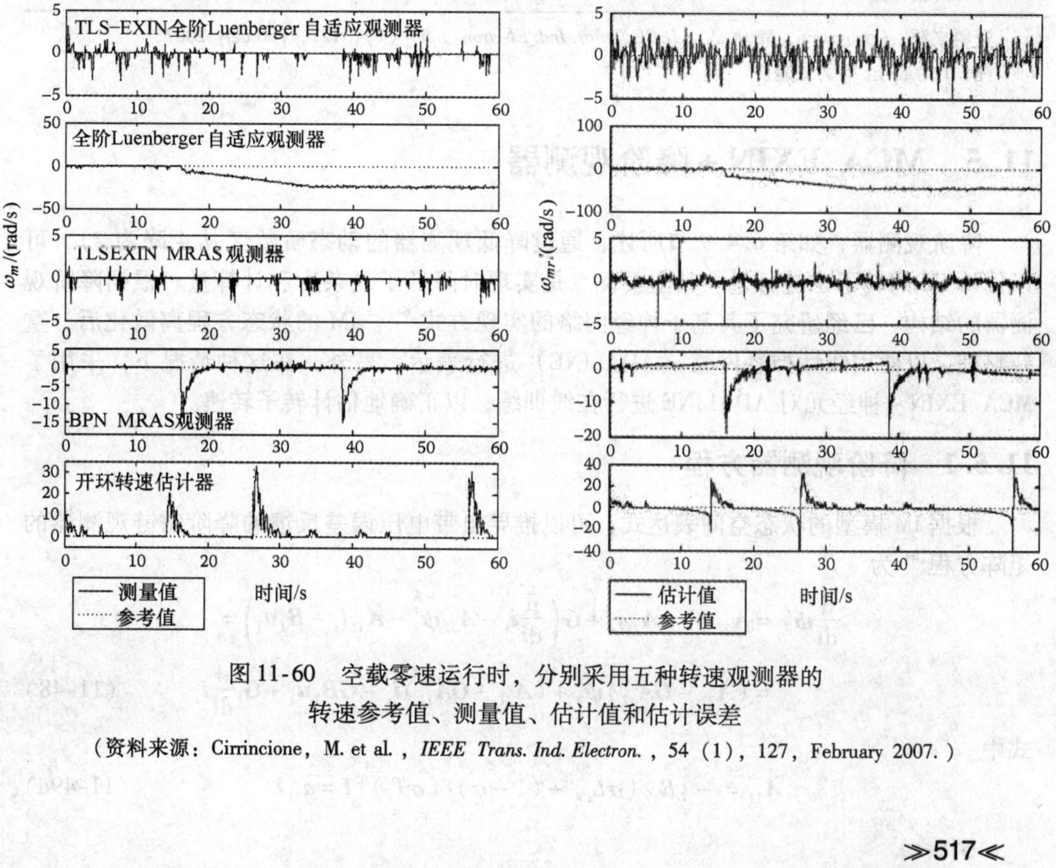

图11-60 空载零速运行时，分别采用五种转速观测器的转速参考值、测量值、估计值和估计误差

（资料来源：Cirrincione，M. et al.，*IEEE Trans. Ind. Electron.*，54（1），127，February 2007.）

原因是，其自适应模型工作于模拟器模式。最后，传统的自适应观测器在运行几秒后，电动机转速达到了45rad/s，出现不稳定。分析TLS MRAS观测器和TLS自适应观测器能在零速正常运行的原因：首先，自适应模型工作于预测器模式；其次，TLS算法估计转子转速时采用了定子电流信号测量值，而不是像传统自适应观测器那样采用估计值。

表11-3针对无位置传感器算法的主要性能，总结和比较了五种被测转速观测器的结果（1为最佳，5为最差）。它表明，所提出的TLS自适应观测器在所有列出的方面均优于所有其他观测器。所提出的TLS MRAS观测器在除转速过渡过程准确度以外的其他方面，优于传统自适应观测器、BPN MRAS观测器和开环估计器。在转速过渡过程的准确度方面，传统的自适应观测器具有更好的性能。

表11-3　五种转速观测器的比较分析

	转速过渡过程的准确度	最小转速	零速运行	弱磁区表现	低速再生模式
TLS MRAS观测器	3	2	2	1	1
TLS自适应观测器	1	1	1	1	1
经典的自适应观测器	2	3	5	1	否
BPN MRAS观测器	4	5	3	否	1
开环估计器	5	4	4	1	1

资料来源：Cirrincione, M. et al., *IEEE Trans. Ind. Electron.*, 54（1），127, February 2007，

注：1为最佳，5为最差。

11.5　MCA EXIN+降阶观测器

降阶观测器，如第6.4.9节所述，通过降低观测器的动态阶数（从4降为2），可以估计IM的转子磁链分量。其主要优点是实现时降低了复杂度和计算量。根据降阶观测器的结构，已经研究了其基于神经网络的实现方式[64]。IM的状态方程离散化后，重新整理，以便用线性神经网络（ADALINE）进行表示。另外，在这种情况下，采用了MCA EXIN+神经元对ADALINE进行在线训练，以正确地估计转子转速。

11.5.1　降阶观测器方程

根据IM模型的状态空间表达式，可以推导出带电压误差反馈的降阶磁链观测器的矩阵方程[64]为

$$\frac{\mathrm{d}}{\mathrm{d}t}\hat{\boldsymbol{\psi}}'_r=\boldsymbol{A}_{22}\hat{\boldsymbol{\psi}}'_r+\boldsymbol{A}_{21}\boldsymbol{i}_s+\boldsymbol{G}\left(\frac{\mathrm{d}}{\mathrm{d}t}\boldsymbol{i}_s-\boldsymbol{A}_{12}\hat{\boldsymbol{\psi}}'_r-\boldsymbol{A}_{11}\boldsymbol{i}_s-\boldsymbol{B}_1\boldsymbol{u}_s\right)=$$

$$=(\boldsymbol{A}_{22}-\boldsymbol{G}\boldsymbol{A}_{12})\hat{\boldsymbol{\psi}}'_r+(\boldsymbol{A}_{21}-\boldsymbol{G}\boldsymbol{A}_{11})\boldsymbol{i}_s-\boldsymbol{G}\boldsymbol{B}_1\boldsymbol{u}_s+\boldsymbol{G}\frac{\mathrm{d}}{\mathrm{d}t}\boldsymbol{i}_s \tag{11-48}$$

式中

$$\boldsymbol{A}_{11}=-\{R_s/(\sigma L_s)+(1-\sigma)/(\sigma T_r)\}\boldsymbol{I}=a_{11}\boldsymbol{I} \tag{11-49a}$$

$$\boldsymbol{A}_{12}=L_m/(\sigma L_S L_r)\{(1/T_r)\boldsymbol{I}-\omega_r\boldsymbol{J}\}=a_{12}\{(1/T_r)\boldsymbol{I}-\omega_r\boldsymbol{J}\} \tag{11-49b}$$

$$\boldsymbol{A}_{21}=\{L_m/T_r\}\boldsymbol{I}=a_{21}\boldsymbol{I} \tag{11-49c}$$

$$\boldsymbol{A}_{22}=-(1/T_r)\boldsymbol{I}+\omega_r\boldsymbol{J}=a_{22}\{(1/T_r)\boldsymbol{I}-\omega_r\boldsymbol{J}\} \tag{11-49d}$$

$$\boldsymbol{B}_1=1/(\sigma L_s)\boldsymbol{I}=b\boldsymbol{I} \tag{11-49e}$$

其中所有空间矢量均位于定子参考坐标系：$\boldsymbol{i}_s=[i_{sD}\quad i_{sQ}]^{\mathrm{T}}$ 为定子电流矢量，$\boldsymbol{u}_s=[u_{sD}\quad u_{sQ}]^{\mathrm{T}}$ 为定子电压矢量，$\hat{\boldsymbol{\psi}}'_r=[\hat{\psi}_{rd}\quad \hat{\psi}_{rq}]^{\mathrm{T}}$ 为转子磁通矢量，$\boldsymbol{I}=\begin{bmatrix}1&0\\0&1\end{bmatrix}$，$\boldsymbol{J}=\begin{bmatrix}0&-1\\1&0\end{bmatrix}$，$\omega_r$ 是转子的转速，$\boldsymbol{G}$ 是观测器增益矩阵。

11.5.2　基于 MCA EXIN + 的转速估计

MCA EXIN + 降阶观测器由式（11-24）改进得出，实际上其中的前两个标量方程来估计转子转速，如下所示[58]。

矩阵方程式（11-24）的前两个标量方程可以写成

$$\begin{cases}\dfrac{\mathrm{d}i_{sD}}{\mathrm{d}t}=a_{11}i_{sD}+a_{12}p_r\hat{\psi}_{rd}+a_{12}\hat{\omega}_r\hat{\psi}_{rq}+bu_{sD}\\[2ex]\dfrac{\mathrm{d}i_{sQ}}{\mathrm{d}t}=a_{11}i_{sQ}+a_{12}p_r\hat{\psi}_{rq}-a_{12}\hat{\omega}_r\hat{\psi}_{rd}+bu_{sQ}\end{cases} \tag{11-50}$$

其中电流分量为测量值，转子磁通和转速为估计值。采用离散滤波器$(1-z^{-1})/T_{sp}z^{-1}$逼近连续域的导数，实现从连续域至离散域的转换，其中 T_{sp}是控制系统的采样时间，可以推导出下列式子，即

$$\begin{cases}\dfrac{i_{sD}(k)-i_{sD}(k-1)}{T_{sp}}=a_{11}i_{sD}(k-1)+a_{12}p_r\hat{\psi}_{rd}(k-1)+a_{12}\hat{\omega}_r(k-1)\hat{\psi}_{rq}(k-1)+b\hat{u}_{sD}(k-1)\\[2ex]\dfrac{i_{sQ}(k)-i_{sQ}(k-1)}{T_{sp}}=a_{11}i_{sQ}(k-1)+a_{12}p_r\hat{\psi}_{rq}(k-1)-a_{12}\hat{\omega}_r(k-1)\hat{\psi}_{rd}(k-1)+b\hat{u}_{sQ}(k-1)\end{cases} \tag{11-51}$$

式中　k——当前采样时刻。

从式（11-51），可以很容易地推导出下面的矩阵方程，即

$$\begin{bmatrix}a_{12}T_{sp}\hat{\psi}_{rq}(K-1)\\-a_{12}T_{sp}\hat{\psi}_{rd}(K-1)\end{bmatrix}\hat{\omega}_r(k-1)$$
$$=\begin{bmatrix}i_{sD}(k)-i_{sD}(k-1)-a_{11}T_{sp}i_{sD}(k-1)-a_{12}p_rT_{sp}\hat{\psi}_{rd}(k-1)-bT_{sp}\hat{u}_{sD}(k-1)\\i_{sQ}(k)-i_{sQ}(k-1)-a_{11}T_{sp}i_{sQ}(k-1)-a_{12}p_rT_{sp}\hat{\psi}_{rq}(k-1)-bT_{sp}\hat{u}_{sQ}(k-1)\end{bmatrix} \tag{11-52}$$

式中　$p_r=1/T_r$

式（11-52）是典型的 $\boldsymbol{Ax}\approx\boldsymbol{b}$ 类型矩阵方程，参见第 8 章。这里的 $\boldsymbol{A}$ 是“数据矩阵”，$\boldsymbol{b}$ 是“观测矢量”，$\boldsymbol{x}$ 是未知矢量，等于 $\hat{\omega}_r$，即未知标量。LS 技术是这种情况下，

用于在线训练 ADALINE 以求解递归方程式（11-52）的最好解决方案。矩阵 $\boldsymbol{A}$ 由转子磁链的 $d-q$ 轴分量组成，将受到测量误差和噪声的影响；同样的情况也出现在观测矢量 $\boldsymbol{b}$ 中，因为它也是由转子磁链的 $d-q$ 轴分量和定子电流空间矢量的 $d-q$ 轴分量组成的。需要解决的是 TLS 问题，而不是 OLS 问题。因此，任何异于 TLS 的 LS 技术都不适用[48,49]。

图 11-61 所示为 MCA EXIN + 降阶自适应观测器的框图。应当指出的是，MCA EXIN + 估计器对转子转速的计算，是通过最小化矩阵方程式（11-52）的残留项来实现的。残留项取决于转子磁通的估计误差，而其他所有项取决于电气变量的测量值（i_s 和 u_s），受到测量误差的影响。TLS 则是解决转子转速这些不确定性问题的最佳方案。

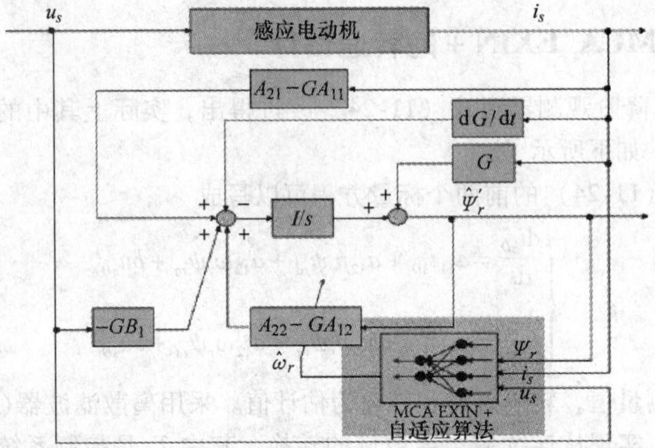

图 11-61　（见彩色插页）MCA EXIN + 降阶观测器的框图

11.5.3　观测器增益矩阵的选择建议

降阶观测器的极点是（$\boldsymbol{A}_{22}-\boldsymbol{G}\boldsymbol{A}_{12}$）矩阵的一对特征值 $\alpha\pm \mathrm{j}\beta$，其中

$$\alpha=-p_r-\frac{L_m}{\sigma L_s L_r}p_r g_{re}-\frac{L_m}{\sigma L_s L_r}\omega_r g_{im}$$

$$\beta=\omega_r+\frac{L_m}{\sigma L_s L_r}\omega_r g_{re}-\frac{L_m}{\sigma L_s L_r}p_r g_{im}$$

和

$$\boldsymbol{G}=\boldsymbol{G}_{re}+\boldsymbol{G}_{im}=g_{re}\boldsymbol{I}+g_{im}\boldsymbol{J}$$

参考文献［65］提出了增益矩阵 $\boldsymbol{G}$ 的选择，称为 FPP（Fixed Pole Position，固定极点位置），不管转子转速，来固定极点的位置。FPP 为无位置传感器控制的最佳选择，原因如下：

FPP 增益矩阵选择方法，是根据转子转速的变化量，把观测器极点固定于负实轴上，与原点的距离为 R，以确保观测器的稳定性。建议选择的增益，根据 $\alpha=-R$ 和 $\beta=0$，可得

$$G = G_{re} + G_{im} = \frac{\sigma L_s L_r}{L_m}\left(-1 + \frac{Rp_r}{p_r^2 + \omega_r^2}\right)I + \frac{\sigma L_s L_r}{L_m}\frac{R\omega_r}{p_r^2 + \omega_r^2}J \tag{11-53}$$

其中，$p_r = 1/T_r$。相应地，观测器原理图中增益矩阵对时间的导数为

$$\frac{dG}{dt} = \frac{dG_{re}}{dt} + \frac{dG_{im}}{dt} = -2\frac{\sigma L_s L_r}{L_m}\frac{Rp_r\omega_r}{(p_r^2 + \omega_r^2)^2}\frac{d\omega_r}{dt}I + \frac{\sigma L_s L_r}{L_m}R\left(\frac{1}{p_r^2 + \omega_r^2} - \frac{2\omega_r^2}{(p_r^2 + \omega_r^2)^2}\right)\frac{d\omega_r}{dt}J \tag{11-54}$$

图 11-62 所示为 FFP 增益矩阵选择得到的观测器极点图、极点幅值—转子转速关系图、阻尼系数 ξ—转子转速关系图和增益相位图（G_{im} 和 G_{re} 的关系图）。图中表明，这个方法可以保证磁通估计常数的动态性，因为极点幅值是恒值 R 且阻尼系数 ξ 恒等于 1。最后的这个特性对高转速范围的无位置传感器控制尤为重要。矩阵增益的大多数选择导致在高转速时阻尼系数过低，很容易导致出现不稳定现象。实际上，较高的阻尼系数可以降低对转速估计扰动或参数漂移的灵敏度。

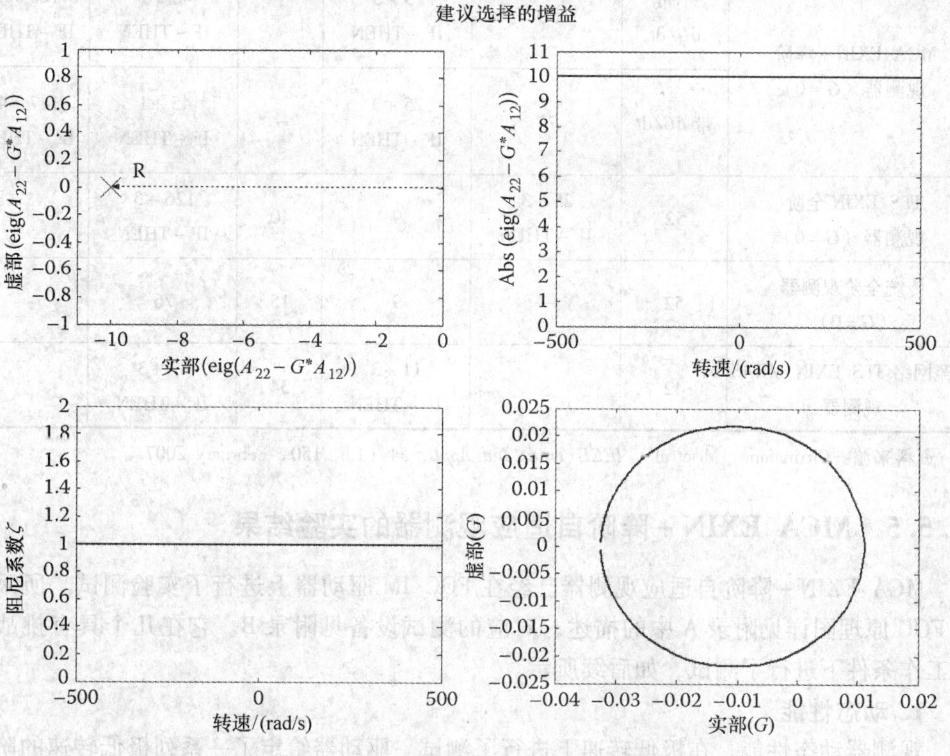

图 11-62　建议选择的增益矩阵的极点图、幅值—转速关系图、ξ－转速关系图和增益相位图

（资料来源：Cirrincione，M. et al.，*JEEE Trans. Ind. Appl*，54（1），150，February 2007.）

11.5.4　计算的复杂度

从计算的角度，把 MCA EXIN + 降阶观测器与基于 NN 的观测器进行比较，包括

TLS EXIN 全阶观测器、带自适应神经网络积分器的 TLS EXIN MRAS 观测器和传统的全阶观测器。这种比较是基于各个算法每次迭代所需要的浮点运算数量（flops）。比较结果见表 11-4。如果所提出的观测器不采用修正项 d$\boldsymbol{G}$/dt，则最苛刻的观测器是 TLS EXIN 全阶观测器，需要 126 flops + 3 个 IF – THEN 指令；接着是 MCA EXIN + 降阶转速观测器，需要 120 flops + 4 个 IF – THEN 指令。如果采用了修正项 d$\boldsymbol{G}$/dt，MCA EXIN + 降阶观测器是最复杂的，需要 147 flops + 4 个 IF – THEN 指令；然后是带自适应神经网络积分器的 TLS EXIN MRAS 观测器，需要 87 flops + 3 个 IF – THEN 指令；最后是传统的全阶观测器，需要 76 flops。

表 11-4　比较所建议观测器和其他观测器的复杂度

		状态方程积分	逆变器非线性补偿	R_s/R_r 估计	转速估计	总 Flops
MCA EXIN + 降阶观测器（$\boldsymbol{G}\neq0$）	不带 d$\boldsymbol{G}$/dt	50	25 + 3 IF – THEN	—	45 + 1 IF – THEN	120 + 4 IF – THEN
	带 d$\boldsymbol{G}$/dt	77	25 + 3 IF – THEN	—	45 + 1 IF – THEN	147 + 4 IF – THEN
TLS EXIN 全阶观测器（$\boldsymbol{G}=0$）	52	25 + 3 IF – THEN	9	40	126 + 3 IF – THEN	
传统全阶观测器（$\boldsymbol{G}=0$）	52	—	9	15	76	
神经网络 TLS EXIN MRAS 观测器	42		11 + 3 IF – THEN	34	87 + 3 IF – THEN	

资料来源：Cirrincione，M. et al.，*IEEE Trans. Ind. AppL*，54（1），150，February 2007.

11.5.5　MCA EXIN + 降阶自适应观测器的实验结果

MCA EXIN + 降阶自适应观测器已经在 FOC IM 驱动器上进行了实验测试。所采用的 FOC 原理图详见附录 A 中的描述，对应的测试设备见附录 B。它在几个具有挑战性的工作条件下进行了测试，如后续所示。

1. 动态性能

观测器动态性能，在极低转速下进行了测试。驱动器给定了一系列极低转速的阶跃值，范围从 3rad/s（28.65r/min）至 6rad/s（57.29r/min）。图 11-63 所示为测试过程的转速参考值、估计值和测量值。表 11-5 所示为转速回路 3dB 带宽与驱动器转速参考值的关系。图 11-63 和表 11-5 表明，驱动器具有良好的动态特性，3dB 带宽从 6rad/s 时的 69.3rad/s 下降至 3rad/s 时的 12.3rad/s。分析图 11-64 可以得出相同的结论，图中显示转速为 3rad/s→ – 3rad/s、4rad/s→ – 4rad/s、5rad/s→ – 5rad/s、6rad/s→ – 6rad/s 反转时，转速的参考值、估计值和测量值。图中表明，驱动器能够在极低转速情况下实现转速反转。然而应该指出的是，如预期那样，转速参考值越低，转速反转需要的时间就越长，因为观测器的转速带宽随转速参考值降低而减少了，这种现象所有观测器都有。

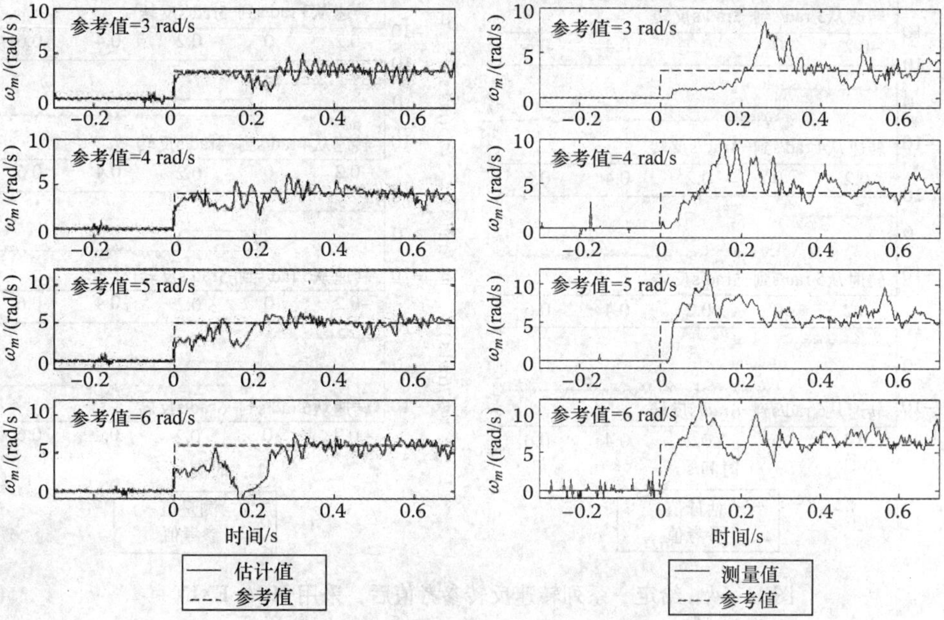

图 11-63 给定一系列转速阶跃值后，采用 MCA EXIN + 降阶观测器的转速参考值、估计值和测量值

（资料来源：Cirrincione，M. et al.，*IEEE Trans. Ind. Appi*，54（1），150，February 2007.）

表 11-5 转速回路带宽与转速参考值的关系

转速/（rad/s）	3	4	5	6
3dB 带宽	12.3	28.3	80.04	69.38

资料来源：Cirrincione，M. et al.，*Automatika*，46（1-2），59，2005.

2. 低转速的准确度

驱动器分别在空载和额定负载情况下，以恒定的极低转速运行（3rad/s 相当于 28.65r/min）。图 11-65 所示为测试过程的转速参考值、估计值和测量值。图中表明，稳态转速估计误差是非常低的，空载时为 2.45%，额定负载时为 7.67%。

3. 零速运转

为了测试观测器的零速运行能力，驱动器在完全励磁后空载零速运行了 60s。图 11-66 所示为测试过程的转速参考值、估计值、测量值和角度位置，描述了观测器的零速能力。在 5N · m 恒负载转矩情况下进行了同样的测试。图 11-67 所示为 5N · m 恒负载转矩情况下，测试过程 60s 内的转速参考值、估计值、测量值和角度位置，可见转速测量值的平均值接近于 0，转子出现了 2rad 的转动，但转动是不希望出现的。这是零速运行的极限工作条件。大于 5N · m 的负载转矩将导致转子开始转动并出现不稳定。

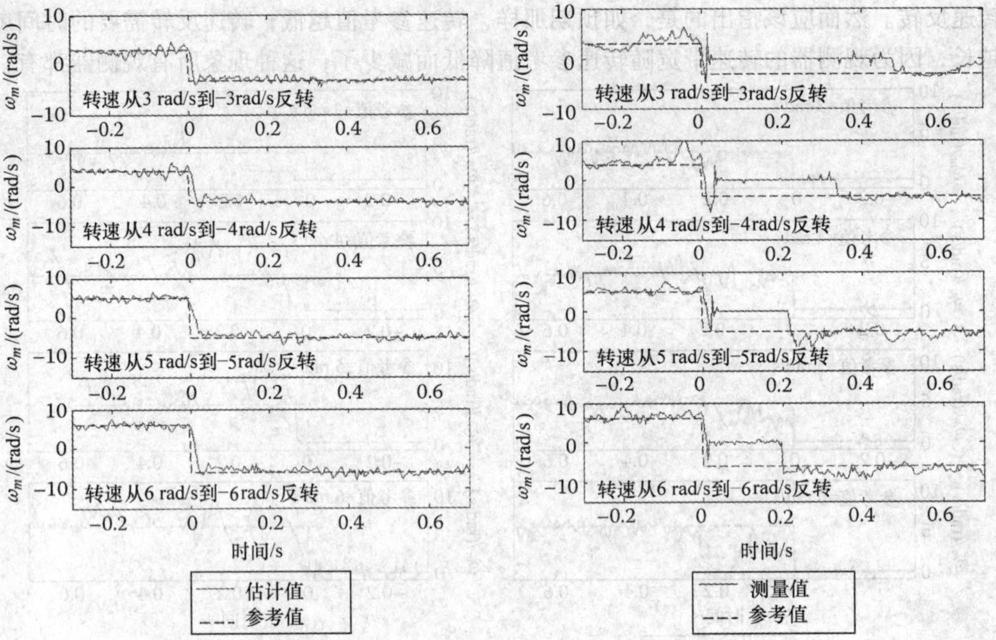

图 11-64　给定一系列转速反转参考值后，采用 MCA EXIN + 降阶观测器的转速参考值、估计值和测量值

（资料来源：Cirrincione，M. et al.，*IEEE Trans. Ind. Appi*，54（1），150，February 2007.）

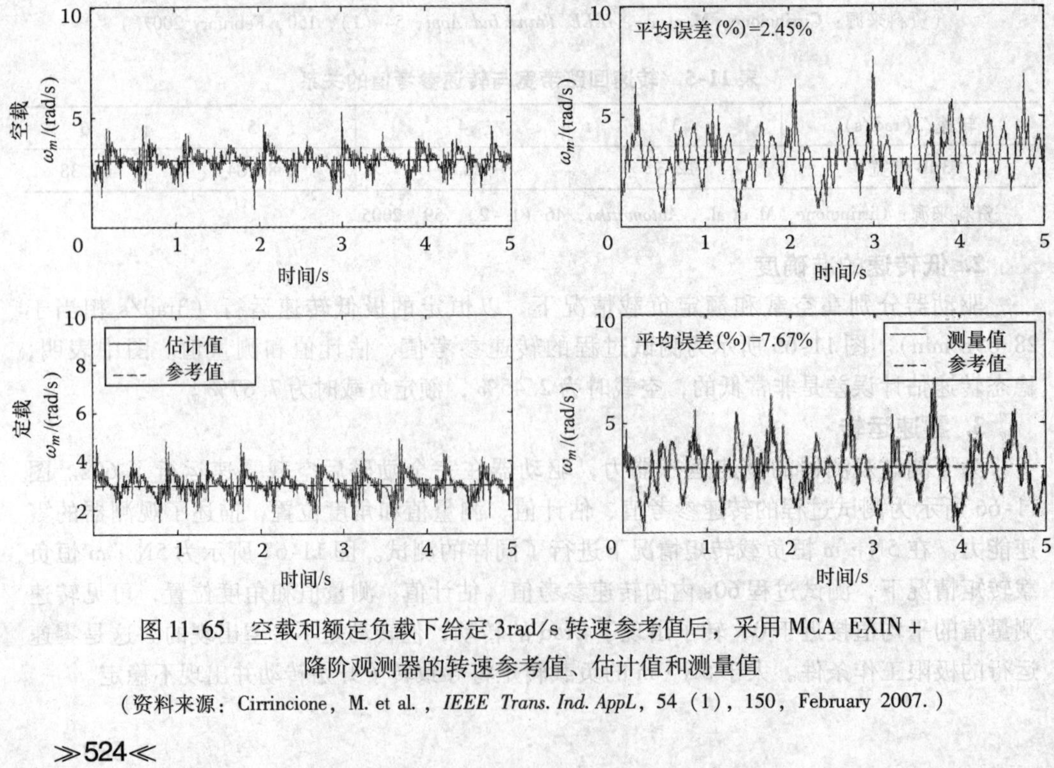

图 11-65　空载和额定负载下给定 3rad/s 转速参考值后，采用 MCA EXIN + 降阶观测器的转速参考值、估计值和测量值

（资料来源：Cirrincione，M. et al.，*IEEE Trans. Ind. AppL*，54（1），150，February 2007.）

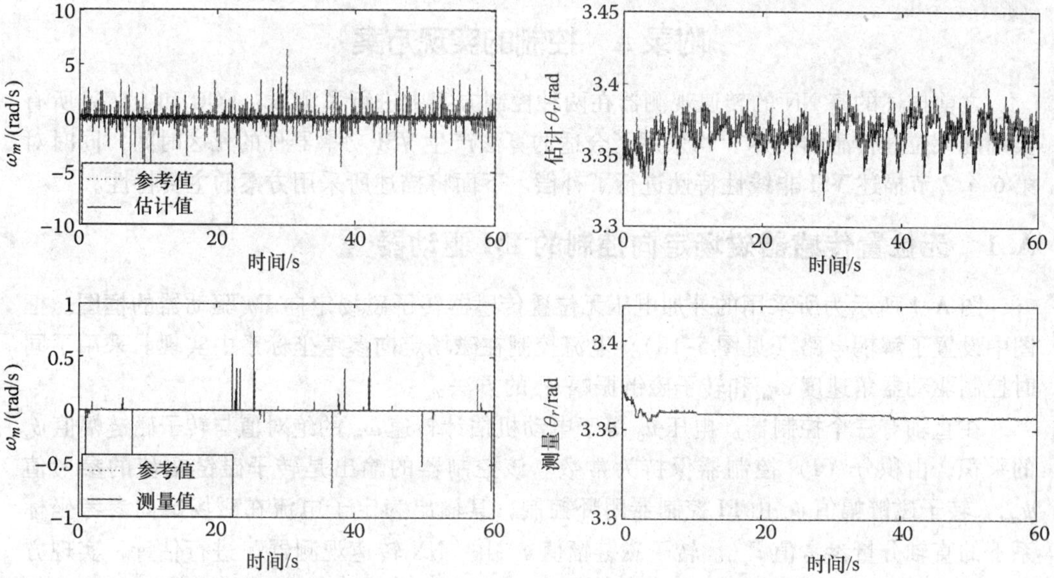

图 11-66　空载零速运行时，采用 MCA EXIN + 降阶观测器的转速参考值、估计值、测量值和角度位置

（资料来源：Cirrincione，M. et al.，*JEEE Trans. Ind. Appl*，54（1），150，February 2007.）

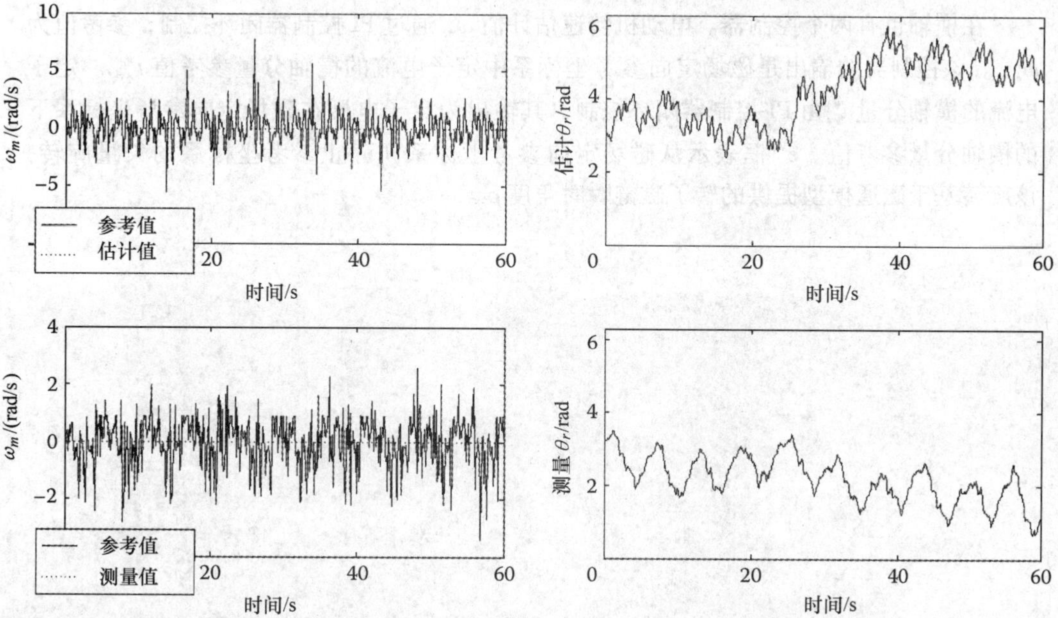

图 11-67　负载 5N · m 转矩零速运行时，采用 MCA EXIN + 降阶观测器的转速参考值、估计值、测量值和角度位置

（资料来源：Cirrincione，M. et al.，*IEEE Trans. Ind. Appl*，54（1），150，February 2007.）

附录 A 控制的实现方案

之前描述的基 NN 的转速观测器在两种控制方案中进行了测试：FOC 和 DTC。所有实现的无位置传感器技术，均采用了合适的算法产生 VSI 功率器件的死区时间，同时对第 6.4.2 节描述 VSI 非线性特性进行了补偿。下面将描述所采用方案的主要特性。

A.1 无位置传感器磁场定向控制的 IM 驱动器

图 A-1 所示为所采用的外加电压无位置传感器转子磁场定向 IM 驱动器的框图。框图中设置了解耦电路（见图 5-18），电流控制在磁场定向参考坐标系中实现。采用了同时控制驱动器角速度 ω_m 和转子磁链振幅 ψ_r 的方法。

在直轴有三个控制器。电压 u_0 等于电动机估计转速 ω_m 的绝对值与转子磁链幅值 ψ_r 的乘积，由积分（I）控制器保持为常数。该控制器的输出是转子磁链幅值的参考值 ψ_{rref}。转子磁链幅值 ψ_r 由 PI 控制器闭环控制，其输出为定子电流在磁场定向参考坐标系下的直轴分量参考值 $i_{sxref}^{\psi_r}$。转子磁链幅值 ψ_r 由“NN 转速观测器”进行估计，实现方法是之前描述的基于神经网络的转速观测器。它也产生了角度 ρ_r，表示转子磁链空间矢量的角度位置，是旋转坐标以实现磁场定向的关键数据。定子电流直轴分量 $i_{sx}^{\psi_r}$ 采用 PI 控制器进行闭环控制，其输出是磁场定向参考坐标系中定子电压的直轴分量参考值。

在横轴也有两个控制器。电动机转速估计值 $\hat{\omega}_m$ 通过 PI 控制器闭环控制，参考值为 ω_{mref}。该控制器的输出是磁场定向参考坐标系中定子电流的横轴分量参考值 $i_{syref}^{\psi_r}$。定子电流的横轴分量 $i_{sy}^{\psi_r}$ 由 PI 控制器闭环控制，其输出为定子电压在磁场定向参考坐标系下的横轴分量参考值。$e^{j\rho_r}$ 框表示从磁场定向参考坐标系向静止参考坐标系的矢量旋转，该旋转基于磁通模型提供的转子磁链瞬时角度 ρ_r。

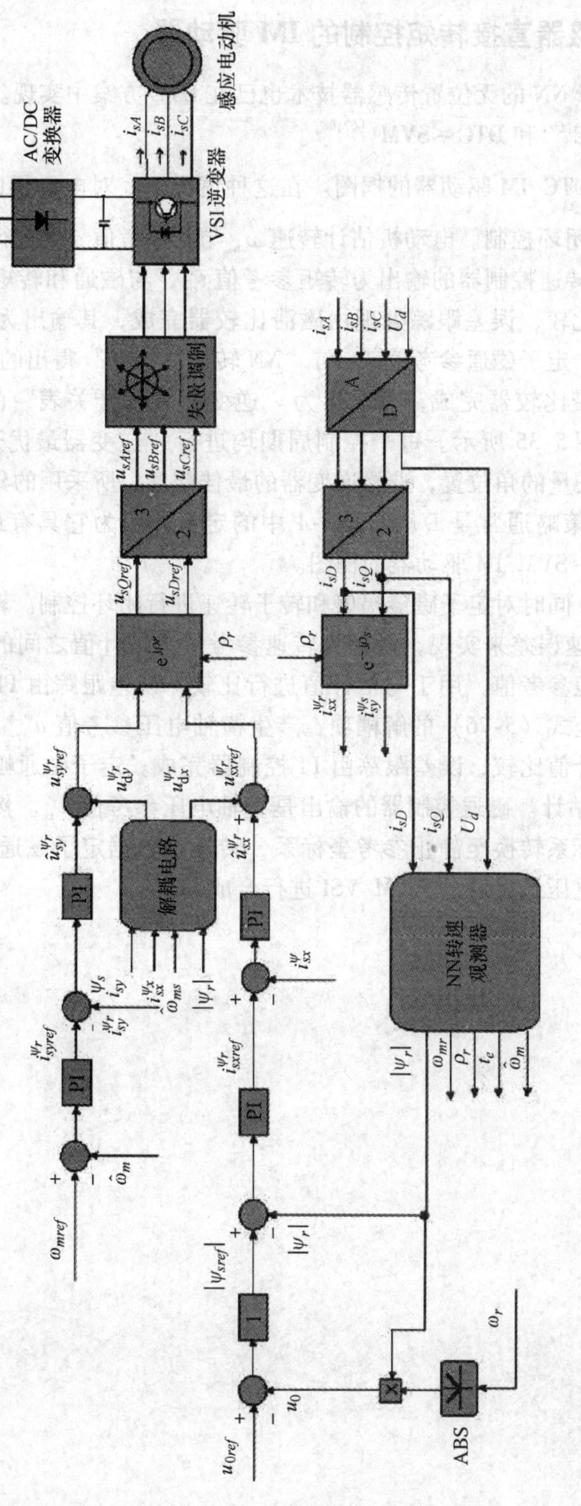

图 A-1　NN 无位置传感器 FOC 驱动器的框图

A.2　无位置传感器直接转矩控制的 IM 驱动器

前面描述的基于 NN 的无位置传感器技术也已在 DTC 方案中实现。这里采用了传统的基于开关表的 DTC[66] 和 DTC－SVM [67,68]。

图 A-2 所示为 DTC　IM 驱动器的框图。在这种情况下，对电动机的估计转速 $\hat{\omega}_m$ 和定子磁通 ψ_s 进行了闭环控制。电动机估计转速 $\hat{\omega}_m$ 与其参考值 ω_{mref}进行比较，误差跟踪由 PI 控制器完成。转速控制器的输出为转矩参考值 t_{ref}，与磁通和转矩模型计算得出的转矩估计值 t_e 进行比较，误差跟踪处理由磁滞比较器完成，其输出为“逆变器最优开关表”的输入之一。定子磁通参考值 ψ_{sref}与“NN 转速估计器”得出的估计值 ψ_s 进行比较，误差跟踪由磁滞比较器完成，其输出为“逆变器最优开关表”的另外一个输入。磁通和转矩模型如图 5-35 所示。每个控制周期均进行“逆变器最优开关表”的选择，根据定子磁链空间矢量的角位置，选择逆变器的最佳配置。所采用的象限识别算法，如图 5-36 所示。控制策略通常是 D，见表 5-1 中的定义，因为它具有最佳的动态响应。图 A-3 所示为 DTC－SVM　IM 驱动器的框图。

在这个方案中，同时对定子磁链幅值和转子转速进行闭环控制。转速控制是通过采用 PI 控制器处理转速误差来实现，误差为转速参考值和估计值之间的比较结果。转速控制器的输出为转矩参考值，用于与估计值进行比较，误差跟踪由 PI 控制器完成。转矩控制器的输出加至式（5-76）的解耦项，产生横轴电压参考值 $u_{sy}^{\psi_s}$。在直轴，定子磁通参考值与磁通估计值比较，误差跟踪由 PI 控制器完成。定子磁通幅值和电磁转矩由“NN 转速观测器”估计。磁通控制器的输出是直轴电压参考值 $u_{sx}^{\psi_s}$。然后，电压参考值从定子磁链参考坐标系转换至静止参考坐标系，转换是根据定子磁通角度 ρ_s 进行矢量旋转完成的。定子电压最后通过 PWM　VSI 进行合成。

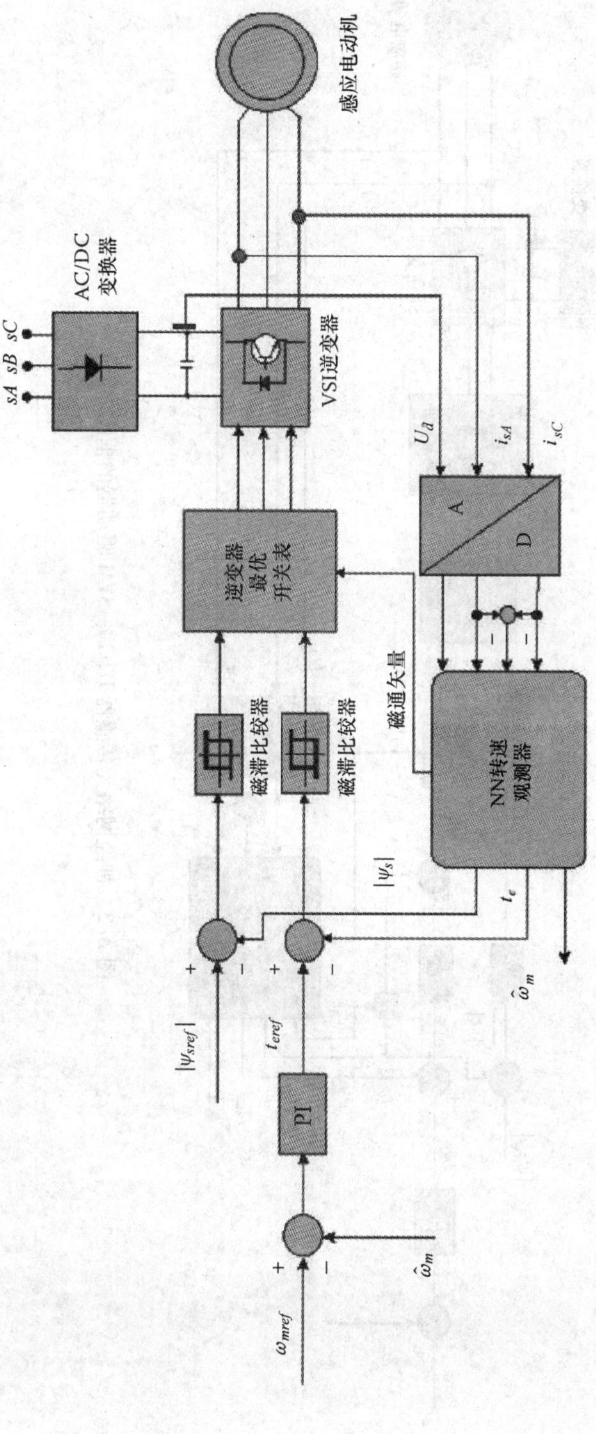

图 A-2　NN 无位置传感器 ST－DTC 驱动器的框图

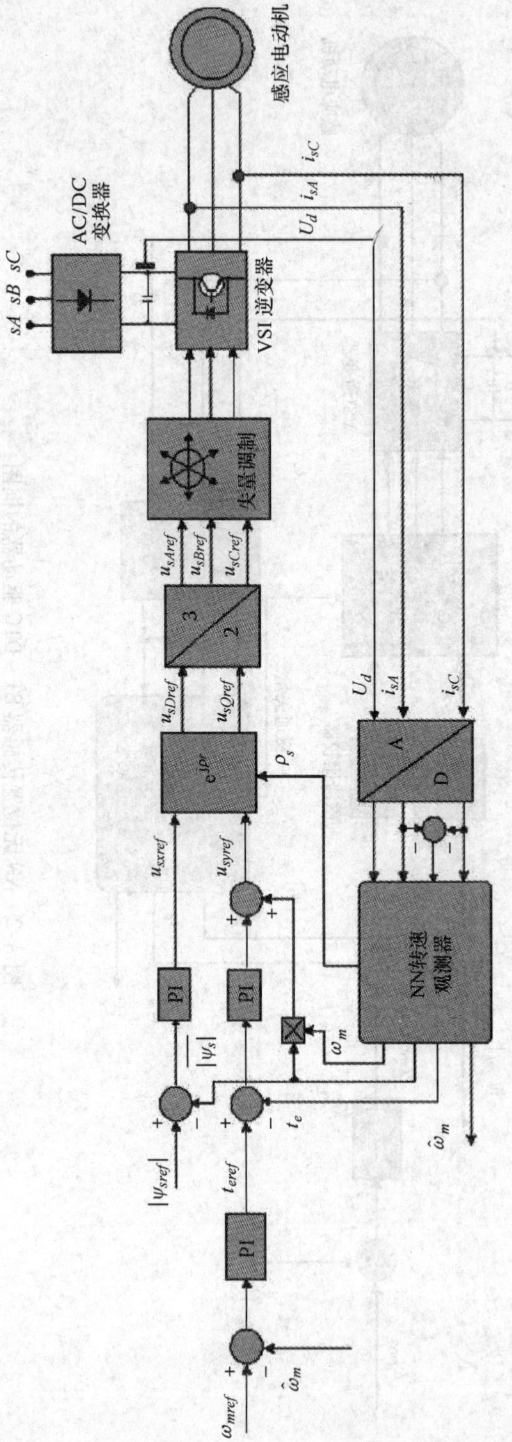

图 A-3　神经网络无传感器 DTC－SVM 驱动器的框图

附录 B　测试装置说明

所采用的测试装置[69]包括如下部件：

1）一台三相 IM，参数见表 B-1。

2）一台变频器，含三相二极管整流器和 7.5kV·A 的三相 VSI。

3）一台直流电动机用于 IM 加载，参数见表 B-2 所示。

4）一个电子式 AC－DC 转换器（三相二极管整流器和全桥 DC－DC 转换器），用于驱动额定功率为 4kV·A 的直流电动机。

5）一个 dSPACE 板卡（DS1103），板载 400 MHz 的 PowerPC 604E 和浮点 DSP TMS320F240。

6）一个带有三个电压传感器（型号为 LEM LV 25－P）和三个电流传感器（型号为 LEM LA 55－P）的板卡，用于监测定子相电压和相电流的瞬时值。

7）一个电压传感器（型号为 LEM CV3－1000），用于监测 DC 母线电压的瞬时值。

8）一个截止频率为 800Hz 的模拟四阶低通贝塞尔滤波器板卡，用于定子电压滤波。

9）一个增量式编码器（型号为 RS 256－499，每转 2500 个脉冲）。

表 B-1　IM 的参数

额定功率 P_{rated}/kW	2.2
额定电压 U_{rated}/V	220
额定频率 f_{rated}/Hz	50
额定转速/(rad/s)	149.75
极对数	2
定子电阻 R_s/Ω	3.88
定子电感 L_s/mH	252
转子电阻 R_r/Ω	1.87
转子电感 L_r/mH	252
三相励磁电感 L_m/mH	236
转动惯量 J/kg·m^2	0.0266

表 B-2　直流电动机的参数

额定功率 P_{rated}/kW	1.5
额定电压 U_{ratcd}/V	300
额定电流 I_{rated}/A	5
额定转速/(rad/s)	150
额定励磁电压 u_{exrat}/V	300
额定励磁电流 i_{exrat}/A	0.33

图 B-1 所示为测试装置的照片。图 B-2 所示为测试装置的电气原理图。IM 由三相二极管整流器加串联电压源型逆变器（VSI）进行驱动。出于控制的目的，DC 母线电压和三个定子电流由 LEM 传感器测量，并通过 dSPACE 板卡的 A－D 通道进行采集。该 VSI 由空间矢量脉宽调制（SV－PWM）技术（详见第 2.2.1 节第 4 部分）进行驱动，开关频率 $f_{PWM}=5\text{kHz}$。定子相电压的瞬时值，是根据 DC 母线电压的测量值 U_d 及逆变器的开关状态得出，为 $\boldsymbol{u}_s=\frac{2}{3}U_d(S_a+aS_b+a^2S_c)$ 编码器的转速测量值只用于与观测器估计值进行比较，因为只有估计值反馈至转速控制器。IM 驱动器采用受控的直流驱动器进行加载。直流电动机由三相整流器＋DC－DC 全桥变换器驱动。用户设置的转矩信号，由 dSPACE 板卡提供给 DC－DC 驱动器，控制直流电动机的转矩。

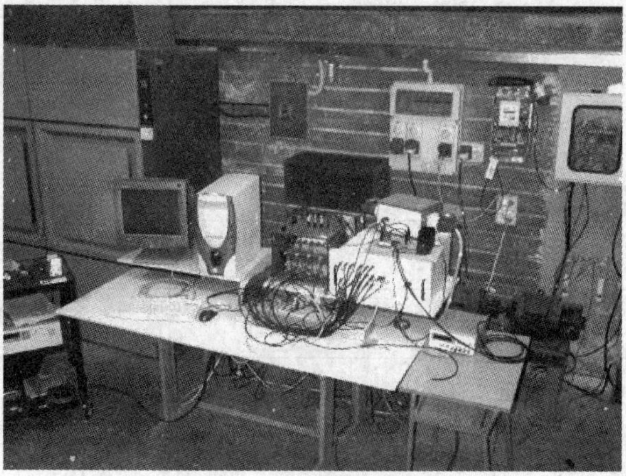

图 B-1　测试装置的照片

（资料来源：Cirincione，M. et al.，IEEE Trans. Ind. Electron.，54（1），127，February 2007.）

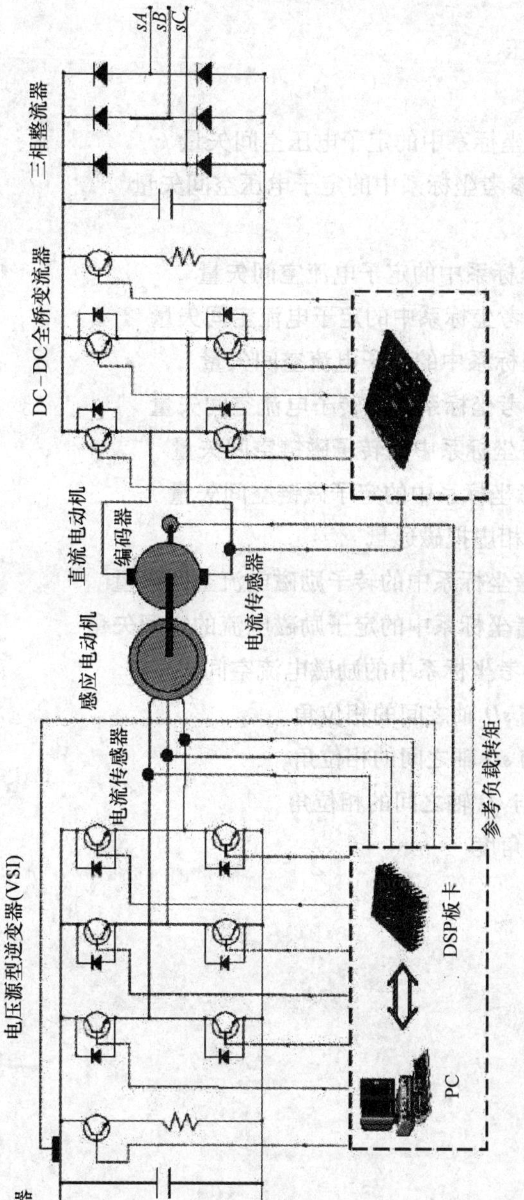

图 B-2　测试装置的电气原理图

（资料来源：Cirrindome，M. et al.，*IEEE Trans. Ind. Appl*，1，140，June/July 2004.）

符号列表

u_{sA}、u_{sB}、u_{sC}　定子相电压

i_{sA}、i_{sB}、i_{sC}　定子相电流

$\boldsymbol{u}_s = u_{sD} + \mathrm{j}u_{sQ}$　定子参考坐标系中的定子电压空间矢量

$\boldsymbol{u}_s = u_{sx} + \mathrm{j}u_{sy}$　通用旋转参考坐标系中的定子电压空间矢量

u_{com}　共模电压

$\boldsymbol{i}_s = i_{sD} + \mathrm{j}i_{sQ}$　定子参考坐标系中的定子电流空间矢量

$\boldsymbol{i}_s = i_{sx} + \mathrm{j}i_{sy}$　通用旋转参考坐标系中的定子电流空间矢量

$\boldsymbol{i}'_r = i_{rd} + \mathrm{j}i_{rq}$　定子参考坐标系中的转子电流空间矢量

$\boldsymbol{i}_r = i_{rx} + \mathrm{j}i_{ry}$　通用旋转参考坐标系中的转子电流空间矢量

$\boldsymbol{\psi}'_r = \psi_{rd} + \mathrm{j}\psi_{rq}$　定子参考坐标系中的转子磁链空间矢量

$\boldsymbol{\psi}_s = \psi_{sD} + \mathrm{j}\psi_{sQ}$　定子参考坐标系中的定子磁链空间矢量

$\psi_{s\beta A}$、$\psi_{s\beta B}$、$\psi_{s\beta C}$　定子三相虚拟磁通量

$\boldsymbol{i}_{mr} = i_{mrD} + \mathrm{j}i_{mrQ}$　定子参考坐标系中的转子励磁电流空间矢量

$\boldsymbol{i}_{ms} = i_{msD} + \mathrm{j}i_{msQ}$　定子参考坐标系中的定子励磁电流的空间矢量

$\boldsymbol{i}_{mm} = i_{mmD} + \mathrm{j}i_{mmQ}$　定子参考坐标系中的励磁电流空间矢量

ρ_r　转子磁链空间矢量与 sD 轴之间的相位角

ρ_s　定子磁链空间矢量与 sD 轴之间的相位角

ρ_m　励磁磁链空间矢量与 sD 轴之间的相位角

ϑ_r　转子相对于 sD 轴的角度

L_s　定子电感

L'_s　定子瞬态电感

L_r　转子电感

L_m　总静态励磁电感

$L_{s\sigma}$　定子漏感

$L_{r\sigma}$　转子漏感

R_s　定子相绕组电阻

R_r　转子相绕组电阻

T_s　定子时间常数

T_r　转子时间常数

T'_s　定子瞬态时间常数

T'_r　转子瞬态时间常数

$T_{r\sigma}$　转子磁漏时间常数

$\sigma = 1 - L_m^2/(L_s L_r)$ 总磁漏系数

σ_r 转子磁漏因子

σ_s 定子磁漏因子

p 极对数

ω_{mr} 转子磁通空间矢量的角速度

ω_{ms} 定子磁通空间矢量的角速度

ω_{mm} 励磁磁通空间矢量的角速度

ω_{sl} 转差角速度

ω_r 转子角速度（rad/s）

t_e 电磁转矩

T_{sp} 控制系统的采样时间

U_d 直流母线电压

S_a、S_b、S_c VSI引脚的指令信号

所有带 *ref* 下标的量表示参考值。

上标符号为 ψ'_r、ψ_s、ψ_m 表示该量所处的参考坐标系。

参考文献

1. P. Vas, *Sensorless Vector and Direct Torque Control*, Oxford Science Publication, Oxford, U.K., 1998.
2. K. Rajashekara, A. Kawamura, K. Matsuse, *Sensorless Control of AC Motor Drives*, IEEE Press, New York, 1996.
3. J. Holtz, Sensorless control of induction motor drives, *Proceedings of the IEEE*, 90(8), 1359–1394, August 2002.
4. R. D. Lorenz, T. A. Lipo, D. W. Novotny, Motion control with induction motors, *Proceedings of the IEEE*, 82(8), 1215–1240, August 1994.
5. W. Leonhard, *Control of Electrical Drives*, Springer-Verlag, Berlin, Germany, 1997.
6. J. Holtz, Sensorless control of induction machines—With or without signal injection? *IEEE Transactions on Industrial Electronics*, 53(1), 7–30, February 2006.
7. P. Vas, *Artificial-Intelligence-Based Electrical Machines and Drives*, Oxford Science Publications, Oxford, U.K., 1999.
8. P. Vas, W. Drury, A. F. Stronach, Recent developments in artificial intelligence based drives—A review, *Proceedings of the International Power Conversion Conference*, 32, 59–70, 1996.
9. B. K. Bose, Fuzzy logic and neural networks in power electronics and drives, *IEEE Industry Applications Magazine*, 6(3), 57–63, 2000.
10. B. K. Bose, Power electronics-an emerging technology, *IEEE Transactions on Industrial Electronics*, 36(3), 403–412, 1989.
11. B. K. Bose, Expert system, fuzzy logic, and neural network applications in power electronics and motion control, *Proceedings of the IEEE*, 82(8), 1303–1323, 1994.
12. B. K. Bose, Neural network applications in power electronics and motor drives—An introduction and perspective, *IEEE Transactions on Industrial Electronics*, 54(1), 14–33, 2007.
13. L. Zadeh, Fuzzy sets, *Information Control*, 8, 338–353, 1965.
14. L. Zadeh, Similarity relations and fuzzy ordering, *Information Sciences*, 3, 177–206, 1971.
15. L. Zadeh, Outline of a new approach to the analysis of complex systems and decision processes, *IEEE Transactions on Systems, Man, and Cybernetics*, 3(1), 28–44, January 1973.

16. E. H. Mamdani, Application of fuzzy algorithms for simple dynamic plant, *Proceedings of the IEEE*, 121(12), 1585–1588, 1974.
17. M. Sugeno, G. T. Kang, Structure identification of fuzzy model, *Fuzzy Sets and Systems*, 28, 15–33, 1988.
18. D. Driankov, H. Hellendoorn, M. Reinfrank, *An Introduction to Fuzzy Control*, Springer-Verlag, Berlin, Germany, 1996.
19. W. S. McCulloch, W. Pitts, A logical calculus of the ideas immanent in nervous activity, *Bulletin of Mathematical Biophysics*, 5, 115–133, 1943.
20. F. Rosenblatt, The perceptron: A probabilistic model for information storage and organization in the brain, *Psychological Review*, 65(6), 386–404, 1958.
21. K. Levemberg, A method for the solution of certain problems in least squares, *The Quarterly of Applied Mathematics*, 2, 164–168, 1944.
22. A. N. Kolgomorov, On the representation of continuous functions of several variables by the superposition of continuous functions of one variable and addition, *Doklady Akademiia Nauk SSSR*, 114(5), 953–956, 1957.
23. R. Jacobs, Increased rates of convergence through learning rate adaptation, *Neural Networks*, 1(4), 295–307, 1988.
24. T. Kohonen, An introduction to neural computing, *Neural Networks*, 1(1), 3–16, 1988.
25. T. Kohonen, The self-organizing map, *Proceedings of IEEE*, 78(9), 1464–1480, 1990.
26. T. Kohonen, *Self-Organizing and Associative Memory*, Springer-Verlag, New York, 1988.
27. B. Kosko, *Neural Networks for Signal Processing*, Prentice Hall, New York, 1991.
28. S. Haykin, *Neural Networks*, Macmillan Publishers, New York, 1994.
29. C. M. Bishop, *Neural Networks for Pattern Recognition*, Oxford University Press, Oxford, U.K., 1995.
30. D. E. Goldberg, *Genetic Algorithm in Search, Optimization and Machine Learning*, Addison-Wesley Publishing Company, Boston, MA, 1989.
31. S. K. Mondal, J. O. P. Pinto, B. K. Bose, A neural-network-based space-vector PWM controller for a three-level voltage-fed inverter induction motor drive, *IEEE Transactions on Industry Applications*, 38(3), 660–669, 2002.
32. J. O. P. Pinto, B. K. Bose, L. E. B. Da Silva, M. P. Kazmierkowski, A neural-network-based space-vector PWM controller for voltage-fed inverter induction motor drive, *IEEE Transactions on Industry Applications*, 36(6), 1628–1636, 2000.
33. M.-H. Kim, M. G. Simoes, B. K. Bose, Neural network-based estimation of power electronic waveforms, *IEEE Transactions on Power Electronics*, 11(2), 383–389, 1996.
34. B. Karanayil, M. F. Rahman, C. Grantham, Online stator and rotor resistance estimation scheme using artificial neural networks for vector controlled speed sensorless induction motor drive, *IEEE Transactions on Industry Applications*, 54(1), 167–176, 2007.
35. S. M. Gadoue, D. Giaouris, J. W. Finch, Sensorless control of induction motor drives at very low and zero speeds using neural network flux observers, *IEEE Transactions on Industry Applications*, 56(8), 3029–3039, 2009.
36. M. Wlas, Z. Krzeminski, J. Guzinski, H. Abu-Rub, H. A. Toliyat, Artificial-neural-network-based sensorless nonlinear control of induction motors, *IEEE Transactions on Energy Conversion*, 20(3), 520–528, 2005.
37. S.-H. Kim, T.-S. Park, J.-Y. Yoo, G.-T. Park, Speed-sensorless vector control of an induction motor using neural network speed estimation, *IEEE Transactions on Industrial Electronics*, 48(3), 609–614, 2001.
38. T. Orlowska-Kowalska, M. Dybkowski, K. Szabat, Adaptive sliding-mode neuro-fuzzy control of the two-mass induction motor drive without mechanical sensors, *IEEE Transactions on Industrial Electronics*, 57(2), 553–564, 2010.
39. J. R. Heredia, F. P. Hidalgo, J. L. D. Paz, Sensorless control of induction motors by artificial neural networks, *IEEE Transactions on Industrial Electronics*, 48(5), 1038–1040, 2001.
40. J. Campbell, M. Sumner, Practical sensorless induction motor drive employing an artificial neural network for online parameter adaptation, *IEE Proceedings on Electric Power Applications*, 149(4), 255–260, 2002.

41. L. Ben-Brahim, R. Kurosawa, Identification of induction motor speed using neural networks, *IEEE Power Conversion Conference*, Yokohama, Japan, 1993.
42. M. Elloumi, L. Ben-Brahim, M. Al-Hamadi, Survey of speed sensorless controls for IM drives, *Proceedings of the 24th Annual Conference of the IEEE Industrial Electronics Society*, Aachen, Germany, 1998.
43. L. Ben-Brahim, Motor speed identification via neural networks, *IEEE Industry Applications Magazine*, 1(1), 28–32, 1995.
44. L. Ben-Brahim, S. Tadakuma, A. Akdag, Speed control of induction motor without rotational transducers, *IEEE Transactions on Industry Applications*, 35(4), 844–850, July/August 1999.
45. C. Shauder, Adaptive speed identification for vector control of induction motors without rotational transducers, *IEEE Transactions on Industry Applications*, 28(5), 1054–1061, September/October 1992.
46. O. Sorensen, Neural network in control application, PhD thesis, Department of Control Engineering, Aalborg University, Aalborg, Denmark, 1994.
47. M. Cirrincione, M. Pucci, An MRAS based speed estimation method with a linear neuron for high performance induction motor drives and its experimentation, *IEEE International Electric Machines and Drives Conference* (*IEMDC'2003*), Madison, WI, 2003.
48. G. Cirrincione, M. Cirrincione, J. Hérault, S. Van Huffel, The MCA EXIN neuron for the minor component analysis: Fundamentals and comparisons, *IEEE Transactions on Neural Networks*, 13(1), 160–187, January 2002.
49. G. Cirrincione, M. Cirrincione, Linear system identification by using the TLS EXIN neuron, *Neurocomputing*, 28(1–3), 53–74, October 1999.
50. M. Cirrincione, M. Pucci, G. Cirrincione, G. A. Capolino, A new TLS based MRAS speed estimation with adaptive integration for high performance induction motor drives, *IEEE Transactions on Industry Applications*, 1, 140–151, June/July 2004.
51. M. Cirrincione, M. Pucci, G. Cirrincione, G. A. Capolino, A new adaptive integration methodology for estimating flux in induction machine drives, *IEEE Transactions on Power Electronics*, 19(1), 25–34, January 2004.
52. B. Widrow, S. D. Stearns, *Adaptive Signal Processing*, Prentice Hall, Englewood Cliffs, NJ, 1985.
53. M. Cirrincione, M. Pucci, Sensorless direct torque control of an induction motor by a TLS-based MRAS observer with adaptive integration, *Automatica* (*Elsevier*), Adaptive and Intelligent Control, 41(11), 1843–1854, November 2005.
54. M. Cirrincione, M. Pucci, An MRAS speed sensorless high performance induction motor drive with a predictive adaptive model, *IEEE Transactions on Industrial Electronics*, 52(2), 532–551, April 2005.
55. M. Cirrincione, M. Pucci, G. Cirrincione, G. Capolino, Sensorless control of induction machines by a new neural algorithm: The TLS EXIN neuron, *IEEE Transactions on Industrial Electronics*, 54(1), 127–149, February 2007. Special section neural network applications in power electronics and motor drives (Guest editor: B.K. Bose).
56. M. Cirrincione, M. Pucci, G. Cirrincione, G. Capolino, An MRAS sensorless technique based on the MCA EXIN + Neuron for high performance induction motor drives, *Automatika* (*Korema*), 46(1–2), 59–72, 2005.
57. J. H. Matheus, K. D. Fink, *Numerical Methods Using Matlab*, 4th edn., Prentice-Hall Publishers Inc., Upper Saddle River, NJ, 2004.
58. M. Cirrincione, M. Pucci, G. Cirrincione, G. Capolino, An adaptive speed observer based on a new total least-squares neuron for induction machine drives, *IEEE Transactions on Industry Applications*, 42(1), 89–104, January/February 2006.
59. H. Kubota, K. Matsuse, T. Nakano, DSP-based speed adaptive flux observer of induction motor, *IEEE Transactions on Industry Applications*, 29(2), 344–348, March/April 1993.
60. H. Kubota, I. Sato, Y. Tamura, K. Matsuse, H. Ohta, Y. Hori, Stable operation of adaptive observer based sensorless induction motor drives in regenerating mode at low speeds, *The 36th IEEE Industry Applications Society Annual Meeting* (*IAS'2001*), Chicago, IL, October 2001.

61. H. Kubota, K. Matsuse, Y. Hori, Behaviour of sensorless induction motor drives in regenerating mode, *Proceedings of the IEEE Power Conversion Conference* (*PCC'97*), Nagaoka, Japan, 1997.
62. M. Hinkkanen, J. Luomi, Stabilization of the regenerating mode of full-order flux observer for sensorless induction motors, *IEEE Electrical Machines and Drives Conference IEMDC 2003*, Madison, WI, Vol. 1, pp. 145–150, June 1–4, 2003.
63. H. Kubota, I. Sato, Y. Tamura, K. Matsuse, H. Otha, Y. Hori, Regenerating-mode low-speed operation of sensorless induction motor drive with adaptive observer, *IEEE Transactions on Industry Applications*, 38(4), 1081–1086, July/August 2002.
64. M. Cirrincione, M. Pucci, G. Cirrincione, G. Capolino, Sensorless control of induction motors by reduced order observer with MCA EXIN + based adaptive speed estimation, *IEEE Transactions on Industrial Electronics*, 54(1), 150–166, February 2007. Special section neural network applications in power electronics and motor drives (Guest editor: B.K. Bose).
65. H. Tajima, Y. Hori, Speed sensorless field-orientation of the induction machine, *IEEE Transactions on Industry Applications*, 29(1), 175–180, January/February 1993.
66. I. Takahashi, T. Noguchi, A new quick-response and high efficiency control strategy of an induction machine, *IEEE Transactions on Industry Applications*, IA-22, 820–827, September/October 1986.
67. C. Lascu, I. Boldea, F. Blaabjerg, A modified direct torque control for induction motor sensorless drive, *IEEE Transactions on Industry Applications*, 36(1), 122–130, 2000.
68. T. G. Habetler, F. Profumo, M. Pastorelli, L. M. Tolbert, Direct torque control of induction machines using space vector modulation, *IEEE Transactions on Industry Applications*, 28(5), 1045–1053, September/October 1992.
69. M. Pucci, Novel numerical techniques for the identification of induction motors for the control of AC drives: Simulations and experimental implementations (in Italian), PhD thesis, University of Palermo (Italy), Palermo, Italy, January 2001.

编著图书推荐表

<table>
<tr><td>姓名</td><td></td><td>出生年月</td><td></td><td>职称/职务</td><td></td><td>专业</td><td></td></tr>
<tr><td>单位</td><td colspan="3"></td><td>E-mail</td><td colspan="3"></td></tr>
<tr><td>通讯地址</td><td colspan="5"></td><td>邮政编码</td><td></td></tr>
<tr><td>联系电话</td><td colspan="2"></td><td colspan="3">研究方向及教学科目</td><td colspan="2"></td></tr>
<tr><td colspan="8">个人简历（毕业院校、专业、从事过的以及正在从事的项目、发表过的论文）：</td></tr>
<tr><td colspan="8"></td></tr>
<tr><td colspan="8">您近期的写作计划有：</td></tr>
<tr><td colspan="8"></td></tr>
<tr><td colspan="8">您推荐的国外原版图书有：</td></tr>
<tr><td colspan="8"></td></tr>
<tr><td colspan="8">您认为目前市场上最缺乏的图书及类型有：</td></tr>
<tr><td colspan="8"></td></tr>
</table>

地址：北京市西城区百万庄大街 22 号　机械工业出版社电工电子分社
邮编：100037　网址：www. cmpbook. com
联系人：张俊红　电话：13520543780　010 - 68326336（传真）
E-mail：buptzjh@ 163. com（可来信索取本表电子版）

Power Converters and AC Electrical Drives with Linear Neural Networks/by Maurizio Cirrincione, Marcello Pucci and Gianpaolo Vitale/ISBN: 978-1-4398-1814-5.

Copyright © 2012 by Taylor & Francis Group, LLC.

Authorized translation from English language edition published by CRC Press, part of Taylor & Francis Group LLC. All rights reserved.

本书中文简体翻译版授权机械工业出版社独家出版并限在中国大陆地区销售。未经出版者书面许可，不得以任何方式复制或发行本书的任何部分。

Copies of this book sold without a Taylor & Francis sticker on the cover are unauthorized and illegal.

本书封面贴有 Taylor & Francis 公司防伪标签，无标签者不得销售。

北京市版权局著作权合同登记 图字：01-2013-5762 号。

图书在版编目（CIP）数据

线性神经网络控制的电力变流器与交流电气传动/（法）奇林乔内（Cirrincione，M.）等著；周永旺等译. —北京：机械工业出版社，2015.7

（国际电气工程先进技术译丛）

书名原文：Power Converters and AC Electrical Drives with Linear Neural Networks

ISBN 978-7-111-51283-7

Ⅰ.①线… Ⅱ.①奇…②周… Ⅲ.①人工神经网络-控制-电力系统-变流器②人工神经网络-控制-交流电传动 Ⅳ.①TM46②TM921.2

中国版本图书馆 CIP 数据核字（2015）第 195986 号

机械工业出版社（北京市百万庄大街 22 号 邮政编码 100037）

策划编辑：张俊红 责任编辑：张俊红 林 桢

版式设计：霍永明 责任校对：张晓蓉

封面设计：马精明 责任印制：乔 宇

保定市中画美凯印刷有限公司印刷

2016 年 1 月第 1 版第 1 次印刷

169mm×239mm · 34.75 印张 · 8 插页 · 778 千字

标准书号：ISBN 978-7-111-51283-7

定价：169.00 元

凡购本书，如有缺页、倒页、脱页，由本社发行部调换

电话服务	网络服务
服务咨询热线：010-88361066	机 工 官 网：www.cmpbook.com
读者购书热线：010-68326294	机 工 官 博：weibo.com/cmp1952
010-88379203	金 书 网：www.golden-book.com
封面无防伪标均为盗版	教育服务网：www.cmpedu.com

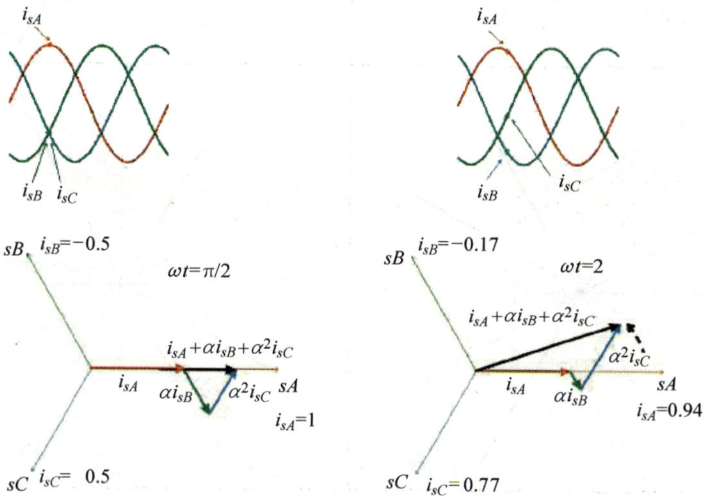

图 1-4　空间矢量的数字化图形化描述

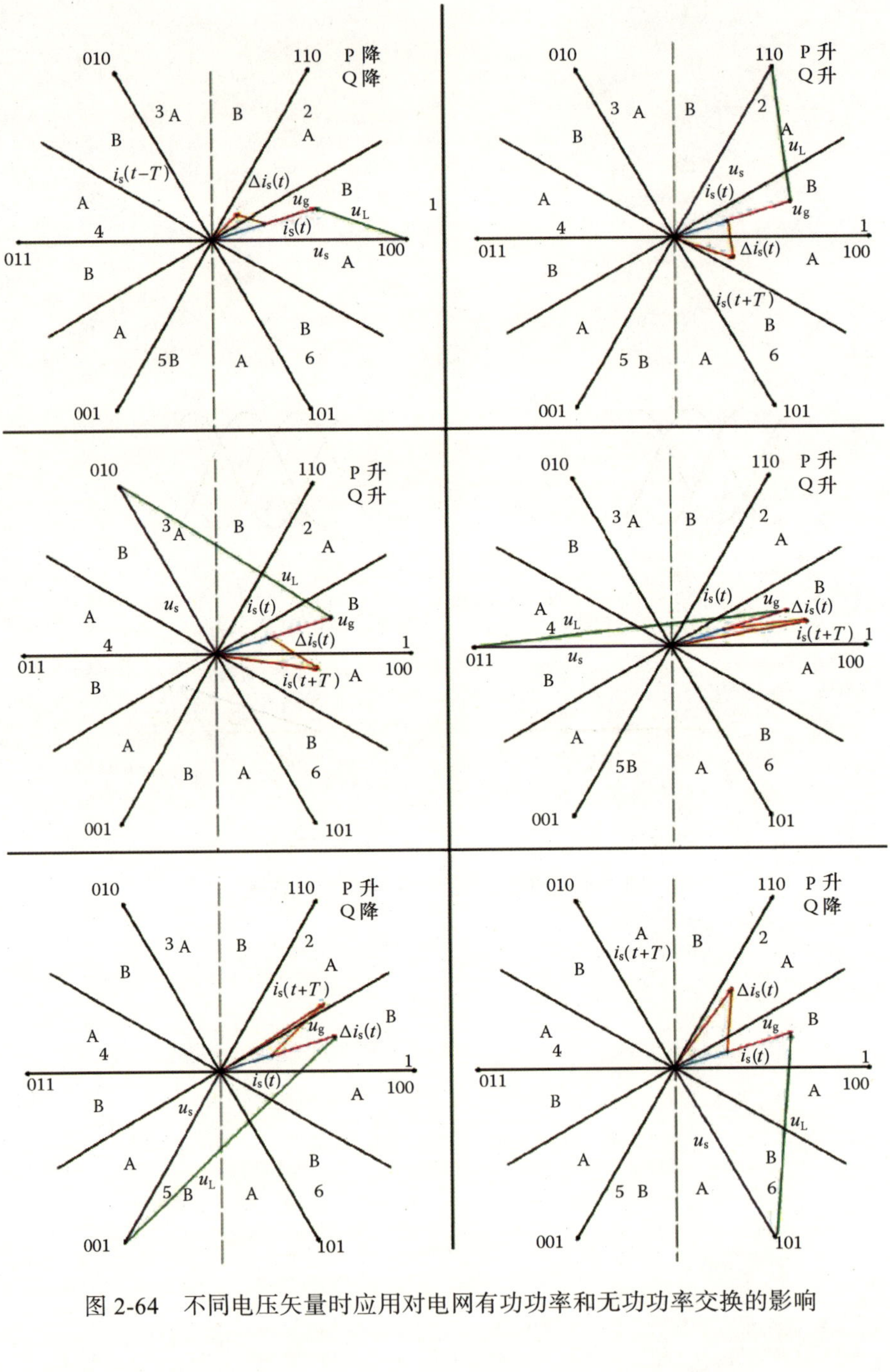

图 2-64 不同电压矢量时应用对电网有功功率和无功功率交换的影响

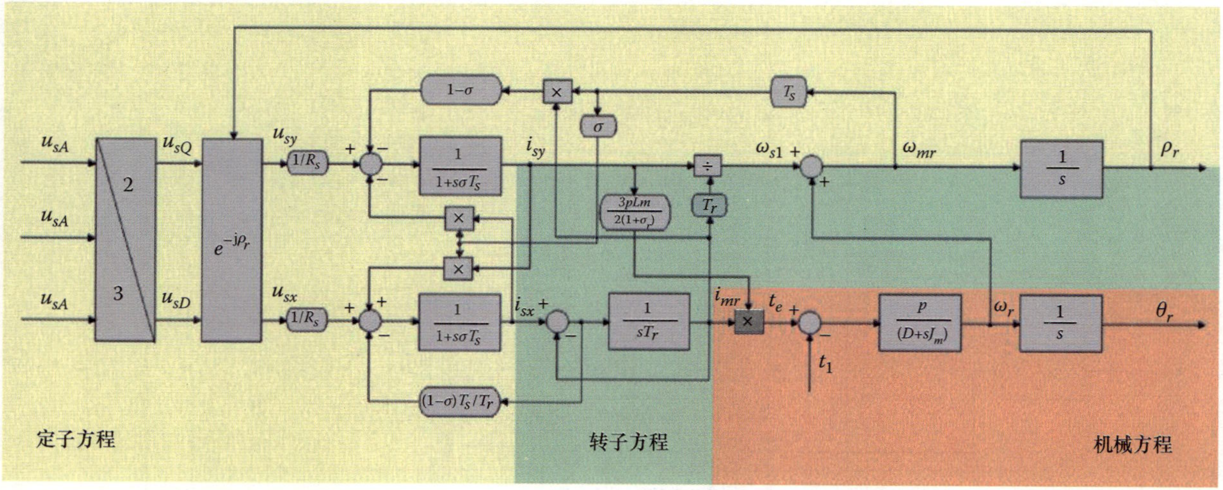

图 4-4 转子磁链坐标系下的 IM 动态模型框图

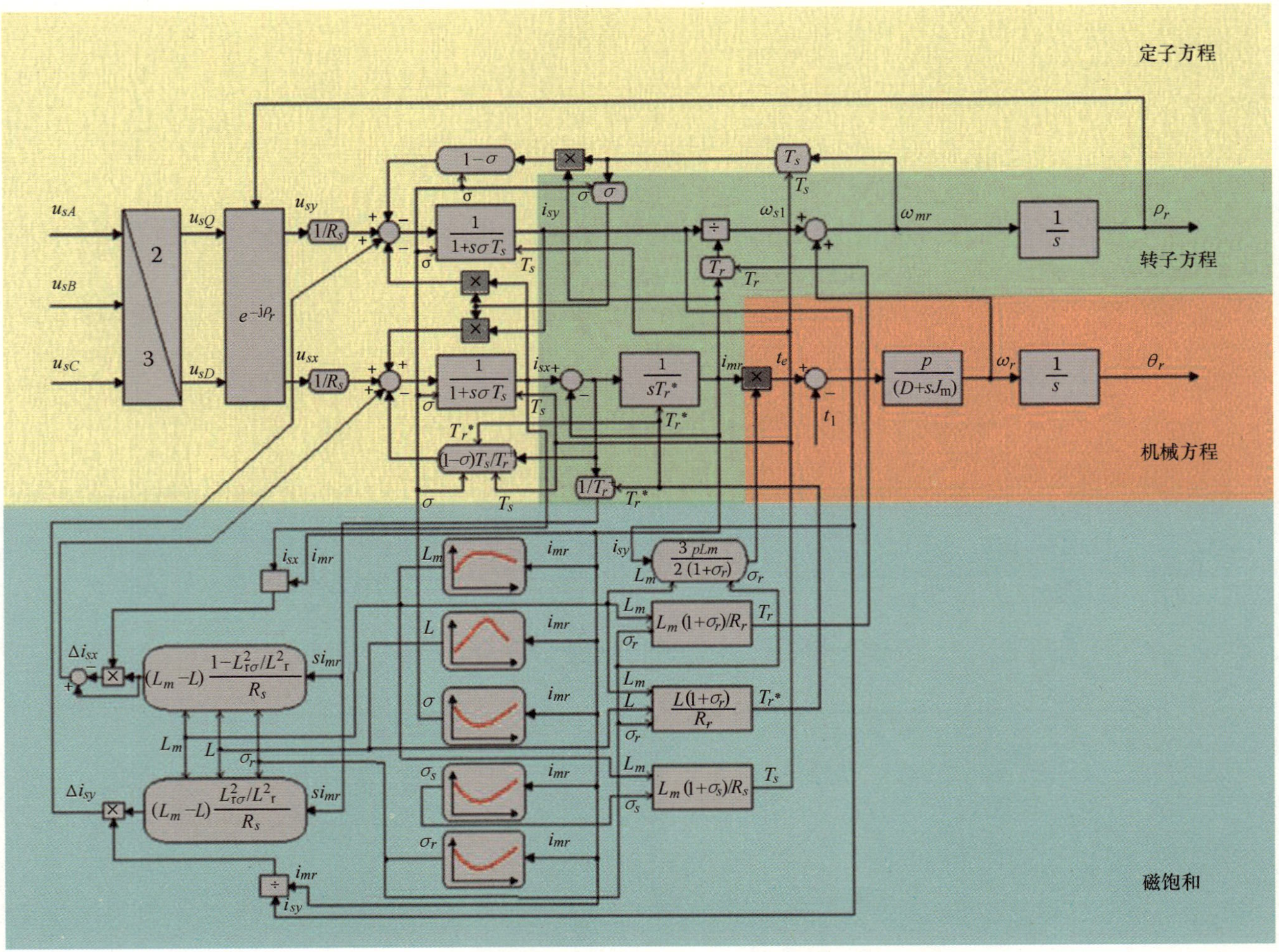

图 4-5 饱和效应下感应电动机的数学模型框图

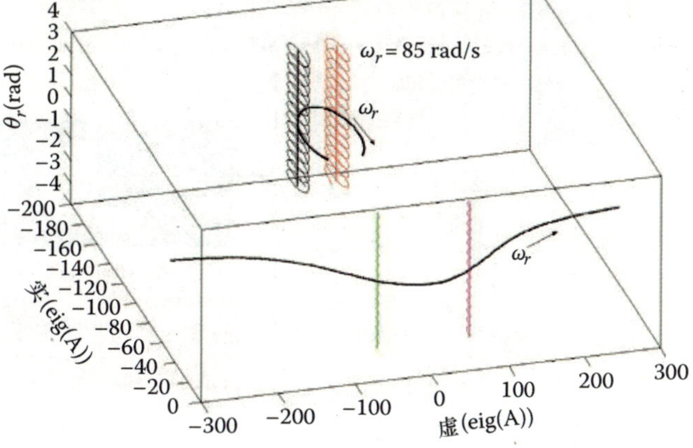

图 4-23　考虑转子开槽效应由 *mmf* 模型得到的矩阵 ***A*** 特征值轨迹

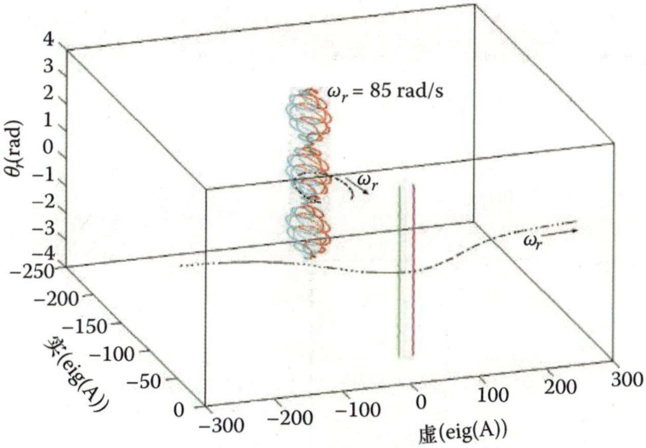

图 4-24　考虑定子和转子槽影响、基于 *mmf* 模型的矩阵 ***A*** 特征值轨迹

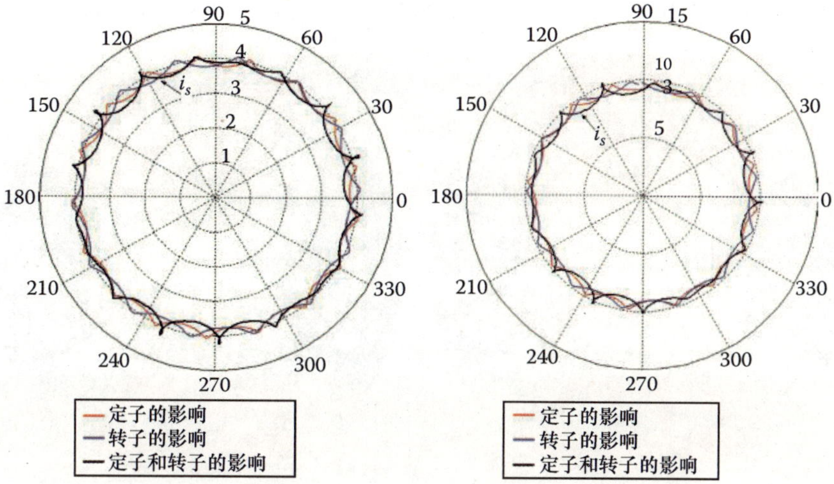

a)　　b)

图 4-33　数字仿真结果[30]

a) 空载情况下定子电流轨迹（数字模拟）　b) 6.37% 负载转差频率下定子电流轨迹（数字模拟）

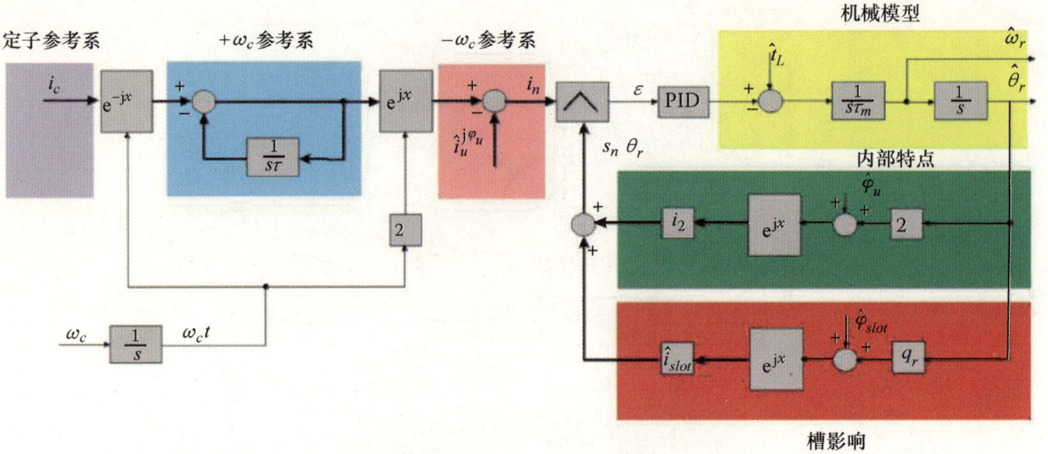

图 6-33　基于 PLL 转子位置估计器的各向异性追踪的结构框图

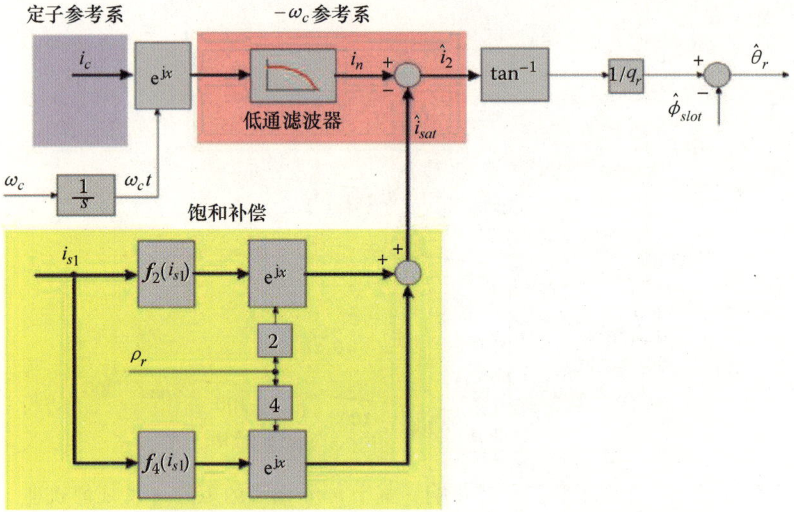

图 6-34　基于转子开槽各向异性追踪的转子位置估计器的结构框图

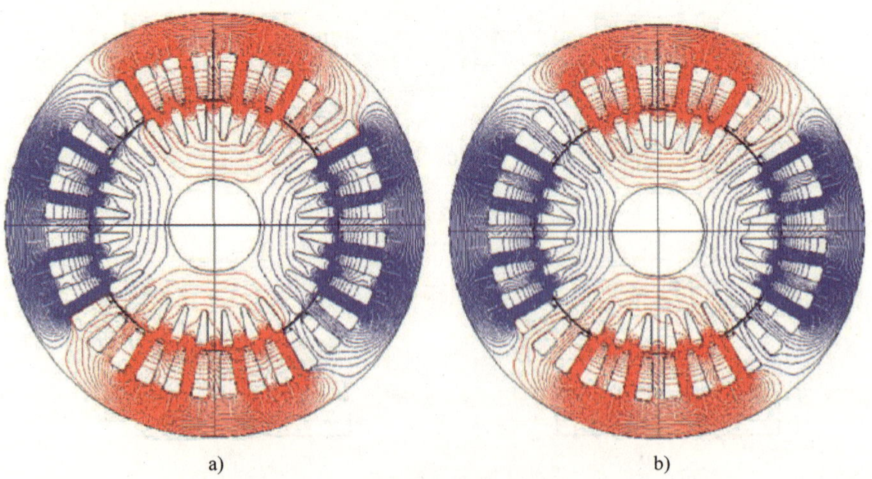

图 6-36　电动机的磁通密度线[54]

a) 转子闭槽　b) 转子开槽

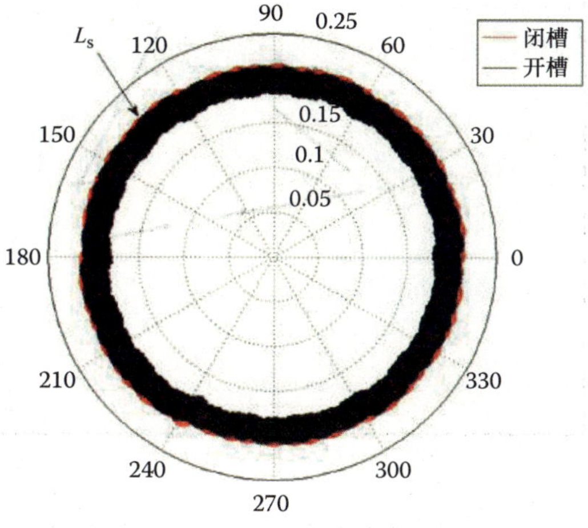

b)

图 6-38　定子电感空间矢量的轨迹[54]

b) 在基波和高频载波电源激励下

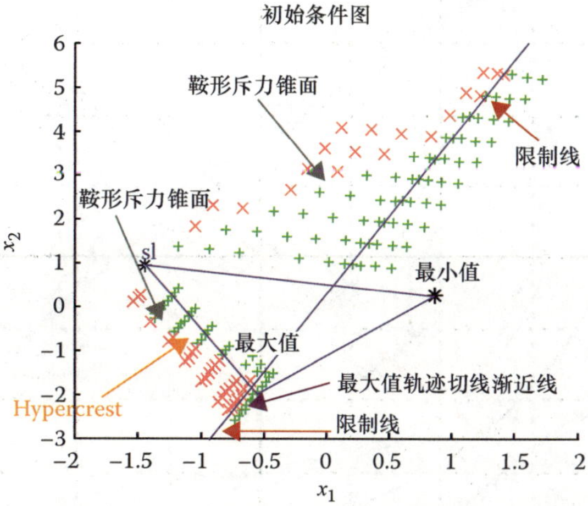

图 8-18　2D TLS 问题：绿色十字表示梯度算法收敛的初始条件，即收敛域。红色十字表示发散域。深蓝色三角形顶点为临界点。深蓝色直线代表渐近线 / 限制线 z_1

（资料来源： Cirrincione,G.and Cirrincione,M.,Neural Based Orthogonal Data Fitting: *The EXIN Neural Networks* Series: Adaptive and Learning Systems for Signal Processing,Communications and control,Wiley&Sons New York,255pp.,November 2010.）

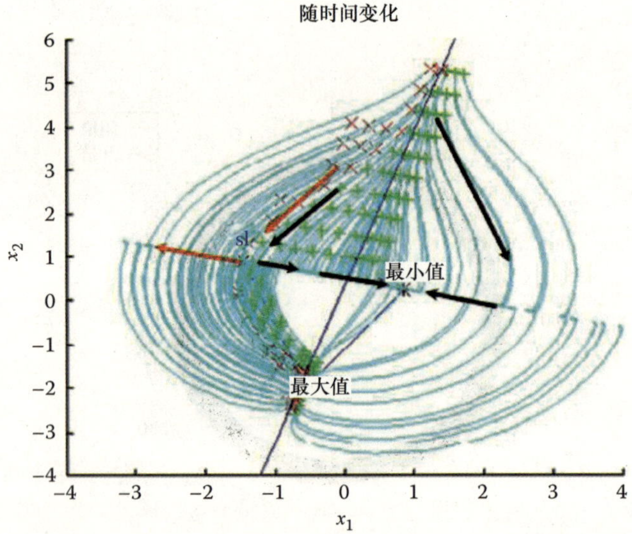

图 8-19 泛型 2D TLS 问题的顺序型 TLS EXIN 神经元随时间的变化
（资料来源：Cirrincione,G.and Cirrincione,M.,*Neural Based Orthogonal Data Fitting: The EXIN Neural Networks*,Series: Adaptive and Learning Systems for Signal Processing,Communications and Control,Wiley & Sons,New York,255pp.,November 2010.）

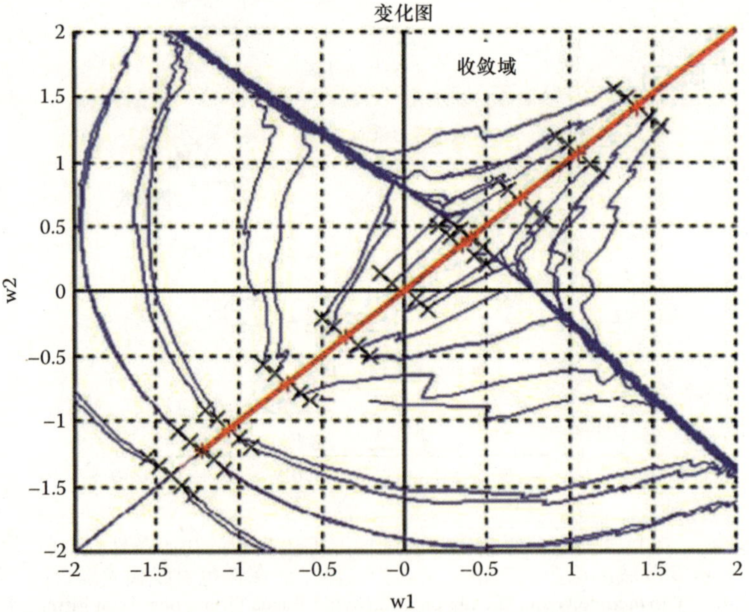

图 8-21 第一个 TLS 基准问题的顺序型 TLS EXIN 变化图。收敛轨迹的初始条件为红色，其余为黑色。通过红点的直线包含了鞍点 / 解。深蓝色粗线为发散线
（资料来源：Cirrincione,G.and Cirrincione,M.,Neural Based Orthogonal Data Fitting: The EXIN Neural Networks,Series: Adaptive and Learning Systems for Signal Processing,Communications and Cntrol, Wiley & Sons,New York,255pp.,November 2010.)

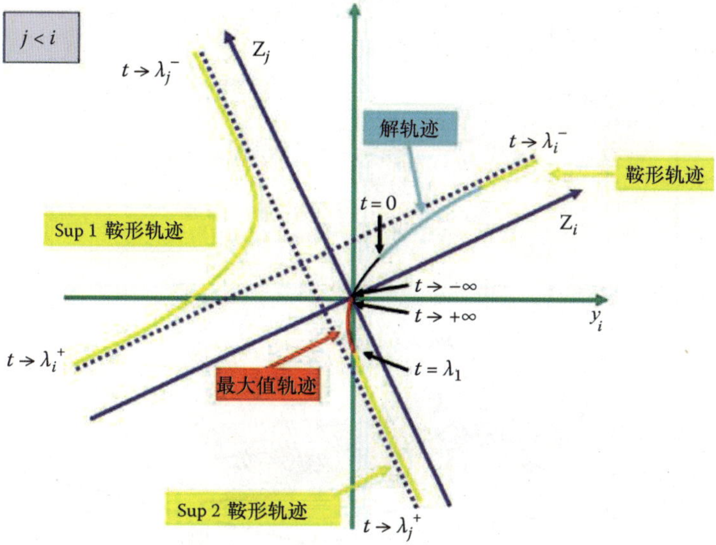

图 8-23　*j<I* 时的临界轨迹

（资料来源：Cirrincione,G.and Cirrincione,M.,*Neural Based Orthogonal Data Fitting: The EXIN Neural Networks*,Series: Adaptive and Learning Systems for Signal Processing,Communications and Control,Wiley & Sons,New York, 255 pp.,November 2010.）

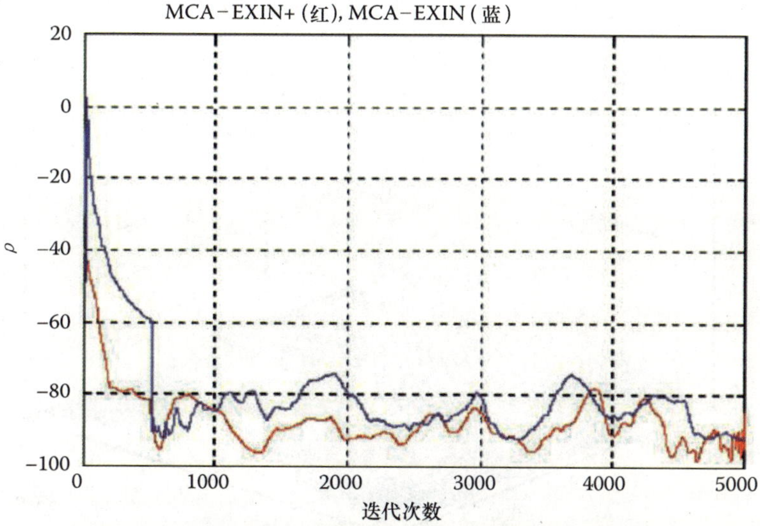

图 8-26　规划后的 MCA EXIN+（红色）和 MCA EXIN（蓝色）的指标参数 ρ（表示为 dB）

（资料来源：Cirrincione,G.and Cirrincione,M.,*Neural Based Orthogonal Data Fitting: The EXIN Neural Networks*,Series: Adaptive and Learning Systems for Signal Processing,Communications and Control,Wiley & Sons,New York,255 pp.,November 2010.）

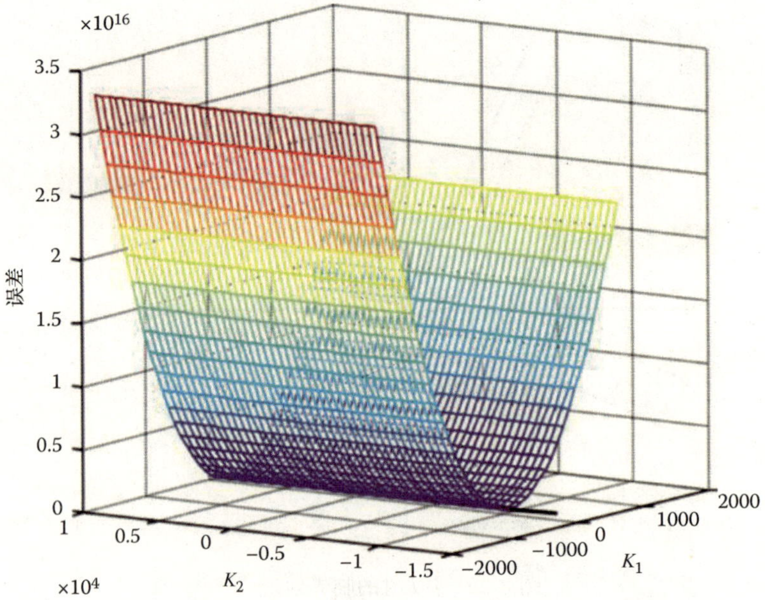

图 9-49　OLS 误差函数与 K_1、K_2 的关系曲面和 K 估计值的轨迹

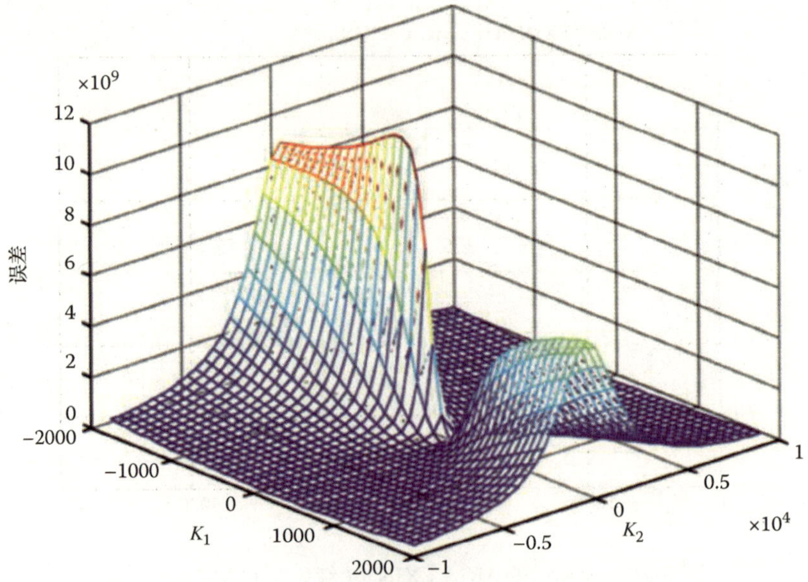

图 9-50　TLS 误差函数与 K_1、K_2 的关系曲面

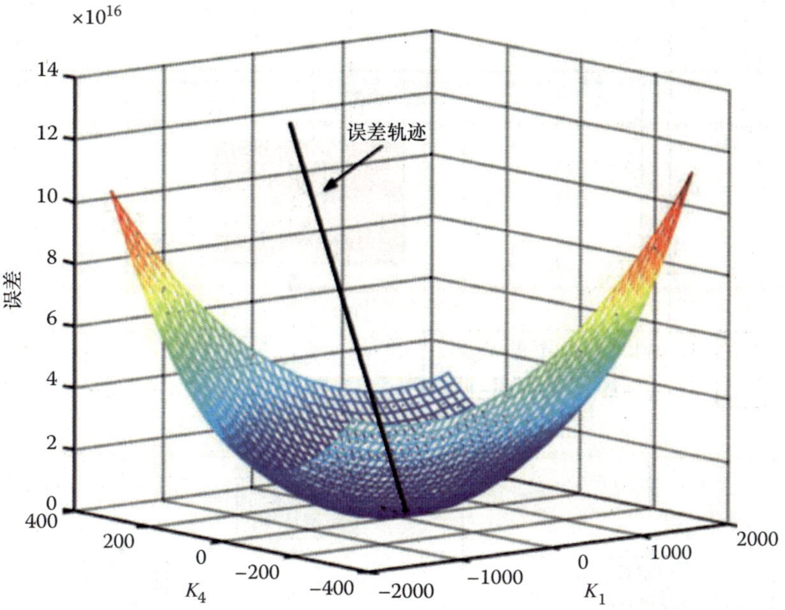

图 9-51　有约束条件最小化方法的误差函数与 K_1、K_4 的关系曲面和 K 估计值的轨迹

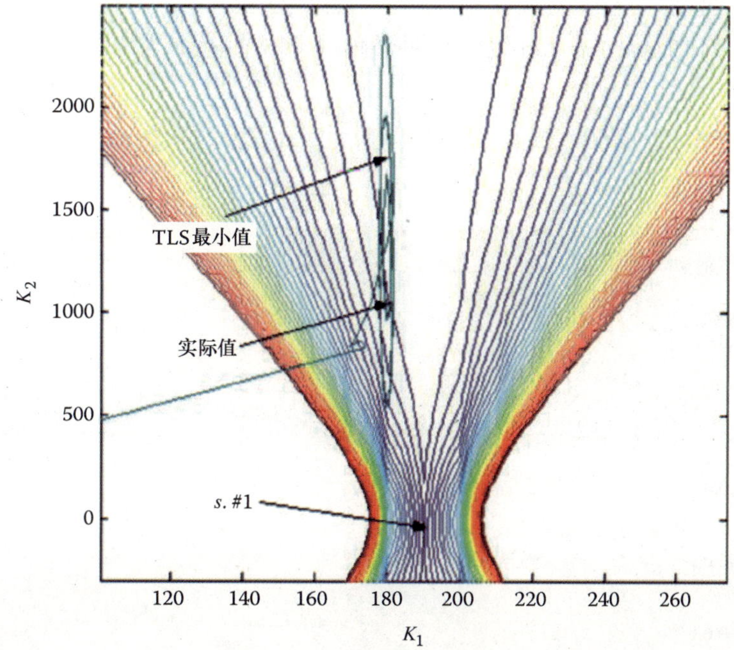

图 9-54　K_1、K_2 平面上的 TLS 误差曲线和关键点，以及 TLS EXIN 权值曲线

（资料来源：Cirrincione,M.et al.,*IEEE Trans.Ind.Appi*,39(5),1247,September/October 2003.）

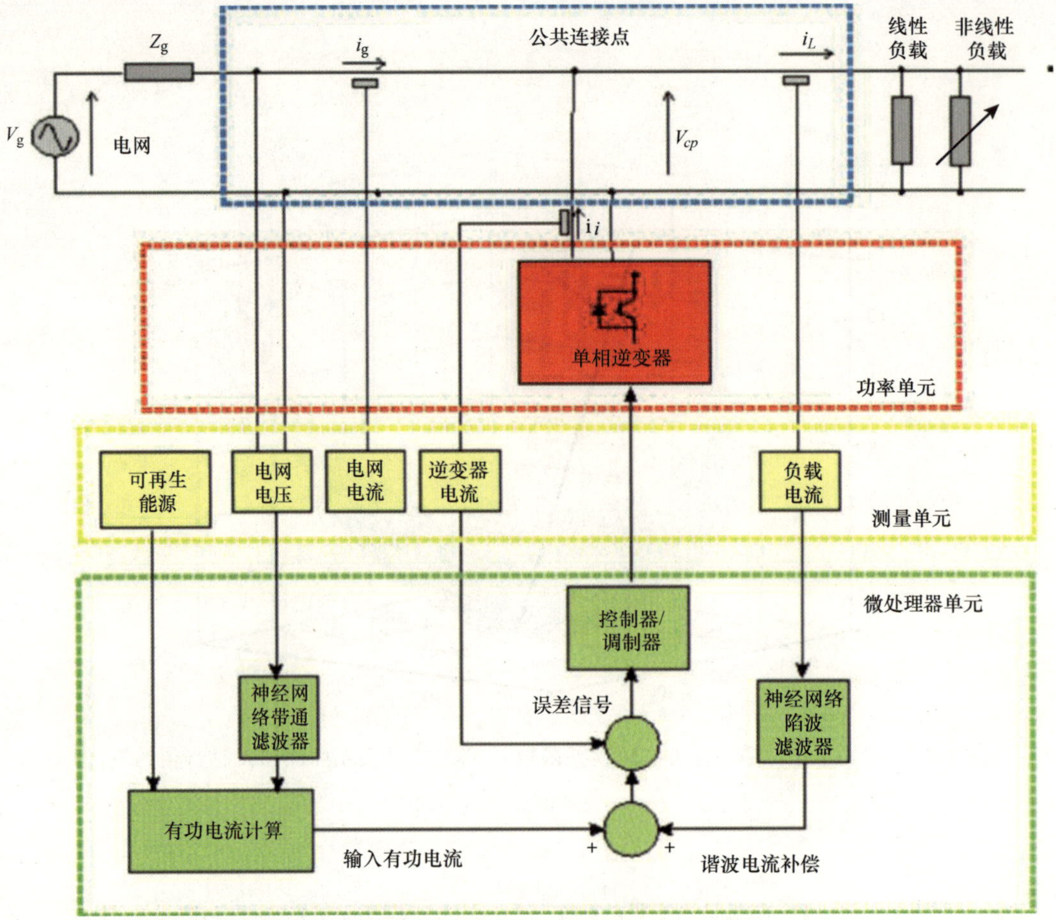

图 10-1　带 APF 功能的神经网络增强型单相 DG 系统框图

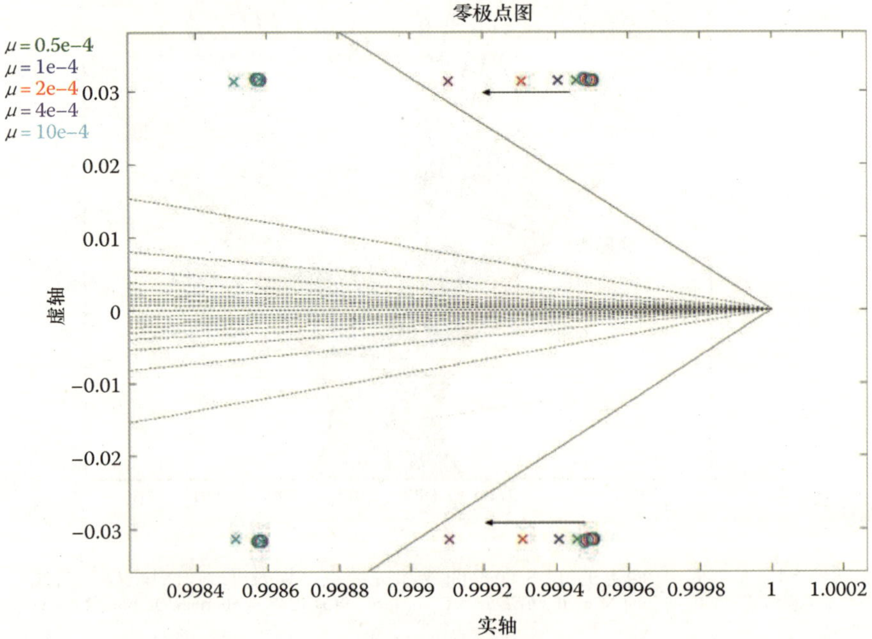

图 10-13　不同 μ 值在单位圆附近的极点位置

（资料来源：Cirrincione,M.et al.,*IEEE Trans.Ind.Electron*.,55（5）,2093,May 2008.）

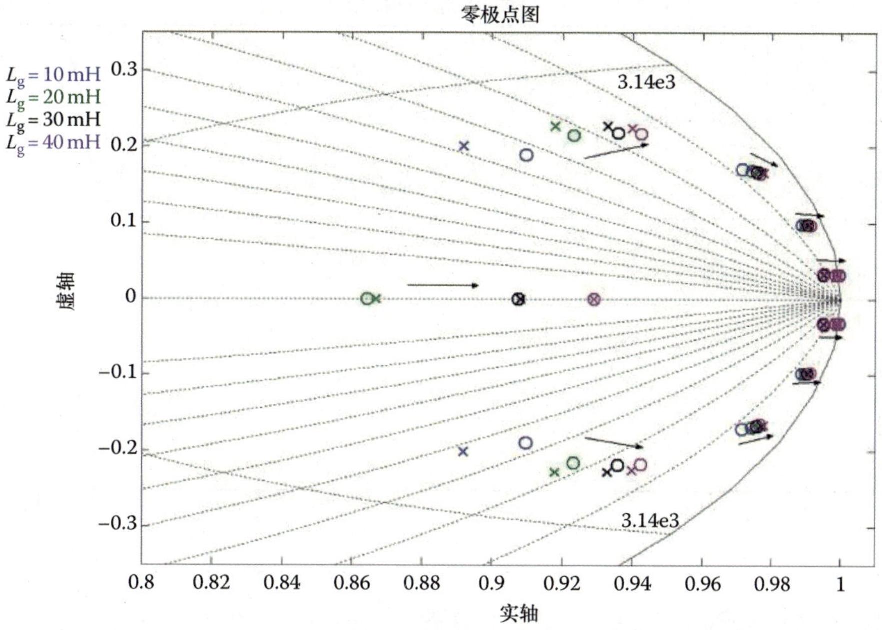

图 10-14　不同 L_g 值的极点位置图（L_g 值从左至右增大）

（资料来源：Cirrincione,M.et al.,*IEEE Trans.Ind.Electron*.,55（5）,2093,May 2008.）

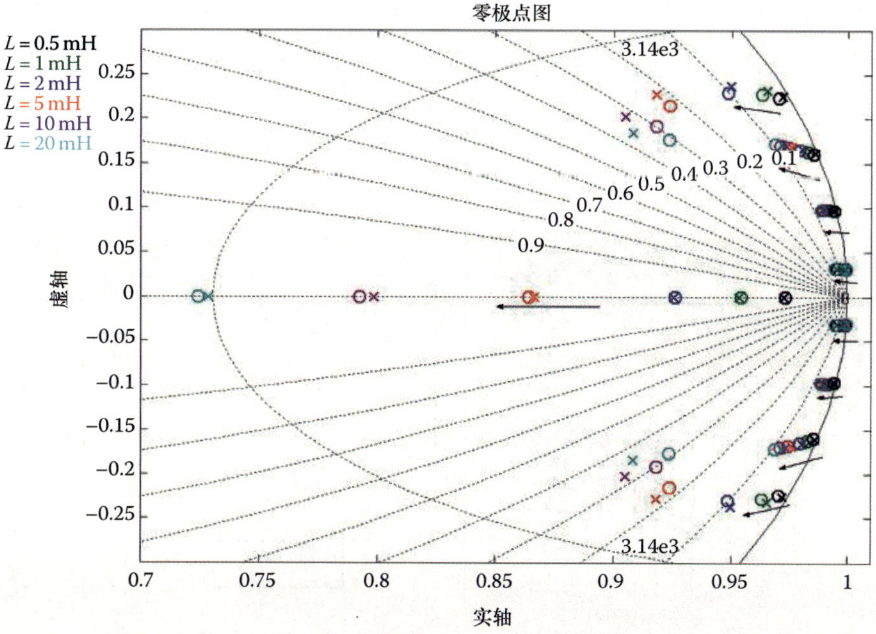

图 10-15　不同 L 值的极点位置图（L 值从左至右增大）

（资料来源：Cirrincione,M.et al.,*IEEE Trans.Ind.Electron*.,55（5）,2093,May 2008.）

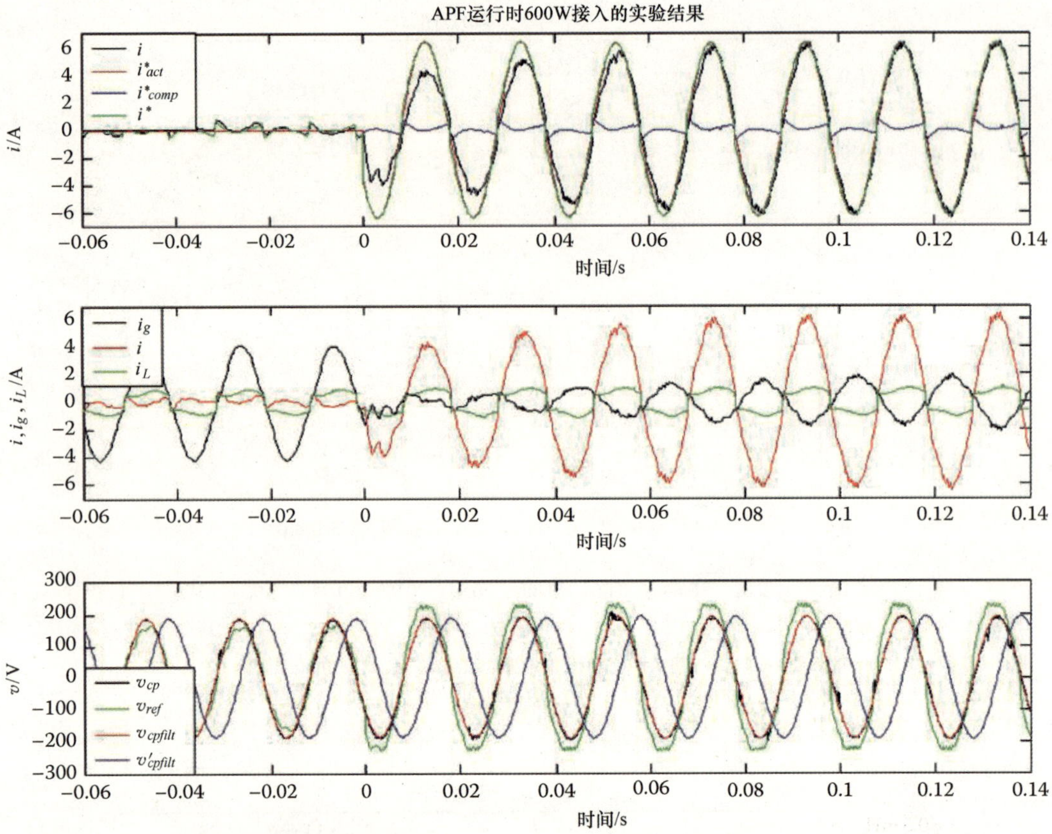

图 10-21　基于神经网络自适应滤波器的 DG-APF，APF 运行时给定 P_{ref}=600W 阶跃值后过渡过程的电网电流、逆变器电流、负载电流和耦合点电压（实验）

（资料来源：Cirrincione,M.et al.,*IEEE Trans.Ind.Electron*.,55（5）,2093,May 2008.）

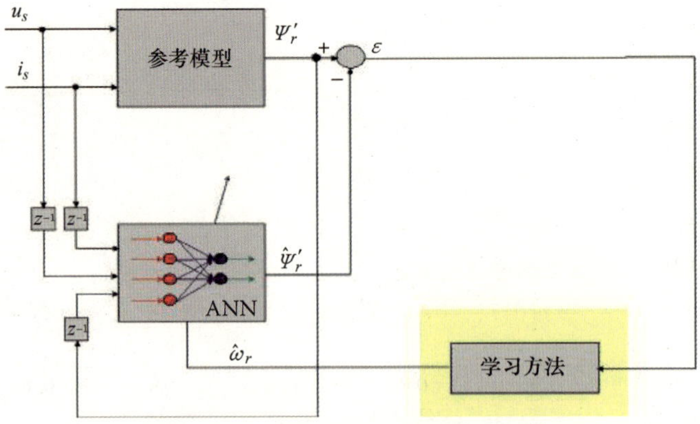

图 11-6　OLS MRAS 观测器的框图

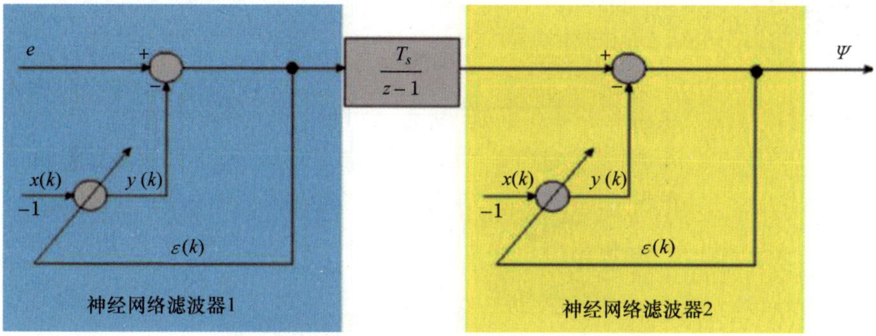

图 11-16 神经网络自适应积分器的框图

（资料来源：Cirrincione,M.et al., *IEEE Trans.Pozver Electron*. 19（1）,25,January 2004.）

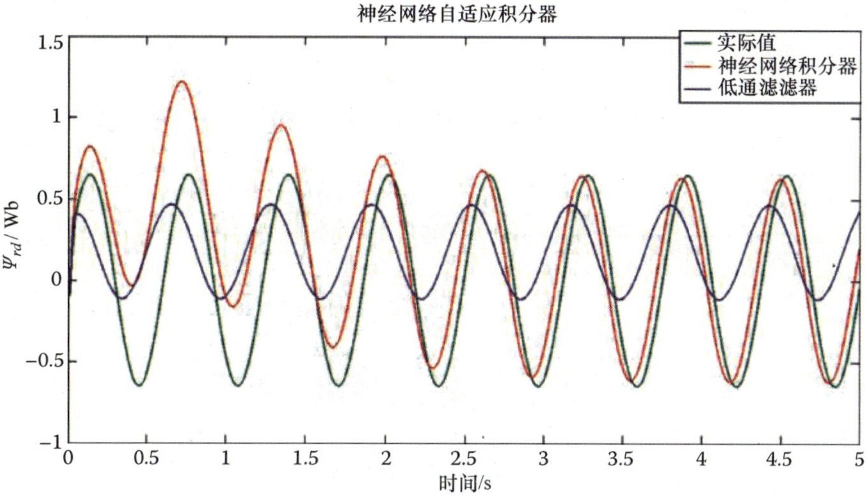

a)

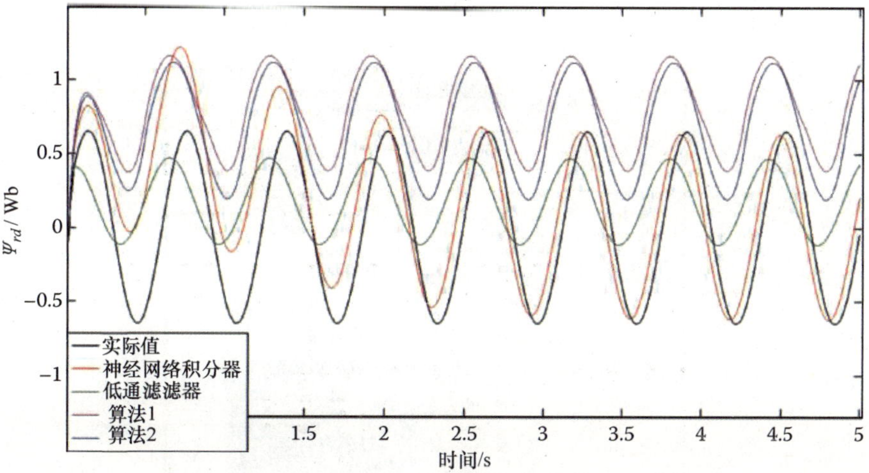

b)

图 11-19 a) 神经网络滤波器和 LPF 得到的 ψ_{rd} 分量瞬时波形及 b) 神经网络滤波器、低通滤波器、算法 1 和 2 得到的 ψ_{rd} 分量瞬时波形

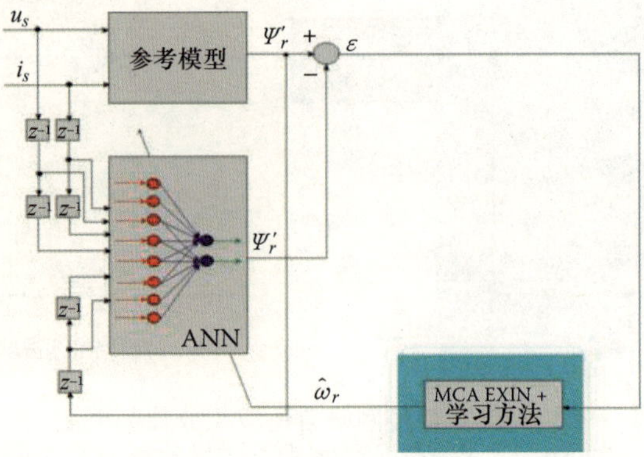

图 11-32　MCA EXIN+MRAS 转速观测器的框图

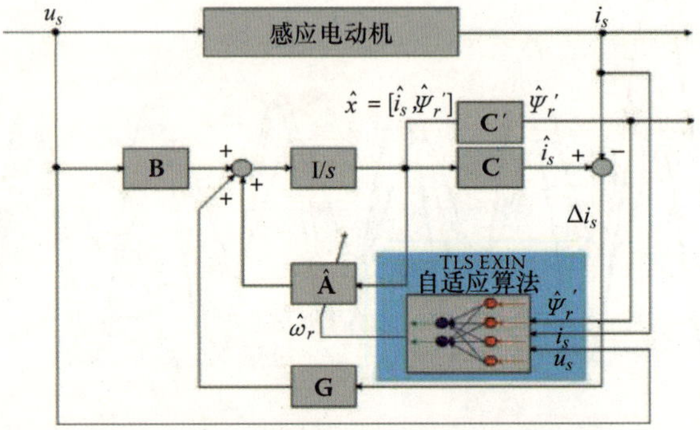

图 11-40　TLS EXIN 全阶自适应观测器的框图

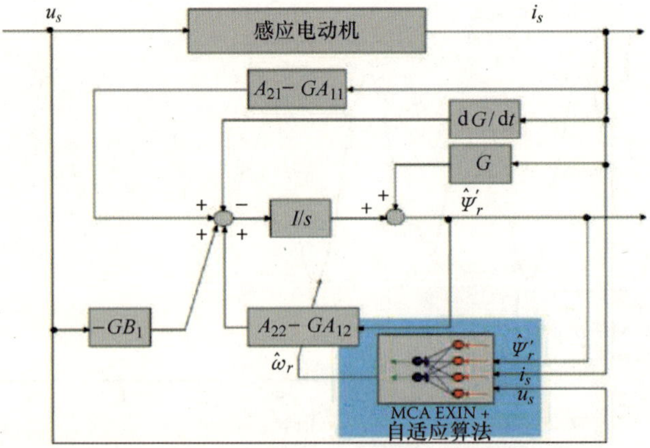

图 11-61　MCA EXIN+ 降阶观测器的框图